BKI OBJEKTDATEN

Kosten abgerechneter Bauwerke

N15
Neubau

BKI Objektdaten:
Kosten abgerechneter Bauwerke
N15 Neubau

BKI Baukosteninformationszentrum (Hrsg.)
Stuttgart: BKI, 2017

Mitarbeit:
Hannes Spielbauer (Geschäftsführer)
Klaus-Peter Ruland (Prokurist)
Michael Blank
Anna Bertling
Heike Elsäßer
Sabine Egenberger
Brigitte Kleinmann
Steffen Pokel
Sibylle Vogelmann
Jeannette Wähner
Yvonne Walz

Layout, Satz:
Hans-Peter Freund
Thomas Fütterer
Marco Rittel-Buhl
Tarek Inoubli

Fachliche Begleitung:
Beirat Baukosteninformationszentrum
Stephan Weber (Vorsitzender)
Markus Lehrmann (stellv. Vorsitzender)
Prof. Dr. Bert Bielefeld
Markus Fehrs
Andrea Geister-Herbolzheimer
Oliver Heiss
Prof. Dr. Wolfdietrich Kalusche
Martin Müller

Anschrift:
Bahnhofstraße 1, 70372 Stuttgart; Telefon: (0711) 954 854-0, Telefax: (0711) 954 854-54; info@bki.de, www.bki.de

Titelabbildungen:
Verwaltungsgebäude Schulungszentrum (1300-0223) Arch.: Architekturbüro Georg Schmitt; Darmstadt
Kirche (9100-0115) Arch.: Architekturbüro Gerber; Entwurf: Dr. Jürgen Lenssen; Werneck
Verwaltungsgebäude, Werkstatt (7300-0066) Arch.: Fritz-Dieter Tollé, Architekten Stadtplaner Ingenieure; Verden

Vorwort

Die Planung der Baukosten ist ein wesentlicher Bestandteil der Architektenleistung und genauso wichtig wie räumliche, gestalterische oder konstruktive Planungen. Den Kostenermittlungen in den verschiedenen Planungsphasen kommt dabei eine besondere Bedeutung zu. Sie bilden die Grundlage weiterer Leistungen wie Kostenvergleiche, Kostenkontrolle und Kostensteuerung.

Kostenermittlungen sind meist nur so gut wie die angewendeten Daten und Methoden. Das Baukosteninformationszentrum BKI wurde 1996 von den Architektenkammern aller Bundesländer gegründet. Ziel des BKI ist die Bereitstellung aktueller Daten sowie die Entwicklung und Vermittlung zielführender Methoden.

Wertvolle Erfahrungswerte liegen in Form von abgerechneten Bauleistungen oder Kostenfeststellungen in den Architekturbüros vor. Oft fehlt im Büro-Alltag die Zeit, diese qualifiziert zu dokumentieren. Diese Dienstleistung erbringt BKI und unterstützt damit sowohl die Datenlieferanten als auch die Nutzer der BKI Datenbank.

Die Fachbuchreihe „BKI Objektdaten" wird kontinuierlich erweitert, um die neu erhobenen Objekte der BKI-Baukostendatenbank zu veröffentlichen. Die mit jedem weiteren Band wachsende Sammlung von Vergleichsobjekten leistet wertvolle Dienste bei Kostenermittlungen und trägt zu mehr Kostensicherheit bei allen am Bau Beteiligten bei. Die Reihe „BKI Objektdaten" mit den objektbezogenen Kostenkennwerten und die Reihe „BKI Baukosten" mit statistisch ermittelten Kostenkennwerten sind aufeinander abgestimmt und ergänzen sich zu einem Expertensystem der Kostenplanung.

Das vorliegende Fachbuch ist der 15. Band der Fachbuchreihe „BKI Objektdaten Neubau". Es enthält die zur Datenbank neu hinzugekommenen 116 Objekte. In der Objekt-Datenbank stehen nun mehrere tausend Objekte zur Verfügung. Das Kostenermittlungsprogramm "BKI Kostenplaner" beinhaltet die komplette BKI-Objekt-Datenbank.

Dabei wird auch die unterschiedliche regionale Baupreis-Entwicklung berücksichtigt. Mit den integrierten BKI Regionalfaktoren 2017 können die Bundesdurchschnittswerte an den jeweiligen Stadt- bzw. Landkreis angepasst werden.

Der Dank des BKI gilt allen Architektinnen und Architekten, die Daten und Unterlagen zur Verfügung stellen. Sie profitieren von der Dokumentationsarbeit des BKI und unterstützen zusätzlich den eigenen Berufsstand. Die in Buchform veröffentlichten Architekten-Projekte bilden eine fundierte und anschauliche Dokumentation gebauter Architektur. Zudem ermöglichen sie eine kompetente Kostenermittlung von Folgeobjekten und eignen sich hervorragend zur Akquisition neuer Planungsaufgaben.

Zur Pflege der Baukostendatenbank sucht BKI weitere Objekte aus allen Bundesländern. Weitere Informationen dazu werden im Internet unter „Daten an BKI liefern" zur Verfügung gestellt. BKI berät gerne über alle Möglichkeiten, realisierte Projekte zu veröffentlichen. Datenlieferanten erhalten eine Vergütung und können weitere Vorteile nutzen.

Besonderer Dank gilt abschließend auch dem BKI-Beirat, der mit seinem Expertenwissen aus der Architektenpraxis, den Architekten- und Ingenieurkammern, Normausschüssen und Universitäten zum Gelingen der BKI-Fachinformationen beiträgt.

Wir wünschen allen Anwendern des Fachbuchs viel Erfolg in allen Phasen der Kostenplanung und vor allem eine große Übereinstimmung zwischen geplanten und realisierten Baukosten im Sinne zufriedener Bauherren. Anregungen und Kritik zur Verbesserung der BKI-Fachbücher sind uns jederzeit willkommen.

Hannes Spielbauer
Geschäftsführer

Klaus-Peter Ruland
Prokurist

Baukosteninformationszentrum
Deutscher Architektenkammern GmbH
Stuttgart im März 2017

Inhalt

Benutzerhinweise

Kosten abgerechneter Objekte

Anhang

Einführung

In der Fachbuchreihe „BKI Objektdaten" werden für Kostenermittlungszwecke und Wirtschaftlichkeitsvergleiche bereits realisierte und vollständig abgerechnete Bauwerke aus allen Bundesländern veröffentlicht. Dieser Band enthält die Dokumentationen von 116 Neubau-Objekten.

Die Kostenkennwerte der Objekte dienen dazu, die Kosten von Bauprojekten im Vergleich mit den Kosten bereits realisierter Objekte zu ermitteln bzw. Kostenermittlungen mit büroeigenen Daten oder den Daten Dritter zu überprüfen, solange Kostenanschläge auf der Grundlage von Ausschreibungsergebnissen noch nicht vorliegen.

Dieser Vergleich wird erleichtert durch die „Anpassung der Kostenkennwerte auf Bundesniveau". Die BKI Regionalfaktoren ermöglichen es, die Objekte auch hinsichtlich des Bauorts zu bewerten. Dadurch werden die Baupreise der Objekte so dargestellt, als ob diese in einer mit dem Bundesdurchschnitt identischen Region gebaut worden wären. Diese regionale Normierung vereinfacht die Bewertung der Kostenkennwerte für den Anwender erheblich.

Die Daten in „BKI Objektdaten Neubau" unterstützen die Kostenermittlungen nach DIN 276 in den frühen Projektphasen. Für die Kostenentwicklung eines Projekts sind dies die entscheidenden Planungsphasen.
Für überschlägige Kostenermittlungen wie z.B. das Aufstellen eines Kostenrahmens oder für Plausibilitätsprüfungen sind die im Buch angegebenen Kostenkennwerte bestens geeignet. Für differenziertere Kostenermittlungen auf der Ebene der Bauelemente bieten sich die Kosteninformationen auf CD-ROM an.

Darüber hinaus enthält das Buch Planungskennwerte, mit denen wertvolle Wirtschaftlichkeitsprüfungen anhand von Flächenvergleichen möglich sind.

Dieser Band enthält die neuen in der BKI-Baukostendatenbank erfassten Neubau-Objekte. Die BKI Baukostendatenbank selbst umfasst einen wesentlich größeren Bestand an Altbau-, Neubau- und auch Freianlagen-Objekten. Zugriff auf alle Einzelobjekte bietet auch das EDV-Programm „BKI Kostenplaner".

Die große Anzahl der neu dokumentierten Objekte hat BKI veranlasst einen Teil der Kostendaten (3. und 4.Ebene) als Dateien auf einer CD-ROM dem Buch bei zu legen.

Folgende Daten sind auf der CD-ROM enthalten:
- das komplette Buch als Datei „BKI Objektdaten N15"
- die Zusammenstellung der Kostenkennwerte der 3.Ebene nach DIN 276
- die Kostendaten der 2., 3. und 4.Ebene aller neu dokumentierten Objekte als Einzeldateien.

Beispielseiten für den CD-Inhalt finden Sie im Kapitel „Erläuterungen" auf den Seiten 34-47.

Benutzerhinweise

1. Definitionen

Kostenkennwerte sind Werte, die das Verhältnis von Kosten bestimmter Kostengruppen nach DIN 276-1 : 2008-12 zu bestimmten Bezugseinheiten nach DIN 277-3 : 2005-04 darstellen. Planungskennwerte im Sinne dieser Veröffentlichung sind Werte, die das Verhältnis bestimmter Flächen und Rauminhalte zur Nutzungsfläche (NUF) und Brutto-Grundfläche (BGF) darstellen, angegeben als Prozentsätze oder als Faktoren.

2. Kostenstand und Umsatzsteuer

Kostenstand aller Kennwerte ist das 4.Quartal 2016. Alle Kostendaten enthalten die Umsatzsteuer. Maßgeblich für die Fortschreibung ist der Baupreisindex für Wohnungsbau insgesamt, inkl. Umsatzsteuer des Statistischen Bundesamtes. Den vierteljährlich erscheinenden aktuellen Index können Sie im Internet beim Statistischen Bundesamt oder unter www.bki.de abrufen. Die Umrechnung von Kostendaten dieses Buches wird durch ein Beispiel erläutert:

Ein Kostenkennwert von € 500,-/m² BGF mit dem Kostenstand 4.Quartal 2016 soll auf den Kostenstand 3.Quartal 2010 umgerechnet werden. Verwendet wird die Brutto-Indexreihe mit dem Basisjahr 2015=100.

Index 4.Quartal 2016 (2015=100) = 114,1
Index 3.Quartal 2010 (2015=100) = 100,3

$$\frac{500,- \text{ €/m}^2 \text{ BGF} \times 100{,}3}{114{,}1} = 439{,}53 \text{ €/m}^2 \text{ BGF}$$

3. Datengrundlage

Grundlage der Tabellen sind die uns zur Verfügung gestellten Unterlagen von abgerechneten Bauwerken. Die Daten wurden mit größtmöglicher Sorgfalt daraus erhoben. Die vorliegenden Kosten- und Planungskennwerte dienen als Orientierungswerte für Projekte vergleichbarer Art. Sie sind dem Verwendungszweck entsprechend anzupassen unter Berücksichtigung der projektspezifisch unterschiedlichen Kosteneinflussgrößen. Für die Richtigkeit der im Rahmen einer Kostenermittlung eingesetzten Werte kann der Herausgeber keine Haftung übernehmen.

4. Blatt-Typ Objektübersicht: Kostenkennwerte

Die jeder Objektdokumentation vorangestellten Kostenkennwerte €/m³ BRI, €/m² BGF und €/m² NUF beziehen sich auf die Kosten des Bauwerks (DIN 276: Summe Kostengruppe 300+400).

5. Kosteneinflüsse

Kosteneinflussgrößen sind beim Bauen von besonderer Bedeutung, da umwelt-, standort-, nutzer- und besonders herstellungs- sowie objektbedingte Faktoren eine erhebliche Relevanz aufweisen. Aus diesen Gründen ist eine genaue Anpassung der Kosten- und Planungskennwerte an die projektspezifisch unterschiedlichen Kosteneinflussgrößen erforderlich. (s. dazu BKI Handbuch Kostenplanung im Hochbau 2.Auflage 4.1.2 Kosteneinflüsse, Stgt. 2008, S. 82f).

Die in der Fachbuch-Reihe „BKI Baukosten" angebotenen Kostenkennwerte sind dafür nur bedingt geeignet, da sie Mittelwerte, gebildet auf der Grundlage verschiedener Objekte, darstellen. Das vorliegende Buch „BKI Objektdaten Neubau" bietet hingegen die Möglichkeit, einen Kostenwert durch eine Analyse der entsprechenden Eigenschaften des Objekts genau zu bewerten. Eine projektspezifische Anpassung bzw. die Auswahl eines Kostenkennwerts ist damit besser möglich.

6. Normierung der Daten

Grundlage der BKI Regionalfaktoren, die auch der Normierung der Baukosten der dokumentierten Objekte auf Bundesniveau zu Grunde liegen, sind Daten aus der amtlichen Bautätigkeitsstatistik der statistischen Landesämter. Zu allen deutschen Land- und Stadtkreisen sind Angaben aus der Bautätigkeitsstatistik der statistischen Landesämter zum Bauvolumen (m³ BRI) und Angaben zu den veranschlagten Baukosten (in €) erhältlich. Diese Informationen stammen aus statistischen Meldebögen, die mit jedem Bauantrag vom Antragsteller abzugeben sind. Während die Angaben zum Brutto-Rauminhalt als sehr verlässlich eingestuft werden können, da in diesem Bereich kaum Änderungen während der Bauzeit zu erwarten sind, müssen die Angaben zu den Baukosten als Prognosen eingestuft werden. Schließlich stehen die Baukosten beim Einreichen des Bauantrags noch nicht fest.

Es ist jedoch davon auszugehen, dass durch die Vielzahl der Datensätze und gleiche Vorgehensweise bei der Baukostennennung brauchbare Durchschnittswerte entstehen. Zusätzlich wurden von BKI Verfahren entwickelt, um die Daten prüfen und Plausibilitätsprüfungen unterziehen zu können. Aus den Kosten- und Mengenangaben lassen sich durchschnittliche Herstellungskosten von Bauwerken pro Brutto-Rauminhalt und Land- oder Stadtkreis berechnen. Diese Berechnungen hat BKI durchgeführt und aus den Ergebnissen einen bundesdeutschen Mittelwert gebildet. Anhand des Mittelwerts lassen sich die einzelnen Land- und Stadtkreise prozentual einordnen (diese Prozentwerte wurden die Grundlage der BKI Deutschlandkarte mit „Regionalfaktoren für Deutschland und Europa").

Anhand dieser Daten lässt sich jedes Objekt der BKI Datenbank normieren, d.h. so berechnen, als ob es nicht an seinem speziellen Bauort gebaut worden wäre, sondern an einem Bauort der bezüglich seines Regionalfaktors genau dem Bundesdurchschnitt entspricht. Für den Anwender bedeutet die regionale Normierung der Daten auf einen Bundesdurchschnitt, dass einzelne Kostenkennwerte oder das Ergebnis einer Kostenermittlung mit dem Regionalfaktor des Standorts des geplanten Objekts zu multiplizieren ist. Die landkreisbezogenen Regionalfaktoren finden sich im Anhang des Buchs.

7. Urheberrechte

Alle Entwürfe, Zeichnungen und Fotos der uns zur Verfügung gestellten Objekte sind urheberrechtlich geschützt. Die Urheberrechte liegen bei den jeweiligen Büros bzw. Personen.

Fotopräsentation der Objekte

1300-0220 Bürogebäude, Bankfiliale (26 AP)
Seite 54

⌂ dauner rommel schalk architekten
Göppingen und Stuttgart

1300-0223 Verwaltungsgebäude Schulungszentrum (330 AP), TG (70 STP)
Seite 66

⌂ Architekturbüro Georg Schmitt
Darmstadt

1300-0225 Bürogebäude (44 AP)
Seite 72

⌂ Architekt E. Schneekloth + Partner
Schwerin

2200-0043 Forschungslabor Mikroelektronik
Seite 86

⌂ HTP Hidde Timmermann Architekten GmbH
Braunschweig

2200-0044 Labor- und Praktikumsgebäude für Biologie und Pharmazie
Seite 92

⌂ MHB Planungs- und Ingenieurgesellschaft mbH
Rostock

2200-0045 Zentrum für Medien und Soziale Forschung, TG (100 STP)
Seite 98

⌂ Georg Bumiller Ges. von Architekten mbH
Berlin

© Altgott + Schneiders Architekten

3100-0021 Praxis für Allgemeinmedizin

Seite 104

Altgott + Schneiders Architekten
Aachen

© Archimage, Meike Hansen

3200-0022 Geriatrie (88 Betten), Tagesklinik (10 Plätze)

Seite 110

euroterra GmbH architekten ingenieure
Hamburg

© Jan Kobel

3200-0023 Psychosomatische Klinik (40 Betten)

Seite 116

Heinle, Wischer und Partner, Freie Architekten
Köln

© DGM Architekten

3400-0022 Seniorenpflegeheim (90 Betten)

Seite 122

DGM Architekten
Krefeld

3500-0004 Rehaklinik für suchtkranke Menschen

Seite 136

Hüdepohl Ferner Architektur- und Ingenieurges. mbH
Osnabrück

© Thomas Weiß

4100-0162 Gesamtschule (10 Klassen, 280 Schüler)

Seite 142

ARGE Junk&Reich / Hartmann+Helm
Weimar

© Jens Kirchner

4100-0164 Musikunterrichtsräume (5 Klassen)
Seite 148

pagelhenn architektinnenarchitekt
Hilden

© Schüler Architekten

4100-0166 Gymnasium (21 Klassen, 600 Schüler)
Seite 154

Schüler Architekten, Schüler Böller Bahnemann
Rendsburg

© STEFAN HANKE

4200-0031 Fachakademie für Sozialpädagogik
(9 Klassen, 250 Schüler) Seite 160

Dömges Architekten AG
Regensburg

© heine I reichold architekten

4400-0216 Kinderkrippe (4 Gruppen, 60 Kinder)
Seite 166

heine I reichold architekten
Partnerschaftsgesellschaft mbB, Lichtenstein

© Silke Schmidt

4400-0231 Kindertagesstätte (7 Gruppen, 140 Kinder)
Seite 178

Knaack & Prell Architekten
Hamburg

© Boran Biriz

4400-0267 Kindergarten (2 Gruppen, 50 Kinder)
Seite 184

Breitenbücher Hirschbeck
Architektengesellschaft mbH, München

© pmp Projekt GmbH

4400-0268 Kindertagesstätte (4 Gruppen, 76 Kinder), Beratungszentrum, Wohnungen (9 WE) Seite 190

pmp Projekt GmbH
Hamburg

© Henning Koepke

4400-0271 Kinderkrippe (4 Gruppen, 48 Kinder) Seite 196

Landherr Architekten
München

© Bosse Westphal Schäffer Architekten

4400-0273 Kinderkrippe (2 Gruppen, 30 Kinder) Seite 202

Bosse Westphal Schäffer Architekten mit
Architekt Stefan Schmitt-Wenzel, Winsen/Luhe

© Petra Steiner

4400-0274 Kindertagesstätte (7 Gruppen, 117 Kinder) Seite 208

dd1 architekten, Eckhard Helfrich, Lars-Olaf Schmidt
Dresden

4400-0275 Grundschulhort (300 Kinder) Seite 214

Lehrecke Witschurke Architekten
Berlin

© Zooey Braun

4400-0278 Kindertagesstätte (105 Kinder), Stadtteiltreff - Effizienzhaus ~25% Seite 220

(se)arch Freie Architekten BDA
Stuttgart

© Anselm Gaupp

4400-0282 Kindertagesstätte (8 Gruppen, 140 Kinder)
barrierefrei Seite 226

Neustadtarchitekten (LPH 1-5) mit
lup-architekten (LPH 6-9), Hamburg

© Leinen und Schmitt Architekten

4400-0287 Kindertagesstätte (5 Gruppen, 86 Kinder)
Seite 232

Leinen und Schmitt Architekten
Saarlouis

© Archimage, Meike Hansen

4400-0290 Kindertagesstätte (3 Gruppen, 55 Kinder)
Seite 238

neun grad architektur BDA
Oldenburg

© Dirk Übele

4400-0292 Kindertagesstätte (6 Gruppen, 100 Kinder)
Seite 244

grabowski.spork architektur
Wiesbaden

© Jörg Hempel

5100-0092 Sporthalle (Dreifeldhalle)
Seite 250

Architekten BDA Naujack . Rind . Hof
Koblenz

© Architekturbüro Morschett

5100-0102 Sporthalle (Dreifeldhalle)
Seite 262

Architekturbüro Morschett
Gersheim

5100-0103 Sporthalle (Einfeldhalle)
Seite 268

Fugmann Architekten GmbH
Falkenstein

5100-0104 Sporthalle (Dreifeldhalle), Therapiebereich
Seite 274

weinbrenner.single.arabzadeh.
architektenwerkgemeinschaft, Nürtingen

5100-0105 Sporthalle (Zweifeldhalle)
Seite 280

Stadt Schweinfurt Stadtentwicklungs- und
Hochbauamt, Schweinfurt

5100-0108 Sporthalle (Zweifeldhalle)
Seite 286

Planungsgruppe Strasser GmbH
Traunstein

5100-0110 Sporthalle (Einfeldhalle) - Passivhaus
Seite 292

Hüdepohl Ferner Architektur- und Ingenieurges. mbH
Osnabrück

5100-0111 Sporthalle (Dreifeldhalle)
Seite 298

Wischhusen Architektur
Hamburg

Fotopräsentation der Objekte

© Dohse Architekten

5100-0112 Sporthalle

Seite 304

Dohse Architekten
Hamburg

© JEBENS SCHOOF ARCHITEKTEN BDA

5300-0014 Sanitär- und Umkleidegebäude

Seite 316

JEBENS SCHOOF ARCHITEKTEN BDA
Heide

© puschmann architektur

6100-1096 Einfamilienhaus, Garagen

Seite 334

puschmann architektur
Recklinghausen

© Andreas Bormann

5300-0013 Sport- und Vereinsheim

Seite 310

O. M. Architekten BDA, Rainer Ottinger
Thomas Möhlendick, Braunschweig

© DGM Architekten

6100-0852 Seniorenwohnungen (18 WE)

Seite 322

DGM Architekten
Krefeld

© braunschweig. architekten

6100-1205 Einfamilienhaus, Garage

Seite 344

braunschweig. architekten
Brandenburg

6100-1208 Doppelhaushälfte - Effizienzhaus 70
Seite 350

6100-1218 Einfamilienhaus - Effizienzhaus 40
Seite 356

bau grün ! (LPH 5-8) mit Grosch Rütters Architekt BDB (LPH 1-4), Mönchengladbach

6100-1219 Einfamilienhaus
Seite 362

2D+ Architekten
Berlin

6100-1222 Wohnanlage (44 WE), TG (48 STP)
Seite 368

Sturm und Wartzeck GmbH Architekten BDA, Innenarchitekten, Dipperz

6100-1226 Mehrfamilienhaus (5 WE)
Seite 374

Sabine Reimann Architektin
Wesenberg

6100-1233 Wohn- und Geschäftshaus (3 WE)
Seite 380

Planungsbüro Köhler
Hamburg

Fotopräsentation der Objekte

6100-1235 Mehrfamilienhaus (11 WE), TG (14 STP)
Seite 386

Heidacker Architekten
Bischofsheim

6100-1238 Wohnhäuser (2 WE), Garage
Seite 392

hkr.architekten gmbh, hänsel + rollmann
Gelnhausen

6100-1239 Mehrfamilienhaus (3 WE), TG (3 STP)
Seite 398

Spengler · Wiescholek Architekten Stadtplaner
Hamburg

6100-1245 Einfamilienhaus, Doppelgarage
Seite 404

HWP Holl - Wieden Partnerschaft
Architekten & Stadtplaner, Würzburg

6100-1246 Zweifamilienhaus, Garage
Seite 410

raumumraum architekten / stadtplaner
Aldenhoff, Langenbahn, Möhring, Düsseldorf

6100-1247 Einfamilienhaus, Carport
Seite 416

Küssner Architekten BDA
Kleinmachnow

6100-1248 Mehrfamilienhaus (23 WE), TG (31 STP)
Seite 422

NEUMEISTER & PARINGER ARCHITEKTEN BDA
Landshut

6100-1249 Mehrfamilienhaus (6 WE), TG (6 STP)
Seite 434

Architekturbüro Rolf Keck
Heidenheim

6100-1250 Mehrfamilienhaus, altengerecht (29 WE)
Seite 440

Architekt E. Schneekloth + Partner
Schwerin

6100-1253 Wochenendhaus
Seite 452

Hütten & Paläste Architekten
Berlin

6100-1254 Einfamilienhaus - Effizienzhaus 55
Seite 458

son.tho architekten
Besigheim

6100-1255 Reihenhäuser (4 WE)
Seite 464

Füllemann Architekten GmbH
Gilching

6100-1256 Doppelhaushälfte, Carport

Seite 470

T A T O R T architektur, Nicole Wigger
Attendorn

6100-1257 Einfamilienhaus, Garage
- Effizienzhaus ~60%

Seite 476

cordes architektur
Erkelenz

6100-1259 Doppelhaushälfte, Carport

Seite 482

T A T O R T architektur, Nicole Wigger
Attendorn

6100-1260 Einfamilienhaus - Effizienzhaus ~33%

Seite 488

Zweering Helmus Architekten PartGmbB
Aachen

6100-1265 Einfamilienhaus, Garage

Seite 494

SCHAMP & SCHMALÖER Architekten Stadtplaner
PartGmbB, Dortmund

6100-1266 Ferienhaus

Seite 500

gorinistreck architekten
Berlin

6100-1271 Zweifamilienhaus, Einliegerwohnung, Doppelgarage Seite 506

m_architekten gmbh, mattias huismans, judith haas
dipl.-ing. freie architekten, Karlsruhe

6100-1283 Mehrfamilienhaus (24 WE), TG (20 STP) Seite 512

Gruppe GME Architekten + Designer
Achim

6100-1288 Einfamilienhaus, Garage Seite 518

Jörg Karwath / Lunau Architektur
Cottbus

6100-1292 Mehrfamilienhäuser (12 WE) Seite 524

HGMB Architekten GmbH + Co. KG
Düsseldorf

6100-1295 Einfamilienhaus Seite 530

Hartmann-Eberlei Architekten
Oldenburg

6100-1296 Doppelhaus (2 WE) Seite 536

Bauer Architektur
Weimar

© Jonathan Danko Kielkowski

6100-1301 Einfamilienhaus, Garage - Effizienzhaus 85
Seite 542

biefang | pemsel Architekten GmbH
Nürnberg

© Michel + Wolf + Partner

6200-0057 Studentenwohnheim (139 Betten), TG (38 STP)
Seite 548

Michel + Wolf + Partner Freie Architekten BDA
Stuttgart

© Florian Schreiber

6200-0069 Wohnungen für obdachlose Menschen (14 Wohnungen, 32 Betten)
Seite 564

Ebe | Ausfelder | Partner Architekten
München

© Johannsen und Fuchs

6200-0070 Tagesförderstätte für behinderte Menschen (22 Pflegeplätze)
Seite 570

Johannsen und Fuchs
Husum

© Mila Hacke

6200-0071 Studentendorf (384 Studenten) - Effizienzhaus 40
Seite 576

Die Zusammenarbeiter, Gesellschaft von Architekten mbH, Berlin

© Barbara Staubach

6200-0072 Wohnheimanlage (600 WE), TG (61 STP)
Seite 582

APB. Architekten BDA Grossmann-Hensel - Schneider - Andresen, Hamburg

6400-0090 Gemeindehaus

Seite 588

6400-0091 Pfarrhaus

Seite 598

Architekten Johannsen und Partner
Hamburg

6400-0093 Gemeindezentrum

Seite 604

Architekturbüro Klaus Thiemann
Hersbruck

6500-0042 Kiosk, Kanuverleih

Seite 610

BDS Bechtloff.Steffen.Architekten.BDA
(ehemals BDS Architekten), Hamburg

6500-0043 Mensa

Seite 616

Berdi Architekten
Bernkastel-Kues

6600-0020 Hotel (76 Betten), Gewerbe

Seite 622

IPRO Dresden Planungs- und Ingenieuraktiengesellschaft, Dresden

6600-0022 Jugendgästehaus (28 Betten), Bürogebäude
Seite 628

°pha design Banniza, Hermann, Öchsner und Partner
Potsdam

7200-0088 Baufachmarkt, Ausstellungsgebäude
Seite 640

Architekturbüro Willi Neumeier Architekt
Tittling

7200-0089 Ärzte- und Geschäftshaus, TG (22 STP)
Seite 646

Format Architektur
Köln

7300-0066 Verwaltungsgebäude, Werkstatt (54 AP)
Seite 652

Fritz-Dieter Tollé Architekt BDB
Architekten Stadtplaner Ingenieure, Verden

7300-0088 Betriebsgebäude (22 AP) - Helgoland
Seite 664

Gössler Kinz Kerber Kreienbaum Architekten BDA
Hamburg

7500-0024 Sparkassenfiliale (12 AP)
Seite 670

JA:3 Architekten
Winsen (Aller)

© wassung bader architekten

7600-0054 Feuerwehrhaus

Seite 676

wassung bader architekten
Tettnang

© HOFFMANN.SEIFERT.PARTNER architekten ingeneure

7600-0069 Feuer- und Rettungswache

Seite 690

HOFFMANN.SEIFERT.PARTNER architekten ingenieure
Erfurt

© Fugmann Architekten GmbH

7600-0070 Feuerwehrhaus

Seite 696

Fugmann Architekten GmbH
Falkenstein

© Johannsen und Fuchs

7600-0071 Feuerwehrhaus

Seite 702

Johannsen und Fuchs
Husum

© Bauplanungsbüro Jürgen Schmiedel

7600-0074 Feuerwehrhaus

Seite 708

Bauplanungsbüro Jürgen Schmiedel
Jöhstadt

© heine I reichold architekten

7700-0062 Mehrzweckhalle, Fahrradgeschäft

Seite 714

heine I reichold architekten
Partnerschaftsgesellschaft mbB, Lichtenstein

© heine I reichold architekten

7700-0067 Tiefkühllager

Seite 724

heine I reichold architekten
Partnerschaftsgesellschaft mbB, Lichtenstein

© Architektur Udo Richter

7700-0074 Werkhalle für Werkzeugbau (25 AP)

Seite 734

Architektur Udo Richter
Heilbronn

© O. M. Architekten BDA

7700-0076 Lager- und Vertriebsgebäude (50 AP)

Seite 746

O. M. Architekten BDA, Rainer Ottinger
Thomas Möhlendick, Braunschweig

© Frauke Schumann

7700-0077 Lager- und Werkstattgebäude, Büro (18 AP)

Seite 752

projektplan gmbh runkel. freie architekten
Siegen

© bau grün ! energieeffiziente Gebäude

7800-0025 PKW-Garagen (6 STP)

Seite 758

bau grün ! energieeffiziente Gebäude
Architekt Daniel Finocchiaro, Mönchengladbach

© Werner Huthmacher

9100-0112 Stadthalle

Seite 764

HOFFMANN.SEIFERT.PARTNER architekten ingenieure
Erfurt

9100-0115 Kirche

Seite 770

Architekturbüro Gerber
Entwurf: Dr. Jürgen Lenssen, Werneck

9100-0116 Kirche

Seite 776

Königs Architekten
Köln

9100-0123 Informations- und Kommunikationszentrum

Seite 782

Architekturbüro Raum und Bau GmbH
Dresden

9100-0129 Ausstellungsgebäude

Seite 788

däschler architekten & ingenieure gmbh
Halle (Saale)

9100-0133 Gemeindezentrum, Restaurant, Pension (10 Betten)

Seite 794

JEBENS SCHOOF ARCHITEKTEN BDA
Heide

9100-0136 Mediathek

Seite 800

F29 Architekten, Dresden mit
ZILA freie Architekten, Leipzig

© Michael Ziller

9100-0140 Nachbarschaftstreff

Seite 806

zillerplus Architekten und Stadtplaner
Michael Ziller, München

© Jörg Sarbach

9100-0142 Kapelle, Gemeinderäume, Café

Seite 712

Ulrich Tilgner, Thomas Grotz Architekten GmbH
Bremen

© Klemens Ortmeyer

9100-0143 Aula

Seite 818

Dohle + Lohse Architekten GmbH
Braunschweig

© kleyer.koblitz.letzel.freivogel ges. v. architekten

9200-0002 Bushaltestelle

Seite 824

kleyer.koblitz.letzel.freivogel ges. v. architekten mbh
Berlin

© Königs Architekten

9400-0001 Forschungsgewächshaus

Seite 830

Königs Architekten
Köln

© Waldemar Merger

9700-0023 Aussegnungshalle

Seite 836

DBW Architekten
Haunsheim

9700-0024 Aufbahrungsgebäude

Seite 842

oberprillerarchitekten
Hörmannsdorf

9700-0026 Krematorium

Seite 848

Arge HAI + HSP (LPH 3-8)
Mellingen

Erläuterungen

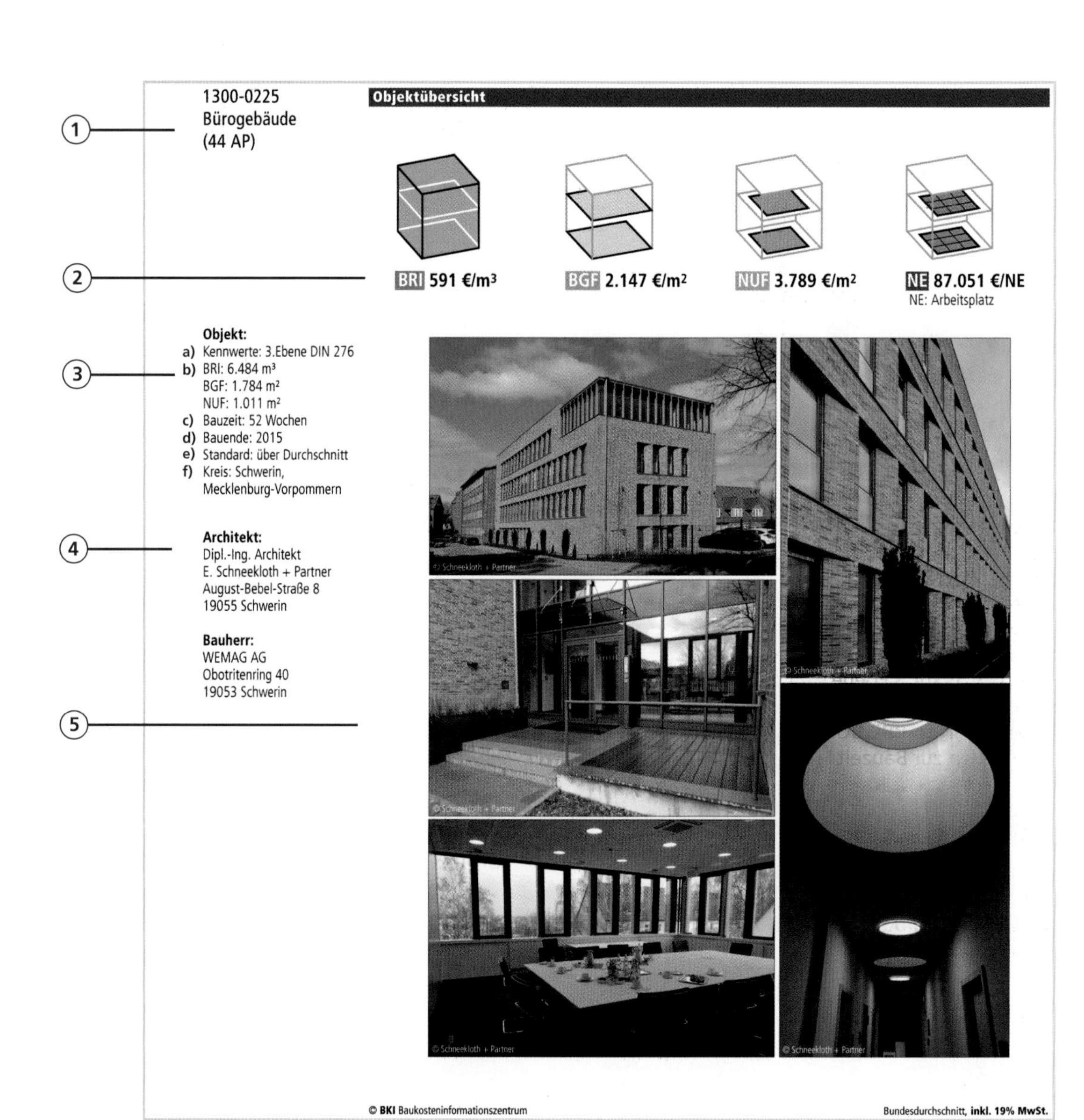

1300-0225
Bürogebäude
(44 AP)
Objektübersicht
1
2
3
4
5
BRI 591 €/m³
BGF 2.147 €/m²
NUF 3.789 €/m²
NE 87.051 €/NE
NE: Arbeitsplatz
Objekt:
a) Kennwerte: 3.Ebene DIN 276
b) BRI: 6.484 m³
BGF: 1.784 m²
NUF: 1.011 m²
c) Bauzeit: 52 Wochen
d) Bauende: 2015
e) Standard: über Durchschnitt
f) Kreis: Schwerin, Mecklenburg-Vorpommern
Architekt:
Dipl.-Ing. Architekt
E. Schneekloth + Partner
August-Bebel-Straße 8
19055 Schwerin
Bauherr:
WEMAG AG
Obotritenring 40
19053 Schwerin
© Schneekloth + Partner
© BKI Baukosteninformationszentrum
Bundesdurchschnitt, inkl. 19% MwSt.

Erläuterungen nebenstehender Tabellen und Abbildungen

Alle Kostenkennwerte enthalten die Mehrwertsteuer. Kostenstand 4.Quartal 2016.
Kosten und Kostenkennwerte umgerechnet auf den Bundesdurchschnitt.

Objektübersicht

①
BKI-Objektnummer und -bezeichnung.

Kostenkennwerte für Bauwerkskosten (Kostengruppe 300+400 nach DIN 276) bezogen auf:

- BRI: Brutto-Rauminhalt (DIN 277)
- BGF: Brutto-Grundfläche (DIN 277)
- NUF: Nutzungsfläche (DIN 277)
- NE: Nutzeinheiten (z. B. Betten bei Heimen, Stellplätze bei Garagen)
  Wohnfläche nach der Wohnflächenverordnung WoFlV, nur bei Wohngebäuden

③
a) „Kennwerte" gibt die Kostengliederungstiefe nach DIN 276 an. Die BKI Objekte sind unterschiedlich detailliert dokumentiert: Eine Kurzdokumentation enthält Kosteninformationen bis zur 1.Ebene DIN 276, eine Grobdokumentation bis zur 2.Ebene DIN 276 und eine Langdokumentation bis zur 3.Ebene (teilweise darüber hinaus bis zu den Ausführungsarten einzelner Kostengruppen).
b) Angaben zu BRI, BGF und NUF
c) Angaben zur Bauzeit
d) Angaben zum Bauenede
e) Angaben zum Standard
f) Angaben zum Kreis, Bundesland

Planendes und/oder ausführendes Architektur- oder Planungsbüro, sowie teilweise Angaben zum Bauherrn.

⑤
Abbildungen des Objekts

1300-0225
Bürogebäude
(44 AP)

Objektbeschreibung

Allgemeine Objektinformationen

Der Büroneubau mit Netzleitstelle schließt mit einem verglasten Verbindungsbau inklusive Aufzug an ein Bestandsgebäude an. Im Erdgeschoss befinden sich Büro- und Sozialräume sowie der Technikbereich für die Netzleitstelle. Weitere Büroräume sind über zwei Obergeschosse verteilt. Die oberste Etage bietet Platz für die Vorstandsbüros und integriert einen Konferenzbereich. Hier dient der Flurbereich als offener Arbeitsplatz.

Nutzung

1 Erdgeschoss
Büro- und Technikräume

(1)

3 Obergeschosse
Büroräume, Netzleitstelle, Konferenzräume

Nutzeinheiten

Arbeitsplätze: 44

Grundstück

Bauraum: Beengter Bauraum
Neigung: Ebenes Gelände
Bodenklasse: BK 1 bis BK 4

Markt

Hauptvergabezeit: 3. Quartal 2014
Baubeginn: 3. Quartal 2014
Bauende: 3. Quartal 2015
Konjunkturelle Gesamtlage: Durchschnitt
Regionaler Baumarkt: Durchschnitt

Baukonstruktion

Das Hauptgebäude ist in Massivbauweise errichtet, bestehend aus einem zweischaligen Mauerwerk mit Kerndämmung, einer Verblenderfassade mit Fertigteilelementen (Pfeiler) und einem Flachdach. Der Verbindungsbau wurde in Stahlbauweise mit einer Pfosten-Riegel-Fassade, gegründet auf Pfählen, errichtet. Die Innenwände sind teilweise massiv oder als Trockenbauwände errichtet. Sämtliche Aluminiumfenster haben eine Dreifachverglasung. Teilweise sind die Fenster mit einem im Verbundflügel liegenden Sonnenschutz ausgeführt. Das Flachdach mit runden, holzeingefassten Oberlichtern führt zusätzliches Tageslicht in die Konferenzetage im dritten Obergeschoss. dort ist ein außenliegender, witterungsgesteuerter Sonnenschutz als Markise montiert. Die Brüstungssicherungen sind in Glas ausgeführt.

Technische Anlagen

Die Wasser- und Energieversorgung (zentrale Heizungsanlage) ist über das Bestandsgebäude als Nahwärmeversorgung gewährleistet. Die Warmwasserbereitung erfolgt im Erdgeschoss über den Bestand, in den anderen Geschossen dezentral. In den WCs sind Einzelraumentlüfter eingebaut, im 3. Obergeschoss wurde eine Zu- und Abluftanlage mit Wärmerückgewinnung installiert. Der Technikbereich der Leitstelle umfasst Räumlichkeiten für Rechnertechnik, eine Anlage zur unterbrechungsfreien Stromversorgung und einen Batterieraum. Das Gebäude ist mit einer internen Hausalarmierungsanlage ausgestattet.

Bundesdurchschnitt, **inkl. 19% MwSt.**

Erläuterungen nebenstehender Tabellen und Abbildungen

Alle Kostenkennwerte enthalten die Mehrwertsteuer. Kostenstand 4.Quartal 2016.
Kosten und Kostenkennwerte umgerechnet auf den Bundesdurchschnitt.

Objektbeschreibung

Objektbeschreibung mit:
- Allgemeine Objektinformationen
- Angaben zur Nutzung
- Nutzeinheiten
- Grundstück
- Markt
- Baukonstruktion
- Technische Anlagen
- Sonstiges

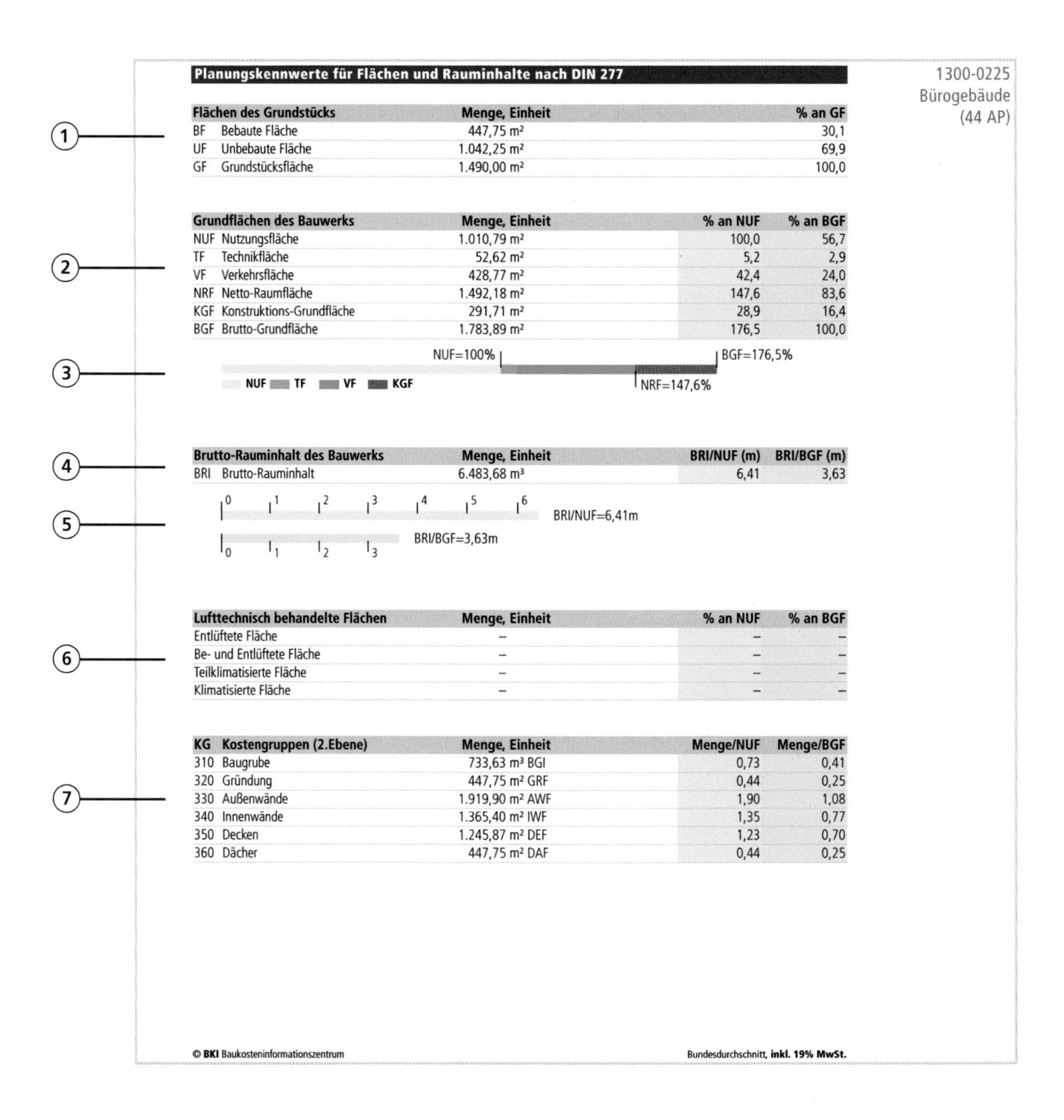

1300-0225
Bürogebäude
(44 AP)

Planungskennwerte für Flächen und Rauminhalte nach DIN 277

①

Flächen des Grundstücks		Menge, Einheit	% an GF
BF	Bebaute Fläche	447,75 m²	30,1
UF	Unbebaute Fläche	1.042,25 m²	69,9
GF	Grundstücksfläche	1.490,00 m²	100,0

②

Grundflächen des Bauwerks		Menge, Einheit	% an NUF	% an BGF
NUF	Nutzungsfläche	1.010,79 m²	100,0	56,7
TF	Technikfläche	52,62 m²	5,2	2,9
VF	Verkehrsfläche	428,77 m²	42,4	24,0
NRF	Netto-Raumfläche	1.492,18 m²	147,6	83,6
KGF	Konstruktions-Grundfläche	291,71 m²	28,9	16,4
BGF	Brutto-Grundfläche	1.783,89 m²	176,5	100,0

③

NUF=100%
BGF=176,5%
NRF=147,6%
NUF TF VF KGF

④

Brutto-Rauminhalt des Bauwerks		Menge, Einheit	BRI/NUF (m)	BRI/BGF (m)
BRI	Brutto-Rauminhalt	6.483,68 m³	6,41	3,63

⑤

0 1 2 3 4 5 6
BRI/NUF=6,41m
BRI/BGF=3,63m
0 1 2 3

⑥

Lufttechnisch behandelte Flächen	Menge, Einheit	% an NUF	% an BGF
Entlüftete Fläche	–	–	–
Be- und Entlüftete Fläche	–	–	–
Teilklimatisierte Fläche	–	–	–
Klimatisierte Fläche	–	–	–

⑦

KG	Kostengruppen (2.Ebene)	Menge, Einheit	Menge/NUF	Menge/BGF
310	Baugrube	733,63 m³ BGI	0,73	0,41
320	Gründung	447,75 m² GRF	0,44	0,25
330	Außenwände	1.919,90 m² AWF	1,90	1,08
340	Innenwände	1.365,40 m² IWF	1,35	0,77
350	Decken	1.245,87 m² DEF	1,23	0,70
360	Dächer	447,75 m² DAF	0,44	0,25

Bundesdurchschnitt, **inkl. 19% MwSt.**

Erläuterungen nebenstehender Planungskennwerte- und Baukostentabellen

Alle Kostenkennwerte enthalten die Mehrwertsteuer. Kostenstand 4.Quartal 2016.
Kosten und Kostenkennwerte umgerechnet auf den Bundesdurchschnitt.

Planungskennwerte für Flächen und Rauminhalte nach DIN 277

In Ergänzung der Kostenkennwerttabellen werden für jedes Objekt Planungskennwerte angegeben, die zur Überprüfung der Vergleichbarkeit des Objekts mit der geplanten Baumaßnahme dienen.
Ein Planungskennwert im Sinne dieser Veröffentlichung ist ein Wert, der das Verhältnis bestimmter Flächen und Rauminhalte zur Nutzungsfläche (NUF) und Brutto-Grundfläche (BGF) darstellt, angegeben als Prozentwert oder als Faktor (Mengenverhältnis).

①
Bebaute und unbebaute Flächen des Grundstücks sowie deren Verhältnis in Prozent zur Grundstücksfläche (GF).

②
Grundflächen im Verhältnis zur Nutzungsfläche (NUF = 100%) und Brutto-Grundfläche (BGF = 100%) in Prozent.

③
Grafische Darstellung der Grundflächen im Verhältnis zur Nutzungsfläche (NUF = 100%)

④
Verhältnis von Brutto-Rauminhalt (BRI) zur Nutzungsfläche (NUF) und Brutto-Grundfläche (BGF), (BRI / BGF = mittlere Geschosshöhe), angegeben als Faktor (in Meter).

⑤
Grafische Darstellung der Verhältnisse Brutto-Rauminhalt (BRI) zur Nutzungsfläche (NUF = 100%) und Brutto-Grundfläche (BGF); (BRI / BGF = mittlere Geschosshöhe), angegeben als Faktor (in Meter).

⑥
Verhältnis von lufttechnisch behandelten Flächen (nach BKI), Nutzungsfläche (NUF) und Brutto-Grundfläche (BGF) in Prozent.

⑦
Verhältnis der Mengen dieser Kostengruppen nach DIN 276 („Grobelemente") zur Nutzungsfläche (NUF) und Brutto-Grundfläche (BGF), angegeben als Faktor. Wenn aus der Grundlagenermittlung die Nutzungs- oder Brutto-Grundfläche für ein Projekt bekannt ist, ein Vorentwurf als Grundlage für Mengenermittlungen aber noch nicht vorliegt, so können mit diesen Faktoren die Grobelementmengen überschlägig ermittelt werden.

1300-0225
Bürogebäude
(44 AP)

(1)
(2)
(3)

Kostenkennwerte für die Kostengruppen der 1.Ebene DIN 276

KG	Kostengruppen (1.Ebene)	Einheit	Kosten €	€/Einheit	€/m² BGF	€/m³ BRI	% 300+400
100	Grundstück	m² GF	–	–	–	–	–
200	Herrichten und Erschließen	m² GF	23.917	16,05	13,41	3,69	0,6
300	Bauwerk - Baukonstruktionen	m² BGF	2.562.641	1.436,55	1.436,55	395,24	66,9
400	Bauwerk - Technische Anlagen	m² BGF	1.267.616	710,59	710,59	195,51	33,1
	Bauwerk 300+400	**m² BGF**	**3.830.258**	**2.147,14**	**2.147,14**	**590,75**	**100,0**
500	Außenanlagen	m² AF	16.735	15,88	9,38	2,58	0,4
600	Ausstattung und Kunstwerke	m² BGF	11.360	6,37	6,37	1,75	0,3
700	Baunebenkosten	m² BGF	–	–	–	–	–

KG	Kostengruppe	Menge Einheit	Kosten €	€/Einheit	%
200	**Herrichten und Erschließen**	1.490,00 m² GF	23.917	**16,05**	100,0
	Suchgräben, Aufnehmen von Pflaster, Abbruch von Stabgitterzaun, Torpfeiler, Metalltor, Kontrollschächten, Auffüllung abtragen, Bäume fällen				
3+4	**Bauwerk**				**100,0**
300	**Bauwerk - Baukonstruktionen**	1.783,89 m² BGF	2.562.641	**1.436,55**	66,9
	Stb-Fundamente, Bohrpfähle, Stb-Bodenplatte, Estrich, Doppelboden, Teppich, PVC, Fliesen; KS-Mauerwerk, Stützen, Alufenster, Verblendmauerwerk, Kerndämmung, Gipsputz, Anstrich, Wandfliesen, Pfosten-Riegel-Fassaden, Sonnenschutz, Vordach; Stb-Wände, GK-Wände, Innentüren, WC-Trennwände, mobile Raumtrennwand; Stb-Decken, Treppen, GK-Decken; Stb-Flachdächer, Lichtkuppeln, Dachabdichtung, Granitplatten; Teeküche, Waschtischplatten				
400	**Bauwerk - Technische Anlagen**	1.783,89 m² BGF	1.267.616	**710,59**	33,1
	Gebäudeentwässerung, Kalt- und Warmwasserleitungen, Sanitärobjekte; Nahwärmeanschluss, Heizungsrohre, Heizkörper; dezentrale Lüftungsgeräte, Klimageräte; Elektroinstallation, Erweiterung NSHV, Beleuchtung, Blitzschutzanlage; Türsprechanlage, Kabelanschluss, Zutrittskontrolle, Brandmeldeanlage, Einbruchmeldeanlage, Übertragungsnetze; Personenaufzug; Gebäudeautomation				
500	**Außenanlagen**	1.054,00 m² AF	16.735	**15,88**	100,0
	Rabattengeländer; Bodeneinbaustrahler				
600	**Ausstattung und Kunstwerke**	1.783,89 m² BGF	11.360	**6,37**	100,0
	Sanitärausstattung, Schirmständer, Galeriehaken, Abhängeseil				

Bundesdurchschnitt, **inkl. 19% MwSt.**

Erläuterung nebenstehender Baukostentabelle

Alle Kostenkennwerte enthalten die Mehrwertsteuer. Kostenstand: 4.Quartal 2016
Kosten und Kostenkennwerte umgerechnet auf den Bundesdurchschnitt

Kostenkennwerte für die Kostengruppen der 1.Ebene DIN 276

①
Kostenübersicht, Kostenkennwerte in €/Einheit, €/m² BGF und €/m³ BRI für die Kostengruppen der 1.Ebene DIN 276. Anteil der jeweiligen Kostengruppe in Prozent an den Bauwerkskosten (Spalte: % 300+400). Die Bezugseinheiten der Kostenkennwerte entsprechen der DIN 277-3: 2005-04: Mengen und Bezugseinheiten.

②
Codierung und Bezeichnung der Ausführung zur Kostengruppe entsprechend der 1.Ebene nach DIN 276

③
Abgerechnete Leistungen zu dokumentierten Objekten mit BKI Objektnummer, Beschreibung, Menge, Einheit, Kosten, Kostenkennwert bezogen auf die Kostengruppeneinheit oder alternativ bezogen auf die übergeordnete Einheit.

Bei den Mengen handelt es sich um ausgeführte Mengen.

1300-0225
Bürogebäude
(44 AP)

Kostenkennwerte für die Kostengruppe 300 der 2. und 3.Ebene DIN 276 (Übersicht)

KG	Kostengruppe	Menge Einh.	€/Einheit	Kosten €	% 3+4
300	**Bauwerk - Baukonstruktionen**	**1.783,89 m² BGF**	**1.436,55**	**2.562.641,29**	**66,9**
310	**Baugrube**	**733,63 m³ BGI**	**16,64**	**12.206,05**	**0,3**
311	Baugrubenherstellung	733,63 m³ BGI	16,64	12.206,05	0,3
312	Baugrubenumschließung	–	–	–	–
313	Wasserhaltung	–	–	–	–
319	Baugrube, sonstiges	–	–	–	–
320	**Gründung**	**447,75 m² GRF**	**468,95**	**209.972,53**	**5,5**
321	Baugrundverbesserung	447,75 m² GRF	17,58	7.870,74	0,2
322	Flachgründungen	417,75 m²	115,18	48.117,66	1,3
323	Tiefgründungen	30,00 m²	334,80	10.044,07	0,3
324	Unterböden und Bodenplatten	419,74 m²	97,24	40.815,44	1,1
325	Bodenbeläge	365,80 m²	192,93	70.572,41	1,8
326	Bauwerksabdichtungen	447,75 m² GRF	49,54	22.180,91	0,6
327	Dränagen	447,75 m² GRF	23,16	10.371,30	0,3
329	Gründung, sonstiges	–	–	–	–
330	**Außenwände**	**1.919,90 m² AWF**	**589,22**	**1.131.236,38**	**29,5**
331	Tragende Außenwände	1.375,14 m²	96,78	133.081,00	3,5
332	Nichttragende Außenwände	–	–	–	–
333	Außenstützen	80,11 m	104,97	8.409,41	0,2
334	Außentüren und -fenster	328,69 m²	938,65	308.519,02	8,1
335	Außenwandbekleidungen außen	1.493,99 m²	272,91	407.731,19	10,6
336	Außenwandbekleidungen innen	1.274,98 m²	23,98	30.572,95	0,8
337	Elementierte Außenwände	216,07 m²	726,39	156.951,25	4,1
338	Sonnenschutz	55,03 m²	834,81	45.936,91	1,2
339	Außenwände, sonstiges	1.919,90 m² AWF	20,85	40.034,64	1,0
340	**Innenwände**	**1.365,40 m² IWF**	**258,89**	**353.487,57**	**9,2**
341	Tragende Innenwände	212,42 m²	139,21	29.571,65	0,8
342	Nichttragende Innenwände	885,27 m²	68,41	60.558,27	1,6
343	Innenstützen	152,16 m	279,81	42.576,01	1,1
344	Innentüren und -fenster	213,93 m²	673,44	144.070,49	3,8
345	Innenwandbekleidungen	2.367,82 m²	19,13	45.300,15	1,2
346	Elementierte Innenwände	53,78 m²	568,44	30.570,88	0,8
349	Innenwände, sonstiges	1.365,40 m² IWF	0,62	840,12	< 0,1
350	**Decken**	**1.245,87 m² DEF**	**391,81**	**488.149,77**	**12,7**
351	Deckenkonstruktionen	1.245,87 m²	209,93	261.549,65	6,8
352	Deckenbeläge	1.153,07 m²	140,19	161.653,28	4,2
353	Deckenbekleidungen	1.052,06 m²	54,03	56.838,73	1,5
359	Decken, sonstiges	1.245,87 m² DEF	6,51	8.108,11	0,2
360	**Dächer**	**447,75 m² DAF**	**458,58**	**205.328,00**	**5,4**
361	Dachkonstruktionen	395,85 m²	164,53	65.129,55	1,7
362	Dachfenster, Dachöffnungen	6,37 m²	3.707,29	23.596,93	0,6
363	Dachbeläge	447,75 m²	164,63	73.713,42	1,9
364	Dachbekleidungen	357,04 m²	113,18	40.408,65	1,1
369	Dächer, sonstiges	447,75 m² DAF	5,54	2.479,44	< 0,1
370	**Baukonstruktive Einbauten**	**1.783,89 m² BGF**	**6,84**	**12.205,54**	**0,3**
390	**Sonstige Baukonstruktionen**	**1.783,89 m² BGF**	**84,12**	**150.055,44**	**3,9**

Bundesdurchschnitt, **inkl. 19% MwSt.**

(1)

(2)

Erläuterung nebenstehender Baukostentabelle

Alle Kostenkennwerte enthalten die Mehrwertsteuer. Kostenstand: 4.Quartal 2016
Kosten und Kostenkennwerte umgerechnet auf den Bundesdurchschnitt

Kostenkennwerte für Kostengruppen der 2. und 3.Ebene DIN 276

①
Codierung und Bezeichnung der Kostengruppe entsprechend der 2. und 3.Ebene nach DIN 276

②
Abgerechneten Leistungen mit Menge, Einheit, Kostenkennwert in Euro pro Einheit, Kosten in Euro und prozentualer Anteil an den Kostengruppen 300 und 400 DIN 276

1300-0225
Bürogebäude
(44 AP)

Kostenkennwerte für Leistungsbereiche nach StLB (Kosten des Bauwerks nach DIN 276)

	LB	Leistungsbereiche	Kosten €	€/m² BGF	€/m³ BRI	% 3+4
	000	Sicherheits-, Baustelleneinrichtungen inkl. 001	117.934	66,11	18,19	3,1
	002	Erdarbeiten	39.091	21,91	6,03	1,0
	006	Spezialtiefbauarbeiten inkl. 005	7.985	4,48	1,23	0,2
	009	Entwässerungskanalarbeiten inkl. 011	21.473	12,04	3,31	0,6
	010	Dränarbeiten	9.968	5,59	1,54	0,3
①	012	Mauerarbeiten	537.850	301,50	82,95	14,0
	013	Betonarbeiten	482.953	270,73	74,49	12,6
	014	Natur-, Betonwerksteinarbeiten	4.667	2,62	0,72	0,1
	016	Zimmer- und Holzbauarbeiten	–	–	–	–
	017	Stahlbauarbeiten	37.317	20,92	5,76	1,0
	018	Abdichtungsarbeiten	19.873	11,14	3,07	0,5
	020	Dachdeckungsarbeiten	–	–	–	–
	021	Dachabdichtungsarbeiten	82.301	46,14	12,69	2,1
	022	Klempnerarbeiten	31.953	17,91	4,93	0,8
		Rohbau	**1.393.364**	**781,08**	**214,90**	**36,4**
	023	Putz- und Stuckarbeiten, Wärmedämmsysteme	32.363	18,14	4,99	0,8
	024	Fliesen- und Plattenarbeiten	40.416	22,66	6,23	1,1
	025	Estricharbeiten	48.753	27,33	7,52	1,3
②	026	Fenster, Außentüren inkl. 029, 032	1.725	0,97	0,27	< 0,1
	027	Tischlerarbeiten	163.144	91,45	25,16	4,3
	028	Parkett-, Holzpflasterarbeiten	–	–	–	–
	030	Rollladenarbeiten	45.937	25,75	7,09	1,2
	031	Metallbauarbeiten inkl. 035	509.502	285,61	78,58	13,3
	034	Maler- und Lackiererarbeiten inkl. 037	37.610	21,08	5,80	1,0
	036	Bodenbelagsarbeiten	112.450	63,04	17,34	2,9
	038	Vorgehängte hinterlüftete Fassaden	–	–	–	–
	039	Trockenbauarbeiten	197.427	110,67	30,45	5,2
		Ausbau	**1.189.327**	**666,70**	**183,43**	**31,1**
	040	Wärmeversorgungsanlagen, inkl. 041	224.959	126,11	34,70	5,9
	042	Gas- und Wasseranlagen, Leitungen inkl. 043	31.285	17,54	4,83	0,8
	044	Abwasseranlagen - Leitungen	13.224	7,41	2,04	0,3
	045	Gas, Wasser, Entwässerung - Ausstattung inkl. 046	33.947	19,03	5,24	0,9
	047	Dämmarbeiten an technischen Anlagen	75.792	42,49	11,69	2,0
	049	Feuerlöschanlagen, Feuerlöschgeräte	–	–	–	–
	050	Blitzschutz- und Erdungsanlagen	9.126	5,12	1,41	0,2
	052	Mittelspannungsanlagen	–	–	–	–
	053	Niederspannungsanlagen inkl. 054	195.362	109,51	30,13	5,1
	055	Ersatzstromversorgungsanlagen	8.697	4,88	1,34	0,2
	057	Gebäudesystemtechnik	–	–	–	–
	058	Leuchten und Lampen, inkl. 059	136.915	76,75	21,12	3,6
	060	Elektroakustische Anlagen	14.500	8,13	2,24	0,4
	061	Kommunikationsnetze, inkl. 063	179.702	100,74	27,72	4,7
	069	Aufzüge	52.479	29,42	8,09	1,4
	070	Gebäudeautomation	15.754	8,83	2,43	0,4
	075	Raumlufttechnische Anlagen	234.176	131,27	36,12	6,1
		Gebäudetechnik	**1.225.918**	**687,22**	**189,08**	**32,0**
	084	**Abbruch- und Rückbauarbeiten**	**5.251**	**2,94**	**0,81**	**0,1**
③		**Sonstige Leistungsbereiche inkl. 008, 033, 051**	**16.398**	**9,19**	**2,53**	**0,4**

Bundesdurchschnitt, **inkl. 19% MwSt.**

Erläuterung nebenstehender Baukostentabelle

Alle Kostenkennwerte enthalten die Mehrwertsteuer. Kostenstand: 4.Quartal 2016.
Kosten und Kostenkennwerte umgerechnet auf den Bundesdurchschnitt.

Kostenkennwerte für Leistungsbereiche nach StLB

①
LB-Nummer nach Standardleistungsbuch (StLB).
Bezeichnung des Leistungsbereichs (zum Teil abgekürzt).

Kostenkennwerte für Bauwerkskosten (Kostengruppe 300+400 nach DIN 276) je Leistungsbereich in €/m² Brutto-Grundfläche (BGF nach DIN 277).
Anteil der jeweiligen Leistungsbereiche in Prozent an den Bauwerkskosten (100%).

②
Kostenkennwerte und Prozentanteile für „Leistungsbereichspakete" als Zusammenfassung bestimmter Leistungsbereiche. Leistungsbereiche mit relativ geringem Kostenanteil wurden in Einzelfällen mit anderen Leistungsbereichen zusammengefasst.
Beispiel:
LB 000 Baustelleneinrichtung zusammengefasst mit
LB 001 Gerüstarbeiten (Angabe: inkl. 001).

③
Ergänzende, den StLB-Leistungsbereichen nicht zuzuordnende Leistungsbereiche, zusammengefasst mit den LB-Nr. 008, 033, 051.

330
Außenwände

(1)

(2)

Kostenkennwerte für die Kostengruppen der 3.Ebene DIN 276

KG	Kostengruppe	Menge Einheit	Kosten €	€/Einheit	€/m² BGF
331	**Tragende Außenwände**				
	1300-0220 Bürogebäude, Bankfiliale (26 AP) Stb-Außenwände C35/45, WU, d=25cm, Schalung, Bewehrung (247m²), Stb-Außenwände C30/37, d=25cm, Schalung, Bewehrung (238m²)	484,62 m²	73.841	**152,37**	40,09
	1300-0225 Bürogebäude (44 AP) KS-Mauerwerk, d=24cm (1.356m²), KS-U-Schalen 24x24cm (47m), Stb-Ringbalken C25/30, Schalung, Bewehrung, 24x24cm (24m), 17,5x24cm (9m)	1.375,14 m²	133.081	**96,78**	74,60
	3400-0022 Seniorenpflegeheim (90 Betten) KS-Mauerwerk, d=17,5cm (956m²), Stb-Wände C25/30, Schalung, Bewehrung, d=25-35cm (680m²), d=20-25cm (198m²)	1.834,30 m²	189.526	**103,32**	29,81
	4400-0216 Kinderkrippe (4 Gruppen, 60 Kinder) Holzrahmenwände, d=234mm, DWD-Platten außen, d=16mm, OSB-Platten innen, d=18mm, Zellulose-Einblasdämmung WLG 040, d=200mm (327m²), Profilstahl für Einbauteile (361kg), Nivellierschwellen aus Schaumglas (133m)	327,01 m²	89.335	**273,19**	108,04
	5100-0092 Sporthalle (Dreifeldhalle) Betondoppelwandtafeln, d=30cm, Füllbeton (667m²), Stb-Wände C25/30, d=15-25, Schalung, Bewehrung (356m²)	1.023,08 m²	174.687	**170,75**	45,10
	6100-0852 Seniorenwohnungen (18 WE) KS-Mauerwerk, d=17,5cm (401m²), Stb-Wände C25/30, d=30-32cm, Schalung, Bewehrung (285m²)	685,81 m²	70.831	**103,28**	40,01
	6100-1096 Einfamilienhaus, Garagen Holzrahmenbauwände, Holzweichfaserplatten, d=60mm Einblasdämmung WLG 035-040, d=200mm, OSB-Platten innen (264m²)	264,17 m²	56.186	**212,69**	212,43
	6100-1248 Mehrfamilienhaus (23 WE), TG (31 STP) Stahlfaserbetonwände C25/30, d=25cm, Schalung, zusätzl. Bewehrung (484m²), LHlz-Mauerwerk, Füllung Mineralwolle, d=36,5cm (907m²)	1.390,99 m²	200.172	**143,91**	49,15
	6100-1250 Mehrfamilienhaus, altengerecht (29 WE) KS-Hintermauerwerk, d=17,5cm (1.010m²), d=20cm (102m²), Stb-Wände C25/30, d=25cm, Schalung, Bewehrung (76m²), d=20cm (23m²), Stb-Ringbalken C25/30, 24x25cm (81m), 17,5x25cm (77m), Stb-Unterzug C25/30, 17,5x140cm (5m), 20x27cm (5m), Stb-Stürze C25/30, 17,5x15cm (166m), 20x34cm (20m)	1.258,77 m²	111.485	**88,57**	35,31
	6200-0057 Studentenwohnheim (139 Betten) Stb-Wände C25/30, d=25cm (87m²), Sichtbeton (525m²), WU-Beton (521m²), C40/50, d=25cm, Sichtbeton (46m²), Schalung, Bewehrung, Verfugung F90 (131m)	1.179,28 m²	166.082	**140,83**	27,22

Bundesdurchschnitt, **inkl. 19% MwSt.**

Daten auf beigelegter CD-ROM

Erläuterung nebenstehender Baukostentabelle (Datei: N15 3.Ebene)

Alle Kostenkennwerte enthalten die Mehrwertsteuer. Kostenstand: 4.Quartal 2016.
Kosten und Kostenkennwerte umgerechnet auf den Bundesdurchschnitt.

Kostenkennwerte für die Kostengruppen 300 und 400 der 3.Ebene nach DIN 276

①
Codierung und Bezeichnung der Ausführung zur Kostengruppe entsprechend der 3.Ebene nach DIN 276

②
Abgerechnete Leistungen zu dokumentierten Objekten mit BKI Objektnummer, Beschreibung, Menge, Einheit, Kosten, Kostenkennwert bezogen auf die Kostengruppeneinheit oder alternativ bezogen auf die übergeordnete Einheit.

Bei den Mengen handelt es sich um ausgeführte Mengen.

Vollständige Gliederung der Leistungsbereiche nach StLB-Bau

Als Beispiel für eine ausführungsorientierte Ergänzung der Kostengliederung werden im Folgenden die Leistungsbereiche des Standardleistungsbuches für das Bauwesen in einer Übersicht dargestellt.

000 Sicherheitseinrichtungen, Baustelleneinrichtungen
001 Gerüstarbeiten
002 Erdarbeiten
003 Landschaftsbauarbeiten
004 Landschaftsbauarbeiten -Pflanzen
005 Brunnenbauarbeiten und Aufschlussbohrungen
006 Spezialtiefbauarbeiten
007 Untertagebauarbeiten
008 Wasserhaltungsarbeiten
009 Entwässerungskanalarbeiten
010 Drän- und Versickerarbeiten
011 Abscheider- und Kleinkläranlagen
012 Mauerarbeiten
013 Betonarbeiten
014 Natur-, Betonwerksteinarbeiten
016 Zimmer- und Holzbauarbeiten
017 Stahlbauarbeiten
018 Abdichtungsarbeiten
020 Dachdeckungsarbeiten
021 Dachabdichtungsarbeiten
022 Klempnerarbeiten
023 Putz- und Stuckarbeiten, Wärmedämmsysteme
024 Fliesen- und Plattenarbeiten
025 Estricharbeiten
026 Fenster, Außentüren
027 Tischlerarbeiten
028 Parkett-, Holzpflasterarbeiten
029 Beschlagarbeiten
030 Rollladenarbeiten
031 Metallbauarbeiten
032 Verglasungsarbeiten
033 Baureinigungsarbeiten
034 Maler- und Lackierarbeiten - Beschichtungen
035 Korrosionsschutzarbeiten an Stahlbauten
036 Bodenbelagarbeiten
037 Tapezierarbeiten
038 Vorgehängte hinterlüftete Fassaden
039 Trockenbauarbeiten
040 Wärmeversorgungsanlagen - Betriebseinrichtungen
041 Wärmeversorgungsanlagen - Leitungen, Armaturen, Heizflächen
042 Gas- und Wasseranlagen - Leitungen, Armaturen
043 Druckrohrleitungen für Gas, Wasser und Abwasser
044 Abwasseranlagen - Leitungen, Abläufe, Armaturen
045 Gas-, Wasser- und Entwässerungsanlagen - Ausstattung, Elemente, Fertigbäder
046 Gas-, Wasser- und Entwässerungsanlagen - Betriebseinrichtungen
047 Dämm- und Brandschutzarbeiten an technischen Anlagen
049 Feuerlöschanlagen, Feuerlöschgeräte
050 Blitzschutz- / Erdungsanlagen, Überspannungsschutz
051 Kabelleitungstiefbauarbeiten
052 Mittelspannungsanlagen
053 Niederspannungsanlagen - Kabel/Leitungen, Verlegesysteme, Installationsgeräte
054 Niederspannungsanlagen - Verteilersysteme und Einbaugeräte
055 Ersatzstromversorgungsanlagen
057 Gebäudesystemtechnik
058 Leuchten und Lampen
059 Sicherheitsbeleuchtungsanlagen
060 Elektroakustische Anlagen, Sprechanlagen, Personenrufanlagen
061 Kommunikationsnetze
062 Kommunikationsanlagen
063 Gefahrenmeldeanlagen
064 Zutrittskontroll-, Zeiterfassungssysteme
069 Aufzüge
070 Gebäudeautomation
075 Raumlufttechnische Anlagen
078 Kälteanlagen für raumlufttechnische Anlagen
080 Straßen, Wege, Plätze
081 Betonerhaltungsarbeiten
082 Bekämpfender Holzschutz
083 Sanierungsarbeiten an schadstoffhaltigen Bauteilen
084 Abbruch- und Rückbauarbeiten
085 Rohrvortriebsarbeiten
087 Abfallentsorgung, Verwertung und Beseitigung
090 Baulogistik
091 Stundenlohnarbeiten
096 Bauarbeiten an Bahnübergängen
097 Bauarbeiten an Gleisen und Weichen
098 Witterungsschutzmaßnahmen

Abkürzungsverzeichnis

Abkürzung	Bezeichnung
AF	Außenanlagenfläche
AP	Arbeitsplätze
APP	Appartement
AWF	Außenwandfläche
BGF	Brutto-Grundfläche (Summe der Regelfall (R)- und Sonderfall (S)-Flächen nach DIN 277)
BGI	Baugrubeninhalt
bis	oberer Grenzwert des Streubereichs um einen Mittelwert
BRI	Brutto-Rauminhalt (Summe der Regelfall (R)- und Sonderfall (S)-Rauminhalte nach DIN 277)
BRI/BGF (m)	Verhältnis von Brutto-Rauminhalt zur Brutto-Grundfläche angegeben in Meter
BRI/NUF (m)	Verhältnis von Brutto-Rauminhalt zur Nutzungsfläche angegeben in Meter
DAF	Dachfläche
DEF	Deckenfläche
DHH	Doppelhaushälfte
DIN 276	Kosten im Bauwesen - Teil 1 Hochbau (DIN 276-1:2008-12)
DIN 277	Grundflächen und Rauminhalte von Bauwerken im Hochbau (DIN 277:2016-01)
ELW	Einliegerwohnung
ETW	Etagenwohnung
€/Einheit	Spaltenbezeichnung für Mittelwerte zu den Kosten bezogen auf eine Einheit der Bezugsgröße
€/m² BGF	Spaltenbezeichnung für Mittelwerte zu den Kosten bezogen auf Brutto-Grundfläche
GF	Grundstücksfläche
Fläche/BGF (%)	Anteil der angegebenen Fläche zur Brutto-Grundfläche in Prozent
Fläche/NUF (%)	Anteil der angegebenen Fläche zur Nutzungsfläche in Prozent
GRF	Gründungsfläche
inkl.	einschließlich
IWF	Innenwandfläche
KFZ	Kraftfahrzeug
KITA	Kindertagesstätte
KG	Kostengruppe
KGF	Konstruktions-Grundfläche (Summe der Regelfall (R)- und Sonderfall (S)-Flächen nach DIN 277)
LB	Leistungsbereich
Menge/BGF	Menge der genannten Kostengruppen-Bezugsgröße bezogen auf die Menge der Brutto-Grundfläche
Menge/NUF	Menge der genannten Kostengruppen-Bezugsgröße bezogen auf die Menge der Nutzungsfläche
NE	Nutzeinheit
NUF	Nutzungsfläche (Summe der Regelfall (R)- und Sonderfall (S)-Flächen nach DIN 277)
NRF	Netto-Raumfläche (Summe der Regelfall (R)- und Sonderfall (S)-Flächen nach DIN 277)
Obj.-Nr.	Nummer des Objekts in der BKI-Baukostendatenbank
RH	Reihenhaus
StLB	Standardleistungsbuch
STP	Stellplatz
TF	Technikfläche (Summe der Regelfall (R)- und Sonderfall (S)-Flächen nach DIN 277)
TG	Tiefgarage
VF	Verkehrsfläche (Summe der Regelfall (R)- und Sonderfall (S)-Flächen nach DIN 277)
von	unterer Grenzwert des Streubereichs um einen Mittelwert
WE	Wohneinheit
WFL	Wohnfläche

Ø	Mittelwert
300+400	Zusammenfassung der Kostengruppen Bauwerk-Baukonstruktionen und Bauwerk-Technische Anlagen
% an 300+400	Kostenanteil der jeweiligen Kostengruppe an den Kosten des Bauwerks
% an 300	Kostenanteil der jeweiligen Kostengruppe an der Kostengruppe Bauwerk-Baukonstruktionen
% an 400	Kostenanteil der jeweiligen Kostengruppe an der Kostengruppe Bauwerk-Technische Anlagen

Kosten abgerechneter Objekte

Büro- und Verwaltungsgebäude

1

1300-0220
Bürogebäude
Bankfiliale
(26 AP)

Objektübersicht

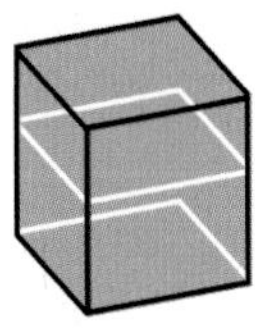

BRI 632 €/m³

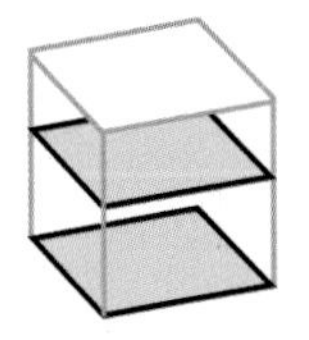

BGF 2.373 €/m²

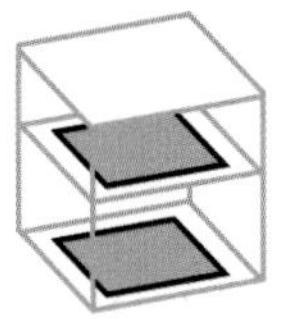

NUF 3.835 €/m²

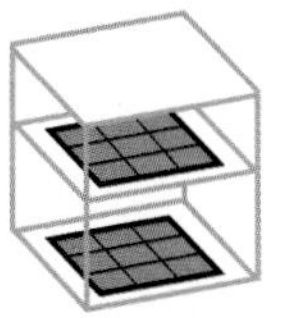

NE 168.100 €/NE
NE: Arbeitsplatz

Objekt:
Kennwerte: 3.Ebene DIN 276
BRI: 6.918 m³
BGF: 1.842 m²
NUF: 1.140 m²
Bauzeit: 78 Wochen
Bauende: 2015
Standard: über Durchschnitt
Kreis: Göppingen,
Baden-Württemberg

Architekt:
dauner rommel schalk
architekten

Olgastraße 26
73033 Göppingen

Mozartstraße 51
70180 Stuttgart

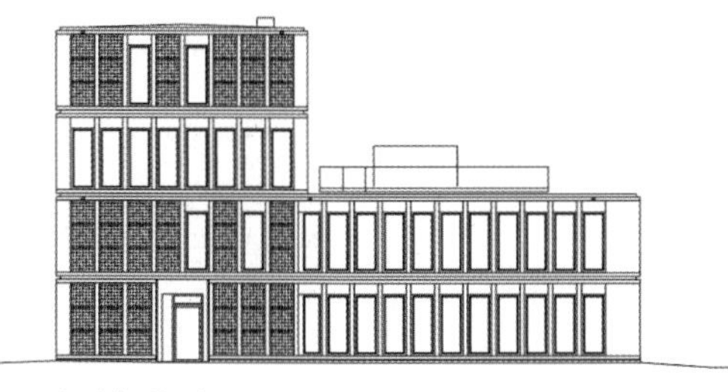

Ansicht Nord

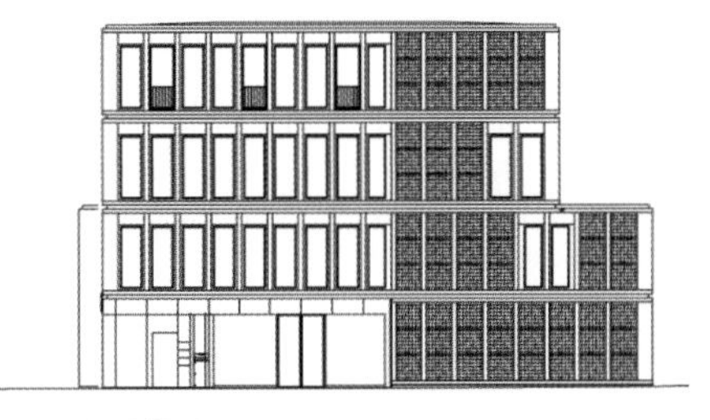

Ansicht Ost

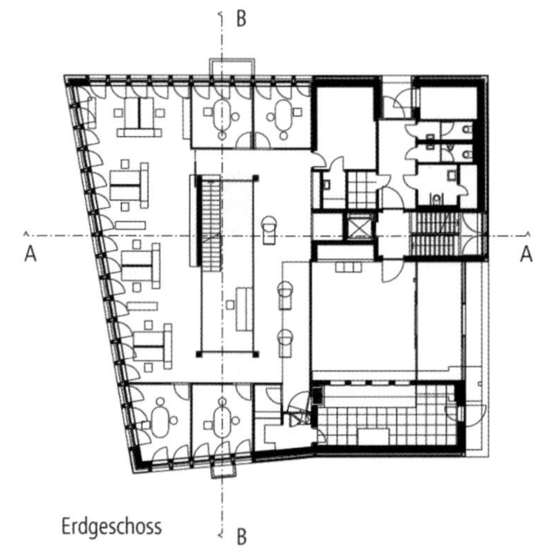

Erdgeschoss

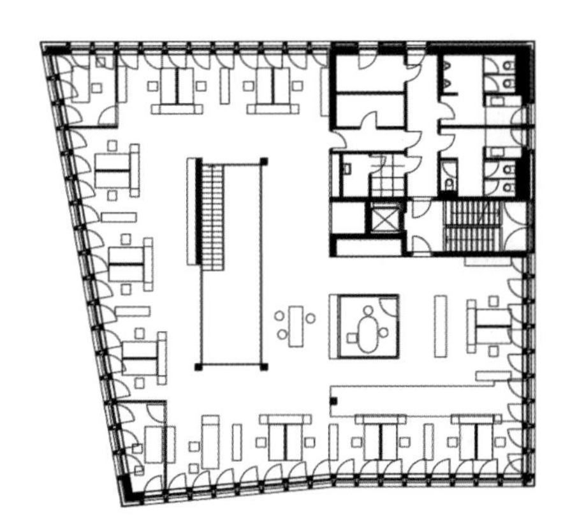

1. Obergeschoss

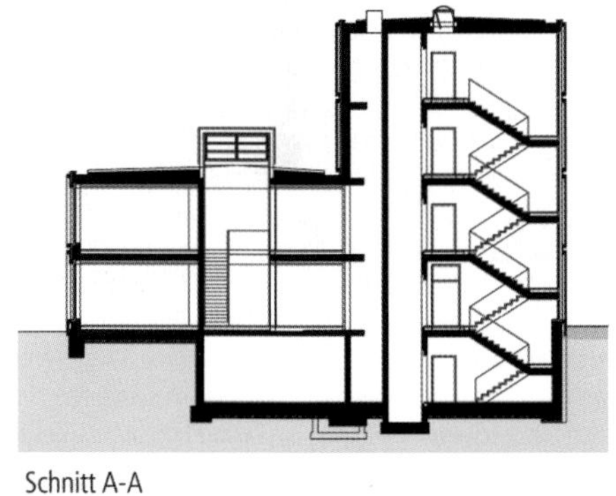

Schnitt A-A

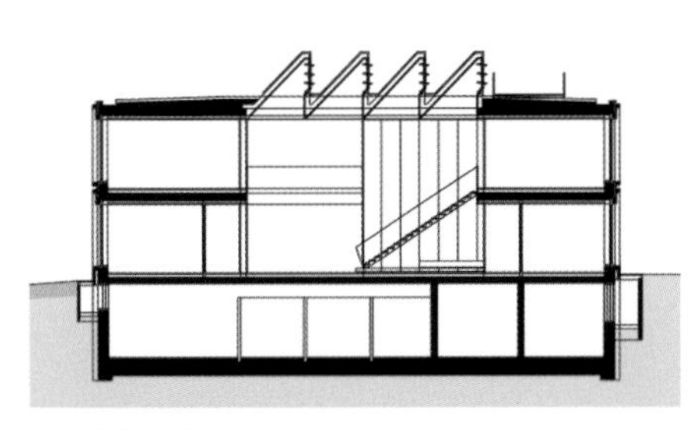

Schnitt B-B

Objektbeschreibung

Allgemeine Objektinformationen

Die bisherige Filiale der Kreissparkasse wurde zu klein und sollte auf einem neuen Grundstück mit einer weiteren Filiale zusammengelegt werden. Ein 2012 durchgeführtes Gutachterverfahren mit fünf teilnehmenden Architekturbüros führte zur Auftragsvergabe an das Büro dauner rommel schalk architekten. Wesentliche Teile des Vorentwurfs konnten in die Werkplanung übernommen werden.

Nutzung

1 Untergeschoss
Technik, Lager

1 Erdgeschoss
Kundenhalle, Großraumbüro

3 Obergeschosse
Besprechungsräume, Großraumbüro

Nutzeinheiten

Arbeitsplätze: 26

Grundstück

Bauraum: Freier Bauraum
Neigung: Ebenes Gelände
Bodenklasse: BK 1 bis BK 4

Markt

Hauptvergabezeit: 3. Quartal 2013
Baubeginn: 4. Quartal 2013
Bauende: 2. Quartal 2015
Konjunkturelle Gesamtlage: Durchschnitt
Regionaler Baumarkt: unter Durchschnitt

Baukonstruktion

Der Neubau gründet auf Streifen- und Einzelfundamenten. Die tragenden Außenwände sind aus Stahlbeton, teilweise aus WU-Stahlbeton ausgeführt. Stahlbetonstützen dienen als Fassadenstützen. Die Holz-Alufenster sind mit Dreifachverglasung ein-, zwei, teilweise vierteilig ausgeführt. Die Fassaden sind hinterlüftet als Natursteinfassaden errichtet. In Teilbereichen wurde ein Graffitischutz aufgebracht. Der Hauptzugang zur Bank wurde mit Pfosten-Riegel-Elementen mit Automatik-Schiebetüranlagen und Glattbechfassade gestaltet. Innen wurden die Flächen mit Gipsputz und Anstrich auf GK-Wänden versehen. Als Sonnenschutz dienen Alulamellen-Raffstoreanlagen.

Technische Anlagen

Eine Sole-Wasser-Wärmepumpe, die Wärmetauscher sowie Kälte- und Wärmeverteilungen werden im Technikraum im Untergeschoss des Gebäudes installiert. Als Wärmequelle wird Flusswasser genutzt. Die Wärmepumpe wird durch eine Gas-Brennwertttherme ergänzt. Die Raumbeheizung erfolgt über eine Temperierung der Deckenflächen bzw. über Plattenheizkörper. Mit den Heiz-/Kühldecken wird geheizt und gekühlt. Zusätzlich wird die Luft durch eine Lüftungsanlage konditioniert. Eine Solaranlage wird zur Stromgewinnung genutzt. Der Personenaufzug für maximal acht Personen mit fünf Haltestellen verbindet die fünf Geschosse miteinander. Über Automatisierungsgeräte werden die verschiedenen technischen Anlagen gesteuert.

Sonstiges

Das Kompetenzcenter Süßen bildet direkt am Filsübergang den städtebaulichen Brückenkopf, der die Stadtteile beidseitig des Flusses miteinander verbindet. Das Volumen des Neubaus variiert zwischen zwei und vier Geschossen. Die viergeschossige straßenbegleitende Bebauung korrespondiert mit vergleichbaren Baukörpern entlang der angrenzenden Straßenzüge, zu den rückwärtigen Grundstücken gelingt aufgrund der Reduzierung der Baumasse eine harmonische Einfügung ins Umfeld. Die markante Fassade aus Muschelkalk spiegelt die Nutzung sowie auch die Gebäudestruktur wider: Die Anordnung der Gesimse, Lisenen und geschlossenen Flächen verweist sowohl auf das dahinterliegende Tragwerk wie auch auf die Lage der Nebenräume. Diese verbergen sich hinter den perforierten Natursteinelementen. Im Bereich des Treppenraums ist die Perforation auf die gesamte Steintiefe ausgeführt, was bei Sonnenschein im Innenraum zu ausdrucksvollen Lichteffekten führt.

Planungskennwerte für Flächen und Rauminhalte nach DIN 277

Flächen des Grundstücks		Menge, Einheit	% an GF
BF	Bebaute Fläche	533,50 m²	80,3
UF	Unbebaute Fläche	131,09 m²	19,7
GF	Grundstücksfläche	664,59 m²	100,0

Grundflächen des Bauwerks		Menge, Einheit	% an NUF	% an BGF
NUF	Nutzungsfläche	1.139,54 m²	100,0	61,9
TF	Technikfläche	118,63 m²	10,4	6,4
VF	Verkehrsfläche	214,75 m²	18,8	11,7
NRF	Netto-Raumfläche	1.472,92 m²	129,3	80,0
KGF	Konstruktions-Grundfläche	368,73 m²	32,4	20,0
BGF	Brutto-Grundfläche	1.841,65 m²	161,6	100,0

NUF=100% BGF=161,6% NRF=129,3%

NUF TF VF KGF

Brutto-Rauminhalt des Bauwerks		Menge, Einheit	BRI/NUF (m)	BRI/BGF (m)
BRI	Brutto-Rauminhalt	6.917,53 m³	6,07	3,76

0 1 2 3 4 5 6 BRI/NUF=6,07m

BRI/BGF=3,76m 0 1 2 3

Lufttechnisch behandelte Flächen	Menge, Einheit	% an NUF	% an BGF
Entlüftete Fläche	–	–	–
Be- und Entlüftete Fläche	–	–	–
Teilklimatisierte Fläche	–	–	–
Klimatisierte Fläche	–	–	–

KG	Kostengruppen (2.Ebene)	Menge, Einheit	Menge/NUF	Menge/BGF
310	Baugrube	1.932,56 m³ BGI	1,70	1,05
320	Gründung	505,03 m² GRF	0,44	0,27
330	Außenwände	1.180,54 m² AWF	1,04	0,64
340	Innenwände	1.351,45 m² IWF	1,19	0,73
350	Decken	1.146,56 m² DEF	1,01	0,62
360	Dächer	515,18 m² DAF	0,45	0,28

1300-0220
Bürogebäude
Bankfiliale
(26 AP)

Kostenkennwerte für die Kostengruppen der 1.Ebene DIN 276

KG	Kostengruppen (1.Ebene)	Einheit	Kosten €	€/Einheit	€/m² BGF	€/m³ BRI	% 300+400
100	Grundstück	m² GF	–	–	–	–	–
200	Herrichten und Erschließen	m² GF	4.631	6,97	2,51	0,67	0,1
300	Bauwerk - Baukonstruktionen	m² BGF	3.271.635	1.756,46	1.776,47	472,95	74,9
400	Bauwerk - Technische Anlagen	m² BGF	1.098.952	590,00	596,72	158,86	25,1
	Bauwerk 300+400	**m² BGF**	**4.370.587**	**2.346,46**	**2.373,19**	**631,81**	**100,0**
500	Außenanlagen	m² AF	85.290	469,09	46,31	12,33	2,0
600	Ausstattung und Kunstwerke	m² BGF	7.526	4,09	4,09	1,09	0,2
700	Baunebenkosten	m² BGF	–	–	–	–	–

KG	Kostengruppe	Menge Einheit	Kosten €	€/Einheit	%
200	**Herrichten und Erschließen**	664,59 m² GF	4.631	**6,97**	100,0
	Abbruch von Asphaltbelag, Oberboden abtragen, Bäume fällen				
3+4	**Bauwerk**				**100,0**
300	**Bauwerk - Baukonstruktionen**	1.862,63 m² BGF	3.271.635	**1.756,46**	74,9
	Fundamente, Bodenplatten, Estrich, Bodenbeschichtung, Hohlboden, Teppich, Betonwerksteine, Linoleum; Stb-Außenwände, Stützen, Holz-Alufenster, Außentüren, Natursteinfassade, Glattblechfassade, Gipsputz, Anstrich, Feinsteinzeug, Pfosten-Riegel-Fassade, Schiebetüranlage, Sonnenschutz; Stb-Innenwände, GK-Wände, Innentüren, Wandbekleidungen, Systemtrennwände, WC-Trennwände, Glastrennwand; Stb-Decken, Treppen, Heiz-/Kühldecken, GK-Decken, Geländer; Stb-Flachdach, Sheddach mit Lamellenfenstern, Lichtkuppeln, Dachabdichtung, extensive Dachbegrünung, Dachterrasse mit Überdachung; Möbeleinbauten, Küchenzeilen				
400	**Bauwerk - Technische Anlagen**	1.862,63 m² BGF	1.098.952	**590,00**	25,1
	Gebäudeentwässerung, Kalt- und Warmwasserleitungen, Sanitärobjekte; Sole-Wasser-Wärmepumpe, Gas-Brennwerttherme, Heizungs- und Kälteleitungen, Luftschleieranlage, Heizkörper; Lüftungsanlage, Umluftkühlgeräte; Solaranlage zur Stromgewinnung, NSHV, Elektroinstallation, Beleuchtung, Blitzschutzanlage; Fernmeldeverteiler, Türsprechanlage, Fernsehanlage, Brandmeldeanlage, RWA-Anlage, Datenübertragungsnetzwerk; Personenaufzug; Küchengeräte; Gebäudeautomation				
500	**Außenanlagen**	181,82 m² AF	85.290	**469,09**	100,0
	Arbeiten für Flusswasserentnahme zum Betreiben der Wärmepumpenanlage, Mastaufsatzleuchte; Oberbodenarbeiten, Rasenansaat; Fangdamm herstellen, Baugelände abräumen				
600	**Ausstattung und Kunstwerke**	1.841,65 m² BGF	7.526	**4,09**	100,0
	Sanitärausstattung, Unterkonstruktion als Traggerüst für Werbeschilder				

Kostenkennwerte für die Kostengruppen der 2.Ebene DIN 276

KG	Kostengruppe	Menge Einheit	Kosten €	€/Einheit	%
200	**Herrichten und Erschließen**				**100,0**
210	**Herrichten**	664,59 m² GF	4.631	**6,97**	100,0

Abbruch von Asphaltbelag mit Tragschicht, entsorgen (50m²) * Oberboden abtragen, entsorgen (186m²), Bäume fällen, Wurzelwerk entfernen, entsorgen (2St)

KG	Kostengruppe	Menge Einheit	Kosten €	€/Einheit	%
300	**Bauwerk - Baukonstruktionen**				**100,0**
310	**Baugrube**	1.932,56 m³ BGI	174.379	**90,23**	5,3

Baugrubenaushub, t=3,00m, seitlich lagern (1.598m³), laden, abfahren (1.425m³), belasteten Boden Z2 laden, abfahren (167m³), Arbeitsraum verfüllen (73m³) * Berliner Verbau (64m), Verbau zurückbauen, entsorgen (64m) * Böschung mit Folie abdecken (279m²)

KG	Kostengruppe	Menge Einheit	Kosten €	€/Einheit	%
320	**Gründung**	505,03 m² GRF	152.187	**301,34**	4,7

Bodenabtrag (335m³), Auffüllung Schotter-Splittgemisch (254m³) * Fundamentaushub (268m³), Stb-Fundamente C30/37 (59m³) * Stb-Bodenplatten C30/37, d=25-40cm (505m²) * Abdichtung (315m²), Wärmedämmung, EPS-TSD, Zementestrich, Dispersionsbeschichtung (285m²), Hohlboden, h=195mm, Fließestrich (107m²), Teppichbelag (117m²), Betonwerksteinbelag (25m²) * Kiesfilter, Sauberkeitsschichten (541m²), Perimeterdämmung, d=120mm (110m²)

KG	Kostengruppe	Menge Einheit	Kosten €	€/Einheit	%
330	**Außenwände**	1.180,54 m² AWF	1.327.116	**1.124,16**	40,6

Stb-Außenwände, d=25cm (485m²) * Stb-Brüstungen (69m²) * Stb-Stützen, h=3,22m (138St), Stb-Verbundstützen, h=3,22m (3St) * Holz-Alufenster, U_W=0,9W/m²K (498m²), Alu-Türelement, Briefkastenanlage (7m²), Stahlblechtür (3m²), als T-30-Tür (3m²), Alu-Türelement, als Außentür vor Stahlblechtür (4m²) * Natursteinfassade, hinterlüftet: Platten mit Sacklöchern, (166m²), mit Durchgangslöchern (27m²), flächig, (132m²), Stützen (141m²), Gesimse (87m²), Perimeterdämmung, d=120-200mm (300m²), Sockel mit Stb-Mauerscheiben (46m²), Glattblechfassade (45m²), Mineralwolldämmung, d=160mm (557m²), Alublende zwischen Natursteingesimsen (181m) * Gipsputz (147m²), Laibungsputz (72m), GK-Formteile für Stützenbekleidungen, dreiseitig (273m²), Anstrich (621m²), Feinsteinzeug (45m²) * Pfosten-Riegel-Fassade, U_W=1,1W/m²K (24m²), Schiebetüranlage (1St) * Alulamellen-Raffstoreanlagen (421m²), mit Notraffsystem (32m²) * Lichtschächte (2St), Gitterroste als Wartungsrost (30m)

KG	Kostengruppe	Menge Einheit	Kosten €	€/Einheit	%
340	**Innenwände**	1.351,45 m² IWF	447.204	**330,91**	13,7

Stb-Innenwände, d=25-40cm (627m²) * GK-Wände F30, d=125mm (241m²), als GK-Deckenschotts (14m²), GK-Wand, durchschusshemmend, d=125mm (19m²), GK-Sicherheitswand, F90, d=126mm (13m²) * Stb-Stützen, h=3,22m (3St) * Holztüren, HPL (31m²), T30 RS (25m²), T30 (6m²), Glastüren T30 RS (27m²), ohne Anforderung (2m²), Glas-Schiebetüren (7m²) * Gipsputz (406m²), Anstrich (1.197m²), Wandbekleidung, furniert (133m²), als Revisionstüren (5m²), Akustik-Wandbekleidung (54m²), Feinsteinzeug (95m²), Spiegel (16m²), GK-Vorsatzschalen (90m²) * Pfosten-Riegel-Fassade, U_W=1,1W/m²K (24m²), Schiebetüranlage (1St), Systemtrennwände (89m²), als Glaselemente (110m²), als Glas-Türelemente (40m²), als Installationspaneele (12m²), WC-Trennwände, elf Türen (43m²), Glastrennwand, VSG 14mm (20m²)

KG	Kostengruppe	Menge Einheit	Kosten €	€/Einheit	%
350	**Decken**	1.146,56 m² DEF	460.994	**402,07**	14,1

Stb-Decken, d=25-50cm (1.101m²), Stb-Treppen (25m²), Podeste (14m²), Unterzüge (9m³), Faltwerktreppe (6m²) * Wärmedämmung, TSD (235m²), Anhydritestrich (128m²), Zementestrich (106m²), Hohlboden, Fließestrich (705m²), Teppich (589m²), Linoleum (78m²), Feinsteinzeug (62m²), Betonwerkstein (110m²), als Winkelstufen (26m²), An-/Austritte (7m²), Eingangsmatte (19m²), Trittstufen Faltwerktreppe, Kautschukbelag (6m²), Podest unter Faltwerktreppe (6m²) * GK-Akustikdecken als Heiz-/Kühldecke, Verbundrohre, Dämmung (377m²), GK-Decken, abgehängt (134m²), GK-Akustikdecke (26m²), GK-Decke F90 (12m²), Mineralplatten-Kassettendecke (45m²), Gipsputz Q3 (60m²), Anstrich (839m²), Wärmedämmung, Alu-Glattblech-Untersicht (34m²) * Geländer, Flachstahl (35m²), Ganzglasgeländer (20m²), Absturzsicherungen (72St), PSA-Set (1St)

KG	Kostengruppe	Menge Einheit	Kosten €	€/Einheit	%
360	**Dächer**	515,18 m² DAF	412.789	**801,25**	12,6

Stb-Flachdach, d=30cm (463m²), Sheddachkonstruktion mit Holzrahmenwänden, d=187mm, Dämmung, Bekleidungen (36m²) * Lichtkuppel 90x90cm (1St), 100x150cm (1St), Sheddach-Lamellenfenster 318x125cm, Elektromotoren (4St) * Dachdichtungsbahn (458m²), Schaumglasdämmung, Gefälledämmung (475m²), Dachabdichtung (545m²), dritte Lage (112m²), extensive Dachbegrünung (137m²), Kiesrandstreifen (83m), Kiesschüttung (147m²), Betonplatten (30m²), Notüberläufe (17St), Alublech-Kassetten, Sheddächer (35m²) * GK-Akustikdecken als Heiz-/Kühldecke, Verbundrohre, Dämmung (343m²), GK-Akustikdecke (16m²), GK-Trockenputz (88m²), Gipsputz Q3 (15m²), Anstrich (357m²) * Terrassenüberdachung, Stahl (31m²), Staketengeländer, Flachstahl (29m²), Sekuranten (9St), Absturzsicherungen (36St)

KG	Kostengruppe	Menge Einheit	Kosten €	€/Einheit	%
370	**Baukonstruktive Einbauten**	1.841,65 m² BGF	39.476	**21,44**	1,2

Empfangstheke, 306x60x112cm, lackiert (1St), Einbauschränke 210x45x214cm, direktbeschichtet, Drehtüren Eiche furniert (2St), 526x45x285cm (2St), Revisionsöffnungstüren 105x214cm, zweiflüglig (2St), 83x282cm, einflüglig (2St), Nischenauskleidung 204x107x58cm, Eiche furniert (1St), Tapetentür 181x61cm, direktbeschichtet (1St), Waschtisch-Unterschränke 182x53x63cm, HPL (2St), Küchenzeile 375x286x60cm, HPL (1St), 255x125x60-65cm (1St)

KG	Kostengruppe	Menge Einheit	Kosten €	€/Einheit	%
390	**Sonstige Baukonstruktionen**	1.841,65 m² BGF	257.489	**139,81**	7,9

Baustelleneinrichtungen (10St), WC-Container (1St), Büro-Container (1St), Bauzaun (116m), Mobilkran (1St) * Fassadengerüste (1.909m²), Auslegergerüst (648m), Dachrandgerüst (62m), Gerüstschutznetze (684m²) * Wasserschaden Sheddach ausbessern (20h) * Müll- und Bauschuttentsorgung * Schutzabdeckungen Böden (679m²), Schutzbelag Treppenstufen (80St), Sicherheitsbohlen als Dämmstoff-Kantenschutz (147m), Schutzwände (31m²), Schutzfolien (78St), Grob- und Endreinigungen (4St)

KG	Kostengruppe	Menge Einheit	Kosten €	€/Einheit	%
400	**Bauwerk - Technische Anlagen**				**100,0**
410	**Abwasser-, Wasser-, Gasanlagen**	1.841,65 m² BGF	81.288	**44,14**	7,4

Rohrgrabenaushub (136m³), KG-Rohre DN100 (141m), SML-Rohre DN50-100 (190m), PE-Rohre DN50-100 (21m), Rohrdämmung (103m), Kontrollschächte DN1.000 (2St), Abläufe DN100 (6St), Fallrohre DN100, innenliegend (36m), Abwasserhebeanlage (1St) * Metallverbundrohre DN12-40 (293m), Brandschutzisolierungen (34m), Waschtische (7St), Tiefspül-WCs (10St), Urinale (4St), Ausgussbecken (3St), Durchlauferhitzer (11St) * Montageelemente (21St)

KG	Kostengruppe	Menge Einheit	Kosten €	€/Einheit	%
420	**Wärmeversorgungsanlagen**	1.841,65 m² BGF	262.977	**142,79**	23,9
	Sole-Wasser-Wärmepumpe, Regelung (1St), Pufferspeicher (2St), Automatikfilter (1St), Schmutzwasserpumpe (1St), Gas-Brennwerttherme (1St), Wärmetauscher (2St) * C-Stahl-Heizungs- und Kälterohrleitungen DN40-100 (617m), DN12-40 (107m), Kupferrohre (243m), PE-Rohre (40m), Heizkreisverteiler (26St), Kälteverteiler (1St), Luftgefäße (38St), Umwälzpumpen (11St) * Luftschleieranlage, Volumenstrom 6.000m³/h (1St), Flachheizkörper (10St) * Abgasanlage (17m)				
430	**Lufttechnische Anlagen**	1.841,65 m² BGF	164.642	**89,40**	15,0
	Lüftungsgerät 5.000m³/h (1St), Umluftkühlgeräte 1.300m³/h (3St), Wickelfalzrohre (454m), Alu-Flexrohre (107m), Rechteckkanäle (228m²), Formstücke (496m²), Wärmedämmung (81m²), Kältedämmung (113m²), Schalldämpfer (109St), Nachströmventile (16St), Volumenstromregler (18St), -begrenzer (16St), Brandschutzklappen (36St), Fußboden-Luftdurchlässe (83St), Tellerventile (54St)				
440	**Starkstromanlagen**	1.841,65 m² BGF	293.882	**159,58**	26,7
	Solaranlage zur Stromgewinnung (psch), USV-Anlage (1St), Zentralbatterieanlage (1St) * Niederspannungs-Schaltgerätekombinationen, Bestückung (6St), Wandlerschrank mit Zähler (1St) * Mantelleitungen NYY-J (404m), NYM-J (10.678m), NHXHX-J (932m), NYCWY (189m), Gummischlauchleitungen (272m), Steuerleitungen (46m), Schalter, Taster (20St), EIB/KNX-Taster (38St), Steckdosen (301St), Präsenzmelder (28St) * Downlights (159St), Deckenleuchten (106St), Stehleuchten (28St), Anbauleuchten (7St), Wandleuchten (9St), Rettungszeichenleuchten (21St), Sicherheitsbeleuchtung (33St), Lichtbänder (4St) * Fundamenterder (984m), Fangleitungen (160m), Potenzialausgleichsschienen (6St)				
450	**Fernmelde-, informationstechn. Anlagen**	1.841,65 m² BGF	97.985	**53,20**	8,9
	Fernmeldeverteiler (1St), Telefonkabel (2.221m) * Türstation mit Lautsprecher, Ruftasten, Kamera (1St), Telefone (4St), Notrufset (1St) * Display 55" (1St), Koaxialkabel (184m), Antennendosen (4St) * Brandmeldecomputer (1St), FW-Info-und Bediensystem (1St), Alarmgeber (1St), Rauchmelder (142St), Handmelder (6St), Brandmeldekabel (2.002m), RWA-Anlage (1St) * Netzwerkschränke (2St), Wandschränke (2St), 19"-Patchpanels (17St), Datenkabel Cat7 (8.474m), LWL-Datenkabel (220m), Patchkabel Cat6 (40m), Datendosen 2xRJ45 (106St)				
460	**Förderanlagen**	1.841,65 m² BGF	41.891	**22,75**	3,8
	Personenaufzug, Tragkraft 630kg, acht Personen, Förderhöhe 14,10m, fünf Haltestellen (1St)				
470	**Nutzungsspezifische Anlagen**	1.841,65 m² BGF	2.387	**1,30**	0,2
	Kühlschrank (1St), Induktionskochfeld (1St), Geschirrspüler (1St), Mikrowelle (1St)				
480	**Gebäudeautomation**	1.841,65 m² BGF	153.901	**83,57**	14,0
	Automatisierungsgeräte für RLT-Anlage (1St), Heizung (1St), KNX-Smart-Panel (2St), Aktoren (20St), Sensoren (13St), Tauchhülsen (44St), Software * Schaltanlagen, Bestückung (3St) * Installationsboxen mit Raum-Automationsstationen (5St), elektromotorische Antriebe (19St) * Installationskabel (5.340m), KNX-Busleitungen (1.387m), LAN-Kabel (549m), Mantelleitungen (981m) * Dokumentationen, Koordinationsaufwand mit anderen Gewerken				

KG	Kostengruppe	Menge Einheit	Kosten €	€/Einheit	%
500	**Außenanlagen**				**100,0**
540	**Technische Anlagen in Außenanlagen**	181,82 m² AF	67.432	**370,87**	79,1
	Arbeiten für Flusswasserentnahme zum Betreiben der Wärmepumpenanlage: Boden lösen, lagern, wieder einbauen (20m³), Bettungsschicht (3m³), Betonfertigteile 100x100x50cm, Gitterrostabdeckung (3St), Flussbausteine (125t), Aushub Stufengraben (183m³), Rohrbettung, PE-Druckrohre DN65, Graben verfüllen (113m), PP-Abwasserkanal DN160-200 (74m) * Mastaufsatzleuchten, Lichtpunkthöhe 6,00m (3St)				
570	**Pflanz- und Saatflächen**	181,82 m²	2.806	**15,43**	3,3
	Oberboden auftragen (182m²) * Rasenansaat (182m²)				
590	**Sonstige Maßnahmen für Außenanlagen**	181,82 m² AF	15.052	**82,79**	17,6
	Baustelleneinrichtung (1St), Fangdamm herstellen (1St) * Baugelände abräumen (196m²), Asphalt schneiden (12m), Asphaltbelag abbrechen (22m²), Stb-Hindernis abbrechen (4t)				
600	**Ausstattung und Kunstwerke**				**100,0**
610	**Ausstattung**	1.841,65 m² BGF	7.526	**4,09**	100,0
	Seifenspender (6St), Papiertuchspender (6St), Papierabfallbehälter (6St), Kippspiegel 60x54cm (1St) * Stahl-Unterkonstruktion als Traggerüst für Werbeschilder, über Eck geführt, feuerverzinkt (1St)				

Kostenkennwerte für die Kostengruppe 300 der 2. und 3.Ebene DIN 276 (Übersicht)

KG	Kostengruppe	Menge Einh.	€/Einheit	Kosten €	% 3+4
300	**Bauwerk - Baukonstruktionen**	**1.862,63 m² BGF**	**1.756,46**	**3.271.634,72**	**74,9**
310	**Baugrube**	**1.932,56 m³ BGI**	**90,23**	**174.379,32**	**4,0**
311	Baugrubenherstellung	1.932,56 m³ BGI	36,85	71.223,28	1,6
312	Baugrubenumschließung	234,04 m²	435,77	101.986,86	2,3
313	Wasserhaltung	–	–	–	–
319	Baugrube, sonstiges	1.932,56 m³ BGI	0,60	1.169,18	< 0,1
320	**Gründung**	**505,03 m² GRF**	**301,34**	**152.187,48**	**3,5**
321	Baugrundverbesserung	505,03 m² GRF	54,96	27.757,23	0,6
322	Flachgründungen	505,03 m²	61,97	31.298,68	0,7
323	Tiefgründungen	–	–	–	–
324	Unterböden und Bodenplatten	505,03 m²	94,56	47.754,49	1,1
325	Bodenbeläge	426,29 m²	86,12	36.713,93	0,8
326	Bauwerksabdichtungen	505,03 m² GRF	17,15	8.663,16	0,2
327	Dränagen	–	–	–	–
329	Gründung, sonstiges	–	–	–	–
330	**Außenwände**	**1.180,54 m² AWF**	**1.124,16**	**1.327.116,19**	**30,4**
331	Tragende Außenwände	484,62 m²	152,37	73.840,50	1,7
332	Nichttragende Außenwände	69,24 m²	336,49	23.297,88	0,5
333	Außenstützen	454,02 m	99,62	45.227,96	1,0
334	Außentüren und -fenster	511,78 m²	648,33	331.801,42	7,6
335	Außenwandbekleidungen außen	857,14 m²	781,16	669.565,48	15,3
336	Außenwandbekleidungen innen	666,44 m²	51,85	34.554,83	0,8
337	Elementierte Außenwände	24,10 m²	954,85	23.011,94	0,5
338	Sonnenschutz	453,10 m²	226,81	102.766,99	2,4
339	Außenwände, sonstiges	1.180,54 m² AWF	19,52	23.049,18	0,5
340	**Innenwände**	**1.351,45 m² IWF**	**330,91**	**447.204,26**	**10,2**
341	Tragende Innenwände	626,88 m²	153,57	96.270,35	2,2
342	Nichttragende Innenwände	287,89 m²	86,71	24.963,39	0,6
343	Innenstützen	9,66 m	140,89	1.361,01	< 0,1
344	Innentüren und -fenster	99,06 m²	873,76	86.554,41	2,0
345	Innenwandbekleidungen	1.500,16 m²	77,82	116.749,32	2,7
346	Elementierte Innenwände	337,62 m²	359,29	121.305,78	2,8
349	Innenwände, sonstiges	–	–	–	–
350	**Decken**	**1.146,56 m² DEF**	**402,07**	**460.993,85**	**10,5**
351	Deckenkonstruktionen	1.146,56 m²	139,31	159.727,11	3,7
352	Deckenbeläge	946,07 m²	131,55	124.459,71	2,8
353	Deckenbekleidungen	918,88 m²	127,92	117.547,56	2,7
359	Decken, sonstiges	1.146,56 m² DEF	51,68	59.259,47	1,4
360	**Dächer**	**515,18 m² DAF**	**801,25**	**412.788,71**	**9,4**
361	Dachkonstruktionen	499,28 m²	137,93	68.867,85	1,6
362	Dachfenster, Dachöffnungen	15,90 m²	1.560,98	24.819,51	0,6
363	Dachbeläge	501,62 m²	422,41	211.891,04	4,8
364	Dachbekleidungen	462,53 m²	174,05	80.501,80	1,8
369	Dächer, sonstiges	515,18 m² DAF	51,84	26.708,51	0,6
370	**Baukonstruktive Einbauten**	**1.841,65 m² BGF**	**21,44**	**39.476,12**	**0,9**
390	**Sonstige Baukonstruktionen**	**1.841,65 m² BGF**	**139,81**	**257.488,79**	**5,9**

Kostenkennwerte für die Kostengruppe 400 der 2. und 3.Ebene DIN 276 (Übersicht)

KG	Kostengruppe	Menge Einh.	€/Einheit	Kosten €	% 3+4
400	**Bauwerk - Technische Anlagen**	**1.862,63 m² BGF**	**590,00**	**1.098.952,37**	**25,1**
410	**Abwasser-, Wasser-, Gasanlagen**	**1.841,65 m² BGF**	**44,14**	**81.287,54**	**1,9**
411	Abwasseranlagen	1.841,65 m² BGF	19,73	36.331,96	0,8
412	Wasseranlagen	1.841,65 m² BGF	22,68	41.768,45	1,0
413	Gasanlagen	–	–	–	–
419	Abwasser-, Wasser-, Gasanlagen, sonstiges	1.841,65 m² BGF	1,73	3.187,13	< 0,1
420	**Wärmeversorgungsanlagen**	**1.841,65 m² BGF**	**142,79**	**262.976,58**	**6,0**
421	Wärmeerzeugungsanlagen	1.841,65 m² BGF	38,35	70.625,90	1,6
422	Wärmeverteilnetze	1.841,65 m² BGF	94,30	173.669,30	4,0
423	Raumheizflächen	1.841,65 m² BGF	6,59	12.144,27	0,3
429	Wärmeversorgungsanlagen, sonstiges	1.841,65 m² BGF	3,55	6.537,12	0,1
430	**Lufttechnische Anlagen**	**1.841,65 m² BGF**	**89,40**	**164.642,31**	**3,8**
431	Lüftungsanlagen	1.841,65 m² BGF	89,40	164.642,31	3,8
432	Teilklimaanlagen	–	–	–	–
433	Klimaanlagen	–	–	–	–
434	Kälteanlagen	–	–	–	–
439	Lufttechnische Anlagen, sonstiges	–	–	–	–
440	**Starkstromanlagen**	**1.841,65 m² BGF**	**159,58**	**293.882,39**	**6,7**
441	Hoch- und Mittelspannungsanlagen	–	–	–	–
442	Eigenstromversorgungsanlagen	1.841,65 m² BGF	21,50	39.590,31	0,9
443	Niederspannungsschaltanlagen	1.841,65 m² BGF	21,04	38.753,55	0,9
444	Niederspannungsinstallationsanlagen	1.841,65 m² BGF	56,25	103.587,24	2,4
445	Beleuchtungsanlagen	1.841,65 m² BGF	53,25	98.073,25	2,2
446	Blitzschutz- und Erdungsanlagen	1.841,65 m² BGF	7,54	13.878,04	0,3
449	Starkstromanlagen, sonstiges	–	–	–	–
450	**Fernmelde-, informationstechn. Anlagen**	**1.841,65 m² BGF**	**53,20**	**97.984,50**	**2,2**
451	Telekommunikationsanlagen	1.841,65 m² BGF	3,51	6.457,77	0,1
452	Such- und Signalanlagen	1.841,65 m² BGF	5,69	10.473,78	0,2
453	Zeitdienstanlagen	–	–	–	–
454	Elektroakustische Anlagen	–	–	–	–
455	Fernseh- und Antennenanlagen	1.841,65 m² BGF	1,98	3.638,05	< 0,1
456	Gefahrenmelde- und Alarmanlagen	1.841,65 m² BGF	22,31	41.093,75	0,9
457	Übertragungsnetze	1.841,65 m² BGF	19,72	36.321,16	0,8
459	Fernmelde- und informationstechnische Anlagen, sonstiges	–	–	–	–
460	**Förderanlagen**	**1.841,65 m² BGF**	**22,75**	**41.890,52**	**1,0**
461	Aufzugsanlagen	1.841,65 m² BGF	22,75	41.890,52	1,0
462	Fahrtreppen, Fahrsteige	–	–	–	–
463	Befahranlagen	–	–	–	–
464	Transportanlagen	–	–	–	–
465	Krananlagen	–	–	–	–
469	Förderanlagen, sonstiges	–	–	–	–
470	**Nutzungsspezifische Anlagen**	**1.841,65 m² BGF**	**1,30**	**2.387,35**	**< 0,1**
480	**Gebäudeautomation**	**1.841,65 m² BGF**	**83,57**	**153.901,18**	**3,5**
490	**Sonstige Technische Anlagen**	**–**	**–**	**–**	**–**

Kostenkennwerte für Leistungsbereiche nach StLB (Kosten des Bauwerks nach DIN 276)

LB	Leistungsbereiche	Kosten €	€/m² BGF	€/m³ BRI	% 3+4
000	Sicherheits-, Baustelleneinrichtungen inkl. 001	224.047	121,66	32,39	5,1
002	Erdarbeiten	120.835	65,61	17,47	2,8
006	Spezialtiefbauarbeiten inkl. 005	101.987	55,38	14,74	2,3
009	Entwässerungskanalarbeiten inkl. 011	10.126	5,50	1,46	0,2
010	Dränarbeiten	–	–	–	–
012	Mauerarbeiten	–	–	–	–
013	Betonarbeiten	542.082	294,35	78,36	12,4
014	Natur-, Betonwerksteinarbeiten	39.277	21,33	5,68	0,9
016	Zimmer- und Holzbauarbeiten	33.717	18,31	4,87	0,8
017	Stahlbauarbeiten	1.779	0,97	0,26	< 0,1
018	Abdichtungsarbeiten	22.845	12,40	3,30	0,5
020	Dachdeckungsarbeiten	–	–	–	–
021	Dachabdichtungsarbeiten	163.027	88,52	23,57	3,7
022	Klempnerarbeiten	19.412	10,54	2,81	0,4
	Rohbau	**1.279.134**	**694,56**	**184,91**	**29,3**
023	Putz- und Stuckarbeiten, Wärmedämmsysteme	19.827	10,77	2,87	0,5
024	Fliesen- und Plattenarbeiten	15.607	8,47	2,26	0,4
025	Estricharbeiten	20.398	11,08	2,95	0,5
026	Fenster, Außentüren inkl. 029, 032	374.504	203,35	54,14	8,6
027	Tischlerarbeiten	265.617	144,23	38,40	6,1
028	Parkett-, Holzpflasterarbeiten	–	–	–	–
030	Rollladenarbeiten	102.767	55,80	14,86	2,4
031	Metallbauarbeiten inkl. 035	212.829	115,56	30,77	4,9
034	Maler- und Lackiererarbeiten inkl. 037	49.001	26,61	7,08	1,1
036	Bodenbelagsarbeiten	46.582	25,29	6,73	1,1
038	Vorgehängte hinterlüftete Fassaden	621.236	337,33	89,81	14,2
039	Trockenbauarbeiten	273.906	148,73	39,60	6,3
	Ausbau	**2.002.273**	**1.087,22**	**289,45**	**45,8**
040	Wärmeversorgungsanlagen, inkl. 041	227.191	123,36	32,84	5,2
042	Gas- und Wasseranlagen, Leitungen inkl. 043	15.148	8,23	2,19	0,3
044	Abwasseranlagen - Leitungen	13.548	7,36	1,96	0,3
045	Gas, Wasser, Entwässerung - Ausstattung inkl. 046	26.562	14,42	3,84	0,6
047	Dämmarbeiten an technischen Anlagen	63.979	34,74	9,25	1,5
049	Feuerlöschanlagen, Feuerlöschgeräte	–	–	–	–
050	Blitzschutz- und Erdungsanlagen	13.878	7,54	2,01	0,3
052	Mittelspannungsanlagen	–	–	–	–
053	Niederspannungsanlagen inkl. 054	159.885	86,82	23,11	3,7
055	Ersatzstromversorgungsanlagen	9.230	5,01	1,33	0,2
057	Gebäudesystemtechnik	32.545	17,67	4,70	0,7
058	Leuchten und Lampen, inkl. 059	106.790	57,99	15,44	2,4
060	Elektroakustische Anlagen	10.474	5,69	1,51	0,2
061	Kommunikationsnetze, inkl. 063	87.511	47,52	12,65	2,0
069	Aufzüge	40.987	22,26	5,93	0,9
070	Gebäudeautomation	121.050	65,73	17,50	2,8
075	Raumlufttechnische Anlagen	139.844	75,93	20,22	3,2
	Gebäudetechnik	**1.068.623**	**580,25**	**154,48**	**24,5**
084	**Abbruch- und Rückbauarbeiten**	–	–	–	–
	Sonstige Leistungsbereiche inkl. 008, 033, 051	**20.557**	**11,16**	**2,97**	**0,5**

1300-0223
Verwaltungsgebäude
Schulungszentrum
(330 AP)
TG (70 STP)

Objektübersicht

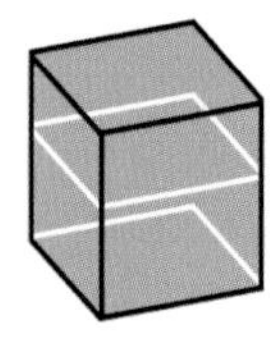
BRI 440 €/m³

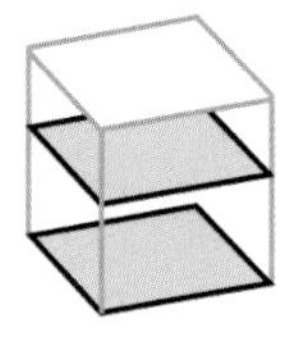
BGF 1.537 €/m²

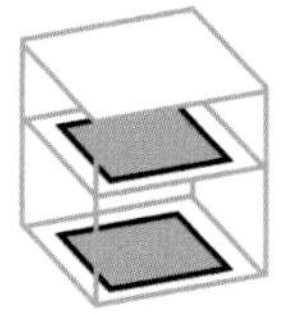
NUF 2.755 €/m²

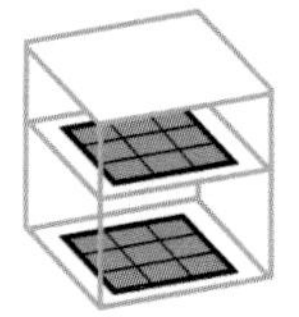
NE 45.404 €/NE
NE: Arbeitsplatz

Objekt:
Kennwerte: 1.Ebene DIN 276
BRI: 34.016 m³
BGF: 9.746 m²
NUF: 5.438 m²
Bauzeit: 78 Wochen
Bauende: 2014
Standard: Durchschnitt
Kreis: Darmstadt - Stadt, Hessen

Architekt:
Architekturbüro
Georg Schmitt
Wolfskehlstraße 112
64287 Darmstadt

© Architekturbüro Georg Schmitt

© Architekturbüro Georg Schmitt

© Architekturbüro Georg Schmitt

© Architekturbüro Georg Schmitt

© Architekturbüro Georg Schmitt

© Architekturbüro Georg Schmitt

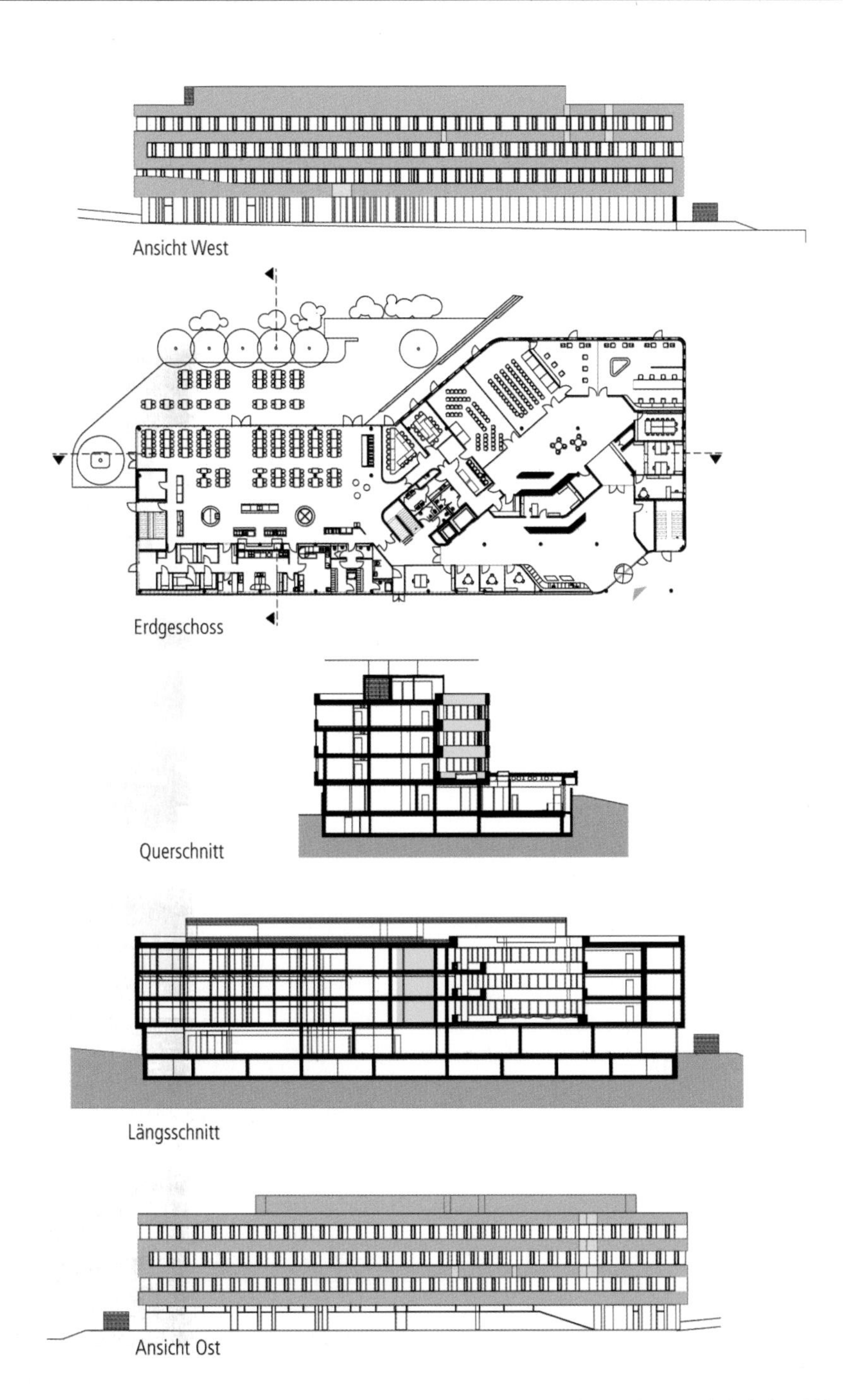

Ansicht West

Erdgeschoss

Querschnitt

Längsschnitt

Ansicht Ost

Objektbeschreibung

Allgemeine Objektinformationen

Der Neubau der Europazentrale mit Schulungszentrum für Friseure (Academy) ist ein klar gegliederter viergeschossiger Baukörper. Die drei Hauptbereiche Büroflächen mit Gruppen- und Großräumen, Kantine mit 200 Essplätzen, Schulungsräumen samt kleinem Theater mit 150 Plätzen sind von außen ablesbar. Die Kantine öffnet sich in einen zur Straße abgeschirmten Freibereich. Eine intensive Bepflanzung der Dächer und Terrassen stellt die Verbindung zur Umgebung her.

Nutzung

1 Untergeschoss
Tiefgarage, Archiv, Lager

1 Erdgeschoss
Empfang, Schulung, Kantine

3 Obergeschosse
Büros (330 AP), Meetingräume

1 Dachgeschoss
Haustechnik

Nutzeinheiten

Stellplätze: 70
Arbeitsplätze: 330

Grundstück

Bauraum: Freier Bauraum
Neigung: Ebenes Gelände
Bodenklasse: BK 1 bis BK 4

Markt

Hauptvergabezeit: 3. Quartal 2012
Baubeginn: 4. Quartal 2012
Bauende: 2. Quartal 2014
Konjunkturelle Gesamtlage: Durchschnitt
Regionaler Baumarkt: Durchschnitt

Baukonstruktion

Das Gebäude ist unterkellert, wobei die Gründung mit Bodenplatte den schlechten Baugrund berücksichtigt. Die Flachdecken mit Stützkonstruktion werden mit drei Kernen ausgesteift. Die Außenwände sind wärmebrückenfrei konstruiert und die Dämmstärke beträgt 240mm. Die eingebauten Fenster sind dreifachverglast. Ein begrüntes Dach mit definierter Wasserrückhaltung wurde erstellt.

Technische Anlagen

Eine Komfortlüftungsanlage mit Wärmerückgewinnung versorgt den Neubau im Sommer mit kühler Luft, im Winter wird damit die Luft beheizt. Zusätzlich gibt es eine Wärmepumpe für die Heizung.

Planungskennwerte für Flächen und Rauminhalte nach DIN 277

Flächen des Grundstücks		Menge, Einheit	% an GF
BF	Bebaute Fläche	1.942,00 m²	5,5
UF	Unbebaute Fläche	33.058,00 m²	94,5
GF	Grundstücksfläche	35.000,00 m²	100,0

Grundflächen des Bauwerks		Menge, Einheit	% an NUF	% an BGF
NUF	Nutzungsfläche	5.438,00 m²	100,0	55,8
TF	Technikfläche	395,00 m²	7,3	4,1
VF	Verkehrsfläche	3.093,00 m²	56,9	31,7
NRF	Netto-Raumfläche	8.926,00 m²	164,1	91,6
KGF	Konstruktions-Grundfläche	820,00 m²	15,1	8,4
BGF	Brutto-Grundfläche	9.746,00 m²	179,2	100,0

NUF=100% BGF=179,2% NRF=164,1%

NUF TF VF KGF

Brutto-Rauminhalt des Bauwerks		Menge, Einheit	BRI/NUF (m)	BRI/BGF (m)
BRI	Brutto-Rauminhalt	34.016,00 m³	6,26	3,49

0 1 2 3 4 5 6 BRI/NUF=6,26m

0 1 2 3 BRI/BGF=3,49m

Lufttechnisch behandelte Flächen	Menge, Einheit	% an NUF	% an BGF
Entlüftete Fläche	–	–	–
Be- und Entlüftete Fläche	–	–	–
Teilklimatisierte Fläche	–	–	–
Klimatisierte Fläche	–	–	–

KG	Kostengruppen (2.Ebene)	Menge, Einheit	Menge/NUF	Menge/BGF
310	Baugrube	–	–	–
320	Gründung	–	–	–
330	Außenwände	–	–	–
340	Innenwände	–	–	–
350	Decken	–	–	–
360	Dächer	–	–	–

Kostenkennwerte für die Kostengruppen der 1.Ebene DIN 276

KG	Kostengruppen (1.Ebene)	Einheit	Kosten €	€/Einheit	€/m² BGF	€/m³ BRI	% 300+400
100	Grundstück	m² GF	–	–	–	–	–
200	Herrichten und Erschließen	m² GF	75.225	2,15	7,72	2,21	0,5
300	Bauwerk - Baukonstruktionen	m² BGF	10.913.760	1.119,82	1.119,82	320,84	72,8
400	Bauwerk - Technische Anlagen	m² BGF	4.069.538	417,56	417,56	119,64	27,2
	Bauwerk 300+400	**m² BGF**	**14.983.298**	**1.537,38**	**1.537,38**	**440,48**	**100,0**
500	Außenanlagen	m² AF	1.048.214	43,68	107,55	30,82	7,0
600	Ausstattung und Kunstwerke	m² BGF	2.466.386	253,07	253,07	72,51	16,5
700	Baunebenkosten	m² BGF	–	–	–	–	–

KG	Kostengruppe	Menge Einheit	Kosten €	€/Einheit	%
200	**Herrichten und Erschließen**	35.000,00 m² GF	75.225	**2,15**	100,0
	Trafostation, Feuerlöschleitung				
3+4	**Bauwerk**				**100,0**
300	**Bauwerk - Baukonstruktionen**	9.746,00 m² BGF	10.913.760	**1.119,82**	72,8
	Bodenaustausch, Stb-Fundamentplatte; Stb-Wände, Stb-Stützen, Alufenster, Dreifachverglasung, Putz, vorgehängte Fassade, Pfosten-Riegel-Konstruktion, Sonnenschutz; verglaste Trennwände; Flachdecken mit Stützkonstruktionen, Fertigteil-Brüstungsband, Doppelböden, Bodenbeläge, Akustikdecken; Stb-Flachdach, Dämmung, Abdichtung, Begrünung, Dachentwässerung; Theke				
400	**Bauwerk - Technische Anlagen**	9.746,00 m² BGF	4.069.538	**417,56**	27,2
	Gebäudeentwässerung, Kalt- und Warmwasserleitungen, Sanitärobjekte; Luft/Wasser-Wärmepumpe; Lüftungsanlage mit Beheizung und Kühlung; Elektroinstallation, Beleuchtung; Brandmeldeanlage, Einbruchmeldeanlage, Medientechnik; Personen- und Lastenaufzug				
500	**Außenanlagen**	24.000,00 m² AF	1.048.214	**43,68**	100,0
	Bodenarbeiten; Befestigte Flächen; Stufen; Abwasser- und Wasseranlagen, Außenbeleuchtung; allgemeine Einbauten; Pflanzen				
600	**Ausstattung und Kunstwerke**	9.746,00 m² BGF	2.466.386	**253,07**	100,0
	Küchentechnik, Möblierung, Schulungsräume				

1300-0225
Bürogebäude
(44 AP)

Objektübersicht

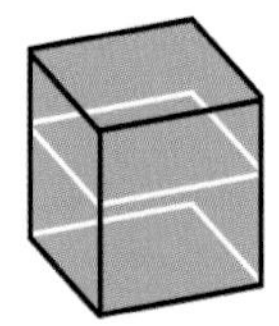

BRI 591 €/m³

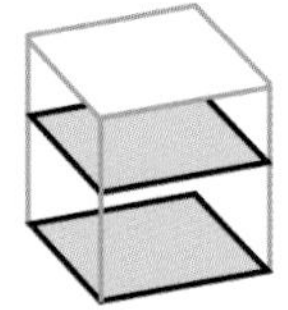

BGF 2.147 €/m²

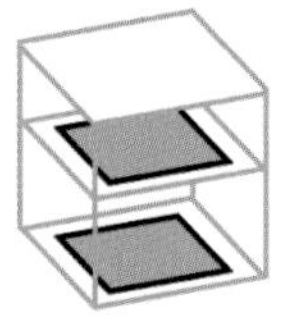

NUF 3.789 €/m²

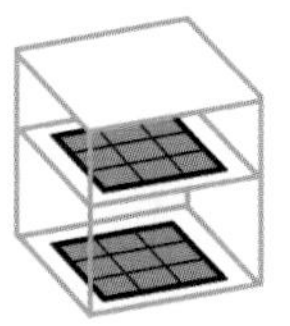

NE 87.051 €/NE
NE: Arbeitsplatz

Objekt:
Kennwerte: 3.Ebene DIN 276
BRI: 6.484 m³
BGF: 1.784 m²
NUF: 1.011 m²
Bauzeit: 52 Wochen
Bauende: 2015
Standard: über Durchschnitt
Kreis: Schwerin,
Mecklenburg-Vorpommern

Architekt:
Dipl.-Ing. Architekt
E. Schneekloth + Partner
August-Bebel-Straße 8
19055 Schwerin

Bauherr:
WEMAG AG
Obotritenring 40
19053 Schwerin

© Schneekloth + Partner

© Schneekloth + Partner

© Schneekloth + Partner

© Schneekloth + Partner

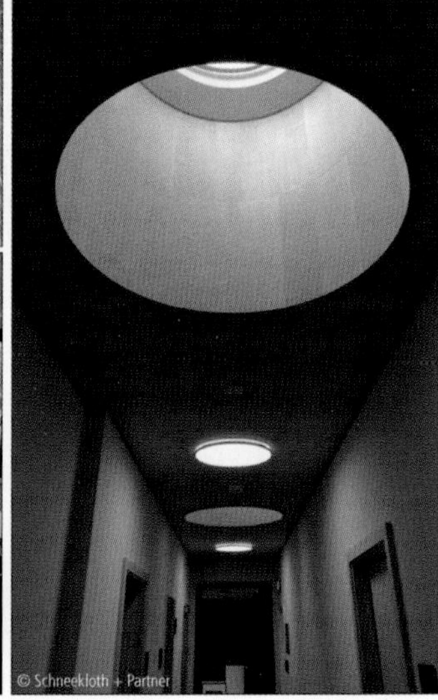

© Schneekloth + Partner

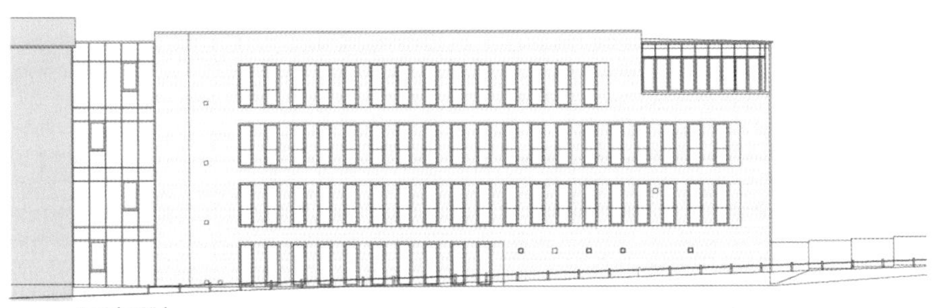
Ansicht Süd

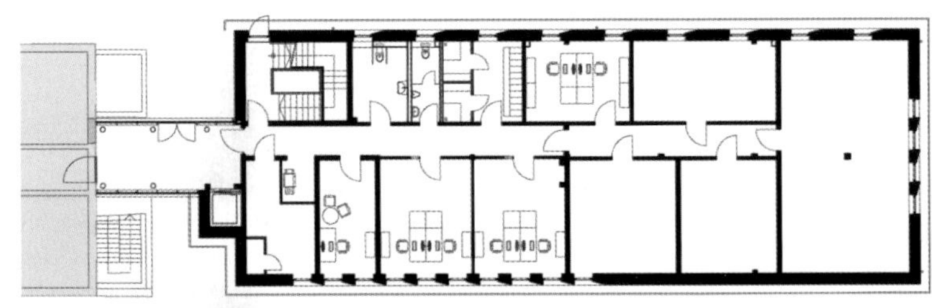
Erdgeschoss

2. Obergeschoss

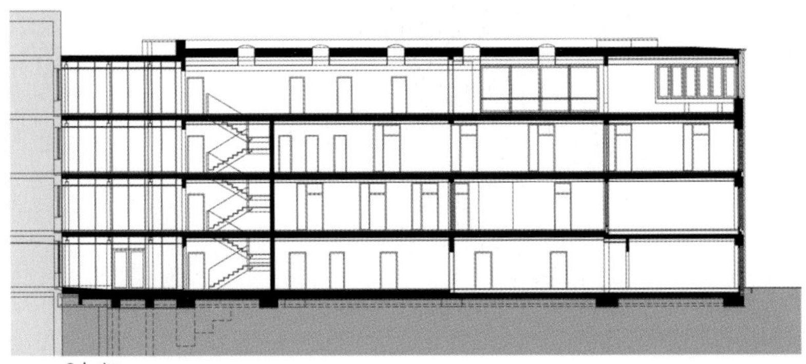
Schnitt

Objektbeschreibung

Allgemeine Objektinformationen

Der Büroneubau mit Netzleitstelle schließt mit einem verglasten Verbindungsbau inklusive Aufzug an ein Bestandsgebäude an. Im Erdgeschoss befinden sich Büro- und Sozialräume sowie der Technikbereich für die Netzleitstelle. Weitere Büroräume sind über zwei Obergeschosse verteilt. Die oberste Etage bietet Platz für die Vorstandsbüros und integriert einen Konferenzbereich. Hier dient der Flurbereich als offener Arbeitsplatz.

Nutzung

1 Erdgeschoss
Büro- und Technikräume

3 Obergeschosse
Büroräume, Netzleitstelle, Konferenzräume

Nutzeinheiten

Arbeitsplätze: 44

Grundstück

Bauraum: Beengter Bauraum
Neigung: Ebenes Gelände
Bodenklasse: BK 1 bis BK 4

Markt

Hauptvergabezeit: 3. Quartal 2014
Baubeginn: 3. Quartal 2014
Bauende: 3. Quartal 2015
Konjunkturelle Gesamtlage: Durchschnitt
Regionaler Baumarkt: Durchschnitt

Baukonstruktion

Das Hauptgebäude ist in Massivbauweise errichtet, bestehend aus einem zweischaligen Mauerwerk mit Kerndämmung, einer Verblenderfassade mit Fertigteilelementen (Pfeiler) und einem Flachdach. Der Verbindungsbau wurde in Stahlbauweise mit einer Pfosten-Riegel-Fassade, gegründet auf Pfählen, errichtet. Die Innenwände sind teilweise massiv oder als Trockenbauwände errichtet. Sämtliche Aluminiumfenster haben eine Dreifachverglasung. Teilweise sind die Fenster mit einem im Verbundflügel liegenden Sonnenschutz ausgeführt. Das Flachdach mit runden, holzeingefassten Oberlichtern führt zusätzliches Tageslicht in die Konferenzetage im dritten Obergeschoss. dort ist ein außenliegender, witterungsgesteuerter Sonnenschutz als Markise montiert. Die Brüstungssicherungen sind in Glas ausgeführt.

Technische Anlagen

Die Wasser- und Energieversorgung (zentrale Heizungsanlage) ist über das Bestandsgebäude als Nahwärmeversorgung gewährleistet. Die Warmwasserbereitung erfolgt im Erdgeschoss über den Bestand, in den anderen Geschossen dezentral. In den WCs sind Einzelraumentlüfter eingebaut, im 3. Obergeschoss wurde eine Zu- und Abluftanlage mit Wärmerückgewinnung installiert. Der Technikbereich der Leitstelle umfasst Räumlichkeiten für Rechnertechnik, eine Anlage zur unterbrechungsfreien Stromversorgung und einen Batterieraum. Das Gebäude ist mit einer internen Hausalarmierungsanlage ausgestattet.

Planungskennwerte für Flächen und Rauminhalte nach DIN 277

Flächen des Grundstücks		Menge, Einheit	% an GF
BF	Bebaute Fläche	447,75 m²	30,1
UF	Unbebaute Fläche	1.042,25 m²	69,9
GF	Grundstücksfläche	1.490,00 m²	100,0

Grundflächen des Bauwerks		Menge, Einheit	% an NUF	% an BGF
NUF	Nutzungsfläche	1.010,79 m²	100,0	56,7
TF	Technikfläche	52,62 m²	5,2	2,9
VF	Verkehrsfläche	428,77 m²	42,4	24,0
NRF	Netto-Raumfläche	1.492,18 m²	147,6	83,6
KGF	Konstruktions-Grundfläche	291,71 m²	28,9	16,4
BGF	Brutto-Grundfläche	1.783,89 m²	176,5	100,0

NUF=100% BGF=176,5%

NUF TF VF KGF NRF=147,6%

Brutto-Rauminhalt des Bauwerks		Menge, Einheit	BRI/NUF (m)	BRI/BGF (m)
BRI	Brutto-Rauminhalt	6.483,68 m³	6,41	3,63

0 1 2 3 4 5 6 BRI/NUF=6,41m

0 1 2 3 BRI/BGF=3,63m

Lufttechnisch behandelte Flächen	Menge, Einheit	% an NUF	% an BGF
Entlüftete Fläche	–	–	–
Be- und Entlüftete Fläche	–	–	–
Teilklimatisierte Fläche	–	–	–
Klimatisierte Fläche	–	–	–

KG	Kostengruppen (2.Ebene)	Menge, Einheit	Menge/NUF	Menge/BGF
310	Baugrube	733,63 m³ BGI	0,73	0,41
320	Gründung	447,75 m² GRF	0,44	0,25
330	Außenwände	1.919,90 m² AWF	1,90	1,08
340	Innenwände	1.365,40 m² IWF	1,35	0,77
350	Decken	1.245,87 m² DEF	1,23	0,70
360	Dächer	447,75 m² DAF	0,44	0,25

Kostenkennwerte für die Kostengruppen der 1.Ebene DIN 276

KG	Kostengruppen (1.Ebene)	Einheit	Kosten €	€/Einheit	€/m² BGF	€/m³ BRI	% 300+400
100	Grundstück	m² GF	–	–	–	–	–
200	Herrichten und Erschließen	m² GF	23.917	16,05	13,41	3,69	0,6
300	Bauwerk - Baukonstruktionen	m² BGF	2.562.641	1.436,55	1.436,55	395,24	66,9
400	Bauwerk - Technische Anlagen	m² BGF	1.267.616	710,59	710,59	195,51	33,1
	Bauwerk 300+400	**m² BGF**	**3.830.258**	**2.147,14**	**2.147,14**	**590,75**	**100,0**
500	Außenanlagen	m² AF	16.735	15,88	9,38	2,58	0,4
600	Ausstattung und Kunstwerke	m² BGF	11.360	6,37	6,37	1,75	0,3
700	Baunebenkosten	m² BGF	–	–	–	–	–

KG	Kostengruppe	Menge Einheit	Kosten €	€/Einheit	%
200	**Herrichten und Erschließen**	1.490,00 m² GF	23.917	**16,05**	100,0
	Suchgräben, Aufnehmen von Pflaster, Abbruch von Stabgitterzaun, Torpfeiler, Metalltor, Kontrollschächten, Auffüllung abtragen, Bäume fällen				
3+4	**Bauwerk**				**100,0**
300	**Bauwerk - Baukonstruktionen**	1.783,89 m² BGF	2.562.641	**1.436,55**	66,9
	Stb-Fundamente, Bohrpfähle, Stb-Bodenplatte, Estrich, Doppelboden, Teppich, PVC, Fliesen; KS-Mauerwerk, Stützen, Alufenster, Verblendmauerwerk, Kerndämmung, Gipsputz, Anstrich, Wandfliesen, Pfosten-Riegel-Fassaden, Sonnenschutz, Vordach; Stb-Wände, GK-Wände, Innentüren, WC-Trennwände, mobile Raumtrennwand; Stb-Decken, Treppen, GK-Decken; Stb-Flachdächer, Lichtkuppeln, Dachabdichtung, Granitplatten; Teeküche, Waschtischplatten				
400	**Bauwerk - Technische Anlagen**	1.783,89 m² BGF	1.267.616	**710,59**	33,1
	Gebäudeentwässerung, Kalt- und Warmwasserleitungen, Sanitärobjekte; Nahwärmeanschluss, Heizungsrohre, Heizkörper; dezentrale Lüftungsgeräte, Klimageräte; Elektroinstallation, Erweiterung NSHV, Beleuchtung, Blitzschutzanlage; Türsprechanlage, Kabelanschluss, Zutrittskontrolle, Brandmeldeanlage, Einbruchmeldeanlage, Übertragungsnetze; Personenaufzug; Gebäudeautomation				
500	**Außenanlagen**	1.054,00 m² AF	16.735	**15,88**	100,0
	Rabattengeländer; Bodeneinbaustrahler				
600	**Ausstattung und Kunstwerke**	1.783,89 m² BGF	11.360	**6,37**	100,0
	Sanitärausstattung, Schirmständer, Galeriehaken, Abhängeseil				

Kostenkennwerte für die Kostengruppen der 2.Ebene DIN 276

KG	Kostengruppe	Menge Einheit	Kosten €	€/Einheit	%
200	**Herrichten und Erschließen**				**100,0**
210	**Herrichten**	1.490,00 m² GF	23.917	**16,05**	100,0

Boden für Suchgräben lösen, lagern, verfüllen (103m) * Aufnehmen und Lagern von Granitpflaster (260m²), Bordsteinen (190m), Abbruch von Stabgitterzaun (46m), Torpfeiler 50x50x160cm (1St), Metalltor, zweiflüglig (1St), Kontrollschächten (2St) * Auffüllung abtragen, d=0,70-1,00m, oberste Schicht aus Grobkiesgemisch (447m³), Bäume fällen, Wurzelstöcke roden (8St)

KG	Kostengruppe	Menge Einheit	Kosten €	€/Einheit	%
300	**Bauwerk - Baukonstruktionen**				**100,0**
310	**Baugrube**	733,63 m³ BGI	12.206	**16,64**	0,5

Boden BK 3-4 lösen, entsorgen, t=0,30-1,40m (734m³), Baugrubenverfüllung mit Kiessand (147m³)

KG	Kostengruppe	Menge Einheit	Kosten €	€/Einheit	%
320	**Gründung**	447,75 m² GRF	209.973	**468,95**	8,2

Kiesauffüllungen (438m³) * Stb-Streifenfundamente (138m³) * Bohrpfähle, D=30cm, Länge 8-12m (63m), Stb-Balkenroste (4m³) * Stb-Bodenplatte, WU, d=24cm (412m²), Aufzugsunterfahrt, WU, d=30cm (8m²) * Bitumenschweißbahn (466m²), Wärmedämmung, d=140mm (175m²), d=70mm (69m²), EPS-TSD, d=30mm, Zementestrich, d=65mm (244m²), Doppelboden (190m²), Teppichboden (146m²), PVC-Belag (150m²), Fliesen (65m²), Mosaik (2m²), Sauberlaufmatte (2m²) * Kiesfilter, Sauberkeitsschicht (481m²), Perimeterdämmung, d=12cm (256m²), d=6cm (134m²) * PVC-Dränrohre DN100, Kiesmantel (94m), Kontrollschächte (9St), Übergabeschacht (1St)

KG	Kostengruppe	Menge Einheit	Kosten €	€/Einheit	%
330	**Außenwände**	1.919,90 m² AWF	1.131.236	**589,22**	44,1

KS-Mauerwerk, d=24cm (1.356m²), Stb-Ringbalken (33m) * Stb-Stützen (74m), Stahlstützen (6m) * Alufenster, U_W=1,0W/m²K (137m²), mit innenliegendem Sonnenschutz (166m²), als Türelemente (25m²) * Verblendmauerwerk, Kerndämmung (1.229m²), Sockelverblender (91m²), Verblend-Fertigteilpfeiler (80St), Perimeterdämmung (19m²) * Gipsputz Q3 (1.275m²), Dispersionsanstrich (1.061m²), Latexanstrich (193m²), Wandfliesen (21m²) * Pfosten-Riegel-Fassaden (216m²), Stahlrahmen-Tragkonstruktion (55m²) * Fassadenmarkisen, Elektroantrieb (55m²) * Brüstungssicherungen, Glas (95St), Vordach (1St), Handläufe, Holz/Stahl (25m), Kellerschacht-Abdeckung, Holzdielen (1St)

KG	Kostengruppe	Menge Einheit	Kosten €	€/Einheit	%
340	**Innenwände**	1.365,40 m² IWF	353.488	**258,89**	13,8

KS-Mauerwerk, d=17,5cm (160m²), Stb-Wände, d=24cm (52m²) * GK-Wände, d=100-150mm (793m²), GK-Installationswände, d=250mm (65m²) * Stb-Stützen (46m), Stb-Rundstützen (40m), Stockwerksrahmen aus Stahlrohrstützen, Rahmenriegel, b=310cm, (8St), b=165cm (4St) * Holztüren T30 RS, HPL, Stahlzarge (58m²), Ganzglastüren (11m²), Festverglasung (5m²), Holztüren, Furnier, Holzzarge (14m²), mit Oberlicht (6m²), Schiebetür (2m²), Holz-Glaselemente (86m²), Festverglasungen (7m²), Durchgangszargen, Stahl (9m²), Alu-Glaselemente (16m²) * Gipsputz Q3 (846m²), Dispersionsanstrich (2.092m²), Latexanstrich (193m²), Wandfliesen (77m²), Wandspiegel (6m²), GK-Vorsatzschalen (113m²), GK-Verkofferungen (37m²) * WC-Trennwandanlagen (30m²), mobile Raumtrennwand, Sandwichelemente mit Akustikkern, HPL (24m²) * Handlauf, Holz (18m)

KG	Kostengruppe	Menge Einheit	Kosten €	€/Einheit	%
350	**Decken**	1.245,87 m² DEF	488.150	**391,81**	19,0
	Stb-Decken, d=24cm, Sichtbeton (1.120m²), Stb-Decke, d=16cm (67m²), Stb-Fertigteiltreppen, Podeste (58m²) * Wärmedämmung, d=70mm, TSD, d=30mm, Zementestrich, d=70mm (849m²), Doppelboden, h=250mm (178m²), Teppichboden (1.011m²), PVC-Belag (37m²), Fliesen (81m²), auf Tritt-/Setzstufen (36m²) * GK-Systemdecken, Quadratloch (568m²), GK-Akustikdecken (37m²), endbehandelt, frei gespannt (146m²), GK-Decke glatt (57m²), Dispersionsanstrich (337m²) * Treppenwangenabdeckung, Massivholz (24m), Treppengeländer, Stahl (psch)				
360	**Dächer**	447,75 m² DAF	205.328	**458,58**	8,0
	Stb-Flachdächer, d=20-24cm (390m²) * Lichtkuppeln 120x120cm (5St), rund, D=100, Laibungsbekleidung, Massivholz (1St), Flachdachausstieg (1St) * Dampfsperre (492m²), Dämmung, d=120mm, Gefälledämmung 40-140mm (418m²), Dachabdichtung, zweilagig (433m²), Gefälledämmung 80-120mm, Granitplatten (11m²) * GK-Systemdecken, endbehandelt, Quadratloch (103m²), Ovalloch (85m²), Akustik-Lamellendecken, Fichte (96m²), GK-Akustikdecken (42m²), GK-Decken glatt (32m²), Dispersionsanstrich (74m²) * Flachdach-Absturzsicherungen (11St)				
370	**Baukonstruktive Einbauten**	1.783,89 m² BGF	12.206	**6,84**	0,5
	Teeküche, zweizeilig, l=330 und 220cm, Ober- und Unterschränke, Arbeitsplatte, Geräte, Glasrückwand, Oberfläche Lacklaminat (1St), Waschtischplatten 210x60cm, Oberfläche HPL (2St)				
390	**Sonstige Baukonstruktionen**	1.783,89 m² BGF	150.055	**84,12**	5,9
	Baustelleneinrichtungen (2St), Bürocontainer (2St), Baustraße (412m²) * Fassadengerüst (1.460m²) * Abbruch von Fenstern (8m²), Brüstungen (4m²), Mauerwerk (4m²), Stb-Decke (12m²), Rohrleitungen (78m), Geländer (8m) * Folienfenster (213m²), Trockeneisreinigung (psch), Schutzbeläge (1.060m²), Gebäudereinigungen (psch) * provisorische Abdichtung von Durchbrüchen (79St), provisorische Dachentwässerung (101m)				
400	**Bauwerk - Technische Anlagen**				**100,0**
410	**Abwasser-, Wasser-, Gasanlagen**	1.783,89 m² BGF	135.289	**75,84**	10,7
	KG-Rohre DN100-150 (197m), Abwasserrohre DN50-100 (141m), HT-Rohre DN40-100, Rohrdämmung (79m), Kontrollschächte (7St), Fassadenrinne (7m), Abläufe (5St), Fallrohre (66m) * Mehrschicht-Verbundrohre DN12-40, Rohrdämmung (582m), Waschtische (9St), Wand-Tiefspül-WCs (8St), Urinale (5St), bodengleiche Duschen (2St) * Montageelemente für Waschtische (9St), für WCs (8St), für Urinale (5St)				
420	**Wärmeversorgungsanlagen**	1.783,89 m² BGF	262.846	**147,34**	20,7
	Nahwärmeanschluss (1St), Regelgruppen (3St), Druckausdehnungsgefäß (1St) Kugelhähne (18St) * Fertigverteiler für Vor- und Rücklauf (1St), Heizkreisverteiler, fünf Heizkreise (4St), Mehrschicht-Verbundrohre DN16-50, Rohrdämmung (2.500m), mittelschwere Gewinderohre DN10-65, Rohrdämmung (421m) * Ventil-Kompaktheizkörper (36St), Paneel-Heizkörper (69St)				

KG	Kostengruppe	Menge Einheit	Kosten €	€/Einheit	%
430	**Lufttechnische Anlagen**	1.783,89 m² BGF	254.028	**142,40**	20,0
	Zu-/Abluftgerät mit WRG, Volumenstrom 2.290m³/h (1St), Umkehrlüfter mit WRG (12St), Einzelraumlüfter 60m³/h (11St), UP-Wandlüfter 100m³/h (2St), Wickelfalzrohre DN100-315 (290m), Alu-Flexrohre DN75-100 (27m), Luftkanäle (525m²), Dämmung (173m²) * Luft/Wasser-Wärmepumpe, Außengerät (1St), Split-Klimageräte 5kW (7St), 10kW (2St), 2,5kW (3St), Verflüssigereinheiten (9St), Doppelkupferrohre, Rohrdämmung (1.081m)				
440	**Starkstromanlagen**	1.783,89 m² BGF	352.236	**197,45**	27,8
	Zentralbatteriesystem (1St), Niederspannungs-UV für NEA, bestückt (4St), * Niederspannungs-UV für AV, bestückt (4St) * Erdkabel (90m), Mantelleitungen (19.399m), Installationskabel (1.206m), Fernmeldekabel (127m), Starkstromkabel (105m), Steuerleitungen (295m), Gummischlauchleitungen (42m), Schalter, Taster (114St), Steckdosen (694St), Präsenzmelder (83St) * Langfeldleuchten (140St), Anbauleuchten (54St), Einbauleuchten (130St), Spiegelleuchten (9St), Pendelleuchten (7St), Lichtleiste, sechs Strahler (12m), Sicherheitsleuchten (43St), Rettungszeichenleuchten (23St) * Fundamenterder (295m), Runddraht (48m), Ableiter (129m), Fangleitung (106m), Potenzialausgleichsschienen (11St), Starkstromkabel (642m)				
450	**Fernmelde-, informationstechn. Anlagen**	1.783,89 m² BGF	194.202	**108,86**	15,3
	Türsprechanlage mit Codetastatur (1St), IP-Kamera (1St), Standsäule (1St), UP-Türsprechanlage (1St), Rufanlage Beh.-WC (1St), Fernmeldekabel (508m) * Hausanschlussverstärker für Breitbandkabel (1St), Installationskabel (513m) * Erweiterung Zeiterfassung-/Zutrittskontrollanlage, Fernmeldekabel (206m), Dome-Kameras (3St), Datenkabel (305m), Kabel NYY-J (95m), Brandmeldecomputer (1St), Sensormelder (43St), Rauchmelder (35St), Handmelder (14St), akustische Alarmgeber (39St), Brandmeldekabel (1.050m), Einbruchmeldeanlage (1St), Bedieneinheiten (5St), Kompaktalarmierung (1St), Signalgeber (5St), Bewegungsmelder (30St), Überfallmelder (7St), Fernmeldekabel (1.286m) * Hauptverteiler (1St), Etagenverteiler (4St), Patchpanels (33St), Doppeldosen (96St), Fernmeldekabel (315m), Datenkabel (23.627m)				
460	**Förderanlagen**	1.783,89 m² BGF	52.479	**29,42**	4,1
	Personenaufzug, vier Haltestellen, Förderhöhe 13,50m (1St)				
480	**Gebäudeautomation**	1.783,89 m² BGF	15.754	**8,83**	1,2
	Ethernet Gateway mit WEB-Server, Einbau in UV-AV (1St), USB-Modul (1St), Steuermodule (9St), Steuerungssystem für Lichtsteuerung (1St), Binäreingänge, sechsfach (4St), KNX/EIB-Server, RJ45-Netzwerkanschluss, drei USB-Anschlüsse (1St), Linien-/Bereichskoppler KNX (4St) * BUS-Leitungen (1.706m)				
490	**Sonstige Technische Anlagen**	1.783,89 m² BGF	783	**0,44**	< 0,1
	Baustelleneinrichtung (1St) * Heizungsstrang provisorisch in Betrieb nehmen (1St)				
500	**Außenanlagen**				**100,0**
530	**Baukonstruktionen in Außenanlagen**	1.042,25 m² AF	11.046	**10,60**	66,0
	Rabattengeländer, h=40-45cm, Stahlpfosten, Verbindungsrohr, D=34mm, Betonfundamente (49m)				
540	**Technische Anlagen in Außenanlagen**	1.042,25 m² AF	5.689	**5,46**	34,0
	Kabelgraben, Erdkabel (133m), LED-Bodeneinbaustrahler, überrollbar (7St)				

KG	Kostengruppe	Menge Einheit	Kosten €	€/Einheit	%
600	**Ausstattung und Kunstwerke**				**100,0**
610	**Ausstattung**	1.783,89 m² BGF	11.360	**6,37**	100,0

Wandspiegel (1St), WC-Bürstengarnituren (8St), Reserve-Papierhalter (8St), Handtuchspender (7St), Seifenspender (5St), -schalen (2St), Abfallbehälter (5St), Handtuchhaken (13St), Badehandtuchhalter (2St), Ablageplatten (4St), Schirmständer (2St), Galeriehaken (20St), Abhängeseil (10m)

Kostenkennwerte für die Kostengruppe 300 der 2. und 3.Ebene DIN 276 (Übersicht)

KG	Kostengruppe	Menge Einh.	€/Einheit	Kosten €	% 3+4
300	**Bauwerk - Baukonstruktionen**	**1.783,89 m² BGF**	**1.436,55**	**2.562.641,29**	**66,9**
310	**Baugrube**	**733,63 m³ BGI**	**16,64**	**12.206,05**	**0,3**
311	Baugrubenherstellung	733,63 m³ BGI	16,64	12.206,05	0,3
312	Baugrubenumschließung	–	–	–	–
313	Wasserhaltung	–	–	–	–
319	Baugrube, sonstiges	–	–	–	–
320	**Gründung**	**447,75 m² GRF**	**468,95**	**209.972,53**	**5,5**
321	Baugrundverbesserung	447,75 m² GRF	17,58	7.870,74	0,2
322	Flachgründungen	417,75 m²	115,18	48.117,66	1,3
323	Tiefgründungen	30,00 m²	334,80	10.044,07	0,3
324	Unterböden und Bodenplatten	419,74 m²	97,24	40.815,44	1,1
325	Bodenbeläge	365,80 m²	192,93	70.572,41	1,8
326	Bauwerksabdichtungen	447,75 m² GRF	49,54	22.180,91	0,6
327	Dränagen	447,75 m² GRF	23,16	10.371,30	0,3
329	Gründung, sonstiges	–	–	–	–
330	**Außenwände**	**1.919,90 m² AWF**	**589,22**	**1.131.236,38**	**29,5**
331	Tragende Außenwände	1.375,14 m²	96,78	133.081,00	3,5
332	Nichttragende Außenwände	–	–	–	–
333	Außenstützen	80,11 m	104,97	8.409,41	0,2
334	Außentüren und -fenster	328,69 m²	938,65	308.519,02	8,1
335	Außenwandbekleidungen außen	1.493,99 m²	272,91	407.731,19	10,6
336	Außenwandbekleidungen innen	1.274,98 m²	23,98	30.572,95	0,8
337	Elementierte Außenwände	216,07 m²	726,39	156.951,25	4,1
338	Sonnenschutz	55,03 m²	834,81	45.936,91	1,2
339	Außenwände, sonstiges	1.919,90 m² AWF	20,85	40.034,64	1,0
340	**Innenwände**	**1.365,40 m² IWF**	**258,89**	**353.487,57**	**9,2**
341	Tragende Innenwände	212,42 m²	139,21	29.571,65	0,8
342	Nichttragende Innenwände	885,27 m²	68,41	60.558,27	1,6
343	Innenstützen	152,16 m	279,81	42.576,01	1,1
344	Innentüren und -fenster	213,93 m²	673,44	144.070,49	3,8
345	Innenwandbekleidungen	2.367,82 m²	19,13	45.300,15	1,2
346	Elementierte Innenwände	53,78 m²	568,44	30.570,88	0,8
349	Innenwände, sonstiges	1.365,40 m² IWF	0,62	840,12	< 0,1
350	**Decken**	**1.245,87 m² DEF**	**391,81**	**488.149,77**	**12,7**
351	Deckenkonstruktionen	1.245,87 m²	209,93	261.549,65	6,8
352	Deckenbeläge	1.153,07 m²	140,19	161.653,28	4,2
353	Deckenbekleidungen	1.052,06 m²	54,03	56.838,73	1,5
359	Decken, sonstiges	1.245,87 m² DEF	6,51	8.108,11	0,2
360	**Dächer**	**447,75 m² DAF**	**458,58**	**205.328,00**	**5,4**
361	Dachkonstruktionen	395,85 m²	164,53	65.129,55	1,7
362	Dachfenster, Dachöffnungen	6,37 m²	3.707,29	23.596,93	0,6
363	Dachbeläge	447,75 m²	164,63	73.713,42	1,9
364	Dachbekleidungen	357,04 m²	113,18	40.408,65	1,1
369	Dächer, sonstiges	447,75 m² DAF	5,54	2.479,44	< 0,1
370	**Baukonstruktive Einbauten**	**1.783,89 m² BGF**	**6,84**	**12.205,54**	**0,3**
390	**Sonstige Baukonstruktionen**	**1.783,89 m² BGF**	**84,12**	**150.055,44**	**3,9**

Kostenkennwerte für die Kostengruppe 400 der 2. und 3.Ebene DIN 276 (Übersicht)

KG	Kostengruppe	Menge Einh.	€/Einheit	Kosten €	% 3+4
400	**Bauwerk - Technische Anlagen**	**1.783,89 m² BGF**	**710,59**	**1.267.616,32**	**33,1**
410	**Abwasser-, Wasser-, Gasanlagen**	**1.783,89 m² BGF**	**75,84**	**135.288,80**	**3,5**
411	Abwasseranlagen	1.783,89 m² BGF	32,55	58.070,25	1,5
412	Wasseranlagen	1.783,89 m² BGF	38,77	69.165,10	1,8
413	Gasanlagen	–	–	–	–
419	Abwasser-, Wasser-, Gasanlagen, sonstiges	1.783,89 m² BGF	4,51	8.053,46	0,2
420	**Wärmeversorgungsanlagen**	**1.783,89 m² BGF**	**147,34**	**262.846,06**	**6,9**
421	Wärmeerzeugungsanlagen	1.783,89 m² BGF	19,87	35.440,39	0,9
422	Wärmeverteilnetze	1.783,89 m² BGF	77,96	139.071,20	3,6
423	Raumheizflächen	1.783,89 m² BGF	49,52	88.334,47	2,3
429	Wärmeversorgungsanlagen, sonstiges	–	–	–	–
430	**Lufttechnische Anlagen**	**1.783,89 m² BGF**	**142,40**	**254.028,21**	**6,6**
431	Lüftungsanlagen	1.783,89 m² BGF	65,30	116.479,88	3,0
432	Teilklimaanlagen	1.783,89 m² BGF	77,11	137.548,33	3,6
433	Klimaanlagen	–	–	–	–
434	Kälteanlagen	–	–	–	–
439	Lufttechnische Anlagen, sonstiges	–	–	–	–
440	**Starkstromanlagen**	**1.783,89 m² BGF**	**197,45**	**352.236,44**	**9,2**
441	Hoch- und Mittelspannungsanlagen	–	–	–	–
442	Eigenstromversorgungsanlagen	1.783,89 m² BGF	11,62	20.737,40	0,5
443	Niederspannungsschaltanlagen	1.783,89 m² BGF	10,04	17.902,00	0,5
444	Niederspannungsinstallationsanlagen	1.783,89 m² BGF	100,68	179.596,19	4,7
445	Beleuchtungsanlagen	1.783,89 m² BGF	70,00	124.874,76	3,3
446	Blitzschutz- und Erdungsanlagen	1.783,89 m² BGF	5,12	9.126,09	0,2
449	Starkstromanlagen, sonstiges	–	–	–	–
450	**Fernmelde-, informationstechn. Anlagen**	**1.783,89 m² BGF**	**108,86**	**194.201,77**	**5,1**
451	Telekommunikationsanlagen	–	–	–	–
452	Such- und Signalanlagen	1.783,89 m² BGF	4,46	7.963,66	0,2
453	Zeitdienstanlagen	–	–	–	–
454	Elektroakustische Anlagen	–	–	–	–
455	Fernseh- und Antennenanlagen	1.783,89 m² BGF	1,36	2.426,41	< 0,1
456	Gefahrenmelde- und Alarmanlagen	1.783,89 m² BGF	35,58	63.463,88	1,7
457	Übertragungsnetze	1.783,89 m² BGF	67,46	120.347,82	3,1
459	Fernmelde- und informationstechnische Anlagen, sonstiges	–	–	–	–
460	**Förderanlagen**	**1.783,89 m² BGF**	**29,42**	**52.478,66**	**1,4**
461	Aufzugsanlagen	1.783,89 m² BGF	29,42	52.478,66	1,4
462	Fahrtreppen, Fahrsteige	–	–	–	–
463	Befahranlagen	–	–	–	–
464	Transportanlagen	–	–	–	–
465	Krananlagen	–	–	–	–
469	Förderanlagen, sonstiges	–	–	–	–
470	**Nutzungsspezifische Anlagen**	**–**	**–**	**–**	**–**
480	**Gebäudeautomation**	**1.783,89 m² BGF**	**8,83**	**15.753,59**	**0,4**
490	**Sonstige Technische Anlagen**	**1.783,89 m² BGF**	**0,44**	**782,78**	**< 0,1**

Kostenkennwerte für Leistungsbereiche nach StLB (Kosten des Bauwerks nach DIN 276)

LB	Leistungsbereiche	Kosten €	€/m² BGF	€/m³ BRI	% 3+4
000	Sicherheits-, Baustelleneinrichtungen inkl. 001	117.934	66,11	18,19	3,1
002	Erdarbeiten	39.091	21,91	6,03	1,0
006	Spezialtiefbauarbeiten inkl. 005	7.985	4,48	1,23	0,2
009	Entwässerungskanalarbeiten inkl. 011	21.473	12,04	3,31	0,6
010	Dränarbeiten	9.968	5,59	1,54	0,3
012	Mauerarbeiten	537.850	301,50	82,95	14,0
013	Betonarbeiten	482.953	270,73	74,49	12,6
014	Natur-, Betonwerksteinarbeiten	4.667	2,62	0,72	0,1
016	Zimmer- und Holzbauarbeiten	–	–	–	–
017	Stahlbauarbeiten	37.317	20,92	5,76	1,0
018	Abdichtungsarbeiten	19.873	11,14	3,07	0,5
020	Dachdeckungsarbeiten	–	–	–	–
021	Dachabdichtungsarbeiten	82.301	46,14	12,69	2,1
022	Klempnerarbeiten	31.953	17,91	4,93	0,8
	Rohbau	**1.393.364**	**781,08**	**214,90**	**36,4**
023	Putz- und Stuckarbeiten, Wärmedämmsysteme	32.363	18,14	4,99	0,8
024	Fliesen- und Plattenarbeiten	40.416	22,66	6,23	1,1
025	Estricharbeiten	48.753	27,33	7,52	1,3
026	Fenster, Außentüren inkl. 029, 032	1.725	0,97	0,27	< 0,1
027	Tischlerarbeiten	163.144	91,45	25,16	4,3
028	Parkett-, Holzpflasterarbeiten	–	–	–	–
030	Rollladenarbeiten	45.937	25,75	7,09	1,2
031	Metallbauarbeiten inkl. 035	509.502	285,61	78,58	13,3
034	Maler- und Lackiererarbeiten inkl. 037	37.610	21,08	5,80	1,0
036	Bodenbelagsarbeiten	112.450	63,04	17,34	2,9
038	Vorgehängte hinterlüftete Fassaden	–	–	–	–
039	Trockenbauarbeiten	197.427	110,67	30,45	5,2
	Ausbau	**1.189.327**	**666,70**	**183,43**	**31,1**
040	Wärmeversorgungsanlagen, inkl. 041	224.959	126,11	34,70	5,9
042	Gas- und Wasseranlagen, Leitungen inkl. 043	31.285	17,54	4,83	0,8
044	Abwasseranlagen - Leitungen	13.224	7,41	2,04	0,3
045	Gas, Wasser, Entwässerung - Ausstattung inkl. 046	33.947	19,03	5,24	0,9
047	Dämmarbeiten an technischen Anlagen	75.792	42,49	11,69	2,0
049	Feuerlöschanlagen, Feuerlöschgeräte	–	–	–	–
050	Blitzschutz- und Erdungsanlagen	9.126	5,12	1,41	0,2
052	Mittelspannungsanlagen	–	–	–	–
053	Niederspannungsanlagen inkl. 054	195.362	109,51	30,13	5,1
055	Ersatzstromversorgungsanlagen	8.697	4,88	1,34	0,2
057	Gebäudesystemtechnik	–	–	–	–
058	Leuchten und Lampen, inkl. 059	136.915	76,75	21,12	3,6
060	Elektroakustische Anlagen	14.500	8,13	2,24	0,4
061	Kommunikationsnetze, inkl. 063	179.702	100,74	27,72	4,7
069	Aufzüge	52.479	29,42	8,09	1,4
070	Gebäudeautomation	15.754	8,83	2,43	0,4
075	Raumlufttechnische Anlagen	234.176	131,27	36,12	6,1
	Gebäudetechnik	**1.225.918**	**687,22**	**189,08**	**32,0**
084	**Abbruch- und Rückbauarbeiten**	**5.251**	**2,94**	**0,81**	**0,1**
	Sonstige Leistungsbereiche inkl. 008, 033, 051	**16.398**	**9,19**	**2,53**	**0,4**

Gebäude für Forschung und Lehre

2

2100 Hörsaalgebäude
• 2200 Institutsgebäude für Lehre und Forschung
2300 Institutsgebäude für Forschung und Untersuchung

2200-0043
Forschungslabor
Mikroelektronik

Objektübersicht

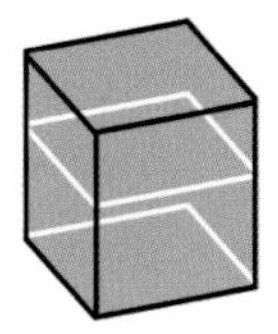

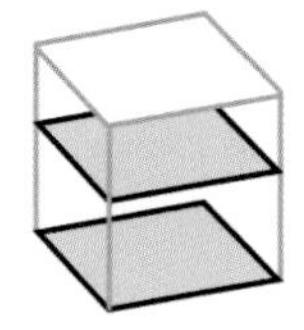

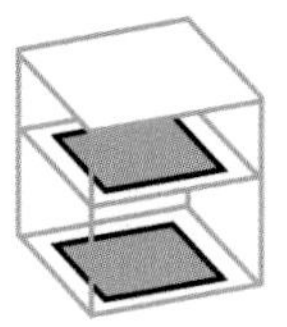

BRI 467 €/m³ BGF 2.389 €/m² NUF 10.204 €/m²

Objekt:
Kennwerte: 1.Ebene DIN 276
BRI: 60.096 m³
BGF: 11.757 m²
NUF: 2.753 m²
Bauzeit: 134 Wochen
Bauende: 2014
Standard: Durchschnitt
Kreis: Steinburg,
Schleswig-Holstein

Architekt:
HTP Hidde Timmermann
Architekten GmbH
Mandelnstraße 6
38100 Braunschweig

© HTP Hidde Timmermann

© HTP Hidde Timmermann

© HTP Hidde Timmermann

© HTP Hidde Timmermann

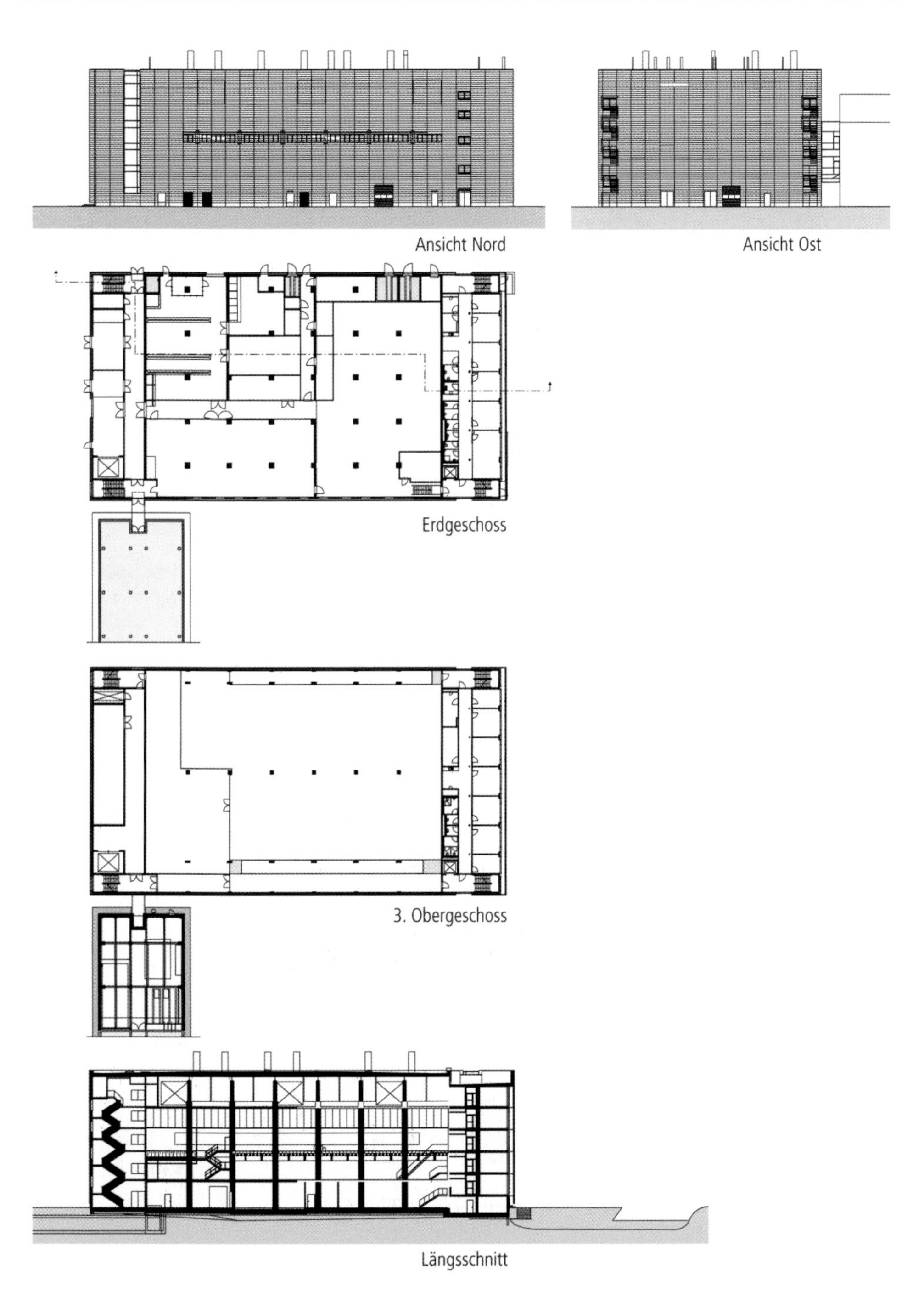

Ansicht Nord

Ansicht Ost

Erdgeschoss

3. Obergeschoss

Längsschnitt

Objektbeschreibung

Allgemeine Objektinformationen

Das Institut für Siliziumtechnologie entwickelt und fertigt Bauelemente der Mikroelektronik und der Mikrosystemtechnik. Der Neubau stellt eine Erweiterung des bestehenden Institutes dar. Der Baukörper beherbergt drei unterschiedliche Nutzungen: Büros, Labore und Lagerflächen. Diese verschiedenen Funktionen werden als Bausteine so angeordnet, dass eine Zonierung vom Lagerbereich im Westen über die Labore in der Baukörpermitte bis hin zu den im Osten positionierten Büros entsteht. Die Funktions-Bausteine werden von einer einheitlichen Fassadenhaut überzogen. Die Stirnseite vom Bürotrakt im Osten wird nach außen hin durch das Transparenterwerden der Fassadenhaut ablesbar. Die Zonen zwischen den Bausteinen dienen der Erschließung. Die Erschließungszone vom Bürotrakt bildet sich in der Fassade als Fuge aus.

Nutzung

1 Untergeschoss
Teilkeller als Lager

1 Erdgeschoss
Büros, Lager, technische Versorgung

4 Obergeschosse
Büros, Reinräume, technische Versorgung

Nutzeinheiten

Lagerfläche: 410m²
Produktionsfläche: 1.396m²
Bürofläche: 659m²
Arbeitsplätze: 65

Grundstück

Bauraum: Freier Bauraum
Neigung: Ebenes Gelände
Bodenklasse: BK 3 bis BK 5

Markt

Hauptvergabezeit: 3. Quartal 2011
Baubeginn: 4. Quartal 2011
Bauende: 2. Quartal 2014
Konjunkturelle Gesamtlage: Durchschnitt
Regionaler Baumarkt: Durchschnitt

Baukonstruktion

Besonderheiten sind der steife Baukörper, der Schutz vor Erschütterungen von außen gewährleistet und die Waffeldecke, auf der die Reinräume aufgestellt werden. Die Bodenplatte ist aus WU-Stahlbeton in 0,80m Stärke nach Vorgaben des Schwingungsdynamikers auf einer Sauberkeitsschicht ausgeführt. Die tragenden Außenwände sind ebenfalls aus Stahlbeton. Die Alu-Pfosten-Riegel-Fassaden vor dem Bürobereich sind thermisch getrennt, ansonsten kamen Aluprofilfenster zur Ausführung. Innen und außen sind Alufensterbänke eingebaut. Außen sind Alukantbleche auf einer Unterkonstruktion ausgeführt, dieser Aufbau ist hinterlüftet und mit kaschierter Mineralfaserdämmung vor allen Massivbauteilen gedämmt. Auch die tragenden Innenwände sind aus Stahlbeton, die nichttragenden sind als Leichtbauständerwände errichtet. Die aus Stahlbeton ausgeführten Dächer sind mit Trapezblech belegt. Die Dachentwässerung erfolgt innenliegend.

Technische Anlagen

Es kamen Lüftungs- und Klimaanlagen sowie eine Kälteanlage zur Ausführung. Eine Aufzugsanlage sowie eine Krananlage wurden ebenfalls eingebaut. Die Gebäudeautomation steuert die maschinelle Rauchabzugsanlage, die Chemie- bzw. Gasversorgung, die Wärmeversorgungsanlage und die RLT-Anlage.

Sonstiges

Herz der neuen Anlage ist der Reinraumbereich und die als Reinraum später umnutzbaren Labore. Um dieses Geschoss schichten sich die zusätzlich erforderlichen Ebenen darunter (Basement, SubCleanFab) und darüber (Plenum, Raumlufttechnik-Zentrale). Die beiden Kopfbauten werden in der Reinraumebene über einen für alle Nutzer zugänglichen Gang verbunden, über den auch Besuchern der Einblick in den sonst nur über Schleusen zugänglichen Reinraum gewährt wird.

Planungskennwerte für Flächen und Rauminhalte nach DIN 277

Flächen des Grundstücks		Menge, Einheit	% an GF
BF	Bebaute Fläche	10.197,00 m²	12,6
UF	Unbebaute Fläche	70.539,00 m²	87,4
GF	Grundstücksfläche	80.736,00 m²	100,0

Grundflächen des Bauwerks		Menge, Einheit	% an NUF	% an BGF
NUF	Nutzungsfläche	2.753,00 m²	100,0	23,4
TF	Technikfläche	5.893,00 m²	214,1	50,1
VF	Verkehrsfläche	2.250,00 m²	81,7	19,1
NRF	Netto-Raumfläche	10.896,00 m²	395,8	92,7
KGF	Konstruktions-Grundfläche	861,00 m²	31,3	7,3
BGF	Brutto-Grundfläche	11.757,00 m²	427,1	100,0

Brutto-Rauminhalt des Bauwerks		Menge, Einheit	BRI/NUF (m)	BRI/BGF (m)
BRI	Brutto-Rauminhalt	60.096,00 m³	21,83	5,11

Lufttechnisch behandelte Flächen	Menge, Einheit	% an NUF	% an BGF
Entlüftete Fläche	–	–	–
Be- und Entlüftete Fläche	–	–	–
Teilklimatisierte Fläche	–	–	–
Klimatisierte Fläche	–	–	–

KG	Kostengruppen (2.Ebene)	Menge, Einheit	Menge/NUF	Menge/BGF
310	Baugrube	–	–	–
320	Gründung	–	–	–
330	Außenwände	–	–	–
340	Innenwände	–	–	–
350	Decken	–	–	–
360	Dächer	–	–	–

Kostenkennwerte für die Kostengruppen der 1.Ebene DIN 276

KG	Kostengruppen (1.Ebene)	Einheit	Kosten €	€/Einheit	€/m² BGF	€/m³ BRI	% 300+400
100	Grundstück	m² GF	–	–	–	–	–
200	Herrichten und Erschließen	m² GF	–	–	–	–	–
300	Bauwerk - Baukonstruktionen	m² BGF	11.922.000	1.014,03	1.014,03	198,38	42,4
400	Bauwerk - Technische Anlagen	m² BGF	16.170.777	1.375,42	1.375,42	269,08	57,6
	Bauwerk 300+400	**m² BGF**	**28.092.778**	**2.389,45**	**2.389,45**	**467,47**	**100,0**
500	Außenanlagen	m² AF	1.119.503	123,16	95,22	18,63	4,0
600	Ausstattung und Kunstwerke	m² BGF	–	–	–	–	–
700	Baunebenkosten	m² BGF	–	–	–	–	–

KG	Kostengruppe	Menge Einheit	Kosten €	€/Einheit	%
3+4	**Bauwerk**				**100,0**
300	**Bauwerk - Baukonstruktionen**	11.757,00 m² BGF	11.922.000	**1.014,03**	42,4

Pfahlgründung, Stb-Bodenplatte, WU, d=80cm, Sauberkeitsschicht; Stb-Wände, d=25-40cm, Alufenster, Stahltüren, Rolltor, hinterlüftete Alufassade, UK, Mineralfaserdämmung, Alu-Pfosten-Riegelfassade, Alu-Lamellen-Sonnenschutz; GK-Wände, Stb-Stützen, Türblätter, Röhrenspanplatten, Seitenverglasung, Stahlzargen, Rauchschutztüren T30, Putz, Anstrich, Wandfliesen; Stb-Decken, Stb-Treppen, Waffeldecken, Profilstahlträger, Estrich, Abdichtung, Bodenbeschichtung, Bodenfliesen, Kautschukboden, GK-Bekleidung, Anstrich; Stb-Flachdach, Flachdachabdichtung, Dämmung, Stahlprofilträger, Trapezblech, innenliegende Dachentwässerung, Sekuranten

KG	Kostengruppe	Menge Einheit	Kosten €	€/Einheit	%
400	**Bauwerk - Technische Anlagen**	11.757,00 m² BGF	16.170.777	**1.375,42**	57,6

Gebäudeentwässerung, Kalt- und Warmwasserleitungen, Sanitärobjekte, Erdgasversorgung; Lüftungs- und Klimaanlagen, Kälteanlage, Reinraumausbau; Mittelspannungsanlagen, Eigenstromversorgungsanlagen, Niederspannungsschalt- und -installationsanlagen, Beleuchtungsanlagen, Blitzschutz- und Erdungsanlagen; Telekommunikationsanlage, Brandmeldeanlage, Übertragungsnetze; Aufzug, Krananlage; Medienversorgungsanlagen, Feuerlöschanlage, Prozessfortluftanlagen, Prozesskühlwasseranlage, Entsorgungsanlagen; zentrale, maschinelle Rauchabzugsanlage, Sicherheitsmanagement, Gebäudeautomation Chemieversorgung/Gasversorgung, Gebäudeautomation Prozess- und Klimakaltwasser/Entsorgung/Neutra/Wärmeversorgung/RLT-Anlage

KG	Kostengruppe	Menge Einheit	Kosten €	€/Einheit	%
500	**Außenanlagen**	9.090,00 m² AF	1.119.503	**123,16**	100,0

Asphalt, wassergebundene Wegedecke, Betonpflaster; Steganlage; Verkehrsbeleuchtung, Gehwegbeleuchtung, Pollerleuchten; Niederschlagswasser wird über Teichanlagen in Regenwasserkanalsystem angeschlossen, Löschwasserteiche; Bepflanzung, Rasen

2200-0044
Labor- und
Praktikumsgebäude
für Biologie
und Pharmazie

Objektübersicht

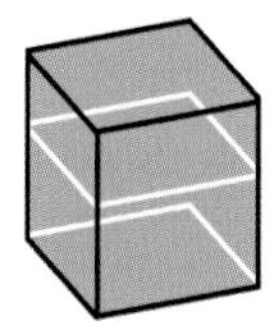

BRI 793 €/m³

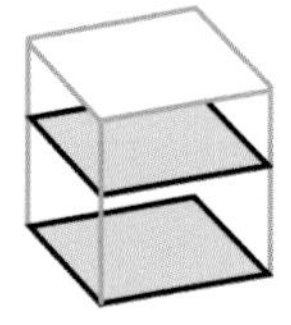

BGF 3.143 €/m²

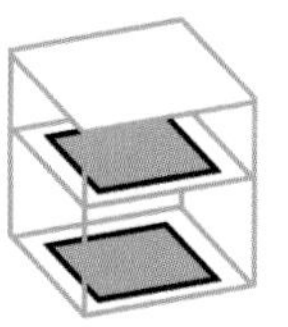

NUF 5.921 €/m²

Objekt:
Kennwerte: 1.Ebene DIN 276
BRI: 19.981 m³
BGF: 5.039 m²
NUF: 2.675 m²
Bauzeit: 121 Wochen
Bauende: 2014
Standard: über Durchschnitt
Kreis: Vorpommern-Greifswald,
Mecklenburg-Vorpommern

Architekt:
MHB Planungs- und
Ingenieurgesellschaft mbH
Rosa-Luxemburg-Straße 4
18055 Rostock

Bauherr:
Betrieb für Bau und
Liegenschaften M-V,
Geschäftsbereich
Hochschul- und
Klinikbau
Wallstraße 2
18055 Rostock

© Roland Unterbusch

© Roland Unterbusch

© Roland Unterbusch

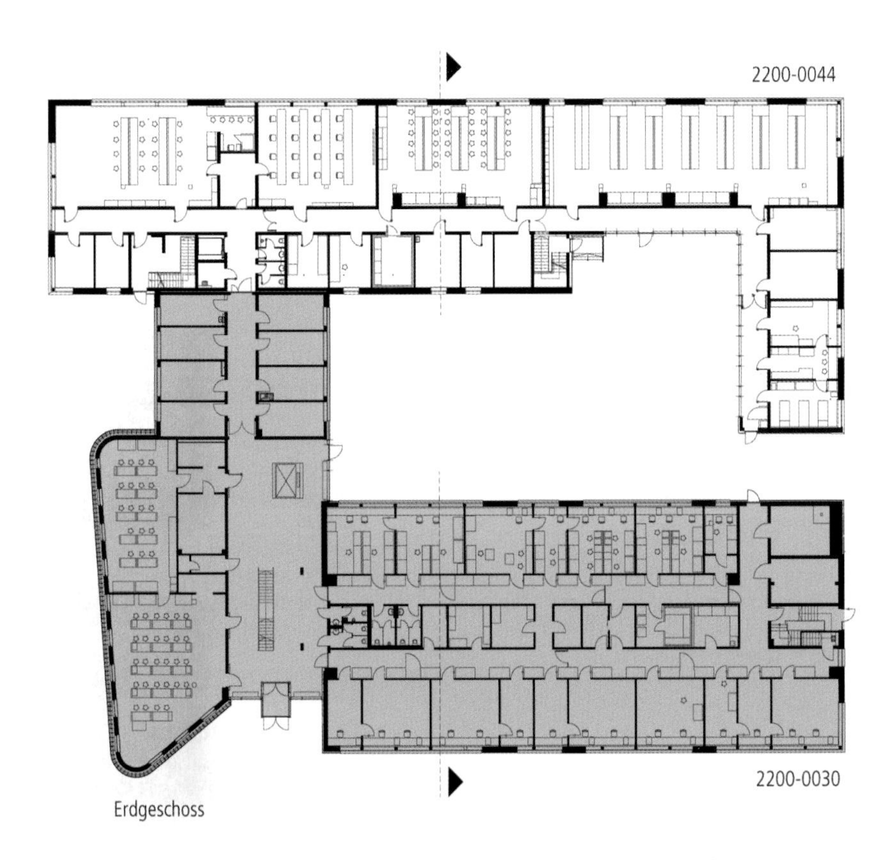

Erdgeschoss

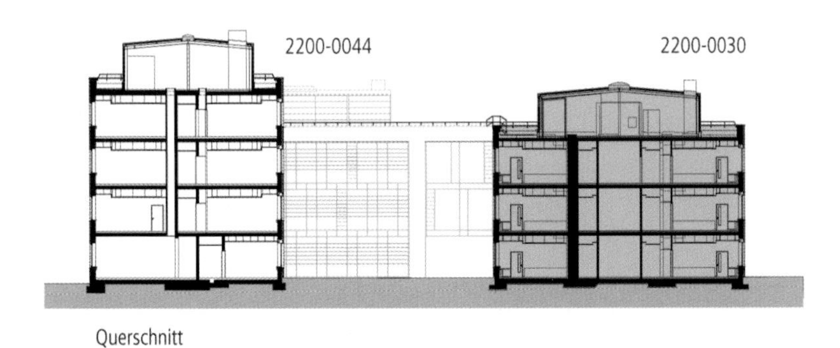

Querschnitt

Objektbeschreibung

Allgemeine Objektinformationen

Der Neubau des "Labor- und Praktikumsgebäudes für Biologie und Pharmazie" (2.BA) schließt an das bestehende Institut für Pharmakologie und Pharmazie an. Mit der Errichtung des ersten Bauabschnittes, dem Institut für Pharmakologie und Pharmazie (BKI Objektnummer 2200-0030) wurden etwa 50% des Gesamtvorhabens einer geschlossenen, überwiegend dreigeschossigen Blockrandbebauung mit Innenhof und Brückenanbindung an ein benachbartes Bestandgebäude realisiert. Mit der Fertigstellung des zweiten Bauabschnittes, dem Labor- und Praktikumsgebäude wurde der Gebäudekomplex komplettiert.

Nutzung

1 Erdgeschoss
Hausanschluss, Laborräume, Praktikumsräume, Kühlräume, Lagerräume, Spülküchen, Büros, Handbibliothek, Foyer, Tierhaltung, Chemiekalienlager

3 Obergeschosse
Labore S1/S2, Büros, Seminarräume, Technikräume, Aufenthaltsräume, Untersuchungsräume, Messräume, Kühlzellen, Spülküchen, Stationsküche

1 Dachgeschoss
Technikzentrale

Grundstück

Bauraum: Freier Bauraum
Neigung: Ebenes Gelände
Bodenklasse: BK 1 bis BK 3

Markt

Hauptvergabezeit: 2. Quartal 2012
Baubeginn: 2. Quartal 2012
Bauende: 4. Quartal 2014
Konjunkturelle Gesamtlage: Durchschnitt
Regionaler Baumarkt: Durchschnitt

Baukonstruktion

Der Neubau gründet auf einer Stahlbetonbodenplatte. Alle tragenden Außenwände wurden aus Stahlbeton in Ortbetonbauweise hergestellt. Die Fassaden der Gebäudeteile mit Labor- und Büronutzung sind mit großformatigen Keramikplatten bekleidet. Alle Alufenster der Ost-, Süd- und Westfassaden sind mit einem außenliegenden Sonnenschutz ausgestattet. Dieses Alu-Rollladensystem ist pulverbeschichtet. Die verglasten Bauteile sind mit Dreifachverglasung versehen und teilweise in Pfosten-Riegel-Konstruktion ausgeführt. Die Konstruktion der Dachtechnikzentralen bestehen aus Stahlträgern.

Technische Anlagen

Ein Teil des Energiebedarfs wird aus regenerativer Energiequelle über eine Photovoltaikanlage auf dem Dach gewonnen. Die Beheizung erfolgt über eine konventionelle Fernwärmeversorgung. Die Wärmeübergabe erfolgt über Plattenheizkörper, Röhrenradiatoren sowie teilweise über Bodenkonvektoren. Der Neubau ist mit einer Zu- und Abluft- und einer Einbruchmeldeanlage sowie einem Blitzschutz und einer Brandmeldezentrale ausgestattet.

Sonstiges

Das Gebäude ist barrierefrei konzipiert. Es verfügt über eine barrierefreie Aufzugsanlage und schwellenlose Türen zu allen Gebäudeteilen wie auch barrierefreie WCs.
Der Neubau des Instituts für Pharmakologie und Pharmazie (BKI Objektnummer 2200-0030) wurde als erster Bauabschnitt dokumentiert.

Planungskennwerte für Flächen und Rauminhalte nach DIN 277

Flächen des Grundstücks		Menge, Einheit	% an GF
BF	Bebaute Fläche	2.820,00 m²	44,6
UF	Unbebaute Fläche	3.509,00 m²	55,4
GF	Grundstücksfläche	6.329,00 m²	100,0

Grundflächen des Bauwerks		Menge, Einheit	% an NUF	% an BGF
NUF	Nutzungsfläche	2.674,78 m²	100,0	53,1
TF	Technikfläche	621,31 m²	23,2	12,3
VF	Verkehrsfläche	985,33 m²	36,8	19,6
NRF	Netto-Raumfläche	4.281,42 m²	160,1	85,0
KGF	Konstruktions-Grundfläche	757,22 m²	28,3	15,0
BGF	Brutto-Grundfläche	5.038,64 m²	188,4	100,0

NUF=100% BGF=188,4%

NUF TF VF KGF NRF=160,1%

Brutto-Rauminhalt des Bauwerks		Menge, Einheit	BRI/NUF (m)	BRI/BGF (m)
BRI	Brutto-Rauminhalt	19.980,71 m³	7,47	3,97

0 1 2 3 4 5 6 7 BRI/NUF=7,47m

BRI/BGF=3,97m 0 1 2 3

Lufttechnisch behandelte Flächen	Menge, Einheit	% an NUF	% an BGF
Entlüftete Fläche	–	–	–
Be- und Entlüftete Fläche	–	–	–
Teilklimatisierte Fläche	–	–	–
Klimatisierte Fläche	–	–	–

KG	Kostengruppen (2.Ebene)	Menge, Einheit	Menge/NUF	Menge/BGF
310	Baugrube	–	–	–
320	Gründung	–	–	–
330	Außenwände	–	–	–
340	Innenwände	–	–	–
350	Decken	–	–	–
360	Dächer	–	–	–

Kostenkennwerte für die Kostengruppen der 1.Ebene DIN 276

KG	Kostengruppen (1.Ebene)	Einheit	Kosten €	€/Einheit	€/m² BGF	€/m³ BRI	% 300+400
100	Grundstück	m² GF	–	–	–	–	–
200	Herrichten und Erschließen	m² GF	3.918	0,62	0,78	0,20	< 0,1
300	Bauwerk - Baukonstruktionen	m² BGF	6.514.740	1.292,96	1.292,96	326,05	41,1
400	Bauwerk - Technische Anlagen	m² BGF	9.322.597	1.850,22	1.850,22	466,58	58,9
	Bauwerk 300+400	**m² BGF**	**15.837.337**	**3.143,18**	**3.143,18**	**792,63**	**100,0**
500	Außenanlagen	m² AF	389.824	209,13	77,37	19,51	2,5
600	Ausstattung und Kunstwerke	m² BGF	40.126	7,96	7,96	2,01	0,3
700	Baunebenkosten	m² BGF	–	–	–	–	–

KG	Kostengruppe	Menge Einheit	Kosten €	€/Einheit	%
200	**Herrichten und Erschließen**	6.329,00 m² GF	3.918	**0,62**	100,0

Abbruch von Baracke, Schotterflächen; Entsorgung, Deponiegebühren, öffentliche Erschließung Fernwärme, Strom, Telefon

KG	Kostengruppe	Menge Einheit	Kosten €	€/Einheit	%
3+4	**Bauwerk**				**100,0**
300	**Bauwerk - Baukonstruktionen**	5.038,64 m² BGF	6.514.740	**1.292,96**	41,1

Baugrubenherstellung, Wasserhaltung; Flächengründung, Stb-Bodenplatten mit umlaufender Frostschürze, Abdichtungen, Perimeterdämmung; Stb-Wände, Alufenster, Dreifachverglasung, vorgehängte Keramikplattenfassade, Pfosten-Riegel-Fassaden, Sonnenschutz; Trockenbauwände, Holztüren mit HPL-Beschichtung, Glasvlies, Anstrich, mobile Trennwände; Stb-Decken, Stb-Treppen, Kautschukbelag, Feinsteinzeug, Bodenfliesen, abgehängte GK-Decken, Metallkasettendecken, Akustikdecken; Stb-Flachdächer, Gefälledämmung, Kunststoffabdichtung, Technikzentrale als Stahlbinderkonstruktion mit ungedämmter Blechkassettenfassade

KG	Kostengruppe	Menge Einheit	Kosten €	€/Einheit	%
400	**Bauwerk - Technische Anlagen**	5.038,64 m² BGF	9.322.597	**1.850,22**	58,9

Gebäudeentwässerung, Kalt- und Warmwasserleitungen, Sanitärobjekte; Fernwärmeversorgungsanlagen, Kombitrenner (Trennung Betriebs- und Trinkwasser), Plattenheizkörper, Röhrenradiatoren, Bodenkonvektoren; Zu- und Abluftanlagen; Starkstrom, Schwachstrom, Elektroinstallation, Blitzschutz- und Erdungsanlage; Fernmelde- und informationstechnische Anlagen, Einbruchmeldeanlage, Brandmeldezentrale; Aufzugsanlage; Löschwasserverteilersystem, labortechnische Ausstattung Labor- und zugehörigen Technik-, Funktions- und Lagerräumen, Einrichtung für Kühl- und Tiefkühlräume; Gebäudeautomation

KG	Kostengruppe	Menge Einheit	Kosten €	€/Einheit	%
500	**Außenanlagen**	1.864,00 m² AF	389.824	**209,13**	100,0

Geländemodellierung; Gehwege, Platzflächen Eingangsbereiche, Fahrradstellflächen, Zufahrtswege; Pflanzen, Rasen

KG	Kostengruppe	Menge Einheit	Kosten €	€/Einheit	%
600	**Ausstattung und Kunstwerke**	5.038,64 m² BGF	40.126	**7,96**	100,0

Einbaumöbel und Ausstattung für Büros

2200-0045 Zentrum für Medien und Soziale Forschung TG (100 STP)

Objektübersicht

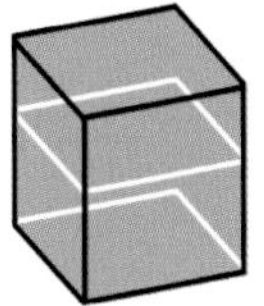

BRI 525 €/m³

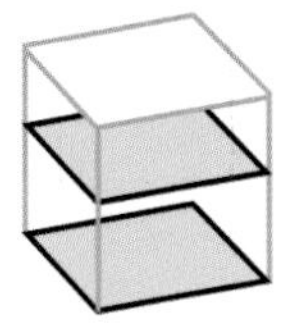

BGF 2.181 €/m²

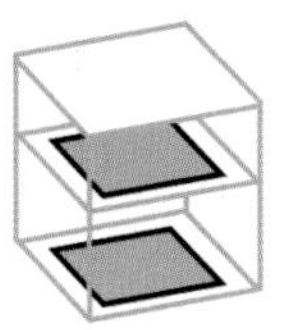

NUF 4.058 €/m²

Objekt:
Kennwerte: 1.Ebene DIN 276
BRI: 55.951 m³
BGF: 13.466 m²
NUF: 7.239 m²
Bauzeit: 217 Wochen
Bauende: 2014
Standard: über Durchschnitt
Kreis: Mittelsachsen, Sachsen

Architekt:
Georg Bumiller
Ges. von Architekten mbH
Großbeerenstraße 13a
10963 Berlin

Bauherr:
Staatsbetrieb Sächsisches Immobilien- und Baumanagement
Brückenstraße 12
09111 Chemnitz

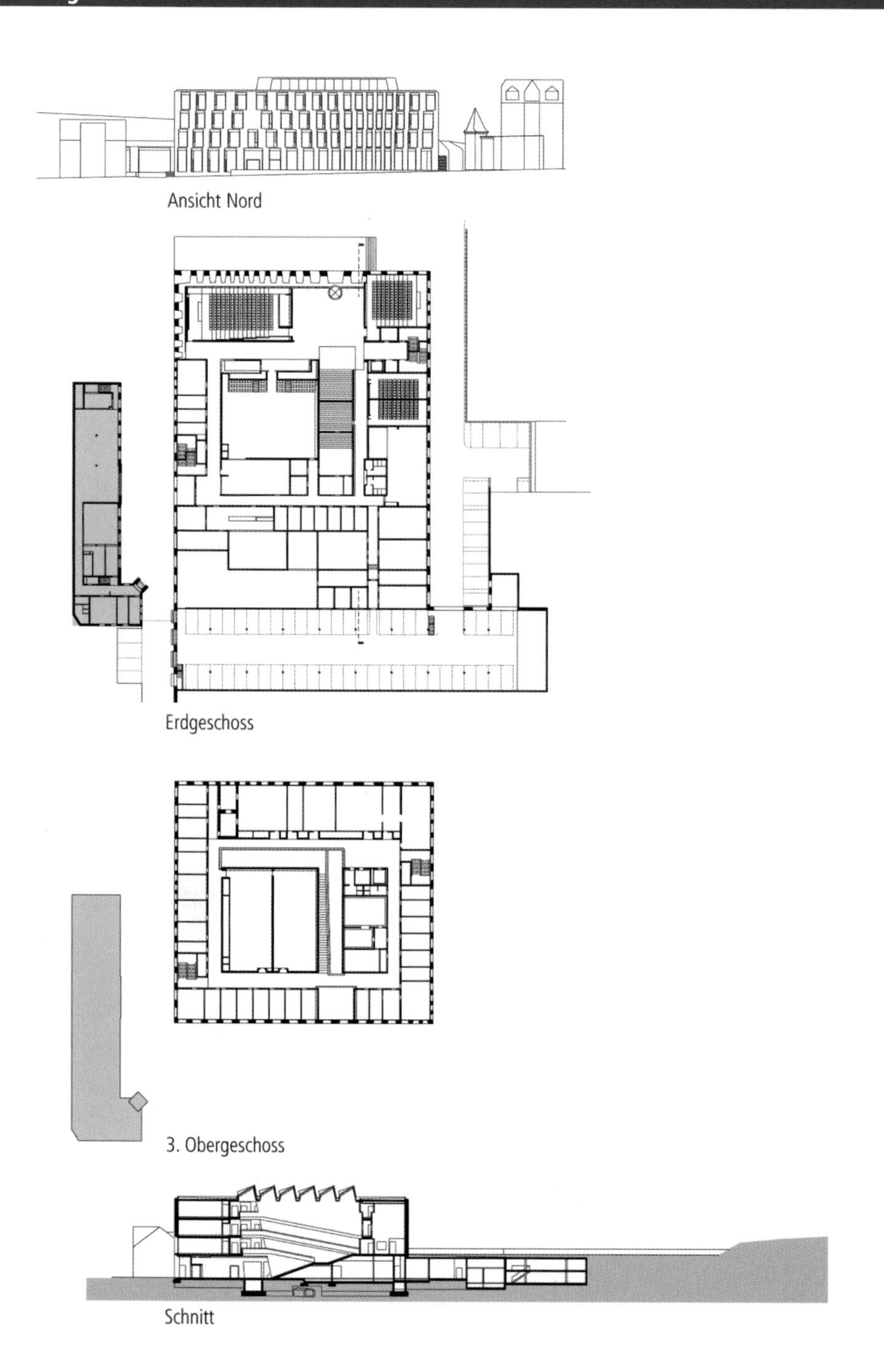

Ansicht Nord

Erdgeschoss

3. Obergeschoss

Schnitt

2200-0045
Zentrum für
Medien und
Soziale Forschung
TG (100 STP)

Objektbeschreibung

Allgemeine Objektinformationen

Der Neubau des Medienhauses ging als Sieger aus einem Wettbewerb mit vorgeschaltetem Bewerbungsverfahren hervor. Das Gebäude wird als energiegeladenes, komprimiertes Haus an einer der Lebensadern Mittweidas formuliert. Nach außen zeigt sich das klare Gebäudevolumen mit seiner repräsentativen Breitseite zur Bahnhofstraße, innen offenbart sich ein, das Fernsehstudio spiralartig umgreifender, lichter Innenraum mit kommunikativen Aufenthaltszonen für den informellen Austausch beider Fachbereiche. Im Inneren liegen lärmgeschützt die sensiblen Fernseh- und Radiostudios, abgeschirmt durch einen Ring aus nutzungsflexiblen, natürlich belichteten Räumen für Lehre und Forschung. Die kompakte, das Fernsehstudio und das Atrium umschließende Bauweise bietet ein Maximum an Innenraum bei minimaler Hüllfläche. Dadurch wird die Wirtschaftlichkeit der kompakten Bauweise zum nachhaltigen konzeptionellen ökologischen Argument.

Nutzung

2 Untergeschosse
Parkdecks, Haustechnik

1 Erdgeschoss
Fernsehstudio, Regie, Produktion, Hörsäle (4St), Übungsstudio, TV-Technikräume, Haustechnikräume, Lager, Sanitärräume

3 Obergeschosse
Seminarräume, Fachräume, Büros, Besprechungsräume, Tonstudio, Serverraum, Sanitärräume, Nebenräume

Nutzeinheiten

Stellplätze: 100
Arbeitsplätze: 120

Grundstück

Bauraum: Beengter Bauraum
Neigung: Geneigtes Gelände
Bodenklasse: BK 4

Markt

Hauptvergabezeit: 2. Quartal 2010
Baubeginn: 2. Quartal 2010
Bauende: 3. Quartal 2014
Konjunkturelle Gesamtlage: Durchschnitt
Regionaler Baumarkt: unter Durchschnitt

Baukonstruktion

Das Gebäude entstand als Massivbau in Betonkonstruktion. Die Fassaden wurden aus vorgefertigten, tragenden Sandwichfertigteilen hergestellt. Die Decken wurden teilweise in Spannbeton ausgeführt.

Technische Anlagen

Die Heizung und die Kühlung erfolgt über ein Kapillarrohrsystem im Deckenputz.

Sonstiges

Über der Tiefgarage mit zwei Parkdecks wurde der Campusgarten angelegt.

Planungskennwerte für Flächen und Rauminhalte nach DIN 277

Flächen des Grundstücks		Menge, Einheit	% an GF
BF	Bebaute Fläche	5.300,00 m²	35,1
UF	Unbebaute Fläche	9.780,00 m²	64,9
GF	Grundstücksfläche	15.080,00 m²	100,0

Grundflächen des Bauwerks		Menge, Einheit	% an NUF	% an BGF
NUF	Nutzungsfläche	7.238,80 m²	100,0	53,8
TF	Technikfläche	1.011,00 m²	14,0	7,5
VF	Verkehrsfläche	2.891,20 m²	39,9	21,5
NRF	Netto-Raumfläche	11.141,00 m²	153,9	82,7
KGF	Konstruktions-Grundfläche	2.325,00 m²	32,1	17,3
BGF	Brutto-Grundfläche	13.466,00 m²	186,0	100,0

NUF=100% | BGF=186,0% | NRF=153,9%

NUF TF VF KGF

Brutto-Rauminhalt des Bauwerks		Menge, Einheit	BRI/NUF (m)	BRI/BGF (m)
BRI	Brutto-Rauminhalt	55.951,00 m³	7,73	4,15

0 1 2 3 4 5 6 7 BRI/NUF=7,73m

0 1 2 3 4 BRI/BGF=4,15m

Lufttechnisch behandelte Flächen	Menge, Einheit	% an NUF	% an BGF
Entlüftete Fläche	–	–	–
Be- und Entlüftete Fläche	–	–	–
Teilklimatisierte Fläche	–	–	–
Klimatisierte Fläche	–	–	–

KG	Kostengruppen (2.Ebene)	Menge, Einheit	Menge/NUF	Menge/BGF
310	Baugrube	–	–	–
320	Gründung	–	–	–
330	Außenwände	–	–	–
340	Innenwände	–	–	–
350	Decken	–	–	–
360	Dächer	–	–	–

2200-0045
Zentrum für Medien und Soziale Forschung TG (100 STP)

Kostenkennwerte für die Kostengruppen der 1.Ebene DIN 276

KG	Kostengruppen (1.Ebene)	Einheit	Kosten €	€/Einheit	€/m² BGF	€/m³ BRI	% 300+400
100	Grundstück	m² GF	–	–	–	–	–
200	Herrichten und Erschließen	m² GF	–	–	–	–	–
300	Bauwerk - Baukonstruktionen	m² BGF	20.580.929	1.528,36	1.528,36	367,84	70,1
400	Bauwerk - Technische Anlagen	m² BGF	8.792.177	652,92	652,92	157,14	29,9
	Bauwerk 300+400	**m² BGF**	**29.373.106**	**2.181,28**	**2.181,28**	**524,98**	**100,0**
500	Außenanlagen	m² AF	1.824.114	151,25	135,46	32,60	6,2
600	Ausstattung und Kunstwerke	m² BGF	–	–	–	–	–
700	Baunebenkosten	m² BGF	–	–	–	–	–

KG	Kostengruppe	Menge Einheit	Kosten €	€/Einheit	%
3+4	**Bauwerk**				**100,0**
300	**Bauwerk - Baukonstruktionen**	13.466,00 m² BGF	20.580.929	**1.528,36**	70,1

Stb-Bodenplatten, WU-Beton, Abdichtung, Dämmung, Estrich, Hohlraumböden, Bodenbeläge, Perimeterdämmung; tragende Sichtbeton-Sandwich-Fertigteilwände, Stb-Wände, Fenster, Eingangstüren, WDVS, Jalousien; Stb-Wände, Sichtbeton, Innentüren; Stb-Decken, teilweise Sichtbeton, Hohlraumböden, Bodenbeläge, Putz; Stb-Flachdächer, teilweise Sichtbeton, Stb-Shed-Konstruktion, geneigte Fenster, Dämmung, hinterlüftete Fassadenbekleidung, PS-Gefälledämmung, Bitumenabdichtung, Kies, Putz

KG	Kostengruppe	Menge Einheit	Kosten €	€/Einheit	%
400	**Bauwerk - Technische Anlagen**	13.466,00 m² BGF	8.792.177	**652,92**	29,9

Gebäudeentwässerung, Wasseraufbereitungsanlage, Kalt- und Warmwasserleitungen, Sanitärobjekte; Erdwärmepumpe, Kapillarrohrheizung- und kühlung unter Putz, Konvektoren; Lüftungsanlagen, Teilklimaanlagen; Notstromversorgung, Mittelspannungs-Schaltanlage, Elektroinstallation, Beleuchtung; Brandmeldeanlage, maschinelle Entrauchungsanlage; Aufzugsanlage; Löschwassertrockenleitungen; Gebäudeautomation

KG	Kostengruppe	Menge Einheit	Kosten €	€/Einheit	%
500	**Außenanlagen**	12.060,00 m² AF	1.824.114	**151,25**	100,0

Natursteinflaster, Hochbeete aus Betonfertigteilen, Erdsondenfeld

Gebäude des Gesundheitswesens

3

- • 3100 Gebäude für Untersuchung und Behandlung
- • 3200 Krankenhäuser, Universitätskliniken
- 3300 Sonderkrankenhäuser
- • 3400 Pflegeheime
- • 3500 Gebäude für Rehabilitation
- 3600 Gebäude für Erholung
- 3700 Gebäude für Kur, Genesung

3100-0021
Praxis für
Allgemeinmedizin

Objektübersicht

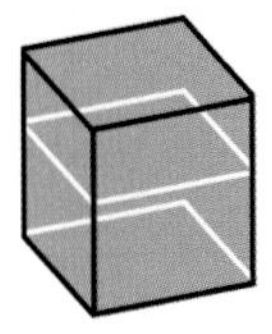

BRI 447 €/m³

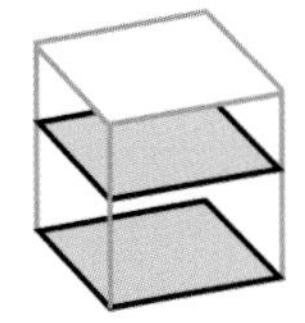

BGF 1.632 €/m²

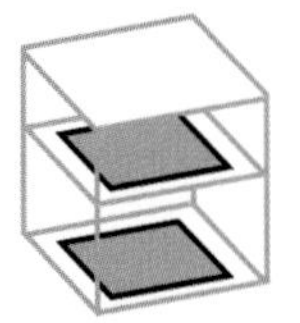

NUF 2.587 €/m²

Objekt:
Kennwerte: 1.Ebene DIN 276
BRI: 1.052 m³
BGF: 288 m²
NUF: 182 m²
Bauzeit: 56 Wochen
Bauende: 2015
Standard: Durchschnitt
Kreis: Düren,
Nordrhein-Westfalen

Architekt:
Altgott + Schneiders
Architekten
Hahner Straße 57
52076 Aachen

Bauherr:
Jorde Grundstücksgesellschaft
bürgerlichen Rechts (GbR)
Fuggerstraße 7
52351 Düren

© Altgott + Schneiders Architekten

© Altgott + Schneiders Architekten

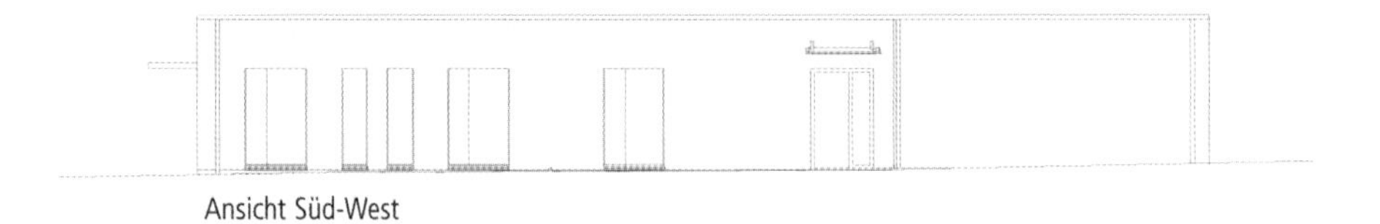

Ansicht Süd-West

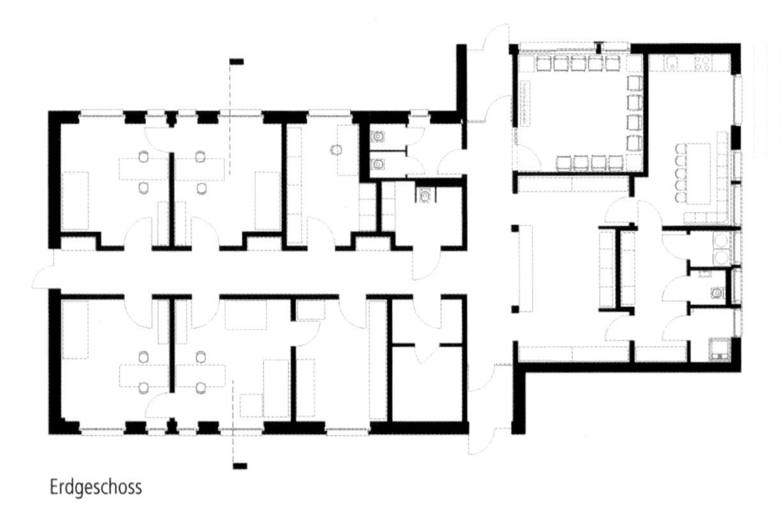

Erdgeschoss

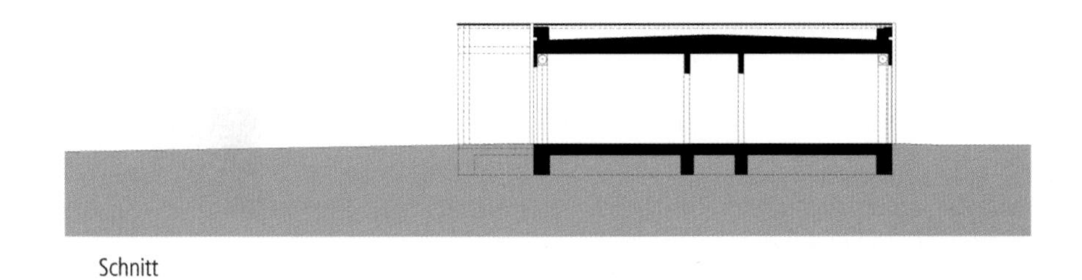

Schnitt

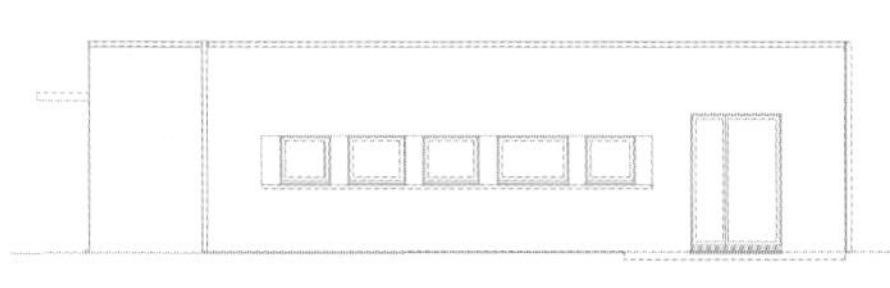

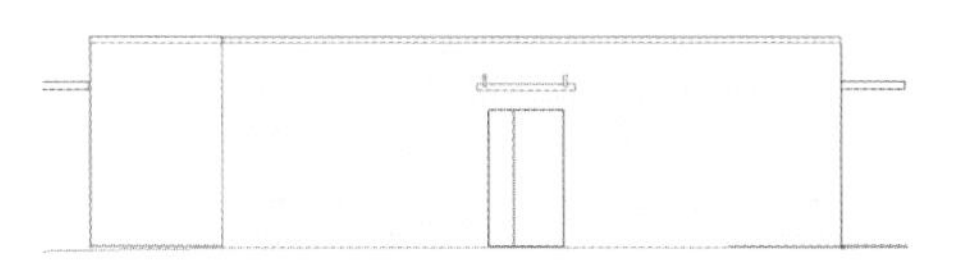

Ansicht Süd-Ost

Ansicht Nord-West

Objektbeschreibung

Allgemeine Objektinformationen

Die Praxis für Allgemeinmedizin ist als eingeschossiges, kompaktes Flachdachgebäude geplant und ausgeführt, bei dem sich zwei rechteckige Baukörper ineinander schieben. Der Baukörper A beherbergt die Hauptnutzung mit Behandlungsräumen und Labor. Im Baukörper B sind Empfang, Wartezimmer und Personalräume untergebracht. Die Praxis verfügt über einen straßen- und einen parkplatzseitigen Eingang, sowie einen weiteren Bedarfseingang für Krankentransporte.

Nutzung

1 Erdgeschoss
Empfang, Wartezimmer, Behandlungsräume (4St), Labor, Büro/Archiv, Sanitärräume Patienten, Personalraum, Personalumkleide, Sanitärräume Personal, Technikraum, Putzmittelraum

Grundstück

Bauraum: Freier Bauraum
Neigung: Geneigtes Gelände
Bodenklasse: BK 1 bis BK 3

Markt

Hauptvergabezeit: 1. Quartal 2014
Baubeginn: 1. Quartal 2014
Bauende: 2. Quartal 2015
Konjunkturelle Gesamtlage: Durchschnitt
Regionaler Baumarkt: Durchschnitt

Baukonstruktion

Die Praxis ist aufgrund von Nachhaltigkeitsaspekten in Massivbauweise errichtet. Das Mauerwerk, einschließlich Innenwände besteht aus Kalksandsteinmauerwerk und die Dachdecke aus Stahlbeton. Der Baukörper A wurde mit einem Klinkermauerwerk verblendet. Beim Baukörper B wurde ein Wärmedämmverbundsystem ausgeführt.

Technische Anlagen

Die Praxis wird über eine Gas-Brennwerttherme beheizt. Die Warmwasserversorgung erfolgt, aus Gründen der Hygiene über Untertischgeräte und Durchlauferhitzer. Die erforderliche Luftwechselrate wird über eine dezentrale Lüftungsanlage sichergestellt. Die komplette Dachfläche ist mit einer Photovoltaikanlage belegt. Es wurde eine kombinierte Einbruch- und Rauchwarnanlage eingebaut.

Sonstiges

Auf die Möglichkeit einer Erweiterung der Behandlungsräume, sowie einer späteren Aufstockung wurde Rücksicht genommen.

Planungskennwerte für Flächen und Rauminhalte nach DIN 277

Flächen des Grundstücks		Menge, Einheit	% an GF
BF	Bebaute Fläche	288,27 m²	31,4
UF	Unbebaute Fläche	629,73 m²	68,6
GF	Grundstücksfläche	918,00 m²	100,0

Grundflächen des Bauwerks		Menge, Einheit	% an NUF	% an BGF
NUF	Nutzungsfläche	181,78 m²	100,0	63,1
TF	Technikfläche	10,37 m²	5,7	3,6
VF	Verkehrsfläche	43,08 m²	23,7	14,9
NRF	Netto-Raumfläche	235,23 m²	129,4	81,6
KGF	Konstruktions-Grundfläche	53,04 m²	29,2	18,4
BGF	Brutto-Grundfläche	288,27 m²	158,6	100,0

NUF=100% BGF=158,6%

NUF TF VF KGF

NRF=129,4%

Brutto-Rauminhalt des Bauwerks		Menge, Einheit	BRI/NUF (m)	BRI/BGF (m)
BRI	Brutto-Rauminhalt	1.052,19 m³	5,79	3,65

0 1 2 3 4 5 BRI/NUF=5,79m

0 1 2 3 BRI/BGF=3,65m

Lufttechnisch behandelte Flächen	Menge, Einheit	% an NUF	% an BGF
Entlüftete Fläche	–	–	–
Be- und Entlüftete Fläche	–	–	–
Teilklimatisierte Fläche	–	–	–
Klimatisierte Fläche	–	–	–

KG	Kostengruppen (2.Ebene)	Menge, Einheit	Menge/NUF	Menge/BGF
310	Baugrube	–	–	–
320	Gründung	–	–	–
330	Außenwände	–	–	–
340	Innenwände	–	–	–
350	Decken	–	–	–
360	Dächer	–	–	–

Kostenkennwerte für die Kostengruppen der 1.Ebene DIN 276

KG	Kostengruppen (1.Ebene)	Einheit	Kosten €	€/Einheit	€/m² BGF	€/m³ BRI	% 300+400
100	Grundstück	m² GF	–	–	–	–	–
200	Herrichten und Erschließen	m² GF	–	–	–	–	–
300	Bauwerk - Baukonstruktionen	m² BGF	339.920	1.179,17	1.179,17	323,06	72,3
400	Bauwerk - Technische Anlagen	m² BGF	130.425	452,44	452,44	123,96	27,7
	Bauwerk 300+400	**m² BGF**	**470.345**	**1.631,61**	**1.631,61**	**447,01**	**100,0**
500	Außenanlagen	m² AF	–	–	–	–	–
600	Ausstattung und Kunstwerke	m² BGF	–	–	–	–	–
700	Baunebenkosten	m² BGF	–	–	–	–	–

KG	Kostengruppe	Menge Einheit	Kosten €	€/Einheit	%
3+4	**Bauwerk**				**100,0**
300	**Bauwerk - Baukonstruktionen**	288,27 m² BGF	339.920	**1.179,17**	72,3

Stb-Streifenfundamente, Stb-Bodenplatte, Abdichtung, Dämmung, Zementestrich, Linoleum, Bodenfliesen; KS-Mauerwerk, Mineralfaserdämmung, d=140mm, Verblendmauerwerk, WDVS, d=180mm, Kunststofffenster, Dreifachverglasung, elektrische Rollläden; KS-Innenwände, Putz, Anstrich, Wandfliesen, Holzzargen und -türen (HPL-beschichtet), WC-Trennwände; Stb-Flachdach, Dachfenster, Gefälledämmung, Flachdachabdichtung, Attika, Dachentwässerung, Putz, tlw. abgehängte GK-Decken

KG	Kostengruppe	Menge Einheit	Kosten €	€/Einheit	%
400	**Bauwerk - Technische Anlagen**	288,27 m² BGF	130.425	**452,44**	27,7

Gebäudeentwässerung, Kalt- und Warmwasserleitungen, Sanitärobjekte; Gas-Brennwerttherme, Heizkörper, Warmwasser dezentral (Untertischgeräte und Durchlauferhitzer); dezentrale Lüftungsanlage; Photovoltaikanlage, Elektroinstallation, Aufbau- und Einbauleuchten; Gegensprechanlage, Telefon- und Datenleitungen, kombinierte Einbruch- und Rauchwarnanlage

3200-0022
Geriatrie
(88 Betten)
Tagesklinik
(10 Plätze)

Objektübersicht

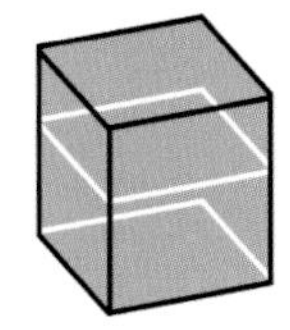

BRI 400 €/m³

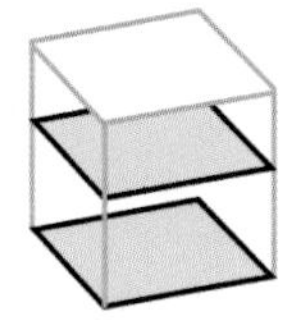

BGF 1.508 €/m²

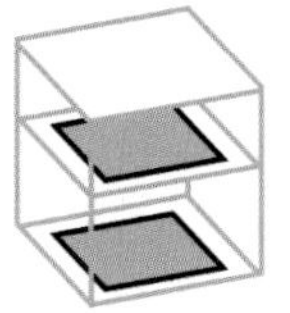

NUF 2.416 €/m²

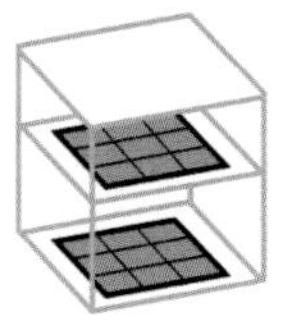

NE 88.109 €/NE
NE: Bett

Objekt:
Kennwerte: 1.Ebene DIN 276
BRI: 19.363 m³
BGF: 5.140 m²
NUF: 3.210 m²
Bauzeit: 87 Wochen
Bauende: 2015
Standard: Durchschnitt
Kreis: Hamburg - Freie und Hansestadt,
Hamburg

Architekt:
euroterra GmbH
architekten ingenieure
Ness 1
20457 Hamburg

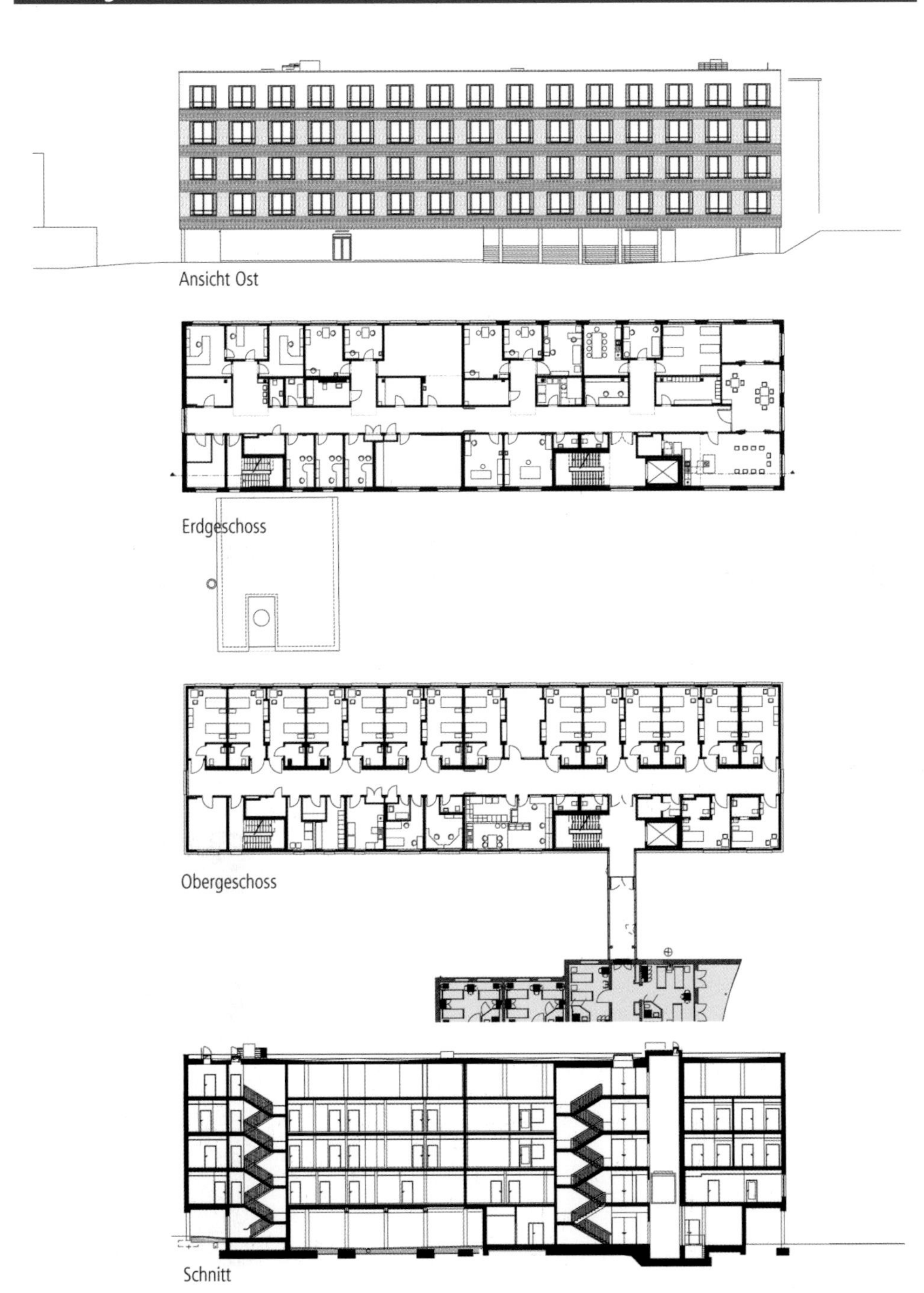
Ansicht Ost
Erdgeschoss
Obergeschoss
Schnitt

Objektbeschreibung

Allgemeine Objektinformationen

Die Geriatrie mit angeschlossener Tagesklinik wurde im Rahmen der Altersversorgung erweitert. Als Entwurfsaufgabe wurden drei Bettenstationen mit je 30 Betten auf zweiter und dritter Ebene, 28 Betten auf vierter Ebene sowie eine angeschlossene Tagesklinik mit 10 Plätzen auf erster Ebene geplant. Die Bettenstationen der zweiten bis vierten Ebene wurden über je einen gläsernen Verbindungsgang an die entsprechenden Ebenen im vorhandenen Haus angeschlossen. Ein ursprünglich als Lager genutztes Haus wurde abgebrochen und an gleicher Stelle wurde der Neubau mit einem Technikgeschoss in der Erdgeschossebene errichtet.

Nutzung

1 Erdgeschoss

Büroraum, IT-Räume, Technikräume, Umkleideräume, WCs, Lagerräume

4 Obergeschosse

Patientenräume, Therapieräume, Arzträume, Büroräume, Aufenthaltsräume, Essraum, Küchen, Bäder, WCs, Technikräume, Lagerräume, Verbindungsgänge zum Bestand

Nutzeinheiten

Pflegeplätze: 10
Betten: 88

Grundstück

Bauraum: Beengter Bauraum
Neigung: Ebenes Gelände
Bodenklasse: BK 3 bis BK 5

Markt

Hauptvergabezeit: 2. Quartal 2013
Baubeginn: 2. Quartal 2013
Bauende: 1. Quartal 2015
Konjunkturelle Gesamtlage: über Durchschnitt
Regionaler Baumarkt: über Durchschnitt

Baukonstruktion

Der Neubau gründet auf einer wasserundurchlässigem Stahlbetonbodenplatte. Die Außenwände sind in massiver Bauweise mit Lochfenstern ausgeführt. Die Geschossdecken sind als 25cm starke Stahlbetonscheiben ausgebildet. Die Fassade ist mit einem Wärmedämmverbundsystem versehen, die Oberfläche wurde mit Klinkerriemchen gebildet. Es kamen Kunststofffenster zum Einbau. Das Dach ist mit einer extensiven Begrünung versehen. Die Dachflächen werden innenliegend entwässert. Die Innenwände sind, wo statisch erforderlich, als Stahlbetonwände, ansonsten in Leichtbauweise mit beidseitig beplankten Gipskartonplatten ausgeführt.
In den Treppenhäusern wurde Betonwerkstein, in den Aufenthaltsräumen Linoleum verwendet. Die Innentüren und -fenster besitzen Stahlumfassungszargen, die Türblätter sind aus Holz und mit Schichtstoff belegt.

Technische Anlagen

Es wurden Wärmeversorgungs- und lufttechnische Anlagen eingebaut. Eine Förderanlage verbindet die verschiedenen Ebenen miteinander.

Sonstiges

Die Außenanlagen wurden den speziellen Bedürfnissen der älteren Patienten angepasst, indem ein geriatrischer Patientengarten in Kooperation mit einem Landschaftsarchitekten entwickelt wurde. Dieser Garten beinhaltet kleinere Barrieren und verschiedene unterschiedliche Bodenoberflächen und stärkt so die Lauf- und Bewegungsfähigkeit der Patienten. Ein Brunnen inmitten blühender Pflanzen lädt zum Verweilen und Ruhen ein.

Planungskennwerte für Flächen und Rauminhalte nach DIN 277

Flächen des Grundstücks		Menge, Einheit	% an GF
BF	Bebaute Fläche	9.960,00 m²	35,0
UF	Unbebaute Fläche	18.524,00 m²	65,0
GF	Grundstücksfläche	28.484,00 m²	100,0

Grundflächen des Bauwerks		Menge, Einheit	% an NUF	% an BGF
NUF	Nutzungsfläche	3.209,81 m²	100,0	62,4
TF	Technikfläche	203,47 m²	6,3	4,0
VF	Verkehrsfläche	524,85 m²	16,4	10,2
NRF	Netto-Raumfläche	3.938,13 m²	122,7	76,6
KGF	Konstruktions-Grundfläche	1.201,87 m²	37,4	23,4
BGF	Brutto-Grundfläche	5.140,00 m²	160,1	100,0

NUF=100% BGF=160,1%
NUF TF VF KGF
NRF=122,7%

Brutto-Rauminhalt des Bauwerks		Menge, Einheit	BRI/NUF (m)	BRI/BGF (m)
BRI	Brutto-Rauminhalt	19.363,00 m³	6,03	3,77

0 1 2 3 4 5 6 BRI/NUF=6,03m
BRI/BGF=3,77m 0 1 2 3

Lufttechnisch behandelte Flächen	Menge, Einheit	% an NUF	% an BGF
Entlüftete Fläche	–	–	–
Be- und Entlüftete Fläche	–	–	–
Teilklimatisierte Fläche	–	–	–
Klimatisierte Fläche	–	–	–

KG	Kostengruppen (2.Ebene)	Menge, Einheit	Menge/NUF	Menge/BGF
310	Baugrube	–	–	–
320	Gründung	–	–	–
330	Außenwände	–	–	–
340	Innenwände	–	–	–
350	Decken	–	–	–
360	Dächer	–	–	–

3200-0022
Geriatrie
(88 Betten)
Tagesklinik
(10 Plätze)

Kostenkennwerte für die Kostengruppen der 1.Ebene DIN 276

KG	Kostengruppen (1.Ebene)	Einheit	Kosten €	€/Einheit	€/m² BGF	€/m³ BRI	% 300+400
100	Grundstück	m² GF	–	–	–	–	–
200	Herrichten und Erschließen	m² GF	150.092	5,27	29,20	7,75	1,9
300	Bauwerk - Baukonstruktionen	m² BGF	5.030.194	978,64	978,64	259,78	64,9
400	Bauwerk - Technische Anlagen	m² BGF	2.723.396	529,84	529,84	140,65	35,1
	Bauwerk 300+400	**m² BGF**	**7.753.590**	**1.508,48**	**1.508,48**	**400,43**	**100,0**
500	Außenanlagen	m² AF	416.650	1.893,86	81,06	21,52	5,4
600	Ausstattung und Kunstwerke	m² BGF	–	–	–	–	–
700	Baunebenkosten	m² BGF	–	–	–	–	–

KG	Kostengruppe	Menge Einheit	Kosten €	€/Einheit	%
200	**Herrichten und Erschließen**	28.484,00 m² GF	150.092	**5,27**	100,0

Abbruch von Bestandsgebäude; Entsorgung, Deponiegebühren

KG	Kostengruppe	Menge Einheit	Kosten €	€/Einheit	%
3+4	**Bauwerk**				**100,0**
300	**Bauwerk - Baukonstruktionen**	5.140,00 m² BGF	5.030.194	**978,64**	64,9

Baugrubenaushub; Stb-Einzel- und -Streifenfundamente, Stb-Bodenplatte, WU-Beton, Estrich, Anstrich, Linoleum, Betonwerkstein, Bodenfliesen, Perimeterdämmung; Stb-Wände, Mauerwerkswände, Stb-Stützen, Kunststofffenster, WDVS mit Putz und Klinkerriemchen, Pfosten-Riegel-Fassade (Durchgang zum Bestand); Innenmauerwerk, Stb-Wände, GK-Wände, Stb-Stützen, teilw. Holz-Glaswände, Glasvlies, Wandfliesen; Stb-Decken, Stb-Treppen, Estrich, Linoleum, Betonwerkstein, Bodenfliesen, abgehängte GK-Decken, teilw. Schallschutzdecken; Stb-Dach, Oberlichter, Dämmung, Abdichtung, extensive Dachbegrünung, innenliegende Dachentwässerung, abgehängte GK-Decken, teilw. Schallschutzdecken (Flure)

KG	Kostengruppe	Menge Einheit	Kosten €	€/Einheit	%
400	**Bauwerk - Technische Anlagen**	5.140,00 m² BGF	2.723.396	**529,84**	35,1

Anschluss an den Bestand, Gebäudeentwässerung, Kalt- und Warmwasserleitungen, Sanitärobjekte; Fernwärmeversorgung, Plattenheizkörper; Lüftungsanlage; Notstromversorgung, Elektroinstallation, Beleuchtung, Sicherheitsleuchten, Blitzschutzanlage; Telekommunikationsanlage, Notrufanlage, Fernseh- und Antennenanlagen, Brandmeldeanlage, RWA-Anlage, Datenübertragungsnetz; Personenaufzug; Medizinische Gasversorgung, Feuerlöscher

KG	Kostengruppe	Menge Einheit	Kosten €	€/Einheit	%
500	**Außenanlagen**	220,00 m² AF	416.650	**1.893,86**	100,0

Patientengarten: verschiedene Belagsoberflächen (Kopfsteinpflaster, Kies, Wellenform); Handlauf, Bänke; Springbrunnen (Findling); Bäume, Sträucher, Hecken, Kräuter

3200-0023
Psychosomatische Klinik
(40 Betten)

Objektübersicht

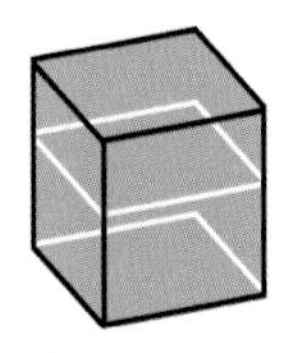

BRI 440 €/m³

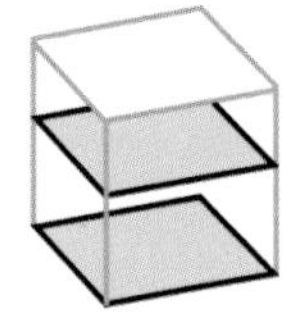

BGF 1.849 €/m²

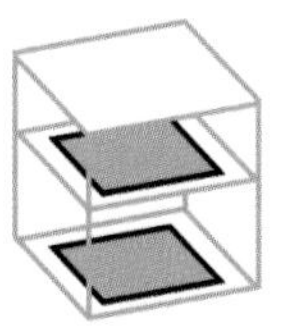

NUF 3.700 €/m²

Objekt:
Kennwerte: 1.Ebene DIN 276
BRI: 39.727 m³
BGF: 9.443 m²
NUF: 4.720 m²
Bauzeit: 152 Wochen
Bauende: 2014
Standard: Durchschnitt
Kreis: Schweinfurt - Stadt, Bayern

Architekt:
Heinle, Wischer und Partner
Freie Architekten
Stolkgasse 25
50667 Köln

Bauherr:
Leopoldina-Krankenhaus
der Stadt Schweinfurt GmbH
Gustav-Adolf-Straße 6
97422 Schweinfurt

© Jan Kobel

© Jan Kobel

© Jan Kobel

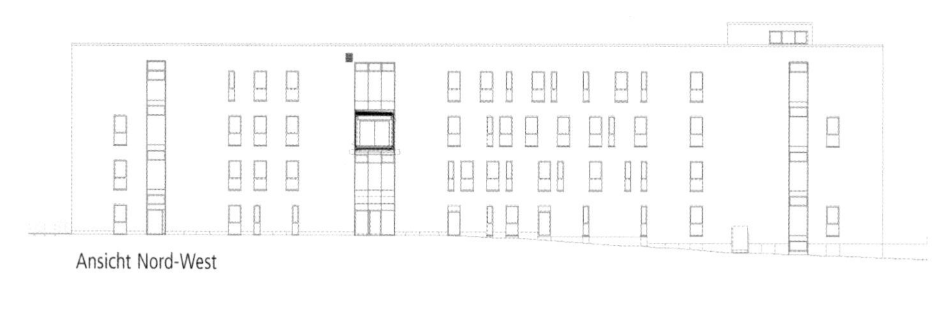

Ansicht Nord-West

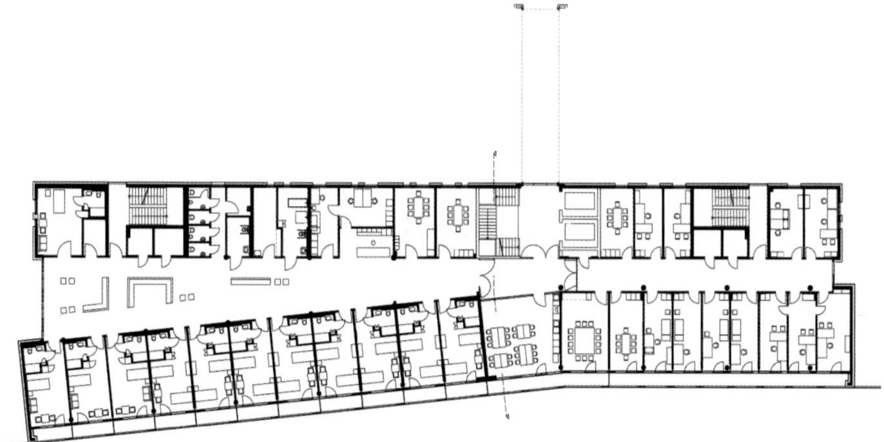

2. Obergeschoss

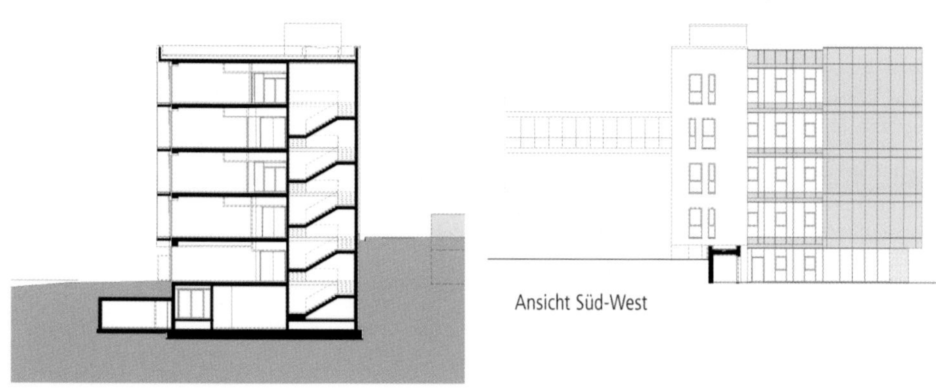

Ansicht Süd-West

Schnitt

Objektbeschreibung

Allgemeine Objektinformationen

Der Neubau des Leopoldina-Krankenhauses der Stadt Schweinfurt ist ein Ergänzungsgebäude südlich des Haupthauses und beinhaltet verschiedene Funktionsflächen des Krankenhausbetriebes. Die klare Gebäudeform der klassischen Riegelstruktur öffnet sich durch die Abwinkelung einer Gebäudehälfte nach Westen und vergrößert die Nutzfläche für die Kommunikationsbereiche. Die Hanglage des nach Süden abfallenden Geländes wird genutzt, um im Gartengeschoss nach Süden sowie an den Stirnseiten nach Osten und Westen tageslichtdurchflutete Räume für die Praxis der Nuklearmedizin und Strahlentherapie zu erhalten.

Nutzung

1 Untergeschoss
Technikzentrale, Lager, Personalumkleiden

1 Erdgeschoss
Praxis für Nuklearmedizin und Strahlentherapie, Verbindungsgang zum Haupthaus

4 Obergeschosse
1. OG: Zentrallabor
2. OG: Psychosomatische Station (20 Betten)
3. OG: Krankenhausdienst, Untersuchungs- und Behandlungsräume, Arztdiensträume, Verbindungsbrücke zum Haupthaus
4. OG: Privat-Station, Einbettzimmer (20St)

Nutzeinheiten

Betten: 40

Grundstück

Bauraum: Beengter Bauraum
Neigung: Hanglage
Bodenklasse: BK 4 bis BK 6

Markt

Hauptvergabezeit: 2. Quartal 2011
Baubeginn: 2. Quartal 2011
Bauende: 1. Quartal 2014
Konjunkturelle Gesamtlage: Durchschnitt
Regionaler Baumarkt: Durchschnitt

Baukonstruktion

Der sechsgeschossige Stahlbetonskelettbau mit Rundstützen im Achsraster von 7,80m gründet auf einer 80cm dicken Stahlbetonfundamentplatte. Die Stahlbetonumfassungswände wurden erdberührt in WU-Beton ausgeführt. Die Fassaden wurden mit Wärmedämmverbundsystem sowie in Teilen mit hinterlüftetem Aluminiumblech bekleidet. Die Alu-Pfosten-Riegelfassaden sowie die Metallfenster wurden mit außenliegendem Sonnenschutz aus Metalllamellen versehen. Die tragenden Innenwände für die Treppenhäuser, die Schächte und die Brandwand wurden in Stahlbeton ausgeführt. Alle nichttragenden Innenwände wurden in Trockenbauweise erstellt. Die Flurtüren wurden als Stahl-Glas-Rahmentüren und die Schachttüren als Stahltüren mit Brandschutzqualifikation umgesetzt. Die Stahlbetondecken wurden mit Zementestrich auf Trennlage bzw. schwimmend belegt. Das Stahlbetonflachdach wurde mit mineralischer Gefälledämmung, bituminöser Abdichtung und Kiesauflage realisiert.

Technische Anlagen

Die Gebäudebeheizung erfolgt über Wärmetauscher aus der zentral erzeugten Wärme für das Haupthaus. In zwei Ebenen wurde eine Bauteilaktivierung zum Heizen und Kühlen über die Decken eingebaut. Für das Laborgeschoss und für weitere Teilbereiche erfolgt die Kühlung über eine Klimaanlage. Das Lüftungssystem des Gebäudes erfolgt über die zentrale Lüftung mit Wärmerückgewinnung und über natürliche Fensterlüftung. Auf dem Flachdach wurden Photovoltaikelemente integriert.

Sonstiges

Um einen Kostenkennwert pro Bett zu erhalten, wurden die Kosten vom Architekten den einzelnen Ebenen zugeordnet, sodass sich für die beiden Nutzungsebenen mit Patientenbetten ein Kostenkennwert von ca. 181.073€/Bett (Kostenstand: 4.Quartal 2016) benennen lässt.
Die Anforderung der EnEV 2009 wird um 22% unterschritten. Die allgemeinen Einbauten wie Patientenschränke, Teeküchen, Arbeitstischanlagen, Leitstellentheken erfolgten als Möbelfesteinbauten.

Planungskennwerte für Flächen und Rauminhalte nach DIN 277

Flächen des Grundstücks		Menge, Einheit	% an GF
BF	Bebaute Fläche	1.915,00 m²	40,1
UF	Unbebaute Fläche	2.865,00 m²	59,9
GF	Grundstücksfläche	4.780,00 m²	100,0

Grundflächen des Bauwerks		Menge, Einheit	% an NUF	% an BGF
NUF	Nutzungsfläche	4.720,00 m²	100,0	50,0
TF	Technikfläche	1.036,00 m²	21,9	11,0
VF	Verkehrsfläche	2.649,00 m²	56,1	28,1
NRF	Netto-Raumfläche	8.405,00 m²	178,1	89,0
KGF	Konstruktions-Grundfläche	1.038,00 m²	22,0	11,0
BGF	Brutto-Grundfläche	9.443,00 m²	200,1	100,0

NUF=100% BGF=200,1%

NUF TF VF KGF

NRF=178,1%

Brutto-Rauminhalt des Bauwerks		Menge, Einheit	BRI/NUF (m)	BRI/BGF (m)
BRI	Brutto-Rauminhalt	39.727,00 m³	8,42	4,21

0 1 2 3 4 5 6 7 8 BRI/NUF=8,42m

0 1 2 3 4 BRI/BGF=4,21m

Lufttechnisch behandelte Flächen	Menge, Einheit	% an NUF	% an BGF
Entlüftete Fläche	–	–	–
Be- und Entlüftete Fläche	–	–	–
Teilklimatisierte Fläche	–	–	–
Klimatisierte Fläche	–	–	–

KG	Kostengruppen (2.Ebene)	Menge, Einheit	Menge/NUF	Menge/BGF
310	Baugrube	–	–	–
320	Gründung	–	–	–
330	Außenwände	–	–	–
340	Innenwände	–	–	–
350	Decken	–	–	–
360	Dächer	–	–	–

3200-0023
Psychosomatische
Klinik
(40 Betten)

Kostenkennwerte für die Kostengruppen der 1.Ebene DIN 276

KG	Kostengruppen (1.Ebene)	Einheit	Kosten €	€/Einheit	€/m² BGF	€/m³ BRI	% 300+400
100	Grundstück	m² GF	–	–	–	–	–
200	Herrichten und Erschließen	m² GF	–	–	–	–	–
300	Bauwerk - Baukonstruktionen	m² BGF	10.761.738	1.139,65	1.139,65	270,89	61,6
400	Bauwerk - Technische Anlagen	m² BGF	6.702.826	709,82	709,82	168,72	38,4
	Bauwerk 300+400	**m² BGF**	**17.464.564**	**1.849,47**	**1.849,47**	**439,61**	**100,0**
500	Außenanlagen	m² AF	442.850	131,53	46,90	11,15	2,5
600	Ausstattung und Kunstwerke	m² BGF	722.032	76,46	76,46	18,17	4,1
700	Baunebenkosten	m² BGF	–	–	–	–	–

KG	Kostengruppe	Menge Einheit	Kosten €	€/Einheit	%
3+4	**Bauwerk**				**100,0**
300	**Bauwerk - Baukonstruktionen**	9.443,00 m² BGF	10.761.738	**1.139,65**	61,6

Baugrubenaushub, Trägerbohlenverbau; Stb-Fundamentplatte, WU-Beton, d=80cm, Estrich, Beschichtung, Bodenfliesen, Sauberkeitsschicht; Stb-Wände, teilweise WU-Beton (erdberührt), Metallfenster, Perimeterdämmung, WDVS, hinterlüftete Alu-Blechbekleidung, Innenwandputz, Alu-Pfosten-Riegel-Fassaden mit Festverglasungen, Fenster, Balkontüren, Metalllamellen als außenliegender Sonnenschutz; Stb-Innenwände (Treppenhaus, Schächte, Brandwand), Mauerwerk, Stb-Attika, Stb-Rundstützen, GK-Wände, Holztüren, Stahl-Glas-Rahmentüren (Flure), Stahl-Brandschutztüren (Schächte), Innenputz, Malervlies, Anstrich; Stb-Decken, Betonkernaktivierung (zwei Ebenen), Stb-Balkone, Stb-Treppen, Dämmung, Estrich, PVC-Belag, Teppich, Bodenfliesen, abgehängte Metallpaneel-, Mineralfaserplatten-, GK-Decken, Stahlgeländer; Stb-Flachdächer, Dampfsperre, Gefälledämmung, Bitumenabdichtung, Kies, Plattenbelag, Photovoltaikanlage; Einbaumöbel, Patientenschränke, Teeküchen, Arbeitstischanlagen, Leitstellentheken; Stahlbrücke

KG	Kostengruppe	Menge Einheit	Kosten €	€/Einheit	%
400	**Bauwerk - Technische Anlagen**	9.443,00 m² BGF	6.702.826	**709,82**	38,4

Gebäudeentwässerung, Kalt- und Warmwasserleitungen, Sanitärobjekte; Wärmetauscher aus zentraler Wärmeerzeugung (Haupthaus) für Heizung- und Warmwasserbereitung, Heizungsrohre, Röhrenradiatoren; Lüftungsanlagen mit Wärmerückgewinnung und zweistufiger Filterung; Sicherheitsstromversorgung, Elektroinstallation, Sicherheitsbeleuchtung; Telekommunikationsanlagen, Türsprechanlage, Lichtrufanlagen, Brandmeldeanlage, Datenübertragungsnetz; Personen-/Bettenaufzüge (2St); Medienversorgungsanlage, medizinische Gase, Sauerstoff, Druckluft, VE-Wasserversorgung, medizin- und labortechnische Anlagen, Ausstattung nuklearmedizinische Praxis mit drei ortsfesten Großgeräten, Ausstattung Labor, Automatenlaborausstattung, Digistorien, Labormöblierung; Gebäudeautomation (Leitstelle im Hauptgebäude)

KG	Kostengruppe	Menge Einheit	Kosten €	€/Einheit	%
500	**Außenanlagen**	3.367,00 m² AF	442.850	**131,53**	100,0

Befestigter Vorfahrtsweg mit Feuerwehraufstellfläche, gepflasterte Fußwege, Gabionenstützwand, Edelstahlgeländer; Parkbänke, Abfallbehälter; Pflanzen, Rasen

KG	Kostengruppe	Menge Einheit	Kosten €	€/Einheit	%
600	**Ausstattung und Kunstwerke**	9.443,00 m² BGF	722.032	**76,46**	100,0

Tische, Stühle (Büroausstattung, Aufenthaltsräume), Schränke, Betten (Psychosomatische Station), Untersuchungsliegen

3400-0022
Seniorenpflegeheim
(90 Betten)

Objektübersicht

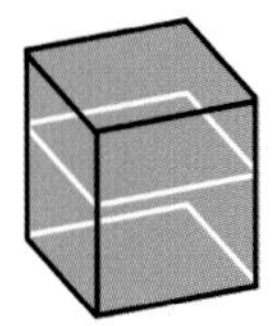
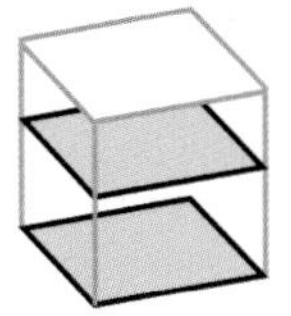
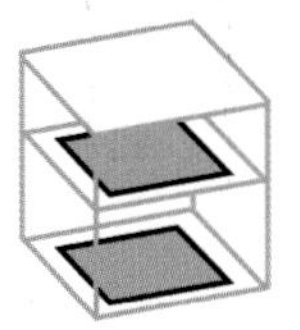
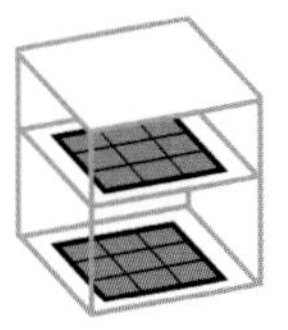

BRI 372 €/m³ | BGF 1.199 €/m² | NUF 1.820 €/m² | NE 84.681 €/NE
NE: Bett

Objekt:
Kennwerte: 3.Ebene DIN 276
BRI: 20.482 m³
BGF: 6.357 m²
NUF: 4.187 m²
Bauzeit: 100 Wochen
Bauende: 2009
Standard: Durchschnitt
Kreis: Krefeld - Stadt,
Nordrhein-Westfalen

Architekt:
DGM Architekten
Bismarckstraße 89A
47799 Krefeld

Bauherr:
Wohnstätte Krefeld AG
Königstraße 192
47798 Krefeld

© DGM Architekten

© DGM Architekten

© DGM Architekten

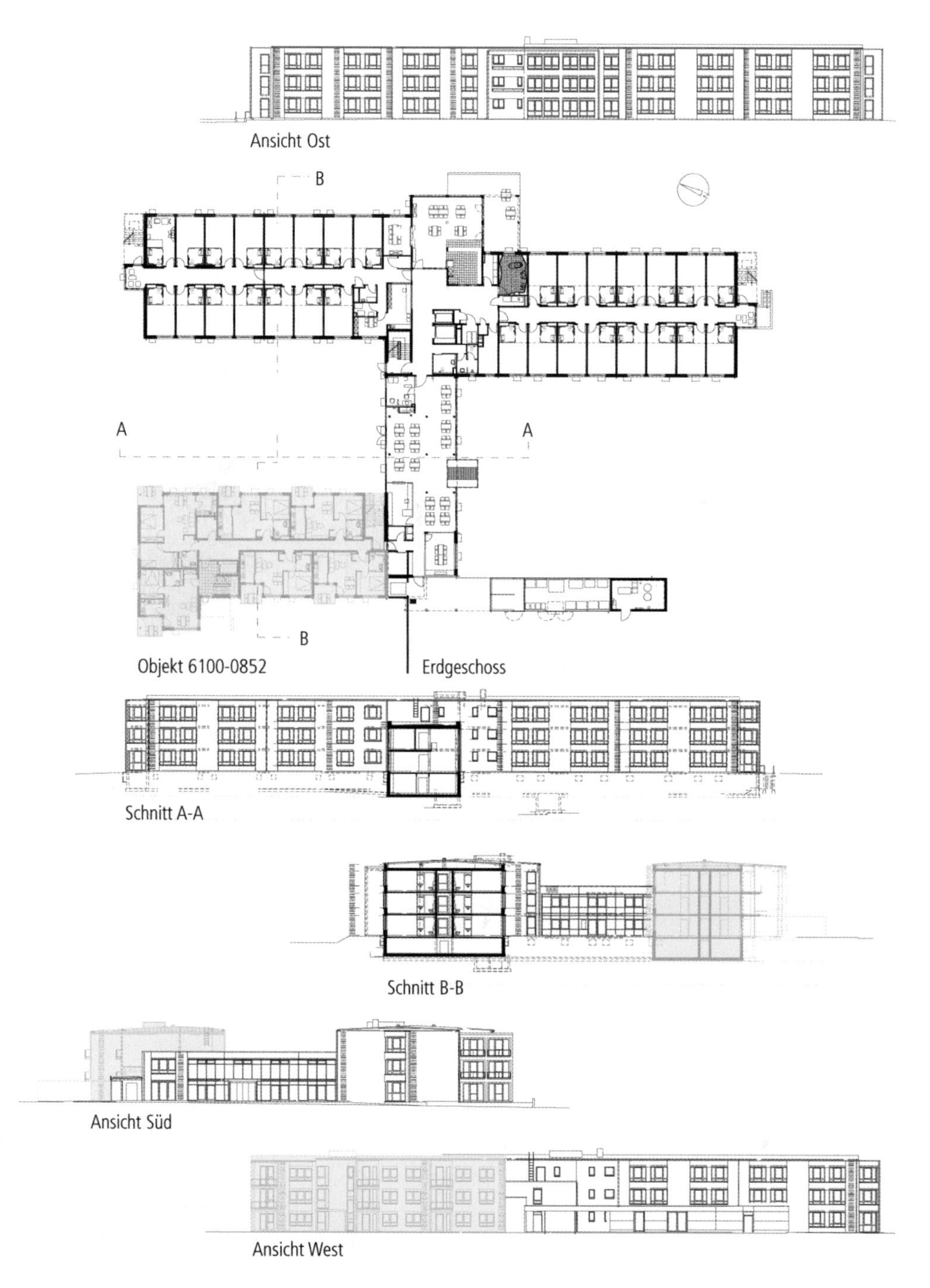

Ansicht Ost

Objekt 6100-0852

Erdgeschoss

Schnitt A-A

Schnitt B-B

Ansicht Süd

Ansicht West

Objektbeschreibung

Allgemeine Objektinformationen

Diese Baumaßnahme umfasst den Neubau eines Seniorenpflegeheims mit 90 Bewohnerzimmern, einem Friseur und Cafeteria.

Nutzung

1 Untergeschoss
Kellerräume, Lagerräume, Waschraum, Fremdreinigung, Archiv, Hausmeisterraum, Serverraum, Umkleiden, Haustechnik, Spülküche, Übergabeküche, Kühlraum, Zentralapotheke

1 Erdgeschoss
Bewohnerzimmer, Wohnbereich, Küchenbereich, Terrasse, Pflegestützpunkt, Pflegearbeitsraum, Friseur, Cafeteria, Windfang, Empfang/Verwaltung, Pausenraum-Personal, Garderobe

2 Obergeschosse
Bewohnerzimmer, Wohnbereich, Küchenbereich, Terrasse, Pflegestützpunkt, Pflegearbeitsraum, Pausenraum-Personal, Zentralbad, Leitung Pflegedienst, Hausleitung, Besprechungsraum, Hauswirtschaft, Kopierraum

Nutzeinheiten

Betten: 90

Grundstück

Bauraum: Freier Bauraum
Neigung: Ebenes Gelände
Bodenklasse: BK 1 bis BK 4

Markt

Hauptvergabezeit: 3. Quartal 2007
Baubeginn: 4. Quartal 2007
Bauende: 3. Quartal 2009
Konjunkturelle Gesamtlage: Durchschnitt
Regionaler Baumarkt: Durchschnitt

Baukonstruktion

Das Gebäude wurde in Massivbauweise mit gemauerten oder betonierten Innen- und Außenwänden und Betondecken hergestellt. Die Kelleraußenwände sind aus Stahlbeton, die Außenwände der Erd- und Obergeschosse sind dreischalig aufgebaut. Verblendet sind sie mit Betonsteinen, diese sind im Kern gedämmt. Die tragenden Innenwände der Erd- und Obergeschosse sind aus KS-Mauerwerk, teilweise aus Stahlbeton. Die Fenster sind isolierverglaste Fenster aus Holz. Senkrechtmarkisen bilden den außenliegenden Sonnenschutz. Das Dach ist aus Stahlbeton mit Wärmedämmung ausgeführt. Darüber liegt eine flachgeneigte Holzsatteldachkonstruktion als Kaltdach.

Technische Anlagen

Der Neubau wird durch einen Gasheizkessel mit zentraler Wärmeversorgung in Kombination mit einem Blockheizkraftwerk versorgt. Eine Photovoltaikanlage, die auf der Dachfläche aufgebracht ist, unterstützt die Versorgung des Gebäudes. Die Investition und Betrieb der Heizanlage, des BHKW und der Photovoltaikanlage werden kostenseitig vom örtlichen Versorgungsunternehmer in Form eines Contracting-Vertrages übernommen. Das Pflegeheim verfügt über eine Brandmeldeanlage, die an eine flächendeckende Überwachung angeschlossen ist. Drei Aufzugsanlagen, davon ein Bettenaufzug, ein Behindertenaufzug und ein Lastenaufzug dienen der Erschließung des Gebäudes.

Sonstiges

Größere Terrassenflächen im Anschluss an die Wohnbereiche im Erdgeschoss und im Eingangsbereich vor der Cafeteria sind mit Betonplatten belegt. Die Erschließungsflächen und die Stellplätze sind aus Betonpflastersteinen hergestellt. Der Neubau mit Seniorenwohnungen (18 WE) wurde separat als Objekt 6100-0852 dokumentiert.

Planungskennwerte für Flächen und Rauminhalte nach DIN 277

Flächen des Grundstücks		Menge, Einheit	% an GF
BF	Bebaute Fläche	2.229,00 m²	32,9
UF	Unbebaute Fläche	4.536,00 m²	67,1
GF	Grundstücksfläche	6.765,00 m²	100,0

Grundflächen des Bauwerks		Menge, Einheit	% an NUF	% an BGF
NUF	Nutzungsfläche	4.187,00 m²	100,0	65,9
TF	Technikfläche	183,00 m²	4,4	2,9
VF	Verkehrsfläche	1.187,00 m²	28,3	18,7
NRF	Netto-Raumfläche	5.557,00 m²	132,7	87,4
KGF	Konstruktions-Grundfläche	800,00 m²	19,1	12,6
BGF	Brutto-Grundfläche	6.357,00 m²	151,8	100,0

NUF=100% BGF=151,8%

NUF TF VF KGF NRF=132,7%

Brutto-Rauminhalt des Bauwerks		Menge, Einheit	BRI/NUF (m)	BRI/BGF (m)
BRI	Brutto-Rauminhalt	20.482,00 m³	4,89	3,22

0 1 2 3 4 BRI/NUF=4,89m

BRI/BGF=3,22m 0 1 2 3

Lufttechnisch behandelte Flächen	Menge, Einheit	% an NUF	% an BGF
Entlüftete Fläche	–	–	–
Be- und Entlüftete Fläche	–	–	–
Teilklimatisierte Fläche	–	–	–
Klimatisierte Fläche	–	–	–

KG	Kostengruppen (2.Ebene)	Menge, Einheit	Menge/NUF	Menge/BGF
310	Baugrube	4.747,56 m³ BGI	1,13	0,75
320	Gründung	1.783,00 m² GRF	0,43	0,28
330	Außenwände	2.811,33 m² AWF	0,67	0,44
340	Innenwände	5.334,97 m² IWF	1,27	0,84
350	Decken	4.574,00 m² DEF	1,09	0,72
360	Dächer	1.652,00 m² DAF	0,39	0,26

Kostenkennwerte für die Kostengruppen der 1.Ebene DIN 276

KG	Kostengruppen (1.Ebene)	Einheit	Kosten €	€/Einheit	€/m² BGF	€/m³ BRI	% 300+400
100	Grundstück	m² GF	–	–	–	–	–
200	Herrichten und Erschließen	m² GF	4.827	0,71	0,76	0,24	< 0,1
300	Bauwerk - Baukonstruktionen	m² BGF	4.329.559	681,07	681,07	211,38	56,8
400	Bauwerk - Technische Anlagen	m² BGF	3.291.732	517,81	517,81	160,71	43,2
	Bauwerk 300+400	**m² BGF**	**7.621.291**	**1.198,88**	**1.198,88**	**372,10**	**100,0**
500	Außenanlagen	m² AF	560.655	123,60	88,19	27,37	7,4
600	Ausstattung und Kunstwerke	m² BGF	756.442	118,99	118,99	36,93	9,9
700	Baunebenkosten	m² BGF	–	–	–	–	–

KG	Kostengruppe	Menge Einheit	Kosten €	€/Einheit	%
200	**Herrichten und Erschließen**	6.765,00 m² GF	4.827	**0,71**	100,0

Bauschutt laden, Baumstümpfe entfernen; Entsorgung, Deponiegebühren

KG	Kostengruppe	Menge Einheit	Kosten €	€/Einheit	%
3+4	**Bauwerk**				**100,0**
300	**Bauwerk - Baukonstruktionen**	6.357,00 m² BGF	4.329.559	**681,07**	56,8

Stb-Fundamentplatte; KS-Mauerwerk, Stb-Wände, Holz-, Kunststoff-, Stahlfenster, Alu-Außentüren, Dämmung, Verblendmauerwerk, WDVS, Putz, Anstrich, Pfosten-Riegel-Fassade, Windfanganlage, Markisen, Fluchttreppen; Stb-Stützen, Holz-, Feuerschutz-, Brandschutz-, Rauchschutztüren, Dämmung, Putz, Tapete, Anstrich, Wandfliesen, Alu-Glas-Trennwände; Stb-Decken, Stb-Treppen, Bodenbeläge, GK-Decken, abgehängt, Anstrich, Akustikdecken; Stb-Flachdach, Dämmung, Satteldach als Kaltdach, Holzkonstruktion, Dachabdichtung, Recycling-Kautschuk, Plattenbelag, Extensivbegrünung, Metalldachdeckung, Dachentwässerung, Dachterrassen-Überdachung; Schließanlage

KG	Kostengruppe	Menge Einheit	Kosten €	€/Einheit	%
400	**Bauwerk - Technische Anlagen**	6.357,00 m² BGF	3.291.732	**517,81**	43,2

Gebäudeentwässerung, Kalt- und Warmwasserleitungen, Sanitärobjekte, Fertigbäder; Heizkreisverteiler, Kesselwasseraufbereitung, Heizungsrohre, Heizkörper; Lüftungsanlage, Dachventilatoren, Ab- und Zulufttürme, Einzelraumlüfter, Splitklimagerät, Kältemaschinen, Kaltwasserkassetten, Kühlanlage; Sicherheits-beleuchtung, Zentralbatteriesystem, NSHV, Elektroinstallation, Beleuchtung, Blitzschutz; Telekommunikationsanlage, Klingelanlage, Lichtrufanlage, ELA-Anlage, Antennenanlage, Brand- und Gefahrenmeldeanlage, Übertragungsnetze; Betten-, Lasten-, Personenaufzug; Kücheneinrichtungen; Lüftungssteuerung

KG	Kostengruppe	Menge Einheit	Kosten €	€/Einheit	%
500	**Außenanlagen**	4.536,00 m² AF	560.655	**123,60**	100,0

Bodenarbeiten; Rechteckpflaster, wassergebundene Wegedecke, Schotterweg, Pflasterfläche, Dränpflasterflächen, Drängraben, Kies, Dämmplatten, Gefälleestrich, Vlies; Gittermattenzaun, Klinkermauerwerk, Müllplatz- und Remisenüberdachung als Pultdach mit Alubekleidung, Brunnenschacht, Tauchpumpe; Abwasser-, Wasseranlagen; Übungsstange, Schilder, Poller; Bodenarbeiten, Bepflanzung, Raseneinsaat, Baumverankerungen, Baumpfähle, Spanndraht; Abbruch von Pflaster- und Plattenbelag, Natursteinpflaster, unbrauchbaren Stoffen, Baumfällungen; Entsorgung, Deponiegebühren

KG	Kostengruppe	Menge Einheit	Kosten €	€/Einheit	%
600	**Ausstattung und Kunstwerke**	6.357,00 m² BGF	756.442	**118,99**	100,0

Möblierung von Bewohnerzimmern, Aufenthaltsräumen, Cafeteria, Friseursalon, Personalräumen, Lagerräumen, Sanitärausstattung, Gartenmöbel, Werkzeug, Therapiemittel, Dekorationen, Dienstplätze mit Apothekerauszugsschränken, Medikamentenschrank mit Kühlschrank, Wagen mit Gymnastikgeräten, Wegweiser, Leitinformationen, Türschilder

Kostenkennwerte für die Kostengruppen der 2.Ebene DIN 276

KG	Kostengruppe	Menge Einheit	Kosten €	€/Einheit	%
200	**Herrichten und Erschließen**				**100,0**
210	**Herrichten**	6.765,00 m² GF	4.827	**0,71**	100,0

Bauschutt laden (100m³), Baumstümpfe, D=10-35cm, entfernen (30St); Entsorgung, Deponiegebühren

KG	Kostengruppe	Menge Einheit	Kosten €	€/Einheit	%
300	**Bauwerk - Baukonstruktionen**				**100,0**
310	**Baugrube**	4.747,56 m³ BGI	79.880	**16,83**	1,8

Oberboden, d=35-40cm, abtragen, lagern, wieder einbauen (3.700m²), laden, abfahren (2.000m²), Baugrubenaushub BK 2, abfahren (1.400m³), lagern, wieder verfüllen (1.348m³), Aushub einbringen, verdichten (2.000m³), Lieferkies (102m³), Aushub entsorgen (86m³) * Wasserhaltungen (3St) * Baugrubenböschung zur Sicherung gegen Tagwasser mit PE-Folie abdecken (700m²)

KG	Kostengruppe	Menge Einheit	Kosten €	€/Einheit	%
320	**Gründung**	1.783,00 m² GRF	213.397	**119,68**	4,9

Ortbeton C8/10, unbewehrt, Auffüllhöhe 1,00-2,50m (5m³) * Stb-Fundamente C20/25 (47m³), Stb-Fundamentplatte C25/30, d=30cm (1.783m²), Fertigteil-Pumpensumpf (1St) * Bitumenschweißbahn (256m²), EPS-Dämmung WLG 035, Zementestrich, d=50mm (1.000m²), PVC-Belag (415m²), Bodenanstrich (338m²), Abdichtung (35m²), Bodenfliesen (189m²) * Sauberkeitsschicht C8/10 (91m³)

KG	Kostengruppe	Menge Einheit	Kosten €	€/Einheit	%
330	**Außenwände**	2.811,33 m² AWF	1.406.850	**500,42**	32,5

KS-Mauerwerk, d=17,5cm (956m²), Stb-Wände C25/30, d=25-35cm (680m²), d=20-25cm (198m²) * Stb-Sockel C25/30 (46m²) * Holzfenster (673m²), Kunststofffenster (12m²), Stahlfenster (7m²), Alu-Außentüren (6m²) * Wärmedämmung, Verblendmauerwerk, Betonsteine (1.480m²), Abdichtung (1.400m²), Perimeterdämmung (379m²), WDVS, Armierung, Putz, Anstrich (91m²) * Putz (1.885m²), Tapete (975m²), Anstrich (1.593m²), Strukturbeschichtung (20m²), Wandfliesen (269m²) * Holz-Alu-Pfosten-Riegel-Fassade (191m²), Windfanganlage (43m²) * Fassadenmarkisen (583m²) * Betonlichtschächte (47St), Fluchttreppen (2St), Blockstufe (1St)

KG	Kostengruppe	Menge Einheit	Kosten €	€/Einheit	%
340	**Innenwände**	5.334,97 m² IWF	1.003.303	**188,06**	23,2

KS-Mauerwerk, d=17,5cm (395m²), d=20cm (2.263m²), d=24cm (109m²), Stb-Wände C20/25, d=20cm (328m²) * KS-Mauerwerk, d=11,5cm (1.461m²) * Stb-Stützen C20/25 (312m) * Holztüren (286m²), Schiebetüren (210m²), Feuerschutztüren T30 (110m²), T90 (2m²), Brandschutztüren T90 RS (18m²), T30 RS (6m²), Rauchschutztüren (30m²), Brandschutzverglasung F30 (65m²) * Zwischenwanddämmung (1.497m²), Putz (8.255m²), Tapete (6.375m²), Anstrich (8.228m²), Strukturbeschichtung (175m²), Abdichtung (30m²), Wandfliesen (746m²) * Alu-Glas-Trennwände (50m²) * Holzhandläufe (354m), Rammschutzsystem (140m), Mauerkantenschutz (75St), Stahlwinkel (28St)

KG	Kostengruppe	Menge Einheit	Kosten €	€/Einheit	%
350	**Decken**	4.574,00 m² DEF	975.726	**213,32**	22,5

Stb-Decken C20/25, d=16-25cm (4.555m²), Stb-Unterzüge C20/25 (7m³), Stb-Fertigteil-Treppen C30/37 (15m²), Stb-Treppen C20/25, d=25-30cm (4m²) * EPS-Dämmung WLG 035 (1.000m²), TSD, Zementestrich (3.150m²), Linoleum (2.790m²), Abdichtung (60m²), Bodenfliesen (628m²), Treppenfliesen (18m²), Hochkantparkett (350m²), Fußabstreifer (8m²) * Gipsputz (2.488m²), GK-Decken, abgehängt, Spachtelung Q3 (1.156m²), Anstrich (3.957m²), Akustikdecken (159m²) * Treppengeländer (37m), Handläufe (61m), Brüstungsgeländer (8m)

KG	Kostengruppe	Menge Einheit	Kosten €	€/Einheit	%
360	**Dächer**	1.652,00 m² DAF	491.136	**297,30**	11,3

Stb-Flachdach C20/25, d=16-25cm (1.652m²), Satteldach als Kaltdach, Holzkonstruktion S10 (32m³), Abbund (2.500m), Dachschalung (1.270m²) * Dampfsperrschicht, Wärmedämmung, auf Flachdach (1.620m²), Dachabdichtung (830m²), restliche Dachabdichtung mit integrierten Photovoltaik-Modulen, Kosten nicht enthalten, da zur Miete, Recycling-Kautschuk (350m²), Plattenbelag (140m²), Extensivbegrünung (230m²), UK, Dämmung, Metalldachdeckung (32m²), Kastenrinnen (160m), Attikaabläufe (16St), Wasserspeier (16St) * Gipsputz (1.282m²), GK-Decken, abgehängt, Spachtelung Q3 (283m²), Anstrich (722m²), Akustikdecken (80m²) * Anschlageinrichtung (80St), Seilbehälter (1St), Führungsseile (5St), Auffanggurt (1St), Außengeländer (24m), Dachterrassen-Überdachung, Verglasung, Kastenrinne (35m²)

KG	Kostengruppe	Menge Einheit	Kosten €	€/Einheit	%
370	**Baukonstruktive Einbauten**	6.357,00 m² BGF	1.070	**0,17**	< 0,1

Schlüsseltafeln aus melaminharzbeschichtete Spanplatte (4St)

KG	Kostengruppe	Menge Einheit	Kosten €	€/Einheit	%
390	**Sonstige Baukonstruktionen**	6.357,00 m² BGF	158.197	**24,89**	3,7

Baustelleneinrichtung (psch), Baustellen-Büro (1St), Baustellen-WCs (3St), Verkehrsschilder, Beleuchtung (3St), Baustrom- und -wasseranschluss (psch) * Fassadengerüst (psch) * Schutzabdeckungen (1.100m²), Reinigung von Holzfenstern (750m²), Pfosten-Riegel-Fassade (110m²), Alu-Elementen (195m²), Bodenbelägen (3.825m²), Bodenbeschichtung (351m²), Wandfliesen (380m²), Türen (41St), Treppenhäuser * Schließanlage, Profildoppelzylinder (79St), Profilknaufzylinder (105St), Profilhalbzylinder (31St), Schlüssel (500St), Schlüsselschrank (1St)

KG	Kostengruppe	Menge Einheit	Kosten €	€/Einheit	%
400	**Bauwerk - Technische Anlagen**				**100,0**
410	**Abwasser-, Wasser-, Gasanlagen**	6.357,00 m² BGF	1.240.926	**195,21**	37,7

Guss-Abflussrohre DN50-150 (1.593m), HT-Abflussrohre DN50-100 (190m), Abwasserhebeanlage (1St), Fettabscheider (1St), Bodenabläufe (22St), Badabläufe (7St), Regenfallrohre (214m) * Kalt- und Warmwasserleitungen (2.487m), Zirkulationspumpen (2St), Enthärtungsanlage (1St), Ausgussbecken (1St), Handwaschbecken (10St), Waschtische (17St), Urinale (4St), WC-Tiefspüler (10St), pneumatische Betätigungen (4St), WC-Flachspüler (3St), Vorwärtswaschbecken (1St), Waschsäule (1St) * Fertigbäder (90St)

KG	Kostengruppe	Menge Einheit	Kosten €	€/Einheit	%
420	**Wärmeversorgungsanlagen**	6.357,00 m² BGF	263.296	**41,42**	8,0

Heizkreisverteiler (1St), Kesselwasseraufbereitung (1St), Umwälzpumpen (4St), Trinkwasserspeicher (2St), Wärmetauscher (1St), Wärmemengenzähler (3St) * Stahlrohre (2.245m), Verbundrohre (1.856m) * Konvektoren (45St), Plattenheizkörper (181St), Heizwände (4St), Thermostatköpfe (230St)

KG	Kostengruppe	Menge Einheit	Kosten €	€/Einheit	%
430	**Lufttechnische Anlagen**	6.357,00 m² BGF	216.580	**34,07**	6,6

Lüftungsanlage, Zu- und Abluft (1St), Dachventilatoren (8St), Ablufttürme (2St), Zuluftturm (1St), Einzelraumlüfter (8St), Spiralfalzrohre (410m), Wickelfalzrohre (150m), Flexrohre (50m) * Decken-Splitklimagerät (1St) * Kältemaschinen, Kälteleistung 26,8kW (2St), Kälteleistung 12,3kW (2St), Kaltwasserkassetten für Zwischendeckeneinbau, Kälteleistung 4,33kW (12St), als Wandgerät, Kälteleistung 2,51kW (12St), Kupferrohre (400m), Kondensatleitungen (120m), Kühlanlage (1St)

KG	Kostengruppe	Menge Einheit	Kosten €	€/Einheit	%
440	**Starkstromanlagen**	6.357,00 m² BGF	658.443	**103,58**	20,0
	Sicherheitsbeleuchtung, Zentralbatteriesystem (1St), Batterie (1St), Eingangsmodule (8St) * NSHV (1St), Zählerschrank (1St), Unterverteilungen (7St), Messwandler (1St) * Mantelleitungen NYM (23.430m), NYY (3.774m), NYCWY (153m), Steckdosen (1.792St), CEE-Steckdosen (20St), Schalter (599St), Dimmer (9St), Präsenzmelder (45St), Bewegungsmelder (90St) * Leuchten (636St), Downlights (114St), Orientierungsleuchten (90St), LED-Rettungszeichenleuchten (40St), Pendelleuchten (33St), Lichtbauelemente (20St), Schiffsarmaturen (15St) * Fundamenterder (894m), Ringerder (630m), Aluminium-Runddraht (900m), Potenzialausgleichsschienen (8St)				
450	**Fernmelde-, informationstechn. Anlagen**	6.357,00 m² BGF	361.682	**56,90**	11,0
	Telekommunikationsanlage (1St), Teilnehmerschnittstellen (7St), Leitungen J-Y(ST)Y (6.480m), Telefondosen 2RJ45 (95St), Telefone (130St) * Klingelanlage (1St), Fernmeldekabel (5.180m), CCD-Kamera (1St), Lichtrufanlagen, Gruppenzentrale (3St), Bedienrechner (1St), LED-Dienstzimmermodule (3St), Zimmersignalleuchten (113St), Info-Displays (6St), Rufmodule (197St), Zugtaster (215St), Ruf-/Abstelltaster (98St), Birntaster (90St), digitaler Alarm- und Kommunikationsserver (1St), Bettsensoren (2St), Bodensensoren (2St) * Lautsprecher-Zentralen (3St), Deckeneinbaulautsprecher (25St) * Systembasisgerät (1St), Koaxialleitungen (3.400m), Verteiler (12St), Antennendosen (100St), Sat-Antenne (1St), UKW-Stereo-Antenne (1St) * Brandmeldeanlage (1St), Brandmeldekabel (7.930m), Rundum-Notsignal-Blitzleuchte (1St), Thermodifferenzialmelder (6St), LCD-Anzeigetableaus (3St), Videoüberwachungskameras (6St), 9-Kanal Triplex-Digitalrekorder (1St), Überwachungsmonitor (1St), Datenkabel Cat7 (1.808m) * Verteilerschrank (1St), Verteiler (5St), Kupferkabel (4.800m), EDV-Doppeldosen (50St)				
460	**Förderanlagen**	6.357,00 m² BGF	155.130	**24,40**	4,7
	Bettenaufzug, Tragkraft 1.600kg, 21 Personen, vier Haltestellen (1St), Lastenaufzug, Tragkraft 1.275kg, 17 Personen, zwei Haltestellen (1St), Personenaufzug, Tragkraft 1.000kg, 13 Personen, vier Haltestellen (1St)				
470	**Nutzungsspezifische Anlagen**	6.357,00 m² BGF	376.211	**59,18**	11,4
	Großkücheneinrichtung, Handwaschbecken-Ausguss-Kombinationen (2St), Dunstabzugshauben (2St), Kombidämpfer (2St), Spülmaschine (1St), Enthärtungsanlage (1St), Kühlzelle (1St), Pantryküche (1St), Wohneinbauküchen (3St) * Gewerbewaschmaschinen (3St), Flusensieb (1St), Gewerbewäschetrockner (2St) * Sitz-Liege-Badewannen (3St), Bodenabläufe, Einhebel-Brausebatterie (3St), Pflegekombinationen mit Ausgussbecken, Reinigungs- und Desinfektionsautomat (6St)				
480	**Gebäudeautomation**	6.357,00 m² BGF	12.270	**1,93**	0,4
	Lüftungssteuerung, Automationsgerät mit CAN-Bus-Controller (1St), Regelanlage, elektrischer Klappenstellantrieb (2St), Differenzdruckwächter (2St), Kanalfrostschutzwächter (1St), Fernbedientableau (1St), Überspannungsschutz (1St), Rauchmeldeüberwachungen (10St) * Schaltschrank (1St), Sammelstörmeldung mit Signalisierung (1St), Steuerspannungstransformatoren (2St), Netz-Überspannungsableiter (1St), Motorsteuerungen (10St)				
490	**Sonstige Technische Anlagen**	6.357,00 m² BGF	7.194	**1,13**	0,2
	Reinigung von Heizkesselanlagen (2St), Heizkörperflächen (25m²), Sanitärobjekten (14St), Schalter- und Steckdosenabdeckungen (65St), Beleuchtung (55St), Aufzugskabinen				

KG	Kostengruppe	Menge Einheit	Kosten €	€/Einheit	%
500	**Außenanlagen**				**100,0**
510	**Geländeflächen**	511,95 m²	15.067	**29,43**	2,7
	Unterboden lösen, im Massenausgleich einbauen (512m³), sandiger Füllboden (200m³), nicht wiedereinbaufähigen Boden laden, abfahren, entsorgen (304m³)				
520	**Befestigte Flächen**	2.024,83 m²	141.221	**69,74**	25,2
	Bodenaushub (67m²), Planum, Frostschutzschicht, Schottertragschicht (698m²), Rechteckpflaster (437m²), wassergebundene Wegedecke (194m²), Schotterweg (65m²), Betonsaumschwellen (337m), Rollschicht (25m) * Planum, Frostschutzschicht, Schottertragschicht (1.293m²), Pflasterfläche (925m²), Dränpflasterflächen (368m²), Stellplatzmarkierung (69m), Rollschicht (516m), Traufplatten, Beton (226m) * unterhalb Stahltreppe, Drängraben ausschachten, mit Kies verfüllen (1m³), Dämmplatten (11m²), Gefälleestrich (psch), Vlies (35m²)				
530	**Baukonstruktionen in Außenanlagen**	4.536,00 m² AF	134.712	**29,70**	24,0
	Gittermattenzaun, h=2,00m (165m²), h=1,00m (74m²), Drehflügeltore (5m²) * Klinkermauerwerk (7m²), Rollschicht als Abdeckung (11m) * Müllplatz- und Remisenüberdachung als Pultdach mit seitlicher Aluwellenbekleidung, Trapezblecheindeckung, äußere Bekleidung und Eindeckung (102m²) * Brunnenschacht (psch), Tauchpumpe 1,1kW (1St)				
540	**Technische Anlagen in Außenanlagen**	4.536,00 m² AF	157.468	**34,72**	28,1
	PVC-Abwasserrohre DN100-150 (681m), Filtervlies (590m²), Filterrohre (115m), Schachtbetonringe DN1.000 (4St), Revisionsschächte mit Schlammfang (6St), Schachtabdeckungen (10St), Straßenabläufe (6St), Entwässerungsrinnen DN100 (33m) * Druckrohre DN32 (146m), Wasseranschluss (1St), Zapfstellen (3St)				
550	**Einbauten in Außenanlagen**	4.536,00 m² AF	10.774	**2,38**	1,9
	Übungsstange, Stahlrundrohr, l=8,50m, an Enden als Halbkreis gebogen, vier Stahlstützen aus Rundrohr (1St), Sonnenschirmhalterungen (4St), Hinweisschild, auf zwei Ständern, mit Beleuchtung (1St), Verkehrsschild (1St), Schild, Feuerwehrzufahrt (1St), Halteverbotsschilder (2St), Absperrpoller, Stahlrohr (1St), Stilpoller (6St)				
570	**Pflanz- und Saatflächen**	2.511,17 m²	94.405	**37,59**	16,8
	Vegetationsschicht entsorgen, Unterboden, lockern, Oberboden lagernd, aufnehmen, aufbringen, Vegetationsfläche vorbereiten (2.511m²) * Heckenpflanzen (470St), Bodendecker (450St), Stauden (440St) * Rasenansaat (1.611m²) * Baumverankerungen (35St), Baumpfähle (14St), Spanndraht für Ausrichtung von Buchenhecken (270m)				
590	**Sonstige Maßnahmen für Außenanlagen**	4.536,00 m² AF	7.008	**1,54**	1,2
	Abbruch von Pflaster- und Plattenbelag (100m²), Kantensteinen (51m), Bordsteinen (35m), Natursteinpflaster (35m), unbrauchbaren Stoffen (26m³), Baumfällungen (2St); Entsorgung, Deponiegebühren				

3400-0022
Seniorenpflegeheim
(90 Betten)

KG	Kostengruppe	Menge Einheit	Kosten €	€/Einheit	%
600	**Ausstattung und Kunstwerke**				**100,0**
610	**Ausstattung**	6.357,00 m² BGF	756.442	**118,99**	100,0

Möblierung von Bewohnerzimmern, Aufenthaltsräumen, Cafeteria, Friseursalon, Personalräumen, Lagerräumen (psch), Sanitärausstattung (psch), Gartenmöbel (psch), Werkzeug (psch), Therapiemittel (psch), Dekorationen (psch) * Dienstplätze mit zwei Apothekerauszugsschränken, ein Medikamentenschrank mit Kühlschrank (3St), Wagen mit Gymnastikgeräten (psch) * Wegweiser (16St), Leitinformationen (7St), Türschilder (168St)

Kostenkennwerte für die Kostengruppe 300 der 2. und 3.Ebene DIN 276 (Übersicht)

KG	Kostengruppe	Menge Einh.	€/Einheit	Kosten €	% 3+4
300	**Bauwerk - Baukonstruktionen**	**6.357,00 m^2 BGF**	**681,07**	**4.329.559,46**	**56,8**
310	**Baugrube**	**4.747,56 m^3 BGI**	**16,83**	**79.879,89**	**1,0**
311	Baugrubenherstellung	4.747,56 m^3 BGI	15,91	75.513,06	1,0
312	Baugrubenumschließung	–	–	–	–
313	Wasserhaltung	1.783,00 m^2 GRF	1,55	2.755,34	< 0,1
319	Baugrube, sonstiges	4.747,56 m^3 BGI	0,34	1.611,49	< 0,1
320	**Gründung**	**1.783,00 m^2 GRF**	**119,68**	**213.396,81**	**2,8**
321	Baugrundverbesserung	1.783,00 m^2 GRF	1,02	1.821,85	< 0,1
322	Flachgründungen	1.783,00 m^2	69,59	124.086,53	1,6
323	Tiefgründungen	–	–	–	–
324	Unterböden und Bodenplatten	–	–	–	–
325	Bodenbeläge	933,00 m^2	83,53	77.937,05	1,0
326	Bauwerksabdichtungen	1.783,00 m^2 GRF	5,36	9.551,38	0,1
327	Dränagen	–	–	–	–
329	Gründung, sonstiges	–	–	–	–
330	**Außenwände**	**2.811,33 m^2 AWF**	**500,42**	**1.406.849,90**	**18,5**
331	Tragende Außenwände	1.834,30 m^2	103,32	189.525,57	2,5
332	Nichttragende Außenwände	45,72 m^2	215,70	9.861,87	0,1
333	Außenstützen	–	–	–	–
334	Außentüren und -fenster	698,05 m^2	483,03	337.176,18	4,4
335	Außenwandbekleidungen außen	2.309,64 m^2	196,99	454.987,19	6,0
336	Außenwandbekleidungen innen	1.881,50 m^2	25,79	48.529,34	0,6
337	Elementierte Außenwände	233,27 m^2	726,53	169.473,67	2,2
338	Sonnenschutz	583,18 m^2	188,27	109.795,43	1,4
339	Außenwände, sonstiges	2.811,33 m^2 AWF	31,12	87.500,63	1,1
340	**Innenwände**	**5.334,97 m^2 IWF**	**188,06**	**1.003.302,88**	**13,2**
341	Tragende Innenwände	3.095,61 m^2	92,49	286.320,84	3,8
342	Nichttragende Innenwände	1.461,00 m^2	41,93	61.253,18	0,8
343	Innenstützen	312,00 m	61,99	19.342,26	0,3
344	Innentüren und -fenster	727,88 m^2	488,07	355.257,31	4,7
345	Innenwandbekleidungen	10.645,82 m^2	20,07	213.655,46	2,8
346	Elementierte Innenwände	50,48 m^2	688,70	34.763,67	0,5
349	Innenwände, sonstiges	5.334,97 m^2 IWF	6,13	32.710,15	0,4
350	**Decken**	**4.574,00 m^2 DEF**	**213,32**	**975.726,25**	**12,8**
351	Deckenkonstruktionen	4.574,00 m^2	128,11	585.958,57	7,7
352	Deckenbeläge	3.794,24 m^2	64,66	245.343,89	3,2
353	Deckenbekleidungen	3.803,31 m^2	32,64	124.141,07	1,6
359	Decken, sonstiges	4.574,00 m^2 DEF	4,43	20.282,72	0,3
360	**Dächer**	**1.652,00 m^2 DAF**	**297,30**	**491.135,84**	**6,4**
361	Dachkonstruktionen	1.652,00 m^2	117,48	194.082,12	2,5
362	Dachfenster, Dachöffnungen	–	–	–	–
363	Dachbeläge	1.652,00 m^2	134,65	222.446,58	2,9
364	Dachbekleidungen	1.645,18 m^2	25,35	41.709,73	0,5
369	Dächer, sonstiges	1.652,00 m^2 DAF	19,91	32.897,42	0,4
370	**Baukonstruktive Einbauten**	**6.357,00 m^2 BGF**	**0,17**	**1.070,49**	**< 0,1**
390	**Sonstige Baukonstruktionen**	**6.357,00 m^2 BGF**	**24,89**	**158.197,40**	**2,1**

Kostenkennwerte für die Kostengruppe 400 der 2. und 3.Ebene DIN 276 (Übersicht)

KG	Kostengruppe	Menge Einh.	€/Einheit	Kosten €	% 3+4
400	**Bauwerk - Technische Anlagen**	**6.357,00 m² BGF**	**517,81**	**3.291.731,77**	**43,2**
410	**Abwasser-, Wasser-, Gasanlagen**	**6.357,00 m² BGF**	**195,21**	**1.240.925,56**	**16,3**
411	Abwasseranlagen	6.357,00 m² BGF	39,03	248.113,10	3,3
412	Wasseranlagen	6.357,00 m² BGF	32,73	208.073,00	2,7
413	Gasanlagen	–	–	–	–
419	Abwasser-, Wasser-, Gasanlagen, sonstiges	6.357,00 m² BGF	123,44	784.739,45	10,3
420	**Wärmeversorgungsanlagen**	**6.357,00 m² BGF**	**41,42**	**263.295,62**	**3,5**
421	Wärmeerzeugungsanlagen	6.357,00 m² BGF	5,85	37.203,13	0,5
422	Wärmeverteilnetze	6.357,00 m² BGF	22,91	145.660,46	1,9
423	Raumheizflächen	6.357,00 m² BGF	12,65	80.432,03	1,1
429	Wärmeversorgungsanlagen, sonstiges	–	–	–	–
430	**Lufttechnische Anlagen**	**6.357,00 m² BGF**	**34,07**	**216.579,80**	**2,8**
431	Lüftungsanlagen	6.357,00 m² BGF	21,26	135.123,03	1,8
432	Teilklimaanlagen	6.357,00 m² BGF	0,87	5.523,01	< 0,1
433	Klimaanlagen	–	–	–	–
434	Kälteanlagen	6.357,00 m² BGF	11,94	75.933,75	1,0
439	Lufttechnische Anlagen, sonstiges	–	–	–	–
440	**Starkstromanlagen**	**6.357,00 m² BGF**	**103,58**	**658.443,24**	**8,6**
441	Hoch- und Mittelspannungsanlagen	–	–	–	–
442	Eigenstromversorgungsanlagen	6.357,00 m² BGF	9,34	59.346,52	0,8
443	Niederspannungsschaltanlagen	6.357,00 m² BGF	7,25	46.078,67	0,6
444	Niederspannungsinstallationsanlagen	6.357,00 m² BGF	33,59	213.555,45	2,8
445	Beleuchtungsanlagen	6.357,00 m² BGF	50,46	320.767,31	4,2
446	Blitzschutz- und Erdungsanlagen	6.357,00 m² BGF	2,94	18.695,30	0,2
449	Starkstromanlagen, sonstiges	–	–	–	–
450	**Fernmelde-, informationstechn. Anlagen**	**6.357,00 m² BGF**	**56,90**	**361.681,86**	**4,7**
451	Telekommunikationsanlagen	6.357,00 m² BGF	15,88	100.953,31	1,3
452	Such- und Signalanlagen	6.357,00 m² BGF	20,76	132.001,40	1,7
453	Zeitdienstanlagen	–	–	–	–
454	Elektroakustische Anlagen	6.357,00 m² BGF	2,00	12.707,79	0,2
455	Fernseh- und Antennenanlagen	6.357,00 m² BGF	3,06	19.475,88	0,3
456	Gefahrenmelde- und Alarmanlagen	6.357,00 m² BGF	13,43	85.344,75	1,1
457	Übertragungsnetze	6.357,00 m² BGF	1,76	11.198,73	0,1
459	Fernmelde- und informationstechnische Anlagen, sonstiges	–	–	–	–
460	**Förderanlagen**	**6.357,00 m² BGF**	**24,40**	**155.130,19**	**2,0**
461	Aufzugsanlagen	6.357,00 m² BGF	24,40	155.130,19	2,0
462	Fahrtreppen, Fahrsteige	–	–	–	–
463	Befahranlagen	–	–	–	–
464	Transportanlagen	–	–	–	–
465	Krananlagen	–	–	–	–
469	Förderanlagen, sonstiges	–	–	–	–
470	**Nutzungsspezifische Anlagen**	**6.357,00 m² BGF**	**59,18**	**376.210,97**	**4,9**
480	**Gebäudeautomation**	**6.357,00 m² BGF**	**1,93**	**12.270,38**	**0,2**
490	**Sonstige Technische Anlagen**	**6.357,00 m² BGF**	**1,13**	**7.194,17**	**< 0,1**

Kostenkennwerte für Leistungsbereiche nach StLB (Kosten des Bauwerks nach DIN 276)

LB	Leistungsbereiche	Kosten €	€/m² BGF	€/m³ BRI	% 3+4
000	Sicherheits-, Baustelleneinrichtungen inkl. 001	135.929	21,38	6,64	1,8
002	Erdarbeiten	79.865	12,56	3,90	1,0
006	Spezialtiefbauarbeiten inkl. 005	–	–	–	–
009	Entwässerungskanalarbeiten inkl. 011	–	–	–	–
010	Dränarbeiten	–	–	–	–
012	Mauerarbeiten	333.705	52,49	16,29	4,4
013	Betonarbeiten	1.093.212	171,97	53,37	14,3
014	Natur-, Betonwerksteinarbeiten	–	–	–	–
016	Zimmer- und Holzbauarbeiten	93.235	14,67	4,55	1,2
017	Stahlbauarbeiten	–	–	–	–
018	Abdichtungsarbeiten	13.587	2,14	0,66	0,2
020	Dachdeckungsarbeiten	–	–	–	–
021	Dachabdichtungsarbeiten	144.592	22,75	7,06	1,9
022	Klempnerarbeiten	108.405	17,05	5,29	1,4
	Rohbau	**2.002.530**	**315,01**	**97,77**	**26,3**
023	Putz- und Stuckarbeiten, Wärmedämmsysteme	162.679	25,59	7,94	2,1
024	Fliesen- und Plattenarbeiten	163.789	25,77	8,00	2,1
025	Estricharbeiten	91.500	14,39	4,47	1,2
026	Fenster, Außentüren inkl. 029, 032	425.915	67,00	20,79	5,6
027	Tischlerarbeiten	165.632	26,06	8,09	2,2
028	Parkett-, Holzpflasterarbeiten	23.313	3,67	1,14	0,3
030	Rollladenarbeiten	109.795	17,27	5,36	1,4
031	Metallbauarbeiten inkl. 035	400.734	63,04	19,57	5,3
034	Maler- und Lackiererarbeiten inkl. 037	150.858	23,73	7,37	2,0
036	Bodenbelagsarbeiten	113.005	17,78	5,52	1,5
038	Vorgehängte hinterlüftete Fassaden	411.339	64,71	20,08	5,4
039	Trockenbauarbeiten	107.144	16,85	5,23	1,4
	Ausbau	**2.325.705**	**365,85**	**113,55**	**30,5**
040	Wärmeversorgungsanlagen, inkl. 041	239.413	37,66	11,69	3,1
042	Gas- und Wasseranlagen, Leitungen inkl. 043	125.630	19,76	6,13	1,6
044	Abwasseranlagen - Leitungen	184.693	29,05	9,02	2,4
045	Gas, Wasser, Entwässerung - Ausstattung inkl. 046	989.401	155,64	48,31	13,0
047	Dämmarbeiten an technischen Anlagen	83.462	13,13	4,07	1,1
049	Feuerlöschanlagen, Feuerlöschgeräte	–	–	–	–
050	Blitzschutz- und Erdungsanlagen	18.695	2,94	0,91	0,2
052	Mittelspannungsanlagen	–	–	–	–
053	Niederspannungsanlagen inkl. 054	323.826	50,94	15,81	4,2
055	Ersatzstromversorgungsanlagen	–	–	–	–
057	Gebäudesystemtechnik	–	–	–	–
058	Leuchten und Lampen, inkl. 059	320.767	50,46	15,66	4,2
060	Elektroakustische Anlagen	124.895	19,65	6,10	1,6
061	Kommunikationsnetze, inkl. 063	125.076	19,68	6,11	1,6
069	Aufzüge	153.404	24,13	7,49	2,0
070	Gebäudeautomation	12.270	1,93	0,60	0,2
075	Raumlufttechnische Anlagen	194.436	30,59	9,49	2,6
	Gebäudetechnik	**2.895.968**	**455,56**	**141,39**	**38,0**
084	**Abbruch- und Rückbauarbeiten**	**–**	**–**	**–**	**–**
	Sonstige Leistungsbereiche inkl. 008, 033, 051	**397.089**	**62,46**	**19,39**	**5,2**

3500-0004
Rehaklinik
für suchtkranke
Menschen

Objektübersicht

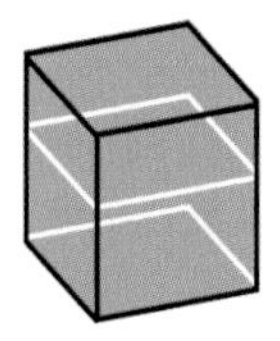

BRI 421 €/m³

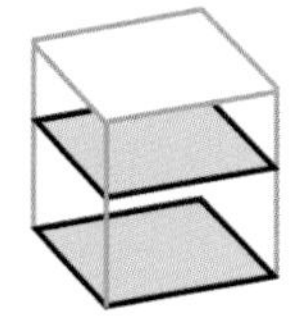

BGF 1.416 €/m²

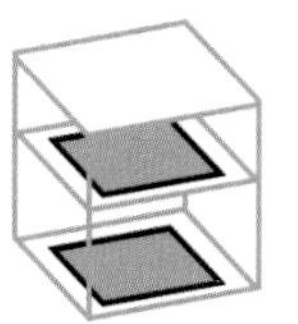

NUF 2.114 €/m²

Objekt:
Kennwerte: 1.Ebene DIN 276
BRI: 18.114 m³
BGF: 5.383 m²
NUF: 3.605 m²
Bauzeit: 78 Wochen
Bauende: 2015
Standard: Durchschnitt
Kreis: Emsland,
Niedersachsen

Architekt:
Hüdepohl Ferner Architektur- und Ingenieurges. mbH
Wasastraße 8
49082 Osnabrück

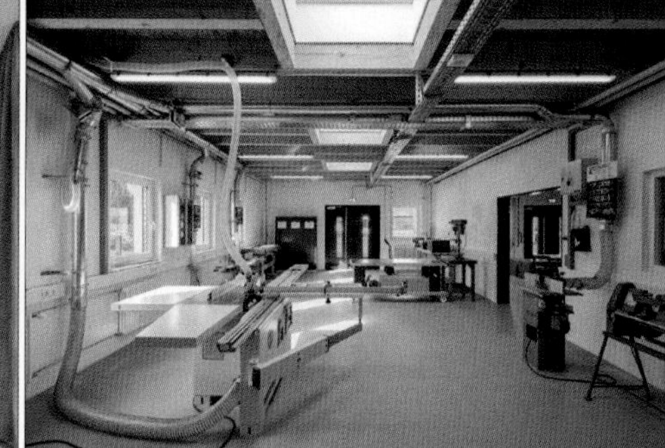

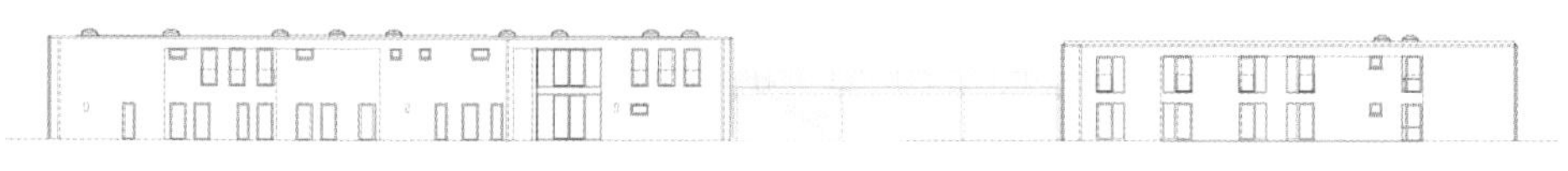

Ansicht Nord

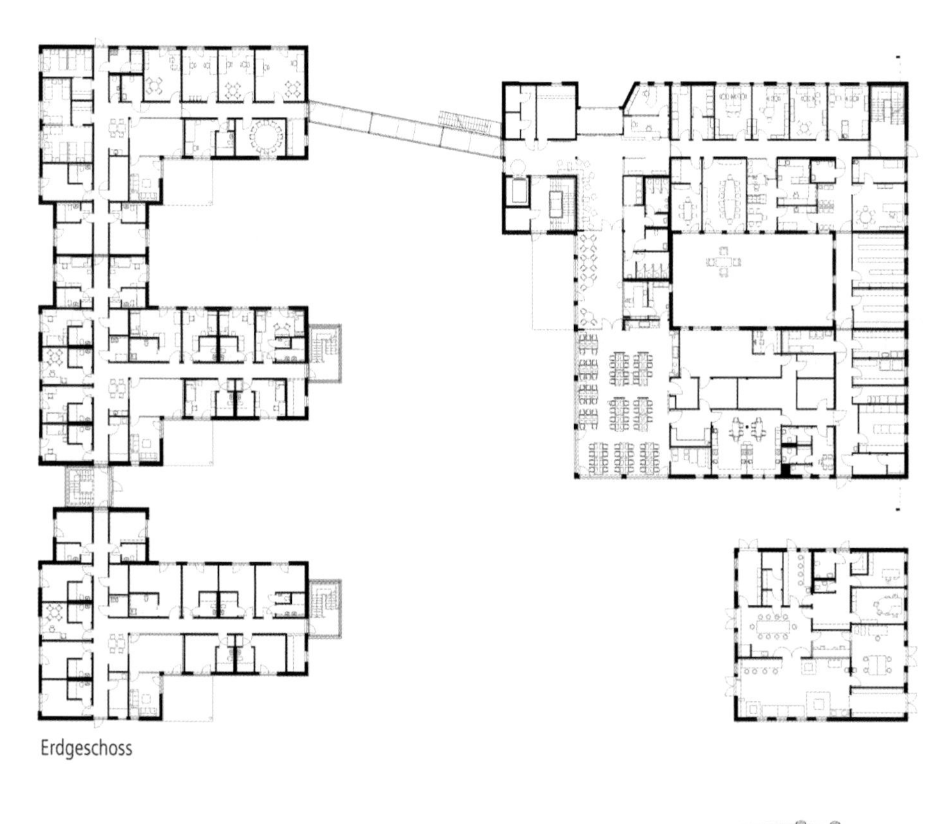

Erdgeschoss

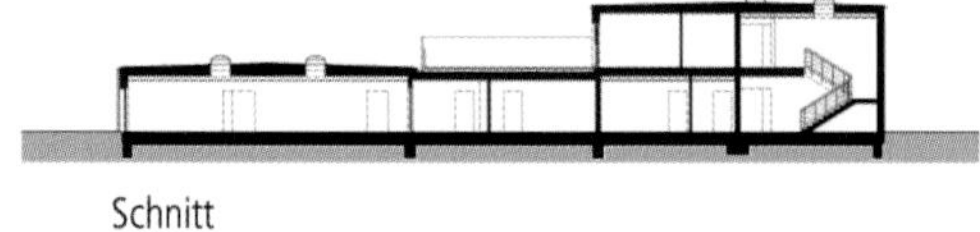

Schnitt

Ansicht Ost

Objektbeschreibung

Allgemeine Objektinformationen

Das Bauvorhaben umfasst drei Neubaugebäude auf dem Grundstück der Fach- und Rehaklinik für suchtkranke Menschen. Das Gebäude auf der Westseite des Grundstücks in zweigeschossiger Bauweise enthält drei Wohngruppen im Obergeschoss und zwei Wohngruppen sowie die Tagesklinik im Erdgeschoss. Das Bewohnerhaus bietet pro Gruppe jeweils die Aufnahme von 12 Übernachtungseinheiten sowie die erforderlichen Gemeinschaftsbereiche wie Therapie- und Wohnraum, Terrasse, Balkon und den Hauswirtschaftraum. Das Hauptgebäude umfasst das Raumprogramm der Fachklinik in Bezug auf Bewegungstherapieangebote und der medizinischen Betreuungsmaßnahmen. Weitere Funktionsbereiche sind die Verwaltungsräume und der Komplex mit dem Speiseraum, dem Bistro, der Küche und der Lehrküche. Ergänzende Vortrags- und Schulungsräume sowie die Sozialräume der Fachklinik-Mitarbeiter komplettieren die Nutzungen. Das Ergotherapie-Haus als dritter Bestandteil des Gebäudeensembles ist ein Werkstattgebäude, das die Bereiche Metall-, Holz- und die Kreativarbeiten aufnimmt.

Nutzung

1 Erdgeschoss
Einzelzimmer, Bäder, Therapieräume, Wohnräume, Ergotherapieräume, Büros, Besprechungsräume, Speiseraum, Lehrküche, Großküche, Umkleiden, Lagerräume, Technikraum, WCs, Behinderten-WCs, Treppenräume, Aufzug

1 Obergeschoss
Einzelzimmer, Bäder, Sauna, Ergotherapieräume, Schulungsräume, Personalräume, Sanitärräume, Umkleiden, Abstellraum, Behinderten-WCs, Treppenräume, Aufzug, Dachterrasse

Grundstück

Bauraum: Freier Bauraum
Neigung: Ebenes Gelände
Bodenklasse: BK 3

Markt

Hauptvergabezeit: 3. Quartal 2013
Baubeginn: 4. Quartal 2013
Bauende: 2. Quartal 2015
Konjunkturelle Gesamtlage: Durchschnitt
Regionaler Baumarkt: unter Durchschnitt

Besonderer Kosteneinfluss Marktsituation:
Gewerkeweise Vergaben

Baukonstruktion

Die konventionelle Massivbauweise aus Kalksandsteinmauerwerk und Stahlbetonbauteilen ist mit einer Fassade aus 18cm starkem Wärmedämmverbundsystem ausgeführt. Die Kunststofffenster mit grauer Folierung nehmen Bezug auf die farbbeschichteten Alu-Glas-Elemente der Eingangstüranlagen. Im Innenausbau sind großflächig Trockenbaukonstruktionen und Akustikdeckensysteme eingesetzt worden. Profilstahlkonstruktionen mit Industrieverglasungen bilden die offenen Treppenhäuser vor dem Wohngebäude aus, die Beläge der Stahltreppen bestehen aus Sichtbetonstufen. Eine 21,00m lange offene Verbindungsbrücke aus beschichtetem Profilstahl stellt die barrierefreie Verbindung im Obergeschoss zwischen den Einzelgebäuden her. Die Flachdächer bestehen aus Dachabdichtungssystemen mit Gefälledämmung und einer zweilagigen bituminösen Abdichtung sowie einer Kiesauflage.

Technische Anlagen

Die Wärmeversorgung der Häuser erfolgt durch eine Nahwärmezuleitung und die Weiterleitung über die Übergabestation im Technikraum des Hauptgebäudes durch Hocheffizienzpumpen mit einer selbsttätigen elektronischen Regelung. Für die Küchenräume im Hauptgebäude ist eine zentrale Zu- und Abluftanlage installiert. Die Schweiß- und Lötarbeitsplätze im Gebäude Ergotherapie besitzen Einzelentlüftungsgeräte. Saunakabinen mit Elektroheizungen vervollständigen den Freizeitbereich. Alle Gebäude sind mit den notwendigen sicherheits- und informationstechnischen Anlagen ausgestattet.

Planungskennwerte für Flächen und Rauminhalte nach DIN 277

Flächen des Grundstücks		Menge, Einheit	% an GF
BF	Bebaute Fläche	5.171,00 m²	58,4
UF	Unbebaute Fläche	3.685,00 m²	41,6
GF	Grundstücksfläche	8.856,00 m²	100,0

Grundflächen des Bauwerks		Menge, Einheit	% an NUF	% an BGF
NUF	Nutzungsfläche	3.604,88 m²	100,0	67,0
TF	Technikfläche	95,53 m²	2,7	1,8
VF	Verkehrsfläche	717,00 m²	19,9	13,3
NRF	Netto-Raumfläche	4.417,41 m²	122,5	82,1
KGF	Konstruktions-Grundfläche	965,61 m²	26,8	17,9
BGF	Brutto-Grundfläche	5.383,02 m²	149,3	100,0

NUF=100% | BGF=149,3% | NRF=122,5%

NUF TF VF KGF

Brutto-Rauminhalt des Bauwerks		Menge, Einheit	BRI/NUF (m)	BRI/BGF (m)
BRI	Brutto-Rauminhalt	18.113,98 m³	5,02	3,37

0 1 2 3 4 5 BRI/NUF=5,02m

0 1 2 3 BRI/BGF=3,37m

Lufttechnisch behandelte Flächen	Menge, Einheit	% an NUF	% an BGF
Entlüftete Fläche	–	–	–
Be- und Entlüftete Fläche	–	–	–
Teilklimatisierte Fläche	–	–	–
Klimatisierte Fläche	–	–	–

KG	Kostengruppen (2.Ebene)	Menge, Einheit	Menge/NUF	Menge/BGF
310	Baugrube	–	–	–
320	Gründung	–	–	–
330	Außenwände	–	–	–
340	Innenwände	–	–	–
350	Decken	–	–	–
360	Dächer	–	–	–

Kostenkennwerte für die Kostengruppen der 1.Ebene DIN 276

KG	Kostengruppen (1.Ebene)	Einheit	Kosten €	€/Einheit	€/m² BGF	€/m³ BRI	% 300+400
100	Grundstück	m² GF	–	–	–	–	–
200	Herrichten und Erschließen	m² GF	–	–	–	–	–
300	Bauwerk - Baukonstruktionen	m² BGF	5.404.225	1.003,94	1.003,94	298,35	70,9
400	Bauwerk - Technische Anlagen	m² BGF	2.216.443	411,75	411,75	122,36	29,1
	Bauwerk 300+400	**m² BGF**	**7.620.667**	**1.415,69**	**1.415,69**	**420,71**	**100,0**
500	Außenanlagen	m² AF	479.614	130,15	89,10	26,48	6,3
600	Ausstattung und Kunstwerke	m² BGF	29.618	5,50	5,50	1,64	0,4
700	Baunebenkosten	m² BGF	–	–	–	–	–

KG	Kostengruppe	Menge Einheit	Kosten €	€/Einheit	%
3+4	**Bauwerk**				**100,0**
300	**Bauwerk - Baukonstruktionen**	5.383,02 m² BGF	5.404.225	**1.003,94**	70,9

Baugrubenaushub; Stb-Fundamente, Stb-Bodenplatte, Estrich, Heizestrich, Teppichboden, PVC-Belag, Bodenfliesen, Abdichtung, Dämmung; Mauerwerkswände, Kunststofffenster, Dreifachverglasung, WDVS, Alu-Glas-Eingangstüranlagen, Profilstahl-Konstruktionen mit Industrieverglasung (Wohngebäude Treppenraumverglasungen), Raffstores; KS-Innenwände, GK-Wände, Wandfliesen, Holz-Glas-Trennwandelemente, Trennwandsysteme, WC-Trennwände; Stb-Decken, Stb-Treppen, Stahltreppen mit Betonfertigteilauflage (Treppen Wohngebäude), Estrich, Heizestrich, Teppichboden, PVC-Belag, Bodenfliesen, Akustikdecken, Glasgeländer, Treppengeländer; Spannbeton-Fertigteildächer, Holzbalkendach (Ergotherapie), Oberlichter, Dämmung, Abdichtung, Kiesauflage, außenliegende Dachentwässerung, teilw. Schallschutzdecke; Saunen, Teeküchen, Schließanlage, Profilstahl-Verbindungsbrücke, l=21,00m

KG	Kostengruppe	Menge Einheit	Kosten €	€/Einheit	%
400	**Bauwerk - Technische Anlagen**	5.383,02 m² BGF	2.216.443	**411,75**	29,1

Gebäudeentwässerung, Kalt- und Warmwasserleitungen, Sanitärobjekte; Nahwärmeversorgung mit Übergabestation und Weiterleitung an die Einzelhäuser, Plattenheizkörper, teilw. Fußbodenheizung; zentrale Zu- und Abluftanlage (Küche), Einzelraumentlüfter (Ergotherapie), Kühlzellen, RWA-Anlage; Elektroinstallation, Beleuchtung, Sicherheitsleuchten; Telekommunikationsanlage, Personennot-Signalanlage, Fernseh- und Antennenanlage, Brandmeldeanlage, Datenübertragungsnetz, Videoüberwachungsanlage; Personenaufzug; Großküche

KG	Kostengruppe	Menge Einheit	Kosten €	€/Einheit	%
500	**Außenanlagen**	3.685,00 m² AF	479.614	**130,15**	100,0

Geländebearbeitung; Betonverbund-Pflasterflächen, Klinkerpflaster-Wege; Zaun, Hochbeete aus Stb-Fertigteilen; Entwässerungsrinnen; Bänke, Raucherpavillon; Wasserspielanlage; Oberbodenarbeiten, Bepflanzung, Rasen

KG	Kostengruppe	Menge Einheit	Kosten €	€/Einheit	%
600	**Ausstattung und Kunstwerke**	5.383,02 m² BGF	29.618	**5,50**	100,0

Glasduschwände

Schulen und Kindergärten

4

4100-0162
Gesamtschule
(10 Klassen)
(280 Schüler)

Objektübersicht

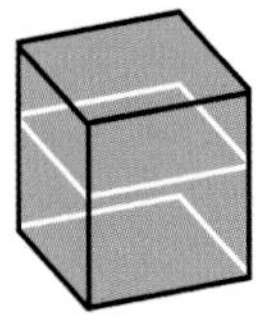

BRI 438 €/m³

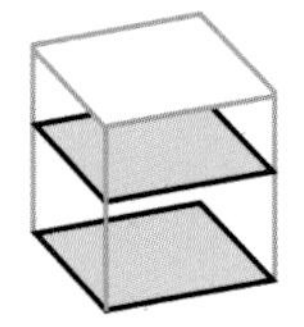

BGF 1.811 €/m²

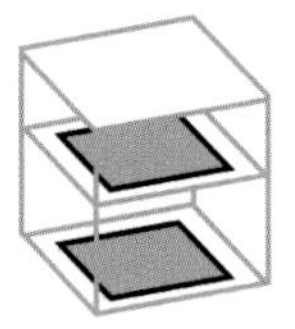

NUF 3.581 €/m²

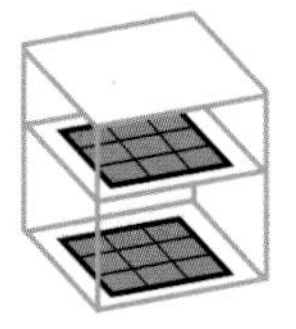

NE 29.658 €/NE
NE: Schüler

Objekt:
Kennwerte: 1.Ebene DIN 276
BRI: 18.967 m³
BGF: 4.585 m²
NUF: 2.319 m²
Bauzeit: 104 Wochen
Bauende: 2013
Standard: Durchschnitt
Kreis: Salzlandkreis,
Sachsen-Anhalt

Architekt:
ARGE Junk&Reich /
Hartmann+Helm
Nordstraße 21
99427 Weimar

Bauherr:
Stadt Bernburg
06406 Bernburg

© Thomas Weiß

© Thomas Weiß

© Thomas Weiß

© Thomas Weiß

© Thomas Weiß

© Thomas Weiß

© Thomas Weiß

© Thomas Weiß

© Thomas Weiß

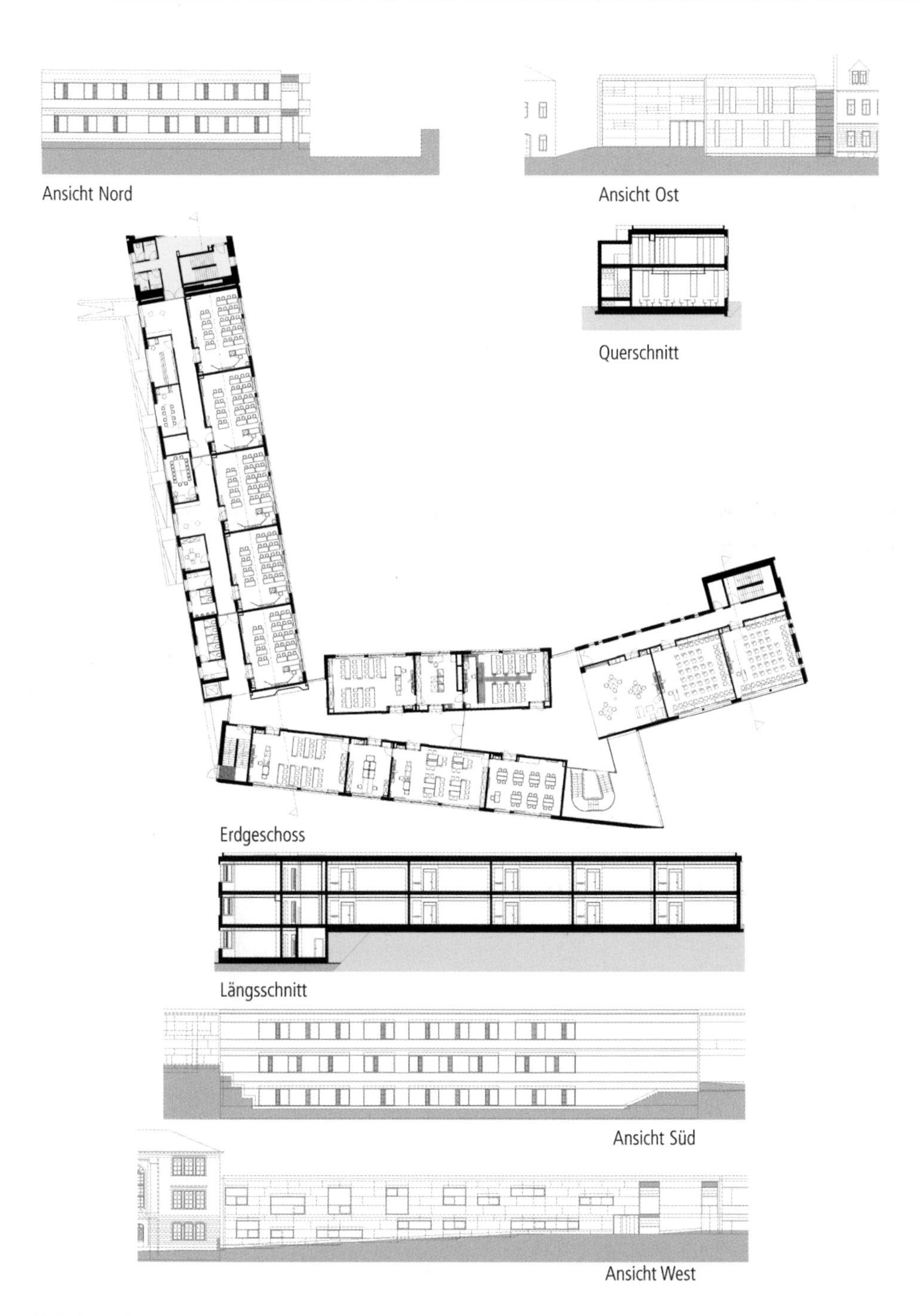
Ansicht Nord
Ansicht Ost
Querschnitt
Erdgeschoss
Längsschnitt
Ansicht Süd
Ansicht West

Objektbeschreibung

Allgemeine Objektinformationen

Im Zuge der Baumaßnahme des Zusammenschlusses von drei Sekundarschulen zum "Campus Technicus", einer Ganztagsschule mit dem Schwerpunkt auf praxisorientierter, technischer Bildung, wurde das historische Schulgebäude modernisiert und durch den hier dokumentierten Neubau ergänzt. Der an den Bestand angrenzende Neubau entstand an Stelle eines abzubrechenden Gebäudes eines ehemaligen Gasthofes mit Tanzsaal und Biergarten. Das Gebäude schafft durch einen Gebäuderücksprung Raum für einen neuen Platz, der den neuen Haupteingang zum Campus Technicus darstellt. Die Fassade an der Straßenfront orientiert sich durch ihre zwei Geschosse und stehende Fensterformate an der vorhandenen Bebauung.

Nutzung

1 Untergeschoss
Technik, Werkstätten, Sanitärräume, Umkleide, Technik, Hausmeister, Aufzug, Flure

1 Erdgeschoss
Aula/Cafeteria, Ausgabeküche, Spülküche, Klassenräume, Fachräume, Vorbereitung, Pausenhalle, Sanitärräume, Personalräume, Aufzug, Flure

1 Obergeschoss
Klassenräume, Fachräume, Internetcafe, Serverraum, Berufsberatung, Schulsozialarbeit, Pausenhalle, Sanitärräume, Aufzug, Flure

Nutzeinheiten

Zimmer: 24
Schüler: 280
Klassen: 10

Grundstück

Bauraum: Beengter Bauraum
Neigung: Ebenes Gelände
Bodenklasse: BK 3 bis BK 4

Markt

Hauptvergabezeit: 3. Quartal 2011
Baubeginn: 3. Quartal 2011
Bauende: 3. Quartal 2013
Konjunkturelle Gesamtlage: Durchschnitt
Regionaler Baumarkt: Durchschnitt

Baukonstruktion

Der Neubau ist in einer Mischkonstruktion aus Kalksandstein und Stahlbeton erstellt. Die Außenwände sind überwiegend mit einem Wärmedämmverbundsystem versehen. Die östliche Giebelwand wurde mit Betonwerksteinplatten bekleidet. Die Südseite erhielt eine Glas-Vorhangfassade in verschiedenen Blautönen mit unsichtbarer Befestigung. Der Speisesaal und der Eingangsbereich werden großzügig über eine Pfosten-Riegel-Fassade belichtet. Die Alu-Fensterbänder der Klassenräume erhielten stehende Öffnungselemente. Der Mehrzwecksaal und die Unterrichtsräume besitzen Akustikdecken und -wandbekleidungen. Das Flachdach des Gebäudes liegt deutlich unter den benachbarten Firsthöhen. Es erhielt eine extensive Begrünung, geneigte Solarelemente wurden aufgestellt.

Technische Anlagen

Der Saal wird mechanisch be- und entlüftet. Die Installation erfolgt im Unterdeckenbereich und in dafür vorgesehenen Schächten.

Sonstiges

Das Gebäude wird über den geneigten Platz von der Käthe-Kollwitz-Straße barrierefrei ebenerdig erschlossen. Alle Ebenen können über einen Aufzug innerhalb des Atriums barrierefrei erreicht werden. Im Neubau befinden sich Gruppen-, Projekt- und Fachräume für die Gesamtschule mit insgesamt 644 Schülern.

Planungskennwerte für Flächen und Rauminhalte nach DIN 277

Flächen des Grundstücks		Menge, Einheit	% an GF
BF	Bebaute Fläche	1.833,94 m²	33,6
UF	Unbebaute Fläche	3.622,61 m²	66,4
GF	Grundstücksfläche	5.456,55 m²	100,0

Grundflächen des Bauwerks		Menge, Einheit	% an NUF	% an BGF
NUF	Nutzungsfläche	2.319,20 m²	100,0	50,6
TF	Technikfläche	217,42 m²	9,4	4,7
VF	Verkehrsfläche	1.269,07 m²	54,7	27,7
NRF	Netto-Raumfläche	3.805,69 m²	164,1	83,0
KGF	Konstruktions-Grundfläche	779,31 m²	33,6	17,0
BGF	Brutto-Grundfläche	4.585,00 m²	197,7	100,0

NUF=100% | BGF=197,7% | NRF=164,1%

NUF TF VF KGF

Brutto-Rauminhalt des Bauwerks		Menge, Einheit	BRI/NUF (m)	BRI/BGF (m)
BRI	Brutto-Rauminhalt	18.967,00 m³	8,18	4,14

BRI/NUF=8,18m

BRI/BGF=4,14m

Lufttechnisch behandelte Flächen	Menge, Einheit	% an NUF	% an BGF
Entlüftete Fläche	–	–	–
Be- und Entlüftete Fläche	–	–	–
Teilklimatisierte Fläche	–	–	–
Klimatisierte Fläche	–	–	–

KG	Kostengruppen (2.Ebene)	Menge, Einheit	Menge/NUF	Menge/BGF
310	Baugrube	–	–	–
320	Gründung	–	–	–
330	Außenwände	–	–	–
340	Innenwände	–	–	–
350	Decken	–	–	–
360	Dächer	–	–	–

Kostenkennwerte für die Kostengruppen der 1.Ebene DIN 276

KG	Kostengruppen (1.Ebene)	Einheit	Kosten €	€/Einheit	€/m² BGF	€/m³ BRI	% 300+400
100	Grundstück	m² GF	–	–	–	–	–
200	Herrichten und Erschließen	m² GF	87.609	16,06	19,11	4,62	1,1
300	Bauwerk - Baukonstruktionen	m² BGF	6.349.342	1.384,81	1.384,81	334,76	76,5
400	Bauwerk - Technische Anlagen	m² BGF	1.954.816	426,35	426,35	103,06	23,5
	Bauwerk 300+400	**m² BGF**	**8.304.158**	**1.811,16**	**1.811,16**	**437,82**	**100,0**
500	Außenanlagen	m² AF	696.067	226,36	151,81	36,70	8,4
600	Ausstattung und Kunstwerke	m² BGF	–	–	–	–	–
700	Baunebenkosten	m² BGF	–	–	–	–	–

KG	Kostengruppe	Menge Einheit	Kosten €	€/Einheit	%
200	**Herrichten und Erschließen**	5.456,55 m² GF	87.609	**16,06**	100,0

Abbruch von Bestandsgebäuden, Pflasterbelägen, Splittdecke, Randbefestigungen, Stufenanlagen, Roden von Bäumen, Sträuchern; Entsorgung, Deponiegebühren; Hausanschlüsse

KG	Kostengruppe	Menge Einheit	Kosten €	€/Einheit	%
3+4	**Bauwerk**				**100,0**
300	**Bauwerk - Baukonstruktionen**	4.585,00 m² BGF	6.349.342	**1.384,81**	76,5

Baugrubenherstellung, Verbau, Wasserhaltung; Bohrpfahlgründung, Stb-Fundamentplatte, Stb-Fundamente, Stb-Bodenplatten, Abdichtung, Dämmung, Estrich, Bodenfliesen, Epoxidharzbeschichtung; Stb-Wände, Stb-Stützen, Alutüren, Alufenster, Profilbauglas, WDVS, Vorhangfassaden aus beschichteten Gläsern und Betonwerkstein, Pfosten-Riegel-Fassaden, Außenstores, Innenrollos, Total-Verdunklung; KS-Mauerwerk, GK-Wände, Innentüren, Profilbauglas, Putz, beschichtete Wandtafeln, Anstrich, mobile Trennwand, WC-Trennwände; Stb-Decken, Stb-Fertigteiltreppen, Dämmung, Estrich, Linoleum, Bodenfliesen, GK-Decken, Akustikdecken, Stahlgeländer; Stb-Flachdach, Dämmung, Dachabdichtung, extensive Dachbegrünung, Dachentwässerung

KG	Kostengruppe	Menge Einheit	Kosten €	€/Einheit	%
400	**Bauwerk - Technische Anlagen**	4.585,00 m² BGF	1.954.816	**426,35**	23,5

Gebäudeentwässerung, Kalt- und Warmwasserleitungen, Sanitärobjekte, Gasleitungen; Gas-Brennwertkessel, Blockheizkraftwerk-Doppelanlage, Heizleitungen, Heizkörper, Fußbodenheizung; Abluftanlagen, zentrale Lüftungsanlage mit Wärmerückgewinnung, Teilklimanlage für Serverraum; Photovoltaikanlage, Zentralbatterieanlage, Elektroinstallation, Beleuchtung, Blitzschutzanlage; Telefonanlage, Sprechanlage, Lichtrufanlage, Uhrenanlage, Satellitenanlage, Alarmierungsanlage, Brandmeldeanlage, Feuerlöscher, Einbruchmeldeanlage, Videoüberwachung, Zutrittskontrolle, Server, Datennetz; Aufzug

KG	Kostengruppe	Menge Einheit	Kosten €	€/Einheit	%
500	**Außenanlagen**	3.075,00 m² AF	696.067	**226,36**	100,0

Geländeprofilierung, Bodenaustausch; Trag- und Frostschutzschichten, Mastixasphaltbelag, Betonpflaster, wassergebundene Wegdecken; Sichtbetonmauern, Handläufe; Außenanlagenentwässerung, Elektroinstallation, Außenbeleuchtung; Sichtbeton-Sitzelemente, Papierkörbe, Fahrradständer; Oberbodenarbeiten, Bäume, Pflanzen

4100-0164
Musik-
unterrichtsräume
(5 Klassen)

Objektübersicht

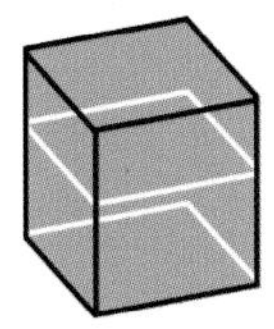

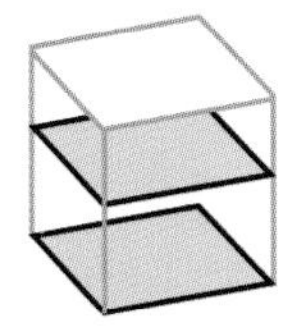

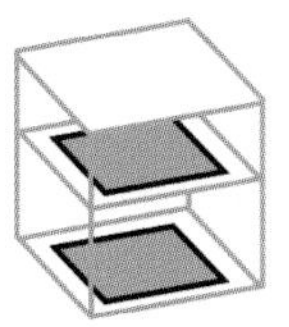

BRI 493 €/m³ BGF 1.850 €/m² NUF 2.824 €/m²

Objekt:
Kennwerte: 1.Ebene DIN 276
BRI: 1.500 m³
BGF: 400 m²
NUF: 262 m²
Bauzeit: 34 Wochen
Bauende: 2015
Standard: Durchschnitt
Kreis: Mettmann,
Nordrhein-Westfalen

Architekt:
pagelhenn
architektinnenarchitekt
Kolpingstraße 11
40721 Hilden

Bauherr:
Stadt Hilden
Amt für Gebäudewirtschaft

© Jens Kirchner

© Jens Kirchner

© Jens Kirchner

© Jens Kirchner

© Jens Kirchner

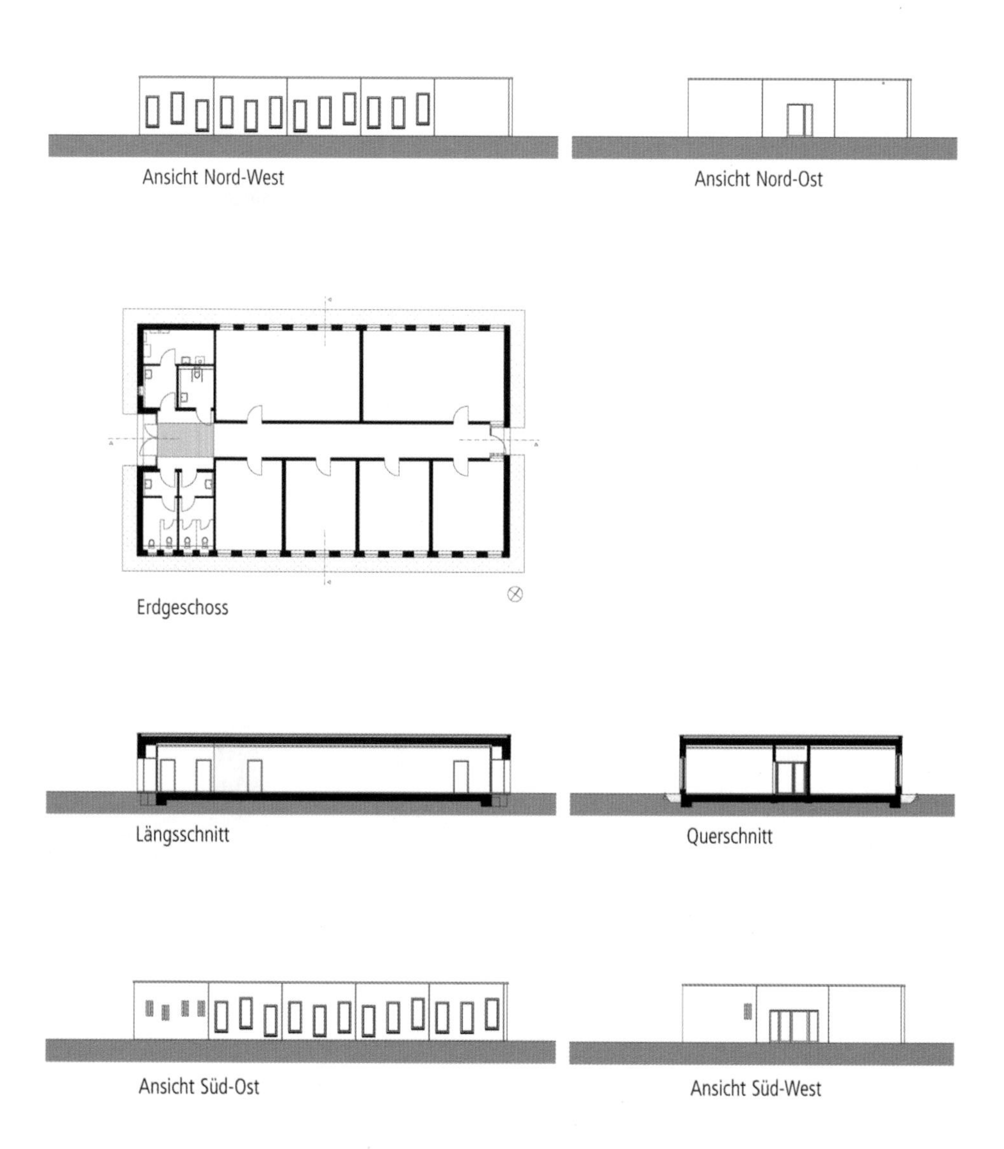
Ansicht Nord-West
Ansicht Nord-Ost
Erdgeschoss
Längsschnitt
Querschnitt
Ansicht Süd-Ost
Ansicht Süd-West

Objektbeschreibung

Allgemeine Objektinformationen

Das Gebäude für Musikunterrichtsräume wurde unter Berücksichtigung der Barrierefreiheit als freistehendes eingeschossiges und nicht unterkellertes Gebäude als Erweiterung für ein bestehendes Gymnasium errichtet. Der neue Baukörper erscheint durch seine schwarz eingefärbte Sichtbetonfassade als monolithischer Solitär, der durch die Anordnung der untereinander höhenversetzten Fensteröffnungen ein lebendiges Fassadenspiel entwickelt.

Nutzung

1 Erdgeschoss
Foyer/Windfang, Instrumentenlager, Selbstlernzentrum, Gruppenräume (2St), Musikräume (2St), Putzmittel- und Hausanschlussraum, Sanitärräume

Nutzeinheiten

Klassen: 5

Grundstück

Bauraum: Freier Bauraum
Neigung: Ebenes Gelände
Bodenklasse: BK 1 bis BK 4

Markt

Hauptvergabezeit: 2. Quartal 2014
Baubeginn: 3. Quartal 2014
Bauende: 2. Quartal 2015
Konjunkturelle Gesamtlage: Durchschnitt
Regionaler Baumarkt: Durchschnitt

Baukonstruktion

Das Gebäude ist auf einer Bodenplatte gegründet. Die Konstruktion der Außenwände besteht aus Betonfertigteil-Sandwich-Elementen, welche mit einem Dämmkern aus Mineralwolle versehen sind. Die Innenwände und die Decken bestehen aus Betonfertigteilen. Die äußeren Fensterlaibungen sind mit umlaufenden pulverbeschichteten Blechen gerahmt. Der außenliegende Sonnenschutz in Form von Raffstoren ist hierin integriert. Die einzelnen Klassenräume sind mit schwarzem Linoleumboden ausgestattet. Im Hinblick auf die Nutzung sind insbesondere an die Raumakustik und den Schallschutz erhöhte Anforderungen erfüllt worden.

Technische Anlagen

Der Neubau wird über eine Gas-Brennwerttherme versorgt. Über Heizkörper werden die einzelnen Räume beheizt. Sämtliche Räume sind mit Tageslichtsensoren sowie Präsenzmeldern ausgestattet, so dass eine individuelle und energiesparende Beleuchtung ermöglicht wird.

Sonstiges

Im Gebäudeinneren befinden sich fünf Räume für den Musikunterricht sowie entsprechende Nebenräume. Der Erschließungsflur ist durch die Farbgebung und indirekte Beleuchtung bereits von außen sichtbar und ein maßgebliches Element der Identifikation und Orientierung. Betreten wird der Komplex durch einen zurückgesetzten Eingang.

Planungskennwerte für Flächen und Rauminhalte nach DIN 277

Flächen des Grundstücks		Menge, Einheit	% an GF
BF	Bebaute Fläche	–	–
UF	Unbebaute Fläche	–	–
GF	Grundstücksfläche	–	–

Grundflächen des Bauwerks		Menge, Einheit	% an NUF	% an BGF
NUF	Nutzungsfläche	262,00 m²	100,0	65,5
TF	Technikfläche	17,00 m²	6,5	4,3
VF	Verkehrsfläche	58,00 m²	22,1	14,5
NRF	Netto-Raumfläche	337,00 m²	128,6	84,3
KGF	Konstruktions-Grundfläche	63,00 m²	24,0	15,8
BGF	Brutto-Grundfläche	400,00 m²	152,7	100,0

NUF=100% BGF=152,7%
NUF TF VF KGF NRF=128,6%

Brutto-Rauminhalt des Bauwerks		Menge, Einheit	BRI/NUF (m)	BRI/BGF (m)
BRI	Brutto-Rauminhalt	1.500,00 m³	5,73	3,75

0 1 2 3 4 5 BRI/NUF=5,73m

0 1 2 3 BRI/BGF=3,75m

Lufttechnisch behandelte Flächen	Menge, Einheit	% an NUF	% an BGF
Entlüftete Fläche	–	–	–
Be- und Entlüftete Fläche	–	–	–
Teilklimatisierte Fläche	–	–	–
Klimatisierte Fläche	–	–	–

KG	Kostengruppen (2.Ebene)	Menge, Einheit	Menge/NUF	Menge/BGF
310	Baugrube	–	–	–
320	Gründung	–	–	–
330	Außenwände	–	–	–
340	Innenwände	–	–	–
350	Decken	–	–	–
360	Dächer	–	–	–

Kostenkennwerte für die Kostengruppen der 1.Ebene DIN 276

KG	Kostengruppen (1.Ebene)	Einheit	Kosten €	€/Einheit	€/m² BGF	€/m³ BRI	% 300+400
100	Grundstück	m² GF	–	–	–	–	–
200	Herrichten und Erschließen	m² GF	–	–	–	–	–
300	Bauwerk - Baukonstruktionen	m² BGF	592.106	1.480,27	1.480,27	394,74	80,0
400	Bauwerk - Technische Anlagen	m² BGF	147.818	369,55	369,55	98,55	20,0
	Bauwerk 300+400	**m² BGF**	**739.924**	**1.849,81**	**1.849,81**	**493,28**	**100,0**
500	Außenanlagen	m² AF	–	–	–	–	–
600	Ausstattung und Kunstwerke	m² BGF	–	–	–	–	–
700	Baunebenkosten	m² BGF	–	–	–	–	–

KG	Kostengruppe	Menge Einheit	Kosten €	€/Einheit	%
3+4	**Bauwerk**				**100,0**
300	**Bauwerk - Baukonstruktionen**	400,00 m² BGF	592.106	**1.480,27**	80,0

Stb-Bodenplatte, Trittschalldämmung, Estrich, Linoleum, Bodenfliesen, Sauberlaufmatte, Perimeterdämmung; Betonfertigteil-Sandwich-Elemente mit Mineralwolldämmung, d=140mm, Alufenster, Alutüren, Alu-Lamellenraffstores; Stb-Fertigteilwände, Trockenbauwände, Holztüren, HPL beschichtet, Stahlzargen, Wandfliesen, Anstrich; Stb-Fertigteildecke, Dämmung, Abdichtung, abgehängte Akustikdecke

KG	Kostengruppe	Menge Einheit	Kosten €	€/Einheit	%
400	**Bauwerk - Technische Anlagen**	400,00 m² BGF	147.818	**369,55**	20,0

Gebäudeentwässerung, Kalt- und Warmwasserleitungen, Sanitärobjekte; Gas-Brennwerttherme, Röhrenradiatoren; Einzelraumlüfter; Eigenstromversorgungsanlagen, Elektroinstallation, Auf- und Einbauleuchten, Sicherheitsbeleuchtung; Einbruchmeldeanlage, Brandmeldeanlage

4100-0166
Gymnasium
(21 Klassen)
(600 Schüler)

Objektübersicht

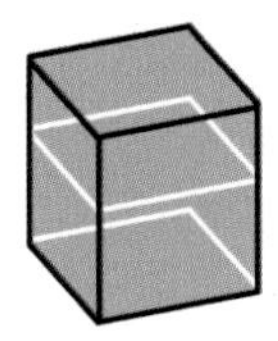
BRI 360 €/m³

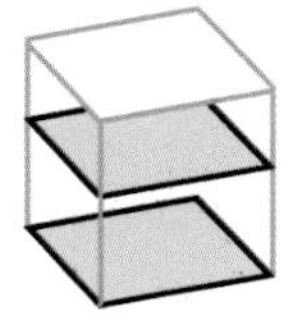
BGF 1.462 €/m²

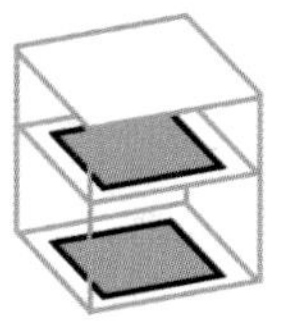
NUF 2.651 €/m²

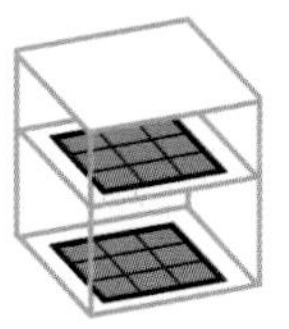
NE 8.935 €/NE
NE: Schüler

Objekt:
Kennwerte: 1.Ebene DIN 276
BRI: 14.908 m³
BGF: 3.666 m²
NUF: 2.022 m²
Bauzeit: 82 Wochen
Bauende: 2014
Standard: Durchschnitt
Kreis: Rendsburg-Eckernförde, Schleswig-Holstein

Architekt:
Schüler Architekten
Schüler Böller Bahnemann
Schleswiger Chaussee 22
24768 Rendsburg

Bauherr:
Schulverband
Hohenwestedt

© Schüler Architekten

© Schüler Architekten

© Schüler Architekten

© Schüler Architekten

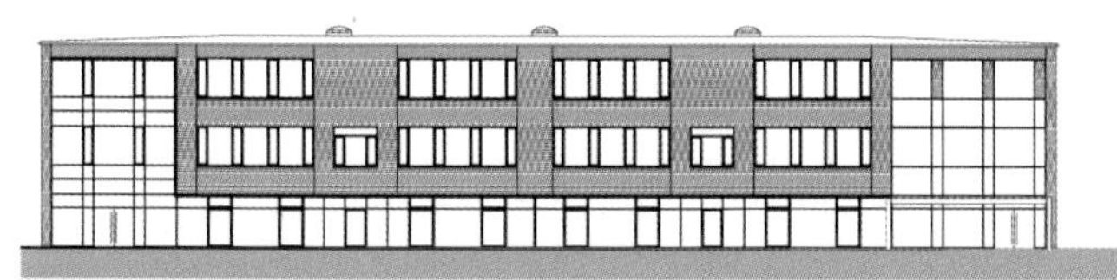

Ansicht Süd

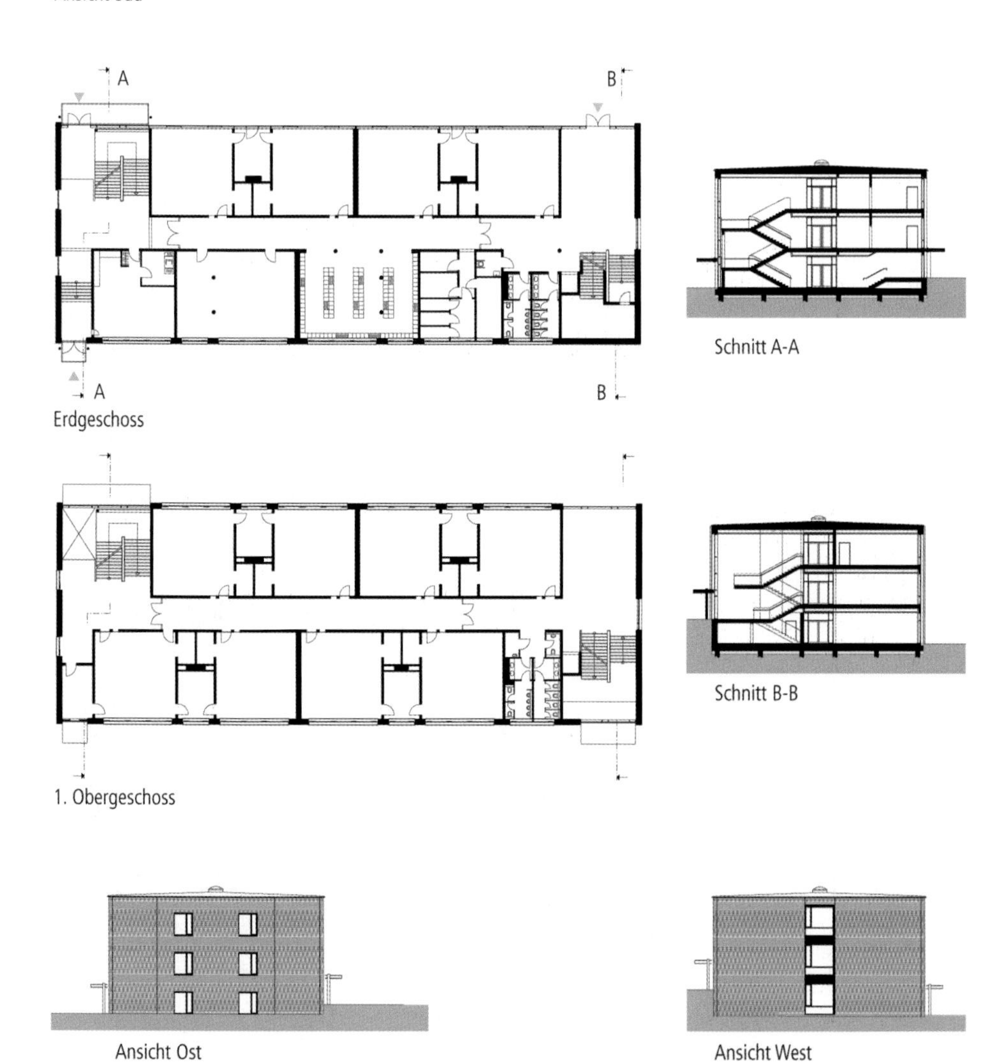

Erdgeschoss

Schnitt A-A

1. Obergeschoss

Schnitt B-B

Ansicht Ost

Ansicht West

4100-0166
Gymnasium
(21 Klassen)
(600 Schüler)

Objektbeschreibung

Allgemeine Objektinformationen

Diese Schule ist ein zweiter Neubau für eine Erweiterung eines Gymnasiums.

Nutzung

1 Erdgeschoss
Klassenräume (4St), Gruppenräume (2St), Lehrerzimmer, Lehrmittelraum, WCs, Umkleideräume, Garderoben, Technikräume

2 Obergeschosse
Klassenräume (17St), Gruppenräume (5St), WCs, Garderoben

Nutzeinheiten

Schüler: 600
Klassen: 21

Grundstück

Bauraum: Freier Bauraum
Neigung: Geneigtes Gelände
Bodenklasse: BK 1 bis BK 3

Markt

Hauptvergabezeit: 3. Quartal 2012
Baubeginn: 4. Quartal 2012
Bauende: 2. Quartal 2014
Konjunkturelle Gesamtlage: Durchschnitt
Regionaler Baumarkt: unter Durchschnitt

Baukonstruktion

Das Gebäude gründet auf Stb-Bohrpfählen und einer Stb-Bodenplatte mit einer Stärke von 50cm. Die Außenwände sind in Mauerwerk und die Decken in Stahlbeton ausgeführt. Ein Verblendmauerwerk mit Aluminium-Fensterelementen gestaltet die Fassade. Teile der Fassade sind als Pfosten-Riegel-Konstruktion ausgeführt. In Fluren und Unterrichtsräumen übernehmen die Betonsteine akustische Eigenschaften. Die Bodenbeläge in Fluren bestehen aus Betonwerkstein, die in den Klassen- und Gruppenräumen sind aus Linoleum. Das Dach ist mit Alubahnen gedeckt.

Technische Anlagen

Der Neubau ist an die bestehende Zentrale im Bestand angeschlossen. Die Wärme wird über Plattenheizkörper verteilt. Eine energiesparende Beleuchtung in Form von abgehängten Leuchtenbändern sorgt für direkte und indirekte Ausleuchtung. In den Fluren sind LED-Leuchte eingebaut. In den Klassen- und Gruppenräumen gibt es dezentrale Lüftungsgeräte mit Wärmerückgewinnung. Die Toiletten werden zentral gelüftet. Ein Personenaufzug ermöglicht die barrierefreie Erschließung.

Planungskennwerte für Flächen und Rauminhalte nach DIN 277

Flächen des Grundstücks		Menge, Einheit	% an GF
BF	Bebaute Fläche	14.329,00 m²	58,0
UF	Unbebaute Fläche	10.360,00 m²	42,0
GF	Grundstücksfläche	24.689,00 m²	100,0

Grundflächen des Bauwerks		Menge, Einheit	% an NUF	% an BGF
NUF	Nutzungsfläche	2.022,00 m²	100,0	55,2
TF	Technikfläche	42,00 m²	2,1	1,1
VF	Verkehrsfläche	1.054,00 m²	52,1	28,8
NRF	Netto-Raumfläche	3.118,00 m²	154,2	85,1
KGF	Konstruktions-Grundfläche	548,00 m²	27,1	14,9
BGF	Brutto-Grundfläche	3.666,00 m²	181,3	100,0

NUF=100% BGF=181,3%

NUF TF VF KGF NRF=154,2%

Brutto-Rauminhalt des Bauwerks		Menge, Einheit	BRI/NUF (m)	BRI/BGF (m)
BRI	Brutto-Rauminhalt	14.908,00 m³	7,37	4,07

0 1 2 3 4 5 6 7 BRI/NUF=7,37m

0 1 2 3 4 BRI/BGF=4,07m

Lufttechnisch behandelte Flächen	Menge, Einheit	% an NUF	% an BGF
Entlüftete Fläche	–	–	–
Be- und Entlüftete Fläche	–	–	–
Teilklimatisierte Fläche	–	–	–
Klimatisierte Fläche	–	–	–

KG	Kostengruppen (2.Ebene)	Menge, Einheit	Menge/NUF	Menge/BGF
310	Baugrube	–	–	–
320	Gründung	–	–	–
330	Außenwände	–	–	–
340	Innenwände	–	–	–
350	Decken	–	–	–
360	Dächer	–	–	–

Kostenkennwerte für die Kostengruppen der 1.Ebene DIN 276

KG	Kostengruppen (1.Ebene)	Einheit	Kosten €	€/Einheit	€/m² BGF	€/m³ BRI	% 300+400
100	Grundstück	m² GF	–	–	–	–	–
200	Herrichten und Erschließen	m² GF	–	–	–	–	–
300	Bauwerk - Baukonstruktionen	m² BGF	4.045.518	1.103,52	1.103,52	271,37	75,5
400	Bauwerk - Technische Anlagen	m² BGF	1.315.727	358,90	358,90	88,26	24,5
	Bauwerk 300+400	**m² BGF**	**5.361.245**	**1.462,42**	**1.462,42**	**359,62**	**100,0**
500	Außenanlagen	m² AF	–	–	–	–	–
600	Ausstattung und Kunstwerke	m² BGF	–	–	–	–	–
700	Baunebenkosten	m² BGF	–	–	–	–	–

KG	Kostengruppe	Menge Einheit	Kosten €	€/Einheit	%
3+4	**Bauwerk**				**100,0**
300	**Bauwerk - Baukonstruktionen**	3.666,00 m² BGF	4.045.518	**1.103,52**	75,5

Baugrubenaushub; Stb-Bodenplatte, d=50cm, WU-Beton, Pfahlgründung, Estrich, Linoleum, Betonwerkstein (Treppenräume, Flure), Bodenfliesen, Perimeterdämmung; Stb-Wände, Mauerwerkswände, teilw. Betonstein-Sichtmauerwerk, Stb-Stützen, Alufenster, Wärmedämmung, Ziegelfassade, Alu-Pfosten-Riegel-Fassade, teilw. Sonnenschutz; Innenmauerwerk, teilw. Betonstein-Sichtmauerwerk, Stb-Wände, GK-Wände, Stb-Stützen, Innenfenster F30, Wandfliesen; Stb-Decken, Stb-Treppen, Estrich, Linoleum, Betonwerkstein (Treppenräume, Flure), Bodenfliesen, abgehängte GK-Decken, Schallschutzdecken; Stb-Dach, Oberlichter, Dämmung, Abdichtung, Alu-Deckung, Dachentwässerung, abgehängte GK-Decken, Schallschutzdecken, Eingangsüberdachung

KG	Kostengruppe	Menge Einheit	Kosten €	€/Einheit	%
400	**Bauwerk - Technische Anlagen**	3.666,00 m² BGF	1.315.727	**358,90**	24,5

Gebäudeentwässerung, Kalt- und Warmwasserleitungen, Sanitärobjekte; Anschluss an bestehende Gas-Heizung im Bestandsgebäude, Plattenheizkörper; zentrale Lüfter (WCs), dezentrale Lüftungsanlagen mit Wärmerückgewinnung (Klassen- und Gruppenräume); Elektroinstallation, Beleuchtung, Blitzschutzanlage; Telekommunikationsanlage, Brandmeldeanlage, RWA-Anlagen; Personenaufzug, barrierefrei; Feuerlöscher

4200-0031 Fachakademie für Sozialpädagogik (9 Klassen) (250 Schüler)

Objektübersicht

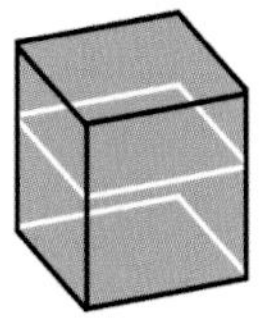

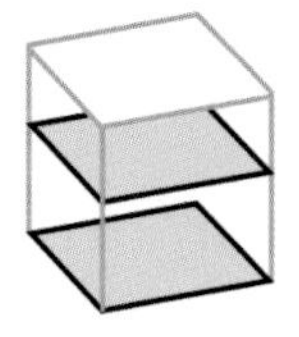

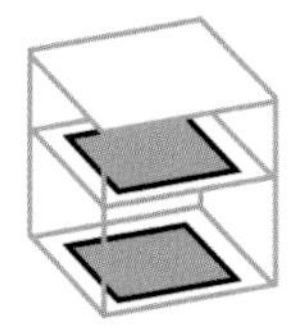

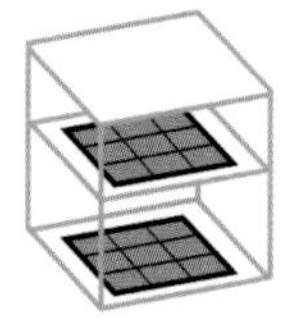

BRI 475 €/m³ | BGF 1.903 €/m² | NUF 2.914 €/m² | NE 19.245 €/NE

NE: Schüler

Objekt:
Kennwerte: 1.Ebene DIN 276
BRI: 10.129 m³
BGF: 2.528 m²
NUF: 1.651 m²
Bauzeit: 86 Wochen
Bauende: 2014
Standard: Durchschnitt
Kreis: Nürnberger Land, Bayern

Architekt:
Dömges Architekten AG
Boelckestraße 38
93051 Regensburg

Bauleitung:
H.P. Gauff Ingenieure GmbH & Co. KG
- JBG -
Beuthener Straße 41-43
90471 Nürnberg

Bauherr:
Landkreis
Nürnberger Land
91207 Lauf an der Pegnitz

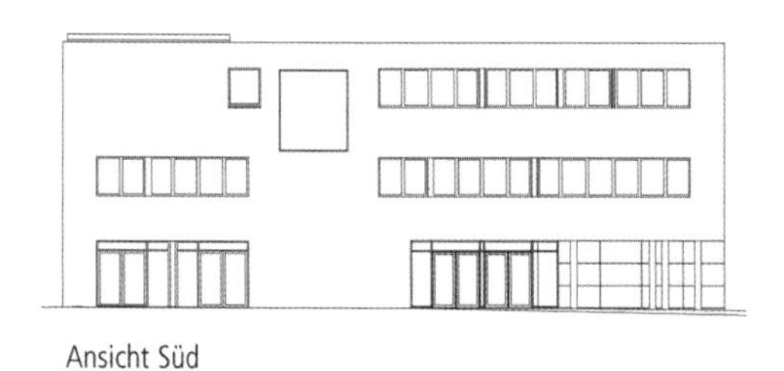

Ansicht Süd

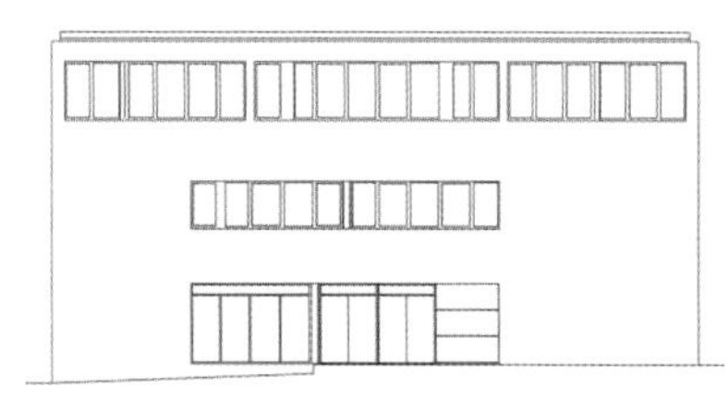

Ansicht West

Erdgeschoss

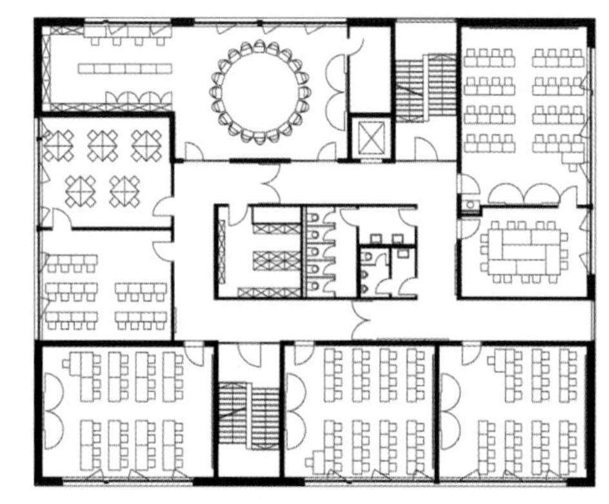

1. Obergeschoss

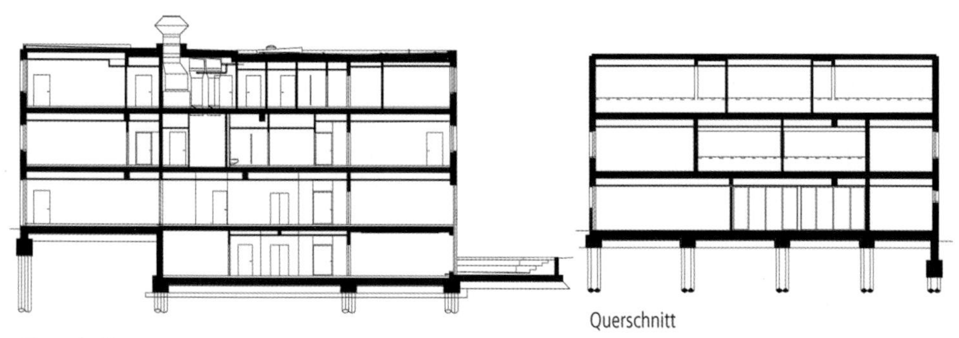

Längsschnitt

Querschnitt

Objektbeschreibung

Allgemeine Objektinformationen

Der Neubau der Fachakademie für Sozialpädagogik wurde in einem kompakten rechteckigen Baukörper verwirklicht. Zum Ausgleich des geneigten Grundstücks wurde eine Teilunterkellerung ausgeführt.

Nutzung

1 Untergeschoss
Werkraum, Umkleiden, Waschräume, Technik, Lagerräume

1 Erdgeschoss
Pausenraum, Mehrzweckraum, Zeichenraum, Musik- und Bewegungserziehung, Küche, Sanitärräume

2 Obergeschosse
Klassenräume, Lehrmittelräume, Verwaltung, Besprechungsräume, Teeküche, Technik, Sanitärräume

Nutzeinheiten

Schüler: 250
Klassen: 9

Grundstück

Bauraum: Freier Bauraum
Neigung: Geneigtes Gelände
Bodenklasse: BK 3 bis BK 6

Markt

Hauptvergabezeit: 3. Quartal 2012
Baubeginn: 3. Quartal 2012
Bauende: 2. Quartal 2014
Konjunkturelle Gesamtlage: Durchschnitt
Regionaler Baumarkt: Durchschnitt

Baukonstruktion

Aufgrund der schwierigen Baugrundverhältnisse wurde das Gebäude als steifer Stahlbetonbaukörper errichtet. Die Gründung erfolgte auf einem Stahlbetonrost mit Bohrpfählen. Die Außenwände sind als Stahlbetonwände errichtet und mit einem Wärmedämmverbundsystem versehen. In Teilbereichen wurde eine hinterlüftete Fassade mit einer Blechverkleidung ausgeführt. Die Fenster sind dreifach verglast, Teile der Außenwände sind als Pfosten-Riegel-Fassade ausgebildet. Auf allen Fassadenseiten wurde ein Sonnenschutz angebracht. Das Flachdach ist mit extensiver Begrünung ausgeführt.

Technische Anlagen

Alle Aufenthaltsräume sind mit Lüftung mit adiabater Kühlung und Nachkühlung durch die Energiepfähle ausgestattet. Die Wärme wird über eine Fußbodenheizung verteilt. Die Versorgung des Neubaus erfolgt über Geothermie, die Ausführung der Bohrpfähle als Energiepfähle mit einer Absorptionsgaswärmepumpe und einem Gasbrennwertgerät für Spitzenlast. Die Anforderung der EnEV 2009 zum Jahres-Primärenergiebedarf wird um mehr als 30% unterschritten.

Sonstiges

Über mobile Trennwände können der Mehrzweckraum, ein Raum für Musik- und Bewegungserziehung sowie die Pausenflächen in Varianten miteinander verbunden oder getrennt genutzt werden. Teile der Ausstattung wurden aus dem vorher genutzten Gebäude übernommen.

Planungskennwerte für Flächen und Rauminhalte nach DIN 277

Flächen des Grundstücks		Menge, Einheit	% an GF
BF	Bebaute Fläche	755,00 m²	24,7
UF	Unbebaute Fläche	2.298,00 m²	75,3
GF	Grundstücksfläche	3.053,00 m²	100,0

Grundflächen des Bauwerks		Menge, Einheit	% an NUF	% an BGF
NUF	Nutzungsfläche	1.651,10 m²	100,0	65,3
TF	Technikfläche	74,13 m²	4,5	2,9
VF	Verkehrsfläche	460,93 m²	27,9	18,2
NRF	Netto-Raumfläche	2.186,16 m²	132,4	86,5
KGF	Konstruktions-Grundfläche	341,84 m²	20,7	13,5
BGF	Brutto-Grundfläche	2.528,00 m²	153,1	100,0

NUF=100% BGF=153,1%
NUF TF VF KGF
NRF=132,4%

Brutto-Rauminhalt des Bauwerks		Menge, Einheit	BRI/NUF (m)	BRI/BGF (m)
BRI	Brutto-Rauminhalt	10.129,00 m³	6,13	4,01

0 1 2 3 4 5 6 BRI/NUF=6,13m
0 1 2 3 4 BRI/BGF=4,01m

Lufttechnisch behandelte Flächen	Menge, Einheit	% an NUF	% an BGF
Entlüftete Fläche	–	–	–
Be- und Entlüftete Fläche	–	–	–
Teilklimatisierte Fläche	–	–	–
Klimatisierte Fläche	–	–	–

KG	Kostengruppen (2.Ebene)	Menge, Einheit	Menge/NUF	Menge/BGF
310	Baugrube	–	–	–
320	Gründung	–	–	–
330	Außenwände	–	–	–
340	Innenwände	–	–	–
350	Decken	–	–	–
360	Dächer	–	–	–

Kostenkennwerte für die Kostengruppen der 1.Ebene DIN 276

KG	Kostengruppen (1.Ebene)	Einheit	Kosten €	€/Einheit	€/m² BGF	€/m³ BRI	% 300+400
100	Grundstück	m² GF	–	–	–	–	–
200	Herrichten und Erschließen	m² GF	–	–	–	–	–
300	Bauwerk - Baukonstruktionen	m² BGF	3.225.420	1.275,88	1.275,88	318,43	67,0
400	Bauwerk - Technische Anlagen	m² BGF	1.585.949	627,35	627,35	156,58	33,0
	Bauwerk 300+400	**m² BGF**	**4.811.370**	**1.903,23**	**1.903,23**	**475,01**	**100,0**
500	Außenanlagen	m² AF	–	–	–	–	–
600	Ausstattung und Kunstwerke	m² BGF	–	–	–	–	–
700	Baunebenkosten	m² BGF	–	–	–	–	–

KG	Kostengruppe	Menge Einheit	Kosten €	€/Einheit	%
3+4	**Bauwerk**				**100,0**
300	**Bauwerk - Baukonstruktionen**	2.528,00 m² BGF	3.225.420	**1.275,88**	67,0

Erdarbeiten; Bohrpfahlgründung, Stb-Fundamentrost, Perimeterdämmung, Stb-Bodenplatten, WU-Beton; Stb-Wände, Teilunterkellerung in WU-Beton, Perimeterdämmung, Holz-Alufenster, Dreifachverglasung, WDVS, in Teilbereichen hinterlüftete Blechbekleidung, Pfosten-Riegel-Fassaden, Raffstores, Markisen; Stb-Wände, Trockenbauwände, Holztüren, Blockzargen; Stb-Decken, Dämmung, Heizestrich, Linoleum, Parkett, Bodenfliesen, Betonwerkstein (Treppenräume), Terrazo (Pausenfläche), abgehängte GK-Decken; Stb-Flachdach, Gefälledämmung, Abdichtung, extensive Begrünung, Flachdachentwässerung

KG	Kostengruppe	Menge Einheit	Kosten €	€/Einheit	%
400	**Bauwerk - Technische Anlagen**	2.528,00 m² BGF	1.585.949	**627,35**	33,0

Gebäudeentwässerung, Hebeanlage, Kalt- und Warmwasserleitungen, Sanitärobjekte, Verrohrung der Bohrpfähle; Absorptionsgaswärmepumpe, Gasbrennwertgerät für Spitzenlast, Fußbodenheizung; zentrales Lüftungsgerät mit adiabater Kühlung, Brandschutzklappen, Mess- und Regeltechnik mit Einzelraumregelung, Webserver; Elektroinstallation, Beleuchtung, Sicherheitsbeleuchtung, Blitzschutz; elektroakustische Anlage, Hausalarmanlage, RWA-Anlage (Treppenräume), Netzwerkverkabelung; Aufzug

4400-0216
Kinderkrippe
(4 Gruppen)
(60 Kinder)

Objektübersicht

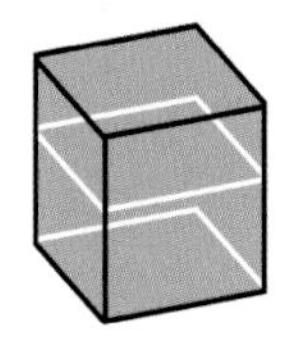

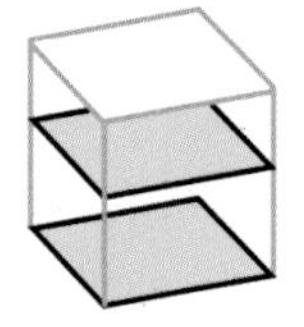

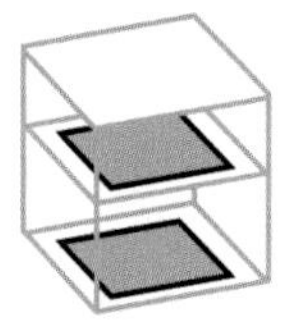

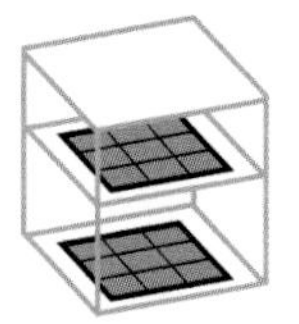

BRI 459 €/m³ | BGF 1.721 €/m² | NUF 2.473 €/m² | NE 23.725 €/NE
NE: Kind

Objekt:
Kennwerte: 3.Ebene DIN 276
BRI: 3.101 m³
BGF: 827 m²
NUF: 576 m²
Bauzeit: 47 Wochen
Bauende: 2013
Standard: Durchschnitt
Kreis: Erzgebirgskreis, Sachsen

Architekt:
heine I reichold architekten
Partnerschafts-
gesellschaft mbB
Lößnitzer Straße 15
09350 Lichtenstein

Bauherr:
Stadtverwaltung Oelsnitz
Rathausplatz 1
09376 Oelsnitz / Erzgebirge

© heine I reichold architekten

© heine I reichold architekten

© heine I reichold architekten

© heine I reichold architekten

© heine I reichold architekten

© heine I reichold architekten

Kostenstand: 4.Quartal 2016, Bundesdurchschnitt, **inkl. 19% MwSt.**

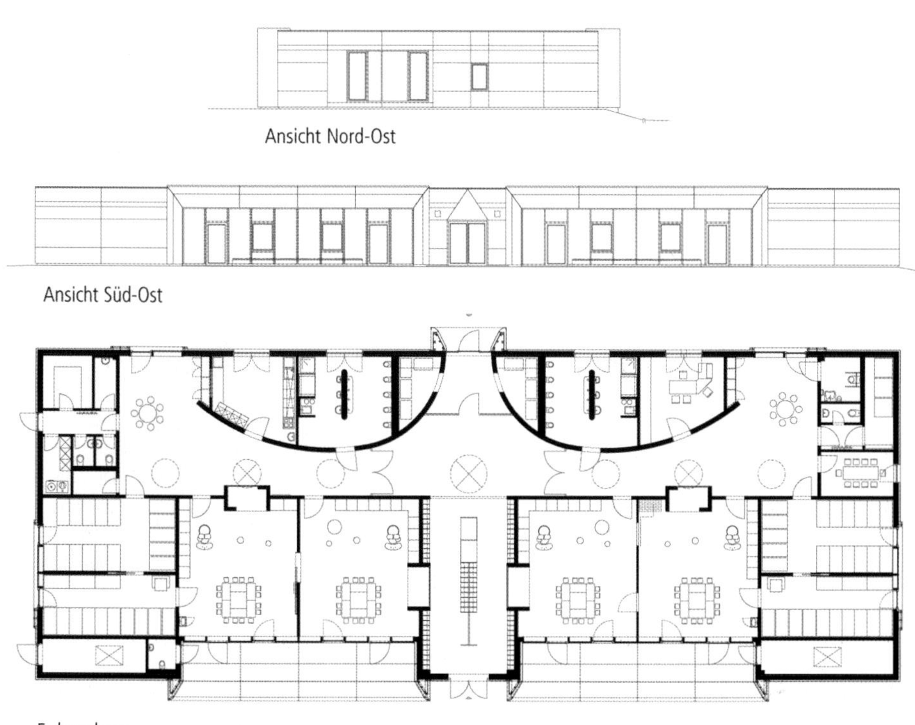

Ansicht Nord-Ost

Ansicht Süd-Ost

Erdgeschoss

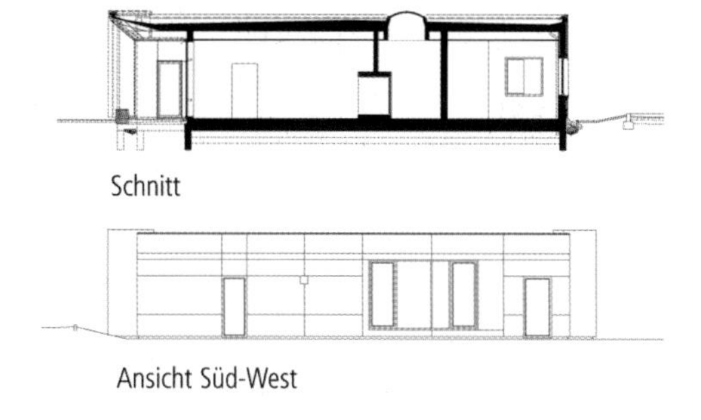

Schnitt

Ansicht Süd-West

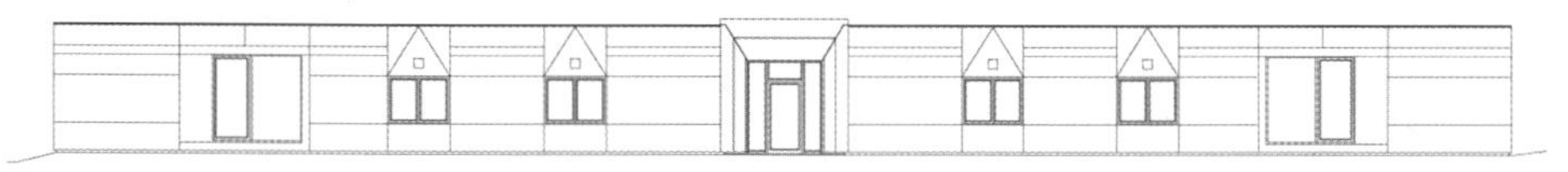

Ansicht Nord-West

Objektbeschreibung

Allgemeine Objektinformationen

Die Stadt Oelsnitz im Erzgebirge war Bauherr dieser Kinderkrippe für 60 Kinder. Das Gebäude wurde auf Grund der Orientierbarkeit zentralsymmetrisch aufgebaut. Im Innern sind zwei geschwungene Wände, die sich zum Eingang und den Bewegungsräumen öffnen, entwurfsbestimmend. Eine spätere Nutzung als Kindergarten ist durch die Umnutzung der einzelnen Räume (z.B. Umnutzung des Schlafraums zu Projekt- und Werkräumen) jederzeit möglich.

Nutzung

1 Erdgeschoss
Gruppenräume, Mehrzweckräume, Schlafräume, Ausgabeküche, Büro, Personalraum, Waschräume, Sanitärräume, Technik, Abstellräume

Nutzeinheiten

Kinder: 60
Gruppen: 4

Grundstück

Bauraum: Beengter Bauraum
Neigung: Geneigtes Gelände
Bodenklasse: BK 1 bis BK 5

Markt

Hauptvergabezeit: 3. Quartal 2012
Baubeginn: 3. Quartal 2012
Bauende: 3. Quartal 2013
Konjunkturelle Gesamtlage: Durchschnitt
Regionaler Baumarkt: Durchschnitt

Baukonstruktion

Die Außenwände des Neubaus wurden in Holzrahmenbauweise weitgehend vorgefertigt. Zwischen den Holzständern liegt eine 200mm starke Einblasdämmung. Die tragenden Innenwände sind ebenfalls als Holzständerwände errichtet und mit Gipskartonplatten beplankt. Es wurden dreifach verglaste Holz-Alu-Fenster eingebaut. Auch die Holz-Alu-Außentüren besitzen eine Dreifachverglasung. Ein Teil der Holzrahmenwand wurde als Pfosten-Riegel-Verglasung ausgeführt. Der Fußboden ist mit einem Heizestrich versehen. Die Böden sind mit Linoleum, Fliesen sowie Industrieparkett in lichtbraunem Bambus belegt. Das Dach ist als Flachdach ausgeführt.

Technische Anlagen

Der Neubau wird über einen Gas-Brennwertkessel mit Wärme versorgt. Eine Luft-Wasser-Wärmepumpe kam zur Ausführung. Die Wärme wird über eine Fußbodenheizung in den Räumen verteilt. Dezentrale Lüftungsanlagen mit Wärmerückgewinnung wurde ebenfalls eingebaut.

Sonstiges

Die Außenanlagen der Kinderkrippe sind separat mit der Objektnummer 4400-0217 dokumentiert. Dem Gebäude vorgelagert befinden sich drei Parkplätze. Zentrales Gestaltungselement der Außenanlage ist eine organisch geformte und hell beschichtete Asphaltfläche, die sich bis unter den Baukörper im Terrassenbereich der Gruppenräume schiebt. Innerhalb dieser Fläche sind grüne und gelbe Inseln, die weitere Aktivitätszonen begrenzen. Eine Sandfläche wird durch zwei Wiesenhügel gefasst, auf denen eine Rutsche sowie eine Spielwand installiert wird. Schatten bieten stilisierte beweglich gelagerte Sonnenpilze aus dem Fassadenmaterial. Um zwei kleinere Bäume wurden Baumbänke errichtet. Die zentrale Spielfläche wird durch eine Wiesenfläche begrenzt, die zu den Grundstücksgrenzen eine leichte Geländemodellierung aus dem Aushubmaterial des Baukörpers erfährt. Gehölzflächen umrahmen den Spielbereich.

Planungskennwerte für Flächen und Rauminhalte nach DIN 277

Flächen des Grundstücks		Menge, Einheit	% an GF
BF	Bebaute Fläche	826,90 m²	29,0
UF	Unbebaute Fläche	2.025,10 m²	71,0
GF	Grundstücksfläche	2.852,00 m²	100,0

Grundflächen des Bauwerks		Menge, Einheit	% an NUF	% an BGF
NUF	Nutzungsfläche	575,63 m²	100,0	69,6
TF	Technikfläche	7,68 m²	1,3	0,9
VF	Verkehrsfläche	102,12 m²	17,7	12,3
NRF	Netto-Raumfläche	685,43 m²	119,1	82,9
KGF	Konstruktions-Grundfläche	141,47 m²	24,6	17,1
BGF	Brutto-Grundfläche	826,90 m²	143,7	100,0

Brutto-Rauminhalt des Bauwerks		Menge, Einheit	BRI/NUF (m)	BRI/BGF (m)
BRI	Brutto-Rauminhalt	3.100,88 m³	5,39	3,75

Lufttechnisch behandelte Flächen	Menge, Einheit	% an NUF	% an BGF
Entlüftete Fläche	–	–	–
Be- und Entlüftete Fläche	–	–	–
Teilklimatisierte Fläche	–	–	–
Klimatisierte Fläche	–	–	–

KG	Kostengruppen (2.Ebene)	Menge, Einheit	Menge/NUF	Menge/BGF
310	Baugrube	747,02 m³ BGI	1,30	0,90
320	Gründung	770,93 m² GRF	1,34	0,93
330	Außenwände	535,18 m² AWF	0,93	0,65
340	Innenwände	824,66 m² IWF	1,43	1,00
350	Decken	10,85 m² DEF	< 0,1	< 0,1
360	Dächer	859,47 m² DAF	1,49	1,04

Kostenkennwerte für die Kostengruppen der 1.Ebene DIN 276

KG	Kostengruppen (1.Ebene)	Einheit	Kosten €	€/Einheit	€/m² BGF	€/m³ BRI	% 300+400
100	Grundstück	m² GF	–	–	–	–	–
200	Herrichten und Erschließen	m² GF	4.434	1,55	5,36	1,43	0,3
300	Bauwerk - Baukonstruktionen	m² BGF	1.182.848	1.430,46	1.430,46	381,46	83,1
400	Bauwerk - Technische Anlagen	m² BGF	240.645	291,02	291,02	77,61	16,9
	Bauwerk 300+400	**m² BGF**	**1.423.493**	**1.721,48**	**1.721,48**	**459,06**	**100,0**
500	Außenanlagen	m² AF	–	–	–	–	–
600	Ausstattung und Kunstwerke	m² BGF	7.043	8,52	8,52	2,27	0,5
700	Baunebenkosten	m² BGF	–	–	–	–	–

KG	Kostengruppe	Menge Einheit	Kosten €	€/Einheit	%
200	**Herrichten und Erschließen**	2.852,00 m² GF	4.434	**1,55**	100,0

Hecke roden, Bäume fällen, Oberboden abtragen, Unrat entsorgen

KG	Kostengruppe	Menge Einheit	Kosten €	€/Einheit	%
3+4	**Bauwerk**				**100,0**
300	**Bauwerk - Baukonstruktionen**	826,90 m² BGF	1.182.848	**1.430,46**	83,1

Stb-Fundamente, Dämmung, Estrich, Linoleum, Parkett, Bodenfliesen, Teppichboden; Holzwände, Holz-Alufenster, HPL-Fassade, Alu-Fassade, GK-Trockenputz, Anstrich, Feinsteinzeug, Pfosten-Riegel-Fassade, Sonnenschutz; KS-Wände, GK-Wände, Stützen, Holztüren, Innenputz, Windfang, Trennwandanlage; Holzbalkendecken; Holzbalkendach, Dämmung, Lichtkuppeln, Abdichtung, Kiesschüttung, GK-Akustikdecke, GK-Decke; Einbaumöbel, Briefkastenanlage

KG	Kostengruppe	Menge Einheit	Kosten €	€/Einheit	%
400	**Bauwerk - Technische Anlagen**	826,90 m² BGF	240.645	**291,02**	16,9

Gebäudeentwässerung, Kalt- und Warmwasserleitungen, Sanitärobjekte; Gas-Brennwerttherme, Luft-Wasser-Wärmepumpe, Warmwasserspeicher, Fußbodenheizung; dezentrale Lüftungsgeräte mit Wärmerückgewinnung; Elektroinstallation, Beleuchtung, Blitzschutzanlage; Brandmeldeanlage, EDV-Verkabelung, Datendosen

KG	Kostengruppe	Menge Einheit	Kosten €	€/Einheit	%
600	**Ausstattung und Kunstwerke**	826,90 m² BGF	7.043	**8,52**	100,0

Wandspiegel, Sanitärausstattungen

Kostenkennwerte für die Kostengruppen der 2.Ebene DIN 276

KG	Kostengruppe	Menge Einheit	Kosten €	€/Einheit	%
200	**Herrichten und Erschließen**				**100,0**
210	**Herrichten**	2.852,00 m² GF	4.434	**1,55**	100,0
	Hecke roden (110m), Bäume fällen (3St), Oberboden abtragen, laden, entsorgen (1.112m³), Unrat entsorgen (7m³)				
300	**Bauwerk - Baukonstruktionen**				**100,0**
310	**Baugrube**	747,02 m³ BGI	18.640	**24,95**	1,6
	Baugrubenaushub BK 3-5, laden, entsorgen (743m³), seitlich lagern (4m³), Hinterfüllungen mit Liefermaterial (51m³)				
320	**Gründung**	770,93 m² GRF	196.026	**254,27**	16,6
	Bodenaustausch (72m³) * Stb-Fundamentplatte, d=25cm, WU-Beton (771m²), Stb-Frostschürzen, d=25cm (144m) * Abdichtung (771m²), Wärmedämmung, d=110mm, Zementestrich, d=75mm (685m²), Linoleumbeläge (335m²), Industrieparkett (183m²), Bodenfliesen (141m²), Teppichboden (10m²), Schmutzfangmatten (15m²) * Kiesfilter, d=25-50cm (264m³), Schottertragschicht, d=25cm (184m³), Sauberkeitsschicht, d=5cm (86m²), Abdichtung Frostschürzen (154m²) * Dränleitungen (131m), Kontrollschächte (4St)				
330	**Außenwände**	535,18 m² AWF	352.955	**659,51**	29,8
	Holzrahmenwände, d=234mm, Holzbekleidung, Einblasdämmung, d=200mm (327m²) * d=154mm, Einblasdämmung, d=120mm (54m²) * Holz-Alufenster, U_W=0,95W/m²K (14m²), Holzrahmen-Haustüren, verglast (14m²), Nebentüren, verglast (5m²), HPL (3m²) * HPL-Fassadenplatten (311m²), Alu-Verbundfassade (95m²) * GK-Trockenputz als Installationsebene (327m²), Silikatanstrich (267m²), Feinsteinzeug (18m²) * Pfosten-Riegel-Fassade (117m²) * Senkrechtmarkisen, Motorantrieb (41m²), Schiebevorhänge (77m²) * Traufstreifen (48m²)				
340	**Innenwände**	824,66 m² IWF	232.270	**281,66**	19,6
	KS-Wände, d=24cm (102m²), Holzrahmenwände, d=17,5cm, Dämmung (397m²), d=13,5cm (86m²) * d=17,5cm (20m²), GK-Wände, d=125mm (92m²), d=150mm (21m²), GK-Installationswand (25m²) * Stahlstützen (6St) * Holz-Glas-Rahmentürelement T30 RS (16m²), Holztüren (46m²), Schiebetüren (8m²), Innenfenster (7m²) * GK-Bekleidung, d=2x12,5mm (566m²), schalldämmend, d=2x12,5mm (85m²), F30 (12m²), GK-Trockenputz, d=12,5mm (372m²), GK-Vorsatzschalen (81m²), Lehmputz (155m²), Kalkzementputz (60m²), Silikatanstrich (994m²), Feinsteinzeug (169m²), Holzbekleidungen (63m²) * Holz-Glas-Windfangelement (15m²), Trennwandanlage, HPL, Durchgangstür (22m²)				
350	**Decken**	10,85 m² DEF	11.151	**1.027,70**	0,9
	Holzbalkendecken auf Krabbelboxen, Zellulose-Einblasdämmung, beidseitig OSB-Beplankung, d=18mm, GK-Bekleidung, d=9,5mm (11m²) * Holzbekleidungen, HPL, auf Krabbelboxen (11m²) * GK-Bekleidungen, d=12,5mm, Holzbekleidungen, HPL (11m²)				

KG	Kostengruppe	Menge Einheit	Kosten €	€/Einheit	%
360	**Dächer**	859,47 m² DAF	276.388	**321,58**	23,4
	Holzbalkendach, Dämmung, d=300mm, Dachschalung (917m²), Brettschichtholz, Sichtqualität (4m³) * Lichtkuppeln 100x150cm (2St), D=150-200cm (7St) * Wärmedämmung, d=120mm, Gefälledämmung, d=20-180mm, Bitumenabdichtung, Kiesschüttung (847m²), Dachabläufe (8St), Notabläufe (4St) * GK-Akustikdecke, Dämmung (568m²), GK-Decke (118m²), GK-Deckenfries (405m), Silikatanstrich (598m²), Alu-Verbundfassade an Dachuntersichten (131m²) * Flachdach-Absturzsicherungen (14St)				
370	**Baukonstruktive Einbauten**	826,90 m² BGF	37.859	**45,78**	3,2
	Alle Einbauen in Multiplex, Oberflächen teilweise HPL-beschichtet: Kindergarderoben mit Sitzfläche, Fächer mit Türchen, Regalablagen, Schuhfächer, Garderobenhaken, für 12 oder 13 Plätze (4St), für 22 Plätze, mit Wickeltisch, Kommoden, Stiefelständer (1St), Regalschränke (2St), Tresenschrank (1St), Einbauschrank (1St), Wickelkommoden (3St), Regale in Wandnische (2St), Handtuchhalter (12m), Briefkastenanlage, freistehend (1St)				
390	**Sonstige Baukonstruktionen**	826,90 m² BGF	57.560	**69,61**	4,9
	Baustelleneinrichtungen (13St), Bauwasseranschluss (1St), Baustromverteiler (1St), Bauschild (1St), Besprechungscontainer (15m²), Bauzaun (109m), Baustellen-WC (1St), Baustraße (351m²), Kran-Aufstellfläche (1St) * Fassadengerüst (828m²) * Schutzfolien (671m²), Endreinigung * provisorische Entwässerung des Flachdachs				
400	**Bauwerk - Technische Anlagen**				**100,0**
410	**Abwasser-, Wasser-, Gasanlagen**	826,90 m² BGF	88.153	**106,61**	36,6
	KG-Rohre DN100-250 (395m), Kontrollschächte (5St), Fettabscheideranlage (1St), Regenfallrohre (31m), Abwasserrohre DN50-100 (72m), Bodenabläufe (3St) * Mehrschichtverbundrohre DN15-32 (470m), Waschtische (9St), Kinderwaschbecken (14St), WC-Becken (19St), Behinderten-WC (1St), Ausgussbecken (1St), Fäkalienausgussanlagen (2St) * Montageelemente (31St)				
420	**Wärmeversorgungsanlagen**	826,90 m² BGF	56.523	**68,36**	23,5
	Gas-Brennwertttherme 35kW (1St), Heizungswasserspeicher (1St), Luft-Wasser-Wärmepumpe (1St), Warmwasserspeicher 300l (1St), Druckausdehnungsgefäß (1St) * Heizungsrohre (251m), Kupferrohre DN20-25 (47m), Vakuum-Sprührohrentgasung (1St), Umwälzpumpen (2St) * Fußboden-Heizungsrohre, Noppenplatte als Trittschalldämmung (648m²), Verteilerschränke (4St), Badheizkörper (2St) * Luft-/Abgasschornstein (1St)				
430	**Lufttechnische Anlagen**	826,90 m² BGF	11.389	**13,77**	4,7
	Dezentrale Lüftungsgeräte für Wandeinbau, mit Wärmerückgewinnung, Lüftungsrohre, Dämmung, Schalter dreistufig (9St)				
440	**Starkstromanlagen**	826,90 m² BGF	70.882	**85,72**	29,5
	Zählerschrank, Unterverteilungen (6St), Sicherungen (86St), FI-Schutzschalter (3St), Schalter, Taster (66St), Steckdosen (142St), Mantelleitungen (6.094m) * Deckenleuchten (126St), Standleuchte (1St), Feuchtraumleuchten (7St), Spiegelleuchten (4St), Sicherheitsleuchten (6St), Rettungsleuchten (9St) * Fundamenterder (159m), Mantelleitungen (162m), Fang- und Ableitungen (289m)				

KG	Kostengruppe	Menge Einheit	Kosten €	€/Einheit	%
450	**Fernmelde-, informationstechn. Anlagen**	826,90 m² BGF	13.697	**16,56**	5,7
	Telefonleitungen (87m) * Lichtrufanlage für Behinderten-WC (1St), Türsprechanlage (1St) * Brandmeldezentrale (1St), Rauchmelder (34St), Handmelder (9St), Innensirenen (21St), Brandmeldekabel (1.567m) * EDV-Kabel Cat7 (365m), Datendosen (8St)				
600	**Ausstattung und Kunstwerke**				**100,0**
610	**Ausstattung**	826,90 m² BGF	7.043	**8,52**	100,0
	Wandspiegel (4St), als Kippspiegel (1St), als Sicherheitsspiegel (12t), Toiletten-Papierhalter (14St), Reservehalter (7St), WC-Bürstengarnituren (9St), Papierhandtuch-spender (9St), Abfallbehälter (13St), Desinfektionsspender (17St), Hakenleisten (14St)				

Kostenkennwerte für die Kostengruppe 300 der 2. und 3.Ebene DIN 276 (Übersicht)

KG	Kostengruppe	Menge Einh.	€/Einheit	Kosten €	% 3+4
300	**Bauwerk - Baukonstruktionen**	**826,90 m² BGF**	**1.430,46**	**1.182.847,83**	**83,1**
310	**Baugrube**	**747,02 m³ BGI**	**24,95**	**18.639,56**	**1,3**
311	Baugrubenherstellung	747,02 m³ BGI	24,95	18.639,56	1,3
312	Baugrubenumschließung	–	–	–	–
313	Wasserhaltung	–	–	–	–
319	Baugrube, sonstiges	–	–	–	–
320	**Gründung**	**770,93 m² GRF**	**254,27**	**196.026,16**	**13,8**
321	Baugrundverbesserung	770,93 m² GRF	3,98	3.067,39	0,2
322	Flachgründungen	770,89 m²	86,71	66.845,81	4,7
323	Tiefgründungen	–	–	–	–
324	Unterböden und Bodenplatten	–	–	–	–
325	Bodenbeläge	685,43 m²	146,24	100.237,66	7,0
326	Bauwerksabdichtungen	770,93 m² GRF	27,58	21.259,36	1,5
327	Dränagen	770,93 m² GRF	5,99	4.615,94	0,3
329	Gründung, sonstiges	–	–	–	–
330	**Außenwände**	**535,18 m² AWF**	**659,51**	**352.955,14**	**24,8**
331	Tragende Außenwände	327,01 m²	273,19	89.334,93	6,3
332	Nichttragende Außenwände	54,02 m²	109,51	5.915,71	0,4
333	Außenstützen	–	–	–	–
334	Außentüren und -fenster	37,30 m²	934,18	34.842,98	2,4
335	Außenwandbekleidungen außen	406,60 m²	254,39	103.435,51	7,3
336	Außenwandbekleidungen innen	326,57 m²	42,00	13.717,35	1,0
337	Elementierte Außenwände	116,85 m²	678,09	79.234,35	5,6
338	Sonnenschutz	118,87 m²	173,09	20.574,10	1,4
339	Außenwände, sonstiges	535,18 m² AWF	11,02	5.900,20	0,4
340	**Innenwände**	**824,66 m² IWF**	**281,66**	**232.269,52**	**16,3**
341	Tragende Innenwände	584,02 m²	112,80	65.879,18	4,6
342	Nichttragende Innenwände	158,11 m²	79,03	12.495,53	0,9
343	Innenstützen	9,00 m	140,81	1.267,27	< 0,1
344	Innentüren und -fenster	77,11 m²	909,59	70.141,11	4,9
345	Innenwandbekleidungen	1.227,26 m²	45,22	55.500,73	3,9
346	Elementierte Innenwände	37,33 m²	722,84	26.985,70	1,9
349	Innenwände, sonstiges	–	–	–	–
350	**Decken**	**10,85 m² DEF**	**1.027,70**	**11.150,55**	**0,8**
351	Deckenkonstruktionen	10,85 m²	750,22	8.139,88	0,6
352	Deckenbeläge	10,85 m²	132,51	1.437,69	0,1
353	Deckenbekleidungen	10,82 m²	145,38	1.572,98	0,1
359	Decken, sonstiges	–	–	–	–
360	**Dächer**	**859,47 m² DAF**	**321,58**	**276.388,32**	**19,4**
361	Dachkonstruktionen	842,72 m²	97,28	81.980,49	5,8
362	Dachfenster, Dachöffnungen	16,74 m²	1.344,54	22.512,97	1,6
363	Dachbeläge	846,85 m²	107,90	91.374,17	6,4
364	Dachbekleidungen	817,51 m²	95,71	78.242,30	5,5
369	Dächer, sonstiges	859,47 m² DAF	2,65	2.278,39	0,2
370	**Baukonstruktive Einbauten**	**826,90 m² BGF**	**45,78**	**37.859,05**	**2,7**
390	**Sonstige Baukonstruktionen**	**826,90 m² BGF**	**69,61**	**57.559,51**	**4,0**

Kostenkennwerte für die Kostengruppe 400 der 2. und 3.Ebene DIN 276 (Übersicht)

KG	Kostengruppe	Menge Einh.	€/Einheit	Kosten €	% 3+4
400	**Bauwerk - Technische Anlagen**	**826,90 m² BGF**	**291,02**	**240.644,88**	**16,9**
410	**Abwasser-, Wasser-, Gasanlagen**	**826,90 m² BGF**	**106,61**	**88.153,06**	**6,2**
411	Abwasseranlagen	826,90 m² BGF	46,42	38.383,88	2,7
412	Wasseranlagen	826,90 m² BGF	50,74	41.957,76	2,9
413	Gasanlagen	–	–	–	–
419	Abwasser-, Wasser-, Gasanlagen, sonstiges	826,90 m² BGF	9,45	7.811,43	0,5
420	**Wärmeversorgungsanlagen**	**826,90 m² BGF**	**68,36**	**56.523,41**	**4,0**
421	Wärmeerzeugungsanlagen	826,90 m² BGF	24,45	20.217,13	1,4
422	Wärmeverteilnetze	826,90 m² BGF	17,62	14.570,84	1,0
423	Raumheizflächen	826,90 m² BGF	26,08	21.563,01	1,5
429	Wärmeversorgungsanlagen, sonstiges	826,90 m² BGF	0,21	172,43	< 0,1
430	**Lufttechnische Anlagen**	**826,90 m² BGF**	**13,77**	**11.389,32**	**0,8**
431	Lüftungsanlagen	826,90 m² BGF	13,77	11.389,32	0,8
432	Teilklimaanlagen	–	–	–	–
433	Klimaanlagen	–	–	–	–
434	Kälteanlagen	–	–	–	–
439	Lufttechnische Anlagen, sonstiges	–	–	–	–
440	**Starkstromanlagen**	**826,90 m² BGF**	**85,72**	**70.882,40**	**5,0**
441	Hoch- und Mittelspannungsanlagen	–	–	–	–
442	Eigenstromversorgungsanlagen	–	–	–	–
443	Niederspannungsschaltanlagen	–	–	–	–
444	Niederspannungsinstallationsanlagen	826,90 m² BGF	47,69	39.437,65	2,8
445	Beleuchtungsanlagen	826,90 m² BGF	32,45	26.835,45	1,9
446	Blitzschutz- und Erdungsanlagen	826,90 m² BGF	5,57	4.609,30	0,3
449	Starkstromanlagen, sonstiges	–	–	–	–
450	**Fernmelde-, informationstechn. Anlagen**	**826,90 m² BGF**	**16,56**	**13.696,68**	**1,0**
451	Telekommunikationsanlagen	826,90 m² BGF	0,18	145,03	< 0,1
452	Such- und Signalanlagen	826,90 m² BGF	1,57	1.302,18	< 0,1
453	Zeitdienstanlagen	–	–	–	–
454	Elektroakustische Anlagen	–	–	–	–
455	Fernseh- und Antennenanlagen	–	–	–	–
456	Gefahrenmelde- und Alarmanlagen	826,90 m² BGF	12,53	10.364,10	0,7
457	Übertragungsnetze	826,90 m² BGF	2,28	1.885,37	0,1
459	Fernmelde- und informationstechnische Anlagen, sonstiges	–	–	–	–
460	**Förderanlagen**	**–**	**–**	**–**	**–**
461	Aufzugsanlagen	–	–	–	–
462	Fahrtreppen, Fahrsteige	–	–	–	–
463	Befahranlagen	–	–	–	–
464	Transportanlagen	–	–	–	–
465	Krananlagen	–	–	–	–
469	Förderanlagen, sonstiges	–	–	–	–
470	**Nutzungsspezifische Anlagen**	**–**	**–**	**–**	**–**
480	**Gebäudeautomation**	**–**	**–**	**–**	**–**
490	**Sonstige Technische Anlagen**	**–**	**–**	**–**	**–**

Kostenkennwerte für Leistungsbereiche nach StLB (Kosten des Bauwerks nach DIN 276)

LB	Leistungsbereiche	Kosten €	€/m² BGF	€/m³ BRI	% 3+4
000	Sicherheits-, Baustelleneinrichtungen inkl. 001	50.450	61,01	16,27	3,5
002	Erdarbeiten	33.270	40,23	10,73	2,3
006	Spezialtiefbauarbeiten inkl. 005	–	–	–	–
009	Entwässerungskanalarbeiten inkl. 011	15.997	19,35	5,16	1,1
010	Dränarbeiten	4.100	4,96	1,32	0,3
012	Mauerarbeiten	37.608	45,48	12,13	2,6
013	Betonarbeiten	68.241	82,53	22,01	4,8
014	Natur-, Betonwerksteinarbeiten	–	–	–	–
016	Zimmer- und Holzbauarbeiten	240.590	290,95	77,59	16,9
017	Stahlbauarbeiten	–	–	–	–
018	Abdichtungsarbeiten	19.973	24,15	6,44	1,4
020	Dachdeckungsarbeiten	–	–	–	–
021	Dachabdichtungsarbeiten	110.915	134,13	35,77	7,8
022	Klempnerarbeiten	28.455	34,41	9,18	2,0
	Rohbau	**609.599**	**737,21**	**196,59**	**42,8**
023	Putz- und Stuckarbeiten, Wärmedämmsysteme	7.796	9,43	2,51	0,5
024	Fliesen- und Plattenarbeiten	32.922	39,81	10,62	2,3
025	Estricharbeiten	34.873	42,17	11,25	2,4
026	Fenster, Außentüren inkl. 029, 032	116.262	140,60	37,49	8,2
027	Tischlerarbeiten	116.426	140,80	37,55	8,2
028	Parkett-, Holzpflasterarbeiten	15.505	18,75	5,00	1,1
030	Rollladenarbeiten	20.574	24,88	6,63	1,4
031	Metallbauarbeiten inkl. 035	30.446	36,82	9,82	2,1
034	Maler- und Lackiererarbeiten inkl. 037	13.023	15,75	4,20	0,9
036	Bodenbelagsarbeiten	15.538	18,79	5,01	1,1
038	Vorgehängte hinterlüftete Fassaden	109.872	132,87	35,43	7,7
039	Trockenbauarbeiten	81.587	98,67	26,31	5,7
	Ausbau	**594.823**	**719,34**	**191,82**	**41,8**
040	Wärmeversorgungsanlagen, inkl. 041	49.227	59,53	15,88	3,5
042	Gas- und Wasseranlagen, Leitungen inkl. 043	11.602	14,03	3,74	0,8
044	Abwasseranlagen - Leitungen	12.463	15,07	4,02	0,9
045	Gas, Wasser, Entwässerung - Ausstattung inkl. 046	30.194	36,52	9,74	2,1
047	Dämmarbeiten an technischen Anlagen	11.724	14,18	3,78	0,8
049	Feuerlöschanlagen, Feuerlöschgeräte	–	–	–	–
050	Blitzschutz- und Erdungsanlagen	4.609	5,57	1,49	0,3
052	Mittelspannungsanlagen	–	–	–	–
053	Niederspannungsanlagen inkl. 054	42.339	51,20	13,65	3,0
055	Ersatzstromversorgungsanlagen	–	–	–	–
057	Gebäudesystemtechnik	–	–	–	–
058	Leuchten und Lampen, inkl. 059	26.835	32,45	8,65	1,9
060	Elektroakustische Anlagen	1.302	1,57	0,42	< 0,1
061	Kommunikationsnetze, inkl. 063	12.395	14,99	4,00	0,9
069	Aufzüge	–	–	–	–
070	Gebäudeautomation	–	–	–	–
075	Raumlufttechnische Anlagen	9.768	11,81	3,15	0,7
	Gebäudetechnik	**212.459**	**256,93**	**68,52**	**14,9**
084	**Abbruch- und Rückbauarbeiten**	**–**	**–**	**–**	**–**
	Sonstige Leistungsbereiche inkl. 008, 033, 051	**6.612**	**8,00**	**2,13**	**0,5**

4400-0231
Kindertagesstätte
(7 Gruppen)
(140 Kinder)

Objektübersicht

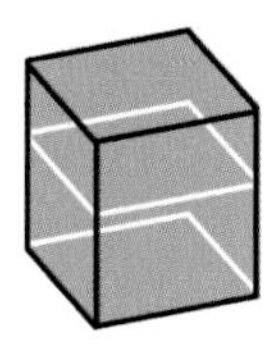

BRI 357 €/m³

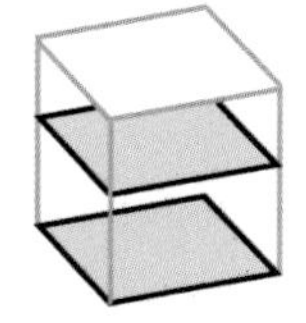

BGF 1.237 €/m²

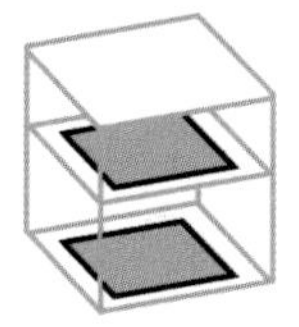

NUF 1.781 €/m²

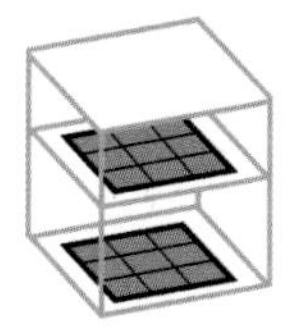

NE 10.531 €/NE
NE: Kind

Objekt:
Kennwerte: 1.Ebene DIN 276
BRI: 4.128 m³
BGF: 1.192 m²
NUF: 828 m²
Bauzeit: 39 Wochen
Bauende: 2013
Standard: Durchschnitt
Kreis: Hamburg - Freie und Hansestadt,
Hamburg

Architekt:
Knaack & Prell
Architekten
Uhlandstraße 35
22087 Hamburg

Bauherr:
Gesellschaft für Diakonie
in Hamburg-Volksdorf
gGmbH
22359 Hamburg

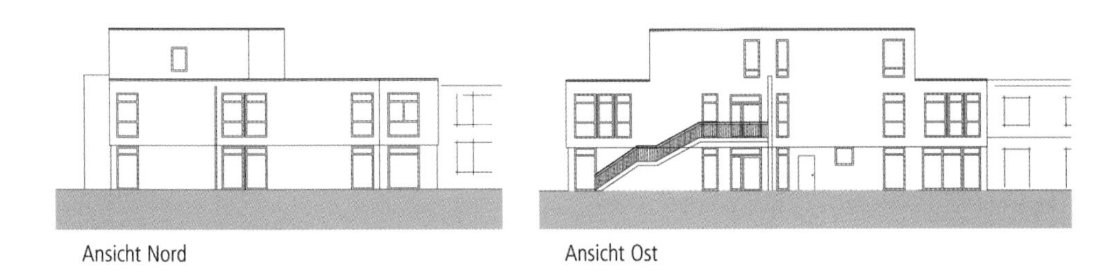

Ansicht Nord

Ansicht Ost

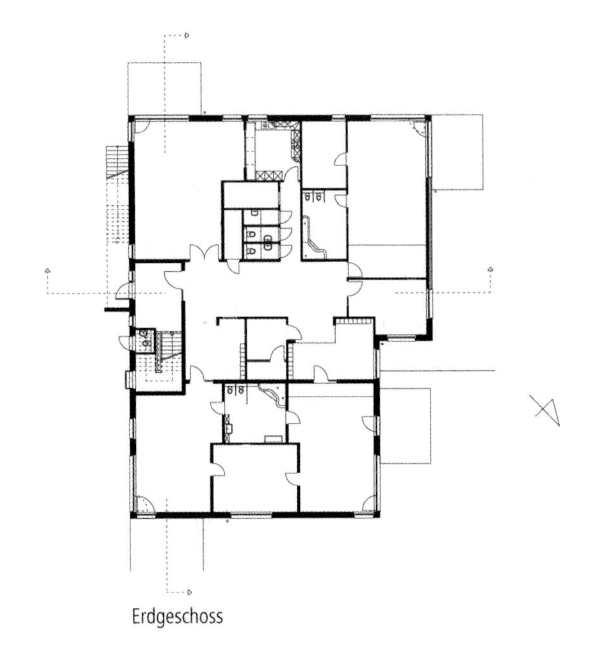

Erdgeschoss

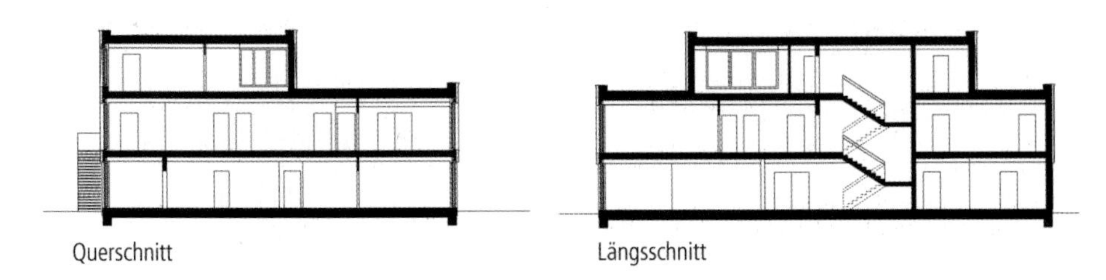

Querschnitt

Längsschnitt

Objektbeschreibung

Allgemeine Objektinformationen

Die Bauherren betrieben eine Kindertagesstätte an einem Standort in der Nähe, die abgängig war. Auf einem freien Grundstück der Bauherrschaft wurde eine neue Kindertagesstätte erstellt.

Nutzung

1 Erdgeschoss
Eingangshalle, Restaurant, Küche, Gruppenräume (3St), Ruheräume (2St), Garderoben (2St), Büro, WCs (2St), Abstellräume, Bäder (2St), Putzraum, Treppenraum, Außentreppe

2 Obergeschosse
Halle, Gruppenräume (4St), Garderoben (2St), WCs (2St), Abstellräume, Bäder (2St), Mehrzweckraum, Atelier, Bauraum, Spülküche, Besprechungsraum, Büros (2St), Umkleideraum, Haustechnikraum, Treppenräume, Außentreppe

Nutzeinheiten

Kinder: 140
Gruppen: 7

Grundstück

Bauraum: Freier Bauraum
Neigung: Ebenes Gelände
Bodenklasse: BK 4

Markt

Hauptvergabezeit: 1. Quartal 2013
Baubeginn: 1. Quartal 2013
Bauende: 4. Quartal 2013
Konjunkturelle Gesamtlage: über Durchschnitt
Regionaler Baumarkt: über Durchschnitt

Besonderer Kosteneinfluss Marktsituation:
Einzelvergaben

Baukonstruktion

Das Gebäude wurde in kompakter Massivbauweise errichtet. Ein Dämmsystem mit vorgefertigten Rillen ermöglicht den Einsatz von Verblendriemchen und findet im Erdgeschoss Anwendung. Die mit großem Abstand vorgehängte Fassade in Holzoptik gibt den Obergeschossen die Anmutung eines schwebenden Möbels.

Technische Anlagen

Die Kindertagestätte wird über das Nahwärmenetz im Campus mit Wärme versorgt. Flächen für einen zusätzlichen Heizungsraum konnten so ausgelagert werden. Die Nachrüstung von Photovoltaik auf dem Flachdach ist statisch vorgedacht und kann jederzeit ergänzt werden. Die Warmwasserbereitung wird über Durchlauferhitzer erbracht, da die abgenommenen Mengen in Kindertagesstätten vergleichsweise gering sind und Zirkulationsleitungen sich daher als unwirtschaftlich herausgestellt haben. Das Gebäude wird über fünf Lüftungsgeräte belüftet. Sie hängen dezentral in den einzelnen Bereichen an den Decken der Bäder.

Planungskennwerte für Flächen und Rauminhalte nach DIN 277

Flächen des Grundstücks		Menge, Einheit	% an GF
BF	Bebaute Fläche	515,00 m²	26,6
UF	Unbebaute Fläche	1.419,00 m²	73,4
GF	Grundstücksfläche	1.934,00 m²	100,0

Grundflächen des Bauwerks		Menge, Einheit	% an NUF	% an BGF
NUF	Nutzungsfläche	828,00 m²	100,0	69,5
TF	Technikfläche	11,00 m²	1,3	0,9
VF	Verkehrsfläche	199,00 m²	24,0	16,7
NRF	Netto-Raumfläche	1.038,00 m²	125,4	87,1
KGF	Konstruktions-Grundfläche	154,00 m²	18,6	12,9
BGF	Brutto-Grundfläche	1.192,00 m²	144,0	100,0

NUF=100% BGF=144,0%
NUF TF VF KGF
NRF=125,4%

Brutto-Rauminhalt des Bauwerks		Menge, Einheit	BRI/NUF (m)	BRI/BGF (m)
BRI	Brutto-Rauminhalt	4.128,00 m³	4,99	3,46

0 1 2 3 4 BRI/NUF=4,99m
0 1 2 3 BRI/BGF=3,46m

Lufttechnisch behandelte Flächen	Menge, Einheit	% an NUF	% an BGF
Entlüftete Fläche	–	–	–
Be- und Entlüftete Fläche	–	–	–
Teilklimatisierte Fläche	–	–	–
Klimatisierte Fläche	–	–	–

KG	Kostengruppen (2.Ebene)	Menge, Einheit	Menge/NUF	Menge/BGF
310	Baugrube	–	–	–
320	Gründung	–	–	–
330	Außenwände	–	–	–
340	Innenwände	–	–	–
350	Decken	–	–	–
360	Dächer	–	–	–

Kostenkennwerte für die Kostengruppen der 1.Ebene DIN 276

KG	Kostengruppen (1.Ebene)	Einheit	Kosten €	€/Einheit	€/m² BGF	€/m³ BRI	% 300+400
100	Grundstück	m² GF	–	–	–	–	–
200	Herrichten und Erschließen	m² GF	75.177	38,87	63,07	18,21	5,1
300	Bauwerk - Baukonstruktionen	m² BGF	1.045.609	877,19	877,19	253,30	70,9
400	Bauwerk - Technische Anlagen	m² BGF	428.767	359,70	359,70	103,87	29,1
	Bauwerk 300+400	**m² BGF**	**1.474.376**	**1.236,89**	**1.236,89**	**357,16**	**100,0**
500	Außenanlagen	m² AF	111.137	78,32	93,24	26,92	7,5
600	Ausstattung und Kunstwerke	m² BGF	217.347	182,34	182,34	52,65	14,7
700	Baunebenkosten	m² BGF	–	–	–	–	–

KG	Kostengruppe	Menge Einheit	Kosten €	€/Einheit	%
200	**Herrichten und Erschließen**	1.934,00 m² GF	75.177	**38,87**	100,0
	Rodung, Abbruch von bestehender Gartenanlage, Altlastenentsorgung (Z1-Z3), Entsorgung, Deponiegebühren				
3+4	**Bauwerk**				**100,0**
300	**Bauwerk - Baukonstruktionen**	1.192,00 m² BGF	1.045.609	**877,19**	70,9
	Baugrubenaushub; Stb-Fundamente, Stb-Bodenplatte, Heizestrich, Linoleum, Bodenfliesen, Abdichtung, Kiesfilterschicht, Perimeterdämmung, Dränage mit Rigole; Mauerwerkswände, Kunststofffenster, Dreifachverglasung, WDVS mit Riemchen, Vorhangfassade mit HPL-Tafeln, Raffstores; Innenmauerwerk, GK-Wände, Wandfliesen, WC-Trennwände; Stb-Decken, Stb-Treppen, Stahltreppe, Heizestrich, Linoleum, Bodenfliesen, abgehängte GK-Decken, Schallschutzdecken, Stahlgeländer; Stb-Dach, Dämmung, Abdichtung, außenliegende Entwässerung, abgehängte GK-Decken, Schallschutzdecken				
400	**Bauwerk - Technische Anlagen**	1.192,00 m² BGF	428.767	**359,70**	29,1
	Gebäudeentwässerung, Kalt- und Warmwasserleitungen, Sanitärobjekte; Nahwärmeversorgung, Fußbodenheizung; Be- und Entlüftung mit Wärmerückgewinnung; Elektroinstallation, Beleuchtung, Durchlauferhitzer; Telekommunikationsanlage, Rauchmeldeanlage				
500	**Außenanlagen**	1.419,00 m² AF	111.137	**78,32**	100,0
	Geländebearbeitung; Wege, Terrassenbelag, Spielplatzflächen; Zaunanlage ergänzt; Hochbeete, Spielgeräte versetzen; Oberbodenarbeiten, Mutterbodenauftrag, Büsche, Rasen				
600	**Ausstattung und Kunstwerke**	1.192,00 m² BGF	217.347	**182,34**	100,0
	Küchen, Garderoben, Möbel				

4400-0267
Kindergarten
(2 Gruppen)
(50 Kinder)

Objektübersicht

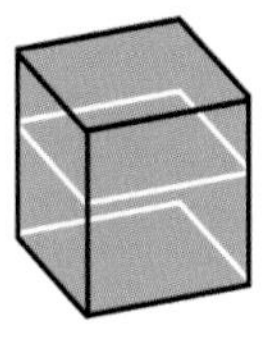
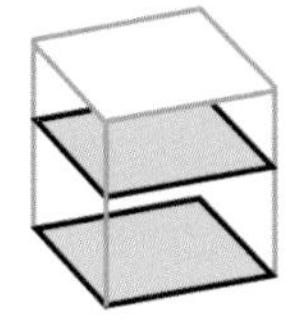
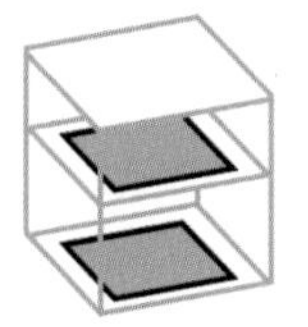
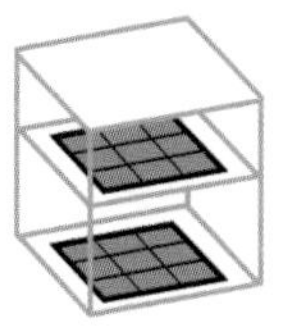

BRI 556 €/m³ | BGF 2.296 €/m² | NUF 3.615 €/m² | NE 24.684 €/NE

NE: Kind

Objekt:
Kennwerte: 1.Ebene DIN 276
BRI: 2.221 m³
BGF: 538 m²
NUF: 341 m²
Bauzeit: 82 Wochen
Bauende: 2014
Standard: über Durchschnitt
Kreis: München,
Bayern

Architekt:
Breitenbücher Hirschbeck
Architektengesellschaft mbH
Zielstattstraße 11
81379 München

© Boran Biriz

© Boran Biriz

© Sascha Philipp

© Sascha Philipp

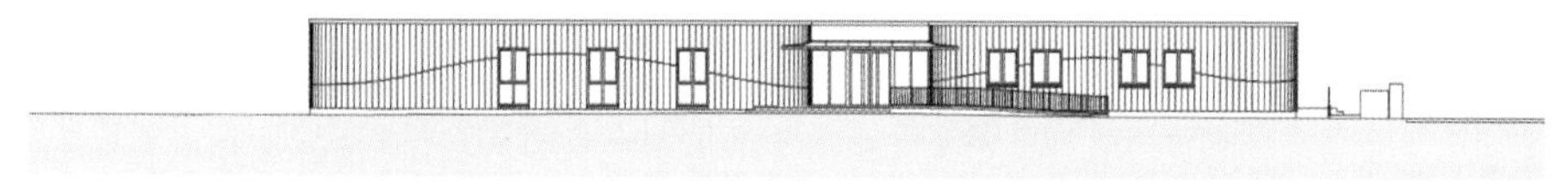

Ansicht Nord

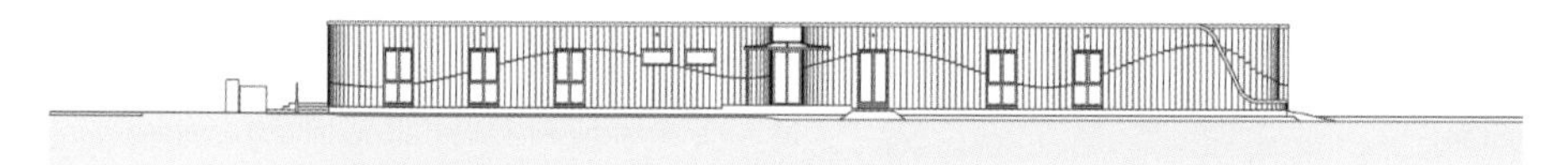

Ansicht Süd

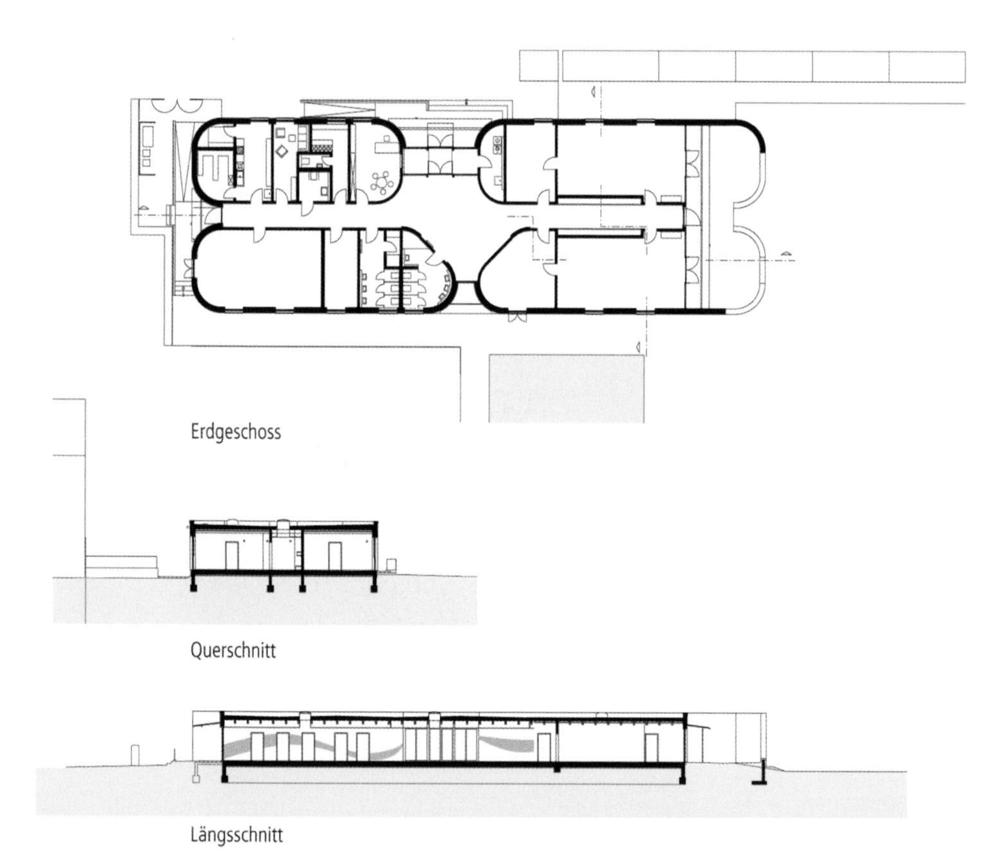

Erdgeschoss

Querschnitt

Längsschnitt

4400-0267
Kindergarten
(2 Gruppen)
(50 Kinder)

Objektbeschreibung

Allgemeine Objektinformationen

Für die Auslagerung des Kindergartens in ein Interims-Gebäude wurde der Neubau eines zweigruppigen Kindergartens inklusive Freifläche realisiert. Nach der Planungsphase wurde die Errichtung des Bauwerks an einen Generalunternehmer beauftragt.

Nutzung

1 Erdgeschoss
Gruppenräume (2St), Nebenräume (2St), Büroräume, Küche, Sanitärräume, Technikraum, Lager

Nutzeinheiten

Kinder: 50
Gruppen: 2

Grundstück

Bauraum: Freier Bauraum
Neigung: Ebenes Gelände
Bodenklasse: BK 1 bis BK 5

Markt

Hauptvergabezeit: 1. Quartal 2013
Baubeginn: 2. Quartal 2013
Bauende: 4. Quartal 2014
Konjunkturelle Gesamtlage: Durchschnitt
Regionaler Baumarkt: Durchschnitt

Baukonstruktion

Der Neubau ist als eingeschossiges Gebäude in Holz-Modulbauweise errichtet. Die hinterlüftete Fassade ist als mehrschalig gedämmte Holzständerkonstruktion ausgeführt und mit farbiger Verkleidung versehen. Die Wandinnenflächen besitzen eine separate Installationsebene. Das Flachdach ist mit einer Aufsparrendämmung sowie einer Gefälledämmung mit Abdichtung ausgeführt.

Technische Anlagen

Der Kindergarten ist an ein Nahwärmenetz angeschlossen, die Energieerzeugung erfolgt nahezu vollständig durch regenerative Biomasse. Im Flurbereich ist eine elektrisch beheizte Zuluftanlage angeordnet, die übrigen Zonen, insbesondere die Gruppenräume, verfügen über freie Fensterlüftung.

Sonstiges

Die wesentlichen Planungskriterien waren Helligkeit, Freundlichkeit, Farbe und kindergerechte Räume. Ergebnis ist eine Grundrissgestaltung mit gerundeten Räumen. Der Baukörper ist in vier Bereiche mit klarer Farbgestaltung unterteilt, die sich von außen in das Gebäudeinnere fortsetzt.

Planungskennwerte für Flächen und Rauminhalte nach DIN 277

Flächen des Grundstücks		Menge, Einheit	% an GF
BF	Bebaute Fläche	643,00 m²	32,7
UF	Unbebaute Fläche	1.324,00 m²	67,3
GF	Grundstücksfläche	1.967,00 m²	100,0

Grundflächen des Bauwerks		Menge, Einheit	% an NUF	% an BGF
NUF	Nutzungsfläche	341,37 m²	100,0	63,5
TF	Technikfläche	13,53 m²	4,0	2,5
VF	Verkehrsfläche	103,30 m²	30,3	19,2
NRF	Netto-Raumfläche	458,20 m²	134,2	85,2
KGF	Konstruktions-Grundfläche	79,30 m²	23,2	14,8
BGF	Brutto-Grundfläche	537,50 m²	157,5	100,0

NUF=100% BGF=157,5%

NUF TF VF KGF NRF=134,2%

Brutto-Rauminhalt des Bauwerks		Menge, Einheit	BRI/NUF (m)	BRI/BGF (m)
BRI	Brutto-Rauminhalt	2.220,50 m³	6,50	4,13

0 1 2 3 4 5 6 BRI/NUF=6,50m

0 1 2 3 4 BRI/BGF=4,13m

Lufttechnisch behandelte Flächen	Menge, Einheit	% an NUF	% an BGF
Entlüftete Fläche	–	–	–
Be- und Entlüftete Fläche	–	–	–
Teilklimatisierte Fläche	–	–	–
Klimatisierte Fläche	–	–	–

KG	Kostengruppen (2.Ebene)	Menge, Einheit	Menge/NUF	Menge/BGF
310	Baugrube	–	–	–
320	Gründung	–	–	–
330	Außenwände	–	–	–
340	Innenwände	–	–	–
350	Decken	–	–	–
360	Dächer	–	–	–

Kostenkennwerte für die Kostengruppen der 1.Ebene DIN 276

KG	Kostengruppen (1.Ebene)	Einheit	Kosten €	€/Einheit	€/m² BGF	€/m³ BRI	% 300+400
100	Grundstück	m² GF	–	–	–	–	–
200	Herrichten und Erschließen	m² GF	22.122	11,25	41,16	9,96	1,8
300	Bauwerk - Baukonstruktionen	m² BGF	1.002.443	1.865,01	1.865,01	451,45	81,2
400	Bauwerk - Technische Anlagen	m² BGF	231.771	431,20	431,20	104,38	18,8
	Bauwerk 300+400	**m² BGF**	**1.234.214**	**2.296,21**	**2.296,21**	**555,83**	**100,0**
500	Außenanlagen	m² AF	289.982	3.536,36	539,50	130,59	23,5
600	Ausstattung und Kunstwerke	m² BGF	38.086	70,86	70,86	17,15	3,1
700	Baunebenkosten	m² BGF	–	–	–	–	–

KG	Kostengruppe	Menge Einheit	Kosten €	€/Einheit	%
200	**Herrichten und Erschließen**	1.967,00 m² GF	22.122	**11,25**	100,0
	Erschließungsbeitrag, Sicherungsmaßnahmen, Grundstück abräumen, Oberboden abtragen				
3+4	**Bauwerk**				**100,0**
300	**Bauwerk - Baukonstruktionen**	537,50 m² BGF	1.002.443	**1.865,01**	81,2
	Stb-Bodenplatte, Abdichtung, Trittschalldämmung, Zementestrich, Linoleum, Bodenfliesen, Perimeterdämmung; Holzständerwände, modular, Holzfenster, Gipskartonbeplankung, Installationsschicht, Dämmung, HPL-Fassadentafeln, Lamellenraffstores; Holzständer-Innenwände, Holztüren, Stahlzargen, GK-Beplankung, Anstrich, Wandfliesen; Holzdachkonstruktion, Gefälledämmung, extensive Begrünung, Holzwolle-Dämmplatten, abgehängte GK-Decken, Dachentwässerung				
400	**Bauwerk - Technische Anlagen**	537,50 m² BGF	231.771	**431,20**	18,8
	Gebäudeentwässerung, Regenwasserzisterne, Kalt- und Warmwasserleitungen, Sanitärobjekte; Fernwärmeanschluss, Heizkörper, dezentrale Warmwasserbereitung; Zuluftanlage, elektrisch beheizt; Elektroinstallation, Einbaudownlights (Spielflur), Lichtkanäle (Gruppenräume)				
500	**Außenanlagen**	82,00 m² AF	289.982	**3.536,36**	100,0
	Freiflächenarbeiten, Verkehrswegebauarbeiten, Rampen, Terrasse, Mülleinhausung				
600	**Ausstattung und Kunstwerke**	537,50 m² BGF	38.086	**70,86**	100,0
	Küche inkl. Herd, Spüle (Industriespülmaschine), Kindergarderobe, Kinderküchen				

4400-0268
Kindertagesstätte
(4 Gruppen)
(76 Kinder)
Beratungszentrum
Wohnungen
(9 WE)

Objektübersicht

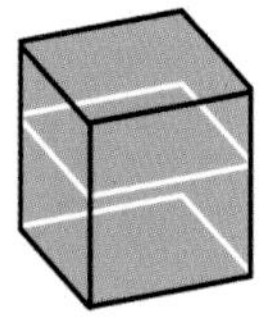

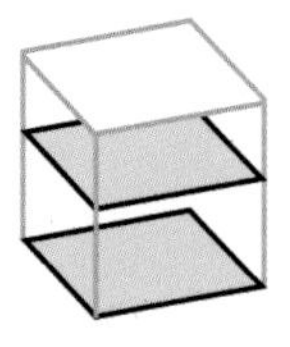

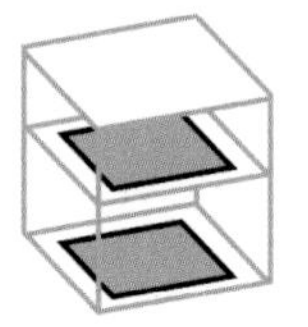

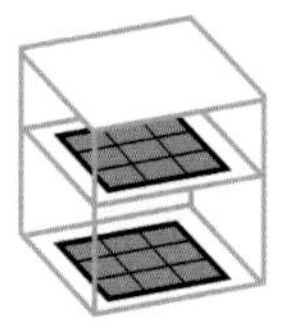

BRI 588 €/m³ | BGF 1.846 €/m² | NUF 2.966 €/m² | NE 52.469 €/NE

NE: Kind

Objekt:
Kennwerte: 1.Ebene DIN 276
BRI: 6.783 m³
BGF: 2.160 m²
NUF: 1.345 m²
Bauzeit: 60 Wochen
Bauende: 2014
Standard: Durchschnitt
Kreis: Lüneburg,
Niedersachsen

Architekt:
pmp Projekt GmbH
Max-Brauer-Allee 79
22765 Hamburg

Bauherr:
Allgemeiner Hannoverscher
Klosterfonds

© pmp Projekt GmbH

© pmp Projekt GmbH

© pmp Projekt GmbH

© pmp Projekt GmbH

Ansicht Nord

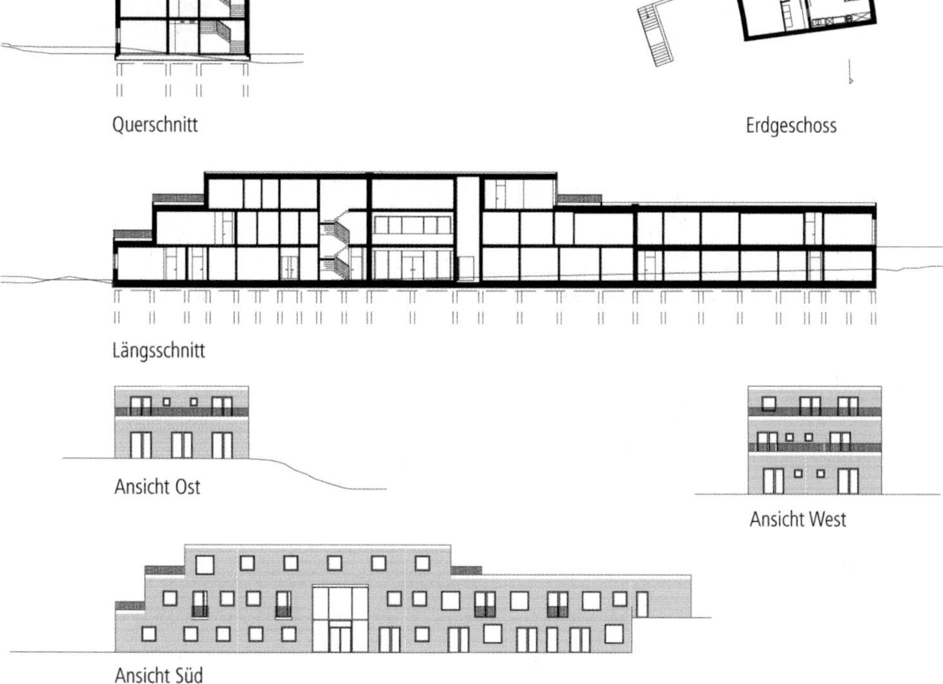

Querschnitt

Erdgeschoss

Längsschnitt

Ansicht Ost

Ansicht West

Ansicht Süd

4400-0268
Kindertagesstätte
(4 Gruppen)
(76 Kinder)
Beratungszentrum
Wohnungen
(9 WE)

Objektbeschreibung

Allgemeine Objektinformationen

Der Errichtung des Familienzentrums ist ein Wettbewerb vorangegangen und die Nutzer wurden von Beginn an in die Planung einbezogen. Der Baukörper reagiert mit seiner Kreisbogenform auf den geschwungenen Straßenverlauf und bildet rückwärtig einen geschützten Garten. Der zentrale Eingang dient als Verbinder und Kommunikator beider Nutzergruppen, dem Kindergarten- und dem Familienzentrumbereich mit Therapieräumen, Café und Beratungsräumen. Im Bereich der Kindertagesstätte ragen Schau- und Sitzfenster aus Holz aus der Fassade hervor, für die in Anlehnung an die Lüneburger Altstadt ein Verblender gewählt wurde, der sich farblich bewusst von dem Altstadtrot unterscheidet.

Nutzung

1 Erdgeschoss
Wohnräume mit Schlaf- und Kochnische (2St), Bäder (2St), Beratungsräume (5St), Mitarbeiterraum, Foyer, Gruppenräume (2St), Garderoben (2St), Sanitärräume (2St), Büro, Küche, Technikräume (2St)

1 Obergeschoss
Wohnräume mit Schlaf- und Kochnische (4 St), Bäder (4St), Foyer, Gruppenräume (2St), Garderobe, Sanitärräume (2St), Mitarbeiterraum, Bewegungsraum, Galerie

1 Dachgeschoss
Wohnräume mit Schlaf- und Kochnische (2St), Wohngemeinschaft, Spielzimmer, Bäder (4St), Foyer

Nutzeinheiten

Wohneinheiten: 9
Kinder: 76
Gruppen: 4

Grundstück

Bauraum: Freier Bauraum
Neigung: Ebenes Gelände
Bodenklasse: BK 3 bis BK 4

Markt

Hauptvergabezeit: 3. Quartal 2013
Baubeginn: 3. Quartal 2013
Bauende: 4. Quartal 2014
Konjunkturelle Gesamtlage: Durchschnitt
Regionaler Baumarkt: Durchschnitt

Baukonstruktion

Da das Grundstück im Senkungsgebiet der Stadt Lüneburg liegt, musste eine aufwendige Bodenverbesserung mit ca. 250 Betonpfählen vorgenommen werden. Das Gebäude ist als Massivbau aus Kalksandsteinen konstruiert, die Außenhaut ist als zweischaliges Mauerwerk mit Luftschicht und Verblender ausgeführt. Alle Türen und Fenster wurden aus Holz gefertigt, der zentrale Eingangsbereich besitzt eine Stahl-Glas-Fassade.

Technische Anlagen

Das Familienzentrum wurde an das Fernwärmenetz angeschlossen und hat zur Löschwasserentnahme einen eigenen Unterflurhydranten erhalten. Eine Lüftungsanlage wurde vorgehalten.

Sonstiges

Die Konstruktion des Gebäudes mit einer tragenden Mittelwand erlaubt ein leichtes Versetzen von Trennwänden und eine Umnutzung zu anderen Bildungseinrichtungen oder Büros. Eine Änderung der Wohnungszuschnitte ist ebenfalls ohne großen Aufwand möglich.

Planungskennwerte für Flächen und Rauminhalte nach DIN 277

4400-0268
Kindertagesstätte
(4 Gruppen)
(76 Kinder)
Beratungszentrum
Wohnungen
(9 WE)

Flächen des Grundstücks		Menge, Einheit	% an GF
BF	Bebaute Fläche	834,00 m²	22,4
UF	Unbebaute Fläche	2.888,00 m²	77,6
GF	Grundstücksfläche	3.722,00 m²	100,0

Grundflächen des Bauwerks		Menge, Einheit	% an NUF	% an BGF
NUF	Nutzungsfläche	1.344,50 m²	100,0	62,2
TF	Technikfläche	24,30 m²	1,8	1,1
VF	Verkehrsfläche	430,60 m²	32,0	19,9
NRF	Netto-Raumfläche	1.799,40 m²	133,8	83,3
KGF	Konstruktions-Grundfläche	361,00 m²	26,9	16,7
BGF	Brutto-Grundfläche	2.160,40 m²	160,7	100,0

NUF=100% BGF=160,7%
NUF TF VF KGF
NRF=133,8%

Brutto-Rauminhalt des Bauwerks		Menge, Einheit	BRI/NUF (m)	BRI/BGF (m)
BRI	Brutto-Rauminhalt	6.782,76 m³	5,04	3,14

0 1 2 3 4 5 BRI/NUF=5,04m
0 1 2 3 BRI/BGF=3,14m

Lufttechnisch behandelte Flächen	Menge, Einheit	% an NUF	% an BGF
Entlüftete Fläche	–	–	–
Be- und Entlüftete Fläche	–	–	–
Teilklimatisierte Fläche	–	–	–
Klimatisierte Fläche	–	–	–

KG	Kostengruppen (2.Ebene)	Menge, Einheit	Menge/NUF	Menge/BGF
310	Baugrube	–	–	–
320	Gründung	–	–	–
330	Außenwände	–	–	–
340	Innenwände	–	–	–
350	Decken	–	–	–
360	Dächer	–	–	–

4400-0268
Kindertagesstätte
(4 Gruppen)
(76 Kinder)
Beratungszentrum
Wohnungen
(9 WE)

Kostenkennwerte für die Kostengruppen der 1.Ebene DIN 276

KG	Kostengruppen (1.Ebene)	Einheit	Kosten €	€/Einheit	€/m² BGF	€/m³ BRI	% 300+400
100	Grundstück	m² GF	–	–	–	–	–
200	Herrichten und Erschließen	m² GF	–	–	–	–	–
300	Bauwerk - Baukonstruktionen	m² BGF	3.024.225	1.399,85	1.399,85	445,87	75,8
400	Bauwerk - Technische Anlagen	m² BGF	963.415	445,94	445,94	142,04	24,2
	Bauwerk 300+400	**m² BGF**	**3.987.640**	**1.845,79**	**1.845,79**	**587,91**	**100,0**
500	Außenanlagen	m² AF	–	–	–	–	–
600	Ausstattung und Kunstwerke	m² BGF	–	–	–	–	–
700	Baunebenkosten	m² BGF	–	–	–	–	–

KG	Kostengruppe	Menge Einheit	Kosten €	€/Einheit	%
3+4	**Bauwerk**				**100,0**
300	**Bauwerk - Baukonstruktionen**	2.160,40 m² BGF	3.024.225	**1.399,85**	75,8

Baugrubenaushub; Pfahlgründung 250St, unbewehrt, Stb-Bodenplatte, d=45cm, Estrich, Linoleum, Bodenfliesen, Abdichtung, Kiesfilterschicht, Perimeterdämmung; Mauerwerkswände, Stb-Stützen, Holzfenster, Wärmedämmung, Ziegelfassade, Pfosten-Riegel-Fassade (35m²), teilw. Sonnenschutz; Innenmauerwerk, GK-Wände, teilw. Glaswände, Stb-Stützen, Türen, Wandfliesen, WC-Trennwände; Stb-Decken, Stb-Treppen, Estrich, Linoleum, Bodenfliesen, teilw. abgehängte GK-Decken, teilw. Schallschutzdecken; Holzbalkendach, Dämmung, Abdichtung, Kies, Entwässerung, GK-Bekleidung, teilw. Schallschutzdecken

KG	Kostengruppe	Menge Einheit	Kosten €	€/Einheit	%
400	**Bauwerk - Technische Anlagen**	2.160,40 m² BGF	963.415	**445,94**	24,2

Gebäudeentwässerung, Kalt- und Warmwasserleitungen, Sanitärobjekte; Fernwärmeversorgung, Plattenheizkörper; Einzelraumlüfter; Elektroinstallation, Beleuchtung; Telekommunikationsanlage, Fernseh- und Antennenanlagen, Rauchmelder; Personenaufzug; Feuerlöscher

4400-0271
Kinderkrippe
(4 Gruppen)
(48 Kinder)

Objektübersicht

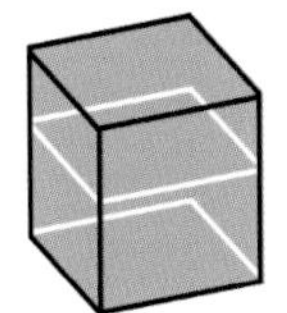

BRI 349 €/m³

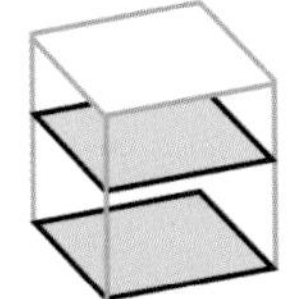

BGF 1.209 €/m²

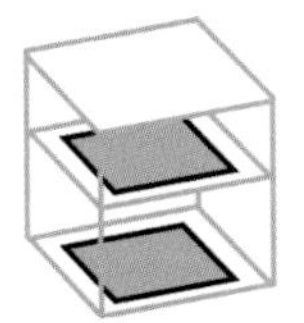

NUF 1.671 €/m²

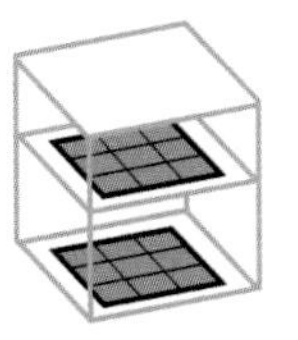

NE 21.830 €/NE
NE: Kind

Objekt:
Kennwerte: 1.Ebene DIN 276
BRI: 3.002 m³
BGF: 867 m²
NUF: 627 m²
Bauzeit: 82 Wochen
Bauende: 2013
Standard: Durchschnitt
Kreis: München - Stadt, Bayern

Architekt:
Landherr Architekten
Karlstraße 55
80333 München

Bauherr:
Landeshauptstadt München
Friedenstraße 40
81660 München

© Henning Koepke

© Henning Koepke

© Henning Koepke

© Henning Koepke

© Henning Koepke

© Henning Koepke

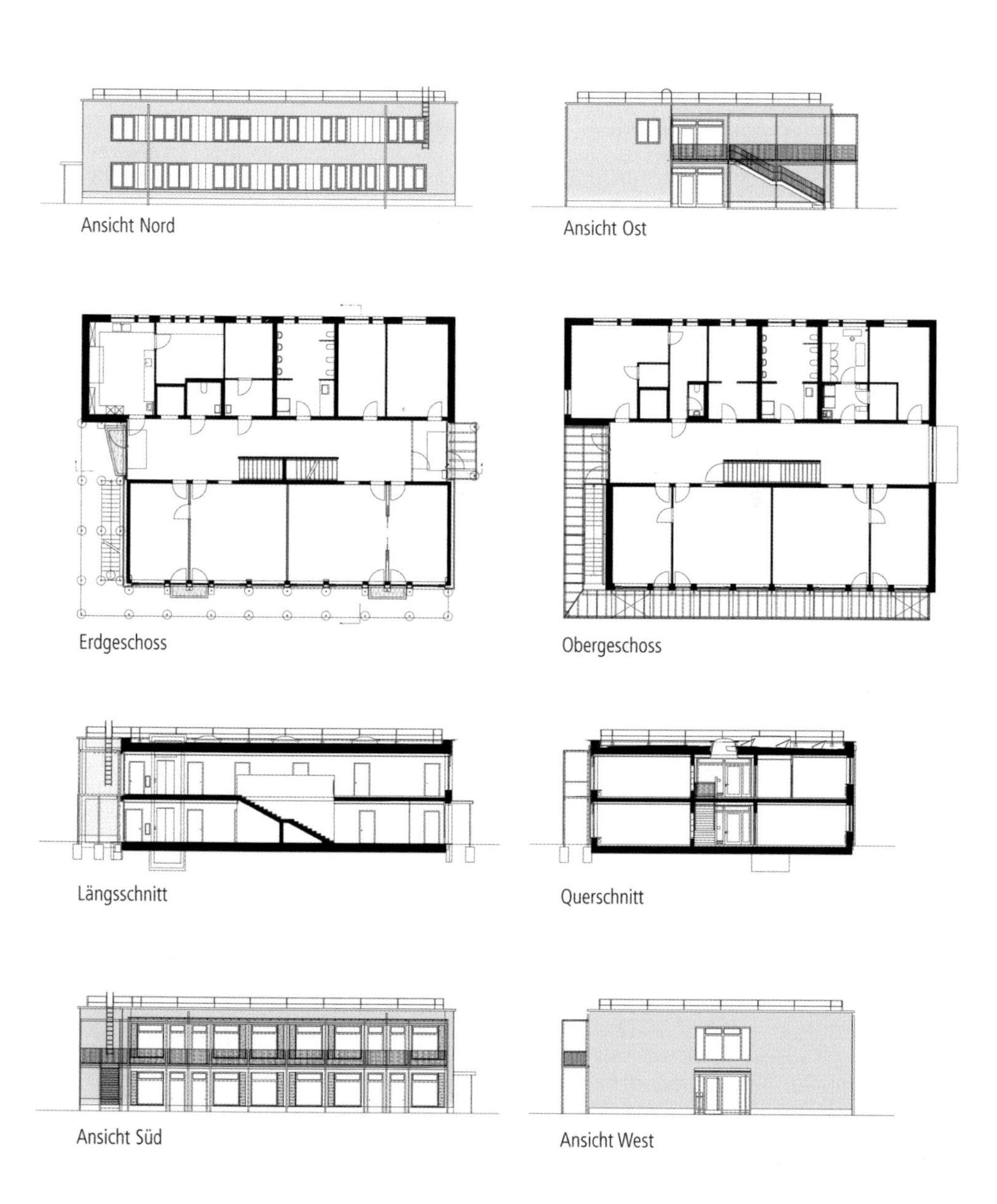
Ansicht Nord
Ansicht Ost
Erdgeschoss
Obergeschoss
Längsschnitt
Querschnitt
Ansicht Süd
Ansicht West

4400-0271
Kinderkrippe
(4 Gruppen)
(48 Kinder)

Objektbeschreibung

Allgemeine Objektinformationen

Auf drei Grundstücken wurden drei fast baugleiche Kinderkrippen für jeweils 48 Kinder im Alter von 9 Wochen bis zum 3. Lebensjahr errichtet. Bezogen auf Ort, Umgebung und Position auf dem Grundstück haben die Bauten einen unterschiedlichen Charakter erhalten mit jeweils eigenem Farbkonzept, besonderen Freianlagen und Kunstobjekten.

Nutzung

1 Erdgeschoss
Gruppenräume (2St), Ruheräume (2St), Nebenraumzonen, Küche, Sanitärräume, Technik, Büro, Kinderwagenabstellraum

1 Obergeschoss
Gruppenräume (2St), Ruheräume (2St), Nebenraumzonen, Personalaufenthalt, Sanitärräume, Umkleideraum, Technik, Abstellraum Spielgeräte

Nutzeinheiten

Kinder: 48
Gruppen: 4

Grundstück

Bauraum: Freier Bauraum
Neigung: Ebenes Gelände
Bodenklasse: BK 1 bis BK 3

Markt

Hauptvergabezeit: 1. Quartal 2012
Baubeginn: 1. Quartal 2012
Bauende: 4. Quartal 2013
Konjunkturelle Gesamtlage: über Durchschnitt
Regionaler Baumarkt: Durchschnitt

Baukonstruktion

Das rechteckige zweigeschossige Gebäude ist ein Massivbau ohne Keller. Die Außenwände sind aus Mauerwerk mit vorgehängter, hinterlüfteter Fassade errichtet und mit Faserzementschindeln bekleidet. Die vorgestellten Balkone aus Stahl, sind gleichzeitig Fluchtweg für das obere Geschoss und Beschattungselemente für die Gruppenräume. Die Holzfenster besitzen eine Dreifachverglasung. Das Stahlbetonflachdach ist extensiv begrünt.

Technische Anlagen

Die Luftdichtigkeit wurde mit einem Blower-Door-Test geprüft. Das Dach erhielt zur Stromerzeugung eine Photovoltaikanlage. Der Strom wird ins öffentliche Netz eingespeist. Ein Personenaufzug wurde ebenfalls eingebaut.

Sonstiges

Vor Baubeginn galt es den Boden auszutauschen, da die Kinderkrippe auf dem Gelände einer ehemaligen Chemiefabrik gebaut wurde.

Planungskennwerte für Flächen und Rauminhalte nach DIN 277

Flächen des Grundstücks		Menge, Einheit	% an GF
BF	Bebaute Fläche	433,00 m²	24,9
UF	Unbebaute Fläche	1.307,00 m²	75,1
GF	Grundstücksfläche	1.740,00 m²	100,0

Grundflächen des Bauwerks		Menge, Einheit	% an NUF	% an BGF
NUF	Nutzungsfläche	626,97 m²	100,0	72,3
TF	Technikfläche	34,51 m²	5,5	4,0
VF	Verkehrsfläche	91,69 m²	14,6	10,6
NRF	Netto-Raumfläche	753,17 m²	120,1	86,9
KGF	Konstruktions-Grundfläche	113,73 m²	18,1	13,1
BGF	Brutto-Grundfläche	866,90 m²	138,3	100,0

NUF=100% BGF=138,3%
NUF TF VF KGF
NRF=120,1%

Brutto-Rauminhalt des Bauwerks		Menge, Einheit	BRI/NUF (m)	BRI/BGF (m)
BRI	Brutto-Rauminhalt	3.001,50 m³	4,79	3,46

0 1 2 3 4 BRI/NUF=4,79m
0 1 2 3 BRI/BGF=3,46m

Lufttechnisch behandelte Flächen	Menge, Einheit	% an NUF	% an BGF
Entlüftete Fläche	–	–	–
Be- und Entlüftete Fläche	–	–	–
Teilklimatisierte Fläche	–	–	–
Klimatisierte Fläche	–	–	–

KG	Kostengruppen (2.Ebene)	Menge, Einheit	Menge/NUF	Menge/BGF
310	Baugrube	–	–	–
320	Gründung	–	–	–
330	Außenwände	–	–	–
340	Innenwände	–	–	–
350	Decken	–	–	–
360	Dächer	–	–	–

Kostenkennwerte für die Kostengruppen der 1.Ebene DIN 276

KG	Kostengruppen (1.Ebene)	Einheit	Kosten €	€/Einheit	€/m² BGF	€/m³ BRI	% 300+400
100	Grundstück	m² GF	–	–	–	–	–
200	Herrichten und Erschließen	m² GF	–	–	–	–	–
300	Bauwerk - Baukonstruktionen	m² BGF	770.434	888,72	888,72	256,68	73,5
400	Bauwerk - Technische Anlagen	m² BGF	277.401	319,99	319,99	92,42	26,5
	Bauwerk 300+400	**m² BGF**	**1.047.835**	**1.208,72**	**1.208,72**	**349,10**	**100,0**
500	Außenanlagen	m² AF	138.813	106,21	160,13	46,25	13,2
600	Ausstattung und Kunstwerke	m² BGF	58.251	67,19	67,19	19,41	5,6
700	Baunebenkosten	m² BGF	–	–	–	–	–

KG	Kostengruppe	Menge Einheit	Kosten €	€/Einheit	%
3+4	**Bauwerk**				**100,0**
300	**Bauwerk - Baukonstruktionen**	866,90 m² BGF	770.434	**888,72**	73,5

Stb-Bodenplatte, Abdichtung, Trittschalldämmung, Zementestrich, Linoleum, Bodenfliesen, Perimeterdämmung; Mauerwerk, Holzfenster, Lamellenraffstores, Mineralwolldämmung, Faserzementbekleidung (kleinteilige Schindeln), Stahlbalkone; Vollziegelmauerwerk, GK-Wände, Holztüren, Stahlzargen, Putz, Anstrich, Wandfliesen; Stb-Decken, Holztreppe, abgehängte GK-Decken; Stb-Flachdach, Gefälledämmung, Kunststoffabdichtung, extensive Dachbegrünung, Dachentwässerung

KG	Kostengruppe	Menge Einheit	Kosten €	€/Einheit	%
400	**Bauwerk - Technische Anlagen**	866,90 m² BGF	277.401	**319,99**	26,5

Gebäudeentwässerung, Kalt- und Warmwasserleitungen, Sanitärobjekte; Gas-Brennwertkessel, Speicher, Heizungsrohre, Heizkörper; Photovoltaikanlage, Elektroinstallation, Auf- und Einbauleuchten; Telefonleitungen, Gegensprechanlage, Rauchmelder; Personenaufzug

KG	Kostengruppe	Menge Einheit	Kosten €	€/Einheit	%
500	**Außenanlagen**	1.307,00 m² AF	138.813	**106,21**	100,0

Spielwiese mit Hügellandschaft, Rutsche, Spielbereiche

KG	Kostengruppe	Menge Einheit	Kosten €	€/Einheit	%
600	**Ausstattung und Kunstwerke**	866,90 m² BGF	58.251	**67,19**	100,0

Möblierung, Ausstattung, bunt gestreifte Alu-Kugel, D=1,50m

4400-0273
Kinderkrippe
(2 Gruppen)
(30 Kinder)

Objektübersicht

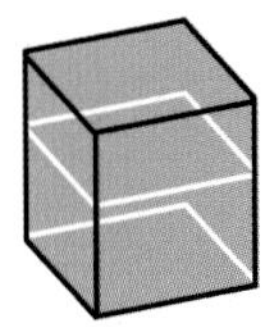

BRI 372 €/m³

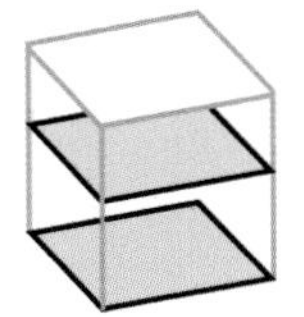

BGF 1.574 €/m²

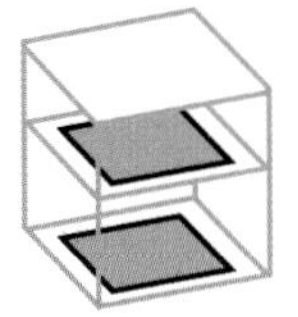

NUF 2.309 €/m²

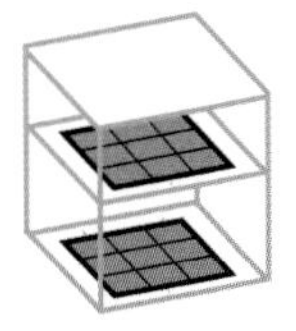

NE 22.453 €/NE
NE: Kind

Objekt:
Kennwerte: 1.Ebene DIN 276
BRI: 1.812 m³
BGF: 428 m²
NUF: 292 m²
Bauzeit: 39 Wochen
Bauende: 2014
Standard: Durchschnitt
Kreis: Harburg, Niedersachsen

Architekt:
Bosse Westphal Schäffer Architekten
Löhnfeld 26
21423 Winsen/Luhe

in Kooperation mit
Dipl.-Ing. Architekt
Stefan Schmitt-Wenzel
Stadt Winsen/Luhe
(Hochbauabteilung)

Bauherr:
Stadt Winsen/Luhe, Bürgermeister

© Bosse Westphal Schäffer Architekten

© Bosse Westphal Schäffer Architekten

© Bosse Westphal Schäffer Architekten

© Bosse Westphal Schäffer Architekten

© Bosse Westphal Schäffer Architekten

© Bosse Westphal Schäffer Architekten

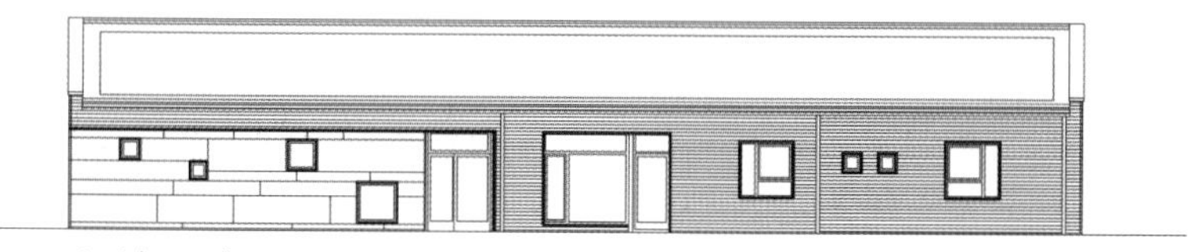

Ansicht Nord-Ost

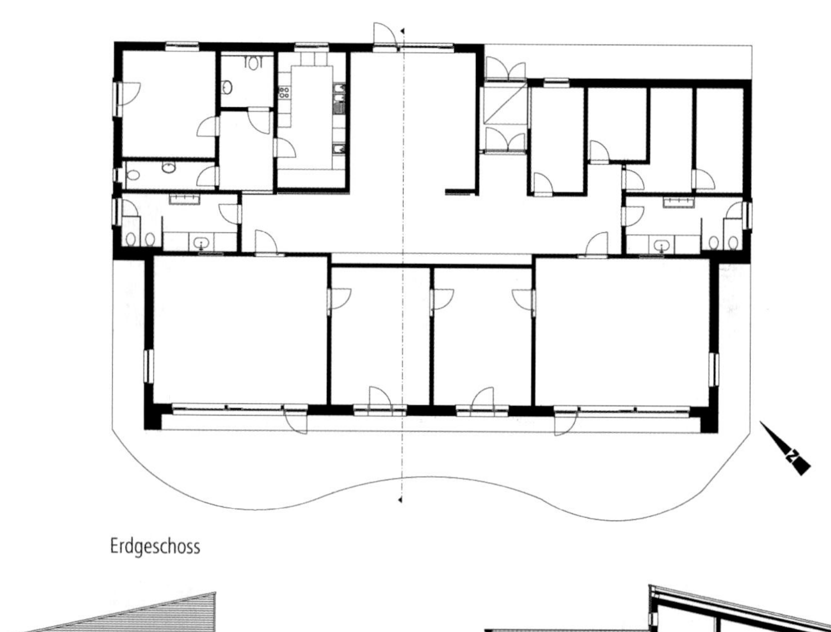

Erdgeschoss

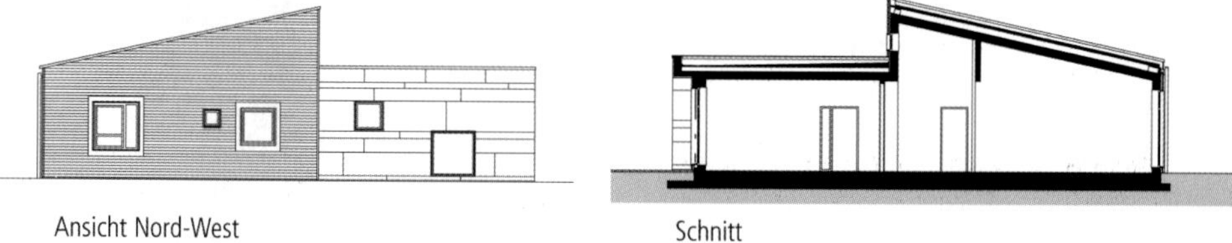

Ansicht Nord-West

Schnitt

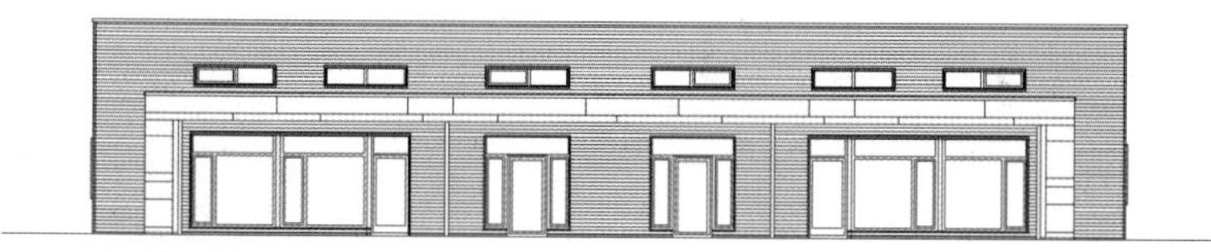

Ansicht Süd-West

4400-0273
Kinderkrippe
(2 Gruppen)
(30 Kinder)

Objektbeschreibung

Allgemeine Objektinformationen

Dieser Krippenneubau wurde in 10 Monaten Bauzeit in enger Zusammenarbeit mit der Stadt Winsen/Luhe realisiert. Es wurden hauptsächlich ökologische Baustoffe, wie z.B. Holz und Holzfasereinblasdämmung, verwendet.

Nutzung

1 Erdgeschoss
Gruppenräume (2St), Schlafräume (2St), Sanitärräume, Beh.-WC, Küche, Mehrzweckraum, Putzmittelraum, Lagerraum, Personalraum, Technikraum, Windfang, Abstellräume

Nutzeinheiten

Kinder: 30
Gruppen: 2

Grundstück

Bauraum: Beengter Bauraum
Neigung: Ebenes Gelände
Bodenklasse: BK 1 bis BK 3

Markt

Hauptvergabezeit: 1. Quartal 2014
Baubeginn: 1. Quartal 2014
Bauende: 4. Quartal 2014
Konjunkturelle Gesamtlage: Durchschnitt
Regionaler Baumarkt: unter Durchschnitt

Besonderer Kosteneinfluss Marktsituation:
Beschränkte Vergabe

Baukonstruktion

Der Neubau wurde in Holzrahmenbauweise errichtet. Die Gründung erfolgte über eine Stahlbetonbodenplatte, welche auf einer 25cm starken Schaumglasschotterschicht liegt. Das Dach ist zweigeteilt, ein Teil ist als Flachdach, ein Teil als Pultdach ausgeführt.

Technische Anlagen

Die Kindertagesstätte wird über einen Gas-Brennwertkessel mit Wärme versorgt. Die Verteilung erfolgt über eine Fußbodenheizung. Es wurde ein Zu- und Abluftgerät mit Wärmerückgewinnung eingebaut. Auf dem Dach befindet sich eine Photovoltaikanlage.

Planungskennwerte für Flächen und Rauminhalte nach DIN 277

Flächen des Grundstücks		Menge, Einheit	% an GF
BF	Bebaute Fläche	428,02 m²	10,2
UF	Unbebaute Fläche	3.757,19 m²	89,8
GF	Grundstücksfläche	4.185,21 m²	100,0

Grundflächen des Bauwerks		Menge, Einheit	% an NUF	% an BGF
NUF	Nutzungsfläche	291,72 m²	100,0	68,2
TF	Technikfläche	9,64 m²	3,3	2,3
VF	Verkehrsfläche	69,71 m²	23,9	16,3
NRF	Netto-Raumfläche	371,07 m²	127,2	86,7
KGF	Konstruktions-Grundfläche	56,95 m²	19,5	13,3
BGF	Brutto-Grundfläche	428,02 m²	146,7	100,0

NUF=100% BGF=146,7% NRF=127,2%

NUF TF VF KGF

Brutto-Rauminhalt des Bauwerks		Menge, Einheit	BRI/NUF (m)	BRI/BGF (m)
BRI	Brutto-Rauminhalt	1.811,88 m³	6,21	4,23

0 1 2 3 4 5 6 BRI/NUF=6,21m

0 1 2 3 4 BRI/BGF=4,23m

Lufttechnisch behandelte Flächen	Menge, Einheit	% an NUF	% an BGF
Entlüftete Fläche	–	–	–
Be- und Entlüftete Fläche	–	–	–
Teilklimatisierte Fläche	–	–	–
Klimatisierte Fläche	–	–	–

KG	Kostengruppen (2.Ebene)	Menge, Einheit	Menge/NUF	Menge/BGF
310	Baugrube	–	–	–
320	Gründung	–	–	–
330	Außenwände	–	–	–
340	Innenwände	–	–	–
350	Decken	–	–	–
360	Dächer	–	–	–

Kostenkennwerte für die Kostengruppen der 1.Ebene DIN 276

KG	Kostengruppen (1.Ebene)	Einheit	Kosten €	€/Einheit	€/m² BGF	€/m³ BRI	% 300+400
100	Grundstück	m² GF	–	–	–	–	–
200	Herrichten und Erschließen	m² GF	26.445	6,32	61,79	14,60	3,9
300	Bauwerk - Baukonstruktionen	m² BGF	511.204	1.194,35	1.194,35	282,14	75,9
400	Bauwerk - Technische Anlagen	m² BGF	162.388	379,39	379,39	89,62	24,1
	Bauwerk 300+400	**m² BGF**	**673.592**	**1.573,74**	**1.573,74**	**371,76**	**100,0**
500	Außenanlagen	m² AF	93.956	25,01	219,51	51,86	13,9
600	Ausstattung und Kunstwerke	m² BGF	41.926	97,95	97,95	23,14	6,2
700	Baunebenkosten	m² BGF	–	–	–	–	–

KG	Kostengruppe	Menge Einheit	Kosten €	€/Einheit	%
200	**Herrichten und Erschließen**	4.185,21 m² GF	26.445	**6,32**	100,0
	Erschließung Wasser, Abwasser, Gas, Strom, Telefon				
3+4	**Bauwerk**				**100,0**
300	**Bauwerk - Baukonstruktionen**	428,02 m² BGF	511.204	**1.194,35**	75,9
	Baugrubenaushub; Stb-Bodenplatte, Abdichtung, Dämmung, Heizestrich, Linoleum, Bodenfliesen, Schaumglasschotterschicht; Holzrahmenbauwände, KVH, Zellulosedämmung, Holzfenster, Holzweichfaserplatte, Holz- und HPL-Fassade, hinterlüftet, Gipsfaser-Bekleidung, teilw. außenliegende Raffstores; Holzrahmenbauwände, Schiebetür, Gipsfaser-Bekleidung, Glaswand, Wandfliesen, WC-Trennwände; Holzbalkendach, Dämmung, Abdichtung, teilw. Schallschutzdecken, Dachentwässerung, Eingangsüberdachung				
400	**Bauwerk - Technische Anlagen**	428,02 m² BGF	162.388	**379,39**	24,1
	Gebäudeentwässerung, Kalt- und Warmwasserleitungen, Sanitärobjekte; Gas-Brennwertkessel, Fußbodenheizung; kontrollierte Be- und Entlüftung mit Wärmerückgewinnung; PV-Anlage (5,4 kW); Elektroinstallation, Beleuchtung, Blitzschutzanlage; Telekommunikationsanlage, Rauchmelder				
500	**Außenanlagen**	3.757,19 m² AF	93.956	**25,01**	100,0
	Geländebearbeitung; Wege, Terrassenbelag, Spielplatzflächen; Zaunanlage; Spielplatzgeräte, Abstellhäuschen; Oberbodenarbeiten, Pflanzen, Rollrasen				
600	**Ausstattung und Kunstwerke**	428,02 m² BGF	41.926	**97,95**	100,0
	Möblierung, Teppich, Kleininventar, Küche				

4400-0274
Kindertagesstätte
(7 Gruppen)
(117 Kinder)

Objektübersicht

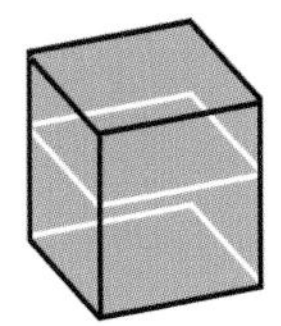

BRI 446 €/m³

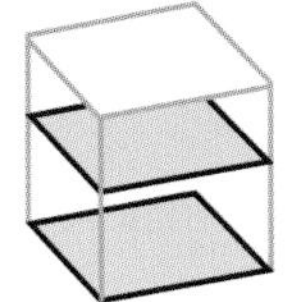

BGF 1.682 €/m²

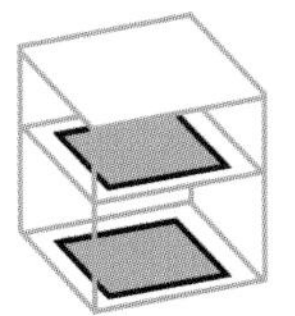

NUF 2.482 €/m²

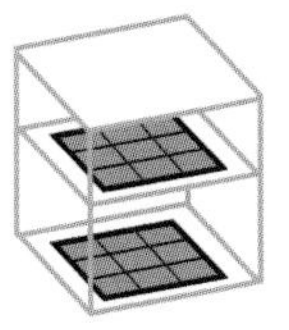

NE 16.108 €/NE
NE: Kind

Objekt:
Kennwerte: 1.Ebene DIN 276
BRI: 4.228 m³
BGF: 1.120 m²
NUF: 759 m²
Bauzeit: 65 Wochen
Bauende: 2014
Standard: Durchschnitt
Kreis: Dresden - Stadt, Sachsen

Architekt:
dd1 architekten
Eckhard Helfrich
Lars-Olaf Schmidt
Chemnitzer Straße 78a
01187 Dresden

Bauherr:
Hochbauamt Dresden

© Petra Steiner

© Petra Steiner

© Petra Steiner

© Petra Steiner

© Petra Steiner

© Petra Steiner

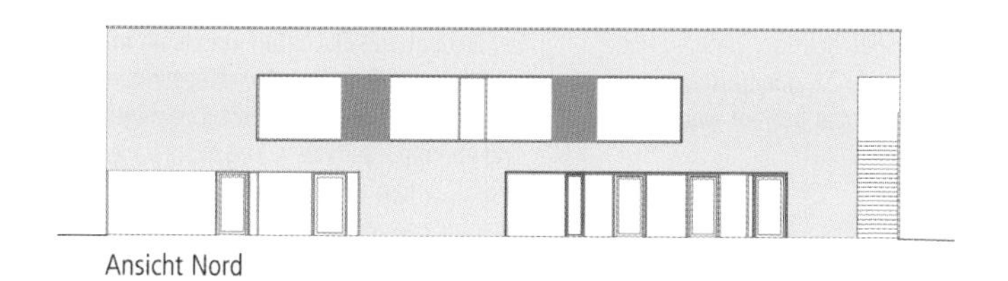

Ansicht Nord

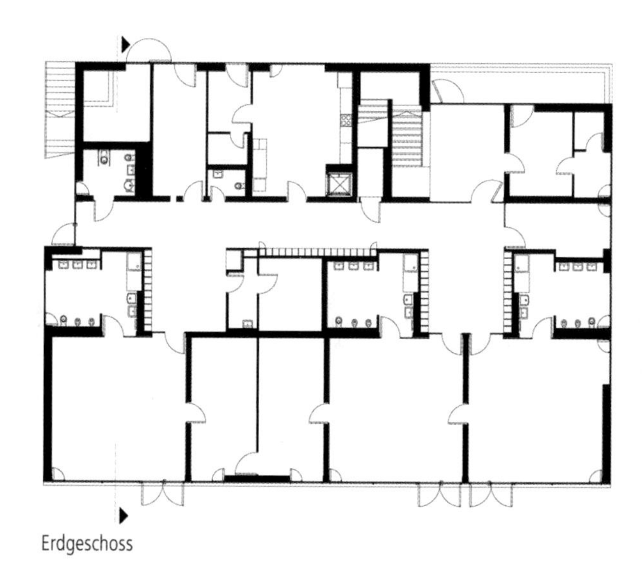

Erdgeschoss

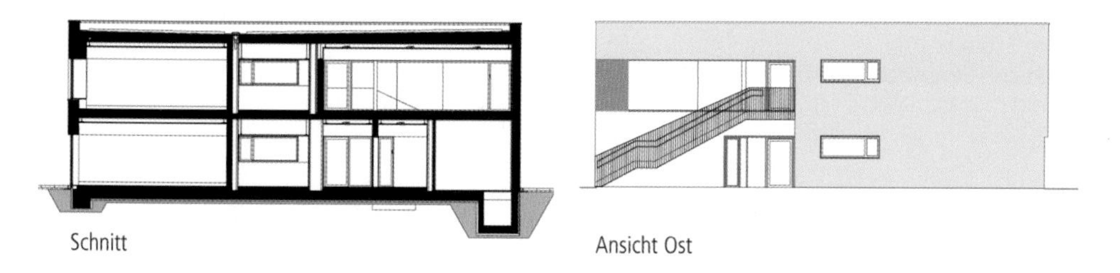

Schnitt

Ansicht Ost

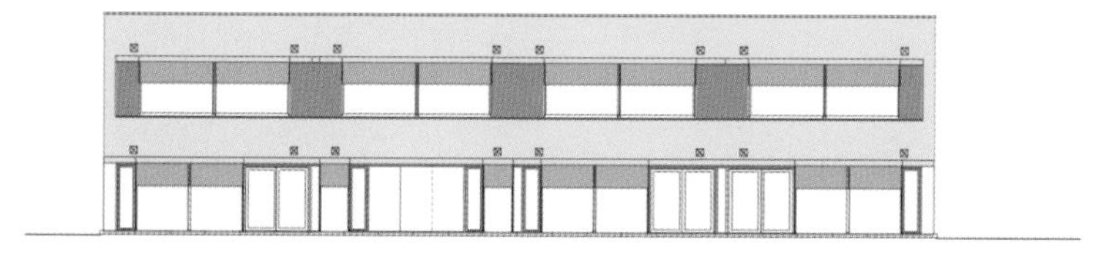

Ansicht Süd

4400-0274
Kindertagesstätte
(7 Gruppen)
(117 Kinder)

Objektbeschreibung

Allgemeine Objektinformationen

Die Kindertagesstätte ist ein zweigeschossiger Neubau mit einer Kapazität von 45 Krippen- und 72 Kindergartenplätzen. Es können auch sechs behinderte Kinder betreut werden, da das Gebäude barrierefrei erstellt ist.

Nutzung

1 Erdgeschoss
Gruppenräume (3St), Schlafräume, Sanitärräume, Lagerräume, Küche, Teeküche, Foyer, Waschraum, Kinderwagenraum, Technik, Hausmeister

1 Obergeschoss
Gruppenräume (4St), Sanitärräume, Büro, Mehrzweckraum, Kinderküche, Kreativraum, Personal, Reinigung

Nutzeinheiten

Kinder: 117
Gruppen: 7

Grundstück

Bauraum: Freier Bauraum
Neigung: Ebenes Gelände
Bodenklasse: BK 1 bis BK 3

Markt

Hauptvergabezeit: 1. Quartal 2013
Baubeginn: 2. Quartal 2013
Bauende: 3. Quartal 2014
Konjunkturelle Gesamtlage: Durchschnitt
Regionaler Baumarkt: Durchschnitt

Baukonstruktion

Der Neubau mit Flachgründung ist in massiver Bauweise aus hochwärmegedämmten Ziegelmauerwerkswänden und Stahlbetondecken ausgeführt. Die tragenden Innenwände sind ebenfalls gemauert. Die nicht tragenden Innenwände sind als beidseitig beplankte Trockenbauwände errichtet. Als Innenputz wurde ein Kalkputz angebracht. An einigen Stellen sind an den Alufenstern Stahlgitterelemente als Sonnen- und Sichtschutz montiert. Die Böden sind mit Linoleum bzw. Fliesen belegt. Zur Verbesserung der Akustik dienen abgehängte Lochdecken aus Gipskarton. Sämtliche Einbauten sind aus Birken-Mehrschichtplatten und die Innentüren aus Birkenholz hergestellt.

Technische Anlagen

Die Heizwärme und die Warmwasserbereitung erfolgt über die Fernwärme mittels Kraft-Wärme-Kopplung. Die innenliegenden Sanitärbereiche werden mechanisch über die Nachströmöffnungen in der Fassade entlüftet.

Planungskennwerte für Flächen und Rauminhalte nach DIN 277

Flächen des Grundstücks		Menge, Einheit	% an GF
BF	Bebaute Fläche	551,65 m²	15,3
UF	Unbebaute Fläche	3.048,35 m²	84,7
GF	Grundstücksfläche	3.600,00 m²	100,0

Grundflächen des Bauwerks		Menge, Einheit	% an NUF	% an BGF
NUF	Nutzungsfläche	759,40 m²	100,0	67,8
TF	Technikfläche	12,02 m²	1,6	1,1
VF	Verkehrsfläche	206,54 m²	27,2	18,4
NRF	Netto-Raumfläche	977,96 m²	128,8	87,3
KGF	Konstruktions-Grundfläche	142,52 m²	18,8	12,7
BGF	Brutto-Grundfläche	1.120,48 m²	147,5	100,0

NUF=100% BGF=147,5%
NUF TF VF KGF
NRF=128,8%

Brutto-Rauminhalt des Bauwerks		Menge, Einheit	BRI/NUF (m)	BRI/BGF (m)
BRI	Brutto-Rauminhalt	4.228,00 m³	5,57	3,77

0 1 2 3 4 5 BRI/NUF=5,57m
BRI/BGF=3,77m 0 1 2 3

Lufttechnisch behandelte Flächen	Menge, Einheit	% an NUF	% an BGF
Entlüftete Fläche	–	–	–
Be- und Entlüftete Fläche	–	–	–
Teilklimatisierte Fläche	–	–	–
Klimatisierte Fläche	–	–	–

KG	Kostengruppen (2.Ebene)	Menge, Einheit	Menge/NUF	Menge/BGF
310	Baugrube	–	–	–
320	Gründung	–	–	–
330	Außenwände	–	–	–
340	Innenwände	–	–	–
350	Decken	–	–	–
360	Dächer	–	–	–

Kostenkennwerte für die Kostengruppen der 1.Ebene DIN 276

KG	Kostengruppen (1.Ebene)	Einheit	Kosten €	€/Einheit	€/m² BGF	€/m³ BRI	% 300+400
100	Grundstück	m² GF	–	–	–	–	–
200	Herrichten und Erschließen	m² GF	19.359	5,38	17,28	4,58	1,0
300	Bauwerk - Baukonstruktionen	m² BGF	1.519.419	1.356,04	1.356,04	359,37	80,6
400	Bauwerk - Technische Anlagen	m² BGF	365.159	325,89	325,89	86,37	19,4
	Bauwerk 300+400	**m² BGF**	**1.884.578**	**1.681,94**	**1.681,94**	**445,74**	**100,0**
500	Außenanlagen	m² AF	669.154	219,51	597,20	158,27	35,5
600	Ausstattung und Kunstwerke	m² BGF	–	–	–	–	–
700	Baunebenkosten	m² BGF	–	–	–	–	–

KG	Kostengruppe	Menge Einheit	Kosten €	€/Einheit	%
200	**Herrichten und Erschließen**	3.600,00 m² GF	19.359	**5,38**	100,0

Öffentliche Erschließung: Trinkwasser, Fernwärme, Strom, Telekommunikation

KG	Kostengruppe	Menge Einheit	Kosten €	€/Einheit	%
3+4	**Bauwerk**				**100,0**
300	**Bauwerk - Baukonstruktionen**	1.120,48 m² BGF	1.519.419	**1.356,04**	80,6

Bodenaustausch, Stb-Fundamente, Stb-Bodenplatte, Zementestrich, Linoleum, Bodenfliesen, Schmutzfangmatte; Wärmedämmziegel, Perlitfüllung, Stb-Stützen, Alufenster, durchgefärbter Oberputz, Pfosten-Riegel-Fassade; Stb-Wände, Mauerwerk, GK-Wände, Holztürelemente, Kalkputz geglättet, Anstrich, Wandfliesen; Stb-Decke, Stb-Treppe, abgehängte Akustikdecken, GK-Decken, Anstrich; Stb-Flachdach, Dachausstieg, Oberlicht, Dämmung, Abdichtung, Dachbegrünung, Kiesschüttung, Dachentwässerung; Einbaumöbel

KG	Kostengruppe	Menge Einheit	Kosten €	€/Einheit	%
400	**Bauwerk - Technische Anlagen**	1.120,48 m² BGF	365.159	**325,89**	19,4

Gebäudeentwässerung, Kalt- und Warmwasserleitungen, Sanitärobjekte; Fernwärmeanschluss, Wärmeversorgungsanlagen; Lüftungsanlage; Elektroinstallation, Beleuchtung; Fernmeldeanlagen; Aufzug; Feuerlöscher

KG	Kostengruppe	Menge Einheit	Kosten €	€/Einheit	%
500	**Außenanlagen**	3.048,35 m² AF	669.154	**219,51**	100,0

Bodenarbeiten; befestigte Flächen; Baukonstruktionen; technische Anlagen; Einbauten; Pflanzen, Rasen

4400-0275
Grundschulhort
(300 Kinder)

Objektübersicht

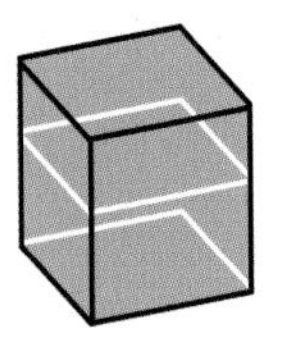

BRI 464 €/m³

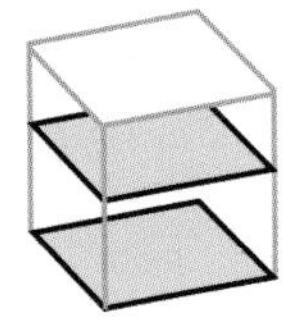

BGF 2.070 €/m²

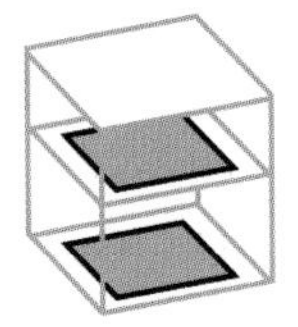

NUF 3.334 €/m²

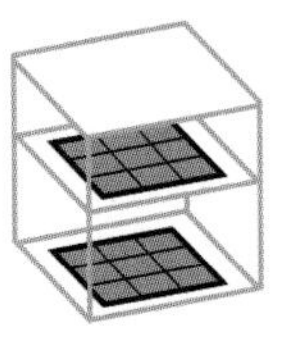

NE 7.298 €/NE
NE: Kind

Objekt:
Kennwerte: 1.Ebene DIN 276
BRI: 4.720 m³
BGF: 1.058 m²
NUF: 657 m²
Bauzeit: 65 Wochen
Bauende: 2015
Standard: Durchschnitt
Kreis: Berlin - Stadt,
Berlin

Architekt:
Lehrecke Witschurke
Architekten
Lärchenweg 33
14055 Berlin

Bauherr:
BA Steglitz-Zehlendorf
Kirchstraße 1/3
14163 Berlin

© Lehrecke Witschurke Architekten

© Lehrecke Witschurke Architekten

© Mila Hacke

© Mila Hacke

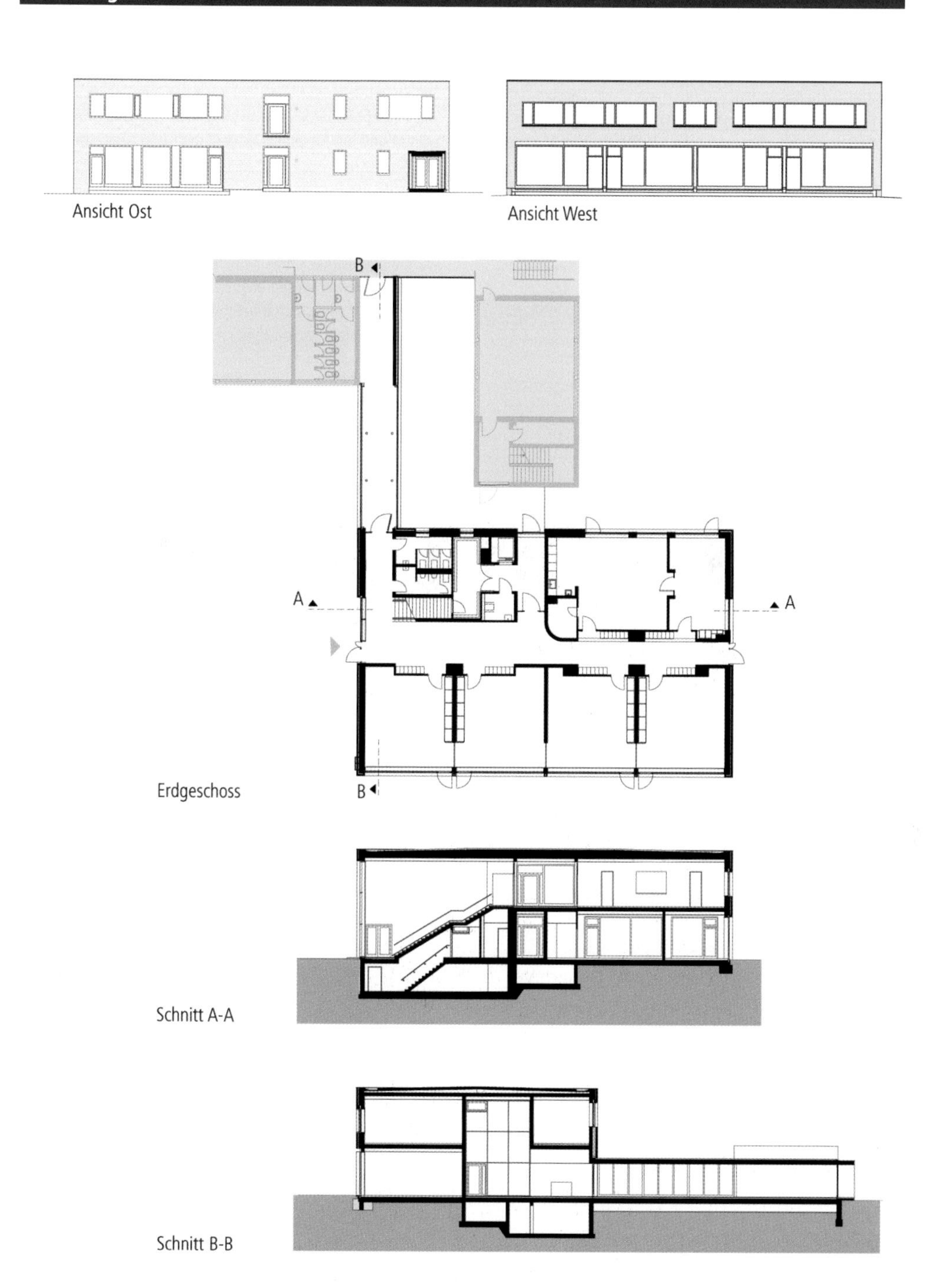

Ansicht Ost

Ansicht West

Erdgeschoss

Schnitt A-A

Schnitt B-B

Objektbeschreibung

Allgemeine Objektinformationen

Das Hortgebäude für eine Grundschule ist ein zweigeschossiger Neubau mit einer Teilunterkellerung. Es passt sich hinsichtlich seiner Geschossigkeit, Gebäudehöhe und Materialien dem Bestand an. Um den Unterschied zwischen Hort und Schule zu verdeutlichen, wird die Strenge der Schulfassade leicht aufgelöst. Eine völlige Barrierefreiheit konnte erreichen werden, indem alle Stockwerke des Neubaus an die Stockwerkshöhen des Bestandsgebäudes angepasst wurden.

Nutzung

1 Untergeschoss
Teilunterkellerung: Technische Gebäudeausrüstung, Kriechkeller Anbindung an Bestandsgebäude

1 Erdgeschoss
Gruppenräume (6St), WC-Räume, Windfang, Garderobe, Abstellraum

1 Obergeschoss
Mehrzweckraum, Erzieherraum, Büro, Speiseraum, Küche, Spülküche, Putzmittelraum, WC

Nutzeinheiten

Kinder: 300

Grundstück

Bauraum: Beengter Bauraum
Neigung: Ebenes Gelände
Bodenklasse: BK 1 bis BK 4

Markt

Hauptvergabezeit: 3. Quartal 2013
Baubeginn: 1. Quartal 2014
Bauende: 2. Quartal 2015
Konjunkturelle Gesamtlage: Durchschnitt
Regionaler Baumarkt: über Durchschnitt

Baukonstruktion

Das Gebäude ist in Massivbauweise in Kalksandsteinmauerwerk und Stahlbeton konstruiert. Die zweischaligen Außenwände sind mit Mineralwolle gedämmt und besitzen eine Vormauerschale aus rotem Klinkerstein, die die prägenden Elemente des Bestandsgebäudes aufnimmt. Sämtliche Fenster sind als dreifachverglaste Holzfenster konzipiert. Die Türen sind als Holz-Glas-Elemente ausgeführt. Die Innenwände sind als Trockenbauwände errichtet. Als Bodenbeläge kamen Linoleum, Fliesen oder Betonwerkstein zum Einsatz. Die zahlreichen Tischlereinbauten und die Küchenausstattung in Edelstahl vervollständigen den Bau.

Technische Anlagen

Die technische Ausstattung besteht aus einem konventionellen Fernwärmeanschluss, Warmwasserspeicher mit Anbindung an die Wärmeerzeuger und in sämtlichen Räumen ist eine raumlufttechnische Anlage mit Wärmerückgewinnung eingebaut. Die Räume im Erdgeschoss erhalten eine Fußbodenheizung und die im Obergeschoss sind mit statischen Heizkörpern ausgestattet. Auch eine Aufzugsanlage wurde eingebaut.

Planungskennwerte für Flächen und Rauminhalte nach DIN 277

Flächen des Grundstücks		Menge, Einheit	% an GF
BF	Bebaute Fläche	4.762,88 m²	24,0
UF	Unbebaute Fläche	15.116,12 m²	76,0
GF	Grundstücksfläche	19.879,00 m²	100,0

Grundflächen des Bauwerks		Menge, Einheit	% an NUF	% an BGF
NUF	Nutzungsfläche	656,70 m²	100,0	62,1
TF	Technikfläche	27,90 m²	4,2	2,6
VF	Verkehrsfläche	222,10 m²	33,8	21,0
NRF	Netto-Raumfläche	906,70 m²	138,1	85,7
KGF	Konstruktions-Grundfläche	151,10 m²	23,0	14,3
BGF	Brutto-Grundfläche	1.057,80 m²	161,1	100,0

NUF=100% BGF=161,1%

NUF TF VF KGF NRF=138,1%

Brutto-Rauminhalt des Bauwerks		Menge, Einheit	BRI/NUF (m)	BRI/BGF (m)
BRI	Brutto-Rauminhalt	4.720,15 m³	7,19	4,46

0 1 2 3 4 5 6 7 BRI/NUF=7,19m

0 1 2 3 4 BRI/BGF=4,46m

Lufttechnisch behandelte Flächen	Menge, Einheit	% an NUF	% an BGF
Entlüftete Fläche	–	–	–
Be- und Entlüftete Fläche	–	–	–
Teilklimatisierte Fläche	–	–	–
Klimatisierte Fläche	–	–	–

KG	Kostengruppen (2.Ebene)	Menge, Einheit	Menge/NUF	Menge/BGF
310	Baugrube	–	–	–
320	Gründung	–	–	–
330	Außenwände	–	–	–
340	Innenwände	–	–	–
350	Decken	–	–	–
360	Dächer	–	–	–

Kostenkennwerte für die Kostengruppen der 1.Ebene DIN 276

KG	Kostengruppen (1.Ebene)	Einheit	Kosten €	€/Einheit	€/m² BGF	€/m³ BRI	% 300+400
100	Grundstück	m² GF	–	–	–	–	–
200	Herrichten und Erschließen	m² GF	38.614	1,94	36,50	8,18	1,8
300	Bauwerk - Baukonstruktionen	m² BGF	1.671.378	1.580,05	1.580,05	354,09	76,3
400	Bauwerk - Technische Anlagen	m² BGF	518.085	489,78	489,78	109,76	23,7
	Bauwerk 300+400	**m² BGF**	**2.189.464**	**2.069,83**	**2.069,83**	**463,85**	**100,0**
500	Außenanlagen	m² AF	98.145	49,07	92,78	20,79	4,5
600	Ausstattung und Kunstwerke	m² BGF	–	–	–	–	–
700	Baunebenkosten	m² BGF	–	–	–	–	–

KG	Kostengruppe	Menge Einheit	Kosten €	€/Einheit	%
200	**Herrichten und Erschließen**	19.879,00 m² GF	38.614	**1,94**	100,0

Abbruch von Bestandsgebäude in Massivbauweise; Entsorgung, Deponiegebühren

KG	Kostengruppe	Menge Einheit	Kosten €	€/Einheit	%
3+4	**Bauwerk**				**100,0**
300	**Bauwerk - Baukonstruktionen**	1.057,80 m² BGF	1.671.378	**1.580,05**	76,3

Stb-Bodenpatte, WU-Beton, Bodenbeschichtung, Sauberlaufmatte; Stb-Wände, KS-Mauerwerk, Perimeterdämmung (UG), Holzfenster, Dreifachverglasung, Vormauerschale Klinkermauerwerk, Holz-Pfosten-Riegel-Fassade, Raffstores, Balkon, Stahlkonstruktion; Trockenbauwände, GK-Bekleidung, Anstrich, Pfosten-Riegel-Konstruktion; Stb-Decke, Stb-Treppen, Zementestrich, Linoleum, Bodenfliesen, Betonwerksteinbeläge, abgehängte Akustikdecken, Anstrich, Stahlgelände; Stb-Flachdach, Dachausstieg, RWA-Lichtkuppel, Abdichtung, Dämmung, Dachbegrünung, Kiesstreifen, Dachentwässerung, Sekuranten, Vordach, Balkonüberdachung, Stahlkonstruktion, Trapezblech; Einbaumöbel, Küchenausstattung, Edelstahl

KG	Kostengruppe	Menge Einheit	Kosten €	€/Einheit	%
400	**Bauwerk - Technische Anlagen**	1.057,80 m² BGF	518.085	**489,78**	23,7

Gebäudeentwässerung, Kalt- und Warmwasserleitungen, Sanitärobjekte; Anschluss an Fernwärme, Fußbodenheizung, Heizkörper; Lüftungsanlage mit Wärmerückgewinnung; Elektroinstallation, Beleuchtung; Aufzugsanlage

KG	Kostengruppe	Menge Einheit	Kosten €	€/Einheit	%
500	**Außenanlagen**	2.000,00 m² AF	98.145	**49,07**	100,0

Plattenbelag, Pflasterbelag; Stufen; Spielgeräte; Pflanzen, Rasen

4400-0278
Kindertagesstätte
(105 Kinder)
Stadtteiltreff
Effizienzhaus ~25%

Objektübersicht

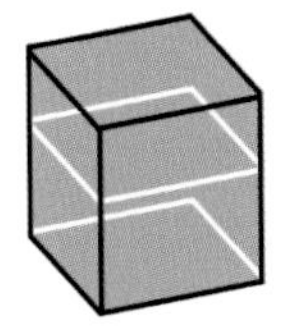

BRI 448 €/m³

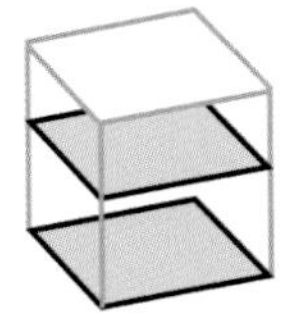

BGF 1.740 €/m²

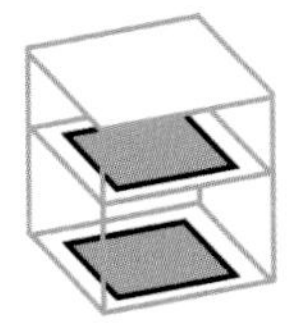

NUF 2.546 €/m²

NE 26.163 €/NE
NE: Kind

Objekt:
Kennwerte: 1.Ebene DIN 276
BRI: 6.132 m³
BGF: 1.579 m²
NUF: 1.079 m²
Bauzeit: 78 Wochen
Bauende: 2012
Standard: Durchschnitt
Kreis: Böblingen,
Baden-Württemberg

Architekt:
(se)arch Freie Architekten BDA
Christophstraße 40
70180 Stuttgart

© Zooey Braun

© Zooey Braun

Ansicht Ost
Erdgeschoss
Obergeschoss
Schnitt

4400-0278
Kindertagesstätte
(105 Kinder)
Stadtteiltreff
Effizienzhaus ~25%

Objektbeschreibung

Allgemeine Objektinformationen

Dieser Neubau wurde mit dem 1. Preis bei eingeladenem anonymem Architektenwettbewerb ausgezeichnet. Es entstand nach der Aufgabenstellung eine sechs-gruppige Kindertagesstätte mit Nutzungsangebot für den Stadtteiltreff. In den Obergeschossen befinden sich die Gruppenräume der Kindertagesstätte. Im Erdgeschoss sind Zonen für die gemeinsame Nutzung mit geschütztem Spielhof und Foyer entsprechend aufgegliedert. Hinter dem Fassadenscreen verbergen sich teilweise Balkone und Fluchttreppen.

Nutzung

1 Erdgeschoss
Mehrzweckraum, Foyer, Büro, Personalraum, Küche, WCs, Abstellräume

3 Obergeschosse
Je Geschoss zwei Kita-Gruppeneinheiten

Nutzeinheiten

Versammlungsraumfläche: 140
Kinder: 105
Gruppen: 6

Grundstück

Bauraum: Freier Bauraum
Neigung: Ebenes Gelände
Bodenklasse: BK 1 bis BK 3

Markt

Hauptvergabezeit: 2. Quartal 2011
Baubeginn: 2. Quartal 2011
Bauende: 4. Quartal 2012
Konjunkturelle Gesamtlage: Durchschnitt
Regionaler Baumarkt: Durchschnitt

Baukonstruktion

Das vier-geschossige Gebäude wurde in Stahlbeton-Bauweise mit teilweise freitragenden Wänden über dem EG errichtet (F90). Die Wärmedämmung besteht aus Wärmedämmverbundsystem (220mm) mit Anstrich. Eine farbig bedruckte Textilmembran umspannt die Obergeschosse einschließlich der in den Baukörper eingeschnittenen Freiräume und Balkone. Sämtliche Fenster wurden als Holzfenster mit Zweifachverglasung eingebaut, teilweise kamen auch Hebeschiebetüren zum Einbau. Um den zusätzlichen Aufwand der Textilmembran zu kompensieren wurde das Gebäude inne als "veredelter Rohbau" ausgeführt.

Technische Anlagen

Über die Fernwärme wird das Gebäude mit Heizwärme und Warmwasser versorgt. Alle Räume wurden mit einer Fußbodenheizung ausgestattet. In der Küche und den Toiletten wurde eine Abluftanlage installiert. Die Entwässerung wird nach Schmutz-, Grau-, und Regenwasser getrennt. Es wurden auch ein Aufzug und eine Brandmeldeanlage eingebaut.

Sonstiges

Der Spielhof wurde mit Abstellräumen aus Sichtmauerwerk und Lärchenholzbekleidung konzipiert.

Planungskennwerte für Flächen und Rauminhalte nach DIN 277

Flächen des Grundstücks		Menge, Einheit	% an GF
BF	Bebaute Fläche	666,00 m²	44,0
UF	Unbebaute Fläche	849,00 m²	56,0
GF	Grundstücksfläche	1.515,00 m²	100,0

Grundflächen des Bauwerks		Menge, Einheit	% an NUF	% an BGF
NUF	Nutzungsfläche	1.079,14 m²	100,0	68,4
TF	Technikfläche	18,57 m²	1,7	1,2
VF	Verkehrsfläche	217,41 m²	20,1	13,8
NRF	Netto-Raumfläche	1.315,12 m²	121,9	83,3
KGF	Konstruktions-Grundfläche	263,43 m²	24,4	16,7
BGF	Brutto-Grundfläche	1.578,55 m²	146,3	100,0

NUF=100% BGF=146,3%
NUF TF VF KGF
NRF=121,9%

Brutto-Rauminhalt des Bauwerks		Menge, Einheit	BRI/NUF (m)	BRI/BGF (m)
BRI	Brutto-Rauminhalt	6.132,20 m³	5,68	3,88

0 1 2 3 4 5 BRI/NUF=5,68m
0 1 2 3 BRI/BGF=3,88m

Lufttechnisch behandelte Flächen	Menge, Einheit	% an NUF	% an BGF
Entlüftete Fläche	–	–	–
Be- und Entlüftete Fläche	–	–	–
Teilklimatisierte Fläche	–	–	–
Klimatisierte Fläche	–	–	–

KG	Kostengruppen (2.Ebene)	Menge, Einheit	Menge/NUF	Menge/BGF
310	Baugrube	–	–	–
320	Gründung	–	–	–
330	Außenwände	–	–	–
340	Innenwände	–	–	–
350	Decken	–	–	–
360	Dächer	–	–	–

4400-0278
Kindertagesstätte
(105 Kinder)
Stadtteiltreff
Effizienzhaus ~25%

Kostenkennwerte für die Kostengruppen der 1.Ebene DIN 276

KG	Kostengruppen (1.Ebene)	Einheit	Kosten €	€/Einheit	€/m² BGF	€/m³ BRI	% 300+400
100	Grundstück	m² GF	–	–	–	–	–
200	Herrichten und Erschließen	m² GF	31.513	20,80	19,96	5,14	1,1
300	Bauwerk - Baukonstruktionen	m² BGF	2.185.364	1.384,41	1.384,41	356,38	79,6
400	Bauwerk - Technische Anlagen	m² BGF	561.712	355,84	355,84	91,60	20,4
	Bauwerk 300+400	**m² BGF**	**2.747.076**	**1.740,25**	**1.740,25**	**447,98**	**100,0**
500	Außenanlagen	m² AF	167.561	197,36	106,15	27,32	6,1
600	Ausstattung und Kunstwerke	m² BGF	113.008	71,59	71,59	18,43	4,1
700	Baunebenkosten	m² BGF	–	–	–	–	–

KG	Kostengruppe	Menge Einheit	Kosten €	€/Einheit	%
200	**Herrichten und Erschließen**	1.515,00 m² GF	31.513	**20,80**	100,0

Hausanschlüsse

KG	Kostengruppe	Menge Einheit	Kosten €	€/Einheit	%
3+4	**Bauwerk**				**100,0**
300	**Bauwerk - Baukonstruktionen**	1.578,55 m² BGF	2.185.364	**1.384,41**	79,6

Magerbetonplomben, freitragende Stb-Bodenplatte, Abdichtung, Dämmung, Heizestrich, Linoleum; Stb-Wände F90 (teilw. freitragend), teilw. Sichtbeton, Holzfenster, Hebeschiebetüren, Klinkerriemchen auf WDVS (EG), WDVS, d=220mm, Textilmembran (bedruckt), Anstrich; Stb-Decken, Dämmung, Heizestrich, Linoleum, abgehängte GK-Decken, HWL-Platten (Akustik); Stb-Flachdach, Oberlichter, Dachentwässerung

KG	Kostengruppe	Menge Einheit	Kosten €	€/Einheit	%
400	**Bauwerk - Technische Anlagen**	1.578,55 m² BGF	561.712	**355,84**	20,4

Gebäudeentwässerung, Trennsystem - Schmutz-, Grau-, Regenwasser, Sanitärobjekte; Fernwärmeversorgung, Fußbodenheizung; Einzelraumlüfter (WC, Küche); Elektroinstallation, Beleuchtung; Telefonanlage, Brandmeldeanlage, Glasfaseranschluss; Aufzug, Durchlader, vier Haltestellen

KG	Kostengruppe	Menge Einheit	Kosten €	€/Einheit	%
500	**Außenanlagen**	849,00 m² AF	167.561	**197,36**	100,0

Bodenbelag; Fassadenrinnen; Sandkasten Spielhof

KG	Kostengruppe	Menge Einheit	Kosten €	€/Einheit	%
600	**Ausstattung und Kunstwerke**	1.578,55 m² BGF	113.008	**71,59**	100,0

Küchen, Garderoben, Wickeltische, lose Möblierung

4400-0282
Kindertagesstätte
(8 Gruppen)
(140 Kinder)
barrierefrei

Objektübersicht

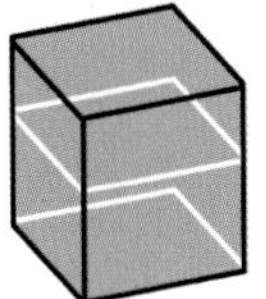

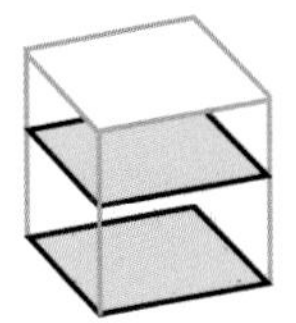

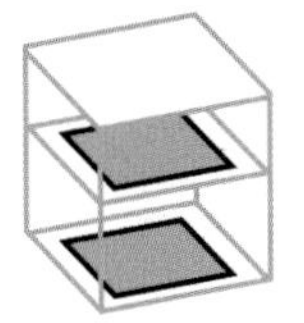

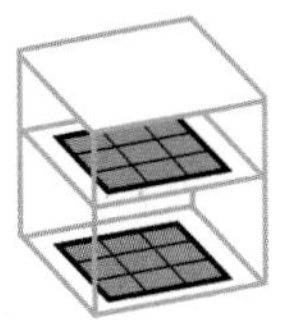

BRI 392 €/m³ | BGF 1.361 €/m² | NUF 2.277 €/m² | NE 14.936 €/NE
NE: Kind

Objekt:
Kennwerte: 1.Ebene DIN 276
BRI: 5.339 m³
BGF: 1.536 m²
NUF: 918 m²
Bauzeit: 39 Wochen
Bauende: 2013
Standard: Durchschnitt
Kreis: Hamburg - Freie und Hansestadt,
Hamburg

Architekt:
Neustadtarchitekten
(LPH 1-5)
Röhrigstraße 11
22763 Hamburg

lup-architekten
(LPH 6-9)
Borselstraße 7
22765 Hamburg

Bauherr:
Elbkinder-Vereinigung
Hamburger Kitas gGmbH
20144 Hamburg

© Anselm Gaupp

© Anselm Gaupp

© Anselm Gaupp

© Anselm Gaupp

© Anselm Gaupp

© Anselm Gaupp

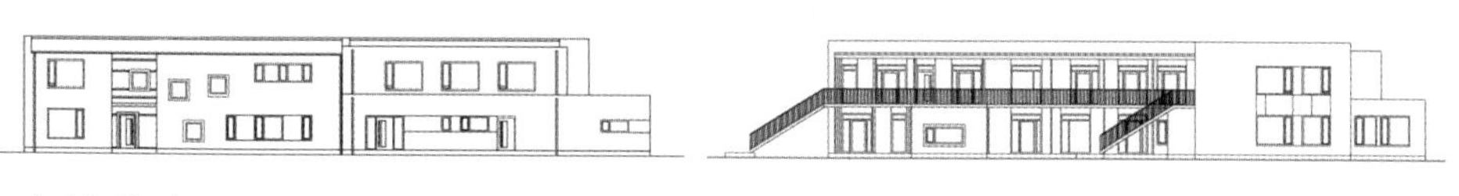

Ansicht Nord

Ansicht Ost

Erdgeschoss

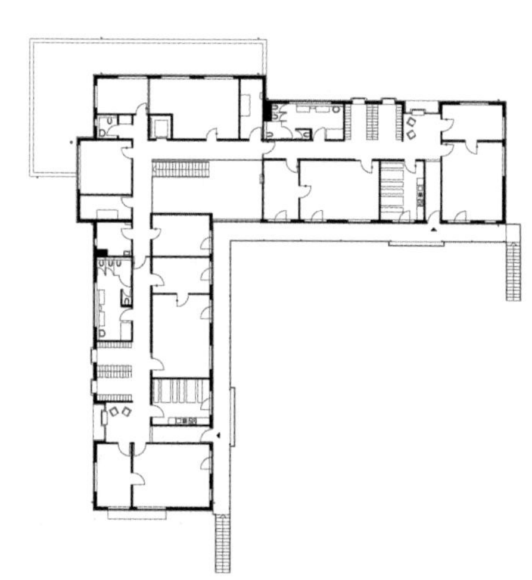

Obergeschoss

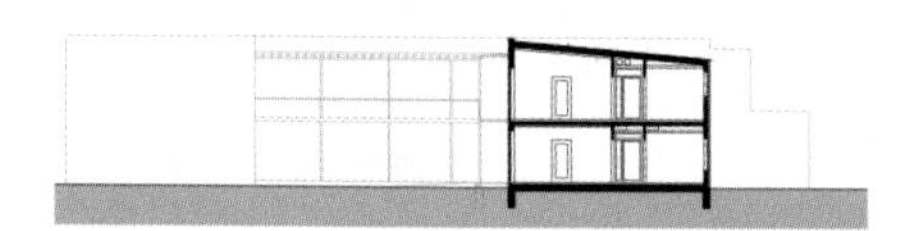

Schnitt A-A

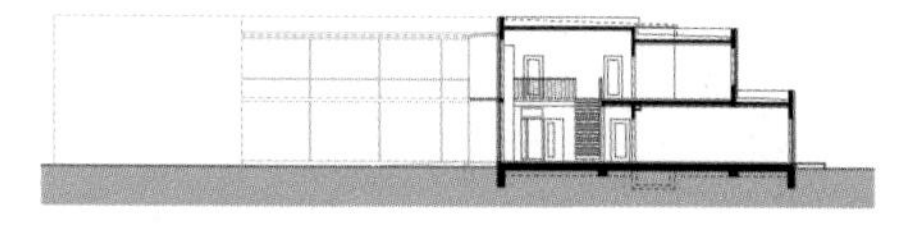

Schnitt B-B

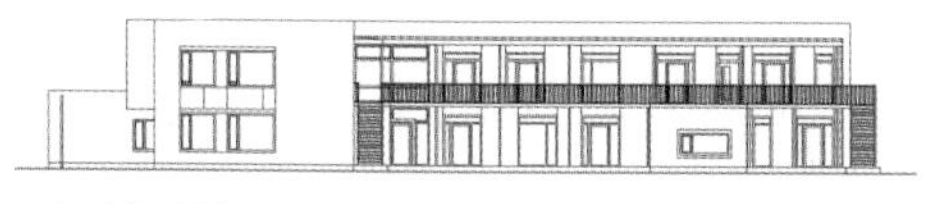

Ansicht Süd

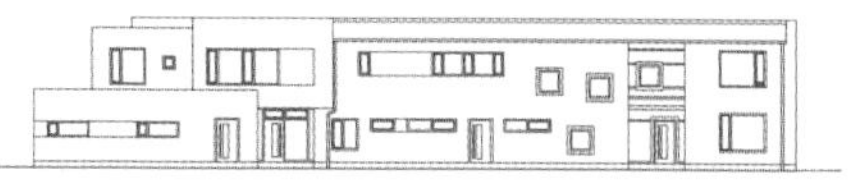

Ansicht West

4400-0282
Kindertagesstätte
(8 Gruppen)
(140 Kinder)
barrierefrei

Objektbeschreibung

Allgemeine Objektinformationen

Die Kita wurde als Inklusionskita barrierefrei errichtet. Der Neubau in Winkelform fügt sich zwischen einem großen Baumbestand ein und fasst mit den beiden pädagogischen Flügeln das Außenspielgelände. Die Erschließung erfolgt über eine zentrale Halle, an die sich der Wirtschaftstrakt und die pädagogischen Bereiche anschließen. Im Erdgeschoss sind je Gebäudeflügel zwei Krippengruppen, im Obergeschoss zwei Elementargruppen mit ihren Nebenräumen untergebracht. Alle Gruppenräume verfügen über einen direkten Zugang über die Terrasse bzw. dem vorgelagerten Balkon mit Außentreppe in den Außenspielbereich. Bei Veranstaltungen sowie bei größeren Spiel- und Aktionsflächen können Zuschaltungen des direkt anschließenden Bewegungsraumes einbezogen worden.

Nutzung

1 Erdgeschoss
Eingangshalle mit offener Treppe, Bewegungsraum, Kita-Leitung, Küchen- und Wirtschaftsräume, Krippen-Gruppenbereiche (4St), Sanitärräume, Beh.-WC, Technikräume, Abstellräume, Aufzug, Fluchttreppen (2St)

1 Obergeschoss
Mitarbeiter- und Therapieräume, Luftraum mit offener Treppe, Elementar-Gruppenbereiche (4St), Sanitärräume, Technikraum, Abstellräume, Aufzug

Nutzeinheiten

Kinder: 140
Gruppen: 8

Grundstück

Bauraum: Freier Bauraum
Neigung: Ebenes Gelände
Bodenklasse: BK 1 bis BK 4

Markt

Hauptvergabezeit: 3. Quartal 2012
Baubeginn: 3. Quartal 2012
Bauende: 2. Quartal 2013
Konjunkturelle Gesamtlage: Durchschnitt
Regionaler Baumarkt: über Durchschnitt

Baukonstruktion

Das Gebäude ist nicht unterkellert und auf Streifenfundamenten mit einer Stb-Bodenplatte gegründet. Es ist als Holzrahmenbau in vorgefertigter Bauweise errichtet mit gedämmten Außenwänden aus Konstruktionsvollholz. Farbige Faserzementplatten und Holzprofilschalung gliedern die Fassade neben farbig verputzen Außenwänden. Die Geschossdecke und Dachkonstruktion wurden als Massivholzdecken errichtet. Die Pult- und Flachdächer sind Warmdächer mit einer Folienabdichtung. Vorgelagerte Stahlbalkone und Außentreppen als Erschließungs- und Fluchtweg. Die Fenster sind als Kunststofffenster mit Dreifachverglasung, teilweise mit elektrisch betriebenem Sonnenschutz (Senkrechtmarkisen) ausgeführt.

Technische Anlagen

Der Neubau wird über eine Gas-Zentralheizung mit Wärme versorgt. Die Wärmeübertragung in den Räumen erfolgt über eine Fußbodenheizung. Die pädagogischen Räume mit Nebenräumen sind mit einer mechanischen Lüftungsanlage mit Wärmerückgewinnung ausgestattet. Die Küche erhielt eine Abluftanlage und einen Fettabscheider. Es wurde ein Personenaufzug eingebaut.

Sonstiges

Die räumliche Organisation folgt dem pädagogischen Konzept der Kita mit einem klar zu erkennenden Zugang über eine offene Halle als Dreh- und Angelpunkt zur täglichen Begegnung, Veranstaltung sowie Spiel- und Aktionsfläche mit möglicher Zuschaltung des direkt anschließenden Bewegungsraumes. Die Gruppenbereiche schließen in zwei nahezu baugleichen pädagogischen Flügeln an, es sind jeweils zwei Gruppen mit ihren Nebenräumen zusammengefasst. Die Gruppen können geöffnet werden, die Einheiten bleiben aber sowohl für die Kinder als auch für das Personal überschaubar.

Planungskennwerte für Flächen und Rauminhalte nach DIN 277

Flächen des Grundstücks		Menge, Einheit	% an GF
BF	Bebaute Fläche	779,87 m²	19,0
UF	Unbebaute Fläche	3.329,13 m²	81,0
GF	Grundstücksfläche	4.109,00 m²	100,0

Grundflächen des Bauwerks		Menge, Einheit	% an NUF	% an BGF
NUF	Nutzungsfläche	918,27 m²	100,0	59,8
TF	Technikfläche	36,26 m²	3,9	2,4
VF	Verkehrsfläche	282,51 m²	30,8	18,4
NRF	Netto-Raumfläche	1.237,04 m²	134,7	80,5
KGF	Konstruktions-Grundfläche	298,98 m²	32,6	19,5
BGF	Brutto-Grundfläche	1.536,02 m²	167,3	100,0

NUF=100% BGF=167,3%
NUF TF VF KGF
NRF=134,7%

Brutto-Rauminhalt des Bauwerks		Menge, Einheit	BRI/NUF (m)	BRI/BGF (m)
BRI	Brutto-Rauminhalt	5.338,73 m³	5,81	3,48

0 1 2 3 4 5 BRI/NUF=5,81m
BRI/BGF=3,48m 0 1 2 3

Lufttechnisch behandelte Flächen	Menge, Einheit	% an NUF	% an BGF
Entlüftete Fläche	–	–	–
Be- und Entlüftete Fläche	–	–	–
Teilklimatisierte Fläche	–	–	–
Klimatisierte Fläche	–	–	–

KG	Kostengruppen (2.Ebene)	Menge, Einheit	Menge/NUF	Menge/BGF
310	Baugrube	–	–	–
320	Gründung	–	–	–
330	Außenwände	–	–	–
340	Innenwände	–	–	–
350	Decken	–	–	–
360	Dächer	–	–	–

4400-0282
Kindertagesstätte
(8 Gruppen)
(140 Kinder)
barrierefrei

Kostenkennwerte für die Kostengruppen der 1.Ebene DIN 276

KG	Kostengruppen (1.Ebene)	Einheit	Kosten €	€/Einheit	€/m² BGF	€/m³ BRI	% 300+400
100	Grundstück	m² GF	–	–	–	–	–
200	Herrichten und Erschließen	m² GF	90.814	22,10	59,12	17,01	4,3
300	Bauwerk - Baukonstruktionen	m² BGF	1.543.577	1.004,92	1.004,92	289,13	73,8
400	Bauwerk - Technische Anlagen	m² BGF	547.418	356,39	356,39	102,54	26,2
	Bauwerk 300+400	**m² BGF**	**2.090.995**	**1.361,31**	**1.361,31**	**391,67**	**100,0**
500	Außenanlagen	m² AF	–	–	–	–	–
600	Ausstattung und Kunstwerke	m² BGF	–	–	–	–	–
700	Baunebenkosten	m² BGF	–	–	–	–	–

KG	Kostengruppe	Menge Einheit	Kosten €	€/Einheit	%
200	**Herrichten und Erschließen**	4.109,00 m² GF	90.814	**22,10**	100,0
	Abbruch Bestandsgebäude, Altlastenentsorgung, Bodenaustausch Z2; Entsorgung, Deponiegebühren				
3+4	**Bauwerk**				**100,0**
300	**Bauwerk - Baukonstruktionen**	1.536,02 m² BGF	1.543.577	**1.004,92**	73,8
	Baugrubenaushub; Stb-Fundamente, Stb-Bodenplatte, Heizestrich, Linoleum, Bodenfliesen, Abdichtung, Dämmung; Holzrahmenbau (Außenwände vorgefertigt), Stahlstützen, Kunststofffenster, Wärmedämmung, WDVS, HPL-Fassade, hinterlüftete Holzfassade, Holzweichfaserplatte, Gipsfaser-Bekleidung; Holzrahmenbau (Innenwände vorgefertigt), Wandfliesen, WC-Trennwände; Massivholzdecke, Stahltreppen (3St), Heizestrich, Linoleum, Bodenfliesen, abgehängte Mineralwoll-Akustikdecke; Stahl-Fluchtbalkone mit Geländer, Treppengeländer; Massivholzdach, Dämmung, Abdichtung, Attika, außen- und innenliegende Entwässerung, abgehängte Mineralwoll-Akustikdecken; Teeküchen (2St)				
400	**Bauwerk - Technische Anlagen**	1.536,02 m² BGF	547.418	**356,39**	26,2
	Gebäudeentwässerung, Kalt- und Warmwasserleitungen, Sanitärobjekte; Gas-Brenntwertkessel, Fußbodenheizung; kontrollierte Be- und Entlüftung mit Wärmerückgewinnung, Abluftanlage Küche, RWA-Anlage; Elektroinstallation, Beleuchtung; Telekommunikationsanlage, Antennenanlagen, Rauchmelder, Datenübertragungsnetz; Personenaufzug; Großküche, Fettabscheider				

4400-0287
Kindertagesstätte
(5 Gruppen)
(86 Kinder)

Objektübersicht

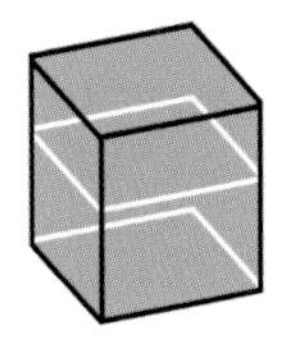

BRI 275 €/m³

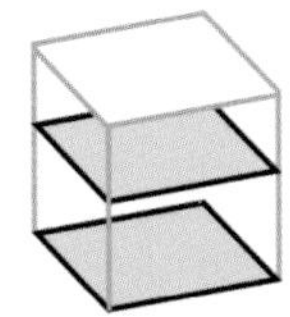

BGF 1.197 €/m²

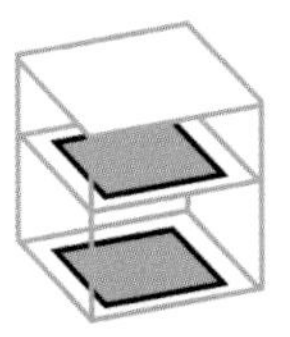

NUF 1.639 €/m²

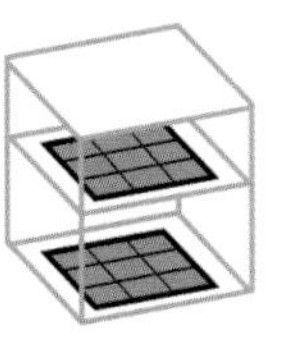

NE 16.478 €/NE
NE: Kind

Objekt:
Kennwerte: 1.Ebene DIN 276
BRI: 5.148 m³
BGF: 1.184 m²
NUF: 864 m²
Bauzeit: 69 Wochen
Bauende: 2014
Standard: Durchschnitt
Kreis: Saarlouis,
Saarland

Architekt:
Leinen und Schmitt
Architekten
Großer Markt 14
66740 Saarlouis

© Leinen und Schmitt Architekten

© Leinen und Schmitt Architekten

© Leinen und Schmitt Architekten

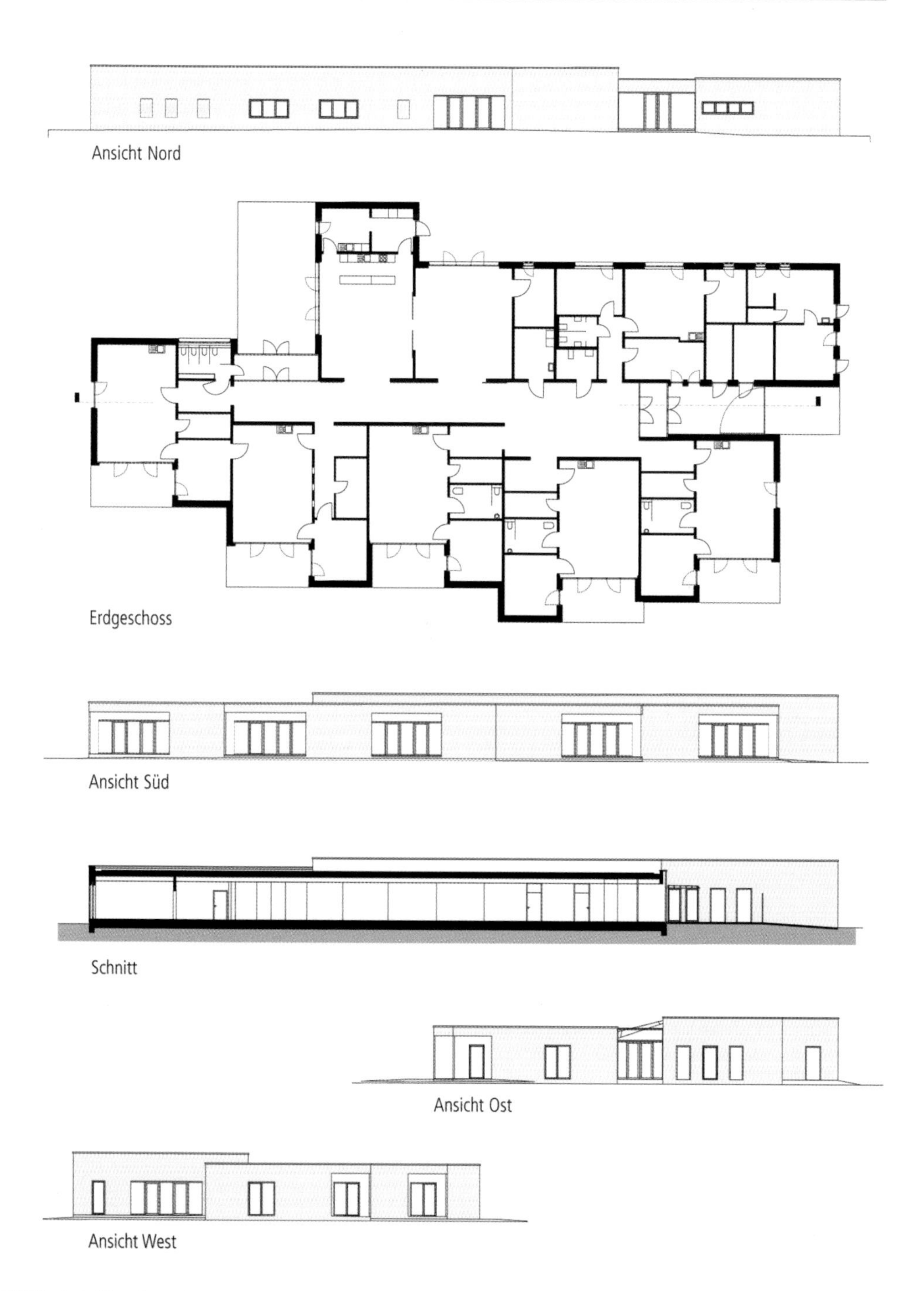
Ansicht Nord
Erdgeschoss
Ansicht Süd
Schnitt
Ansicht Ost
Ansicht West

4400-0287
Kindertagesstätte
(5 Gruppen)
(86 Kinder)

Objektbeschreibung

Allgemeine Objektinformationen

Die Kindertagesstätte wurde am Stadtrand auf dem Grundstück einer ehemaligen Grundschule realisiert. Durch die Ausbildung verschiedener eingeschossiger Baukörper fügt sich das Gebäude in das Landschaftsbild ein.

Nutzung

1 Erdgeschoss
Krippenräume mit Schlafraum, Wickelraum, Materialraum, Garderobe (3St), Gruppenräume mit Ruhe-/Förderraum, Materialraum, Garderobe, Terrasse (2St), Foyer, Windfang, Schmutzschleuse, Mehrzweckraum, Geräteraum, Küche, Anlieferung, Hauswirtschaftsraum, Personalraum, Leiterin, Elternsprechzimmer, Abstellraum, Hausmeister, Sanitärräume, Technikräume, Wagenräume

Nutzeinheiten

Kinder: 86
Gruppen: 5

Grundstück

Bauraum: Freier Bauraum
Neigung: Ebenes Gelände
Bodenklasse: BK 3 bis BK 4

Markt

Hauptvergabezeit: 2. Quartal 2013
Baubeginn: 2. Quartal 2013
Bauende: 3. Quartal 2014
Konjunkturelle Gesamtlage: Durchschnitt
Regionaler Baumarkt: unter Durchschnitt

Baukonstruktion

Der Neubau gründet auf einer Stahlbetonfundamentplatte und wurde in Massivbauweise errichtet. Die Außenwände aus KS-Mauerwerk wurden mit Wärmedämmung und einer Klinkervorsatzschale bekleidet. Das Stahlbetonflachdach wurde mit Attika und extensiver Begrünung ausgeführt.

Technische Anlagen

Das Gebäude ist energieneutral konzipiert. Die Wärmeversorgung erfolgt über eine Luft-Wasser-Wärmepumpe, deren Stromverbrauch fast komplett von der auf dem höhergelegenen Dach installierten Photovoltaikanlage abgedeckt wird. Die Wärmeübertragung erfolgt über eine Fußbodenheizung.

Planungskennwerte für Flächen und Rauminhalte nach DIN 277

Flächen des Grundstücks		Menge, Einheit	% an GF
BF	Bebaute Fläche	1.184,38 m²	16,0
UF	Unbebaute Fläche	6.232,62 m²	84,0
GF	Grundstücksfläche	7.417,00 m²	100,0

Grundflächen des Bauwerks		Menge, Einheit	% an NUF	% an BGF
NUF	Nutzungsfläche	864,45 m²	100,0	73,0
TF	Technikfläche	26,46 m²	3,1	2,2
VF	Verkehrsfläche	152,77 m²	17,7	12,9
NRF	Netto-Raumfläche	1.043,68 m²	120,7	88,1
KGF	Konstruktions-Grundfläche	140,70 m²	16,3	11,9
BGF	Brutto-Grundfläche	1.184,38 m²	137,0	100,0

Brutto-Rauminhalt des Bauwerks		Menge, Einheit	BRI/NUF (m)	BRI/BGF (m)
BRI	Brutto-Rauminhalt	5.148,42 m³	5,96	4,35

Lufttechnisch behandelte Flächen	Menge, Einheit	% an NUF	% an BGF
Entlüftete Fläche	–	–	–
Be- und Entlüftete Fläche	–	–	–
Teilklimatisierte Fläche	–	–	–
Klimatisierte Fläche	–	–	–

KG	Kostengruppen (2.Ebene)	Menge, Einheit	Menge/NUF	Menge/BGF
310	Baugrube	–	–	–
320	Gründung	–	–	–
330	Außenwände	–	–	–
340	Innenwände	–	–	–
350	Decken	–	–	–
360	Dächer	–	–	–

4400-0287
Kindertagesstätte
(5 Gruppen)
(86 Kinder)

Kostenkennwerte für die Kostengruppen der 1.Ebene DIN 276

KG	Kostengruppen (1.Ebene)	Einheit	Kosten €	€/Einheit	€/m² BGF	€/m³ BRI	% 300+400
100	Grundstück	m² GF	–	–	–	–	–
200	Herrichten und Erschließen	m² GF	52.074	7,02	43,97	10,11	3,7
300	Bauwerk - Baukonstruktionen	m² BGF	1.081.995	913,55	913,55	210,16	76,4
400	Bauwerk - Technische Anlagen	m² BGF	335.139	282,97	282,97	65,10	23,6
	Bauwerk 300+400	**m² BGF**	**1.417.134**	**1.196,52**	**1.196,52**	**275,26**	**100,0**
500	Außenanlagen	m² AF	169.140	27,14	142,81	32,85	11,9
600	Ausstattung und Kunstwerke	m² BGF	102.636	86,66	86,66	19,94	7,2
700	Baunebenkosten	m² BGF	–	–	–	–	–

KG	Kostengruppe	Menge Einheit	Kosten €	€/Einheit	%
200	**Herrichten und Erschließen**	7.417,00 m² GF	52.074	**7,02**	100,0
	Öffentliche Erschließung				
3+4	**Bauwerk**				**100,0**
300	**Bauwerk - Baukonstruktionen**	1.184,38 m² BGF	1.081.995	**913,55**	76,4
	Stb-Fundamentplatte, Bitumenabdichtung, Dämmung, Zement-Heizestrich, Linoleum, Bodenfliesen, Klinkerbelag, Schottertragschicht mit Dränage und Frostschürze; KS-Mauerwerk, Alufenster, Dämmung, Klinker-Vorsatzschale, Gipsputz, Anstrich, Rollläden, Markisen; KS-Mauerwerk, GK-Wände, Innentüren, Gipsputz, Anstrich, Wandfliesen; Stb-Flachdach, Stb-Attika, Lichtkuppeln, Bitumenabdichtung, Dämmung, extensive Begrünung, Kies, abgehängte GK-Akustikdecken				
400	**Bauwerk - Technische Anlagen**	1.184,38 m² BGF	335.139	**282,97**	23,6
	Gebäudeentwässerung, Kalt- und Warmwasserleitungen, Sanitärobjekte; Luft-Wasser-Wärmepumpe, Photovoltaikanlage, Fußbodenheizung; Elektroinstallation, Beleuchtung, teilweise LED; Brandmeldeanlage				
500	**Außenanlagen**	6.232,62 m² AF	169.140	**27,14**	100,0
	Geländemodellierung, Holzspielgeräte				
600	**Ausstattung und Kunstwerke**	1.184,38 m² BGF	102.636	**86,66**	100,0
	Möblierung				

4400-0290
Kindertagesstätte
(3 Gruppen)
(55 Kinder)

Objektübersicht

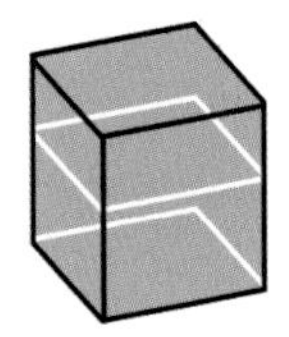
BRI 368 €/m³

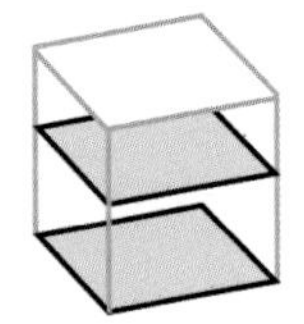
BGF 1.437 €/m²

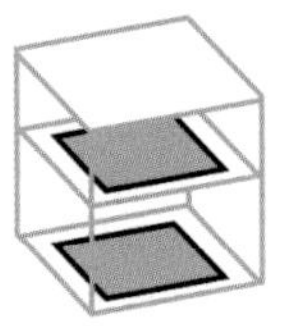
NUF 1.932 €/m²

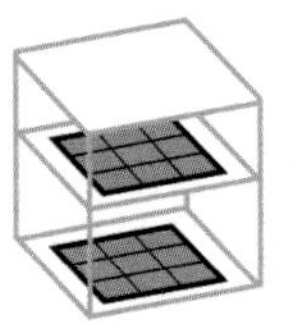
NE 23.739 €/NE
NE: Kind

Objekt:
Kennwerte: 1.Ebene DIN 276
BRI: 3.547 m³
BGF: 909 m²
NUF: 676 m²
Bauzeit: 56 Wochen
Bauende: 2015
Standard: Durchschnitt
Kreis: Oldenburg - Stadt, Niedersachsen

Architekt:
neun grad architektur BDA
Roonstraße 1
26122 Oldenburg

Bauherr:
aktiv & irma Kita GmbH
Alexanderstraße 326
26127 Oldenburg

© Archimage, Meike Hansen

© Archimage, Meike Hansen

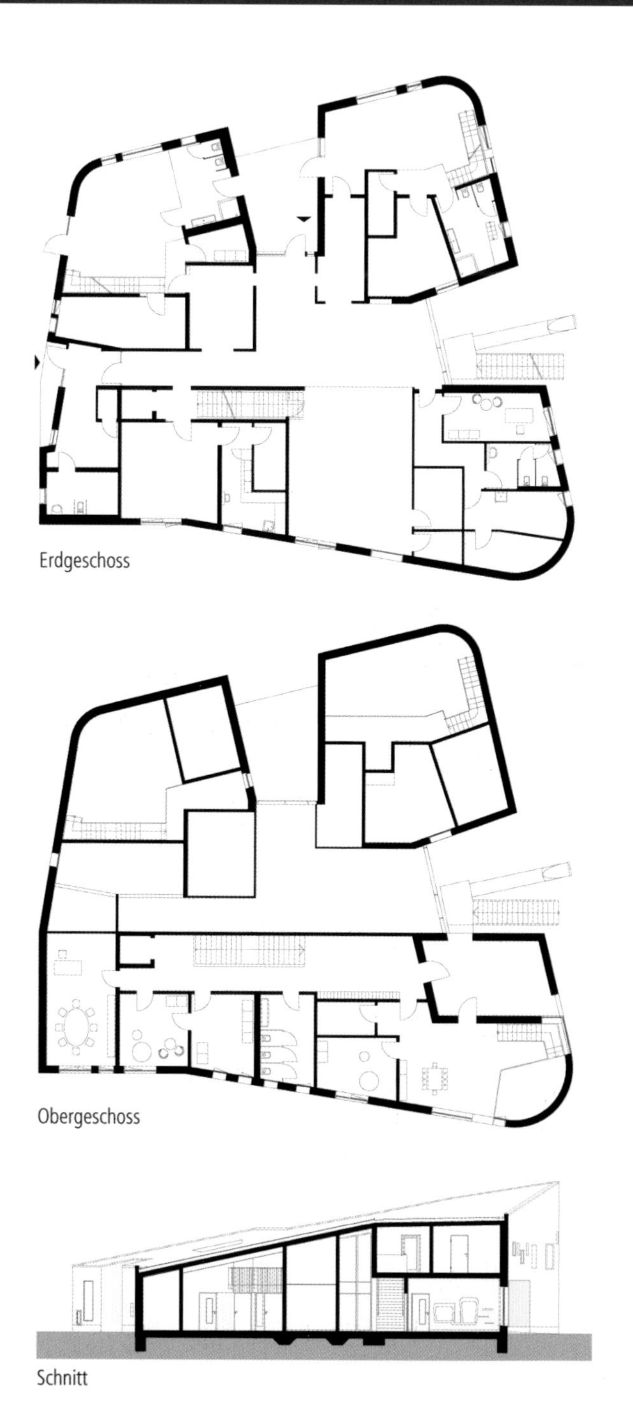
Erdgeschoss
Obergeschoss
Schnitt

Objektbeschreibung

Allgemeine Objektinformationen

Im Stadtteil Kreyenbrück in Oldenburg ist der Neubau einer dreigruppigen Kindertagesstätte für 55 Kinder entstanden. Zu dem Hauptgebäude gehören, neben dem großzügigen Außengelände, ein außenliegender Abstellraum für Spielgeräte und Mobiliar und eine Fahrradabstellanlage die der Materialität des Hauptgebäudes entsprechen.

Nutzung

1 Erdgeschoss
Gruppenräume, Essbereich, Aufwärmküche, Sanitärräume, Technikraum

1 Obergeschoss
Gruppenraum, Galerien, Sanitärräume, Büro, Besprechungsraum, Sozialräume

Nutzeinheiten

Kinder: 55
Gruppen: 3

Grundstück

Bauraum: Freier Bauraum
Neigung: Ebenes Gelände
Bodenklasse: BK 1 bis BK 3

Markt

Hauptvergabezeit: 2. Quartal 2014
Baubeginn: 2. Quartal 2014
Bauende: 2. Quartal 2015
Konjunkturelle Gesamtlage: Durchschnitt
Regionaler Baumarkt: Durchschnitt

Baukonstruktion

Das Gebäude wurde in massiver Bauweise aus 42,5er Porenbetonsteinen ausgeführt. Die Außenfassade ist mit einem hellen Leichtputz sowie teilweise mit hinterlüfteten Thermoholzbrettern bekleidet. Es wurden Holzfenster und -türen, sowie eine zweigeschossige Pfosten-Riegel-Fassade aus Lärche in F30 Ausführung verbaut. Das Dach ist als Holzbalkendach mit geklebten, innenliegenden Rinnen und extensiver Begrünung hergestellt worden, die rechteckigen Fallrohre sind in die Holzfassade integriert. In allen Räumen außer den Sanitärbereichen und Technikräumen wurde farbiges Linoleum verlegt, das sich in den Gruppenräumen teilweise auch als schützender Wandbelag wiederfindet. Die vertikale Holzbekleidung auf Holzfaserdämmplatten an den Innenwänden und Akustikflächen innerhalb der abgehängten Decke reduzieren die Geräusche in den Gruppenräumen und dem Foyer.

Planungskennwerte für Flächen und Rauminhalte nach DIN 277

Flächen des Grundstücks		Menge, Einheit	% an GF
BF	Bebaute Fläche	602,01 m²	27,3
UF	Unbebaute Fläche	1.603,99 m²	72,7
GF	Grundstücksfläche	2.206,00 m²	100,0

Grundflächen des Bauwerks		Menge, Einheit	% an NUF	% an BGF
NUF	Nutzungsfläche	675,85 m²	100,0	74,4
TF	Technikfläche	22,51 m²	3,3	2,5
VF	Verkehrsfläche	79,26 m²	11,7	8,7
NRF	Netto-Raumfläche	777,62 m²	115,1	85,6
KGF	Konstruktions-Grundfläche	131,25 m²	19,4	14,4
BGF	Brutto-Grundfläche	908,87 m²	134,5	100,0

NUF=100% BGF=134,5%
NUF TF VF KGF
NRF=115,1%

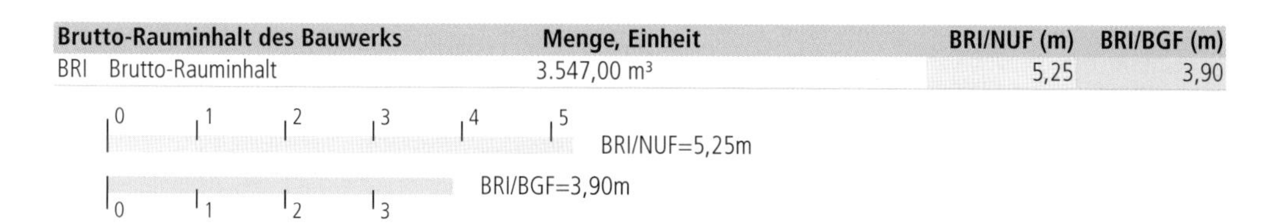

Brutto-Rauminhalt des Bauwerks		Menge, Einheit	BRI/NUF (m)	BRI/BGF (m)
BRI	Brutto-Rauminhalt	3.547,00 m³	5,25	3,90

Lufttechnisch behandelte Flächen	Menge, Einheit	% an NUF	% an BGF
Entlüftete Fläche	–	–	–
Be- und Entlüftete Fläche	–	–	–
Teilklimatisierte Fläche	–	–	–
Klimatisierte Fläche	–	–	–

KG	Kostengruppen (2.Ebene)	Menge, Einheit	Menge/NUF	Menge/BGF
310	Baugrube	–	–	–
320	Gründung	–	–	–
330	Außenwände	–	–	–
340	Innenwände	–	–	–
350	Decken	–	–	–
360	Dächer	–	–	–

4400-0290
Kindertagesstätte
(3 Gruppen)
(55 Kinder)

Kostenkennwerte für die Kostengruppen der 1.Ebene DIN 276

KG	Kostengruppen (1.Ebene)	Einheit	Kosten €	€/Einheit	€/m² BGF	€/m³ BRI	% 300+400
100	Grundstück	m² GF	–	–	–	–	–
200	Herrichten und Erschließen	m² GF	–	–	–	–	–
300	Bauwerk - Baukonstruktionen	m² BGF	1.065.764	1.172,62	1.172,62	300,47	81,6
400	Bauwerk - Technische Anlagen	m² BGF	239.902	263,96	263,96	67,64	18,4
	Bauwerk 300+400	**m² BGF**	**1.305.665**	**1.436,58**	**1.436,58**	**368,10**	**100,0**
500	Außenanlagen	m² AF	–	–	–	–	–
600	Ausstattung und Kunstwerke	m² BGF	–	–	–	–	–
700	Baunebenkosten	m² BGF	–	–	–	–	–

KG	Kostengruppe	Menge Einheit	Kosten €	€/Einheit	%
3+4	**Bauwerk**				**100,0**
300	**Bauwerk - Baukonstruktionen**	908,87 m² BGF	1.065.764	**1.172,62**	81,6

Baugrubenaushub, Wasserhaltung; Stb-Fundamente, Stb-Bodenplatte, Heizestrich, Linoleum, Bodenfliesen, Abdichtung, Dämmung, Dränage; Porenbetonwände, d=42,5cm, Stb-Stützen, Holzfenster, Lärche-Pfosten-Riegel-Fassade in F30, teilw. Sonnenschutzverglasung, hinterlüftete Thermoholzbekleidung; Mauerwerkswände, GK-Wände, Stb-Stützen, Wandfliesen, teilw. Holzbekleidung, teilw. schalldämmende Holzbekleidung auf Holzfaserdämmplatten, WC-Trennwände; Stb-Decke, Stb-Treppe (Foyer), Stahltreppe (Außentreppe), Holztreppen (Gruppenräume), Heizestrich, Linoleum, Bodenfliesen, Treppengeländer; Holzbalkendach, Oberlichter, Dämmung, Abdichtung, Attika, extensive Dachbegrünung, Entwässerung, abgehängte GK-Decke, teilw. Schallschutzdecken und Akustiksegel

KG	Kostengruppe	Menge Einheit	Kosten €	€/Einheit	%
400	**Bauwerk - Technische Anlagen**	908,87 m² BGF	239.902	**263,96**	18,4

Gebäudeentwässerung, Kalt- und Warmwasserleitungen, Sanitärobjekte; Gas-Brennwerttherme, Solaranlage (22m²), Fußbodenheizung; Einzelraumentlüfter, RWA-Anlage; Elektroinstallation, Beleuchtung; Telekommunikationsanlage, Brandmeldeanlage; Personenaufzug; Aufwärmküche

4400-0292
Kindertagesstätte
(6 Gruppen)
(100 Kinder)

Objektübersicht

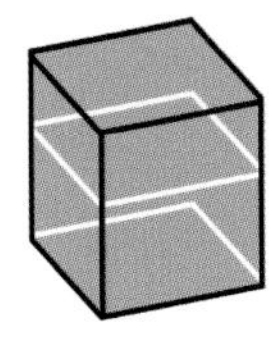

BRI 419 €/m³

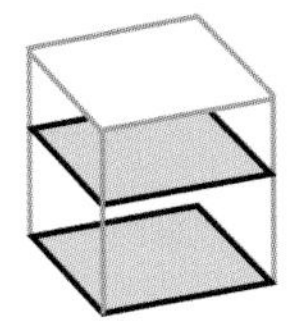

BGF 1.513 €/m²

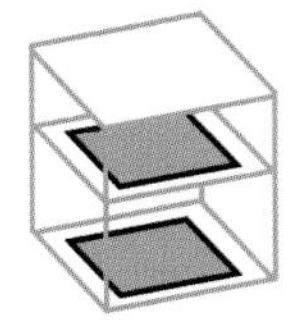

NUF 2.623 €/m²

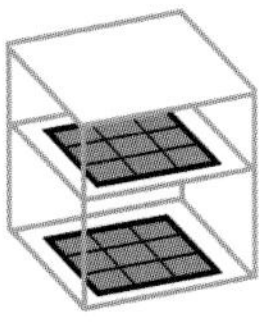

NE 21.132 €/NE
NE: Kind

Objekt:
Kennwerte: 1.Ebene DIN 276
BRI: 5.044 m³
BGF: 1.397 m²
NUF: 806 m²
Bauzeit: 56 Wochen
Bauende: 2015
Standard: Durchschnitt
Kreis: Wiesbaden - Stadt,
Hessen

Architekt:
grabowski.spork architektur
Unter den Eichen 7
65195 Wiesbaden

Bauherr:
Katholische Pfarrei
St. Peter und Paul
Alfred-Schumann-Str. 27-29
65201 Wiesbaden

© Dirk Übele

© Dirk Übele

© Dirk Übele

© Dirk Übele

© Dirk Übele

© Dirk Übele

Ansicht Nord
Erdgeschoss
Obergeschoss

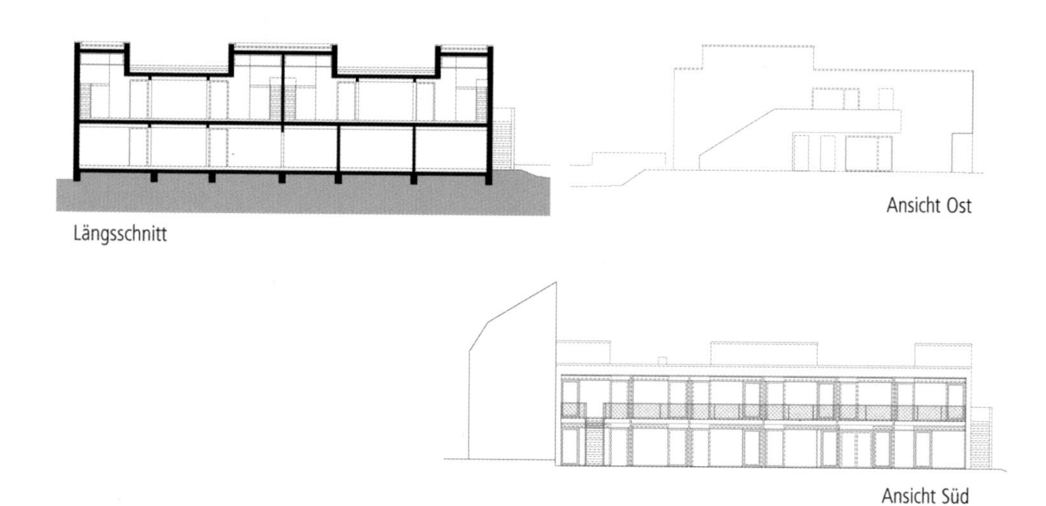
Längsschnitt
Ansicht Ost
Ansicht Süd

4400-0292
Kindertagesstätte
(6 Gruppen)
(100 Kinder)

Objektbeschreibung

Allgemeine Objektinformationen

Der 1.200m² große Neubau ging als Gewinner aus einem Gutachterverfahren hervor. Die neue Kindertagesstätte steht direkt an der zugehörigen Pfarrei im ruhigen Innenhof. Der schlichte Putzbau fügt sich wie selbstverständlich als neuer Baustein in seine Umgebung ein. Hier ist alles auf die Bedürfnisse seiner kleinen Gäste abgestimmt und ausgelegt. Das lichtdurchflutete Haus mit seinen großen Fenstern öffnet sich über zwei Etagen zum dahinterliegenden Garten mit vielen Spielgeräten. Die Gruppenräume sind jeweils um einen zentralen Gemeinschaftsbereich angeordnet. Im Obergeschoss verfügen die Gruppen zusätzlich über offene Spielgalerien, die wie gelbe Aussichtstürme über das Dach hinausragen. Das Farbkonzept des Architekten in den Farben Weiß und Gelb bestimmt die Gestaltung der Fassaden und setzt sich im Innenraum fort.

Nutzung

1 Erdgeschoss
Gruppenräume U3 (2St), Spielflur, Foyer, Mehrzweckraum, Küche, Nebenräume

1 Obergeschoss
Gruppenräume Ü3 (4St), Spielflur, Besprechungsräume, Teeküche, Nebenräume

Nutzeinheiten

Kinder: 100
Gruppen: 6

Grundstück

Bauraum: Freier Bauraum
Neigung: Ebenes Gelände
Bodenklasse: BK 2 bis BK 4

Markt

Hauptvergabezeit: 3. Quartal 2014
Baubeginn: 4. Quartal 2014
Bauende: 4. Quartal 2015
Konjunkturelle Gesamtlage: über Durchschnitt
Regionaler Baumarkt: Durchschnitt

Baukonstruktion

Das Bauwerk wurde in Massivbauweise errichtet und mit einem Wärmedämmverbundsystem aus Holzfaserdämmung hoch gedämmt. Die Spielgalerien im Obergeschoss wurden in Holzbauweise ausgeführt. Die Flachdächer wurden extensiv begrünt. Es wurden Holzfenster und -türen eingebaut und Linoleum als Bodenbelag eingesetzt. Alle Einbauten wurden vom Architekten entworfen und vom Tischler eingebaut.

Technische Anlagen

Die Haustechnik mit Gasheizung und Lüftungsanlage mit Wärmerückgewinnung folgt einem energie- und ressourcensparenden Gebäudekonzept.

Sonstiges

Der Garten wurde mit Spielgeräten neu gestaltet, teilweise konnten die bestehenden Außenanlagen überarbeitet werden.

Planungskennwerte für Flächen und Rauminhalte nach DIN 277

Flächen des Grundstücks		Menge, Einheit	% an GF
BF	Bebaute Fläche	728,64 m²	30,6
UF	Unbebaute Fläche	1.651,76 m²	69,4
GF	Grundstücksfläche	2.380,40 m²	100,0

Grundflächen des Bauwerks		Menge, Einheit	% an NUF	% an BGF
NUF	Nutzungsfläche	805,68 m²	100,0	57,7
TF	Technikfläche	15,24 m²	1,9	1,1
VF	Verkehrsfläche	409,97 m²	50,9	29,4
NRF	Netto-Raumfläche	1.230,89 m²	152,8	88,1
KGF	Konstruktions-Grundfläche	165,73 m²	20,6	11,9
BGF	Brutto-Grundfläche	1.396,62 m²	173,3	100,0

NUF=100% | BGF=173,3% | NRF=152,8%

NUF TF VF KGF

Brutto-Rauminhalt des Bauwerks		Menge, Einheit	BRI/NUF (m)	BRI/BGF (m)
BRI	Brutto-Rauminhalt	5.044,43 m³	6,26	3,61

0 1 2 3 4 5 6 BRI/NUF=6,26m

0 1 2 3 BRI/BGF=3,61m

Lufttechnisch behandelte Flächen	Menge, Einheit	% an NUF	% an BGF
Entlüftete Fläche	–	–	–
Be- und Entlüftete Fläche	–	–	–
Teilklimatisierte Fläche	–	–	–
Klimatisierte Fläche	–	–	–

KG	Kostengruppen (2.Ebene)	Menge, Einheit	Menge/NUF	Menge/BGF
310	Baugrube	–	–	–
320	Gründung	–	–	–
330	Außenwände	–	–	–
340	Innenwände	–	–	–
350	Decken	–	–	–
360	Dächer	–	–	–

Kostenkennwerte für die Kostengruppen der 1.Ebene DIN 276

KG	Kostengruppen (1.Ebene)	Einheit	Kosten €	€/Einheit	€/m² BGF	€/m³ BRI	% 300+400
100	Grundstück	m² GF	–	–	–	–	–
200	Herrichten und Erschließen	m² GF	18.629	7,83	13,34	3,69	0,9
300	Bauwerk - Baukonstruktionen	m² BGF	1.796.964	1.286,65	1.286,65	356,23	85,0
400	Bauwerk - Technische Anlagen	m² BGF	316.274	226,46	226,46	62,70	15,0
	Bauwerk 300+400	**m² BGF**	**2.113.238**	**1.513,11**	**1.513,11**	**418,92**	**100,0**
500	Außenanlagen	m² AF	120.004	67,99	85,92	23,79	5,7
600	Ausstattung und Kunstwerke	m² BGF	95.216	68,18	68,18	18,88	4,5
700	Baunebenkosten	m² BGF	–	–	–	–	–

KG	Kostengruppe	Menge Einheit	Kosten €	€/Einheit	%
200	**Herrichten und Erschließen**	2.380,40 m² GF	18.629	**7,83**	100,0

Öffentliche Erschließung

KG	Kostengruppe	Menge Einheit	Kosten €	€/Einheit	%
3+4	**Bauwerk**				**100,0**
300	**Bauwerk - Baukonstruktionen**	1.396,62 m² BGF	1.796.964	**1.286,65**	85,0

Erdarbeiten; Stb-Fundamente, Stb-Bodenplatte, Dämmung, Estrich, Linoleum, Bodenfliesen; Holzrahmenwände (Überhöhung Spielgalerie), Mauerwerkswände, Stb-Stützen, Holzfenster, WDVS, Fassadentafeln, Innenputz, Anstrich; Mauerwerkswände, GK-Wände, Holztüren, Putz, Anstrich, Wandfliesen, WC-Trennwände; Stb-Decken, Stb-Treppen, Stahltreppen (außen), Dämmung, Estrich, Linoleum, Bodenfliesen, Anstrich, Stahlkonstruktion, Holzbelag (Balkone), Stahlgeländer, Edelstahlnetze; Stb-Flachdach, Lichtkuppeln, Flachdachabdichtung, Dämmung, extensive Begrünung, abgehängte GK-Akustikdecken; Spielgalerien mit Treppe

KG	Kostengruppe	Menge Einheit	Kosten €	€/Einheit	%
400	**Bauwerk - Technische Anlagen**	1.396,62 m² BGF	316.274	**226,46**	15,0

Gebäudeentwässerung, Kalt- und Warmwasserleitungen, Sanitärobjekte; Gas-Brennwerttherme, Fußbodenheizung; Lüftungsanlage mit Wärmerückgewinnung; Elektroinstallation, Beleuchtung

KG	Kostengruppe	Menge Einheit	Kosten €	€/Einheit	%
500	**Außenanlagen**	1.764,97 m² AF	120.004	**67,99**	100,0

Plattenbeläge, Fallschutzbeläge; Zäune, Rundholzstufen; Spielgeräte; Rasen, Pflanzen

KG	Kostengruppe	Menge Einheit	Kosten €	€/Einheit	%
600	**Ausstattung und Kunstwerke**	1.396,62 m² BGF	95.216	**68,18**	100,0

Einbauküchen, Garderoben, Einbauschränke, allgemeine Ausstattung

Sportbauten

5

- 5100 Hallen (ohne Schwimmhallen)
  5200 Schwimmhallen
- 5300 Gebäude für Sportplatz und Freibadanlagen
  5400 Sportplatzanlagen (Außenanlagen)
  5500 Freibadanlagen (Außenanlagen)
  5600 Sondersportanlagen

5100-0092
Sporthalle
(Dreifeldhalle)

Objektübersicht

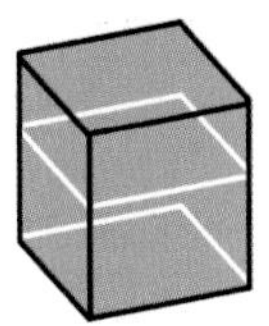

BRI 260 €/m³

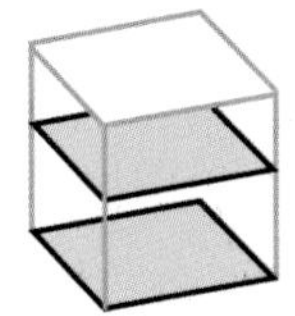

BGF 1.804 €/m²

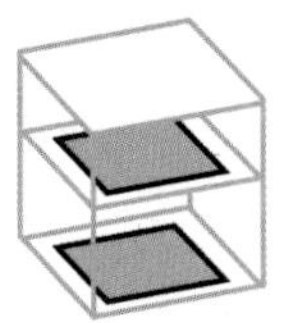

NUF 2.423 €/m²

Objekt:
Kennwerte: 3.Ebene DIN 276
BRI: 26.904 m³
BGF: 3.873 m²
NUF: 2.884 m²
Bauzeit: 96 Wochen
Bauende: 2013
Standard: Durchschnitt
Kreis: Bernkastel-Wittlich,
Rheinland-Pfalz

Architekt:
Architekten BDA
Naujack . Rind . Hof
Bahnhofplatz 7
56068 Koblenz

Bauherr:
Stadtverwaltung Wittlich
Schlossstraße 11
54516 Wittlich

© Jörg Hempel

© Jörg Hempel

© Jörg Hempel

© Jörg Hempel

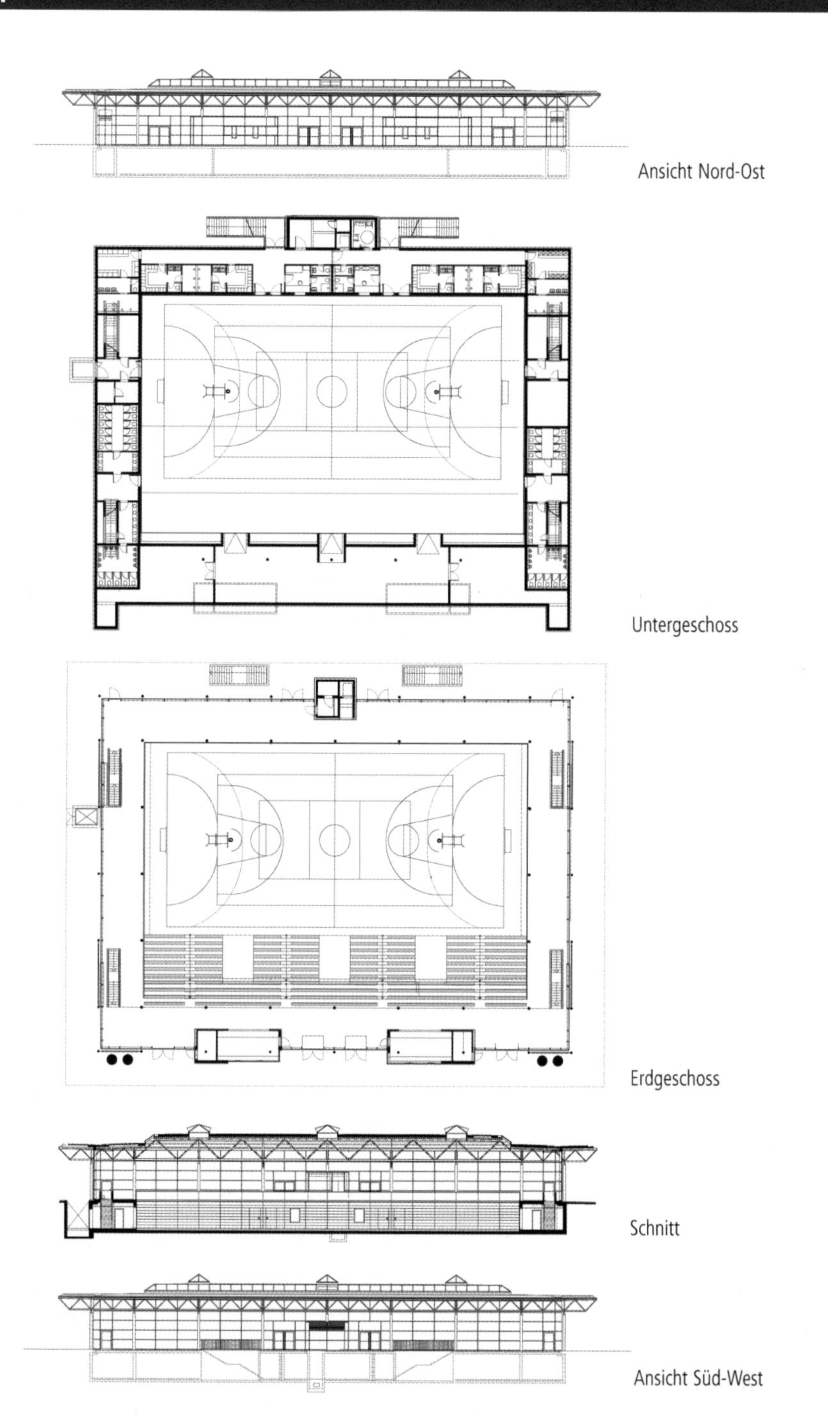

Ansicht Nord-Ost

Untergeschoss

Erdgeschoss

Schnitt

Ansicht Süd-West

Objektbeschreibung

Allgemeine Objektinformationen

Die Positionierung der neuen Sport- und Mehrzweckhalle mit fester und mobiler Tribüne als Solitärbau stellt städtebaulich klare Beziehungen zu den vorhandenen Schul- und Sportanlagen her. Neben dem repräsentativen Vorplatz entstehen auf diese Weise verschiedene Stadtplätze als Pausenhöfe für die Realschule und das Gymnasium (Objektnummer 5100-0107). Die neue Großsporthalle soll neben der täglichen Schulsportnutzung abends und am Wochenende dem Vereinssport zur Verfügung stehen und darüber hinaus für Großveranstaltungen unterschiedlicher Art genutzt werden.

Nutzung

1 Untergeschoss
Spielfeld, Geräteraum, technische Gebäudeausrüstung, Umkleidräume, Duschen, WCs, Abstellraum, Heizungsraum, Hausanschluss

1 Erdgeschoss
Foyer, feste Tribüne, Kioske, technische Gebäudeausrüstung, Lüftungstechnik, Putzmittelraum

Nutzeinheiten

Zuschauerplätze: 666

Grundstück

Bauraum: Freier Bauraum
Neigung: Ebenes Gelände
Bodenklasse: BK 1 bis BK 5

Markt

Hauptvergabezeit: 1. Quartal 2011
Baubeginn: 1. Quartal 2011
Bauende: 1. Quartal 2013
Konjunkturelle Gesamtlage: Durchschnitt
Regionaler Baumarkt: Durchschnitt

Baukonstruktion

Der Neubau gründet auf Einzel- und Streifenfundamenten samt einer Stahlbetonbodenplatte. Die Kellergeschosswände sind als Stahlbetonwände und als Betondoppelwandtafeln errichtet. Zusätzlich als tragende Konstruktion sind Stahlbetonstützen angeordnet. Die Erdgeschossebene ist mit einer Pfosten-Riegel-Fassade versehen. Auch die Trennwände sind als Stahlbetonwände und als Betondoppelwandtafeln bzw. als Gipskartonwände ausgeführt. Das Dach der Sporthalle ist als Stahlfachwerkkonstruktion ausgebildet.

Technische Anlagen

Es kamen eine Lüftungs- und eine Klimaanlage zum Einbau. Die Sporthalle wird über eine Wärmepumpe mit Wärme versorgt.

Sonstiges

Die neue Halle wurde als transparenter Baukörper mit einem ebenerdig angeordneten Ringfoyer ausgeführt. Die eigentliche Sport- und Spielfläche liegt abgesenkt im Untergeschoss. Der Haupteingang für Gäste und Besucher bei Veranstaltungen liegt auf der Westseite. Hier ist parallel zum Radweg der Vorplatz positioniert. Die Zugänge für Schüler, Sportler und Akteure bei Veranstaltungen liegen auf der gegenüberliegenden und den Schulen zugewandten Seite im Osten. Über regengeschützte Außentreppen erfolgt hier der Zugang direkt in das Untergeschoss. Sämtliche Nebenräume, wie Toiletten, Umkleideräume, Geräte- und Technikräume sind im Untergeschoss positioniert, sodass im Erdgeschoss keine Einbauten den freien Blick durch den Raum und auf das Spielfeld nach unten stören. Feste Einbauten bilden lediglich die beiden kombinierten Kassen- bzw. Kiosk-Boxen an der Eingangsseite der Halle und die Box für den Behindertenaufzug auf der gegenüberliegenden Seite. Die Tribünenanlage ist auf der Längsseite der Gesamtspielfläche angeordnet und unterteilt sich in eine dreireihige fest eingebaute Tribünenanlage mit 240 Sitzplätzen und eine mobile Tribüne mit 426 Sitzplätzen, sodass eine Gesamtkapazität von 666 Sitzplätzen zur Verfügung steht. Die Hallen-Spielfläche ist ca. 27,50x45,50m groß und ist in drei Spielfelder mittels Trennvorhängen unterteilbar. Zu Konzerten oder ähnlichen Veranstaltungen können neben den festen und mobilen Tribünenplätzen Reihenbestuhlungen mit etwa 1.000 Besucherplätzen auf der unteren Ebene angeordnet werden. Im Fall von Stehplätzen stehen auf der unteren Veranstaltungs-Ebene maximal 2.200 Besucherplätze zur Verfügung.

Planungskennwerte für Flächen und Rauminhalte nach DIN 277

Flächen des Grundstücks		Menge, Einheit	% an GF
BF	Bebaute Fläche	2.553,45 m²	25,4
UF	Unbebaute Fläche	7.496,45 m²	74,6
GF	Grundstücksfläche	10.050,00 m²	100,0

Grundflächen des Bauwerks		Menge, Einheit	% an NUF	% an BGF
NUF	Nutzungsfläche	2.883,73 m²	100,0	74,5
TF	Technikfläche	252,36 m²	8,8	6,5
VF	Verkehrsfläche	190,96 m²	6,6	4,9
NRF	Netto-Raumfläche	3.327,05 m²	115,4	85,9
KGF	Konstruktions-Grundfläche	546,07 m²	18,9	14,1
BGF	Brutto-Grundfläche	3.873,12 m²	134,3	100,0

NUF=100% BGF=134,3%
NUF TF VF KGF
NRF=115,4%

Brutto-Rauminhalt des Bauwerks		Menge, Einheit	BRI/NUF (m)	BRI/BGF (m)
BRI	Brutto-Rauminhalt	26.903,78 m³	9,33	6,95

0 2 4 6 8 BRI/NUF=9,33m
0 1 2 3 4 5 6 BRI/BGF=6,95m

Lufttechnisch behandelte Flächen	Menge, Einheit	% an NUF	% an BGF
Entlüftete Fläche	–	–	–
Be- und Entlüftete Fläche	–	–	–
Teilklimatisierte Fläche	–	–	–
Klimatisierte Fläche	–	–	–

KG	Kostengruppen (2.Ebene)	Menge, Einheit	Menge/NUF	Menge/BGF
310	Baugrube	9.206,12 m³ BGI	3,19	2,38
320	Gründung	2.553,45 m² GRF	0,89	0,66
330	Außenwände	2.183,45 m² AWF	0,76	0,56
340	Innenwände	2.569,54 m² IWF	0,89	0,66
350	Decken	1.319,67 m² DEF	0,46	0,34
360	Dächer	5.906,70 m² DAF	2,05	1,53

Kostenkennwerte für die Kostengruppen der 1.Ebene DIN 276

KG	Kostengruppen (1.Ebene)	Einheit	Kosten €	€/Einheit	€/m² BGF	€/m³ BRI	% 300+400
100	Grundstück	m² GF	–	–	–	–	–
200	Herrichten und Erschließen	m² GF	–	–	–	–	–
300	Bauwerk - Baukonstruktionen	m² BGF	5.189.291	1.339,82	1.339,82	192,88	74,3
400	Bauwerk - Technische Anlagen	m² BGF	1.797.416	464,07	464,07	66,81	25,7
	Bauwerk 300+400	**m² BGF**	**6.986.707**	**1.803,90**	**1.803,90**	**259,69**	**100,0**
500	Außenanlagen	m² AF	–	–	–	–	–
600	Ausstattung und Kunstwerke	m² BGF	90.598	23,39	23,39	3,37	1,3
700	Baunebenkosten	m² BGF	–	–	–	–	–

KG	Kostengruppe	Menge Einheit	Kosten €	€/Einheit	%
3+4	**Bauwerk**				**100,0**
300	**Bauwerk - Baukonstruktionen**	3.873,12 m² BGF	5.189.291	**1.339,82**	74,3

Stb-Bodenplatten, Dämmung, Estrich, Parkettsportboden, Bodenbeschichtung, Betonwerksteinplatten, Dränleitungen; Betondoppelwandtafeln, Stb-Wände, Alutüren, Alufenster, Perimeterdämmung, hinterlüftete Alu-Fassade, Lamellenwandsystem, Sonnenschutz; Metallständerwände, Stahlstützen, Stb-Stützen, Innentüren, -verglasung, Anstrich, Wandfliesen, Akustikbespannung, Tore, Trennvorhanganlagen, WC-Trennwandsysteme; Stb-Decken, Stb-Treppen, Tribünenanlage, Betonwerkstein-Winkelstufen, Akustikdecken, GK-Decken, Alu-Paneeldecke, Anstrich, Ganzglasgeländer; Stahlkonstruktion, Fachwerkträger, Pfetten, Stb-Flachdächer, Shedverglasungen, Sattellichtbänder, Stahltrapezprofile, Dämmung, Flachdachabdichtung, Extensivbegrünung, Kiesstreifen, Betonplatten, Dachentwässerung; Teleskoptribüne, Sitzbänke, Ballfangnetze

KG	Kostengruppe	Menge Einheit	Kosten €	€/Einheit	%
400	**Bauwerk - Technische Anlagen**	3.873,12 m² BGF	1.797.416	**464,07**	25,7

Gebäudeentwässerung, Kalt- und Warmwasserleitungen, Sanitärobjekte; Wärmepumpe, Fußbodenheizung; Lüftungsanlage, Klimaanlage; Elektroinstallation, Beleuchtung, Blitzschutz; Aufzug, Lastenhubtisch; Einstellschränke für Feuerlöscher, Handfeuermelder, Rauchabzugstaster

KG	Kostengruppe	Menge Einheit	Kosten €	€/Einheit	%
600	**Ausstattung und Kunstwerke**	3.873,12 m² BGF	90.598	**23,39**	100,0

Allgemeine Ausstattung, Massage- und Liegebänke, Kioskeinrichtung, Turngeräte, Sportausstattung

Kostenkennwerte für die Kostengruppen der 2.Ebene DIN 276

KG	Kostengruppe	Menge Einheit	Kosten €	€/Einheit	%
300	**Bauwerk - Baukonstruktionen**				**100,0**
310	**Baugrube**	9.206,12 m³ BGI	99.895	**10,85**	1,9
	Oberboden ausheben, abfahren (246m²), Boden BK 3-5, ausheben, abfahren, entsorgen (8.021m³), lagern, Arbeitsräume verfüllen (1.842m³) * Böschungs- und Baufeldabsicherung (957m²)				
320	**Gründung**	2.553,45 m² GRF	559.419	**219,08**	10,8
	Bodenaustausch, Hartsteinschotter (374m³) * Stb-Fundamente (38m³) * Stb-Bodenplatten C35/45, d=20-25 (2.553m²) * Dämmung, Estrich (892m²), Parkettsportboden (1.276m²), Bodenbeschichtung (912m²), Betonwerksteinplatten (54m²) * Filterschicht (855m³), PE-Folie, Sauberkeitsschicht (2.477m²), Füllbeton (185m³), Perimeterdämmung (1.318m²) * Dränleitungen (22m), Stangendränrohre (116m), Spül-, Kontroll- und Sammelschächte (18St), Filtervlies (1.359m²), Sickerpackung, Kies (95m³)				
330	**Außenwände**	2.183,45 m² AWF	1.156.812	**529,81**	22,3
	Betondoppelwandtafeln, d=30cm (667m²), Stb-Wände C25/30, d=15-25 (356m²) * Stb-Attika C25/30 (21m²) * Stahlstützen (126m) * Alutüren (28m²), Alufenster (19m²), Lamellenelement (1St) * Bitumenschweißbahnen, Perimeterdämmung (765m²), Noppenbahnen (933m²), hinterlüftete Alu-Fassade (105m²), Lamellenwandsystem (52m²) * Dämmung (46m²), Anstrich (560m²), Wandfliesen (60m²) * Alu-Pfosten-Riegel-Fassade (1.092m²) * Senkrechtverschattungen (930m²), Schrägverschattungen (172m²), Horizontalverschattungen (105m²), Rollläden (9m²) * Stahlgeländer (34m), Betonlichtschächte (3St)				
340	**Innenwände**	2.569,54 m² IWF	640.049	**249,09**	12,3
	Betondoppelwandtafeln, d=25-30cm (580m²), Stb-Wände C25/30, d=15-30cm (363m²), Stb-Schachtwände C25/30, d=25cm (81m²) * GK-Metallständerwände, d=10-12,5cm (204m²), F30 (160m²), F90 (8m²), Installationswände, d=20cm (39m²) * Stahlstützen (90m), Stb-Stützen C30/37 (13m) * Holztüren (55m²), Feuerschutztüren T30 (25m²), Alutüren (7m²), Alu-Brandschutzverglasung F30 (5m²) * Glasvlies, Anstrich (1.534m²), GK-Vorsatzschalen (155m²), Wandfliesen (404m²), hinterlüftete Alubekleidung (105m²) * Tragwerkskonstruktion, Akustikbespannung, Paneelbekleidung (489m²), Schwingtore (18m²), Hallenzugangstüren (13m²), Sporthallentür (5m²), Brandschutzfenster (5m²), Revisionstüren (3m²), Trennvorhanganlagen (378m²), WC-Trennwandsysteme (132m²) * Wandhandläufe (153m)				
350	**Decken**	1.319,67 m² DEF	465.655	**352,86**	9,0
	Stb-Decken C25/30, d=15-20cm (1.029m²), Stb-Innentreppen C25/35 (29m²), Stb-Außentreppen C25/30 (20m²), Stb-Zwischenpodeste (14m²), Tribünenanlage C30/37 (70m²), Beton C30/37 für Sitzstufen (158m²) * Dämmung (69m²), Estrich (808m²), Betonwerksteinplatten (768m²), Betonwerkstein-Winkelstufen (36m²), Eingangsmatten (25m²) * Akustikdecken (247m²), GK-Decken (202m²), Alu-Paneeldecke (51m²), Anstrich (654m²) * Ganzglasgeländer, Holzhandlauf (146m)				

KG	Kostengruppe	Menge Einheit	Kosten €	€/Einheit	%
360	**Dächer**	5.906,70 m² DAF	1.328.482	**224,91**	25,6
	Stahlkonstruktion, Fachwerkträger, Pfetten, Dachverbände (140t), Stb-Flachdächer C25/30, d=15cm (127m²) * Shedverglasungen (154m²), Sattellichtbänder (106m²), Dachausstieg (1m²) * Stahltrapezprofile (5.586m²), Dampfsperrbahn, Trapezblechsickenfüller, Dämmung, Flachdachabdichtung (2.748m²), Extensivbegrünung (1.214m²), Kiesstreifen (1.085m), Betonplatten (324m), Entwässerungsrinnen (136m) * Sekuranteneinfassungen (58St)				
370	**Baukonstruktive Einbauten**	3.873,12 m² BGF	325.809	**84,12**	6,3
	Teleskoptribüne, Buche, Multiplexplatte (psch), Getriebemotoren (4St), Sitzbänke und Frontbekleidung, Stahlunterkonstruktion, Sitzbankrückseite (psch), festmontierte Stufenkästen (4St), steckbare Seitengeländer am Tribünenende (56St), klappbaren Bestuhlung (612St), Sitzplatznummerierung (666St), Reihennummerierung (44St), Ballfangnetze (2St)				
390	**Sonstige Baukonstruktionen**	3.873,12 m² BGF	613.170	**158,31**	11,8
	Baustelleneinrichtung (psch), Baustraßen (1.985m²), Sanitärcontainer (1St), Kran (1St), Baustrom- und Bauwasseranschluss (psch), Baustellenbeleuchtung (psch), Bauschilder (psch), Tafel für SiGe-Plan (1St), Bauzaun (396m), Tore (2St) * Fassadengerüst (4.017m²), Gerüstkonsolen (421m), Innengeländer (631m), Fanggerüst (233m), Gitterträger (12m), Treppenaufgang (1St), Raumgerüste (11.697m³), Fahrgerüste (14St), Fangnetze (189m), Absturzsicherung (152m) * Auffangnetze (2.248m²), Bodenfläche mit PE-Folie abkleben (411m²), Treppenläufe, Umwehrungen sichern (153m), Kondenstrockengeräte (4St), Endreinigung (psch)				
400	**Bauwerk - Technische Anlagen**				**100,0**
410	**Abwasser-, Wasser-, Gasanlagen**	3.873,12 m² BGF	257.488	**66,48**	14,3
	Rohrgrabenaushub (527m³), Grabenverfüllung mit Lava (199m³), Suchgräben BK 3-4 (13m), Grundleitungen (psch), Abwasserleitungen DN100-250 (533m), Schacht DN1.000 (1St), Bodenabläufe DN100 (2St), Dachabläufe DN100 (10St), Dachgullys (4St), Notablauf (1St) * Kalt- und Warmwasserleitungen (psch), Sanitärobjekte				
420	**Wärmeversorgungsanlagen**	3.873,12 m² BGF	616.072	**159,06**	34,3
	Wärmepumpe * Fußbodenheizung				
430	**Lufttechnische Anlagen**	3.873,12 m² BGF	406.646	**104,99**	22,6
	Maschinenfundamente (48m²), Lüftungsanlage * Klimaanlage				
440	**Starkstromanlagen**	3.873,12 m² BGF	443.236	**114,44**	24,7
	Elektroinstallation (psch) * Stufenbeleuchtung (56St) * Blitzschutz (psch), Bandstahl (432m)				
460	**Förderanlagen**	3.873,12 m² BGF	71.254	**18,40**	4,0
	Aufzug (1St), Lastenhubtisch (1St), Stahlblechtüren (2St), Betonweksteinplatten (2m²)				
470	**Nutzungsspezifische Anlagen**	3.873,12 m² BGF	1.275	**0,33**	< 0,1
	Einstellschränke für Feuerlöscher mit Muschelgriff (2St), Handfeuermelder (2St), Rauchabzugstaster (2St)				

KG	Kostengruppe	Menge Einheit	Kosten €	€/Einheit	%
490	**Sonstige Technische Anlagen**	3.873,12 m² BGF	1.445	**0,37**	< 0,1
	Abbruch von Regenwasserleitungen (54m), Schmutzwasserleitungen (54m), Wasserleitungen (54m); Entsorgung, Deponiegebühren				
600	**Ausstattung und Kunstwerke**				**100,0**
610	**Ausstattung**	3.873,12 m² BGF	90.598	**23,39**	100,0
	Garderobenschränke (8St), Schrankanlagen (6St), Umkleidebänke (39m), Massage- und Liegebänke (2St), Kioskeinrichtung (psch) * Steckrecksäulen (6St), Reckstangen (4St), Handballtore (2St), Fußballtore (2St), Transportwagen (2St), Basketballkörbe (6St), Badmintonnetze (3St), Volleyballnetze (3St)				

Kostenkennwerte für die Kostengruppe 300 der 2. und 3.Ebene DIN 276 (Übersicht)

KG	Kostengruppe	Menge Einh.	€/Einheit	Kosten €	% 3+4
300	**Bauwerk - Baukonstruktionen**	**3.873,12 m² BGF**	**1.339,82**	**5.189.290,90**	**74,3**
310	**Baugrube**	**9.206,12 m³ BGI**	**10,85**	**99.894,84**	**1,4**
311	Baugrubenherstellung	9.206,12 m³ BGI	10,75	99.000,51	1,4
312	Baugrubenumschließung	–	–	–	–
313	Wasserhaltung	–	–	–	–
319	Baugrube, sonstiges	9.206,12 m³ BGI	< 0,1	894,33	< 0,1
320	**Gründung**	**2.553,45 m² GRF**	**219,08**	**559.419,11**	**8,0**
321	Baugrundverbesserung	2.553,45 m² GRF	5,53	14.132,01	0,2
322	Flachgründungen	2.553,45 m²	6,45	16.473,94	0,2
323	Tiefgründungen	–	–	–	–
324	Unterböden und Bodenplatten	2.553,45 m²	63,45	162.015,33	2,3
325	Bodenbeläge	2.242,59 m²	108,32	242.920,85	3,5
326	Bauwerksabdichtungen	2.553,45 m² GRF	36,73	93.786,26	1,3
327	Dränagen	2.553,45 m² GRF	11,78	30.090,70	0,4
329	Gründung, sonstiges	–	–	–	–
330	**Außenwände**	**2.183,45 m² AWF**	**529,81**	**1.156.811,96**	**16,6**
331	Tragende Außenwände	1.023,08 m²	170,75	174.687,35	2,5
332	Nichttragende Außenwände	21,32 m²	167,56	3.572,31	< 0,1
333	Außenstützen	126,00 m	250,63	31.579,09	0,5
334	Außentüren und -fenster	46,87 m²	1.244,86	58.342,92	0,8
335	Außenwandbekleidungen außen	1.089,88 m²	198,87	216.746,70	3,1
336	Außenwandbekleidungen innen	620,00 m²	38,28	23.732,97	0,3
337	Elementierte Außenwände	1.092,18 m²	436,83	477.092,74	6,8
338	Sonnenschutz	1.216,80 m²	129,81	157.951,83	2,3
339	Außenwände, sonstiges	2.183,45 m² AWF	6,00	13.106,04	0,2
340	**Innenwände**	**2.569,54 m² IWF**	**249,09**	**640.049,47**	**9,2**
341	Tragende Innenwände	1.024,25 m²	106,81	109.395,96	1,6
342	Nichttragende Innenwände	410,60 m²	95,24	39.104,62	0,6
343	Innenstützen	102,52 m	376,11	38.558,70	0,6
344	Innentüren und -fenster	91,34 m²	998,82	91.230,13	1,3
345	Innenwandbekleidungen	2.042,91 m²	46,33	94.651,27	1,4
346	Elementierte Innenwände	1.043,35 m²	236,30	246.547,02	3,5
349	Innenwände, sonstiges	2.569,54 m² IWF	8,00	20.561,76	0,3
350	**Decken**	**1.319,67 m² DEF**	**352,86**	**465.655,00**	**6,7**
351	Deckenkonstruktionen	1.319,67 m²	164,18	216.667,65	3,1
352	Deckenbeläge	829,37 m²	167,29	138.746,01	2,0
353	Deckenbekleidungen	954,51 m²	38,54	36.783,00	0,5
359	Decken, sonstiges	1.319,67 m² DEF	55,66	73.458,34	1,1
360	**Dächer**	**5.906,70 m² DAF**	**224,91**	**1.328.481,84**	**19,0**
361	Dachkonstruktionen	5.645,81 m²	88,45	499.370,55	7,1
362	Dachfenster, Dachöffnungen	260,89 m²	1.104,02	288.026,17	4,1
363	Dachbeläge	5.645,81 m²	93,41	527.387,36	7,5
364	Dachbekleidungen	–	–	–	–
369	Dächer, sonstiges	5.906,70 m² DAF	2,32	13.697,76	0,2
370	**Baukonstruktive Einbauten**	**3.873,12 m² BGF**	**84,12**	**325.808,74**	**4,7**
390	**Sonstige Baukonstruktionen**	**3.873,12 m² BGF**	**158,31**	**613.169,96**	**8,8**

Kostenkennwerte für die Kostengruppe 400 der 2. und 3.Ebene DIN 276 (Übersicht)

KG	Kostengruppe	Menge Einh.	€/Einheit	Kosten €	% 3+4
400	**Bauwerk - Technische Anlagen**	**3.873,12 m² BGF**	**464,07**	**1.797.415,86**	**25,7**
410	**Abwasser-, Wasser-, Gasanlagen**	**3.873,12 m² BGF**	**66,48**	**257.487,53**	**3,7**
411	Abwasseranlagen	3.873,12 m² BGF	34,39	133.205,40	1,9
412	Wasseranlagen	3.873,12 m² BGF	32,09	124.282,13	1,8
413	Gasanlagen	–	–	–	–
419	Abwasser-, Wasser-, Gasanlagen, sonstiges	–	–	–	–
420	**Wärmeversorgungsanlagen**	**3.873,12 m² BGF**	**159,06**	**616.071,75**	**8,8**
421	Wärmeerzeugungsanlagen	–	–	–	–
422	Wärmeverteilnetze	–	–	–	–
423	Raumheizflächen	–	–	–	–
429	Wärmeversorgungsanlagen, sonstiges	–	–	–	–
430	**Lufttechnische Anlagen**	**3.873,12 m² BGF**	**104,99**	**406.646,46**	**5,8**
431	Lüftungsanlagen	–	–	–	–
432	Teilklimaanlagen	–	–	–	–
433	Klimaanlagen	–	–	–	–
434	Kälteanlagen	–	–	–	–
439	Lufttechnische Anlagen, sonstiges	–	–	–	–
440	**Starkstromanlagen**	**3.873,12 m² BGF**	**114,44**	**443.236,44**	**6,3**
441	Hoch- und Mittelspannungsanlagen	–	–	–	–
442	Eigenstromversorgungsanlagen	–	–	–	–
443	Niederspannungsschaltanlagen	–	–	–	–
444	Niederspannungsinstallationsanlagen	–	–	–	–
445	Beleuchtungsanlagen	–	–	–	–
446	Blitzschutz- und Erdungsanlagen	–	–	–	–
449	Starkstromanlagen, sonstiges	–	–	–	–
450	**Fernmelde-, informationstechn. Anlagen**	**–**	**–**	**–**	**–**
451	Telekommunikationsanlagen	–	–	–	–
452	Such- und Signalanlagen	–	–	–	–
453	Zeitdienstanlagen	–	–	–	–
454	Elektroakustische Anlagen	–	–	–	–
455	Fernseh- und Antennenanlagen	–	–	–	–
456	Gefahrenmelde- und Alarmanlagen	–	–	–	–
457	Übertragungsnetze	–	–	–	–
459	Fernmelde- und informationstechnische Anlagen, sonstiges	–	–	–	–
460	**Förderanlagen**	**3.873,12 m² BGF**	**18,40**	**71.253,98**	**1,0**
461	Aufzugsanlagen	–	–	–	–
462	Fahrtreppen, Fahrsteige	–	–	–	–
463	Befahranlagen	–	–	–	–
464	Transportanlagen	–	–	–	–
465	Krananlagen	–	–	–	–
469	Förderanlagen, sonstiges	–	–	–	–
470	**Nutzungsspezifische Anlagen**	**3.873,12 m² BGF**	**0,33**	**1.274,64**	**< 0,1**
480	**Gebäudeautomation**	**–**	**–**	**–**	**–**
490	**Sonstige Technische Anlagen**	**3.873,12 m² BGF**	**0,37**	**1.445,06**	**< 0,1**

Kostenkennwerte für Leistungsbereiche nach StLB (Kosten des Bauwerks nach DIN 276)

LB	Leistungsbereiche	Kosten €	€/m² BGF	€/m³ BRI	% 3+4
000	Sicherheits-, Baustelleneinrichtungen inkl. 001	591.588	152,74	21,99	8,5
002	Erdarbeiten	216.246	55,83	8,04	3,1
006	Spezialtiefbauarbeiten inkl. 005	–	–	–	–
009	Entwässerungskanalarbeiten inkl. 011	26.282	6,79	0,98	0,4
010	Dränarbeiten	27.691	7,15	1,03	0,4
012	Mauerarbeiten	–	–	–	–
013	Betonarbeiten	772.854	199,54	28,73	11,1
014	Natur-, Betonwerksteinarbeiten	–	–	–	–
016	Zimmer- und Holzbauarbeiten	–	–	–	–
017	Stahlbauarbeiten	717.043	185,13	26,65	10,3
018	Abdichtungsarbeiten	48.167	12,44	1,79	0,7
020	Dachdeckungsarbeiten	–	–	–	–
021	Dachabdichtungsarbeiten	614.790	158,73	22,85	8,8
022	Klempnerarbeiten	55.073	14,22	2,05	0,8
	Rohbau	**3.069.734**	**792,57**	**114,10**	**43,9**
023	Putz- und Stuckarbeiten, Wärmedämmsysteme	–	–	–	–
024	Fliesen- und Plattenarbeiten	169.277	43,71	6,29	2,4
025	Estricharbeiten	42.320	10,93	1,57	0,6
026	Fenster, Außentüren inkl. 029, 032	66.992	17,30	2,49	1,0
027	Tischlerarbeiten	218.505	56,42	8,12	3,1
028	Parkett-, Holzpflasterarbeiten	–	–	–	–
030	Rollladenarbeiten	157.931	40,78	5,87	2,3
031	Metallbauarbeiten inkl. 035	644.105	166,30	23,94	9,2
034	Maler- und Lackiererarbeiten inkl. 037	59.128	15,27	2,20	0,8
036	Bodenbelagsarbeiten	195.145	50,38	7,25	2,8
038	Vorgehängte hinterlüftete Fassaden	164.574	42,49	6,12	2,4
039	Trockenbauarbeiten	113.193	29,23	4,21	1,6
	Ausbau	**1.831.172**	**472,79**	**68,06**	**26,2**
040	Wärmeversorgungsanlagen, inkl. 041	594.875	153,59	22,11	8,5
042	Gas- und Wasseranlagen, Leitungen inkl. 043	62.141	16,04	2,31	0,9
044	Abwasseranlagen - Leitungen	68.426	17,67	2,54	1,0
045	Gas, Wasser, Entwässerung - Ausstattung inkl. 046	62.141	16,04	2,31	0,9
047	Dämmarbeiten an technischen Anlagen	–	–	–	–
049	Feuerlöschanlagen, Feuerlöschgeräte	–	–	–	–
050	Blitzschutz- und Erdungsanlagen	11.630	3,00	0,43	0,2
052	Mittelspannungsanlagen	–	–	–	–
053	Niederspannungsanlagen inkl. 054	431.139	111,32	16,03	6,2
055	Ersatzstromversorgungsanlagen	–	–	–	–
057	Gebäudesystemtechnik	–	–	–	–
058	Leuchten und Lampen, inkl. 059	4.676	1,21	0,17	< 0,1
060	Elektroakustische Anlagen	–	–	–	–
061	Kommunikationsnetze, inkl. 063	–	–	–	–
069	Aufzüge	70.928	18,31	2,64	1,0
070	Gebäudeautomation	–	–	–	–
075	Raumlufttechnische Anlagen	402.466	103,91	14,96	5,8
	Gebäudetechnik	**1.708.422**	**441,10**	**63,50**	**24,5**
084	**Abbruch- und Rückbauarbeiten**	**1.445**	**0,37**	**< 0,1**	**< 0,1**
	Sonstige Leistungsbereiche inkl. 008, 033, 051	**375.933**	**97,06**	**13,97**	**5,4**

5100-0102
Sporthalle
(Dreifeldhalle)

Objektübersicht

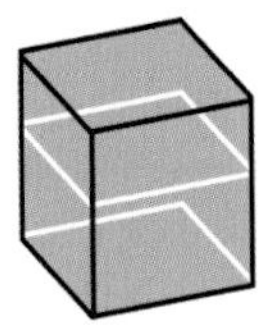

BRI 268 €/m³

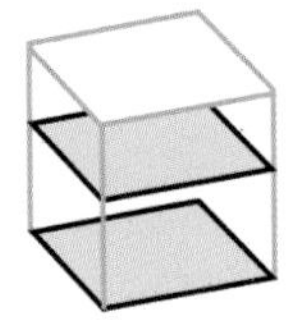

BGF 1.985 €/m²

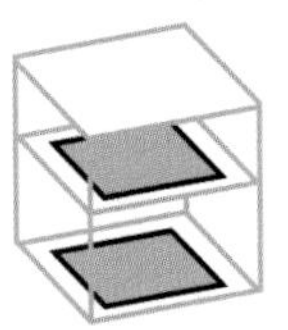

NUF 2.902 €/m²

Objekt:
Kennwerte: 1.Ebene DIN 276
BRI: 21.472 m³
BGF: 2.898 m²
NUF: 1.982 m²
Bauzeit: 56 Wochen
Bauende: 2014
Standard: Durchschnitt
Kreis: Saarpfalz-Kreis,
Saarland

Architekt:
Architekturbüro
Morschett
Bahnhofstraße 2
66453 Gersheim

Bauherr:
Saarpfalz-Kreis und
Stadt Homburg
66424 Homburg

© Architekturbüro Morschett

© Architekturbüro Morschett

© Architekturbüro Morschett

© Architekturbüro Morschett

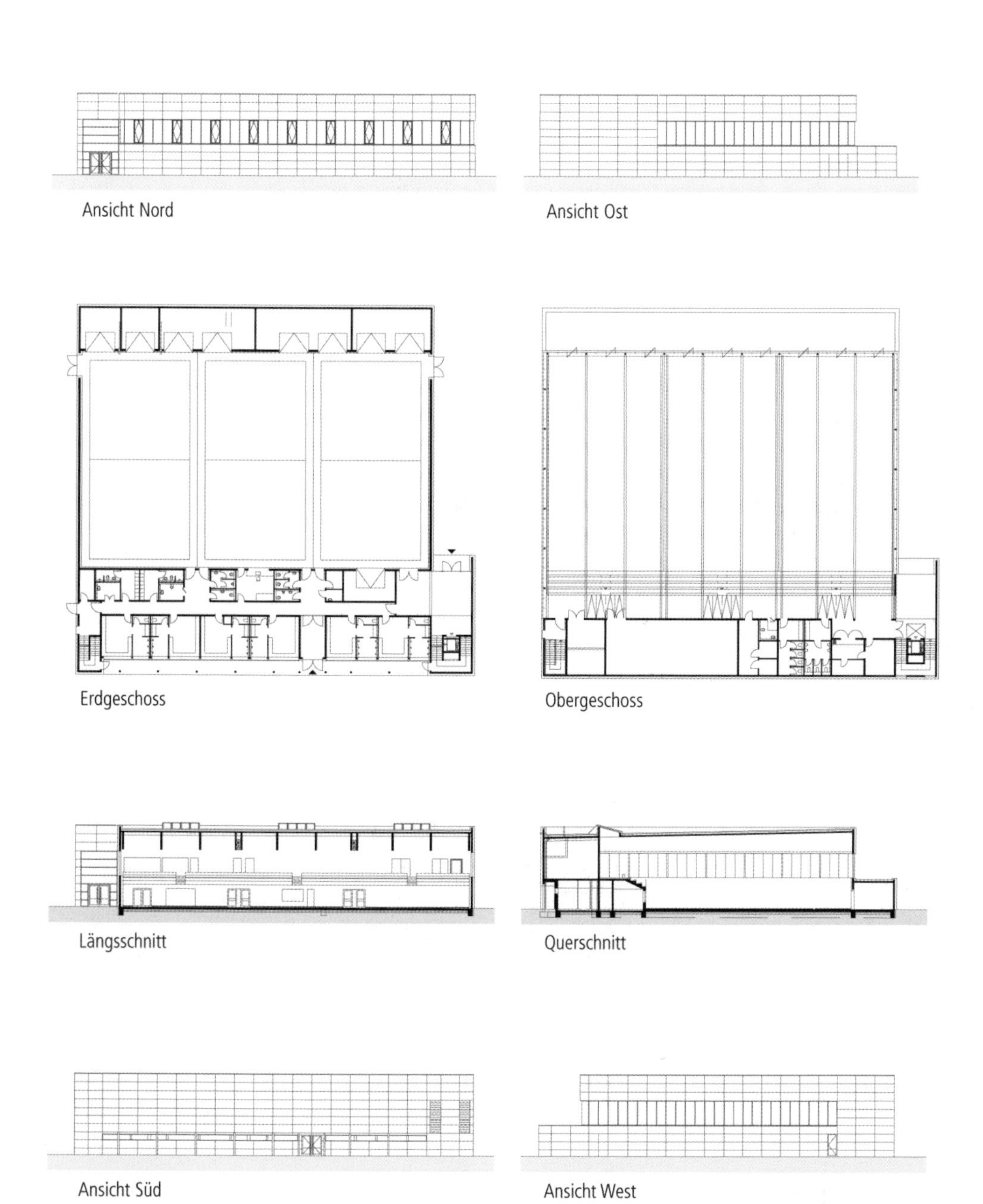

Ansicht Nord

Ansicht Ost

Erdgeschoss

Obergeschoss

Längsschnitt

Querschnitt

Ansicht Süd

Ansicht West

Objektbeschreibung

Allgemeine Objektinformationen

Diese Dreifeldhalle mit Tribüne bietet Platz für 312 Personen, sechs Umkleidebereiche sowie Technik- und Nebenräume.

Nutzung

1 Erdgeschoss
Spielfeld, Geräteräume, Umkleideräume, Sanitärräume, Regieraum

1 Obergeschoss
Tribüne, Technik, Sanitärräume, Teeküche

Nutzeinheiten

Zuschauerplätze: 312

Grundstück

Bauraum: Freier Bauraum
Neigung: Ebenes Gelände
Bodenklasse: BK 3

Markt

Hauptvergabezeit: 1. Quartal 2013
Baubeginn: 2. Quartal 2013
Bauende: 3. Quartal 2014
Konjunkturelle Gesamtlage: unter Durchschnitt
Regionaler Baumarkt: Durchschnitt

Baukonstruktion

Die Halle ist als Stahlbetonkonstruktion mit F30 Leimbindern erstellt. Das Dach ist als Warmdach konzipiert und mit Trapezblech eingedeckt. Die Fassade ist als hinterlüftete Fassade ausgeführt und mit Faserzementplatten mit verdeckter Tafelbefestigung und Hinterschnittankern bekleidet. Die Halle ist auf der Ost- und Westseite mit lichtstreuender Isolierverglasung ausgeführt.

Technische Anlagen

Zwei Gas-Brennwertheizkessel versorgen die Halle mit Wärme. Ein Schichtenpufferspeicher kam zum Einbau. Die Decke der Halle besitzt Deckenstrahlheizplatten. In den Umkleideräumen sind Röhrenheizkörper eingebaut. Ein Lüftungszentralgerät ist ebenfalls eingebaut. Auf dem Dach ist eine thermische Solaranlage mit 21,00m² Fläche für die Brauchwassererwärmung angebracht. Neben einer Brandmeldeanlage kam auch eine RWA-Anlage zum Einbau. Ein Aufzug ermöglicht einen barrierefreien Zugang beider Geschosse.

Planungskennwerte für Flächen und Rauminhalte nach DIN 277

Flächen des Grundstücks		Menge, Einheit	% an GF
BF	Bebaute Fläche	2.240,00 m²	21,0
UF	Unbebaute Fläche	8.448,00 m²	79,0
GF	Grundstücksfläche	10.688,00 m²	100,0

Grundflächen des Bauwerks		Menge, Einheit	% an NUF	% an BGF
NUF	Nutzungsfläche	1.982,34 m²	100,0	68,4
TF	Technikfläche	198,84 m²	10,0	6,9
VF	Verkehrsfläche	353,82 m²	17,8	12,2
NRF	Netto-Raumfläche	2.535,00 m²	127,9	87,5
KGF	Konstruktions-Grundfläche	363,00 m²	18,3	12,5
BGF	Brutto-Grundfläche	2.898,00 m²	146,2	100,0

NUF=100% BGF=146,2%

NUF TF VF KGF NRF=127,9%

Brutto-Rauminhalt des Bauwerks		Menge, Einheit	BRI/NUF (m)	BRI/BGF (m)
BRI	Brutto-Rauminhalt	21.472,25 m³	10,83	7,41

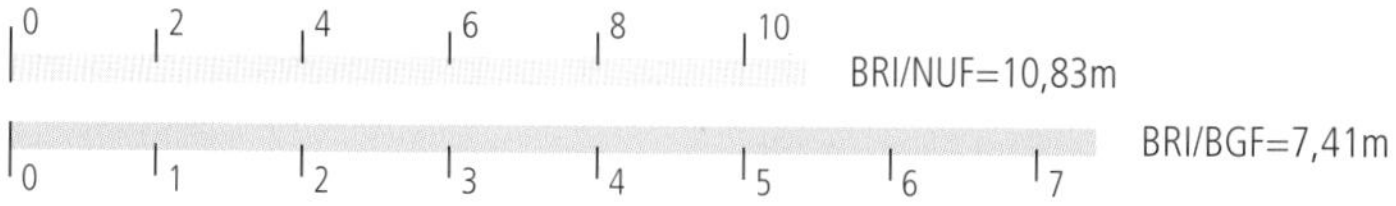

0 2 4 6 8 10 BRI/NUF=10,83m

0 1 2 3 4 5 6 7 BRI/BGF=7,41m

Lufttechnisch behandelte Flächen	Menge, Einheit	% an NUF	% an BGF
Entlüftete Fläche	–	–	–
Be- und Entlüftete Fläche	–	–	–
Teilklimatisierte Fläche	–	–	–
Klimatisierte Fläche	–	–	–

KG	Kostengruppen (2.Ebene)	Menge, Einheit	Menge/NUF	Menge/BGF
310	Baugrube	–	–	–
320	Gründung	–	–	–
330	Außenwände	–	–	–
340	Innenwände	–	–	–
350	Decken	–	–	–
360	Dächer	–	–	–

Kostenkennwerte für die Kostengruppen der 1.Ebene DIN 276

KG	Kostengruppen (1.Ebene)	Einheit	Kosten €	€/Einheit	€/m² BGF	€/m³ BRI	% 300+400
100	Grundstück	m² GF	–	–	–	–	–
200	Herrichten und Erschließen	m² GF	–	–	–	–	–
300	Bauwerk - Baukonstruktionen	m² BGF	4.146.275	1.430,74	1.430,74	193,10	72,1
400	Bauwerk - Technische Anlagen	m² BGF	1.606.682	554,41	554,41	74,83	27,9
	Bauwerk 300+400	**m² BGF**	**5.752.957**	**1.985,15**	**1.985,15**	**267,93**	**100,0**
500	Außenanlagen	m² AF	–	–	–	–	–
600	Ausstattung und Kunstwerke	m² BGF	–	–	–	–	–
700	Baunebenkosten	m² BGF	–	–	–	–	–

KG	Kostengruppe	Menge Einheit	Kosten €	€/Einheit	%
3+4	**Bauwerk**				**100,0**
300	**Bauwerk - Baukonstruktionen**	2.898,00 m² BGF	4.146.275	**1.430,74**	72,1

Stb-Bodenplatte, Sporthallenboden, Linoleum, Bodenfliesen; Stb-Außenwände, Dämmung, Faserzementplatten, Prallwände Holz, Wandfliesen, Pfosten-Riegel-Fassade; Stb-Decke, Stb-Treppe, Estrich, Bodenfliesen; BSH-Dachbinder, Trapezblecheindeckung, Dachentwässerung

KG	Kostengruppe	Menge Einheit	Kosten €	€/Einheit	%
400	**Bauwerk - Technische Anlagen**	2.898,00 m² BGF	1.606.682	**554,41**	27,9

Gebäudeentwässerung, Kalt- und Warmwasserleitungen, Sanitärobjekte; Gas-Brennwertkessel (2St), Pufferspeicher, l=5.000l, Gas-Absorptionswärmepumpe, thermische Solaranlage, Deckenheizplatten (Halle), Radiatoren; Lüftung; Elektroinstallation, LED-Beleuchtung; ELA-Anlage, RWA-Anlage; Aufzug; MSR-Anlage

5100-0103
Sporthalle
(Einfeldhalle)

Objektübersicht

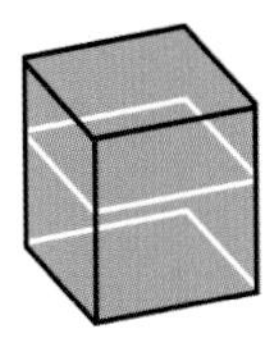

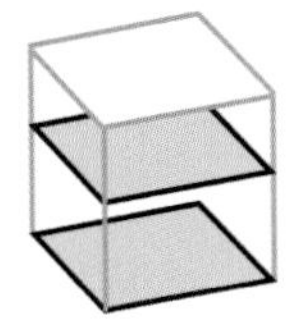

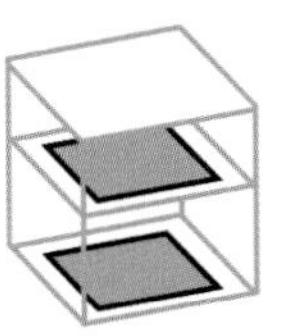

BRI 259 €/m³ BGF 1.655 €/m² NUF 1.963 €/m²

Objekt:
Kennwerte: 1.Ebene DIN 276
BRI: 5.017 m³
BGF: 786 m²
NUF: 663 m²
Bauzeit: 48 Wochen
Bauende: 2015
Standard: Durchschnitt
Kreis: Zwickau,
Sachsen

Architekt:
Fugmann Architekten GmbH
Eisenbahnstraße 1
08223 Falkenstein

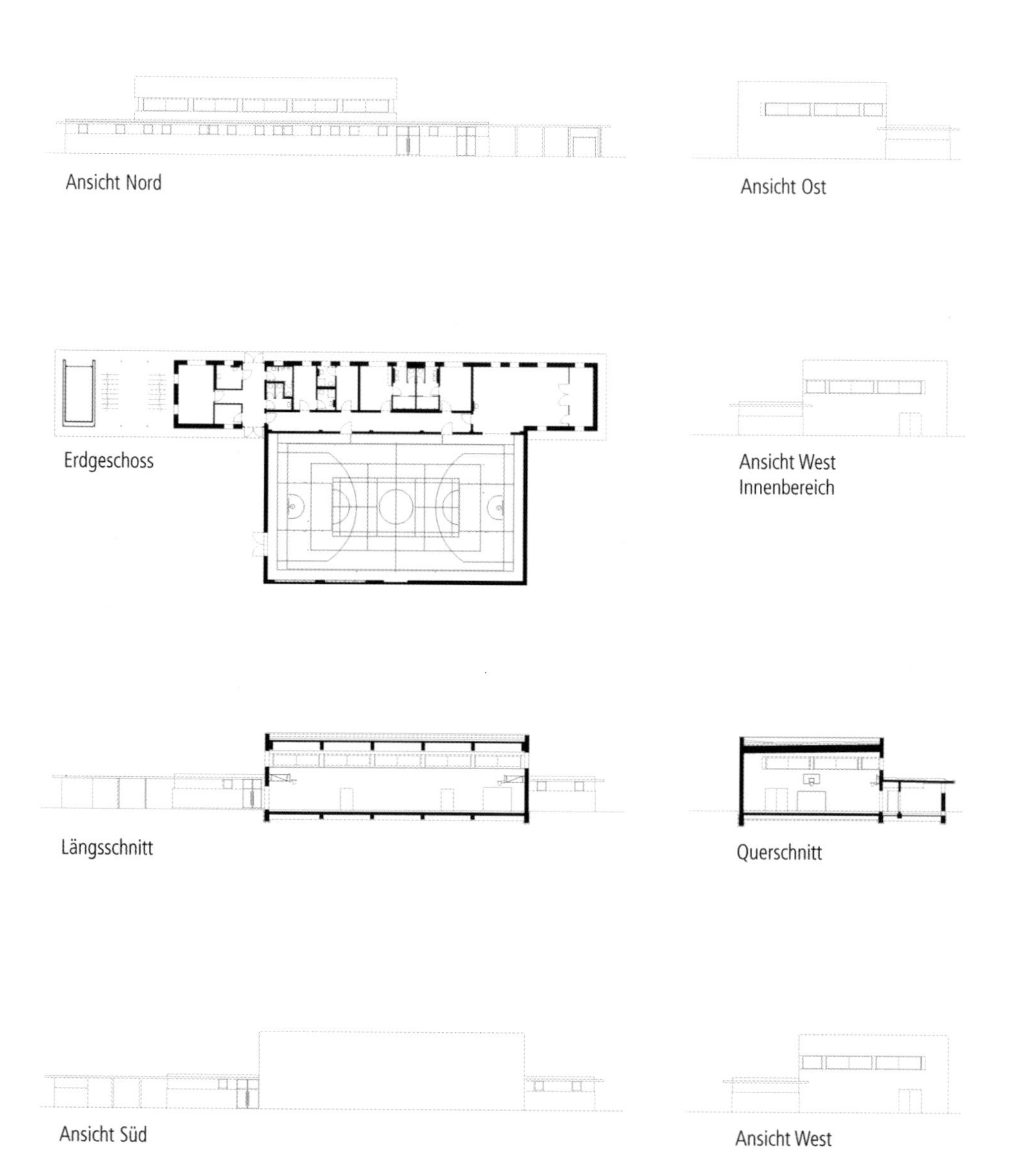

Ansicht Nord

Ansicht Ost

Erdgeschoss

Ansicht West
Innenbereich

Längsschnitt

Querschnitt

Ansicht Süd

Ansicht West

Objektbeschreibung

Allgemeine Objektinformationen

Der Neubau dient als Ersatzbau für eine bestehende Sporthalle. Das Raumprogramm beinhaltet eine 405m² große Sportfläche, einen Geräteraum, zwei Umkleideräume, je ein Raum für Lehrer und Hallenwart, einen Vereinsraum, zugehörige Sanitärräume, Behinderten-WC sowie technische Funktionsräume. In der Einrichtung wird Schulsport für den Grundschulbetrieb sowie Vereinssport durchgeführt.

Nutzung

1 Erdgeschoss
Schul-/Vereinssporthalle, Umkleideräume, Sanitärräume, Geräteraum, Vereinsraum, Hallenwart, Lehrerraum, Technik

Nutzeinheiten

Schüler: 107
Klassen: 7

Grundstück

Bauraum: Freier Bauraum
Neigung: Ebenes Gelände
Bodenklasse: BK 1 bis BK 5

Markt

Hauptvergabezeit: 1. Quartal 2014
Baubeginn: 1. Quartal 2014
Bauende: 1. Quartal 2015
Konjunkturelle Gesamtlage: Durchschnitt
Regionaler Baumarkt: Durchschnitt

Baukonstruktion

Die Sporthalle besteht aus der 15x27m großen Sportfläche und dem als Riegel vorgelagerten Sozialtrakt und wurde als Massivbau errichtet. Die Außenwände der Sporthalle bestehen aus hochgedämmten Porenbetonsteinen und gedämmten Stahlbetonstützen, welche auf Einzelfundamenten gründen. Die Außenwände des Sozialtraktes bestehen gleichfalls aus Porenbetonsteinen, jedoch mit einer 2m hohen elementierten Vorhangfassade aus Schichtpressstoffplatten (HPL). Die Fenster sind aus Gründen des sommerlichen Wärmeschutzes und zur Reduktion von Blendeinwirkungen vorzugsweise Richtung Norden orientiert. Das auf Brettschichtholzbindern ruhende Trapezblechdach der Turnhalle verfügt über eine Aufdachdämmung aus Mineralwolle. Das Dach des Sozialtraktes wurde als flach geneigtes Holzdach mit Aufdachdämmung und umlaufendem 1m Dachüberstand realisiert. Im Bereich des Vorplatzes wurde das Dach über den eigentlichen Baukörper hinaus verlängert, so dass hier ein überdachter Unterstand zum Aufenthalt bzw. zum Abstellen von Fahrrädern entstand. Ebenso wurde die zum Abstellen von Außengeräten des Sportplatzes vorgesehene Garage überdacht. Der Außenraum verfügt über sieben PKW-Stellplätze und zwei Behinderten-Parkplätze. Eine separate Grundstückszufahrt wurde für die Turnhalle realisiert.

Technische Anlagen

Das Gebäude ist im Bereich von Sportflächen mit einer Fußbodenheizung und im Bereich des Sozialtraktes mit Heizkörpern ausgestattet. Es wird über Nahwärme durch die nebenliegenden Grundschule versorgt. Ein Pufferspeicher teilt das Warmwasser auf die Sanitärräume und Heizkreise auf. Es kam eine zentrale Lüftungsanlage mit Wärmerückgewinnung zur Ausführung. Die Stromzuführung des Baukörpers erfolgt ebenso über die nebenliegende Grundschule.

Sonstiges

Die Anforderung der EnEV 2009 zum Jahres-Primärenergiebedarf wird um mehr als 30% unterschritten.

Planungskennwerte für Flächen und Rauminhalte nach DIN 277

Flächen des Grundstücks		Menge, Einheit	% an GF
BF	Bebaute Fläche	783,64 m²	6,7
UF	Unbebaute Fläche	10.976,36 m²	93,3
GF	Grundstücksfläche	11.760,00 m²	100,0

Grundflächen des Bauwerks		Menge, Einheit	% an NUF	% an BGF
NUF	Nutzungsfläche	662,69 m²	100,0	84,3
TF	Technikfläche	21,39 m²	3,2	2,7
VF	Verkehrsfläche	61,17 m²	9,2	7,8
NRF	Netto-Raumfläche	745,25 m²	112,5	94,9
KGF	Konstruktions-Grundfläche	40,44 m²	6,1	5,1
BGF	Brutto-Grundfläche	785,69 m²	118,6	100,0

NUF=100% BGF=118,6% NRF=112,5%

NUF TF VF KGF

Brutto-Rauminhalt des Bauwerks		Menge, Einheit	BRI/NUF (m)	BRI/BGF (m)
BRI	Brutto-Rauminhalt	5.016,65 m³	7,57	6,39

BRI/NUF=7,57m

BRI/BGF=6,39m

Lufttechnisch behandelte Flächen	Menge, Einheit	% an NUF	% an BGF
Entlüftete Fläche	–	–	–
Be- und Entlüftete Fläche	–	–	–
Teilklimatisierte Fläche	–	–	–
Klimatisierte Fläche	–	–	–

KG	Kostengruppen (2.Ebene)	Menge, Einheit	Menge/NUF	Menge/BGF
310	Baugrube	–	–	–
320	Gründung	–	–	–
330	Außenwände	–	–	–
340	Innenwände	–	–	–
350	Decken	–	–	–
360	Dächer	–	–	–

Kostenkennwerte für die Kostengruppen der 1.Ebene DIN 276

KG	Kostengruppen (1.Ebene)	Einheit	Kosten €	€/Einheit	€/m² BGF	€/m³ BRI	% 300+400
100	Grundstück	m² GF	–	–	–	–	–
200	Herrichten und Erschließen	m² GF	–	–	–	–	–
300	Bauwerk - Baukonstruktionen	m² BGF	1.087.910	1.384,65	1.384,65	216,86	83,6
400	Bauwerk - Technische Anlagen	m² BGF	212.643	270,64	270,64	42,39	16,4
	Bauwerk 300+400	**m² BGF**	**1.300.552**	**1.655,30**	**1.655,30**	**259,25**	**100,0**
500	Außenanlagen	m² AF	–	–	–	–	–
600	Ausstattung und Kunstwerke	m² BGF	13.657	17,38	17,38	2,72	1,1
700	Baunebenkosten	m² BGF	–	–	–	–	–

KG	Kostengruppe	Menge Einheit	Kosten €	€/Einheit	%
3+4	**Bauwerk**				**100,0**
300	**Bauwerk - Baukonstruktionen**	785,69 m² BGF	1.087.910	**1.384,65**	83,6

Einzelfundamente, Streifenfundamente, Stb-Bodenplatte, Sportboden; Porenbetonsteine, Stb-Stützen, vorgedämmt, elementierte Vorhangfassade, Schichtpressstoffplatten (HPL), Prallwand; Brettschichtholzbinder, Trapezblechdach, Aufdachdämmung aus Mineralwolle, geneigtes Holzdach mit Aufdachdämmung

KG	Kostengruppe	Menge Einheit	Kosten €	€/Einheit	%
400	**Bauwerk - Technische Anlagen**	785,69 m² BGF	212.643	**270,64**	16,4

Abwasserleitungen, Kalt- und Warmwasserleitungen, Sanitärobjekte; Nahwärme, WW-Pufferspeicher, Fußbodenheizung in der Sporthalle, Heizkörper im Sozialtrakt; Lüftungsanlage mit Wärmerückgewinnung; Elektroinstallation

KG	Kostengruppe	Menge Einheit	Kosten €	€/Einheit	%
600	**Ausstattung und Kunstwerke**	785,69 m² BGF	13.657	**17,38**	100,0

Sporteinrichtungen

5100-0104
Sporthalle
(Dreifeldhalle)
Therapiebereich

Objektübersicht

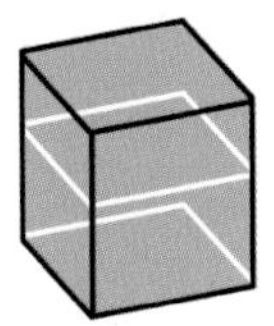

BRI 268 €/m³

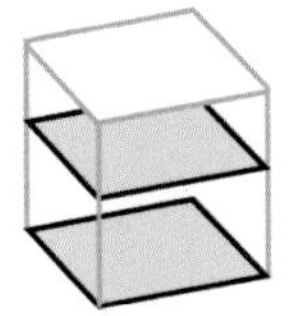

BGF 1.529 €/m²

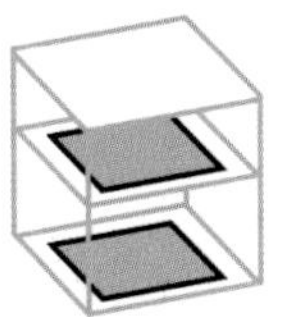

NUF 2.078 €/m²

Objekt:
Kennwerte: 1.Ebene DIN 276
BRI: 10.144 m³
BGF: 1.778 m²
NUF: 1.308 m²
Bauzeit: 56 Wochen
Bauende: 2014
Standard: Durchschnitt
Kreis: Karlsruhe,
Baden-Württemberg

Architekt:
weinbrenner.
single.arabzadeh.
architektenwerkgemeinschaft
Rembrandtstraße 76
72622 Nürtingen

Bauherr:
Landratsamt Karlsruhe
Dezernat II
Amt für Gebäudemanagement
Beiertheimer Allee 2
76137 Karlsruhe

© weinbrenner.single.arabzadeh.

© weinbrenner.single.arabzadeh.

© weinbrenner.single.arabzadeh.

© weinbrenner.single.arabzadeh.

© weinbrenner.single.arabzadeh.

© weinbrenner.single.arabzadeh.

Zeichnungen

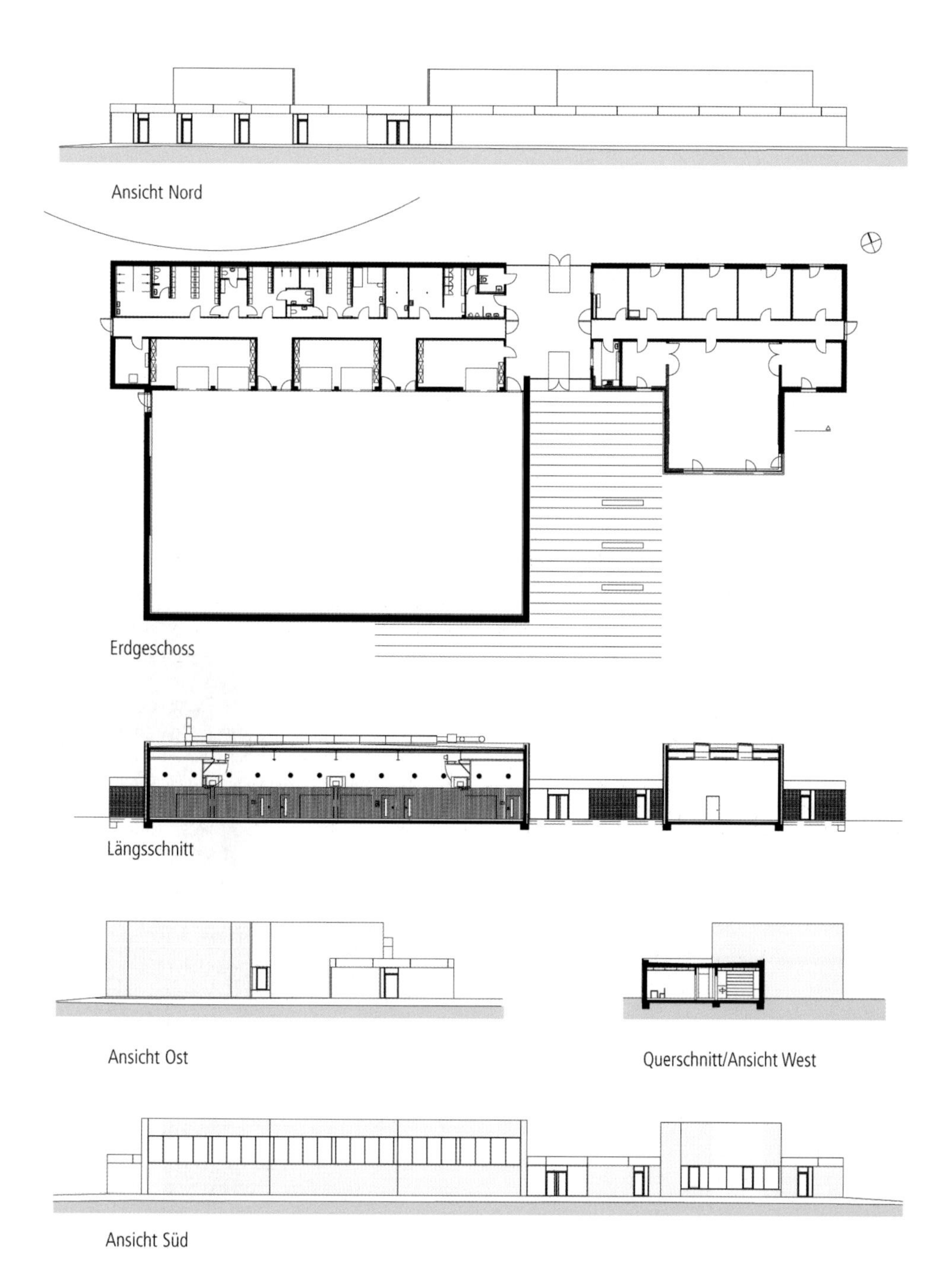

Ansicht Nord

Erdgeschoss

Längsschnitt

Ansicht Ost

Querschnitt/Ansicht West

Ansicht Süd

Objektbeschreibung

Allgemeine Objektinformationen

Der differenzierte Baukörper der neu errichteten Sporthalle orientiert sich in seinen Proportionen und seiner Höhenentwicklung am Bestand und integriert sich in das bestehende Ensemble. Die beiden Funktionseinheiten "Sporthalle" und "Gymnastikhalle" sind hervorgehoben und werden durch einen eingeschossigen Baukörper miteinander verbunden. Der Bau ist funktional stringent organisiert. Die zentrale Eingangshalle bildet von beiden Seiten - Campus und Freisportfeld - eine eindeutige Adresse und verbindet die Funktionsbereiche Sporthalle auf der einen und Gymnastikraum mit dazugehörigem Therapiebereich auf der anderen Seite.

Nutzung

1 Erdgeschoss
Sporthalle, Gymnastikhalle, Therapieräume, Fitnessraum, Musikprobenraum, ZBV-Raum, Kiosk, Eingangshalle, Geräteräume, Stuhllager, Materialraum, Umkleiden, Duschen, Sanitärräume, Putzraum, Technik

Grundstück

Bauraum: Freier Bauraum
Neigung: Ebenes Gelände
Bodenklasse: BK 3

Markt

Hauptvergabezeit: 4. Quartal 2012
Baubeginn: 4. Quartal 2012
Bauende: 1. Quartal 2014
Konjunkturelle Gesamtlage: Durchschnitt
Regionaler Baumarkt: unter Durchschnitt

Baukonstruktion

Der Neubau gründet auf Stahlbetonstreifenfundamenten und einer Stahlbetonbodenplatte. Die Außenwände sind als zweischaliges Mauerwerk ausgebildet. Die erste tragende Schicht ist aus Stahlbeton, die zweite besteht aus hellem Klinker. Belichtet sind die Sport- und die Gymnastikhalle über ein großes Lichtband an der Südfassade. Die Fensterbänder und Fenstertüren wurden zweifachverglast ausgeführt. Ein außenliegender Sonnenschutz wurde angebracht. Die Therapieräume haben raumhohe Fenstertüren und die Umkleiden sind über Oberlichter mit Tageslicht versorgt. In der Sporthalle kam ein flächenelastischer Sportboden zum Einbau und es gibt zwei Trennvorhänge. Die Baukörper besitzen Flachdächer. In den Therapie-, Gymnastik- und Umkleideräumen sind abgehängte Decken ausgeführt.

Technische Anlagen

Auf dem Sporthallendach kam eine Photovoltaikanlage zur Ausführung. Die Wärme wird, außer in der Sporthalle, über eine Fußbodenheizung verteilt. Die Sporthalle besitzt eine Zu- und Abluftanlage.

Sonstiges

Die Sporthalle liegt westlich der Eingangshalle. Kurze Wege zu den Umkleideräumen sowie eine durchgehende Geräteraumspange auf der Nordseite bestimmen die Funktionalität dieses Bereiches. Der Bereich der "Gymnastikhalle" liegt östlich der Eingangshalle und bildet das Zentrum, um welches sich die sonstigen Therapie- und Nutzräume gruppieren. Der Kiosk ist an der Eingangshalle organisiert und bedient den Innenraum. Die Besuchertoiletten sind so angeordnet, dass eine separate Erschließung vom Foyer möglich ist.

Planungskennwerte für Flächen und Rauminhalte nach DIN 277

Flächen des Grundstücks		Menge, Einheit	% an GF
BF	Bebaute Fläche	1.772,77 m²	46,8
UF	Unbebaute Fläche	2.012,78 m²	53,2
GF	Grundstücksfläche	3.785,55 m²	100,0

Grundflächen des Bauwerks		Menge, Einheit	% an NUF	% an BGF
NUF	Nutzungsfläche	1.307,79 m²	100,0	73,6
TF	Technikfläche	48,83 m²	3,7	2,7
VF	Verkehrsfläche	235,49 m²	18,0	13,2
NRF	Netto-Raumfläche	1.592,11 m²	121,7	89,5
KGF	Konstruktions-Grundfläche	185,95 m²	14,2	10,5
BGF	Brutto-Grundfläche	1.778,06 m²	136,0	100,0

NUF=100% BGF=136,0%
NUF TF VF KGF
NRF=121,7%

Brutto-Rauminhalt des Bauwerks		Menge, Einheit	BRI/NUF (m)	BRI/BGF (m)
BRI	Brutto-Rauminhalt	10.144,42 m³	7,76	5,71

0 1 2 3 4 5 6 7 BRI/NUF=7,76m
0 1 2 3 4 5 BRI/BGF=5,71m

Lufttechnisch behandelte Flächen	Menge, Einheit	% an NUF	% an BGF
Entlüftete Fläche	–	–	–
Be- und Entlüftete Fläche	–	–	–
Teilklimatisierte Fläche	–	–	–
Klimatisierte Fläche	–	–	–

KG	Kostengruppen (2.Ebene)	Menge, Einheit	Menge/NUF	Menge/BGF
310	Baugrube	–	–	–
320	Gründung	–	–	–
330	Außenwände	–	–	–
340	Innenwände	–	–	–
350	Decken	–	–	–
360	Dächer	–	–	–

Kostenkennwerte für die Kostengruppen der 1.Ebene DIN 276

KG	Kostengruppen (1.Ebene)	Einheit	Kosten €	€/Einheit	€/m² BGF	€/m³ BRI	% 300+400
100	Grundstück	m² GF	–	–	–	–	–
200	Herrichten und Erschließen	m² GF	–	–	–	–	–
300	Bauwerk - Baukonstruktionen	m² BGF	1.957.820	1.101,10	1.101,10	192,99	72,0
400	Bauwerk - Technische Anlagen	m² BGF	760.361	427,64	427,64	74,95	28,0
	Bauwerk 300+400	**m² BGF**	**2.718.180**	**1.528,73**	**1.528,73**	**267,95**	**100,0**
500	Außenanlagen	m² AF	–	–	–	–	–
600	Ausstattung und Kunstwerke	m² BGF	–	–	–	–	–
700	Baunebenkosten	m² BGF	–	–	–	–	–

KG	Kostengruppe	Menge Einheit	Kosten €	€/Einheit	%
3+4	**Bauwerk**				**100,0**
300	**Bauwerk - Baukonstruktionen**	1.778,06 m² BGF	1.957.820	**1.101,10**	72,0

Stb-Streifenfundamente, Stb-Bodenplatte, Dämmung, Estrich, Linoleum, Bodenfliesen, flächenelastischer Sportboden; Stb-Wände, teilweise Sichtbeton, Fensterbänder, Fenstertüren, Zweifachverglasung, Dämmung, Klinkervorsatzschale, Stb-Fertigteilplatten, außenliegender Sonnenschutz; Stb-Wände, teilweise Sichtbeton, GK-Trennwände, Anstrich, Wandfliesen (Duschräume), Trennvorhänge; Stahlträger, Trapezblech, Gefälledämmung, Bitumenabdichtung, Anstrich (Sporthalle), Stb-Flachdächer, teilweise Sichtbeton, Oberlichter, Gefälledämmung, Bitumenabdichtung, Kiesbett, abgehängte Decken (Gymnastikhalle, Nebenbereiche); Möblierung für Umkleiden

KG	Kostengruppe	Menge Einheit	Kosten €	€/Einheit	%
400	**Bauwerk - Technische Anlagen**	1.778,06 m² BGF	760.361	**427,64**	28,0

Gebäudeentwässerung, Kalt- und Warmwasserleitungen, Sanitärobjekte; Nahwärme mit Holzhackschnitzel, thermische Solaranlage, Fußbodenheizung (ausgenommen Sporthalle); Zu- und Abluftanlage mit Wärmerückgewinnung (Sporthalle); Photovoltaikanlage, Elektroinstallation, Beleuchtung, Blitzschutz; elektroakustische Anlage; MSR-Anlage

5100-0105
Sporthalle
(Zweifeldhalle)

Objektübersicht

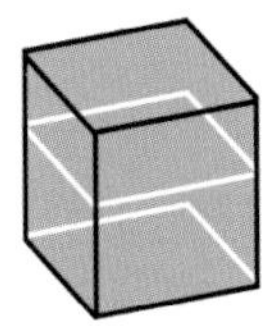

BRI 203 €/m³

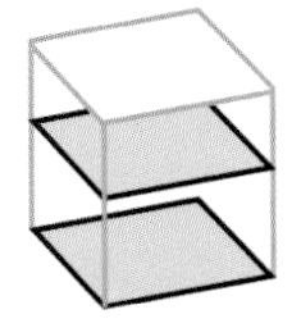

BGF 1.564 €/m²

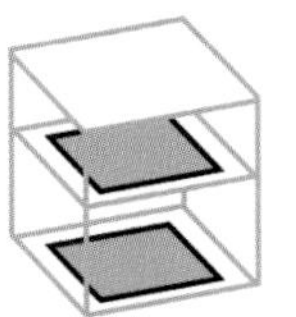

NUF 2.036 €/m²

Objekt:
Kennwerte: 1.Ebene DIN 276
BRI: 11.896 m³
BGF: 1.543 m²
NUF: 1.186 m²
Bauzeit: 56 Wochen
Bauende: 2014
Standard: Durchschnitt
Kreis: Schweinfurt - Stadt,
Bayern

Architekt:
Stadt Schweinfurt
Stadtentwicklungs-
und Hochbauamt
Markt 1
97421 Schweinfurt

Bauherr:
Stadt Schweinfurt
Markt 1
97421 Schweinfurt

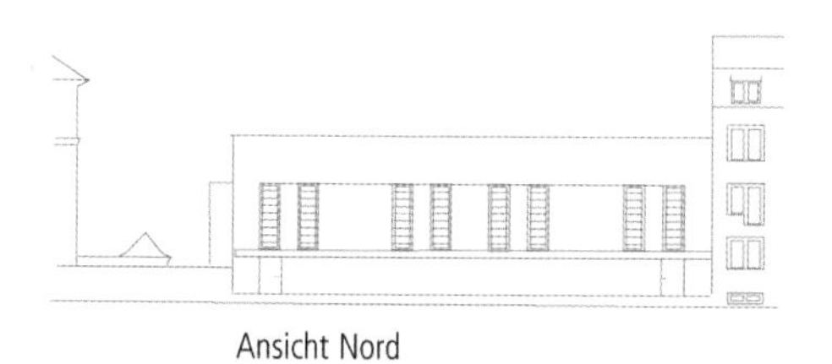
Ansicht Nord

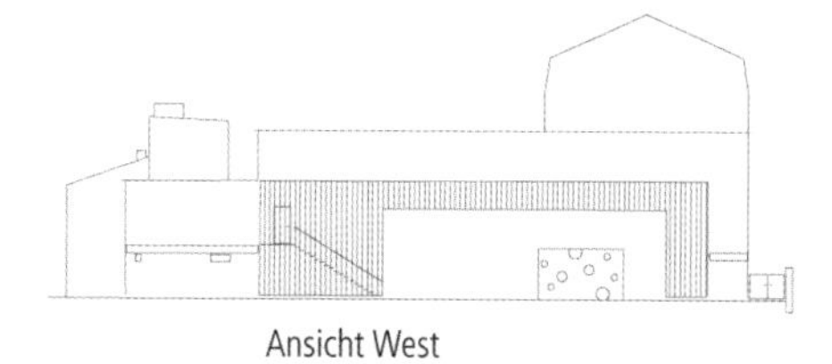
Ansicht West

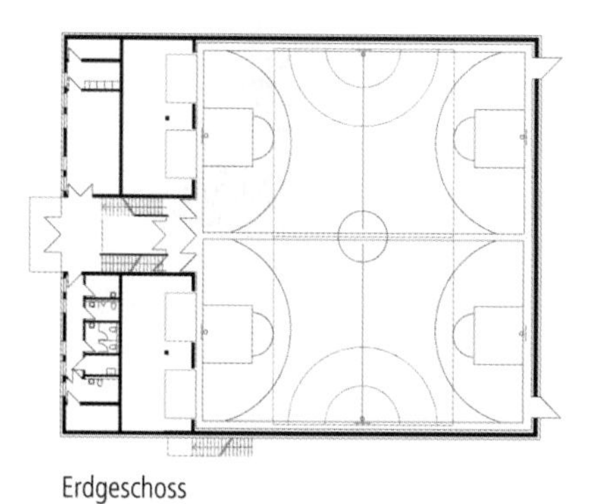
Erdgeschoss

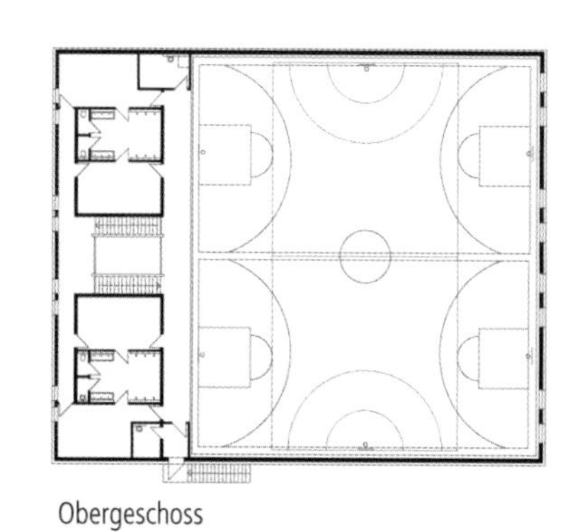
Obergeschoss

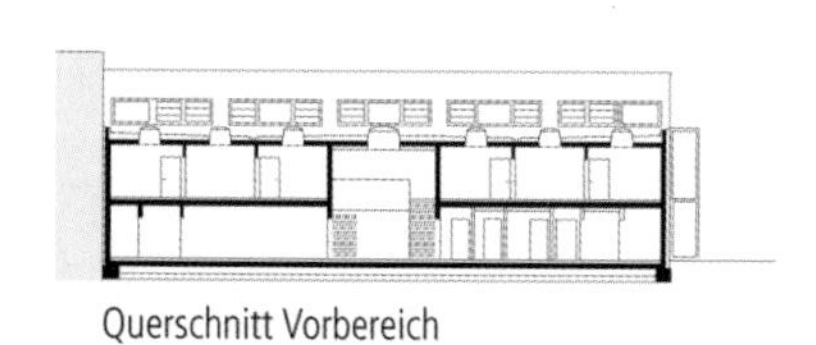
Querschnitt Vorbereich

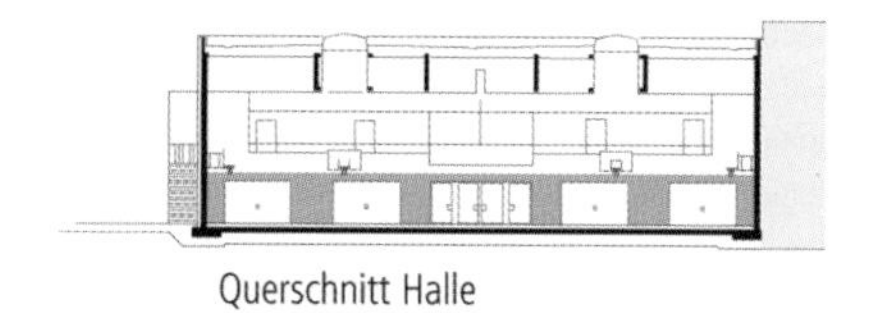
Querschnitt Halle

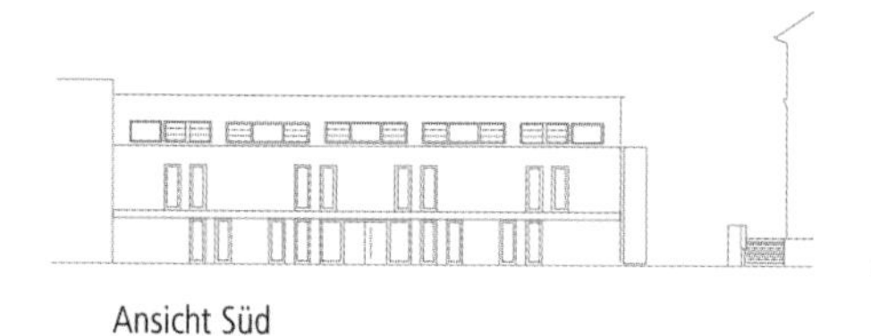
Ansicht Süd

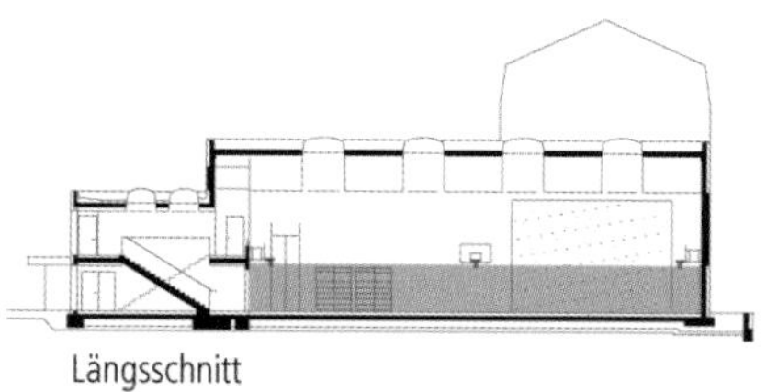
Längsschnitt

Objektbeschreibung

Allgemeine Objektinformationen

Der Neubau befindet sich in verdichteter Blockstruktur und grenzt direkt an die Straße. Der Baukörper besteht aus einem hofseitigen, zweigeschossigen Vorbau als Eingangsbereich und Nebenräumen mit offenem Übergang direkt in die Halle. Natürliche Belichtung kann nur über die Stirnseiten und das Dach erfolgen. Die Anordnung der Erschließung, zurückhaltende Gestaltung und funktionale Ausstattung mit durchgehenden Verdunkelungs- und Akustikelementen ermöglichen auch die uneingeschränkte Nutzung als Schulaula.

Nutzung

1 Erdgeschoss
Sporthalle, Geräteräume, Mehrzweckraum, Vorhalle, Sanitärräume, barrierefreie Umkleide, Küche, Erste-Hilfe-Raum, Putzraum, Technik

1 Obergeschoss
Besuchergalerie, Umkleiden, Waschräume, Duschen, Lehrerumkleiden, Putzräume

Grundstück

Bauraum: Beengter Bauraum
Neigung: Ebenes Gelände
Bodenklasse: BK 2

Markt

Hauptvergabezeit: 3. Quartal 2013
Baubeginn: 3. Quartal 2013
Bauende: 3. Quartal 2014
Konjunkturelle Gesamtlage: über Durchschnitt
Regionaler Baumarkt: Durchschnitt

Baukonstruktion

Aufgrund der unmittelbar angrenzenden Nachbarbebauung und der vorhandenen Platane sowie zur Verkürzung der Bauzeit wurde die Halle mit Betonfertigteilen errichtet. Der Eingangsbereich mit Geräteräumen und Umkleiden ist in konventioneller Bauweise ausgeführt. Die Abmessungen der innenseitig sichtbaren Fertigteilelemente betragen ca. 3x10m mit einer Dicke von 30cm. Um die Querschnittsabmessung und Verformung der frei auskragenden Außenwände gering zu halten, wurden diese mittels eines liegenden Dachverbands in der Binderebene stabilisiert. Die Brettschichtholzbinder haben einen Querschnitt von 200x20cm und eine Spannweite von 30m. Zur Vermeidung der Durchbiegung wurden diese mit einer Überhöhung dargestellt. Die Gründung erfolgt aufgrund wechselnder Bodenverhältnisse mittels Flächengründung. Beide Gebäudeteile sind mit einem WDVS zusammengefasst.

Technische Anlagen

Soweit möglich wurden technische Anlagen durch Nutzung der Gebäudegeometrie ersetzt. Die kompakte Bauweise mit hohem Anteil geschlossener Außenwände ergibt ausgleichende Speicherkapazitäten mit stabilem Innenraumklima. Aufgrund des abgestuften Baukörpers kann eine natürliche, GLT-gesteuerte Querlüftung erfolgen. Die Anordnung einer zusätzlichen barrierefreien Umkleide im EG erübrigt einen Aufzug. Für die Energieversorgung wurde die bereits vorhandene Fernwärmeversorgung weitergenutzt, zumal eine angemessene Nutzung solarer Energiegewinne im verdichteten Umfeld nicht zu erwarten ist. Die mechanische Lüftung der Nebenräume erfolgt mit Wärmerückgewinnung.

Sonstiges

Das Gebäude besteht aus nur einem Brandabschnitt. Die jeweiligen Funktionsbereiche sind deshalb zueinander übersichtlich und transparent angeordnet. Das Foyer kann mit dem zuschaltbaren Mehrzweckraum und Küche für Vereinsnutzungen erweitert werden. Die Fassade reagiert durch verschiedene Gliederungselemente auf das benachbarte denkmalgeschützte Umfeld.

Planungskennwerte für Flächen und Rauminhalte nach DIN 277

Flächen des Grundstücks		Menge, Einheit	% an GF
BF	Bebaute Fläche	–	–
UF	Unbebaute Fläche	–	–
GF	Grundstücksfläche	–	–

Grundflächen des Bauwerks		Menge, Einheit	% an NUF	% an BGF
NUF	Nutzungsfläche	1.185,73 m²	100,0	76,8
TF	Technikfläche	14,95 m²	1,3	1,0
VF	Verkehrsfläche	148,37 m²	12,5	9,6
NRF	Netto-Raumfläche	1.349,05 m²	113,8	87,4
KGF	Konstruktions-Grundfläche	194,43 m²	16,4	12,6
BGF	Brutto-Grundfläche	1.543,48 m²	130,2	100,0

NUF=100% BGF=130,2%
NUF TF VF KGF NRF=113,8%

Brutto-Rauminhalt des Bauwerks		Menge, Einheit	BRI/NUF (m)	BRI/BGF (m)
BRI	Brutto-Rauminhalt	11.896,02 m³	10,03	7,71

0 2 4 6 8 10 BRI/NUF=10,03m
0 1 2 3 4 5 6 7 BRI/BGF=7,71m

Lufttechnisch behandelte Flächen	Menge, Einheit	% an NUF	% an BGF
Entlüftete Fläche	–	–	–
Be- und Entlüftete Fläche	–	–	–
Teilklimatisierte Fläche	–	–	–
Klimatisierte Fläche	–	–	–

KG	Kostengruppen (2.Ebene)	Menge, Einheit	Menge/NUF	Menge/BGF
310	Baugrube	–	–	–
320	Gründung	–	–	–
330	Außenwände	–	–	–
340	Innenwände	–	–	–
350	Decken	–	–	–
360	Dächer	–	–	–

Kostenkennwerte für die Kostengruppen der 1.Ebene DIN 276

KG	Kostengruppen (1.Ebene)	Einheit	Kosten €	€/Einheit	€/m² BGF	€/m³ BRI	% 300+400
100	Grundstück	m² GF	–	–	–	–	–
200	Herrichten und Erschließen	m² GF	93.070	–	60,30	7,82	3,9
300	Bauwerk - Baukonstruktionen	m² BGF	1.992.102	1.290,66	1.290,66	167,46	82,5
400	Bauwerk - Technische Anlagen	m² BGF	421.553	273,12	273,12	35,44	17,5
	Bauwerk 300+400	**m² BGF**	**2.413.656**	**1.563,78**	**1.563,78**	**202,90**	**100,0**
500	Außenanlagen	m² AF	–	–	–	–	–
600	Ausstattung und Kunstwerke	m² BGF	–	–	–	–	–
700	Baunebenkosten	m² BGF	–	–	–	–	–

KG	Kostengruppe	Menge Einheit	Kosten €	€/Einheit	%
200	**Herrichten und Erschließen**	–	93.070	–	100,0
	Abbruch von Einzelhallen, Pausenhoffläche; Entsorgung, Deponiegebühren				
3+4	**Bauwerk**				**100,0**
300	**Bauwerk - Baukonstruktionen**	1.543,48 m² BGF	1.992.102	**1.290,66**	82,5
	Baugrubenverfüllung; Stb-Streifenfundamente, Einzelfundamente, Stb-Bodenplatte, flächenelastischer Sportsystemboden, Linoleum, Zement-Heizestrich, Kautschukboden (Vorhalle); Stb-Fertigteilwände, Sichtbeton innen, Metallaußentüren, Alufenster, Dreifachverglasung, Lamellenfenster, WDVS, Metall-Gurtgesims und -Fensterumfassungen, lasierte Holzprallwand, Raffstores, außenliegende Fluchttreppe, Rankgerüst; Mauerwerk, Holzinnentüren, Putz; Stb-Elementdecken, Dämmung, Estrich, Bodenfliesen, Linoleum, Glasgeländer; BSH-Leimbinder, Holz-Dachverbund, Oberlichter mit Verdunkelung, EPS-Gefälledämmung, Folienabdichtung, abgehängte GK-Akustikdecken, Metalldecke				
400	**Bauwerk - Technische Anlagen**	1.543,48 m² BGF	421.553	**273,12**	17,5
	Gebäudeentwässerung, Kalt- und Warmwasserleitungen, Sanitärobjekte; Übergabestation Fernwärmeanschluss, Fußbodenheizung; mechanische Lüftung mit Wärmerückgewinnung (Umkleiden), automatisierte natürliche Hallen-Lüftung mit Aufschaltung zur GLT; Elektroinstallation, Lichtbewegungsmelder, dimmbare Beleuchtung, Blitzschutz; Aufschaltung Brandmeldeanlage, RWA-Anlage, Alarmsicherung an Fluchttüren				

5100-0108
Sporthalle
(Zweifeldhalle)

Objektübersicht

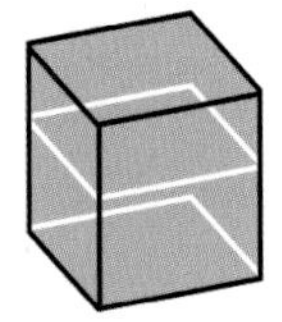

166 €/m³

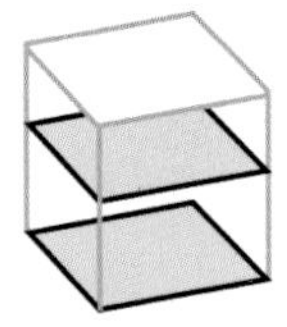

BGF 1.194 €/m²

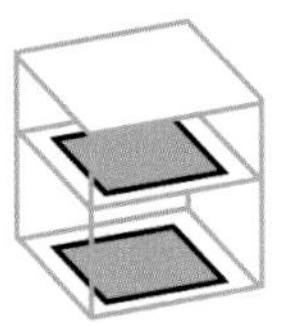

NUF 1.554 €/m²

Objekt:
Kennwerte: 1.Ebene DIN 276
BRI: 12.765 m³
BGF: 1.773 m²
NUF: 1.362 m²
Bauzeit: 69 Wochen
Bauende: 2013
Standard: Durchschnitt
Kreis: Traunstein,
Bayern

Architekt:
Planungsgruppe
Strasser GmbH
Äußere Rosenheimer Str. 25
83278 Traunstein

© Planungsgruppe Strasser GmbH

© Planungsgruppe Strasser GmbH

© Planungsgruppe Strasser GmbH

© Planungsgruppe Strasser GmbH

© Planungsgruppe Strasser GmbH

© Planungsgruppe Strasser GmbH

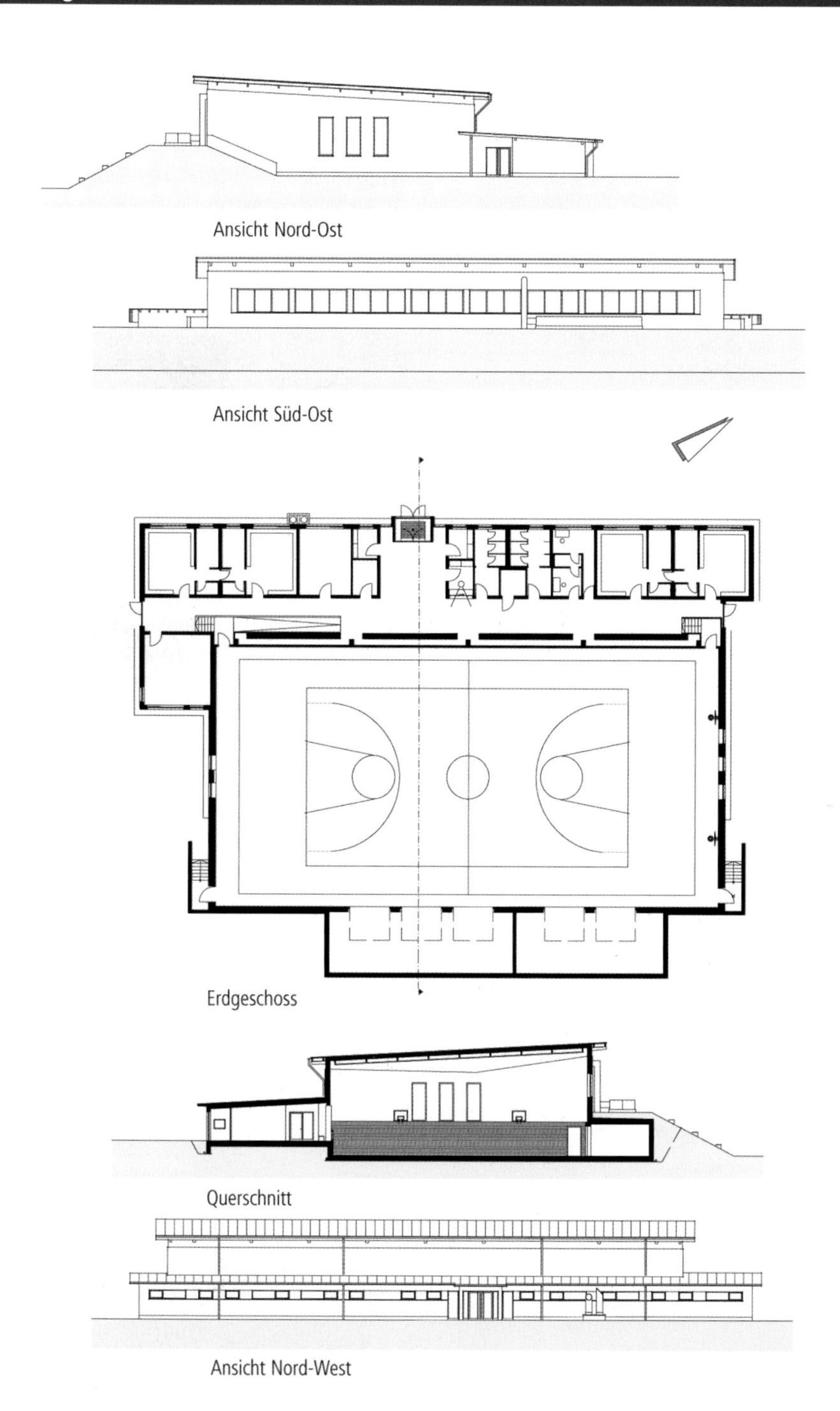

Ansicht Nord-Ost

Ansicht Süd-Ost

Erdgeschoss

Querschnitt

Ansicht Nord-West

Objektbeschreibung

Allgemeine Objektinformationen

In direkter Nähe zum bestehenden Vereinsheim wurde eine neue Sporthalle gebaut. Für den Schulsport sollten zwei Übungseinheiten entstehen, die auch von der Regierung von Oberbayern bewilligt und gefördert wurden. Die Umsetzung einer 2,5-fach Turnhalle ermöglicht durch die größere Hallenfläche im Vergleich zu der geförderten Fläche einer 2-fach Halle die Ausübung von Sportarten wie Fußball, Handball und Hockey auf den entsprechenden Spielfeldgrößen nach den Bestimmungen der jeweiligen Sportverbände und somit auch die wettkampfmäßige Nutzung. Die Nebenräume sind für zwei Übungseinheiten ausgelegt.

Nutzung

1 Erdgeschoss
Sporthalle, Tribüne, Geräteräume, Konditionsraum, Umkleideräume, Sanitär- und Nebenräume, Foyer, Technikraum

Grundstück

Bauraum: Freier Bauraum
Neigung: Ebenes Gelände
Bodenklasse: BK 1 bis BK 3

Markt

Hauptvergabezeit: 2. Quartal 2012
Baubeginn: 2. Quartal 2012
Bauende: 4. Quartal 2013
Konjunkturelle Gesamtlage: Durchschnitt
Regionaler Baumarkt: unter Durchschnitt

Baukonstruktion

Die Halle wurde in Stahlbetonbauweise konzipiert. Der zentrale Hallenbereich wird allseitig von massiven Stahlbetonwänden umschlossen. Das Hauptdach der Halle spannt als Pultdach über die komplette Hallenfläche. Dies ermöglichte die Wahl von einfachen Brettschichtholzbindern. Der Hallenboden ist um ca. 1,50m gegenüber dem Eingangsniveau abgesenkt.

Technische Anlagen

Für die Lüftung wurden zwei dezentrale Lüftungsgeräte eingebaut. Das Hauptgerät für die Halle und den Zuschauerbereich wurde oberhalb der Geräteräume als Außengerät aufgestellt. Über einen umlaufenden Zuluftkanal werden die Halle und die Tribüne mit Frischluft versorgt. Die verbrauchte Luft wird über die Geräteraumtore und einen Abluftkanal in den Geräteräumen abgesaugt. Die Nebenräume werden mit einem separaten Lüftungsgerät belüftet. Die Beheizung der Turnhalle erfolgt mit Deckenstrahlplatten, die zwischen den Hallenbindern angeordnet sind. In den Nebenräumen wie Umkleiden, Sanitärbereichen, Konditionsraum sowie Tribüne wird eine Fußbodenheizung eingesetzt.

Sonstiges

Das Gebäude lässt sich mit einem Trennvorhang in zwei Nutzungsbereiche unterteilen. Der Tribünenbereich ist gleichzeitig Verteilerflur. Westlich angegliedert sind die Nebenräume mit Umkleiden, Sanitärbereiche, Ausgabe, Konditionsraum sowie die Technikräume. Der Bereich mit den Geräteräumen schließt östlich an die Halle an und wird in vollem Umfang vom Zuschauerwall des Sportplatzes überdeckt. Erschlossen wird die Turnhalle über den Haupteingang im Westen. Rettungswege liegen an den Stirnseiten der Tribüne und gegenüberliegend in den Hallenecken.

Planungskennwerte für Flächen und Rauminhalte nach DIN 277

Flächen des Grundstücks		Menge, Einheit	% an GF
BF	Bebaute Fläche	1.772,52 m²	46,0
UF	Unbebaute Fläche	2.078,48 m²	54,0
GF	Grundstücksfläche	3.851,00 m²	100,0

Grundflächen des Bauwerks		Menge, Einheit	% an NUF	% an BGF
NUF	Nutzungsfläche	1.362,18 m²	100,0	76,8
TF	Technikfläche	37,28 m²	2,7	2,1
VF	Verkehrsfläche	230,09 m²	16,9	13,0
NRF	Netto-Raumfläche	1.629,55 m²	119,6	91,9
KGF	Konstruktions-Grundfläche	143,45 m²	10,5	8,1
BGF	Brutto-Grundfläche	1.773,00 m²	130,2	100,0

NUF=100% BGF=130,2%

NUF TF VF KGF NRF=119,6%

Brutto-Rauminhalt des Bauwerks		Menge, Einheit	BRI/NUF (m)	BRI/BGF (m)
BRI	Brutto-Rauminhalt	12.765,00 m³	9,37	7,20

0 2 4 6 8 BRI/NUF=9,37m

0 1 2 3 4 5 6 7 BRI/BGF=7,20m

Lufttechnisch behandelte Flächen	Menge, Einheit	% an NUF	% an BGF
Entlüftete Fläche	–	–	–
Be- und Entlüftete Fläche	1.592,00 m²	116,9	89,8
Teilklimatisierte Fläche	–	–	–
Klimatisierte Fläche	–	–	–

KG	Kostengruppen (2.Ebene)	Menge, Einheit	Menge/NUF	Menge/BGF
310	Baugrube	–	–	–
320	Gründung	–	–	–
330	Außenwände	–	–	–
340	Innenwände	–	–	–
350	Decken	–	–	–
360	Dächer	–	–	–

Kostenkennwerte für die Kostengruppen der 1.Ebene DIN 276

KG	Kostengruppen (1.Ebene)	Einheit	Kosten €	€/Einheit	€/m² BGF	€/m³ BRI	% 300+400
100	Grundstück	m² GF	–	–	–	–	–
200	Herrichten und Erschließen	m² GF	–	–	–	–	–
300	Bauwerk - Baukonstruktionen	m² BGF	1.619.659	913,51	913,51	126,88	76,5
400	Bauwerk - Technische Anlagen	m² BGF	497.027	280,33	280,33	38,94	23,5
	Bauwerk 300+400	**m² BGF**	**2.116.685**	**1.193,84**	**1.193,84**	**165,82**	**100,0**
500	Außenanlagen	m² AF	–	–	–	–	–
600	Ausstattung und Kunstwerke	m² BGF	129.775	73,19	73,19	10,17	6,1
700	Baunebenkosten	m² BGF	–	–	–	–	–

KG	Kostengruppe	Menge Einheit	Kosten €	€/Einheit	%
3+4	**Bauwerk**				**100,0**
300	**Bauwerk - Baukonstruktionen**	1.773,00 m² BGF	1.619.659	**913,51**	76,5

Stb-Bodenplatte, Abdichtung, Dämmung, Sportboden, Heizestrich, Linoleum, Bodenfliesen; Stahlbetonwände, Kunststofffenster, WDVS, Textil-Sonnenschutz; Stb-Wände, GK-Wände, Holztüren, Stahltüren, Stahlzargen, Putz, Anstrich; Leimholzbinder, Metalldachdeckung, bituminöse Abdichtung, intensive Dachbegrünung (Geräteraum), Dachentwässerung, GK-Decken

KG	Kostengruppe	Menge Einheit	Kosten €	€/Einheit	%
400	**Bauwerk - Technische Anlagen**	1.773,00 m² BGF	497.027	**280,33**	23,5

Gebäudeentwässerung, Kalt- und Warmwasserleitungen, Sanitärobjekte; Gas-Brennwertkessel, Pufferspeicher, Fußbodenheizung, Deckenstrahlheizung; Lüftungsanlage, Außengerät; Elektroinstallation, Aufbauleuchten; Telefonleitung, ELA-Anlage, Rauchmelder; Spielstandsanzeige, absenkbare Sportgeräte, Trennvorhang

KG	Kostengruppe	Menge Einheit	Kosten €	€/Einheit	%
600	**Ausstattung und Kunstwerke**	1.773,00 m² BGF	129.775	**73,19**	100,0

Sportgeräte, Möblierung, Beschilderung

5100-0110
Sporthalle
(Einfeldhalle)
Passivhaus

Objektübersicht

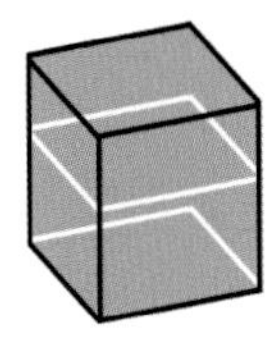

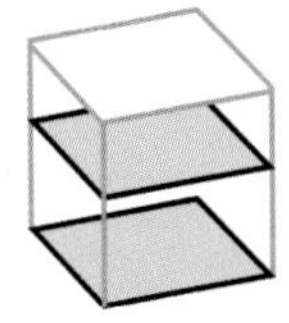

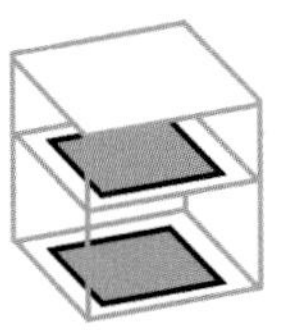

BRI 265 €/m³ BGF 1.728 €/m² NUF 2.593 €/m²

Objekt:
Kennwerte: 1.Ebene DIN 276
BRI: 6.260 m³
BGF: 959 m²
NUF: 639 m²
Bauzeit: 47 Wochen
Bauende: 2015
Standard: Durchschnitt
Kreis: Osnabrück,
Niedersachsen

Architekt:
Hüdepohl Ferner Architektur- und Ingenieurges. mbH
Wasastraße 8
49082 Osnabrück

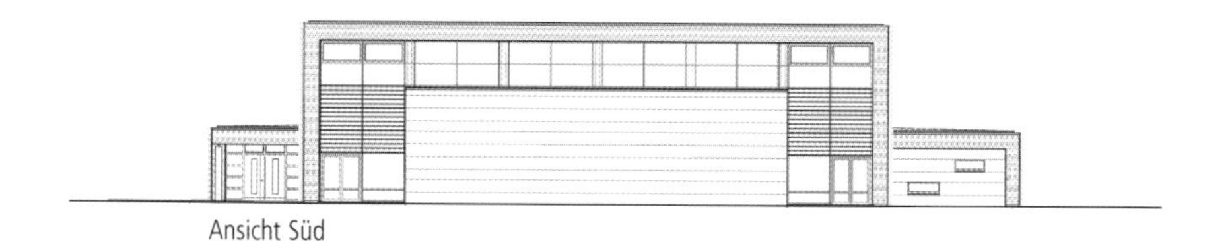
Ansicht Süd

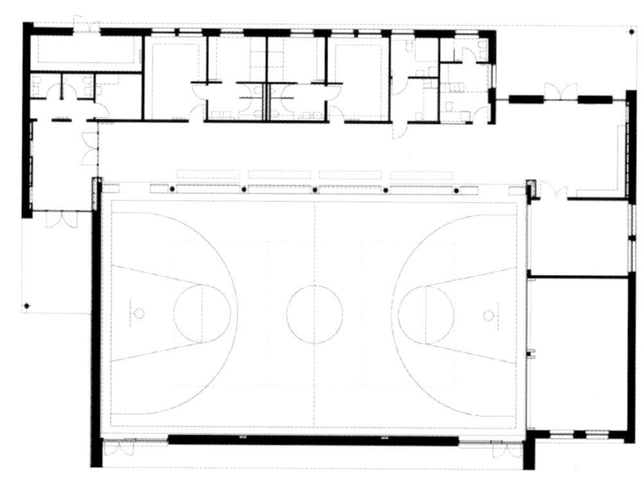
Erdgeschoss

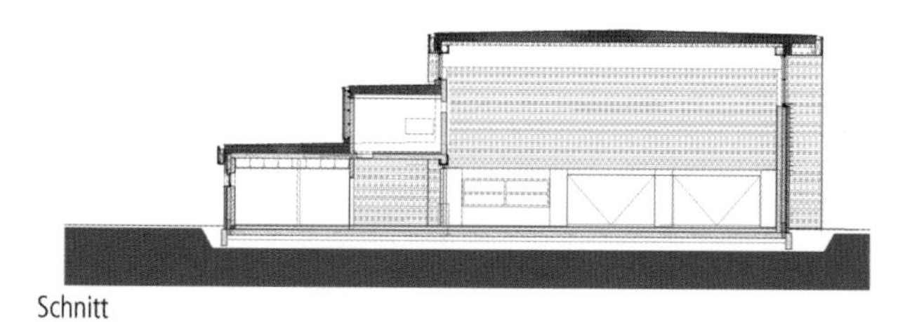
Schnitt

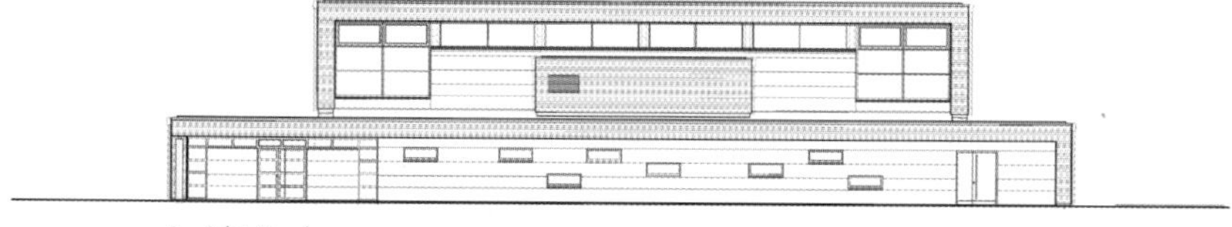
Ansicht Nord

Objektbeschreibung

Allgemeine Objektinformationen

Die Sporthalle wurde für den Schul- und Vereinssport als Passivhaus geplant und gebaut. Die aus verschiedenen Richtungen kommenden Schüler- und Vereinssportler verfügen jeweils über einen eigenen barrierefreien Eingangsbereich; die fußläufige Erschließung setzt sich im Innenraum zu einer durchgängigen Wegeverbindung fort. Zur Anpassung an die dörfliche Struktur wurde die Außenfassade als Holzschalung aus thermobehandelten Brettern im Rhombusprofil hergestellt. Die verglasten Türelemente in der Südfassade führen zusätzlich in die umgebenden Grünflächen.

Nutzung

1 Erdgeschoss
Sporthalle, Geräteräume, Mehrzweckraum, Umkleideräume, Sanitärräume, Hausanschlussraum, Außenlager

1 Obergeschoss
Technikraum (mit Einschubtreppe aus EG)

Grundstück

Bauraum: Freier Bauraum
Neigung: Ebenes Gelände
Bodenklasse: BK 3

Markt

Hauptvergabezeit: 1. Quartal 2014
Baubeginn: 1. Quartal 2014
Bauende: 1. Quartal 2015
Konjunkturelle Gesamtlage: Durchschnitt
Regionaler Baumarkt: unter Durchschnitt

Besonderer Kosteneinfluss Marktsituation:
Einzelvergabe

Baukonstruktion

Die Sporthalle wurde aus vorgefertigten Stahlbetonwandelementen und in konventioneller Massivbauweise errichtet. Das Dachtragwerk besteht aus Brettschichtholzbindern und Brettschichtholzstützen, die eine Trapezblechauflage mit Akustiklochung tragen. Die bituminöse, zweilagige Dachabdichtung mit außenliegender Entwässerung ist auf Polystyrol-Dämmplatten aufgebaut. Eine Alu-Glas-Konstruktion mit Dreifachverglasung bildet die transparente Außenhülle im Wechsel mit Verblend-Klinkerflächen und der hinterlüfteten Wandflächenschalung vor einer mineralischen Faserdämmstofflage. Zur Ausstattung gehören ein flächenelastischer Doppelschwingboden, textiler Prallschutz an den Umfassungswänden und eine raumhohe Verfliesung der Dusch- und Sanitärräume.

Technische Anlagen

Die Sporthalle besitzt eine Lüftungsanlage mit Wärmerückgewinnung und Weitwurfdüsen. Die notwendige Erwärmung und Warmwasserbereitung erfolgt über ein Gas-Brennwertgerät. Die Wärmeabgabe an die Raumluft erfolgt über Kompaktheizkörper und Deckenstrahlplatten. Neben dem Einsatz von energiesparenden Beleuchtungskörpern wird die elektrotechnische Anlagentechnik über Präsenzmelder und Lichtfühler geregelt, um ein Minimum der notwendigen Zuschaltung von künstlichem Licht zu erzielen.

Sonstiges

Die Sporthalle erfüllt durch die gewählten Konstruktionen die Anforderungen an ein Passivhaus unter Einhaltung der geforderten Grenzwerte für die Luftdichtheit und des Heizwärmebedarfs.

Planungskennwerte für Flächen und Rauminhalte nach DIN 277

Flächen des Grundstücks		Menge, Einheit	% an GF
BF	Bebaute Fläche	1.038,00 m²	13,8
UF	Unbebaute Fläche	6.504,00 m²	86,2
GF	Grundstücksfläche	7.542,00 m²	100,0

Grundflächen des Bauwerks		Menge, Einheit	% an NUF	% an BGF
NUF	Nutzungsfläche	638,78 m²	100,0	66,6
TF	Technikfläche	34,59 m²	5,4	3,6
VF	Verkehrsfläche	177,96 m²	27,9	18,6
NRF	Netto-Raumfläche	851,33 m²	133,3	88,8
KGF	Konstruktions-Grundfläche	107,48 m²	16,8	11,2
BGF	Brutto-Grundfläche	958,81 m²	150,1	100,0

NUF=100% BGF=150,1%

NUF TF VF KGF

NRF=133,3%

Brutto-Rauminhalt des Bauwerks		Menge, Einheit	BRI/NUF (m)	BRI/BGF (m)
BRI	Brutto-Rauminhalt	6.259,57 m³	9,80	6,53

0 2 4 6 8 BRI/NUF=9,80m

0 1 2 3 4 5 6 BRI/BGF=6,53m

Lufttechnisch behandelte Flächen	Menge, Einheit	% an NUF	% an BGF
Entlüftete Fläche	–	–	–
Be- und Entlüftete Fläche	–	–	–
Teilklimatisierte Fläche	–	–	–
Klimatisierte Fläche	–	–	–

KG	Kostengruppen (2.Ebene)	Menge, Einheit	Menge/NUF	Menge/BGF
310	Baugrube	–	–	–
320	Gründung	–	–	–
330	Außenwände	–	–	–
340	Innenwände	–	–	–
350	Decken	–	–	–
360	Dächer	–	–	–

Kostenkennwerte für die Kostengruppen der 1.Ebene DIN 276

KG	Kostengruppen (1.Ebene)	Einheit	Kosten €	€/Einheit	€/m² BGF	€/m³ BRI	% 300+400
100	Grundstück	m² GF	–	–	–	–	–
200	Herrichten und Erschließen	m² GF	–	–	–	–	–
300	Bauwerk - Baukonstruktionen	m² BGF	1.306.503	1.362,63	1.362,63	208,72	78,9
400	Bauwerk - Technische Anlagen	m² BGF	350.076	365,12	365,12	55,93	21,1
	Bauwerk 300+400	**m² BGF**	**1.656.580**	**1.727,75**	**1.727,75**	**264,65**	**100,0**
500	Außenanlagen	m² AF	–	–	–	–	–
600	Ausstattung und Kunstwerke	m² BGF	–	–	–	–	–
700	Baunebenkosten	m² BGF	–	–	–	–	–

KG	Kostengruppe	Menge Einheit	Kosten €	€/Einheit	%
3+4	**Bauwerk**				**100,0**
300	**Bauwerk - Baukonstruktionen**	958,81 m² BGF	1.306.503	**1.362,63**	78,9

Baugrubenaushub; Frostschürze, Stb-Bodenplatte, WU-Beton, Estrich, Linoleum, Sportboden, Bodenfliesen, Abdichtung, Perimeterdämmung; Stb-Fertigteilwände, Mauerwerkswände, Holz-Alufenster, Dreifachverglasung, Wärmedämmung, hinterlüftete Holzfassade, Verblendmauerwerk, Alu-Pfosten-Riegel-Fassade, teilw. Alu-Sonnenschutzlamellen; Stb-Fertigteil-Innenwände, Innenmauerwerk, Stb-Fertigteilstützen, Wandfliesen, textiler Prallschutz, WC-Trennwände; Stb-Decke, Estrich, Einschubtreppe zu Technikraum; Stb-Dach, Brettschichtholzbinder, Trapezblech, Dämmung, Abdichtung, außenliegende Entwässerung, Holzwolle-Akustikplatten, Eingangsüberdachung

KG	Kostengruppe	Menge Einheit	Kosten €	€/Einheit	%
400	**Bauwerk - Technische Anlagen**	958,81 m² BGF	350.076	**365,12**	21,1

Gebäudeentwässerung, Kalt- und Warmwasserleitungen, Sanitärobjekte; Gas-Brennwertkessel, Plattenheizkörper, Deckenstrahlplatten, Edelstahlschornstein; kontrollierte Be- und Entlüftung mit Wärmerückgewinnung und Weitwurfdüsen; Elektroinstallation, Beleuchtung, Blitzschutzanlage; Telekommunikationsanlage; Gebäudeautomation

5100-0111
Sporthalle
(Dreifeldhalle)

Objektübersicht

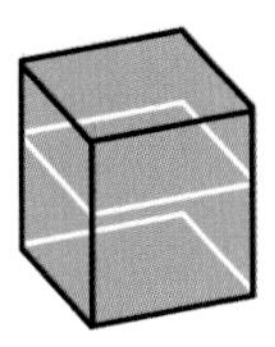

BRI 201 €/m³

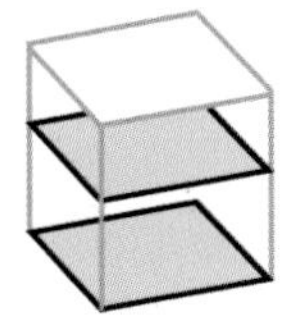

BGF 1.543 €/m²

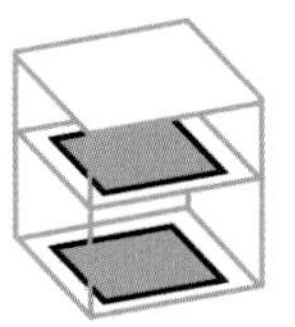

NUF 1.898 €/m²

Objekt:
Kennwerte: 1.Ebene DIN 276
BRI: 15.840 m³
BGF: 2.066 m²
NUF: 1.679 m²
Bauzeit: 39 Wochen
Bauende: 2014
Standard: Durchschnitt
Kreis: Hamburg - Freie und Hansestadt,
Hamburg

Architekt:
Wischhusen Architektur
Föhrenweg 15
22335 Hamburg

Bauherr:
Freie und Hansestadt Hamburg
Schulbau Hamburg
An der Stadthausbrücke 1
20355 Hamburg

© Wischhusen Architektur

© Wischhusen Architektur

© Wischhusen Architektur

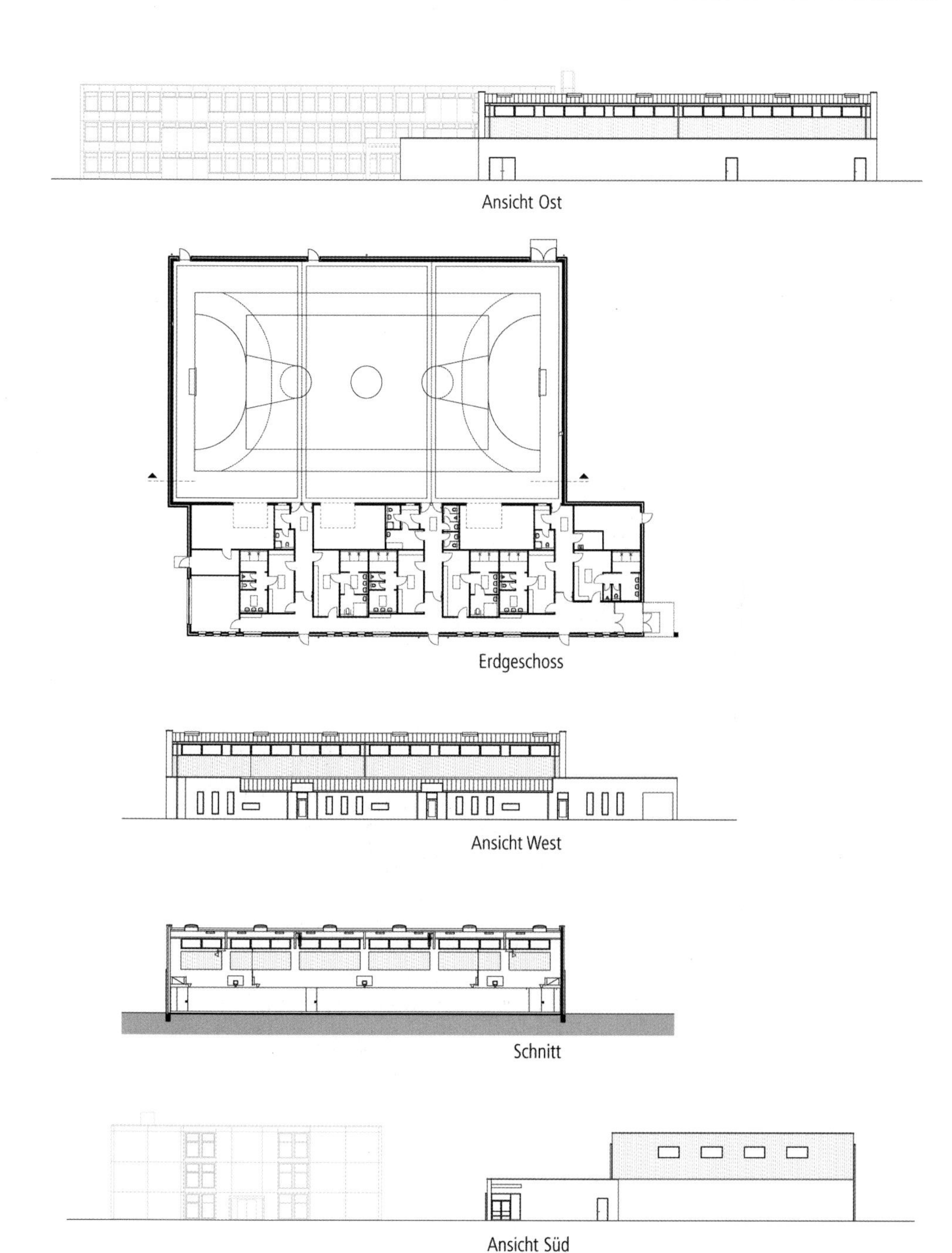

Ansicht Ost

Erdgeschoss

Ansicht West

Schnitt

Ansicht Süd

Objektbeschreibung

Allgemeine Objektinformationen

Als Ersatz für eine zu kleine und sanierungsbedürftige Sporthalle wurde der Neubau einer dem Schulbedarf entsprechenden Dreifeldhalle geplant und realisiert. Die Freie und Hansestadt Hamburg, vertreten durch Schulbau Hamburg, beauftragte hierzu sehr erfahrene Sporthallenplaner.

Nutzung

1 Erdgeschoss
Sporthalle (Dreifeldhalle), Aufsichtsräume, Umkleideräume, Sanitärräume, Lagerräume, Technikräume

Grundstück

Bauraum: Freier Bauraum
Neigung: Ebenes Gelände
Bodenklasse: BK 3

Markt

Hauptvergabezeit: 4. Quartal 2013
Baubeginn: 1. Quartal 2014
Bauende: 4. Quartal 2014
Konjunkturelle Gesamtlage: über Durchschnitt
Regionaler Baumarkt: über Durchschnitt

Baukonstruktion

Das Gebäude ist flach gegründet. Die Bodenplatte und tragenden Wände sind konventionell in Stahlbeton und Mauerwerk hergestellt. Die Hallenwände wurden als Fertigteile eingebaut. Die Dächer sind als Warmdächer auf Stahltrapezblech ausgeführt. Das Hallentragwerk besteht dabei aus Holzleimbindern.

Technische Anlagen

Die Beheizung erfolgt über Deckenstrahlplatten in der Halle und Fußbodenheizung im Umkleidetrakt. Das Warmwasser wird über ein eigenes Blockheizkraftwerk gewonnen. Die Be- und Entlüftung des Umkleidetraktes erfolgt mechanisch, während die Halle natürlich belichtet und belüftet wird.

Sonstiges

Die Erschließung der teilbaren Halle erfolgt über separate Zugänge. Die Flure sind in Stiefel- und Barfußbereiche getrennt. Rollstuhlbehinderte Sportler haben entsprechend ausgestattete Umkleide- und Sanitärräume. Zuschauerbereiche sind nicht vorgesehen, da das Gebäude keine Versammlungsstätte ist.

Planungskennwerte für Flächen und Rauminhalte nach DIN 277

Flächen des Grundstücks		Menge, Einheit	% an GF
BF	Bebaute Fläche	2.065,65 m²	27,3
UF	Unbebaute Fläche	5.504,35 m²	72,7
GF	Grundstücksfläche	7.570,00 m²	100,0

Grundflächen des Bauwerks		Menge, Einheit	% an NUF	% an BGF
NUF	Nutzungsfläche	1.679,00 m²	100,0	81,3
TF	Technikfläche	30,08 m²	1,8	1,5
VF	Verkehrsfläche	181,22 m²	10,8	8,8
NRF	Netto-Raumfläche	1.890,30 m²	112,6	91,5
KGF	Konstruktions-Grundfläche	175,35 m²	10,4	8,5
BGF	Brutto-Grundfläche	2.065,65 m²	123,0	100,0

NUF=100% BGF=123,0% NRF=112,6%

NUF TF VF KGF

Brutto-Rauminhalt des Bauwerks		Menge, Einheit	BRI/NUF (m)	BRI/BGF (m)
BRI	Brutto-Rauminhalt	15.840,17 m³	9,43	7,67

0 2 4 6 8 BRI/NUF=9,43m

0 1 2 3 4 5 6 7 BRI/BGF=7,67m

Lufttechnisch behandelte Flächen	Menge, Einheit	% an NUF	% an BGF
Entlüftete Fläche	–	–	–
Be- und Entlüftete Fläche	–	–	–
Teilklimatisierte Fläche	–	–	–
Klimatisierte Fläche	–	–	–

KG	Kostengruppen (2.Ebene)	Menge, Einheit	Menge/NUF	Menge/BGF
310	Baugrube	–	–	–
320	Gründung	–	–	–
330	Außenwände	–	–	–
340	Innenwände	–	–	–
350	Decken	–	–	–
360	Dächer	–	–	–

Kostenkennwerte für die Kostengruppen der 1.Ebene DIN 276

KG	Kostengruppen (1.Ebene)	Einheit	Kosten €	€/Einheit	€/m² BGF	€/m³ BRI	% 300+400
100	Grundstück	m² GF	–	–	–	–	–
200	Herrichten und Erschließen	m² GF	–	–	–	–	–
300	Bauwerk - Baukonstruktionen	m² BGF	2.429.467	1.176,13	1.176,13	153,37	76,2
400	Bauwerk - Technische Anlagen	m² BGF	757.749	366,83	366,83	47,84	23,8
	Bauwerk 300+400	**m² BGF**	**3.187.216**	**1.542,96**	**1.542,96**	**201,21**	**100,0**
500	Außenanlagen	m² AF	–	–	–	–	–
600	Ausstattung und Kunstwerke	m² BGF	–	–	–	–	–
700	Baunebenkosten	m² BGF	–	–	–	–	–

KG	Kostengruppe	Menge Einheit	Kosten €	€/Einheit	%
3+4	**Bauwerk**				**100,0**
300	**Bauwerk - Baukonstruktionen**	2.065,65 m² BGF	2.429.467	**1.176,13**	76,2

Baugrubenaushub; Bodenaustausch im Bereich von Auffüllungen zur Baugrundverbesserung, Verbau im Bereich der Bestandssporthalle, Stb-Fundamente, Stb-Bodenplatte, Estrich, Holzschwingboden (Sporthalle), Linoleum, Bodenfliesen, Abdichtung, Kiesfilterschicht, Perimeterdämmung; Stb-Wände, Mauerwerkswände, Stb-Stützen, Holz-Alufenster (Nebentrakt), Sporthallenverglasung blendfrei und ballwurfsicher als Alu-Pfosten-Riegel-Konstruktion mit elektrischen Lüftungs- und Fensterflügeln, Wärmedämmung, Vormauerschale, Putz, teilw. hinterlüftete Profilglaselemente und Aluprofil-Blechelemente, Stützen mit farbigen und undurchsichtigen Glaspaneelen, Prallwände, Wandfliesen; Innenmauerwerk, WC-Trennwände, Aufsichtsfenster ballwurfsicher als Stahlfenster, elektrische Trennvorhänge (2St); Satteldach als Warmdachkonstruktion: offene Holzbinderkonstruktion mit Stahltrapezblech-Akustik-Decke, Dämmung, Alu-Profiltafeln, außenliegende Dachentwässerung, abgehängte GK-Decke (Nebentrakt), Oberlichter, Sekuranten; festverbundene Sportgeräte

KG	Kostengruppe	Menge Einheit	Kosten €	€/Einheit	%
400	**Bauwerk - Technische Anlagen**	2.065,65 m² BGF	757.749	**366,83**	23,8

Gebäudeentwässerung, Kalt- und Warmwasserleitungen, Sanitärobjekte; BHKW, Deckenstrahlplatten (Halle), Fußbodenheizung (Nebentrakt); kontrollierte Be- und Entlüftung mit Wärmerückgewinnung (Nebentrakt); Elektroinstallation, Beleuchtung

Objektübersicht

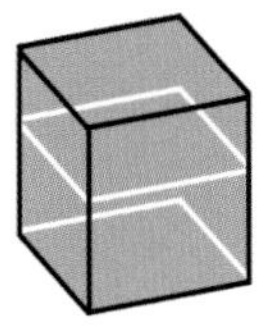

BRI 224 €/m³

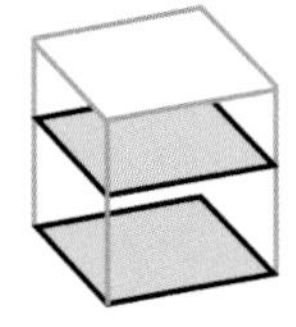

BGF 1.696 €/m²

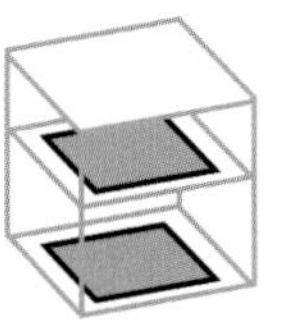

NUF 2.165 €/m²

Objekt:
Kennwerte: 1.Ebene DIN 276
BRI: 7.713 m³
BGF: 1.017 m²
NUF: 796 m²
Bauzeit: 52 Wochen
Bauende: 2014
Standard: Durchschnitt
Kreis: Harburg,
Niedersachsen

Architekt:
Dohse Architekten
Brennerstraße 90
20099 Hamburg

Bauherr:
Stadt Buchholz i.d.N.
Dezernat III
Abteilung Hochbau
Rathausplatz 1
21244 Buchholz i.d.N.

© Dohse Architekten

© Dohse Architekten

© Dohse Architekten

© Dohse Architekten

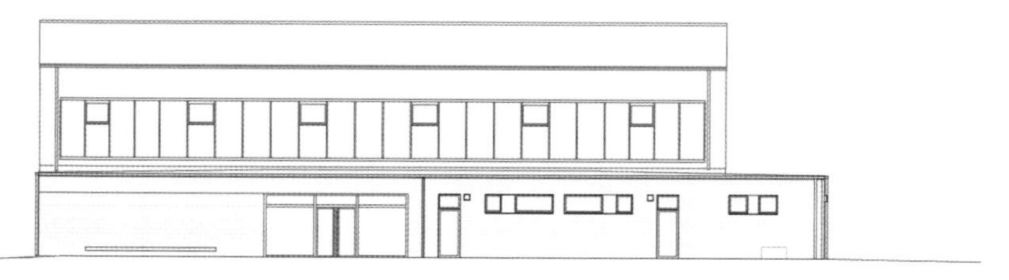

Ansicht Nord-West

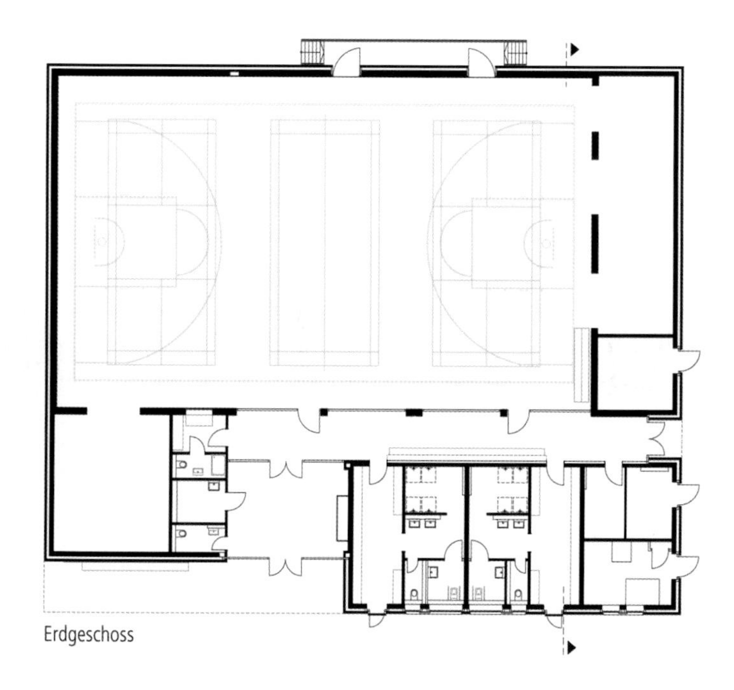

Erdgeschoss

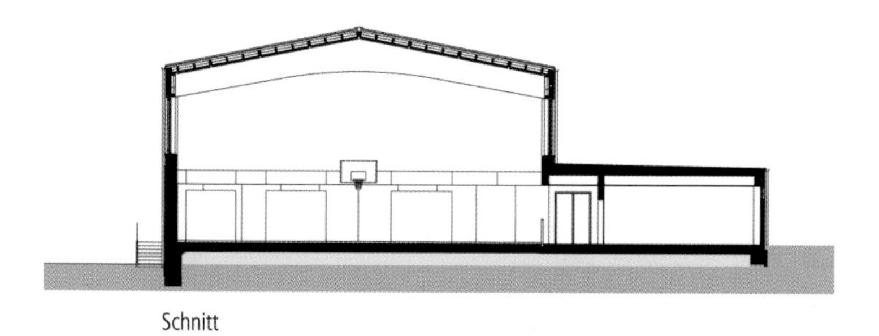

Schnitt

Objektbeschreibung

Allgemeine Objektinformationen

Die auf einem Schulgelände frei stehende Turnhalle ging als Siegerentwurf aus einem Wettbewerbsverfahren hervor und dient dem Schul- und Vereinssport. Das mit Tageslicht durchflutete Gebäude ist in Sporthalle und die dazugehörigen Nebenräume unterteilt. Innen dominieren frische, kontrastierende und freundliche Farben. Das Satteldach der Halle nimmt die Formen der Umgebungsbebauung auf. Dem Foyer ist außen ein großzügig überdachter Sitzbereich vorgelagert.

Nutzung

1 Erdgeschoss
Sporthalle (1,5-Feldhalle), Foyer, Flur/Zuschauer, Umkleiden, Sanitärräume, Geräteräume, Technikraum

Nutzeinheiten

Hallenfläche: 543m²

Grundstück

Bauraum: Freier Bauraum
Neigung: Ebenes Gelände

Markt

Hauptvergabezeit: 4. Quartal 2013
Baubeginn: 4. Quartal 2013
Bauende: 4. Quartal 2014
Konjunkturelle Gesamtlage: Durchschnitt
Regionaler Baumarkt: unter Durchschnitt

Baukonstruktion

Die Sporthalle wurde aus Stahlbeton-Filigranwänden, die Nebenräume in Kalksandstein-Mauerwerk, errichtet. Ein umlaufendes Band aus anthrazitfarbigem Verblendmauerwerk verbindet die beiden Gebäudeteile im Sockelbereich miteinander. Die oberen Fassaden der Halle wurden mit einem Wärmedämmverbundsystem bekleidet, an den Längsseiten wurden Fensterbänder angeordnet. Die Stahlstützen wurden auf der Innenseite nahezu unsichtbar angeordnet. Die Innenwände wurden in Kalksandstein, teilweise als Sichtmauerwerk ausgeführt. Das Satteldach der Halle wurde als belüftete Kaltdachkonstruktion mit Brettschichtholzbindern und Alu-Stehfalzdeckung ausgeführt. Der Umkleide- und Versorgungsbereich erhielt ein Stahlbeton-Flachdach mit Gefälledämmung.

Technische Anlagen

Der Neubau wurde an die bestehende Heizungsanlage der Schule angeschlossen. Die Belüftung im Hallen-, Lager- und Technikbereich erfolgt manuell. Im Sanitär-, Verkehrs- und Umkleidebereich wurde eine Lüftungsanlage mit Wärmerückgewinnung gemäß EEWärmeG ausgeführt.

Sonstiges

Die Hallenfläche ist in 1,5 Felder teilbar.

Planungskennwerte für Flächen und Rauminhalte nach DIN 277

Flächen des Grundstücks		Menge, Einheit	% an GF
BF	Bebaute Fläche	1.067,65 m²	55,3
UF	Unbebaute Fläche	862,35 m²	44,7
GF	Grundstücksfläche	1.930,00 m²	100,0

Grundflächen des Bauwerks		Menge, Einheit	% an NUF	% an BGF
NUF	Nutzungsfläche	796,26 m²	100,0	78,3
TF	Technikfläche	17,19 m²	2,2	1,7
VF	Verkehrsfläche	92,40 m²	11,6	9,1
NRF	Netto-Raumfläche	905,85 m²	113,8	89,1
KGF	Konstruktions-Grundfläche	110,90 m²	13,9	10,9
BGF	Brutto-Grundfläche	1.016,75 m²	127,7	100,0

NUF=100% BGF=127,7%

NUF TF VF KGF NRF=113,8%

Brutto-Rauminhalt des Bauwerks		Menge, Einheit	BRI/NUF (m)	BRI/BGF (m)
BRI	Brutto-Rauminhalt	7.712,84 m³	9,69	7,59

0 2 4 6 8 BRI/NUF=9,69m

0 1 2 3 4 5 6 7 BRI/BGF=7,59m

Lufttechnisch behandelte Flächen	Menge, Einheit	% an NUF	% an BGF
Entlüftete Fläche	–	–	–
Be- und Entlüftete Fläche	–	–	–
Teilklimatisierte Fläche	–	–	–
Klimatisierte Fläche	–	–	–

KG	Kostengruppen (2.Ebene)	Menge, Einheit	Menge/NUF	Menge/BGF
310	Baugrube	–	–	–
320	Gründung	–	–	–
330	Außenwände	–	–	–
340	Innenwände	–	–	–
350	Decken	–	–	–
360	Dächer	–	–	–

Kostenkennwerte für die Kostengruppen der 1.Ebene DIN 276

KG	Kostengruppen (1.Ebene)	Einheit	Kosten €	€/Einheit	€/m² BGF	€/m³ BRI	% 300+400
100	Grundstück	m² GF	–	–	–	–	–
200	Herrichten und Erschließen	m² GF	47.870	24,80	47,08	6,21	2,8
300	Bauwerk - Baukonstruktionen	m² BGF	1.352.627	1.330,34	1.330,34	175,37	78,5
400	Bauwerk - Technische Anlagen	m² BGF	371.305	365,19	365,19	48,14	21,5
	Bauwerk 300+400	**m² BGF**	**1.723.932**	**1.695,53**	**1.695,53**	**223,51**	**100,0**
500	Außenanlagen	m² AF	33.459	36,64	32,91	4,34	1,9
600	Ausstattung und Kunstwerke	m² BGF	4.587	4,51	4,51	0,59	0,3
700	Baunebenkosten	m² BGF	–	–	–	–	–

KG	Kostengruppe	Menge Einheit	Kosten €	€/Einheit	%
200	**Herrichten und Erschließen**	1.930,00 m² GF	47.870	**24,80**	100,0

Abbruch von Bodenplatte, Fundamenten, Hecken, Zäunen; Entsorgung, Deponiegebühren

KG	Kostengruppe	Menge Einheit	Kosten €	€/Einheit	%
3+4	**Bauwerk**				**100,0**
300	**Bauwerk - Baukonstruktionen**	1.016,75 m² BGF	1.352.627	**1.330,34**	78,5

Erdarbeiten; Stb-Streifenfundamente, Stb-Bodenplatte, Abdichtung, Dämmung, flächen-elastischer Sportboden, Estrich, Linoleum, Bodenfliesen, PVC-Belag, Perimeterdämmung; Stb-Filigranwände (Sporthalle), KS-Mauerwerk (Nebenbereich), Alu-Glas-Eingangstüren, Alutüren, Alufenster, Dämmung, Verblendmauerwerk, WDVS (Dachkörper Sporthalle), textiler Prallschutz, Putz, Anstrich, Wandfliesen, Metall-Glas-Fassaden (Sporthalle); KS-Mauerwerk, teilweise als Sichtmauerwerk, Stb-Stützen, Holztüren, Geräteraumtore, Putz, Anstrich, Wandfliesen, textiler Prallschutz, Trennvorhang, Metall-Glas-Bande; BSH-Satteldachbinder, OSB-Platten, Dämmung, belüftetes Kaltdach mit Alu-Stehfalzdeckung, Holzwolle-Akustikbekleidung (Sporthalle), Stb-Flachdach, Gefälledämmung, Folienabdichtung, abgehängte GK-Akustikdecken (Nebenbereich); Sporteinbaugeräte, Möblierung für Umkleiden

KG	Kostengruppe	Menge Einheit	Kosten €	€/Einheit	%
400	**Bauwerk - Technische Anlagen**	1.016,75 m² BGF	371.305	**365,19**	21,5

Gebäudeentwässerung, Kalt- und Warmwasserleitungen, Sanitärobjekte; Anschluss an bestehende Wärmeversorgungsanlage der Schule, Heizkörper; Lüftungsanlage mit Wärmerückgewinnung (Nebenbereich); Elektroinstallation, Fensteröffner, Sonnenschutzanlage, Beleuchtung; fernmelde- und informationstechnische Anlagen

KG	Kostengruppe	Menge Einheit	Kosten €	€/Einheit	%
500	**Außenanlagen**	913,25 m² AF	33.459	**36,64**	100,0

Pfasterbeläge, Fußabstreifer, technische Anlagen in Außenanlagen

KG	Kostengruppe	Menge Einheit	Kosten €	€/Einheit	%
600	**Ausstattung und Kunstwerke**	1.016,75 m² BGF	4.587	**4,51**	100,0

Garderoben, Sitzbänke, Folienbeschriftungen

5300-0013
Sport- und
Vereinsheim

Objektübersicht

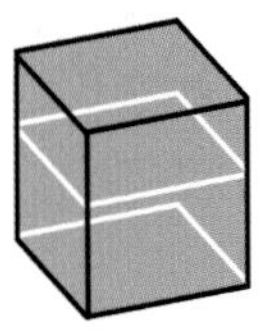

BRI 425 €/m³

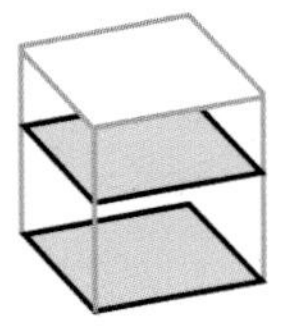

BGF 1.588 €/m²

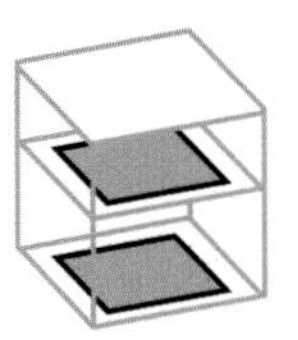

NUF 2.154 €/m²

Objekt:
Kennwerte: 1.Ebene DIN 276
BRI: 1.001 m³
BGF: 268 m²
NUF: 197 m²
Bauzeit: 34 Wochen
Bauende: 2014
Standard: Durchschnitt
Kreis: Braunschweig - Stadt, Niedersachsen

Architekt:
O. M. Architekten BDA
Rainer Ottinger
Thomas Möhlendick
Kaffeetwete 3
38100 Braunschweig

Bauherr:
Stadt Braunschweig
FB Stadtgrün und Sport
38100 Braunschweig

© Andreas Bormann

© Andreas Bormann

© Andreas Bormann

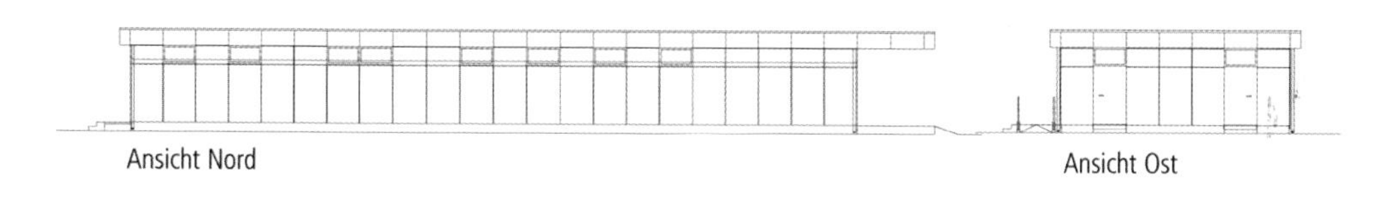

Ansicht Nord

Ansicht Ost

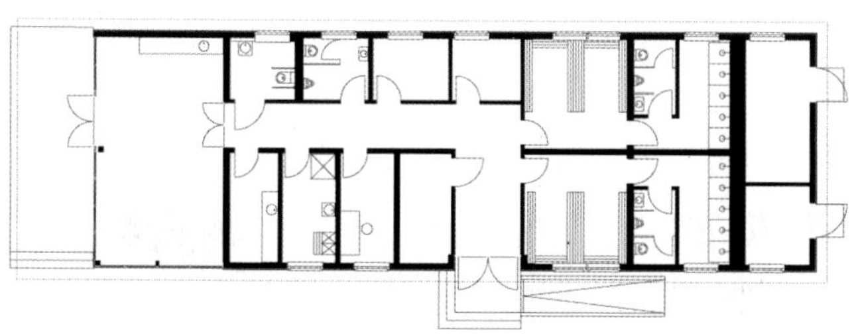

Erdgeschoss

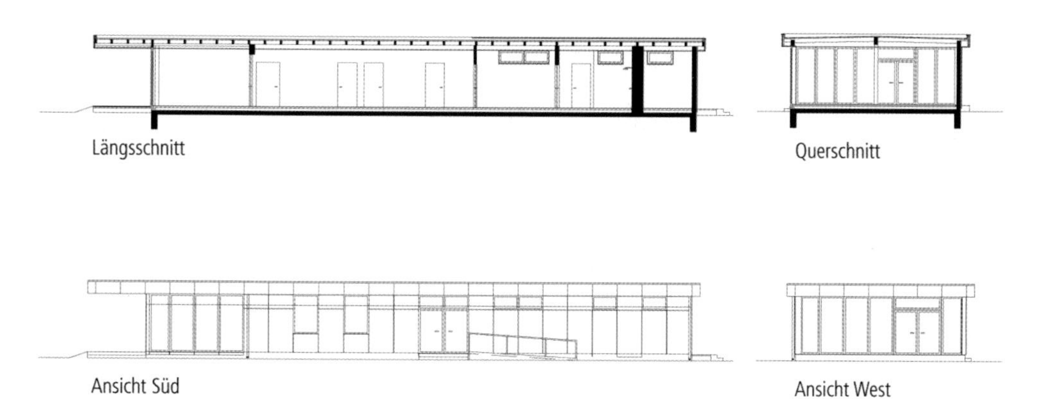

Längsschnitt

Querschnitt

Ansicht Süd

Ansicht West

Objektbeschreibung

Allgemeine Objektinformationen

Das Gebäude ist eines von vier neu errichteten Vereinsheimen für unterschiedliche Sportvereine der Stadt. Die Bauaufgabe bestand darin ein modulares System zu finden, welches auf die unterschiedlichen Aufgaben der Vereine reagiert und kostengünstig realisiert werden kann. Neben Umkleide-, Dusch- und Funktionsräumen gibt es jeweils einen großzügig verglasten Vereinsraum mit vorgelagerter überdachter Terrasse in direkter Blickbeziehung zu den Sportplätzen.

Nutzung

1 Erdgeschoss
Umkleideräume, Vereinsraum, Büro, Lagerräume, WCs, Duschanlagen, Terrasse

Grundstück

Bauraum: Freier Bauraum
Neigung: Ebenes Gelände
Bodenklasse: BK 3 bis BK 4

Markt

Hauptvergabezeit: 1. Quartal 2014
Baubeginn: 2. Quartal 2014
Bauende: 4. Quartal 2014
Konjunkturelle Gesamtlage: über Durchschnitt
Regionaler Baumarkt: über Durchschnitt

Baukonstruktion

Der Neubau des Vereinsheims basiert auf einem Holzrahmen-System mit einem 1,25m breitem Modul. Das Gebäude gründet auf einer Stahlbetonsohlplatte mit umlaufender Frostschürze. Die Außenwände sind mit Schichtstoffplatten in Holz-Optik bekleidet.

Technische Anlagen

Die Beheizung und Warmwasserversorgung des Gebäudes erfolgt durch einen Gas-Brennwertkessel. Die Trinkwasseranlage wird wegen der unregelmäßigen Nutzung automatisch gespült.

Planungskennwerte für Flächen und Rauminhalte nach DIN 277

Flächen des Grundstücks		Menge, Einheit	% an GF
BF	Bebaute Fläche	267,90 m²	2,1
UF	Unbebaute Fläche	12.792,10 m²	97,9
GF	Grundstücksfläche	13.060,00 m²	100,0

Grundflächen des Bauwerks		Menge, Einheit	% an NUF	% an BGF
NUF	Nutzungsfläche	197,40 m²	100,0	73,7
TF	Technikfläche	8,60 m²	4,4	3,2
VF	Verkehrsfläche	30,00 m²	15,2	11,2
NRF	Netto-Raumfläche	236,00 m²	119,6	88,1
KGF	Konstruktions-Grundfläche	31,90 m²	16,2	11,9
BGF	Brutto-Grundfläche	267,90 m²	135,7	100,0

NUF=100% BGF=135,7%
NUF TF VF KGF
NRF=119,6%

Brutto-Rauminhalt des Bauwerks		Menge, Einheit	BRI/NUF (m)	BRI/BGF (m)
BRI	Brutto-Rauminhalt	1.001,00 m³	5,07	3,74

0 1 2 3 4 5 BRI/NUF=5,07m
BRI/BGF=3,74m 0 1 2 3

Lufttechnisch behandelte Flächen	Menge, Einheit	% an NUF	% an BGF
Entlüftete Fläche	–	–	–
Be- und Entlüftete Fläche	–	–	–
Teilklimatisierte Fläche	–	–	–
Klimatisierte Fläche	–	–	–

KG	Kostengruppen (2.Ebene)	Menge, Einheit	Menge/NUF	Menge/BGF
310	Baugrube	–	–	–
320	Gründung	–	–	–
330	Außenwände	–	–	–
340	Innenwände	–	–	–
350	Decken	–	–	–
360	Dächer	–	–	–

Kostenkennwerte für die Kostengruppen der 1.Ebene DIN 276

KG	Kostengruppen (1.Ebene)	Einheit	Kosten €	€/Einheit	€/m² BGF	€/m³ BRI	% 300+400
100	Grundstück	m² GF	–	–	–	–	–
200	Herrichten und Erschließen	m² GF	63.988	4,90	238,85	63,92	15,0
300	Bauwerk - Baukonstruktionen	m² BGF	309.294	1.154,51	1.154,51	308,98	72,7
400	Bauwerk - Technische Anlagen	m² BGF	116.003	433,01	433,01	115,89	27,3
	Bauwerk 300+400	**m² BGF**	**425.297**	**1.587,52**	**1.587,52**	**424,87**	**100,0**
500	Außenanlagen	m² AF	–	–	–	–	–
600	Ausstattung und Kunstwerke	m² BGF	–	–	–	–	–
700	Baunebenkosten	m² BGF	–	–	–	–	–

KG	Kostengruppe	Menge Einheit	Kosten €	€/Einheit	%
200	**Herrichten und Erschließen**	13.060,00 m² GF	63.988	**4,90**	100,0

Abbruchharbeiten, öffentliche und nicht öffentliche Erschließung, Bodenaustausch

KG	Kostengruppe	Menge Einheit	Kosten €	€/Einheit	%
3+4	**Bauwerk**				**100,0**
300	**Bauwerk - Baukonstruktionen**	267,90 m² BGF	309.294	**1.154,51**	72,7

Baugrubenaushub; Frostschürze, Stb-Bodenplatte, Estrich, Linoleum, Bodenfliesen, Abdichtung, Dämmung; Holzrahmenbauwände, Kunststofffenster, Wärmedämmung, HPL-Fassade, GK-Bekleidung; Innenmauerwerk, GK-Wände, Wandfliesen, WC-Trennwände; Holzbalkendach, Dämmung, Abdichtung, außenliegende Entwässerung, Mineralfaser-Kassettendecke

KG	Kostengruppe	Menge Einheit	Kosten €	€/Einheit	%
400	**Bauwerk - Technische Anlagen**	267,90 m² BGF	116.003	**433,01**	27,3

Gebäudeentwässerung, Kalt- und Warmwasserleitungen, Sanitärobjekte; Gas-Brennwertkessel, Plattenheizkörper; Einzelraumlüfter; Elektroinstallation, Beleuchtung; Netzwerkverkabelung

5300-0014
Sanitär- und
Umkleidegebäude

Objektübersicht

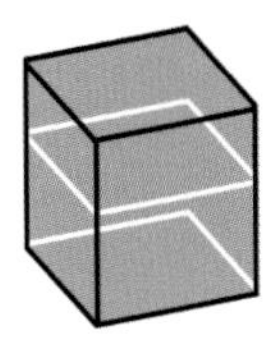

BRI 427 €/m³

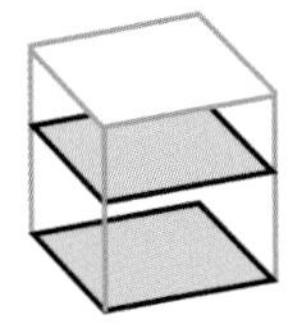

BGF 1.731 €/m²

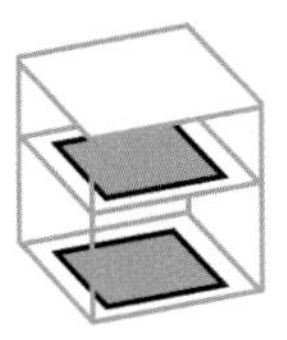

NUF 2.244 €/m²

Objekt:
Kennwerte: 1.Ebene DIN 276
BRI: 1.880 m³
BGF: 464 m²
NUF: 358 m²
Bauzeit: 25 Wochen
Bauende: 2014
Standard: unter Durchschnitt
Kreis: Dithmarschen,
Schleswig-Holstein

Architekt:
JEBENS SCHOOF
ARCHITEKTEN BDA
Speichergasse 6
25746 Heide

Bauherr:
Stadt Meldorf

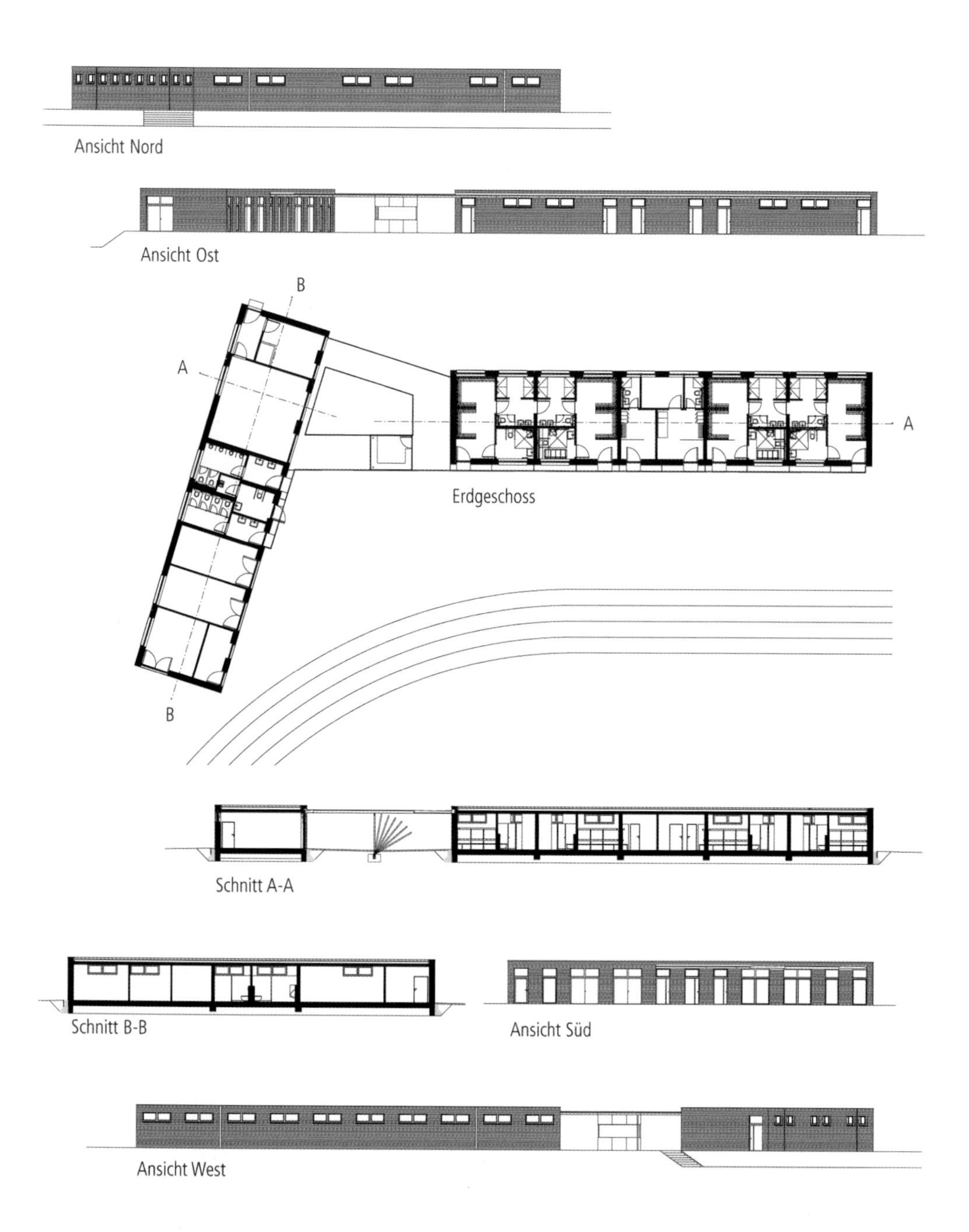

Ansicht Nord

Ansicht Ost

Erdgeschoss

Schnitt A-A

Schnitt B-B

Ansicht Süd

Ansicht West

Objektbeschreibung

Allgemeine Objektinformationen

Das neu errichtete Sanitär- und Umkleidegebäude ist Teil der Sanierung des Stadions Meldorf. Diese Gesamtbaumaßnahme wurde gefördert durch das Land Schleswig Holstein, den Bund und die EU. Errichtet wurde eine komplett barrierefreie Stadionanlage mit dem Schwerpunkt der Inklusion behinderter Menschen durch die Stadt Meldorf. Alle Aufenthaltsräume beider Gebäude sind barrierefrei. Das straßenseitige Gebäude beinhaltet das separat zugängliche Vereinsheim mit Büro und Multifunktionsraum mit Küche, die Besucher-Toiletten für Damen, Herren und Behinderte sowie die Sportgeräteräume und einen Platzwartraum. Das feldseitige Gebäude beinhaltet vier Mannschaftsumkleiden mit Waschräumen, Toiletten und Duschen, von denen je zwei gekoppelt werden können. Jede Mannschaftsumkleide schließt eine barrierefreie Umkleide mit ein. Des Weiteren befinden sich in diesem Gebäude die Schiedsrichterumkleiden und die Technikräume.

Nutzung

1 Erdgeschoss
Gebäudeteil 1: Multifunktionsraum, Büro, Platzwarteraum, Geräteräume, WCs
Gebäudeteil 2: Umkleideräume, Sanitärräume, Behinderten-Umkleiden, Dusch- und Waschräume, Technikraum
Dazwischen: Kassenhäuschen

Grundstück

Bauraum: Freier Bauraum
Neigung: Ebenes Gelände
Bodenklasse: BK 4

Markt

Hauptvergabezeit: 4. Quartal 2013
Baubeginn: 1. Quartal 2014
Bauende: 3. Quartal 2014
Konjunkturelle Gesamtlage: Durchschnitt
Regionaler Baumarkt: unter Durchschnitt

Besonderer Kosteneinfluss Marktsituation:
Einzelvergaben

Baukonstruktion

Es kamen zwei Gebäude mit einem zweischaligem Mauerwerk in Massivbauweise zur Ausführung. Beide Gebäude sind durch ein schlankes Vor- und Zwischendach aus Sichtbeton miteinander verbunden. Das Kassenhäuschen als zentrales Element wurde in Leichtbauweise ausgeführt und akzentuiert den Eingangsbereich. Alle nicht zu berührenden Oberflächen sind rau und einfach gehalten aus Materialien wie Klinker, Beton, Putz und Stahl, die taktilen Oberflächen sind hochwertig mit Fliesen belegt, bestehen aus Nadelholz und Edelstahl.

Technische Anlagen

Ein Gas-Brennwertkessel versorgt das Gebäude mit Wärme. Das Warmwasser wird durch Solarenergie erzeugt. In den Räumen wird die Wärme über eine Fußbodenheizung verteilt. Teilweise kamen Einzelraumlüfter zum Einbau.

Sonstiges

Das historische Stadion Meldorf war samt Vereinsheim in die Jahre gekommen und mit seiner Aschebahn, dem unebenen Spielfeld, fehlenden Leichtathletik- und Ballsportarten sowie den nicht ausreichenden, nicht barrierefreien Umkleiden weder durch den Vereins- noch durch den Schulsport zeitgemäß nutzbar. Die Stadt Meldorf beschloss die Sanierung des kompletten Stadions samt Neubau der beiden Multifunktionsgebäude. Die beiden Multifunktionsgebäude bilden die Torsituation des barrierefreien Stadions vom neuen Parkplatz aus. Sie flankieren den Zugang mit Toranlage und Kasse und begrenzen seitlich das Sportfeld.

Planungskennwerte für Flächen und Rauminhalte nach DIN 277

Flächen des Grundstücks		Menge, Einheit	% an GF
BF	Bebaute Fläche	464,00 m²	4,4
UF	Unbebaute Fläche	10.048,84 m²	95,6
GF	Grundstücksfläche	10.512,84 m²	100,0

Grundflächen des Bauwerks		Menge, Einheit	% an NUF	% an BGF
NUF	Nutzungsfläche	358,00 m²	100,0	77,2
TF	Technikfläche	10,00 m²	2,8	2,2
VF	Verkehrsfläche	8,00 m²	2,2	1,7
NRF	Netto-Raumfläche	376,00 m²	105,0	81,0
KGF	Konstruktions-Grundfläche	88,00 m²	24,6	19,0
BGF	Brutto-Grundfläche	464,00 m²	129,6	100,0

NUF=100% BGF=129,6%

NUF TF VF KGF

NRF=105,0%

Brutto-Rauminhalt des Bauwerks		Menge, Einheit	BRI/NUF (m)	BRI/BGF (m)
BRI	Brutto-Rauminhalt	1.880,35 m³	5,25	4,05

0 1 2 3 4 5 BRI/NUF=5,25m

0 1 2 3 4 BRI/BGF=4,05m

Lufttechnisch behandelte Flächen	Menge, Einheit	% an NUF	% an BGF
Entlüftete Fläche	–	–	–
Be- und Entlüftete Fläche	–	–	–
Teilklimatisierte Fläche	–	–	–
Klimatisierte Fläche	–	–	–

KG	Kostengruppen (2.Ebene)	Menge, Einheit	Menge/NUF	Menge/BGF
310	Baugrube	–	–	–
320	Gründung	–	–	–
330	Außenwände	–	–	–
340	Innenwände	–	–	–
350	Decken	–	–	–
360	Dächer	–	–	–

Kostenkennwerte für die Kostengruppen der 1.Ebene DIN 276

KG	Kostengruppen (1.Ebene)	Einheit	Kosten €	€/Einheit	€/m² BGF	€/m³ BRI	% 300+400
100	Grundstück	m² GF	–	–	–	–	–
200	Herrichten und Erschließen	m² GF	–	–	–	–	–
300	Bauwerk - Baukonstruktionen	m² BGF	539.538	1.162,80	1.162,80	286,94	67,2
400	Bauwerk - Technische Anlagen	m² BGF	263.647	568,20	568,20	140,21	32,8
	Bauwerk 300+400	**m² BGF**	**803.185**	**1.731,00**	**1.731,00**	**427,15**	**100,0**
500	Außenanlagen	m² AF	–	–	–	–	–
600	Ausstattung und Kunstwerke	m² BGF	14.069	30,32	30,32	7,48	1,8
700	Baunebenkosten	m² BGF	–	–	–	–	–

KG	Kostengruppe	Menge Einheit	Kosten €	€/Einheit	%
3+4	**Bauwerk**				**100,0**
300	**Bauwerk - Baukonstruktionen**	464,00 m² BGF	539.538	**1.162,80**	67,2

Baugrubenaushub, Bodenaustausch; Stb-Fundamente, Stb-Bodenplatte, Heizestrich, Anstrich, Bodenfliesen, Abdichtung, Dämmung; Mauerwerkswände, Stb-Stützen, Kunststofffenster, Dreifachverglasung, Wärmedämmung, Ziegelfassade; Innenmauerwerk, Wandfliesen, WC-Trennwände; Umkehrdach, Stb-Flachdächer, Abdichtung, Dämmung, Attika, extensive Dachbegrünung, innenliegende Entwässerung, Stb-Fertigteil-Überdachungen; Kassenhäuschen: Leichtbauweise

KG	Kostengruppe	Menge Einheit	Kosten €	€/Einheit	%
400	**Bauwerk - Technische Anlagen**	464,00 m² BGF	263.647	**568,20**	32,8

Gebäudeentwässerung, Kalt- und Warmwasserleitungen mit Spülautomat, Sanitärobjekte, teilw. behindertengerechte Ausstattung; Gas-Brennwertkessel, Solaranlage (12m²), Fußbodenheizung; Einzelraumlüfter; Elektroinstallation, Beleuchtung, Blitzschutzanlage; Telekommunikationsanlage, Rauchmelder

KG	Kostengruppe	Menge Einheit	Kosten €	€/Einheit	%
600	**Ausstattung und Kunstwerke**	464,00 m² BGF	14.069	**30,32**	100,0

Umkleidebänke

Wohngebäude

6

- 6100 Wohnhäuser
- 6200 Wohnheime
- 6300 Gemeinschaftsunterkünfte
- 6400 Betreuungseinrichtungen
- 6500 Verpflegungseinrichtungen
- 6600 Beherbergungsstätten

6100-0852
Seniorenwohnungen
(18 WE)

Objektübersicht

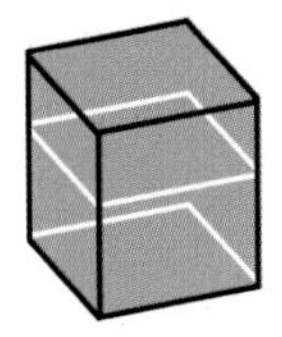

BRI 315 €/m³

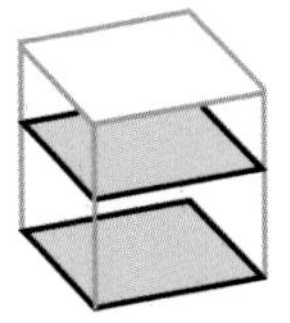

BGF 1.108 €/m²

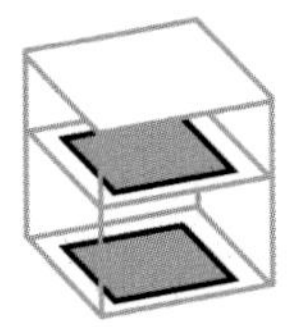

NUF 1.646 €/m²

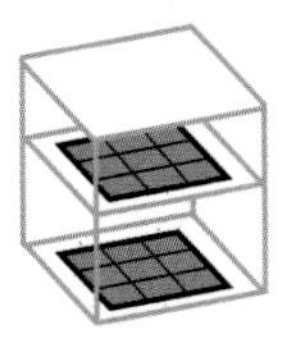

NE 2.130 €/NE
NE: m² Wohnfläche

Objekt:
Kennwerte: 3.Ebene DIN 276
BRI: 6.226 m³
BGF: 1.770 m²
NUF: 1.192 m²
Bauzeit: 100 Wochen
Bauende: 2009
Standard: Durchschnitt
Kreis: Krefeld - Stadt,
Nordrhein-Westfalen

Architekt:
DGM Architekten
Bismarckstraße 89A
47799 Krefeld

Bauherr:
Wohnstätte Krefeld AG
Königstraße 192
47798 Krefeld

© DGM Architekten

© DGM Architekten

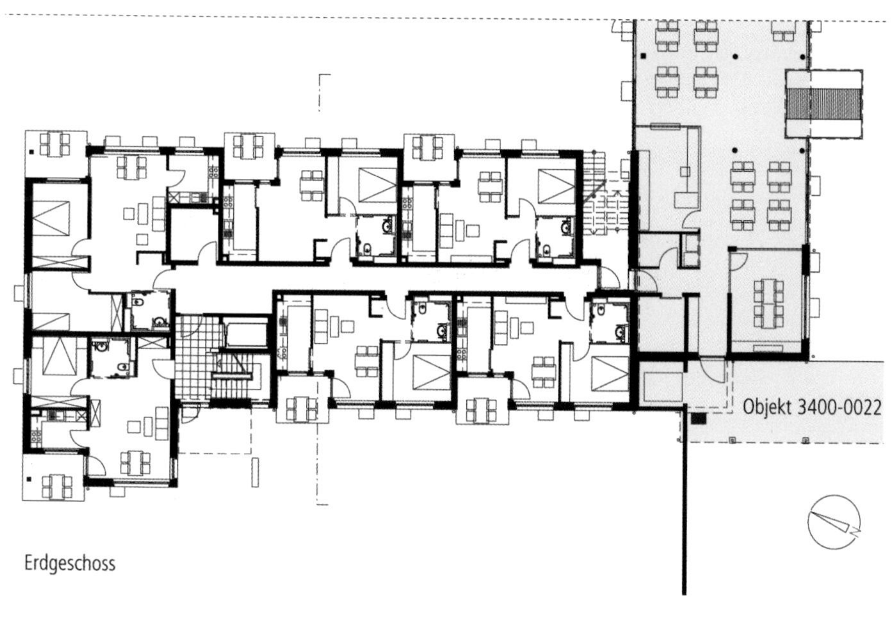

Erdgeschoss

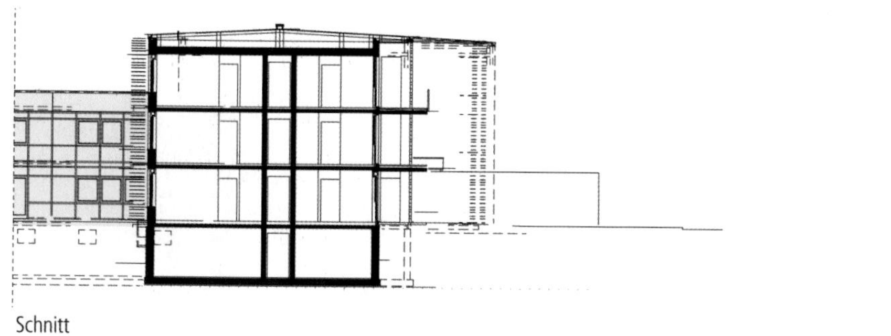

Schnitt

Ansicht West

Objektbeschreibung

Allgemeine Objektinformationen

Diese Baumaßnahme umfasst den Neubau von Seniorenwohnungen mit insgesamt 18 Wohnungen mit zwei Zimmern, Küche und Fertigbad.

Nutzung

1 Untergeschoss
Kellerräume, Haustechnik, Waschraum, Trockenräume

1 Erdgeschoss
Zweizimmerwohnungen mit Wohn- und Esszimmer, Schlafzimmer, Küche, Fertigbad, Balkon

2 Obergeschosse
Zweizimmerwohnungen mit Wohn- und Esszimmer, Schlafzimmer, Küche, Fertigbad, Balkon

Nutzeinheiten

Wohnfläche: 921m²
Wohneinheiten: 18

Grundstück

Bauraum: Freier Bauraum
Neigung: Ebenes Gelände
Bodenklasse: BK 1 bis BK 4

Markt

Hauptvergabezeit: 3. Quartal 2007
Baubeginn: 4. Quartal 2007
Bauende: 3. Quartal 2009
Konjunkturelle Gesamtlage: Durchschnitt
Regionaler Baumarkt: Durchschnitt

Baukonstruktion

Das Gebäude wurde in Massivbauweise mit gemauerten oder betonierten Innen- und Außenwänden und Betondecken hergestellt. Die Kelleraußenwände sind aus Stahlbeton, die Außenwände der Erd- und Obergeschosse sind dreischalig aufgebaut. Verblendet sind sie mit Betonsteinen, diese sind im Kern gedämmt. Die tragenden Innenwände der Erd- und Obergeschosse sind aus KS-Mauerwerk, teilweise aus Stahlbeton. Die Fenster sind isolierverglaste Fenster aus Holz. Das Dach ist aus Stahlbeton mit Wärmedämmung ausgeführt. Darüber ist eine flachgeneigte Holzsatteldachkonstruktion als Kaltdach.

Technische Anlagen

Der Neubau wird durch einen Gasheizkessel mit zentraler Wärmeversorgung in Kombination mit einem Blockheizkraftwerk versorgt. Eine Photovoltaikanlage, die auf der Dachfläche aufgebracht ist, unterstützt die Versorgung des Gebäudes. Die Investition und Betrieb der Heizanlage, des BHKW und der Photovoltaikanlage werden kostenseitig vom örtlichen Versorgungsunternehmer in Form eines Contracting-Vertrages übernommen. Das Pflegeheim verfügt über eine Brandmeldeanlage, die an eine flächendeckende Überwachung angeschlossen ist. Die Wohnungen in den Obergeschossen sind mit einem Aufzug barrierefrei zu erreichen.

Sonstiges

An das Wohn- und Esszimmer sind Terrassen und Balkone angeschlossen. Der Neubau mit Seniorenpflegeheim (90 Betten) wurde separat als Objekt 3400-0022 dokumentiert.

Planungskennwerte für Flächen und Rauminhalte nach DIN 277

Flächen des Grundstücks		Menge, Einheit	% an GF
BF	Bebaute Fläche	2.229,00 m²	32,9
UF	Unbebaute Fläche	4.536,00 m²	67,1
GF	Grundstücksfläche	6.765,00 m²	100,0

Grundflächen des Bauwerks		Menge, Einheit	% an NUF	% an BGF
NUF	Nutzungsfläche	1.192,00 m²	100,0	67,3
TF	Technikfläche	24,00 m²	2,0	1,4
VF	Verkehrsfläche	267,00 m²	22,4	15,1
NRF	Netto-Raumfläche	1.483,00 m²	124,4	83,8
KGF	Konstruktions-Grundfläche	287,23 m²	24,1	16,2
BGF	Brutto-Grundfläche	1.770,23 m²	148,5	100,0

Brutto-Rauminhalt des Bauwerks		Menge, Einheit	BRI/NUF (m)	BRI/BGF (m)
BRI	Brutto-Rauminhalt	6.226,00 m³	5,22	3,52

Lufttechnisch behandelte Flächen	Menge, Einheit	% an NUF	% an BGF
Entlüftete Fläche	–	–	–
Be- und Entlüftete Fläche	–	–	–
Teilklimatisierte Fläche	–	–	–
Klimatisierte Fläche	–	–	–

KG	Kostengruppen (2.Ebene)	Menge, Einheit	Menge/NUF	Menge/BGF
310	Baugrube	1.639,75 m³ BGI	1,38	0,93
320	Gründung	446,00 m² GRF	0,37	0,25
330	Außenwände	1.057,80 m² AWF	0,89	0,60
340	Innenwände	2.127,73 m² IWF	1,79	1,20
350	Decken	1.324,23 m² DEF	1,11	0,75
360	Dächer	526,00 m² DAF	0,44	0,30

Kostenkennwerte für die Kostengruppen der 1.Ebene DIN 276

KG	Kostengruppen (1.Ebene)	Einheit	Kosten €	€/Einheit	€/m² BGF	€/m³ BRI	% 300+400
100	Grundstück	m² GF	–	–	–	–	–
200	Herrichten und Erschließen	m² GF	603	< 0,1	0,34	< 0,1	< 0,1
300	Bauwerk - Baukonstruktionen	m² BGF	1.379.595	779,33	779,33	221,59	70,3
400	Bauwerk - Technische Anlagen	m² BGF	582.076	328,81	328,81	93,49	29,7
	Bauwerk 300+400	**m² BGF**	**1.961.671**	**1.108,15**	**1.108,15**	**315,08**	**100,0**
500	Außenanlagen	m² AF	40.744	8,98	23,02	6,54	2,1
600	Ausstattung und Kunstwerke	m² BGF	–	–	–	–	–
700	Baunebenkosten	m² BGF	–	–	–	–	–

KG	Kostengruppe	Menge Einheit	Kosten €	€/Einheit	%
200	**Herrichten und Erschließen**	6.765,00 m² GF	603	**< 0,1**	100,0

Bauschutt laden, Baumstümpfe entfernen; Entsorgung, Deponiegebühren

KG	Kostengruppe	Menge Einheit	Kosten €	€/Einheit	%
3+4	**Bauwerk**				**100,0**
300	**Bauwerk - Baukonstruktionen**	1.770,23 m² BGF	1.379.595	**779,33**	70,3

Stb-Fundamentplatte; KS-Mauerwerk, Stb-Wände, Stb-Stützen, Holz-, Stahlfenster, Alu-Außentüren, Dämmung, Verblendmauerwerk, WDVS, Putz, Anstrich, Fluchttreppe; Holz-, Feuerschutz-, Rauchschutztüren, Dämmung, Putz, Tapete, Anstrich, Wandfliesen, Metall-Trennwände; Stb-Decken, Stb-Treppen, Bodenbeläge, Putz, Brandschutzbekleidung, Anstrich; Stb-Flachdach, Dämmung, Satteldach als Kaltdach, Holzkonstruktion, Dachabdichtung, Metalldachdeckung, Dachentwässerung, Vordach

KG	Kostengruppe	Menge Einheit	Kosten €	€/Einheit	%
400	**Bauwerk - Technische Anlagen**	1.770,23 m² BGF	582.076	**328,81**	29,7

Gebäudeentwässerung, Kalt- und Warmwasserleitungen, Fertigbäder; Trinkwasserspeicher, Kesselwasseraufbereitung, Umwälzpumpen, Heizungsrohre, Heizkörper; Anschlüsse für Dunstabzugshauben, Wickelfalzrohre, Einzelraumlüfter; NSHV, Elektroinstallation, Beleuchtung, Blitzschutz; Telekommunikationsanlage, Klingelanlage, Antennenanlage, Rauchmelder; Personenaufzug

KG	Kostengruppe	Menge Einheit	Kosten €	€/Einheit	%
500	**Außenanlagen**	4.536,00 m² AF	40.744	**8,98**	100,0

Bodenaushub, PVC-Abwasserrohre, Filtervlies, Filterrohre, Revisionsschächte, Straßenabläufe; Abbruch im Bereich von öffentlicher Verkehrsfläche von Schwarzdecke, Bürgersteig, Bordsteinkante, nach Beendigung von Kanalarbeiten alles wieder herstellen, Bodenaushub für provisorische Versickerung, nach Beendigung der Arbeiten wieder schließen, provisorische Dachentwässerung

Kostenkennwerte für die Kostengruppen der 2.Ebene DIN 276

KG	Kostengruppe	Menge Einheit	Kosten €	€/Einheit	%
200	**Herrichten und Erschließen**				**100,0**
210	**Herrichten**	6.765,00 m² GF	603	**< 0,1**	100,0
	Bauschutt laden (5m³), Baumstümpfe, D=10-35cm, entfernen (11St); Entsorgung, Deponiegebühren				
300	**Bauwerk - Baukonstruktionen**				**100,0**
310	**Baugrube**	1.639,75 m³ BGI	30.827	**18,80**	2,2
	Oberboden, d=35-40cm, abtragen, laden, abfahren (1.000m²), lagern, wieder einbauen (500m²), Baugrubenaushub BK 2 (1.100m³), lagern, wieder verfüllen (540m³), Lieferkies (26m³), Aushub entsorgen (26m³) * Wasserhaltung (psch) * Baugrubenböschung zur Sicherung gegen Tagwasser mit PE-Folie abdecken (240m²)				
320	**Gründung**	446,00 m² GRF	51.317	**115,06**	3,7
	Ortbeton C8/10, unbewehrt, Auffüllhöhe 1,00-2,50m (3m³) * Stb-Fundamente C20/25 (7m³), Stb-Fundamentplatte C25/30, d=32cm (446m²), Fertigteil-Pumpensumpf (1St) * Bitumenschweißbahn (141m²), Zementestrich (385m²), Bodenbeschichtung (375m²), Bodenfliesen (9m²) * Sauberkeitsschicht C8/10 (27m³)				
330	**Außenwände**	1.057,80 m² AWF	413.130	**390,56**	29,9
	KS-Mauerwerk, d=17,5cm (401m²), Stb-Wände C25/30, d=30-32cm (285m²) * Stb-Sockel C25/30 (36m²) * Stb-Stützen C20/25 (24m) * Holzfenster (319m²), Stahlfenster (5m²), Alu-Außentüren (12m²) * Wärmedämmung, Verblendmauerwerk, Betonsteine (435m²), Abdichtung (320m²), Perimeterdämmung (290m²), WDVS, Armierung, Putz, Anstrich (385m²) * Putz (650m²), Tapete (441m²), Anstrich (641m²), Wandfliesen (9m²) * Betonlichtschächte (16St), Fluchttreppe (1St)				
340	**Innenwände**	2.127,73 m² IWF	287.124	**134,94**	20,8
	KS-Mauerwerk, d=24cm (874m²), d=20cm (119m²), Stb-Wände C20/25, d=20cm (163m²) * KS-Mauerwerk, d=11,5cm (669m²) * Stb-Stützen C20/25 (24m) * Holztüren (118m²), Schiebetüren (39m²), Feuerschutztüren T30 (23m²), Rauchschutztüren (11m²) * Zwischenwanddämmung (118m²), Putz (2.630m²), Tapete (2.369m²), Anstrich (3.218m²), Wandfliesen (66m²) * Metall-Trennwände (112m²) * Mauerkantenschutz, Stahlwinkel (28St)				
350	**Decken**	1.324,23 m² DEF	269.324	**203,38**	19,5
	Stb-Decken C20/25, d=16cm (1.309m²), Stb-Unterzüge C20/25 (12m³), Stb-Fertigteil-Treppen C30/37 (15m²) * EPS-Dämmung WLG 035 (355m²), TSD, Zementestrich (1.065m²), Linoleum (720m²), Bodenfliesen (166m²), Treppenfliesen (15m²) * Gipsputz (789m²), Brandschutzbekleidung, Grund-, Zwischen-, Schlussanstrich (1.100m²) * Treppengeländer (40m), Handläufe (41m), Balkongeländer (61m)				

KG	Kostengruppe	Menge Einheit	Kosten €	€/Einheit	%
360	**Dächer**	526,00 m² DAF	205.463	**390,61**	14,9
	Stb-Flachdach C20/25, d=16cm (460m²), Satteldach als Kaltdach, Holzkonstruktion S10 (14m³), Abbund (900m), Dachschalung (526m²) * Dampfsperrschicht, Wärmedämmung WLG 035, auf Flachdach (526m²), Dachabdichtung (270m²), restliche Dachabdichtung mit integrierten Photovoltaik-Modulen, Kosten nicht enthalten, da zur Miete, UK, Dämmung, Metalldachdeckung (17m²), Kastenrinnen (70m) * Gipsputz (370m²), Brandschutzbekleidung, Grund-, Zwischen-, Schlussanstrich (525m²) * Anschlageinrichtung (25St), Seilbehälter (1St), Führungsseil (1St), Auffanggurt (1St), Vordach, Stahl-Glaskonstruktion (10m²)				
370	**Baukonstruktive Einbauten**	1.770,23 m² BGF	7.475	**4,22**	0,5
	Briefkastenanlage, 18 Briefkästen, Alu-Klappen (1St), Balkonbehänge (psch)				
390	**Sonstige Baukonstruktionen**	1.770,23 m² BGF	114.935	**64,93**	8,3
	Baustelleneinrichtung (psch), Baustellen-Büro (1St), Baustellen-WC (1St), Verkehrsschilder, Beleuchtung (1St), Baustrom- und -wasseranschluss (psch) * Fassadengerüst (psch) * Schutzabdeckungen (700m²), Gebäudereinigung (psch) * Schließanlage, Profildoppelzylinder (16St), Profilknaufzylinder (21St), Haupt- und Generalschlüssel (20St), Generalhauptschlüssel (5St)				
400	**Bauwerk - Technische Anlagen**				**100,0**
410	**Abwasser-, Wasser-, Gasanlagen**	1.770,23 m² BGF	272.408	**153,88**	46,8
	Guss-Abflussrohre DN50-150 (444m), HT-Abflussrohre DN50-100 (125m), Tauchmotor-Doppelpumpe (1St), Bodenabläufe (2St), Regenfallrohre (40m) * Kalt- und Warmwasserleitungen (1.098m), Zirkulationspumpe (1St), Waschtisch (1St) * Fertigbäder (18St)				
420	**Wärmeversorgungsanlagen**	1.770,23 m² BGF	92.808	**52,43**	15,9
	Trinkwasserspeicher (1St), Kesselwasseraufbereitung (1St), Umwälzpumpen, Heizung (1St), Warmwasserbereitung (1St), Regelgerät (1St) * Stahlrohre (641m), Verbundrohre (818m) * Plattenheizkörper (64St), Heizwände (6St)				
430	**Lufttechnische Anlagen**	1.770,23 m² BGF	18.331	**10,36**	3,1
	Anschlüsse für Dunstabzugshauben (18St), Wickelfalzrohre DN160 (3m), Einzelraumlüfter, Nachlaufrelais (3St), Spiralfalzrohre DN80-125 (125m), Flexrohre DN80 (24m)				
440	**Starkstromanlagen**	1.770,23 m² BGF	124.429	**70,29**	21,4
	NSHV (1St), Unterverteilungen (18St) * Mantelleitungen NYM (5.035m), NYY (3.750m), Steckdosen (779St), CEE-Steckdose (1St), Schalter (252St), Dämmerungsschalter (1St), Präsenzmelder (6St) * Leuchten (145St), Schiffsarmaturen (35St), LED-Scheibenleuchten (15St), Langfeldleuchten (10St), Wannenleuchten mit Prismenabdeckung (3St), Einzelbatterieleuchten (2St) * Fundamenterder (270m), Ringerder (180m), Aluminium-Runddraht (290m), Tiefenerder (6St), Potenzialausgleichsschienen (2St)				
450	**Fernmelde-, informationstechn. Anlagen**	1.770,23 m² BGF	33.883	**19,14**	5,8
	Telefonleitungen J-Y(ST)Y (5.240m), TAE-Anschlussdosen (40St) * Klingel-/Gegensprechanlage (1St), CCD-Kamera (1St), Netzteil für Video (1St), Video-Glasstation Freisprechen (18St) * Koaxialleitungen (1.650m), Antennendosen (40St), Verteiler (14St), Abzweig (1St) * Rauchmelder (54St)				

KG	Kostengruppe	Menge Einheit	Kosten €	€/Einheit	%
460	**Förderanlagen**	1.770,23 m² BGF	40.216	**22,72**	6,9
	Personenaufzug, Tragkraft 1.000kg, 13 Personen, Förderhöhe 8,59m, vier Haltestellen (1St)				
500	**Außenanlagen**				**100,0**
540	**Technische Anlagen in Außenanlagen**	4.536,00 m² AF	39.340	**8,67**	96,6
	Bodenaushub (238m³), Rohrgräben (179m), Auffüllung, Sand (220m³), PVC-Abwasserrohre DN100-150, Formstücke (301m), Filtervlies (160m²), Filterrohre (30m), Revisionsschächte mit Schlammfang (3St), Straßenabläufe (2St)				
590	**Sonstige Maßnahmen für Außenanlagen**	4.536,00 m² AF	1.404	**0,31**	3,4
	Abbruch im Bereich von öffentlicher Verkehrsfläche von Schwarzdecke mit Unterbau (10m²), Bürgersteig abheben, lagern (2m²), Bordsteinkante (4m), nach Beendigung von Kanalarbeiten alles wieder herstellen * Bodenaushub für provisorische Versickerung, nach Beendigung der Arbeiten wieder schließen (10m³), Dachentwässerung, Anschluss an Rinnenstutzen DN100 (4St), Abläufe DN100 in Decke, Abdichtung (3St)				

Kostenkennwerte für die Kostengruppe 300 der 2. und 3.Ebene DIN 276 (Übersicht)

KG	Kostengruppe	Menge Einh.	€/Einheit	Kosten €	% 3+4
300	**Bauwerk - Baukonstruktionen**	**1.770,23 m^2 BGF**	**779,33**	**1.379.595,12**	**70,3**
310	**Baugrube**	**1.639,75 m^3 BGI**	**18,80**	**30.826,70**	**1,6**
311	Baugrubenherstellung	1.639,75 m^3 BGI	17,96	29.445,11	1,5
312	Baugrubenumschließung	–	–	–	–
313	Wasserhaltung	446,00 m^2 GRF	1,86	829,08	< 0,1
319	Baugrube, sonstiges	1.639,75 m^3 BGI	0,34	552,51	< 0,1
320	**Gründung**	**446,00 m^2 GRF**	**115,06**	**51.316,69**	**2,6**
321	Baugrundverbesserung	446,00 m^2 GRF	1,67	746,49	< 0,1
322	Flachgründungen	446,00 m^2	67,25	29.993,94	1,5
323	Tiefgründungen	–	–	–	–
324	Unterböden und Bodenplatten	–	–	–	–
325	Bodenbeläge	384,00 m^2	46,33	17.791,97	0,9
326	Bauwerksabdichtungen	446,00 m^2 GRF	6,24	2.784,28	0,1
327	Dränagen	–	–	–	–
329	Gründung, sonstiges	–	–	–	–
330	**Außenwände**	**1.057,80 m^2 AWF**	**390,56**	**413.130,37**	**21,1**
331	Tragende Außenwände	685,81 m^2	103,28	70.830,61	3,6
332	Nichttragende Außenwände	36,30 m^2	176,80	6.417,91	0,3
333	Außenstützen	24,00 m	145,05	3.481,16	0,2
334	Außentüren und -fenster	335,69 m^2	489,03	164.161,52	8,4
335	Außenwandbekleidungen außen	1.110,34 m^2	106,52	118.274,86	6,0
336	Außenwandbekleidungen innen	650,00 m^2	21,87	14.216,96	0,7
337	Elementierte Außenwände	–	–	–	–
338	Sonnenschutz	–	–	–	–
339	Außenwände, sonstiges	1.057,80 m^2 AWF	33,79	35.747,35	1,8
340	**Innenwände**	**2.127,73 m^2 IWF**	**134,94**	**287.124,46**	**14,6**
341	Tragende Innenwände	1.155,92 m^2	88,40	102.181,69	5,2
342	Nichttragende Innenwände	668,90 m^2	42,04	28.117,60	1,4
343	Innenstützen	–	–	–	–
344	Innentüren und -fenster	190,71 m^2	373,62	71.253,99	3,6
345	Innenwandbekleidungen	3.284,00 m^2	22,76	74.758,82	3,8
346	Elementierte Innenwände	112,20 m^2	46,10	5.172,13	0,3
349	Innenwände, sonstiges	2.127,73 m^2 IWF	2,65	5.640,24	0,3
350	**Decken**	**1.324,23 m^2 DEF**	**203,38**	**269.323,65**	**13,7**
351	Deckenkonstruktionen	1.324,23 m^2	114,41	151.506,78	7,7
352	Deckenbeläge	900,50 m^2	75,93	68.375,80	3,5
353	Deckenbekleidungen	1.100,00 m^2	14,62	16.086,90	0,8
359	Decken, sonstiges	1.324,23 m^2 DEF	25,19	33.354,16	1,7
360	**Dächer**	**526,00 m^2 DAF**	**390,61**	**205.462,92**	**10,5**
361	Dachkonstruktionen	526,00 m^2	152,72	80.331,96	4,1
362	Dachfenster, Dachöffnungen	–	–	–	–
363	Dachbeläge	543,00 m^2	197,89	107.456,96	5,5
364	Dachbekleidungen	525,00 m^2	15,34	8.053,67	0,4
369	Dächer, sonstiges	526,00 m^2 DAF	18,29	9.620,33	0,5
370	**Baukonstruktive Einbauten**	**1.770,23 m^2 BGF**	**4,22**	**7.475,16**	**0,4**
390	**Sonstige Baukonstruktionen**	**1.770,23 m^2 BGF**	**64,93**	**114.935,18**	**5,9**

Kostenkennwerte für die Kostengruppe 400 der 2. und 3.Ebene DIN 276 (Übersicht)

KG	Kostengruppe	Menge Einh.	€/Einheit	Kosten €	% 3+4
400	**Bauwerk - Technische Anlagen**	**1.770,23 m² BGF**	**328,81**	**582.075,87**	**29,7**
410	**Abwasser-, Wasser-, Gasanlagen**	**1.770,23 m² BGF**	**153,88**	**272.408,38**	**13,9**
411	Abwasseranlagen	1.770,23 m² BGF	33,45	59.209,48	3,0
412	Wasseranlagen	1.770,23 m² BGF	33,31	58.959,88	3,0
413	Gasanlagen	–	–	–	–
419	Abwasser-, Wasser-, Gasanlagen, sonstiges	1.770,23 m² BGF	87,13	154.239,02	7,9
420	**Wärmeversorgungsanlagen**	**1.770,23 m² BGF**	**52,43**	**92.808,29**	**4,7**
421	Wärmeerzeugungsanlagen	1.770,23 m² BGF	8,46	14.969,73	0,8
422	Wärmeverteilnetze	1.770,23 m² BGF	32,22	57.042,31	2,9
423	Raumheizflächen	1.770,23 m² BGF	11,75	20.796,25	1,1
429	Wärmeversorgungsanlagen, sonstiges	–	–	–	–
430	**Lufttechnische Anlagen**	**1.770,23 m² BGF**	**10,36**	**18.330,74**	**0,9**
431	Lüftungsanlagen	1.770,23 m² BGF	10,36	18.330,74	0,9
432	Teilklimaanlagen	–	–	–	–
433	Klimaanlagen	–	–	–	–
434	Kälteanlagen	–	–	–	–
439	Lufttechnische Anlagen, sonstiges	–	–	–	–
440	**Starkstromanlagen**	**1.770,23 m² BGF**	**70,29**	**124.429,35**	**6,3**
441	Hoch- und Mittelspannungsanlagen	–	–	–	–
442	Eigenstromversorgungsanlagen	–	–	–	–
443	Niederspannungsschaltanlagen	1.770,23 m² BGF	7,18	12.716,41	0,6
444	Niederspannungsinstallationsanlagen	1.770,23 m² BGF	44,23	78.293,41	4,0
445	Beleuchtungsanlagen	1.770,23 m² BGF	15,70	27.798,71	1,4
446	Blitzschutz- und Erdungsanlagen	1.770,23 m² BGF	3,18	5.620,81	0,3
449	Starkstromanlagen, sonstiges	–	–	–	–
450	**Fernmelde-, informationstechn. Anlagen**	**1.770,23 m² BGF**	**19,14**	**33.883,12**	**1,7**
451	Telekommunikationsanlagen	1.770,23 m² BGF	3,84	6.795,62	0,3
452	Such- und Signalanlagen	1.770,23 m² BGF	10,09	17.854,42	0,9
453	Zeitdienstanlagen	–	–	–	–
454	Elektroakustische Anlagen	–	–	–	–
455	Fernseh- und Antennenanlagen	1.770,23 m² BGF	2,65	4.687,80	0,2
456	Gefahrenmelde- und Alarmanlagen	1.770,23 m² BGF	2,57	4.545,28	0,2
457	Übertragungsnetze	–	–	–	–
459	Fernmelde- und informationstechnische Anlagen, sonstiges	–	–	–	–
460	**Förderanlagen**	**1.770,23 m² BGF**	**22,72**	**40.215,99**	**2,1**
461	Aufzugsanlagen	1.770,23 m² BGF	22,72	40.215,99	2,1
462	Fahrtreppen, Fahrsteige	–	–	–	–
463	Befahranlagen	–	–	–	–
464	Transportanlagen	–	–	–	–
465	Krananlagen	–	–	–	–
469	Förderanlagen, sonstiges	–	–	–	–
470	**Nutzungsspezifische Anlagen**	**–**	**–**	**–**	**–**
480	**Gebäudeautomation**	**–**	**–**	**–**	**–**
490	**Sonstige Technische Anlagen**	**–**	**–**	**–**	**–**

Kostenkennwerte für Leistungsbereiche nach StLB (Kosten des Bauwerks nach DIN 276)

LB	Leistungsbereiche	Kosten €	€/m² BGF	€/m³ BRI	% 3+4
000	Sicherheits-, Baustelleneinrichtungen inkl. 001	108.328	61,19	17,40	5,5
002	Erdarbeiten	30.312	17,12	4,87	1,5
006	Spezialtiefbauarbeiten inkl. 005	–	–	–	–
009	Entwässerungskanalarbeiten inkl. 011	–	–	–	–
010	Dränarbeiten	–	–	–	–
012	Mauerarbeiten	117.302	66,26	18,84	6,0
013	Betonarbeiten	328.960	185,83	52,84	16,8
014	Natur-, Betonwerksteinarbeiten	–	–	–	–
016	Zimmer- und Holzbauarbeiten	44.719	25,26	7,18	2,3
017	Stahlbauarbeiten	–	–	–	–
018	Abdichtungsarbeiten	7.078	4,00	1,14	0,4
020	Dachdeckungsarbeiten	–	–	–	–
021	Dachabdichtungsarbeiten	43.180	24,39	6,94	2,2
022	Klempnerarbeiten	71.322	40,29	11,46	3,6
	Rohbau	**751.200**	**424,35**	**120,66**	**38,3**
023	Putz- und Stuckarbeiten, Wärmedämmsysteme	64.693	36,55	10,39	3,3
024	Fliesen- und Plattenarbeiten	42.122	23,79	6,77	2,1
025	Estricharbeiten	24.586	13,89	3,95	1,3
026	Fenster, Außentüren inkl. 029, 032	139.562	78,84	22,42	7,1
027	Tischlerarbeiten	45.900	25,93	7,37	2,3
028	Parkett-, Holzpflasterarbeiten	–	–	–	–
030	Rollladenarbeiten	–	–	–	–
031	Metallbauarbeiten inkl. 035	111.857	63,19	17,97	5,7
034	Maler- und Lackiererarbeiten inkl. 037	78.288	44,23	12,57	4,0
036	Bodenbelagsarbeiten	25.060	14,16	4,03	1,3
038	Vorgehängte hinterlüftete Fassaden	81.300	45,93	13,06	4,1
039	Trockenbauarbeiten	8.244	4,66	1,32	0,4
	Ausbau	**621.613**	**351,15**	**99,84**	**31,7**
040	Wärmeversorgungsanlagen, inkl. 041	72.039	40,70	11,57	3,7
042	Gas- und Wasseranlagen, Leitungen inkl. 043	52.580	29,70	8,45	2,7
044	Abwasseranlagen - Leitungen	50.174	28,34	8,06	2,6
045	Gas, Wasser, Entwässerung - Ausstattung inkl. 046	154.764	87,43	24,86	7,9
047	Dämmarbeiten an technischen Anlagen	32.893	18,58	5,28	1,7
049	Feuerlöschanlagen, Feuerlöschgeräte	–	–	–	–
050	Blitzschutz- und Erdungsanlagen	5.621	3,18	0,90	0,3
052	Mittelspannungsanlagen	–	–	–	–
053	Niederspannungsanlagen inkl. 054	91.863	51,89	14,75	4,7
055	Ersatzstromversorgungsanlagen	–	–	–	–
057	Gebäudesystemtechnik	–	–	–	–
058	Leuchten und Lampen, inkl. 059	27.799	15,70	4,46	1,4
060	Elektroakustische Anlagen	17.854	10,09	2,87	0,9
061	Kommunikationsnetze, inkl. 063	16.029	9,05	2,57	0,8
069	Aufzüge	39.525	22,33	6,35	2,0
070	Gebäudeautomation	–	–	–	–
075	Raumlufttechnische Anlagen	18.331	10,36	2,94	0,9
	Gebäudetechnik	**579.472**	**327,34**	**93,07**	**29,5**
084	**Abbruch- und Rückbauarbeiten**	–	–	–	–
	Sonstige Leistungsbereiche inkl. 008, 033, 051	**9.386**	**5,30**	**1,51**	**0,5**

Kostenstand: 4.Quartal 2016, Bundesdurchschnitt, **inkl. 19% MwSt.**

6100-1096
Einfamilienhaus
Garagen

Objektübersicht

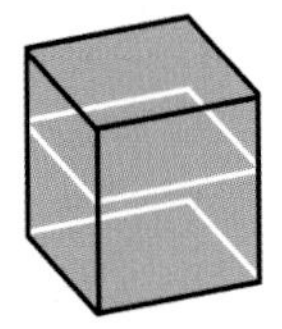

BRI 546 €/m³

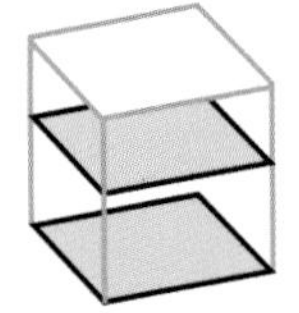

BGF 1.692 €/m²

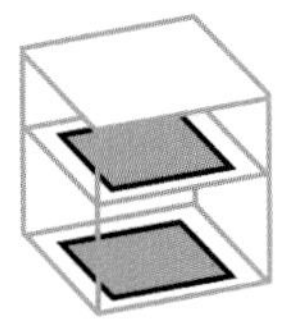

NUF 2.323 €/m²

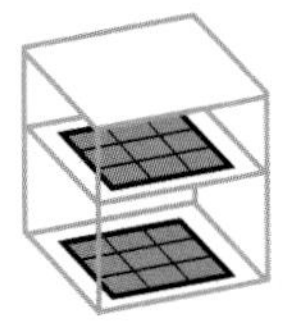

NE 2.919 €/NE
NE: m² Wohnfläche

Objekt:
Kennwerte: 3.Ebene DIN 276
BRI: 819 m³
BGF: 264 m²
NUF: 193 m²
Bauzeit: 21 Wochen
Bauende: 2012
Standard: Durchschnitt
Kreis: Dortmund - Stadt,
Nordrhein-Westfalen

Architekt:
puschmann architektur
Breite Straße 12
45657 Recklinghausen

© puschmann architektur

© puschmann architektur

© puschmann architektur

Ansicht Nord
Ansicht Ost
Erdgeschoss
Obergeschoss
Querschnitt
Längsschnitt
Ansicht Süd
Ansicht West

Objektbeschreibung

Allgemeine Objektinformationen

Anstelle eines abgerissenen Altbaus von 1907 wurde ein zweigeschossiges Einfamilienhaus in Holzrahmenbauweise mit zwei Garagen und ebenerdigen Abstellräumen geplant. Es entstand ein Entwurf mit Flachdach und Dachterrasse auf der Straßenseite. Der Entwurf orientiert sich an der Klassischen Moderne der 20er Jahre, „Bauhaus-Stil", und interpretiert diesen zeitgemäß.

Nutzung

1 Erdgeschoss
Diele, Gäste-WC, Küche, Esszimmer, Wohnzimmer, Arbeitszimmer, HWR/Technik, zwei Garagen, Abstellraum

1 Obergeschoss
Schlafzimmer, drei Kinderzimmer, Bad, Dachterrasse

Nutzeinheiten

Wohnfläche: 153m²

Grundstück

Bauraum: Freier Bauraum
Neigung: Ebenes Gelände
Bodenklasse: BK 3

Besonderer Kosteneinfluss Grundstück:
Altbau abgerissen, Keller aufgefüllt, Gründung auf Altbau und unbebaute Fläche

Markt

Hauptvergabezeit: 1. Quartal 2012
Baubeginn: 1. Quartal 2012
Bauende: 3. Quartal 2012
Konjunkturelle Gesamtlage: über Durchschnitt
Regionaler Baumarkt: über Durchschnitt

Besonderer Kosteneinfluss Marktsituation:
Unterbrechung im 1. Quartal 2012, Fortsetzung im 2. Quartal 2012

Baukonstruktion

Das Gebäude wurde in Holzrahmenbauweise auf einer massiven Bodenplatte erstellt. Die Holzkonstruktionen in Wänden, Decken und Dächern sind mit Zellulosefaserdämmstoff ausgefacht. Die Innentreppe, wie auch der Parkettboden und die Innentüren, sind aus Eichenholz. Der Hauptbaukörper ist weiß verputzt und stülpt sich über den farblich abgesetzten, flachen, eingeschossigen Bauköper aus Garagen und Nebenräumen. Die verschiedenen Auskragungen und Überstände bilden Überdachungen für Eingang und Dachterrasse. Ein abgestimmtes Farb- und Materialkonzept aus zwei verschiedenen Blautönen, einem warmen Grau, Anthrazit, Weiß, Eiche natur und Zink bestimmt alle Bauteile der Fassade, des Sockels, der Fenster und Fensterbänke, Dachränder, Böden und Türen. Im Innenbereich wurden alle Wände in weiß gehalten.

Technische Anlagen

Das haustechnische Konzept besteht aus einem Gas-Brennwertkessel und Fußbodenheizung, sowie einer kontrollierten, zentralen Lüftungsanlage mit Wärmerückgewinnung. Der Sonnenschutz und die Rollläden sind elektronisch gesteuert und programmierbar.

Planungskennwerte für Flächen und Rauminhalte nach DIN 277

Flächen des Grundstücks		Menge, Einheit	% an GF
BF	Bebaute Fläche	161,22 m²	11,9
UF	Unbebaute Fläche	1.198,78 m²	88,1
GF	Grundstücksfläche	1.360,00 m²	100,0

Grundflächen des Bauwerks		Menge, Einheit	% an NUF	% an BGF
NUF	Nutzungsfläche	192,63 m²	100,0	72,8
TF	Technikfläche	8,74 m²	4,5	3,3
VF	Verkehrsfläche	21,96 m²	11,4	8,3
NRF	Netto-Raumfläche	223,33 m²	115,9	84,4
KGF	Konstruktions-Grundfläche	41,16 m²	21,4	15,6
BGF	Brutto-Grundfläche	264,49 m²	137,3	100,0

NUF=100% BGF=137,3%
NUF TF VF KGF
NRF=115,9%

Brutto-Rauminhalt des Bauwerks		Menge, Einheit	BRI/NUF (m)	BRI/BGF (m)
BRI	Brutto-Rauminhalt	819,42 m³	4,25	3,10

0 1 2 3 4 BRI/NUF=4,25m
BRI/BGF=3,10m 0 1 2 3

Lufttechnisch behandelte Flächen	Menge, Einheit	% an NUF	% an BGF
Entlüftete Fläche	–	–	–
Be- und Entlüftete Fläche	–	–	–
Teilklimatisierte Fläche	–	–	–
Klimatisierte Fläche	–	–	–

KG	Kostengruppen (2.Ebene)	Menge, Einheit	Menge/NUF	Menge/BGF
310	Baugrube	44,00 m³ BGI	0,23	0,17
320	Gründung	159,01 m² GRF	0,83	0,60
330	Außenwände	356,36 m² AWF	1,85	1,35
340	Innenwände	149,26 m² IWF	0,77	0,56
350	Decken	105,48 m² DEF	0,55	0,40
360	Dächer	170,93 m² DAF	0,89	0,65

Kostenkennwerte für die Kostengruppen der 1.Ebene DIN 276

KG	Kostengruppen (1.Ebene)	Einheit	Kosten €	€/Einheit	€/m² BGF	€/m³ BRI	% 300+400
100	Grundstück	m² GF	–	–	–	–	–
200	Herrichten und Erschließen	m² GF	4.008	2,95	15,15	4,89	0,9
300	Bauwerk - Baukonstruktionen	m² BGF	376.794	1.424,60	1.424,60	459,83	84,2
400	Bauwerk - Technische Anlagen	m² BGF	70.745	267,48	267,48	86,33	15,8
	Bauwerk 300+400	**m² BGF**	**447.538**	**1.692,08**	**1.692,08**	**546,16**	**100,0**
500	Außenanlagen	m² AF	–	–	–	–	–
600	Ausstattung und Kunstwerke	m² BGF	–	–	–	–	–
700	Baunebenkosten	m² BGF	–	–	–	–	–

KG	Kostengruppe	Menge Einheit	Kosten €	€/Einheit	%
200	**Herrichten und Erschließen**	1.360,00 m² GF	4.008	**2,95**	100,0

Abbruch von Dämmplatten, Untergründe reinigen; Entsorgung, Deponiegebühren, Oberboden mit Wurzeln, Steinen, laden, entsorgen

KG	Kostengruppe	Menge Einheit	Kosten €	€/Einheit	%
3+4	**Bauwerk**				**100,0**
300	**Bauwerk - Baukonstruktionen**	264,49 m² BGF	376.794	**1.424,60**	84,2

Stb-Fundamente, Stb-Bodenplatte, Estrich, Natursteinplatten, Parkett; Holzrahmenbauwände, Einblasdämmung, Kunststofffenster, Haustür, Nebentür, Garagentore, Perimeterdämmung, Putz, Anstrich, GK-Bekleidung, Tapete, Anstrich, Wandfliesen, Sonnenschutz; Metallständerwände, Holztüren; Holzbalkendecke, Holztreppe, abgehängte Decken, Anstrich; Holzbalkendach, Schalung, Einblasdämmung, Lichtkuppel, Flachdachabdichtung, Extensivbegrünung

KG	Kostengruppe	Menge Einheit	Kosten €	€/Einheit	%
400	**Bauwerk - Technische Anlagen**	264,49 m² BGF	70.745	**267,48**	15,8

Gebäudeentwässerung, Kalt- und Warmwasserleitungen, Sanitärobjekte; Gas-Brennwertkessel, Fußbodenheizung; Lüftungsanlage mit Wärmerückgewinnung; Elektroinstallation, Beleuchtung, Blitzschutz; Türsprechstelle, Radio, Unterputz, Lautsprecher, Sat-Antennenanlage, Rauchmelder, EDV-Verkabelung

Kostenkennwerte für die Kostengruppen der 2.Ebene DIN 276

KG	Kostengruppe	Menge Einheit	Kosten €	€/Einheit	%
200	**Herrichten und Erschließen**				**100,0**
210	**Herrichten**	1.360,00 m² GF	4.008	**2,95**	100,0
	Abbruch von Dämmplatten, Untergründe reinigen; Entsorgung, Deponiegebühren * Oberboden mit Wurzeln, Steinen, laden, entsorgen (20m²)				
300	**Bauwerk - Baukonstruktionen**				**100,0**
310	**Baugrube**	44,00 m³ BGI	2.069	**47,03**	0,5
	Baugrubenaushub BK 3, laden, entsorgen (36m³), Arbeitsräume mit Liefermaterial verfüllen (8m³)				
320	**Gründung**	159,01 m² GRF	38.551	**242,45**	10,2
	Fundamentaushub, Stb-Streifenfundamente C20/25 (30m³) * Stb-Bodenplatte C20/25, d=15-25cm (159m²) * Abdichtung, Dämmung WLG 035, d=200mm, Zementestrich, d=60mm, Natursteinplatten (24m²), Parkett, Eiche (56m²), Bodenfliesen (7m²), Dämmung WLG 035, d=60mm, Nutzestrich (20m²) * Schotterschicht, d=20cm, Sauberkeitsschicht C5/10, d=5cm (164m²)				
330	**Außenwände**	356,36 m² AWF	149.762	**420,25**	39,7
	Holzrahmenbauwände, Holzweichfaserplatten, d=60mm Einblasdämmung WLG 035-040, d=200mm, OSB-Platten innen (264m²) * Attikawände als Holzrahmenbauwände * Kunststofffenster (30m²), Alu-Haustür (4m²), Holz-Nebeneingangstür (2m²), Garagentore, Motorantrieb (18m²) * Perimeterdämmung WLG 035, d=60mm (49m²), Putz, Anstrich (246m²) * GK-Bekleidung (158m²), Tapete, Anstrich (185m²), Wandfliesen (10m²) * Rollläden (17m²), Raffstores, Alu-Lamellen, Motorantrieb (13m²)				
340	**Innenwände**	149,26 m² IWF	39.480	**264,51**	10,5
	Holzrahmenbauwände, OSD-Platten, Mineralwolle WLG 035-040 (83m²) * Metallständerwände, GK-Beplankung 2x12,5mm, Dämmung (50m²) * Holztüren, Holzzargen (13m²), Schiebetür (2m²), Holz-Brandschutztür T30 (2m²) * GK-Bekleidung 1x12,5mm (147m²), Tapete, Anstrich (163m²), Wandfliesen (28m²)				
350	**Decken**	105,48 m² DEF	36.453	**345,60**	9,7
	Holzbalkendecke, OSB-Platten, d=25mm, Dämmung, d=100mm (111m²), Holztreppe, Podest, Geländer, Handlauf (9m²) * Trittschalldämmung, Zementestrich, d=60mm, Parkett, Eiche (70m²), Bodenfliesen (8m²) * abgehängte Decken, Anstrich (81m²), GK-Bekleidung 1x12,5cm (4m²)				
360	**Dächer**	170,93 m² DAF	91.841	**537,30**	24,4
	Holzbalkendach, DWD-Platten, d=15mm, Lüftungsebene, Gefälleschalung, Rauspundschalung, Einblasdämmung, d=320mm (170m²) * Lichtkuppel (1m²) * Bitumenabdichtung, Schweißbahnen, Filterschicht, Vegetationsschicht, Extensivbegrünung, Kiesstreifen (160m²), Holzunterkonstruktion, Bankiraiboden (17m²), Dachgullys (6St), Regenfallrohre (15m), Notüberlauf (1St), Mauerabdeckungen (35m²) * abgehängte Decken, Lattung, Anstrich (91m²), Deckenputz, Anstrich (16m²)				
370	**Baukonstruktive Einbauten**	264,49 m² BGF	3.461	**13,08**	0,9
	Kleiderschränke (2St), Schranktüren an Garderobe, Hutablage				

KG	Kostengruppe	Menge Einheit	Kosten €	€/Einheit	%
390	**Sonstige Baukonstruktionen**	264,49 m² BGF	15.176	**57,38**	4,0
	Baustelleneinrichtung * Fassadengerüste, Lastklasse 3 (315m²)				
400	**Bauwerk - Technische Anlagen**				**100,0**
410	**Abwasser-, Wasser-, Gasanlagen**	264,49 m² BGF	23.963	**90,60**	33,9
	Rohrgrabenaushub, Grundleitungen DN100 (60m), Abwasserleitungen (41m) * Kalt- und Warmwasserleitungen, Kupferrohre (120m), Hauswasserstation, Waschtische (2St), WC-Becken (2St), Badewanne (1St), Duschbecken (1St), Urinal (1St), Ausgussbecken (1St)				
420	**Wärmeversorgungsanlagen**	264,49 m² BGF	22.021	**83,26**	31,1
	Gas-Brennwertkessel (1St), Zubehör, Elektroarbeiten * Kupferrohre (30m) * Fußbodenheizung (153m²), Verteiler (2St), Raumthermostate (7St) * Abgasdoppelrohr				
430	**Lufttechnische Anlagen**	264,49 m² BGF	8.348	**31,56**	11,8
	Lüftungsanlage mit Wärmerückgewinnung, Kanäle				
440	**Starkstromanlagen**	264,49 m² BGF	11.375	**43,01**	16,1
	Zählerschrank, Unterverteilung, Sicherungen (30St), FI-Schutzschalter (4St), Mantelleitungen NYM (psch), Schalter (37St), Steckdosen (66St), Drehdimmer (1St) * Leuchtstofflampen 58W (5St), Einbaustrahler 35W (26St), Nurglasleuchte (1St) * Fundamenterder (45m), Erdbandschellen, Mantelleitungen NYM				
450	**Fernmelde-, informationstechn. Anlagen**	264,49 m² BGF	5.038	**19,05**	7,1
	Türsprechstelle, Leitungen, Schnittstelle zur Telefonanlage * Radio, Unterputz, Lautsprecher * Sat-Antennenanlage, Koaxialkabel (200m), Antennensteckdosen (6St) * Rauchmelder (4St) * EDV-Verkabelung Cat7 (157m), Steckdosen (21St)				

Kostenkennwerte für die Kostengruppe 300 der 2. und 3.Ebene DIN 276 (Übersicht)

KG	Kostengruppe	Menge Einh.	€/Einheit	Kosten €	% 3+4
300	**Bauwerk - Baukonstruktionen**	**264,49 m² BGF**	**1.424,60**	**376.793,64**	**84,2**
310	**Baugrube**	**44,00 m³ BGI**	**47,03**	**2.069,18**	**0,5**
311	Baugrubenherstellung	44,00 m³ BGI	47,03	2.069,18	0,5
312	Baugrubenumschließung	–	–	–	–
313	Wasserhaltung	–	–	–	–
319	Baugrube, sonstiges	–	–	–	–
320	**Gründung**	**159,01 m² GRF**	**242,45**	**38.551,42**	**8,6**
321	Baugrundverbesserung	–	–	–	–
322	Flachgründungen	159,01 m²	40,85	6.495,25	1,5
323	Tiefgründungen	–	–	–	–
324	Unterböden und Bodenplatten	159,01 m²	46,02	7.317,68	1,6
325	Bodenbeläge	106,60 m²	188,71	20.116,22	4,5
326	Bauwerksabdichtungen	159,01 m² GRF	29,07	4.622,26	1,0
327	Dränagen	–	–	–	–
329	Gründung, sonstiges	–	–	–	–
330	**Außenwände**	**356,36 m² AWF**	**420,25**	**149.761,51**	**33,5**
331	Tragende Außenwände	264,17 m²	212,69	56.186,05	12,6
332	Nichttragende Außenwände	38,00 m²	248,37	9.437,90	2,1
333	Außenstützen	2,60 m	204,56	531,85	0,1
334	Außentüren und -fenster	54,19 m²	712,64	38.617,12	8,6
335	Außenwandbekleidungen außen	299,28 m²	65,38	19.565,46	4,4
336	Außenwandbekleidungen innen	249,76 m²	50,33	12.570,20	2,8
337	Elementierte Außenwände	–	–	–	–
338	Sonnenschutz	29,51 m²	435,54	12.852,93	2,9
339	Außenwände, sonstiges	–	–	–	–
340	**Innenwände**	**149,26 m² IWF**	**264,51**	**39.479,88**	**8,8**
341	Tragende Innenwände	82,92 m²	147,68	12.245,74	2,7
342	Nichttragende Innenwände	49,50 m²	54,75	2.710,11	0,6
343	Innenstützen	–	–	–	–
344	Innentüren und -fenster	16,83 m²	750,54	12.630,16	2,8
345	Innenwandbekleidungen	239,34 m²	49,70	11.893,87	2,7
346	Elementierte Innenwände	–	–	–	–
349	Innenwände, sonstiges	–	–	–	–
350	**Decken**	**105,48 m² DEF**	**345,60**	**36.453,49**	**8,1**
351	Deckenkonstruktionen	105,48 m²	180,29	19.016,89	4,2
352	Deckenbeläge	77,94 m²	155,12	12.090,20	2,7
353	Deckenbekleidungen	86,04 m²	62,14	5.346,40	1,2
359	Decken, sonstiges	–	–	–	–
360	**Dächer**	**170,93 m² DAF**	**537,30**	**91.841,38**	**20,5**
361	Dachkonstruktionen	170,29 m²	127,26	21.670,50	4,8
362	Dachfenster, Dachöffnungen	0,64 m²	1.773,89	1.135,29	0,3
363	Dachbeläge	176,40 m²	342,39	60.398,41	13,5
364	Dachbekleidungen	106,46 m²	81,13	8.637,17	1,9
369	Dächer, sonstiges	–	–	–	–
370	**Baukonstruktive Einbauten**	**264,49 m² BGF**	**13,08**	**3.460,68**	**0,8**
390	**Sonstige Baukonstruktionen**	**264,49 m² BGF**	**57,38**	**15.176,11**	**3,4**

Kostenkennwerte für die Kostengruppe 400 der 2. und 3.Ebene DIN 276 (Übersicht)

KG	Kostengruppe	Menge Einh.	€/Einheit	Kosten €	% 3+4
400	**Bauwerk - Technische Anlagen**	**264,49 m² BGF**	**267,48**	**70.744,56**	**15,8**
410	**Abwasser-, Wasser-, Gasanlagen**	**264,49 m² BGF**	**90,60**	**23.963,12**	**5,4**
411	Abwasseranlagen	264,49 m² BGF	26,77	7.079,92	1,6
412	Wasseranlagen	264,49 m² BGF	63,83	16.883,20	3,8
413	Gasanlagen	–	–	–	–
419	Abwasser-, Wasser-, Gasanlagen, sonstiges	–	–	–	–
420	**Wärmeversorgungsanlagen**	**264,49 m² BGF**	**83,26**	**22.020,80**	**4,9**
421	Wärmeerzeugungsanlagen	264,49 m² BGF	44,66	11.812,17	2,6
422	Wärmeverteilnetze	264,49 m² BGF	6,23	1.648,39	0,4
423	Raumheizflächen	264,49 m² BGF	29,15	7.711,04	1,7
429	Wärmeversorgungsanlagen, sonstiges	264,49 m² BGF	3,21	849,20	0,2
430	**Lufttechnische Anlagen**	**264,49 m² BGF**	**31,56**	**8.347,78**	**1,9**
431	Lüftungsanlagen	264,49 m² BGF	31,56	8.347,78	1,9
432	Teilklimaanlagen	–	–	–	–
433	Klimaanlagen	–	–	–	–
434	Kälteanlagen	–	–	–	–
439	Lufttechnische Anlagen, sonstiges	–	–	–	–
440	**Starkstromanlagen**	**264,49 m² BGF**	**43,01**	**11.374,80**	**2,5**
441	Hoch- und Mittelspannungsanlagen	–	–	–	–
442	Eigenstromversorgungsanlagen	–	–	–	–
443	Niederspannungsschaltanlagen	–	–	–	–
444	Niederspannungsinstallationsanlagen	264,49 m² BGF	35,33	9.345,37	2,1
445	Beleuchtungsanlagen	264,49 m² BGF	6,19	1.637,77	0,4
446	Blitzschutz- und Erdungsanlagen	264,49 m² BGF	1,48	391,65	< 0,1
449	Starkstromanlagen, sonstiges	–	–	–	–
450	**Fernmelde-, informationstechn. Anlagen**	**264,49 m² BGF**	**19,05**	**5.038,07**	**1,1**
451	Telekommunikationsanlagen	–	–	–	–
452	Such- und Signalanlagen	264,49 m² BGF	4,51	1.191,79	0,3
453	Zeitdienstanlagen	–	–	–	–
454	Elektroakustische Anlagen	264,49 m² BGF	0,89	235,53	< 0,1
455	Fernseh- und Antennenanlagen	264,49 m² BGF	6,71	1.774,38	0,4
456	Gefahrenmelde- und Alarmanlagen	264,49 m² BGF	0,93	244,95	< 0,1
457	Übertragungsnetze	264,49 m² BGF	6,02	1.591,41	0,4
459	Fernmelde- und informationstechnische Anlagen, sonstiges	–	–	–	–
460	**Förderanlagen**	**–**	**–**	**–**	**–**
461	Aufzugsanlagen	–	–	–	–
462	Fahrtreppen, Fahrsteige	–	–	–	–
463	Befahranlagen	–	–	–	–
464	Transportanlagen	–	–	–	–
465	Krananlagen	–	–	–	–
469	Förderanlagen, sonstiges	–	–	–	–
470	**Nutzungsspezifische Anlagen**	**–**	**–**	**–**	**–**
480	**Gebäudeautomation**	**–**	**–**	**–**	**–**
490	**Sonstige Technische Anlagen**	**–**	**–**	**–**	**–**

Kostenkennwerte für Leistungsbereiche nach StLB (Kosten des Bauwerks nach DIN 276)

LB	Leistungsbereiche	Kosten €	€/m² BGF	€/m³ BRI	% 3+4
000	Sicherheits-, Baustelleneinrichtungen inkl. 001	15.176	57,38	18,52	3,4
002	Erdarbeiten	5.719	21,62	6,98	1,3
006	Spezialtiefbauarbeiten inkl. 005	–	–	–	–
009	Entwässerungskanalarbeiten inkl. 011	3.542	13,39	4,32	0,8
010	Dränarbeiten	–	–	–	–
012	Mauerarbeiten	4.650	17,58	5,67	1,0
013	Betonarbeiten	13.132	49,65	16,03	2,9
014	Natur-, Betonwerksteinarbeiten	3.100	11,72	3,78	0,7
016	Zimmer- und Holzbauarbeiten	112.746	426,28	137,59	25,2
017	Stahlbauarbeiten	–	–	–	–
018	Abdichtungsarbeiten	2.759	10,43	3,37	0,6
020	Dachdeckungsarbeiten	–	–	–	–
021	Dachabdichtungsarbeiten	47.639	180,12	58,14	10,6
022	Klempnerarbeiten	13.894	52,53	16,96	3,1
	Rohbau	**222.358**	**840,70**	**271,36**	**49,7**
023	Putz- und Stuckarbeiten, Wärmedämmsysteme	15.032	56,83	18,34	3,4
024	Fliesen- und Plattenarbeiten	5.078	19,20	6,20	1,1
025	Estricharbeiten	7.687	29,06	9,38	1,7
026	Fenster, Außentüren inkl. 029, 032	38.617	146,01	47,13	8,6
027	Tischlerarbeiten	22.910	86,62	27,96	5,1
028	Parkett-, Holzpflasterarbeiten	17.037	64,41	20,79	3,8
030	Rollladenarbeiten	10.160	38,41	12,40	2,3
031	Metallbauarbeiten inkl. 035	2.009	7,60	2,45	0,4
034	Maler- und Lackiererarbeiten inkl. 037	14.340	54,22	17,50	3,2
036	Bodenbelagsarbeiten	–	–	–	–
038	Vorgehängte hinterlüftete Fassaden	–	–	–	–
039	Trockenbauarbeiten	23.628	89,34	28,84	5,3
	Ausbau	**156.499**	**591,70**	**190,99**	**35,0**
040	Wärmeversorgungsanlagen, inkl. 041	19.331	73,09	23,59	4,3
042	Gas- und Wasseranlagen, Leitungen inkl. 043	5.815	21,99	7,10	1,3
044	Abwasseranlagen - Leitungen	2.076	7,85	2,53	0,5
045	Gas, Wasser, Entwässerung - Ausstattung inkl. 046	10.840	40,98	13,23	2,4
047	Dämmarbeiten an technischen Anlagen	670	2,53	0,82	0,1
049	Feuerlöschanlagen, Feuerlöschgeräte	–	–	–	–
050	Blitzschutz- und Erdungsanlagen	392	1,48	0,48	< 0,1
052	Mittelspannungsanlagen	–	–	–	–
053	Niederspannungsanlagen inkl. 054	14.763	55,82	18,02	3,3
055	Ersatzstromversorgungsanlagen	–	–	–	–
057	Gebäudesystemtechnik	–	–	–	–
058	Leuchten und Lampen, inkl. 059	1.638	6,19	2,00	0,4
060	Elektroakustische Anlagen	1.439	5,44	1,76	0,3
061	Kommunikationsnetze, inkl. 063	3.599	13,61	4,39	0,8
069	Aufzüge	–	–	–	–
070	Gebäudeautomation	–	–	–	–
075	Raumlufttechnische Anlagen	8.120	30,70	9,91	1,8
	Gebäudetechnik	**68.682**	**259,68**	**83,82**	**15,3**
084	**Abbruch- und Rückbauarbeiten**	–	–	–	–
	Sonstige Leistungsbereiche inkl. 008, 033, 051	–	–	–	–

6100-1205
Einfamilienhaus
Garage

Objektübersicht

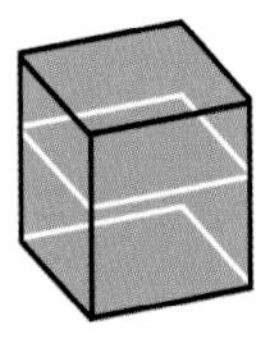

BRI 328 €/m³

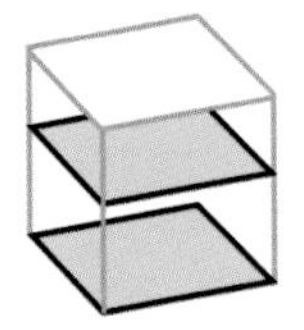

BGF 986 €/m²

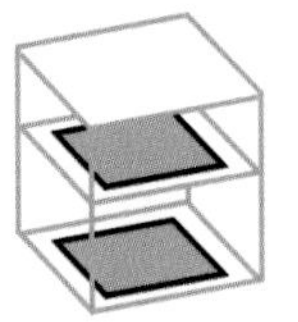

NUF 1.633 €/m²

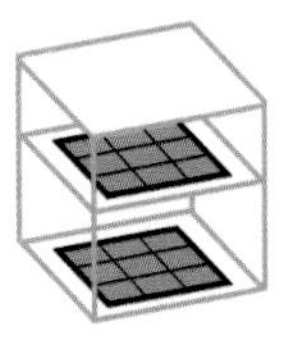

NE 2.032 €/NE
NE: m² Wohnfläche

Objekt:
Kennwerte: 1.Ebene DIN 276
BRI: 1.185 m³
BGF: 395 m²
NUF: 238 m²
Bauzeit: 47 Wochen
Bauende: 2014
Standard: Durchschnitt
Kreis: Brandenburg a.d. Havel - Stadt,
Brandenburg

Architekt:
braunschweig. architekten
Lindenstraße 3
14776 Brandenburg

Bauherr:
Familie Haseloff
14776 Brandenburg

© braunschweig. architekten

© braunschweig. architekten

© braunschweig. architekten

© braunschweig. architekten

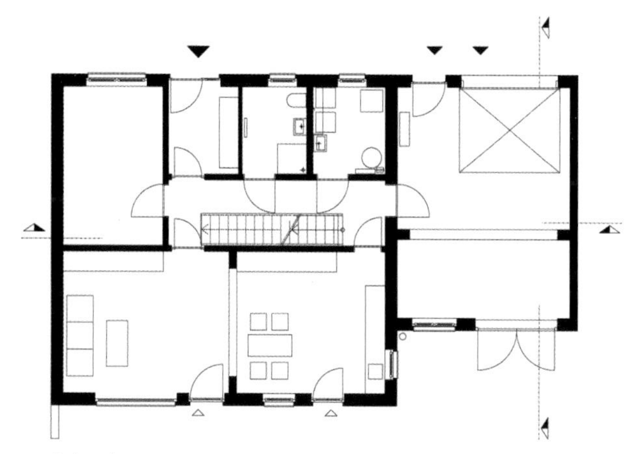

Erdgeschoss

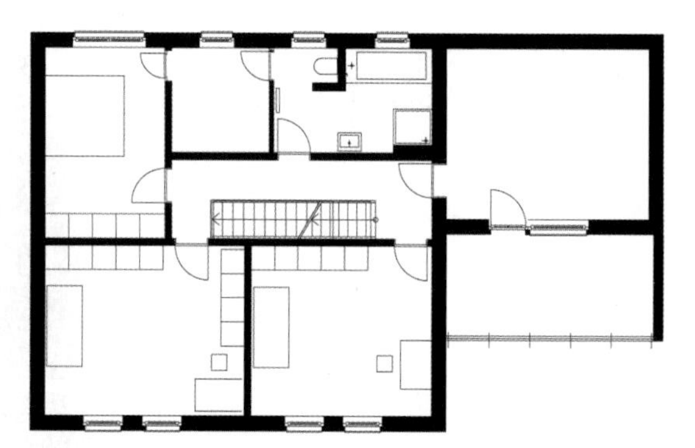

Obergeschoss

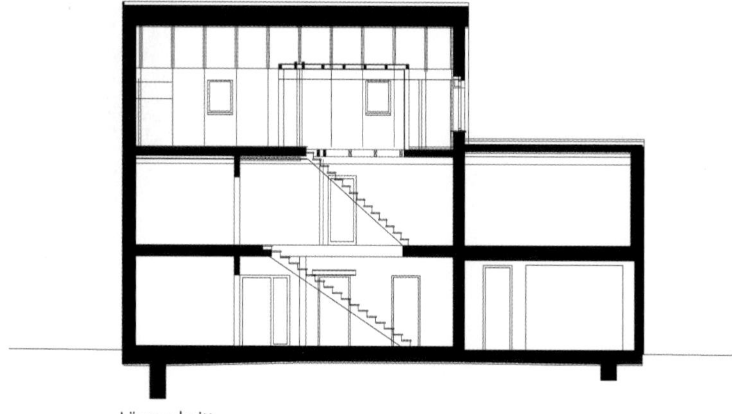

Längsschnitt

Objektbeschreibung

Allgemeine Objektinformationen

Das Einfamilienhaus schließt eine bestehende Baulücke.
Es besteht aus einem zweigeschossigen, nicht unterkellerten, Haupthaus mit Satteldach und einem ebenfalls zweigeschossigen Nebengebäude mit Pultdach.

Nutzung

1 Erdgeschoss
Wohnzimmer, Küche, Dusche/WC, Arbeitszimmer, HWR, Garage

1 Obergeschoss
Schlafzimmer, Kinderzimmer, Bad, Ankleidezimmer, zusätzlicher Raum

1 Dachgeschoss
Stauraum

Nutzeinheiten

Wohnfläche: 192m²
Wohneinheiten: 1

Grundstück

Bauraum: Baulücke
Neigung: Ebenes Gelände
Bodenklasse: BK 1 bis BK 4

Markt

Hauptvergabezeit: 4. Quartal 2013
Baubeginn: 4. Quartal 2013
Bauende: 4. Quartal 2014
Konjunkturelle Gesamtlage: Durchschnitt
Regionaler Baumarkt: Durchschnitt

Baukonstruktion

Die Außenwände wurden aus hochdämmenden Mauerwerk errichtet. Das Dach des Haupthauses ist mit Flachdachziegeln gedeckt, das Nebengebäude erhält eine Bahndeckung als "harte Bedachung".

Technische Anlagen

Die Wärmeversorgung einschließlich der Warmwasserversorgung erfolgt über eine Erd-Wärmepumpe über Erdsonden. Die Regenentwässerung der Hoffläche und der hofseitigen Dachfläche erfolgt über die belebte Bodenfläche.

Sonstiges

Das Dachgeschoss des Haupthauses wurde vorerst nicht ausgebaut.

Planungskennwerte für Flächen und Rauminhalte nach DIN 277

Flächen des Grundstücks		Menge, Einheit	% an GF
BF	Bebaute Fläche	144,57 m²	48,0
UF	Unbebaute Fläche	156,43 m²	52,0
GF	Grundstücksfläche	301,00 m²	100,0

Grundflächen des Bauwerks		Menge, Einheit	% an NUF	% an BGF
NUF	Nutzungsfläche	238,35 m²	100,0	60,3
TF	Technikfläche	5,70 m²	2,4	1,4
VF	Verkehrsfläche	26,80 m²	11,2	6,8
NRF	Netto-Raumfläche	270,85 m²	113,6	68,6
KGF	Konstruktions-Grundfläche	124,10 m²	52,1	31,4
BGF	Brutto-Grundfläche	394,95 m²	165,7	100,0

NUF=100% | BGF=165,7% | NRF=113,6%

NUF TF VF KGF

Brutto-Rauminhalt des Bauwerks		Menge, Einheit	BRI/NUF (m)	BRI/BGF (m)
BRI	Brutto-Rauminhalt	1.185,02 m³	4,97	3,00

0 1 2 3 4 BRI/NUF=4,97m

0 1 2 3 BRI/BGF=3,00m

Lufttechnisch behandelte Flächen	Menge, Einheit	% an NUF	% an BGF
Entlüftete Fläche	–	–	–
Be- und Entlüftete Fläche	–	–	–
Teilklimatisierte Fläche	–	–	–
Klimatisierte Fläche	–	–	–

KG	Kostengruppen (2.Ebene)	Menge, Einheit	Menge/NUF	Menge/BGF
310	Baugrube	–	–	–
320	Gründung	–	–	–
330	Außenwände	–	–	–
340	Innenwände	–	–	–
350	Decken	–	–	–
360	Dächer	–	–	–

Kostenkennwerte für die Kostengruppen der 1.Ebene DIN 276

KG	Kostengruppen (1.Ebene)	Einheit	Kosten €	€/Einheit	€/m² BGF	€/m³ BRI	% 300+400
100	Grundstück	m² GF	–	–	–	–	–
200	Herrichten und Erschließen	m² GF	10.592	35,19	26,82	8,94	2,7
300	Bauwerk - Baukonstruktionen	m² BGF	310.797	786,93	786,93	262,27	79,8
400	Bauwerk - Technische Anlagen	m² BGF	78.438	198,60	198,60	66,19	20,2
	Bauwerk 300+400	**m² BGF**	**389.236**	**985,53**	**985,53**	**328,46**	**100,0**
500	Außenanlagen	m² AF	–	–	–	–	–
600	Ausstattung und Kunstwerke	m² BGF	–	–	–	–	–
700	Baunebenkosten	m² BGF	–	–	–	–	–

KG	Kostengruppe	Menge Einheit	Kosten €	€/Einheit	%
200	**Herrichten und Erschließen**	301,00 m² GF	10.592	**35,19**	100,0

Erschließung: Abwasser, Trinkwasser, Strom- und Kabelanschluss

KG	Kostengruppe	Menge Einheit	Kosten €	€/Einheit	%
3+4	**Bauwerk**				**100,0**
300	**Bauwerk - Baukonstruktionen**	394,95 m² BGF	310.797	**786,93**	79,8

Stb-Streifenfundamente, Stb-Bodenplatte, Dämmung, Heizestrich, Eicheparkett, Bodenfliesen; Ziegel-Mauerwerk, hochgedämmt, Kunststofffenster, Leichtputz, Strukturputz, eingefärbt; Mauerwerkswände, Trockenbauwände, Holztüren, Stahltüren (Garage), Gipsputz, Kalk-Zementputz (Bäder), Wandfliesen; Stb-Filigrandecken, Holztreppe, Heizestrich, Eicheparkett, Bodenfliesen; Holzdachkonstruktion, Stb-Flachdach (Garage), Dämmung, Ziegeldeckung, Abdichtung (Garage)

KG	Kostengruppe	Menge Einheit	Kosten €	€/Einheit	%
400	**Bauwerk - Technische Anlagen**	394,95 m² BGF	78.438	**198,60**	20,2

Gebäudeentwässerung, Kalt- und Warmwasserleitungen, Sanitärobjekte; Erd-Wärmepumpe, Erdsonden, Fußbodenheizung; Elektroinstallation; Telefonleitung, Klingelanlage

6100-1208
Doppelhaushälfte
Effizienzhaus 70

Objektübersicht

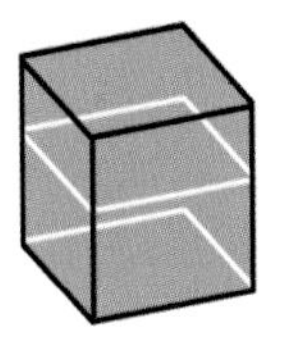

BRI 362 €/m³

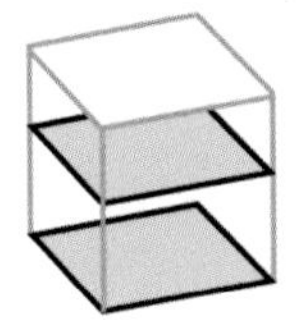

BGF 1.025 €/m²

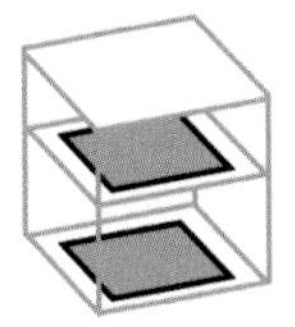

NUF 1.930 €/m²

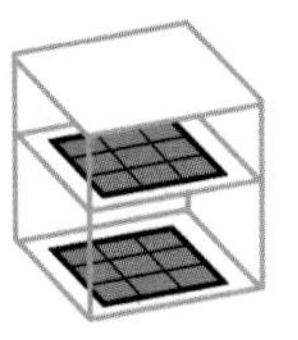

NE 2.063 €/NE
NE: m² Wohnfläche

Objekt:
Kennwerte: 1.Ebene DIN 276
BRI: 617 m³
BGF: 218 m²
NUF: 116 m²
Bauzeit: 60 Wochen
Bauende: 2014
Standard: Durchschnitt
Kreis: Stuttgart,
Baden-Württemberg

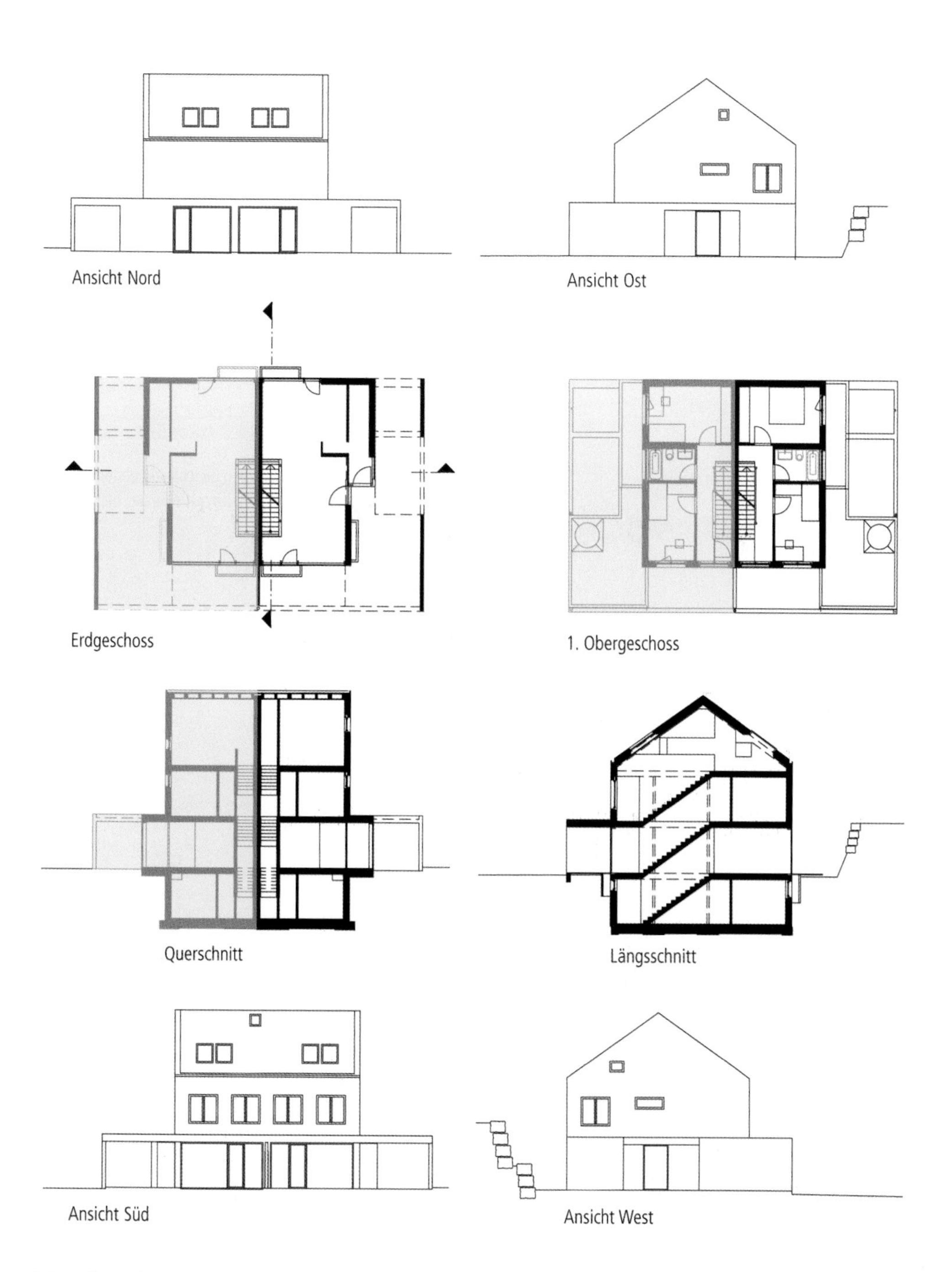
Ansicht Nord
Ansicht Ost
Erdgeschoss
1. Obergeschoss
Querschnitt
Längsschnitt
Ansicht Süd
Ansicht West

Objektbeschreibung

Allgemeine Objektinformationen

Die Doppelhaushälften wurden als Effizienzhaus 70 realisiert. Die Architekten wurden direkt beauftragt, da die Bauherren die Referenzgebäude kannten. Die Vergabe erfolgte gewerkeweise.

Nutzung

1 Untergeschoss
Hausanschlussraum, Abstellraum, Hobbyraum, Gäste-WC

1 Erdgeschoss
Wohnen/Essen/Kochen, Eingang

1 Obergeschoss
Kinderzimmer, Schlafzimmer, Bad

1 Dachgeschoss
Kinderzimmer, Bad, Arbeitsplatz

Nutzeinheiten

Wohnfläche: 108m²
Wohneinheiten: 1
Stellplätze: 1

Grundstück

Bauraum: Beengter Bauraum
Neigung: Ebenes Gelände
Bodenklasse: BK 1 bis BK 3

Markt

Hauptvergabezeit: 1. Quartal 2013
Baubeginn: 2. Quartal 2013
Bauende: 3. Quartal 2014
Konjunkturelle Gesamtlage: über Durchschnitt
Regionaler Baumarkt: über Durchschnitt

Baukonstruktion

Die Außenwände des Untergeschosses wurden in Stahlbeton ausgeführt. Die der oberen Geschosse sind in Kalksandsteinmauerwerk errichtet und mit einem Wärmedämmverbundsystem aus 160mm starkem Polystyrol-Hartschaum versehen. Die Fassade ist verputzt. Alle Fenster besitzen eine Dreifachverglasung. Im Erdgeschoss ist eine Pfosten-Riegel-Konstruktion ausgeführt. Die Innentreppe ist in Sichtbeton gehalten. Die Böden besitzen einen Parkettbelag.

Technische Anlagen

Der Neubau wird über eine Gasheizung mit Wärme versorgt. Eine Fußbodenheizung ist im ganzen Haus ausgeführt. Auf dem Carport ist eine Solaranlage aufgebracht.

Sonstiges

Beide Doppelhaushälften wurden gleichzeitig erstellt. Diese Veröffentlichung bezieht sich auf eine der beiden Doppelhaushälften.

Planungskennwerte für Flächen und Rauminhalte nach DIN 277

Flächen des Grundstücks		Menge, Einheit	% an GF
BF	Bebaute Fläche	60,66 m²	30,0
UF	Unbebaute Fläche	141,34 m²	70,0
GF	Grundstücksfläche	202,00 m²	100,0

Grundflächen des Bauwerks		Menge, Einheit	% an NUF	% an BGF
NUF	Nutzungsfläche	115,63 m²	100,0	53,1
TF	Technikfläche	11,00 m²	9,5	5,1
VF	Verkehrsfläche	49,50 m²	42,8	22,7
NRF	Netto-Raumfläche	176,13 m²	152,3	80,9
KGF	Konstruktions-Grundfläche	41,64 m²	36,0	19,1
BGF	Brutto-Grundfläche	217,77 m²	188,3	100,0

NUF=100% BGF=188,3%
NUF TF VF KGF
NRF=152,3%

Brutto-Rauminhalt des Bauwerks		Menge, Einheit	BRI/NUF (m)	BRI/BGF (m)
BRI	Brutto-Rauminhalt	617,00 m³	5,34	2,83

0 1 2 3 4 5 BRI/NUF=5,34m
BRI/BGF=2,83m 0 1 2

Lufttechnisch behandelte Flächen	Menge, Einheit	% an NUF	% an BGF
Entlüftete Fläche	–	–	–
Be- und Entlüftete Fläche	–	–	–
Teilklimatisierte Fläche	–	–	–
Klimatisierte Fläche	–	–	–

KG	Kostengruppen (2.Ebene)	Menge, Einheit	Menge/NUF	Menge/BGF
310	Baugrube	–	–	–
320	Gründung	–	–	–
330	Außenwände	–	–	–
340	Innenwände	–	–	–
350	Decken	–	–	–
360	Dächer	–	–	–

Kostenkennwerte für die Kostengruppen der 1.Ebene DIN 276

KG	Kostengruppen (1.Ebene)	Einheit	Kosten €	€/Einheit	€/m² BGF	€/m³ BRI	% 300+400
100	Grundstück	m² GF	–	–	–	–	–
200	Herrichten und Erschließen	m² GF	8.612	42,63	39,55	13,96	3,9
300	Bauwerk - Baukonstruktionen	m² BGF	184.412	846,82	846,82	298,88	82,6
400	Bauwerk - Technische Anlagen	m² BGF	38.755	177,96	177,96	62,81	17,4
	Bauwerk 300+400	**m² BGF**	**223.166**	**1.024,78**	**1.024,78**	**361,70**	**100,0**
500	Außenanlagen	m² AF	–	–	–	–	–
600	Ausstattung und Kunstwerke	m² BGF	–	–	–	–	–
700	Baunebenkosten	m² BGF	–	–	–	–	–

KG	Kostengruppe	Menge Einheit	Kosten €	€/Einheit	%
200	**Herrichten und Erschließen**	202,00 m² GF	8.612	**42,63**	100,0

Erschließungsgebühren Strom, Gas, Wasser, Telekom

KG	Kostengruppe	Menge Einheit	Kosten €	€/Einheit	%
3+4	**Bauwerk**				**100,0**
300	**Bauwerk - Baukonstruktionen**	217,77 m² BGF	184.412	**846,82**	82,6

Baugrubenaushub; Stb-Bodenplatte, Dämmung, Heizestrich, Parkett; Stb-Wände (UG), KS-Mauerwerk, Holzfenster, Dreifachverglasung, WDVS, d=160mm, Pfosten-Riegel-Fassade (EG); KS-Mauerwerk; Stb-Decken, Stb-Treppen, Sichtbeton, Dämmung, Heizestrich, Parkett, Bodenfliesen; Holzsparrendach, Zwischensparrendämmung, Dachflächenfenster, Aufsparrendämmung, Ziegeldeckung, Dachentwässerung

KG	Kostengruppe	Menge Einheit	Kosten €	€/Einheit	%
400	**Bauwerk - Technische Anlagen**	217,77 m² BGF	38.755	**177,96**	17,4

Gebäudeentwässerung, Kalt- und Warmwasserleitungen, Sanitärobjekte; Gas-Brennwerttherme, Fußbodenheizung; Elektroinstallation

6100-1218
Einfamilienhaus
Effizienzhaus 40

Objektübersicht

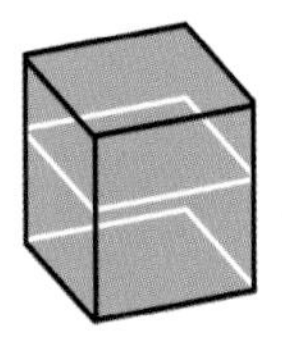

BRI 323 €/m³

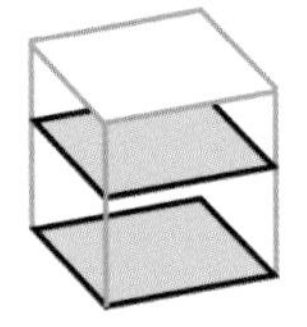

BGF 879 €/m²

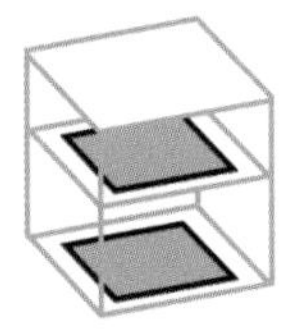

NUF 1.256 €/m²

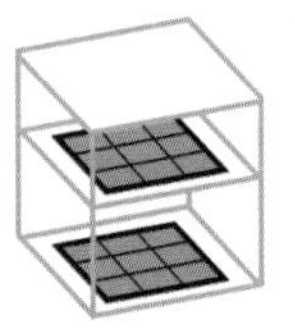

NE 2.057 €/NE
NE: m² Wohnfläche

Objekt:
Kennwerte: 1.Ebene DIN 276
BRI: 713 m³
BGF: 262 m²
NUF: 183 m²
Bauzeit: 56 Wochen
Bauende: 2014
Standard: Durchschnitt
Kreis: Mönchengladbach - Stadt, Nordrhein-Westfalen

Architekt:
Leistungsphasen 5-8:
bau grün !
energieeffiziente Gebäude
Architekt Daniel Finocchiaro
Burggrafenstraße 98
41061 Mönchengladbach

Leistungsphasen 1-4:
Grosch Rütters
Architekten BDB
Moosheide 111
41068 Mönchengladbach

Bauherr:
Ulrich Schmitz
41066 Mönchengladbach

© bau grün ! energieeffiziente Gebäude

© bau grün ! energieeffiziente Gebäude

© bau grün ! energieeffiziente Gebäude

© bau grün ! energieeffiziente Gebäude

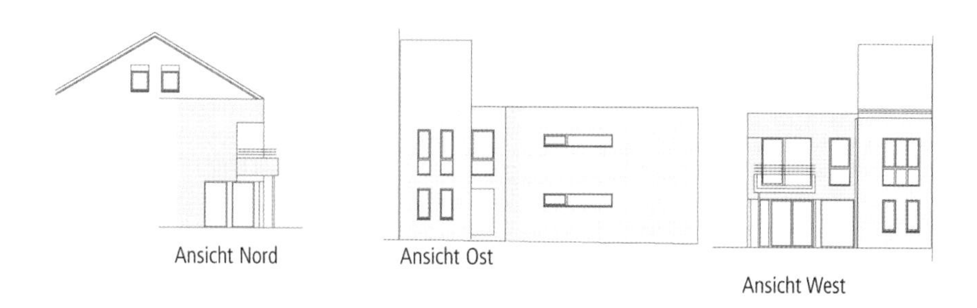

Ansicht Nord

Ansicht Ost

Ansicht West

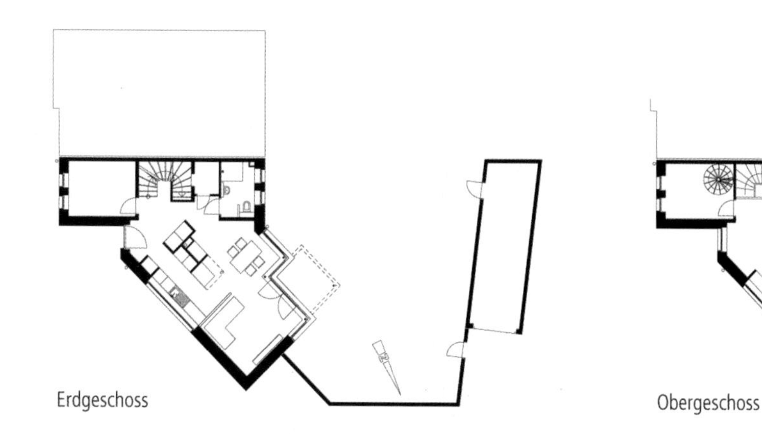

Erdgeschoss

Obergeschoss

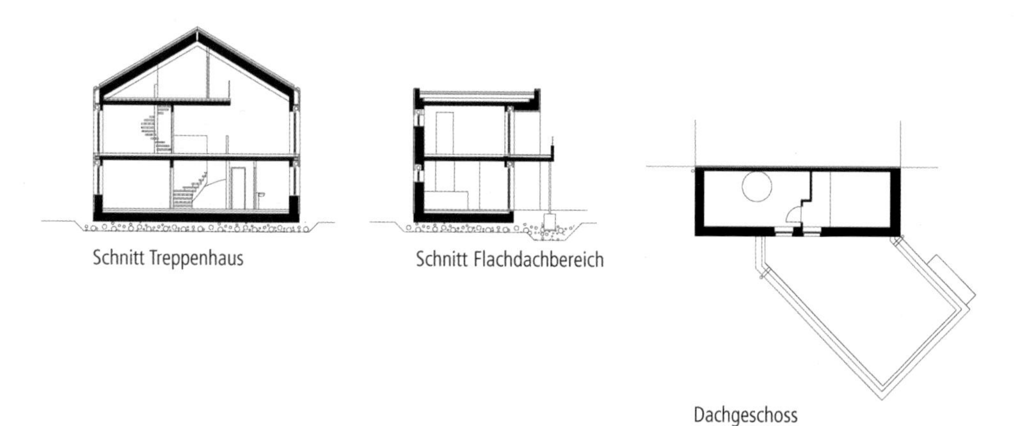

Schnitt Treppenhaus

Schnitt Flachdachbereich

Dachgeschoss

Objektbeschreibung

Allgemeine Objektinformationen

Das Gebäude wurde auf einem diffizil nutzbaren Restgrundstück am Rande eines Neubaugebietes gebaut. Besondere Grundstücke, verlangen nach besonderen Lösungen. Hinzu kommt, dass es sich bei dem Bau nicht um ein klassisches Einfamilienhaus handelt, sondern um eine Individuallösung für zwei Personen mittleren Alters mit besonderen Vorstellungen bezüglich Entwurf, Energieeffizienz und Baubiologie.

Nutzung

1 Erdgeschoss
Wohn- und Esszimmer, Küche, Diele, Gastzimmer, Dusche/WC, Abstellraum

1 Obergeschoss
Schlafzimmer, Terrasse, Ankleide, Bad, Arbeitszimmer, Waschen/Trocknen/Technik

1 Dachgeschoss
Abstellraum, Empore

Nutzeinheiten

Wohnfläche: 112m²
Wohneinheiten: 1
Stellplätze: 1

Grundstück

Bauraum: Beengter Bauraum
Neigung: Ebenes Gelände
Bodenklasse: BK 1 bis BK 3

Markt

Hauptvergabezeit: 3. Quartal 2013
Baubeginn: 3. Quartal 2013
Bauende: 4. Quartal 2014
Konjunkturelle Gesamtlage: Durchschnitt
Regionaler Baumarkt: Durchschnitt

Baukonstruktion

Die Konstruktion des Hauses stellt eine Symbiose aus Massiv- und Holzbau dar. Die Vorteile beider Bauweisen werden kombiniert. Alle tragenden Bauteile bestehen aus Kalksandstein und Beton und sorgen für hohen Schallschutz und besonderen sommerlichen Wärmeschutz. Fassade und Dachflächen bestehen aus klassischen Holzbaumaterialien, wie z.B. Holzstegträgern, Zelluloseeinblasdämmung und Holzfaserdämmplatten und sorgen für perfekten winterlichen Wärmeschutz und ein behagliches Raumklima.

Technische Anlagen

Der sehr geringe Heizwärmebedarf des Einfamilienhauses wird von einer Luft-Wasser-Wärmepumpe gedeckt und die Energie im Haus über eine Fußbodenheizung verteilt. Die Wärmepumpe sorgt auch für einen Großteil des Warmwassers, in den Sommermonaten wird sie jedoch von einer thermischen Solaranlage unterstützt bzw. abgelöst. Für die Mindestluftwechselrate und sehr geringen Lüftungswärmeverlust sorgt ein zentrales Lüftungsgerät mit passiver Wärmerückgewinnung. Zur zukünftigen Minimierung der notwendigen Hilfsenergie für die beschriebenen Geräte wurde die Installation einer Photovoltaikanlage technisch vorbereitet.

Planungskennwerte für Flächen und Rauminhalte nach DIN 277

Flächen des Grundstücks		Menge, Einheit	% an GF
BF	Bebaute Fläche	90,00 m²	28,1
UF	Unbebaute Fläche	230,00 m²	71,9
GF	Grundstücksfläche	320,00 m²	100,0

Grundflächen des Bauwerks		Menge, Einheit	% an NUF	% an BGF
NUF	Nutzungsfläche	183,39 m²	100,0	69,9
TF	Technikfläche	5,86 m²	3,2	2,2
VF	Verkehrsfläche	18,68 m²	10,2	7,1
NRF	Netto-Raumfläche	207,93 m²	113,4	79,3
KGF	Konstruktions-Grundfläche	54,35 m²	29,6	20,7
BGF	Brutto-Grundfläche	262,28 m²	143,0	100,0

Brutto-Rauminhalt des Bauwerks		Menge, Einheit	BRI/NUF (m)	BRI/BGF (m)
BRI	Brutto-Rauminhalt	712,61 m³	3,89	2,72

Lufttechnisch behandelte Flächen	Menge, Einheit	% an NUF	% an BGF
Entlüftete Fläche	–	–	–
Be- und Entlüftete Fläche	164,50 m²	89,7	62,7
Teilklimatisierte Fläche	–	–	–
Klimatisierte Fläche	–	–	–

KG	Kostengruppen (2.Ebene)	Menge, Einheit	Menge/NUF	Menge/BGF
310	Baugrube	–	–	–
320	Gründung	–	–	–
330	Außenwände	–	–	–
340	Innenwände	–	–	–
350	Decken	–	–	–
360	Dächer	–	–	–

Kostenkennwerte für die Kostengruppen der 1.Ebene DIN 276

KG	Kostengruppen (1.Ebene)	Einheit	Kosten €	€/Einheit	€/m² BGF	€/m³ BRI	% 300+400
100	Grundstück	m² GF	–	–	–	–	–
200	Herrichten und Erschließen	m² GF	2.439	7,62	9,30	3,42	1,1
300	Bauwerk - Baukonstruktionen	m² BGF	196.351	748,63	748,63	275,54	85,2
400	Bauwerk - Technische Anlagen	m² BGF	34.074	129,91	129,91	47,82	14,8
	Bauwerk 300+400	**m² BGF**	**230.425**	**878,54**	**878,54**	**323,35**	**100,0**
500	Außenanlagen	m² AF	10.872	47,27	41,45	15,26	4,7
600	Ausstattung und Kunstwerke	m² BGF	–	–	–	–	–
700	Baunebenkosten	m² BGF	–	–	–	–	–

KG	Kostengruppe	Menge Einheit	Kosten €	€/Einheit	%
200	**Herrichten und Erschließen**	320,00 m² GF	2.439	**7,62**	100,0

Geländeoberfläche herrichten; Mischwasserkanalanschluss, Dichtheitsprüfung

KG	Kostengruppe	Menge Einheit	Kosten €	€/Einheit	%
3+4	**Bauwerk**				**100,0**
300	**Bauwerk - Baukonstruktionen**	262,28 m² BGF	196.351	**748,63**	85,2

Fundamentplatte, Bodenplatte, Perimeterdämmung; KS-Mauerwerk, Stahlstütze, Eingangstür, Fenster, Holzdämmfassade, mineralischer Scheibenputz, diffusionsoffen; KS-Mauerwerk, Gipsdielenwände, GK-Wände, Stb-Stützen, Zimmertüren, Haustrennwanddämmung, Putz, Wandfliesen, Glasvordach; Stb-Decken, Stb-Überzüge, Stb-Treppe mit Holzbelag, Estrich, Parkett, Bodenfliesen, abgehängte GK-Decken, Fertigteil-Balkonplatte; Satteldach, Zelluloseeinblasdämmung, Flachdach, Holzfaserdämmplatten, Dachbegrünung, Dachentwässerungen; Einbaumöbel

KG	Kostengruppe	Menge Einheit	Kosten €	€/Einheit	%
400	**Bauwerk - Technische Anlagen**	262,28 m² BGF	34.074	**129,91**	14,8

Gebäudeentwässerung, Kalt- und Warmwasserleitungen, Sanitärobjekte; Luftwärmepumpe mit solarer Warmwasserunterstützung, Heizungsrohre, Fußbodenheizung; Lüftungsanlage mit Wärmerückgewinnung; vorbereitete Leitungen für die PV-Anlage, Elektroinstallation

KG	Kostengruppe	Menge Einheit	Kosten €	€/Einheit	%
500	**Außenanlagen**	230,00 m² AF	10.872	**47,27**	100,0

Bodenarbeiten; Pflasterarbeiten (Wege, Eingangsbereich, Einfahrt, Terrasse), Traufstreifen mit Basaltschotter; Schmutz- und Regenwasserkanal, Revisionsschächte; Teichanlage

Objektübersicht

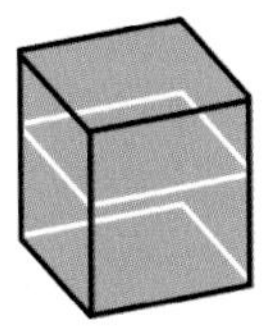

BRI 905 €/m³

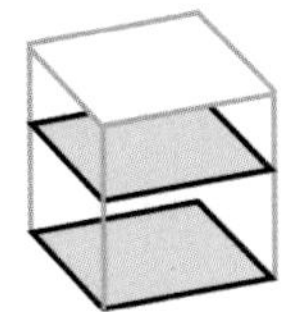

BGF 2.355 €/m²

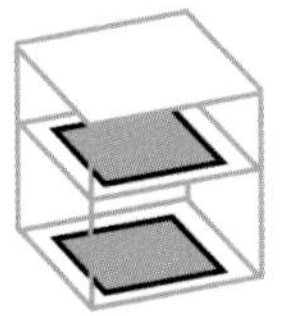

NUF 2.755 €/m²

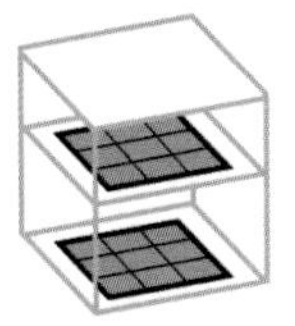

NE 3.386 €/NE
NE: m² Wohnfläche

Objekt:
Kennwerte: 1.Ebene DIN 276
BRI: 397 m³
BGF: 152 m²
NUF: 130 m²
Bauzeit: 39 Wochen
Bauende: 2014
Standard: Durchschnitt
Kreis: Barnim,
Brandenburg

Architekt:
2D+ Architekten
Schwedter Straße 34 A
10435 Berlin

© 2D+ Architekten

© 2D+ Architekten

© 2D+ Architekten

© 2D+ Architekten

© 2D+ Architekten

© 2D+ Architekten

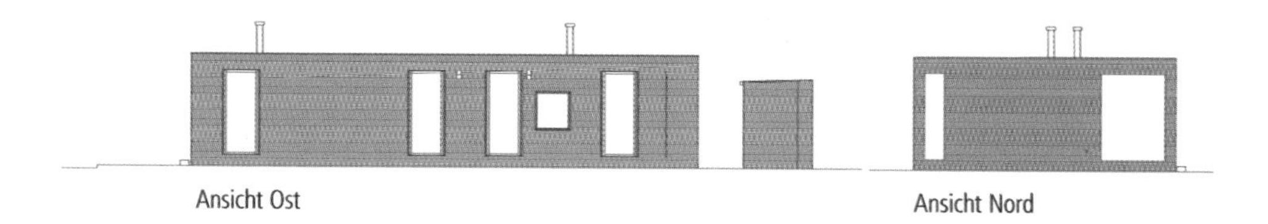

Ansicht Ost

Ansicht Nord

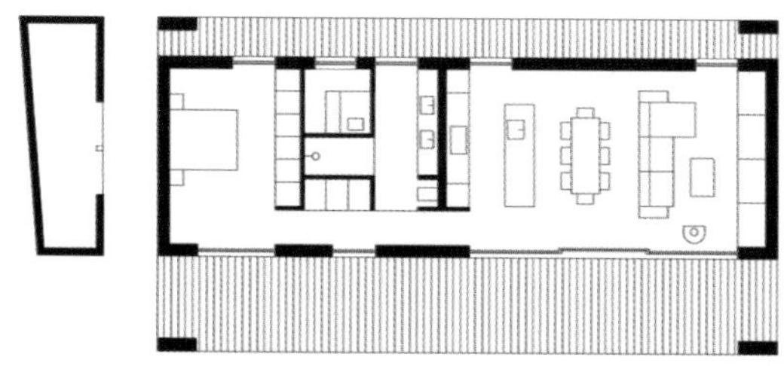

Erdgeschoss

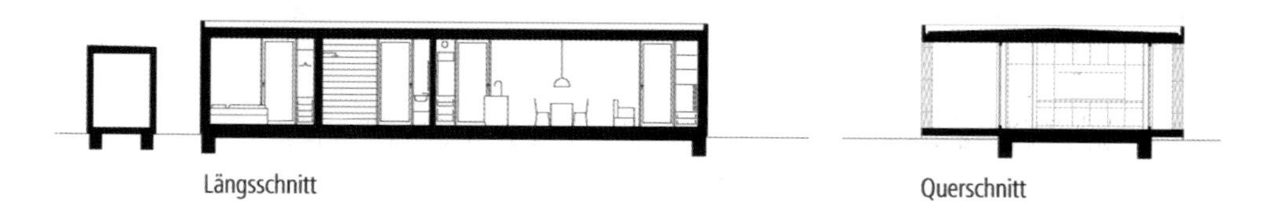

Längsschnitt

Querschnitt

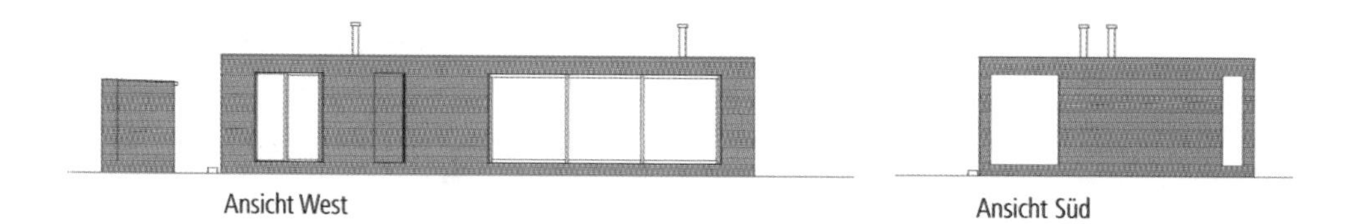

Ansicht West

Ansicht Süd

Objektbeschreibung

Allgemeine Objektinformationen

Haus Wandlitz ist die Geschichte eines jungen Berliner Ehepaars, das seine große Berliner Penthouse Wohnung gegen ein kleines Holzhaus auf dem Lande eingetauscht hat. Durch die Integration von Architektur und einem bis ins Detail durchgestalteten Innenausbau entstand auf kleiner Grundfläche ein modernes Wohnhaus mit Sauna, einem Schlafbereich mit Einbauschränken und einem großen Wohnbereich mit Einbauküche und drehbarem Kamin.

Nutzung

1 Erdgeschoss
Wohn/Essen/Kochen, Schlafzimmer, Dusche/WC, Sauna, Garderobe/Technik, Terrassen, Schuppen

Nutzeinheiten

Wohnfläche: 106m^2
Wohneinheiten: 1

Grundstück

Bauraum: Freier Bauraum
Neigung: Ebenes Gelände
Bodenklasse: BK 1 bis BK 3

Markt

Hauptvergabezeit: 3. Quartal 2013
Baubeginn: 3. Quartal 2013
Bauende: 2. Quartal 2014
Konjunkturelle Gesamtlage: Durchschnitt
Regionaler Baumarkt: unter Durchschnitt

Baukonstruktion

Die Idee der Reduktion wurde auch auf die Konstruktionsweise übertragen. Das Gebäude gründet auf Streifenfundamenten mit einer oberseitig gedämmten Stahlbetonbodenplatte. Unter Verwendung heimischer Hölzer und natürlicher Dämmstoffe wurde das Haus in Holzständerbauweise errichtet und im Außenbereich mit einer vorvergrauten Profilholzschalung aus Lärchenholz bekleidet. Durch diese Bauweise war es möglich, das Tragwerk in die Dämmebene aus Holzfaserdämmung zu integrieren und bei Einhaltung der geforderten Energiestandards zusätzlichen Raum zu gewinnen. Die Fenster sind in Dreifachverglasung und als raumhohe Elemente ausgebildet, im Wohnbereich öffnet eine dreiteilige Hebeschiebeanlage den Raum zum Garten und zu den auf den Längsseiten vorgelagerten überdachten Terrassen.

Technische Anlagen

Die Wärmeversorgung des Gebäudes erfolgt über eine raumsparende, energieeffiziente Gas-Brennwerttherme. Alle Bereiche des Gebäudes sind mit einer Fußbodenheizung versehen, der Wohnbereich wird zusätzlich über eine Wandheizung temperiert. Die großzügigen überdachten Terrassen bilden in den Übergangszeiten einen Pufferraum, der die Wohnräume nach außen erweitert.

Sonstiges

Natürliche Materialien, eine reduzierte Formensprache und durchdachte Verbindungsdetails verleihen den Innenräumen eine einladende Atmosphäre. Großflächige Verglasungen auf den Längsseiten des Hauses schaffen eine fließende Verbindung der Innenräume zum Außenraum. Die überdachten Terrassen sind die Erweiterung des Hauses in den Garten mit seinen märkischen Kiefern.

Planungskennwerte für Flächen und Rauminhalte nach DIN 277

Flächen des Grundstücks		Menge, Einheit	% an GF
BF	Bebaute Fläche	152,44 m²	37,9
UF	Unbebaute Fläche	249,56 m²	62,1
GF	Grundstücksfläche	402,00 m²	100,0

Grundflächen des Bauwerks		Menge, Einheit	% an NUF	% an BGF
NUF	Nutzungsfläche	130,29 m²	100,0	85,5
TF	Technikfläche	0,54 m²	0,4	0,4
VF	Verkehrsfläche	6,00 m²	4,6	3,9
NRF	Netto-Raumfläche	136,83 m²	105,0	89,8
KGF	Konstruktions-Grundfläche	15,61 m²	12,0	10,2
BGF	Brutto-Grundfläche	152,44 m²	117,0	100,0

NUF=100% BGF=117,0%

NUF TF VF KGF

NRF=105,0%

Brutto-Rauminhalt des Bauwerks		Menge, Einheit	BRI/NUF (m)	BRI/BGF (m)
BRI	Brutto-Rauminhalt	396,60 m³	3,04	2,60

0 1 2 3 BRI/NUF=3,04m

BRI/BGF=2,60m 0 1 2

Lufttechnisch behandelte Flächen	Menge, Einheit	% an NUF	% an BGF
Entlüftete Fläche	–	–	–
Be- und Entlüftete Fläche	–	–	–
Teilklimatisierte Fläche	–	–	–
Klimatisierte Fläche	–	–	–

KG	Kostengruppen (2.Ebene)	Menge, Einheit	Menge/NUF	Menge/BGF
310	Baugrube	–	–	–
320	Gründung	–	–	–
330	Außenwände	–	–	–
340	Innenwände	–	–	–
350	Decken	–	–	–
360	Dächer	–	–	–

Kostenkennwerte für die Kostengruppen der 1.Ebene DIN 276

KG	Kostengruppen (1.Ebene)	Einheit	Kosten €	€/Einheit	€/m² BGF	€/m³ BRI	% 300+400
100	Grundstück	m² GF	–	–	–	–	–
200	Herrichten und Erschließen	m² GF	–	–	–	–	–
300	Bauwerk - Baukonstruktionen	m² BGF	313.539	2.056,80	2.056,80	790,57	87,4
400	Bauwerk - Technische Anlagen	m² BGF	45.388	297,74	297,74	114,44	12,6
	Bauwerk 300+400	**m² BGF**	**358.927**	**2.354,55**	**2.354,55**	**905,01**	**100,0**
500	Außenanlagen	m² AF	13.650	54,70	89,54	34,42	3,8
600	Ausstattung und Kunstwerke	m² BGF	–	–	–	–	–
700	Baunebenkosten	m² BGF	–	–	–	–	–

KG	Kostengruppe	Menge Einheit	Kosten €	€/Einheit	%
3+4	**Bauwerk**				**100,0**
300	**Bauwerk - Baukonstruktionen**	152,44 m² BGF	313.539	**2.056,80**	87,4

Stb-Streifenfundamente, Stb-Bodenplatte, Dämmung, Heizestrich, Bodenfliesen, Terrassen aus Lärchendielen mit Holzunterkonstruktion; Holzständerwände, OSB-Platten, Holzfaserdämmung, Stahlstützen, Holzfenster, Dreifachverglasung, Holzfaserplatten, Holzunterkonstruktion, Lärchenschalung, Installationsschicht, GK-Bekleidung, Wandpaneele, echtholzfurniert, Innenrollos; Flachdach als Sparrenkonstruktion, Dämmung, OSB-Platten, Bitumenabdichtung, GK-Bekleidung, Lärchenschalung; Einbauschränke, Einbauküche mit Kochinsel, Sauna

KG	Kostengruppe	Menge Einheit	Kosten €	€/Einheit	%
400	**Bauwerk - Technische Anlagen**	152,44 m² BGF	45.388	**297,74**	12,6

Gebäudeentwässerung, Kalt- und Warmwasserleitungen, Sanitärobjekte; Gasbrennwerttherme mit Schichtenspeicher, Fußbodenheizung, Wandheizung, Handtuchheizkörper; Elektroinstallation, Einbauleuchten

KG	Kostengruppe	Menge Einheit	Kosten €	€/Einheit	%
500	**Außenanlagen**	249,56 m² AF	13.650	**54,70**	100,0

Kiestraufe, Gartenschuppen, Holzkonstruktion mit Lärchenholzbekleidung

6100-1222
Wohnanlage
(44 WE)
TG (48 STP)

Objektübersicht

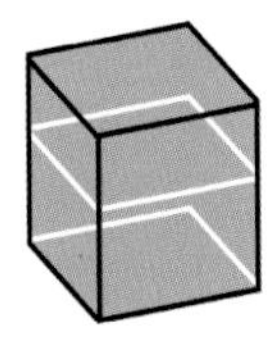
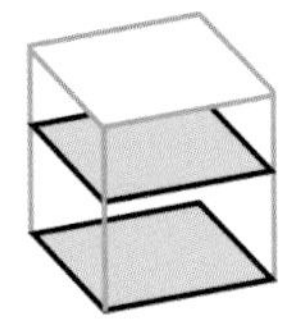
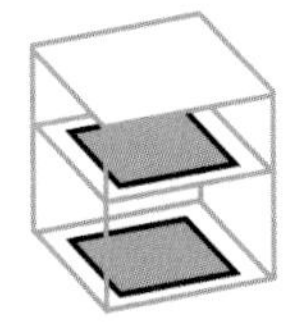
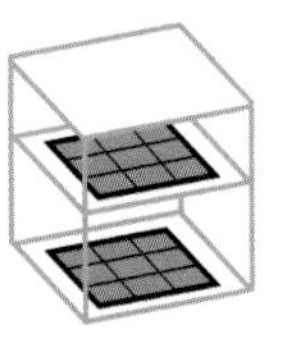

BRI 492 €/m³ | BGF 1.445 €/m² | NUF 2.189 €/m² | NE 2.302 €/NE

NE: m² Wohnfläche

Objekt:
Kennwerte: 1.Ebene DIN 276
BRI: 17.370 m³
BGF: 5.918 m²
NUF: 3.906 m²
Bauzeit: 161 Wochen
Bauende: 2014
Standard: über Durchschnitt
Kreis: Fulda,
Hessen

Architekt:
Sturm und Wartzeck GmbH
Architekten BDA,
Innenarchitekten
Wilhelm-Ney-Straße 22
36160 Dipperz

Bauherr:
Siedlungswerk Fulda e.G.
Heinrichstraße 39
36037 Fulda

© Sturm und Wartzeck GmbH Architekten BDA

© Sturm und Wartzeck GmbH Architekten BDA

© Sturm und Wartzeck GmbH Architekten BDA

© Sturm und Wartzeck GmbH Architekten BDA

© Sturm und Wartzeck GmbH Architekten BDA

© Sturm und Wartzeck GmbH Architekten BDA

Ansicht Nord

Ansicht Ost

Erdgeschoss

Längsschnitt

1. Obergeschoss

Querschnitt

Ansicht Süd

Ansicht West

Objektbeschreibung

Allgemeine Objektinformationen

Der Bauherr, eine gemeinnützige Siedlungsgenossenschaft, beauftragte die Architekten mit der Planung und Objektüberwachung nach einer wettbewerblichen Mehrfachbeauftragung. Die Wohnhäuser verbleiben im Besitz der Genossenschaft, die Wohnungen werden ausschließlich vermietet. Umgesetzt wurde die Baumaßnahme in drei Bauabschnitten in den Jahren 2011-2014.

Nutzung

1 Erdgeschoss
Zwei-Zimmer-Wohnungen, Terrassen, Kellerersatzräume, Technik

2 Obergeschosse
Zwei- bis Vier-Zimmer-Wohnungen, Loggien, Terrassen

Nutzeinheiten

Wohnfläche: 3.714m²
Wohneinheiten: 44
Stellplätze: 48

Grundstück

Bauraum: Freier Bauraum
Neigung: Ebenes Gelände
Bodenklasse: BK 3 bis BK 5

Markt

Hauptvergabezeit: 3. Quartal 2011
Baubeginn: 3. Quartal 2011
Bauende: 3. Quartal 2014
Konjunkturelle Gesamtlage: Durchschnitt
Regionaler Baumarkt: Durchschnitt

Baukonstruktion

Die Baukörper wurden in Massivbauweise erstellt, verarbeitet wurde ein gedämmter Hochlochziegel mit einer Wärmeleitzahl von 0,080 W/mK, dadurch konnte auf ein Wärmedämmverbundsystem verzichtet werden. Die Erschließungszonen der Baukörper sind materialmäßig mit einem roten Verblendmauerziegel abgesetzt. Die Fenster wurden als Holz-Alufenster ausgeführt, die großen, bodentiefen Elemente der Loggien erhielten Raffstores, die Fenster der Nordseite sind mit Außenrollos ausgestattet.

Technische Anlagen

Für die Wärmeerzeugung wurde im zentralen Heizungsgebäude eine Pelletanlage vorgesehen. Diese versorgt die einzelnen Häuser über Nahwärmeleitungen mit Warmwasser. Zusätzlich werden die dezentralen Pufferspeicher durch thermische Solarenergie gespeist. Ebenfalls in den Häusern ist die Lüftungstechnik für die Zu- und Abluftanlagen mit Wärmerückgewinnung untergebracht. Bis auf das Gebäude 7 sind alle Wohnungen barrierefrei über eine Aufzugsanlage erreichbar.

Sonstiges

Die Gliederung der Baukörper mit Verblendmauerwerk wird in den Außenanlagen gestalterisch in den Müllabstellanlagen und der Einfriedung/Einfahrt der Anlage weitergeführt. Durch Pflanzungen entstehen auch im EG sehr private Freibereiche.

Planungskennwerte für Flächen und Rauminhalte nach DIN 277

Flächen des Grundstücks		Menge, Einheit	% an GF
BF	Bebaute Fläche	2.029,00 m²	19,0
UF	Unbebaute Fläche	8.649,00 m²	81,0
GF	Grundstücksfläche	10.678,00 m²	100,0

Grundflächen des Bauwerks		Menge, Einheit	% an NUF	% an BGF
NUF	Nutzungsfläche	3.906,00 m²	100,0	66,0
TF	Technikfläche	112,00 m²	2,9	1,9
VF	Verkehrsfläche	859,00 m²	22,0	14,5
NRF	Netto-Raumfläche	4.877,00 m²	124,9	82,4
KGF	Konstruktions-Grundfläche	1.041,00 m²	26,7	17,6
BGF	Brutto-Grundfläche	5.918,00 m²	151,5	100,0

NUF=100% BGF=151,5%

NUF TF VF KGF

NRF=124,9%

Brutto-Rauminhalt des Bauwerks		Menge, Einheit	BRI/NUF (m)	BRI/BGF (m)
BRI	Brutto-Rauminhalt	17.370,00 m³	4,45	2,94

0 1 2 3 4 BRI/NUF=4,45m

0 1 2 BRI/BGF=2,94m

Lufttechnisch behandelte Flächen	Menge, Einheit	% an NUF	% an BGF
Entlüftete Fläche	–	–	–
Be- und Entlüftete Fläche	–	–	–
Teilklimatisierte Fläche	–	–	–
Klimatisierte Fläche	–	–	–

KG	Kostengruppen (2.Ebene)	Menge, Einheit	Menge/NUF	Menge/BGF
310	Baugrube	–	–	–
320	Gründung	–	–	–
330	Außenwände	–	–	–
340	Innenwände	–	–	–
350	Decken	–	–	–
360	Dächer	–	–	–

Kostenkennwerte für die Kostengruppen der 1.Ebene DIN 276

KG	Kostengruppen (1.Ebene)	Einheit	Kosten €	€/Einheit	€/m² BGF	€/m³ BRI	% 300+400
100	Grundstück	m² GF	–	–	–	–	–
200	Herrichten und Erschließen	m² GF	601.487	56,33	101,64	34,63	7,0
300	Bauwerk - Baukonstruktionen	m² BGF	5.934.229	1.002,74	1.002,74	341,64	69,4
400	Bauwerk - Technische Anlagen	m² BGF	2.614.736	441,83	441,83	150,53	30,6
	Bauwerk 300+400	**m² BGF**	**8.548.965**	**1.444,57**	**1.444,57**	**492,17**	**100,0**
500	Außenanlagen	m² AF	683.105	78,98	115,43	39,33	8,0
600	Ausstattung und Kunstwerke	m² BGF	–	–	–	–	–
700	Baunebenkosten	m² BGF	–	–	–	–	–

KG	Kostengruppe	Menge Einheit	Kosten €	€/Einheit	%
200	**Herrichten und Erschließen**	10.678,00 m² GF	601.487	**56,33**	100,0
	Entsorgung von belastetem Erdaushub, Nahwärmenetz				
3+4	**Bauwerk**				**100,0**
300	**Bauwerk - Baukonstruktionen**	5.918,00 m² BGF	5.934.229	**1.002,74**	69,4
	Rüttelstopfsäulen, Tiefgründungen, Stb-Bodenplatte; Hochlochziegel, gedämmt, Holz-Alufenster, Dreifachverglasung, Putz, Verblendmauerwerk, Wandfliesen, Raffstores, Außenrollos; Stb-Decken, Stabparkett, Eiche, Natursteinfliesen; Stb-Flachdach, Flachdachabdichtung				
400	**Bauwerk - Technische Anlagen**	5.918,00 m² BGF	2.614.736	**441,83**	30,6
	Gebäudeentwässerung, Kalt- und Warmwasserleitungen, Sanitärobjekte; Pelletheizung mit Solaranlage; Lüftungsanlagen mit Wärmerückgewinnung; Elektroinstallation; Aufzüge				
500	**Außenanlagen**	8.649,00 m² AF	683.105	**78,98**	100,0
	Wege, Zufahrten, Parkplätze, Fahrradstellplätze; Abwasseranlagen; Mülleinhausungen; Pflanzen; Großteil des Grundstücks naturbelassen, Überschwemmungsgebiet				

6100-1226
Mehrfamilienhaus
(5 WE)

Objektübersicht

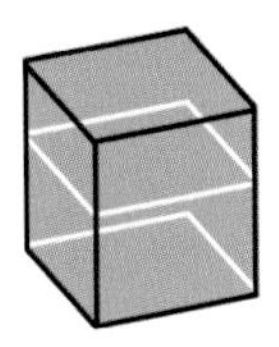

BRI 473 €/m³

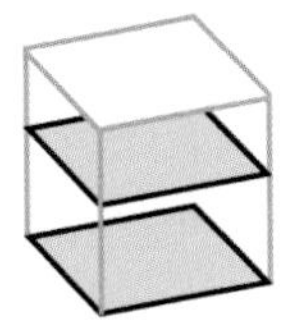

BGF 1.323 €/m²

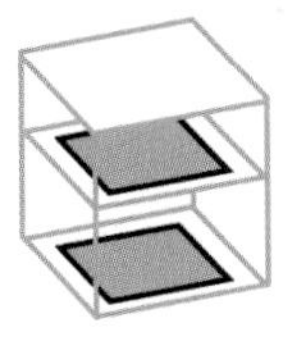

NUF 2.007 €/m²

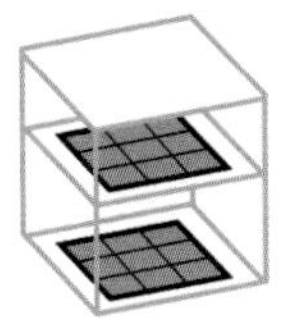

NE 2.872 €/NE
NE: m² Wohnfläche

Objekt:
Kennwerte: 1.Ebene DIN 276
BRI: 2.700 m³
BGF: 966 m²
NUF: 637 m²
Bauzeit: 39 Wochen
Bauende: 2014
Standard: Durchschnitt
Kreis: Oberhavel,
Brandenburg

Architekt:
Sabine Reimann
Dipl. Ing. Architektin
Ringstraße 30
17255 Wesenberg

© Sabine Reimann Architektin

© Sabine Reimann Architektin

© Sabine Reimann Architektin

© Sabine Reimann Architektin

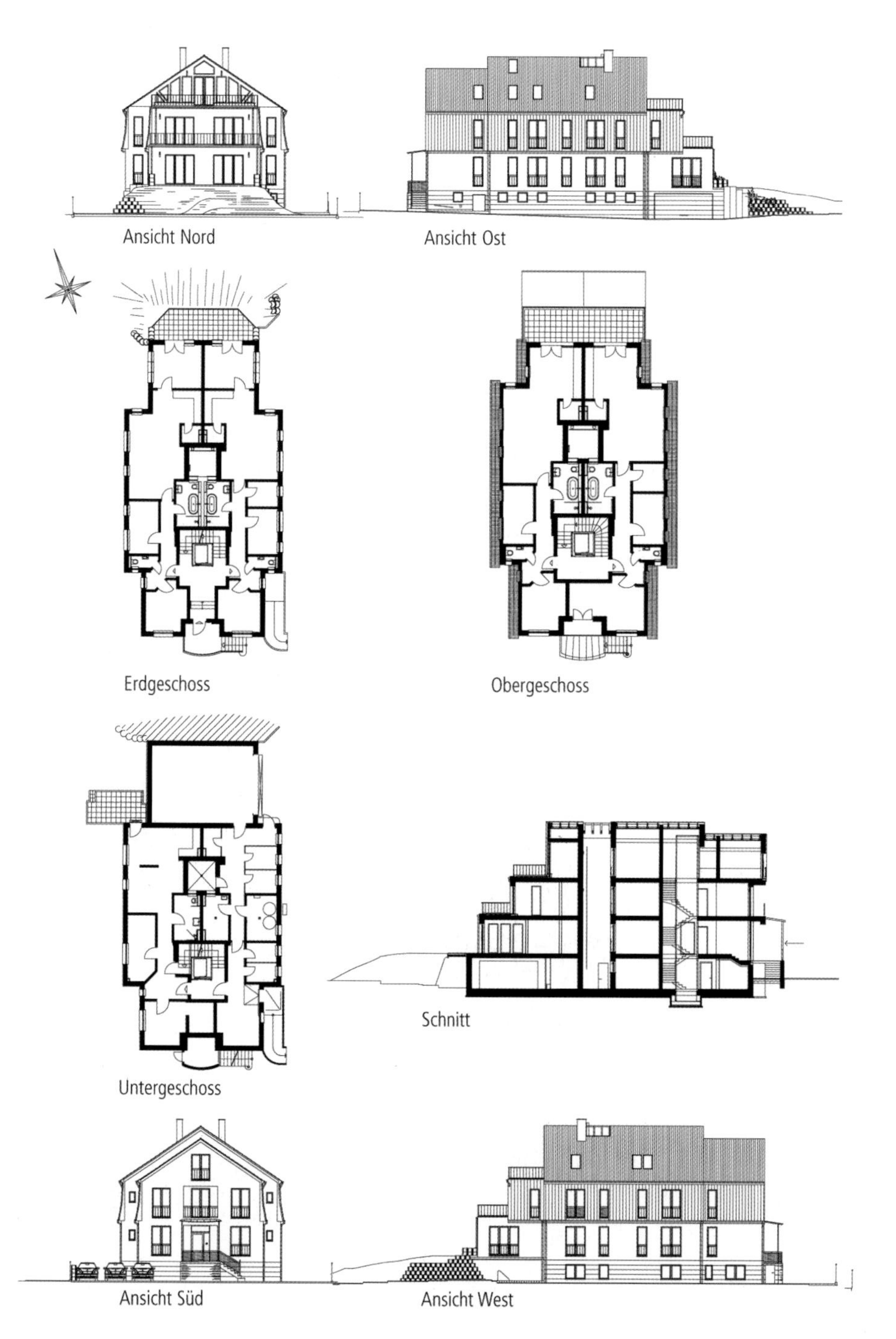
Ansicht Nord
Ansicht Ost
Erdgeschoss
Obergeschoss
Untergeschoss
Schnitt
Ansicht Süd
Ansicht West

Objektbeschreibung

Allgemeine Objektinformationen

Die Bauherrschaft hatte den Wunsch innerhalb einer Seesiedlung aus den 20er Jahren des 20. Jahrhunderts ein modernes Mehrfamilienhaus zu errichten. Die städtebaulich strengen Vorgaben hinsichtlich Baukörper, Dachform, Ausbildung des Sockelbereiches und Material- bzw. Farbangaben galt es zu realisieren.

Nutzung

1 Untergeschoss
barrierefreie Wohnung, Technikraum, Nebenräume Mieter

1 Erdgeschoss
Wohnungen (2 WE), Wohnen/Kochen/Essen, Bad, Zimmer (3St)

1 Obergeschoss
Wohnungen (2 WE), Wohnen/Kochen/Essen, Bad, Zimmer (3St)

1 Dachgeschoss
Dachboden

Nutzeinheiten

Wohnfläche: 445m²
Wohneinheiten: 5

Grundstück

Bauraum: Beengter Bauraum
Neigung: Ebenes Gelände
Bodenklasse: BK 1 bis BK 3

Markt

Hauptvergabezeit: 2. Quartal 2013
Baubeginn: 3. Quartal 2013
Bauende: 2. Quartal 2014
Konjunkturelle Gesamtlage: Durchschnitt
Regionaler Baumarkt: Durchschnitt

Baukonstruktion

Der erhöhte Grundwasserstand auf dem Seegrundstück machte im Souterrain eine komplette weiße Wanne als Gründung notwendig. Die Rohbaukonstruktion der drei Geschosse wurde in monolithischer Bauweise aus Ziegelmauerwerk mit Stahlbetonfiligrandecken realisiert. Das Dach ist als zimmermannsmäßiges Mansarddach ausgeführt. Der sehr geringe Wärmebedarf für alle fünf Wohneinheiten konnte durch den Einsatz der hochgedämmten Außenwand und durch eine Dreifachverglasung aller Fensterflächen erreicht werden.

Technische Anlagen

Die Beheizung des Hauses erfolgt durch die Kombination einer Luftwärmepumpe mit einer Gastherme zur Betreibung der Fußbodenheizung und zur Aufbereitung des Warmwassers. Die Elektroausstattung des Hauses ist hochwertig. Im Gebäude wurde ein Personenaufzug zur barrierefreien, komfortablen Zuwegung zu den einzelnen Wohnungen eingebaut.

Sonstiges

Die Herausforderung bei der Entwurfsarbeit für das Haus bestand darin, einerseits die gestalterischen Vorgaben aus der bestehenden Siedlungstypik der Nachbarbebauung einzuhalten und andererseits ein modernes Wohngebäude mit größtmöglichem technischem Komfort zu errichten. Jede Wohnung ist mit großzügigen Terrassen zum See orientiert. Für alle Wohnungen stehen Garagen sowie Stellplätze zur Verfügung. Eine Grünanlage mit Aufenthaltsbereichen wurde im Zuge der Baumaßnahme am Seeufer gestaltet.

Planungskennwerte für Flächen und Rauminhalte nach DIN 277

Flächen des Grundstücks		Menge, Einheit	% an GF
BF	Bebaute Fläche	300,00 m²	23,1
UF	Unbebaute Fläche	1.000,00 m²	76,9
GF	Grundstücksfläche	1.300,00 m²	100,0

Grundflächen des Bauwerks		Menge, Einheit	% an NUF	% an BGF
NUF	Nutzungsfläche	636,76 m²	100,0	65,9
TF	Technikfläche	8,24 m²	1,3	0,9
VF	Verkehrsfläche	135,00 m²	21,2	14,0
NRF	Netto-Raumfläche	780,00 m²	122,5	80,7
KGF	Konstruktions-Grundfläche	186,00 m²	29,2	19,3
BGF	Brutto-Grundfläche	966,00 m²	151,7	100,0

Brutto-Rauminhalt des Bauwerks		Menge, Einheit	BRI/NUF (m)	BRI/BGF (m)
BRI	Brutto-Rauminhalt	2.700,00 m³	4,24	2,80

Lufttechnisch behandelte Flächen	Menge, Einheit	% an NUF	% an BGF
Entlüftete Fläche	–	–	–
Be- und Entlüftete Fläche	–	–	–
Teilklimatisierte Fläche	–	–	–
Klimatisierte Fläche	–	–	–

KG	Kostengruppen (2.Ebene)	Menge, Einheit	Menge/NUF	Menge/BGF
310	Baugrube	–	–	–
320	Gründung	–	–	–
330	Außenwände	–	–	–
340	Innenwände	–	–	–
350	Decken	–	–	–
360	Dächer	–	–	–

Kostenkennwerte für die Kostengruppen der 1.Ebene DIN 276

KG	Kostengruppen (1.Ebene)	Einheit	Kosten €	€/Einheit	€/m² BGF	€/m³ BRI	% 300+400
100	Grundstück	m² GF	–	–	–	–	–
200	Herrichten und Erschließen	m² GF	–	–	–	–	–
300	Bauwerk - Baukonstruktionen	m² BGF	1.061.245	1.098,60	1.098,60	393,05	83,0
400	Bauwerk - Technische Anlagen	m² BGF	216.992	224,63	224,63	80,37	17,0
	Bauwerk 300+400	**m² BGF**	**1.278.237**	**1.323,23**	**1.323,23**	**473,42**	**100,0**
500	Außenanlagen	m² AF	49.801	49,80	51,55	18,44	3,9
600	Ausstattung und Kunstwerke	m² BGF	771	0,80	0,80	0,29	< 0,1
700	Baunebenkosten	m² BGF	–	–	–	–	–

KG	Kostengruppe	Menge Einheit	Kosten €	€/Einheit	%
3+4	**Bauwerk**				**100,0**
300	**Bauwerk - Baukonstruktionen**	966,00 m² BGF	1.061.245	**1.098,60**	83,0

Baugrubenaushub, Grundwasserabsenkung, Wasserhaltung; Stb-Bodenplatte, WU-Beton, Heizestrich, Bodenfliesen; Stb-Wände, WU-Beton (UG), Ziegelmauerwerk, hochwärmegedämmt, Holzfenster, Dreifachverglasung, Glattputz, Sonnenschutzjalousien; Porenbeton-Mauerwerk, Gipsputz, Glasgewebe, Anstrich, Wandfliesen; Stb-Filigrandecken, Stb-Treppen, Heizestrich, Bodenfliesen; Holzdachkonstruktion, Mansarddach, Dämmung, Tondachziegel, Dachentwässerung

KG	Kostengruppe	Menge Einheit	Kosten €	€/Einheit	%
400	**Bauwerk - Technische Anlagen**	966,00 m² BGF	216.992	**224,63**	17,0

Gebäudeentwässerung, Kalt- und Warmwasserleitungen, Sanitärobjekte; Gas-Brennwerttherme, Luftwärmepumpe, Fußbodenheizung; Elektroinstallation (über Durchschnitt); Internet, Telefon, Sat-Anlage, Video-Sprechanlage; Personenaufzug

KG	Kostengruppe	Menge Einheit	Kosten €	€/Einheit	%
500	**Außenanlagen**	1.000,00 m² AF	49.801	**49,80**	100,0

Parkgestaltung an Uferzone des angrenzenden Sees, PKW-Zufahrt, Stellplätze

KG	Kostengruppe	Menge Einheit	Kosten €	€/Einheit	%
600	**Ausstattung und Kunstwerke**	966,00 m² BGF	771	**0,80**	100,0

Kunst

6100-1233
Wohn- und
Geschäftshaus
(3 WE)

Objektübersicht

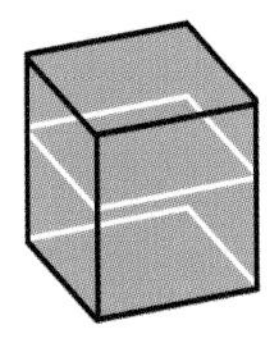

BRI 589 €/m³

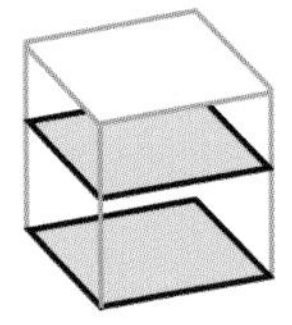

BGF 1.913 €/m²

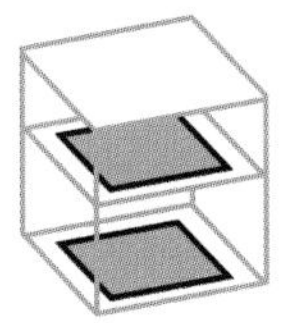

NUF 2.969 €/m²

Objekt:
Kennwerte: 1.Ebene DIN 276
BRI: 2.330 m³
BGF: 717 m²
NUF: 462 m²
Bauzeit: 82 Wochen
Bauende: 2013
Standard: über Durchschnitt
Kreis: Hamburg - Freie und Hansestadt,
Hamburg

Architekt:
Planungsbüro Köhler
Abbestraße 50
22765 Hamburg

© Planungsbüro Köhler

© Planungsbüro Köhler

© Planungsbüro Köhler

© Planungsbüro Köhler

© Planungsbüro Köhler

© Planungsbüro Köhler

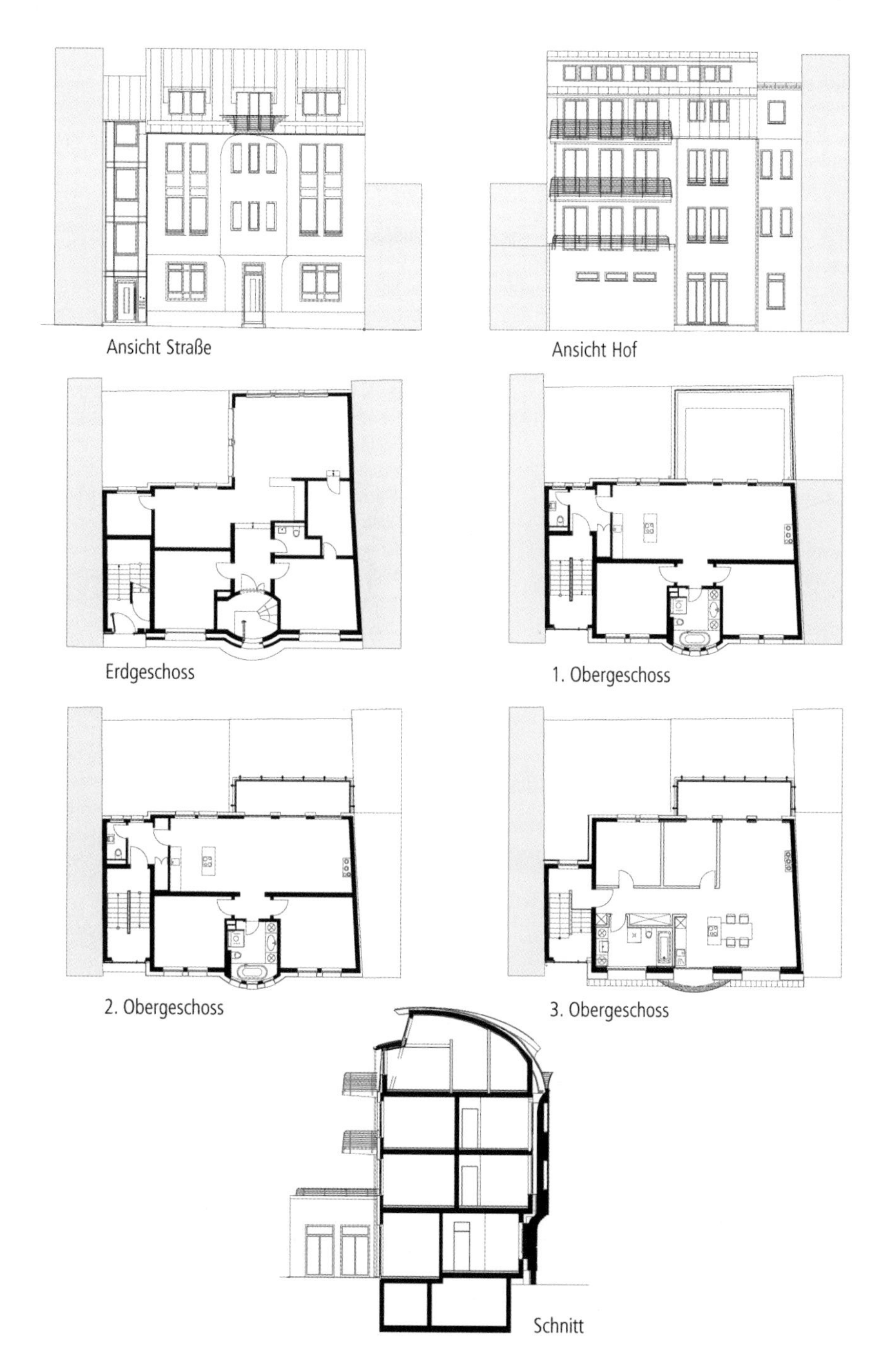
Ansicht Straße
Ansicht Hof
Erdgeschoss
1. Obergeschoss
2. Obergeschoss
3. Obergeschoss
Schnitt

Objektbeschreibung

Allgemeine Objektinformationen

Getrennt durch ein gläsernes Treppenhaus wird die klassische Gliederung der angrenzenden historischen Bebauung vom Neubau übernommen und mit modernen Materialien und in fließenden Linien interpretiert. Fassadentafeln in leicht amorphen Formen neigen sich in ihren oberen Abschlüssen der Straße entgegen, unterstützt durch ein Tonnendach, dessen Gauben wie kleinere Wellen die Bewegung einleiten. Das Erdgeschoss bildet erkennbar den Sockel. Vor einer Rückwand aus grauem Stahlblech befinden sich Gitterroste als Rankhilfe für Klettergewächse. Die Pflanzen folgen den geschwungenen Formen als "vertikal garden"- und bilden zugleich einen natürlichen Graffitischutz.

Nutzung

1 Untergeschoss
Kellerräume, Technik

1 Erdgeschoss
Büroräume, Vorraum/Garderobe, Diele, Lager, WC

2 Obergeschosse
Wohnen/Essen/Kochen, Schlafzimmer, Kinderzimmer, Diele, Flur, Bad, WC, Abstellraum, Dachterrasse (1.OG), Balkon (2.OG)

1 Dachgeschoss
Wohnen/Essen/Kochen, Schlafzimmer, Kinderzimmer, Flur, Bad, Balkone

Nutzeinheiten

Lagerfläche: 67m²
Wohnfläche: 295m²
Wohneinheiten: 3
Bürofläche: 117m²
Arbeitsplätze: 7

Grundstück

Bauraum: Baulücke
Neigung: Ebenes Gelände
Bodenklasse: BK 3 bis BK 5

Markt

Hauptvergabezeit: 2. Quartal 2011
Baubeginn: 1. Quartal 2012
Bauende: 4. Quartal 2013
Konjunkturelle Gesamtlage: Durchschnitt
Regionaler Baumarkt: über Durchschnitt

Baukonstruktion

Das Nachbargebäude wurde unterfangen und die Fundamentsohle abschnittsweise erstellt. Das Kellergeschoss besteht aus Beton, die oberen Geschosse wurden in Massivbauweise mit Kalksandstein ausgeführt. Die Geschossdecken wurden in Beton erstellt, die Dachstuhlkonstruktion aus Holz mit gebogenen Leimholzbindern. Die Dachflächen wurden mit Zinkblech belegt. Als Fassadendämmung kam Mineralwolle zum Einsatz. Zur Straßenseite im Erdgeschoss wurden eine Blechbekleidung sowie ein Rankgitter angebracht. In den Obergeschossen besteht die vorgehängte Fassade aus großformatigen verformten Fassadentafeln aus durchgefärbtem Mineralwerkstoff. Die übrigen Fassaden erhielten ein Wärmedämmverbundsystem aus Mineralwolle. Das Treppenhaus besitzt zur Straße hin eine Glasfassade, die Fenster sind dreifach verglast.

Technische Anlagen

Der Neubau wird durch eine Gaszentralheizung mit Wärme versorgt. Im Büro und in den Wohnungen kommen Fußbodenheizungen zum Einsatz. Im Erdgeschoss wurde die Elektroinstallation für die Büronutzung nach KNX-Standard realisiert. In den Wohngeschossen gibt es eine dezentrale Raumentlüftung mit Wärmerückgewinnung.

Sonstiges

Jedes Geschoss wurde in Anlehnung an die umgebenden Altbauten mit Geschosshöhen von 2,80m bis zu 3,10m realisiert. Der Grundriss der Bürofläche im Erdgeschoss wurde für eine mögliche spätere Wohnnutzung optimiert.

Planungskennwerte für Flächen und Rauminhalte nach DIN 277

Flächen des Grundstücks		Menge, Einheit	% an GF
BF	Bebaute Fläche	161,00 m²	78,9
UF	Unbebaute Fläche	43,00 m²	21,1
GF	Grundstücksfläche	204,00 m²	100,0

Grundflächen des Bauwerks		Menge, Einheit	% an NUF	% an BGF
NUF	Nutzungsfläche	462,09 m²	100,0	64,5
TF	Technikfläche	8,49 m²	1,8	1,2
VF	Verkehrsfläche	93,30 m²	20,2	13,0
NRF	Netto-Raumfläche	563,88 m²	122,0	78,6
KGF	Konstruktions-Grundfläche	153,07 m²	33,1	21,4
BGF	Brutto-Grundfläche	716,95 m²	155,2	100,0

NUF=100% BGF=155,2% NRF=122,0%

NUF TF VF KGF

Brutto-Rauminhalt des Bauwerks		Menge, Einheit	BRI/NUF (m)	BRI/BGF (m)
BRI	Brutto-Rauminhalt	2.330,00 m³	5,04	3,25

0 1 2 3 4 5 BRI/NUF=5,04m

BRI/BGF=3,25m 0 1 2 3

Lufttechnisch behandelte Flächen	Menge, Einheit	% an NUF	% an BGF
Entlüftete Fläche	–	–	–
Be- und Entlüftete Fläche	–	–	–
Teilklimatisierte Fläche	–	–	–
Klimatisierte Fläche	–	–	–

KG	Kostengruppen (2.Ebene)	Menge, Einheit	Menge/NUF	Menge/BGF
310	Baugrube	–	–	–
320	Gründung	–	–	–
330	Außenwände	–	–	–
340	Innenwände	–	–	–
350	Decken	–	–	–
360	Dächer	–	–	–

6100-1233
Wohn- und
Geschäftshaus
(3 WE)

Kostenkennwerte für die Kostengruppen der 1.Ebene DIN 276

KG	Kostengruppen (1.Ebene)	Einheit	Kosten €	€/Einheit	€/m² BGF	€/m³ BRI	% 300+400
100	Grundstück	m² GF	–	–	–	–	–
200	Herrichten und Erschließen	m² GF	–	–	–	–	–
300	Bauwerk - Baukonstruktionen	m² BGF	1.132.568	1.579,70	1.579,70	486,08	82,6
400	Bauwerk - Technische Anlagen	m² BGF	239.157	333,58	333,58	102,64	17,4
	Bauwerk 300+400	**m² BGF**	**1.371.725**	**1.913,28**	**1.913,28**	**588,72**	**100,0**
500	Außenanlagen	m² AF	–	–	–	–	–
600	Ausstattung und Kunstwerke	m² BGF	–	–	–	–	–
700	Baunebenkosten	m² BGF	–	–	–	–	–

KG	Kostengruppe	Menge Einheit	Kosten €	€/Einheit	%
3+4	**Bauwerk**				**100,0**
300	**Bauwerk - Baukonstruktionen**	716,95 m² BGF	1.132.568	**1.579,70**	82,6

Baugrubenaushub, abschnittsweise Erstellung der Fundamentsohle, Unterfangung eines Nachbargebäudes; Stb-Fundamentplatte, Dämmung, Estrich; KS-Wände, Holzfenster, Dreifachverglasung, Vorhangfassade aus durchgefärbten Mineralwerkstofftafeln, Blechfassade mit Rankgittern, WDVS mit Mineralwolle; Trockenbauwände, Holztüren, Wandfliesen, Anstrich; Stb-Decken, Stb-Balkonplatten, Stahltreppe, Dämmung, Heizestrich, Massivholzparkett, Stahlfußleisten mit Schattenfuge, Bodenfliesen, Dielenbelag (Balkone); Tonnendach mit geschwungenen Dachgauben, Leimholzbinder, Zinkdeckung, Anstrich, GK-Bekleidung, Dachterrasse: Stb-Flachdach, Gefälledämmung, Dielenbelag, Pflanzbeet; Einbauschränke; Vorrüstung Schornstein für Kaminofen

KG	Kostengruppe	Menge Einheit	Kosten €	€/Einheit	%
400	**Bauwerk - Technische Anlagen**	716,95 m² BGF	239.157	**333,58**	17,4

Gebäudeentwässerung, Kalt- und Warmwasserleitungen, Sanitärobjekte; Gas-Brennwertgerät, Fußbodenheizung; dezentrale Raumentlüftung mit Wärmerückgewinnung; Elektroinstallation, Beleuchtung; Gegensprechanlage mit Kamera, Alarmanlage (EG), Netzwerk; KNX-System (EG), elektrische Fensteröffnung

6100-1235 Mehrfamilienhaus (11 WE) TG (14 STP)

Objektübersicht

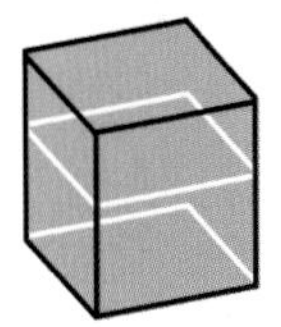

BRI 281 €/m³

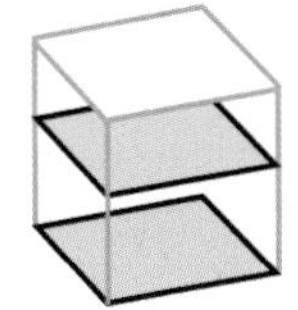

BGF 811 €/m²

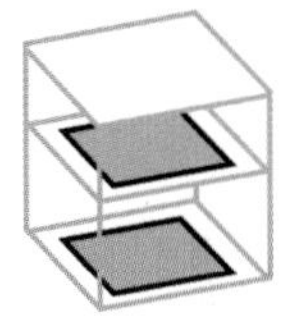

NUF 1.046 €/m²

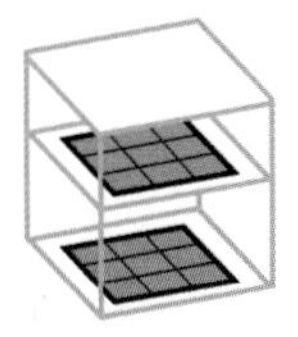

NE 1.446 €/NE
NE: m² Wohnfläche

Objekt:
Kennwerte: 1.Ebene DIN 276
BRI: 5.495 m³
BGF: 1.901 m²
NUF: 1.475 m²
Bauzeit: 47 Wochen
Bauende: 2014
Standard: Durchschnitt
Kreis: Groß-Gerau,
Hessen

Architekt:
Heidacker Architekten
Schulstraße 10
65474 Bischofsheim

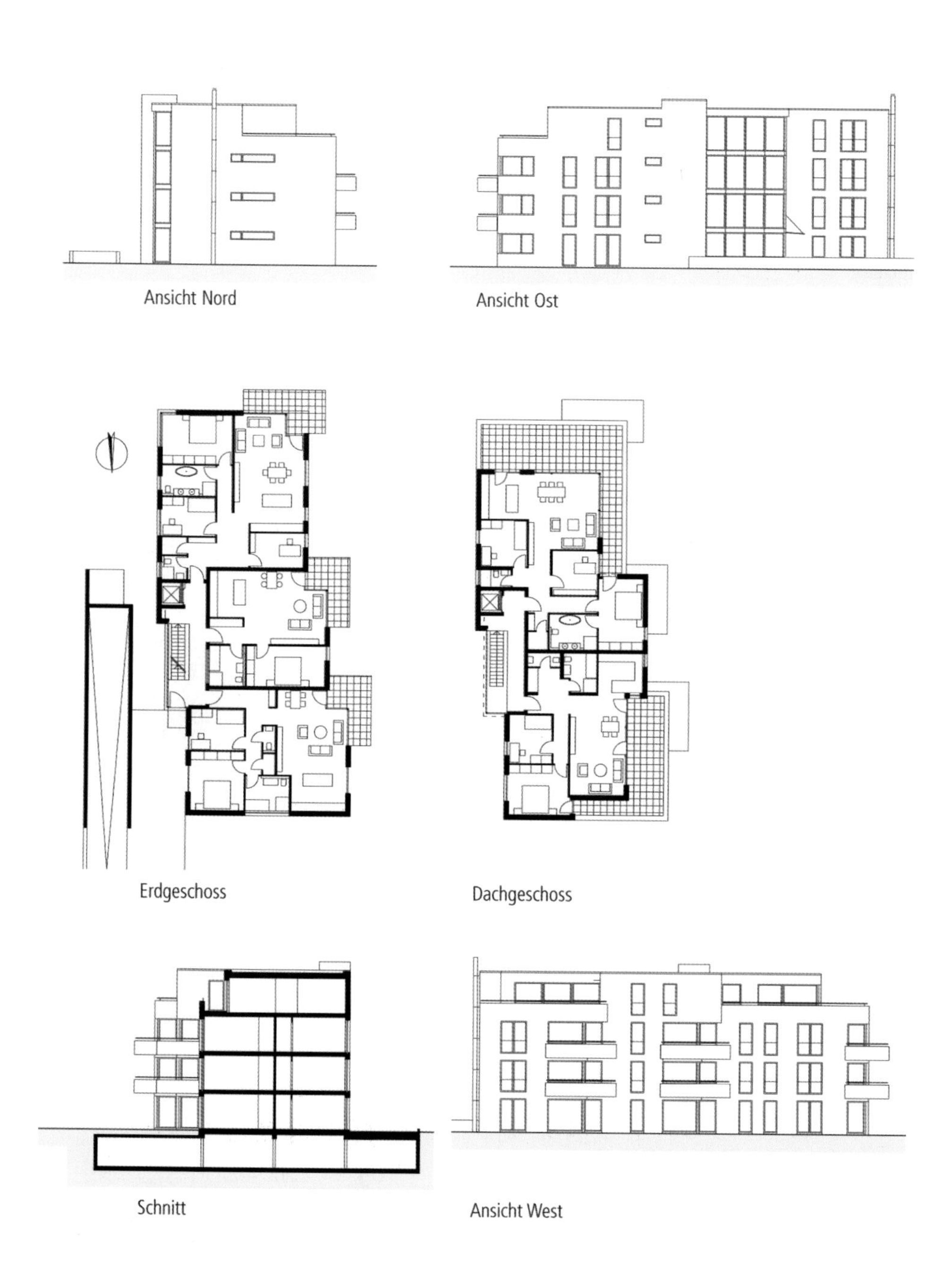

Ansicht Nord

Ansicht Ost

Erdgeschoss

Dachgeschoss

Schnitt

Ansicht West

Objektbeschreibung

Allgemeine Objektinformationen

Im Neubaugebiet nahe einer geplanten zentralen Parkanlage befindet sich das 2014 bezogene Mehrfamilienhaus. Der modern gestaltete, lichtdurchflutete Neubau beherbergt jeweils drei Zwei-, Drei- und Vier-Zimmerwohnungen mit Balkon sowie zwei Penthousewohnungen mit Dachterrasse. Das Gebäude wurde nach der neuesten EnEV, barrierefrei mit Aufzug und mit eigener Tiefgarage errichtet.

Nutzung

1 Untergeschoss
Tiefgarage, Abstellräume, Fahrradraum, Technik, Schleuse

1 Erdgeschoss
je eine Zwei-, Drei- und Vier-Zimmerwohnung, Terrassen

2 Obergeschosse
je Etage eine Zwei-, Drei- und Vier-Zimmerwohnung, Balkone

1 Dachgeschoss
je eine Drei- und Vier-Zimmer-Penthousewohnung, Dachterrassen

Nutzeinheiten

Fahrzeugstellplätze: 14
Wohnfläche: 1.067m²
Wohneinheiten: 11

Grundstück

Bauraum: Freier Bauraum
Neigung: Ebenes Gelände
Bodenklasse: BK 1 bis BK 3

Markt

Hauptvergabezeit: 2. Quartal 2013
Baubeginn: 3. Quartal 2013
Bauende: 3. Quartal 2014
Konjunkturelle Gesamtlage: über Durchschnitt
Regionaler Baumarkt: unter Durchschnitt

Baukonstruktion

Erstellt wurde das Mehrfamilienhaus in Massivbauweise. Die Bodenplatte, die Kellerwände und die Decken wurden in Stahlbeton, die Außen- und Wohnungstrennwände wurden in Kalksandstein ausgeführt. Die nichttragenden Trennwände wurden in Trockenbauweise errichtet. An den Fassaden wurde ein 180mm starkes Wärmedämmverbundsystem angebracht. Die Dächer wurden als Flachdächer mit extensiver Dachbegrünung ausgeführt, die Dachterrassen erhielten einen Plattenbelag auf Splittbett.

Technische Anlagen

Die Beheizung des Neubaus erfolgt mit gasbefeuerter Brennwerttechnik. Über eine Fußbodenheizung wird die Wärme in den Räumen verteilt. Die zentrale Warmwasserbereitung wird durch eine Solaranlage auf dem Flachdach unterstützt.

Planungskennwerte für Flächen und Rauminhalte nach DIN 277

Flächen des Grundstücks		Menge, Einheit	% an GF
BF	Bebaute Fläche	354,80 m²	31,3
UF	Unbebaute Fläche	777,20 m²	68,7
GF	Grundstücksfläche	1.132,00 m²	100,0

Grundflächen des Bauwerks		Menge, Einheit	% an NUF	% an BGF
NUF	Nutzungsfläche	1.474,78 m²	100,0	77,6
TF	Technikfläche	23,50 m²	1,6	1,2
VF	Verkehrsfläche	134,09 m²	9,1	7,1
NRF	Netto-Raumfläche	1.632,37 m²	110,7	85,9
KGF	Konstruktions-Grundfläche	269,03 m²	18,2	14,1
BGF	Brutto-Grundfläche	1.901,40 m²	128,9	100,0

NUF=100% BGF=128,9%

NUF TF VF KGF

NRF=110,7%

Brutto-Rauminhalt des Bauwerks		Menge, Einheit	BRI/NUF (m)	BRI/BGF (m)
BRI	Brutto-Rauminhalt	5.495,22 m³	3,73	2,89

0 1 2 3 BRI/NUF=3,73m

BRI/BGF=2,89m 0 1 2

Lufttechnisch behandelte Flächen	Menge, Einheit	% an NUF	% an BGF
Entlüftete Fläche	107,55 m²	7,3	5,7
Be- und Entlüftete Fläche	–	–	–
Teilklimatisierte Fläche	–	–	–
Klimatisierte Fläche	–	–	–

KG	Kostengruppen (2.Ebene)	Menge, Einheit	Menge/NUF	Menge/BGF
310	Baugrube	–	–	–
320	Gründung	–	–	–
330	Außenwände	–	–	–
340	Innenwände	–	–	–
350	Decken	–	–	–
360	Dächer	–	–	–

6100-1235
Mehrfamilienhaus
(11 WE)
TG (14 STP)

Kostenkennwerte für die Kostengruppen der 1.Ebene DIN 276

KG	Kostengruppen (1.Ebene)	Einheit	Kosten €	€/Einheit	€/m² BGF	€/m³ BRI	% 300+400
100	Grundstück	m² GF	–	–	–	–	–
200	Herrichten und Erschließen	m² GF	–	–	–	–	–
300	Bauwerk - Baukonstruktionen	m² BGF	1.262.113	663,78	663,78	229,67	81,8
400	Bauwerk - Technische Anlagen	m² BGF	280.105	147,32	147,32	50,97	18,2
	Bauwerk 300+400	**m² BGF**	**1.542.218**	**811,10**	**811,10**	**280,65**	**100,0**
500	Außenanlagen	m² AF	61.313	78,89	32,25	11,16	4,0
600	Ausstattung und Kunstwerke	m² BGF	–	–	–	–	–
700	Baunebenkosten	m² BGF	–	–	–	–	–

KG	Kostengruppe	Menge Einheit	Kosten €	€/Einheit	%
3+4	**Bauwerk**				**100,0**
300	**Bauwerk - Baukonstruktionen**	1.901,40 m² BGF	1.262.113	**663,78**	81,8

Baugrubenaushub; Stb-Bodenplatte, WU-Beton, Zementestrich, Bodenbeschichtung; Stb-Wände, WU-Beton, KS-Mauerwerk, Alu-Haustürelement, Kunststofffenster, Dreifachverglasung, U_W=0,9 W/m²K, SK 2, Fensterfalzlüfter, Rollgittertor, WDVS, Gipsputz, Tapete, Anstrich, Elektrorollläden, Kunststofflichtschächte; KS-Mauerwerk, GK-Wände, Röhrenspantüren, Wohnungseingangstüren, rauchdicht, Stahltüren, Gipsputz, Tapete, Anstrich, Wandfliesen, Kellertrennwände; Stb-Decken, Stb-Treppen, Dämmung, Zementestrich, Parkett, Bodenfliesen, Tapete, Anstrich, Treppengeländer, Balkongeländer; Stb-Flachdach, Kunststoffabdichtung, Dämmung, extensive Dachbegrünung, Terrassenplatten

KG	Kostengruppe	Menge Einheit	Kosten €	€/Einheit	%
400	**Bauwerk - Technische Anlagen**	1.901,40 m² BGF	280.105	**147,32**	18,2

Gebäudeentwässerung, Unterflurpumpe, Kalt- und Warmwasserleitungen, Sanitärobjekte; zentrale Gas-Brennwerttherme, Einzelraumregelung, Solaranlage, Fußbodenheizung; feuchtegesteuerte Entlüftung (Nassräume); Elektroinstallation, Außenleuchte mit Bewegungsmelder; Video-Gegensprechanlage; Aufzug, rollstuhlgerecht, fünf Haltestellen

KG	Kostengruppe	Menge Einheit	Kosten €	€/Einheit	%
500	**Außenanlagen**	777,20 m² AF	61.313	**78,89**	100,0

Betonpflaster, Zufahrtsrampe; Oberbodenauftrag, Rasenansaat

6100-1238
Wohnhäuser
(2 WE)
Garage

Objektübersicht

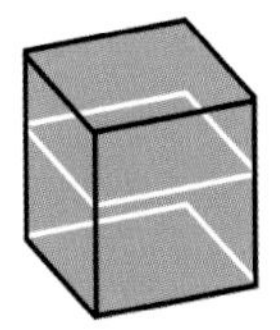
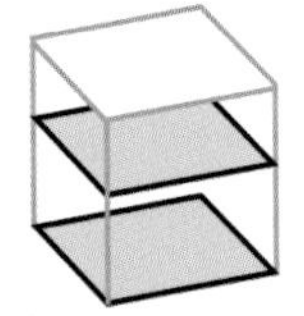
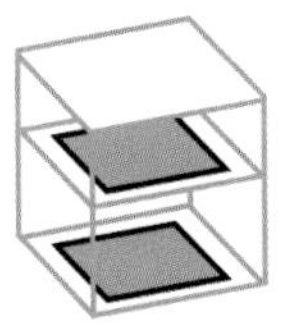
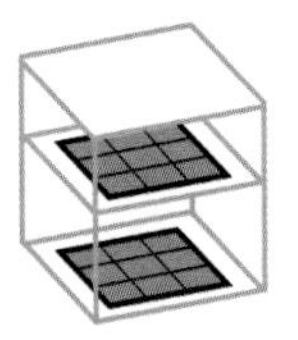

BRI 804 €/m³ | BGF 2.332 €/m² | NUF 3.009 €/m² | NE 4.225 €/NE

NE: m² Wohnfläche

Objekt:
Kennwerte: 1.Ebene DIN 276
BRI: 1.469 m³
BGF: 506 m²
NUF: 392 m²
Bauzeit: 65 Wochen
Bauende: 2014
Standard: über Durchschnitt
Kreis: Main-Kinzig-Kreis, Hessen

Architekt:
hkr.architekten gmbh
hänsel + rollmann
Altenhaßlauer Straße 21
63571 Gelnhausen

© hkr.architekten gmbh hänsel + rollmann

© hkr.architekten gmbh hänsel + rollmann

© hkr.architekten gmbh hänsel + rollmann

© hkr.architekten gmbh hänsel + rollmann

© hkr.architekten gmbh hänsel + rollmann

© hkr.architekten gmbh hänsel + rollmann

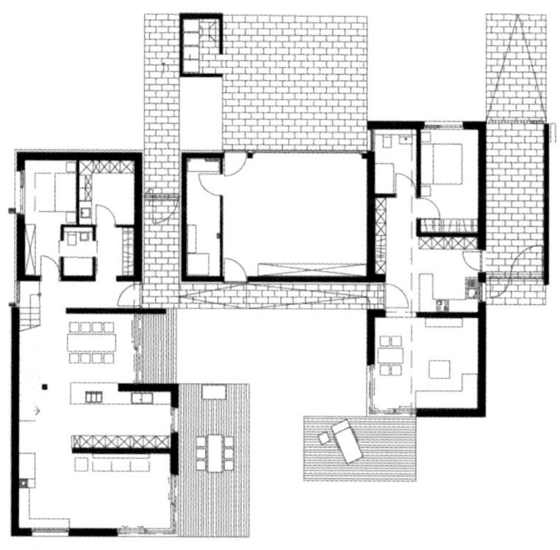

Erdgeschoss

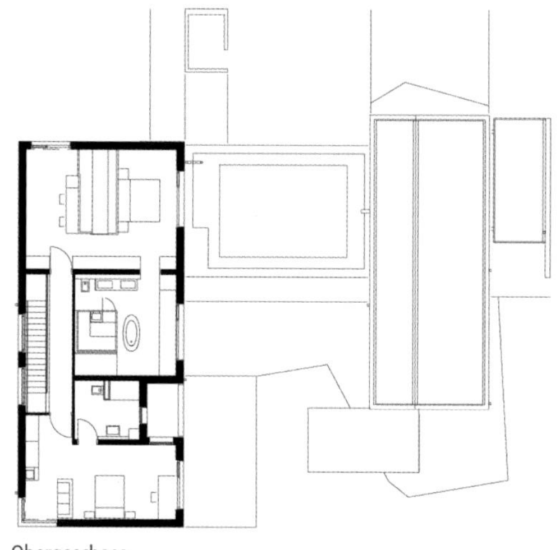

Obergeschoss

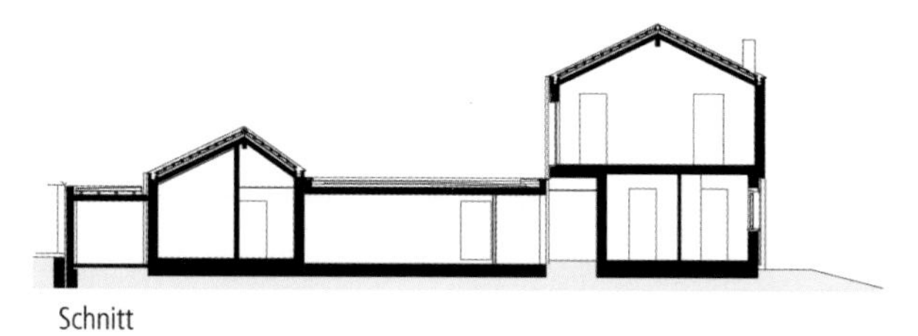

Schnitt

Objektbeschreibung

Allgemeine Objektinformationen

Das Wohnhaus besteht aus zwei Wohngebäuden, die durch einen Garagenflachdachbau verbunden sind und sich um einen innenhofartigen Garten gruppieren. Dieser schafft zwischen den beiden Häusern eine Kommunikationsfläche für die Bewohner, die in einem engen familiären Verhältnis wohnen. Durch den Innenhof besitzen sie einen eigenen privaten Rückzugsort bzw. Raum. Der Innenhof öffnet sich im Südwesten zu Wiesen, Feldern und Wäldern.

Nutzung

1 Erdgeschoss
Haus A: Wohnen/Essen, Küche, Garderobe, Schlafzimmer, Dusche
Haus B: Wohnen/Kochen/Essen, Gästezimmer, Gästebad, Hauswirtschaftsraum, Garderobe, Flur
Garage, Haustechnik

1 Obergeschoss
Haus B: Schlafen/Arbeiten, Bad/Sauna, Kinderzimmer, Bad, Loggia, Ankleidebox, Flur

1 Dachgeschoss
Haus B: Haustechnik/Abstellraum

Nutzeinheiten

Wohnfläche: 279m²
Wohneinheiten: 2

Grundstück

Bauraum: Freier Bauraum
Neigung: Ebenes Gelände
Bodenklasse: BK 2 bis BK 4

Markt

Hauptvergabezeit: 3. Quartal 2013
Baubeginn: 3. Quartal 2013
Bauende: 4. Quartal 2014
Konjunkturelle Gesamtlage: Durchschnitt
Regionaler Baumarkt: unter Durchschnitt

Baukonstruktion

Der Neubau wurde als einschalige Mauerwerkskonstruktion aus 36,5cm starken Hochlochziegeln mit Wärmedämmfüllung errichtet. Diese Bauweise ermöglicht eine schlanke Außenwandkonstruktion und den Verzicht auf zusätzliche Wärmedämmung. Die Stahlbetonbodenplatte wurde unterseitig gedämmt. Die Dächer der beiden Häuser sind als ziegelgedeckte Holzkonstruktionen ausgebildet. Die Dämmebene liegt in der Sparrenebene, sodass die Dachform auch aus den Innenräumen erlebbar ist. Als Außenputz wurde ein Leichtputz mit Besenstruktur angebracht. Innen wurde pigmentierter Lehmputz verarbeitet. Der schwimmende Heiz-Sichtestrich wurde in den Schlafräumen mit Parkett und in den Nassbereichen der Bäder mit Fliesen belegt. Die Türzargen und Türblätter schließen flurseitig mit der Wand ab. Die Fenster- und Hebeschiebeelemente wurden als Kunststoffkernfenster mit innen- und außenseitigen Aluminiumschalen ausgeführt. Der verbindende Baukörper (Garage), der Gästebereich von Haus B und der Wand- und Deckenbereich des außenliegenden Eingangsbereichs wurden mit einer genieteten vorgehängten Fassade aus Verbundblechelementen bekleidet. Das Garagentor, die beiden Garagentüren sowie die manuell bedienbaren Faltschiebeläden der Fenster in dieser Fassade wurden ebenfalls mit Verbundblech bekleidet und sind im geschlossenen Zustand flächenbündig zur Fassade.

Technische Anlagen

Eine Gas-Brennwerttherme mit 25kW Nennleistung dient für beide Häuser als gemeinsame Wäremerzeugungsanlage. Zur Heizungsunterstützung befindet sich eine solarthermische Anlage mit einer Aperturfläche von 13,5m² auf dem Dach. Der Pufferspeicher fasst 960 Liter. Die Warmwasserbereitung erfolgt für die beiden Häuser über getrennte Frischwasserstationen. Die Wärmeverteilung wird über Heizungsleitungen aus Kupferrohr bereitgestellt und über Fußbodenheizung abgegeben. Die Bäder sind zusätzlich mit Elektroheizkörpern ausgestattet. Die Sanitärobjekte und Armaturen sind in gehobener Ausstattung ausgeführt. Im Haus A gibt es ein dezentrales Be- und Entlüftungssystem ohne Wärmerückgewinnung, im Haus B wurde eine zentrale Lüftungsanlage mit Wärmerückgewinnung eingebaut.

Sonstiges

Im Garten wird eine Regenwasserzisterne mit einem Nenninhalt von 5,8m³ für die Gartenbewässerung vorgehalten.

Planungskennwerte für Flächen und Rauminhalte nach DIN 277

Flächen des Grundstücks		Menge, Einheit	% an GF
BF	Bebaute Fläche	322,58 m²	35,0
UF	Unbebaute Fläche	599,42 m²	65,0
GF	Grundstücksfläche	922,00 m²	100,0

Grundflächen des Bauwerks		Menge, Einheit	% an NUF	% an BGF
NUF	Nutzungsfläche	392,26 m²	100,0	77,5
TF	Technikfläche	8,82 m²	2,2	1,7
VF	Verkehrsfläche	43,34 m²	11,0	8,6
NRF	Netto-Raumfläche	444,42 m²	113,3	87,8
KGF	Konstruktions-Grundfläche	61,76 m²	15,7	12,2
BGF	Brutto-Grundfläche	506,18 m²	129,0	100,0

NUF=100% BGF=129,0%

NUF TF VF KGF NRF=113,3%

Brutto-Rauminhalt des Bauwerks		Menge, Einheit	BRI/NUF (m)	BRI/BGF (m)
BRI	Brutto-Rauminhalt	1.468,64 m³	3,74	2,90

0 1 2 3 BRI/NUF=3,74m

BRI/BGF=2,90m 0 1 2

Lufttechnisch behandelte Flächen	Menge, Einheit	% an NUF	% an BGF
Entlüftete Fläche	–	–	–
Be- und Entlüftete Fläche	–	–	–
Teilklimatisierte Fläche	–	–	–
Klimatisierte Fläche	–	–	–

KG	Kostengruppen (2.Ebene)	Menge, Einheit	Menge/NUF	Menge/BGF
310	Baugrube	–	–	–
320	Gründung	–	–	–
330	Außenwände	–	–	–
340	Innenwände	–	–	–
350	Decken	–	–	–
360	Dächer	–	–	–

Kostenkennwerte für die Kostengruppen der 1.Ebene DIN 276

KG	Kostengruppen (1.Ebene)	Einheit	Kosten €	€/Einheit	€/m² BGF	€/m³ BRI	% 300+400
100	Grundstück	m² GF	–	–	–	–	–
200	Herrichten und Erschließen	m² GF	15.010	16,28	29,65	10,22	1,3
300	Bauwerk - Baukonstruktionen	m² BGF	935.525	1.848,21	1.848,21	637,00	79,3
400	Bauwerk - Technische Anlagen	m² BGF	244.676	483,38	483,38	166,60	20,7
	Bauwerk 300+400	**m² BGF**	**1.180.201**	**2.331,58**	**2.331,58**	**803,60**	**100,0**
500	Außenanlagen	m² AF	157.913	254,85	311,97	107,52	13,4
600	Ausstattung und Kunstwerke	m² BGF	–	–	–	–	–
700	Baunebenkosten	m² BGF	–	–	–	–	–

KG	Kostengruppe	Menge Einheit	Kosten €	€/Einheit	%
200	**Herrichten und Erschließen**	922,00 m² GF	15.010	**16,28**	100,0

Entwässerungs-, Wasser-, Gas-, Elektro- und Telefonanschluss

KG	Kostengruppe	Menge Einheit	Kosten €	€/Einheit	%
3+4	**Bauwerk**				**100,0**
300	**Bauwerk - Baukonstruktionen**	506,18 m² BGF	935.525	**1.848,21**	79,3

Baugrubenaushub, Bodenaustausch, Dämmung, Stb-Bodenplatte, schwimmender Heiz-Sichtestrich, Versiegelung, Bodenfliesen, Mehrschichtparkett; einschaliges Mauwerk mit Mineralwollfüllung, Alufenster mit Kunststoffkern, Hebeschiebe-anlagen, Laibungsdämmelemente, Leichtputz, hinterlüftete Alu-Verbundplatten-Fassade, Lamellenraffstores, Faltschiebeläden, Absturzsicherung aus Glas; GK-Wände, Treppenhauswand mit Fräsungen, flächenbündige Holzzargen und -türen, Lehmputz, Kalkzementputz, Tapete, Anstrich, Wandfliesen, Lehmfarbe; Sichtbetondecke, Fertigteil-Sichtbetontreppe, schwimmender Heiz-Sichtestrich, Versiegelung, Bodenfliesen, Mehrschichtparkett, abgehängte GK-Decken; Holz-dachkonstruktion, Flachziegel, extensive Dachbegrünung; Kamin, Schrankwände, Einbauküchen, Sauna

KG	Kostengruppe	Menge Einheit	Kosten €	€/Einheit	%
400	**Bauwerk - Technische Anlagen**	506,18 m² BGF	244.676	**483,38**	20,7

Gebäudeentwässerung, Regenwasserzisterne 5,8m³ für Gartenbewässerung, getrennte Frischwasserstationen für Haus A und B, Kalt- und Warmwasser-leitungen, Sanitärobjekte, bodengleiche Duschen mit Rinnenabläufen; Gas-Brennwerttherme 25kW, solarthermische Anlage, Aperturfläche 13,5m², Puffer-speicher 960l, Heizungsumwälzpumpen, Heizleitungen, Fußbodenheizung, Elektro-Heizkörper (Bäder); Haus A: dezentrales Be- und Entlüftungssystem ohne WRG, feuchtegesteuerte Abluftventilatoren (Bad, Küche), Nachström-elemente (Wohn-, Schlafzimmer), Haus B: zentrale Lüftungsanlage mit WRG, elektrisches Nachheizregister, Luftdurchlässe als Lamellengitter und Teller-ventile, Hauswirtschaftsraum: dezentrales Lüftungsgerät mit WRG; Photo-voltaikanlage ohne Montage, Elektroinstallation, Beleuchtung, Blitzschutz-anlage; Alarmanlage, EDV-Verkabelung

KG	Kostengruppe	Menge Einheit	Kosten €	€/Einheit	%
500	**Außenanlagen**	619,64 m² AF	157.913	**254,85**	100,0

WPC-Dielen (Terrassen), Pflasterflächen (Zufahrten, Zuwege); Sonnenschutzsegel; Grünanlagen, Beeteinfassungen

6100-1239
Mehrfamilienhaus
(3 WE)
TG (3 STP)

Objektübersicht

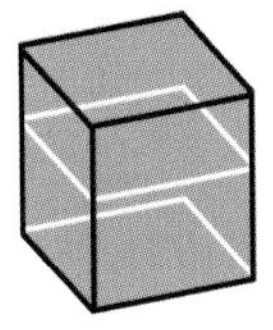
BRI 612 €/m³

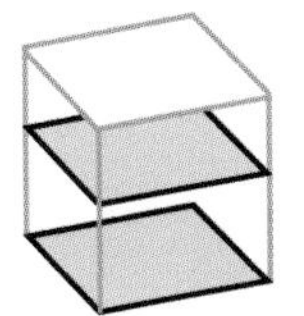
BGF 1.669 €/m²

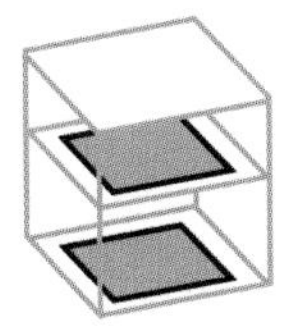
NUF 2.709 €/m²

NE 3.306 €/NE
NE: m² Wohnfläche

Objekt:
Kennwerte: 1.Ebene DIN 276
BRI: 2.262 m³
BGF: 829 m²
NUF: 511 m²
Bauzeit: 60 Wochen
Bauende: 2013
Standard: über Durchschnitt
Kreis: Hamburg - Freie und Hansestadt, Hamburg

Architekt:
Spengler · Wiescholek
Architekten Stadtplaner
Elbchaussee 28
22765 Hamburg

Bauherr:
Regine und Dirk Alberts
Christian-August-Weg 20
22587 Hamburg

© Florian Holzherr

© Florian Holzherr

© Florian Holzherr

© Florian Holzherr

Zeichnungen

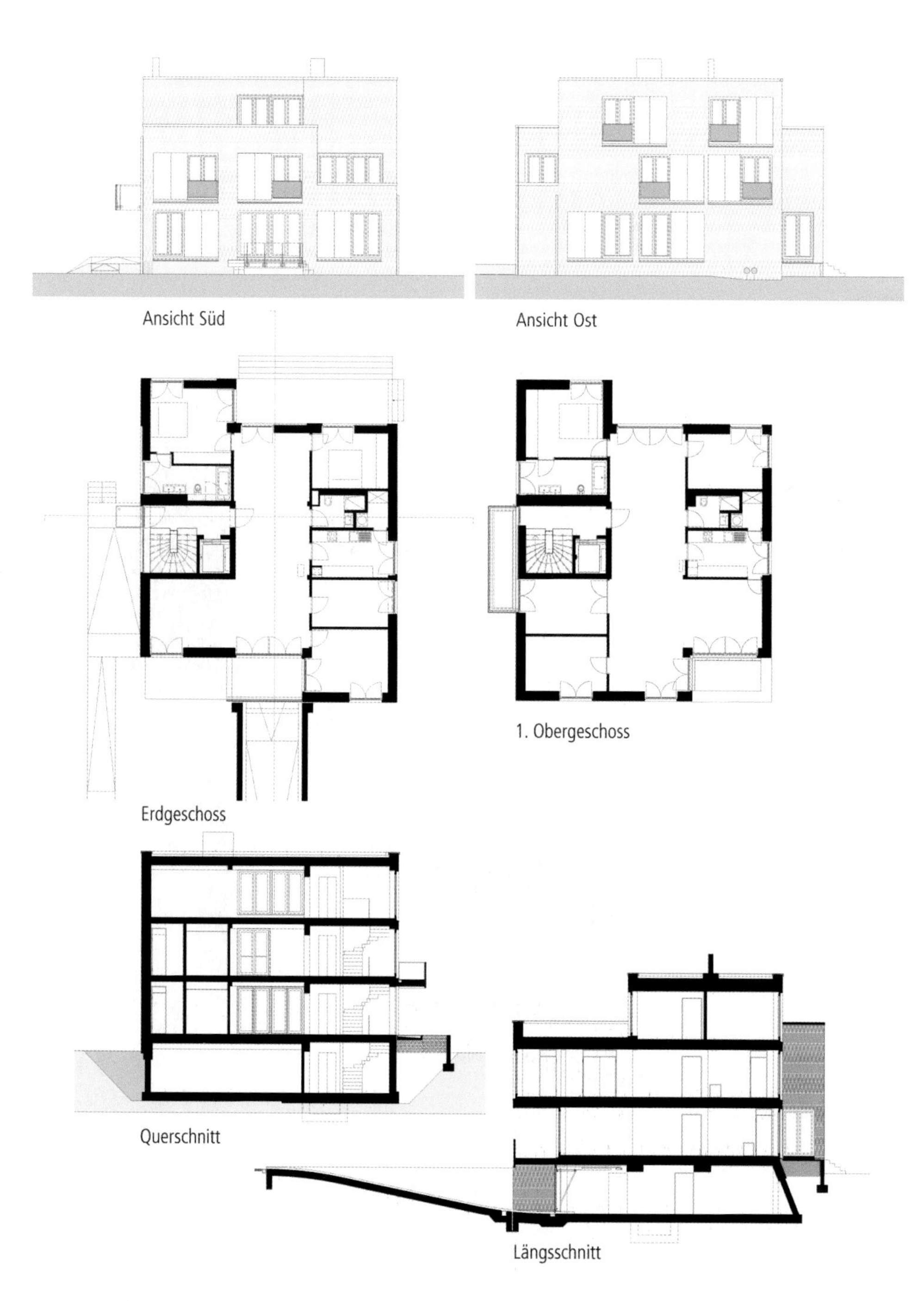

6100-1239
Mehrfamilienhaus
(3 WE)
TG (3 STP)

Objektbeschreibung

Allgemeine Objektinformationen

Ein unbebautes Grundstück in einem gewachsenen Villengebiet wird um drei Wohnungen und einer Tiefgarage in einem villenähnlichen Stadthaus arrondiert. Der Neubau ist zweigeschossig mit einem Staffelgeschoss ausgeführt. Die traditionelle dunkle Klinkerfassade korrespondiert mit den dunklen Bronzetönen der Metallfenster und Faschen sowie der Brüstungselemente. Im Innern des Hauses sind die Grundrisse loftähnlich entworfen.

Nutzung

1 Untergeschoss
PKW-Stellplätze (3St), Abstellräume, Fahrradabstellflächen, Heizungsraum, Haustechnik

1 Erdgeschoss
Wohn- und Esszimmer, Küche, Waschraum, Schlafzimmer, Bäder (2St), Kinderzimmer (3St), Terrassen

1 Obergeschoss
Wohn- und Esszimmer, Küche, Waschraum, Schlafzimmer, Bäder (2St), Kinderzimmer (3St), Terrasse, Balkon

1 Dachgeschoss
Wohn- und Esszimmer, Küche, Waschraum, Schlafzimmer, Bäder (2St), Kinderzimmer, Terrassen

Nutzeinheiten

Wohnfläche: 418m²
Wohneinheiten: 3

Grundstück

Bauraum: Beengter Bauraum
Neigung: Ebenes Gelände
Bodenklasse: BK 1 bis BK 3

Markt

Hauptvergabezeit: 3. Quartal 2012
Baubeginn: 3. Quartal 2012
Bauende: 4. Quartal 2013
Konjunkturelle Gesamtlage: über Durchschnitt
Regionaler Baumarkt: über Durchschnitt

Baukonstruktion

Die Gründung des Mehrfamilienhauses erfolgt gemäß statischer Berechnung in Stahlbeton als weiße Wanne. Die tragenden Bauteile wurden in Mauerwerk errichtet, die nichttragenden Wände sind in Leichtbauweise ausgeführt. Die Decken bestehen aus Stahlbeton. Die Geschosshöhen betragen 3,04m. Der Baukörper hat als Basis ein regelmäßiges Grundrissraster mit modular angelegten Räumen. Dieses zeichnet sich auch in der Fassade ab. Die Fenster wurden als Holzfenster mit Metalldeckschalen ausgebildet und besitzen metallische Lüftungselemente mit Wetterschutzgittern. Die Absturzsicherungen der Fenster wurden in Glas ausgebildet.

Technische Anlagen

Der Neubau wird über eine Zentralheizung mit gasbetriebenem Brennwertkessel versorgt. Jede Wohnung erhält eine Fußbodenheizung sowie einen Schornstein für einen Kaminanschluss.

Sonstiges

Alle Wohnungen erhalten Abstellflächen im Kellergeschoss.

Planungskennwerte für Flächen und Rauminhalte nach DIN 277

Flächen des Grundstücks		Menge, Einheit	% an GF
BF	Bebaute Fläche	260,14 m²	35,4
UF	Unbebaute Fläche	473,83 m²	64,6
GF	Grundstücksfläche	733,97 m²	100,0

Grundflächen des Bauwerks		Menge, Einheit	% an NUF	% an BGF
NUF	Nutzungsfläche	510,62 m²	100,0	61,6
TF	Technikfläche	18,26 m²	3,6	2,2
VF	Verkehrsfläche	74,47 m²	14,6	9,0
NRF	Netto-Raumfläche	603,35 m²	118,2	72,8
KGF	Konstruktions-Grundfläche	225,39 m²	44,1	27,2
BGF	Brutto-Grundfläche	828,74 m²	162,3	100,0

NUF=100% BGF=162,3%
NUF TF VF KGF NRF=118,2%

Brutto-Rauminhalt des Bauwerks		Menge, Einheit	BRI/NUF (m)	BRI/BGF (m)
BRI	Brutto-Rauminhalt	2.262,00 m³	4,43	2,73

0 1 2 3 4 BRI/NUF=4,43m
0 1 2 BRI/BGF=2,73m

Lufttechnisch behandelte Flächen	Menge, Einheit	% an NUF	% an BGF
Entlüftete Fläche	–	–	–
Be- und Entlüftete Fläche	–	–	–
Teilklimatisierte Fläche	–	–	–
Klimatisierte Fläche	–	–	–

KG	Kostengruppen (2.Ebene)	Menge, Einheit	Menge/NUF	Menge/BGF
310	Baugrube	–	–	–
320	Gründung	–	–	–
330	Außenwände	–	–	–
340	Innenwände	–	–	–
350	Decken	–	–	–
360	Dächer	–	–	–

Kostenkennwerte für die Kostengruppen der 1.Ebene DIN 276

KG	Kostengruppen (1.Ebene)	Einheit	Kosten €	€/Einheit	€/m² BGF	€/m³ BRI	% 300+400
100	Grundstück	m² GF	–	–	–	–	–
200	Herrichten und Erschließen	m² GF	–	–	–	–	–
300	Bauwerk - Baukonstruktionen	m² BGF	1.161.500	1.401,53	1.401,53	513,48	84,0
400	Bauwerk - Technische Anlagen	m² BGF	221.766	267,59	267,59	98,04	16,0
	Bauwerk 300+400	**m² BGF**	**1.383.266**	**1.669,12**	**1.669,12**	**611,52**	**100,0**
500	Außenanlagen	m² AF	–	–	–	–	–
600	Ausstattung und Kunstwerke	m² BGF	–	–	–	–	–
700	Baunebenkosten	m² BGF	–	–	–	–	–

KG	Kostengruppe	Menge Einheit	Kosten €	€/Einheit	%
3+4	**Bauwerk**				**100,0**
300	**Bauwerk - Baukonstruktionen**	828,74 m² BGF	1.161.500	**1.401,53**	84,0

Baugrubenaushub; Stb-Fundamentplatte, WU-Beton, Bodenbeschichtung, Sauberkeitsschicht, teilw. Perimeterdämmung; Stb-Wände, teilw. WU-Beton, teilw. Sichtbeton, Mauerwerkswände, Holzfenster, Dreifachverglasung, Garagentor, Wärmedämmung, Ziegelfassade, Metall-Fassadenelemente; Innenmauerwerk, GK-Wände, Wandfliesen; Stb-Decke, Stb-Fertigteilbalkone, Stb-Treppen, Heizestrich, Parkett, Bodenfliesen, Natursteinbelag, Betonplatten-Terrassenbelag, teilw. Dämmung, Stahlgeländer, Glasgeländer, Eingangsüberdachung; Stb-Flachdach, Dämmung, Abdichtung, Attika, Kies, innenliegende Dachentwässerung

KG	Kostengruppe	Menge Einheit	Kosten €	€/Einheit	%
400	**Bauwerk - Technische Anlagen**	828,74 m² BGF	221.766	**267,59**	16,0

Gebäudeentwässerung, Kalt- und Warmwasserleitungen, Sanitärobjekte; Gas-Brennwertkessel, Fußbodenheizung, teilw. Heizkörper, Schornstein; Einzelraumlüfter; Elektroinstallation; Telekommunikationsanlage, Fernseh- und Antennenanlagen, Rauchmelder; Personenaufzug

6100-1245
Einfamilienhaus
Doppelgarage

Objektübersicht

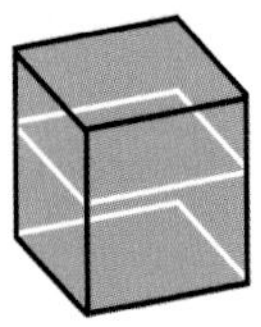

BRI 416 €/m³

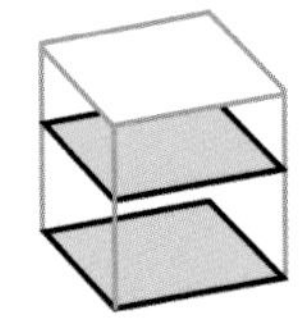

BGF 1.244 €/m²

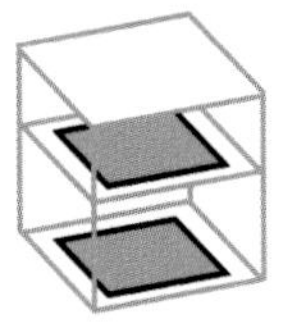

NUF 1.666 €/m²

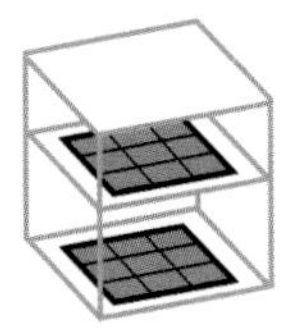

NE 2.559 €/NE
NE: m² Wohnfläche

Objekt:
Kennwerte: 1.Ebene DIN 276
BRI: 1.613 m³
BGF: 539 m²
NUF: 402 m²
Bauzeit: 43 Wochen
Bauende: 2014
Standard: über Durchschnitt
Kreis: Miltenberg,
Bayern

Architekt:
HWP Holl - Wieden
Partnerschaft
Architekten & Stadtplaner
Ludwigstraße 22
97070 Würzburg

© Dr. Bernhard Rauh

© Dr. Bernhard Rauh

© Dr. Bernhard Rauh

© Dr. Bernhard Rauh

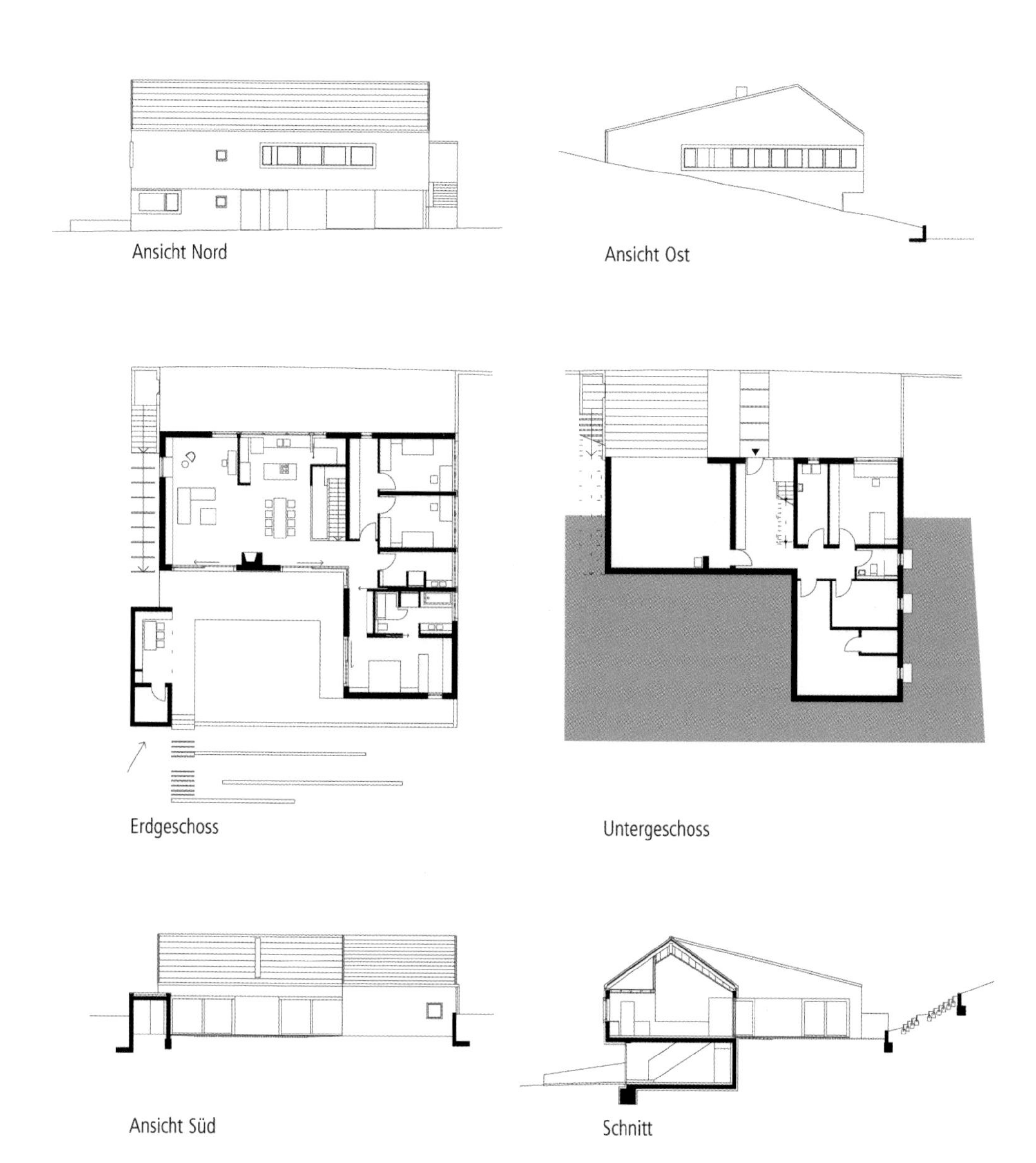

Ansicht Nord

Ansicht Ost

Erdgeschoss

Untergeschoss

Ansicht Süd

Schnitt

Objektbeschreibung

Allgemeine Objektinformationen

Der Neubau des Einfamilienhauses liegt an einem Nordhang in einem Neubaugebiet. Das Gebäude ist zweigeschossig, wobei sich das Untergeschoss zur Hälfte in den Hang eingräbt. Im Untergeschoss befindet sich der Zugang ins Gebäude, sowie Keller- und Wirtschaftsräume und eine Doppelgarage. Die Wohnebene öffnet sich mit großen Fenstern und Glasschiebetüren zu einem geschützten Innenhof. Die Wohnebene ist L-förmig um diesen Innenhof hin angeordnet. Der großzügige Wohn-, Ess- und Kochbereich ist als Allraum konzipiert. Horizontale Fensterbänder geben den Blick auf den gegenüberliegenden Hang frei. Die Individualräume sind im östlichen Seitentrakt untergebracht. Sowohl die Kinder als auch die Eltern haben ihren persönlichen Bereich, der durch große Schiebetüren entweder dem Allraum zugeordnet oder von diesem separiert werden kann.

Nutzung

1 Untergeschoss
Eingang, Gästezimmer, Gästebad, Hauswirtschaftsraum, Kellerräume, Technikraum

1 Erdgeschoss
Wohnen/Kochen/Essen, Kinderzimmer (2St), Schlafzimmer, Bäder (2St)

Nutzeinheiten

Wohnfläche: 262m²
Wohneinheiten: 1
Stellplätze: 2

Grundstück

Bauraum: Freier Bauraum
Neigung: Hanglage
Bodenklasse: BK 1 bis BK 5

Markt

Hauptvergabezeit: 1. Quartal 2013
Baubeginn: 2. Quartal 2013
Bauende: 1. Quartal 2014
Konjunkturelle Gesamtlage: über Durchschnitt
Regionaler Baumarkt: unter Durchschnitt

Baukonstruktion

Das Einfamilienhaus wurde als Massivbau konzipiert. Es wurde ein monolithisches Mauerwerk aus Porenbetonsteinen gewählt, auf ein Wärmedämmverbundsystem wurde verzichtet. Die Fassade wurde verputzt. Im Wohnraum gibt es eine abgehängte Akustikdecke aus Gipskarton. Das Dach ist als Holzdachkonstruktion ausgeführt und mit Betondachsteinen gedeckt. Es kamen Holz-Alufenster zum Einbau.

Technische Anlagen

Die Heizungsanlage besteht aus einem Gas-Brennwertkessel mit Heizungsunterstützung durch Solarkollektoren.Es wurde eine Fußbodenheizung und zusätzliche Handtuch-Heizkörper in den Bädern eingebaut. Auf eine kontrollierte Be- und Entlüftungsanlage wurde verzichtet. Alle Bäder haben Fenster und kommen somit ohne Zwangsentlüftung aus.

Sonstiges

Die zurückhaltende Farbgebung und Materialität der Innenräume lässt ein eindrucksvolles Licht- und Schattenspiel auf den weiß gestrichenen Flächen entstehen. Der auf der gesamten Wohnebene verlegte Fußbodenbelag aus hochwertigen Feinsteinzeugfliesen im Format 90x90cm setzt sich im Terrassenbelag des Außenraumes fort und hebt die Grenzen zwischen Innen und Außen auf. Außen ist das Gebäude in seiner Materialität gegliedert. Homogene Putzflächen wechseln sich mit dunkelgrau eingefärbten Wandpaneelen ab, die die großflächigen Fenster einrahmen. In gleichem Material sind die horizontalen Fensterbänder gerahmt. Diese treten leicht aus der Fassadenfläche hervor und sind jeweils bis zu den Gebäudeecken geführt. Diese Details und der Verzicht auf sämtliche Überstände unterstreichen den monolithischen Charakter des Gebäudes.

Planungskennwerte für Flächen und Rauminhalte nach DIN 277

Flächen des Grundstücks		Menge, Einheit	% an GF
BF	Bebaute Fläche	199,00 m²	17,7
UF	Unbebaute Fläche	925,00 m²	82,3
GF	Grundstücksfläche	1.124,00 m²	100,0

Grundflächen des Bauwerks		Menge, Einheit	% an NUF	% an BGF
NUF	Nutzungsfläche	402,37 m²	100,0	74,7
TF	Technikfläche	9,64 m²	2,4	1,8
VF	Verkehrsfläche	26,96 m²	6,7	5,0
NRF	Netto-Raumfläche	438,97 m²	109,1	81,4
KGF	Konstruktions-Grundfläche	100,03 m²	24,9	18,6
BGF	Brutto-Grundfläche	539,00 m²	134,0	100,0

NUF=100% BGF=134,0%
NUF TF VF KGF NRF=109,1%

Brutto-Rauminhalt des Bauwerks		Menge, Einheit	BRI/NUF (m)	BRI/BGF (m)
BRI	Brutto-Rauminhalt	1.613,00 m³	4,01	2,99

0 1 2 3 4 BRI/NUF=4,01m
BRI/BGF=2,99m 0 1 2

Lufttechnisch behandelte Flächen	Menge, Einheit	% an NUF	% an BGF
Entlüftete Fläche	–	–	–
Be- und Entlüftete Fläche	–	–	–
Teilklimatisierte Fläche	–	–	–
Klimatisierte Fläche	–	–	–

KG	Kostengruppen (2.Ebene)	Menge, Einheit	Menge/NUF	Menge/BGF
310	Baugrube	–	–	–
320	Gründung	–	–	–
330	Außenwände	–	–	–
340	Innenwände	–	–	–
350	Decken	–	–	–
360	Dächer	–	–	–

Kostenkennwerte für die Kostengruppen der 1.Ebene DIN 276

KG	Kostengruppen (1.Ebene)	Einheit	Kosten €	€/Einheit	€/m² BGF	€/m³ BRI	% 300+400
100	Grundstück	m² GF	–	–	–	–	–
200	Herrichten und Erschließen	m² GF	–	–	–	–	–
300	Bauwerk - Baukonstruktionen	m² BGF	571.299	1.059,92	1.059,92	354,18	85,2
400	Bauwerk - Technische Anlagen	m² BGF	99.052	183,77	183,77	61,41	14,8
	Bauwerk 300+400	**m² BGF**	**670.351**	**1.243,69**	**1.243,69**	**415,59**	**100,0**
500	Außenanlagen	m² AF	–	–	–	–	–
600	Ausstattung und Kunstwerke	m² BGF	–	–	–	–	–
700	Baunebenkosten	m² BGF	–	–	–	–	–

KG	Kostengruppe	Menge Einheit	Kosten €	€/Einheit	%
3+4	**Bauwerk**				**100,0**
300	**Bauwerk - Baukonstruktionen**	539,00 m² BGF	571.299	**1.059,92**	85,2

Stb-Bodenplatte, Abdichtung, Zementestrich, Heizestrich, Bodenfliesen; Stb-Halbfertigteile, WU-Beton (UG), Porenbetonwände, Stb-Wände, Holz-Alufenster, teilweise Festverglasung, Putz, Perimeterdämmung (UG), Alu-Lamellenraffstores; KS-Mauerwerk, GK-Wände, Holzzargentüren, teilweise Schiebetüren, Putz, Anstrich, Wandfliesen; Stb-Decke, Holzbalkendecke (Dachraum), Stb-Treppe, Heizestrich, Bodenfliesen, teilweise Parkett; Holzdachkonstruktion, Dämmung, Betondachsteine, Dachentwässerung, abgehängte GK-Decken, teilweise Akustikdecke

KG	Kostengruppe	Menge Einheit	Kosten €	€/Einheit	%
400	**Bauwerk - Technische Anlagen**	539,00 m² BGF	99.052	**183,77**	14,8

Gebäudeentwässrung, Kalt- und Warmwasserleitungen, Sanitärobjekte; Gas-Brennwertkessel, Speicher, Fußbodenheizung, Vakuumröhrenkollektoren für WW-Bereitung und Heizungsunterstützung; Elektroinstallation, Auf- und Einbauleuchten; Telefonanlage, Gegensprechanlage, Rauchmelder; Sauna

6100-1246
Zweifamilienhaus
Garage

Objektübersicht

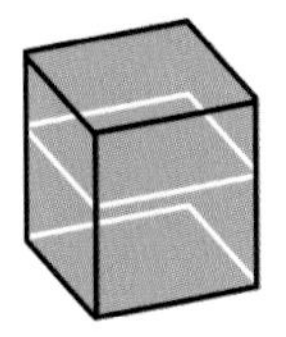

BRI 456 €/m³

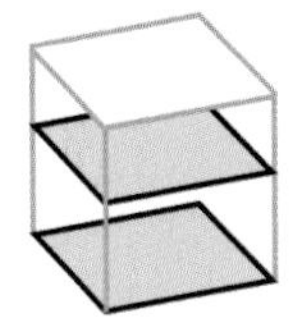

BGF 1.393 €/m²

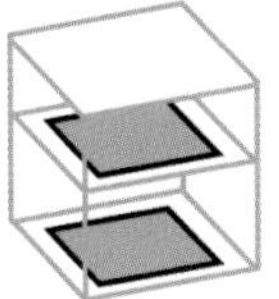

NUF 1.850 €/m²

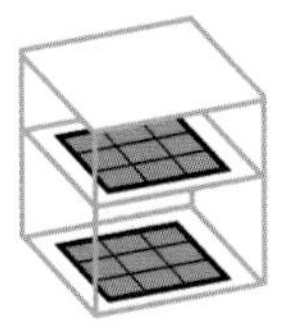

NE 2.060 €/NE
NE: m² Wohnfläche

Objekt:
Kennwerte: 1.Ebene DIN 276
BRI: 913 m³
BGF: 299 m²
NUF: 225 m²
Bauzeit: 47 Wochen
Bauende: 2015
Standard: über Durchschnitt
Kreis: Viersen,
Nordrhein-Westfalen

Architekt:
raumumraum
architekten / stadtplaner
Aldenhoff, Langenbahn,
Möhring
Kirchfeldstraße 111
40215 Düsseldorf

© raumumraum architekten / stadtplaner

© raumumraum architekten / stadtplaner

© raumumraum architekten / stadtplaner

© raumumraum architekten / stadtplaner

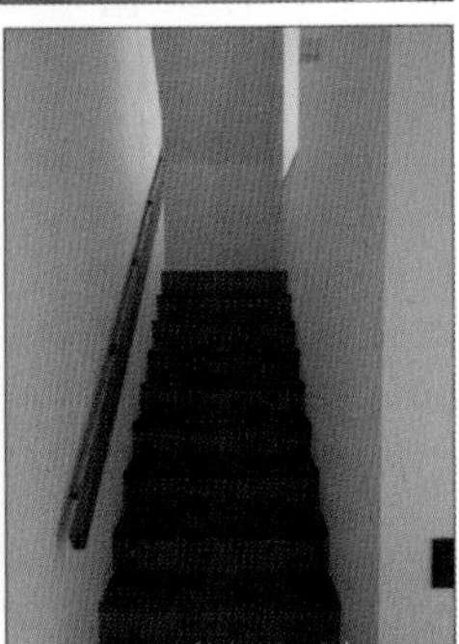
© raumumraum architekten / stadtplaner

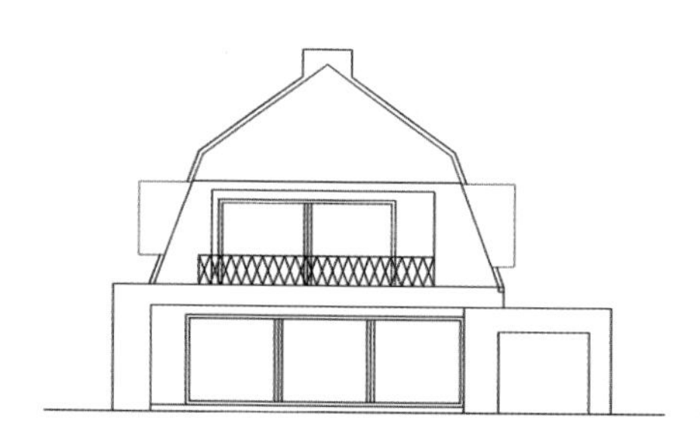

Ansicht Süd

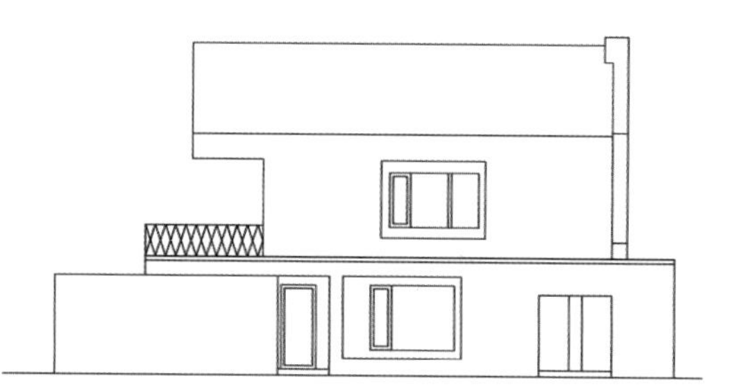

Ansicht Ost

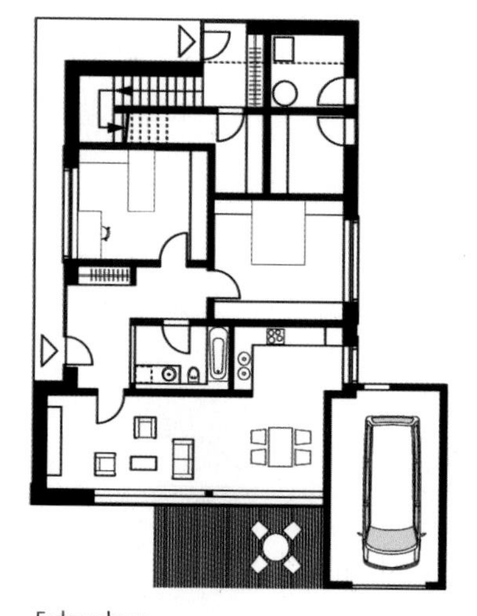

Erdgeschoss

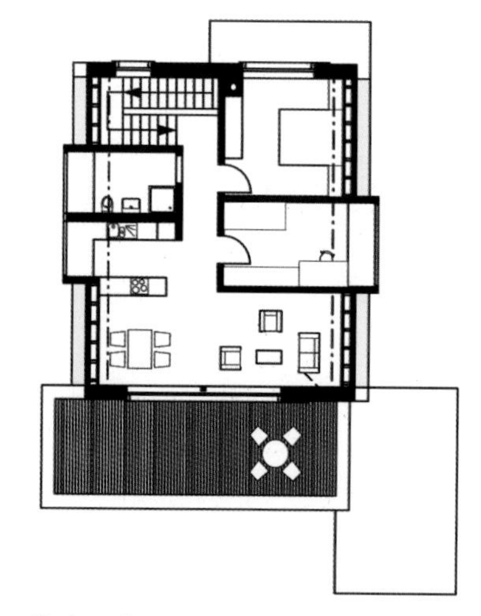

Dachgeschoss

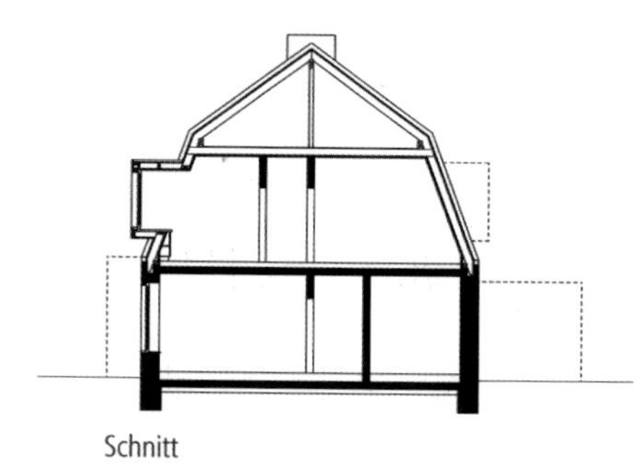

Schnitt

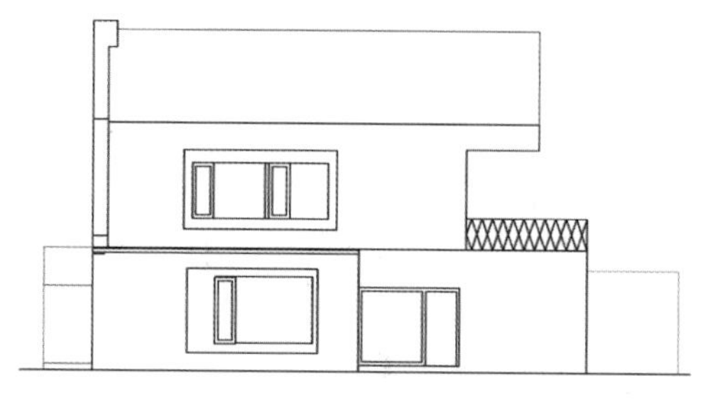

Ansicht West

Objektbeschreibung

Allgemeine Objektinformationen

In einer gehobenen Wohngegend wurde ein Eckgrundstück durch ein freistehendes Zweifamilienhaus bebaut. Aufgrund der separaten Erschließungen und der individuellen Grundrisslösungen der zwei Wohnungen, gewinnt man den Eindruck jeweils ein eigenständiges Einfamilienhaus zu betreten.

Nutzung

1 Erdgeschoss
Eingang, Wohnen/Küche/Essen, Bad, Schlafzimmer, Arbeitszimmer, Abstellraum, Haustechnikraum

1 Obergeschoss
Eingang, Wohnen/Küche/Essen, Bad, Schlafzimmer, Gästezimmer

Nutzeinheiten

Wohnfläche: 202m²
Wohneinheiten: 2
Stellplätze: 1

Grundstück

Bauraum: Freier Bauraum
Neigung: Ebenes Gelände
Bodenklasse: BK 1 bis BK 3

Markt

Hauptvergabezeit: 1. Quartal 2014
Baubeginn: 1. Quartal 2014
Bauende: 1. Quartal 2015
Konjunkturelle Gesamtlage: über Durchschnitt
Regionaler Baumarkt: unter Durchschnitt

Baukonstruktion

Es wurde eine 36,5cm starke Konstruktion aus Porotonsteinen gewählt. Für die Außenwände wurde ein anthrazitfarbener Grobputz aufgetragen, der sich von den großflächigen Einrahmungen der Fenster, die mit einem hellen Glattputz versehen sind, betont abhebt und somit einen starken Kontrast auf der Außenfassade bildet. Die Holz-Aluminiumfenster mit dreifacher Verglasung und auch die Dachgauben bestehen aus einer goldfarbenen, glatten und glänzenden Metallverkleidung. Der Dachstuhl besteht aus einer Holzkonstruktion mit Schieferdeckung. Das Dach wurde mit Schiefertafeln eingedeckt.

Technische Anlagen

Der Neubau wird über eine Gasheizung versorgt und mit Solarthermie in der Versorgung unterstützt. Die Wärmeverteilung erfolgt über die Fußbodenheizung.

Sonstiges

Im Innenbereich sorgen raumhohe Fenster bzw. groß verglaste Dachgauben für ein lichtdurchflutetes Raumerlebnis. Ein besonderes Augenmerk lag auch auf der Ausführung der Bäder bezüglich natürliche Belichtung, Fußbodenbelag aus Terrazzofliesen und der Behandlung der Innenwände mit Marmorputz.

Planungskennwerte für Flächen und Rauminhalte nach DIN 277

Flächen des Grundstücks		Menge, Einheit	% an GF
BF	Bebaute Fläche	148,00 m²	28,0
UF	Unbebaute Fläche	380,00 m²	72,0
GF	Grundstücksfläche	528,00 m²	100,0

Grundflächen des Bauwerks		Menge, Einheit	% an NUF	% an BGF
NUF	Nutzungsfläche	225,00 m²	100,0	75,3
TF	Technikfläche	6,00 m²	2,7	2,0
VF	Verkehrsfläche	21,00 m²	9,3	7,0
NRF	Netto-Raumfläche	252,00 m²	112,0	84,4
KGF	Konstruktions-Grundfläche	46,70 m²	20,8	15,6
BGF	Brutto-Grundfläche	298,70 m²	132,8	100,0

NUF=100% BGF=132,8% NRF=112,0%

NUF TF VF KGF

Brutto-Rauminhalt des Bauwerks		Menge, Einheit	BRI/NUF (m)	BRI/BGF (m)
BRI	Brutto-Rauminhalt	912,67 m³	4,06	3,06

0 1 2 3 4 BRI/NUF=4,06m

0 1 2 3 BRI/BGF=3,06m

Lufttechnisch behandelte Flächen	Menge, Einheit	% an NUF	% an BGF
Entlüftete Fläche	–	–	–
Be- und Entlüftete Fläche	–	–	–
Teilklimatisierte Fläche	–	–	–
Klimatisierte Fläche	–	–	–

KG	Kostengruppen (2.Ebene)	Menge, Einheit	Menge/NUF	Menge/BGF
310	Baugrube	–	–	–
320	Gründung	–	–	–
330	Außenwände	–	–	–
340	Innenwände	–	–	–
350	Decken	–	–	–
360	Dächer	–	–	–

Kostenkennwerte für die Kostengruppen der 1.Ebene DIN 276

KG	Kostengruppen (1.Ebene)	Einheit	Kosten €	€/Einheit	€/m² BGF	€/m³ BRI	% 300+400
100	Grundstück	m² GF	–	–	–	–	–
200	Herrichten und Erschließen	m² GF	10.400	19,70	34,82	11,40	2,5
300	Bauwerk - Baukonstruktionen	m² BGF	312.138	1.044,99	1.044,99	342,01	75,0
400	Bauwerk - Technische Anlagen	m² BGF	104.005	348,19	348,19	113,96	25,0
	Bauwerk 300+400	**m² BGF**	**416.143**	**1.393,18**	**1.393,18**	**455,96**	**100,0**
500	Außenanlagen	m² AF	–	–	–	–	–
600	Ausstattung und Kunstwerke	m² BGF	–	–	–	–	–
700	Baunebenkosten	m² BGF	–	–	–	–	–

KG	Kostengruppe	Menge Einheit	Kosten €	€/Einheit	%
200	**Herrichten und Erschließen**	528,00 m² GF	10.400	**19,70**	100,0

Erschließung

KG	Kostengruppe	Menge Einheit	Kosten €	€/Einheit	%
3+4	**Bauwerk**				**100,0**
300	**Bauwerk - Baukonstruktionen**	298,70 m² BGF	312.138	**1.044,99**	75,0

Stb-Streifenfundamente, Stb-Bodenplatte, Abdichtung, Dämmung, Heizestrich, Parkett, Terrazzofliesen; Ziegel-Mauerwerk, d=36,5cm, Außenputz, Holz-Alufenster, Dreifachverglasung; KS-Innenwände, Lehmputz, Gipsputz, Holz/-Metallständerwände, GK-Bekleidung, Anstrich, Holztüren; Stb-Decken, Holzbalkendecke, GK-Bekleidung; Holzdachkonstruktion, Schiefereindeckung, Kupferbekleidung (Dachgauben), Dachenwässerung

KG	Kostengruppe	Menge Einheit	Kosten €	€/Einheit	%
400	**Bauwerk - Technische Anlagen**	298,70 m² BGF	104.005	**348,19**	25,0

Gebäudeentwässerung, Kalt- und Warmwasserleitungen, Sanitärobjekte; Gasheizung, Speicher, Fußbodenheizung, Solarthermie für Warmwasserbereitung; Elektroinstallation; Telefonleitung, Rauchmelder

6100-1247
Einfamilienhaus
Carport

Objektübersicht

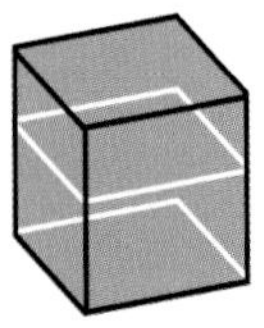

BRI 434 €/m³

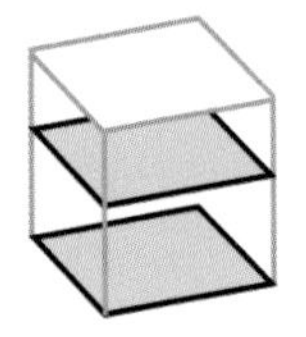

BGF 1.554 €/m²

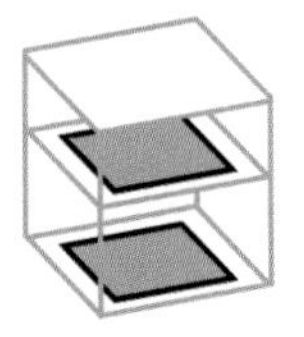

NUF 2.463 €/m²

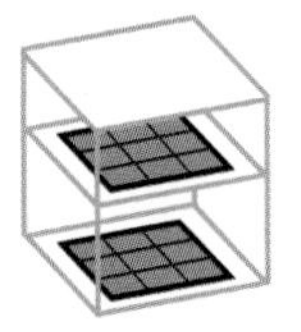

NE 2.777 €/NE
NE: m² Wohnfläche

Objekt:
Kennwerte: 1.Ebene DIN 276
BRI: 900 m³
BGF: 251 m²
NUF: 158 m²
Bauzeit: 34 Wochen
Bauende: 2015
Standard: über Durchschnitt
Kreis: Potsdam-Mittelmark, Brandenburg

Architekt:
Küssner Architekten BDA
Förster-Funke-Allee 8
14532 Kleinmachnow

Bauleitung:
TILIA-Innovation GmbH
Am Fuchsbau 33 a
14532 Kleinmachnow

Bauherr:
Catleen und Conrad Thätner

© Küssner Architekten BDA

© Küssner Architekten BDA

© Küssner Architekten BDA

© Küssner Architekten BDA

Ansicht Ost
Ansicht Süd
Erdgeschoss
Obergeschoss
Untergeschoss
Schnitt

6100-1247
Einfamilienhaus
Carport

Objektbeschreibung

Allgemeine Objektinformationen

An einer kleinen Wohnstraße liegt das Einfamilienhaus, das an die engen Bauverhältnisse angepasst wurde. Seitlich am Haus befindet sich ein Carport.

Nutzung

1 Untergeschoss
Kellerraum, Hobbyraum, Hauswirtschaftsraum, Hausanschluss

1 Erdgeschoss
Eingang, WC/Dusche, Küche, Wohn- und Esszimmer

1 Obergeschoss
Schlafzimmer, Kinderzimmer (2St), Bad

Nutzeinheiten

Wohnfläche: 140m²

Grundstück

Bauraum: Beengter Bauraum
Neigung: Ebenes Gelände
Bodenklasse: BK 1 bis BK 3

Markt

Hauptvergabezeit: 4. Quartal 2014
Baubeginn: 1. Quartal 2015
Bauende: 3. Quartal 2015
Konjunkturelle Gesamtlage: über Durchschnitt
Regionaler Baumarkt: Durchschnitt

Baukonstruktion

Die Gründung, der Keller, sowie die Decken sind in Stahlbeton ausgeführt. Die aus Leichtbeton erstellten Außenwände und das Pfettendach bilden die Außenhüllen des Gebäudes. Die Innenwände sind teils in Kalksandstein oder als Gipskartonwand ausgeführt. Die Fassade wurde hell verputz. Der Parkettboden ist im Wohnbereich in Eiche ausgeführt. Im Keller, Eingang, Küche und Bad sind die Böden gefliest. Der Carport am Haus ist als Holzkonstruktion ausgebildet. Im Garten befindet sich ein Häuschen in Massivbauweise.

Technische Anlagen

Eine Gas-Brennwerttherme versorgt das Haus mit Wärme. Zusätzlich gibt es eine Solaranlage. Der Hauswirtschaftsraum und die Feuchträume haben zusätzlich Einzellüfter mit Feuchtigkeitssensor.

Planungskennwerte für Flächen und Rauminhalte nach DIN 277

Flächen des Grundstücks		Menge, Einheit	% an GF
BF	Bebaute Fläche	118,35 m²	14,8
UF	Unbebaute Fläche	681,65 m²	85,2
GF	Grundstücksfläche	800,00 m²	100,0

Grundflächen des Bauwerks		Menge, Einheit	% an NUF	% an BGF
NUF	Nutzungsfläche	158,39 m²	100,0	63,1
TF	Technikfläche	4,76 m²	3,0	1,9
VF	Verkehrsfläche	29,33 m²	18,5	11,7
NRF	Netto-Raumfläche	192,48 m²	121,5	76,7
KGF	Konstruktions-Grundfläche	58,62 m²	37,0	23,3
BGF	Brutto-Grundfläche	251,10 m²	158,5	100,0

NUF=100% BGF=158,5% NRF=121,5%

NUF TF VF KGF

Brutto-Rauminhalt des Bauwerks		Menge, Einheit	BRI/NUF (m)	BRI/BGF (m)
BRI	Brutto-Rauminhalt	899,63 m³	5,68	3,58

0 1 2 3 4 5 BRI/NUF=5,68m

0 1 2 3 BRI/BGF=3,58m

Lufttechnisch behandelte Flächen	Menge, Einheit	% an NUF	% an BGF
Entlüftete Fläche	–	–	–
Be- und Entlüftete Fläche	–	–	–
Teilklimatisierte Fläche	–	–	–
Klimatisierte Fläche	–	–	–

KG	Kostengruppen (2.Ebene)	Menge, Einheit	Menge/NUF	Menge/BGF
310	Baugrube	–	–	–
320	Gründung	–	–	–
330	Außenwände	–	–	–
340	Innenwände	–	–	–
350	Decken	–	–	–
360	Dächer	–	–	–

Kostenkennwerte für die Kostengruppen der 1.Ebene DIN 276

KG	Kostengruppen (1.Ebene)	Einheit	Kosten €	€/Einheit	€/m² BGF	€/m³ BRI	% 300+400
100	Grundstück	m² GF	–	–	–	–	–
200	Herrichten und Erschließen	m² GF	–	–	–	–	–
300	Bauwerk - Baukonstruktionen	m² BGF	327.434	1.304,00	1.304,00	363,97	83,9
400	Bauwerk - Technische Anlagen	m² BGF	62.657	249,53	249,53	69,65	16,1
	Bauwerk 300+400	**m² BGF**	**390.092**	**1.553,53**	**1.553,53**	**433,61**	**100,0**
500	Außenanlagen	m² AF	14.811	21,73	58,99	16,46	3,8
600	Ausstattung und Kunstwerke	m² BGF	–	–	–	–	–
700	Baunebenkosten	m² BGF	–	–	–	–	–

KG	Kostengruppe	Menge Einheit	Kosten €	€/Einheit	%
3+4	**Bauwerk**				**100,0**
300	**Bauwerk - Baukonstruktionen**	251,10 m² BGF	327.434	**1.304,00**	83,9

Stb-Fundamentplatte, WU-Beton, Abdichtung, Dämmung, Estrich, Parkett, Bodenfliesen; Stb-Wände, WU-Beton (UG), Holzfenster mit integrierter Fensterlüftung, Abdichtung, Putz, Anstrich, Rollläden, Carport, Holzkonstruktion; KS-Mauerwerk, GK-Wände, Holzrahmenwände, Tapete, Anstrich, Wandfliesen; Stb-Decken, Treppe, abgehängte GK-Decken, Tapete, Anstrich; Pfettendach, Zwischensparrendämmung, Dachfenster, elektrische Verdunkelung, Lattung, Dachziegel, Zinkblech-Stehfalzdeckung, Dachentwässerung, GK-Platten; Hochbetten mit Leiter

KG	Kostengruppe	Menge Einheit	Kosten €	€/Einheit	%
400	**Bauwerk - Technische Anlagen**	251,10 m² BGF	62.657	**249,53**	16,1

Gebäudeentwässerung, Kalt- und Warmwasserleitungen, Sanitärobjekte; Gas-Brennwerttherme, Solaranlage, Fußbodenheizung; Einzellüfter mit Feuchtigkeitssensor; Elektroinstallation

KG	Kostengruppe	Menge Einheit	Kosten €	€/Einheit	%
500	**Außenanlagen**	681,65 m² AF	14.811	**21,73**	100,0

Pflasterarbeiten mit vorhandenen Betonpflastersteinen, Abböschung mit vorhandenen Natursteinen (nur Lohnleistung)

6100-1248
Mehrfamilienhaus
(23 WE)
TG (31 STP)

Objektübersicht

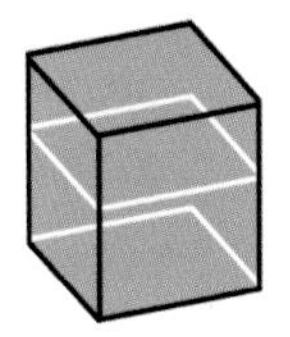

BRI 276 €/m³

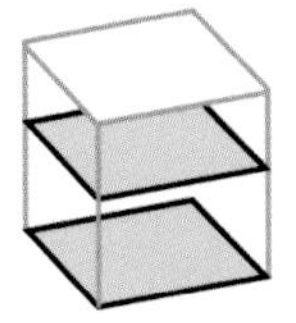

BGF 899 €/m²

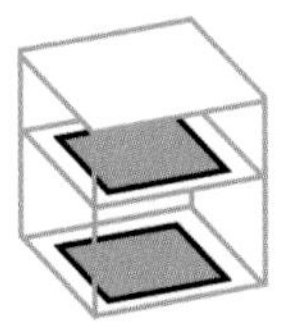

NUF 1.307 €/m²

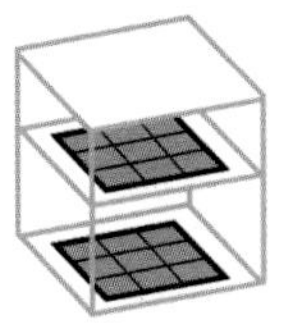

NE 1.854 €/NE
NE: m² Wohnfläche

Objekt:
Kennwerte: 3.Ebene DIN 276
BRI: 13.290 m³
BGF: 4.073 m²
NUF: 2.801 m²
Bauzeit: 74 Wochen
Bauende: 2015
Standard: Durchschnitt
Kreis: Landshut,
Bayern

Architekt:
NEUMEISTER & PARINGER
ARCHITEKTEN BDA
Am Alten Viehmarkt 5
84028 Landshut

Bauherr:
Kath. Siedlungswerk EG
Schöffmannplatz 6
84032 Landshut

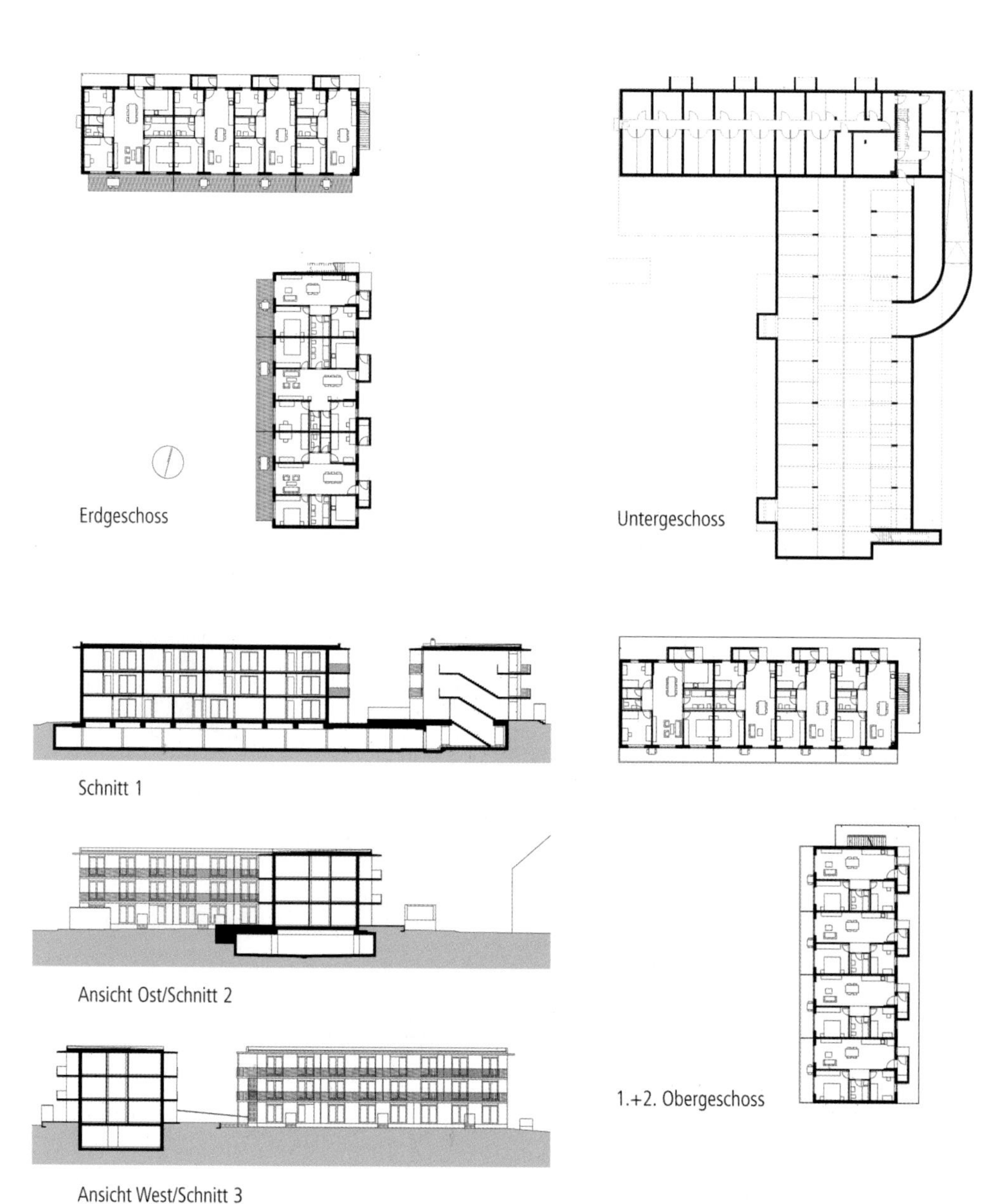

Erdgeschoss

Untergeschoss

Schnitt 1

Ansicht Ost/Schnitt 2

Ansicht West/Schnitt 3

1.+2. Obergeschoss

6100-1248
Mehrfamilienhaus
(23 WE)
TG (31 STP)

Objektbeschreibung

Allgemeine Objektinformationen

Von einer Wohnungsbaugesellschaft wurden neue Wohnungen errichtet und an die Mitglieder vermietet. Ziel war die Schaffung von bezahlbarem Wohnraum in attraktiver Lage.

Nutzung

1 Untergeschoss
Tiefgarage, Abstellräume, Technik

1 Erdgeschoss
Wohnen

2 Obergeschosse
Wohnen

Nutzeinheiten

Wohnfläche: 1.975m^2
Stellplätze: 31

Grundstück

Bauraum: Freier Bauraum
Neigung: Ebenes Gelände
Bodenklasse: BK 1 bis BK 3

Markt

Hauptvergabezeit: 3. Quartal 2013
Baubeginn: 3. Quartal 2013
Bauende: 1. Quartal 2015
Konjunkturelle Gesamtlage: über Durchschnitt
Regionaler Baumarkt: Durchschnitt

Baukonstruktion

Der Neubau wurde als Massivbau mit gemauerten Ziegelaußenwänden und Stahlbetongeschossdecken errichtet. Die Stahlbetondecken kragen als Laubengang bzw. als Balkon aus, sind aber thermisch entkoppelt.

Technische Anlagen

Energieträger für die Heizung sind Pellets. Für Bäder, Toiletten und die Kellerräume wurde ein Lüftungsgerät eingebaut. Die Fenster sind mit Falzlüftern als Nachströmöffnungen ausgeführt. Die Vorgaben für ein Effizienzhaus 70 wurden erfüllt.

Sonstiges

Die Geschosse werden durch eine großzügige Laubenganggerschließung erschlossen. Im Süden und Westen sind über die gesamte Gebäudelänge Balkone angeordnet. In den Erdgeschossen wurden Gärten angelegt.

Planungskennwerte für Flächen und Rauminhalte nach DIN 277

Flächen des Grundstücks		Menge, Einheit	% an GF
BF	Bebaute Fläche	1.392,34 m²	46,8
UF	Unbebaute Fläche	1.581,66 m²	53,2
GF	Grundstücksfläche	2.974,00 m²	100,0

Grundflächen des Bauwerks		Menge, Einheit	% an NUF	% an BGF
NUF	Nutzungsfläche	2.801,42 m²	100,0	68,8
TF	Technikfläche	61,90 m²	2,2	1,5
VF	Verkehrsfläche	729,30 m²	26,0	17,9
NRF	Netto-Raumfläche	3.592,62 m²	128,2	88,2
KGF	Konstruktions-Grundfläche	479,88 m²	17,1	11,8
BGF	Brutto-Grundfläche	4.072,50 m²	145,4	100,0

NUF=100% BGF=145,4% NRF=128,2%

NUF TF VF KGF

Brutto-Rauminhalt des Bauwerks		Menge, Einheit	BRI/NUF (m)	BRI/BGF (m)
BRI	Brutto-Rauminhalt	13.290,00 m³	4,74	3,26

BRI/NUF=4,74m

BRI/BGF=3,26m

Lufttechnisch behandelte Flächen	Menge, Einheit	% an NUF	% an BGF
Entlüftete Fläche	–	–	–
Be- und Entlüftete Fläche	–	–	–
Teilklimatisierte Fläche	–	–	–
Klimatisierte Fläche	–	–	–

KG	Kostengruppen (2.Ebene)	Menge, Einheit	Menge/NUF	Menge/BGF
310	Baugrube	4.829,37 m³ BGI	1,72	1,19
320	Gründung	1.388,62 m² GRF	0,50	0,34
330	Außenwände	2.113,13 m² AWF	0,75	0,52
340	Innenwände	2.919,09 m² IWF	1,04	0,72
350	Decken	2.702,39 m² DEF	0,96	0,66
360	Dächer	1.521,33 m² DAF	0,54	0,37

Kostenkennwerte für die Kostengruppen der 1.Ebene DIN 276

KG	Kostengruppen (1.Ebene)	Einheit	Kosten €	€/Einheit	€/m² BGF	€/m³ BRI	% 300+400
100	Grundstück	m² GF	–	–	–	–	–
200	Herrichten und Erschließen	m² GF	727	0,24	0,18	< 0,1	< 0,1
300	Bauwerk - Baukonstruktionen	m² BGF	3.058.478	751,01	751,01	230,13	83,5
400	Bauwerk - Technische Anlagen	m² BGF	603.502	148,19	148,19	45,41	16,5
	Bauwerk 300+400	**m² BGF**	**3.661.980**	**899,20**	**899,20**	**275,54**	**100,0**
500	Außenanlagen	m² AF	58.233	36,82	14,30	4,38	1,6
600	Ausstattung und Kunstwerke	m² BGF	12.233	3,00	3,00	0,92	0,3
700	Baunebenkosten	m² BGF	–	–	–	–	–

KG	Kostengruppe	Menge Einheit	Kosten €	€/Einheit	%
200	**Herrichten und Erschließen**	2.974,00 m² GF	727	**0,24**	100,0
	Baumschutz, Oberboden abtragen				
3+4	**Bauwerk**				**100,0**
300	**Bauwerk - Baukonstruktionen**	4.072,50 m² BGF	3.058.478	**751,01**	83,5
	Bodenarbeiten, Spundwandverbau; Fundamente, Orange Wanne, Epoxidharz; Stahlfaserbetonwände, Hlz-Mauerwerk, Holzständerwände, Stützen, Kunststoff-Alufenster, Kipptoranlage, Außenputz, Faserzement-Fassade, Innenputz, Anstrich, Rollläden; Stb-Wände, Innentüren, Wandfliesen, Trennwandsystem; Stb-Decken, Treppen, Estrich, Vinylboden, Bodenfliesen, Deckendämmung, Geländer; Stb-Flachdächer, Lichtkuppeln, Filterkies, extensive Begrünung, Alu-Profiltafeln; Einbauschränke				
400	**Bauwerk - Technische Anlagen**	4.072,50 m² BGF	603.502	**148,19**	16,5
	Gebäudeentwässerung, Kalt- und Warmwasserleitungen, Sanitärobjekte, Enthärtungsanlage; Holzpelletheizung, Pufferspeicher, Heizungsrohre, Fußbodenheizung; Lüftungsgerät; Elektroinstallation, Beleuchtung, Blitzschutzanlage; Telefonkabel, Anschlussdosen, Klingelanlage, Koaxialkabel, Antennendosen, Rauchmelder, EDV-Verkabelung				
500	**Außenanlagen**	1.581,66 m² AF	58.233	**36,82**	100,0
	Winkelstützelemente, Betonblockstufen, Buswartehaus				
600	**Ausstattung und Kunstwerke**	4.072,50 m² BGF	12.233	**3,00**	100,0
	Duschtrennwände, Vorhangstangen für Duschen und Badewannen, Sanitärausstattung				

Kostenkennwerte für die Kostengruppen der 2.Ebene DIN 276

KG	Kostengruppe	Menge Einheit	Kosten €	€/Einheit	%
200	**Herrichten und Erschließen**				**100,0**
210	**Herrichten**	2.974,00 m² GF	727	**0,24**	100,0
	Holzzaun als Baumschutz (46m) * Oberboden abtragen, laden, entsorgen (37m³)				
300	**Bauwerk - Baukonstruktionen**				**100,0**
310	**Baugrube**	4.829,37 m³ BGI	198.865	**41,18**	6,5
	Boden lösen, t bis 3,50m, entsorgen (1.444m³), lösen, für Zufahrt verteilen (476m³), lösen, lagern, wieder einbauen (45m³), Kiesboden lösen, abfahren (2.452m³), Frostschutzkies (698m³), Boden auf Baugrubenebene lösen, entsorgen (413m³) * Verbau mit Spundwandprofilen, Längen bis 8,00m (1.622m²) * Wasserhaltungsanlage, Förderleistung 75m³/h (2St), Grundwasserabsenkbrunnen (8m), -schluckbrunnen (8m), Abflussleitungen (76m)				
320	**Gründung**	1.388,62 m² GRF	334.723	**241,05**	10,9
	Fundamentplatte, Stahlfaserbeton, WU, d=30-35cm (1.264m²), Stb-Fundamentplatte, d=20-30 (98m²), Pumpensümpfe (3St) * Epoxidharz-Zementmörtel, d=2,5mm, in TG (730m²), d=3mm, auf Rampe (110m²), Sockelbeschichtung (255m), Epoxidharzbeschichtung (350m²), Schrägboden Pelletlager (22m²) * Kiesfilterschicht, Sauberkeitsschicht (1.481m²), XPS-Perimeterdämmung, d=80-100mm (33m²), Mineralwolldämmung, d=20-60mm (95m²)				
330	**Außenwände**	2.113,13 m² AWF	657.525	**311,16**	21,5
	Stahlfaserbetonwände, d=25cm (484m²), LHlz-Mauerwerk, d=36,5cm (907m²) * Holzständerwände, d=18cm (301m²) * Stahlstützen (12St) * Kunststoff-Alu-Fenster, zweiflüglig (224m²), einflüglig (105m²), Alu-Haustüren (73m²), Gittertüren (7m²), Kipptoranlage (7m²) * Außenputz (1.093m²), Faserzement-Fassade (337m²), Sockelputz (72m²), Perimeterdämmung (153m²) * Kalkgipsputz (786m²), GK-Trockenputz (186m²), Laibungsputz (772m), Silikatanstrich (1.046m²), Stellplatznummerierungen (53St) * Aufsatzrollläden, Elektroantrieb (224m²), Gurtantrieb (105m²) * Balkontrennelemente (69m²), Handläufe, Edelstahl (32m)				
340	**Innenwände**	2.919,09 m² IWF	412.248	**141,22**	13,5
	Stb-Wände, d=25cm (946m²), Hlz-Mauerwerk, d=17,5cm (754m²), d=24cm (16m²) * Hlz-Mauerwerk, d=11,5cm (706m²), d=17,5cm (103m²) * Stb-Stützen (30St) * Innentüren, Dekor (176m²), Feuerschutztüren T30-1 (7m²), rauchdicht (6m²), T30-2 (3m²), Feuerschutzklappe T30-1 (2m²), staubdichte Klappe (2m²) * Kalkgipsputz (3.094m²), Kalkzementputz (353m²), Silikatanstrich (3.770m²), Wandfliesen (496m²), GK-Installationswände (453m²), F30 (188m²) * Stahllamellen-Trennwandsystem (199m²)				
350	**Decken**	2.702,39 m² DEF	922.106	**341,22**	30,1
	Stb-Filigrandecken, d=20cm (1.433m²), Ortbetondecken, d=25-30cm (685m²), Stb-Fertigteile, mit Gefälle (585m²), Stb-Treppen (38m²) * Wärmedämmung, Heizestrich, d=65-70mm (1.806m²), Vinylboden (1.682m²), Bodenfliesen (104m²) * Deckendämmungen (648m²), Silikatanstrich (1.521m²) * Stahlgeländer, Verlauf gerade (385m), Verlauf schräg (27m), als Abtrennung Treppenauge, 560x345cm (1St), textiler Sichtschutz (143m), Gitterroste, Winkelrahmen 115x155cm (17St)				

KG	Kostengruppe	Menge Einheit	Kosten €	€/Einheit	%
360	**Dächer**	1.521,33 m² DAF	411.888	**270,74**	13,5
	Stb-Filigrandächer, d=20cm (716m²), Ortbetondach, mit Gefälle (258m²), geneigt (103m²), Stb-Fertigteile, mit Gefälle (380m²) * Lichtkuppeln (2St) * TG: Abdichtung (606m²), Wärmedämmung, d=80mm (104m²), Filterkies, d=10cm, Frostschutzschicht, d=60cm (519m²), TG-Rampe: Abdichtung, Dränschicht (73m²), extensive Begrünung (58m²), Kiesstreifen (51m), Dach: Dampfsperre (926m²), Dämmung, Alu-Profiltafeln (825m²), Hängerinnen (69m), Attikaabdeckungen (169m) * Silikatanstrich (609m²), Holzwolleplatten, d=60mm (71m²) * Absturzsicherungen (2St), persönliche Schutzausrüstung (1St)				
370	**Baukonstruktive Einbauten**	4.072,50 m² BGF	23.308	**5,72**	0,8
	Einbauschränke 80x70x250cm, zwei Drehtüren, Regalböden, Sichtflächen Schichtstoff weiß, (18St), Briefkastenanlagen 1119x667x119mm, sechsteilig, Aufputz (4St)				
390	**Sonstige Baukonstruktionen**	4.072,50 m² BGF	97.815	**24,02**	3,2
	Baustelleneinrichtungen (4St), Bauzaun (81m), Baustellen-WC (1St) * Fassadengerüst (260m²) * Abbruch von Hindernissen im Boden (557m³) * Glasscheibe erneuern (1St) * Entsorgen von Restmüll (2t), Bauschutt (psch) * Reservematerialien (96m²), Malervlies (260m²), PE-Folie (100m²), Bauheizung (psch), Endreinigung * provisorische Verlängerung Balkonabläufe (9St)				
400	**Bauwerk - Technische Anlagen**				**100,0**
410	**Abwasser-, Wasser-, Gasanlagen**	4.072,50 m² BGF	242.350	**59,51**	40,2
	KG-Rohre DN100-200 (198m), HT-Rohre DN50-100 (192m), Schalldämm-Abwasserrohre DN50-125 (448m), SML-Gussrohre DN80-125 (204m), Kontrollschacht (1St), Verdunstungsrinne (44m), Entwässerungsrinne (3m) Fallrohre (68m), Rigolenversickerungsanlage (11m³), Schmutzwasserpumpen (2St) * Edelstahlrohre DN10-40 (1.265m), PE-Xc-Rohre 16-20mm (637m), Enthärtungsanlage (1St), Waschbecken (33St), Tiefspül-WCs (28St), Badewannen (23St), Duschwannen (5St), Ausgussbecken (1St) * Montageelemente (52St)				
420	**Wärmeversorgungsanlagen**	4.072,50 m² BGF	121.205	**29,76**	20,1
	Holzpelletheizung 90kW (1St), Pufferspeicher (3St), Umwälzpumpe (1St), Zirkulationspumpe (1St) * Kupferrohre DN22-35 (241m), Stahlrohre DN20-50 (313m), Verteilerschränke, sechs Heizkreise (18St), neun Heizkreise (5St), Schaltzentralen-Module (23St) * Fußbodenheizung (1.769m²), Anbindeleitungen (2.042m) * Abgaskamin, einzügig, Installationsschacht (13m), Schornsteinbekleidung (1St)				
430	**Lufttechnische Anlagen**	4.072,50 m² BGF	18.873	**4,63**	3,1
	Lüftungsgerät 300m³/h (1St), Bedienmodul (1St), Wickelfalzrohre DN100-250 (185m), Alu-Flexrohre DN80 (38m), Telefonieschalldämpfer (4St), Tellerventile (15St), Gebläseeinheiten (28St)				
440	**Starkstromanlagen**	4.072,50 m² BGF	199.314	**48,94**	33,0
	Zählerschrank (1St), Verteiler (26St), Mantelleitungen NYM (16.941m), NYCWY (14m), Erdkabel NYY (315m), Schalter (465St), Steckdosen (967St), Bewegungsmelder (14St), Präsenzmelder (6St), Raumtemperatur-Regler (107St), Herdanschlussdosen (23St) * Außenwandleuchten (98St), Wandeinbauleuchten (14St), Lichtleiste (23St), Wannenleuchte (30St), LED-Rettungszeichenleuchten (5St) * Fundamenterder (661m), Anschlussfahnen (5St), Potenzialausgleichsschienen (3St)				

KG	Kostengruppe	Menge Einheit	Kosten €	€/Einheit	%
450	**Fernmelde-, informationstechn. Anlagen**	4.072,50 m² BGF	21.219	**5,21**	3,5
	Telefonkabel J-Y(St)Y (1.020m), TAE-Anschlussdosen (23St) * Stromkreisverteiler, Zentralkomponenten (1St), Telefonkabel J-Y(St)Y (695m), Taster mit Klingelsymbol (23St), Haussprechapparate (16St), Gong (7St), Türstationen (2St) * Koaxialkabel (2.100m), Antennendoppelsteckdosen (74St) * Rauchmelder (74St) * Datenkabel Cat5 (1.645m), Patchkabel Cat7 (23St), EDV-Anschlussdosen (74St)				
490	**Sonstige Technische Anlagen**	4.072,50 m² BGF	541	**0,13**	< 0,1
	Baustelleneinrichtung (1St)				
500	**Außenanlagen**				**100,0**
530	**Baukonstruktionen in Außenanlagen**	1.581,66 m² AF	58.233	**36,82**	100,0
	Winkelstützelemente, h=70-80cm, l=50cm, d=10cm, Sichtbeton (166m) * Betonblockstufen, Sichtbeton, l=125-325cm (37St) * Stb-Fertigteil für Buswartehaus, 7,50x1,70m, h=2,90m, Seitenwände und Dach rechteckig, d=20cm (1St), Rückwand, Stahlkonstruktion mit Konsolen für Sitzbank (1St), Sitzfläche 690x45cm, Eichenbohlen (1St)				
600	**Ausstattung und Kunstwerke**				**100,0**
610	**Ausstattung**	4.072,50 m² BGF	12.233	**3,00**	100,0
	Duschtrennwände als Pendeltüren mit Seitenwand (5St), Vorhangstangen für Duschen und Badewannen (18St), Handtuchhalter (28St), Papierrollenhalter (28St), Handtuchhaken (5St)				

Kostenkennwerte für die Kostengruppe 300 der 2. und 3.Ebene DIN 276 (Übersicht)

KG	Kostengruppe	Menge Einh.	€/Einheit	Kosten €	% 3+4
300	**Bauwerk - Baukonstruktionen**	**4.072,50 m² BGF**	**751,01**	**3.058.477,76**	**83,5**
310	**Baugrube**	**4.829,37 m³ BGI**	**41,18**	**198.864,93**	**5,4**
311	Baugrubenherstellung	4.829,37 m³ BGI	10,53	50.875,11	1,4
312	Baugrubenumschließung	1.622,40 m²	74,73	121.239,85	3,3
313	Wasserhaltung	1.388,62 m² GRF	19,26	26.749,98	0,7
319	Baugrube, sonstiges	–	–	–	–
320	**Gründung**	**1.388,62 m² GRF**	**241,05**	**334.722,65**	**9,1**
321	Baugrundverbesserung	–	–	–	–
322	Flachgründungen	1.388,62 m²	165,63	229.997,79	6,3
323	Tiefgründungen	–	–	–	–
324	Unterböden und Bodenplatten	–	–	–	–
325	Bodenbeläge	1.212,46 m²	64,34	78.007,87	2,1
326	Bauwerksabdichtungen	1.388,62 m² GRF	19,24	26.716,99	0,7
327	Dränagen	–	–	–	–
329	Gründung, sonstiges	–	–	–	–
330	**Außenwände**	**2.113,13 m² AWF**	**311,16**	**657.525,22**	**18,0**
331	Tragende Außenwände	1.390,99 m²	143,91	200.172,08	5,5
332	Nichttragende Außenwände	300,70 m²	80,45	24.191,80	0,7
333	Außenstützen	33,60 m	98,77	3.318,74	< 0,1
334	Außentüren und -fenster	421,43 m²	444,45	187.306,39	5,1
335	Außenwandbekleidungen außen	1.667,86 m²	67,95	113.328,20	3,1
336	Außenwandbekleidungen innen	1.162,86 m²	26,05	30.287,69	0,8
337	Elementierte Außenwände	–	–	–	–
338	Sonnenschutz	329,17 m²	176,20	58.000,89	1,6
339	Außenwände, sonstiges	2.113,13 m² AWF	19,36	40.919,43	1,1
340	**Innenwände**	**2.919,09 m² IWF**	**141,22**	**412.247,91**	**11,3**
341	Tragende Innenwände	1.715,44 m²	92,93	159.417,01	4,4
342	Nichttragende Innenwände	809,71 m²	67,32	54.509,76	1,5
343	Innenstützen	78,00 m	260,29	20.302,84	0,6
344	Innentüren und -fenster	195,40 m²	194,35	37.975,88	1,0
345	Innenwandbekleidungen	4.266,53 m²	31,06	132.502,76	3,6
346	Elementierte Innenwände	198,54 m²	37,97	7.539,66	0,2
349	Innenwände, sonstiges	–	–	–	–
350	**Decken**	**2.702,39 m² DEF**	**341,22**	**922.106,20**	**25,2**
351	Deckenkonstruktionen	2.702,39 m²	223,39	603.691,82	16,5
352	Deckenbeläge	1.805,10 m²	60,42	109.057,24	3,0
353	Deckenbekleidungen	1.758,99 m²	29,20	51.359,07	1,4
359	Decken, sonstiges	2.702,39 m² DEF	58,47	157.998,08	4,3
360	**Dächer**	**1.521,33 m² DAF**	**270,74**	**411.887,70**	**11,2**
361	Dachkonstruktionen	1.456,91 m²	156,47	227.962,89	6,2
362	Dachfenster, Dachöffnungen	2,00 m²	1.660,43	3.320,86	< 0,1
363	Dachbeläge	1.521,33 m²	109,14	166.041,50	4,5
364	Dachbekleidungen	680,53 m²	10,96	7.461,95	0,2
369	Dächer, sonstiges	1.521,33 m² DAF	4,67	7.100,51	0,2
370	**Baukonstruktive Einbauten**	**4.072,50 m² BGF**	**5,72**	**23.307,77**	**0,6**
390	**Sonstige Baukonstruktionen**	**4.072,50 m² BGF**	**24,02**	**97.815,37**	**2,7**

Kostenkennwerte für die Kostengruppe 400 der 2. und 3.Ebene DIN 276 (Übersicht)

KG	Kostengruppe	Menge Einh.	€/Einheit	Kosten €	% 3+4
400	**Bauwerk - Technische Anlagen**	**4.072,50 m² BGF**	**148,19**	**603.502,23**	**16,5**
410	**Abwasser-, Wasser-, Gasanlagen**	**4.072,50 m² BGF**	**59,51**	**242.350,24**	**6,6**
411	Abwasseranlagen	4.072,50 m² BGF	20,71	84.350,49	2,3
412	Wasseranlagen	4.072,50 m² BGF	37,31	151.944,94	4,1
413	Gasanlagen	–	–	–	–
419	Abwasser-, Wasser-, Gasanlagen, sonstiges	4.072,50 m² BGF	1,49	6.054,80	0,2
420	**Wärmeversorgungsanlagen**	**4.072,50 m² BGF**	**29,76**	**121.205,28**	**3,3**
421	Wärmeerzeugungsanlagen	4.072,50 m² BGF	11,05	45.017,74	1,2
422	Wärmeverteilnetze	4.072,50 m² BGF	9,59	39.044,58	1,1
423	Raumheizflächen	4.072,50 m² BGF	7,71	31.393,01	0,9
429	Wärmeversorgungsanlagen, sonstiges	4.072,50 m² BGF	1,41	5.749,95	0,2
430	**Lufttechnische Anlagen**	**4.072,50 m² BGF**	**4,63**	**18.873,43**	**0,5**
431	Lüftungsanlagen	4.072,50 m² BGF	4,63	18.873,43	0,5
432	Teilklimaanlagen	–	–	–	–
433	Klimaanlagen	–	–	–	–
434	Kälteanlagen	–	–	–	–
439	Lufttechnische Anlagen, sonstiges	–	–	–	–
440	**Starkstromanlagen**	**4.072,50 m² BGF**	**48,94**	**199.314,09**	**5,4**
441	Hoch- und Mittelspannungsanlagen	–	–	–	–
442	Eigenstromversorgungsanlagen	–	–	–	–
443	Niederspannungsschaltanlagen	–	–	–	–
444	Niederspannungsinstallationsanlagen	4.072,50 m² BGF	38,82	158.099,90	4,3
445	Beleuchtungsanlagen	4.072,50 m² BGF	8,49	34.567,00	0,9
446	Blitzschutz- und Erdungsanlagen	4.072,50 m² BGF	1,63	6.647,19	0,2
449	Starkstromanlagen, sonstiges	–	–	–	–
450	**Fernmelde-, informationstechn. Anlagen**	**4.072,50 m² BGF**	**5,21**	**21.218,68**	**0,6**
451	Telekommunikationsanlagen	4.072,50 m² BGF	0,59	2.418,40	< 0,1
452	Such- und Signalanlagen	4.072,50 m² BGF	1,14	4.624,28	0,1
453	Zeitdienstanlagen	–	–	–	–
454	Elektroakustische Anlagen	–	–	–	–
455	Fernseh- und Antennenanlagen	4.072,50 m² BGF	1,37	5.581,89	0,2
456	Gefahrenmelde- und Alarmanlagen	4.072,50 m² BGF	0,63	2.560,28	< 0,1
457	Übertragungsnetze	4.072,50 m² BGF	1,48	6.033,83	0,2
459	Fernmelde- und informationstechnische Anlagen, sonstiges	–	–	–	–
460	**Förderanlagen**	**–**	**–**	**–**	**–**
461	Aufzugsanlagen	–	–	–	–
462	Fahrtreppen, Fahrsteige	–	–	–	–
463	Befahranlagen	–	–	–	–
464	Transportanlagen	–	–	–	–
465	Krananlagen	–	–	–	–
469	Förderanlagen, sonstiges	–	–	–	–
470	**Nutzungsspezifische Anlagen**	**–**	**–**	**–**	**–**
480	**Gebäudeautomation**	**–**	**–**	**–**	**–**
490	**Sonstige Technische Anlagen**	**4.072,50 m² BGF**	**0,13**	**540,51**	**< 0,1**

Kostenkennwerte für Leistungsbereiche nach StLB (Kosten des Bauwerks nach DIN 276)

LB	Leistungsbereiche	Kosten €	€/m² BGF	€/m³ BRI	% 3+4
000	Sicherheits-, Baustelleneinrichtungen inkl. 001	74.872	18,38	5,63	2,0
002	Erdarbeiten	64.153	15,75	4,83	1,8
006	Spezialtiefbauarbeiten inkl. 005	120.238	29,52	9,05	3,3
009	Entwässerungskanalarbeiten inkl. 011	7.106	1,74	0,53	0,2
010	Dränarbeiten	25.662	6,30	1,93	0,7
012	Mauerarbeiten	217.137	53,32	16,34	5,9
013	Betonarbeiten	1.316.255	323,21	99,04	35,9
014	Natur-, Betonwerksteinarbeiten	–	–	–	–
016	Zimmer- und Holzbauarbeiten	26.180	6,43	1,97	0,7
017	Stahlbauarbeiten	14.512	3,56	1,09	0,4
018	Abdichtungsarbeiten	2.417	0,59	0,18	< 0,1
020	Dachdeckungsarbeiten	–	–	–	–
021	Dachabdichtungsarbeiten	57.090	14,02	4,30	1,6
022	Klempnerarbeiten	114.464	28,11	8,61	3,1
	Rohbau	**2.040.086**	**500,94**	**153,51**	**55,7**
023	Putz- und Stuckarbeiten, Wärmedämmsysteme	144.981	35,60	10,91	4,0
024	Fliesen- und Plattenarbeiten	36.440	8,95	2,74	1,0
025	Estricharbeiten	36.604	8,99	2,75	1,0
026	Fenster, Außentüren inkl. 029, 032	194.192	47,68	14,61	5,3
027	Tischlerarbeiten	42.757	10,50	3,22	1,2
028	Parkett-, Holzpflasterarbeiten	–	–	–	–
030	Rollladenarbeiten	58.001	14,24	4,36	1,6
031	Metallbauarbeiten inkl. 035	203.499	49,97	15,31	5,6
034	Maler- und Lackiererarbeiten inkl. 037	60.025	14,74	4,52	1,6
036	Bodenbelagsarbeiten	144.912	35,58	10,90	4,0
038	Vorgehängte hinterlüftete Fassaden	35.894	8,81	2,70	1,0
039	Trockenbauarbeiten	52.130	12,80	3,92	1,4
	Ausbau	**1.009.435**	**247,87**	**75,95**	**27,6**
040	Wärmeversorgungsanlagen, inkl. 041	114.304	28,07	8,60	3,1
042	Gas- und Wasseranlagen, Leitungen inkl. 043	75.048	18,43	5,65	2,0
044	Abwasseranlagen - Leitungen	43.279	10,63	3,26	1,2
045	Gas, Wasser, Entwässerung - Ausstattung inkl. 046	116.356	28,57	8,76	3,2
047	Dämmarbeiten an technischen Anlagen	33.486	8,22	2,52	0,9
049	Feuerlöschanlagen, Feuerlöschgeräte	–	–	–	–
050	Blitzschutz- und Erdungsanlagen	6.647	1,63	0,50	0,2
052	Mittelspannungsanlagen	–	–	–	–
053	Niederspannungsanlagen inkl. 054	445.844	109,48	33,55	12,2
055	Ersatzstromversorgungsanlagen	–	–	–	–
057	Gebäudesystemtechnik	–	–	–	–
058	Leuchten und Lampen, inkl. 059	34.567	8,49	2,60	0,9
060	Elektroakustische Anlagen	3.323	0,82	0,25	< 0,1
061	Kommunikationsnetze, inkl. 063	16.594	4,07	1,25	0,5
069	Aufzüge	–	–	–	–
070	Gebäudeautomation	–	–	–	–
075	Raumlufttechnische Anlagen	18.521	4,55	1,39	0,5
	Gebäudetechnik	**907.969**	**222,95**	**68,32**	**24,8**
084	**Abbruch- und Rückbauarbeiten**	**9.318**	**2,29**	**0,70**	**0,3**
	Sonstige Leistungsbereiche inkl. 008, 033, 051	**34.525**	**8,48**	**2,60**	**0,9**

6100-1249
Mehrfamilienhaus
(6 WE)
TG (6 STP)

Objektübersicht

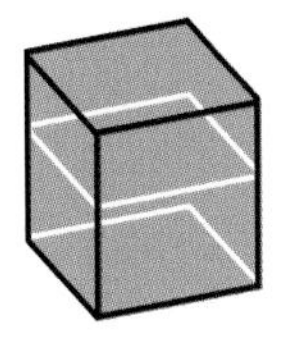

BRI 460 €/m³

BGF 1.242 €/m²

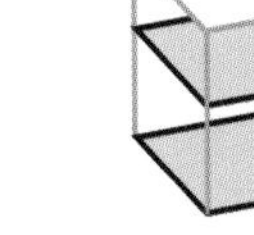

NUF 1.876 €/m²

NE 2.574 €/NE
NE: m² Wohnfläche

Objekt:
Kennwerte: 1.Ebene DIN 276
BRI: 3.420 m³
BGF: 1.266 m²
NUF: 838 m²
Bauzeit: 69 Wochen
Bauende: 2015
Standard: über Durchschnitt
Kreis: Heidenheim,
Baden-Württemberg

Architekt:
Architekturbüro
Rolf Keck, Dipl.-Ing. (FH)
Römerstraße 38
89522 Heidenheim

Bauherr:
Brigitte Weinhold
Brucknerstraße 1
78256 Steißlingen

© Architekturbüro Rolf Keck

© Architekturbüro Rolf Keck

© Architekturbüro Rolf Keck

© Architekturbüro Rolf Keck

Ansicht Nord-Ost

Ansicht Süd-Ost

Gartengeschoss

Erdgeschoss

Schnitt

Obergeschoss

6100-1249
Mehrfamilienhaus
(6 WE)
TG (6 STP)

Objektbeschreibung

Allgemeine Objektinformationen

Das Projekt ersetzt ein 1952 erstelltes Einfamilienhaus und wurde als Effizienzhaus 70 konzipiert. Die Wohnungen befinden sich in unverbauter Südwesthanglage und haben eine Aussicht über die östliche Stadt Heidenheim bis zum Schloss Hellenstein.

Nutzung

1 Untergeschoss
Tiefgarage (6 STP), Abstellräume, Technikraum, Waschraum

2 Erdgeschosse
Gartengeschoss: Wohnungen (2St)
Erdgeschoss: Wohnungen (2St)

1 Obergeschoss
Wohnungen (2St)

Nutzeinheiten

Wohnfläche: 611m²
Wohneinheiten: 6
Stellplätze: 6

Grundstück

Bauraum: Freier Bauraum
Neigung: Geneigtes Gelände
Bodenklasse: BK 5 bis BK 6

Markt

Hauptvergabezeit: 1. Quartal 2014
Baubeginn: 2. Quartal 2014
Bauende: 3. Quartal 2015
Konjunkturelle Gesamtlage: über Durchschnitt
Regionaler Baumarkt: Durchschnitt

Baukonstruktion

Der Neubau wurde in Massivbauweise mit Beton und Ziegel errichtet. Die Außenwände sind mit mineralischem Vollwärmeschutz gedämmt. Die Wohnungstrennwände sind in Kalksandstein ausgeführt. Die Leitungsführungen wurden größtenteils in einem zentralen Versorgungsschacht geführt. Es kamen Kunststofffenster zum Einbau. Der kompakte Baukörper wurde weiß verputzt, Nischen, Vorsprünge etc. sind anthrazitfarben abgesetzt.

Technische Anlagen

Die Gas-Zentralheizung wird durch Solarthermie unterstützt. Die Raumlüftung erfolgt mechanisch über die Fenster.

Sonstiges

Nach Südwesten öffnet sich das Haus mit großzügigen Fenstern. Die Balkone sind großzügig gestaltet und mit einem leichten Geländer aus Glas und Metall begrenzt. Das Gebäude wurde dem natürlichen Gefälle des Geländes angepasst. Die Gartenanlage ist mit Trockenmauerwerk gestaltet und bietet Platz für einen Spielplatz.

Planungskennwerte für Flächen und Rauminhalte nach DIN 277

Flächen des Grundstücks		Menge, Einheit	% an GF
BF	Bebaute Fläche	464,50 m²	36,8
UF	Unbebaute Fläche	797,50 m²	63,2
GF	Grundstücksfläche	1.262,00 m²	100,0

Grundflächen des Bauwerks		Menge, Einheit	% an NUF	% an BGF
NUF	Nutzungsfläche	838,00 m²	100,0	66,2
TF	Technikfläche	18,00 m²	2,1	1,4
VF	Verkehrsfläche	265,00 m²	31,6	20,9
NRF	Netto-Raumfläche	1.121,00 m²	133,8	88,5
KGF	Konstruktions-Grundfläche	145,00 m²	17,3	11,5
BGF	Brutto-Grundfläche	1.266,00 m²	151,1	100,0

NUF=100% BGF=151,1%
NUF TF VF KGF
NRF=133,8%

Brutto-Rauminhalt des Bauwerks		Menge, Einheit	BRI/NUF (m)	BRI/BGF (m)
BRI	Brutto-Rauminhalt	3.420,00 m³	4,08	2,70

0 1 2 3 4 BRI/NUF=4,08m
0 1 2 BRI/BGF=2,70m

Lufttechnisch behandelte Flächen	Menge, Einheit	% an NUF	% an BGF
Entlüftete Fläche	–	–	–
Be- und Entlüftete Fläche	–	–	–
Teilklimatisierte Fläche	–	–	–
Klimatisierte Fläche	–	–	–

KG	Kostengruppen (2.Ebene)	Menge, Einheit	Menge/NUF	Menge/BGF
310	Baugrube	–	–	–
320	Gründung	–	–	–
330	Außenwände	–	–	–
340	Innenwände	–	–	–
350	Decken	–	–	–
360	Dächer	–	–	–

Kostenkennwerte für die Kostengruppen der 1.Ebene DIN 276

KG	Kostengruppen (1.Ebene)	Einheit	Kosten €	€/Einheit	€/m² BGF	€/m³ BRI	% 300+400
100	Grundstück	m² GF	–	–	–	–	–
200	Herrichten und Erschließen	m² GF	23.416	18,56	18,50	6,85	1,5
300	Bauwerk - Baukonstruktionen	m² BGF	1.239.188	978,82	978,82	362,34	78,8
400	Bauwerk - Technische Anlagen	m² BGF	333.249	263,23	263,23	97,44	21,2
	Bauwerk 300+400	**m² BGF**	**1.572.437**	**1.242,05**	**1.242,05**	**459,78**	**100,0**
500	Außenanlagen	m² AF	122.018	153,00	96,38	35,68	7,8
600	Ausstattung und Kunstwerke	m² BGF	–	–	–	–	–
700	Baunebenkosten	m² BGF	–	–	–	–	–

KG	Kostengruppe	Menge Einheit	Kosten €	€/Einheit	%
200	**Herrichten und Erschließen**	1.262,00 m² GF	23.416	**18,56**	100,0

Abbruch von Bestandsgebäude; Entsorgung, Deponiegebühren

KG	Kostengruppe	Menge Einheit	Kosten €	€/Einheit	%
3+4	**Bauwerk**				**100,0**
300	**Bauwerk - Baukonstruktionen**	1.266,00 m² BGF	1.239.188	**978,82**	78,8

Stb-Bodenplatte, WU-Beton, Beschichtung; Stb-Wände, WU-Beton (UG), Ziegelmauerwerk, Kunststofffenster, WDVS, Pfosten-Riegel-Fassade, Sonnenschutz; KS-Mauerwerk (erhöhter Schallschutz zwischen den WE), Holztüren, Putz, Anstrich; Stb-Decken, Stb-Treppen, Dämmung, Heizestrich, Feinsteinzeug, Balkongeländer aus Stahl-Glaselementen; Stb-Flachdach, Abdichtung, teilw. Dämmung mit Erdüberdeckung (TG), Dachentwässerung; Einbauküchen (6St)

KG	Kostengruppe	Menge Einheit	Kosten €	€/Einheit	%
400	**Bauwerk - Technische Anlagen**	1.266,00 m² BGF	333.249	**263,23**	21,2

Gebäudeentwässerung, Kalt- und Warmwasserleitungen, Sanitärobjekte; Gas-Brennwertkessel, Speicher, Solaranlage, Fußbodenheizung; Elektroinstallation, Beleuchtung, Blitzschutz; Telefonanlage, Gegensprechanlage, Rauchmelder; Personenaufzug

KG	Kostengruppe	Menge Einheit	Kosten €	€/Einheit	%
500	**Außenanlagen**	797,50 m² AF	122.018	**153,00**	100,0

Geländemodellierung; Pflasterarbeiten, Parkplätze (3St), Betonwerkstein, Zyklonenmauerwerk (Muschelkalk); Pflanzarbeiten

6100-1250
Mehrfamilienhaus
altengerecht
(29 WE)

Objektübersicht

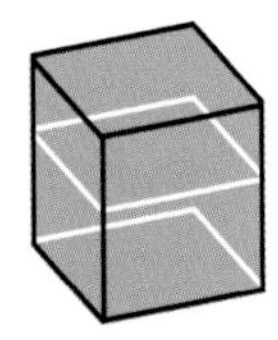

BRI 316 €/m³

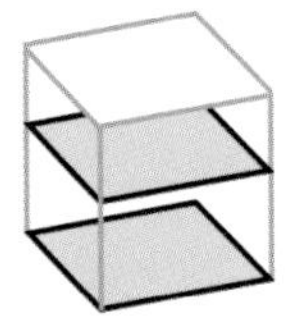

BGF 1.002 €/m²

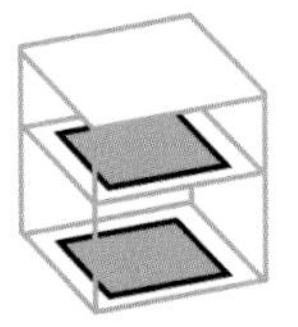

NUF 1.541 €/m²

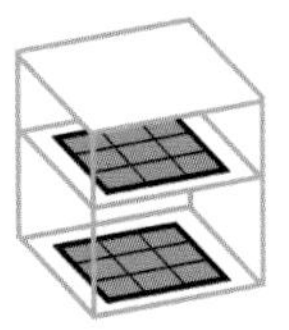

NE 1.838 €/NE
NE: m² Wohnfläche

Objekt:
Kennwerte: 3.Ebene DIN 276
BRI: 10.006 m³
BGF: 3.158 m²
NUF: 2.052 m²
Bauzeit: 65 Wochen
Bauende: 2015
Standard: Durchschnitt
Kreis: Rostock,
Mecklenburg-Vorpommern

Architekt:
Dipl.-Ing. Architekt
E. Schneekloth + Partner
August-Bebel-Straße 8
19055 Schwerin

Bauherr:
Deutsches Rotes Kreuz
Kreisverband Bad Doberan e.V.
Seestraße 12
18209 Bad Doberan

© Jörn Lehmann

© Jörn Lehmann

© Jörn Lehmann

Ansicht Ost

Erdgeschoss

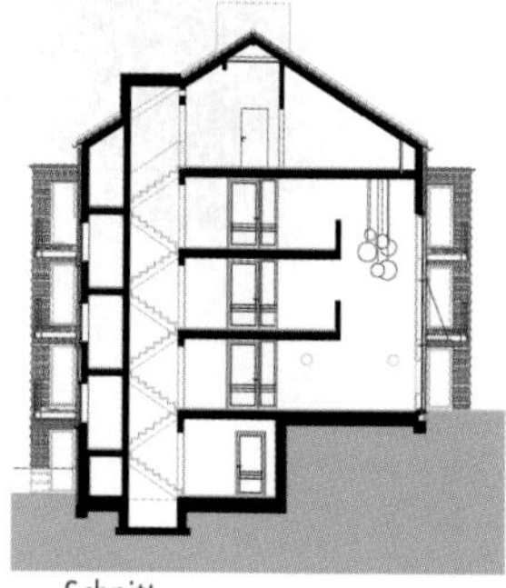

Schnitt

Untergeschoss

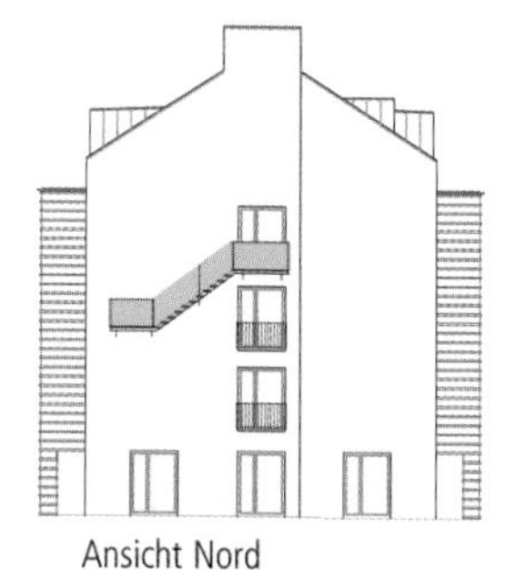

Ansicht Nord

Ansicht Süd

6100-1250
Mehrfamilienhaus
altengerecht
(29 WE)

Objektbeschreibung

Allgemeine Objektinformationen

In axialer Verlängerung der Alten Schule (jetzt Tagespflege und Wohngruppe) entstand dieses Wohngebäude mit 29 Wohneinheiten. Die Zwei-Zimmer-Wohnungen verfügen über Balkone oder Terrassen. Im Erdgeschoss befindet sich eine Gemeinschaftseinrichtung. In Anlehnung an das benachbarte historische Schulgebäude wurden die Fassaden mit roten und gelben Backsteinen gestaltet, wodurch neben der konzeptionellen auch eine optische Einheit beider Gebäudeteile entsteht. Die farblichen und geometrischen Ziselierungen der rhythmischen Erker dienen der Gliederung des Baukörpers.

Nutzung

1 Untergeschoss
Wohnen (1 WE), Gemeinschaftseinrichtung, Kellerräume

1 Erdgeschoss
Wohnen (8 WE)

2 Obergeschosse
Wohnen (2x8 WE)

1 Dachgeschoss
Wohnen (4 WE), Abstellräume

Nutzeinheiten

Wohnfläche: 1.721m²
Wohneinheiten: 29

Grundstück

Bauraum: Beengter Bauraum
Neigung: Geneigtes Gelände
Bodenklasse: BK 1 bis BK 4

Markt

Hauptvergabezeit: 4. Quartal 2013
Baubeginn: 1. Quartal 2014
Bauende: 2. Quartal 2015
Konjunkturelle Gesamtlage: Durchschnitt
Regionaler Baumarkt: unter Durchschnitt

Baukonstruktion

Das Gebäude musste auf Grund der sehr schlechten Tragfähigkeit des Bodens auf Pfählen gegründet werden. Die Gebäudehülle besteht aus einem zweischaligen Mauerwerk mit Kerndämmung. Das gesamte Gebäude besitzt eine wartungsarme Verblenderfassade und ein Satteldach mit Tondachziegeln. Die Fenster mit Zweifach-Isolierverglasung sind aus Kunststoff mit außenseitiger Alu-Deckschale gefertigt. Das hohe Eingangselement ist als Alu-Pfosten-Riegel-Konstruktion ausgeführt. Im Dachgeschoss wird die nutzbare Wohnfläche durch Gauben erweitert. Der Bemessungswasserstand lag im Fußbodenbereich des Untergeschosses. Die Nutzung des Geschosses (Wohnen und Versammlungsstätte) verlangte erhöhte Anforderungen an die Abdichtung, so dass eine weiße Wanne ausgeführt und Sonderdetails für die bodengleichen Elemente und Ausgänge geplant werden mussten.

Technische Anlagen

Das Gebäude wird durch einen Fernwärmeanschluss mit Warmwasser und der benötigten Wärme für die Heizung versorgt. Die Wohnungen werden durch Heizkörper beheizt. Auf Grund des sehr guten Primärenergiefaktors der Fernwärme konnte auf regenerative Energien und deren Anlagen verzichtet werden.

Sonstiges

Da das Gelände am Gebäude stark abfällt, ist das Untergeschoss zum größten Teil komplett frei gelegt und dient eher als zweites Erdgeschoss. Alle Zugänge, Balkone und Terrassen sind, wie auch die Wohnungen und deren Bäder, barrierefrei erreichbar. Hinsichtlich des Brandschutzes ergaben sich Fluchttreppen, die als Flucht- und Rettungsbalkone an den Giebeln enden.

Planungskennwerte für Flächen und Rauminhalte nach DIN 277

Flächen des Grundstücks		Menge, Einheit	% an GF
BF	Bebaute Fläche	738,44 m²	26,1
UF	Unbebaute Fläche	2.091,56 m²	73,9
GF	Grundstücksfläche	2.830,00 m²	100,0

Grundflächen des Bauwerks		Menge, Einheit	% an NUF	% an BGF
NUF	Nutzungsfläche	2.051,69 m²	100,0	65,0
TF	Technikfläche	14,00 m²	0,7	0,4
VF	Verkehrsfläche	593,30 m²	28,9	18,8
NRF	Netto-Raumfläche	2.658,99 m²	129,6	84,2
KGF	Konstruktions-Grundfläche	498,55 m²	24,3	15,8
BGF	Brutto-Grundfläche	3.157,54 m²	153,9	100,0

NUF=100% BGF=153,9%
NUF TF VF KGF NRF=129,6%

Brutto-Rauminhalt des Bauwerks		Menge, Einheit	BRI/NUF (m)	BRI/BGF (m)
BRI	Brutto-Rauminhalt	10.006,28 m³	4,88	3,17

BRI/NUF=4,88m
BRI/BGF=3,17m

Lufttechnisch behandelte Flächen	Menge, Einheit	% an NUF	% an BGF
Entlüftete Fläche	–	–	–
Be- und Entlüftete Fläche	–	–	–
Teilklimatisierte Fläche	–	–	–
Klimatisierte Fläche	–	–	–

KG	Kostengruppen (2.Ebene)	Menge, Einheit	Menge/NUF	Menge/BGF
310	Baugrube	875,14 m³ BGI	0,43	0,28
320	Gründung	738,44 m² GRF	0,36	0,23
330	Außenwände	1.730,03 m² AWF	0,84	0,55
340	Innenwände	3.924,49 m² IWF	1,91	1,24
350	Decken	2.419,10 m² DEF	1,18	0,77
360	Dächer	855,82 m² DAF	0,42	0,27

6100-1250
Mehrfamilienhaus
altengerecht
(29 WE)

Kostenkennwerte für die Kostengruppen der 1.Ebene DIN 276

KG	Kostengruppen (1.Ebene)	Einheit	Kosten €	€/Einheit	€/m² BGF	€/m³ BRI	% 300+400
100	Grundstück	m² GF	–	–	–	–	–
200	Herrichten und Erschließen	m² GF	2.548	0,90	0,81	0,25	< 0,1
300	Bauwerk - Baukonstruktionen	m² BGF	2.595.982	822,15	822,15	259,44	82,1
400	Bauwerk - Technische Anlagen	m² BGF	566.405	179,38	179,38	56,60	17,9
	Bauwerk 300+400	**m² BGF**	**3.162.388**	**1.001,54**	**1.001,54**	**316,04**	**100,0**
500	Außenanlagen	m² AF	63.215	30,22	20,02	6,32	2,0
600	Ausstattung und Kunstwerke	m² BGF	18.347	5,81	5,81	1,83	0,6
700	Baunebenkosten	m² BGF	–	–	–	–	–

KG	Kostengruppe	Menge Einheit	Kosten €	€/Einheit	%
200	**Herrichten und Erschließen**	2.830,00 m² GF	2.548	**0,90**	100,0

Baumschutz, Suchschachtung, Grasnarbe abtragen, Weidenbäume fällen, Uferbereich freischneiden

KG	Kostengruppe	Menge Einheit	Kosten €	€/Einheit	%
3+4	**Bauwerk**				**100,0**
300	**Bauwerk - Baukonstruktionen**	3.157,54 m² BGF	2.595.982	**822,15**	82,1

Bohrpfähle, Fundamente, Weiße Wanne, Dämmung, Estrich, Linoleum, PVC, Bodenfliesen, Bodenanstrich; KS-Mauerwerk, Stb-Wände, Stützen, Kunststofffenster, Alu-Deckschalen, Verblendmauerwerk, Kerndämmung, Metallbekleidung, Gipsputz, Anstrich, Wandfliesen, Pfosten-Riegel-Fassade, Fluchttreppen, Vordach; GK-Wände, Drempelwände, Innentüren, Brandschutzelemente, Holzlatten-Trennwandsystem, WC-Trennwand, Handläufe; Stb-Decken, Treppen, Balkone, GK-Decken; Satteldach mit Dachgauben, Dachflächenfenster, Tonziegel, Dachabdichtung, GK-Bekleidung; Schließanlage

KG	Kostengruppe	Menge Einheit	Kosten €	€/Einheit	%
400	**Bauwerk - Technische Anlagen**	3.157,54 m² BGF	566.405	**179,38**	17,9

Gebäudeentwässerung, Kalt- und Warmwasserleitungen, Sanitärobjekte; Fernwärmeübergabestation, Warmwasserspeicher, Heizungsrohre, Heizkörper, Fußbodenheizung; Einzelentlüftungsgeräte; Elektroinstallation, Beleuchtung, Erdung; Telefonanschlüsse, Freisprechstellen, Rufanlage, Sat-Anlage, Rauchmelder, EDV-Verkabelung; Personenaufzug

KG	Kostengruppe	Menge Einheit	Kosten €	€/Einheit	%
500	**Außenanlagen**	2.091,56 m² AF	63.215	**30,22**	100,0

Bodenarbeiten; Winkelstützwand; Oberflächenentwässerung, Gebäudeentwässerung außerhalb Bauwerk, Kaltwasserleitung, Erdkabel, Mastleuchten; Baumwurzelschutz, Gebrauchsrasen

KG	Kostengruppe	Menge Einheit	Kosten €	€/Einheit	%
600	**Ausstattung und Kunstwerke**	3.157,54 m² BGF	18.347	**5,81**	100,0

Sanitärausstattungen, Beschilderung

Kostenkennwerte für die Kostengruppen der 2.Ebene DIN 276

KG	Kostengruppe	Menge Einheit	Kosten €	€/Einheit	%
200	**Herrichten und Erschließen**				**100,0**
210	**Herrichten**	2.830,00 m² GF	2.548	**0,90**	100,0
	Baumschutz (8St), Suchschachtung, t=0,8m, Grabenlänge 3,00m, Trassenmarkierung herstellen (1St) * Grasnarbe abtragen (1.189m²), Oberboden abtragen, lagern (35m²), Weidenbäume fällen (2St), Uferbereich freischneiden (18m²), Grüngut entsorgen				
300	**Bauwerk - Baukonstruktionen**				**100,0**
310	**Baugrube**	875,14 m³ BGI	72.510	**82,85**	2,8
	Baugrubenaushub, laden, entsorgen, Tiefe bis 1,00m, Grobplanum herstellen (180m³), Baugrubenaushub, Tiefe bis 2,50m, lagern (85m³), Baugrubenverfüllung mit Kiessand (611m³) * offene Wasserhaltung (psch)				
320	**Gründung**	738,44 m² GRF	348.966	**472,57**	13,4
	Bohrpfähle als Baugrundverbesserung (1.850m), Füllsand (457m³) * Streifenfundamente (16m³), Fundamentplatte, d=40cm (230m²), d=60cm (64m²), WU-Fundamentplatte (381m²) * 1-K-PU-Sperre (630m²), Wärmedämmung, d=80-90mm (611m²), TSD, d=30mm, Zementestrich (470m²), Heizestrich, d=70mm (141m²), Linoleum (338m²), PVC-Belag (116m²), Bodenfliesen (94m²), Bodenanstrich (75m²) * Kiesfilter, Sauberkeitsschicht (789m²), Dichtschlämme (65m²), Perimeterdämmung (33m²) * Ringdränage (115m), Kontrollschächte (19St)				
330	**Außenwände**	1.730,03 m² AWF	750.816	**433,99**	28,9
	KS-Hintermauerwerk, d=17,5-20cm (1.112m²), Stb-Wände, d=20-25cm (99m²) * Stb-Stützen (66m) * Kunststoff-Terrassen-/Balkonelemente (306m²), Fenster (107m²), Türelemente (25m²), Alu-Deckschalen (psch) * Perimeterdämmung (152m²), Verblendmauerwerk, d=11,5cm, Kerndämmung, d=120mm (1.534m²), Doppelstehfalz-Bekleidung (85m²) * Gipsputz Q3 (1.025m²), Dispersionsanstrich (1.024m²), Wandfliesen (72m²), Vorsatzschalen (136m²) * Pfosten-Riegel-Fassade (32m²), Briefkastenanlage (1St) * Stahl-Fluchttreppen (2St), Absturzsicherungen 1700x900mm, Flachstahlkonstruktion (25St), Vordach, VSG (2m²)				
340	**Innenwände**	3.924,49 m² IWF	480.092	**122,33**	18,5
	KS-Mauerwerk, d=17,5-24cm (1.703m²), Stb-Wände, d=30cm (58m²) * GK-Wände, Q3, d=10cm (1.161m²), d=25cm (275m²), Holzständer-Drempelwände (114m²) * Stb-Stützen (31m) * Holztüren (200m²), Wohnungstüren (63m²), Stahltüren T30 (8m²), T30RS (6m²), Alu-Glas-Brandschutzelemente (38m²) * Gipsputz Q3 (2.868m²), Dispersionsanstrich (5.407m²), Wandfliesen (376m²) * Holzlatten-Trennwandsystem, 29 Türen (296m²), WC-Trennwand (3m²) * Handläufe, Holz (238m), Brüstungsabdeckung, Holz (11m)				
350	**Decken**	2.419,10 m² DEF	609.110	**251,79**	23,5
	Filigran-Stb-Decken, d=20cm (2.343m²), Fertigteiltreppen (32m²), Balkone 150x300cm, IPE-Kragträger, Flachstahl-Geländer (86m²) * Wärmedämmung, d=80-90mm, TSD, d=40mm, Zementestrich (2.001m²), Linoleum (1.501m²), Bodenfliesen (243m²), Bodenanstrich (239m²), Balkonbelag, WPC-Dielen (92m²) * Decken spachteln (1.278m²), Dispersionsanstrich (2.067m²), GK-Akustikdecke, abgehängt, Q3 (93m²), GK-Decke, abgehängt (57m²), Holzbekleidung (6m²)				

KG	Kostengruppe	Menge Einheit	Kosten €	€/Einheit	%
360	**Dächer**	855,82 m² DAF	205.314	**239,90**	7,9
	KVH für Satteldach mit Dachgauben (36m³), Abbund (2.124m), Zwischensparrendämmung, d=160-200mm (772m²), Filigran-Stb-Dächer, d=20cm (41m²) * Dachflächenfenster, Kunststoff (20St) * Lattung, Tonziegel (752m²), Holzschalung, Dachabdichtung (67m²), Gefälledämmung, Dachabdichtung, Rundkies (41m²), Hängerinnen (181m), Attikaausbildung (34m) * GK-Dachschrägenbekleidung, Q3 (521m²), GK-Decke, abgehängt (92m²), GK-Decke, freitragend (34m²), Dispersionsanstrich (626m²) * Sicherheitsdachhaken (30St), Sicherheitsroste (2St)				
370	**Baukonstruktive Einbauten**	3.157,54 m² BGF	2.202	**0,70**	< 0,1
	Edelstahlsäule für Schlüsselschalter (1St), Schlüsselanhänger (1St)				
390	**Sonstige Baukonstruktionen**	3.157,54 m² BGF	126.971	**40,21**	4,9
	Baustelleneinrichtungen (2St), Bauzaun (168m), Baustraße (532m²) * Fassadengerüst (752m²) * Versetzen von Dachfenstern (10St), Schutzfolien (155m²), Filzpappe (psch), Schutz für Fensterbänke (psch), Grob- Zwischen- und Endreinigung * Schließanlage (psch)				
400	**Bauwerk - Technische Anlagen**				**100,0**
410	**Abwasser-, Wasser-, Gasanlagen**	3.157,54 m² BGF	141.648	**44,86**	25,0
	KG-Rohre DN100 (152m), SML-Abwasserrohre DN32-100 (479m), Rohrdämmungen (238m), Fäkalienhebeanlage (1St), HDPE-Druckrohre DN100 (8m), Abläufe (3St), Fallrohre DN100 (142m) * Stahlrohre DN12-54 (938m), Metallverbundrohre DN12-20 (471m), Rohrdämmungen (1.073m), Zirkulationspumpe (1St), Waschtische (31St), Tiefspül-WCs (31St), Duschanlagen (29St), Urinal (1St) * Montageelemente (64St)				
420	**Wärmeversorgungsanlagen**	3.157,54 m² BGF	151.821	**48,08**	26,8
	Fernwärmeübergabestation (1St), Warmwasserspeicher 500l (1St), Wärmezähler (1St), Reglerkombinationen (6St) * Kupferrohre DN12-65 (2.841m), Stahlrohre DN20-40 (60m), Rohrdämmungen (2.575m) * Ventilheizkörper (95St), Handtuchheizkörper (31St), Stahlröhrenheizkörper (28St), Verteilerschrank für Fußbodenheizung (1St), Verteiler, elf Heizkreise (1St), PE-Xa-Verbundrohre (58m), VPE-a-Rohre (540m)				
430	**Lufttechnische Anlagen**	3.157,54 m² BGF	4.334	**1,37**	0,8
	Einzelentlüftungsgeräte, Volumenstrom 60m³/h (2St), Volumenstrom 100m³/h (2St), Wickelfalzrohre DN100-200 (26m), Alu-Flexrohr (2m), Wetterschutzgitter (2St)				
440	**Starkstromanlagen**	3.157,54 m² BGF	168.742	**53,44**	29,8
	Zählerplatzanlage, 31 Zähler (1St), Unterverteilungen (32St), Hauptleitung (13m), Mantelleitungen (14.009m), Schalter, Taster (390St), Steckdosen (1.411St), Präsenzmelder (29St) * Wand-/Deckenleuchten (87St), Feuchtraumleuchten (15St), Hängeleuchten (9St), Außenleuchten (8St), Schiffsarmaturen (31St), Rettungszeichenleuchten (15St) * Potenzialausgleichsschienen (3St), Starkstromkabel (656m), Runddrähte (674m)				

KG	Kostengruppe	Menge Einheit	Kosten €	€/Einheit	%
450	**Fernmelde-, informationstechn. Anlagen**	3.157,54 m² BGF	61.004	**19,32**	10,8
	Fernmelde-Erdleitung (78m), Telefonkabel (446m), Telefondosen (88St) * Einbaulautsprecher (1St), Freisprechstellen (29St), Fernmeldekabel (1.216m), Rufanlage (1St) * Sat-Verteilerschränke (2St), Parabolantenne (1St), Multischalter (8St), Koaxialkabel (3.434m), Antennendosen (90St) * Einzelrauchmelder (87St), Rauchmelder, drahtvernetzbar (32St), Überwachungsstation für Einzelbatterieleuchten (1St) * Verteilerkasten (1St), Datenkabel (1.543m), Datendosen (88St)				
460	**Förderanlagen**	3.157,54 m² BGF	38.539	**12,21**	6,8
	Personenaufzug, Tragkraft 675kg, neun Personen, Förderhöhe 11,87m, fünf Haltestellen (1St)				
490	**Sonstige Technische Anlagen**	3.157,54 m² BGF	318	**0,10**	< 0,1
	Baustelleneinrichtung (1St)				
500	**Außenanlagen**				**100,0**
510	**Geländeflächen**	2.091,56 m²	214	**0,10**	0,3
	Oberboden auftragen, d=30cm, Lagermaterial (35m²) * Schotterboden auftragen, d=30cm, Lagermaterial (20m²)				
530	**Baukonstruktionen in Außenanlagen**	2.091,56 m² AF	7.571	**3,62**	12,0
	Stb-Winkelstützwand, Ortbeton, d=30cm, h=4,50m, Sohlplattendicke 30cm, Sohlplattenbreite 3,00m (23m²)				
540	**Technische Anlagen in Außenanlagen**	2.091,56 m² AF	55.008	**26,30**	87,0
	Schacht-/Rohrgrabenaushub (277m³), KG-Rohre DN100-300 (408m), HDPE-Vollsickerrohre DN100 (80m), PE-HD-Abwasserdruckleitung DN100 (29m), Schächte (23St), Hofabläufe (9St), Entwässerungsrinnen (26m) * Rohrgrabenaushub (135m³), PE-HD-Rohre DN50 (87m) * Kabelgrabenaushub (156m³), Erdkabel NYY (42m), Mastleuchten, h=4,50m, Aluminium, Edelstahl (4St)				
570	**Pflanz- und Saatflächen**	63,00 m²	244	**3,87**	0,4
	Baumwurzelschutz mit Lehmpackungen, abgerissene Wurzeln beschneiden (8St) * Rasenansaat, Gebrauchsrasen (45m²)				
590	**Sonstige Maßnahmen für Außenanlagen**	2.091,56 m² AF	179	**< 0,1**	0,3
	Baustelleneinrichtung (psch) * Schotterbelag aufnehmen, d=30cm (20m²)				
600	**Ausstattung und Kunstwerke**				**100,0**
610	**Ausstattung**	3.157,54 m² BGF	18.347	**5,81**	100,0
	Duschvorhangstangen (29St), Winkelgriffe (29St), WC-Papierrollenhalter (31St), WC-Bürstengarnituren (31St), Seifenschalen (29St), Seifenspender (2St), Wandspiegel (2St), Handtuchspender (2St), Handtuchkörbe (2St), Abfallbehälter (1St) * Abstellraum-Nummernschilder (28St), Hinweiszeichen WCs (3St)				

Kostenkennwerte für die Kostengruppe 300 der 2. und 3.Ebene DIN 276 (Übersicht)

KG	Kostengruppe	Menge Einh.	€/Einheit	Kosten €	% 3+4
300	**Bauwerk - Baukonstruktionen**	**3.157,54 m² BGF**	**822,15**	**2.595.982,20**	**82,1**
310	**Baugrube**	**875,14 m³ BGI**	**82,85**	**72.509,96**	**2,3**
311	Baugrubenherstellung	875,14 m³ BGI	81,27	71.120,88	2,2
312	Baugrubenumschließung	–	–	–	–
313	Wasserhaltung	738,44 m² GRF	1,88	1.389,08	< 0,1
319	Baugrube, sonstiges	–	–	–	–
320	**Gründung**	**738,44 m² GRF**	**472,57**	**348.965,76**	**11,0**
321	Baugrundverbesserung	738,44 m² GRF	135,28	99.897,27	3,2
322	Flachgründungen	738,44 m²	180,78	133.492,20	4,2
323	Tiefgründungen	–	–	–	–
324	Unterböden und Bodenplatten	–	–	–	–
325	Bodenbeläge	629,61 m²	135,53	85.333,81	2,7
326	Bauwerksabdichtungen	738,44 m² GRF	27,10	20.010,21	0,6
327	Dränagen	738,44 m² GRF	13,86	10.232,27	0,3
329	Gründung, sonstiges	–	–	–	–
330	**Außenwände**	**1.730,03 m² AWF**	**433,99**	**750.816,40**	**23,7**
331	Tragende Außenwände	1.258,77 m²	88,57	111.485,31	3,5
332	Nichttragende Außenwände	–	–	–	–
333	Außenstützen	65,44 m	71,39	4.671,97	0,1
334	Außentüren und -fenster	438,98 m²	441,38	193.752,65	6,1
335	Außenwandbekleidungen außen	1.619,69 m²	188,88	305.934,38	9,7
336	Außenwandbekleidungen innen	1.108,07 m²	41,46	45.938,08	1,5
337	Elementierte Außenwände	32,29 m²	1.074,17	34.683,98	1,1
338	Sonnenschutz	–	–	–	–
339	Außenwände, sonstiges	1.730,03 m² AWF	31,42	54.350,03	1,7
340	**Innenwände**	**3.924,49 m² IWF**	**122,33**	**480.092,37**	**15,2**
341	Tragende Innenwände	1.760,85 m²	74,09	130.468,16	4,1
342	Nichttragende Innenwände	1.550,73 m²	48,27	74.850,78	2,4
343	Innenstützen	30,81 m	135,64	4.178,99	0,1
344	Innentüren und -fenster	313,77 m²	435,96	136.794,29	4,3
345	Innenwandbekleidungen	5.817,39 m²	19,22	111.832,28	3,5
346	Elementierte Innenwände	299,14 m²	44,87	13.423,57	0,4
349	Innenwände, sonstiges	3.924,49 m² IWF	2,18	8.544,29	0,3
350	**Decken**	**2.419,10 m² DEF**	**251,79**	**609.110,48**	**19,3**
351	Deckenkonstruktionen	2.419,10 m²	166,53	402.863,70	12,7
352	Deckenbeläge	2.074,26 m²	80,36	166.688,23	5,3
353	Deckenbekleidungen	2.072,81 m²	19,08	39.558,54	1,3
359	Decken, sonstiges	–	–	–	–
360	**Dächer**	**855,82 m² DAF**	**239,90**	**205.314,39**	**6,5**
361	Dachkonstruktionen	834,82 m²	71,53	59.718,09	1,9
362	Dachfenster, Dachöffnungen	21,01 m²	1.467,64	30.829,27	1,0
363	Dachbeläge	860,25 m²	97,23	83.644,93	2,6
364	Dachbekleidungen	646,29 m²	43,19	27.913,31	0,9
369	Dächer, sonstiges	855,82 m² DAF	3,75	3.208,78	0,1
370	**Baukonstruktive Einbauten**	**3.157,54 m² BGF**	**0,70**	**2.201,56**	**< 0,1**
390	**Sonstige Baukonstruktionen**	**3.157,54 m² BGF**	**40,21**	**126.971,30**	**4,0**

Kostenkennwerte für die Kostengruppe 400 der 2. und 3.Ebene DIN 276 (Übersicht)

KG	Kostengruppe	Menge Einh.	€/Einheit	Kosten €	% 3+4
400	**Bauwerk - Technische Anlagen**	**3.157,54 m² BGF**	**179,38**	**566.405,35**	**17,9**
410	**Abwasser-, Wasser-, Gasanlagen**	**3.157,54 m² BGF**	**44,86**	**141.647,69**	**4,5**
411	Abwasseranlagen	3.157,54 m² BGF	12,74	40.230,81	1,3
412	Wasseranlagen	3.157,54 m² BGF	28,28	89.298,19	2,8
413	Gasanlagen	–	–	–	–
419	Abwasser-, Wasser-, Gasanlagen, sonstiges	3.157,54 m² BGF	3,84	12.118,69	0,4
420	**Wärmeversorgungsanlagen**	**3.157,54 m² BGF**	**48,08**	**151.820,93**	**4,8**
421	Wärmeerzeugungsanlagen	3.157,54 m² BGF	9,40	29.680,58	0,9
422	Wärmeverteilnetze	3.157,54 m² BGF	26,47	83.581,79	2,6
423	Raumheizflächen	3.157,54 m² BGF	12,21	38.558,56	1,2
429	Wärmeversorgungsanlagen, sonstiges	–	–	–	–
430	**Lufttechnische Anlagen**	**3.157,54 m² BGF**	**1,37**	**4.333,96**	**0,1**
431	Lüftungsanlagen	3.157,54 m² BGF	1,37	4.333,96	0,1
432	Teilklimaanlagen	–	–	–	–
433	Klimaanlagen	–	–	–	–
434	Kälteanlagen	–	–	–	–
439	Lufttechnische Anlagen, sonstiges	–	–	–	–
440	**Starkstromanlagen**	**3.157,54 m² BGF**	**53,44**	**168.742,38**	**5,3**
441	Hoch- und Mittelspannungsanlagen	–	–	–	–
442	Eigenstromversorgungsanlagen	–	–	–	–
443	Niederspannungsschaltanlagen	–	–	–	–
444	Niederspannungsinstallationsanlagen	3.157,54 m² BGF	35,00	110.514,88	3,5
445	Beleuchtungsanlagen	3.157,54 m² BGF	15,50	48.944,90	1,5
446	Blitzschutz- und Erdungsanlagen	3.157,54 m² BGF	2,94	9.282,60	0,3
449	Starkstromanlagen, sonstiges	–	–	–	–
450	**Fernmelde-, informationstechn. Anlagen**	**3.157,54 m² BGF**	**19,32**	**61.003,54**	**1,9**
451	Telekommunikationsanlagen	3.157,54 m² BGF	0,73	2.300,50	< 0,1
452	Such- und Signalanlagen	3.157,54 m² BGF	1,44	4.545,41	0,1
453	Zeitdienstanlagen	–	–	–	–
454	Elektroakustische Anlagen	–	–	–	–
455	Fernseh- und Antennenanlagen	3.157,54 m² BGF	12,19	38.477,84	1,2
456	Gefahrenmelde- und Alarmanlagen	3.157,54 m² BGF	2,52	7.941,86	0,3
457	Übertragungsnetze	3.157,54 m² BGF	2,45	7.737,93	0,2
459	Fernmelde- und informationstechnische Anlagen, sonstiges	–	–	–	–
460	**Förderanlagen**	**3.157,54 m² BGF**	**12,21**	**38.539,09**	**1,2**
461	Aufzugsanlagen	3.157,54 m² BGF	12,21	38.539,09	1,2
462	Fahrtreppen, Fahrsteige	–	–	–	–
463	Befahranlagen	–	–	–	–
464	Transportanlagen	–	–	–	–
465	Krananlagen	–	–	–	–
469	Förderanlagen, sonstiges	–	–	–	–
470	**Nutzungsspezifische Anlagen**	**–**	**–**	**–**	**–**
480	**Gebäudeautomation**	**–**	**–**	**–**	**–**
490	**Sonstige Technische Anlagen**	**3.157,54 m² BGF**	**0,10**	**317,76**	**< 0,1**

Kostenkennwerte für Leistungsbereiche nach StLB (Kosten des Bauwerks nach DIN 276)

LB	Leistungsbereiche	Kosten €	€/m² BGF	€/m³ BRI	% 3+4
000	Sicherheits-, Baustelleneinrichtungen inkl. 001	104.833	33,20	10,48	3,3
002	Erdarbeiten	103.737	32,85	10,37	3,3
006	Spezialtiefbauarbeiten inkl. 005	98.089	31,06	9,80	3,1
009	Entwässerungskanalarbeiten inkl. 011	3.157	1,00	0,32	< 0,1
010	Dränarbeiten	10.232	3,24	1,02	0,3
012	Mauerarbeiten	418.970	132,69	41,87	13,2
013	Betonarbeiten	590.195	186,92	58,98	18,7
014	Natur-, Betonwerksteinarbeiten	–	–	–	–
016	Zimmer- und Holzbauarbeiten	58.895	18,65	5,89	1,9
017	Stahlbauarbeiten	–	–	–	–
018	Abdichtungsarbeiten	53.254	16,87	5,32	1,7
020	Dachdeckungsarbeiten	82.540	26,14	8,25	2,6
021	Dachabdichtungsarbeiten	16.516	5,23	1,65	0,5
022	Klempnerarbeiten	50.863	16,11	5,08	1,6
	Rohbau	**1.591.280**	**503,96**	**159,03**	**50,3**
023	Putz- und Stuckarbeiten, Wärmedämmsysteme	52.326	16,57	5,23	1,7
024	Fliesen- und Plattenarbeiten	81.531	25,82	8,15	2,6
025	Estricharbeiten	109.485	34,67	10,94	3,5
026	Fenster, Außentüren inkl. 029, 032	229.477	72,68	22,93	7,3
027	Tischlerarbeiten	65.073	20,61	6,50	2,1
028	Parkett-, Holzpflasterarbeiten	–	–	–	–
030	Rollladenarbeiten	–	–	–	–
031	Metallbauarbeiten inkl. 035	168.295	53,30	16,82	5,3
034	Maler- und Lackiererarbeiten inkl. 037	86.084	27,26	8,60	2,7
036	Bodenbelagsarbeiten	54.291	17,19	5,43	1,7
038	Vorgehängte hinterlüftete Fassaden	–	–	–	–
039	Trockenbauarbeiten	166.322	52,67	16,62	5,3
	Ausbau	**1.012.885**	**320,78**	**101,22**	**32,0**
040	Wärmeversorgungsanlagen, inkl. 041	123.540	39,13	12,35	3,9
042	Gas- und Wasseranlagen, Leitungen inkl. 043	44.665	14,15	4,46	1,4
044	Abwasseranlagen - Leitungen	16.869	5,34	1,69	0,5
045	Gas, Wasser, Entwässerung - Ausstattung inkl. 046	57.036	18,06	5,70	1,8
047	Dämmarbeiten an technischen Anlagen	56.798	17,99	5,68	1,8
049	Feuerlöschanlagen, Feuerlöschgeräte	–	–	–	–
050	Blitzschutz- und Erdungsanlagen	9.283	2,94	0,93	0,3
052	Mittelspannungsanlagen	–	–	–	–
053	Niederspannungsanlagen inkl. 054	108.510	34,37	10,84	3,4
055	Ersatzstromversorgungsanlagen	–	–	–	–
057	Gebäudesystemtechnik	–	–	–	–
058	Leuchten und Lampen, inkl. 059	48.945	15,50	4,89	1,5
060	Elektroakustische Anlagen	4.545	1,44	0,45	0,1
061	Kommunikationsnetze, inkl. 063	36.406	11,53	3,64	1,2
069	Aufzüge	38.255	12,12	3,82	1,2
070	Gebäudeautomation	–	–	–	–
075	Raumlufttechnische Anlagen	4.334	1,37	0,43	0,1
	Gebäudetechnik	**549.186**	**173,93**	**54,88**	**17,4**
084	**Abbruch- und Rückbauarbeiten**	–	–	–	–
	Sonstige Leistungsbereiche inkl. 008, 033, 051	**9.037**	**2,86**	**0,90**	0,3

6100-1253
Wochenendhaus

Objektübersicht

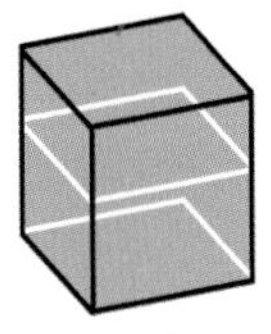

BRI 747 €/m³

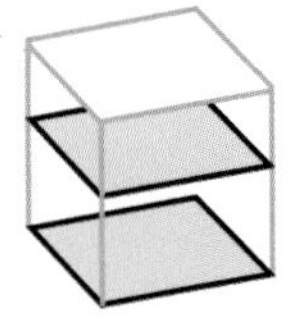

BGF 2.267 €/m²

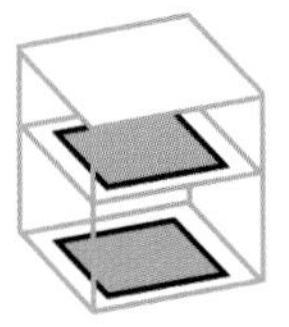

NUF 3.057 €/m²

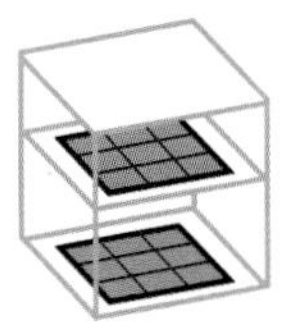

NE 2.542 €/NE
NE: m² Wohnfläche

Objekt:
Kennwerte: 1.Ebene DIN 276
BRI: 334 m³
BGF: 110 m²
NUF: 82 m²
Bauzeit: 30 Wochen
Bauende: 2015
Standard: Durchschnitt
Kreis: Ostprignitz-Ruppin, Brandenburg

Architekt:
Hütten & Paläste Architekten
Kastanienalle 44
10119 Berlin

© Oliver Schmidt

© Oliver Schmidt

© Oliver Schmidt

© Oliver Schmidt

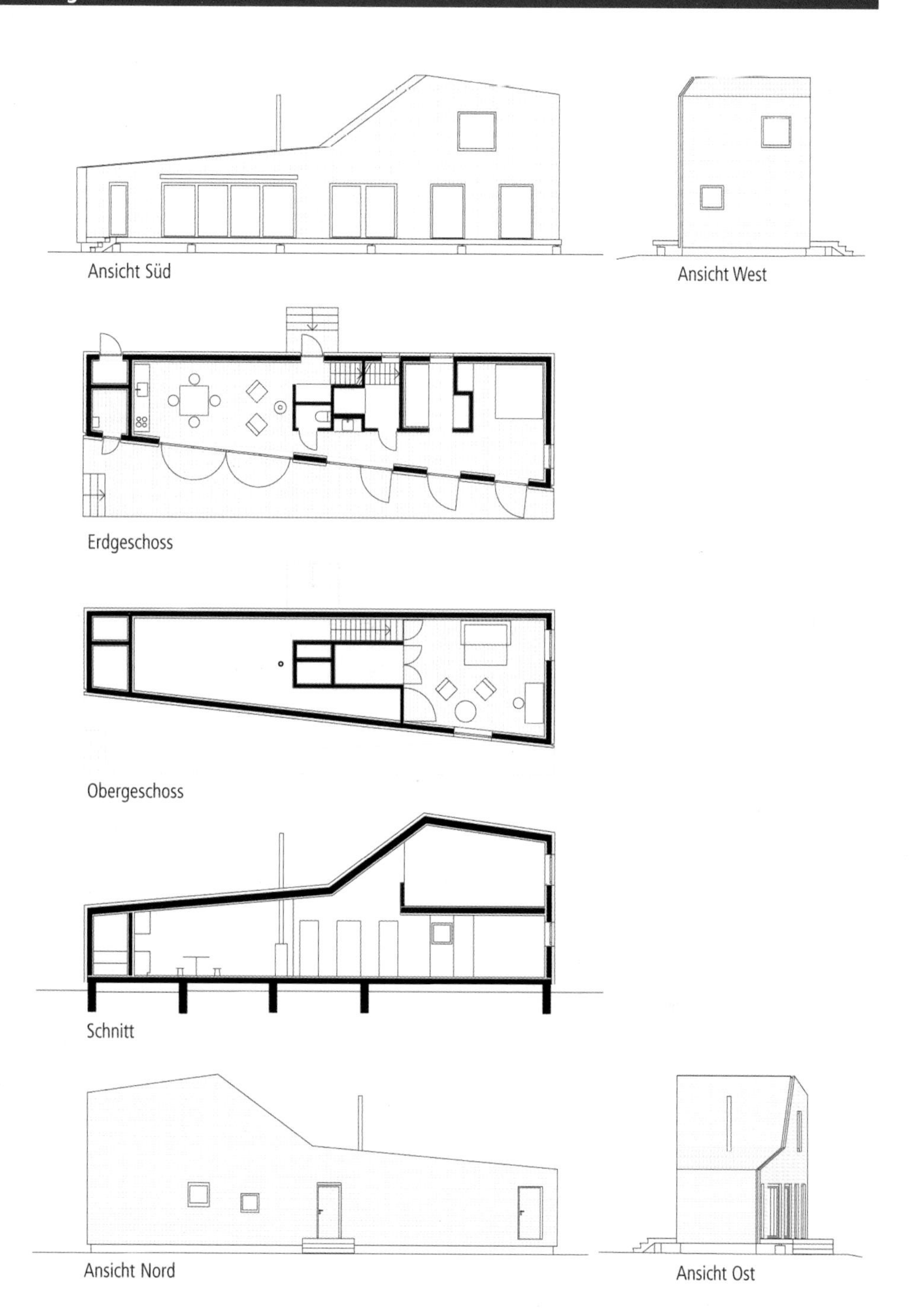
Ansicht Süd
Ansicht West
Erdgeschoss
Obergeschoss
Schnitt
Ansicht Nord
Ansicht Ost

Objektbeschreibung

Allgemeine Objektinformationen

Der Neubau des Landhauses in einem historischen, brandenburgischen Dorf, bietet maximale Raumausnutzung. Alle Räume sind nach Süden angeordnet mit Zugang zur Südterrasse. Die Individualräume im Erdgeschoss sind über einen Schaltraum verbunden mit dem sie flexibel erweitert werden können. Das Obergeschoss besteht aus einem rückzuggewährenden Gäste- und Arbeitsraum. Das Bad, das WC und die Technik, sowie der Stauraum sind im zentralen Installationskern organisiert, um den sich alle übrigen Aufenthaltsräume offen gruppieren.

Nutzung

1 Erdgeschoss
Garderobe, Kochen/Essen/Wohnen, Schlafzimmer, Kinderzimmer, Dusche, WC, Hausanschluss, Sauna, Terrasse

1 Dachgeschoss
Gäste-/Arbeitszimmer, Abstellraum

Nutzeinheiten

Wohnfläche: 98m²

Grundstück

Bauraum: Freier Bauraum
Neigung: Ebenes Gelände
Bodenklasse: BK 1 bis BK 4

Markt

Hauptvergabezeit: 4. Quartal 2014
Baubeginn: 4. Quartal 2014
Bauende: 3. Quartal 2015
Konjunkturelle Gesamtlage: über Durchschnitt
Regionaler Baumarkt: unter Durchschnitt

Baukonstruktion

Um eine schnelle und präzise Montage zu gewährleisten, wurde das Haus aus vorgefertigten Elementen in gedämmter Holzrahmenbauweise konstruiert. Der Rohbau wurde in zwei Tagen aufgestellt. Das Fundament wurde als belüfteter Kriechkeller ausgebildet. Die Fassade zur Nord-, Ost- und Westseite, sowie das Dachdeckungsmaterial bestehen aus hinterlüftetem Trapezblech, mit an den Rändern integrierter Entwässerung. Südfassade und Terrasse wurden aus Lärchenbrettern gefertigt. Es wurden Holzfenster verwendet. Im Innenbereich wurden die Böden mit märkischer Kieferndielen belegt. Die Wände und Decken wurden mit GK-Platten und der Installationskern mit Multiplex Birke bekleidet.

Technische Anlagen

Die Beheizung und Warmwasserbereitung erfolgen über eine Gas-Brennwerttherme. Zusätzlich ist ein Kamin installiert. Der Hausanschluss und die Sauna befinden sich im westlichen Ende des Gebäudes. Alle Räume sind mit einem Lüftungssystem mit Wärmerückgewinnung ausgestattet.

Planungskennwerte für Flächen und Rauminhalte nach DIN 277

Flächen des Grundstücks		Menge, Einheit	% an GF
BF	Bebaute Fläche	122,00 m²	15,3
UF	Unbebaute Fläche	675,00 m²	84,7
GF	Grundstücksfläche	797,00 m²	100,0

Grundflächen des Bauwerks		Menge, Einheit	% an NUF	% an BGF
NUF	Nutzungsfläche	81,50 m²	100,0	74,2
TF	Technikfläche	1,30 m²	1,6	1,2
VF	Verkehrsfläche	12,10 m²	14,8	11,0
NRF	Netto-Raumfläche	94,90 m²	116,4	86,4
KGF	Konstruktions-Grundfläche	15,00 m²	18,4	13,6
BGF	Brutto-Grundfläche	109,90 m²	134,8	100,0

NUF=100% | BGF=134,8% | NRF=116,4%

NUF TF VF KGF

Brutto-Rauminhalt des Bauwerks		Menge, Einheit	BRI/NUF (m)	BRI/BGF (m)
BRI	Brutto-Rauminhalt	333,50 m³	4,09	3,03

0 1 2 3 4 BRI/NUF=4,09m

0 1 2 3 BRI/BGF=3,03m

Lufttechnisch behandelte Flächen	Menge, Einheit	% an NUF	% an BGF
Entlüftete Fläche	–	–	–
Be- und Entlüftete Fläche	–	–	–
Teilklimatisierte Fläche	–	–	–
Klimatisierte Fläche	–	–	–

KG	Kostengruppen (2.Ebene)	Menge, Einheit	Menge/NUF	Menge/BGF
310	Baugrube	–	–	–
320	Gründung	–	–	–
330	Außenwände	–	–	–
340	Innenwände	–	–	–
350	Decken	–	–	–
360	Dächer	–	–	–

Kostenkennwerte für die Kostengruppen der 1.Ebene DIN 276

KG	Kostengruppen (1.Ebene)	Einheit	Kosten €	€/Einheit	€/m² BGF	€/m³ BRI	% 300+400
100	Grundstück	m² GF	–	–	–	–	–
200	Herrichten und Erschließen	m² GF	–	–	–	–	–
300	Bauwerk - Baukonstruktionen	m² BGF	202.065	1.838,62	1.838,62	605,89	81,1
400	Bauwerk - Technische Anlagen	m² BGF	47.069	428,29	428,29	141,14	18,9
	Bauwerk 300+400	**m² BGF**	**249.134**	**2.266,91**	**2.266,91**	**747,03**	**100,0**
500	Außenanlagen	m² AF	–	–	–	–	–
600	Ausstattung und Kunstwerke	m² BGF	–	–	–	–	–
700	Baunebenkosten	m² BGF	–	–	–	–	–

KG	Kostengruppe	Menge Einheit	Kosten €	€/Einheit	%
3+4	**Bauwerk**				**100,0**
300	**Bauwerk - Baukonstruktionen**	109,90 m² BGF	202.065	**1.838,62**	81,1

Fundament als belüfteter Kriechkeller, Dämmung, d=180mm, OSB-Platten, Dielen, Bodenfliesen; Holzrahmenwände, Dämmung, d=180+40mm, Holztüren, Holzfenster, hinterlüftete Fassade, Trapezblech, Fassade und Terrasse aus Lärchenbrettern, Markise; Holzrahmenwände, GK-Platten, Tapete, Anstrich, Wandfliesen, Multiplex-Birke; Holzrahmendecke, Treppe, GK-Platten, Tapete, Anstrich, Multiplex-Birke; Sparrendach, Dämmung, hinterlüftete Dachdeckung, Trapezblech, integrierte Dachentwässerung

KG	Kostengruppe	Menge Einheit	Kosten €	€/Einheit	%
400	**Bauwerk - Technische Anlagen**	109,90 m² BGF	47.069	**428,29**	18,9

Gebäudeentwässerung, Kalt- und Warmwasserleitungen, Sanitärobjekte; Gas-Brennwerttherme, Kamin; Lüftungssystem mit Wärmerückgewinnung; Elektroinstallation

6100-1254
Einfamilienhaus
Effizienzhaus 55

Objektübersicht

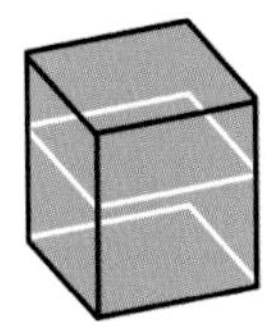

BRI 368 €/m³

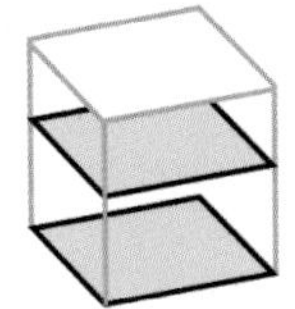

BGF 1.426 €/m²

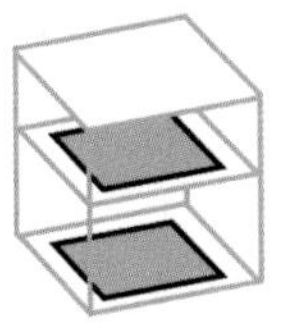

NUF 2.190 €/m²

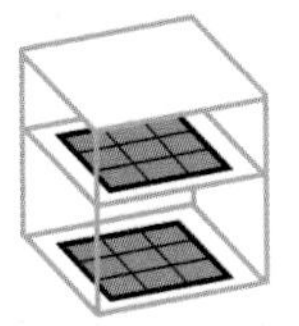

NE 2.104 €/NE
NE: m² Wohnfläche

Objekt:
Kennwerte: 1.Ebene DIN 276
BRI: 740 m³
BGF: 191 m²
NUF: 124 m²
Bauzeit: 25 Wochen
Bauende: 2014
Standard: über Durchschnitt
Kreis: Ludwigsburg,
Baden-Württemberg

Architekt:
son.tho architekten
Stadtschreibereigasse 7
74354 Besigheim

© Sonja Rupp

© Sonja Rupp

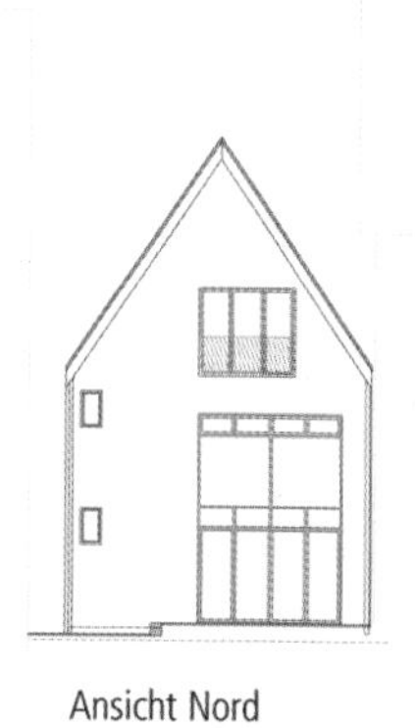

Ansicht Nord

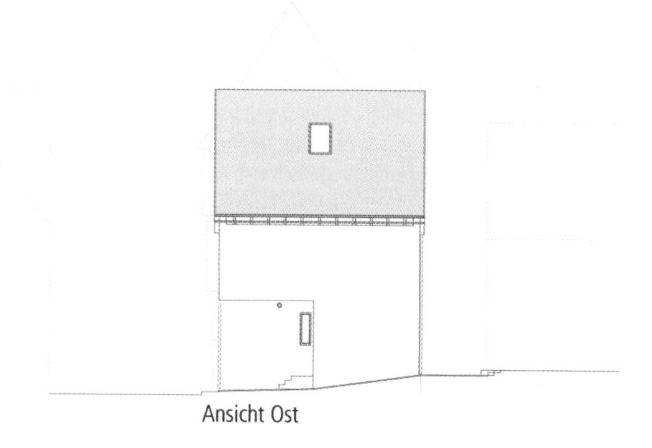

Ansicht Ost

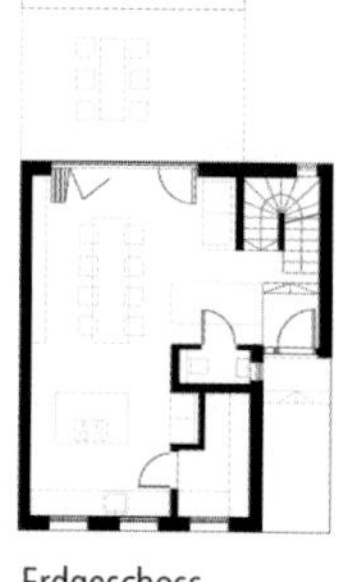

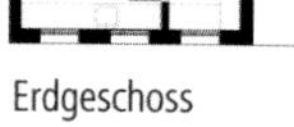

Erdgeschoss

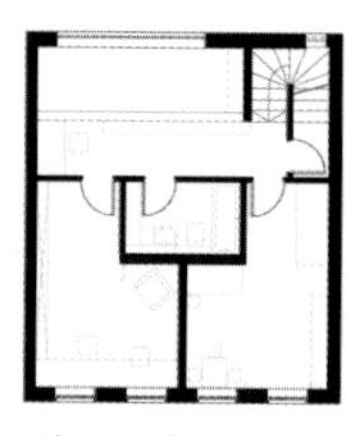

Obergeschoss

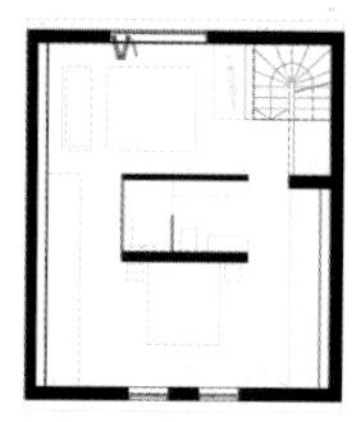

Dachgeschoss

Ansicht Süd

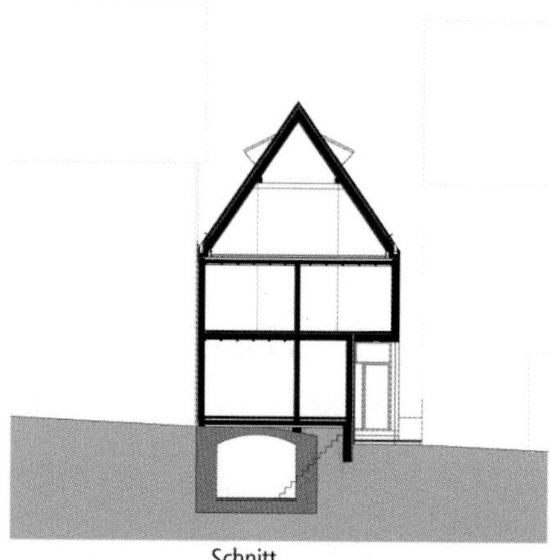

Schnitt

Objektbeschreibung

Allgemeine Objektinformationen

Erbaut wurde das erste Haus an dieser Stelle um 1500. Das Bestandsgebäude war nicht denkmalgeschützt aber das Grundstück befindet sich in der Altstadt innerhalb eines Ensembleschutzes. Eine Generalsanierung des alten Hauses wurde sorgsam geprüft, war aber weder technisch noch ökonomisch oder gar denkmalpflegerisch sinnvoll. Der Altbau wurde deshalb bis auf den Gewölbekeller abgebrochen. Der Neubau orientiert sich in städtebaulicher Ausrichtung und Volumen am Bestand. Das Straßenbild entlang der Gasse bleibt erhalten und wird durch die gegliederte Straßenansicht aufgewertet.

Nutzung

1 Untergeschoss
Gewölbekeller (Bestand)

1 Erdgeschoss
Küche, Esszimmer, WC, Lobby, Hauswirtschaftsraum

1 Obergeschoss
Kinderzimmer (2St), Bad

1 Dachgeschoss
Wohnzimmer, Schlafzimmer, Bad

Nutzeinheiten

Wohnfläche: 129m²
Wohneinheiten: 1

Grundstück

Bauraum: Baulücke
Neigung: Geneigtes Gelände
Bodenklasse: BK 1 bis BK 3

Markt

Hauptvergabezeit: 3. Quartal 2012
Baubeginn: 3. Quartal 2013
Bauende: 1. Quartal 2014
Konjunkturelle Gesamtlage: über Durchschnitt
Regionaler Baumarkt: Durchschnitt

Baukonstruktion

Der Neubau gründet auf einer Betonplatte über dem bestehenden Gewölbekeller. Die Außenwände wurden als Holzständerkonstruktion mit Holzfaserplatten und teils mit Mineralfaserdämmung in den Gefachen erstellt. In den Außenwänden liegen teilweise Installationsebenen. Die Innenwände sind mit Gipsfaserplatten bekleidet. Die Zwischendecken sind als Holzbalkendecken mit Mineralfaserdämmung ausgeführt und mit Grobspanplatten, Trittschalldämmung und dünnschichtigem Heizestrich versehen. Zusätzlich kamen abgehängte Akustikplatten aus Gipskarton zum Einsatz. Die Satteldachkonstruktion mit Biberschwanz-Doppeldeckung besteht aus Lattung, Konterlattung, Holzfaserplatte, Dampfbremse, Zwischensparrendämmung aus Mineralwolle und Gipskartonplatten auf Lattung raumseits. Es kamen Fenster und die Eingangstür als Holzrahmenkonstruktion mit Dreifachverglasung zum Einbau.

Technische Anlagen

Das Brauchwasser und die Heizung werden mittels einer Luft-Wasser-Wärmepumpe versorgt. Die Verteilung der Wärme erfolgt über den Heizestrich in allen Geschossen.

Sonstiges

Die Lage des Grundstücks ist in sehr beengter und historischer Altstadt. Es gab während der Bauzeit keine Lagermöglichkeiten auf dem Grundstück. Die Zugangssituation für die Baustellenfahrzeuge war schwierig. Alle gestalterischen Elemente wie Fassadenfarbe, Dachziegel, Fenster mussten mit dem Denkmalamt abgestimmt werden.

Planungskennwerte für Flächen und Rauminhalte nach DIN 277

Flächen des Grundstücks		Menge, Einheit	% an GF
BF	Bebaute Fläche	61,60 m²	36,9
UF	Unbebaute Fläche	105,40 m²	63,1
GF	Grundstücksfläche	167,00 m²	100,0

Grundflächen des Bauwerks		Menge, Einheit	% an NUF	% an BGF
NUF	Nutzungsfläche	124,20 m²	100,0	65,1
TF	Technikfläche	2,00 m²	1,6	1,0
VF	Verkehrsfläche	25,00 m²	20,1	13,1
NRF	Netto-Raumfläche	151,20 m²	121,7	79,2
KGF	Konstruktions-Grundfläche	39,60 m²	31,9	20,8
BGF	Brutto-Grundfläche	190,80 m²	153,6	100,0

Brutto-Rauminhalt des Bauwerks		Menge, Einheit	BRI/NUF (m)	BRI/BGF (m)
BRI	Brutto-Rauminhalt	740,00 m³	5,96	3,88

Lufttechnisch behandelte Flächen	Menge, Einheit	% an NUF	% an BGF
Entlüftete Fläche	–	–	–
Be- und Entlüftete Fläche	–	–	–
Teilklimatisierte Fläche	–	–	–
Klimatisierte Fläche	–	–	–

KG	Kostengruppen (2.Ebene)	Menge, Einheit	Menge/NUF	Menge/BGF
310	Baugrube	–	–	–
320	Gründung	–	–	–
330	Außenwände	–	–	–
340	Innenwände	–	–	–
350	Decken	–	–	–
360	Dächer	–	–	–

Kostenkennwerte für die Kostengruppen der 1.Ebene DIN 276

KG	Kostengruppen (1.Ebene)	Einheit	Kosten €	€/Einheit	€/m² BGF	€/m³ BRI	% 300+400
100	Grundstück	m² GF	–	–	–	–	–
200	Herrichten und Erschließen	m² GF	14.742	88,27	77,26	19,92	5,4
300	Bauwerk - Baukonstruktionen	m² BGF	216.589	1.135,16	1.135,16	292,69	79,6
400	Bauwerk - Technische Anlagen	m² BGF	55.429	290,51	290,51	74,90	20,4
	Bauwerk 300+400	**m² BGF**	**272.018**	**1.425,67**	**1.425,67**	**367,59**	**100,0**
500	Außenanlagen	m² AF	–	–	–	–	–
600	Ausstattung und Kunstwerke	m² BGF	–	–	–	–	–
700	Baunebenkosten	m² BGF	–	–	–	–	–

KG	Kostengruppe	Menge Einheit	Kosten €	€/Einheit	%
200	**Herrichten und Erschließen**	167,00 m² GF	14.742	**88,27**	100,0

Abbruch von bestehendem Gebäude bis OK Gewölbekeller; Entsorgung, Deponiegebühren

KG	Kostengruppe	Menge Einheit	Kosten €	€/Einheit	%
3+4	**Bauwerk**				**100,0**
300	**Bauwerk - Baukonstruktionen**	190,80 m² BGF	216.589	**1.135,16**	79,6

Stb-Bodenplatte, Abdichtung, Wärmedämmung, Heizestrich, Massivholz-Stäbchenparkett, Sauberkeitsschicht (über Gewölbekeller), Schotterschicht, Ausgleichsschicht (außerhalb Gewölbekeller), Perimeterdämmung; Holzständerkonstruktion, Dämmung, OSB-Platten, Holzfenster, Dreifachverglasung, Holztür, Filzputz, GK-Platten, Anstrich; Holzständerwände, Dämmung, GK-Platten, Holztüren, Aluzargen, Anstrich; Holzbalkendecken, Heizestrich, Massivholz-Stäbchenparkett, abgehängte GK-Decken, Anstrich; Holzsatteldach, Dämmung, Holzfaserplatte, Dachziegel, Dachentwässerung

KG	Kostengruppe	Menge Einheit	Kosten €	€/Einheit	%
400	**Bauwerk - Technische Anlagen**	190,80 m² BGF	55.429	**290,51**	20,4

Gebäudeentwässerung, Kalt- und Warmwasserleitungen, Sanitärobjekte; Luft-Wasser-Wärmepumpe, Warmwasserpufferspeicher, Fußbodenheizung; Starkstrom, Elektroinstallation, Beleuchtung; Telefonanlage, EDV-Verkabelung

6100-1255
Reihenhäuser
(4 WE)

Objektübersicht

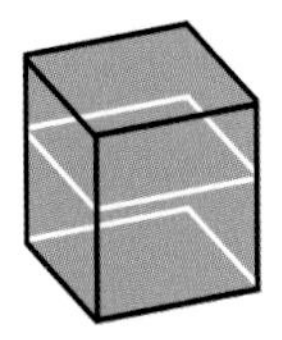

BRI 289 €/m³

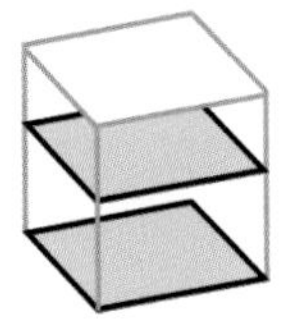

BGF 814 €/m²

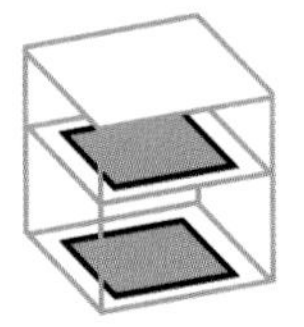

NUF 1.229 €/m²

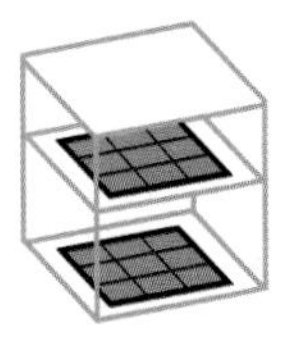

NE 1.294 €/NE
NE: m² Wohnfläche

Objekt:
Kennwerte: 1.Ebene DIN 276
BRI: 2.839 m³
BGF: 1.007 m²
NUF: 666 m²
Bauzeit: 43 Wochen
Bauende: 2015
Standard: über Durchschnitt
Kreis: Starnberg,
Bayern

Architekt:
Füllemann
Architekten GmbH
Rathausstraße 1
82205 Gilching

Ansicht Süd-West

Erdgeschoss

Obergeschoss

Ansicht Nord-West

Schnitt

Objektbeschreibung

Allgemeine Objektinformationen

Im Ortskern einer ländlichen Gemeinde entstand in einer Baulücke ein neues Wohngebäude als privates Vermietungsobjekt. Die Schwierigkeit und Besonderheit dieser Bauaufgabe lag in der Topographie des Grundstücks. Die jeweils gegenüberliegenden Grundstücksgrenzen differieren in ihrer Höhenlage um 2,00m und 2,50m. So entstand ein Gebäude mit einem in der Eingangsebene sich befindendem Hobbyraum mit großen Fenstertüren, Gästetoilette und einem Kellerraum. Die großzügige Wohnebene mit Gartenzugang ist in einem Geschoss darüber.

Nutzung

1 Untergeschoss
Eingangsbereiche, Hausanschlüsse-/Kellerräume, Hobbyräume, WCs

1 Erdgeschoss
Küchen, Wohn- und Esszimmer

1 Obergeschoss
Kinderzimmer, Schlafzimmer, Bäder

1 Dachgeschoss
Gästezimmer, Bäder, Technikräume

Nutzeinheiten

Wohnfläche: 633m²
Wohneinheiten: 4
Stellplätze: 8

Grundstück

Bauraum: Beengter Bauraum
Neigung: Hanglage
Bodenklasse: BK 1 bis BK 5

Markt

Hauptvergabezeit: 1. Quartal 2015
Baubeginn: 1. Quartal 2015
Bauende: 4. Quartal 2015
Konjunkturelle Gesamtlage: über Durchschnitt
Regionaler Baumarkt: unter Durchschnitt

Baukonstruktion

Das Gebäude ist konventionell in Massivbauweise mit Holzdachstuhl errichtet. Hochwertige Holz-Alu-Fenster mit Dreifachverglasung setzen durch ihre rote Farbgebung Akzente. Die großen Holzgauben der Mittelhäuser lassen im Dach sehr geräumige Räume entstehen. Die vorgestellten Holz-Pergola-Elemente schaffen vor den Wohnräumen sowohl geschützte wie private Zonen.

Technische Anlagen

Jedes Reihenhaus hat sein eigenes Gas-Brennwertgerät mit thermischer Solaranlage für die Warmwasserbereitung. So ist eine individuelle Einstellung je nach Nutzer möglich. Die Wärmeübertragung erfolgt über Fußbodenheizung. Die Reihenhäuser sind mit einer eigenen Abluftanlage ausgestattet. Die Zuluft strömt über regulierbare und schalldämmende Schlitze in den Fensterrahmen nach.

Sonstiges

Die abgebildeten energetischen Kennwerte sind von Reicheneckhaus Süd.

Planungskennwerte für Flächen und Rauminhalte nach DIN 277

Flächen des Grundstücks		Menge, Einheit	% an GF
BF	Bebaute Fläche	253,00 m²	24,6
UF	Unbebaute Fläche	775,00 m²	75,4
GF	Grundstücksfläche	1.028,00 m²	100,0

Grundflächen des Bauwerks		Menge, Einheit	% an NUF	% an BGF
NUF	Nutzungsfläche	666,37 m²	100,0	66,2
TF	Technikfläche	60,20 m²	9,0	6,0
VF	Verkehrsfläche	98,28 m²	14,7	9,8
NRF	Netto-Raumfläche	824,85 m²	123,8	81,9
KGF	Konstruktions-Grundfläche	182,15 m²	27,3	18,1
BGF	Brutto-Grundfläche	1.007,00 m²	151,1	100,0

NUF=100% BGF=151,1%

NUF TF VF KGF NRF=123,8%

Brutto-Rauminhalt des Bauwerks		Menge, Einheit	BRI/NUF (m)	BRI/BGF (m)
BRI	Brutto-Rauminhalt	2.839,00 m³	4,26	2,82

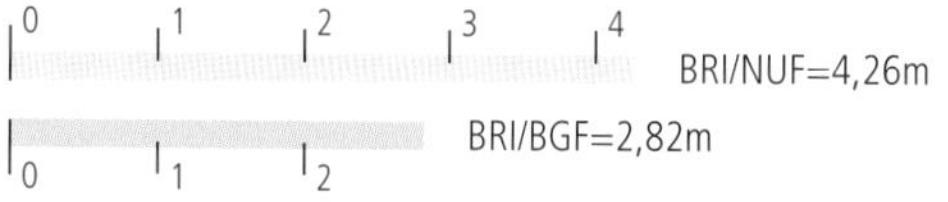

0 1 2 3 4 BRI/NUF=4,26m

BRI/BGF=2,82m 0 1 2

Lufttechnisch behandelte Flächen	Menge, Einheit	% an NUF	% an BGF
Entlüftete Fläche	–	–	–
Be- und Entlüftete Fläche	–	–	–
Teilklimatisierte Fläche	–	–	–
Klimatisierte Fläche	–	–	–

KG	Kostengruppen (2.Ebene)	Menge, Einheit	Menge/NUF	Menge/BGF
310	Baugrube	–	–	–
320	Gründung	–	–	–
330	Außenwände	–	–	–
340	Innenwände	–	–	–
350	Decken	–	–	–
360	Dächer	–	–	–

Kostenkennwerte für die Kostengruppen der 1.Ebene DIN 276

KG	Kostengruppen (1.Ebene)	Einheit	Kosten €	€/Einheit	€/m² BGF	€/m³ BRI	% 300+400
100	Grundstück	m² GF	–	–	–	–	–
200	Herrichten und Erschließen	m² GF	33.049	32,15	32,82	11,64	4,0
300	Bauwerk - Baukonstruktionen	m² BGF	647.683	643,18	643,18	228,14	79,1
400	Bauwerk - Technische Anlagen	m² BGF	171.568	170,38	170,38	60,43	20,9
	Bauwerk 300+400	**m² BGF**	**819.252**	**813,56**	**813,56**	**288,57**	**100,0**
500	Außenanlagen	m² AF	–	–	–	–	–
600	Ausstattung und Kunstwerke	m² BGF	–	–	–	–	–
700	Baunebenkosten	m² BGF	–	–	–	–	–

KG	Kostengruppe	Menge Einheit	Kosten €	€/Einheit	%
200	**Herrichten und Erschließen**	1.028,00 m² GF	33.049	**32,15**	100,0

Abbruch von bestehender Scheune, Außenanlagen, Stilllegung Versorgungsleitungen; Entsorgung, Deponiegebühren

KG	Kostengruppe	Menge Einheit	Kosten €	€/Einheit	%
3+4	**Bauwerk**				**100,0**
300	**Bauwerk - Baukonstruktionen**	1.007,00 m² BGF	647.683	**643,18**	79,1

Stb-Streifenfundamente, Stb-Bodenplatte, Abdichtung, Dämmung, Heizestrich, Bodenfliesen, Parkett; Ziegelmauerwerk, WDVS, d=180mm, Putz, Holz-Alu-Fenster, Lamellenraffstores; Ziegelmauerwerk, Holztüren, Holzumfassungszargen, Putz, Anstrich; Stb-Decken, Holztreppe, Dämmung, Heizestrich, Bodenfliesen, Parkett, Putz; Holzsatteldachkonstruktion, Dämmung, Ziegeldachsteine, Holzgauben, Dachentwässerung, GK-Bekleidung, Anstrich

KG	Kostengruppe	Menge Einheit	Kosten €	€/Einheit	%
400	**Bauwerk - Technische Anlagen**	1.007,00 m² BGF	171.568	**170,38**	20,9

Gebäudeentwässerung, Kalt- und Warmwasserleitungen, Sanitärobjekte; Gas-Brennwert-Geräte, Speicher, Solarflachkollektoren für Warmwasserbereitung, Fußbodenheizung; zentrale Abluftanlage; Elektroinstallation; Telefonleitungen, Sat-Anlage, Rauchmelder

6100-1256
Doppelhaushälfte
Carport

Objektübersicht

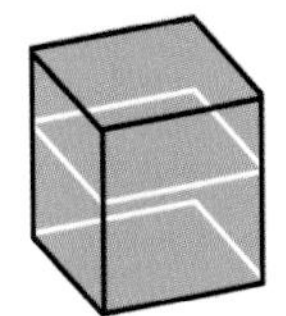

BRI 325 €/m³

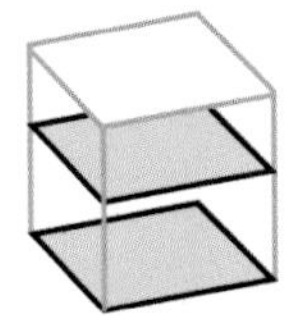

BGF 1.031 €/m²

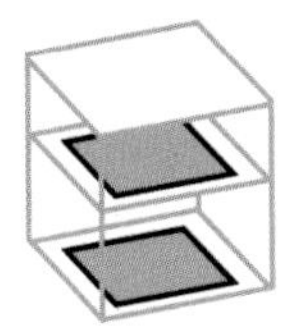

NUF 1.485 €/m²

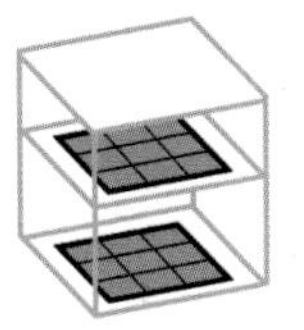

NE 1.675 €/NE
NE: m² Wohnfläche

Objekt:
Kennwerte: 1.Ebene DIN 276
BRI: 710 m³
BGF: 224 m²
NUF: 155 m²
Bauzeit: 52 Wochen
Bauende: 2016
Standard: Durchschnitt
Kreis: Olpe,
Nordrhein-Westfalen

Architekt:
T A T O R T architektur
Dipl.-Ing. Nicole Wigger
Hahnbeuler Kreuz 57
57439 Attendorn

©T A T O R T architektur

©T A T O R T architektur

Ansicht Nord
Erdgeschoss
Schnitt
Dachgeschoss
Ansicht Ost
Ansicht Süd

6100-1256
Doppelhaushälfte
Carport

Objektbeschreibung

Allgemeine Objektinformationen

Die Doppelhaushälfte weicht sowohl in ihrer Formgebung des Grundkörpers als auch der Raumaufteilung von der ihr angegliederten Doppelhaushälfte ab. Beide Haushälften sind individuell gestaltet. Durch die Verwendung einheitlicher Materialien im Bereich der Fassade, des Daches und des Carports, sowie die Abstimmung der Gauben und der Fensterformate, erhalten sie ein harmonisches Gesamtbild. Die Grundrisse zeichnen sich durch eine klare Aufteilung und große Fensterflächen aus.

Nutzung

1 Erdgeschoss
Wohnen/Essen/Kochen, Dusche/WC, Technikraum, Diele, Carport

1 Obergeschoss
Schlafzimmer, Kinderzimmer (2St), Bad, Galerie

Nutzeinheiten

Wohnfläche: 138m²
Wohneinheiten: 1

Grundstück

Bauraum: Freier Bauraum
Neigung: Geneigtes Gelände
Bodenklasse: BK 1 bis BK 5

Markt

Hauptvergabezeit: 2. Quartal 2015
Baubeginn: 2. Quartal 2015
Bauende: 2. Quartal 2016
Konjunkturelle Gesamtlage: über Durchschnitt
Regionaler Baumarkt: unter Durchschnitt

Baukonstruktion

Das Gebäude gründet auf Betonstreifenfundamenten mit einer Stahlbetonbodenplatte. Die Wände wurden in Massivbauweise aus Dämmsteinen errichtet. Die Fenster sind dreifach verglast. Die Fassade erhielt einen Dämmputz.

Technische Anlagen

Die Doppelhaushälfte wird über Fußbodenheizung mit einer Gastherme beheizt. Zudem befinden sich Solarkollektoren auf dem Dach zur Warmwasserbereitung.

Sonstiges

Andere Doppelhaushälfte wurde mit der BKI-Objektnummer 6100-1259 dokumentiert.

Planungskennwerte für Flächen und Rauminhalte nach DIN 277

Flächen des Grundstücks		Menge, Einheit	% an GF
BF	Bebaute Fläche	124,00 m²	38,9
UF	Unbebaute Fläche	195,00 m²	61,1
GF	Grundstücksfläche	319,00 m²	100,0

Grundflächen des Bauwerks		Menge, Einheit	% an NUF	% an BGF
NUF	Nutzungsfläche	155,34 m²	100,0	69,4
TF	Technikfläche	11,70 m²	7,5	5,2
VF	Verkehrsfläche	24,79 m²	16,0	11,1
NRF	Netto-Raumfläche	191,83 m²	123,5	85,8
KGF	Konstruktions-Grundfläche	31,87 m²	20,5	14,2
BGF	Brutto-Grundfläche	223,70 m²	144,0	100,0

NUF=100% BGF=144,0%
NUF TF VF KGF
NRF=123,5%

Brutto-Rauminhalt des Bauwerks		Menge, Einheit	BRI/NUF (m)	BRI/BGF (m)
BRI	Brutto-Rauminhalt	710,00 m³	4,57	3,17

0 1 2 3 4 BRI/NUF=4,57m
0 1 2 3 BRI/BGF=3,17m

Lufttechnisch behandelte Flächen	Menge, Einheit	% an NUF	% an BGF
Entlüftete Fläche	–	–	–
Be- und Entlüftete Fläche	–	–	–
Teilklimatisierte Fläche	–	–	–
Klimatisierte Fläche	–	–	–

KG	Kostengruppen (2.Ebene)	Menge, Einheit	Menge/NUF	Menge/BGF
310	Baugrube	–	–	–
320	Gründung	–	–	–
330	Außenwände	–	–	–
340	Innenwände	–	–	–
350	Decken	–	–	–
360	Dächer	–	–	–

Kostenkennwerte für die Kostengruppen der 1.Ebene DIN 276

KG	Kostengruppen (1.Ebene)	Einheit	Kosten €	€/Einheit	€/m² BGF	€/m³ BRI	% 300+400
100	Grundstück	m² GF	–	–	–	–	–
200	Herrichten und Erschließen	m² GF	–	–	–	–	–
300	Bauwerk - Baukonstruktionen	m² BGF	200.007	894,09	894,09	281,70	86,7
400	Bauwerk - Technische Anlagen	m² BGF	30.619	136,88	136,88	43,13	13,3
	Bauwerk 300+400	**m² BGF**	**230.626**	**1.030,96**	**1.030,96**	**324,83**	**100,0**
500	Außenanlagen	m² AF	–	–	–	–	–
600	Ausstattung und Kunstwerke	m² BGF	–	–	–	–	–
700	Baunebenkosten	m² BGF	–	–	–	–	–

KG	Kostengruppe	Menge Einheit	Kosten €	€/Einheit	%
3+4	**Bauwerk**				**100,0**
300	**Bauwerk - Baukonstruktionen**	223,70 m² BGF	200.007	**894,09**	86,7

Stb-Bodenplatte, Dämmung, Heizestrich, Bodenfliesen, Vinylbelag; Mauerwerkswände, Dämmsteine, Kunststofffenster, Dreifachverglasung, Aluhaustür, Dämmputz, Carport-Sichtbeton; Innenmauerwerk, GK-Innenwände, Gipsputz mit Streichputz; Stb-Decke, Holztreppe; Holzdachkonstruktion, Zwischensparrendämmung, Betondachsteine, Dachentwässerung

KG	Kostengruppe	Menge Einheit	Kosten €	€/Einheit	%
400	**Bauwerk - Technische Anlagen**	223,70 m² BGF	30.619	**136,88**	13,3

Gebäudeentwässerung, Kalt- und Warmwasserleitungen, Sanitärobjekte; Gas-Brennwerttherme, Fußbodenheizung, Solarkollektoren; Elektroinstallation; Sat-Anlage

6100-1257
Einfamilienhaus
Garage
Effizienzhaus ~60%

Objektübersicht

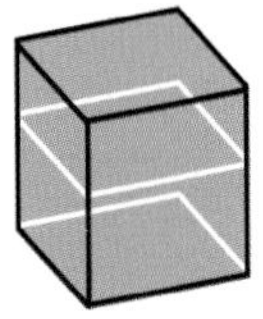
BRI 465 €/m^3

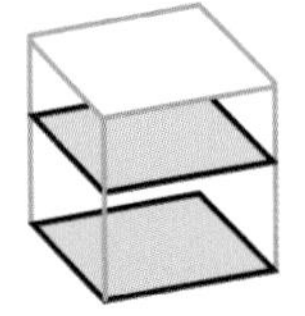
BGF 1.410 €/m^2

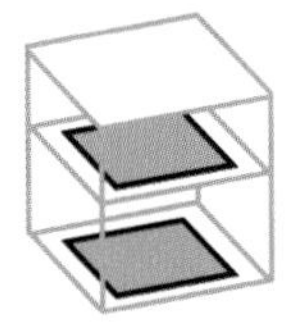
NUF 2.652 €/m^2

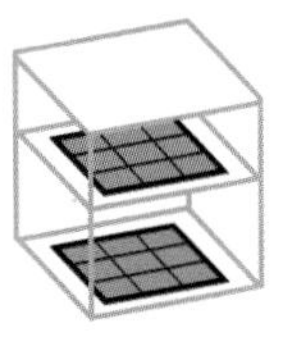
NE 3.494 €/NE
NE: m^2 Wohnfläche

Objekt:
Kennwerte: 1.Ebene DIN 276
BRI: 950 m^3
BGF: 313 m^2
NUF: 167 m^2
Bauzeit: 60 Wochen
Bauende: 2014
Standard: über Durchschnitt
Kreis: Rhein-Kreis Neuss,
Nordrhein-Westfalen

Architekt:
cordes architektur
Martin-Luther-Platz 2
41812 Erkelenz

© cordes architektur

© cordes architektur

© cordes architektur

© cordes architektur

© cordes architektur

Ansicht West

Ansicht Ost

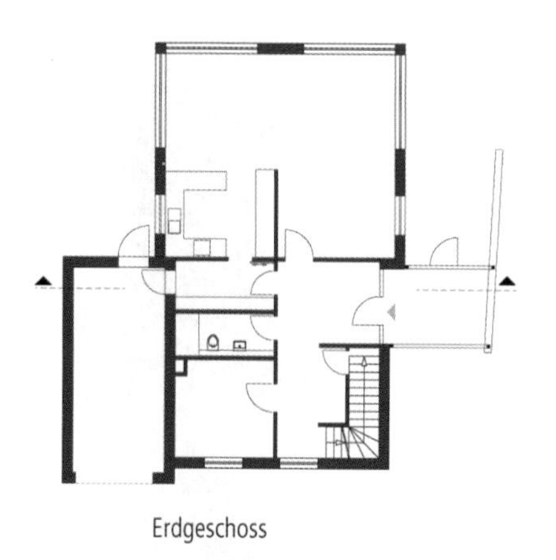

Erdgeschoss

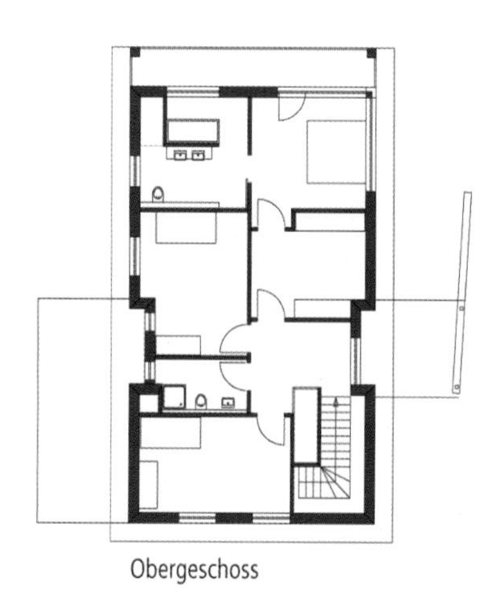

Obergeschoss

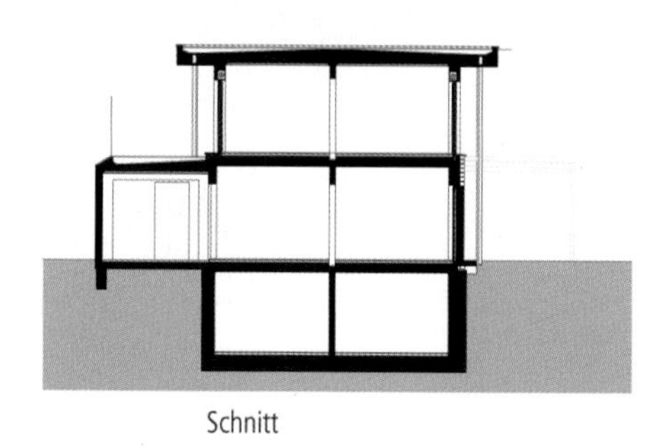

Schnitt

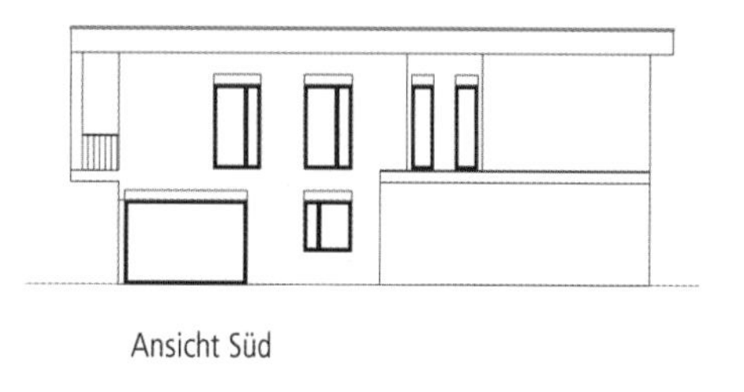

Ansicht Süd

6100-1257
Einfamilienhaus
Garage
Effizienzhaus ~60%

Objektbeschreibung

Allgemeine Objektinformationen

Das Einfamilienhaus wurde als ein modernes Wohnhaus mit Akzenten im Eingangsbereich und zur Straßenseite hin erstellt. Große Fensterformate sorgen für ausreichende Belichtung. Im rückwertigen Bereich wurden eine Terrasse und eine Rasenfläche mit einer weiteren Sitzgelegenheit angelegt.

Nutzung

1 Untergeschoss
Keller, Hausanschlussraum, Waschraum

1 Erdgeschoss
Gästezimmer, Diele, Garderobe, Dusche/WC, Küche, Wohn- und Esszimmer

1 Obergeschoss
Kinderzimmer (2St), Kinderbad, Schlafzimmer, Ankleidezimmer, Elternbad, Balkon

Nutzeinheiten

Wohnfläche: 126m²
Wohneinheiten: 1

Grundstück

Bauraum: Freier Bauraum
Neigung: Ebenes Gelände
Bodenklasse: BK 1 bis BK 4

Markt

Hauptvergabezeit: 3. Quartal 2013
Baubeginn: 3. Quartal 2013
Bauende: 4. Quartal 2014
Konjunkturelle Gesamtlage: Durchschnitt
Regionaler Baumarkt: unter Durchschnitt

Baukonstruktion

Das Kellergeschoss ist als Weiße Wanne hergestellt. Das Wohnhaus wurde in Massivbauweise mit Wärmedämmverbundsystem gebaut. Die Außenwände sind zum größten Teil weiß verputz, zum Teil aber auch in Verblendmauerwerk erstellt. Die großflächigen Kunststofffenster sind dreifach verglast. Als Dach kommt die Holz-Kehlbalkenlage mit Gefälledämmung und Foliendacheindeckung zum Einsatz.

Technische Anlagen

Das Wohnhaus wurde energetisch effizient mit Erdwärmepumpe, Pufferspeicher und mit kontrollierter Wohnraumlüftung einschließlich Wärmerückgewinnung ausgestattet.

Sonstiges

Das Gebäude besitzt einen umlaufend beleuchteten Dachüberstand sowie einen, ebenfalls von unten beleuchteten Balkon mit Glasgeländer. Die Gartenanlage wurde mit einem Holzzaun eingefasst.

Planungskennwerte für Flächen und Rauminhalte nach DIN 277

Flächen des Grundstücks		Menge, Einheit	% an GF
BF	Bebaute Fläche	137,16 m²	31,3
UF	Unbebaute Fläche	300,84 m²	68,7
GF	Grundstücksfläche	438,00 m²	100,0

Grundflächen des Bauwerks		Menge, Einheit	% an NUF	% an BGF
NUF	Nutzungsfläche	166,50 m²	100,0	53,2
TF	Technikfläche	38,50 m²	23,1	12,3
VF	Verkehrsfläche	43,00 m²	25,8	13,7
NRF	Netto-Raumfläche	248,00 m²	148,9	79,2
KGF	Konstruktions-Grundfläche	65,00 m²	39,0	20,8
BGF	Brutto-Grundfläche	313,00 m²	188,0	100,0

NUF=100% BGF=188,0%
NUF TF VF KGF
NRF=148,9%

Brutto-Rauminhalt des Bauwerks		Menge, Einheit	BRI/NUF (m)	BRI/BGF (m)
BRI	Brutto-Rauminhalt	950,00 m³	5,71	3,04

0 1 2 3 4 5 BRI/NUF=5,71m
0 1 2 3 BRI/BGF=3,04m

Lufttechnisch behandelte Flächen	Menge, Einheit	% an NUF	% an BGF
Entlüftete Fläche	–	–	–
Be- und Entlüftete Fläche	–	–	–
Teilklimatisierte Fläche	–	–	–
Klimatisierte Fläche	–	–	–

KG	Kostengruppen (2.Ebene)	Menge, Einheit	Menge/NUF	Menge/BGF
310	Baugrube	–	–	–
320	Gründung	–	–	–
330	Außenwände	–	–	–
340	Innenwände	–	–	–
350	Decken	–	–	–
360	Dächer	–	–	–

Kostenkennwerte für die Kostengruppen der 1.Ebene DIN 276

KG	Kostengruppen (1.Ebene)	Einheit	Kosten €	€/Einheit	€/m² BGF	€/m³ BRI	% 300+400
100	Grundstück	m² GF	–	–	–	–	–
200	Herrichten und Erschließen	m² GF	–	–	–	–	–
300	Bauwerk - Baukonstruktionen	m² BGF	340.133	1.086,69	1.086,69	358,04	77,0
400	Bauwerk - Technische Anlagen	m² BGF	101.347	323,79	323,79	106,68	23,0
	Bauwerk 300+400	**m² BGF**	**441.481**	**1.410,48**	**1.410,48**	**464,72**	**100,0**
500	Außenanlagen	m² AF	–	–	–	–	–
600	Ausstattung und Kunstwerke	m² BGF	–	–	–	–	–
700	Baunebenkosten	m² BGF	–	–	–	–	–

KG	Kostengruppe	Menge Einheit	Kosten €	€/Einheit	%
3+4	**Bauwerk**				**100,0**
300	**Bauwerk - Baukonstruktionen**	313,00 m² BGF	340.133	**1.086,69**	77,0

Streifenfundamente, Stb-Bodenplatte, WU-Beton; Stb-Wände, WU-Beton (KG), Ringdränage, KS-Mauerwerk, Holztüranlage, Kunststofffenster, Dreifachverglasung, Naturstein-Fensterbänke, Garagentor, WDVS, d=180mm, Verblendmauerwerk, Putz, Anstrich, elektrische Rollläden; KS-Innenwände, Holztüren, Putz, Anstrich, Wandfliesen; Stb-Decke, Stb-Treppe, Stb-Fertigteilbalkon, Dämmung, Heizestrich, Bodenfliesen, Parkett, Glas-Edelstahl-Balkongeländer; Holzbalkenflachdach, Gefälledämmung, Flachdachabdichtung, Kunststoffbahnen, Dachentwässerung; Einbaumöbel

KG	Kostengruppe	Menge Einheit	Kosten €	€/Einheit	%
400	**Bauwerk - Technische Anlagen**	313,00 m² BGF	101.347	**323,79**	23,0

Gebäudeentwässerung, Kastenregenrinnen, Kalt- und Warmwasserleitungen, Sanitärobjekte; Wärmepumpe, Pufferspeicher, Fußbodenheizung; kontrollierte Be- und Entlüftung mit Wärmerückgewinnung; Elektroinstallation, Beleuchtung; Telefonleitungen, Gegensprechanlage, Rauchmelder

6100-1259
Doppelhaushälfte
Carport

Objektübersicht

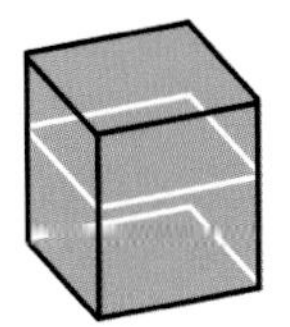

BRI 358 €/m³

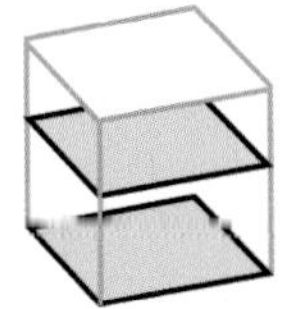

BGF 1.008 €/m²

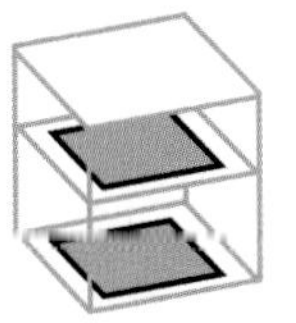

NUF 1.567 €/m²

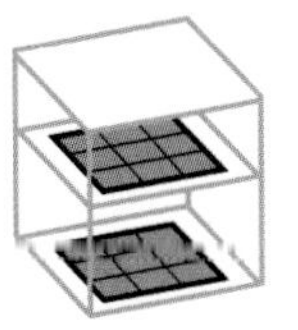

NE 1.770 €/NE
NE: m² Wohnfläche

Objekt:
Kennwerte: 1.Ebene DIN 276
BRI: 687 m³
BGF: 244 m²
NUF: 157 m²
Bauzeit: 52 Wochen
Bauende: 2016
Standard: Durchschnitt
Kreis: Olpe,
Nordrhein-Westfalen

Architekt:
T A T O R T architektur
Dipl.-Ing. Nicole Wigger
Hahnbeuler Kreuz 57
57439 Attendorn

© T A T O R T architektur

© T A T O R T architektur

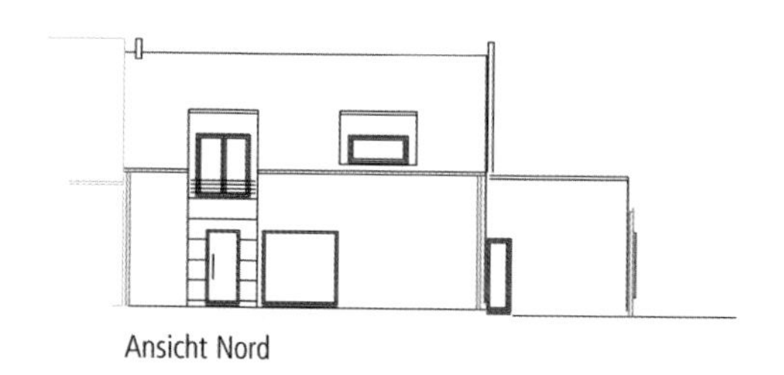
Ansicht Nord

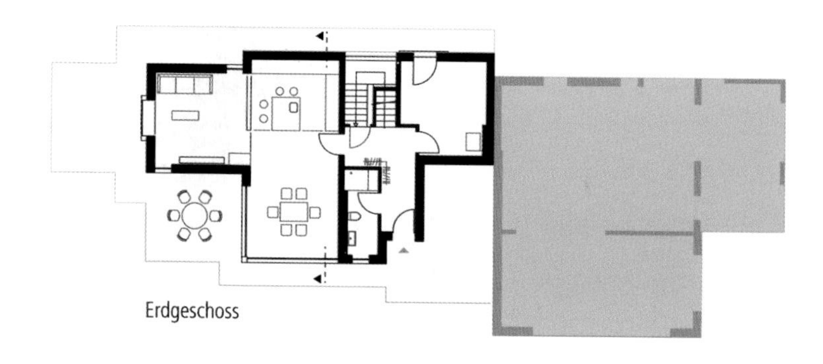
Erdgeschoss

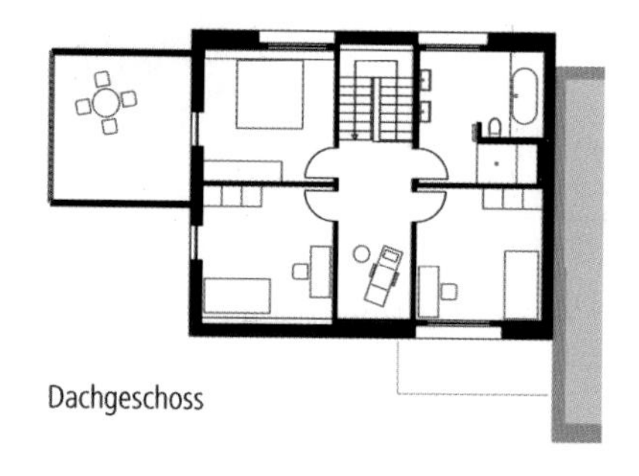
Dachgeschoss

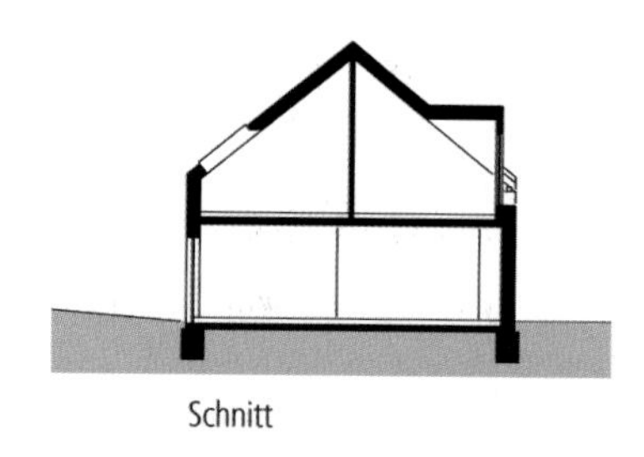
Schnitt

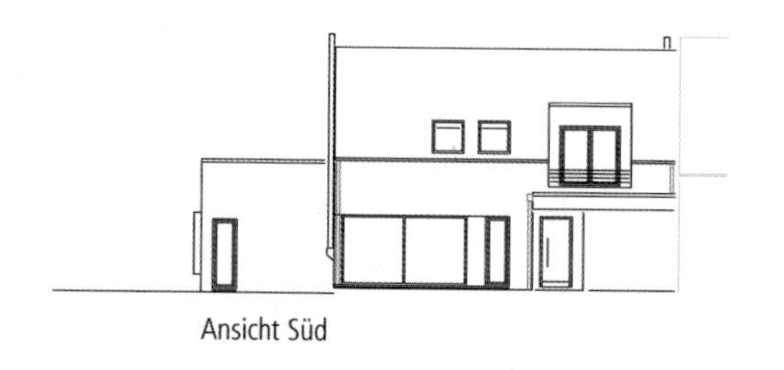
Ansicht Süd

Ansicht West

6100-1259
Doppelhaushälfte
Carport

Objektbeschreibung

Allgemeine Objektinformationen

Die Doppelhaushälfte weicht sowohl in ihrer Formgebung des Grundkörpers als auch der Raumaufteilung von der ihr angegliederten Doppelhaushälfte ab. Beide Haushälften sind individuell gestaltet. Durch die Verwendung einheitlicher Materialien im Bereich der Fassade, des Daches und des Carports, sowie die Abstimmung der Gauben und der Fensterformate, erhalten sie ein harmonisches Gesamtbild. Die Grundrisse zeichnen sich durch eine klare Aufteilung und große Fensterflächen aus.

Nutzung

1 Erdgeschoss
Wohnen/Essen/Kochen, Dusche/WC, Technikraum, Diele, Carport

1 Obergeschoss
Schlafzimmer, Dachterrasse, Kinderzimmer (2St), Bad, Galerie

Nutzeinheiten

Wohnfläche: 139m^2
Wohneinheiten: 1

Grundstück

Bauraum: Freier Bauraum
Neigung: Geneigtes Gelände
Bodenklasse: BK 1 bis BK 5

Markt

Hauptvergabezeit: 2. Quartal 2015
Baubeginn: 2. Quartal 2015
Bauende: 2. Quartal 2016
Konjunkturelle Gesamtlage: über Durchschnitt
Regionaler Baumarkt: unter Durchschnitt

Baukonstruktion

Das Gebäude gründet auf Betonstreifenfundamenten mit einer Stahlbetonbodenplatte. Die Wände wurden in Massivbauweise aus Dämmsteinen errichtet. Die Fenster sind dreifach verglast. Die Fassade erhielt einen Dämmputz.

Technische Anlagen

Die Doppelhaushälfte wird über Fußbodenheizung mit einer Gastherme beheizt. Zudem befinden sich Solarkollektoren auf dem Dach zur Warmwasserbereitung.

Sonstiges

Andere Doppelhaushälfte wurde mit der BKI-Objektnummer 6100-1256 dokumentiert.

Planungskennwerte für Flächen und Rauminhalte nach DIN 277

Flächen des Grundstücks		Menge, Einheit	% an GF
BF	Bebaute Fläche	126,00 m²	26,9
UF	Unbebaute Fläche	343,00 m²	73,1
GF	Grundstücksfläche	469,00 m²	100,0

Grundflächen des Bauwerks		Menge, Einheit	% an NUF	% an BGF
NUF	Nutzungsfläche	157,00 m²	100,0	64,3
TF	Technikfläche	13,60 m²	8,7	5,6
VF	Verkehrsfläche	9,12 m²	5,8	3,7
NRF	Netto-Raumfläche	179,72 m²	114,5	73,7
KGF	Konstruktions-Grundfläche	64,28 m²	40,9	26,3
BGF	Brutto-Grundfläche	244,00 m²	155,4	100,0

NUF=100% BGF=155,4%

NUF TF VF KGF NRF=114,5%

Brutto-Rauminhalt des Bauwerks		Menge, Einheit	BRI/NUF (m)	BRI/BGF (m)
BRI	Brutto-Rauminhalt	687,00 m³	4,38	2,82

0 1 2 3 4 BRI/NUF=4,38m

0 1 2 BRI/BGF=2,82m

Lufttechnisch behandelte Flächen	Menge, Einheit	% an NUF	% an BGF
Entlüftete Fläche	–	–	–
Be- und Entlüftete Fläche	–	–	–
Teilklimatisierte Fläche	–	–	–
Klimatisierte Fläche	–	–	–

KG	Kostengruppen (2.Ebene)	Menge, Einheit	Menge/NUF	Menge/BGF
310	Baugrube	–	–	–
320	Gründung	–	–	–
330	Außenwände	–	–	–
340	Innenwände	–	–	–
350	Decken	–	–	–
360	Dächer	–	–	–

Kostenkennwerte für die Kostengruppen der 1.Ebene DIN 276

KG	Kostengruppen (1.Ebene)	Einheit	Kosten €	€/Einheit	€/m² BGF	€/m³ BRI	% 300+400
100	Grundstück	m² GF	–	–	–	–	–
200	Herrichten und Erschließen	m² GF	–	–	–	–	–
300	Bauwerk - Baukonstruktionen	m² BGF	213.059	873,19	873,19	310,13	86,6
400	Bauwerk - Technische Anlagen	m² BGF	32.975	135,14	135,14	48,00	13,4
	Bauwerk 300+400	**m² BGF**	**246.034**	**1.008,34**	**1.008,34**	**358,13**	**100,0**
500	Außenanlagen	m² AF	–	–	–	–	–
600	Ausstattung und Kunstwerke	m² BGF	–	–	–	–	–
700	Baunebenkosten	m² BGF	–	–	–	–	–

KG	Kostengruppe	Menge Einheit	Kosten €	€/Einheit	%
3+4	**Bauwerk**				**100,0**
300	**Bauwerk - Baukonstruktionen**	244,00 m² BGF	213.059	**873,19**	86,6

Stb-Bodenplatte, Dämmung, Heizestrich, Bodenfliesen, Vinylbelag; Mauerwerkwände, Dämmsteine, teilw. Sichtbeton, Kunststofffenster, Dreifachverglasung, Aluhaustür, Sitzfenster, Dämmputz; Innenmauerwerk, GK-Innenwände, Gipsputz mit Streichputz; Stb-Decke, Holztreppe; Holzdachkonstruktion, Zwischensparrendämmung, Betondachsteine, Dachentwässerung

KG	Kostengruppe	Menge Einheit	Kosten €	€/Einheit	%
400	**Bauwerk - Technische Anlagen**	244,00 m² BGF	32.975	**135,14**	13,4

Gebäudeentwässerung, Kalt- und Warmwasserleitungen, Sanitärobjekte; Gas-Brennwerttherme, Fußbodenheizung, Solarkollektoren; Elektroinstallation; Sat-Anlage

6100-1260
Einfamilienhaus
Effizienzhaus ~33%

Objektübersicht

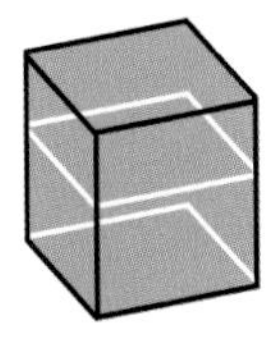
BRI 601 €/m³

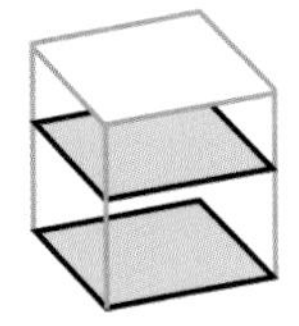
BGF 1.961 €/m²

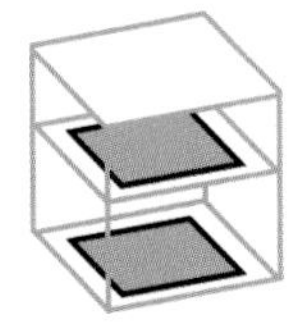
NUF 2.837 €/m²

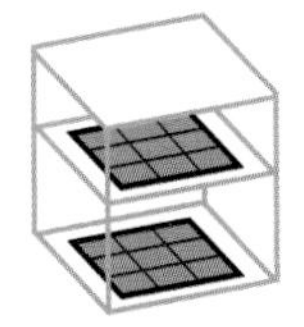
NE 2.623 €/NE
NE: m² Wohnfläche

Objekt:
Kennwerte: 1.Ebene DIN 276
BRI: 1.237 m³
BGF: 379 m²
NUF: 262 m²
Bauzeit: 56 Wochen
Bauende: 2014
Standard: über Durchschnitt
Kreis: Aachen - Städteregion, Nordrhein-Westfalen

Architekt:
Zweering Helmus
Architekten PartGmbB
Krugenofen 37
52066 Aachen

© Peter Hinschläger

© Peter Hinschläger

© Peter Hinschläger

© Peter Hinschläger

© Peter Hinschläger

© Peter Hinschläger

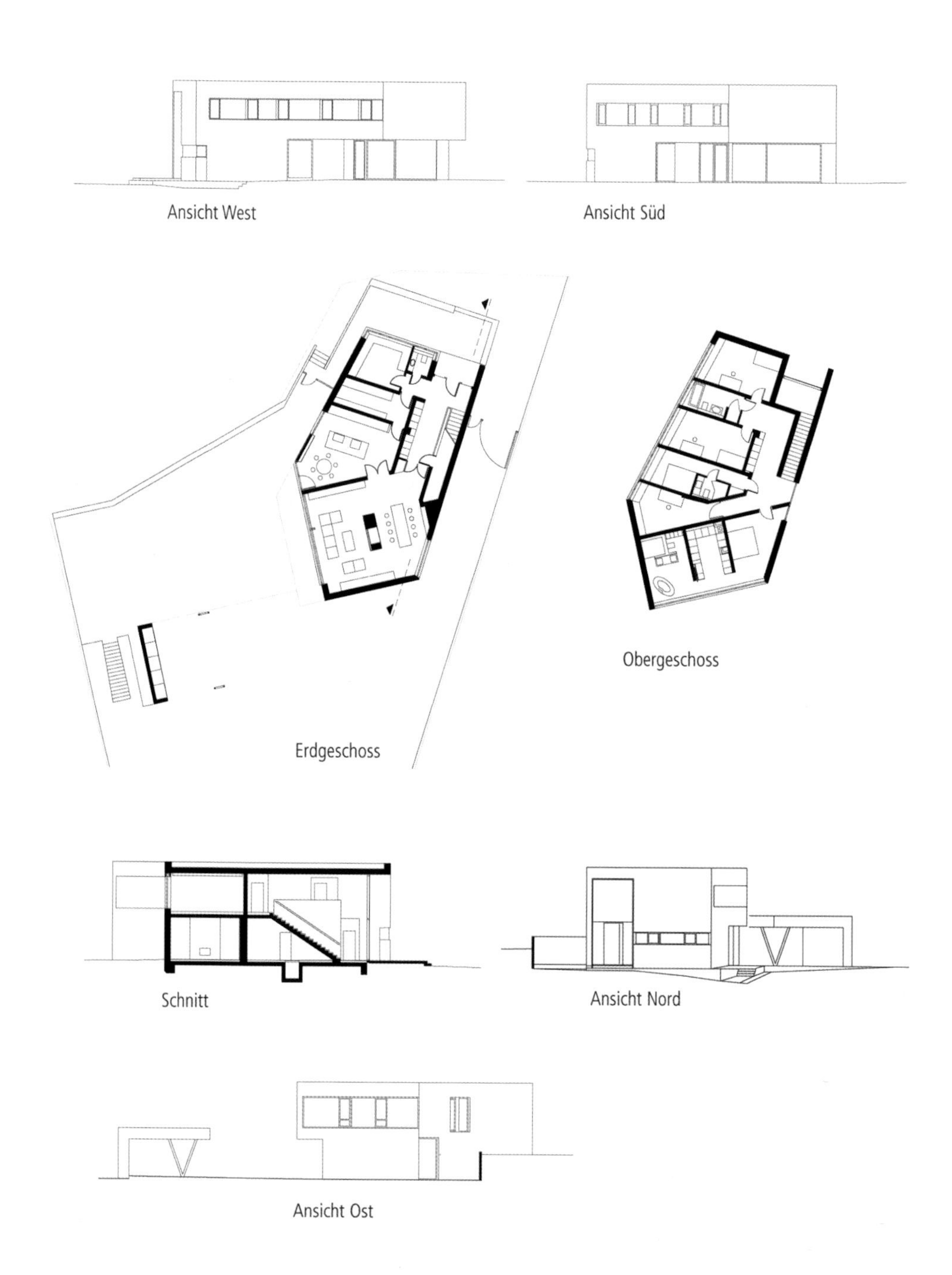
Ansicht West
Ansicht Süd
Erdgeschoss
Obergeschoss
Schnitt
Ansicht Nord
Ansicht Ost

Objektbeschreibung

Allgemeine Objektinformationen

Auf dem Grundstück des bestehenden Elternhauses der Bauherrschaft entstand ein privates Wohnhaus als zweigeschossiger kompakter Baukörper. Im Ensemble mit dem neu errichteten Carport kontrastiert der anthrazitfarbene Neubau vor dem hellen Bestandshaus.

Nutzung

1 Erdgeschoss
Wohn- und Esszimmer, Küche, Gäste-WC, Hauswirtschaftsraum, Abstellraum

1 Obergeschoss
Schlafzimmer, Kinderzimmer (2St), Arbeitszimmer, Gästezimmer, Bäder (3St)

Nutzeinheiten

Wohnfläche: 283m²
Wohneinheiten: 1

Grundstück

Bauraum: Freier Bauraum
Neigung: Geneigtes Gelände
Bodenklasse: BK 6 bis BK 7

Markt

Hauptvergabezeit: 2. Quartal 2013
Baubeginn: 3. Quartal 2013
Bauende: 3. Quartal 2014
Konjunkturelle Gesamtlage: über Durchschnitt
Regionaler Baumarkt: über Durchschnitt

Baukonstruktion

Der Neubau wurde als Massivbau konstruiert. Das Haus hat eine dunkelgraue, fast schwarze Wärmedämmverbundsystem-Putzfassade, die in Teilbereichen durch eine hinterlüftete Glasvorhangfassade akzentuiert wird. Im Innenbereich prägen eine zweigeschosshohe Sichtbetonwand, sowie eine vom Wohnbereich über die Treppe bis ins Obergeschoss durchlaufende Echtholzbekleidung das Ambiente.

Technische Anlagen

Es kam eine Fußbodenheizung in Kombination mit einer Holzhackschnitzelanlage zur Ausführung. Diese befindet sich im umgebauten Bestands-Untergeschoss und beheizt sowohl den Neu- als auch Altbau.

Planungskennwerte für Flächen und Rauminhalte nach DIN 277

Flächen des Grundstücks		Menge, Einheit	% an GF
BF	Bebaute Fläche	520,00 m²	13,6
UF	Unbebaute Fläche	3.300,00 m²	86,4
GF	Grundstücksfläche	3.820,00 m²	100,0

Grundflächen des Bauwerks		Menge, Einheit	% an NUF	% an BGF
NUF	Nutzungsfläche	262,00 m²	100,0	69,1
TF	Technikfläche	34,40 m²	13,1	9,1
VF	Verkehrsfläche	11,90 m²	4,5	3,1
NRF	Netto-Raumfläche	308,30 m²	117,7	81,3
KGF	Konstruktions-Grundfläche	70,70 m²	27,0	18,7
BGF	Brutto-Grundfläche	379,00 m²	144,7	100,0

NUF=100% BGF=144,7%
NUF TF VF KGF
NRF=117,7%

Brutto-Rauminhalt des Bauwerks		Menge, Einheit	BRI/NUF (m)	BRI/BGF (m)
BRI	Brutto-Rauminhalt	1.236,80 m³	4,72	3,26

0 1 2 3 4 BRI/NUF=4,72m
BRI/BGF=3,26m 0 1 2 3

Lufttechnisch behandelte Flächen	Menge, Einheit	% an NUF	% an BGF
Entlüftete Fläche	–	–	–
Be- und Entlüftete Fläche	–	–	–
Teilklimatisierte Fläche	–	–	–
Klimatisierte Fläche	18,00 m²	6,9	4,7

KG	Kostengruppen (2.Ebene)	Menge, Einheit	Menge/NUF	Menge/BGF
310	Baugrube	–	–	–
320	Gründung	–	–	–
330	Außenwände	–	–	–
340	Innenwände	–	–	–
350	Decken	–	–	–
360	Dächer	–	–	–

Kostenkennwerte für die Kostengruppen der 1.Ebene DIN 276

KG	Kostengruppen (1.Ebene)	Einheit	Kosten €	€/Einheit	€/m² BGF	€/m³ BRI	% 300+400
100	Grundstück	m² GF	–	–	–	–	–
200	Herrichten und Erschließen	m² GF	–	–	–	–	–
300	Bauwerk - Baukonstruktionen	m² BGF	567.041	1.496,15	1.496,15	458,47	76,3
400	Bauwerk - Technische Anlagen	m² BGF	176.235	465,00	465,00	142,49	23,7
	Bauwerk 300+400	**m² BGF**	**743.276**	**1.961,15**	**1.961,15**	**600,97**	**100,0**
500	Außenanlagen	m² AF	–	–	–	–	–
600	Ausstattung und Kunstwerke	m² BGF	–	–	–	–	–
700	Baunebenkosten	m² BGF	–	–	–	–	–

KG	Kostengruppe	Menge Einheit	Kosten €	€/Einheit	%
3+4	**Bauwerk**				**100,0**
300	**Bauwerk - Baukonstruktionen**	379,00 m² BGF	567.041	**1.496,15**	76,3

Stb-Streifenfundamente, Stb-Bodenplatte, Abdichtung, Dämmung, Heizestrich, Epoxidbeschichtung, Perimeterdämmung; KS-Mauerwerk, Stb-Wände, teilw. Sichtbeton, Mineralfaserdämmung, Putz, hinterlüftete Glasvorhangfassade, Alufenster, Lamellenraffstores (EG), Rollläden (OG); Innenmauerwerk, GK-Wände; flächenbündig integrierte Holzinnentüren, Putz, Anstrich, Wandfliesen; Stb-Decken, Dämmung, Heizestrich, Mehrschicht-Parkett, unterschnittene Sockelleisten, Bodenfliesen; Stb-Flachdach, Oberlicht, Abdichtung, Dämmung, innenliegende Dachentwässerung, teilw. abgehängte GK-Decken; Einbauschränke, Wandbekleidungen

KG	Kostengruppe	Menge Einheit	Kosten €	€/Einheit	%
400	**Bauwerk - Technische Anlagen**	379,00 m² BGF	176.235	**465,00**	23,7

Gebäudeentwässerung, Kalt- und Warmwasserleitungen, Sanitärobjekte; Hackschnitzelanlage (UG Beheizung Neu- und Altbau), Fußbodenheizung, Tunnelkamin; Klimaanlage in Teilbereichen; Elektroinstallation, Auf- und Einbauleuchten; Telefonleitungen, Gegensprechanlage mit Video; Sonnenschutzsteuerung

6100-1265
Einfamilienhaus
Garage

Objektübersicht

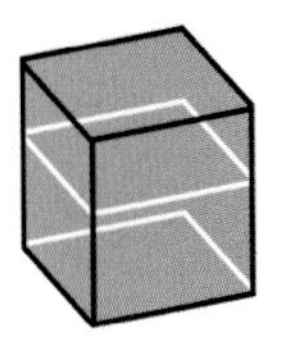

BRI 520 €/m³

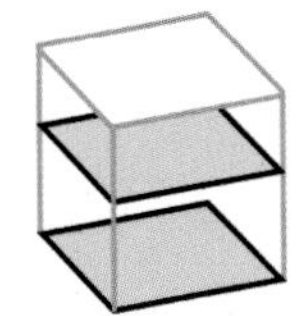

BGF 1.692 €/m²

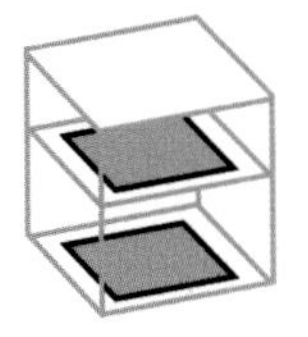

NUF 2.639 €/m²

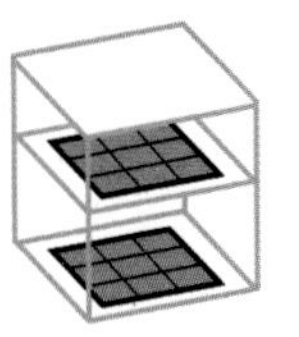

NE 2.385 €/NE
NE: m² Wohnfläche

Objekt:
Kennwerte: 1.Ebene DIN 276
BRI: 590 m³
BGF: 181 m²
NUF: 116 m²
Bauzeit: 47 Wochen
Bauende: 2014
Standard: Durchschnitt
Kreis: Dortmund - Stadt,
Nordrhein-Westfalen

Architekt:
SCHAMP & SCHMALÖER
Architekten Stadtplaner
PartGmbB
Konrad-Adenauer-Allee 10
44236 Dortmund

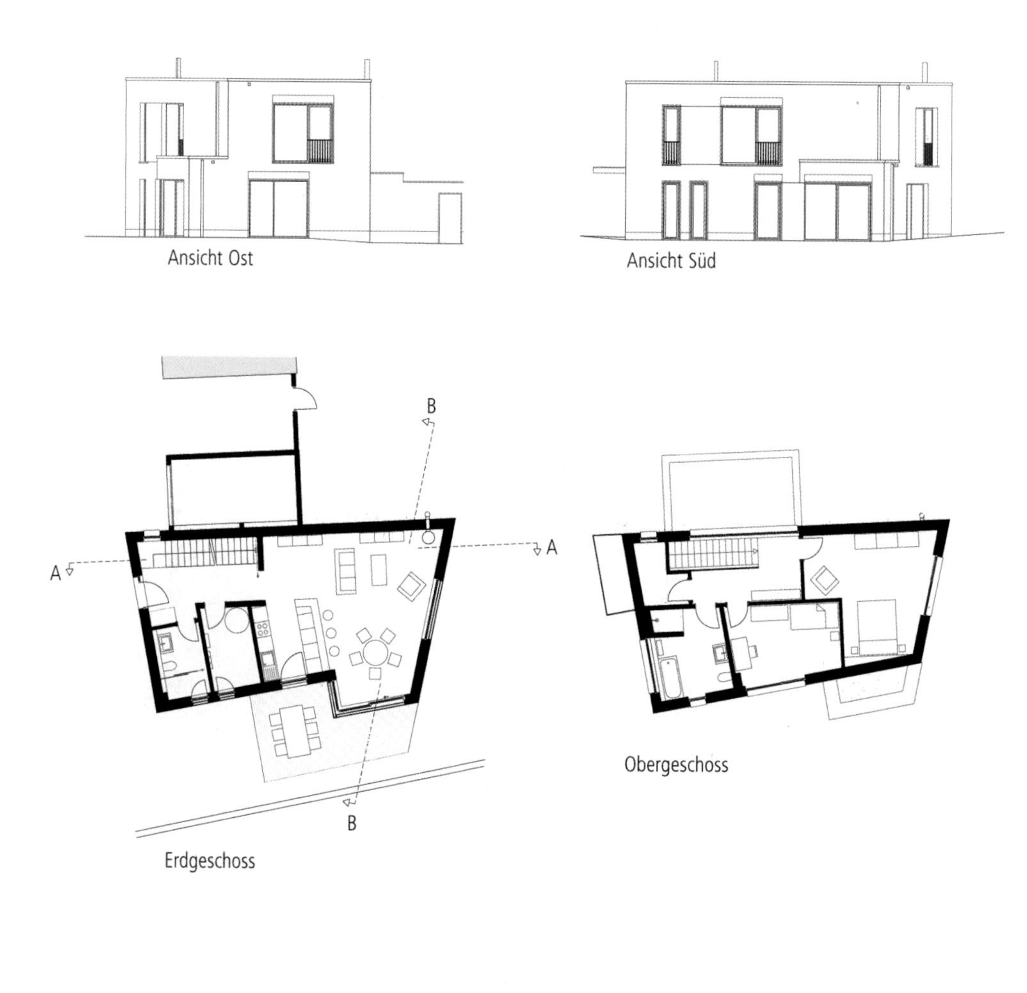

Ansicht Ost

Ansicht Süd

Erdgeschoss

Obergeschoss

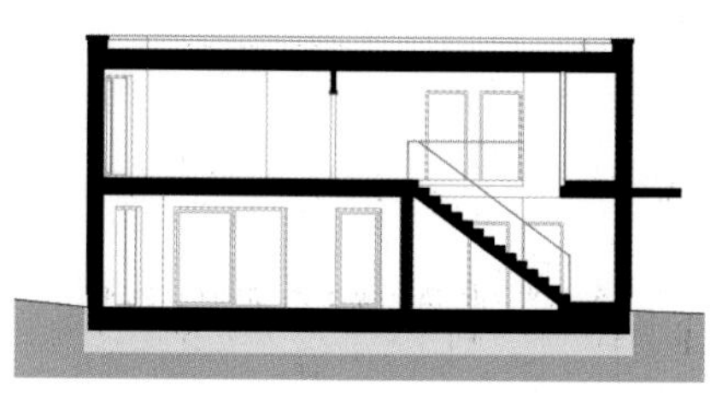

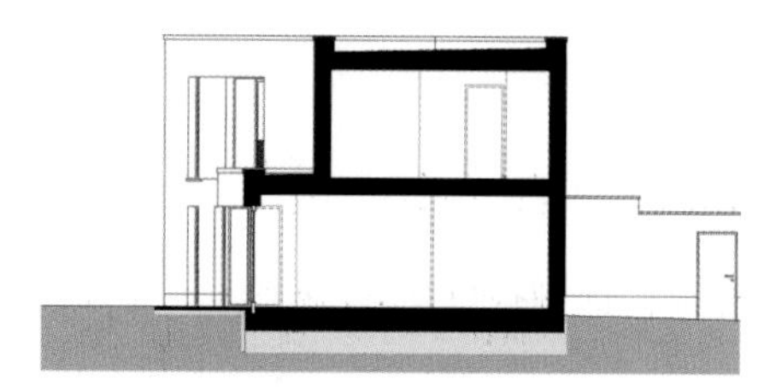

Schnitt A-A

Schnitt B-B

Objektbeschreibung

Allgemeine Objektinformationen

Das neu errichtete Einfamilienhaus steht auf einem trapezförmigen Grundstück. Der Grundriss beinhaltet kaum rechte Winkel. Die Nutzräume des Gebäudes gruppieren sich um den Eingangsbereich, während die Wohnräume zur Terrasse im Süden ausgerichtet sind. Im Erdgeschoss befinden sich die gemeinsamen Räume für das Familienleben. Die privaten Zimmer liegen im Obergeschoss. Durch die großzügigen, sich zur Gartenseite hin öffnenden Fensterflächen erhalten die Räume viel Tageslicht.

Nutzung

1 Erdgeschoss
Wohnen/Essen/Kochen, Bad, Flur, Hauswirtschaftsraum/Technik

1 Obergeschoss
Schlafzimmer, Kinderzimmer, Bad, Abstellraum

Nutzeinheiten

Wohnfläche: 129m²
Wohneinheiten: 1

Grundstück

Bauraum: Beengter Bauraum
Neigung: Ebenes Gelände
Bodenklasse: BK 1 bis BK 4

Markt

Hauptvergabezeit: 3. Quartal 2013
Baubeginn: 3. Quartal 2013
Bauende: 3. Quartal 2014
Konjunkturelle Gesamtlage: Durchschnitt
Regionaler Baumarkt: über Durchschnitt

Baukonstruktion

Das nicht unterkellerte Einfamilienhaus wurde als Massivbau ausgeführt. Die Stb-Fundamentplatte wurde unterseitig gedämmt und auf einer Schotterschicht frostfrei gegründet. Die tragenden Wände wurden aus Kalksandsteinmauerwerk hergestellt. Die Fassade wurde mit einem Wärmedämmverbundsystem bekleidet. Innen wurden die Wände und Decken verputzt und gestrichen. Als Überdachung im Eingangsbereich kam eine thermisch entkoppelte Sichtbetonplatte zum Tragen.

Technische Anlagen

Um den jährlichen Heizwärmebedarf des Einfamilienhauses zu decken, wurde eine Kombination aus Gas-Brennwertgerät und Vakuumröhrenkollektoren gewählt. Die Wärmezufuhr für die einzelnen Räume erfolgt über die Fußbodenheizung.

Sonstiges

Das Einfamilienhaus dient als Mietimmobilie.

Planungskennwerte für Flächen und Rauminhalte nach DIN 277

Flächen des Grundstücks		Menge, Einheit	% an GF
BF	Bebaute Fläche	101,70 m²	42,7
UF	Unbebaute Fläche	136,70 m²	57,3
GF	Grundstücksfläche	238,40 m²	100,0

Grundflächen des Bauwerks		Menge, Einheit	% an NUF	% an BGF
NUF	Nutzungsfläche	116,15 m²	100,0	64,1
TF	Technikfläche	6,39 m²	5,5	3,5
VF	Verkehrsfläche	26,45 m²	22,8	14,6
NRF	Netto-Raumfläche	148,99 m²	128,3	82,2
KGF	Konstruktions-Grundfläche	32,16 m²	27,7	17,8
BGF	Brutto-Grundfläche	181,15 m²	156,0	100,0

NUF=100% BGF=156,0%
NUF TF VF KGF
NRF=128,3%

Brutto-Rauminhalt des Bauwerks		Menge, Einheit	BRI/NUF (m)	BRI/BGF (m)
BRI	Brutto-Rauminhalt	590,00 m³	5,08	3,26

0 1 2 3 4 5 BRI/NUF=5,08m
0 1 2 3 BRI/BGF=3,26m

Lufttechnisch behandelte Flächen	Menge, Einheit	% an NUF	% an BGF
Entlüftete Fläche	–	–	–
Be- und Entlüftete Fläche	–	–	–
Teilklimatisierte Fläche	–	–	–
Klimatisierte Fläche	–	–	–

KG	Kostengruppen (2.Ebene)	Menge, Einheit	Menge/NUF	Menge/BGF
310	Baugrube	–	–	–
320	Gründung	–	–	–
330	Außenwände	–	–	–
340	Innenwände	–	–	–
350	Decken	–	–	–
360	Dächer	–	–	–

Kostenkennwerte für die Kostengruppen der 1.Ebene DIN 276

KG	Kostengruppen (1.Ebene)	Einheit	Kosten €	€/Einheit	€/m² BGF	€/m³ BRI	% 300+400
100	Grundstück	m² GF	–	–	–	–	–
200	Herrichten und Erschließen	m² GF	–	–	–	–	–
300	Bauwerk - Baukonstruktionen	m² BGF	260.179	1.436,26	1.436,26	440,98	84,9
400	Bauwerk - Technische Anlagen	m² BGF	46.391	256,09	256,09	78,63	15,1
	Bauwerk 300+400	**m² BGF**	**306.570**	**1.692,35**	**1.692,35**	**519,61**	**100,0**
500	Außenanlagen	m² AF	–	–	–	–	–
600	Ausstattung und Kunstwerke	m² BGF	–	–	–	–	–
700	Baunebenkosten	m² BGF	–	–	–	–	–

KG	Kostengruppe	Menge Einheit	Kosten €	€/Einheit	%
3+4	**Bauwerk**				**100,0**
300	**Bauwerk - Baukonstruktionen**	181,15 m² BGF	260.179	**1.436,26**	84,9

Baugrubenaushub; Stb-Fundamentplatte, Abdichtung, Wärmedämmung, Heizestrich, Parkett, Bodenfliesen, Dränageschotter, Perimeterdämmung; KS-Mauerwerk, Stb-Filigranwände (Garage), Eingangstür, Fenster, Dreifachverglasung, Sektionaltor, WDVS, Putz, Anstrich, außenliegender Sonnenschutz, Stb-Vordach; KS-Innenmauerwerk, Stb-Wandscheibe, GK-Wände, Stb-Fertigteilstütze (Garage), Holztüren, Glasschiebetür, Putz, Anstrich; Stb-Decke, Stb-Treppe, Dämmung, Heizestrich, Parkett, Bodenfliesen, Putz, Edelstahlgeländer; Stb-Flachdächer, Abdichtung, Gefälledämmung, Dachentwässerung

KG	Kostengruppe	Menge Einheit	Kosten €	€/Einheit	%
400	**Bauwerk - Technische Anlagen**	181,15 m² BGF	46.391	**256,09**	15,1

Gebäudeentwässerung, Kalt- und Warmwasserleitungen, Sanitärobjekte; Gas-Brennwertkessel, Pufferspeicher, Vakuumröhrenkollektoren; Elektroinstallation; Telekommunikationsanschluss, Sat-Anlage

Objektübersicht

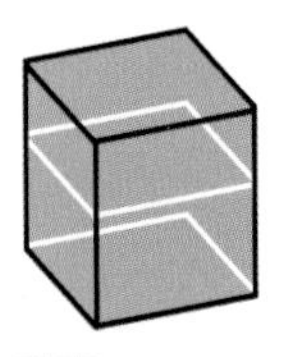

BRI 586 €/m³

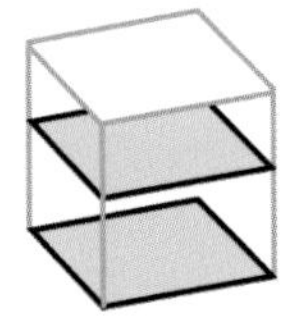

BGF 1.925 €/m²

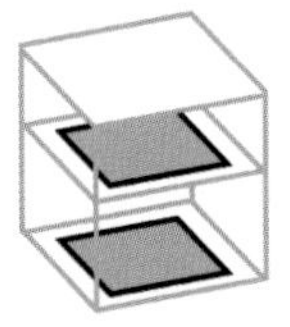

NUF 2.502 €/m²

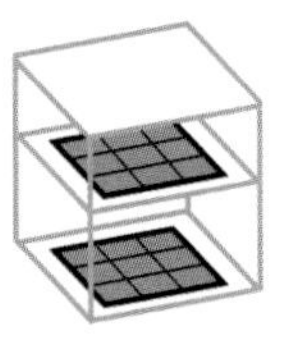

NE 2.648 €/NE
NE: m² Wohnfläche

Objekt:
Kennwerte: 1.Ebene DIN 276
BRI: 460 m³
BGF: 140 m²
NUF: 108 m²
Bauzeit: 56 Wochen
Bauende: 2014
Standard: Durchschnitt
Kreis: Vorpommern-Rügen,
Mecklenburg-Vorpommern

Architekt:
gorinistreck architekten
Cantianstraße 11
10437 Berlin

© Isabel Alvarez

© Isabel Alvarez

© Isabel Alvarez

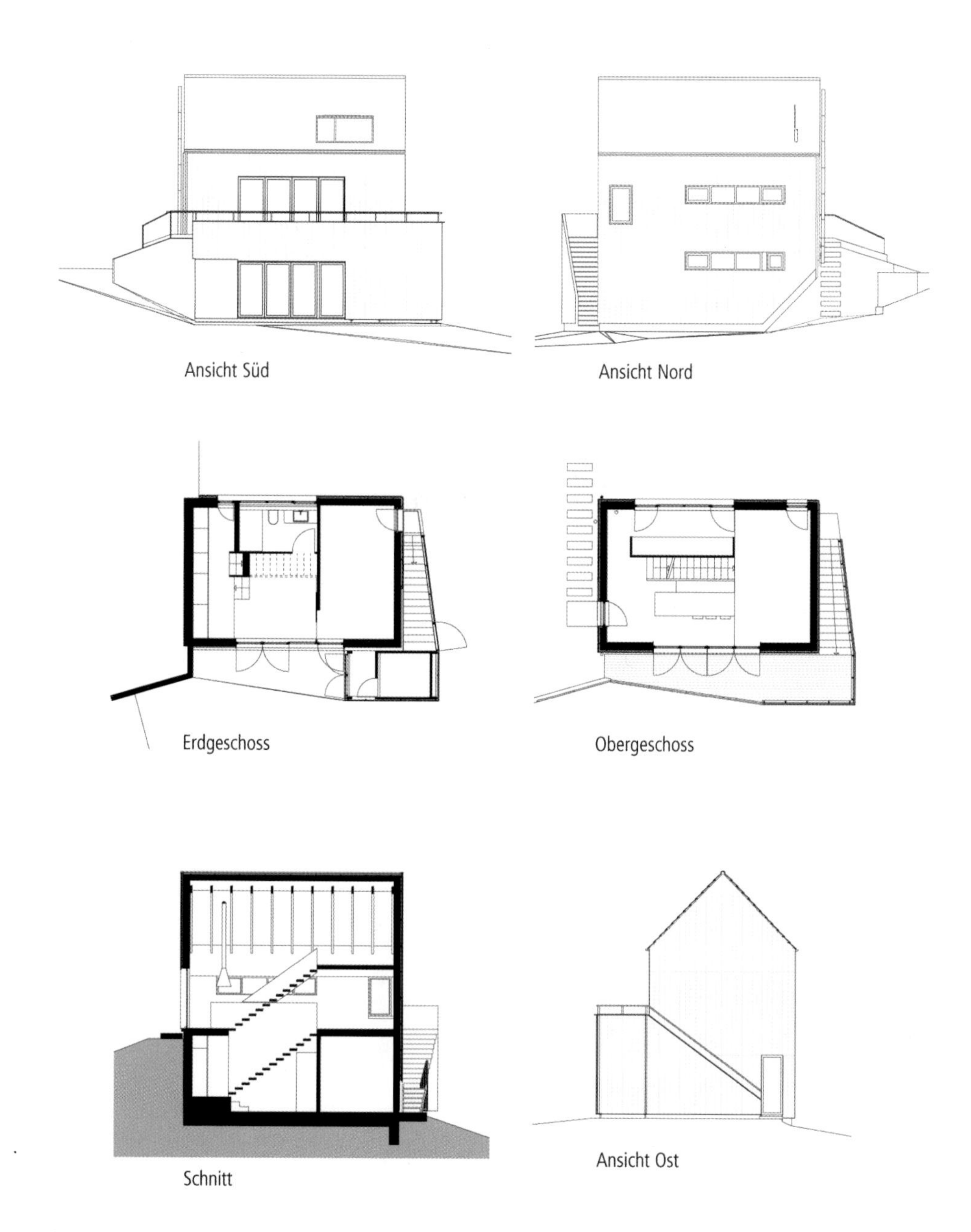

Ansicht Süd

Ansicht Nord

Erdgeschoss

Obergeschoss

Schnitt

Ansicht Ost

Objektbeschreibung

Allgemeine Objektinformationen

Dieses Objekt aus nachwachsenden Rohstoffen steht auf einem Grundstück im alten Dorfkern, auf einer schmalen Landzunge zwischen Ostseeküste und Bodden. An diesem Ort galt es ein Wohnhaus aus den 1940ern durch ein unabhängiges Wohngebäude zu ergänzen. Das Gelände fällt von Südwesten nach Nordosten hin mehrere Meter ab. Um jede zusätzliche Flächenversiegelung zu vermeiden, wurde der Neubau am Standort eines Schuppens errichtet. Damit liegt er in einer Geländesenke der Dünenlandschaft, ca. 4,00m tiefer als die umgebende Bebauung. Das Haus besitzt eine reduzierte Grundfläche von ca. 5,00x8,00m über zweieinhalb Geschosse. Das Schwarz der Fassade kontrastiert zu den hellen Innenräumen. Nur das Kinderzimmer und das Bad erhalten Wände und damit klassische Raumabschlüsse.

Nutzung

1 Erdgeschoss
Kinderzimmer, Bad

1 Obergeschoss
Wohnen/Kochen/Essen

1 Dachgeschoss
Schlafgalerie

Nutzeinheiten

Wohnfläche: 102m²
Wohneinheiten: 1

Grundstück

Bauraum: Freier Bauraum
Neigung: Hanglage
Bodenklasse: BK 1 bis BK 3

Markt

Hauptvergabezeit: 2. Quartal 2013
Baubeginn: 2. Quartal 2013
Bauende: 2. Quartal 2014
Konjunkturelle Gesamtlage: Durchschnitt
Regionaler Baumarkt: unter Durchschnitt

Baukonstruktion

Das Gebäude entstand in Massivholzbauweise mit kreuzweise verleimtem Brettsperrholz. Hierbei wurde der gesamte Holzverschnitt aus Fenster- und Deckenöffnungen für baukonstruktive Einbauten oder die Treppe verwendet. Im Inneren bleibt der größtmögliche Teil der Baukonstruktion aus Holz sichtbar. Das Sparrendach, der Estrich, und die Massivholzwände bleiben unbekleidet. Die Kiefernholzverschalung der Fassade hat einen schwarzen Schutzanstrich aus wasserbasierter Schlammfarbe erhalten. Die Holzfassade wurde mit Holzwolle gedämmt. Sämtliche Fenster haben eine dreifache Verglasung und besitzen Holzrahmen.

Technische Anlagen

Im Gebäude sorgt ein Gas-Brennwertkessel mit Wasserspeicher für die Warmwasserversorgung. Die Heizwärme wird über eine Fußbodenheizung an die Räume weiter gegeben.

Sonstiges

Der Einsatz nachwachsender Rohstoffe spielt nicht nur in der Fassade, sondern auch beim Energiekonzept eine wesentliche Rolle. So unterschreitet das Objekt den EnEV um 15% und weist einem negativen Gesamtprimärenergiebedarf bei den Bauelementen Holzfassade mit Holzwolledämmung auf. Mit der Massivholzkonstruktion unterstützt der Bau zusätzlich das schadstoffarme Bauen.

Planungskennwerte für Flächen und Rauminhalte nach DIN 277

Flächen des Grundstücks		Menge, Einheit	% an GF
BF	Bebaute Fläche	73,30 m²	9,9
UF	Unbebaute Fläche	665,70 m²	90,1
GF	Grundstücksfläche	739,00 m²	100,0

Grundflächen des Bauwerks		Menge, Einheit	% an NUF	% an BGF
NUF	Nutzungsfläche	107,78 m²	100,0	76,9
TF	Technikfläche	1,50 m²	1,4	1,1
VF	Verkehrsfläche	7,72 m²	7,2	5,5
NRF	Netto-Raumfläche	117,00 m²	108,6	83,5
KGF	Konstruktions-Grundfläche	23,12 m²	21,5	16,5
BGF	Brutto-Grundfläche	140,12 m²	130,0	100,0

NUF=100% BGF=130,0%
NRF=108,6%
NUF TF VF KGF

Brutto-Rauminhalt des Bauwerks		Menge, Einheit	BRI/NUF (m)	BRI/BGF (m)
BRI	Brutto-Rauminhalt	460,00 m³	4,27	3,28

BRI/NUF=4,27m
BRI/BGF=3,28m

Lufttechnisch behandelte Flächen	Menge, Einheit	% an NUF	% an BGF
Entlüftete Fläche	–	–	–
Be- und Entlüftete Fläche	–	–	–
Teilklimatisierte Fläche	–	–	–
Klimatisierte Fläche	–	–	–

KG	Kostengruppen (2.Ebene)	Menge, Einheit	Menge/NUF	Menge/BGF
310	Baugrube	–	–	–
320	Gründung	–	–	–
330	Außenwände	–	–	–
340	Innenwände	–	–	–
350	Decken	–	–	–
360	Dächer	–	–	–

Kostenkennwerte für die Kostengruppen der 1.Ebene DIN 276

KG	Kostengruppen (1.Ebene)	Einheit	Kosten €	€/Einheit	€/m² BGF	€/m³ BRI	% 300+400
100	Grundstück	m² GF	–	–	–	–	–
200	Herrichten und Erschließen	m² GF	–	–	–	–	–
300	Bauwerk - Baukonstruktionen	m² BGF	244.056	1.741,76	1.741,76	530,56	90,5
400	Bauwerk - Technische Anlagen	m² BGF	25.635	182,95	182,95	55,73	9,5
	Bauwerk 300+400	**m² BGF**	**269.691**	**1.924,71**	**1.924,71**	**586,28**	**100,0**
500	Außenanlagen	m² AF	–	–	–	–	–
600	Ausstattung und Kunstwerke	m² BGF	–	–	–	–	–
700	Baunebenkosten	m² BGF	–	–	–	–	–

KG	Kostengruppe	Menge Einheit	Kosten €	€/Einheit	%
3+4	**Bauwerk**				**100,0**
300	**Bauwerk - Baukonstruktionen**	140,12 m² BGF	244.056	**1.741,76**	90,5

Stb-Bodenplatte, Zementestrich, geschliffen; Massivholzwände, kreuzverleimtes Brettsperrholz, Holzfenster, Holzfaserdämmung, d=180mm, hinterlüftete Holzschalung, Anstrich; Massivholzinnenwände, kreuzverleimtes Brettsperrholz, Schiebetüre; Massivholzdecken, kreuzverleimtes Brettsperrholz, Zementestrich, geschliffen; Holzdachkonstruktion, Dachfenster, Aufdachdämmung, Biberschwanz-Doppeldeckung, Dachentwässerung

KG	Kostengruppe	Menge Einheit	Kosten €	€/Einheit	%
400	**Bauwerk - Technische Anlagen**	140,12 m² BGF	25.635	**182,95**	9,5

Gebäudeentwässerung, Kalt- und Warmwasserleitungen, Sanitärobjekte; Gas-Brennwerttherme, Kompaktgerät mit Wasserspeicher, Fußbodenheizung; Elektroinstallation

6100-1271
Zweifamilienhaus
Einliegerwohnung
Doppelgarage

Objektübersicht

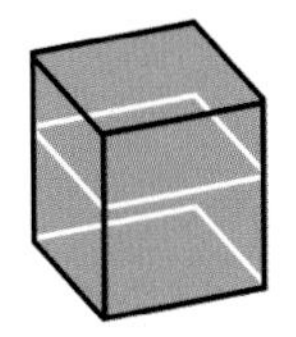

BRI 506 €/m³

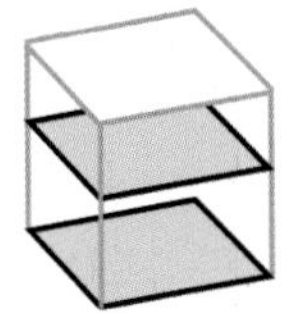

BGF 1.452 €/m²

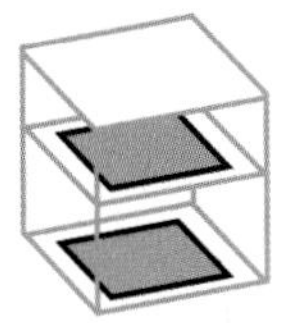

NUF 1.910 €/m²

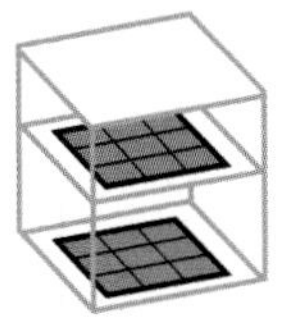

NE 3.202 €/NE
NE: m² Wohnfläche

Objekt:
Kennwerte: 1.Ebene DIN 276
BRI: 1.625 m³
BGF: 567 m²
NUF: 431 m²
Bauzeit: 56 Wochen
Bauende: 2014
Standard: über Durchschnitt
Kreis: Karlsruhe,
Baden-Württemberg

Architekt:
m_architekten gmbh
mattias huismans, judith haas
dipl.-ing. freie architekten
Hirschstraße 54
76133 Karlsruhe

© Stephan Baumann

© Stephan Baumann

© Stephan Baumann

© Stephan Baumann

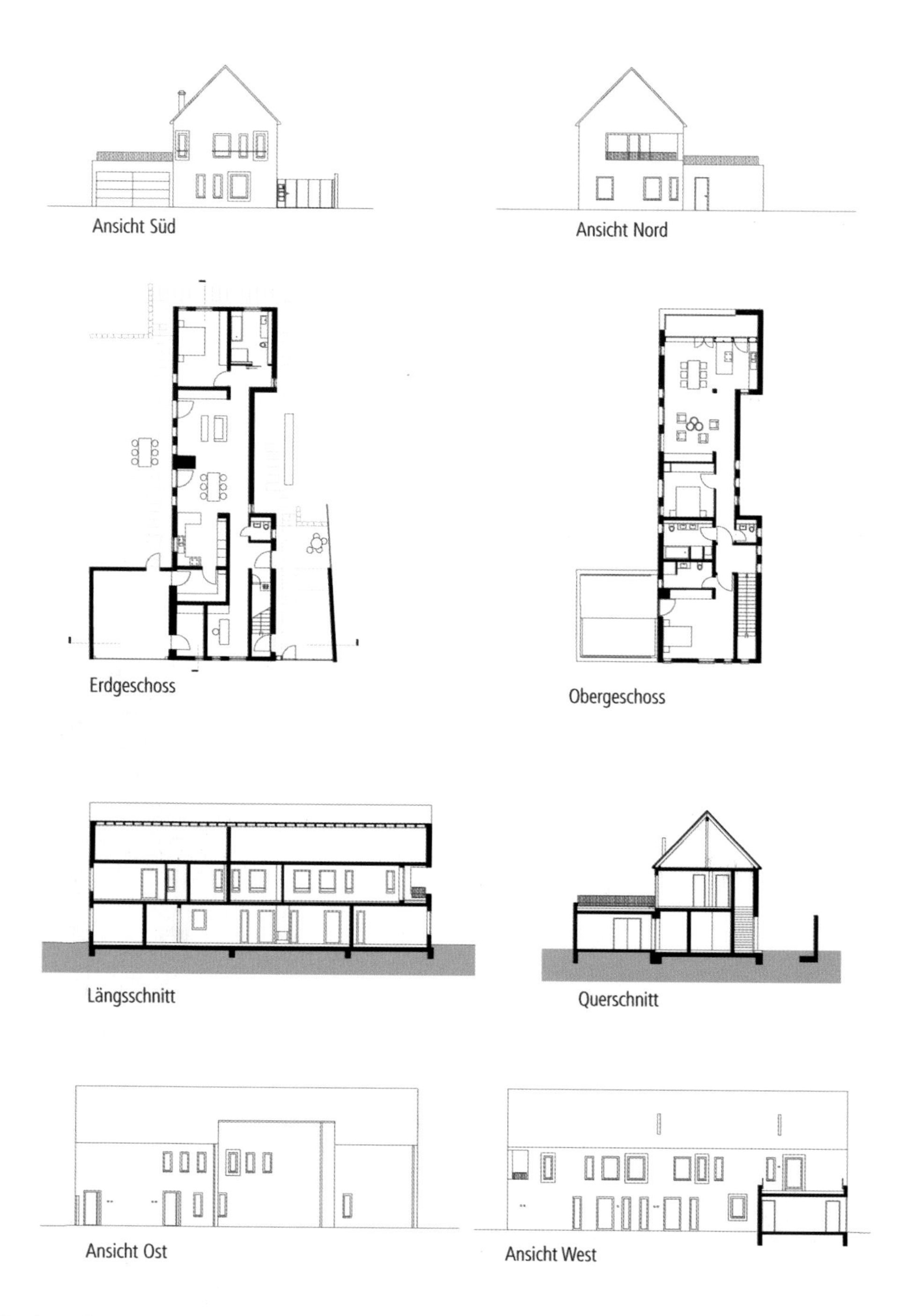
Ansicht Süd
Ansicht Nord
Erdgeschoss
Obergeschoss
Längsschnitt
Querschnitt
Ansicht Ost
Ansicht West

6100-1271
Zweifamilienhaus
Einliegerwohnung
Doppelgarage

Objektbeschreibung

Allgemeine Objektinformationen

Das Zweifamilienwohnhaus befindet sich im Ortskern Weingartens. Es besteht eine örtliche Bauvorschrift zur Erhaltung und Gestaltung des Ortskerns. Das Grundstück befindet sich zwischen zwei giebelständigen Gebäuden. Ein kleiner Schuppen schneidet in das Grundstück ein. Die direkt an die Straßenkante gebauten Gebäude bilden das Straßenbild.

Nutzung

1 Erdgeschoss
Wohnen/Essen, Küche, Arbeitszimmer, Schlafzimmer, Bad, WC, Diele, Flur, Abstellraum, Technik, Garage

1 Obergeschoss
Wohnen/Essen/Kochen, Schlafzimmer, Bad, WC, Flur, Loggia
Einliegerwohnung: Schlafen/Wohnen/Teeküche, Bad, Dachterrasse

1 Dachgeschoss
Dachboden

Nutzeinheiten

Wohnfläche: 257m²
Wohneinheiten: 3

Grundstück

Bauraum: Beengter Bauraum
Neigung: Ebenes Gelände
Bodenklasse: BK 1 bis BK 3

Markt

Hauptvergabezeit: 4. Quartal 2013
Baubeginn: 4. Quartal 2013
Bauende: 4. Quartal 2014
Konjunkturelle Gesamtlage: über Durchschnitt
Regionaler Baumarkt: Durchschnitt

Baukonstruktion

Der Neubau entstand in Mischbauweise. Die aussteifenden Wände wurden in Mauerwerk und Stahlbeton errichtet. Die Fassade wurde im Bereich der Stahlbetonwände mit einem Wärmedämmverbundsystem versehen. Die Holzfenster sind zum Teil innenbündig mit Schattenfuge und im Außenbereich mit Akzenten aus Außenputz ausgeführt. Das Holzpfettendach ist mit Strangfalzziegel gedeckt.

Technische Anlagen

Das Haus wurde nach der EnEV 2015 erstellt. Die Versorgung erfolgt mit Gas. Um ein Nachrüsten von Photovoltaikelementen zu vereinfachen wurden Leerrohre verlegt. Die Elektrosteuerung erfolgt über ein Bussystem.

Planungskennwerte für Flächen und Rauminhalte nach DIN 277

Flächen des Grundstücks		Menge, Einheit	% an GF
BF	Bebaute Fläche	215,00 m²	44,8
UF	Unbebaute Fläche	265,00 m²	55,2
GF	Grundstücksfläche	480,00 m²	100,0

Grundflächen des Bauwerks		Menge, Einheit	% an NUF	% an BGF
NUF	Nutzungsfläche	430,94 m²	100,0	76,0
TF	Technikfläche	8,22 m²	1,9	1,5
VF	Verkehrsfläche	44,36 m²	10,3	7,8
NRF	Netto-Raumfläche	483,52 m²	112,2	85,3
KGF	Konstruktions-Grundfläche	83,21 m²	19,3	14,7
BGF	Brutto-Grundfläche	566,73 m²	131,5	100,0

NUF=100% BGF=131,5% NRF=112,2%

NUF TF VF KGF

Brutto-Rauminhalt des Bauwerks		Menge, Einheit	BRI/NUF (m)	BRI/BGF (m)
BRI	Brutto-Rauminhalt	1.625,00 m³	3,77	2,87

0 1 2 3 BRI/NUF=3,77m

BRI/BGF=2,87m 0 1 2

Lufttechnisch behandelte Flächen	Menge, Einheit	% an NUF	% an BGF
Entlüftete Fläche	–	–	–
Be- und Entlüftete Fläche	–	–	–
Teilklimatisierte Fläche	–	–	–
Klimatisierte Fläche	–	–	–

KG	Kostengruppen (2.Ebene)	Menge, Einheit	Menge/NUF	Menge/BGF
310	Baugrube	–	–	–
320	Gründung	–	–	–
330	Außenwände	–	–	–
340	Innenwände	–	–	–
350	Decken	–	–	–
360	Dächer	–	–	–

Kostenkennwerte für die Kostengruppen der 1.Ebene DIN 276

KG	Kostengruppen (1.Ebene)	Einheit	Kosten €	€/Einheit	€/m² BGF	€/m³ BRI	% 300+400
100	Grundstück	m² GF	–	–	–	–	–
200	Herrichten und Erschließen	m² GF	7.182	14,96	12,67	4,42	0,9
300	Bauwerk - Baukonstruktionen	m² BGF	638.746	1.127,07	1.127,07	393,07	77,6
400	Bauwerk - Technische Anlagen	m² BGF	184.150	324,93	324,93	113,32	22,4
	Bauwerk 300+400	**m² BGF**	**822.896**	**1.452,01**	**1.452,01**	**506,40**	**100,0**
500	Außenanlagen	m² AF	–	–	–	–	–
600	Ausstattung und Kunstwerke	m² BGF	–	–	–	–	–
700	Baunebenkosten	m² BGF	–	–	–	–	–

KG	Kostengruppe	Menge Einheit	Kosten €	€/Einheit	%
200	**Herrichten und Erschließen**	480,00 m² GF	7.182	**14,96**	100,0

Wasseranschluss, Gasanschluss

KG	Kostengruppe	Menge Einheit	Kosten €	€/Einheit	%
3+4	**Bauwerk**				**100,0**
300	**Bauwerk - Baukonstruktionen**	566,73 m² BGF	638.746	**1.127,07**	77,6

Erdarbeiten; Stb-Streifenfundamente, Stb-Bodenplatten, Abdichtung, Dämmung, Heizestrich, Zementspachtel, Bodenfliesen, Dränage; Stb-Wände, perlitegefülltes Hlz-Mauerwerk, Holz-Eingangstür, Sektionaltor, Holzfenster, WDVS, Putz, Anstrich, GK-Vorwände, Wandfliesen, Holzbekleidung, Rollläden, Absturzsicherungen; Stb-Wände, Hlz-Innenmauerwerk, raumhohe Blockzargen, Holztüren, Putz, Anstrich, GK-Vorwände, Wandfliesen; Stb-Decken, Dämmung, Heizestrich, Parkett, d=8mm, Bodenfliesen, Putz, Anstrich; Holzsparrendach, Dämmung, Dachziegel, Dachentwässerung, OSB-Bekleidung, Stb-Flachdach, Bitumenabdichtung, extensive Dachbegrünung, Dachterrasse, Stahlgeländer

KG	Kostengruppe	Menge Einheit	Kosten €	€/Einheit	%
400	**Bauwerk - Technische Anlagen**	566,73 m² BGF	184.150	**324,93**	22,4

Gebäudeentwässerung (schallgedämmt), Brunnenanlage, Kalt- und Warmwasserleitungen, Sanitärobjekte; Gas-Brennwertkessel, Fußbodenheizung; Elektroinstallation, Einbauleuchten; Video-Türsprechanlage; Bus-System

6100-1283
Mehrfamilienhaus
(24 WE)
TG (20 STP)

Objektübersicht

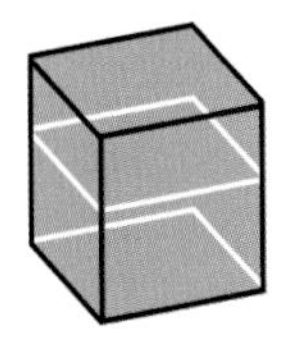

BRI 318 €/m³

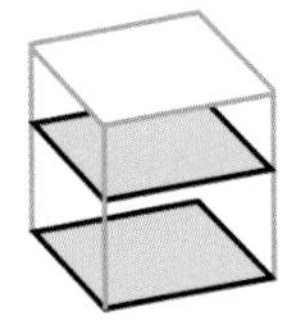

BGF 1.022 €/m²

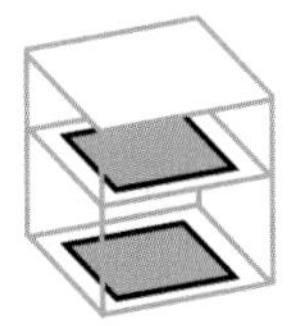

NUF 1.929 €/m²

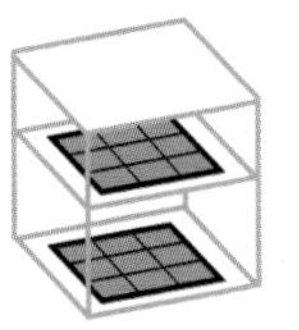

NE 1.847 €/NE
NE: m² Wohnfläche

Objekt:
Kennwerte: 1.Ebene DIN 276
BRI: 10.114 m³
BGF: 3.143 m²
NUF: 1.665 m²
Bauzeit: 60 Wochen
Bauende: 2014
Standard: Durchschnitt
Kreis: Bremen - Stadt, Bremen

Architekt:
Gruppe GME
Architekten + Designer
Paulsbergstraße 11
28832 Achim

© Studio-S-Seekamp

© Studio-S-Seekamp

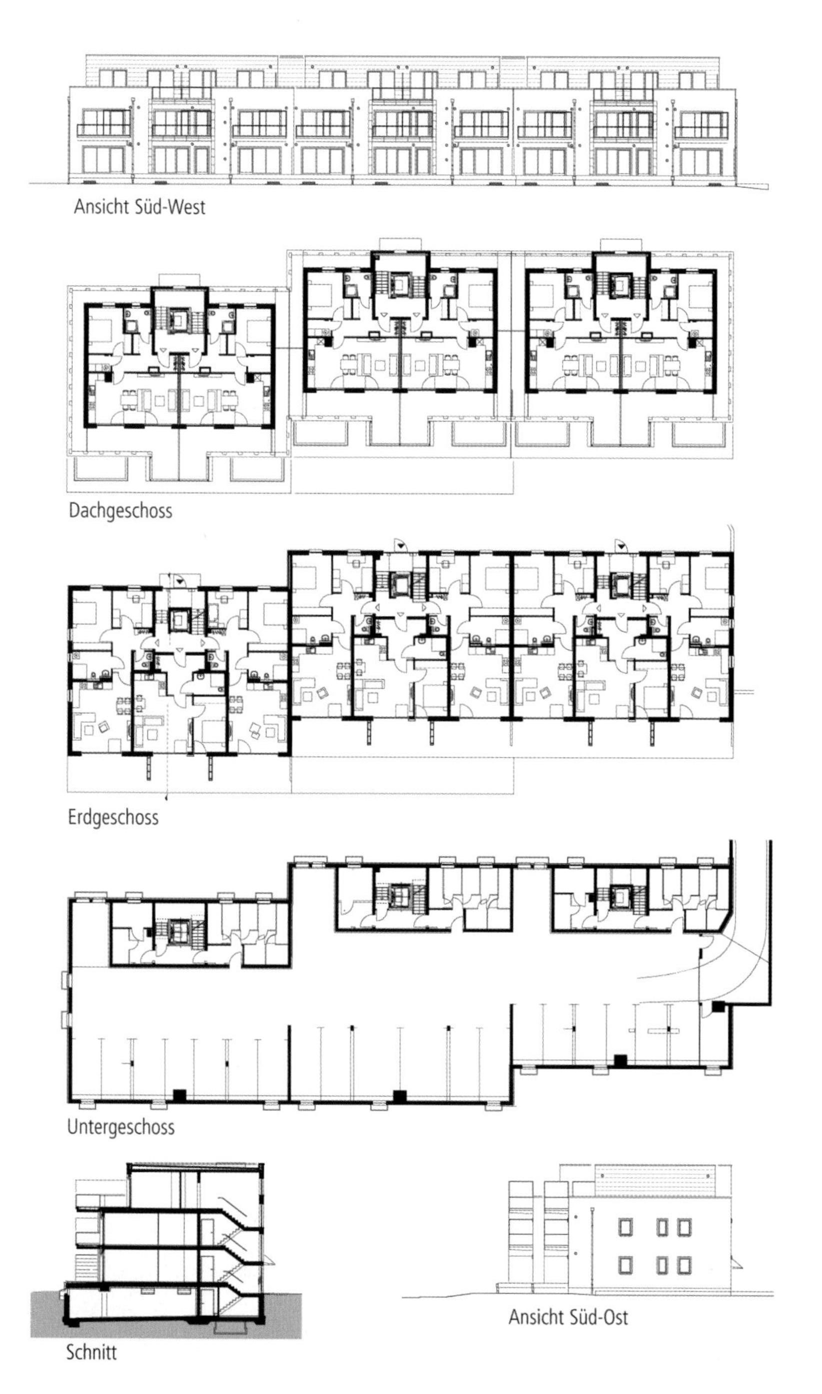

Ansicht Süd-West

Dachgeschoss

Erdgeschoss

Untergeschoss

Schnitt

Ansicht Süd-Ost

6100-1283
Mehrfamilienhaus
(24 WE)
TG (20 STP)

Objektbeschreibung

Allgemeine Objektinformationen

Das Wohngebäude wurde von der Bauherrschaft für den Eigenbestand zur Vermietung gebaut. Um die drei Staffelgeschossbaukörper leicht zu kontrastieren, sind diese in hellgrau mit Glattputzstreifen ausgeführt.

Nutzung

1 Untergeschoss
Stellplätze (20St), Fahrradkeller, Waschraum, Abstellräume, Haustechnikräume

1 Erdgeschoss
Wohnräume, Wohnküchen, Bäder, WCs

1 Obergeschoss
Wohnräume, Wohnküchen, Bäder, WCs, Balkone

1 Dachgeschoss
Wohnräume, Wohnküchen, Bäder, Dachterrassen

Nutzeinheiten

Wohnfläche: 1.738m^2
Wohneinheiten: 24

Grundstück

Bauraum: Freier Bauraum
Neigung: Ebenes Gelände
Bodenklasse: BK 3

Markt

Hauptvergabezeit: 4. Quartal 2012
Baubeginn: 2. Quartal 2013
Bauende: 3. Quartal 2014
Konjunkturelle Gesamtlage: Durchschnitt
Regionaler Baumarkt: über Durchschnitt

Besonderer Kosteneinfluss Marktsituation:
GU-Auftrag

Baukonstruktion

Der Neubau entstand in Massivbauweise mit Außenwänden aus monolithischem Mauerwerk, um ein Wärmedämmverbundsystem vermeiden zu können. Die Außenwände sind komplett weiß verputzt. Alle Decken, sowie die Treppen und die Dachdecke wurden aus Stahlbeton hergestellt. Die Fensterrahmen sind außen anthrazit- und innen weißfarbig beschichtet. Die vorgehängten Balkone wurden thermisch getrennt und erhielten Schall- und Sichtschutzwände aus verzinktem Stahlrohrrahmen mit Glasfüllungen, wie auch die Absturzsicherungen. Alle Flachdächer und Terrassenflächen sind mit Dachfolie abgedichtet.

Technische Anlagen

Das Gebäude wird mit einer Gas-Brennwerttherme beheizt. Die Wärmeübertragung erfolgt über Plattenheizkörper. Die Erwärmung des Trinkwassers wird durch eine Solarthermieanlage unterstützt. Alle Wohnungen erhielten eine dezentrale Wohnungslüftung mit Wärmerückgewinnung. Die Fenster sind straßenseitig hoch schalldämmend ausgeführt.

Sonstiges

Drei der Balkonreihen wurden mit einer Einhausung aus grauen Platten verkleidet. Jedes der drei Treppenhäuser verfügt über einen barrierefreien Aufzug.

Planungskennwerte für Flächen und Rauminhalte nach DIN 277

Flächen des Grundstücks		Menge, Einheit	% an GF
BF	Bebaute Fläche	1.022,40 m²	39,6
UF	Unbebaute Fläche	1.562,60 m²	60,4
GF	Grundstücksfläche	2.585,00 m²	100,0

Grundflächen des Bauwerks		Menge, Einheit	% an NUF	% an BGF
NUF	Nutzungsfläche	1.664,89 m²	100,0	53,0
TF	Technikfläche	35,32 m²	2,1	1,1
VF	Verkehrsfläche	905,56 m²	54,4	28,8
NRF	Netto-Raumfläche	2.605,77 m²	156,5	82,9
KGF	Konstruktions-Grundfläche	537,63 m²	32,3	17,1
BGF	Brutto-Grundfläche	3.143,40 m²	188,8	100,0

NUF=100% BGF=188,8%
NUF TF VF KGF
NRF=156,5%

Brutto-Rauminhalt des Bauwerks		Menge, Einheit	BRI/NUF (m)	BRI/BGF (m)
BRI	Brutto-Rauminhalt	10.113,77 m³	6,07	3,22

0 1 2 3 4 5 6 BRI/NUF=6,07m

0 1 2 3 BRI/BGF=3,22m

Lufttechnisch behandelte Flächen	Menge, Einheit	% an NUF	% an BGF
Entlüftete Fläche	–	–	–
Be- und Entlüftete Fläche	–	–	–
Teilklimatisierte Fläche	–	–	–
Klimatisierte Fläche	–	–	–

KG	Kostengruppen (2.Ebene)	Menge, Einheit	Menge/NUF	Menge/BGF
310	Baugrube	–	–	–
320	Gründung	–	–	–
330	Außenwände	–	–	–
340	Innenwände	–	–	–
350	Decken	–	–	–
360	Dächer	–	–	–

6100-1283
Mehrfamilienhaus
(24 WE)
TG (20 STP)

Kostenkennwerte für die Kostengruppen der 1.Ebene DIN 276

KG	Kostengruppen (1.Ebene)	Einheit	Kosten €	€/Einheit	€/m² BGF	€/m³ BRI	% 300+400
100	Grundstück	m² GF	–	–	–	–	–
200	Herrichten und Erschließen	m² GF	–	–	–	–	–
300	Bauwerk - Baukonstruktionen	m² BGF	2.347.298	746,74	746,74	232,09	73,1
400	Bauwerk - Technische Anlagen	m² BGF	864.059	274,88	274,88	85,43	26,9
	Bauwerk 300+400	**m² BGF**	**3.211.357**	**1.021,62**	**1.021,62**	**317,52**	**100,0**
500	Außenanlagen	m² AF	68.516	285,48	21,80	6,77	2,1
600	Ausstattung und Kunstwerke	m² BGF	–	–	–	–	–
700	Baunebenkosten	m² BGF	–	–	–	–	–

KG	Kostengruppe	Menge Einheit	Kosten €	€/Einheit	%
3+4	**Bauwerk**				**100,0**
300	**Bauwerk - Baukonstruktionen**	3.143,40 m² BGF	2.347.298	**746,74**	73,1

Baugrubenaushub, Baugrubenverbau, Wasserhaltung; Stb-Fundamente, Stb-Bodenplatte, WU-Beton, Verbundestrich, Estrich, Anstrich, Betonwerkstein, Beschichtung, Abdichtung, Kiesfilterschicht, Perimeterdämmung; Stb-Wände, teilw. WU-Beton, Porenbetonwände, Stb-Stützen, Kunststofffenster, Dreifachverglasung, z.T. schalldämmend, Garagentor, Leichtputz, elektrische Rollläden; Innenmauerwerk, Stb-Wände, Wandfliesen; Stb-Decken, Stb-Fertigteilbalkone, Stb-Treppen, Estrich, Vinyl-Belag, Betonwerkstein, Bodenfliesen, Hartholzbelag (Balkone, Terrassen), Glas-Stahl-Schallschutzwände (Balkone, Terrassen), Glas-Stahl-Geländer, Stahl-Treppengeländer; Stb-Dach, Dämmung, Abdichtung, Attika, außenliegende Entwässerung, Eingangsüberdachung

KG	Kostengruppe	Menge Einheit	Kosten €	€/Einheit	%
400	**Bauwerk - Technische Anlagen**	3.143,40 m² BGF	864.059	**274,88**	26,9

Gebäudeentwässerung, Kalt- und Warmwasserleitungen, Sanitärobjekte; Gas-Brennwertkessel, Solaranlage (40m²), Plattenheizkörper; Kontrollierte Be- und Entlüftung mit Wärmerückgewinnung; Elektroinstallation; Telekommunikationsanlage, Fernseh- und Antennenanlagen; barrierefreie Personenaufzüge (3St)

KG	Kostengruppe	Menge Einheit	Kosten €	€/Einheit	%
500	**Außenanlagen**	240,00 m² AF	68.516	**285,48**	100,0

Geländebearbeitung; Terrassenbelag, Spielplatzflächen; Zaunanlage; Oberbodenarbeiten, Mutterbodenauftrag, Hecken, Bäume, Rasen

6100-1288
Einfamilienhaus
Garage

Objektübersicht

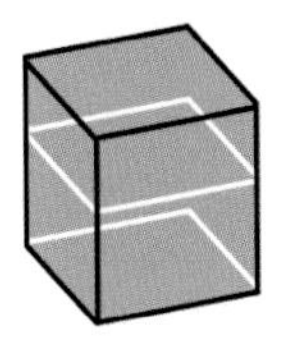

BRI 479 €/m³

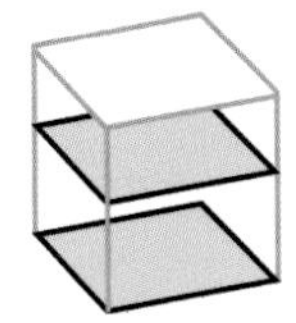

BGF 1.332 €/m²

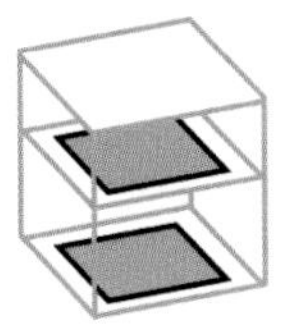

NUF 1.726 €/m²

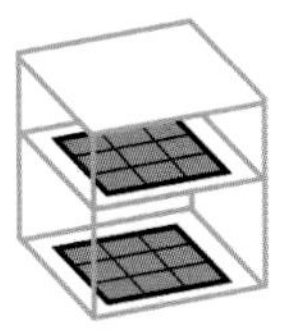

NE 2.645 €/NE
NE: m² Wohnfläche

Objekt:
Kennwerte: 1.Ebene DIN 276
BRI: 691 m³
BGF: 248 m²
NUF: 192 m²
Bauzeit: 30 Wochen
Bauende: 2015
Standard: Durchschnitt
Kreis: Oberspreewald-Lausitz, Brandenburg

Architekt:
Jörg Karwath /
Lunau Architektur
Wernerstraße 18
03046 Cottbus

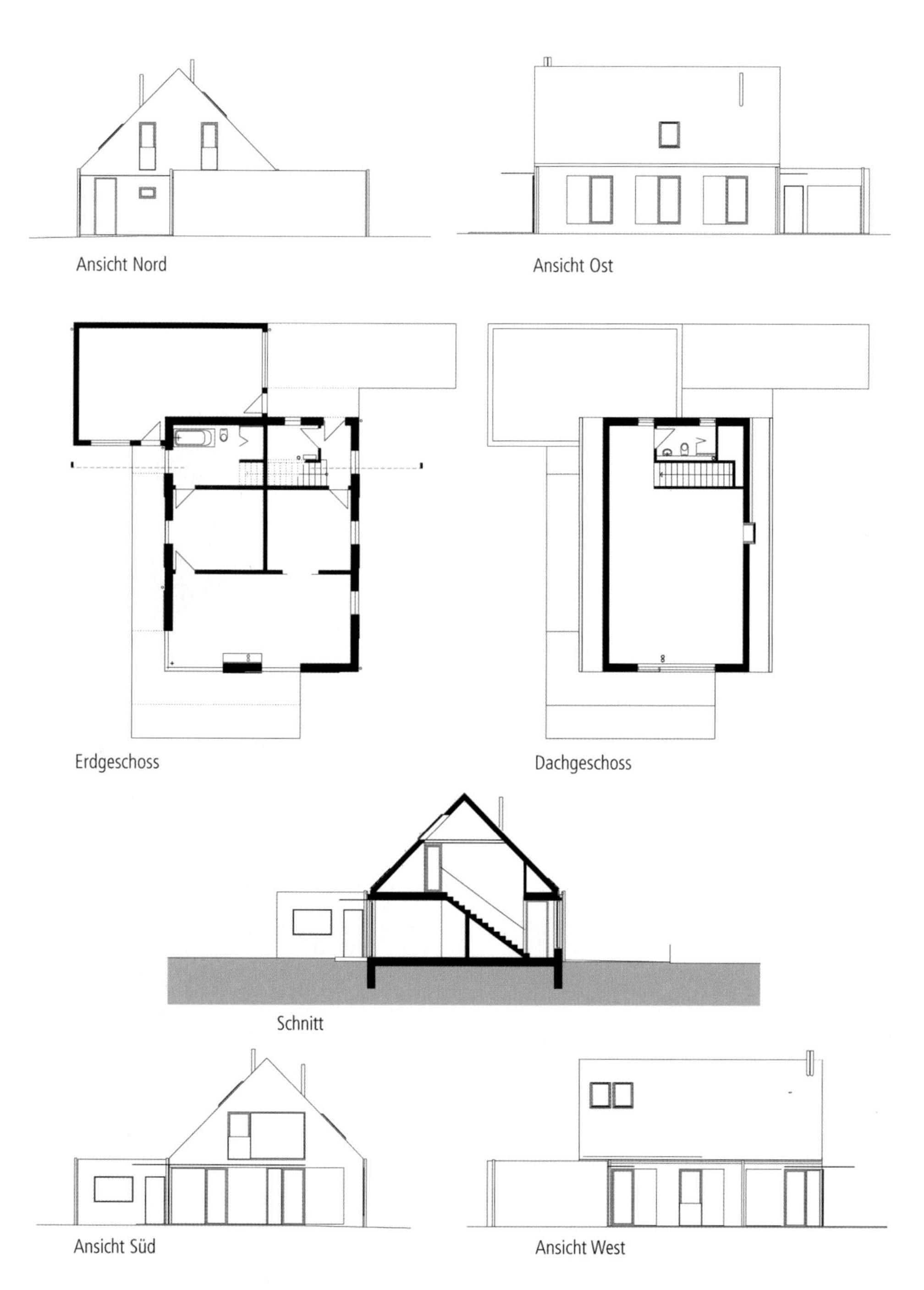

Ansicht Nord

Ansicht Ost

Erdgeschoss

Dachgeschoss

Schnitt

Ansicht Süd

Ansicht West

6100-1288
Einfamilienhaus
Garage

Objektbeschreibung

Allgemeine Objektinformationen

Das Objekt liegt am Stadtrand von Calau mit Blick über die angrenzende Calauer Schweiz und dient als Alterswohnsitz für ein Rentnerehepaar. Auf dessen Bedürfnisse wurde das Erdgeschoss seniorengerecht und barrierefrei zugeschnitten. Im Obergeschoss befindet sich ein bei Bedarf separat nutzbares Einzimmerappartement.

Nutzung

1 Erdgeschoss
Wohnen, Schlafen, Küche, Bad, Flur, Technik

1 Obergeschoss
Studio, Bad, Abstellraum

Nutzeinheiten

Wohnfläche: 125m²
Wohneinheiten: 1
Stellplätze: 1

Grundstück

Bauraum: Freier Bauraum
Neigung: Ebenes Gelände
Bodenklasse: BK 3

Markt

Hauptvergabezeit: 1. Quartal 2015
Baubeginn: 4. Quartal 2014
Bauende: 3. Quartal 2015
Konjunkturelle Gesamtlage: Durchschnitt
Regionaler Baumarkt: unter Durchschnitt

Baukonstruktion

Das neu errichtete Einfamilienhaus samt Garage entstand in monolithischer Bauweise aus Porenbeton. In die Stahlbetondecke wurden Isokörbe zur Aufnahme der frei auskragenden Glasvordächer einbetoniert. Im Erdgeschoss kamen raumhohe Alufenster und Aluschiebeläden zum Einbau. Hinter der rahmenlosen Eckverglasung im Wohnzimmer wurde eine innenliegende Stahlstütze zur Lastaufnahme angeordnet. Das Sparrendach wurde mit innenliegender Dachrinnen ausgeführt.

Technische Anlagen

Die Wärmeversorgung erfolgt über eine Gas-Brennwerttherme. Die Warmwasserversorgung erfolgt über Solarthermie mit Pufferspeicher. Alle Wohnräume wurden mit einer Fußbodenheizung ausgestattet. Über einen Kamin im Erdgeschoss und einen Ofen im Dachgeschoss kann das Haus zusätzlich beheizt werden. Schiebe- und Rollläden werden teilweise elektrisch betrieben.

Planungskennwerte für Flächen und Rauminhalte nach DIN 277

Flächen des Grundstücks		Menge, Einheit	% an GF
BF	Bebaute Fläche	145,66 m²	29,8
UF	Unbebaute Fläche	342,34 m²	70,2
GF	Grundstücksfläche	488,00 m²	100,0

Grundflächen des Bauwerks		Menge, Einheit	% an NUF	% an BGF
NUF	Nutzungsfläche	191,55 m²	100,0	77,2
TF	Technikfläche	6,47 m²	3,4	2,6
VF	Verkehrsfläche	8,04 m²	4,2	3,2
NRF	Netto-Raumfläche	206,06 m²	107,6	83,0
KGF	Konstruktions-Grundfläche	42,20 m²	22,0	17,0
BGF	Brutto-Grundfläche	248,26 m²	129,6	100,0

NUF=100% BGF=129,6%
NUF TF VF KGF
NRF=107,6%

Brutto-Rauminhalt des Bauwerks		Menge, Einheit	BRI/NUF (m)	BRI/BGF (m)
BRI	Brutto-Rauminhalt	691,00 m³	3,61	2,78

0 1 2 3 BRI/NUF=3,61m
0 1 2 BRI/BGF=2,78m

Lufttechnisch behandelte Flächen	Menge, Einheit	% an NUF	% an BGF
Entlüftete Fläche	–	–	–
Be- und Entlüftete Fläche	–	–	–
Teilklimatisierte Fläche	–	–	–
Klimatisierte Fläche	–	–	–

KG	Kostengruppen (2.Ebene)	Menge, Einheit	Menge/NUF	Menge/BGF
310	Baugrube	–	–	–
320	Gründung	–	–	–
330	Außenwände	–	–	–
340	Innenwände	–	–	–
350	Decken	–	–	–
360	Dächer	–	–	–

Kostenkennwerte für die Kostengruppen der 1.Ebene DIN 276

KG	Kostengruppen (1.Ebene)	Einheit	Kosten €	€/Einheit	€/m² BGF	€/m³ BRI	% 300+400
100	Grundstück	m² GF	–	–	–	–	–
200	Herrichten und Erschließen	m² GF	7.411	15,19	29,85	10,73	2,2
300	Bauwerk - Baukonstruktionen	m² BGF	260.365	1.048,76	1.048,76	376,79	78,7
400	Bauwerk - Technische Anlagen	m² BGF	70.302	283,18	283,18	101,74	21,3
	Bauwerk 300+400	**m² BGF**	**330.667**	**1.331,94**	**1.331,94**	**478,53**	**100,0**
500	Außenanlagen	m² AF	33.873	457,75	136,44	49,02	10,2
600	Ausstattung und Kunstwerke	m² BGF	19.182	77,26	77,26	27,76	5,8
700	Baunebenkosten	m² BGF	–	–	–	–	–

KG	Kostengruppe	Menge Einheit	Kosten €	€/Einheit	%
200	**Herrichten und Erschließen**	488,00 m² GF	7.411	**15,19**	100,0
	Oberboden abtragen; Anschlüsse Wasser, Gas, Strom				
3+4	**Bauwerk**				**100,0**
300	**Bauwerk - Baukonstruktionen**	248,26 m² BGF	260.365	**1.048,76**	78,7
	Erdarbeiten; Stb-Fundamente, Stb-Bodenplatte, Abdichtung, Dämmung, Zement-Heizestrich, Parkett, Bodenfliesen; Porenbeton-Mauerwerk, Stahlstütze, Alufenster, Kalkzementputz, elektrische Rollläden, elektrische Aluschiebeläden; Mauerwerkswände, Innentüren, Innenputz, Anstrich, Wandfliesen; Stb-Decke, Treppe, Dämmung, Zement-Heizestrich, Parkett, Bodenfliesen; Holzdachkonstruktion, Zwischensparrendämmung, Dachflächenfenster, Dachsteine, GK-Bekleidung, Anstrich, Vordächer in Stahl-Glaskonstruktion				
400	**Bauwerk - Technische Anlagen**	248,26 m² BGF	70.302	**283,18**	21,3
	Gebäudeentwässerung, Kalt- und Warmwasserleitungen, Sanitärobjekte; Gas-Brennwerttherme, Solarthermieanlage, Pufferspeicher, Kaminöfen, Fußbodenheizung, Schornstein; Einzelraumlüfter (Bad, Garage); Elektroinstallation; Telefonanlage				
500	**Außenanlagen**	74,00 m² AF	33.873	**457,75**	100,0
	Bodenarbeiten; Pflasterbeläge; Zaun, Tor, Beton-Winkelstützmauer				
600	**Ausstattung und Kunstwerke**	248,26 m² BGF	19.182	**77,26**	100,0
	Einbaumöbel				

6100-1292
Mehrfamilienhäuser
(12 WE)

Objektübersicht

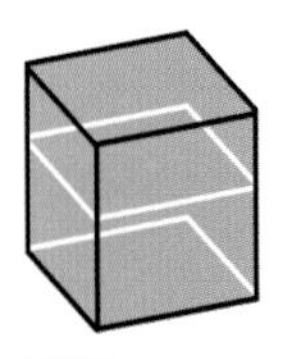

BRI 437 €/m³

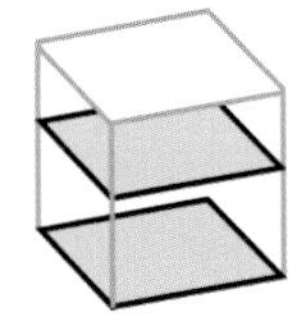

BGF 1.279 €/m²

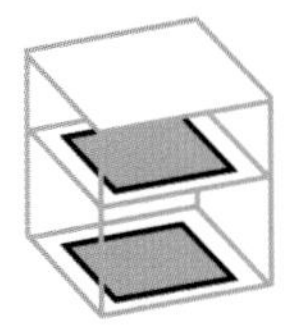

NUF 2.191 €/m²

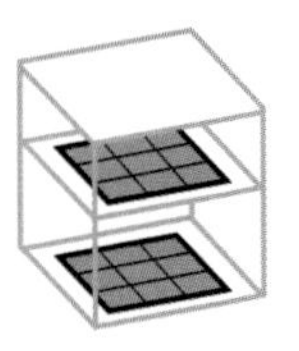

NE 2.597 €/NE
NE: m² Wohnfläche

Objekt:
Kennwerte: 1.Ebene DIN 276
BRI: 4.609 m³
BGF: 1.575 m²
NUF: 919 m²
Bauzeit: 74 Wochen
Bauende: 2014
Standard: Durchschnitt
Kreis: Mettmann,
Nordrhein-Westfalen

Architekt:
HGMB Architekten
GmbH + Co. KG
Pinienstraße 2
40233 Düsseldorf

Bauherr:
Bauverein Haan eG
Dieker Straße 21a
45781 Haan

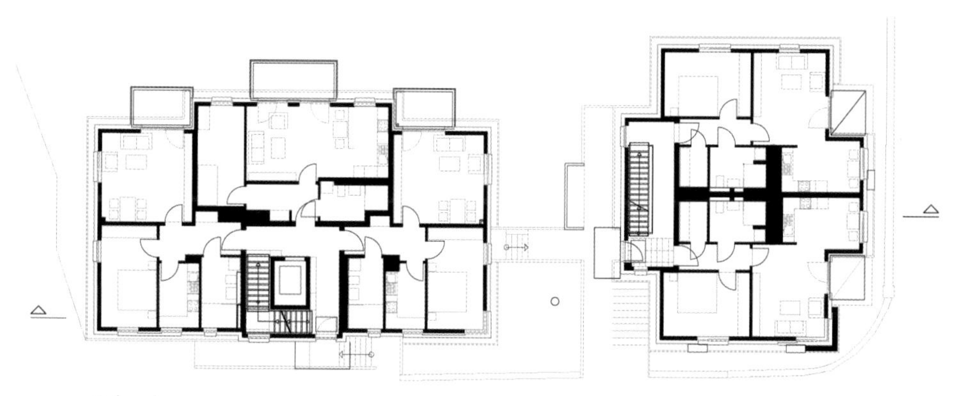

Erdgeschoss

1. Obergeschoss

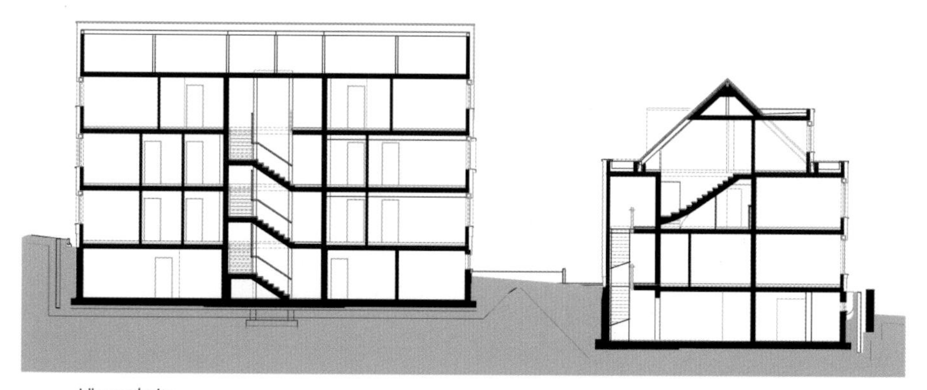

Längsschnitt

Objektbeschreibung

Allgemeine Objektinformationen

Das neu errichtete Ensemble aus zwei Wohnhäusern orientiert sich in Maßstab und Form an den überwiegend in den 1920er Jahren errichteten Nachbargebäuden, ohne auf eine eigenständige Architektursprache zu verzichten. Der Idee des Mehrgenerationenwohnens folgend wurden sowohl barrierefreie und seniorengerechte Zweizimmerwohnungen, als auch familiengerechte Maisonettewohnungen ausgeführt.

Nutzung

1 Untergeschoss
Abstellräume, Waschküchen, Kellerräume, Heizungsraum, Technikräume, Putzmittelraum

1 Erdgeschoss
Wohnungen

1 Obergeschoss
Wohnungen

1 Dachgeschoss
Wohnungen

Nutzeinheiten

Wohnfläche: 776m²
Wohneinheiten: 12

Grundstück

Bauraum: Beengter Bauraum
Neigung: Geneigtes Gelände
Bodenklasse: BK 1 bis BK 5

Markt

Hauptvergabezeit: 4. Quartal 2012
Baubeginn: 3. Quartal 2012
Bauende: 1. Quartal 2014
Konjunkturelle Gesamtlage: Durchschnitt
Regionaler Baumarkt: Durchschnitt

Baukonstruktion

Die Gebäude entstanden in monolithischer Bauweise aus Stahlbeton und Kalksandstein. Die Außenwände wurden mit Wärmedämmverbundsystem bekleidet. Die Dachstühle wurden als zimmermannsmäßige Satteldachkonstruktion errichtet und mit Betondachsteinen gedeckt. Die Gauben und Treppenhäuser wurden als Stahlbetonflachdächer mit Gefälledämmung und Bitumenabdichtung ausgeführt.

Technische Anlagen

Die Beheizung für beide Häuser erfolgt über eine gemeinsame Heizungsanlage. Das Blockheizkraftwerk mit Gasbrennwertanlage dient der Strom- und Wärmeerzeugung. Die Fußbodenheizung gibt die Wärme an die Räume weiter. Die Frischluftversorgung erfolgt je Haus mittels einer zentralen Lüftungsanlage mit Wärmerückgewinnung.

Planungskennwerte für Flächen und Rauminhalte nach DIN 277

Flächen des Grundstücks		Menge, Einheit	% an GF
BF	Bebaute Fläche	426,58 m²	50,1
UF	Unbebaute Fläche	424,58 m²	49,9
GF	Grundstücksfläche	851,16 m²	100,0

Grundflächen des Bauwerks		Menge, Einheit	% an NUF	% an BGF
NUF	Nutzungsfläche	919,37 m²	100,0	58,4
TF	Technikfläche	60,43 m²	6,6	3,8
VF	Verkehrsfläche	282,90 m²	30,8	18,0
NRF	Netto-Raumfläche	1.262,70 m²	137,3	80,2
KGF	Konstruktions-Grundfläche	312,30 m²	34,0	19,8
BGF	Brutto-Grundfläche	1.575,00 m²	171,3	100,0

NUF=100% BGF=171,3%

NUF TF VF KGF NRF=137,3%

Brutto-Rauminhalt des Bauwerks		Menge, Einheit	BRI/NUF (m)	BRI/BGF (m)
BRI	Brutto-Rauminhalt	4.609,00 m³	5,01	2,93

0 1 2 3 4 5 BRI/NUF=5,01m

BRI/BGF=2,93m 0 1 2

Lufttechnisch behandelte Flächen	Menge, Einheit	% an NUF	% an BGF
Entlüftete Fläche	–	–	–
Be- und Entlüftete Fläche	–	–	–
Teilklimatisierte Fläche	–	–	–
Klimatisierte Fläche	–	–	–

KG	Kostengruppen (2.Ebene)	Menge, Einheit	Menge/NUF	Menge/BGF
310	Baugrube	–	–	–
320	Gründung	–	–	–
330	Außenwände	–	–	–
340	Innenwände	–	–	–
350	Decken	–	–	–
360	Dächer	–	–	–

Kostenkennwerte für die Kostengruppen der 1.Ebene DIN 276

KG	Kostengruppen (1.Ebene)	Einheit	Kosten €	€/Einheit	€/m² BGF	€/m³ BRI	% 300+400
100	Grundstück	m² GF	–	–	–	–	–
200	Herrichten und Erschließen	m² GF	57.464	67,51	36,49	12,47	2,9
300	Bauwerk - Baukonstruktionen	m² BGF	1.358.919	862,81	862,81	294,84	67,5
400	Bauwerk - Technische Anlagen	m² BGF	655.327	416,08	416,08	142,18	32,5
	Bauwerk 300+400	**m² BGF**	**2.014.246**	**1.278,89**	**1.278,89**	**437,02**	**100,0**
500	Außenanlagen	m² AF	–	–	–	–	–
600	Ausstattung und Kunstwerke	m² BGF	–	–	–	–	–
700	Baunebenkosten	m² BGF	–	–	–	–	–

KG	Kostengruppe	Menge Einheit	Kosten €	€/Einheit	%
200	**Herrichten und Erschließen**	851,16 m² GF	57.464	**67,51**	100,0
	Abbruch von Bestandsgebäude; Entsorgung, Deponiegebühren				
3+4	**Bauwerk**				**100,0**
300	**Bauwerk - Baukonstruktionen**	1.575,00 m² BGF	1.358.919	**862,81**	67,5
	Erdarbeiten; Stb-Fundamentplatten, Abdichtung, Estrich, Bodenfliesen, Perimeterdämmung (Treppenhäuser); KS-Mauerwerk, Kunststofffenster, WDVS; KS-Innenwände, Stahlzargen, Holztüren, Putz, Anstrich, Wandfliesen; Stb-Decken, Dämmung, Heizestrich, Bodenfliesen, abgehängte GK-Decken; Holzdachkonstruktion, Zwischensparrendämmung, Betondachsteine, Stb-Flachdächer (Gauben), Gefälledämmung, bituminöse Abdichtung, Dachentwässerung				
400	**Bauwerk - Technische Anlagen**	1.575,00 m² BGF	655.327	**416,08**	32,5
	Gebäudeentwässerung, Kalt- und Warmwasserleitungen, Sanitärobjekte; BHKW, Gas-Brennwertkessel, Speicher, Fußbodenheizung; zentrale Lüftungsanlagen mit Wärmerückgewinnung; Elektroinstallation, Beleuchtung; Telefonleitungen, Gegensprechanlagen, Rauchmelder; Personenaufzug				

Objektübersicht

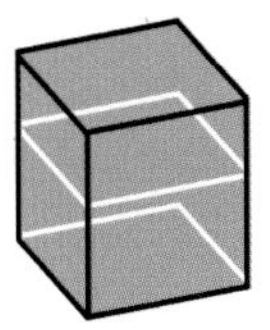

BRI 430 €/m³

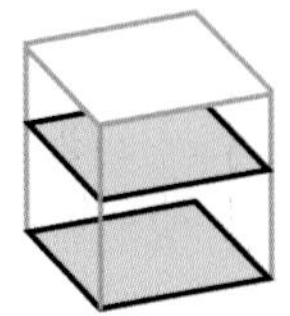

BGF 1.174 €/m²

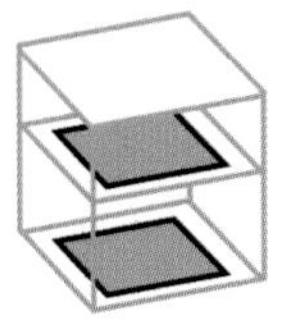

NUF 1.729 €/m²

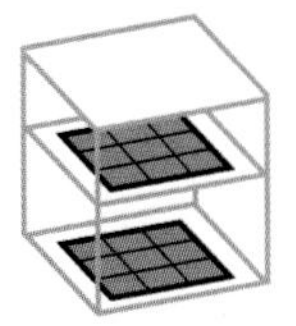

NE 1.952 €/NE
NE: m² Wohnfläche

Objekt:
Kennwerte: 1.Ebene DIN 276
BRI: 814 m³
BGF: 298 m²
NUF: 202 m²
Bauzeit: 47 Wochen
Bauende: 2015
Standard: Durchschnitt
Kreis: Ammerland,
Niedersachsen

Architekt:
Hartmann-Eberlei
Architekten
Brandsweg 41
26131 Oldenburg

Bauherr:
Frau Mechthild
Coners-Sobing
26188 Edewecht

© Olaf Mahlstedt

© Olaf Mahlstedt

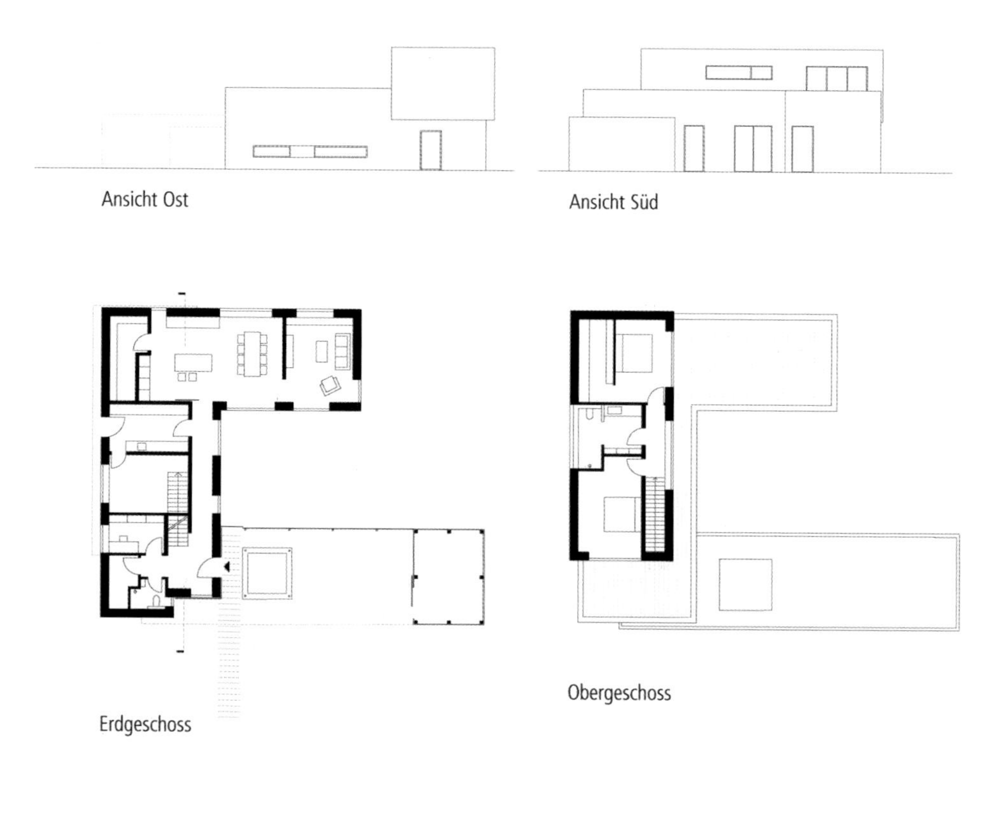

Ansicht Ost

Ansicht Süd

Erdgeschoss

Obergeschoss

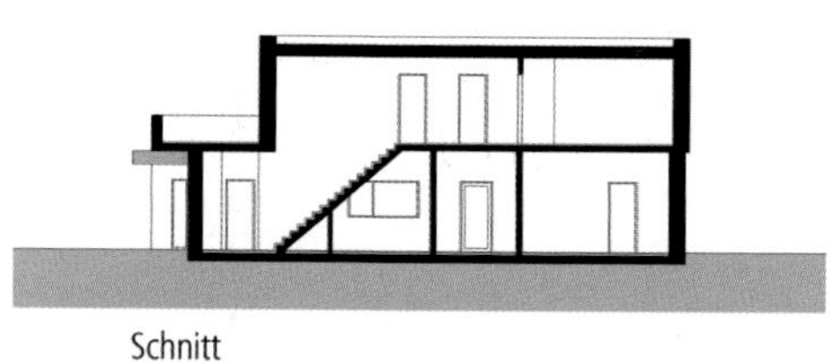

Schnitt

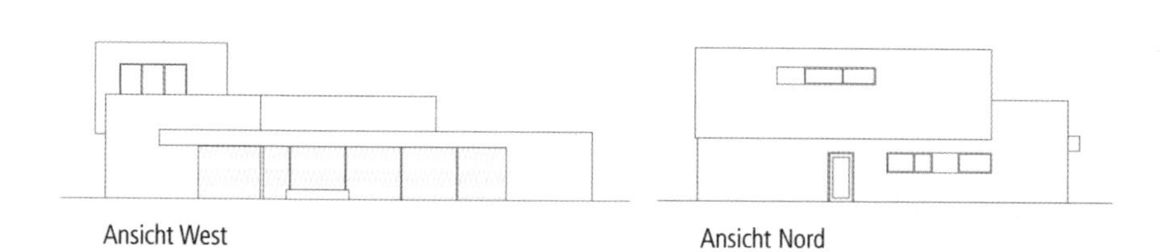

Ansicht West

Ansicht Nord

Objektbeschreibung

Allgemeine Objektinformationen

Der Neubau besteht aus einem Winkelbungalow mit Staffelgeschoss. Das Straßen begleitenden Carportdach, in Optik einer massiven Betonplatte, spannt von dem Gerätehaus, hinweg über zwei PKW Einstellplätze bis hin zum Haupteingang des Hauses und schafft mit dem Dachausschnitt, aus dem ein Baum wächst, eine einladende Eingangsgeste. Mithilfe aushängbarer Sichtschutzelemente aus Lärchenholz vervollständigt der Carport den Winkelbungalow zu einer Art Hofhaus mit privatem Innenhof.

Nutzung

1 Erdgeschoss
Wohnzimmer, Kochen/Essen, Arbeitszimmer, Hobbyraum

1 Obergeschoss
Schlafzimmer (2St), Ankleidezimmer, Bad, Dachterrasse

Nutzeinheiten

Wohnfläche: 179m²
Wohneinheiten: 1
Stellplätze: 2

Grundstück

Bauraum: Freier Bauraum
Neigung: Ebenes Gelände
Bodenklasse: BK 1 bis BK 2

Markt

Hauptvergabezeit: 2. Quartal 2014
Baubeginn: 3. Quartal 2014
Bauende: 2. Quartal 2015
Konjunkturelle Gesamtlage: Durchschnitt
Regionaler Baumarkt: unter Durchschnitt

Baukonstruktion

Das Einfamilienhaus gründet auf Stahlbetonstreifenfundamenten mit einer unterseitig gedämmten Stahlbetonplatte. Die Außenwände des Gebäudes bestehen komplett aus zweischaligem, hinterlüftetem Mauerwerk mit Kerndämmung und Vorsatzschale aus rotbuntem Klinker. Die Decke über Erdgeschoss ist aus Stahlbeton und als Flachdach dient ein belüftetes Sparrendach mit bituminöser Abklebung.

Technische Anlagen

Das Gebäude verfügt über ein Gas-Brennwertkessel mit Warmwasserspeicher. Der Luftwechsel erfolgt mechanisch über die Fensterlüftung. Die Wärmeübertragung erfolgt über Fußbodenheizung.

Sonstiges

Im Erdgeschoss kam ein Spachtelboden in Betonoptik und ein Eiche-Stäbchenparkett im Obergeschoss zum Einsatz, sowie Feinsteinzeug in den Sanitärräumen. Das Garten-Gerätehaus und der Carport sind in KG 500 enthalten.

Planungskennwerte für Flächen und Rauminhalte nach DIN 277

Flächen des Grundstücks		Menge, Einheit	% an GF
BF	Bebaute Fläche	165,21 m²	23,6
UF	Unbebaute Fläche	534,79 m²	76,4
GF	Grundstücksfläche	700,00 m²	100,0

Grundflächen des Bauwerks		Menge, Einheit	% an NUF	% an BGF
NUF	Nutzungsfläche	202,33 m²	100,0	67,9
TF	Technikfläche	3,85 m²	1,9	1,3
VF	Verkehrsfläche	22,80 m²	11,3	7,7
NRF	Netto-Raumfläche	228,98 m²	113,2	76,8
KGF	Konstruktions-Grundfläche	69,02 m²	34,1	23,2
BGF	Brutto-Grundfläche	298,00 m²	147,3	100,0

NUF=100% BGF=147,3%
NUF TF VF KGF
NRF=113,2%

Brutto-Rauminhalt des Bauwerks		Menge, Einheit	BRI/NUF (m)	BRI/BGF (m)
BRI	Brutto-Rauminhalt	814,00 m³	4,02	2,73

0 1 2 3 4 BRI/NUF=4,02m
BRI/BGF=2,73m 0 1 2

Lufttechnisch behandelte Flächen	Menge, Einheit	% an NUF	% an BGF
Entlüftete Fläche	–	–	–
Be- und Entlüftete Fläche	–	–	–
Teilklimatisierte Fläche	–	–	–
Klimatisierte Fläche	–	–	–

KG	Kostengruppen (2.Ebene)	Menge, Einheit	Menge/NUF	Menge/BGF
310	Baugrube	–	–	–
320	Gründung	–	–	–
330	Außenwände	–	–	–
340	Innenwände	–	–	–
350	Decken	–	–	–
360	Dächer	–	–	–

Kostenkennwerte für die Kostengruppen der 1.Ebene DIN 276

KG	Kostengruppen (1.Ebene)	Einheit	Kosten €	€/Einheit	€/m² BGF	€/m³ BRI	% 300+400
100	Grundstück	m² GF	–	–	–	–	–
200	Herrichten und Erschließen	m² GF	–	–	–	–	–
300	Bauwerk - Baukonstruktionen	m² BGF	303.619	1.018,86	1.018,86	373,00	86,8
400	Bauwerk - Technische Anlagen	m² BGF	46.291	155,34	155,34	56,87	13,2
	Bauwerk 300+400	**m² BGF**	**349.910**	**1.174,20**	**1.174,20**	**429,87**	**100,0**
500	Außenanlagen	m² AF	41.321	77,27	138,66	50,76	11,8
600	Ausstattung und Kunstwerke	m² BGF	–	–	–	–	–
700	Baunebenkosten	m² BGF	–	–	–	–	–

KG	Kostengruppe	Menge Einheit	Kosten €	€/Einheit	%
3+4	**Bauwerk**				**100,0**
300	**Bauwerk - Baukonstruktionen**	298,00 m² BGF	303.619	**1.018,86**	86,8

Baugrubenaushub; Stb-Streifenfundamente, Stb-Bodenplatte, Zementestrich, Spachtelboden (Betonoptik), Dämmung; Mauerwerk, Porenbeton, zweischalig, Ziegel-Vormauerung, Dämmung, Kunststofffenster, Dreifachverglasung, Alu-Lamellenraffstores (EG), Alu-Rollos (OG); Stb-Decke, Massivholzparkett, Eiche (OG), Bodenfliesen; Sparrendach, belüftet (Flachdach), Dachterrassenbelag, Lärche

KG	Kostengruppe	Menge Einheit	Kosten €	€/Einheit	%
400	**Bauwerk - Technische Anlagen**	298,00 m² BGF	46.291	**155,34**	13,2

Gebäudeentwässerung, Kalt- und Warmwasserleitungen, Sanitärobjekte; Gas-Brennwertkessel, Warmwasserspeicher, Fußbodenheizung; Elektroinstallation, LED Spots und Downlights (Decke, Dach), LAN Netzwerk (Wohn- und Schlafbereiche)

KG	Kostengruppe	Menge Einheit	Kosten €	€/Einheit	%
500	**Außenanlagen**	534,79 m² AF	41.321	**77,27**	100,0

Carport mit Gerätehaus, Holzständerkonstruktion, Stahlkonstruktion, zementgebundene Spanplatten (Betonoptik), Alu-Sandwichplatten (Dach), Sichtschutzelemente, Lärche

6100-1296
Doppelhaus
(2 WE)

Objektübersicht

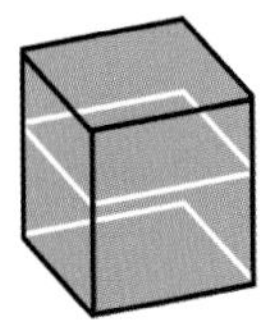

BRI 408 €/m³

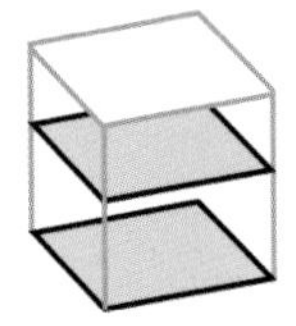

BGF 1.406 €/m²

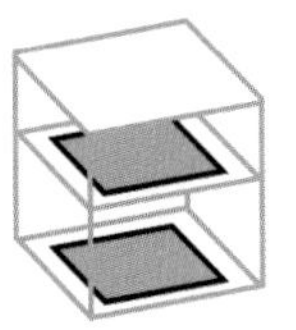

NUF 2.180 €/m²

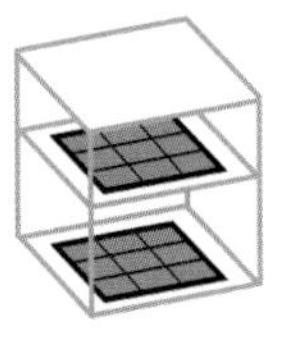

NE 2.069 €/NE
NE: m² Wohnfläche

Objekt:
Kennwerte: 1.Ebene DIN 276
BRI: 1.070 m³
BGF: 311 m²
NUF: 201 m²
Bauzeit: 65 Wochen
Bauende: 2016
Standard: über Durchschnitt
Kreis: Weimar - Stadt, Thüringen

Architekt:
Bauer Architektur
Carl-Ferdinand-Streichhan-Straße 3
99425 Weimar

© Bauer Architektur

© Bauer Architektur

© Bauer Architektur

© Bauer Architektur

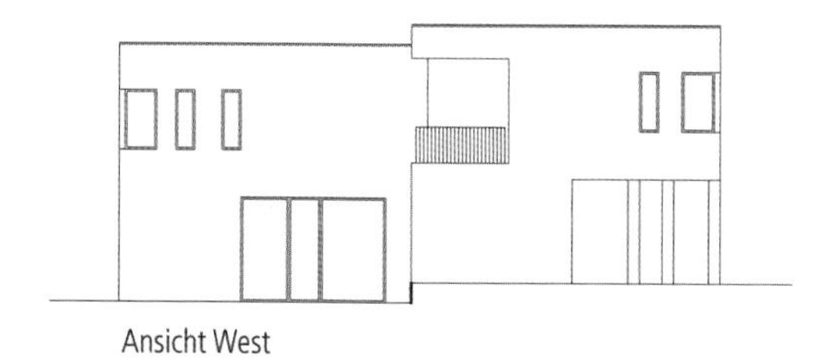

Ansicht West

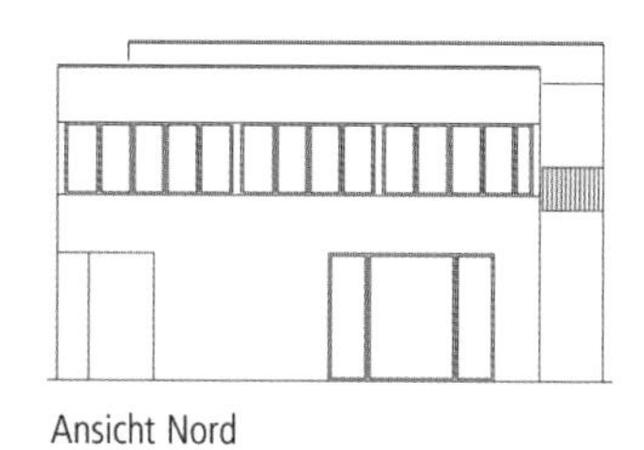

Ansicht Nord

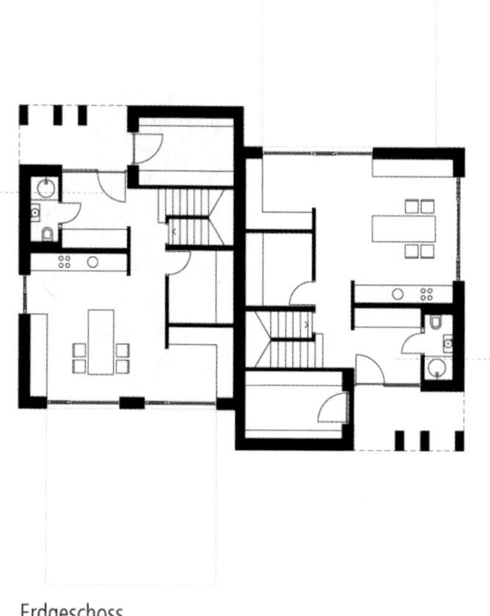

Erdgeschoss

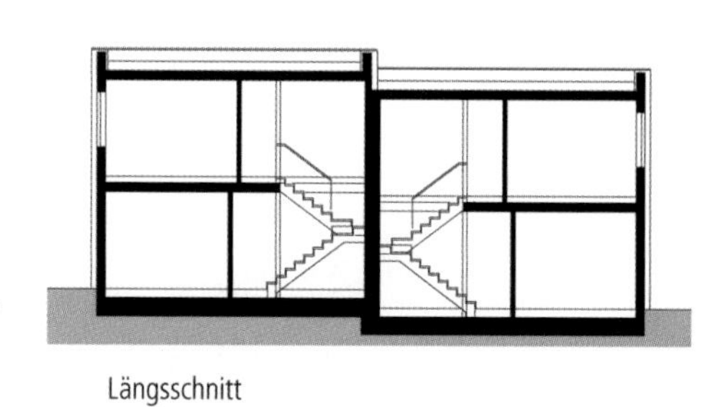

Längsschnitt

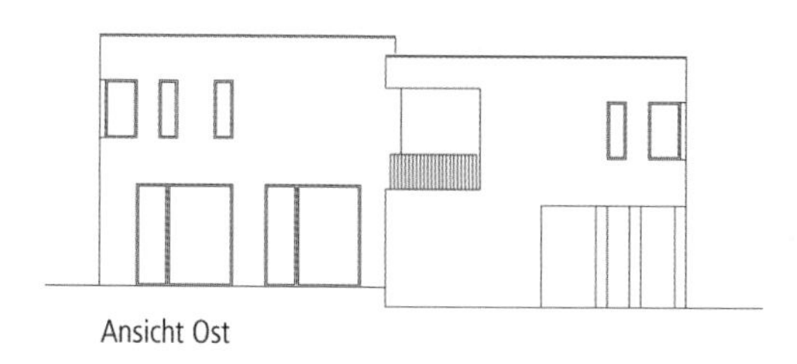

Ansicht Ost

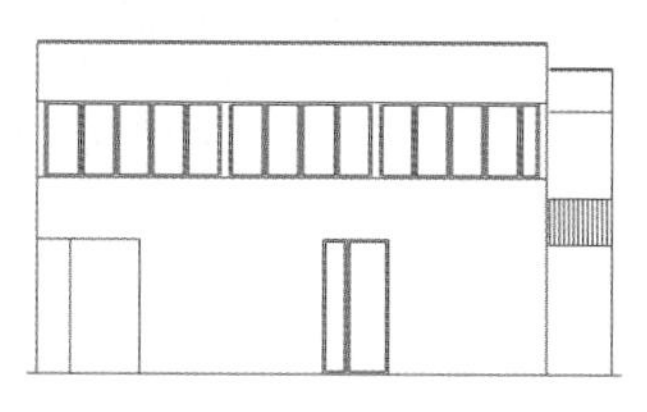

Ansicht Süd

Objektbeschreibung

Allgemeine Objektinformationen

Das Doppelhaus entstand mit zwei nebeneinander angeordneten Wohnungen in Weimar. Beide Häuser sind nicht unterkellert.

Nutzung

1 Erdgeschoss
Technikraum, Diele, Kochen/Essen, Wirtschaftsraum, WC/Dusche, Abstellraum, Arbeitsplatz

1 Obergeschoss
Wohnen, Schlafen, Ankleide, Kinderzimmer, Bad, Loggia

Nutzeinheiten

Wohnfläche: 211m²
Wohneinheiten: 2

Grundstück

Bauraum: Freier Bauraum
Neigung: Geneigtes Gelände
Bodenklasse: BK 4 bis BK 5

Markt

Hauptvergabezeit: 1. Quartal 2015
Baubeginn: 2. Quartal 2015
Bauende: 3. Quartal 2016
Konjunkturelle Gesamtlage: über Durchschnitt
Regionaler Baumarkt: Durchschnitt

Besonderer Kosteneinfluss Marktsituation:
Gewerkeweise Vergabe

Baukonstruktion

Der Neubau wurde in Massivbauweise errichtet. Die Außenwände entstanden aus Kalksandsteinmauerwerk und wurden mit Wärmedämmverbundsystem isoliert. Sämtliche Fenster wurden mit Dreifachverglasung eingebaut und werden zum Teil mit Markisen beschattet. Die Deckenkonstruktion besteht aus Stahlbeton.

Technische Anlagen

Die Häuser werden mittels Gas-Brennwerttherme mit Wärme versorgt. Auf dem Dach befindet sich eine Photovoltaikanlage. In die innenliegenden WCs mit Dusche und Badezimmer wurden Einzelraumentlüfter eingebaut.

Sonstiges

Auf eine gehobene Badausstattung wurde Wert gelegt.

Planungskennwerte für Flächen und Rauminhalte nach DIN 277

Flächen des Grundstücks		Menge, Einheit	% an GF
BF	Bebaute Fläche	163,00 m²	19,9
UF	Unbebaute Fläche	655,00 m²	80,1
GF	Grundstücksfläche	818,00 m²	100,0

Grundflächen des Bauwerks		Menge, Einheit	% an NUF	% an BGF
NUF	Nutzungsfläche	200,54 m²	100,0	64,5
TF	Technikfläche	15,78 m²	7,9	5,1
VF	Verkehrsfläche	23,16 m²	11,5	7,4
NRF	Netto-Raumfläche	239,48 m²	119,4	77,0
KGF	Konstruktions-Grundfläche	71,43 m²	35,6	23,0
BGF	Brutto-Grundfläche	310,91 m²	155,0	100,0

NUF=100% BGF=155,0%
NUF TF VF KGF
NRF=119,4%

Brutto-Rauminhalt des Bauwerks		Menge, Einheit	BRI/NUF (m)	BRI/BGF (m)
BRI	Brutto-Rauminhalt	1.070,14 m³	5,34	3,44

0 1 2 3 4 5 BRI/NUF=5,34m
BRI/BGF=3,44m 0 1 2 3

Lufttechnisch behandelte Flächen	Menge, Einheit	% an NUF	% an BGF
Entlüftete Fläche	–	–	–
Be- und Entlüftete Fläche	–	–	–
Teilklimatisierte Fläche	–	–	–
Klimatisierte Fläche	–	–	–

KG	Kostengruppen (2.Ebene)	Menge, Einheit	Menge/NUF	Menge/BGF
310	Baugrube	–	–	–
320	Gründung	–	–	–
330	Außenwände	–	–	–
340	Innenwände	–	–	–
350	Decken	–	–	–
360	Dächer	–	–	–

Kostenkennwerte für die Kostengruppen der 1.Ebene DIN 276

KG	Kostengruppen (1.Ebene)	Einheit	Kosten €	€/Einheit	€/m² BGF	€/m³ BRI	% 300+400
100	Grundstück	m² GF	–	–	–	–	–
200	Herrichten und Erschließen	m² GF	11.253	13,76	36,19	10,52	2,6
300	Bauwerk - Baukonstruktionen	m² BGF	345.591	1.111,55	1.111,55	322,94	79,1
400	Bauwerk - Technische Anlagen	m² BGF	91.490	294,26	294,26	85,49	20,9
	Bauwerk 300+400	**m² BGF**	**437.081**	**1.405,81**	**1.405,81**	**408,43**	**100,0**
500	Außenanlagen	m² AF	44.853	68,48	144,26	41,91	10,3
600	Ausstattung und Kunstwerke	m² BGF	6.955	22,37	22,37	6,50	1,6
700	Baunebenkosten	m² BGF	–	–	–	–	–

KG	Kostengruppe	Menge Einheit	Kosten €	€/Einheit	%
200	**Herrichten und Erschließen**	818,00 m² GF	11.253	**13,76**	100,0

Hausanschlüsse Elektro, Telekom, Gas, Wasser, Abwasser

KG	Kostengruppe	Menge Einheit	Kosten €	€/Einheit	%
3+4	**Bauwerk**				**100,0**
300	**Bauwerk - Baukonstruktionen**	310,91 m² BGF	345.591	**1.111,55**	79,1

Baugrubenaushub; Frostschürze, Stb-Streifenfundamente, Stb-Bodenplatte, Abdichtung, Perimeterdämmung; KS-Mauerwerk, d=24cm, Stb-Stützen, Holzfenster, Dreifachverglasung, WDVS WLG 035, Kunstharzputz, Markisen; KS-Mauerwerk, d=17,5cm, Gebäudetrennwand F30, GK-Installationswände, Holztüren, Gipsputz, Wandfliesen; Stb-Decken, Holztreppen, Dämmung, Zementestrich, Laminat, Bodenfliesen, Dämmung WLG 040, GK-Platten, Treppengeländer, Balkongeländer; Stb-Flachdächer, Dämmung WLG 035, Flachdachabdichtung, extensive Dachbegrünung, innenliegende Dachentwässerung

KG	Kostengruppe	Menge Einheit	Kosten €	€/Einheit	%
400	**Bauwerk - Technische Anlagen**	310,91 m² BGF	91.490	**294,26**	20,9

Gebäudeentwässerung, Kalt- und Warmwasserleitungen, Sanitärobjekte; Gas-Brennwerttherme, Solarthermieanlage (10m²), Fußbodenheizung; Einzelraumentlüfter; Elektroinstallation, Beleuchtung; Telekommunikationsanlage, Briefkastenanlagen, Sat-Anlagen

KG	Kostengruppe	Menge Einheit	Kosten €	€/Einheit	%
500	**Außenanlagen**	655,00 m² AF	44.853	**68,48**	100,0

Geländebearbeitung; Wege, Terrassendielen, Parkplätze; Winkelstützmauern; Müllplatzeinhausung; Oberbodenarbeiten, Hecken, Rasen

KG	Kostengruppe	Menge Einheit	Kosten €	€/Einheit	%
600	**Ausstattung und Kunstwerke**	310,91 m² BGF	6.955	**22,37**	100,0

Duschglaswände, Spiegel, Möbel

6100-1301
Einfamilienhaus
Garage
Effizienzhaus 85

Objektübersicht

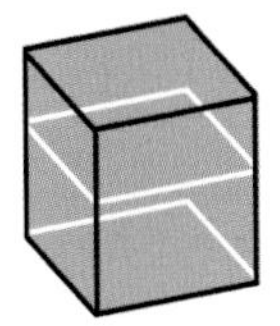

BRI 554 €/m³

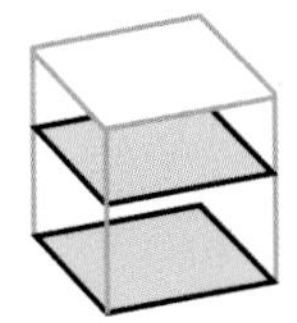

BGF 1.866 €/m²

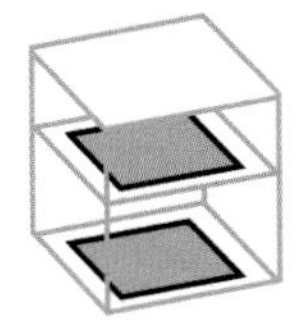

NUF 2.676 €/m²

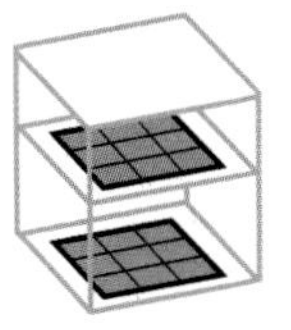

NE 3.626 €/NE

NE: m² Wohnfläche

Objekt:
Kennwerte: 1.Ebene DIN 276
BRI: 1.156 m³
BGF: 344 m²
NUF: 240 m²
Bauzeit: 60 Wochen
Bauende: 2015
Standard: über Durchschnitt
Kreis: Roth,
Bayern

Architekt:
biefang | pemsel
Architekten GmbH
Poppenreuther Straße 24 a
90419 Nürnberg

© Jonathan Danko Kielkowski

© Jonathan Danko Kielkowski

© Jonathan Danko Kielkowski

Ansicht Nord
Ansicht Ost
Erdgeschoss
Obergeschoss
Querschnitt
Längsschnitt
Ansicht Süd
Ansicht West

Objektbeschreibung

Allgemeine Objektinformationen

Das zweigeschossige Einfamilienhaus mit Garage dient als Ersatzneubau für ein in die Jahre gekommenes Wohnhaus. Der trapezförmige Bau passt sich den Gegebenheiten vor Ort, trotz seiner individuellen Dach- und Grundrissform, an. Der klar strukturierte Baukörper zeigt sich zur Straße im Norden und den Nachbarn im Westen und Osten geschlossen. Richtung Süden öffnet sich die Fassade und erzeugt einen lichtdurchfluteten Wohnraum über zwei Geschosse, der im Norden durch die privaten Räume vervollständigt wird. Die Teilunterkellerung beherbergt Technik- und Nebenräume.

Nutzung

1 Untergeschoss
Teilunterkellerung: Technikraum, Hauswirtschaftsraum, Abstellraum

1 Erdgeschoss
Kochen/Wohnen/Essen, Garderobe, Dusche, Gästezimmer

1 Obergeschoss
Arbeiten, Entspannen, Schlafzimmer, Ankleide, Bad

Nutzeinheiten

Wohnfläche: 177m²
Wohneinheiten: 1

Grundstück

Bauraum: Freier Bauraum
Neigung: Ebenes Gelände
Bodenklasse: BK 3 bis BK 5

Markt

Hauptvergabezeit: 3. Quartal 2014
Baubeginn: 3. Quartal 2014
Bauende: 4. Quartal 2015
Konjunkturelle Gesamtlage: über Durchschnitt
Regionaler Baumarkt: Durchschnitt

Baukonstruktion

Der Neubau gründet auf Stahlbetonstreifenfundamenten. Das Gebäude ist teilunterkellert. Die Außenwände sowie die Bodenplatte des Kellers sind gegen drückendes Wasser ausgebildet und als wasserundurchlässige Konstruktion ausgeführt. Das Kalksandsteinmauerwerk bildet zusammen mit einem Wärmedämmverbundsystem die Hülle des Gebäudes.

Technische Anlagen

Der zweigeschossige Baukörper wird über ein Gas-Brennwertkessel mit Wärme versorgt. Auf dem Baukörper sind Solarkollektoren zur Warmwasserbereitung und Heizungsunterstützung ausgeführt. Die Wärmeübertragung erfolgt über eine Fußbodenheizung. Eine Wohnraumlüftung wurde eingebaut.

Sonstiges

Der monolithische Baukörper reagiert mit seiner polygonalen Grundform auf die Gegebenheiten vor Ort. Dies zeigt sich auch in der gefalteten Dachstruktur, die im Innenraum unterschiedliche Perspektiven generiert. Durch das Aufbrechen der Fassade im Süden öffnet sich das Haus zum Garten hin.

Planungskennwerte für Flächen und Rauminhalte nach DIN 277

Flächen des Grundstücks		Menge, Einheit	% an GF
BF	Bebaute Fläche	157,32 m²	29,3
UF	Unbebaute Fläche	379,77 m²	70,7
GF	Grundstücksfläche	537,09 m²	100,0

Grundflächen des Bauwerks		Menge, Einheit	% an NUF	% an BGF
NUF	Nutzungsfläche	239,59 m²	100,0	69,7
TF	Technikfläche	11,53 m²	4,8	3,4
VF	Verkehrsfläche	31,90 m²	13,3	9,3
NRF	Netto-Raumfläche	283,02 m²	118,1	82,4
KGF	Konstruktions-Grundfläche	60,50 m²	25,3	17,6
BGF	Brutto-Grundfläche	343,52 m²	143,4	100,0

NUF=100% BGF=143,4%
NUF TF VF KGF
NRF=118,1%

Brutto-Rauminhalt des Bauwerks		Menge, Einheit	BRI/NUF (m)	BRI/BGF (m)
BRI	Brutto-Rauminhalt	1.156,43 m³	4,83	3,37

0 1 2 3 4 BRI/NUF=4,83m
0 1 2 3 BRI/BGF=3,37m

Lufttechnisch behandelte Flächen	Menge, Einheit	% an NUF	% an BGF
Entlüftete Fläche	–	–	–
Be- und Entlüftete Fläche	–	–	–
Teilklimatisierte Fläche	–	–	–
Klimatisierte Fläche	–	–	–

KG	Kostengruppen (2.Ebene)	Menge, Einheit	Menge/NUF	Menge/BGF
310	Baugrube	–	–	–
320	Gründung	–	–	–
330	Außenwände	–	–	–
340	Innenwände	–	–	–
350	Decken	–	–	–
360	Dächer	–	–	–

Kostenkennwerte für die Kostengruppen der 1.Ebene DIN 276

KG	Kostengruppen (1.Ebene)	Einheit	Kosten €	€/Einheit	€/m² BGF	€/m³ BRI	% 300+400
100	Grundstück	m² GF	–	–	–	–	–
200	Herrichten und Erschließen	m² GF	–	–	–	–	–
300	Bauwerk - Baukonstruktionen	m² BGF	502.779	1.463,61	1.463,61	434,77	78,4
400	Bauwerk - Technische Anlagen	m² BGF	138.303	402,61	402,61	119,60	21,6
	Bauwerk 300+400	**m² BGF**	**641.082**	**1.866,21**	**1.866,21**	**554,36**	**100,0**
500	Außenanlagen	m² AF	–	–	–	–	–
600	Ausstattung und Kunstwerke	m² BGF	–	–	–	–	–
700	Baunebenkosten	m² BGF	–	–	–	–	–

KG	Kostengruppe	Menge Einheit	Kosten €	€/Einheit	%
3+4	**Bauwerk**				**100,0**
300	**Bauwerk - Baukonstruktionen**	343,52 m² BGF	502.779	**1.463,61**	78,4

Stb-Streifenfundamente, Stb-Bodenplatte, Zementestrich, Anstrich, Sauberkeitsschicht; Stb-Wände, WU-Beton (UG), Perimeterdämmung, d=140mm, Abdichtung; KS-Mauerwerk, Holz-Alufenster, WDVS, d=200mm, Putz, Holz-Alu-Pfosten-Riegel-Konstruktion, Lamellenraffstores; KS-Mauerwerk, Innenputz, Anstrich; Stb-Decken, Heizestrich, Parkett, Fertigteiltreppen mit Holzbelag; Stb-Flachdach, EPS-Dämmung, d=260mm, Dachdichtungsbahn

KG	Kostengruppe	Menge Einheit	Kosten €	€/Einheit	%
400	**Bauwerk - Technische Anlagen**	343,52 m² BGF	138.303	**402,61**	21,6

Gebäudeentwässerung, Kalt- und Warmwasserleitungen, Sanitärobjekte, Regenwasserzisterne; Gas-Brennwertkessel, Solaranlage zur Warmwasserbereitung und Heizungsunterstützung, Fußbodenheizung (EG+OG), Kaminofen; Wohnraumlüftung; Elektroinstallation, Beleuchtung; Sicherheitstechnik

6200-0057
Studentenwohnheim
(139 Betten)
TG (38 STP)

Objektübersicht

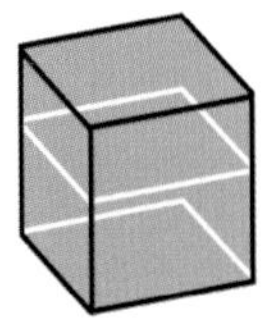

BRI 329 €/m³

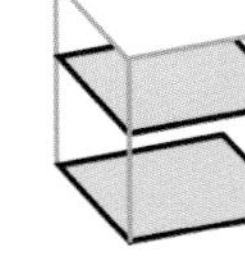

BGF 936 €/m²

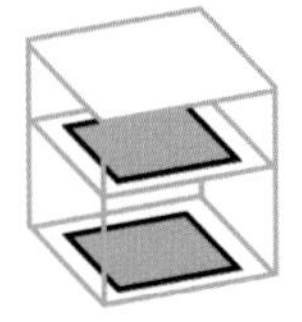

NUF 1.516 €/m²

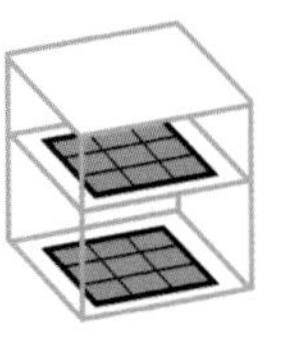

NE 41.082 €/NE
NE: Betten

Objekt:
Kennwerte: 3.Ebene DIN 276
BRI: 17.355 m³
BGF: 6.101 m²
NUF: 3.768 m²
Bauzeit: 61 Wochen
Bauende: 2008
Standard: Durchschnitt
Kreis: Würzburg - Stadt, Bayern

Architekt:
Michel + Wolf + Partner
Freie Architekten BDA
Kronenstr. 24
70173 Stuttgart

Bauherr:
Studentenwerk Würzburg AöR
Am Studentenhaus
97072 Würzburg

© Michel + Wolf + Partner

© Michel + Wolf + Partner

© Michel + Wolf + Partner
© Michel + Wolf + Partner
© Michel + Wolf + Partner

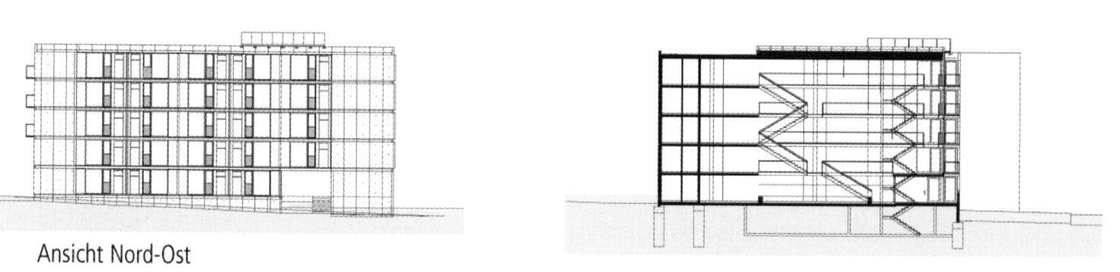

Ansicht Nord-Ost

Längsschnitt

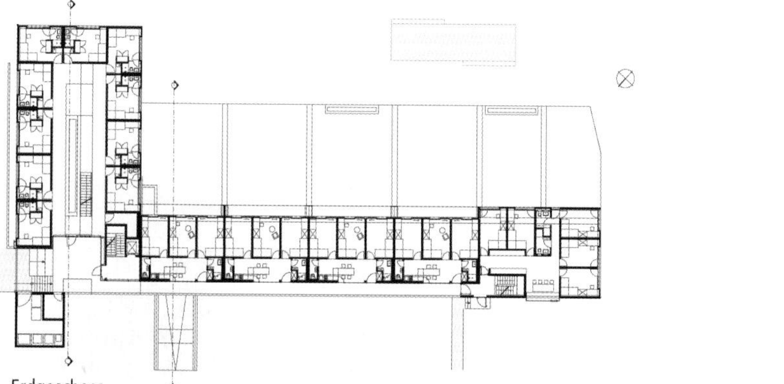

Erdgeschoss

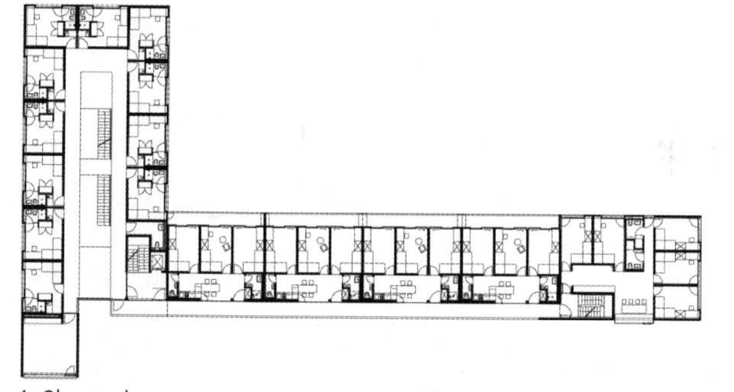

1. Obergeschoss

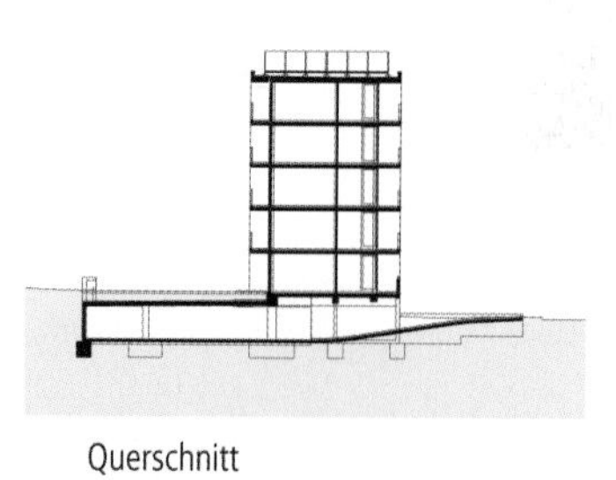

Querschnitt

Ansicht Nord-West

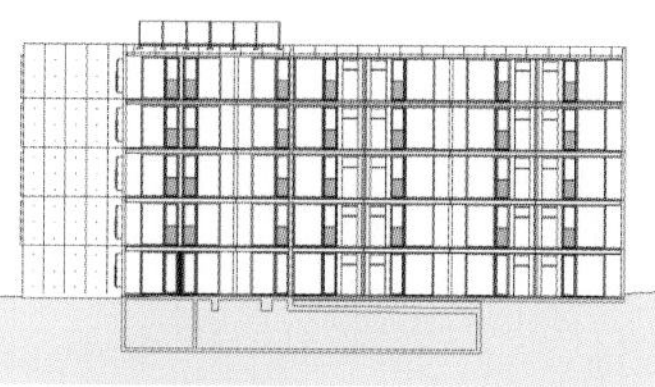

Ansicht Süd-West

6200-0057
Studentenwohnheim
(139 Betten)
TG (38 STP)

Objektbeschreibung

Allgemeine Objektinformationen

Der Standort für den Neubau des Studentenwohnheims für insgesamt 139 Wohnplätze ist geprägt durch den stark verkehrsbelasteten Straßenraum und Schienenverkehr auf der nordwestlichen Seite, sowie dem Anschluss an eine Grünfläche im Südosten des Grundstücks. Der größte Teil des langen Riegels beherbergt die 3er Wohngemeinschaften mit 60 Zimmern auf fünf Geschossen. Diese organisieren sich in mehreren Schichten. Entlang der Erschließung liegt eine Gemeinschaftszone mit Küche, Essbereich und Sanitärräumen. Als nächste Schicht folgen die Individualzimmer, durch die Nebenräume abgeschirmt, und über die vorgelagerten Balkone nach Süden orientiert. Am östlichen Kopfende sind die 5er Wohngemeinschaften für insgesamt 25 Studierende untergebracht. Besonderes Merkmal sind die tiefen Sitzkastenfenster, sie beherbergen die Gemeinschaftsbereiche der großen Wohnungen. Die Zimmerbereiche sind nach Süden und Osten angeordnet, von der Straße abgewandt. Im u-förmigen Gebäudeteil sind 54 Einzelzimmer um eine gemeinsame großzügige Erschließungshalle gruppiert. Die Einzelzimmer sind durch einen „weißen Kern" geordnet, der die Küchen, den Einbauschrank und den Duschbereich umfasst. Dieser ist von seinen seitlichen Begrenzungen losgelöst, so erfolgt beispielsweise die Abtrennung des Badbereichs durch ein transluzentes Glaselement.

Nutzung

1 Untergeschoss
Tiefgarage, Technik, Waschküche

1 Erdgeschoss
Studentenwohnungen, Müllraum, Putzräume

4 Obergeschosse
Studentenwohnungen, Mehrzweckräume, WCs

Besonderer Kosteneinfluss Nutzung:
Die großzügige Erschließungshalle erhöht die Brutto-Grundfläche.

Nutzeinheiten

Wohnfläche: 3.466m²
Wohneinheiten: 139
Stellplätze: 38

Grundstück

Bauraum: Freier Bauraum
Neigung: Geneigtes Gelände
Bodenklasse: BK 3 bis BK 6

Markt

Hauptvergabezeit: 3. Quartal 2007
Baubeginn: 3. Quartal 2007
Bauende: 4. Quartal 2008
Konjunkturelle Gesamtlage: Durchschnitt
Regionaler Baumarkt: über Durchschnitt

Baukonstruktion

Das Gebäude wurde in einer Stahlbetonskelettbauweise errichtet. Bei sämtlichen Bauteilen, bei denen es die statischen Erfordernisse zuließen, kamen vorgefertigte Doppelwandplatten sowie Fertigteilstützen zum Einsatz. Die aussteifenden Außenwände wurden als Ortbeton in Sichtbetonqualität hergestellt. Sämtliche Deckenränder, Balkone und Laubengänge konnten vorfabriziert werden. Die Fassade ist als leichte Konstruktion als Sandwichpaneele und Holz-Alu-Konstruktion mit Öffnungsflügeln, jeweils raumhoch, ausgeführt. Die Geschossdecken sind als 20cm starke Stahlbetondecken ausgeführt. Es konnten teilweise Filigranplatten eingesetzt werden. Die Innenwände sind ebenfalls aus Ortbeton. Die erdberührten Kellerwände sind als wasserundurchlässige Konstruktion errichtet. Die Balkone und Laubengänge sind aus Stahlbetonfertigteilen hergestellt. In den Zimmern wurde Linoleum, in den Treppenhäusern und der Halle Betonwerkstein verlegt. Die Bäder und Toiletten sind gefliest.

Technische Anlagen

Das Gebäude wird durch zwei Wärmepumpen versorgt, welche die notwendige Energie aus 20 Bohrungen mit jeweils 130m Tiefe beziehen. Beheizt werden die Wohnräume durch Heizschlangen in den Wänden. Eine zusätzliche Solaranlage auf dem Dach mit einer Gesamtfläche von 40m² dient der Brauchwassererwärmung. Die erzeugte Energie wird in einem Puffer zwischengespeichert und bei einem Energieüberschuss zur Heizungsunterstützung herangezogen. Die, dem Erdreich entzogene Energie, wird bei der passiven Kühlung des Gebäudes im Sommer über einen Wärmetauscher wieder an das Erdreich abgegeben. Ein eigener Brauchwasserbrunnen sowie die Nutzung gesammelten Regenwassers aus Zisternen reduzieren den Verbrauch an Trinkwasser.

Planungskennwerte für Flächen und Rauminhalte nach DIN 277

Flächen des Grundstücks		Menge, Einheit	% an GF
BF	Bebaute Fläche	1.196,10 m²	27,9
UF	Unbebaute Fläche	3.085,90 m²	72,1
GF	Grundstücksfläche	4.282,00 m²	100,0

Grundflächen des Bauwerks		Menge, Einheit	% an NUF	% an BGF
NUF	Nutzungsfläche	3.767,50 m²	100,0	61,8
TF	Technikfläche	51,50 m²	1,4	0,8
VF	Verkehrsfläche	1.500,10 m²	39,8	24,6
NRF	Netto-Raumfläche	5.319,10 m²	141,2	87,2
KGF	Konstruktions-Grundfläche	781,60 m²	20,7	12,8
BGF	Brutto-Grundfläche	6.100,70 m²	161,9	100,0

NUF=100% | BGF=161,9% | NRF=141,2%

NUF TF VF KGF

Brutto-Rauminhalt des Bauwerks		Menge, Einheit	BRI/NUF (m)	BRI/BGF (m)
BRI	Brutto-Rauminhalt	17.354,80 m³	4,61	2,84

BRI/NUF=4,61m

BRI/BGF=2,84m

Lufttechnisch behandelte Flächen	Menge, Einheit	% an NUF	% an BGF
Entlüftete Fläche	–	–	–
Be- und Entlüftete Fläche	–	–	–
Teilklimatisierte Fläche	–	–	–
Klimatisierte Fläche	–	–	–

KG	Kostengruppen (2.Ebene)	Menge, Einheit	Menge/NUF	Menge/BGF
310	Baugrube	3.101,22 m³ BGI	0,82	0,51
320	Gründung	1.570,08 m² GRF	0,42	0,26
330	Außenwände	3.629,91 m² AWF	0,96	0,59
340	Innenwände	4.712,43 m² IWF	1,25	0,77
350	Decken	4.290,36 m² DEF	1,14	0,70
360	Dächer	1.610,93 m² DAF	0,43	0,26

Kostenkennwerte für die Kostengruppen der 1.Ebene DIN 276

KG	Kostengruppen (1.Ebene)	Einheit	Kosten €	€/Einheit	€/m² BGF	€/m³ BRI	% 300+400
100	Grundstück	m² GF	–	–	–	–	–
200	Herrichten und Erschließen	m² GF	141.433	33,03	23,18	8,15	2,5
300	Bauwerk - Baukonstruktionen	m² BGF	4.528.864	742,35	742,35	260,96	79,3
400	Bauwerk - Technische Anlagen	m² BGF	1.181.505	193,67	193,67	68,08	20,7
	Bauwerk 300+400	**m² BGF**	**5.710.369**	**936,02**	**936,02**	**329,04**	**100,0**
500	Außenanlagen	m² AF	407.573	151,82	66,81	23,48	7,1
600	Ausstattung und Kunstwerke	m² BGF	171.436	28,10	28,10	9,88	3,0
700	Baunebenkosten	m² BGF	–	–	–	–	–

KG	Kostengruppe	Menge Einheit	Kosten €	€/Einheit	%
200	**Herrichten und Erschließen**	4.282,00 m² GF	141.433	**33,03**	100,0

Abbruch von Wohnanlage, Gemeinschaftshaus, Halle, Außenanlagen, Hindernissen im Boden aus Mauerwerk, Asphalt, Pflasterbelag, Bordsteinen, Abwasserleitungen, Mastleuchten, Dämmungen, asbesthaltigen Fallleitungen, Öltank, Teerkorkplatten, Überbeton, asbesthaltigen Fensterbekleidungen, Bäume fällen; Entsorgung, Deponiegebühren; Verlegung von bestehendem Abwasserkanal, Beläge abbrechen, wieder herstellen, Verlegung von bestehender Wasserleitung, Wasserzählerschacht

KG	Kostengruppe	Menge Einheit	Kosten €	€/Einheit	%
3+4	**Bauwerk**				**100,0**
300	**Bauwerk - Baukonstruktionen**	6.100,70 m² BGF	4.528.864	**742,35**	79,3

Stb-Fundamente, Stb-Bodenplatten; Stb-Wände, Stb-Fassadenfertigteile, Holz-Alufenster, Eingangstüren, Blechpaneele, Briefkastenanlage, Sandwichelemente, Pfosten-Riegel-Fassaden, Senkrechtmarkisen, Sitzstufen, Fluchtbalkone; KS-Mauerwerk, Metallständerwände, Stb-Stützen, Innentüren, Putz, GK-Bekleidung, Wandfliesen, Wandspiegel, Anstrich; Stb-Decken, Stb-Treppen, Stegkonstruktion, Stahltreppen, Estrich, Betonwerkstein, Linoleum, Bodenfliesen, GK-Decken, Mehrschichtplatten, Anstrich; Stb-Flachdach, Lichtdach, RWA-Lichtkuppeln, Dachausstieg, Dachabdichtung, Kiesschüttung; Einbauküchen, Einbauregale, Einbauschränke, Fahrradparker, Innenraumbegrünung

KG	Kostengruppe	Menge Einheit	Kosten €	€/Einheit	%
400	**Bauwerk - Technische Anlagen**	6.100,70 m² BGF	1.181.505	**193,67**	20,7

Gebäudeentwässerung, Kalt- und Warmwasserleitungen, Sanitärobjekte; Sole-Wasser-Wärmepumpen, Solarkollektoren, Heizungsrohre, Wandheizung, Fußbodenheizung, Heizkörper; Abluftanlage; Elektroinstallation, Beleuchtung, Blitzschutzanlage; Telefonanlage, Sprechanlage, Antennenanlage, Brandmeldeanlage, RWA-Anlagen; Personenaufzug; Abluft Wäschetrockner; Gebäudeautomation

KG	Kostengruppe	Menge Einheit	Kosten €	€/Einheit	%
500	**Außenanlagen**	2.684,53 m² AF	407.573	**151,82**	100,0

Bodenarbeiten; Trag- und Frostschutzschichten, Asphalt, Bordsteine, Schotterrasen, Rasenpflaster, Betonpflaster, Stellplatzmarkierungen; Zaun, Geländer, Mauerscheiben, Betonstützmauer; Entwässerungsleitungen, Schächte, Straßenablauf, Entwässerungsrinne, Zisterne, Filterschacht, Grundwasserbrunnen, Wassernachspeiseanlage, Erdwärmesonden, vorhandene Leuchten versetzen; Fahrradanlehnbügel, Fertigteilbänke, Absperrpfosten; Bodenverbesserung, Heckenpflanzen, Sträucher, Bäume, Rasen

KG	Kostengruppe	Menge Einheit	Kosten €	€/Einheit	%
600	**Ausstattung und Kunstwerke**	6.100,70 m² BGF	171.436	**28,10**	100,0

Vorhangschienen, Vorhänge, Stühle, Arbeitstische, Betten, Esstische, Spiegel, WC-Papierhalter, Wandhaken, Notebook, Folienbeschriftungen, Hinweisschilder, Rettungswegkennzeichnungen, Digitaldruckgrafik; Metallpaneele mit Schriftzügen, Seilaufhängungen, Digitaldruckgrafiken auf Balkongeländern und Verglasungen

Kostenkennwerte für die Kostengruppen der 2.Ebene DIN 276

KG	Kostengruppe	Menge Einheit	Kosten €	€/Einheit	%
200	**Herrichten und Erschließen**				**100,0**
210	**Herrichten**	4.282,00 m² GF	117.320	**27,40**	83,0

Abbruch von Wohnanlage (6.630m³), Gemeinschaftshaus, Halle (2.200m³), Außenanlagen (psch), Hindernissen im Boden aus Mauerwerk (122t), Asphalt (97t), Gussasphaltverbundschicht (231m²), Schwarzdecke (40m²), Holzwolleplatten (104m²), Pflasterbelag, Betonbett (17m²), Bordsteinen, seitlich lagern (125m), Stahlrohren (273m), Steinzeugrohren (59m), Mastleuchten (2St), Dämmungen (16m³) * Deckendurchbrüche freistemmen (52St), Wandschlitze öffnen, asbesthaltige Fallleitungen abbrechen (218m), Abbruch von Öltank (psch), Ölschlamm absaugen (750l), PS-Hartschaum, Teerkorkplatten, Überbeton (59m²), Fensterbekleidungen, asbesthaltig (17m²) * Bäume fällen (5St), vorhandene Baugruben mit Mineralgemisch verfüllen (884m³); Entsorgung, Deponiegebühren

KG	Kostengruppe	Menge Einheit	Kosten €	€/Einheit	%
220	**Öffentliche Erschließung**	4.282,00 m² GF	24.112	**5,63**	17,0

Verlegung von bestehendem Abwasserkanal DN200, Steinzeug (5m), Rohrgrabenaushub, wieder verfüllen mit Mineralbeton (25m³), bituminöse Befestigung abbrechen, Asphalttragschicht, Asphaltbetondeckschicht, wieder herstellen (4m²), Betontragschicht abbrechen, wieder herstellen (24m²), Pflaster aufnehmen (15m²), Mosaikpflaster, Randeinfassung abbrechen, lagern, wieder verlegen (5m²), Baugrubenabdeckungen, SWL60 (6m²), für Fußgänger (1St), Verkehrssicherung (psch) * Verlegung von bestehender Wasserleitung, Rohrgrabenaushub, wieder verfüllen, Wasserzählerschacht (psch)

KG	Kostengruppe	Menge Einheit	Kosten €	€/Einheit	%
300	**Bauwerk - Baukonstruktionen**				**100,0**
310	**Baugrube**	3.101,22 m³ BGI	82.118	**26,48**	1,8

Baugrubenaushub BK 3-6, abfahren (2.626m³), Trümmerschutt ausheben, lagern (475m³), Trümmerschutt Z1.1-Z1.2, laden, abfahren (1.224m³), Hinterfüllungen mit Siebschutt (920m³), mit Lagermaterial (417m³)

KG	Kostengruppe	Menge Einheit	Kosten €	€/Einheit	%
320	**Gründung**	1.570,08 m² GRF	234.862	**149,59**	5,2

Fundamentaushub (1.265m³), Sauberkeitsschicht, d=5cm (512m²), Magerbeton (342m³), Stb-Streifenfundamente (208m³), Stb-Einzelfundamente (69m³) * Stb-Bodenplatten, d=18-20cm (1.570m²), Stb-Wände, für Bodenkanäle, Schächte, d=20cm (204m²), flügelgeglättete Oberfläche (845m²) * Abdichtung (429m²), Wärmedämmung, d=25-30mm, TSD, 15-20mm (75m²), Calciumsulfat-Heizestrich, d=65mm (102m²), Calciumsulfatestrich, d=45-50mm (176m²), Zementglattstrich, d=30mm (64m²), Zementestrich, d=45mm (39m²), Betonwerkstein (140m²), Linoleum (177m²), Bodenfliesen (15m²), Schmutzfangmatten (3m²), Stellplatzmarkierungen (91St) * Geotextil (1.093m²), Kiesfilterschicht (1.222m²) * Dränageleitungen DN100 (161m), Drän-Spülleitungen DN100 (4m), Kontrollschacht DN315 (1St), Sicker- und Pumpenschacht (1St) * Abdeckplatten für Bodenkanal (68m²), Schachtabdeckungen (4St), Pumpensumpfabdeckung (1St)

KG	Kostengruppe	Menge Einheit	Kosten €	€/Einheit	%
330	**Außenwände**	3.629,91 m² AWF	1.480.501	**407,86**	32,7

Stb-Wände, d=25cm (658m²), WU-Beton (521m²), Verfugung F90 (131m) * HPL-Sandwichelemente, d=112mm (217m²), Drehkippflügel (40St), Stb-Attiken, d= 20-25cm (127m²), Stb-Brüstungen, d=20cm (84m²), Stb-Fassadenfertigteile (89m²) * Holz-Alufenster (2.883m²), Eingangstüren (57m²) * Dränagematten (418m²), Perimeterdämmung, d=60mm (131m²), Abdichtung (21m²), Wärmedämmung (61m²), Blechpaneele, Briefkastenanlage (31m²), Faserzementbekleidung (3m²) * GK-Verbundplatten (390m²), Gipsputz, Wärmedämmung, d=60mm (106m²), Wandfliesen (111m²), Anstrich (477m²) * HPL-Sandwichelemente, d=108mm (607m²), Drehkippflügel (55St), Rettungsflügel (4St), Alu-Pfosten-Riegel-Fassaden (281m²) * Senkrechtmarkisen (816m²) * Stb-Fertigteiltreppe, Betonwerksteinbelag (5m²), Handlauf, Edelstahl (3m), Stahltreppe, Handläufe (4m²), Stb-Winkelsitzstufen (3St), Lichtschacht (1St), Absturzsicherungen, VSG, U-Profile (66St), Schiebeelemente vor Fenstern, Stahl (9St), Fluchtbalkone, Stahl, Gitterroste (6St), Brüstungsabdeckungen (45m), Lüftungsgitter (5m²)

KG	Kostengruppe	Menge Einheit	Kosten €	€/Einheit	%
340	**Innenwände**	4.712,43 m² IWF	853.922	**181,21**	18,9

Stb-Elementwände, d=20cm (488m²), Stb-Wände, d=20cm (1.041m²), KS-Mauerwerk, d=17,5cm (11m²) * GK-Metallständerwände, d=10-15cm (955m²), d=15,5-20cm (1.358m²), GK-Installationswände, d bis 40cm (169m²), Laibungen, freie Wandenden (1.015m) * Stb-Stützen, Fertigteile 20x20-30cm (495m), Ortbeton, 24x24-25x60cm (34m) * Holztüren (300m²), T30 RS (162m²), Ganzglastüren, Seitenverglasungen (158m²), Stahltüren (6m²), T30 RS (14m²), RS (5m²), T30 (5m²) * Gipsputz (1.342m²), d=35mm, bewehrt (391m²), GK-Bekleidung (1.356m²), GK-Vorsatzschalen (439m²), Spachtelung (1.445m²), Wandfliesen (738m²), Spiegel, fliesenbündig (79m²), Anstrich (6.304m²), Bekleidungswinkel an Aufzugsportalen (6St)

KG	Kostengruppe	Menge Einheit	Kosten €	€/Einheit	%
350	**Decken**	4.290,36 m² DEF	1.072.552	**249,99**	23,7

Stb-Decken, d=20cm (3.636m²), Stb-Fertigteildecken, d=17,5-20cm im Gefälle (498m²), Stb-Fertigteiltreppen, d=18cm (20St), Stb-Treppenpodeste, d=20cm (22m²), Stegkonstruktion, Stahl (30m²), Stahltreppen, Betonwerksteinstufen (26m²) * Wärmedämmung, d=25-30mm (2.597m²), TSD, d=15-30mm (3.040m²), Calciumsulfatestrich, d=45mm (2.363m²), Zementestrich, d=45mm (732m²), Betonwerkstein (581m²), Linoleum (2.368m²), Bodenfliesen (221m²), Balkone/Laubengänge: Dränagematten, Stelzlager, Betonwerkstein (518m²) * GK-Decken (121m²), Holzwolle-Mehrschichtplatten, d=60mm (501m²), Anstrich (2.368m²) * Stabgeländer, Stahl (186m²), Balkongeländer, Stahl, Glas (148m²), Treppengeländer, Stahl, Holzhandlauf (51m²), Absturzsicherung (1St)

KG	Kostengruppe	Menge Einheit	Kosten €	€/Einheit	%
360	**Dächer**	1.610,93 m² DAF	262.547	**162,98**	5,8

Stb-Flachdach, d=20cm (928m²), d=30cm, WU-Beton (622m²), Stb-Überzüge 60x45cm (59m) * Pfosten-Riegel-Konstruktion, Holz-Alu, Pultdach 7° (57m²), RWA-Lichtkuppeln (2St), Dachausstieg, Scherentreppe (1St) * Dampfsperre, Gefälledämmung, mittlere Dicke 140mm, Kunststoffdachbahnen, Kunstfaserfilz, Kiesschüttung (871m²) * Holzwolle-Mehrschichtplatten, d=60mm (244m²), Anstrich (592m²) * Stb-Fertigteile für Tiefgaragenbelüftung (2St), Sekuranten als Absturzsicherung (15St), Sicherungsseil (1St), Sicherheitsgeschirr (1St)

KG	Kostengruppe	Menge Einheit	Kosten €	€/Einheit	%
370	**Baukonstruktive Einbauten**	6.100,70 m² BGF	280.049	**45,90**	6,2

Einbauküchen für Einzelappartements (54St), für Dreier-WGs (20St), für Fünfer-WGs (5St), Hängeschränke (48St), Unterschränke (6St), Hochschränke (4St), Kühlschränke (2St), Einbauschränke (146St), Einbauregale (304St), Fahrradparker, Reihenanlage, wandbefestigt (120St), Innenraumbegrünung: Vlies, Kies, Pflanzsubstrat, Splitt, Pflanzen (8m²)

KG	Kostengruppe	Menge Einheit	Kosten €	€/Einheit	%
390	**Sonstige Baukonstruktionen**	6.100,70 m² BGF	262.313	**43,00**	5,8

Baustelleneinrichtung (psch), Sanitärcontainer (1St), Bürocontainer (1St), Bauwasseranschluss (1St), Baustromverteiler (2St), Zählerschrank (1St), Gummikabel (170m), Stromentnahmestellen (5St), Baubeleuchtung (psch), Bauschild (1St), Bauzaun (245m), Kran (1St), Autokran (1St) * Fassadengerüst (3.110m²), innen (29m²), Leitergänge (6St), Konsolverbreiterungen (101m), Dachfanggerüst (198m), Flächengerüst im 3.OG (1St) * Abbruch von Stb-Bauteilen (8m³), Entsorgung, Deponiegebühren * Fugen sanieren (7h), Alutür reparieren (1St), beschädigte Wandflächen instandsetzen (23h) * Schutzabdeckungen für Flächen (1.224m²), für Öffnungen (114m²), Dämmmatten (500m²), Baustufen (16St), Zulagen Winterbau (79St), Bauendreinigung (psch)

KG	Kostengruppe	Menge Einheit	Kosten €	€/Einheit	%
400	**Bauwerk - Technische Anlagen**				**100,0**
410	**Abwasser-, Wasser-, Gasanlagen**	6.100,70 m² BGF	293.950	**48,18**	24,9

PE-Rohre DN56-150 (645m), KG-Rohre DN100-150 (339m), HT-Rohre DN50-100 (288m), Strangentlüfter DN70-150 (14St), Flachdachabläufe DN70-100 (12St), Bodenabläufe DN100 (3St), Fassadenrinnen (52m), Entwässerungsrinnen DN100 (5m), Schlitzrinne (3m), Kontrollschacht (1St), Tauchpumpen (2St) * PE-Rohre DN12-25 (2.350m), Edelstahlrohre DN12-50 (1.559m), Zirkulationspumpen (3St), Wasseraufbereitungssysteme (5St), Tiefspül-WCs (88St), Duschwannen (84St), Handwaschbecken (78St), Waschtische (30St), Spültischarmaturen (81St) * Montageelemente (193St)

KG	Kostengruppe	Menge Einheit	Kosten €	€/Einheit	%
420	**Wärmeversorgungsanlagen**	6.100,70 m² BGF	314.807	**51,60**	26,6

Sole-Wasser-Wärmepumpen (2St), Solar-Flachkollektoren (43m²), Pufferspeicher (2St), Ladespeicher (2St), Plattenwärmetauscher (4St), Druckausdehnungsgefäße (3St), Umwälzpumpen (2St), Frequenzumrichter (1St), Sinusfilter (1St), Stahlrohre (37m), Kupferrohre (136m) * Heizkreisverteiler (1St), Umwälzpumpen (6St), Absperrventile (24St), Strangdifferenzdruckregler (12St), Strangventile (28St), Wärmemengenzähler (1St), Kunststoffrohre (4.371m), Gewinderohre (545m), Siederohre (258m), Stahlrohre (44m), Luftgefäße (11St) * Wandheizung, PE-Xa-Rohre (1.668m²), Fußbodenheizung, Noppenplatten, PE-Xa-Rohre (157m²), Etagenverteiler (55St), Röhrenradiatoren (81St), Badheizkörper (30St)

KG	Kostengruppe	Menge Einheit	Kosten €	€/Einheit	%
430	**Lufttechnische Anlagen**	6.100,70 m² BGF	8.499	**1,39**	0,7

Gebläseeinheiten 60m³/h, Schalldämpfer (16St), Wickelfalzrohre (37m), Alu-Flexrohre (13m), Deckenschotts (13St), Dachhauben (4St), Wetterschutzgitter (3St), Intervallmodul (1St), Kleinraumventilator (1St), Lüftungsgitter (1St)

KG	Kostengruppe	Menge Einheit	Kosten €	€/Einheit	%
440	**Starkstromanlagen**	6.100,70 m² BGF	362.905	**59,49**	30,7
	Zählerschränke (3St), Verteilerschränke (4St), Kleinverteiler (79St), Mantelleitungen (22.978m), Starkstromkabel (1.554m), Steckdosen (1.719St), Fußbodentanks (16St), CEE-Dosen (6St), Schalter (495St), Bewegungsmelder (56St) * Anbauleuchten (553St), Spiegelleuchten (102St), Lichtleisten (87St), Einbaudownlights (59St), Anbaudownlights (6St), Schienensystem (13m), Strahler (6St), Notleuchten (5St) * Blitzschutzanlage (psch), Fundamenterder (322m), Ableitungen (520m), Erdungsfestpunkte (45St), Potenzialausgleichsschienen (3St)				
450	**Fernmelde-, informationstechn. Anlagen**	6.100,70 m² BGF	93.013	**15,25**	7,9
	Verteilerkasten (1St), Verteilerfelder (3St), ISDN-Kompaktanlage (1St), TAE-Dosen (2St), Fernmeldeleitungen (2.113m) * Türsprechanlage, Tastaturmodul (1St), Türöffner (2St), Steuergerät (1St), Sprechanlagenmodul (1St), Innenstationen (79St), Installationskabel (1.119m), Anschlussdosen 2xRJ45 (2St) * Hausanschlussverstärker (6St), Einzelanschlussdosen, dreifach (143St), Koaxialkabel (7.589m) * Brandmeldezentrale (1St), RWA-Zentralen (4St), Aufzugsschachtentrauchung (1St), Rauchmelder (173St), Sensormelder (42St), Handfeuermelder (18St), Sirenen (75St), Brandmeldekabel (1.938m), Mantelleitungen (1.078m), Steuerleitungen (103m), Erdkabel (77m) * Datenschrank (1St), Verteilerfelder (7St), Anschlussdosen Lan/RJ45 (143St), Datenkabel (7.782m), Patchkabel (150St)				
460	**Förderanlagen**	6.100,70 m² BGF	40.428	**6,63**	3,4
	Personenaufzug, Tragkraft 450kg, sechs Personen, sechs Haltestellen, Förderhöhe 14,10m, Kabinenmaße 1,00x1,25m (1St), Betonwerkstein 60x30x3cm, in Fahrstuhlwanne verlegt (1m²)				
470	**Nutzungsspezifische Anlagen**	6.100,70 m² BGF	204	**< 0,1**	< 0,1
	Abluft für Wäschetrockner: HT-Rohre DN100, Formstücke (5m), Trockner anschließen (2St), Lüftungsgitter 15x15cm (1St)				
480	**Gebäudeautomation**	6.100,70 m² BGF	67.699	**11,10**	5,7
	Automationsstation (1St), Binär-Baugruppen (3St), Funktionsmodule (19St), Bedientableau (1St), DALI-Bedienpanel (1St), MODBUS-Schnittstelle (1St), Modem (1St), Datenpunkte (185St), Schnittstellenkopplungen (20St), Programmierungen von Nutzerdaten (297St), Messwertgeber (26St), Regelventile (12St), Endschalter (5St) * Schaltschrank (1St), Motorsteuergeräte (12St), Steuerung für zwei Wärmepumpen (1St), Binärein/-ausgänge (29St), Ventilsteuerungen (12St), Funktionsbausteine (18St), Analogumformer (8St)				
500	**Außenanlagen**				**100,0**
510	**Geländeflächen**	2.296,58 m²	15.910	**6,93**	3,9
	Oberboden liefern, einbauen (14m³) * Boden BK 3-4, lösen (413m³), Boden laden, entsorgen (337m³), Planum (2.250m²), Untergrund verdichten (1.118m²), Schotterauffüllung (166t)				

KG	Kostengruppe	Menge Einheit	Kosten €	€/Einheit	%
520	**Befestigte Flächen**	988,19 m²	60.401	**61,12**	14,8
	Trag- und Frostschutzschicht (332m²), Bitumentragschicht, d=8-16cm, Asphaltdeckschicht, Handeinbau (281m²), Bordsteine, Beton (122m), Granit (41m), Radiensteine, Beton, Lagermaterial (16m) * Trag- und Frostschutzschicht (239m²), Schotterrasen (111m²), Rasenklinkerpflaster (90m²), Bitumentragschicht, Asphaltbeton (29m²), Tiefbordsteine (29m), Schrammbordsteine, Beton (28m) * Trag- und Frostschutzschicht (230m²), Betonpflaster (185m²), Leistensteine (63m), Tiefbordsteine (18m) * Trag- und Frostschutzschicht (312m²), Rasenfugenpflaster (292m²), Stellplatzmarkierungen (94m), Kantensteine (69m), Leistensteine (68m) * Frostschutzschicht (34m²), Traufstreifen, Betonplatten (33m²), Schotter (3m)				
530	**Baukonstruktionen in Außenanlagen**	2.684,53 m² AF	6.865	**2,56**	1,7
	Maschendrahtzaun (28m) * Stahlgeländer (2St) * Stb-Mauerscheiben, h=80-130cm (28m²), Ortbeton-Stützmauer (5m²)				
540	**Technische Anlagen in Außenanlagen**	2.684,53 m² AF	279.689	**104,19**	68,6
	Rohrgrabenaushub (304m³), Grabenverbau (27m²), Schachtgrubenverbau (56m²), KG-Rohre (132m), Regenwasserkontrollschächte (2St), Betonauflagerringe, Schachtabdeckungen (6St), Gussabdeckungen, Dränkontrollschächte (8St), Straßenablauf (1St), Entwässerungsrinne (5m), Stb-Fertigteilzisterne, Zweibehälteranlage (1St), Stb-Regenwasser-Filterschacht (1St) * Grundwasserbrunnen (1St), Brunnenleitung (10m), Regenwasserversorgungs- und Frischwassernachspeiseanlage (1St), Tauchmotorpumpe (1St), Magnetventil (1St), Unterflurgartenventile (2St), PE-HD-Rohre (90m) * Bohrungen, t=130,00m (2.600m), Erdwärmesonden, Doppel-U-Sonden (20St), PE-Sole-Verteilerschächte (2St), Grabenaushub (154m³), PE-Sammelrohrleitungen (1.141m), PE-HD-Rohre (220m) * vorhandene Leuchten versetzen (2St)				
550	**Einbauten in Außenanlagen**	2.684,53 m² AF	11.505	**4,29**	2,8
	Fahrradanlehnbügel (11St), Fertigteilbänke 600x50cm, zwei Sitzauflager, l=130cm, Erdarbeiten, Fundamente (2St), Absperrpfosten (1St)				
570	**Pflanz- und Saatflächen**	1.696,33 m²	26.887	**15,85**	6,6
	Oberboden auftragen, Liefermaterial (215m³), d=15cm, Lagermaterial (1.416m²), d=30cm (104m²), Baumgruben (17St) * Vegetationsschicht lockern durch Fräsen (1.520m²), Bodenverbesserung, Lava (19t) * Heckenpflanzen (200St), Sträucher (28St), Bäume, Baumverankerungen, Stammschutz (17St), Rindenmulch (104m²), Tropfschlauch (35m), Fertigstellungspflege * Rasenansaat, Gebrauchsrasen, Fertigstellungspflege (1.010m²) * Vlies, Kies als Dränageschicht, Füllboden, Planum (530m²), Rasenansaat, Gebrauchsrasen, Fertigstellungspflege (433m²), Trag- und Frostschutzschicht, Schotterrasen (141m²), Traufstreifen, Betonplatten (8m²)				
590	**Sonstige Maßnahmen für Außenanlagen**	2.684,53 m² AF	6.316	**2,35**	1,5
	Baustelleneinrichtung für Erdwärmebohrungen (psch), Bauzaun, Beschilderung, Warnleuchten (65m) * verlorene Erdwärmebohrungen (84m)				

KG	Kostengruppe	Menge Einheit	Kosten €	€/Einheit	%
600	**Ausstattung und Kunstwerke**				**100,0**
610	**Ausstattung**	6.100,70 m² BGF	151.467	**24,83**	88,4

Alu-Vorhangschienen (444m), Vorhänge, zweiteilig (1.094m²), Duschvorhangstangen (81m), Duschvorhänge (162m²), Stapelstühle (259St), Arbeitstische (139St), Bettgestelle, Matratzen, Bettkästen (139St), Esstische (30St), Spiegel (44St), WC-Papierhalter (88St), Wandhaken (60St), Doppelhaken (35St) * Notebook, Tasche, Lasermaus (1St) * Folienbeschriftungen auf Türen (112St), auf GK-Wänden (220St), Hinweisschilder (7St), Rettungswegkennzeichnungen (4St), Digitaldruckgrafik auf Folie, Logo 50x50cm (1St)

KG	Kostengruppe	Menge Einheit	Kosten €	€/Einheit	%
620	**Kunstwerke**	6.100,70 m² BGF	19.969	**3,27**	11,6

Metallpaneele (24St), Schriftzüge auf Metallpaneele (17St), Seilabhängungen, Edelstahl (174m), Gerüst (psch) * Digitaldruckgrafiken auf Balkongeländern (120m²), auf Verglasungen (42St)

6200-0057
Studentenwohnheim
(139 Betten)
TG (38 STP)

Kostenkennwerte für die Kostengruppe 300 der 2. und 3.Ebene DIN 276 (Übersicht)

KG	Kostengruppe	Menge Einh.	€/Einheit	Kosten €	% 3+4
300	**Bauwerk - Baukonstruktionen**	**6.100,70 m² BGF**	**742,35**	**4.528.863,86**	**79,3**
310	**Baugrube**	**3.101,22 m³ BGI**	**26,48**	**82.118,03**	**1,4**
311	Baugrubenherstellung	3.101,22 m³ BGI	26,48	82.118,03	1,4
312	Baugrubenumschließung	–	–	–	–
313	Wasserhaltung	–	–	–	–
319	Baugrube, sonstiges	–	–	–	–
320	**Gründung**	**1.570,08 m² GRF**	**149,59**	**234.861,71**	**4,1**
321	Baugrundverbesserung	–	–	–	–
322	Flachgründungen	1.570,08 m²	56,70	89.017,06	1,6
323	Tiefgründungen	–	–	–	–
324	Unterböden und Bodenplatten	1.570,08 m²	63,10	99.070,00	1,7
325	Bodenbeläge	399,30 m²	84,58	33.773,92	0,6
326	Bauwerksabdichtungen	1.570,08 m² GRF	5,65	8.866,75	0,2
327	Dränagen	1.570,08 m² GRF	2,63	4.133,99	< 0,1
329	Gründung, sonstiges	–	–	–	–
330	**Außenwände**	**3.629,91 m² AWF**	**407,86**	**1.480.501,09**	**25,9**
331	Tragende Außenwände	1.179,28 m²	140,83	166.082,15	2,9
332	Nichttragende Außenwände	517,90 m²	316,72	164.030,27	2,9
333	Außenstützen	–	–	–	–
334	Außentüren und -fenster	1.091,63 m²	361,65	394.786,41	6,9
335	Außenwandbekleidungen außen	451,39 m²	71,62	32.328,88	0,6
336	Außenwandbekleidungen innen	587,56 m²	53,84	31.636,37	0,6
337	Elementierte Außenwände	841,11 m²	665,53	559.786,21	9,8
338	Sonnenschutz	816,12 m²	72,60	59.254,18	1,0
339	Außenwände, sonstiges	3.629,91 m² AWF	20,00	72.596,60	1,3
340	**Innenwände**	**4.712,43 m² IWF**	**181,21**	**853.921,65**	**15,0**
341	Tragende Innenwände	1.539,51 m²	117,18	180.400,40	3,2
342	Nichttragende Innenwände	2.522,86 m²	63,40	159.942,42	2,8
343	Innenstützen	528,88 m	137,02	72.466,40	1,3
344	Innentüren und -fenster	650,06 m²	475,50	309.102,71	5,4
345	Innenwandbekleidungen	7.121,70 m²	18,54	132.009,71	2,3
346	Elementierte Innenwände	–	–	–	–
349	Innenwände, sonstiges	–	–	–	–
350	**Decken**	**4.290,36 m² DEF**	**249,99**	**1.072.551,62**	**18,8**
351	Deckenkonstruktionen	4.290,36 m²	129,25	554.548,93	9,7
352	Deckenbeläge	3.687,33 m²	74,09	273.212,73	4,8
353	Deckenbekleidungen	2.927,51 m²	12,19	35.692,42	0,6
359	Decken, sonstiges	4.290,36 m² DEF	48,74	209.097,54	3,7
360	**Dächer**	**1.610,93 m² DAF**	**162,98**	**262.547,16**	**4,6**
361	Dachkonstruktionen	1.550,13 m²	65,80	101.995,14	1,8
362	Dachfenster, Dachöffnungen	60,80 m²	1.305,04	79.350,63	1,4
363	Dachbeläge	870,67 m²	70,30	61.208,43	1,1
364	Dachbekleidungen	836,00 m²	11,59	9.686,89	0,2
369	Dächer, sonstiges	1.610,93 m² DAF	6,40	10.306,06	0,2
370	**Baukonstruktive Einbauten**	**6.100,70 m² BGF**	**45,90**	**280.049,20**	**4,9**
390	**Sonstige Baukonstruktionen**	**6.100,70 m² BGF**	**43,00**	**262.313,40**	**4,6**

Kostenkennwerte für die Kostengruppe 400 der 2. und 3.Ebene DIN 276 (Übersicht)

KG	Kostengruppe	Menge Einh.	€/Einheit	Kosten €	% 3+4
400	**Bauwerk - Technische Anlagen**	**6.100,70 m² BGF**	**193,67**	**1.181.505,39**	**20,7**
410	**Abwasser-, Wasser-, Gasanlagen**	**6.100,70 m² BGF**	**48,18**	**293.950,31**	**5,1**
411	Abwasseranlagen	6.100,70 m² BGF	13,77	84.021,40	1,5
412	Wasseranlagen	6.100,70 m² BGF	30,47	185.874,21	3,3
413	Gasanlagen	–	–	–	–
419	Abwasser-, Wasser-, Gasanlagen, sonstiges	6.100,70 m² BGF	3,94	24.054,70	0,4
420	**Wärmeversorgungsanlagen**	**6.100,70 m² BGF**	**51,60**	**314.806,86**	**5,5**
421	Wärmeerzeugungsanlagen	6.100,70 m² BGF	15,01	91.580,81	1,6
422	Wärmeverteilnetze	6.100,70 m² BGF	15,70	95.785,70	1,7
423	Raumheizflächen	6.100,70 m² BGF	20,89	127.440,35	2,2
429	Wärmeversorgungsanlagen, sonstiges	–	–	–	–
430	**Lufttechnische Anlagen**	**6.100,70 m² BGF**	**1,39**	**8.499,10**	**0,1**
431	Lüftungsanlagen	6.100,70 m² BGF	1,39	8.499,10	0,1
432	Teilklimaanlagen	–	–	–	–
433	Klimaanlagen	–	–	–	–
434	Kälteanlagen	–	–	–	–
439	Lufttechnische Anlagen, sonstiges	–	–	–	–
440	**Starkstromanlagen**	**6.100,70 m² BGF**	**59,49**	**362.905,19**	**6,4**
441	Hoch- und Mittelspannungsanlagen	–	–	–	–
442	Eigenstromversorgungsanlagen	–	–	–	–
443	Niederspannungsschaltanlagen	–	–	–	–
444	Niederspannungsinstallationsanlagen	6.100,70 m² BGF	38,59	235.403,06	4,1
445	Beleuchtungsanlagen	6.100,70 m² BGF	18,33	111.804,28	2,0
446	Blitzschutz- und Erdungsanlagen	6.100,70 m² BGF	2,57	15.697,84	0,3
449	Starkstromanlagen, sonstiges	–	–	–	–
450	**Fernmelde-, informationstechn. Anlagen**	**6.100,70 m² BGF**	**15,25**	**93.013,06**	**1,6**
451	Telekommunikationsanlagen	6.100,70 m² BGF	0,57	3.457,42	< 0,1
452	Such- und Signalanlagen	6.100,70 m² BGF	1,73	10.583,77	0,2
453	Zeitdienstanlagen	–	–	–	–
454	Elektroakustische Anlagen	–	–	–	–
455	Fernseh- und Antennenanlagen	6.100,70 m² BGF	2,60	15.834,19	0,3
456	Gefahrenmelde- und Alarmanlagen	6.100,70 m² BGF	5,85	35.673,95	0,6
457	Übertragungsnetze	6.100,70 m² BGF	4,50	27.463,71	0,5
459	Fernmelde- und informationstechnische Anlagen, sonstiges	–	–	–	–
460	**Förderanlagen**	**6.100,70 m² BGF**	**6,63**	**40.427,96**	**0,7**
461	Aufzugsanlagen	6.100,70 m² BGF	6,63	40.427,96	0,7
462	Fahrtreppen, Fahrsteige	–	–	–	–
463	Befahranlagen	–	–	–	–
464	Transportanlagen	–	–	–	–
465	Krananlagen	–	–	–	–
469	Förderanlagen, sonstiges	–	–	–	–
470	**Nutzungsspezifische Anlagen**	**6.100,70 m² BGF**	**< 0,1**	**203,51**	**< 0,1**
480	**Gebäudeautomation**	**6.100,70 m² BGF**	**11,10**	**67.699,41**	**1,2**
490	**Sonstige Technische Anlagen**	**–**	**–**	**–**	**–**

6200-0057
Studentenwohnheim
(139 Betten)
TG (38 STP)

Kostenkennwerte für Leistungsbereiche nach StLB (Kosten des Bauwerks nach DIN 276)

LB	Leistungsbereiche	Kosten €	€/m² BGF	€/m³ BRI	% 3+4
000	Sicherheits-, Baustelleneinrichtungen inkl. 001	234.779	38,48	13,53	4,1
002	Erdarbeiten	108.130	17,72	6,23	1,9
006	Spezialtiefbauarbeiten inkl. 005	–	–	–	–
009	Entwässerungskanalarbeiten inkl. 011	24.518	4,02	1,41	0,4
010	Dränarbeiten	4.134	0,68	0,24	< 0,1
012	Mauerarbeiten	4.402	0,72	0,25	< 0,1
013	Betonarbeiten	1.257.551	206,13	72,46	22,0
014	Natur-, Betonwerksteinarbeiten	167.134	27,40	9,63	2,9
016	Zimmer- und Holzbauarbeiten	–	–	–	–
017	Stahlbauarbeiten	–	–	–	–
018	Abdichtungsarbeiten	1.435	0,24	< 0,1	< 0,1
020	Dachdeckungsarbeiten	73.289	12,01	4,22	1,3
021	Dachabdichtungsarbeiten	–	–	–	–
022	Klempnerarbeiten	–	–	–	–
	Rohbau	**1.875.371**	**307,40**	**108,06**	**32,8**
023	Putz- und Stuckarbeiten, Wärmedämmsysteme	55.800	9,15	3,22	1,0
024	Fliesen- und Plattenarbeiten	78.183	12,82	4,51	1,4
025	Estricharbeiten	44.282	7,26	2,55	0,8
026	Fenster, Außentüren inkl. 029, 032	1.250.087	204,91	72,03	21,9
027	Tischlerarbeiten	357.755	58,64	20,61	6,3
028	Parkett-, Holzpflasterarbeiten	–	–	–	–
030	Rollladenarbeiten	59.254	9,71	3,41	1,0
031	Metallbauarbeiten inkl. 035	301.546	49,43	17,38	5,3
034	Maler- und Lackiererarbeiten inkl. 037	61.769	10,12	3,56	1,1
036	Bodenbelagsarbeiten	70.580	11,57	4,07	1,2
038	Vorgehängte hinterlüftete Fassaden	–	–	–	–
039	Trockenbauarbeiten	231.299	37,91	13,33	4,1
	Ausbau	**2.510.555**	**411,52**	**144,66**	**44,0**
040	Wärmeversorgungsanlagen, inkl. 041	275.539	45,17	15,88	4,8
042	Gas- und Wasseranlagen, Leitungen inkl. 043	107.671	17,65	6,20	1,9
044	Abwasseranlagen - Leitungen	50.328	8,25	2,90	0,9
045	Gas, Wasser, Entwässerung - Ausstattung inkl. 046	90.050	14,76	5,19	1,6
047	Dämmarbeiten an technischen Anlagen	63.922	10,48	3,68	1,1
049	Feuerlöschanlagen, Feuerlöschgeräte	–	–	–	–
050	Blitzschutz- und Erdungsanlagen	18.029	2,96	1,04	0,3
052	Mittelspannungsanlagen	–	–	–	–
053	Niederspannungsanlagen inkl. 054	228.391	37,44	13,16	4,0
055	Ersatzstromversorgungsanlagen	–	–	–	–
057	Gebäudesystemtechnik	–	–	–	–
058	Leuchten und Lampen, inkl. 059	111.804	18,33	6,44	2,0
060	Elektroakustische Anlagen	12.254	2,01	0,71	0,2
061	Kommunikationsnetze, inkl. 063	82.474	13,52	4,75	1,4
069	Aufzüge	40.053	6,57	2,31	0,7
070	Gebäudeautomation	65.909	10,80	3,80	1,2
075	Raumlufttechnische Anlagen	4.925	0,81	0,28	< 0,1
	Gebäudetechnik	**1.151.351**	**188,72**	**66,34**	**20,2**
084	**Abbruch- und Rückbauarbeiten**	**622**	**0,10**	**< 0,1**	**< 0,1**
	Sonstige Leistungsbereiche inkl. 008, 033, 051	**172.471**	**28,27**	**9,94**	**3,0**

6200-0069
Wohnungen für obdachlose Menschen
(14 Wohnungen)
(32 Betten)

Objektübersicht

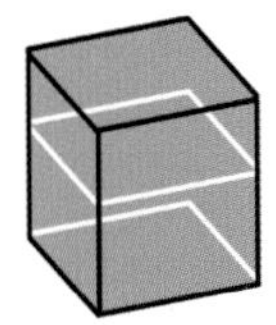

BRI 301 €/m³

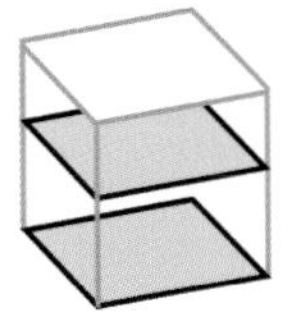

BGF 1.389 €/m²

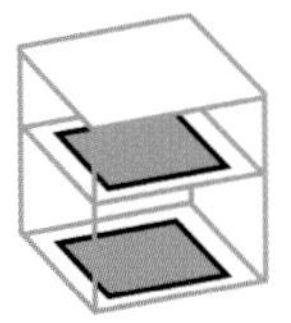

NUF 1.799 €/m²

Objekt:
Kennwerte: 1.Ebene DIN 276
BRI: 3.358 m³
BGF: 728 m²
NUF: 562 m²
Bauzeit: 39 Wochen
Bauende: 2014
Standard: unter Durchschnitt
Kreis: Ingolstadt,
Bayern

Architekt:
Ebe | Ausfelder | Partner
Architekten
Volkartstraße 50
80636 München

Bauherr:
Gemeinnützige
Wohnungsbaugesellschaft
Ingolstadt GmbH
85055 Ingolstadt

© Florian Schreiber

© Florian Schreiber

© Florian Schreiber

© Florian Schreiber

© Florian Schreiber

© Florian Schreiber

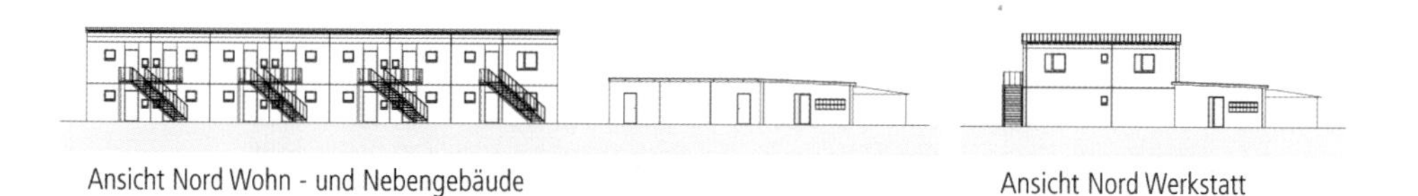

Ansicht Nord Wohn - und Nebengebäude

Ansicht Nord Werkstatt

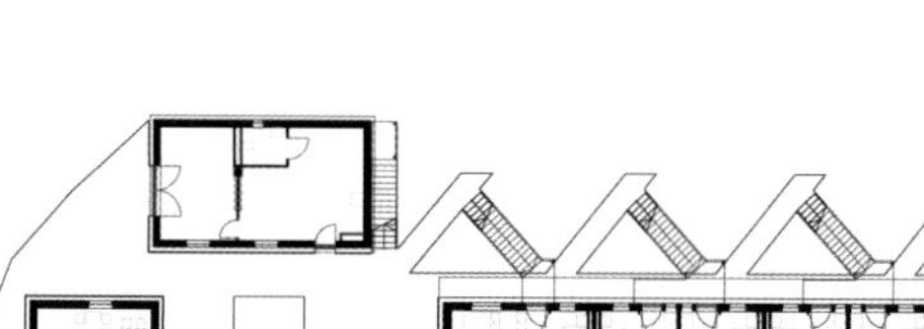

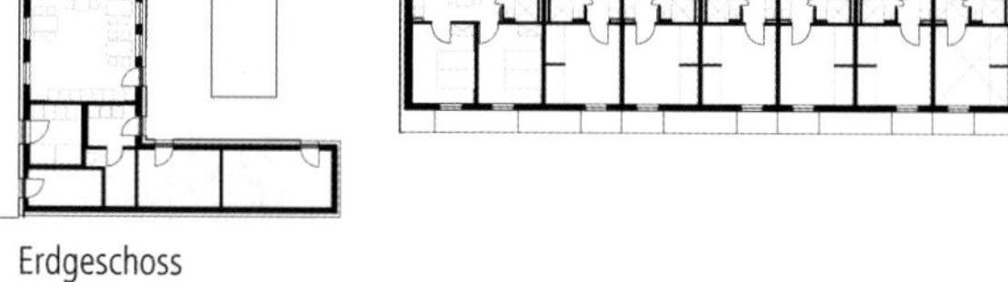

Erdgeschoss

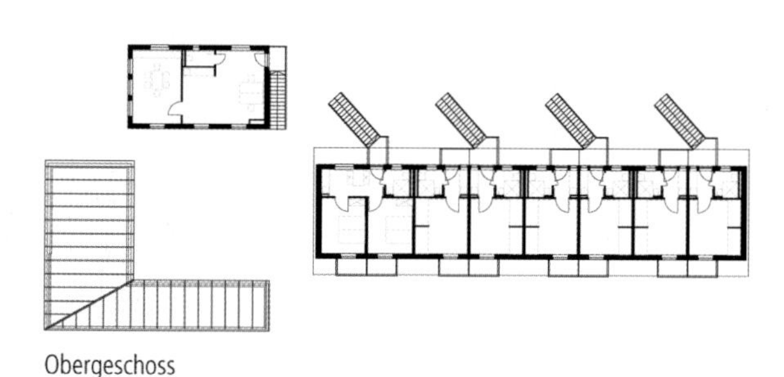

Obergeschoss

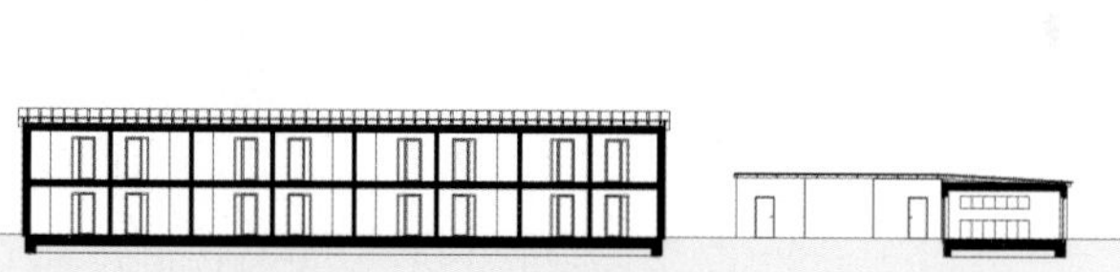

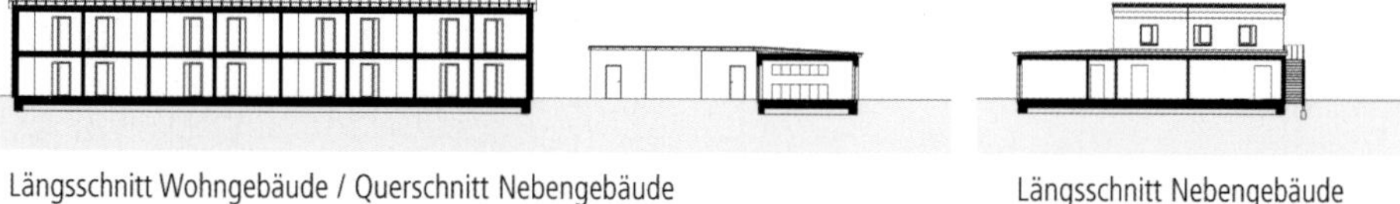

Längsschnitt Wohngebäude / Querschnitt Nebengebäude

Längsschnitt Nebengebäude

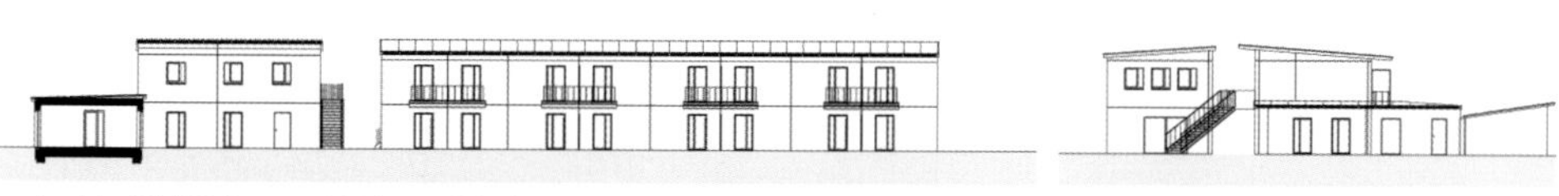

Ansicht Süd Wohn - und Nebengebäude

Ansicht West

6200-0069
Wohnungen für obdachlose Menschen
(14 Wohnungen)
(32 Betten)

Objektbeschreibung

Allgemeine Objektinformationen

Drei klare Baukörper in kostengünstiger, vandalensicherer Bauweise aus Sichtbeton-Sandwichelementen, gruppieren sich um einen Innenhof und dienen als Wohnungen für obdachlose Menschen. In einem langgestreckten Baukörper befinden sich 14 Appartements, für zwei bzw. vier Bewohner, auf zwei Geschossen aneinander gereiht, jeweils mit einem Wohnraum, einer Küchenzeile in der Diele und einer Badeinheit. Die separate Erschließung direkt von außen bzw. über Einzeltreppen die jeweils zu zwei Wohneinheiten führen, trägt der gewünschten Selbständigkeit der einzelnen Einheiten und der minimalen gegenseitigen Beeinträchtigung Rechnung. Jede Wohnung hat einen Balkon oder eine Terrasse. Das L-förmige Nebengebäude bietet Platz für einen Gruppenraum zum gemeinsamen Kochen und für Veranstaltungen, einen Waschraum und Nebenräume für Haustechnik, Lager und Müll. Im dritten, farblich abgesetzten Gebäude sind eine Werkstatt im Erdgeschoss für die Herstellung von Kerzen, zur Fahrradreparatur u.ä. und im Obergeschoss Büroräume für das Sozialamt Ingolstadt untergebracht.

Nutzung

1 Erdgeschoss
Wohnen, Gruppenraum, Werkstatt, Nebenräume

1 Obergeschoss
Wohnen, Büro

Nutzeinheiten

Lagerfläche: 20m²
Produktionsfläche: 57m²
Wohnfläche: 381m²
Wohneinheiten: 14
Bürofläche: 52m²
Betten: 32
Arbeitsplätze: 6

Grundstück

Bauraum: Freier Bauraum
Neigung: Geneigtes Gelände
Bodenklasse: BK 1 bis BK 3

Markt

Hauptvergabezeit: 1. Quartal 2014
Baubeginn: 1. Quartal 2014
Bauende: 4. Quartal 2014
Konjunkturelle Gesamtlage: Durchschnitt
Regionaler Baumarkt: unter Durchschnitt

Baukonstruktion

Der Neubau gründet auf Stahlbetonstreifenfundamenten mit einer oberseitig gedämmten Stahlbetonplatte. Die Außenwände der Baukörper sind in Stahlbeton-Sandwichbauweise erstellt. Eine Wohneinheit dient Kurzzeitaufenthalten oder temporär als Behandlungszimmer für einen Arzt. Diese wurde mit einer dampfdruckbeständigen Wand- und Bodenbeschichtung versehen. Alle anderen Wohneinheiten sind in einfachem, pflegeleichten Ausstattungsstandard ausgeführt. Die Böden sind mit Vinyl belegt. Es kamen Kunststofffenster zum Einbau.

Technische Anlagen

Eine zentrale Holzpelletheizung versorgt die Gebäude, die den energetischen Standard der EnEV 2009 erfüllen. Alle Räume werden über Fußbodenheizung beheizt. Zur Grundbelüftung und Schimmelpilzvermeidung sind Fensterfalzlüfter in den Fensterrahmen vorgesehen. In den Bädern sind elektrische Lüftungselemente eingebaut.

Sonstiges

Das Aufstellen der Wände erfolgte sehr zügig, so dass die Bauzeit für alle Gebäude nur neun Monate dauerte.

Planungskennwerte für Flächen und Rauminhalte nach DIN 277

Flächen des Grundstücks		Menge, Einheit	% an GF
BF	Bebaute Fläche	424,17 m²	28,6
UF	Unbebaute Fläche	1.058,83 m²	71,4
GF	Grundstücksfläche	1.483,00 m²	100,0

Grundflächen des Bauwerks		Menge, Einheit	% an NUF	% an BGF
NUF	Nutzungsfläche	562,23 m²	100,0	77,2
TF	Technikfläche	26,12 m²	4,6	3,6
VF	Verkehrsfläche	43,47 m²	7,7	6,0
NRF	Netto-Raumfläche	631,82 m²	112,4	86,8
KGF	Konstruktions-Grundfläche	96,36 m²	17,1	13,2
BGF	Brutto-Grundfläche	728,18 m²	129,5	100,0

NUF=100% BGF=129,5%
NUF TF VF KGF
NRF=112,4%

Brutto-Rauminhalt des Bauwerks		Menge, Einheit	BRI/NUF (m)	BRI/BGF (m)
BRI	Brutto-Rauminhalt	3.358,43 m³	5,97	4,61

0 1 2 3 4 5 BRI/NUF=5,97m
BRI/BGF=4,61m 0 1 2 3 4

Lufttechnisch behandelte Flächen	Menge, Einheit	% an NUF	% an BGF
Entlüftete Fläche	–	–	–
Be- und Entlüftete Fläche	–	–	–
Teilklimatisierte Fläche	–	–	–
Klimatisierte Fläche	–	–	–

KG	Kostengruppen (2.Ebene)	Menge, Einheit	Menge/NUF	Menge/BGF
310	Baugrube	–	–	–
320	Gründung	–	–	–
330	Außenwände	–	–	–
340	Innenwände	–	–	–
350	Decken	–	–	–
360	Dächer	–	–	–

6200-0069
Wohnungen für obdachlose Menschen
(14 Wohnungen)
(32 Betten)

Kostenkennwerte für die Kostengruppen der 1.Ebene DIN 276

KG	Kostengruppen (1.Ebene)	Einheit	Kosten €	€/Einheit	€/m² BGF	€/m³ BRI	% 300+400
100	Grundstück	m² GF	–	–	–	–	–
200	Herrichten und Erschließen	m² GF	16.371	11,04	22,48	4,87	1,6
300	Bauwerk - Baukonstruktionen	m² BGF	851.647	1.169,55	1.169,55	253,58	84,2
400	Bauwerk - Technische Anlagen	m² BGF	159.577	219,14	219,14	47,52	15,8
	Bauwerk 300+400	**m² BGF**	**1.011.223**	**1.388,70**	**1.388,70**	**301,10**	**100,0**
500	Außenanlagen	m² AF	74.986	70,82	102,98	22,33	7,4
600	Ausstattung und Kunstwerke	m² BGF	46.315	63,60	63,60	13,79	4,6
700	Baunebenkosten	m² BGF	–	–	–	–	–

KG	Kostengruppe	Menge Einheit	Kosten €	€/Einheit	%
200	**Herrichten und Erschließen**	1.483,00 m² GF	16.371	**11,04**	100,0
	Rodung von Bäumen und Sträuchern; Abtrag Erdwall				
3+4	**Bauwerk**				**100,0**
300	**Bauwerk - Baukonstruktionen**	728,18 m² BGF	851.647	**1.169,55**	84,2
	Baugrubenaushub; Stb-Streifenfundamente, Stb-Bodenplatte, Abdichtung, Dämmung, Heizestrich, Vinylboden (Wohnungen), beschichteter Estrich (Werkstatt, Gruppenraum), PUR-Bodenbeschichtung (in einer WE), Bodenfliesen (Bäder); Stb-Sandwichelemente, Dämmung, Kunststofffenster, Metalltor, Stahlgeländer; Stb-Innenwände, Stahlzargen, Röhrenspantüren, Mauerwerks-Vorsatzschalen, Dünnlagenspachtel, Anstrich, PUR-Wandbeschichtung (in einer WE), Wandfliesen (Bäder), mobile Trennwand (Werkstatt); Stb-Decke, Stb-Fertigteil-Balkonplatten, Stb-Fertigteil-Eingangspodeste, Stahltreppen, abgehängte GK-Decken; Holzdachkonstruktion, Abdichtung, Mineralwolldämmung, Trapezblechdeckung				
400	**Bauwerk - Technische Anlagen**	728,18 m² BGF	159.577	**219,14**	15,8
	Gebäudeentwässerung, Kalt- und Warmwasserleitungen, Sanitärobjekte; Holzpelletheizung, Fußbodenheizung; Elektroinstallation, Aufbau- und Einbauleuchten; Telefonleitungen, Rauchmelder, Datenleitungen				
500	**Außenanlagen**	1.058,83 m² AF	74.986	**70,82**	100,0
	Pflasterbelag, Stellplätze, wassergebundene Decke, Kiesflächen; Zaun; Kieferpflanzung, Hecken, Rankpflanzen, Wiesen				
600	**Ausstattung und Kunstwerke**	728,18 m² BGF	46.315	**63,60**	100,0
	Lose Möblierung und Ausstattung				

6200-0070
Tagesförderstätte
für beh. Menschen
(22 Pflegeplätze)

Objektübersicht

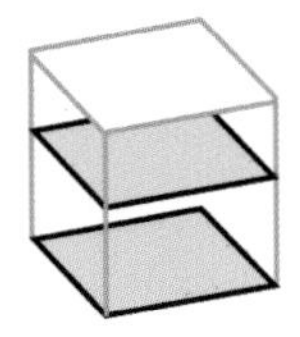

BRI 573 €/m³

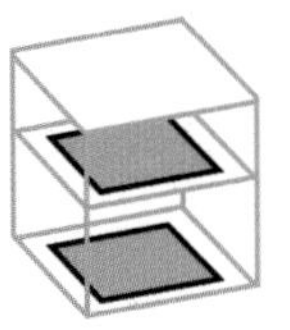

BGF 2.346 €/m²

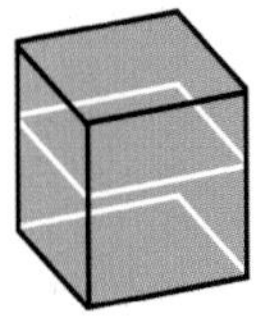

NUF 3.533 €/m²

Objekt:
Kennwerte: 1.Ebene DIN 276
BRI: 2.419 m³
BGF: 591 m²
NUF: 392 m²
Bauzeit: 35 Wochen
Bauende: 2012
Standard: Durchschnitt
Kreis: Flensburg - Stadt,
Schleswig-Holstein

Architekt:
Johannsen und Fuchs
Hafenstraße 9
25813 Husum

Bauherr:
Holländerhof
24843 Flensburg

© Johannsen und Fuchs

© Johannsen und Fuchs

© Johannsen und Fuchs

© Johannsen und Fuchs

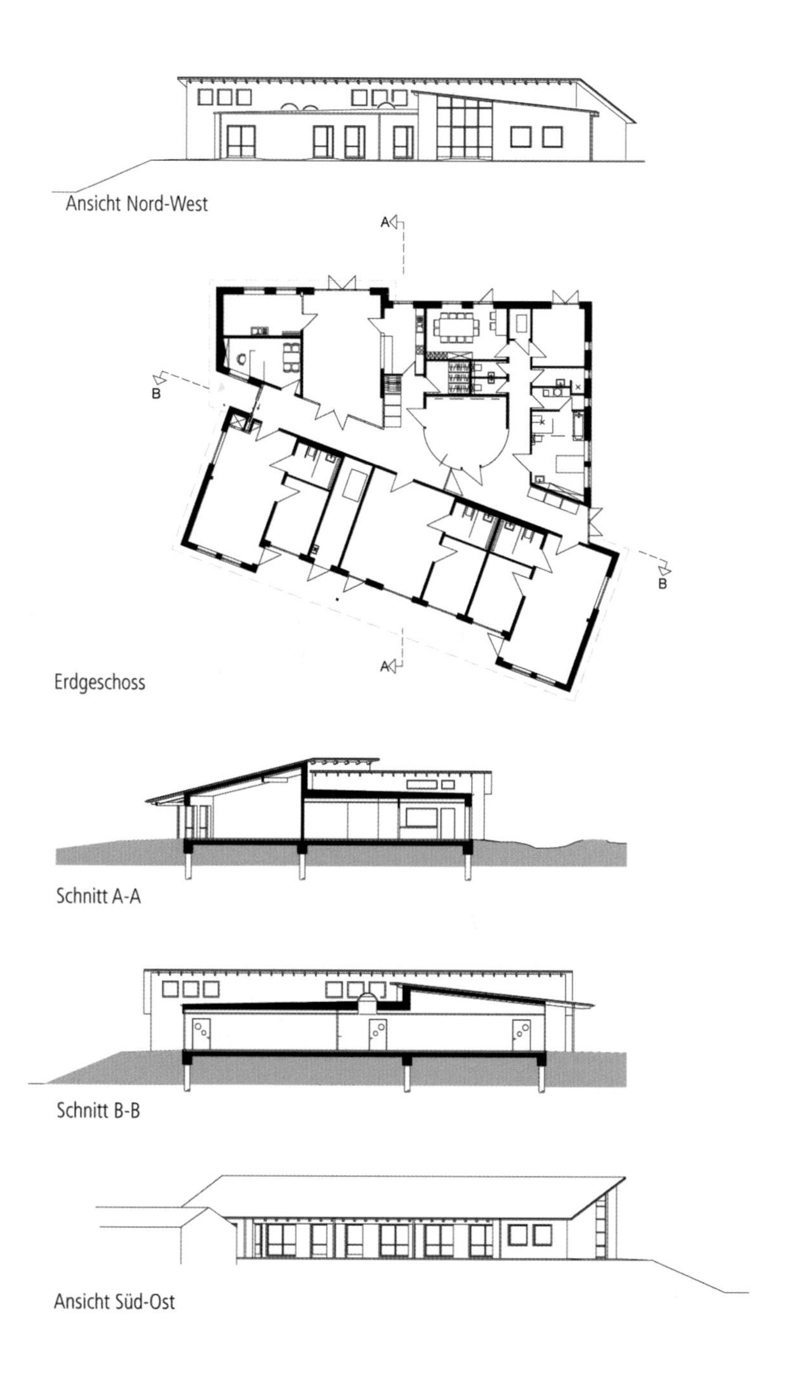

Ansicht Nord-West

Erdgeschoss

Schnitt A-A

Schnitt B-B

Ansicht Süd-Ost

6200-0070
Tagesförderstätte
für beh. Menschen
(22 Pflegeplätze)

Objektbeschreibung

Allgemeine Objektinformationen

Dieser eingeschossige Neubau einer Tagesförderstätte bietet 22 behinderten Menschen Förder- und Betreuungsmöglichkeiten. In den drei Baukörpern befinden sich Einzelbetreuungs- und Gruppenräume mit behindertengerechten Sanitäreinheiten, ein Therapiebad mit Personalbereich, sowie Gemeinschaftsraum mit Werken und Büro.

Nutzung

1 Erdgeschoss
Gruppenräume (3St), Gemeinschaftsraum, Werkraum, Snoezelenraum, Büro, Küche, Personalraum, Therapiebad, Garderoben, Sanitärräume, WCs, Beh.-WCs, Abstellräume, Technikraum

Nutzeinheiten

Pflegeplätze: 22

Grundstück

Bauraum: Freier Bauraum
Neigung: Ebenes Gelände
Bodenklasse: BK 1 bis BK 3

Markt

Hauptvergabezeit: 2. Quartal 2011
Baubeginn: 2. Quartal 2011
Bauende: 1. Quartal 2012
Konjunkturelle Gesamtlage: Durchschnitt
Regionaler Baumarkt: Durchschnitt

Baukonstruktion

Die Tagesförderstätte gründet auf einem Balkenrost aus Stahlbeton. Zum Schutz gegen Grundwasser wurde eine Sperrschicht oberhalb der Bodenplatte aufgebracht. Die tragenden Außenwände sind aus Kalksandstein ausgeführt. Eine Lärchenholzfassade gestaltet die Gruppenräume, die beiden anderen Baukörper haben eine Verblendsteinfassade. Die aus Kalksandstein errichteten Innenwände sind verputzt. Die Böden sind mit PVC oder mit Fliesen belegt. Während das Flachdach aus Stahlbetonplatte mit Gefälledämmung und Dachdichtungsfolie besteht, sind die Pultdächer mit Holzsparren und Zwischen- sowie Aufsparrendämmung und in Aluminiumtafeln eingedeckt. Die Kunststofffenster mit Dreifachverglasung strukturieren die Fassaden.

Technische Anlagen

Die Wärmeversorgung der Tagesförderstätte erfolgt über den Anschluss an die vorhandenen Fernwärmeleitungen. Die Verteilung im Gebäude erfolgt über stationäre Heizflächen, Fußbodenheizung und eine Lüftungsanlage. Eine zentrale Brauchwassererwärmung liegt vor.

Planungskennwerte für Flächen und Rauminhalte nach DIN 277

Flächen des Grundstücks		Menge, Einheit	% an GF
BF	Bebaute Fläche	591,00 m²	6,6
UF	Unbebaute Fläche	8.398,00 m²	93,4
GF	Grundstücksfläche	8.989,00 m²	100,0

Grundflächen des Bauwerks		Menge, Einheit	% an NUF	% an BGF
NUF	Nutzungsfläche	392,48 m²	100,0	66,4
TF	Technikfläche	15,61 m²	4,0	2,6
VF	Verkehrsfläche	95,66 m²	24,4	16,2
NRF	Netto-Raumfläche	503,75 m²	128,4	85,2
KGF	Konstruktions-Grundfläche	87,25 m²	22,2	14,8
BGF	Brutto-Grundfläche	591,00 m²	150,6	100,0

NUF=100% BGF=150,6%

NUF TF VF KGF

NRF=128,4%

Brutto-Rauminhalt des Bauwerks		Menge, Einheit	BRI/NUF (m)	BRI/BGF (m)
BRI	Brutto-Rauminhalt	2.419,20 m³	6,16	4,09

0 1 2 3 4 5 6 BRI/NUF=6,16m

0 1 2 3 4 BRI/BGF=4,09m

Lufttechnisch behandelte Flächen	Menge, Einheit	% an NUF	% an BGF
Entlüftete Fläche	–	–	–
Be- und Entlüftete Fläche	–	–	–
Teilklimatisierte Fläche	–	–	–
Klimatisierte Fläche	–	–	–

KG	Kostengruppen (2.Ebene)	Menge, Einheit	Menge/NUF	Menge/BGF
310	Baugrube	–	–	–
320	Gründung	–	–	–
330	Außenwände	–	–	–
340	Innenwände	–	–	–
350	Decken	–	–	–
360	Dächer	–	–	–

Kostenkennwerte für die Kostengruppen der 1.Ebene DIN 276

KG	Kostengruppen (1.Ebene)	Einheit	Kosten €	€/Einheit	€/m² BGF	€/m³ BRI	% 300+400
100	Grundstück	m² GF	–	–	–	–	–
200	Herrichten und Erschließen	m² GF	–	–	–	–	–
300	Bauwerk - Baukonstruktionen	m² BGF	973.790	1.647,70	1.647,70	402,53	70,2
400	Bauwerk - Technische Anlagen	m² BGF	412.898	698,64	698,64	170,68	29,8
	Bauwerk 300+400	**m² BGF**	**1.386.687**	**2.346,34**	**2.346,34**	**573,20**	**100,0**
500	Außenanlagen	m² AF	147.387	94,97	249,39	60,92	10,6
600	Ausstattung und Kunstwerke	m² BGF	64.046	108,37	108,37	26,47	4,6
700	Baunebenkosten	m² BGF	–	–	–	–	–

KG	Kostengruppe	Menge Einheit	Kosten €	€/Einheit	%
3+4	**Bauwerk**				**100,0**
300	**Bauwerk - Baukonstruktionen**	591,00 m² BGF	973.790	**1.647,70**	70,2

Baugrubenaushub; Stb-Fundamente, Pfahlgründung, Stb-Bodenplatte, Abdichtung, Heizestrich, PVC-Belag, Bodenfliesen, Perimeterdämmung; Mauerwerkswände, Kunststofffenster, Dreifachverglasung, Schiebetür, teilw. Sonnenschutzverglasung, Wärmedämmung, hinterlüftete Ziegelfassade, hinterlüftete Lärchenholzfassade, teilw. Außenraffstores; Innenmauerwerk, Wandfliesen, mobile Trennwand; Stb-Dach, Holzbalkendach, Oberlichter, Dämmung, Aludeckung (Pultdach), Abdichtung (Flachdach), Dachentwässerung, teilw. abgehängte GK-Decke, teilw. Schallschutzdecke, Eingangsüberdachung

KG	Kostengruppe	Menge Einheit	Kosten €	€/Einheit	%
400	**Bauwerk - Technische Anlagen**	591,00 m² BGF	412.898	**698,64**	29,8

Gebäudeentwässerung, Kalt- und Warmwasserleitungen, Sanitärobjekte; Anschluss an die vorh. Fernwärmeversorgung, Fußbodenheizung, Plattenheizkörper; kontrollierte Be- und Entlüftung mit Wärmerückgewinnung; Elektroinstallation, Beleuchtung, Blitzschutzanlage; Telekommunikationsanlage, Rauchmelder

KG	Kostengruppe	Menge Einheit	Kosten €	€/Einheit	%
500	**Außenanlagen**	1.552,00 m² AF	147.387	**94,97**	100,0

Geländebearbeitung; Wege, Terrassenbelag, Parkplätze; Abwasser; Müllplatzeinhausung; Oberbodenarbeiten, Hecken, Rasen

KG	Kostengruppe	Menge Einheit	Kosten €	€/Einheit	%
600	**Ausstattung und Kunstwerke**	591,00 m² BGF	64.046	**108,37**	100,0

Therapiebad, Garderoben, Schränke, Hebelifte

6200-0071
Studentendorf
(384 Studenten)
Effizienzhaus 40

Objektübersicht

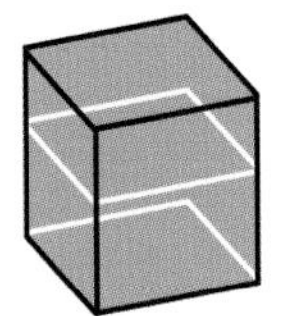

BRI 385 €/m³

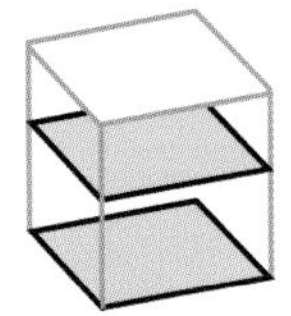

BGF 1.359 €/m²

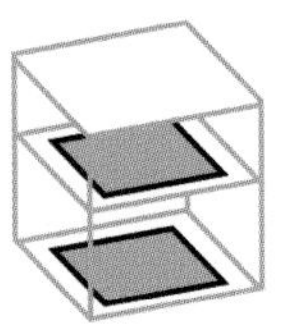

NUF 1.859 €/m²

Objekt:
Kennwerte: 1.Ebene DIN 276
BRI: 47.290 m³
BGF: 13.410 m²
NUF: 9.805 m²
Bauzeit: 56 Wochen
Bauende: 2014
Standard: Durchschnitt
Kreis: Berlin - Stadt,
Berlin

Architekt:
Die Zusammenarbeiter
Gesellschaft von Architekten
mbH
Wilhelmine-Gemberg-Weg 14
10179 Berlin

Bauherr:
Studentendorf Adlershof
GmbH

© Mila Hacke

© Mila Hacke

© Mila Hacke

© Mila Hacke

© Mila Hacke

© Mila Hacke

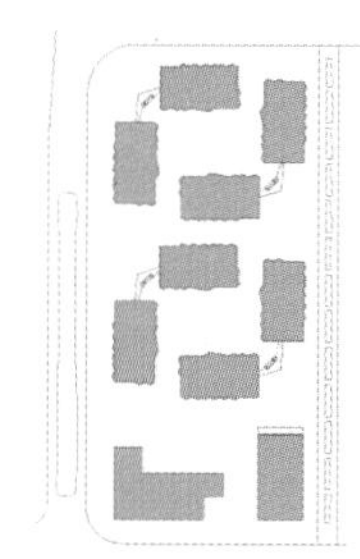

Lageplan unmaßstäblich

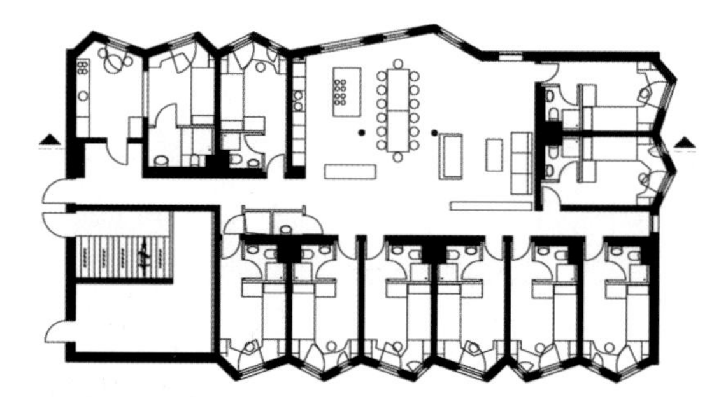

Erdgeschoss

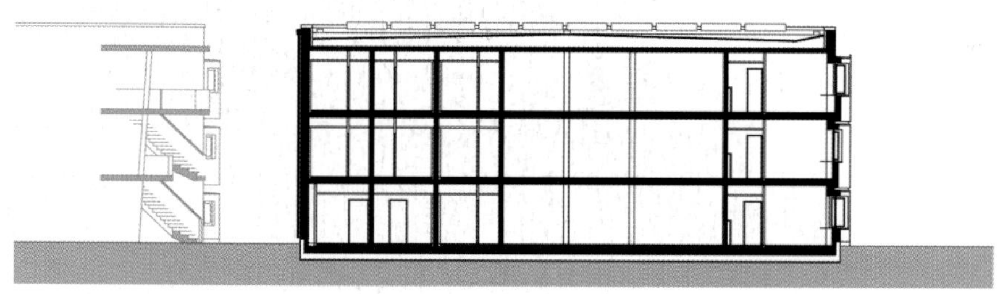

Schnitt

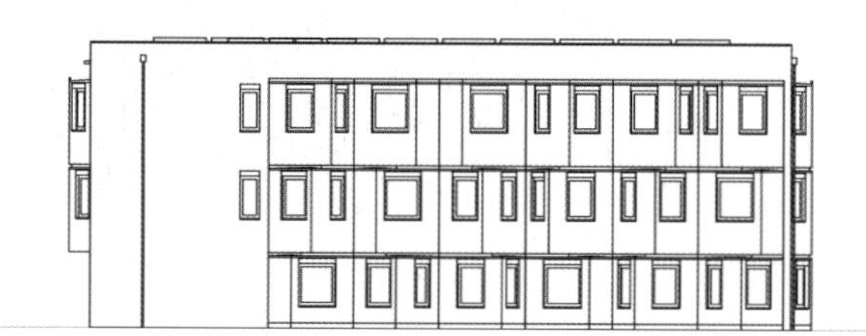

Ansicht Nord-Ost

Objektbeschreibung

Allgemeine Objektinformationen

Das neu erbaute Studentendorf erstreckt sich auf einem ca. 11.000m² großen Grundstück in direkter Nähe zum Universitätscampus in Berlin-Adlershof. Zehn Baukörper bilden zusammen mit der Gartenanlage das Studentendorf. In acht dreigeschossigen Gebäuden finden insgesamt 288 StudentInnen ihr Zuhause. Zwei viergeschossige Häuser ergänzen das Angebot durch Einzel- und Doppelapartments, so dass 384 StudentInnen sowie Forscher und Lehrende hier ihren Platz finden. Das Zentrum der Wohnanlage bildet der Dorfplatz. Hier befinden sich zentrale Gemeinschaftseinrichtungen wie der Studentenclub, das Vermietungsbüro, eine Kindertagesstätte, ein Fitnessstudio und eine Poststelle mit Waschsalon. Zwei großzügige Innenhöfe runden das Landschaftskonzept ab.

Nutzung

1 Erdgeschoss
Studentenclub, Gemeinschaftsräume, Fitnessraum, Fahrradräume, Haustechnik, Hausmeister, Waschsalon/Post, Vermietungsbüros, Kindertagesstätte

3 Obergeschosse
Wohnungen, Wohnlandschaft, Apartments

Nutzeinheiten

Studenten: 384
Wohneinheiten: 377

Grundstück

Bauraum: Freier Bauraum
Neigung: Ebenes Gelände
Bodenklasse: BK 1 bis BK 3

Markt

Hauptvergabezeit: 2. Quartal 2012
Baubeginn: 3. Quartal 2013
Bauende: 4. Quartal 2014
Konjunkturelle Gesamtlage: Durchschnitt
Regionaler Baumarkt: über Durchschnitt

Baukonstruktion

Die Grundkonstruktion aller zehn Häuser ist eine massive Schottenbauweise aus 24cm starkem Kalksandsteinmauerwerk auf Flachgründung und ohne Unterkellerung. Die Konstruktion der Fassaden inklusive der Denker-Erker wurde aus hochgedämmten, vorgefertigten Holztafelbauelementen realisiert. Die Fassadenoberflächen sind im Regelbereich mit Putz und im Bereich der Denker-Erker mit Holzschalung bekleidet. Die Geschossdecken sowie das Dach sind als 22cm dicke Stahlbetondecken ausgeführt. Die Decken sind mit schwimmendem, geschliffenem Zementestrich beschichtet. Nach unten hin sind die Rohdecken sichtbar belassen. Teilweise ergänzen Stützen aus Stahl oder Stahlbeton die Tragstruktur. Die Bäder und alle Nebenräume entstanden in Trockenbauweise. Die lackierten Holzfenster mit Dreifachverglasung besitzen manuell betriebene Raffstores als Sonnenschutz. Bei bodentiefen Fenstern ist eine Absturzsicherung aus Glas eingebaut. Die Dachflächen sind teils extensiv begrünt, teilweise mit Kies belegt. Die außenliegende Treppenanlage mit Treppenläufen, Verbindungsgängen, schräg verlaufenden Stützen und geschlossenen Brüstungen besteht aus sichtbar belassenem Stahlbeton.

Technische Anlagen

Das gesamte Gelände wird durch das Fernwärmenetz versorgt. Die Verteilung der Wärme in den Gebäuden erfolgt über Fußbodenheizungen. Jedes Gebäude verfügt zudem über eine zentrale Zu- und Abluftanlage mit Wärmerückgewinnung von mindestens 80%.

Sonstiges

Die abgebildeten energetischen Kennwerte sind von Haus 1.

Planungskennwerte für Flächen und Rauminhalte nach DIN 277

Flächen des Grundstücks		Menge, Einheit	% an GF
BF	Bebaute Fläche	4.385,00 m²	40,4
UF	Unbebaute Fläche	6.465,00 m²	59,6
GF	Grundstücksfläche	10.850,00 m²	100,0

Grundflächen des Bauwerks		Menge, Einheit	% an NUF	% an BGF
NUF	Nutzungsfläche	9.805,00 m²	100,0	73,1
TF	Technikfläche	245,00 m²	2,5	1,8
VF	Verkehrsfläche	795,00 m²	8,1	5,9
NRF	Netto-Raumfläche	10.845,00 m²	110,6	80,9
KGF	Konstruktions-Grundfläche	2.565,00 m²	26,2	19,1
BGF	Brutto-Grundfläche	13.410,00 m²	136,8	100,0

NUF=100% | BGF=136,8% | NRF=110,6%

NUF TF VF KGF

Brutto-Rauminhalt des Bauwerks		Menge, Einheit	BRI/NUF (m)	BRI/BGF (m)
BRI	Brutto-Rauminhalt	47.290,00 m³	4,82	3,53

0 1 2 3 4 BRI/NUF=4,82m

0 1 2 3 BRI/BGF=3,53m

Lufttechnisch behandelte Flächen	Menge, Einheit	% an NUF	% an BGF
Entlüftete Fläche	–	–	–
Be- und Entlüftete Fläche	–	–	–
Teilklimatisierte Fläche	–	–	–
Klimatisierte Fläche	–	–	–

KG	Kostengruppen (2.Ebene)	Menge, Einheit	Menge/NUF	Menge/BGF
310	Baugrube	–	–	–
320	Gründung	–	–	–
330	Außenwände	–	–	–
340	Innenwände	–	–	–
350	Decken	–	–	–
360	Dächer	–	–	–

Kostenkennwerte für die Kostengruppen der 1.Ebene DIN 276

KG	Kostengruppen (1.Ebene)	Einheit	Kosten €	€/Einheit	€/m² BGF	€/m³ BRI	% 300+400
100	Grundstück	m² GF	–	–	–	–	–
200	Herrichten und Erschließen	m² GF	–	–	–	–	–
300	Bauwerk - Baukonstruktionen	m² BGF	14.044.592	1.047,32	1.047,32	296,99	77,1
400	Bauwerk - Technische Anlagen	m² BGF	4.179.938	311,70	311,70	88,39	22,9
	Bauwerk 300+400	**m² BGF**	**18.224.530**	**1.359,03**	**1.359,03**	**385,38**	**100,0**
500	Außenanlagen	m² AF	613.058	320,13	45,72	12,96	3,4
600	Ausstattung und Kunstwerke	m² BGF	1.671.975	124,68	124,68	35,36	9,2
700	Baunebenkosten	m² BGF	–	–	–	–	–

KG	Kostengruppe	Menge Einheit	Kosten €	€/Einheit	%
3+4	**Bauwerk**				**100,0**
300	**Bauwerk - Baukonstruktionen**	13.410,00 m² BGF	14.044.592	**1.047,32**	77,1

Fundamentplatten, Perimeterdämmung, Sauberkeitsschicht, Kiesauffüllung; KS-Mauerwerk, Stahlstützen, Holzfenster, Dreifachverglasung, Gebäudefassade: Holzfertigteilwände, Sandwichplatten, WDVS, Denker-Erker: Holzfertigteilwände, Sandwichplatten, Vertikal-Lattung, Hinterlüftung, Holzschalung, Raffstores, Glas-Absturzsicherungen; Stb-Stützen, Trockenbauwände, Holztüren; Filigrandecken, Sichtbeton, Zementestrich, Beschichtung; Filigran-Flachdächer, Bitumenabdichtung, Schützschicht, Kiesschüttung, Dachbegrünung, Dachentwässerung; außenliegende Treppenanlagen, Verbindungsgänge zu Häusern, schrägverlaufende Stützen, Stb-Brüstungen, Sichtbeton

KG	Kostengruppe	Menge Einheit	Kosten €	€/Einheit	%
400	**Bauwerk - Technische Anlagen**	13.410,00 m² BGF	4.179.938	**311,70**	22,9

Gebäudeentwässerungen, Kalt- und Warmwasserleitungen, Sanitärobjekte; Fernwärme, Warmwasserversorgung dezentral über Trinkwasserstationen, Fußbodenheizung; Be- und Entlüftungsanlagen mit Wärmerückgewinnung; Elektroinstallationen, Beleuchtungen

KG	Kostengruppe	Menge Einheit	Kosten €	€/Einheit	%
500	**Außenanlagen**	1.915,00 m² AF	613.058	**320,13**	100,0

Bodenarbeiten, Betonplatten, wassergebundene Decken; Entwässerungsrinnen, Außenbeleuchtungen; Betonsitzblöcke mit Holzauflage, Holzpodest, Fahrradständer; Pflanzen, Rasen

KG	Kostengruppe	Menge Einheit	Kosten €	€/Einheit	%
600	**Ausstattung und Kunstwerke**	13.410,00 m² BGF	1.671.975	**124,68**	100,0

Denker-Erker angepasste Schreibtische mit Regalflächen und Oberschränke als Stauraum, Schreibtischstühle, Betten mit Bettkasten und Kleiderschränken, Pantryküchen in Einzel- und Doppelapartments, Ausstattung Gemeinschaft: Küchen aus Edelstahl, Esstische, Stühle, Sitzgarnituren

6200-0072
Wohnheimanlage
(600 WE)
TG (61 STP)

Objektübersicht

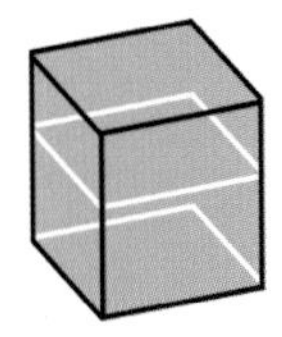

BRI 413 €/m³

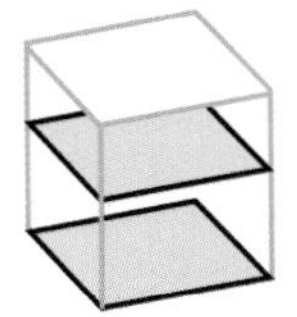

BGF 1.260 €/m²

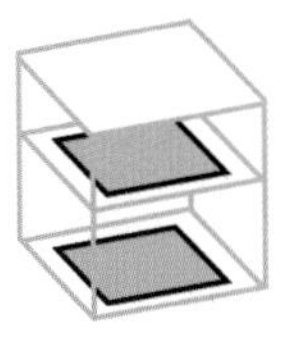

NUF 1.962 €/m²

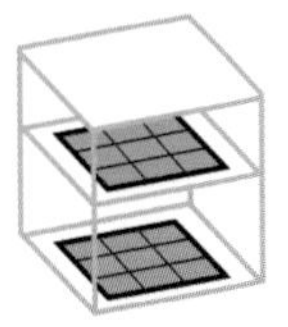

NE 1.962 €/NE
NE: m² Wohnfläche

Objekt:
Kennwerte: 1.Ebene DIN 276
BRI: 69.874 m³
BGF: 22.882 m²
NUF: 14.694 m²
Bauzeit: 91 Wochen
Bauende: 2015
Standard: Durchschnitt
Kreis: Frankfurt am Main
- Stadt,
Hessen

Architekt:
APB. Architekten BDA
Grossmann-Hensel -
Schneider - Andresen
Johannisbollwerk 16
20459 Hamburg

Bauherr:
hbm Hessisches
Baumanagement
NL Rhein-Main
und Studentenwerk Frankfurt

© Barbara Staubach

© Barbara Staubach

© Barbara Staubach

© Barbara Staubach

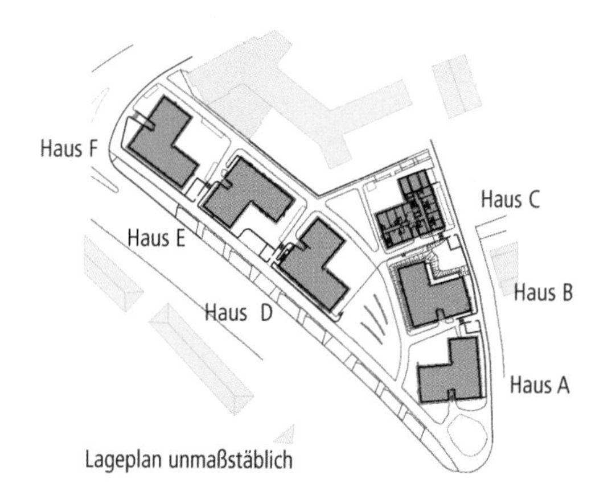

Lageplan unmaßstäblich

Erdgeschoss Haus A

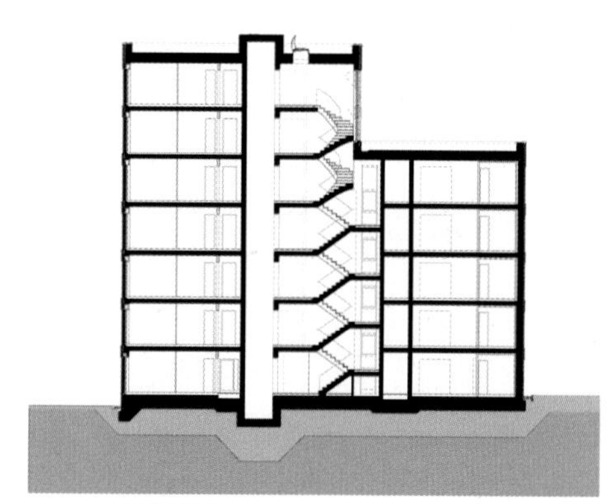
Schnitt Haus A

Ansicht Süd Haus A

Ansicht Ost Haus A

Objektbeschreibung

Allgemeine Objektinformationen

Dieses Wohnensemble aus sechs Häusern (Haus A bis Haus D) mit jeweils ca. 100 Apartements ist eine neue städtebauliche Bebauung in fünf- und sechsgeschossiger bzw. fünf- und siebengeschossiger Bauweise.

Nutzung

1 Untergeschoss
Häuser C/D: Kellerräume, Partyraum, Musikraum, Haustechnik, Tiefgarage (61 STP)

1 Erdgeschoss
Häuser C/D: Lobby, Aufenthaltsraum, Apartements mit Bad und Pantryküche, Waschmaschinenraum

6 Obergeschosse
Häuser C/D: Apartements mit Bad und Pantryküche, Waschmaschinenraum

1 Dachgeschoss
Häuser C/D: Apartements mit Bad und Pantryküche

Nutzeinheiten

Fahrzeugstellplätze: 61
Wohnfläche: 14.693m²
Wohneinheiten: 600

Grundstück

Bauraum: Freier Bauraum
Neigung: Ebenes Gelände
Bodenklasse: BK 1 bis BK 4

Markt

Hauptvergabezeit: 2. Quartal 2013
Baubeginn: 3. Quartal 2013
Bauende: 2. Quartal 2015
Konjunkturelle Gesamtlage: über Durchschnitt
Regionaler Baumarkt: über Durchschnitt

Baukonstruktion

Die Tragstruktur ist als Stahlbetonkonstruktion errichtet. In den Untergeschossen ist wasserundurchlässiger Beton eingesetzt, zum Teil bestehen die Wände aus Mauerwerk. Ein Verblendmauerwerk bildet die hinterlüftete und gedämmte Außenhaut. Die eingebauten Fenster sind dreifachverglast und in Holz, PVC bzw. in Aluminium ausgeführt. Bei sämtlichen Fenstern wurde auf den Schallschutz von 40-42dB Wert gelegt. Einige Fenster besitzen eine kontrollierte Be- und Entlüftung mit Wärmerückgewinnung. Als Sonnenschutz kommen elektrisch betriebene Raffstores oder einfache Rollläden mit Gurtzug zum Einsatz. Die Neubauten besitzen Stahl-Außentüren. Alle Treppen sind aus Betonfertigteilen errichtet. Die nichttragenden Innenwände sind in Trockenbauweise erstellt. Die Flachdächer sind extensiv begrünt.

Technische Anlagen

Die Technischen Anlagen bestehen aus einer konventionellen Fernwärmeversorgung mit Plattenheizkörpern, und einer zentral zeitgesteuerten Zu- und Abluftanlage (nur Häuser C/D), sowie einer mechanischen Entlüftung. Das Wohnensemble besitzt eine eigene Trafoanlage für Hoch- und Mittelspannung.

Sonstiges

Die energetischen Angaben beziehen sich auf Haus A.

Planungskennwerte für Flächen und Rauminhalte nach DIN 277

Flächen des Grundstücks		Menge, Einheit	% an GF
BF	Bebaute Fläche	3.289,00 m²	34,6
UF	Unbebaute Fläche	6.224,00 m²	65,4
GF	Grundstücksfläche	9.513,00 m²	100,0

Grundflächen des Bauwerks		Menge, Einheit	% an NUF	% an BGF
NUF	Nutzungsfläche	14.694,00 m²	100,0	64,2
TF	Technikfläche	346,00 m²	2,4	1,5
VF	Verkehrsfläche	3.742,00 m²	25,5	16,4
NRF	Netto-Raumfläche	18.782,00 m²	127,8	82,1
KGF	Konstruktions-Grundfläche	4.100,00 m²	27,9	17,9
BGF	Brutto-Grundfläche	22.882,00 m²	155,7	100,0

NUF=100% BGF=155,7%

NUF TF VF KGF NRF=127,8%

Brutto-Rauminhalt des Bauwerks		Menge, Einheit	BRI/NUF (m)	BRI/BGF (m)
BRI	Brutto-Rauminhalt	69.874,00 m³	4,76	3,05

0 1 2 3 4 BRI/NUF=4,76m

0 1 2 3 BRI/BGF=3,05m

Lufttechnisch behandelte Flächen	Menge, Einheit	% an NUF	% an BGF
Entlüftete Fläche	–	–	–
Be- und Entlüftete Fläche	–	–	–
Teilklimatisierte Fläche	–	–	–
Klimatisierte Fläche	–	–	–

KG	Kostengruppen (2.Ebene)	Menge, Einheit	Menge/NUF	Menge/BGF
310	Baugrube	–	–	–
320	Gründung	–	–	–
330	Außenwände	–	–	–
340	Innenwände	–	–	–
350	Decken	–	–	–
360	Dächer	–	–	–

Kostenkennwerte für die Kostengruppen der 1.Ebene DIN 276

KG	Kostengruppen (1.Ebene)	Einheit	Kosten €	€/Einheit	€/m² BGF	€/m³ BRI	% 300+400
100	Grundstück	m² GF	–	–	–	–	–
200	Herrichten und Erschließen	m² GF	–	–	–	–	–
300	Bauwerk - Baukonstruktionen	m² BGF	23.114.674	1.010,17	1.010,17	330,81	80,2
400	Bauwerk - Technische Anlagen	m² BGF	5.718.465	249,91	249,91	81,84	19,8
	Bauwerk 300+400	**m² BGF**	**28.833.139**	**1.260,08**	**1.260,08**	**412,64**	**100,0**
500	Außenanlagen	m² AF	1.831.932	–	80,06	26,22	6,4
600	Ausstattung und Kunstwerke	m² BGF	–	–	–	–	–
700	Baunebenkosten	m² BGF	–	–	–	–	–

KG	Kostengruppe	Menge Einheit	Kosten €	€/Einheit	%
3+4	**Bauwerk**				**100,0**
300	**Bauwerk - Baukonstruktionen**	22.882,00 m² BGF	23.114.674	**1.010,17**	80,2

Baugrubenaushub, Baugrubenverbau, Wasserhaltung; Stb-Bodenplatte, WU-Beton, Estrich, OS8-Beschichtung (TG), Linoleum, Betonwerkstein, Bodenfliesen, Perimeterdämmung; Stb-Wände, teilw. WU-Beton, Mauerwerkswände, Alutüren, Holzfenster, Kunststofffenster, teilw. Dreifachverglasung, teilw. Schallschutzverglasung, Wärmedämmung, hinterlüftete Ziegelfassade, Raffstores, Rollläden, teilw. elektrisch betrieben; Stb-Innenwände, Innenmauerwerk, GK-Wände, Wandfliesen; Stb-Decken, Stb-Treppen, Estrich, Linoleum, Betonwerkstein, Bodenfliesen; Stb-Dächer, Oberlichter, Dämmung, Abdichtung, Attika, teilw. extensive Dachbegrünung, innenliegende Entwässerung; Pantryküchen

KG	Kostengruppe	Menge Einheit	Kosten €	€/Einheit	%
400	**Bauwerk - Technische Anlagen**	22.882,00 m² BGF	5.718.465	**249,91**	19,8

Gebäudeentwässerung, Kalt- und Warmwasserleitungen, industriell vorgefertigte Sanitärzellen für alle 600 Apartements (vier Varianten), Sanitärobjekte; Fernwärmeversorgung, Plattenheizkörper; zentrale Zu- und Abluftanlage, zeitgesteuert (Häuser C/D), mechanische Entlüftung (Häuser A/B/E/F); Trafoanlage für Hoch- und Mittelspannung, Elektroinstallation, Beleuchtung, Blitzschutzanlage; Telekommunikationsanlage, Fernseh- und Antennenanlagen, RWA-Anlagen, Rauchmelder; Personenaufzüge

KG	Kostengruppe	Menge Einheit	Kosten €	€/Einheit	%
500	**Außenanlagen**	–	1.831.932	–	100,0

Geländebearbeitung; Wege, Fahrradstellplätze; Winkelstützmauern; Beleuchtung; Sitzmöglichkeiten; Oberbodenarbeiten, Mutterbodenauftrag, Bäume, Büsche, Rasen

Objektübersicht

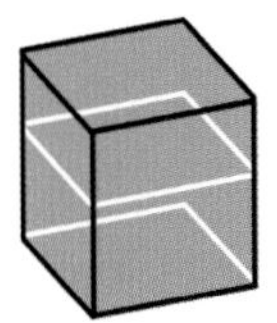

BRI 397 €/m³

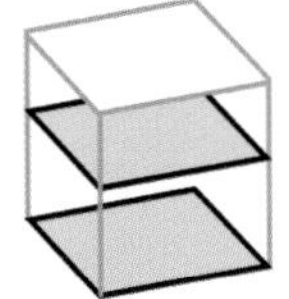

BGF 1.304 €/m²

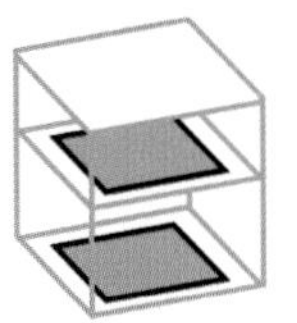

NUF 2.099 €/m²

Objekt:
Kennwerte: 4.Ebene DIN 276
BRI: 750 m³
BGF: 229 m²
NUF: 142 m²
Bauzeit: 26 Wochen
Bauende: 2012
Standard: Durchschnitt
Kreis: Gifhorn,
Niedersachsen

Ansicht West
Ansicht Ost

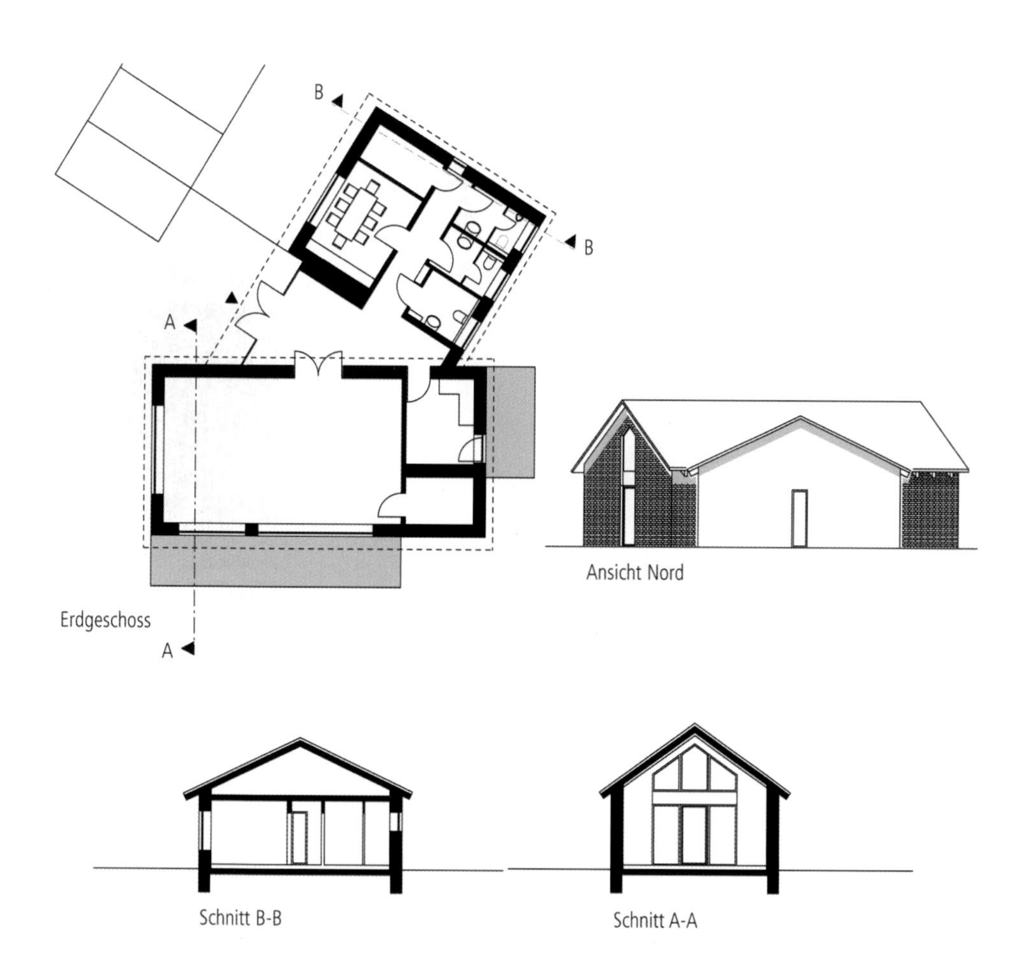
B
B
A
A
Erdgeschoss
Ansicht Nord
Schnitt B-B
Schnitt A-A

Objektbeschreibung

Allgemeine Objektinformationen

Das eingeschossige Gemeindehaus besitzt neben dem Gemeindesaal, eine Küche, ein Büro und Sanitärräume auf einer Nutzfläche von ca. 98m^2.

Nutzung

1 Erdgeschoss
Gemeindesaal, Küche, Büro, Foyer, Lager, Sanitärräume, Heizraum

1 Dachgeschoss
Lager

Nutzeinheiten

Versammlungsräume: 1
Versammlungsraumfläche: 56
Sitzplätze: 50
Arbeitsplätze: 1

Grundstück

Bauraum: Freier Bauraum
Neigung: Ebenes Gelände
Bodenklasse: BK 1

Markt

Hauptvergabezeit: 1. Quartal 2012
Baubeginn: 2. Quartal 2012
Bauende: 4. Quartal 2012
Konjunkturelle Gesamtlage: Durchschnitt
Regionaler Baumarkt: unter Durchschnitt

Baukonstruktion

Der Neubau wurde frostsicher mit Streifenfundamenten gegründet. Die Stahlbetonbodenplatte wurde komplett mit einer Schweißbahn abgeklebt, um aufsteigende Feuchtigkeit in die Konstruktion zu verhindern. Die Außenwände wurden massiv aus Kalksandsteinmauerwerk errichtet. Der Bereich des Gemeindesaals erhielt als Fassade rotes Verblendmauerwerk, die Holzdachkonstruktion wurde mit einer Holz-Akustikdecke bekleidet. Im Nebentrakt wurde eine Holzbalkendecke eingebaut. Dieser Gebäudeteil wurde mit einem Wärmedämmverbundsystem mit feinkörniger, weißer Putzoberfläche versehen. Das Gemeindehaus ist mit zwei sich verschneidenden Satteldächern ausgeführt. Der Dachraum ist teilweise als Lagerfläche nutzbar. Es kamen graue Holzfenster zum Einbau.

Technische Anlagen

Der Neubau wird über ein Gas-Brennwerttherme mit Wärme versorgt. Das Regenwasser wird auf dem Grundstück versickert. Die Behindertentoilette ist mit einer Rufanlage ausgestattet.

Planungskennwerte für Flächen und Rauminhalte nach DIN 277

Flächen des Grundstücks		Menge, Einheit	% an GF
BF	Bebaute Fläche	169,58 m²	11,3
UF	Unbebaute Fläche	1.330,42 m²	88,7
GF	Grundstücksfläche	1.500,00 m²	100,0

Grundflächen des Bauwerks		Menge, Einheit	% an NUF	% an BGF
NUF	Nutzungsfläche	142,00 m²	100,0	62,1
TF	Technikfläche	26,99 m²	19,0	11,8
VF	Verkehrsfläche	4,83 m²	3,4	2,1
NRF	Netto-Raumfläche	173,82 m²	122,4	76,0
KGF	Konstruktions-Grundfläche	54,83 m²	38,6	24,0
BGF	Brutto-Grundfläche	228,65 m²	161,0	100,0

NUF=100% | BGF=161,0% | NRF=122,4%

NUF TF VF KGF

Brutto-Rauminhalt des Bauwerks		Menge, Einheit	BRI/NUF (m)	BRI/BGF (m)
BRI	Brutto-Rauminhalt	750,35 m³	5,28	3,28

0 1 2 3 4 5 BRI/NUF=5,28m

0 1 2 3 BRI/BGF=3,28m

Lufttechnisch behandelte Flächen	Menge, Einheit	% an NUF	% an BGF
Entlüftete Fläche	–	–	–
Be- und Entlüftete Fläche	–	–	–
Teilklimatisierte Fläche	–	–	–
Klimatisierte Fläche	–	–	–

KG	Kostengruppen (2.Ebene)	Menge, Einheit	Menge/NUF	Menge/BGF
310	Baugrube	–	–	–
320	Gründung	149,17 m² GRF	1,05	0,65
330	Außenwände	237,14 m² AWF	1,67	1,04
340	Innenwände	117,98 m² IWF	0,83	0,52
350	Decken	59,07 m² DEF	0,42	0,26
360	Dächer	239,34 m² DAF	1,69	1,05

Kostenkennwerte für die Kostengruppen der 1.Ebene DIN 276

KG	Kostengruppen (1.Ebene)	Einheit	Kosten €	€/Einheit	€/m² BGF	€/m³ BRI	% 300+400
100	Grundstück	m² GF	–	–	–	–	–
200	Herrichten und Erschließen	m² GF	9.369	6,25	40,97	12,49	3,1
300	Bauwerk - Baukonstruktionen	m² BGF	247.405	1.082,03	1.082,03	329,72	83,0
400	Bauwerk - Technische Anlagen	m² BGF	50.714	221,80	221,80	67,59	17,0
	Bauwerk 300+400	**m² BGF**	**298.120**	**1.303,82**	**1.303,82**	**397,31**	**100,0**
500	Außenanlagen	m² AF	31.166	109,53	136,31	41,54	10,5
600	Ausstattung und Kunstwerke	m² BGF	254	1,11	1,11	0,34	< 0,1
700	Baunebenkosten	m² BGF	–	–	–	–	–

KG	Kostengruppe	Menge Einheit	Kosten €	€/Einheit	%
200	**Herrichten und Erschließen**	1.500,00 m² GF	9.369	**6,25**	100,0
	Suchgraben, Abbruch von Felddränage, Oberbodenabtrag; Hausanschlüsse Schmutzwasser, Trinkwasser, Gas, Strom				
3+4	**Bauwerk**				**100,0**
300	**Bauwerk - Baukonstruktionen**	228,65 m² BGF	247.405	**1.082,03**	83,0
	Stb-Streifenfundamente, Stb-Bodenplatte, Estrich, Bodenfliesen, Linoleum; KS-Mauerwerk, Alu-Glas-Eingangstür, Holzfenster, WDVS, Verblendmauerwerk, Außenraffstores; Holzständerwand, Holztüren, Putz, Wandfliesen, Glasvlies, Anstrich; Stb-Decke, Holzbalkendecke; Holzdachkonstruktion, Dämmung, Dachziegel, Dachentwässerung, Holzdecke, GK-Decken; Einbauregal, Leiter				
400	**Bauwerk - Technische Anlagen**	228,65 m² BGF	50.714	**221,80**	17,0
	Gebäudeentwässerung, Kalt- und Warmwasserleitungen, Sanitärobjekte; Gas-Brennwerttherme, Heizungsrohre, Heizkörper; Elektroinstallation, Beleuchtung; Telefonkabel, Anschlussdosen, Rufanlage, Rauchmelder, EDV-Verkabelung				
500	**Außenanlagen**	284,55 m² AF	31.166	**109,53**	100,0
	Bodenarbeiten; Tragschichten, Pflastersteine, Fußabstreifer, Traufstreifen; Oberflächenentwässerung, Hofabläufe, Kontrollschacht; Fahrradständer; Oberbodenarbeiten				
600	**Ausstattung und Kunstwerke**	228,65 m² BGF	254	**1,11**	100,0
	Sanitärausstattung				

Kostenkennwerte für die Kostengruppen der 2.Ebene DIN 276

KG	Kostengruppe	Menge Einheit	Kosten €	€/Einheit	%
200	**Herrichten und Erschließen**				**100,0**
210	**Herrichten**	1.500,00 m² GF	1.279	**0,85**	13,7
	Suchgraben (7m³) * Abbruch von Felddränage (17m); Entsorgung, Deponiegebühren * Oberboden abtragen, seitlich lagern (120m³)				
220	**Öffentliche Erschließung**	1.500,00 m² GF	8.090	**5,39**	86,3
	Hausanschlüsse Schmutzwasser (1St) * Trinkwasser (1St) * Gas (1St) * Strom (1St)				
300	**Bauwerk - Baukonstruktionen**				**100,0**
320	**Gründung**	149,17 m² GRF	47.969	**321,57**	19,4
	Stb-Streifenfundamente (26m³) * Stb-Bodenplatte, d=20cm * Bitumenbahnen, Dämmung, d=120mm, Estrich (133m²), Bodenfliesen (24m²), Linoleum (109m²), Sauberlaufmatte (2m²) * Noppenfolie (110m²), Füllsand, Feinplanum (223m²), Dränageleitungen (67m)				
330	**Außenwände**	237,14 m² AWF	109.901	**463,44**	44,4
	KS-Mauerwerk, d=17,5-24cm (144m²), Stb-Ringanker/Stürze (43m²) * Alu-Glas-Eingangstürelement (12m²), Holzfenster (17m²), als Giebelfenster (5m²), Holz-Fenstertüren (16m²), Schließanlage (psch) * Bitumendickbeschichtung (41m), Steinwolldämmung, d=140mm, Armierung, Putz, Anstrich (84m²), Kerndämmung, d=140mm, Verblendmauerwerk (90m²) * Putz (161m²), Wandfliesen (9m²), Glasvlies (94m²), Anstrich (152m²), GK-Vorsatzschalen (5m²) * Raffstores (28m²)				
340	**Innenwände**	117,98 m² IWF	22.599	**191,55**	9,1
	KS-Mauerwerk, d=17,5-24cm (67m²), Holzständerwand (13m²) * KS-Mauerwerk, d=11,5cm (38m²) * Holztüren (11m²) * Putz (206m²), Wandfliesen (19m²), Glasvlies (150m²), Anstrich (187m²), GK-Vorsatzschalen (5m²)				
350	**Decken**	59,07 m² DEF	6.194	**104,87**	2,5
	Stb-Filigrandecke, d=14cm, geglättet (13m²), Holzbalkendecke (46m²), Holzbodentreppe (1St) * Lattung, OSB-Schalung (31m²) * Anstrich (45m²), GK-Akustikdecke, abgehängt (31m²), GK-Decke F30, abgehängt (4m²)				
360	**Dächer**	239,34 m² DAF	50.859	**212,49**	20,6
	Holzdachkonstruktion (6m³), Abbund (416m), Firstpfette HEA 280 (13m) * Lattung, Tondachziegel (239m²), Trauf-/Ortgangschalung (107m), Hängerinnen (36m) * Dämmung, d=240mm (185m²), Anstrich (32m²), Holzbekleidung, Dachuntersichten (33m²), Holz-Akustikdecke, abgehängt (58m²), GK-Decken F30, Q3 (19m²), GK-Akustikdecke Q3, abgehängt (16m²), GK-Decke, abgehängt, außen (3m²)				
370	**Baukonstruktive Einbauten**	228,65 m² BGF	1.295	**5,66**	0,5
	Einbauregal (1St), Einhängeleiter (1St)				
390	**Sonstige Baukonstruktionen**	228,65 m² BGF	8.589	**37,56**	3,5
	Schnurgerüst (1St), Baustellen-WC (1St), Bautür (1St), Baustrom- und -wasseranschluss (psch), Bauzaun (224m²) * Fassadengerüst (298m²), Konsolen (14m), Dachdeckerfanggerüst (36m), Innengerüst (17m²) * Bauendreinigung (psch)				

KG	Kostengruppe	Menge Einheit	Kosten €	€/Einheit	%
400	**Bauwerk - Technische Anlagen**				**100,0**
410	**Abwasser-, Wasser-, Gasanlagen**	228,65 m² BGF	13.136	**57,45**	25,9
	HT-Abwasserleitungen DN50-100 (25m), Regenfallrohre DN100 (12m), Regenstandrohre (5St), KG-Grundleitungen DN100 (22m) * Kalt- und Warmwasserleitungen (psch), Rückspülfilter (1St), Druckminderer (1St), Ausgussbecken (1St), Waschbecken (3St), Urinal (1St), Tiefspül-WCs (2St), Behinderten-WC (1St), Stützklappgriffe (2St), Außenarmatur (1St) * Montageelemente (5St)				
420	**Wärmeversorgungsanlagen**	228,65 m² BGF	14.861	**65,00**	29,3
	Gas-Brennwerttherme 3,8-13kW (1St), Gasleitungen (psch) * Heizungsrohre (psch), Heizkreisverteiler (4St) * Röhrenradiatoren (4St), Flachheizkörper (5St) * Abgasanlage (1St), Dachdurchführung (1St), Revisionsöffnung (1St)				
440	**Starkstromanlagen**	228,65 m² BGF	21.413	**93,65**	42,2
	Mantelleitungen (psch), Erdkabel (15m), Zählerschrank (1St), Überspannungsschutz (1St), FI-Schutzschalter (1St), Sicherungen (20St), Schalter (17St), Steckdosen (37St), Geräteanschlussdosen (4St), Bodengerätedosen (2St), Präsenzmelder (2St), Bewegungsmelder (1St) * Einbaulichtbandleuchten (14St), Deckenanbauleuchten (7St), Wannenleuchten (7St), Einbaudownlights (4St), Außenwandleuchten (5St), Fluchtwegleuchten (3St), Notbeleuchtungseinsätze (2St) * Fundamenterder (60m), Potenzialausgleich (1St)				
450	**Fernmelde-, informationstechn. Anlagen**	228,65 m² BGF	1.304	**5,70**	2,6
	TAE-Anschlussdosen, Zuleitungen (2St) * Behindertenrufanlage (1St) * Rauchwarnmelder (6St) * Datendosen Cat7 (2St)				
500	**Außenanlagen**				**100,0**
510	**Geländeflächen**	60,96 m²	566	**9,29**	1,8
	Oberboden abtragen, lagern (61m²)				
520	**Befestigte Flächen**	223,59 m²	18.485	**82,68**	59,3
	Schottertragschicht (38m²), ungebundene Tragschicht (179m²), Pflastersteine (161m²), Betonbordsteine (21m) * Mineralgemisch (78m²), ungebundene Tragschicht (69m²), Pflastersteine (63m²), als Parkplatzmarkierung (20m), Betonbordsteine (22m) * Fußabstreifer (1St), Traufstreifen, Betonkantensteine (84m), Gitterroste (10m), Kies (3m³)				
540	**Technische Anlagen in Außenanlagen**	284,55 m² AF	11.038	**38,79**	35,4
	Rohrgrabenaushub (57m³), Füllsand (80m³), KG-Rohre DN100-150 (97m), Leitungsanschlüsse (6St), Hofabläufe (8St), PE-Spül- und Kontrollschacht DN400 (1St)				
550	**Einbauten in Außenanlagen**	284,55 m² AF	666	**2,34**	2,1
	Fahrradständer (2St)				
570	**Pflanz- und Saatflächen**	60,96 m²	411	**6,75**	1,3
	Oberboden liefern, einbauen (16m³)				
600	**Ausstattung und Kunstwerke**				**100,0**
610	**Ausstattung**	228,65 m² BGF	254	**1,11**	100,0
	WC-Papierrollenhalter (2St), WC-Bürstengarnituren (2St), Haken (2St)				

Kostenkennwerte für die Kostengruppe 300 der 2. und 3.Ebene DIN 276 (Übersicht)

KG	Kostengruppe	Menge Einh.	€/Einheit	Kosten €	% 3+4
300	**Bauwerk - Baukonstruktionen**	**228,65 m² BGF**	**1.082,03**	**247.405,26**	**83,0**
310	**Baugrube**	**–**	**–**	**–**	**–**
311	Baugrubenherstellung	–	–	–	–
312	Baugrubenumschließung	–	–	–	–
313	Wasserhaltung	–	–	–	–
319	Baugrube, sonstiges	–	–	–	–
320	**Gründung**	**149,17 m² GRF**	**321,57**	**47.968,80**	**16,1**
321	Baugrundverbesserung	–	–	–	–
322	Flachgründungen	149,17 m²	68,95	10.285,09	3,4
323	Tiefgründungen	–	–	–	–
324	Unterböden und Bodenplatten	149,17 m²	87,40	13.038,00	4,4
325	Bodenbeläge	132,89 m²	102,14	13.572,86	4,6
326	Bauwerksabdichtungen	149,17 m² GRF	66,83	9.968,88	3,3
327	Dränagen	149,17 m² GRF	7,40	1.103,97	0,4
329	Gründung, sonstiges	–	–	–	–
330	**Außenwände**	**237,14 m² AWF**	**463,44**	**109.900,99**	**36,9**
331	Tragende Außenwände	186,44 m²	130,60	24.349,40	8,2
332	Nichttragende Außenwände	–	–	–	–
333	Außenstützen	–	–	–	–
334	Außentüren und -fenster	50,70 m²	586,32	29.727,00	10,0
335	Außenwandbekleidungen außen	174,40 m²	204,32	35.633,61	12,0
336	Außenwandbekleidungen innen	161,08 m²	35,35	5.693,71	1,9
337	Elementierte Außenwände	–	–	–	–
338	Sonnenschutz	28,78 m²	503,80	14.497,28	4,9
339	Außenwände, sonstiges	–	–	–	–
340	**Innenwände**	**117,98 m² IWF**	**191,55**	**22.598,74**	**7,6**
341	Tragende Innenwände	79,75 m²	76,10	6.069,42	2,0
342	Nichttragende Innenwände	38,23 m²	56,66	2.166,16	0,7
343	Innenstützen	–	–	–	–
344	Innentüren und -fenster	15,20 m²	450,21	6.841,41	2,3
345	Innenwandbekleidungen	206,17 m²	36,48	7.521,74	2,5
346	Elementierte Innenwände	–	–	–	–
349	Innenwände, sonstiges	–	–	–	–
350	**Decken**	**59,07 m² DEF**	**104,87**	**6.194,40**	**2,1**
351	Deckenkonstruktionen	59,07 m²	56,25	3.322,40	1,1
352	Deckenbeläge	30,53 m²	30,64	935,42	0,3
353	Deckenbekleidungen	44,60 m²	43,42	1.936,57	0,6
359	Decken, sonstiges	–	–	–	–
360	**Dächer**	**239,34 m² DAF**	**212,49**	**50.858,53**	**17,1**
361	Dachkonstruktionen	239,34 m²	54,71	13.095,08	4,4
362	Dachfenster, Dachöffnungen	–	–	–	–
363	Dachbeläge	239,34 m²	84,21	20.155,61	6,8
364	Dachbekleidungen	184,66 m²	95,35	17.607,84	5,9
369	Dächer, sonstiges	–	–	–	–
370	**Baukonstruktive Einbauten**	**228,65 m² BGF**	**5,66**	**1.294,82**	**0,4**
390	**Sonstige Baukonstruktionen**	**228,65 m² BGF**	**37,56**	**8.588,98**	**2,9**

Kostenkennwerte für die Kostengruppe 400 der 2. und 3.Ebene DIN 276 (Übersicht)

KG	Kostengruppe	Menge Einh.	€/Einheit	Kosten €	% 3+4
400	**Bauwerk - Technische Anlagen**	**228,65 m² BGF**	**221,80**	**50.714,28**	**17,0**
410	**Abwasser-, Wasser-, Gasanlagen**	**228,65 m² BGF**	**57,45**	**13.135,83**	**4,4**
411	Abwasseranlagen	228,65 m² BGF	14,53	3.323,39	1,1
412	Wasseranlagen	228,65 m² BGF	32,22	7.367,92	2,5
413	Gasanlagen	–	–	–	–
419	Abwasser-, Wasser-, Gasanlagen, sonstiges	228,65 m² BGF	10,69	2.444,52	0,8
420	**Wärmeversorgungsanlagen**	**228,65 m² BGF**	**65,00**	**14.861,40**	**5,0**
421	Wärmeerzeugungsanlagen	228,65 m² BGF	22,19	5.073,77	1,7
422	Wärmeverteilnetze	228,65 m² BGF	16,86	3.854,57	1,3
423	Raumheizflächen	228,65 m² BGF	23,50	5.372,83	1,8
429	Wärmeversorgungsanlagen, sonstiges	228,65 m² BGF	2,45	560,22	0,2
430	**Lufttechnische Anlagen**	**–**	**–**	**–**	**–**
431	Lüftungsanlagen	–	–	–	–
432	Teilklimaanlagen	–	–	–	–
433	Klimaanlagen	–	–	–	–
434	Kälteanlagen	–	–	–	–
439	Lufttechnische Anlagen, sonstiges	–	–	–	–
440	**Starkstromanlagen**	**228,65 m² BGF**	**93,65**	**21.413,40**	**7,2**
441	Hoch- und Mittelspannungsanlagen	–	–	–	–
442	Eigenstromversorgungsanlagen	–	–	–	–
443	Niederspannungsschaltanlagen	–	–	–	–
444	Niederspannungsinstallationsanlagen	228,65 m² BGF	35,38	8.089,07	2,7
445	Beleuchtungsanlagen	228,65 m² BGF	54,79	12.527,22	4,2
446	Blitzschutz- und Erdungsanlagen	228,65 m² BGF	3,49	797,11	0,3
449	Starkstromanlagen, sonstiges	–	–	–	–
450	**Fernmelde-, informationstechn. Anlagen**	**228,65 m² BGF**	**5,70**	**1.303,66**	**0,4**
451	Telekommunikationsanlagen	228,65 m² BGF	0,46	105,31	< 0,1
452	Such- und Signalanlagen	228,65 m² BGF	1,62	371,36	0,1
453	Zeitdienstanlagen	–	–	–	–
454	Elektroakustische Anlagen	–	–	–	–
455	Fernseh- und Antennenanlagen	–	–	–	–
456	Gefahrenmelde- und Alarmanlagen	228,65 m² BGF	3,16	721,67	0,2
457	Übertragungsnetze	228,65 m² BGF	0,46	105,31	< 0,1
459	Fernmelde- und informationstechnische Anlagen, sonstiges	–	–	–	–
460	**Förderanlagen**	**–**	**–**	**–**	**–**
461	Aufzugsanlagen	–	–	–	–
462	Fahrtreppen, Fahrsteige	–	–	–	–
463	Befahranlagen	–	–	–	–
464	Transportanlagen	–	–	–	–
465	Krananlagen	–	–	–	–
469	Förderanlagen, sonstiges	–	–	–	–
470	**Nutzungsspezifische Anlagen**	**–**	**–**	**–**	**–**
480	**Gebäudeautomation**	**–**	**–**	**–**	**–**
490	**Sonstige Technische Anlagen**	**–**	**–**	**–**	**–**

Kostenkennwerte für Leistungsbereiche nach StLB (Kosten des Bauwerks nach DIN 276)

LB	Leistungsbereiche	Kosten €	€/m² BGF	€/m³ BRI	% 3+4
000	Sicherheits-, Baustelleneinrichtungen inkl. 001	7.751	33,90	10,33	2,6
002	Erdarbeiten	10.306	45,07	13,73	3,5
006	Spezialtiefbauarbeiten inkl. 005	–	–	–	–
009	Entwässerungskanalarbeiten inkl. 011	1.520	6,65	2,03	0,5
010	Dränarbeiten	–	–	–	–
012	Mauerarbeiten	42.111	184,17	56,12	14,1
013	Betonarbeiten	35.346	154,59	47,11	11,9
014	Natur-, Betonwerksteinarbeiten	–	–	–	–
016	Zimmer- und Holzbauarbeiten	17.774	77,73	23,69	6,0
017	Stahlbauarbeiten	2.863	12,52	3,82	1,0
018	Abdichtungsarbeiten	4.961	21,70	6,61	1,7
020	Dachdeckungsarbeiten	15.646	68,43	20,85	5,2
021	Dachabdichtungsarbeiten	–	–	–	–
022	Klempnerarbeiten	2.299	10,05	3,06	0,8
	Rohbau	**140.577**	**614,81**	**187,35**	**47,2**
023	Putz- und Stuckarbeiten, Wärmedämmsysteme	15.953	69,77	21,26	5,4
024	Fliesen- und Plattenarbeiten	5.180	22,66	6,90	1,7
025	Estricharbeiten	4.512	19,73	6,01	1,5
026	Fenster, Außentüren inkl. 029, 032	29.648	129,67	39,51	9,9
027	Tischlerarbeiten	8.826	38,60	11,76	3,0
028	Parkett-, Holzpflasterarbeiten	–	–	–	–
030	Rollladenarbeiten	14.497	63,40	19,32	4,9
031	Metallbauarbeiten inkl. 035	–	–	–	–
034	Maler- und Lackiererarbeiten inkl. 037	5.961	26,07	7,94	2,0
036	Bodenbelagsarbeiten	5.271	23,05	7,03	1,8
038	Vorgehängte hinterlüftete Fassaden	–	–	–	–
039	Trockenbauarbeiten	17.833	77,99	23,77	6,0
	Ausbau	**107.683**	**470,95**	**143,51**	**36,1**
040	Wärmeversorgungsanlagen, inkl. 041	12.954	56,66	17,26	4,3
042	Gas- und Wasseranlagen, Leitungen inkl. 043	1.889	8,26	2,52	0,6
044	Abwasseranlagen - Leitungen	818	3,58	1,09	0,3
045	Gas, Wasser, Entwässerung - Ausstattung inkl. 046	7.122	31,15	9,49	2,4
047	Dämmarbeiten an technischen Anlagen	2.905	12,70	3,87	1,0
049	Feuerlöschanlagen, Feuerlöschgeräte	–	–	–	–
050	Blitzschutz- und Erdungsanlagen	797	3,49	1,06	0,3
052	Mittelspannungsanlagen	–	–	–	–
053	Niederspannungsanlagen inkl. 054	8.111	35,47	10,81	2,7
055	Ersatzstromversorgungsanlagen	–	–	–	–
057	Gebäudesystemtechnik	–	–	–	–
058	Leuchten und Lampen, inkl. 059	12.527	54,79	16,70	4,2
060	Elektroakustische Anlagen	371	1,62	0,49	0,1
061	Kommunikationsnetze, inkl. 063	960	4,20	1,28	0,3
069	Aufzüge	–	–	–	–
070	Gebäudeautomation	–	–	–	–
075	Raumlufttechnische Anlagen	–	–	–	–
	Gebäudetechnik	**48.455**	**211,92**	**64,58**	**16,3**
084	**Abbruch- und Rückbauarbeiten**	**–**	**–**	**–**	**–**
	Sonstige Leistungsbereiche inkl. 008, 033, 051	**1.404**	**6,14**	**1,87**	**0,5**

Objektübersicht

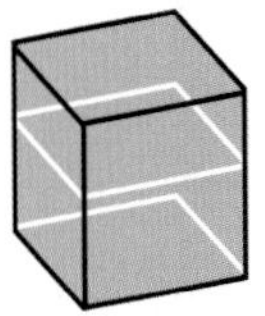

BRI 418 €/m³

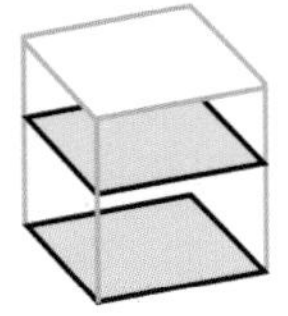

BGF 1.249 €/m²

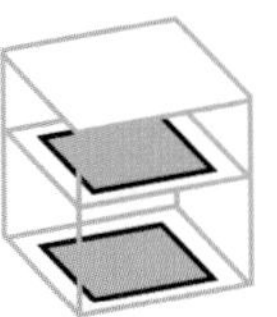

NUF 2.085 €/m²

Objekt:
Kennwerte: 1.Ebene DIN 276
BRI: 796 m³
BGF: 266 m²
NUF: 159 m²
Bauzeit: 52 Wochen
Bauende: 2012
Standard: Durchschnitt
Kreis: Hamburg - Freie und Hansestadt,
Hamburg

Architekt:
Architekten
Johannsen und Partner
Hasselbrookstraße 25
22089 Hamburg

Bauherr:
Ev.-Luth. Kirchengemeinde
St. Peter zu Hamburg-
Groß Borstel
22453 Hamburg

© Katharina Wildt

© Katharina Wildt

© Katharina Wildt

Ansicht Nord
Ansicht Ost
Erdgeschoss
Obergeschoss
Ansicht Süd
Längsschnitt

Objektbeschreibung

Allgemeine Objektinformationen

Der Neubau des Pastorates ist auf einem schmalen Grundstück geplant, das sich in Nord-Süd-Richtung erstreckt und einen Amts- und einen Privatbereich beherbergt. Das Erdgeschoss ist der städtebaulichen Situation entsprechend gegenüber dem Straßenniveau angehoben. Eine Rampe entlang des Hauses führt barrierefrei zum Eingang. Der Amtsbereich befindet sich im nördlichen, der Straße zugewandten Teil des Gebäudes und öffnet sich dorthin. Bei der Planung des Gebäudes sind Nutzungsvarianten berücksichtigt worden. So kann beispielsweise bei Umzug des Amtsbereiches in einen anderen Gemeindebereich der dann frei werdende Teil des Erdgeschosses in einen Kinderbereich umgebaut werden.

Nutzung

1 Erdgeschoss
Amtszimmer, Büro, Bad, Diele, Wohnraum mit Küche und Essbereich

1 Obergeschoss
Schlafraum, Arbeitsraum, Bad, Abstellraum, Dachterrasse

Nutzeinheiten

Wohnfläche: 169m²
Wohneinheiten: 1
Arbeitsplätze: 1

Grundstück

Bauraum: Beengter Bauraum
Neigung: Ebenes Gelände
Bodenklasse: BK 3

Markt

Hauptvergabezeit: 3. Quartal 2011
Baubeginn: 3. Quartal 2011
Bauende: 3. Quartal 2012
Konjunkturelle Gesamtlage: Durchschnitt
Regionaler Baumarkt: über Durchschnitt

Besonderer Kosteneinfluss Marktsituation:
Einzelvergabe

Baukonstruktion

Stahlbetoneinzel- bzw. Streifenfundamente bilden die Basis für die Stahlbetonbodenplatte. Die Außenwände sind mit 17,5cm starken Kalksandsteinen und 140mm starker Dämmung plus 10mm Schalenfuge ausgeführt. Ein 11,5cm starkes Ziegelverblendmauerwerk bildet die Fassade des Neubaus. Tragende Innenwände sind ebenfalls gemauert, die nichttragenden sind als beidseitig beplankte Gipskartonwände errichtet. Teile der Fassade sind als Pfosten-Riegel-Konstruktion ausgeführt. Es kamen Holzfenster zum Einbau. Eine mit Linoleum belegte Stahlbetontreppe verbindet beide Geschosse miteinander. Der Eingangsbereich, der Flur, die Bäder und die Küche sind gefliest, der Rest des Gebäudes ist mit Parkett versehen. Die Dächer sind als Warmdächer konstruiert.

Technische Anlagen

Das Gebäude wird über eine Gas-Brennwert-Kompaktheizzentrale mit Wärme versorgt. Flachkollektoren mit 4,80m² sorgen für solare Wärmegewinnung. Alle Räume werden über eine Fußbodenheizung beheizt.

Planungskennwerte für Flächen und Rauminhalte nach DIN 277

Flächen des Grundstücks		Menge, Einheit	% an GF
BF	Bebaute Fläche	139,80 m²	28,9
UF	Unbebaute Fläche	344,70 m²	71,1
GF	Grundstücksfläche	484,50 m²	100,0

Grundflächen des Bauwerks		Menge, Einheit	% an NUF	% an BGF
NUF	Nutzungsfläche	159,46 m²	100,0	59,9
TF	Technikfläche	6,10 m²	3,8	2,3
VF	Verkehrsfläche	36,40 m²	22,8	13,7
NRF	Netto-Raumfläche	201,96 m²	126,7	75,9
KGF	Konstruktions-Grundfläche	64,20 m²	40,3	24,1
BGF	Brutto-Grundfläche	266,16 m²	166,9	100,0

NUF=100% BGF=166,9%

NUF TF VF KGF NRF=126,7%

Brutto-Rauminhalt des Bauwerks		Menge, Einheit	BRI/NUF (m)	BRI/BGF (m)
BRI	Brutto-Rauminhalt	796,11 m³	4,99	2,99

0 1 2 3 4 BRI/NUF=4,99m

BRI/BGF=2,99m 0 1 2

Lufttechnisch behandelte Flächen	Menge, Einheit	% an NUF	% an BGF
Entlüftete Fläche	–	–	–
Be- und Entlüftete Fläche	–	–	–
Teilklimatisierte Fläche	–	–	–
Klimatisierte Fläche	–	–	–

KG	Kostengruppen (2.Ebene)	Menge, Einheit	Menge/NUF	Menge/BGF
310	Baugrube	–	–	–
320	Gründung	–	–	–
330	Außenwände	–	–	–
340	Innenwände	–	–	–
350	Decken	–	–	–
360	Dächer	–	–	–

Kostenkennwerte für die Kostengruppen der 1.Ebene DIN 276

KG	Kostengruppen (1.Ebene)	Einheit	Kosten €	€/Einheit	€/m² BGF	€/m³ BRI	% 300+400
100	Grundstück	m² GF	–	–	–	–	–
200	Herrichten und Erschließen	m² GF	23.097	47,67	86,78	29,01	6,9
300	Bauwerk - Baukonstruktionen	m² BGF	277.118	1.041,17	1.041,17	348,09	83,4
400	Bauwerk - Technische Anlagen	m² BGF	55.313	207,82	207,82	69,48	16,6
	Bauwerk 300+400	**m² BGF**	**332.432**	**1.248,99**	**1.248,99**	**417,57**	**100,0**
500	Außenanlagen	m² AF	23.498	68,17	88,28	29,52	7,1
600	Ausstattung und Kunstwerke	m² BGF	8.400	31,56	31,56	10,55	2,5
700	Baunebenkosten	m² BGF	–	–	–	–	–

KG	Kostengruppe	Menge Einheit	Kosten €	€/Einheit	%
200	**Herrichten und Erschließen**	484,50 m² GF	23.097	**47,67**	100,0
	Abbruch von bestehendem Einfamilienhaus, Entsorgung, Deponiegebühren; öffentliche Erschließung: Wasser, Gas, Strom				
3+4	**Bauwerk**				**100,0**
300	**Bauwerk - Baukonstruktionen**	266,16 m² BGF	277.118	**1.041,17**	83,4
	Baugrubenaushub; Stb-Fundamente, Stb-Bodenplatte, Heizestrich, Parkett, Bodenfliesen, Abdichtung, Kiesfilterschicht, Perimeterdämmung; Mauerwerkswände, Holzfenster, Holz-Alufenster (teilw.), Wärmedämmung, Ziegelfassade, Lärchenholzfassade; Innenmauerwerk, GK-Wände, Wandfliesen; Stb-Filigrandecke, Stb-Treppe mit Linoleumbelag, Heizestrich, Parkett, Bodenfliesen, Linoleum; Stb-Dach, Dämmung, Abdichtung, Bangkirai-Terrassenbelag (OG), Stahlgeländer, extensive Dachbegrünung, innenliegende Entwässerung				
400	**Bauwerk - Technische Anlagen**	266,16 m² BGF	55.313	**207,82**	16,6
	Gebäudeentwässerung, Kalt- und Warmwasserleitungen, Sanitärobjekte; Gas-Brennwertkessel, Solaranlage (4,80m²), Badheizkörper, Fußbodenheizung; Elektroinstallation; Telekommunikationsanlage, Fernseh- und Antennenanlage				
500	**Außenanlagen**	344,70 m² AF	23.498	**68,17**	100,0
	Geländebearbeitung; Dränfugenpflaster für PKW- und Fahrrad-Stellplätze, Rampenanlage aus Ortbeton und Großformatplatten, Traufstreifen aus Basaltsplitt; Treppenanlage aus Betonblockstufen, Betontraversen für Pflanzbeete; Entwässerungsrinnen; Oberbodenarbeiten, Büsche, Sträucher, Rasen				
600	**Ausstattung und Kunstwerke**	266,16 m² BGF	8.400	**31,56**	100,0
	Einbauküche				

6400-0093
Gemeindezentrum

Objektübersicht

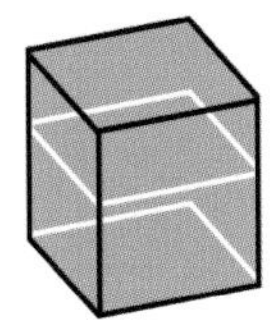

BRI 448 €/m³

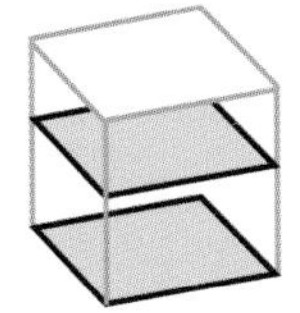

BGF 2.206 €/m²

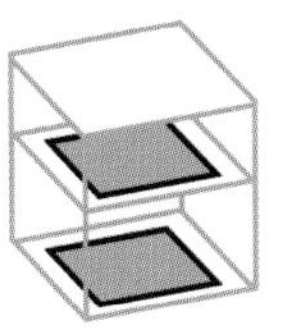

NUF 3.427 €/m²

Objekt:
Kennwerte: 1.Ebene DIN 276
BRI: 2.295 m³
BGF: 466 m²
NUF: 300 m²
Bauzeit: 47 Wochen
Bauende: 2014
Standard: über Durchschnitt
Kreis: Nürnberg,
Bayern

Architekt:
Architekturbüro
Klaus Thiemann
Kirchgasse 20
91217 Hersbruck

Bauherr:
Evang.-Luth. Kirchen-
gemeinde Kornburg
vertereten durch
Herrn Pfarrer Braun
Kornburger Straße 31
90455 Nürnberg

© Architekturbüro Klaus Thiemann

© Architekturbüro Klaus Thiemann

© Architekturbüro Klaus Thiemann

© Architekturbüro Klaus Thiemann

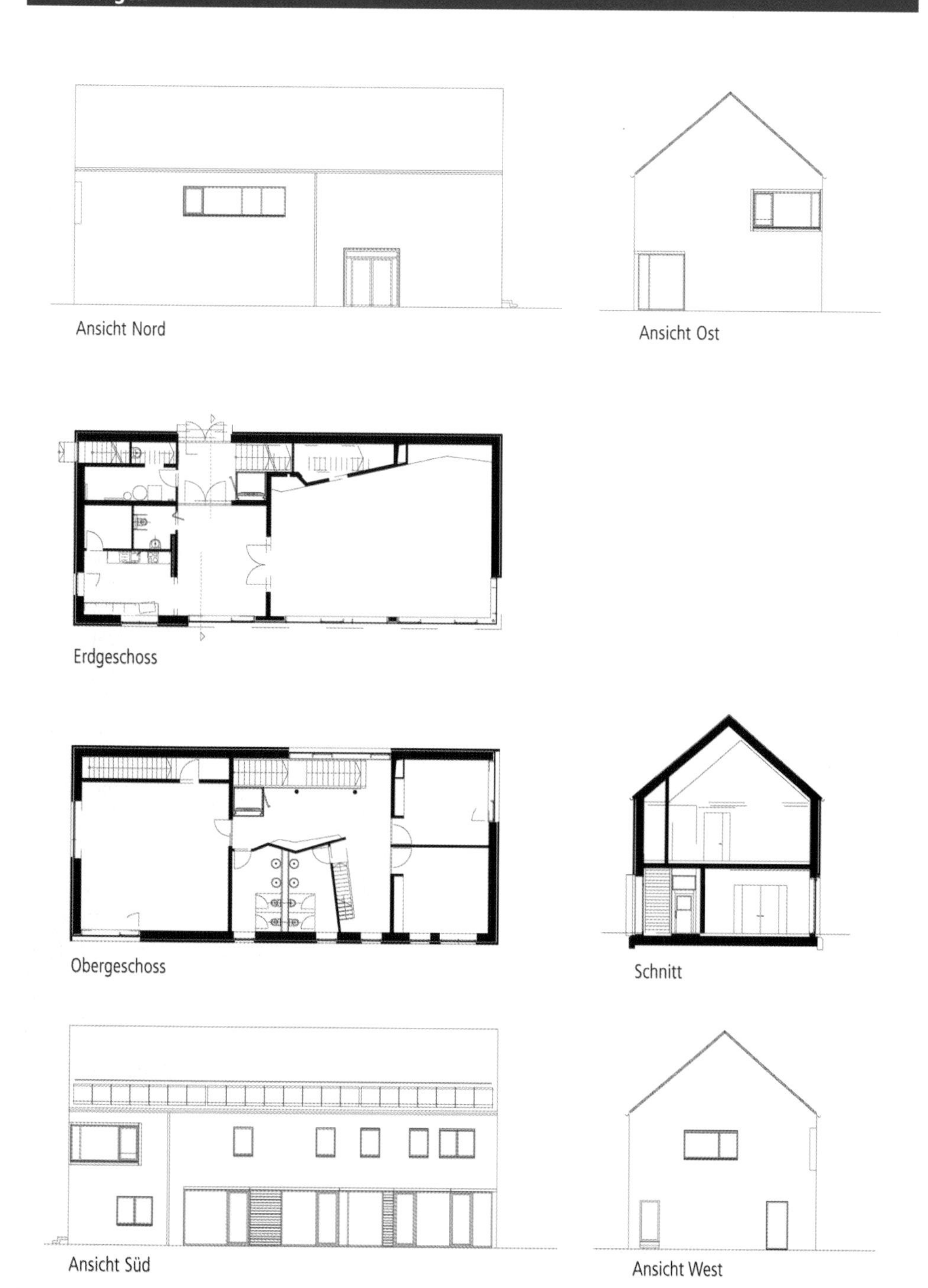
Ansicht Nord
Ansicht Ost
Erdgeschoss
Obergeschoss
Schnitt
Ansicht Süd
Ansicht West

Objektbeschreibung

Allgemeine Objektinformationen

Ersatzbau für ein altes Gemeindehaus der Kirchengemeinde an gleicher Stelle. Das Gemeindehaus bietet Raum für verschiedenste Veranstaltungen im Rahmen einer offenen, modernen Gemeindearbeit. Der klar gegliederte, langgestreckte Baukörper befindet sich auf einem beengten Baugrundstück in Sichtkontakt zur historischen Burganlage. Mit seiner ruhigen Ausformulierung korrespondiert er mit dem historischen Ambiente des Schlosses. Das Gebäude öffnet sich zu einem historisch gewachsenen Fußweg Richtung Innenstadt und zur Kirche.

Nutzung

1 Erdgeschoss
Gemeindesaal, Foyer, Teeküche, Lager, Behinderten-WC, Windfang, Technik, Aufzug

1 Obergeschoss
Kleiner Saal, zwei Gruppenräume, Foyer, Sanitärräume

Nutzeinheiten

Sitzplätze: 160

Grundstück

Bauraum: Beengter Bauraum
Neigung: Ebenes Gelände
Bodenklasse: BK 1 bis BK 4

Markt

Hauptvergabezeit: 2. Quartal 2013
Baubeginn: 2. Quartal 2013
Bauende: 2. Quartal 2014
Konjunkturelle Gesamtlage: über Durchschnitt
Regionaler Baumarkt: Durchschnitt

Baukonstruktion

Der Neubau gründet auf einer unterseitig gedämmten Stahlbetonbodenplatte. Zur ausreichenden Gründung wurde ein Bodenaustausch mit Recyclingmaterial vorgenommen. Die Außenwände wurden mit perlitegefüllten Mauerziegeln errichtet. Die hinterlüftete Fassade wurde mit Sichtmauerwerk aus Sichtbeton-Architekturteilen gestaltet. Die Geschossdecken und die Treppen wurden in Stahlbeton ausgeführt, der Dachstuhl als Sparrendach aus Holzstegträgern, gefüllt mit Zellulosedämmung.

Technische Anlagen

Das Gemeindehaus ist mit seiner Gebäudehülle nahezu in Passivhausstandard ausgeführt. Über eine Wärmepumpe mit Soleleitung und Fußbodenheizung wird das Gebäude mit Wärme versorgt. Eine Lüftungsanlage mit Wärmerückgewinnung sorgt für einen hygienischen Grundluftwechsel. Zur energetischen Abrundung wurde eine Photovoltaikanlage auf die südliche Dachfläche montiert. Die Anforderungen der EnEV 2009 betreffend der Gebäudehülle werden um 42% unterschritten.

Sonstiges

Durch den baulich unabhängigen zweiten Rettungsweg über eine integrierte Fluchttreppe bestehen keine Einschränkungen im Obergeschoss hinsichtlich der Nutzung. Die Barrierefreiheit für das Obergeschoss wurde durch einen Plattformaufzug sichergestellt. Die Außenanlagen im Südbereich wurden zur gemeinsamen Nutzung mit dem angrenzenden Kindergarten neu gestaltet. Eine gemeinsame Terrasse sowie ein Geräteschuppen mit Spielgerätehaus wurden ausgeführt. Die unter Denkmalschutz stehenden Bäume waren zu erhalten.

Planungskennwerte für Flächen und Rauminhalte nach DIN 277

Flächen des Grundstücks		Menge, Einheit	% an GF
BF	Bebaute Fläche	233,00 m²	31,9
UF	Unbebaute Fläche	497,00 m²	68,1
GF	Grundstücksfläche	730,00 m²	100,0

Grundflächen des Bauwerks		Menge, Einheit	% an NUF	% an BGF
NUF	Nutzungsfläche	300,00 m²	100,0	64,4
TF	Technikfläche	14,10 m²	4,7	3,0
VF	Verkehrsfläche	50,80 m²	16,9	10,9
NRF	Netto-Raumfläche	364,90 m²	121,6	78,3
KGF	Konstruktions-Grundfläche	101,10 m²	33,7	21,7
BGF	Brutto-Grundfläche	466,00 m²	155,3	100,0

NUF=100% BGF=155,3%

NUF TF VF KGF NRF=121,6%

Brutto-Rauminhalt des Bauwerks		Menge, Einheit	BRI/NUF (m)	BRI/BGF (m)
BRI	Brutto-Rauminhalt	2.295,00 m³	7,65	4,92

0 1 2 3 4 5 6 7 BRI/NUF=7,65m

0 1 2 3 4 BRI/BGF=4,92m

Lufttechnisch behandelte Flächen	Menge, Einheit	% an NUF	% an BGF
Entlüftete Fläche	–	–	–
Be- und Entlüftete Fläche	–	–	–
Teilklimatisierte Fläche	–	–	–
Klimatisierte Fläche	–	–	–

KG	Kostengruppen (2.Ebene)	Menge, Einheit	Menge/NUF	Menge/BGF
310	Baugrube	–	–	–
320	Gründung	–	–	–
330	Außenwände	–	–	–
340	Innenwände	–	–	–
350	Decken	–	–	–
360	Dächer	–	–	–

Kostenkennwerte für die Kostengruppen der 1.Ebene DIN 276

KG	Kostengruppen (1.Ebene)	Einheit	Kosten €	€/Einheit	€/m² BGF	€/m³ BRI	% 300+400
100	Grundstück	m² GF	–	–	–	–	–
200	Herrichten und Erschließen	m² GF	57.434	78,68	123,25	25,03	5,6
300	Bauwerk - Baukonstruktionen	m² BGF	796.580	1.709,40	1.709,40	347,09	77,5
400	Bauwerk - Technische Anlagen	m² BGF	231.443	496,66	496,66	100,85	22,5
	Bauwerk 300+400	**m² BGF**	**1.028.023**	**2.206,06**	**2.206,06**	**447,94**	**100,0**
500	Außenanlagen	m² AF	36.243	72,49	77,77	15,79	3,5
600	Ausstattung und Kunstwerke	m² BGF	52.575	112,82	112,82	22,91	5,1
700	Baunebenkosten	m² BGF	–	–	–	–	–

KG	Kostengruppe	Menge Einheit	Kosten €	€/Einheit	%
200	**Herrichten und Erschließen**	730,00 m² GF	57.434	**78,68**	100,0

Abbruch von Bestandsgebäude; Entsorgung, Deponiegebühren; Erschließung

KG	Kostengruppe	Menge Einheit	Kosten €	€/Einheit	%
3+4	**Bauwerk**				**100,0**
300	**Bauwerk - Baukonstruktionen**	466,00 m² BGF	796.580	**1.709,40**	77,5

Bodenaustausch mit Recyclingschotter, Stb-Bodenplatte, Zement-Heizestrich, Bodenfliesen, Schaumglasdämmung; Ziegelmauerwerk mit Perlitefüllung, Holz-Alufenster, Dreifachverglasung, hinterlüftete Klinkerfassade, Kalkputz, Stahl-Glas-Eingangselement, Holz-Alu-Pfosten-Riegel-Fassade, Dreifachverglasung (EG), außenliegender Sonnenschutz (südseitig), innenliegende Verdunkelungsanlage (Saal); Mauerwerkswände, GF-Ständerwände, Stb-Stützen, Massivholztüren, Aluzargen, Stahl-Glastürelement; Stb-Decke, schwimmender Zementestrich, Linoleum, Holzfaserlattenelemente als Akustikdecke; Sparrendach aus Holzstegträgern, Zellulosedämmung, Titanzink-Stehfalzdeckung; Einbauküche

KG	Kostengruppe	Menge Einheit	Kosten €	€/Einheit	%
400	**Bauwerk - Technische Anlagen**	466,00 m² BGF	231.443	**496,66**	22,5

Gebäudeentwässerung, Regewasserrückhaltung mit Versickerungsanlage, Kaltwasserleitungen, Sanitärobjekte, Kleinstdurchlauferhitzer; Wärmepumpe mit Pufferspeicher, Erdsoleleitungen 100m, Fußbodenheizung; Zu- und Abluftgerät mit Wärmerückgewinnung; Photovoltaikanlage, Elektroinstallation, elektrische Verdunkelungsanlage, Beleuchtung; raumakustische Beschallungsanlage (Saal), Beamerprojektion mit Leinwand, Netzwerkverkabelung; Plattformaufzug

KG	Kostengruppe	Menge Einheit	Kosten €	€/Einheit	%
500	**Außenanlagen**	500,00 m² AF	36.243	**72,49**	100,0

Plasterbelag mit Sitzgelegenheit (Eingangsbereich), Terrassenpflaster (gemeinsame Nutzung mit Kindergarten), Gemeindehaus; Geräteschuppen mit Spielgerätehaus (Kindergarten)

KG	Kostengruppe	Menge Einheit	Kosten €	€/Einheit	%
600	**Ausstattung und Kunstwerke**	466,00 m² BGF	52.575	**112,82**	100,0

Stühle, Tische, Garderobenmöbel

6500-0042
Kiosk
Kanuverleih

Objektübersicht

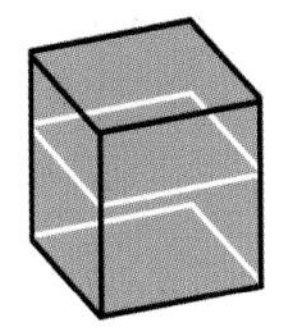

BRI 656 €/m³

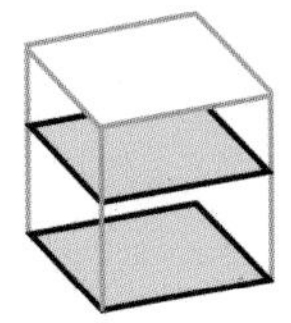

BGF 2.624 €/m²

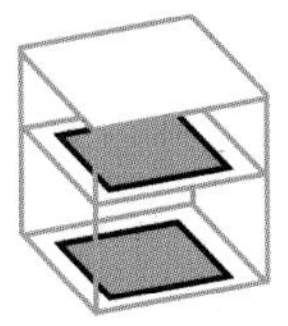

NUF 3.535 €/m²

Objekt:
Kennwerte: 1.Ebene DIN 276
BRI: 411 m³
BGF: 103 m²
NUF: 76 m²
Bauzeit: 25 Wochen
Bauende: 2013
Standard: über Durchschnitt
Kreis: Hamburg - Freie und Hansestadt,
Hamburg

Architekt:
BDS Bechtloff.Steffen.
Architekten.BDA
(ehemals BDS Architekten)
Große Elbstraße 145c
22767 Hamburg

Bauherr:
igs internationale gartenschau hamburg 2013 gmbh

© Tobias Baumann, Martin Lauer

© Tobias Baumann, Martin Lauer

© Tobias Baumann, Martin Lauer

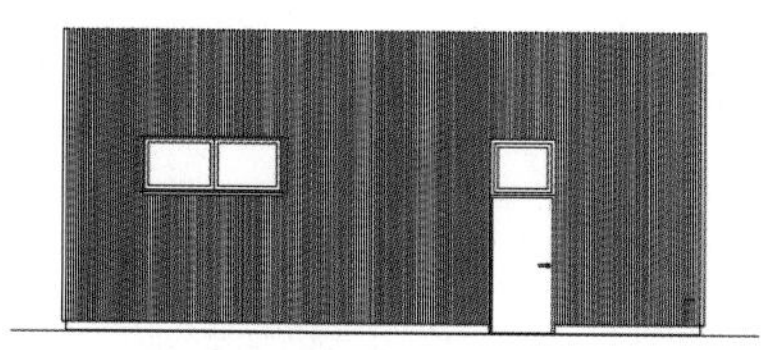
Ansicht Nord

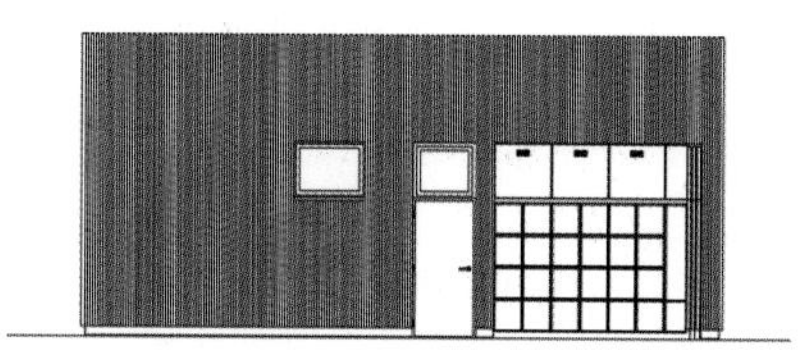
Ansicht Ost

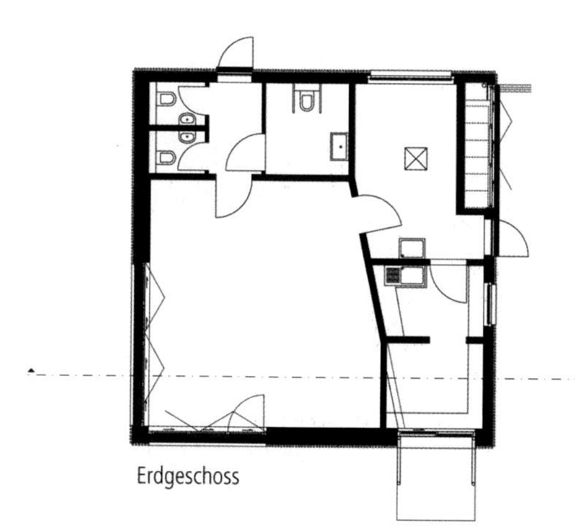
Erdgeschoss

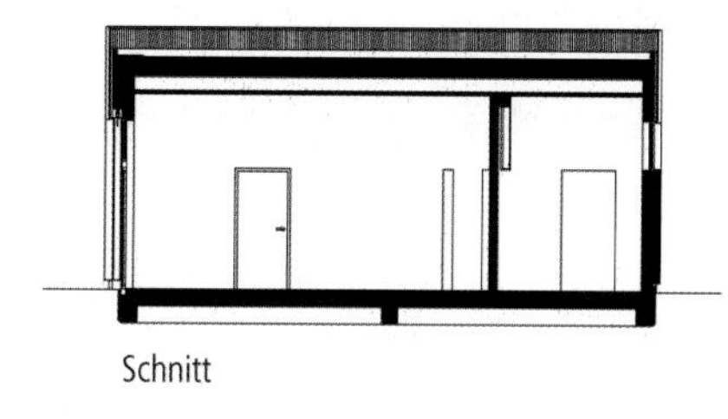
Schnitt

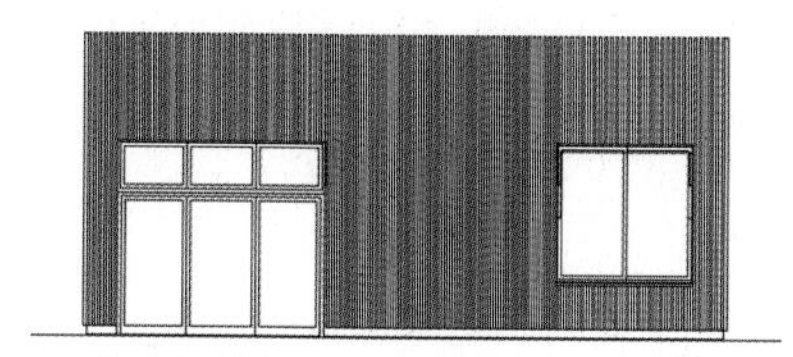
Ansicht Süd

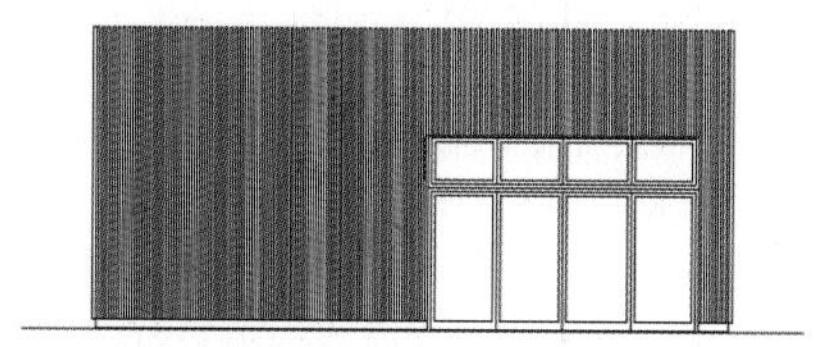
Ansicht West

Objektbeschreibung

Allgemeine Objektinformationen

Der eingeschossige Kioskpavillon befindet sich in einer öffentlichen Parkanlage. Er dient dem Verleih von Kanus, besitzt eine Aufwärmküche sowie einen Veranstaltungsraum und Sanitäranlagen. Auf einer Seite des Neubaus sind Schließfächer angeordnet, auf der Südseite gibt es eine Verkaufsklappe.

Nutzung

1 Erdgeschoss
Küche, Ausgabe, Personalraum, Veranstaltungsraum, WCs, Behinderten-WC, Lager

Nutzeinheiten

Sitzplätze: 18

Grundstück

Bauraum: Freier Bauraum
Neigung: Ebenes Gelände
Bodenklasse: BK 3

Markt

Hauptvergabezeit: 1. Quartal 2012
Baubeginn: 3. Quartal 2012
Bauende: 1. Quartal 2013
Konjunkturelle Gesamtlage: über Durchschnitt
Regionaler Baumarkt: über Durchschnitt

Baukonstruktion

Das Gebäude besitzt eine Flachgründung mit Gründungspfählen. Die Außenwände sind aus Holztafelelementen errichtet und sind mit einer, auf eine Unterkonstruktion aufgebrachte, Holzlamellenbekleidung versehen. Die Innenwände sind aus Gipskarton. Das Flachdach besitzt eine leichte Gefälledämmung und eine Kiesschüttung. Die eingebauten Holz-Alufenster sind zweifachverglast. Die Fassade ist gekennzeichnet durch verschiedene Holzelemente zum Schieben, Klappen, Falten und Drehen. Großformatige Faltschiebefenster mit vorgelagerten Holzschiebeläden sind als Schutz vor Vandalismus angebracht. In den Arbeits- und Sanitärräumen sind Bodenfliesen, im Aufenthaltsraum sind großflächige Bodenfliesen verlegt.

Technische Anlagen

Es wurden vorbereitende Maßnahmen für die optionale Nachrüstung durch eine Photovoltaik-Anlage auf dem Dach durchgeführt. In den Toiletten sind standardisierte Sanitärobjekte angeordnet, zusätzlich gibt es eine barrierefreie Toilette.

Sonstiges

Die ursprüngliche Nutzung des Kiosk war der Gastronomiebetrieb für die IGS-Internationale Gartenschau. Nach der Gartenschau wird er als Veranstaltungsraum als "grünes Klassenzimmer" genutzt, sowie in eine Nachnutzung als Kioskbetrieb im öffentlichen Park überführt/umgeplant. Entwurfsverfasser und Sieger des Ideenwettbewerbs: Markus Manuel Wilke, Christoph Peetz (TU Braunschweig)

Planungskennwerte für Flächen und Rauminhalte nach DIN 277

Flächen des Grundstücks		Menge, Einheit	% an GF
BF	Bebaute Fläche	102,82 m²	68,5
UF	Unbebaute Fläche	47,18 m²	31,5
GF	Grundstücksfläche	150,00 m²	100,0

Grundflächen des Bauwerks		Menge, Einheit	% an NUF	% an BGF
NUF	Nutzungsfläche	76,31 m²	100,0	74,2
TF	Technikfläche	–	–	–
VF	Verkehrsfläche	3,72 m²	4,9	3,6
NRF	Netto-Raumfläche	80,03 m²	104,9	77,8
KGF	Konstruktions-Grundfläche	22,79 m²	29,9	22,2
BGF	Brutto-Grundfläche	102,82 m²	134,7	100,0

NUF=100% BGF=134,7% NRF=104,9%

NUF TF VF KGF

Brutto-Rauminhalt des Bauwerks		Menge, Einheit	BRI/NUF (m)	BRI/BGF (m)
BRI	Brutto-Rauminhalt	411,28 m³	5,39	4,00

BRI/NUF=5,39m

BRI/BGF=4,00m

Lufttechnisch behandelte Flächen	Menge, Einheit	% an NUF	% an BGF
Entlüftete Fläche	–	–	–
Be- und Entlüftete Fläche	–	–	–
Teilklimatisierte Fläche	–	–	–
Klimatisierte Fläche	–	–	–

KG	Kostengruppen (2.Ebene)	Menge, Einheit	Menge/NUF	Menge/BGF
310	Baugrube	–	–	–
320	Gründung	–	–	–
330	Außenwände	–	–	–
340	Innenwände	–	–	–
350	Decken	–	–	–
360	Dächer	–	–	–

Kostenkennwerte für die Kostengruppen der 1.Ebene DIN 276

KG	Kostengruppen (1.Ebene)	Einheit	Kosten €	€/Einheit	€/m² BGF	€/m³ BRI	% 300+400
100	Grundstück	m² GF	–	–	–	–	–
200	Herrichten und Erschließen	m² GF	–	–	–	–	–
300	Bauwerk - Baukonstruktionen	m² BGF	237.552	2.310,36	2.310,36	577,59	88,1
400	Bauwerk - Technische Anlagen	m² BGF	32.198	313,15	313,15	78,29	11,9
	Bauwerk 300+400	**m² BGF**	**269.750**	**2.623,51**	**2.623,51**	**655,88**	**100,0**
500	Außenanlagen	m² AF	–	–	–	–	–
600	Ausstattung und Kunstwerke	m² BGF	–	–	–	–	–
700	Baunebenkosten	m² BGF	–	–	–	–	–

KG	Kostengruppe	Menge Einheit	Kosten €	€/Einheit	%
3+4	**Bauwerk**				**100,0**
300	**Bauwerk - Baukonstruktionen**	102,82 m² BGF	237.552	**2.310,36**	88,1

Baugrubenaushub; Stb-Fundamente, Stb-Bodenplatte, Pfahlgründung, Estrich, Bodenfliesen, Abdichtung; Holzrahmenbauwände, Holz-Alufenster, teilw. Faltschiebeanlagen, Stahltüren, Wärmedämmung, Lärchenholzfassade mit Schiebe-, Klapp- und Faltelementen, GK-Bekleidung; Holztafelwände, GK-Wände, Wandfliesen; Holzbalkendach, Dämmung, Abdichtung, Attika, Lichtkuppeln, Kiesschüttung, innenliegende Entwässerung, GK-Decke

KG	Kostengruppe	Menge Einheit	Kosten €	€/Einheit	%
400	**Bauwerk - Technische Anlagen**	102,82 m² BGF	32.198	**313,15**	11,9

Gebäudeentwässerung, Kalt- und Warmwasserleitungen, Sanitärobjekte; Elektroinstallation, Beleuchtung, Blitzschutzanlage

6500-0043
Mensa

Objektübersicht

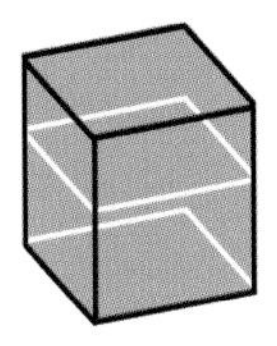

BRI 401 €/m³

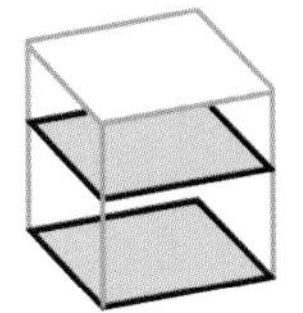

BGF 2.479 €/m²

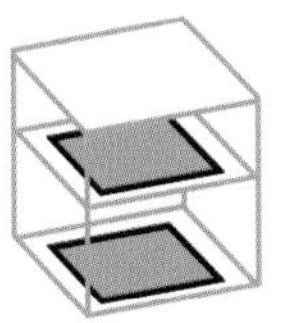

NUF 2.993 €/m²

Objekt:
Kennwerte: 1.Ebene DIN 276
BRI: 4.800 m³
BGF: 776 m²
NUF: 643 m²
Bauzeit: 65 Wochen
Bauende: 2015
Standard: Durchschnitt
Kreis: Bernkastel-Wittlich, Rheinland-Pfalz

Architekt:
Berdi Architekten
Friedrichstraße 8
54470 Bernkastel-Kues

Bauherr:
Kreisverwaltung
Bernkastel-Wittlich
Kurfürstenstraße 16
54516 Wittlich

© Axel Hausberg

© Axel Hausberg

© Axel Hausberg

© Axel Hausberg

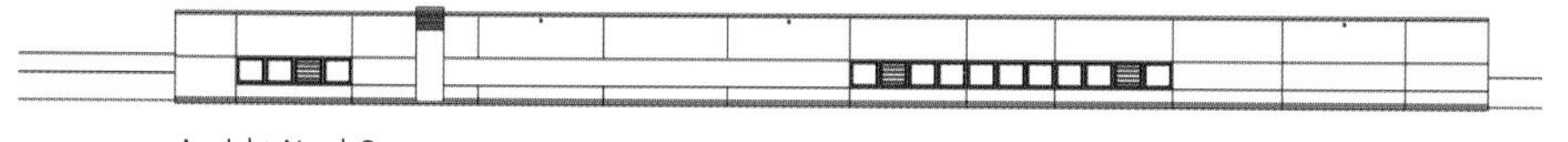

Ansicht Nord-Ost

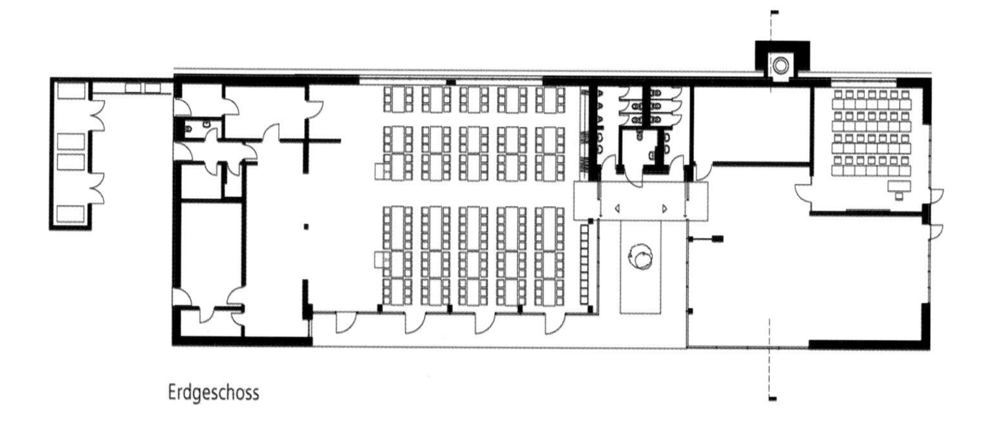

Erdgeschoss

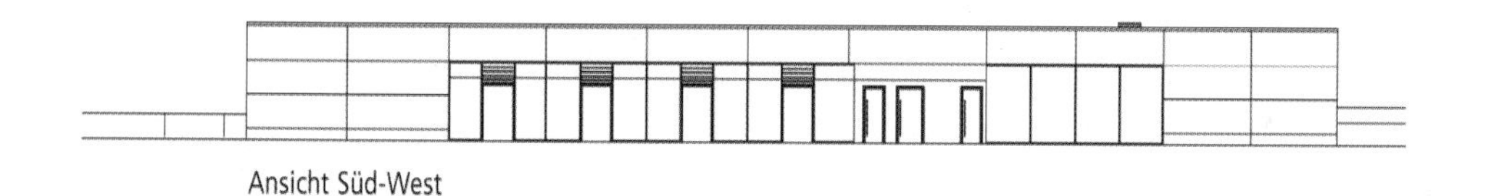

Ansicht Süd-West

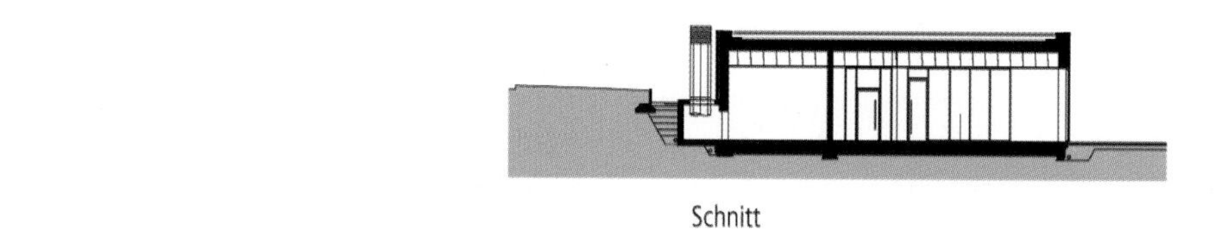

Schnitt

Ansicht Süd-Ost

Ansicht Nord-West

Objektbeschreibung

Allgemeine Objektinformationen

Der Neubau schließt aus städtebaulicher Sicht die Bebauungsstruktur entlang der Kurfürstenstraße. Durch den monolithischen Baukörper entsteht für die beiden Schulen ein beinahe allseitig umschlossener Campus mit entsprechender Freiraumqualität. Außerdem befindet sich das gemeinsam genutzte Gebäude zentral und gleichermaßen gut erreichbar für beide Schulen. Das Gebäude wurde aufgrund der Barrierefreiheit und der deutlich besseren Nutzungsvariabilität der unterschiedlichen Bereiche eingeschossig konzipiert. Es wird über ein gemeinsames Foyer mit Lichthof erschlossen, von wo aus man die Bibliothek mit offenen Lese- und Recherchezonen, den Mensabereich inklusive Küche mit Lagerräumen sowie alle erforderlichen Neben- und Technikräume erreichen kann. Die Mensa ist gegenüber der Außenkante des Baukörpers zurückgesetzt, um bei der großzügig verglasten Fassade für einen baulichen Sonnenschutz zu sorgen und so eine Aufheizung des Raumes zu verhindern.

Nutzung

1 Erdgeschoss
Mensa, Ausgabeküche, Spülküche, Kiosk, Lager, Personalraum, Bibliothek, geschlossener Arbeitsbereich, Foyer, Sanitärräume, Technik, Müllräume

Nutzeinheiten

Sitzplätze: 200

Grundstück

Bauraum: Freier Bauraum
Neigung: Ebenes Gelände
Bodenklasse: BK 1 bis BK 5

Markt

Hauptvergabezeit: 3. Quartal 2014
Baubeginn: 3. Quartal 2014
Bauende: 4. Quartal 2015
Konjunkturelle Gesamtlage: Durchschnitt
Regionaler Baumarkt: unter Durchschnitt

Baukonstruktion

Der Neubau wurde in Massivbauweise aus Stahlbetonfertigteilwänden errichtet und gründet auf Stahlbetonstreifenfundamenten mit einer Stahlbetonbodenplatte. Der Baukörper wurde mit einer vorgehängten, hinterlüfteten Sichtbeton- bzw. Klinkerfassade errichtet. Die Decke des Mensabereichs wurde als Hohlkörperdecke ausgebildet, um den Essens-bereich stützenfrei auszubilden. Die verglasten Bauteile sind mit einer Dreifachisolierung verglast.

Technische Anlagen

Es kam eine zentrale Lüftungsanlage mit Wärmerückgewinnung für Mensa-, Bibliotheks- und Arbeitsbereich zur Ausführung. Der Küchenbereich verfügt über eine separate zentrale Lüftungsanlage mit Wärmerückgewinnung. Die Wärmeübertragung im Gebäude erfolgt über eine Fußbodenheizung. Das Gebäude wird über eine Nahwärmeanbindung vom benachbarten Gymnasium aus mit Wärme versorgt.

Sonstiges

Da die Anlieferung über den Schulhof erfolgen muss, werden die Räumlichkeiten mit eigenen Zugängen versehen, damit später ein reibungsloser Betriebsablauf, auch im Hinblick auf die einzuhaltenden Hygienevorschriften, gewährleistet werden kann. Die neuen Aufzugsanlagen von Gymnasium und Realschule sind in das Erschließungskonzept eingebunden und gewährleisten eine gute Erreichbarkeit der einzelnen Gebäudeteile.

Planungskennwerte für Flächen und Rauminhalte nach DIN 277

Flächen des Grundstücks		Menge, Einheit	% an GF
BF	Bebaute Fläche	908,82 m²	18,0
UF	Unbebaute Fläche	4.152,68 m²	82,0
GF	Grundstücksfläche	5.061,50 m²	100,0

Grundflächen des Bauwerks		Menge, Einheit	% an NUF	% an BGF
NUF	Nutzungsfläche	643,09 m²	100,0	82,8
TF	Technikfläche	36,42 m²	5,7	4,7
VF	Verkehrsfläche	6,05 m²	0,9	0,8
NRF	Netto-Raumfläche	685,56 m²	106,6	88,3
KGF	Konstruktions-Grundfläche	90,85 m²	14,1	11,7
BGF	Brutto-Grundfläche	776,41 m²	120,7	100,0

Brutto-Rauminhalt des Bauwerks		Menge, Einheit	BRI/NUF (m)	BRI/BGF (m)
BRI	Brutto-Rauminhalt	4.800,00 m³	7,46	6,18

Lufttechnisch behandelte Flächen	Menge, Einheit	% an NUF	% an BGF
Entlüftete Fläche	–	–	–
Be- und Entlüftete Fläche	–	–	–
Teilklimatisierte Fläche	–	–	–
Klimatisierte Fläche	–	–	–

KG	Kostengruppen (2.Ebene)	Menge, Einheit	Menge/NUF	Menge/BGF
310	Baugrube	–	–	–
320	Gründung	–	–	–
330	Außenwände	–	–	–
340	Innenwände	–	–	–
350	Decken	–	–	–
360	Dächer	–	–	–

Kostenkennwerte für die Kostengruppen der 1.Ebene DIN 276

KG	Kostengruppen (1.Ebene)	Einheit	Kosten €	€/Einheit	€/m² BGF	€/m³ BRI	% 300+400
100	Grundstück	m² GF	–	–	–	–	–
200	Herrichten und Erschließen	m² GF	–	–	–	–	–
300	Bauwerk - Baukonstruktionen	m² BGF	1.456.294	1.875,68	1.875,68	303,39	75,7
400	Bauwerk - Technische Anlagen	m² BGF	468.513	603,44	603,44	97,61	24,3
	Bauwerk 300+400	**m² BGF**	**1.924.808**	**2.479,11**	**2.479,11**	**401,00**	**100,0**
500	Außenanlagen	m² AF	–	–	–	–	–
600	Ausstattung und Kunstwerke	m² BGF	–	–	–	–	–
700	Baunebenkosten	m² BGF	–	–	–	–	–

KG	Kostengruppe	Menge Einheit	Kosten €	€/Einheit	%
3+4	**Bauwerk**				**100,0**
300	**Bauwerk - Baukonstruktionen**	776,41 m² BGF	1.456.294	**1.875,68**	75,7

Baugrubenaushub; Stb-Streifenfundamente, Dämmung, Stb-Bodenplatten, Zement-Heizestrich, keramische Bodenfliesen, Perimeterdämmung; Stb-Wände, Perimeterdämmung, Dämmung, hinterlüftete Sichtbetonelement-Fassade, hinterlüftete Klinkerfassade, Alu-Pfosten-Riegel-Fassade, Lamellen-Elementfenster, Dreifachverglasung, innenliegender Sonnenschutz; Mauerwerkswände, Kalk-Zementputz, Malervlies, Anstrich, Holztüren, Stahlzargen; Stb-Fertigteil-Flachdächer, Hohlkörperdecke (Mensa), EPS-Gefälledämmung, Folienabdichtung, extensive Begrünung, abgehängte GK-Decken, Schallschutzdecken

KG	Kostengruppe	Menge Einheit	Kosten €	€/Einheit	%
400	**Bauwerk - Technische Anlagen**	776,41 m² BGF	468.513	**603,44**	24,3

Gebäudeentwässerung, Kalt- und Warmwasserleitungen, Sanitärobjekte, dezentrale elektrische Warmwasserbereitung; Nahwärmeübergabestation, Nahwärmeleitung, Fußbodenheizung; kombiniertes Zu- und Abluftgerät mit Wärmerückgewinnung (Mensa, Arbeitsbereich, Bibliothek), separates kombiniertes Zu- und Abluftgerät mit Wärmerückgewinnung (Küchenbereich); Elektroinstallation, Beleuchtung; Netzwerkverkabelung

6600-0020
Hotel
(76 Betten)
Gewerbe

Objektübersicht

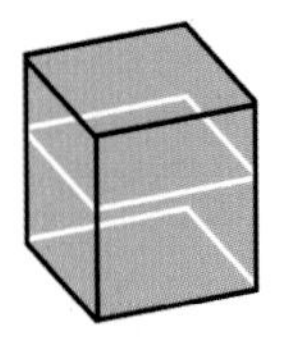

BRI 568 €/m³

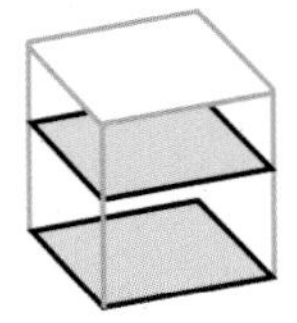

BGF 2.166 €/m²

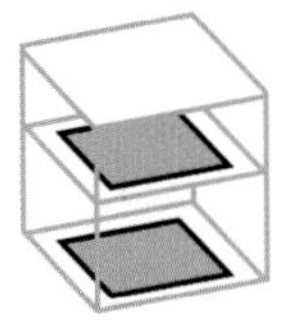

NUF 3.996 €/m²

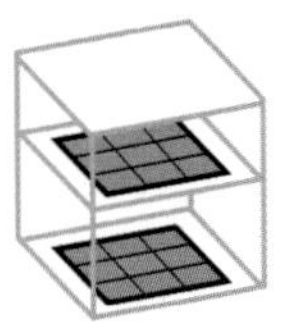

NE 105.345 €/NE
NE: Bett

Objekt:
Kennwerte: 1.Ebene DIN 276
BRI: 14.107 m³
BGF: 3.697 m²
NUF: 2.004 m²
Bauzeit: 100 Wochen
Bauende: 2010
Standard: über Durchschnitt
Kreis: Dresden - Stadt, Sachsen

Architekt:
IPRO Dresden
Planungs- und Ingenieuraktiengesellschaft
Schnorrstraße 70
01067 Dresden

© IPRO Dresden

© IPRO Dresden

© IPRO Dresden

© IPRO Dresden

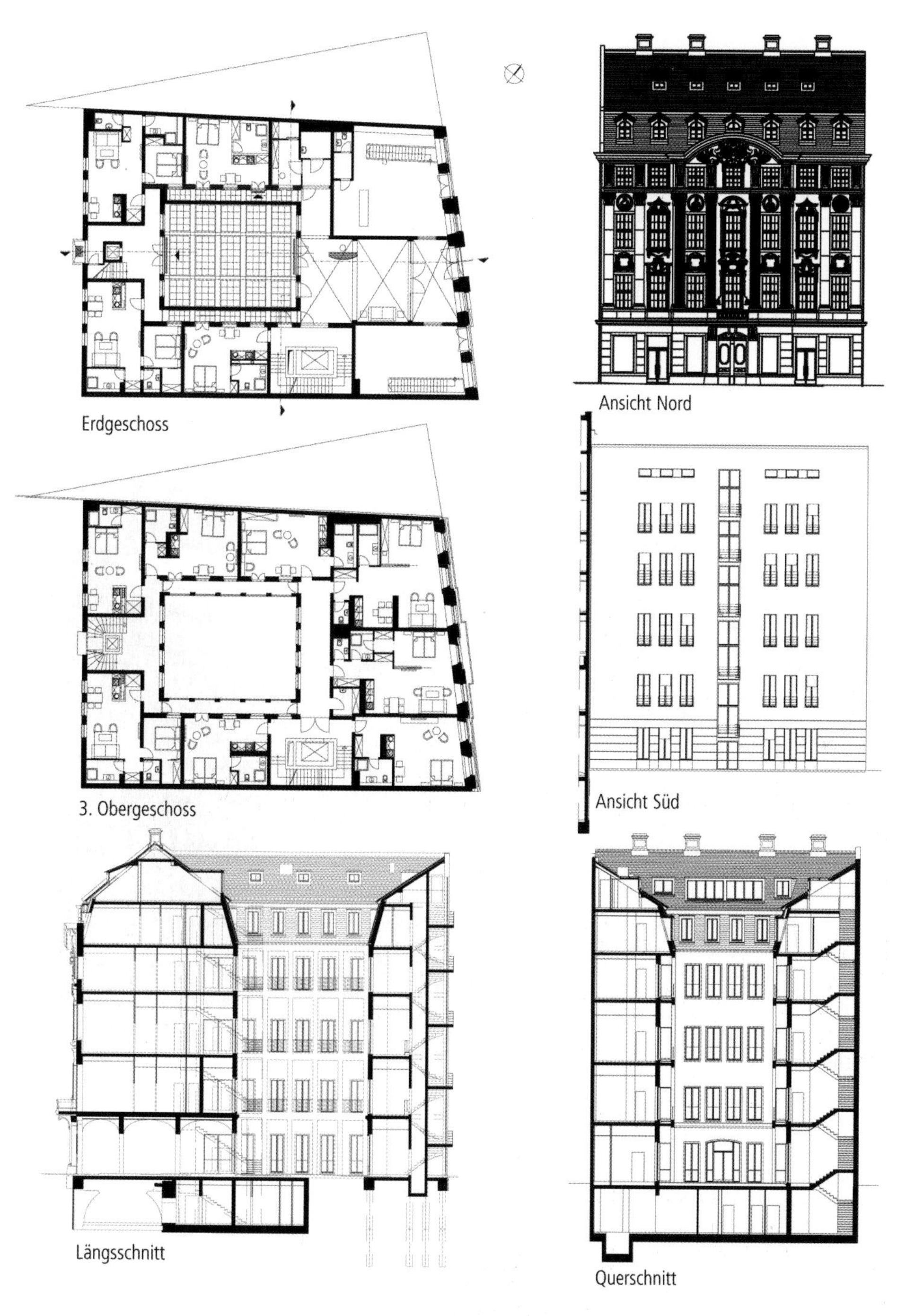

Erdgeschoss

Ansicht Nord

3. Obergeschoss

Ansicht Süd

Längsschnitt

Querschnitt

Objektbeschreibung

Allgemeine Objektinformationen

Die geplante Rekonstruktion des British Hotel sieht vor, die bestimmende Gebäudestruktur, die bis zur Zerstörung 1945 bestand, wieder aufzubauen. Schwerpunkt lag auf der Rekonstruktion und der Beibehaltung der Grundstruktur des ursprünglichen Grundrisses mit dem Innenhof und der Rekonstruktion der Fassade. Es entstand ein Ferienhotel mit 38 Appartements. Im Erdgeschoss und im Untergeschoss sind neben der Beherbergungsfunktion Läden vorgesehen. Das Ferienhotel besitzt kein Restaurant. Die Gäste sind Selbstversorger. Jedes Appartement besitzt eine eigene Küche.

Nutzung

1 Untergeschoss
Umkleideräume, Sanitärräume, Lagerräume, Medienanschlussräume, Werkstatt

1 Erdgeschoss
Hotelhalle, Rezeption, Direktion, Verwaltung, Ein- und Zweizimmerappartements (4St), Läden (2St)

3 Obergeschosse
Ein- und Zweizimmerapartments, Etagenoffices

2 Dachgeschosse
Mansardgeschoss: Ein- und Zweizimmerapartments
DG: Ein- und Zweizimmerapartments, Technik

Nutzeinheiten

Betten: 76

Grundstück

Bauraum: Beengter Bauraum
Neigung: Ebenes Gelände
Bodenklasse: BK 1 bis BK 4

Markt

Hauptvergabezeit: 4. Quartal 2008
Baubeginn: 4. Quartal 2008
Bauende: 4. Quartal 2010
Konjunkturelle Gesamtlage: über Durchschnitt
Regionaler Baumarkt: über Durchschnitt

Baukonstruktion

Die Fassade wurde entsprechend der vorhandenen Sandsteinfragmente und der guten Dokumentation in hoher Qualität rekonstruiert. Die tragenden Wände des Erdgeschosses und der Obergeschosse sind direkt auf den historischen Kellerquerwänden aufgerichtet und entsprechen damit der ursprünglichen baulichen Struktur. Sie sind in Stahlbeton, bzw. gemauert ausgeführt. Es kamen durchlaufende Stahlbetondecken zur Ausführung. Die Seitenflügel des Innenhofes besitzen aus funktionellen, brandschutztechnischen Gründen Laubengänge. Diese Laubengänge stehen mit ihrer klaren Rahmenkonstruktion vor der eigentlichen raumbegrenzenden Innenhoffassade. Die Dächer der Gebäudeteile wurden als Mansarddächer ausgeführt. Die Gauben zur Landhausstraße wurden entsprechend des historischen Vorbildes errichtet. Die Appartements erhielten Holztüren. Die Treppen sind in Stahlbeton ausgeführt und mit Kunststein belegt.

Technische Anlagen

Das Hotel wird mit Fernwärme versorgt. Die Versorgung von der Zentrale und den Anschlussräumen im Untergeschoss zu den Obergeschossen erfolgt über vertikale Schächte. Die ausgeführte Lüftungsanlage ist im Untergeschoss und im Dachgeschoss angeordnet. Die Kühlung der Appartements und der Läden erfolgt über Splitgeräte. Innenliegende Bäder und Toiletten sind mit Abluftanlagen ausgerüstet. Die EDV-Anlage für die Hotelorganisation befindet sich im Erdgeschoss. Das Gebäude besitzt zwei Treppenhäuser mit Aufzügen.

Sonstiges

Das Objekt ist für eine Nutzung durch Behinderte und hilfsbedürftige Personen geeignet und entsprechend geplant. Ein ebenerdiger Zugang ist möglich, gleichzeitig wurde ein behindertenfreundliches Appartement im ersten Obergeschoss vorgesehen. Diese Objektdokumentation beinhaltet den Neubau, die Sanierung des Kellergeschosses ist nicht enthalten.

Planungskennwerte für Flächen und Rauminhalte nach DIN 277

Flächen des Grundstücks		Menge, Einheit	% an GF
BF	Bebaute Fläche	610,49 m²	79,9
UF	Unbebaute Fläche	153,51 m²	20,1
GF	Grundstücksfläche	764,00 m²	100,0

Grundflächen des Bauwerks		Menge, Einheit	% an NUF	% an BGF
NUF	Nutzungsfläche	2.003,60 m²	100,0	54,2
TF	Technikfläche	255,56 m²	12,8	6,9
VF	Verkehrsfläche	669,98 m²	33,4	18,1
NRF	Netto-Raumfläche	2.929,14 m²	146,2	79,2
KGF	Konstruktions-Grundfläche	767,36 m²	38,3	20,8
BGF	Brutto-Grundfläche	3.696,50 m²	184,5	100,0

NUF=100% | BGF=184,5% | NRF=146,2%

NUF TF VF KGF

Brutto-Rauminhalt des Bauwerks		Menge, Einheit	BRI/NUF (m)	BRI/BGF (m)
BRI	Brutto-Rauminhalt	14.107,37 m³	7,04	3,82

0 1 2 3 4 5 6 7 BRI/NUF=7,04m

0 1 2 3 BRI/BGF=3,82m

Lufttechnisch behandelte Flächen	Menge, Einheit	% an NUF	% an BGF
Entlüftete Fläche	–	–	–
Be- und Entlüftete Fläche	–	–	–
Teilklimatisierte Fläche	–	–	–
Klimatisierte Fläche	–	–	–

KG	Kostengruppen (2.Ebene)	Menge, Einheit	Menge/NUF	Menge/BGF
310	Baugrube	–	–	–
320	Gründung	–	–	–
330	Außenwände	–	–	–
340	Innenwände	–	–	–
350	Decken	–	–	–
360	Dächer	–	–	–

6600-0020
Hotel
(76 Betten)
Gewerbe

Kostenkennwerte für die Kostengruppen der 1.Ebene DIN 276

KG	Kostengruppen (1.Ebene)	Einheit	Kosten €	€/Einheit	€/m² BGF	€/m³ BRI	% 300+400
100	Grundstück	m² GF	–	–	–	–	–
200	Herrichten und Erschließen	m² GF	–	–	–	–	–
300	Bauwerk - Baukonstruktionen	m² BGF	6.203.211	1.678,13	1.678,13	439,71	77,5
400	Bauwerk - Technische Anlagen	m² BGF	1.803.006	487,76	487,76	127,81	22,5
	Bauwerk 300+400	**m² BGF**	**8.006.217**	**2.165,89**	**2.165,89**	**567,52**	**100,0**
500	Außenanlagen	m² AF	28.494	185,62	7,71	2,02	0,4
600	Ausstattung und Kunstwerke	m² BGF	59.427	16,08	16,08	4,21	0,7
700	Baunebenkosten	m² BGF	–	–	–	–	–

KG	Kostengruppe	Menge Einheit	Kosten €	€/Einheit	%
3+4	**Bauwerk**				**100,0**
300	**Bauwerk - Baukonstruktionen**	3.696,50 m² BGF	6.203.211	**1.678,13**	77,5

Baugrubenherstellung, Trägerbohlenverbau, offene Wasserhaltung; Pfahlgründung, Stb-Fundamentplatte, WU-Beton, Stb-Fundamente, Stb-Bodenplatte, Abdichtung, Estrich, Natursteinplatten, Bodenfliesen, Beschichtung; Stb-Wände, teilweise WU-Beton, Mauerwerkswände, Stb-Stützen, Holzfenster, Schaufenster, Dämmung, historische Sandsteinbekleidung, Fenstergewände, Glasfaserbeton, Putz, WDVS, Markisen, Taubenvergrämung; GK-Wände, Holzinnentüren, Putz, Malervlies, Anstrich, Zierfriese, Wandfliesen; Stb-Decken, Stb-Treppen, Estrich, Teppich, Parkett, Bodenfliesen, Kunststein, Naturstein, GK-Decken; Mansard-Holzdachkonstruktion, Stb-Flachdach, Biberschwanzdeckung, Zinkblechdeckung, Dachdämmung, Flachdachabdichtung, Granitsteinplatten, Dachentwässerung; Einbaumöbel, Einbauküchen

KG	Kostengruppe	Menge Einheit	Kosten €	€/Einheit	%
400	**Bauwerk - Technische Anlagen**	3.696,50 m² BGF	1.803.006	**487,76**	22,5

Gebäudeentwässerung, Kalt-Warmwasserleitungen, Sanitärobjekte; Fernwärme, Heizkörper; Lüftungsanlage, Fernkälte; Elektroinstallation, Beleuchtung, Sicherheitsbeleuchtung, Blitzschutz; Telekommunikationsanlage, Türsprechanlage, elektroakustische Anlage, Antennenanlage, Brandmeldeanlage, RWA-Anlage; Aufzüge; Hydrantenanlage; Gebäudeautomation

KG	Kostengruppe	Menge Einheit	Kosten €	€/Einheit	%
500	**Außenanlagen**	153,51 m² AF	28.494	**185,62**	100,0

Bodenarbeiten; Granitplatten, Granitpflaster; Stabgitterzaun; Oberflächenentwässerung; Oberbodenarbeiten, Hecken, Bodendecker

KG	Kostengruppe	Menge Einheit	Kosten €	€/Einheit	%
600	**Ausstattung und Kunstwerke**	3.696,50 m² BGF	59.427	**16,08**	100,0

Stühle, Tische, Sessel, Hocker, Teppiche, Stehleuchten, Obstschalen, Werkbank, Garderobenschränke, Regale

6600-0022
Jugendgästehaus
(28 Betten)
Bürogebäude

Objektübersicht

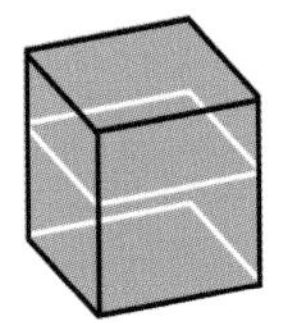

BRI 292 €/m³

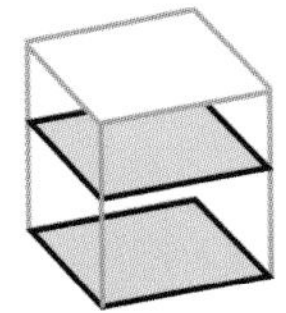

BGF 1.037 €/m²

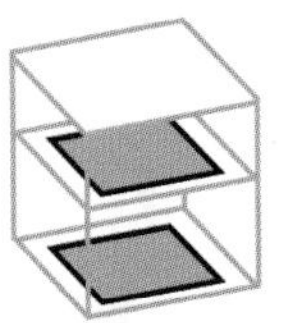

NUF 1.490 €/m²

Objekt:
Kennwerte: 3.Ebene DIN 276
BRI: 2.741 m³
BGF: 771 m²
NUF: 537 m²
Bauzeit: 43 Wochen
Bauende: 2013
Standard: Durchschnitt
Kreis: Potsdam - Stadt,
Brandenburg

Architekt:
°pha design
Banniza, Hermann,
Öchsner und Partner
Holzmarktstraße 11
14467 Potsdam

© °pha design Banniza, Hermann, Öchsner und Partner

© °pha design Banniza, Hermann, Öchsner und Partner

© °pha design Banniza, Hermann, Öchsner und Partner

© °pha design Banniza, Hermann, Öchsner und Partner

© °pha design Banniza, Hermann, Öchsner und Partner

© °pha design Banniza, Hermann, Öchsner und Partner

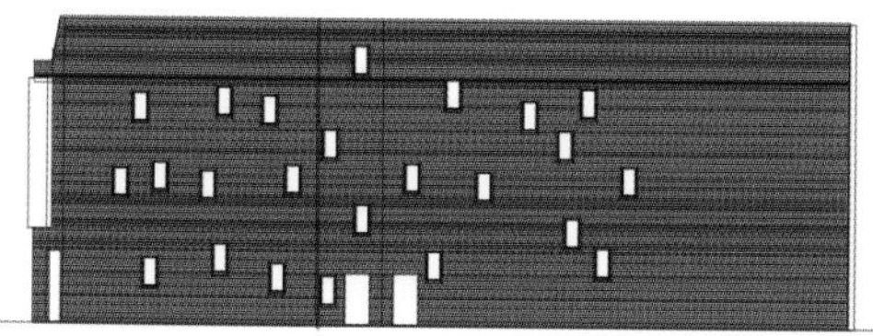
Ansicht Nord

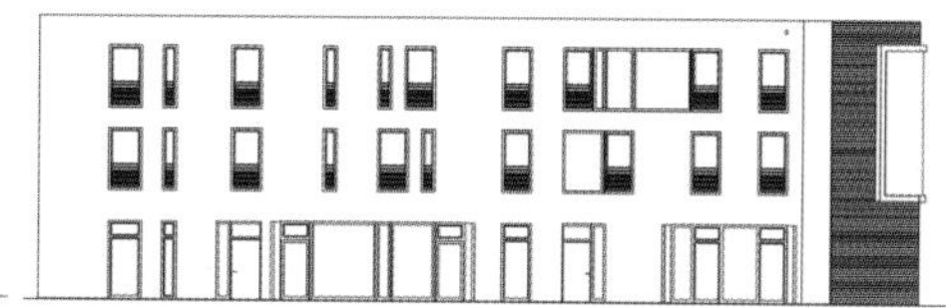
Ansicht Süd

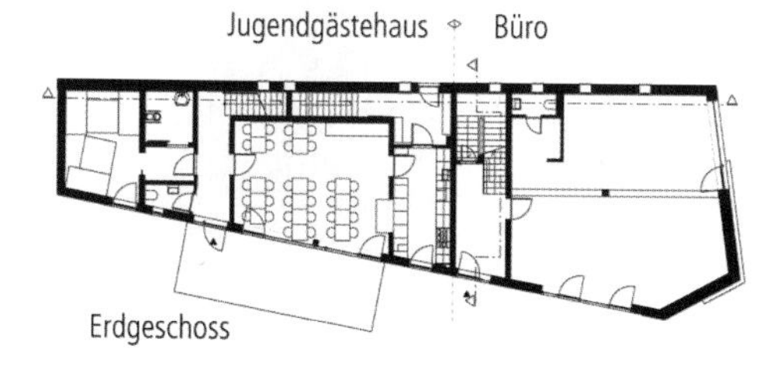

Erdgeschoss

1. Obergeschoss

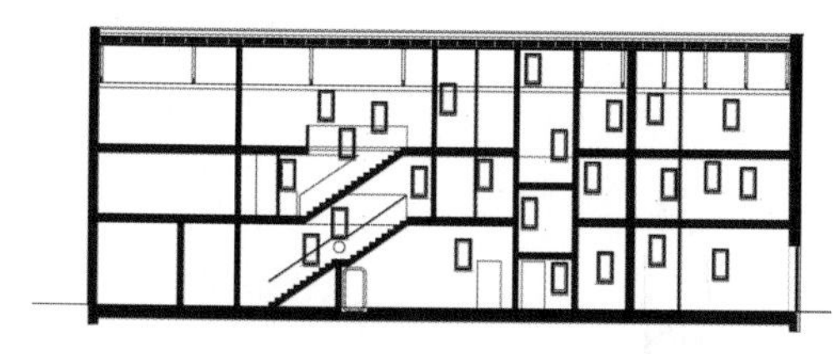
Längsschnitt

2. Obergeschoss

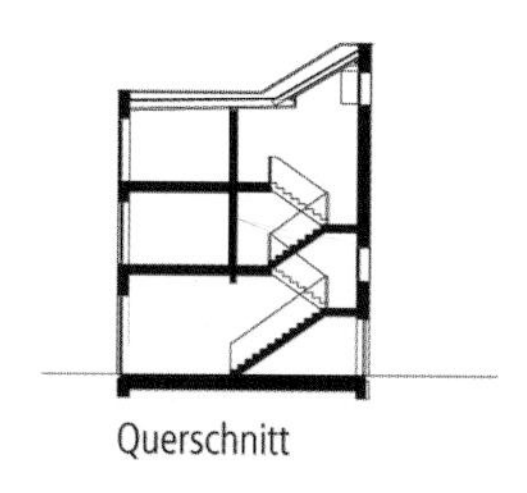
Querschnitt

Objektbeschreibung

Allgemeine Objektinformationen

Dieser Neubau wurde zur Hälfte als Jugendgästehaus mit 28 Betten und zur anderen Hälfte als Bürogebäude konzipiert. Zur verkehrsreichen Straße schließt sich das Gebäude mit versetzt angeordneten, kleinen Öffnungen in einer Fassade aus Handstrichziegeln, nach Süden hin öffnet es sich mit geschosshohen Verglasungen.

Nutzung

1 Erdgeschoss
Jugendgästehaus: Speisesaal, barrierefreies Appartement
Büro: Eingang, Großraumbüro

1 Obergeschoss
Jugendgästehaus: vier Zimmer
Büro: Großraumbüro

1 Dachgeschoss
Jugendgästehaus: vier Zimmer
Büro: Großraumbüro

Grundstück

Bauraum: Beengter Bauraum
Neigung: Ebenes Gelände
Bodenklasse: BK 2 bis BK 5

Markt

Hauptvergabezeit: 4. Quartal 2012
Baubeginn: 4. Quartal 2012
Bauende: 4. Quartal 2013
Konjunkturelle Gesamtlage: Durchschnitt
Regionaler Baumarkt: Durchschnitt

Baukonstruktion

Das Gebäude ist ein Massivbau mit Stahlbetondecken. Die Außenwände sind teils aus Gasbeton, beidseitig geputzt, teils aus Kalksandstein mit vorgehängter Sichtmauerwerksfassade ausgeführt. Die Holzfenster sind mit Laibungskästen ausgeführt, teilweise bestehen sie aus großflächigen, geschossübergreifenden und absturzsichernden Verglasungen. Das Dach ist als Holzkonstruktion errichtet.

Technische Anlagen

Die Beheizung erfolgt vollständig über einen Holzpelletkessel, der auch Warmwasser für das Jugendgästehaus über Warmwassermodule erzeugt. Die Stromversorgung erfolgt über eine Photovoltaikanlage, die auch ins öffentliche Netz speist, bzw. umgekehrt von dort Unterversorgungen kompensiert.

Sonstiges

Der Standard in der Ausstattung ist betont einfach.

Planungskennwerte für Flächen und Rauminhalte nach DIN 277

Flächen des Grundstücks		Menge, Einheit	% an GF
BF	Bebaute Fläche	395,00 m²	35,3
UF	Unbebaute Fläche	723,00 m²	64,7
GF	Grundstücksfläche	1.118,00 m²	100,0

Grundflächen des Bauwerks		Menge, Einheit	% an NUF	% an BGF
NUF	Nutzungsfläche	536,50 m²	100,0	69,6
TF	Technikfläche	10,40 m²	1,9	1,3
VF	Verkehrsfläche	65,20 m²	12,2	8,5
NRF	Netto-Raumfläche	612,10 m²	114,1	79,4
KGF	Konstruktions-Grundfläche	158,90 m²	29,6	20,6
BGF	Brutto-Grundfläche	771,00 m²	143,7	100,0

NUF=100% BGF=143,7%
NRF=114,1%
NUF TF VF KGF

Brutto-Rauminhalt des Bauwerks		Menge, Einheit	BRI/NUF (m)	BRI/BGF (m)
BRI	Brutto-Rauminhalt	2.741,00 m³	5,11	3,56

0 1 2 3 4 5 BRI/NUF=5,11m
0 1 2 3 BRI/BGF=3,56m

Lufttechnisch behandelte Flächen	Menge, Einheit	% an NUF	% an BGF
Entlüftete Fläche	–	–	–
Be- und Entlüftete Fläche	–	–	–
Teilklimatisierte Fläche	–	–	–
Klimatisierte Fläche	–	–	–

KG	Kostengruppen (2.Ebene)	Menge, Einheit	Menge/NUF	Menge/BGF
310	Baugrube	614,90 m³ BGI	1,15	0,80
320	Gründung	247,30 m² GRF	0,46	0,32
330	Außenwände	812,55 m² AWF	1,51	1,05
340	Innenwände	649,33 m² IWF	1,21	0,84
350	Decken	464,79 m² DEF	0,87	0,60
360	Dächer	253,11 m² DAF	0,47	0,33

Kostenkennwerte für die Kostengruppen der 1.Ebene DIN 276

KG	Kostengruppen (1.Ebene)	Einheit	Kosten €	€/Einheit	€/m² BGF	€/m³ BRI	% 300+400
100	Grundstück	m² GF	–	–	–	–	–
200	Herrichten und Erschließen	m² GF	18.502	16,55	24,00	6,75	2,3
300	Bauwerk - Baukonstruktionen	m² BGF	640.723	831,03	831,03	233,76	80,2
400	Bauwerk - Technische Anlagen	m² BGF	158.459	205,52	205,52	57,81	19,8
	Bauwerk 300+400	**m² BGF**	**799.182**	**1.036,55**	**1.036,55**	**291,57**	**100,0**
500	Außenanlagen	m² AF	46.515	69,75	60,33	16,97	5,8
600	Ausstattung und Kunstwerke	m² BGF	963	1,25	1,25	0,35	0,1
700	Baunebenkosten	m² BGF	–	–	–	–	–

KG	Kostengruppe	Menge Einheit	Kosten €	€/Einheit	%
200	**Herrichten und Erschließen**	1.118,00 m² GF	18.502	**16,55**	100,0

Abbruch von Wohngebäude, Nebengebäude, aus Mauerwerk, Holzbalkendecken, Begrenzungsmauer, Mauerpfeilern, Bäumen mit Wurzeln; Entsorgung, Deponiegebühren

KG	Kostengruppe	Menge Einheit	Kosten €	€/Einheit	%
3+4	**Bauwerk**				**100,0**
300	**Bauwerk - Baukonstruktionen**	771,00 m² BGF	640.723	**831,03**	80,2

Baugrundverbesserung, Stb-Fundamentplatte; Porenbeton-Mauerwerk, KS-Mauerwerk, Stützen, Holzfenster, Türelemente, Kerndämmung, Verblendmauerwerk, Oberputz, Anstrich, Rahmenkonstruktion, Fensterelement über Eck; Stb-Wände, GK-Metallständerwände, Trockenbauwand, Holztüren, Putz, Anstrich, Wandfliesen; Stb-Fertigteil-Elementdecken, Stb-Fertigteiltreppen, Estrich, Bodenbeschichtung, Bodenfliesen, Anstrich; Holzdachkonstruktion, Dachschalung, Abbund, Dachflächenfenster, Lichtkuppeln, Dachabdichtung, Dachentwässerung, Dämmung, abgehängte GKF-Decken, Anstrich, Holzlasur

KG	Kostengruppe	Menge Einheit	Kosten €	€/Einheit	%
400	**Bauwerk - Technische Anlagen**	771,00 m² BGF	158.459	**205,52**	19,8

Gebäudeentwässerung, Kalt- und Warmwasserleitungen, Sanitärobjekte; Pelletkessel, Heizungsrohre, Fußbodenheizung; Lüftungsleitungen; Photovoltaikanlage, Elektroinstallation, Beleuchtung, Blitzschutz; Telefonanlage, Klingelanlage, Brandmeldeanlage

KG	Kostengruppe	Menge Einheit	Kosten €	€/Einheit	%
500	**Außenanlagen**	666,84 m² AF	46.515	**69,75**	100,0

Bodenarbeiten; RC-Schottertragschicht, Deckschicht, gebrochener Kies, Granitpflaster, offene Rinne, Sickerpackungen mit Filtervlies, Abtretrost; Betonfundamente; PVC-U-Rohre; Rasenansaat, Natursteinschotter-Bodengemisch mit Ansaat, Wegeinfassungen, Schutzring um Bestandsbaum, mit Rindenmulch auffüllen

KG	Kostengruppe	Menge Einheit	Kosten €	€/Einheit	%
600	**Ausstattung und Kunstwerke**	771,00 m² BGF	963	**1,25**	100,0

Handtuchhalter, Toilettenpapierhalter

Kostenkennwerte für die Kostengruppen der 2.Ebene DIN 276

KG	Kostengruppe	Menge Einheit	Kosten €	€/Einheit	%
200	**Herrichten und Erschließen**				**100,0**
210	**Herrichten**	1.118,00 m² GF	18.502	**16,55**	100,0
	Abbruch von Wohngebäude, Nebengebäude, aus Mauerwerk, mit Kappendecke über UG, Holzbalkendecken (1.100m³), Begrenzungsmauer, h=2,50m (25m), Mauerpfeilern (2St), Bäumen mit Wurzeln, Stammumfang 1,00-2,00m, Grube verfüllen (14St); Entsorgung, Deponiegebühren				
300	**Bauwerk - Baukonstruktionen**				**100,0**
310	**Baugrube**	614,90 m³ BGI	16.349	**26,59**	2,6
	Boden BK 3-5, ausheben, t=1,50m, laden, entsorgen (295m³), nach Abbrucharbeiten Baugrube mit Liefermaterial verfüllen (320m³)				
320	**Gründung**	247,30 m² GRF	60.830	**245,98**	9,5
	Baugrube bis Sohle mit Liefermaterial, Frostempfindlichkeitsklasse F 2, verfüllen (289m³) * Stb-Frostschürze C25/30, b=25-30cm, h=25-30cm (78m), Stb-Fundamentplatte C25/30, d=35cm (247m²) * Bitumenschweißbahn (214m²), Dämmung in KG 423, Zementestrich (186m²), Bodenbeschichtung (170m²), Sockelleisten, Massivholz (170m), Abdichtung (9m²), Bodenfliesen (16m²) * Planum, Sauberkeitsschicht C16/20, d=3cm (247m²)				
330	**Außenwände**	812,55 m² AWF	272.743	**335,66**	42,6
	Porenbeton-Mauerwerk, d=36,5cm (191m²), KS-Mauerwerk, d=24cm (123m²), d=20cm (126m²), d=17,5cm (134m²) * Porenbeton-Mauerwerk als Attika (13m²) * Stb-Stützen C25/30, 12x12cm (8m), 24x24cm (28m), 24x30cm (6m), 30x30cm (4m), 50x24cm (10m) * Holzfenster (168m²), Türelemente (13m²) * Kerndämmung, Verblendmauerwerk (400m²), Oberputz, Anstrich (270m²) * Gipsputz, Anstrich (625m²), Kalkputz (30m²), Abdichtung (13m²), Wandfliesen (30m²) * Rahmenkonstruktion, Fichte, Fensterelement über Eck (33m²)				
340	**Innenwände**	649,33 m² IWF	100.399	**154,62**	15,7
	KS-Mauerwerk, d=24cm (144m²), d=20cm (132m²), Stb-Wände C25/30, d=22cm (28m²) * GK-Metallständerwände, d=10cm (115m²), F90, d=12,5cm (13m²), Doppelständerwände, d=15-37cm (83m²), KS-Mauerwerk, d=11,5cm (43m²), Trockenbauwand, für eingelassene Handläufe, GKB-Beplankung 2x12,5mm (31m²) * Stb-Stützen C25/30, 24x24cm (3m), 25x25cm (6m) * Holztüren, Stahlzargen (36m²), RS (17m²), T30 RS (2m²), Schiebetüren (4m²), Klappläden (2m²) * Gipsputz (595m²), Anstrich (773m²), Kalkputz (80m²), Abdichtung (40m²), Wandfliesen (94m²), GK-Vorsatzschalen (43m²) * versenkter Treppenhandlauf, Kiefer (9m), Aufsatzhandlauf (1St)				
350	**Decken**	464,79 m² DEF	112.705	**242,48**	17,6
	Stb-Fertigteil-Elementdecken C25/30, d=20-22cm (407m²), d=28cm (38m²), Stb-Aufbeton C20/25, d=15-17cm (77m³), Stb-Unter-/Überzüge C25/30 (10St), Stb-Fertigteiltreppen (20m²) * Dämmung in KG 423, Zementestrich (434m²), Bodenbeschichtung (425m²), Sockelleisten, Massivholz (430m), Abdichtung (37m²), Bodenfliesen (45m²) * Spachtelung (392m²), Anstrich (470m²) * Brüstungsgeländer, Stahl (12m²), Handlauf, Stahl (12m)				

KG	Kostengruppe	Menge Einheit	Kosten €	€/Einheit	%
360	**Dächer**	253,11 m² DAF	72.400	**286,04**	11,3
	Holzdachkonstruktion, Pfetten (72m), Sparren (301m), Dachschalung (250m²), Abbund (psch) * Dachflächenfenster (2m²), Schwingfenster (1m²), Lichtkuppeln (0,50m²) * Dachabdichtung, zweilagig (270m²), UK, Attikaabdeckung, Titanzink (106m), Attikaabläufe DN100 (2St), Notüberläufe DN125 (2St) * Wärmedämmung WLG 035, Dampfbremse (245m²), abgehängte GKF-Decken F30 (159m²), F90 (89m²), Anstrich (250m²), Dampfsperre, Holzlasur (37m²)				
390	**Sonstige Baukonstruktionen**	771,00 m² BGF	5.298	**6,87**	0,8
	Baustelleneinrichtung (psch), Baustellen-WC (1St), Baukran (1St), Baustrom- und -wasseranschluss (1St), Baustellenbeleuchtung (psch) * Fassadengerüst, Lastklasse 4 (560m²), Lastklasse 3 (360m²), Gerüst im Treppenhaus (psch) * Schutzfolie (333m²) * provisorisches Treppen-/Brüstungsgeländer (13m)				
400	**Bauwerk - Technische Anlagen**				**100,0**
410	**Abwasser-, Wasser-, Gasanlagen**	771,00 m² BGF	31.423	**40,76**	19,8
	Abwasserleitungen (psch), Regenfallrohre DN100 (20m), Bodenabläufe DN50 (3St) * Kalt- und Warmwasserleitungen (psch), Waschbecken (12St), Handwaschbecken, behindertengerecht (1St), Vorwandelemente, WCs (12St), Behinderten-WC (1St), Duschwannen (8St), Küchenanschlüsse (5St), Anschluss frostsicherer Gartenwasserhahn (1St)				
420	**Wärmeversorgungsanlagen**	771,00 m² BGF	61.529	**79,80**	38,8
	Pelletkessel (1St), Rücklaufanhebungsgruppen (2St), Zugbegrenzer (1St), Pufferspeicher (2St), Regelung (1St), Verteilergruppe (1St), Frischwassermodul (1St), Durchlauferhitzer (3St), Wärmemengenzähler (4St) * Heizungsrohre (psch) * Unterdämmung aus PS-Dämmung WLG 035, Tackerplatte mit Trittschalldämmung, Heizschleifen, Heizkreisverteiler im Verteilerschrank (610m²), Raumthermostate (23St)				
430	**Lufttechnische Anlagen**	771,00 m² BGF	4.315	**5,60**	2,7
	Lüfter bauseits, Lüftungsleitungen DN100 (20m), DN150 für Küchenabluft (10m)				
440	**Starkstromanlagen**	771,00 m² BGF	47.741	**61,92**	30,1
	Photovoltaikanlage * Hauptverteiler, Zählerschrank mit sechs Drehstromzählern (1St), FI-Schutzschalter, Sicherungen, Unterverteilungen (6St), Mantelleitungen (psch), Schalter (54St), Steckdosen (265St), Dimmer (1St), Stromkreise für Spülmaschinen, Kühlschränke, Dunstabzugshauben, Induktionsherd * Sicherheitsbeleuchtung (psch), Leuchte mit Bewegungsmelder (1St) * Fundamenterder, Bandstahl (78m), Potenzialausgleichsschiene (1St)				
450	**Fernmelde-, informationstechn. Anlagen**	771,00 m² BGF	13.450	**17,45**	8,5
	Zuleitungen, TAE-Dosen (19St) * Klingelleitungen, Türsprechanlage für drei Einheiten, Bustelefone, Schnittstelle zum Anschluss als analoge Nebenstelle, Türöffneransteuerung über Bustelefone (1St) * Brandmeldeanlage (1St), Rauchmelder (24St), Druckknopfmelder (3St), Ringbussirene (3St), Sirenen (5St)				
500	**Außenanlagen**				**100,0**
510	**Geländeflächen**	137,50 m²	5.419	**39,41**	11,6
	Boden BK 2-5, t=1,00m, ausheben, Wurzelwerk, mineralischer Schutt, Entsorgung, Deponiegebühren (138m³)				

KG	Kostengruppe	Menge Einheit	Kosten €	€/Einheit	%
520	**Befestigte Flächen**	353,84 m²	25.626	**72,42**	55,1
	RC-Schottertragschicht 0/32mm, d=30cm (252m²), d=15cm (98m²), Deckschicht, gebrochener Kies, d=3cm (42m²), Granitpflaster (252m²), offene Rinne aus Granitpflaster, b=50cm (16m), Betonfundamente als Gründung Holzdeck 30x30x100cm (6St) * Sickerpackungen mit Filtervlies, Abtretroste 60x80cm, rollstuhlgerecht (8St)				
530	**Baukonstruktionen in Außenanlagen**	666,84 m² AF	490	**0,73**	1,1
	Betonfundamente für Toranlage 60x60x60cm (2St) * Betonfundamente für Sichtschutzwand 40x200x60cm (1St)				
540	**Technische Anlagen in Außenanlagen**	666,84 m² AF	4.075	**6,11**	8,8
	Rohrgrabenaushub BK 3-4, PVC-U-Rohre DN100, Formstücke (48m)				
570	**Pflanz- und Saatflächen**	313,00 m²	5.319	**16,99**	11,4
	Oberboden, d=10cm, einbringen (229m²) * Rasenansaat einarbeiten, anwalzen (180m²), Natursteinschotter-Bodengemisch mit Ansaat, einbringen, verdichten (123m²) * Wegeinfassungen, Tiergartenband, in Betonbettung einbauen (35m), Schutzring um Bestandsbaum, Weg von Unkraut befreien, mit Rindenmulch auffüllen (10m²)				
590	**Sonstige Maßnahmen für Außenanlagen**	666,84 m² AF	5.587	**8,38**	12,0
	Baustelleneinrichtung, Baustrom- und -wasseranschluss, Baustellen-WC, Absperreinrichtungen, Beschilderungen, Baumschutz herstellen, vorhalten, beseitigen, Stammdurchmesser 65-85cm				
600	**Ausstattung und Kunstwerke**				**100,0**
610	**Ausstattung**	771,00 m² BGF	963	**1,25**	100,0
	Handtuchhalter (13St), Toilettenpapierhalter (13St)				

6600-0022
Jugendgästehaus
(28 Betten)
Bürogebäude

Kostenkennwerte für die Kostengruppe 300 der 2. und 3.Ebene DIN 276 (Übersicht)

KG	Kostengruppe	Menge Einh.	€/Einheit	Kosten €	% 3+4
300	**Bauwerk - Baukonstruktionen**	**771,00 m² BGF**	**831,03**	**640.723,29**	**80,2**
310	**Baugrube**	**614,90 m³ BGI**	**26,59**	**16.348,71**	**2,0**
311	Baugrubenherstellung	614,90 m³ BGI	26,59	16.348,71	2,0
312	Baugrubenumschließung	–	–	–	–
313	Wasserhaltung	–	–	–	–
319	Baugrube, sonstiges	–	–	–	–
320	**Gründung**	**247,30 m² GRF**	**245,98**	**60.829,77**	**7,6**
321	Baugrundverbesserung	247,30 m² GRF	53,80	13.305,21	1,7
322	Flachgründungen	247,30 m²	118,84	29.388,98	3,7
323	Tiefgründungen	–	–	–	–
324	Unterböden und Bodenplatten	–	–	–	–
325	Bodenbeläge	214,00 m²	67,24	14.388,53	1,8
326	Bauwerksabdichtungen	247,30 m² GRF	15,15	3.747,04	0,5
327	Dränagen	–	–	–	–
329	Gründung, sonstiges	–	–	–	–
330	**Außenwände**	**812,55 m² AWF**	**335,66**	**272.743,20**	**34,1**
331	Tragende Außenwände	573,71 m²	99,39	57.018,34	7,1
332	Nichttragende Außenwände	13,08 m²	87,03	1.138,39	0,1
333	Außenstützen	54,45 m	97,73	5.321,62	0,7
334	Außentüren und -fenster	192,45 m²	509,34	98.024,16	12,3
335	Außenwandbekleidungen außen	670,00 m²	112,77	75.554,03	9,5
336	Außenwandbekleidungen innen	655,00 m²	28,29	18.528,88	2,3
337	Elementierte Außenwände	33,31 m²	515,13	17.157,78	2,1
338	Sonnenschutz	–	–	–	–
339	Außenwände, sonstiges	–	–	–	–
340	**Innenwände**	**649,33 m² IWF**	**154,62**	**100.398,92**	**12,6**
341	Tragende Innenwände	304,01 m²	65,03	19.770,35	2,5
342	Nichttragende Innenwände	283,64 m²	67,59	19.171,83	2,4
343	Innenstützen	9,10 m	172,79	1.572,36	0,2
344	Innentüren und -fenster	61,68 m²	520,99	32.134,85	4,0
345	Innenwandbekleidungen	866,82 m²	29,00	25.139,42	3,1
346	Elementierte Innenwände	–	–	–	–
349	Innenwände, sonstiges	649,33 m² IWF	4,02	2.610,11	0,3
350	**Decken**	**464,79 m² DEF**	**242,48**	**112.705,03**	**14,1**
351	Deckenkonstruktionen	464,79 m²	163,99	76.220,68	9,5
352	Deckenbeläge	470,25 m²	53,99	25.389,35	3,2
353	Deckenbekleidungen	470,00 m²	10,67	5.012,63	0,6
359	Decken, sonstiges	464,79 m² DEF	13,09	6.082,37	0,8
360	**Dächer**	**253,11 m² DAF**	**286,04**	**72.399,99**	**9,1**
361	Dachkonstruktionen	250,00 m²	72,41	18.101,36	2,3
362	Dachfenster, Dachöffnungen	3,11 m²	2.466,53	7.665,99	1,0
363	Dachbeläge	270,00 m²	90,81	24.519,93	3,1
364	Dachbekleidungen	250,00 m²	88,45	22.112,72	2,8
369	Dächer, sonstiges	–	–	–	–
370	**Baukonstruktive Einbauten**	**–**	**–**	**–**	**–**
390	**Sonstige Baukonstruktionen**	**771,00 m² BGF**	**6,87**	**5.297,68**	**0,7**

Kostenkennwerte für die Kostengruppe 400 der 2. und 3.Ebene DIN 276 (Übersicht)

KG	Kostengruppe	Menge Einh.	€/Einheit	Kosten €	% 3+4
400	**Bauwerk - Technische Anlagen**	**771,00 m² BGF**	**205,52**	**158.458,77**	**19,8**
410	**Abwasser-, Wasser-, Gasanlagen**	**771,00 m² BGF**	**40,76**	**31.423,34**	**3,9**
411	Abwasseranlagen	771,00 m² BGF	8,65	6.666,81	0,8
412	Wasseranlagen	771,00 m² BGF	32,11	24.756,53	3,1
413	Gasanlagen	–	–	–	–
419	Abwasser-, Wasser-, Gasanlagen, sonstiges	–	–	–	–
420	**Wärmeversorgungsanlagen**	**771,00 m² BGF**	**79,80**	**61.528,84**	**7,7**
421	Wärmeerzeugungsanlagen	771,00 m² BGF	36,85	28.413,10	3,6
422	Wärmeverteilnetze	771,00 m² BGF	5,16	3.980,10	0,5
423	Raumheizflächen	771,00 m² BGF	37,79	29.135,64	3,6
429	Wärmeversorgungsanlagen, sonstiges	–	–	–	–
430	**Lufttechnische Anlagen**	**771,00 m² BGF**	**5,60**	**4.314,96**	**0,5**
431	Lüftungsanlagen	771,00 m² BGF	5,60	4.314,96	0,5
432	Teilklimaanlagen	–	–	–	–
433	Klimaanlagen	–	–	–	–
434	Kälteanlagen	–	–	–	–
439	Lufttechnische Anlagen, sonstiges	–	–	–	–
440	**Starkstromanlagen**	**771,00 m² BGF**	**61,92**	**47.741,47**	**6,0**
441	Hoch- und Mittelspannungsanlagen	–	–	–	–
442	Eigenstromversorgungsanlagen	771,00 m² BGF	25,37	19.559,39	2,4
443	Niederspannungsschaltanlagen	–	–	–	–
444	Niederspannungsinstallationsanlagen	771,00 m² BGF	34,74	26.782,02	3,4
445	Beleuchtungsanlagen	771,00 m² BGF	0,92	707,37	< 0,1
446	Blitzschutz- und Erdungsanlagen	771,00 m² BGF	0,90	692,68	< 0,1
449	Starkstromanlagen, sonstiges	–	–	–	–
450	**Fernmelde-, informationstechn. Anlagen**	**771,00 m² BGF**	**17,45**	**13.450,16**	**1,7**
451	Telekommunikationsanlagen	771,00 m² BGF	1,84	1.415,82	0,2
452	Such- und Signalanlagen	771,00 m² BGF	3,84	2.962,19	0,4
453	Zeitdienstanlagen	–	–	–	–
454	Elektroakustische Anlagen	–	–	–	–
455	Fernseh- und Antennenanlagen	–	–	–	–
456	Gefahrenmelde- und Alarmanlagen	771,00 m² BGF	11,77	9.072,15	1,1
457	Übertragungsnetze	–	–	–	–
459	Fernmelde- und informationstechnische Anlagen, sonstiges	–	–	–	–
460	**Förderanlagen**	**–**	**–**	**–**	**–**
461	Aufzugsanlagen	–	–	–	–
462	Fahrtreppen, Fahrsteige	–	–	–	–
463	Befahranlagen	–	–	–	–
464	Transportanlagen	–	–	–	–
465	Krananlagen	–	–	–	–
469	Förderanlagen, sonstiges	–	–	–	–
470	**Nutzungsspezifische Anlagen**	**–**	**–**	**–**	**–**
480	**Gebäudeautomation**	**–**	**–**	**–**	**–**
490	**Sonstige Technische Anlagen**	**–**	**–**	**–**	**–**

6600-0022
Jugendgästehaus
(28 Betten)
Bürogebäude

Kostenkennwerte für Leistungsbereiche nach StLB (Kosten des Bauwerks nach DIN 276)

LB	Leistungsbereiche	Kosten €	€/m² BGF	€/m³ BRI	% 3+4
000	Sicherheits-, Baustelleneinrichtungen inkl. 001	4.474	5,80	1,63	0,6
002	Erdarbeiten	30.659	39,76	11,19	3,8
006	Spezialtiefbauarbeiten inkl. 005	–	–	–	–
009	Entwässerungskanalarbeiten inkl. 011	–	–	–	–
010	Dränarbeiten	–	–	–	–
012	Mauerarbeiten	65.306	84,70	23,83	8,2
013	Betonarbeiten	127.663	165,58	46,58	16,0
014	Natur-, Betonwerksteinarbeiten	–	–	–	–
016	Zimmer- und Holzbauarbeiten	21.333	27,67	7,78	2,7
017	Stahlbauarbeiten	–	–	–	–
018	Abdichtungsarbeiten	4.248	5,51	1,55	0,5
020	Dachdeckungsarbeiten	–	–	–	–
021	Dachabdichtungsarbeiten	20.206	26,21	7,37	2,5
022	Klempnerarbeiten	22.016	28,56	8,03	2,8
	Rohbau	**295.904**	**383,79**	**107,95**	**37,0**
023	Putz- und Stuckarbeiten, Wärmedämmsysteme	45.343	58,81	16,54	5,7
024	Fliesen- und Plattenarbeiten	11.122	14,43	4,06	1,4
025	Estricharbeiten	11.781	15,28	4,30	1,5
026	Fenster, Außentüren inkl. 029, 032	102.454	132,88	37,38	12,8
027	Tischlerarbeiten	30.802	39,95	11,24	3,9
028	Parkett-, Holzpflasterarbeiten	–	–	–	–
030	Rollladenarbeiten	–	–	–	–
031	Metallbauarbeiten inkl. 035	5.955	7,72	2,17	0,7
034	Maler- und Lackiererarbeiten inkl. 037	32.949	42,73	12,02	4,1
036	Bodenbelagsarbeiten	9.882	12,82	3,61	1,2
038	Vorgehängte hinterlüftete Fassaden	55.559	72,06	20,27	7,0
039	Trockenbauarbeiten	40.869	53,01	14,91	5,1
	Ausbau	**346.717**	**449,70**	**126,49**	**43,4**
040	Wärmeversorgungsanlagen, inkl. 041	61.150	79,31	22,31	7,7
042	Gas- und Wasseranlagen, Leitungen inkl. 043	12.426	16,12	4,53	1,6
044	Abwasseranlagen - Leitungen	4.769	6,19	1,74	0,6
045	Gas, Wasser, Entwässerung - Ausstattung inkl. 046	12.330	15,99	4,50	1,5
047	Dämmarbeiten an technischen Anlagen	–	–	–	–
049	Feuerlöschanlagen, Feuerlöschgeräte	–	–	–	–
050	Blitzschutz- und Erdungsanlagen	693	0,90	0,25	< 0,1
052	Mittelspannungsanlagen	–	–	–	–
053	Niederspannungsanlagen inkl. 054	27.944	36,24	10,19	3,5
055	Ersatzstromversorgungsanlagen	18.776	24,35	6,85	2,3
057	Gebäudesystemtechnik	–	–	–	–
058	Leuchten und Lampen, inkl. 059	707	0,92	0,26	< 0,1
060	Elektroakustische Anlagen	2.962	3,84	1,08	0,4
061	Kommunikationsnetze, inkl. 063	10.488	13,60	3,83	1,3
069	Aufzüge	–	–	–	–
070	Gebäudeautomation	–	–	–	–
075	Raumlufttechnische Anlagen	4.315	5,60	1,57	0,5
	Gebäudetechnik	**156.561**	**203,06**	**57,12**	**19,6**
084	**Abbruch- und Rückbauarbeiten**	**–**	**–**	**–**	**–**
	Sonstige Leistungsbereiche inkl. 008, 033, 051	**–**	**–**	**–**	**–**

Gewerbegebäude

7

- 7100 Industrielle Produktionsstätten und Labors
- • 7200 Geschäftshäuser, Läden
- • 7300 Betriebs- und Werkstätten
- 7400 Landwirtschaftliche Betriebsgebäude
- • 7500 Bank- und Postfilialen, gewerbliche Rechenzentren
- • 7600 Gebäude öffentlicher Bereitschaftsdienste
- • 7700 Lager- und Versandgebäude
- • 7800 Hoch- und Tiefgaragen, gewerbl. Fahrzeughallen

7200-0088
Baufachmarkt
Ausstellungsgebäude

Objektübersicht

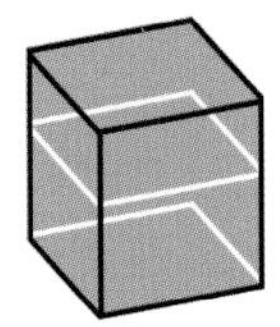
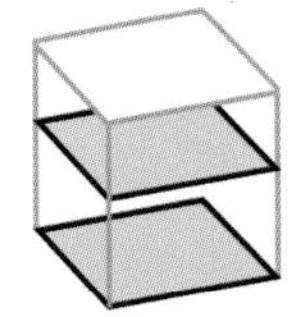
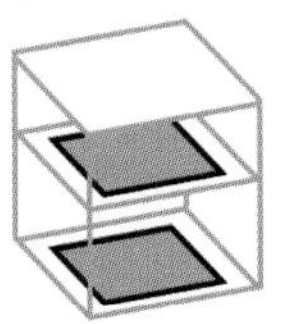

BRI 114 €/m³ | BGF 954 €/m² | NUF 1.222 €/m²

Objekt:
Kennwerte: 1.Ebene DIN 276
BRI: 23.612 m³
BGF: 2.819 m²
NUF: 2.202 m²
Bauzeit: 39 Wochen
Bauende: 2014
Standard: über Durchschnitt
Kreis: Passau,
Bayern

Architekt:
Architekturbüro
Willi Neumeier
Architekt Dipl. Ing. FH
Muth 2a
94104 Tittling

Bauherr:
Barnerssoi AG
Haitzinger Straße 40
94032 Passau

© Architekturbüro Willi Neumeier

© Architekturbüro Willi Neumeier

© Architekturbüro Willi Neumeier

© Architekturbüro Willi Neumeier

© Architekturbüro Willi Neumeier

© Architekturbüro Willi Neumeier

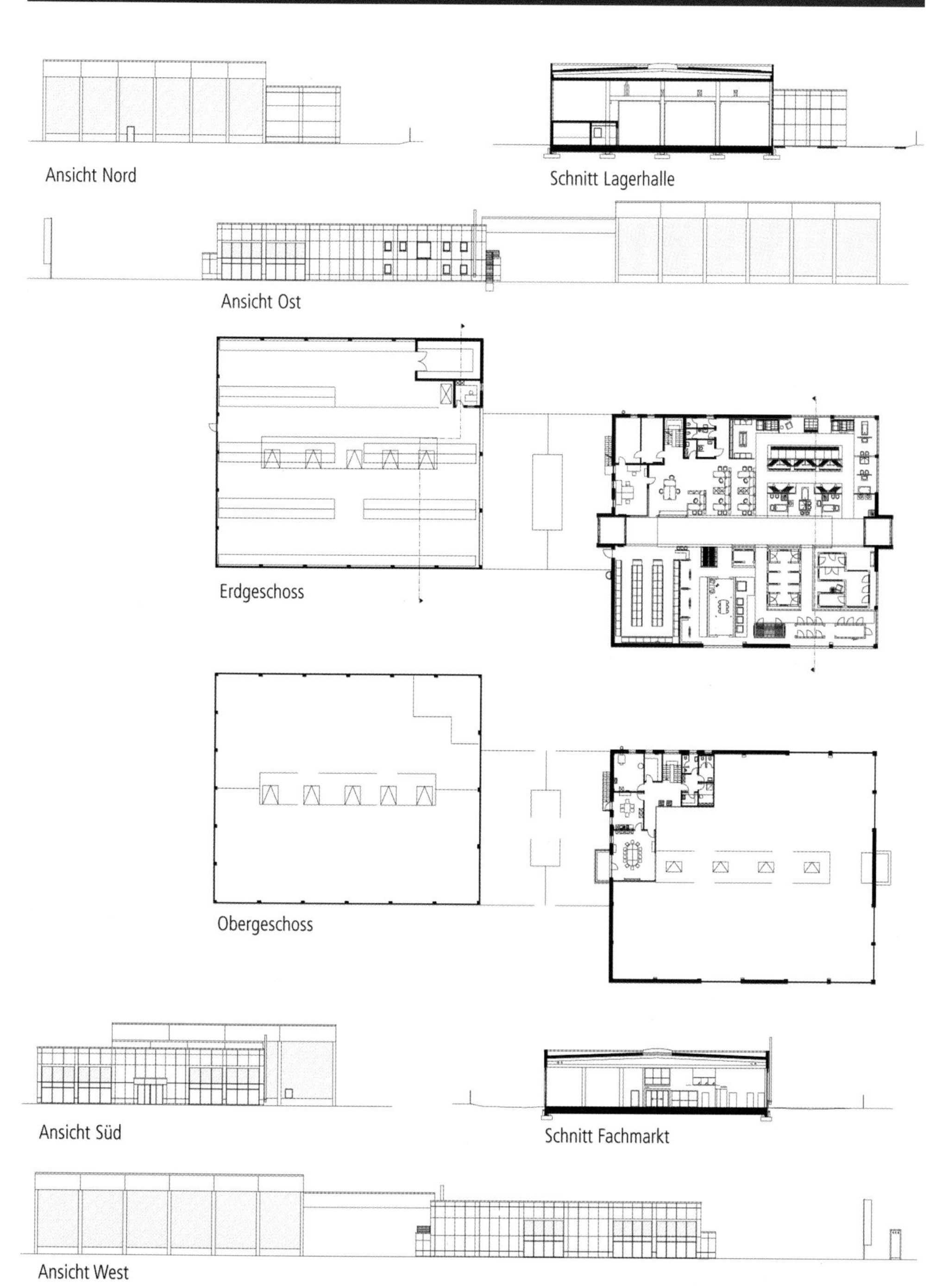
Ansicht Nord
Schnitt Lagerhalle
Ansicht Ost
Erdgeschoss
Obergeschoss
Ansicht Süd
Schnitt Fachmarkt
Ansicht West

Objektbeschreibung

Allgemeine Objektinformationen

Ein vorhandener kleiner Standort des Baumarkts wurde aufgelöst und durch diesen Gebäudekomplex bestehend aus einem Fachmarkt mit einem Bürobereich, einer offenen Überdachung mit Ladezone und einer anschließenden Lagerhalle ersetzt. Das Gebäudevolumen beträgt ca. 24.000m³, die Gesamtnutzfläche des Fachmarkts, der Büros, des Vordachs und des Lagers beträgt ca. 2.700m², die Außenanlagenbereiche umfassen ca. 3.300m² befestigte Flächen.

Nutzung

1 Erdgeschoss
Fachmarkt, Büro, Ausstellung, Beratung/Verkauf, Sanitärräume, Archiv, offene Überdachung mit Ladezone, Lagerhalle

1 Obergeschoss
Technik, Teeküche, Schulung/Besprechung, Sanitärräume

Nutzeinheiten

Lagerfläche: 2.015m²
Bürofläche: 40m²
Arbeitsplätze: 14

Grundstück

Bauraum: Freier Bauraum
Neigung: Ebenes Gelände
Bodenklasse: BK 1 bis BK 3

Markt

Hauptvergabezeit: 1. Quartal 2014
Baubeginn: 1. Quartal 2014
Bauende: 4. Quartal 2014
Konjunkturelle Gesamtlage: Durchschnitt
Regionaler Baumarkt: Durchschnitt

Baukonstruktion

Der Fachmarkt wurde in Massivbauweise als Mauerwerksbau mit Fertigteilstahlbetonstützen und Stahlbetondachbindern errichtet. Das Ziegelmauerwerk ist innen verputzt, außen mit Faserzementplatten versehen. Die Lagerhalle besitzt querlinierte Sandwichpaneele aus Metall.
In der Lagerhalle kamen Leichtmetallfenster zum Einbau.
Im restlichen Gebäude wurden Kunststofffenster eingebaut.
Das Flachdach ist mit einem Oberlicht und einer RWA-Anlage bestückt. Im Inneren wurden Ziegel- und Gipskartonwände ausgeführt. In Teilen wurde die Decke als abgehängte Gipskartondecken ausgebildet. Die Böden sind gefliest, teilweise mit Teppich belegt.

Technische Anlagen

Das Gebäude wird über einen Gasbrennwertkessel mit Wärme versorgt. Auf dem Dach wurde eine Photovoltaikanlage montiert. Eine Fußbodenheizung verteilt die Wärme im Neubau. Über ein BUS-System werden Teile der Anlagen gesteuert.

Sonstiges

Alle Gebäudeteile sind umgeben von den notwendigen Außenanlagen wie Parkplatz-, Lager- und Abstellflächen sowie vielfältigen Grünanlagen.

Planungskennwerte für Flächen und Rauminhalte nach DIN 277

Flächen des Grundstücks		Menge, Einheit	% an GF
BF	Bebaute Fläche	2.600,73 m²	37,7
UF	Unbebaute Fläche	4.289,27 m²	62,3
GF	Grundstücksfläche	6.890,00 m²	100,0

Grundflächen des Bauwerks		Menge, Einheit	% an NUF	% an BGF
NUF	Nutzungsfläche	2.201,96 m²	100,0	78,1
TF	Technikfläche	29,19 m²	1,3	1,0
VF	Verkehrsfläche	396,16 m²	18,0	14,1
NRF	Netto-Raumfläche	2.627,31 m²	119,3	93,2
KGF	Konstruktions-Grundfläche	191,95 m²	8,7	6,8
BGF	Brutto-Grundfläche	2.819,26 m²	128,0	100,0

NUF=100% BGF=128,0% NRF=119,3%

NUF TF VF KGF

Brutto-Rauminhalt des Bauwerks		Menge, Einheit	BRI/NUF (m)	BRI/BGF (m)
BRI	Brutto-Rauminhalt	23.612,00 m³	10,72	8,38

0 2 4 6 8 10 BRI/NUF=10,72m

0 1 2 3 4 5 6 7 8 BRI/BGF=8,38m

Lufttechnisch behandelte Flächen	Menge, Einheit	% an NUF	% an BGF
Entlüftete Fläche	–	–	–
Be- und Entlüftete Fläche	–	–	–
Teilklimatisierte Fläche	–	–	–
Klimatisierte Fläche	–	–	–

KG	Kostengruppen (2.Ebene)	Menge, Einheit	Menge/NUF	Menge/BGF
310	Baugrube	–	–	–
320	Gründung	–	–	–
330	Außenwände	–	–	–
340	Innenwände	–	–	–
350	Decken	–	–	–
360	Dächer	–	–	–

Kostenkennwerte für die Kostengruppen der 1.Ebene DIN 276

KG	Kostengruppen (1.Ebene)	Einheit	Kosten €	€/Einheit	€/m² BGF	€/m³ BRI	% 300+400
100	Grundstück	m² GF	–	–	–	–	–
200	Herrichten und Erschließen	m² GF	93.221	13,53	33,07	3,95	3,5
300	Bauwerk - Baukonstruktionen	m² BGF	2.263.935	803,02	803,02	95,88	84,2
400	Bauwerk - Technische Anlagen	m² BGF	426.153	151,16	151,16	18,05	15,8
	Bauwerk 300+400	**m² BGF**	**2.690.088**	**954,18**	**954,18**	**113,93**	**100,0**
500	Außenanlagen	m² AF	359.566	121,07	127,54	15,23	13,4
600	Ausstattung und Kunstwerke	m² BGF	–	–	–	–	–
700	Baunebenkosten	m² BGF	–	–	–	–	–

KG	Kostengruppe	Menge Einheit	Kosten €	€/Einheit	%
200	**Herrichten und Erschließen**	6.890,00 m² GF	93.221	**13,53**	100,0

Öffentliche Erschließung, nichtöffentliche Erschließung, Ausgleichsabgaben

KG	Kostengruppe	Menge Einheit	Kosten €	€/Einheit	%
3+4	**Bauwerk**				**100,0**
300	**Bauwerk - Baukonstruktionen**	2.819,26 m² BGF	2.263.935	**803,02**	84,2

Baugrubenaushub; Bodenaustausch, Frostschutz, Stb-Streifenfundamente, Stb-Köcherfundamente, XPS-Dämmung, Stb-Bodenplatte, teilw. Heizestrich, Bodenfliesen, Teppichboden; Stb-Fertigteilstützen, Faserzementplatten, Sandwichpaneele (Lagerhalle), Leichtmetallfenster, Kunststofffenster, Sonnenschutz; Mauerwerk, Trockenbauwände, Innenputz, Anstrich, Wandfliesen; Stb-Decke, Stb-Treppe, abgehängte GK-Decken; Stb-Fertigteilbinder, Stahltrapezblech, Oberlichtbänder, RWA, Dämmung, Folie, Dachentwässerung, abgehängte GK-Decken

KG	Kostengruppe	Menge Einheit	Kosten €	€/Einheit	%
400	**Bauwerk - Technische Anlagen**	2.819,26 m² BGF	426.153	**151,16**	15,8

Gebäudeentwässerung, Kalt- und Warmwasserleitungen, Sanitärobjekte; Gas-Brennwertkessel, Speicher, Fußbodenheizung; RWA-Anlage; Elektroinstallation, teilw. BUS-System, Telefonanlage, Beleuchtung, PV-Anlage

KG	Kostengruppe	Menge Einheit	Kosten €	€/Einheit	%
500	**Außenanlagen**	2.970,00 m² AF	359.566	**121,07**	100,0

Oberbodenarbeiten, Planum, Betonsteinpflaster Parkflächen, Asphaltbelag Verkehrsfläche, Parkplatzmarkierung, Einfassung Betonrandsteine, Bepflanzung, Tore, Zäune

7200-0089
Ärzte- und Geschäftshaus TG (22 STP)

Objektübersicht

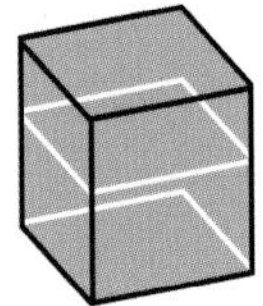

BRI 323 €/m³

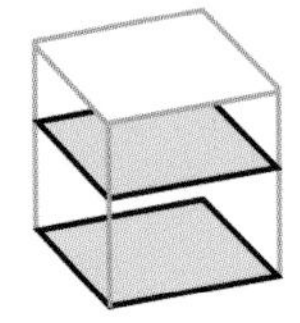
BGF 1.226 €/m²

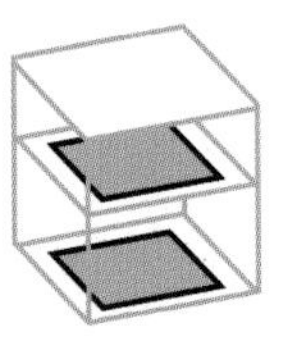
NUF 1.865 €/m²

Objekt:
Kennwerte: 1.Ebene DIN 276
BRI: 14.461 m³
BGF: 3.807 m²
NUF: 2.503 m²
Bauzeit: 69 Wochen
Bauende: 2015
Standard: über Durchschnitt
Kreis: Essen - Stadt,
Nordrhein-Westfalen

Architekt:
Format Architektur
Kaiser-Wilhelm-Ring 40
50672 Köln

Bauherr:
Grundstücksgesellschaft
Kettwig mbH und Co.KG
Kirchfeldstraße 16
45219 Essen

© Deimel + Wittmar

© Deimel + Wittmar

© Deimel + Wittmar

© Deimel + Wittmar

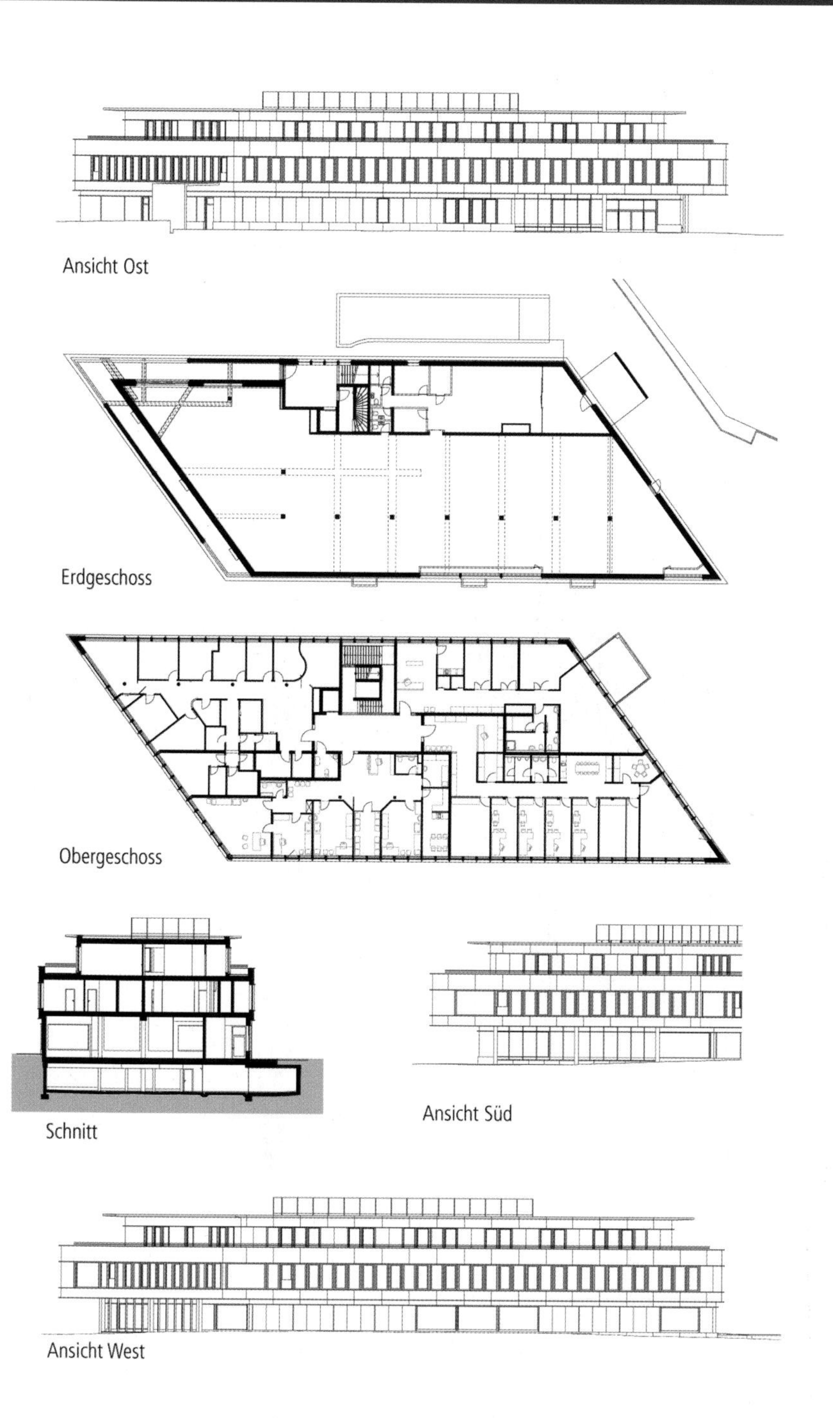
Ansicht Ost
Erdgeschoss
Obergeschoss
Schnitt
Ansicht Süd
Ansicht West

Objektbeschreibung

Allgemeine Objektinformationen

Das Gebäude wurde auf einem teils brachliegenden, teils als Parkplatz eines benachbarten Supermarkts genutzten Grundstücks, errichtet. Neben einem Drogeriemarkt im Erdgeschoss entstanden Räumlichkeiten für Praxen und Büros. Zudem wurden die benötigten Stellplätze sowohl für das neue Gebäude, als auch für den bestehenden Supermarkt auf dem engen Grundstück untergebrach.

Nutzung

1 Untergeschoss
Tiefgarage, Lagerräume, Hausmeister, Hausanschlussraum

1 Erdgeschoss
Verkaufsraum, Lager, Wareneingang, Personalraum, Serverraum, Sanitärräume

1 Obergeschoss
Praxen (3St), Büroeinheit

1 Dachgeschoss
Büroeinheiten (3St), Labor

Nutzeinheiten

Stellplätze: 22

Grundstück

Bauraum: Beengter Bauraum
Neigung: Ebenes Gelände
Bodenklasse: BK 3 bis BK 4

Markt

Hauptvergabezeit: 1. Quartal 2014
Baubeginn: 2. Quartal 2014
Bauende: 3. Quartal 2015
Konjunkturelle Gesamtlage: über Durchschnitt
Regionaler Baumarkt: über Durchschnitt

Baukonstruktion

Aufgrund der Grundwasserverhältnisse wurden bei dem zweigeschossigen Neubau Streifen- und Punktfundamente aus Stahlbeton und eine Stahlbetonbodenplatte ausgeführt. Im Untergeschoss wurden die Außenwände aus wasserundurchlässigem Beton hergestellt. Die Kellerinnenwände wurden aus Kalksandstein errichtet. Zur Tiefgaragenbelüftung wurden Betonschächte erstellt. Tragende Stahlbetonstützen, -wände, -decken und Stahlträger im Untergeschoss bilden das konstruktive Gerüst des Gebäudes. Die Fassade wurde mit 160mm dicken Mineralwolle gedämmt und mit gekantetem eloxiertem Aluminiumblech bekleidet. Sämtliche Fenster wurden aus eloxiertem Aluminium und mit einer dreifachen Sonnenschutzverglasung ausgeführt. Die Innenräume wurden verputzt und gestrichen bzw. mit Wandfliesen bekleidet. Im Ausbau kamen Holz-, Schiebe- und Ganzglastüren zum Einsatz. Als Bodenbeläge wurden Linoleum, Bodenfliesen und Natursteinplatten verlegt. Das Stahlbetonflachdach wurde mit Dachterrasse und extensiver Dachbegrünung bzw. ist mit Kiesstreifen ausgeführt.

Technische Anlagen

Das Gebäude wurde mit einer innenliegenden Gebäudeentwässerung für das Flachdach und die Terrassen versehen. Zu den technischen Anlagen gehören eine Lüftungsanlage mit Wärmerückgewinnung, sowie eine Luft-Luft-Wärmepumpen zur Beheizung und Kühlung. Zahlreiche Auf- und Einbauleuchten und eine Videogegensprechanlage wurden eingebaut. Für die barrierefreie Erschließung sorgt ein Personenaufzug. Die Tiefgarage besitzt ein Sektionaltor.

Planungskennwerte für Flächen und Rauminhalte nach DIN 277

Flächen des Grundstücks		Menge, Einheit	% an GF
BF	Bebaute Fläche	1.056,20 m²	34,8
UF	Unbebaute Fläche	1.980,80 m²	65,2
GF	Grundstücksfläche	3.037,00 m²	100,0

Grundflächen des Bauwerks		Menge, Einheit	% an NUF	% an BGF
NUF	Nutzungsfläche	2.502,65 m²	100,0	65,7
TF	Technikfläche	174,40 m²	7,0	4,6
VF	Verkehrsfläche	746,58 m²	29,8	19,6
NRF	Netto-Raumfläche	3.423,63 m²	136,8	89,9
KGF	Konstruktions-Grundfläche	383,45 m²	15,3	10,1
BGF	Brutto-Grundfläche	3.807,08 m²	152,1	100,0

NUF=100% BGF=152,1% NRF=136,8%

NUF **TF** **VF** **KGF**

Brutto-Rauminhalt des Bauwerks		Menge, Einheit	BRI/NUF (m)	BRI/BGF (m)
BRI	Brutto-Rauminhalt	14.461,47 m³	5,78	3,80

0 1 2 3 4 5 BRI/NUF=5,78m

0 1 2 3 BRI/BGF=3,80m

Lufttechnisch behandelte Flächen	Menge, Einheit	% an NUF	% an BGF
Entlüftete Fläche	–	–	–
Be- und Entlüftete Fläche	–	–	–
Teilklimatisierte Fläche	–	–	–
Klimatisierte Fläche	2.502,65 m²	100,0	65,7

KG	Kostengruppen (2.Ebene)	Menge, Einheit	Menge/NUF	Menge/BGF
310	Baugrube	–	–	–
320	Gründung	–	–	–
330	Außenwände	–	–	–
340	Innenwände	–	–	–
350	Decken	–	–	–
360	Dächer	–	–	–

Kostenkennwerte für die Kostengruppen der 1.Ebene DIN 276

KG	Kostengruppen (1.Ebene)	Einheit	Kosten €	€/Einheit	€/m² BGF	€/m³ BRI	% 300+400
100	Grundstück	m² GF	–	–	–	–	–
200	Herrichten und Erschließen	m² GF	–	–	–	–	–
300	Bauwerk - Baukonstruktionen	m² BGF	3.759.277	987,44	987,44	259,95	80,6
400	Bauwerk - Technische Anlagen	m² BGF	907.412	238,35	238,35	62,75	19,4
	Bauwerk 300+400	**m² BGF**	**4.666.689**	**1.225,79**	**1.225,79**	**322,70**	**100,0**
500	Außenanlagen	m² AF	–	–	–	–	–
600	Ausstattung und Kunstwerke	m² BGF	–	–	–	–	–
700	Baunebenkosten	m² BGF	–	–	–	–	–

KG	Kostengruppe	Menge Einheit	Kosten €	€/Einheit	%
3+4	**Bauwerk**				**100,0**
300	**Bauwerk - Baukonstruktionen**	3.807,08 m² BGF	3.759.277	**987,44**	80,6

Baugrubenaushub; Stb-Steifenfundamente, Stb-Punktfundamente, Stb-Bodenplatte, Beschichtung; Stb-Elementwände, WU-Beton, Betonschächte, Kellerlichtschächte (UG), Stb-Wände, KS-Wände, Aluminium-Fenster, Dreifachverglasung, Sonnenschutzverglasung, Wärmedämmung, d=160mm, hinterlüftete Alublechfassade, Innenputz, Anstrich; Innenmauerwerk, GK-Wände, bündige Stahlzargen, Holztüren, Schiebetüren, Ganzglastüren, Innenputz, Anstrich, Wandfliesen; Stb-Decken, Stb-Treppen, Estrich, Linoleum, Naturstein, Bodenfliesen, bündige Sockelleisten, abgehängte GK-Decken, Holzhandläufe, Holzgeländer; Stb-Flachdächer, Flachdachausstiegsfenster, extensive Dachbegrünung, Betonwerkstein (Dachterrassen, Aufstellfläche für Technik auf dem Flachdach), Kies, Dachentwässerung, Terrassenentwässerung, Alu-Geländer, Streckmetallzaun

KG	Kostengruppe	Menge Einheit	Kosten €	€/Einheit	%
400	**Bauwerk - Technische Anlagen**	3.807,08 m² BGF	907.412	**238,35**	19,4

Gebäudeentwässerung, Hebeanlage, Kaltwasserleitungen, Sanitärobjekte, Durchlauferhitzer; Luft-Luft-Wärmepumpe; Lüftungsanlage mit Wärmerückgewinnung, Klimaanlagen; Elektroinstallation, Beleuchtung; Telefonanlage, Videogegensprechanlage, Datenverkabelung; Personenaufzug

7300-0066
Verwaltungsgebäude
Werkstatt
(54 AP)

Objektübersicht

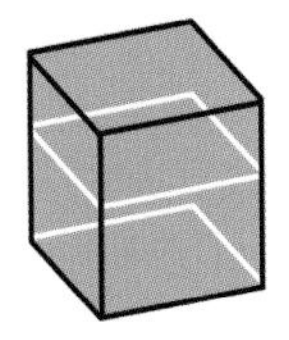

BRI 180 €/m³

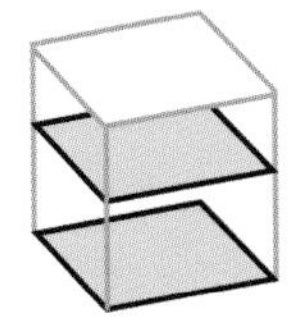

BGF 955 €/m²

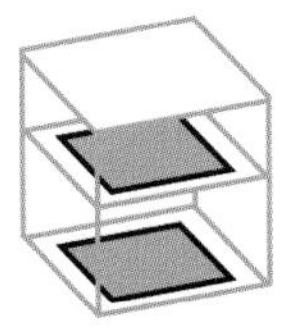

NUF 1.202 €/m²

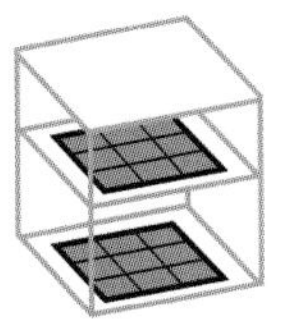

NE 45.422 €/NE
NE: Arbeitsplatz

Objekt:
Kennwerte: 3.Ebene DIN 276
BRI: 13.595 m³
BGF: 2.569 m²
NUF: 2.040 m²
Bauzeit: 65 Wochen
Bauende: 2009
Standard: Durchschnitt
Kreis: Bremen - Stadt,
Bremen

Architekt:
Fritz-Dieter Tollé
Architekt BDB
Architekten Stadtplaner
Ingenieure
Lindhooper Straße 54
27283 Verden

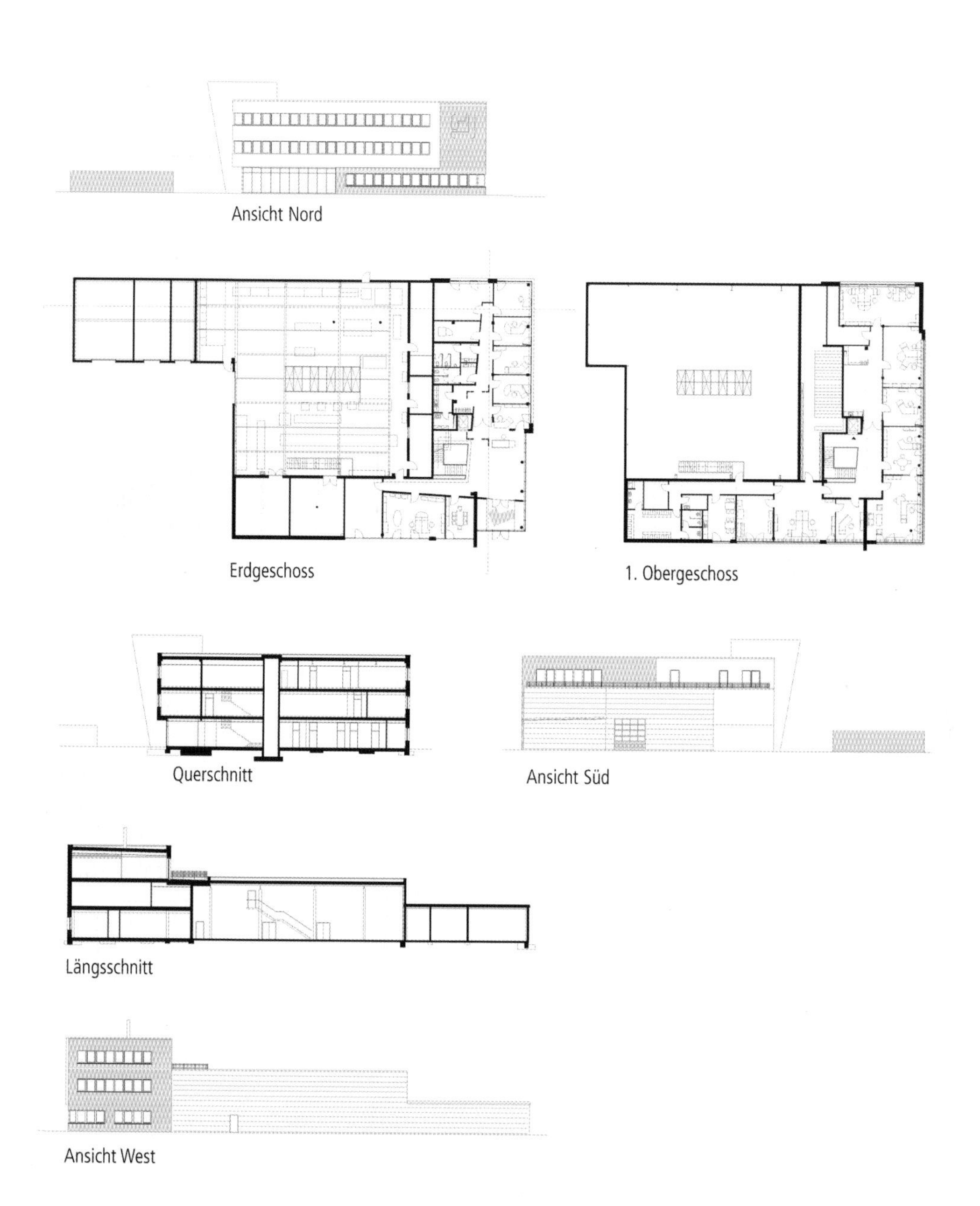
Ansicht Nord
Erdgeschoss
1. Obergeschoss
Querschnitt
Ansicht Süd
Längsschnitt
Ansicht West

7300-0066
Verwaltungsgebäude
Werkstatt
(54 AP)

Objektbeschreibung

Allgemeine Objektinformationen

Das Verwaltungsgebäude mit Werkstatt wurde als klassisch-moderner Baukörper dreigeschossig ausgeführt.

Nutzung

1 Erdgeschoss
Empfang, Büro (8 AP), Werkstatt (34 AP), Lager

2 Obergeschosse
1. OG: Büro (12 AP), Verwaltung, Sozialräume
2. OG: Besprechung, Reserve, Dachterrasse

Nutzeinheiten

Arbeitsplätze: 54

Grundstück

Bauraum: Freier Bauraum
Neigung: Ebenes Gelände
Bodenklasse: BK 1 bis BK 4

Markt

Hauptvergabezeit: 1. Quartal 2008
Baubeginn: 2. Quartal 2008
Bauende: 3. Quartal 2009
Konjunkturelle Gesamtlage: Durchschnitt
Regionaler Baumarkt: Durchschnitt

Baukonstruktion

Das Tragwerk der Halle wurde aus Stahl errichtet, das des Bürotraktes aus Stahlbeton. Eine Porenbetonfassade umgibt die Halle, die Fassade des Bürotraktes ist mit einem Wärmedämmverbundsystem und Verblendmauerwerk versehen. Teile der Fassade sind als Pfosten-Riegel-Fassade ausgeführt. Die meisten Fenster sind als horizontal durchlaufende Fensterbänder ausgeführt. Das Dach ist begrünt und hat eine Dachterrasse.

Technische Anlagen

Die Gebäudeentwässerung, Wasser- und Wärmeversorgung und die Elektrik wurden vom Bauherrn, einem Hersteller von haustechnischen Anlagen, selbst ausgeführt, daher enthält diese Dokumentation nur zum Teil Kosten der Kostengruppe 400.

Planungskennwerte für Flächen und Rauminhalte nach DIN 277

Flächen des Grundstücks		Menge, Einheit	% an GF
BF	Bebaute Fläche	1.461,04 m²	26,5
UF	Unbebaute Fläche	4.062,44 m²	73,5
GF	Grundstücksfläche	5.523,48 m²	100,0

Grundflächen des Bauwerks		Menge, Einheit	% an NUF	% an BGF
NUF	Nutzungsfläche	2.040,01 m²	100,0	79,4
TF	Technikfläche	62,11 m²	3,0	2,4
VF	Verkehrsfläche	271,00 m²	13,3	10,5
NRF	Netto-Raumfläche	2.373,12 m²	116,3	92,4
KGF	Konstruktions-Grundfläche	195,63 m²	9,6	7,6
BGF	Brutto-Grundfläche	2.568,75 m²	125,9	100,0

NUF=100% BGF=125,9%

NUF TF VF KGF

NRF=116,3%

Brutto-Rauminhalt des Bauwerks		Menge, Einheit	BRI/NUF (m)	BRI/BGF (m)
BRI	Brutto-Rauminhalt	13.594,89 m³	6,66	5,29

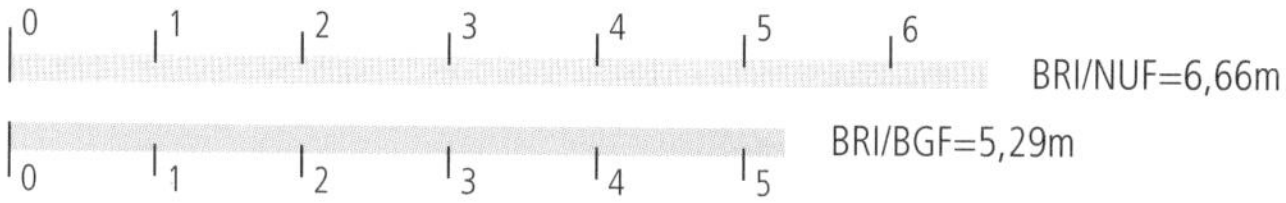

0 1 2 3 4 5 6 BRI/NUF=6,66m

0 1 2 3 4 5 BRI/BGF=5,29m

Lufttechnisch behandelte Flächen	Menge, Einheit	% an NUF	% an BGF
Entlüftete Fläche	–	–	–
Be- und Entlüftete Fläche	–	–	–
Teilklimatisierte Fläche	–	–	–
Klimatisierte Fläche	–	–	–

KG	Kostengruppen (2.Ebene)	Menge, Einheit	Menge/NUF	Menge/BGF
310	Baugrube	2.540,00 m³ BGI	1,25	0,99
320	Gründung	1.333,24 m² GRF	0,65	0,52
330	Außenwände	2.452,58 m² AWF	1,20	0,95
340	Innenwände	2.210,88 m² IWF	1,08	0,86
350	Decken	1.235,51 m² DEF	0,61	0,48
360	Dächer	1.285,28 m² DAF	0,63	0,50

Kostenkennwerte für die Kostengruppen der 1.Ebene DIN 276

KG	Kostengruppen (1.Ebene)	Einheit	Kosten €	€/Einheit	€/m² BGF	€/m³ BRI	% 300+400
100	Grundstück	m² GF	–	–	–	–	–
200	Herrichten und Erschließen	m² GF	–	–	–	–	–
300	Bauwerk - Baukonstruktionen	m² BGF	2.402.599	935,32	935,32	176,73	98,0
400	Bauwerk - Technische Anlagen	m² BGF	50.194	19,54	19,54	3,69	2,0
	Bauwerk 300+400	**m² BGF**	**2.452.793**	**954,86**	**954,86**	**180,42**	**100,0**
500	Außenanlagen	m² AF	196.176	48,29	76,37	14,43	8,0
600	Ausstattung und Kunstwerke	m² BGF	12.623	4,91	4,91	0,93	0,5
700	Baunebenkosten	m² BGF	–	–	–	–	–

KG	Kostengruppe	Menge Einheit	Kosten €	€/Einheit	%
3+4	**Bauwerk**				**100,0**
300	**Bauwerk - Baukonstruktionen**	2.568,75 m² BGF	2.402.599	**935,32**	98,0

Stb-Bodenplatte, WU, Industrieboden, Dämmung, Estrich, Bodenbeschichtung, Teppichboden, Natursteinbelag, Bodenfliesen, PVC-Belag; Halle: Stahlkonstruktion, Porenbeton, Anstrich, Büro: Stb-Wände, Stb-Stützen, Außentüren, Holzfenster, Sektionaltor, WDVS, Anstrich, Dämmung, Vormauerung, Pfosten-Riegel-Fassade, Fensterbänder, Raffstores; KS-Mauerwerk, GK-Wände, Porenbeton, Holztüren, Stahltüren, Rauchschutztüren, Putz, Anstrich, Wandfliesen, Trennwände, Windfang; Stb-Decken, Stahltreppen, abgehängte Decken, Anstrich, Akustikdecken; Dachtragwerk, Stahlkonstruktion, Stb-Flachdach, Sattellichtband, Lichtkuppeln, Flachdachabdichtung, Dachbegrünung, Betonplatten, Kiesschüttung, Notüberläufe Stahltrapezblech; Einbaumöbel

KG	Kostengruppe	Menge Einheit	Kosten €	€/Einheit	%
400	**Bauwerk - Technische Anlagen**	2.568,75 m² BGF	50.194	**19,54**	2,0

Keine Kosten für Abwasserleitungen, nur Kosten für Kanalentlüfter, Flachdacheinläufe, Dränroste, keine Kosten für Kalt- und Warmwasserleitungen und Sanitärobjekte, wurde vom Bauherrn ausgeführt; keine Kosten für Elektroarbeiten, wurde vom Bauherrn ausgeführt, Kosten nur für Leerrohre, Leerdosen, Kabeldurchführungen, Bandeisen, Anschlussfahnen; Personenaufzug

KG	Kostengruppe	Menge Einheit	Kosten €	€/Einheit	%
500	**Außenanlagen**	4.062,44 m² AF	196.176	**48,29**	100,0

Gehwegplatten, Pflaster aufnehmen, neu verlegen, Markierung mit Pflastersteinen, Verbundpflaster, Bordstein; Stabgitterzaun, Zauntor, Schiebetor; Rohrgraben, KG-Rohre, Fertigteilschächte, Straßenabläufe, Bodenaushub für Erdwärmekörbe; Abbruch von Betonflaster, Unterbau, Bordsteinen, Hecken roden; Entsorgung, Deponiegebühren, Lichtmast abbauen, wieder aufbauen

KG	Kostengruppe	Menge Einheit	Kosten €	€/Einheit	%
600	**Ausstattung und Kunstwerke**	2.568,75 m² BGF	12.623	**4,91**	100,0

Firmensignet, Aluminium, Beleuchtung

Kostenkennwerte für die Kostengruppen der 2.Ebene DIN 276

KG	Kostengruppe	Menge Einheit	Kosten €	€/Einheit	%
300	**Bauwerk - Baukonstruktionen**				**100,0**
310	**Baugrube**	2.540,00 m³ BGI	24.628	**9,70**	1,0

Oberboden, d=40-75cm, abtragen, aufnehmen, laden, entsorgen (2.540m³) * Wasserhaltung (psch), Grundwasserabsenkung (250m)

KG	Kostengruppe	Menge Einheit	Kosten €	€/Einheit	%
320	**Gründung**	1.333,24 m² GRF	329.045	**246,80**	13,7

Fundamentaushub BK 3-4 (212m³), Stb-Streifenfundamente C25/30 (237m³) * Stb-Bodenplatte C25/30, d=18cm (746m²), d=30cm (584m²), Stb-Aufzugsunterfahrt C25/30, WU, 1,80x1,80x1,50m, d=30cm (1St) * Industrieboden, d=10-25mm (746m²), Bitumenabdichtung, Kunststoffabdichtung (445m²), Wärmedämmung WLG 035, TSD WLG 035, Zementestrich, d=65mm (581m²), Bodenbeschichtung (190m²), Teppichboden (197m²), Natursteinbelag (132m²), Fußabstreifer (10m²), Bodenfliesen (38m²), PVC-Belag (14m²) * Füllsand (4.900m³), Sauberkeitsschicht (585m²)

KG	Kostengruppe	Menge Einheit	Kosten €	€/Einheit	%
330	**Außenwände**	2.452,58 m² AWF	824.379	**336,13**	34,3

Halle: Stahlkonstruktion, Zweigelenkrahmen (1.080m²), Büro: Stb-Wände C25/30, d=25cm (990m²) * Stb-Stützen C25/30 (19m) * Außentüren (9m²), Holzfenster (97m²), Sektionaltore (35m²) * Halle: Porenbeton F90, d=25cm (460m²), Anstrich (620m²), Büro: WDVS WLG 035 (820m²), Kratzputz, Anstrich (800m²), Dämmung WLG 035, Luftschicht, Vormauerziegel (285m²), KS-Sichtmauerwerk (40m²), Abdichtung, Dränplatten, Perimeterdämmung, Kunstharzputz (44m²) * Anstrich (1.371m²), Wandfliesen (12m²) * Alu-Pfosten-Riegel-Fassade (66m²), Fensterbänder (174m²) * Raffstores, Motorantrieb (155m²)

KG	Kostengruppe	Menge Einheit	Kosten €	€/Einheit	%
340	**Innenwände**	2.210,88 m² IWF	379.012	**171,43**	15,8

KS-Mauerwerk F90, d=24cm (896m²), d=17,5cm (426m²) * GK-Metallständerwände, d=12,5cm (375m²), F90, d=25cm (15m²), KS-Mauerwerk, d=24cm (14m²), Porenbeton (12m²) * Stb-Stützen C35/45 (88m) * Holztüren (45m²), T30 RS (5m²), Stahltüren (14m²), T30 RS (2m²), Rauchschutztüren (51m²), Verglasung G30 (2m²) * Putz (694m²), Glasvlies (520m²), Anstrich (2.474m²), Wandfliesen (88m²), Spiegel, flächenbündig (20m²) * Trennwände, versetzbar, mit Fensterelementen (282m²), Windfang (11m²), WC-Trennwände (44m²), mobile Trennwände (18m²)

KG	Kostengruppe	Menge Einheit	Kosten €	€/Einheit	%
350	**Decken**	1.235,51 m² DEF	384.070	**310,86**	16,0

Stb-Decken C25/30, d=35cm (1.203m²), Stahltreppen mit Zwischenpodest (30m²), Treppenpodest, Naturstein (3m²) * Wärmedämmung WLG 035, TSD WLG 035, Zementestrich, d=65-75mm (1.013m²), Teppichboden (613m²), PVC-Belag (241m²), Bodenfliesen (73m²), Natursteinbelag (69m²), Stahlkassetten, mit Zementestrich verfüllen, Natursteinplatten (18m²) * GK-Decken, abgehängt, Anstrich (292m²), Mineralfaser-Rasterdecke, abgehängt (228m²), Akustikdecken, Anstrich (140m²) * Galerie, Rand-/Stahlwangeneinfassung (800kg), Stahlgeländer (65m), Stahlhandlauf (15m)

KG	Kostengruppe	Menge Einheit	Kosten €	€/Einheit	%
360	**Dächer**	1.285,28 m² DAF	352.557	**274,30**	14,7
	Dachtragwerk, Stahlkonstruktion (1.080m²), Stb-Flachdach C25/30, d=35cm (170m²) * Sattellichtband (28m²), Lichtkuppeln (7m²) * Dampfsperre (1.250m²), Wärmedämmung WLG 040 (930m²), Gefälledämmung WLG 040 (320m²), Flachdachabdichtung (1.250m²), Schutzlage (830m²), Trennvlies, Dränmatten, Anspritzbegrünung (670m²), Betonplatten (130m²), Kiesschüttung 16/32mm (35m²), Notüberläufe (9St) * Trapezblechbekleidung (1.385m²), Mineralfaserdecken, abgehängt (387m²), Akustikdecken, Anstrich (175m²), GK-Decken, abgehängt, Anstrich (33m²)				
370	**Baukonstruktive Einbauten**	2.568,75 m² BGF	30.936	**12,04**	1,3
	Tresenanlage mit Unterschrank, höhenverstellbar (1St), Garderobenanlage mit Hutablage (1St), mit Rückfront, Glas (1St), Garderobenbügel, Edelstahl (40St), Teeküchenspiegel aus rückseitig beschichtetem Glas (5m²), Wandbekleidung, Trägerplatte, Stäbchenplatte, für Teeküche, h=2,31m, l=2,60m (1St), für Waschtisch, h=1,35m, l=2,10m (12m²), Waschtischablagen (4St), Sideboard als Einbauschrank (8m)				
390	**Sonstige Baukonstruktionen**	2.568,75 m² BGF	77.972	**30,35**	3,2
	Baustelleneinrichtung (psch), Baustraße (1.632m²), Treppentürme (2St), Baustellen-Büro (1St), -WC (1St), Baustromanschluss (psch), Bauwasseranschluss (psch), Bauschilder (2St), Bauzaun (243m), Bautür (1St), Verkehrssicherung (psch) * Fassadengerüst (1St), Rollgerüst (1St) * Auffangnetze (538m²), Absturzsicherung von Seitenschutz- und Dachschutzwänden (253m) * Seitenschutz an Wandöffnungen (167m), Bodenabdeckung (2.465m²), Schutzfolie (320m²), Glasflächen abkleben (200m²), Baureinigung (psch)				
400	**Bauwerk - Technische Anlagen**				**100,0**
410	**Abwasser-, Wasser-, Gasanlagen**	2.568,75 m² BGF	5.526	**2,15**	11,0
	Keine Kosten für Abwasserleitungen, wurde vom Bauherrn ausgeführt, Kosten nur für Kanalentlüfter DN100 (4St), Flachdacheinläufe DN100-125 (10St), Dränroste mit Abdeckung (15m), Dränroste über Bodenabläufen (4St) * keine Kosten für Kalt- und Warmwasserleitungen und Sanitärobjekte, wurde vom Bauherrn ausgeführt				
440	**Starkstromanlagen**	2.568,75 m² BGF	6.520	**2,54**	13,0
	Keine Kosten für Elektroarbeiten, wurde vom Bauherrn ausgeführt, Kosten nur für Leerrohre (300m), Leerdosen (80St), Kabeldurchführungen (10St) * Bandeisen (602m), Anschlussfahnen (15St)				
460	**Förderanlagen**	2.568,75 m² BGF	38.149	**14,85**	76,0
	Personenaufzug, Tragkraft 630kg, acht Personen, Förderhöhe 7,40m, drei Haltestellen (1St)				
500	**Außenanlagen**				**100,0**
520	**Befestigte Flächen**	2.760,00 m²	102.900	**37,28**	52,5
	Gehwegplatten (80m²), Pflaster aufnehmen, angleichen, neu verlegen (80m²), Markierung mit Pflastersteinen (150m) * Planum, Brechsand-Splitt 0-2/5mm, Verbundpflaster (2.600m²), Frostschutzschicht, Füllsand (150m³), Schottertragschicht (1.070m²), Bordstein (160m), Tiefbordstein (40m)				

KG	Kostengruppe	Menge Einheit	Kosten €	€/Einheit	%
530	**Baukonstruktionen in Außenanlagen**	492,00 m² AF	23.245	**47,25**	11,8
	Stabgitterzaun, h=2,00m (240m), Zauntor, einflüglig (1St), Schiebetor, h=2,00m, b=6,00m, Motorantrieb (12m²), Steuerung mit Schlüsselschalter (1St), mit Handsender (1St), Handsender (4St)				
540	**Technische Anlagen in Außenanlagen**	4.062,44 m² AF	40.348	**9,93**	20,6
	Rohrgraben, t bis 1,00m, ausheben, seitlich lagern, wieder verfüllen (155m), t bis 1,75m (185m³), KG-Rohre DN100-250, PVC-U, Formstücke (392m), Fertigteilschächte, t bis 1,50m (3St), t bis 2,00m (4St), Straßenabläufe (8St) * Bodenaushub für Erdwärmekörbe (15St)				
570	**Pflanz- und Saatflächen**	1.302,44 m²	24.544	**18,84**	12,5
	Grünanlagen (psch)				
590	**Sonstige Maßnahmen für Außenanlagen**	4.062,44 m² AF	5.139	**1,26**	2,6
	Abbruch von Betonpflaster, Unterbau, d=20cm (70m²), Bordsteinen (35m), Hecken roden (800m²); Entsorgung, Deponiegebühren, Lichtmast, h=10,00m, mit Fundament, abbauen, lagern, später wieder aufbauen (1St)				
600	**Ausstattung und Kunstwerke**				**100,0**
610	**Ausstattung**	2.568,75 m² BGF	12.623	**4,91**	100,0
	Firmensignet, Aluminium, mehrteilig, Namenszug in Einzelbuchstaben, Beleuchtung (psch)				

Kostenkennwerte für die Kostengruppe 300 der 2. und 3.Ebene DIN 276 (Übersicht)

KG	Kostengruppe	Menge Einh.	€/Einheit	Kosten €	% 3+4
300	**Bauwerk - Baukonstruktionen**	**2.568,75 m² BGF**	**935,32**	**2.402.599,01**	**98,0**
310	**Baugrube**	**2.540,00 m³ BGI**	**9,70**	**24.628,14**	**1,0**
311	Baugrubenherstellung	2.540,00 m³ BGI	7,99	20.304,86	0,8
312	Baugrubenumschließung	–	–	–	–
313	Wasserhaltung	1.333,24 m² GRF	3,24	4.323,28	0,2
319	Baugrube, sonstiges	–	–	–	–
320	**Gründung**	**1.333,24 m² GRF**	**246,80**	**329.044,90**	**13,4**
321	Baugrundverbesserung	–	–	–	–
322	Flachgründungen	1.333,24 m²	57,46	76.610,12	3,1
323	Tiefgründungen	–	–	–	–
324	Unterböden und Bodenplatten	1.333,24 m²	61,67	82.225,36	3,4
325	Bodenbeläge	1.327,00 m²	65,75	87.246,38	3,6
326	Bauwerksabdichtungen	1.333,24 m² GRF	62,23	82.963,04	3,4
327	Dränagen	–	–	–	–
329	Gründung, sonstiges	–	–	–	–
330	**Außenwände**	**2.452,58 m² AWF**	**336,13**	**824.379,10**	**33,6**
331	Tragende Außenwände	2.070,00 m²	143,96	297.989,88	12,1
332	Nichttragende Außenwände	–	–	–	–
333	Außenstützen	19,05 m	121,80	2.320,23	< 0,1
334	Außentüren und -fenster	142,32 m²	396,09	56.371,31	2,3
335	Außenwandbekleidungen außen	2.248,50 m²	143,88	323.504,88	13,2
336	Außenwandbekleidungen innen	1.382,95 m²	7,16	9.900,40	0,4
337	Elementierte Außenwände	240,26 m²	429,29	103.143,35	4,2
338	Sonnenschutz	155,45 m²	200,38	31.149,05	1,3
339	Außenwände, sonstiges	–	–	–	–
340	**Innenwände**	**2.210,88 m² IWF**	**171,43**	**379.012,12**	**15,5**
341	Tragende Innenwände	1.321,98 m²	84,21	111.329,03	4,5
342	Nichttragende Innenwände	415,50 m²	93,03	38.652,71	1,6
343	Innenstützen	88,40 m	275,90	24.389,92	1,0
344	Innentüren und -fenster	119,24 m²	596,42	71.116,48	2,9
345	Innenwandbekleidungen	2.582,05 m²	17,14	44.269,10	1,8
346	Elementierte Innenwände	354,16 m²	252,02	89.254,88	3,6
349	Innenwände, sonstiges	–	–	–	–
350	**Decken**	**1.235,51 m² DEF**	**310,86**	**384.070,27**	**15,7**
351	Deckenkonstruktionen	1.235,51 m²	170,84	211.073,29	8,6
352	Deckenbeläge	1.033,09 m²	103,40	106.819,30	4,4
353	Deckenbekleidungen	659,70 m²	60,49	39.906,85	1,6
359	Decken, sonstiges	1.235,51 m² DEF	21,26	26.270,83	1,1
360	**Dächer**	**1.285,28 m² DAF**	**274,30**	**352.556,87**	**14,4**
361	Dachkonstruktionen	1.250,00 m²	53,21	66.512,39	2,7
362	Dachfenster, Dachöffnungen	35,28 m²	571,18	20.151,12	0,8
363	Dachbeläge	1.250,00 m²	122,24	152.795,02	6,2
364	Dachbekleidungen	1.385,00 m²	70,31	97.376,09	4,0
369	Dächer, sonstiges	1.285,28 m² DAF	12,23	15.722,25	0,6
370	**Baukonstruktive Einbauten**	**2.568,75 m² BGF**	**12,04**	**30.935,67**	**1,3**
390	**Sonstige Baukonstruktionen**	**2.568,75 m² BGF**	**30,35**	**77.971,93**	**3,2**

Kostenkennwerte für die Kostengruppe 400 der 2. und 3.Ebene DIN 276 (Übersicht)

KG	Kostengruppe	Menge Einh.	€/Einheit	Kosten €	% 3+4
400	**Bauwerk - Technische Anlagen**	**2.568,75 m² BGF**	**19,54**	**50.194,14**	**2,0**
410	**Abwasser-, Wasser-, Gasanlagen**	**2.568,75 m² BGF**	**2,15**	**5.525,93**	**0,2**
411	Abwasseranlagen	2.568,75 m² BGF	2,15	5.525,93	0,2
412	Wasseranlagen	–	–	–	–
413	Gasanlagen	–	–	–	–
419	Abwasser-, Wasser-, Gasanlagen, sonstiges	–	–	–	–
420	**Wärmeversorgungsanlagen**	**–**	**–**	**–**	**–**
421	Wärmeerzeugungsanlagen	–	–	–	–
422	Wärmeverteilnetze	–	–	–	–
423	Raumheizflächen	–	–	–	–
429	Wärmeversorgungsanlagen, sonstiges	–	–	–	–
430	**Lufttechnische Anlagen**	**–**	**–**	**–**	**–**
431	Lüftungsanlagen	–	–	–	–
432	Teilklimaanlagen	–	–	–	–
433	Klimaanlagen	–	–	–	–
434	Kälteanlagen	–	–	–	–
439	Lufttechnische Anlagen, sonstiges	–	–	–	–
440	**Starkstromanlagen**	**2.568,75 m² BGF**	**2,54**	**6.519,63**	**0,3**
441	Hoch- und Mittelspannungsanlagen	–	–	–	–
442	Eigenstromversorgungsanlagen	–	–	–	–
443	Niederspannungsschaltanlagen	–	–	–	–
444	Niederspannungsinstallationsanlagen	2.568,75 m² BGF	0,95	2.444,87	< 0,1
445	Beleuchtungsanlagen	–	–	–	–
446	Blitzschutz- und Erdungsanlagen	2.568,75 m² BGF	1,59	4.074,77	0,2
449	Starkstromanlagen, sonstiges	–	–	–	–
450	**Fernmelde-, informationstechn. Anlagen**	**–**	**–**	**–**	**–**
451	Telekommunikationsanlagen	–	–	–	–
452	Such- und Signalanlagen	–	–	–	–
453	Zeitdienstanlagen	–	–	–	–
454	Elektroakustische Anlagen	–	–	–	–
455	Fernseh- und Antennenanlagen	–	–	–	–
456	Gefahrenmelde- und Alarmanlagen	–	–	–	–
457	Übertragungsnetze	–	–	–	–
459	Fernmelde- und informationstechnische Anlagen, sonstiges	–	–	–	–
460	**Förderanlagen**	**2.568,75 m² BGF**	**14,85**	**38.148,57**	**1,6**
461	Aufzugsanlagen	2.568,75 m² BGF	14,85	38.148,57	1,6
462	Fahrtreppen, Fahrsteige	–	–	–	–
463	Befahranlagen	–	–	–	–
464	Transportanlagen	–	–	–	–
465	Krananlagen	–	–	–	–
469	Förderanlagen, sonstiges	–	–	–	–
470	**Nutzungsspezifische Anlagen**	**–**	**–**	**–**	**–**
480	**Gebäudeautomation**	**–**	**–**	**–**	**–**
490	**Sonstige Technische Anlagen**	**–**	**–**	**–**	**–**

7300-0066
Verwaltungsgebäude
Werkstatt
(54 AP)

Kostenkennwerte für Leistungsbereiche nach StLB (Kosten des Bauwerks nach DIN 276)

LB	Leistungsbereiche	Kosten €	€/m² BGF	€/m³ BRI	% 3+4
000	Sicherheits-, Baustelleneinrichtungen inkl. 001	65.185	25,38	4,79	2,7
002	Erdarbeiten	105.450	41,05	7,76	4,3
006	Spezialtiefbauarbeiten inkl. 005	–	–	–	–
009	Entwässerungskanalarbeiten inkl. 011	–	–	–	–
010	Dränarbeiten	–	–	–	–
012	Mauerarbeiten	113.943	44,36	8,38	4,6
013	Betonarbeiten	678.304	264,06	49,89	27,7
014	Natur-, Betonwerksteinarbeiten	58.277	22,69	4,29	2,4
016	Zimmer- und Holzbauarbeiten	–	–	–	–
017	Stahlbauarbeiten	131.449	51,17	9,67	5,4
018	Abdichtungsarbeiten	9.851	3,83	0,72	0,4
020	Dachdeckungsarbeiten	–	–	–	–
021	Dachabdichtungsarbeiten	168.524	65,61	12,40	6,9
022	Klempnerarbeiten	14.871	5,79	1,09	0,6
	Rohbau	**1.345.855**	**523,93**	**99,00**	**54,9**
023	Putz- und Stuckarbeiten, Wärmedämmsysteme	139.523	54,32	10,26	5,7
024	Fliesen- und Plattenarbeiten	20.450	7,96	1,50	0,8
025	Estricharbeiten	48.141	18,74	3,54	2,0
026	Fenster, Außentüren inkl. 029, 032	150.800	58,71	11,09	6,1
027	Tischlerarbeiten	82.914	32,28	6,10	3,4
028	Parkett-, Holzpflasterarbeiten	–	–	–	–
030	Rollladenarbeiten	31.843	12,40	2,34	1,3
031	Metallbauarbeiten inkl. 035	167.147	65,07	12,29	6,8
034	Maler- und Lackiererarbeiten inkl. 037	54.605	21,26	4,02	2,2
036	Bodenbelagsarbeiten	56.705	22,08	4,17	2,3
038	Vorgehängte hinterlüftete Fassaden	117.864	45,88	8,67	4,8
039	Trockenbauarbeiten	179.371	69,83	13,19	7,3
	Ausbau	**1.049.365**	**408,51**	**77,19**	**42,8**
040	Wärmeversorgungsanlagen, inkl. 041	–	–	–	–
042	Gas- und Wasseranlagen, Leitungen inkl. 043	–	–	–	–
044	Abwasseranlagen - Leitungen	–	–	–	–
045	Gas, Wasser, Entwässerung - Ausstattung inkl. 046	–	–	–	–
047	Dämmarbeiten an technischen Anlagen	–	–	–	–
049	Feuerlöschanlagen, Feuerlöschgeräte	–	–	–	–
050	Blitzschutz- und Erdungsanlagen	4.075	1,59	0,30	0,2
052	Mittelspannungsanlagen	–	–	–	–
053	Niederspannungsanlagen inkl. 054	2.445	0,95	0,18	< 0,1
055	Ersatzstromversorgungsanlagen	–	–	–	–
057	Gebäudesystemtechnik	–	–	–	–
058	Leuchten und Lampen, inkl. 059	–	–	–	–
060	Elektroakustische Anlagen	–	–	–	–
061	Kommunikationsnetze, inkl. 063	–	–	–	–
069	Aufzüge	38.149	14,85	2,81	1,6
070	Gebäudeautomation	–	–	–	–
075	Raumlufttechnische Anlagen	–	–	–	–
	Gebäudetechnik	**44.668**	**17,39**	**3,29**	**1,8**
084	**Abbruch- und Rückbauarbeiten**	–	–	–	–
	Sonstige Leistungsbereiche inkl. 008, 033, 051	**12.906**	**5,02**	**0,95**	**0,5**

7300-0088
Betriebsgebäude
(22 AP)
Helgoland

Objektübersicht

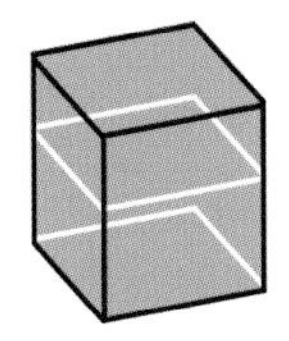
BRI 400 €/m³

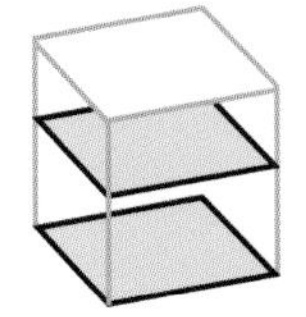
BGF 2.190 €/m²

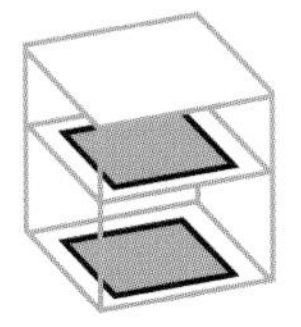
NUF 3.110 €/m²

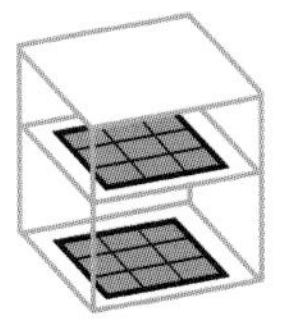
NE 180.011 €/NE
NE: Arbeitsplatz

Objekt:
Kennwerte: 1.Ebene DIN 276
BRI: 9.913 m³
BGF: 1.808 m²
NUF: 1.273 m²
Bauzeit: 47 Wochen
Bauende: 2014
Standard: Durchschnitt
Kreis: Pinneberg,
Schleswig-Holstein

Architekt:
Gössler Kinz Kerber
Kreienbaum
Architekten BDA
Brauerknechtgraben 45
20459 Hamburg

Bauherr:
E.ON Kraftwerke GmbH

© Gössler Kinz Kerber Kreienbaum Architekten

© Gössler Kinz Kerber Kreienbaum Architekten

© Gössler Kinz Kerber Kreienbaum Architekten

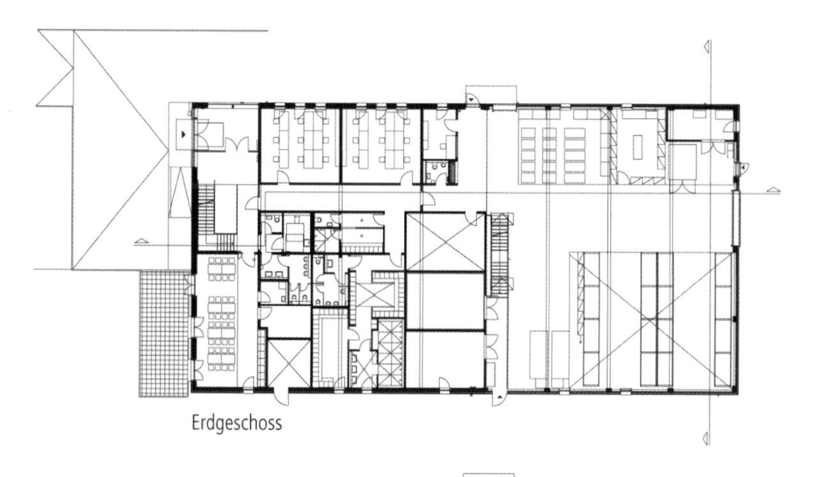

Erdgeschoss

Obergeschoss

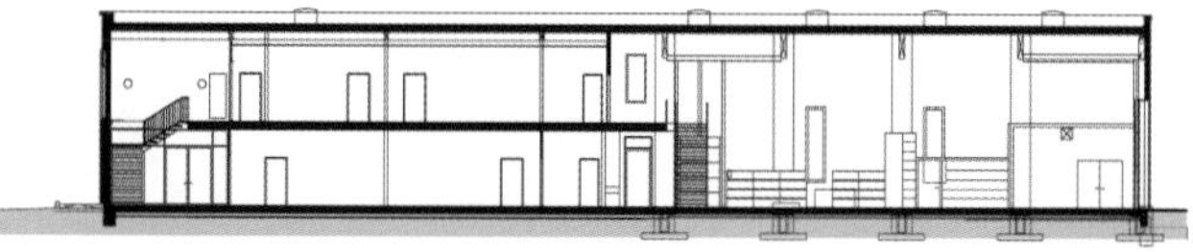

Längsschnitt

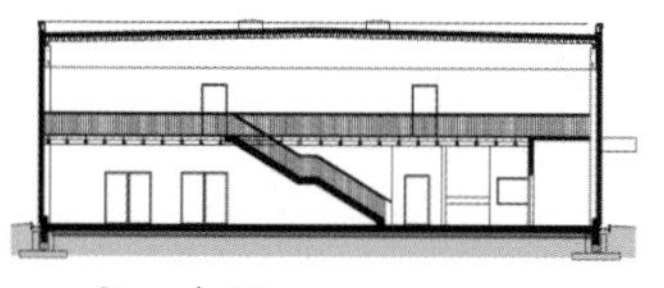

Querschnitt

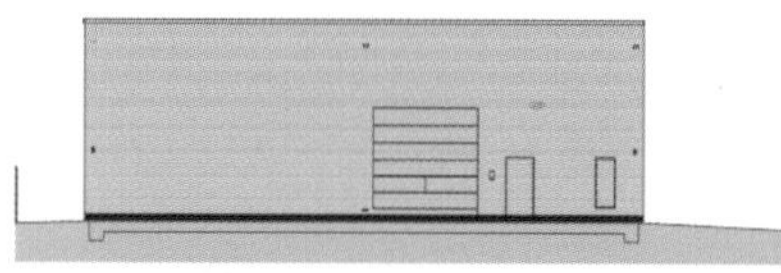

Ansicht Süd-Ost

Objektbeschreibung

Allgemeine Objektinformationen

Das Grundstück für das neu errichtete Betriebsgebäude befindet sich im Südhafengelände der Hochseeinsel Helgoland. Der zweigeschossige Neubau dient dem Betrieb und der Wartung eines Offshore-Windparks. Es wird als Büro- wie auch als Lagergebäude genutzt. Der gesamte Materialtransport erfolgte per Schlepper (ca. 25% der Gesamtkosten).

Nutzung

1 Erdgeschoss
Foyer, Kantine, Lagerhalle mit Werkstattbereich, Schweißraum, Hausanschlussraum, Lagerräume, Abstellräume, WCs, Umkleideräume, Waschräume, Duschen

1 Obergeschoss
Büroräume, Empfang mit Wartebereich, Teeküche, Monitoringraum, Besprechungsraum, Server-Raum, WCs, Lagerräume, Lüftungszentrale

Nutzeinheiten

Lagerfläche: 596m²
Bürofläche: 677m²
Arbeitsplätze: 22

Grundstück

Bauraum: Freier Bauraum
Neigung: Ebenes Gelände
Bodenklasse: BK 1 bis BK 4

Markt

Hauptvergabezeit: 3. Quartal 2013
Baubeginn: 3. Quartal 2013
Bauende: 3. Quartal 2014
Konjunkturelle Gesamtlage: Durchschnitt
Regionaler Baumarkt: über Durchschnitt

Besonderer Kosteneinfluss Marktsituation:
GU-Auftrag

Baukonstruktion

Das Bürogebäude besteht aus Mauerwerk inklusive eines Ringbalken in Massivbauweise. Die Halle wurde auf der Innenseite mit Sandwichpaneelen und Fertigteilstützen verkleidet. Die Halle wurde in Leichtbauweise errichtet. Das gesamte Dach wurde aus Holzbindern inklusive Trapezblechen und Dämmung gefertigt. Umlaufende Fassaden-Holzlamellen verkleiden den gesamten Baukörper. Es kamen Aluminiumfenster zur Ausführung. Eine einläufige Stahltreppe verbindet die beiden Geschosse miteinander.

Technische Anlagen

Das Gebäude ist an das Fernwärmenetz angeschlossen. Im Obergeschoss befindet sich die Lüftungszentrale. Die Luftdichtheit des Gebäudes wurde mit einem Blower-Door-Test geprüft.

Sonstiges

Neben dem Haupteingang befindet sich eine Terrasse für Mitarbeiter. Der Besucher gelangt über einen großzügigen Eingang in das Gebäudeinnere. Da auf der Insel Helgoland Kraftverkehr, ebenso die Verwendung von Fahrrädern, untersagt ist, entfällt der Nachweis von PKW- und Fahrradstellplätzen.

Planungskennwerte für Flächen und Rauminhalte nach DIN 277

Flächen des Grundstücks		Menge, Einheit	% an GF
BF	Bebaute Fläche	1.164,10 m²	36,0
UF	Unbebaute Fläche	2.068,60 m²	64,0
GF	Grundstücksfläche	3.232,70 m²	100,0

Grundflächen des Bauwerks		Menge, Einheit	% an NUF	% an BGF
NUF	Nutzungsfläche	1.273,30 m²	100,0	70,4
TF	Technikfläche	45,10 m²	3,5	2,5
VF	Verkehrsfläche	305,20 m²	24,0	16,9
NRF	Netto-Raumfläche	1.623,60 m²	127,5	89,8
KGF	Konstruktions-Grundfläche	184,60 m²	14,5	10,2
BGF	Brutto-Grundfläche	1.808,20 m²	142,0	100,0

NUF=100% BGF=142,0%
NUF TF VF KGF
NRF=127,5%

Brutto-Rauminhalt des Bauwerks		Menge, Einheit	BRI/NUF (m)	BRI/BGF (m)
BRI	Brutto-Rauminhalt	9.912,70 m³	7,79	5,48

0 1 2 3 4 5 6 7 BRI/NUF=7,79m
0 1 2 3 4 5 BRI/BGF=5,48m

Lufttechnisch behandelte Flächen	Menge, Einheit	% an NUF	% an BGF
Entlüftete Fläche	–	–	–
Be- und Entlüftete Fläche	–	–	–
Teilklimatisierte Fläche	–	–	–
Klimatisierte Fläche	–	–	–

KG	Kostengruppen (2.Ebene)	Menge, Einheit	Menge/NUF	Menge/BGF
310	Baugrube	–	–	–
320	Gründung	–	–	–
330	Außenwände	–	–	–
340	Innenwände	–	–	–
350	Decken	–	–	–
360	Dächer	–	–	–

Kostenkennwerte für die Kostengruppen der 1.Ebene DIN 276

KG	Kostengruppen (1.Ebene)	Einheit	Kosten €	€/Einheit	€/m² BGF	€/m³ BRI	% 300+400
100	Grundstück	m² GF	–	–	–	–	–
200	Herrichten und Erschließen	m² GF	–	–	–	–	–
300	Bauwerk - Baukonstruktionen	m² BGF	2.932.517	1.621,79	1.621,79	295,83	74,0
400	Bauwerk - Technische Anlagen	m² BGF	1.027.727	568,37	568,37	103,68	26,0
	Bauwerk 300+400	**m² BGF**	**3.960.244**	**2.190,16**	**2.190,16**	**399,51**	**100,0**
500	Außenanlagen	m² AF	–	–	–	–	–
600	Ausstattung und Kunstwerke	m² BGF	–	–	–	–	–
700	Baunebenkosten	m² BGF	–	–	–	–	–

KG	Kostengruppe	Menge Einheit	Kosten €	€/Einheit	%
3+4	**Bauwerk**				**100,0**
300	**Bauwerk - Baukonstruktionen**	1.808,20 m² BGF	2.932.517	**1.621,79**	74,0

Stb-Fundamente, Stb-Bodenplatte, Estrich, Heizestrich (Kantine), Anstrich, Teppichboden, Bodenfliesen, Abdichtung, Kiesfilterschicht, Perimeterdämmung; Mauerwerkswände (Büro), Stb-Fertigteilstützen (Halle), Alufenster, Sektionaltore, Wärmedämmung, Holzfassade, Dämmung, Alu-Sandwichpaneele (Halle), teilw. Pfosten-Riegel-Fassade; Innenmauerwerk, GK-Wände, Holztüren, teilw. Alu-Glastüren, Wandfliesen; Stb-Decke, Stahltreppen, Estrich, Teppichboden, Bodenfliesen, teilw. abgehängte Rasterdecke; BSH-Dach, Oberlichter, Stahl-Trapezblech, Dämmung, Abdichtung, innenliegende Entwässerung, teilw. abgehängte Rasterdecke, Vordach; Teeküchen (2St), wegen Hochseeinsellage: gesamter Materialtransport per Schlepper (ca. 25% der Gesamtkosten)

KG	Kostengruppe	Menge Einheit	Kosten €	€/Einheit	%
400	**Bauwerk - Technische Anlagen**	1.808,20 m² BGF	1.027.727	**568,37**	26,0

Gebäudeentwässerung, Kalt- und Warmwasserleitungen, Sanitärobjekte; Fernwärmeversorgung, Plattenheizkörper, Fußbodenheizung (Kantine), Deckenstrahler (Halle); Lüftungsanlage (OG, Schweissraum), Einzelraumlüfter, RWA-Anlagen; Elektroinstallation, Beleuchtung, Blitzschutzanlage; Telekommunikationsanlage; EDV-Verkabelung, Server; Feuerlöscher, wegen Hochseeinsellage: gesamter Materialtransport per Schlepper (ca. 25% der Gesamtkosten)

7500-0024
Sparkassenfiliale
(12 AP)

Objektübersicht

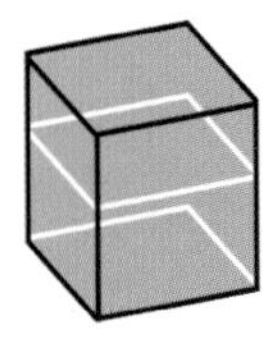

BRI 717 €/m³

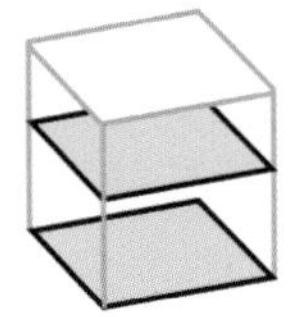

BGF 3.030 €/m²

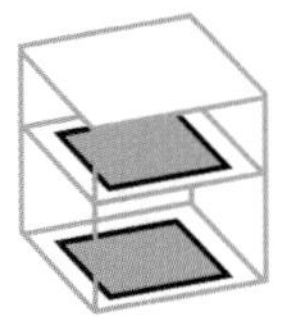

NUF 4.619 €/m²

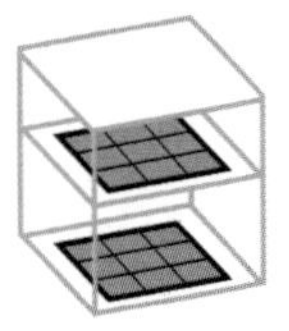

NE 165.654 €/NE
NE: Arbeitsplatz

Objekt:
Kennwerte: 1.Ebene DIN 276
BRI: 2.773 m³
BGF: 656 m²
NUF: 430 m²
Bauzeit: 47 Wochen
Bauende: 2015
Standard: über Durchschnitt
Kreis: Celle,
Niedersachsen

Architekt:
JA:3 Architekten
Ziegeleiweg 40a
29308 Winsen (Aller)

Bauherr:
Sparkasse Celle
29221 Celle

© JA:3 Architekten

© JA:3 Architekten

© JA:3 Architekten

© JA:3 Architekten

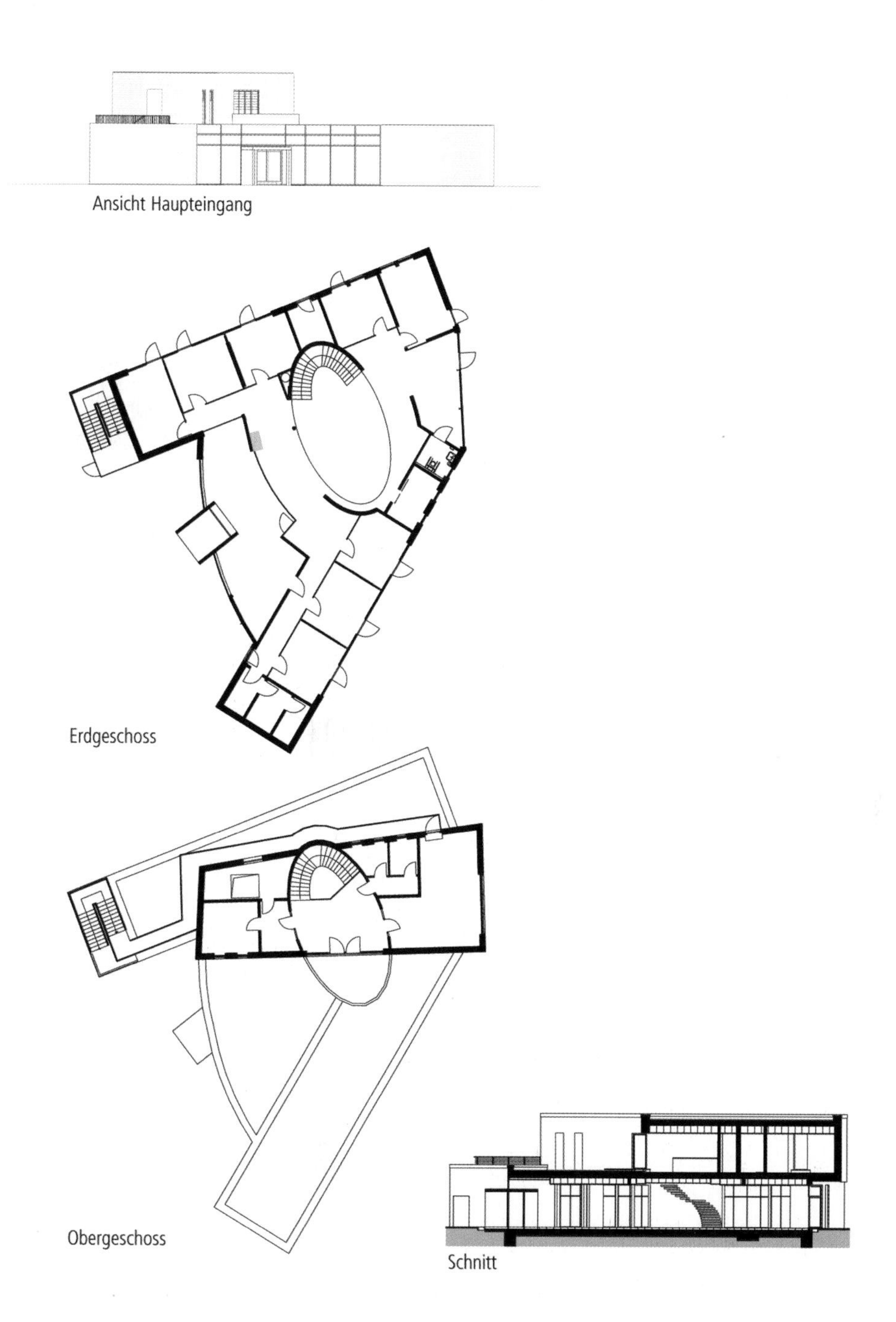

Ansicht Haupteingang

Erdgeschoss

Obergeschoss

Schnitt

Objektbeschreibung

Allgemeine Objektinformationen

Der Neubau wurde dem dreieckigen Grundstück und der Platzierung in einem Industriegebiet entsprechend gestaltet. Der Wunsch der Bauherrschaft war es, einladend zu wirken und ein Signal zur Belebung des Areals zu geben.

Nutzung

1 Erdgeschoss
Windfang, Servicebereich, Kundenbetreuung, Büros, WCs, Beh.-WC

1 Obergeschoss
Mitarbeiterbereich, Technik, Serverraum, Terrassen

Nutzeinheiten

Arbeitsplätze: 12

Grundstück

Bauraum: Freier Bauraum
Neigung: Ebenes Gelände
Bodenklasse: BK 1 bis BK 3

Markt

Hauptvergabezeit: 1. Quartal 2015
Baubeginn: 4. Quartal 2014
Bauende: 3. Quartal 2015
Konjunkturelle Gesamtlage: Durchschnitt
Regionaler Baumarkt: Durchschnitt

Baukonstruktion

Das Gebäude wurde in Massivbauweise erstellt. Als Fassade kamen Aluprofile zum Einsatz. Die Büros besitzen raumbreite, bodentiefe Fenster, wovon ein Element der erste Rettungsweg ist. Die Trennwände zu den Fluren sind ebenfalls ganz verglast. Alle Aufenthaltsräume sind mit einer Akustikdecke und Doppelboden versehen. Als Innentreppe wurde ein Stahlblech zu einer Ellipse geformt, wobei die Wange und die Absturzsicherung aus einem Teil bestehen.

Technische Anlagen

Die Büros und die Servicebereiche werden mit Luft, vortemperiert durch Erdreichkollektoren, geheizt oder gekühlt. Temperaturspitzen werden durch eine Fußbodenheizung im Servicebereich, konventionelle Radiatoren in den sonstigen Räumen und einem zentralen Klimagerät vermieden. Das Gebäude wird durch eine Brandmeldezentrale und Einbruchmeldeanlage gesichert.

Sonstiges

Das Brandschutzkonzept wurde so erstellt, dass auf notwendige Flure gänzlich verzichtet werden konnte. Als erster Rettungsweg für das Obergeschoss wurde eine Außentreppe an das Gebäude gestellt und durch die Alufassade eingehaust und verdeckt.

Planungskennwerte für Flächen und Rauminhalte nach DIN 277

Flächen des Grundstücks		Menge, Einheit	% an GF
BF	Bebaute Fläche	496,00 m²	12,7
UF	Unbebaute Fläche	3.410,00 m²	87,3
GF	Grundstücksfläche	3.906,00 m²	100,0

Grundflächen des Bauwerks		Menge, Einheit	% an NUF	% an BGF
NUF	Nutzungsfläche	430,36 m²	100,0	65,6
TF	Technikfläche	21,26 m²	4,9	3,2
VF	Verkehrsfläche	95,96 m²	22,3	14,6
NRF	Netto-Raumfläche	547,58 m²	127,2	83,5
KGF	Konstruktions-Grundfläche	108,42 m²	25,2	16,5
BGF	Brutto-Grundfläche	656,00 m²	152,4	100,0

Brutto-Rauminhalt des Bauwerks		Menge, Einheit	BRI/NUF (m)	BRI/BGF (m)
BRI	Brutto-Rauminhalt	2.773,00 m³	6,44	4,23

Lufttechnisch behandelte Flächen	Menge, Einheit	% an NUF	% an BGF
Entlüftete Fläche	–	–	–
Be- und Entlüftete Fläche	–	–	–
Teilklimatisierte Fläche	–	–	–
Klimatisierte Fläche	–	–	–

KG	Kostengruppen (2.Ebene)	Menge, Einheit	Menge/NUF	Menge/BGF
310	Baugrube	–	–	–
320	Gründung	–	–	–
330	Außenwände	–	–	–
340	Innenwände	–	–	–
350	Decken	–	–	–
360	Dächer	–	–	–

Kostenkennwerte für die Kostengruppen der 1.Ebene DIN 276

KG	Kostengruppen (1.Ebene)	Einheit	Kosten €	€/Einheit	€/m² BGF	€/m³ BRI	% 300+400
100	Grundstück	m² GF	–	–	–	–	–
200	Herrichten und Erschließen	m² GF	30.821	7,89	46,98	11,11	1,6
300	Bauwerk - Baukonstruktionen	m² BGF	1.290.604	1.967,38	1.967,38	465,42	64,9
400	Bauwerk - Technische Anlagen	m² BGF	697.239	1.062,86	1.062,86	251,44	35,1
	Bauwerk 300+400	**m² BGF**	**1.987.844**	**3.030,25**	**3.030,25**	**716,86**	**100,0**
500	Außenanlagen	m² AF	239.866	70,34	365,65	86,50	12,1
600	Ausstattung und Kunstwerke	m² BGF	–	–	–	–	–
700	Baunebenkosten	m² BGF	–	–	–	–	–

KG	Kostengruppe	Menge Einheit	Kosten €	€/Einheit	%
200	**Herrichten und Erschließen**	3.906,00 m² GF	30.821	**7,89**	100,0

Abbruch von Bestandsgebäude; Entsorgung, Deponiegebühren

KG	Kostengruppe	Menge Einheit	Kosten €	€/Einheit	%
3+4	**Bauwerk**				**100,0**
300	**Bauwerk - Baukonstruktionen**	656,00 m² BGF	1.290.604	**1.967,38**	64,9

Baugrubenaushub; Stb-Fundamente, Stb-Bodenplatte, Heizestrich (Servicebereich), Doppelboden (Aufenthaltsräume), Natursteinbelag, Teppichboden, Bodenfliesen, Abdichtung, Perimeterdämmung; Mauerwerkswände, Stahlstützen, Alufenster, Wärmedämmung, Alu-Pfosten-Riegel-Fassade, teilw. Raffstores; Innenmauerwerk, Glaswände, Stb-Stützen, Stahlstützen, Wandfliesen; Stb-Decken, Stb-Treppe, Stahltreppe, Estrich, Doppelboden (Aufenthaltsräume), Teppichboden, Bodenfliesen, Schallschutzdecken (Aufenthaltsräume), Treppengeländer; Stb-Dach, Dämmung, Abdichtung, Attika, extensive Dachbegrünung (EG), Kies (OG), innenliegende Dachentwässerung, Schallschutzdecke (Aufenthaltsräume)

KG	Kostengruppe	Menge Einheit	Kosten €	€/Einheit	%
400	**Bauwerk - Technische Anlagen**	656,00 m² BGF	697.239	**1.062,86**	35,1

Gebäudeentwässerung, Kalt- und Warmwasserleitungen, Sanitärobjekte; Fußbodenheizung (Servicebereich), Radiatoren (Temperaturspitzen); Lüftungsanlage (Heizen, Kühlen), Vortemperierung (Erdkollektor), Klimaanlage, Kühlung Serverraum; Elektroinstallation, Beleuchtung; Telekommunikationsanlage, Brandmeldeanlage, Einbruchmeldeanlage, EDV-Serverstation, Datenübertragungsnetz

KG	Kostengruppe	Menge Einheit	Kosten €	€/Einheit	%
500	**Außenanlagen**	3.410,00 m² AF	239.866	**70,34**	100,0

Geländebearbeitung; Wege, Parkplätze; Oberbodenarbeiten, Oberbodenauftrag, Bäume, Büsche

Objektübersicht

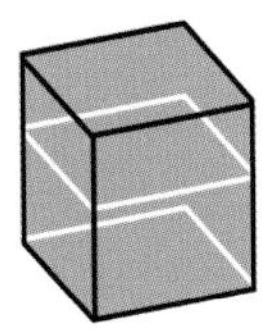

BRI 276 €/m³

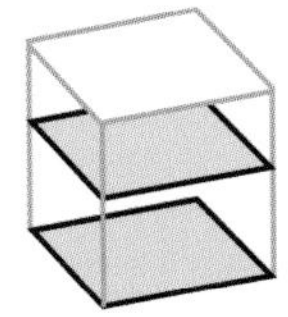

BGF 1.328 €/m²

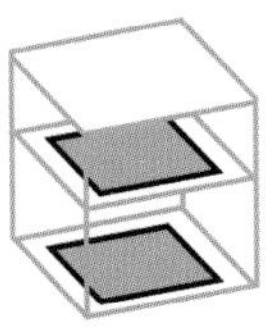

NUF 1.660 €/m²

Objekt:
Kennwerte: 3.Ebene DIN 276
BRI: 13.142 m³
BGF: 2.733 m²
NUF: 2.187 m²
Bauzeit: 60 Wochen
Bauende: 2009
Standard: Durchschnitt
Kreis: Ravensburg,
Baden-Württemberg

Architekt:
wassung bader architekten
Gut Kaltenberg 2
88069 Tettnang

Bauherr:
Große Kreisstadt
Wangen im Allgäu
Marktplatz 1
88239 Wangen im Allgäu

© wassung bader architekten

© wassung bader architekten

© wassung bader architekten

© wassung bader architekten

© wassung bader architekten

© Christoph Morlok

© wassung bader architekten

Kostenstand: 4.Quartal 2016, Bundesdurchschnitt, **inkl. 19% MwSt.**

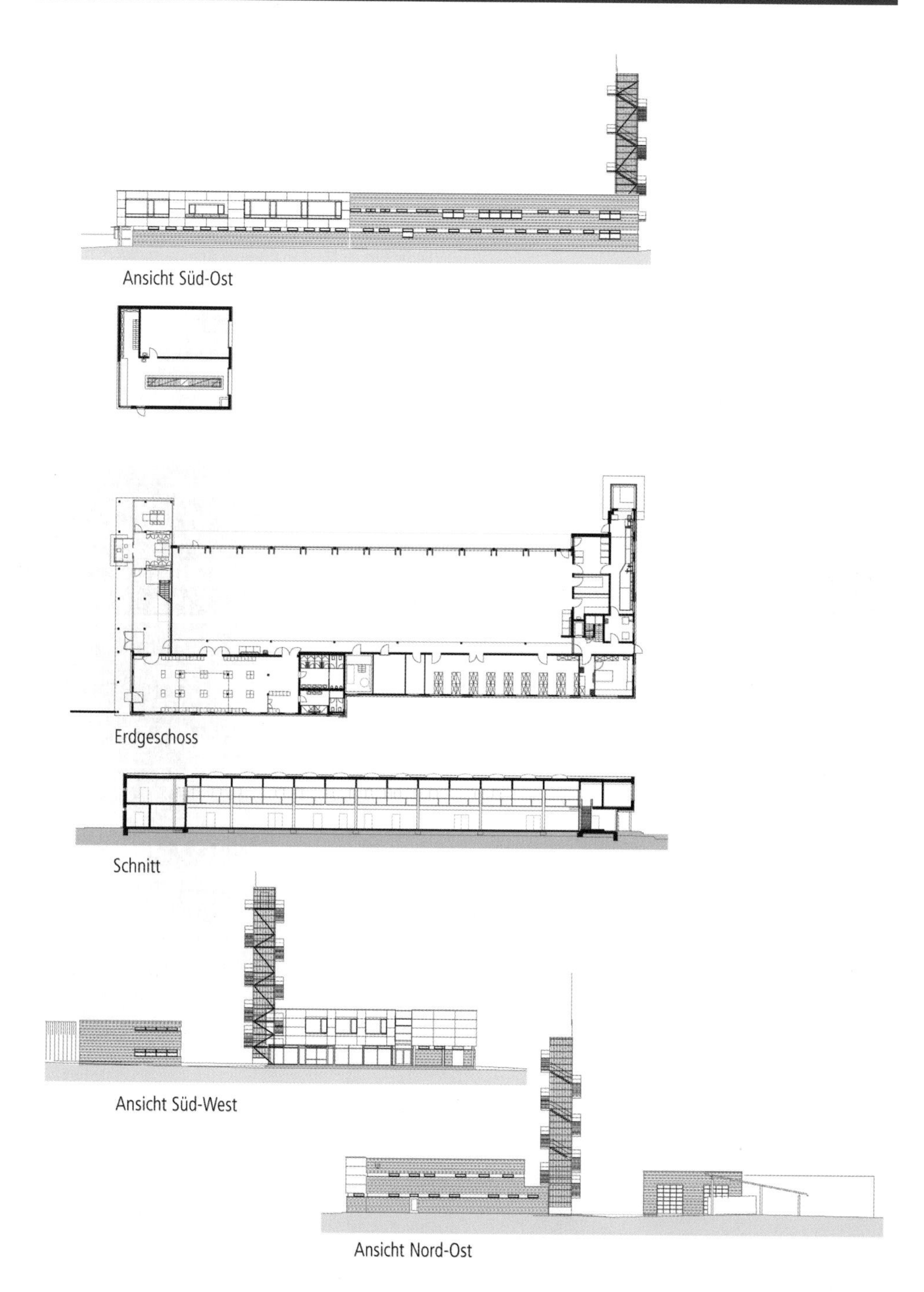

Ansicht Süd-Ost

Erdgeschoss

Schnitt

Ansicht Süd-West

Ansicht Nord-Ost

Objektbeschreibung

Allgemeine Objektinformationen

Dieses neu errichtete Feuerwehrhaus besteht aus einem Hauptgebäude mit zwölf Stellplätzen, einem Schlauchtrockenturm sowie einer Wasch- und Wartungshalle. Die Bauzeit betrug 15 Monate.

Nutzung

1 Erdgeschoss
Lagerraum, Funkraum, Besprechung, Foyer, Fahrzeughalle, Alarmumkleide, Duschen/WCs, Gerätewart, Atemschutz, Wäsche, E-Werkstatt, Treibstofflager, Schleuse, Heizung, Notstrom, Schlauchreinigung, Wasch- und Wartungshalle, Werkstatt

1 Obergeschoss
Jugend, Büro-Jugend, Wehrleitung, Warten/Bar, Bereitschaft, Küche, Schulungsräume, WCs, Nachtbereitschaft, Ausbilder, Fitnessraum, Lager, Archiv, Müll, Bekleidungskammer, Putzraum, HAR/Elt/EDV, Kompressor, Dachterrasse

Nutzeinheiten

Fahrzeugstellplätze: 12

Grundstück

Bauraum: Freier Bauraum
Neigung: Ebenes Gelände
Bodenklasse: BK 3 bis BK 4

Markt

Hauptvergabezeit: 2. Quartal 2008
Baubeginn: 2. Quartal 2008
Bauende: 3. Quartal 2009
Konjunkturelle Gesamtlage: Durchschnitt
Regionaler Baumarkt: Durchschnitt

Baukonstruktion

Ein Teil des Hauptgebäudes ist zweigeschossig ausgeführt. Der zweigeschossige Teil hat eine Grundfläche von 850m^2, die Fahrzeughalle erstreckt sich über 820m^2. Der Neubau ist auf tragend bewehrten Streifen- und Einzelfundamenten gegründet. Die Stahlbetonbodenplatten lagern, aufgrund des schlechten Baugrunds, auf einem Bodenersatzkörper aus Magerbeton mit 50 bzw. 60cm Stärke. Der zweigeschossige Bereich ist als Massivbaukonstruktion ausgeführt. Die Wände sind im Innenbereich verputzt, außen ist die Fassade mit Wärmedämmung und Trapezblech verkleidet. Die Geschossdecken und das Flachdach sind Betonflachdecken. Die Dachkonstruktion der Fahrzeughalle besteht aus Holzleimbindern mit darüberliegendem Trapezblech. Die Lage- und Besprechungsräume, der Funkraum sowie der Eingangsbereich sind raumhoch verglast.

Technische Anlagen

Die Beheizung der Fahrzeughalle erfolgt über Deckenlufterhitzer. Eine Absauganlage mit mitfahrendem Abluftschlauch wurde ebenfalls eingebaut. Teilweise ist eine Fußbodenheizung, teilweise sind Heizkörper ausgeführt.

Sonstiges

Der Feuerwehr- und Übungshof ist asphaltiert. Ebenso die Zufahrt zu den Stellplätzen. Diese sind gepflastert. Der Platz vor dem Hauptgebäude ist mit einem Wasserlauf mit Springbrunnen gestaltet.

Planungskennwerte für Flächen und Rauminhalte nach DIN 277

Flächen des Grundstücks		Menge, Einheit	% an GF
BF	Bebaute Fläche	1.820,00 m²	28,6
UF	Unbebaute Fläche	4.549,86 m²	71,4
GF	Grundstücksfläche	6.369,86 m²	100,0

Grundflächen des Bauwerks		Menge, Einheit	% an NUF	% an BGF
NUF	Nutzungsfläche	2.186,73 m²	100,0	80,0
TF	Technikfläche	69,37 m²	3,2	2,5
VF	Verkehrsfläche	203,90 m²	9,3	7,5
NRF	Netto-Raumfläche	2.460,00 m²	112,5	90,0
KGF	Konstruktions-Grundfläche	273,19 m²	12,5	10,0
BGF	Brutto-Grundfläche	2.733,19 m²	125,0	100,0

NUF=100% | BGF=125,0% | NRF=112,5%

NUF TF VF KGF

Brutto-Rauminhalt des Bauwerks		Menge, Einheit	BRI/NUF (m)	BRI/BGF (m)
BRI	Brutto-Rauminhalt	13.142,21 m³	6,01	4,81

0 1 2 3 4 5 6 BRI/NUF=6,01m

0 1 2 3 4 BRI/BGF=4,81m

Lufttechnisch behandelte Flächen	Menge, Einheit	% an NUF	% an BGF
Entlüftete Fläche	–	–	–
Be- und Entlüftete Fläche	–	–	–
Teilklimatisierte Fläche	–	–	–
Klimatisierte Fläche	–	–	–

KG	Kostengruppen (2.Ebene)	Menge, Einheit	Menge/NUF	Menge/BGF
310	Baugrube	4.781,00 m³ BGI	2,19	1,75
320	Gründung	1.820,00 m² GRF	0,83	0,67
330	Außenwände	2.406,08 m² AWF	1,10	0,88
340	Innenwände	1.448,03 m² IWF	0,66	0,53
350	Decken	913,19 m² DEF	0,42	0,33
360	Dächer	1.940,70 m² DAF	0,89	0,71

Kostenkennwerte für die Kostengruppen der 1.Ebene DIN 276

KG	Kostengruppen (1.Ebene)	Einheit	Kosten €	€/Einheit	€/m² BGF	€/m³ BRI	% 300+400
100	Grundstück	m² GF	–	–	–	–	–
200	Herrichten und Erschließen	m² GF	17.433	2,74	6,38	1,33	0,5
300	Bauwerk - Baukonstruktionen	m² BGF	2.571.047	940,68	940,68	195,63	70,8
400	Bauwerk - Technische Anlagen	m² BGF	1.058.850	387,40	387,40	80,57	29,2
	Bauwerk 300+400	**m² BGF**	**3.629.897**	**1.328,08**	**1.328,08**	**276,20**	**100,0**
500	Außenanlagen	m² AF	487.783	107,21	178,47	37,12	13,4
600	Ausstattung und Kunstwerke	m² BGF	75.174	27,50	27,50	5,72	2,1
700	Baunebenkosten	m² BGF	–	–	–	–	–

KG	Kostengruppe	Menge Einheit	Kosten €	€/Einheit	%
200	**Herrichten und Erschließen**	6.369,86 m² GF	17.433	**2,74**	100,0

Wurzelstöcke roden, entsorgen; Hausanschlüsse Wasser und Strom

KG	Kostengruppe	Menge Einheit	Kosten €	€/Einheit	%
3+4	**Bauwerk**				**100,0**
300	**Bauwerk - Baukonstruktionen**	2.733,19 m² BGF	2.571.047	**940,68**	70,8

Magerbeton, Fundamente, Bodenplatte, Estrich, Epoxidharzbeschichtung; Ziegelmauerwerk, Stb-Wände, Doppelwandelemente, Stahlkonstruktionswände, Stützen, Holz-Alufenster, Metalltüren, hinterlüftete Fassaden, PC-Lichtbauelemente, Akustik-Bekleidung, Haupteingangstür, Fensterelemente, Falttore, Sektionaltore, Raffstores, Stahlaußentreppe; GK-Wände, Innentüren, Putz, Anstriche, Wandfliesen, Pfosten-Riegelkonstruktionen, Trennwände, Pendeltüranlage; Stb-Decken, Treppen, Dämmung, Estriche, Parkett, Bodenfliesen, Bodenbeschichtung, abgehängte Decken, Anstrich, Streckmetalldecke, Steinfaser-Bekleidung, Stahl-Leiter; Flachdächer, Stahlbeton, Holzkonstruktion, Lichtkuppeln, Trapezblechdeckung, Dampfsperre, Dämmung, Brandschutzlage, Abdichtung, Kiesschüttung, Holzdielen, Vordach, Stahlkonstruktion; Einbaumöbel, Feuerwehrschränke; Schließanlage

KG	Kostengruppe	Menge Einheit	Kosten €	€/Einheit	%
400	**Bauwerk - Technische Anlagen**	2.733,19 m² BGF	1.058.850	**387,40**	29,2

Gebäudeentwässerung, Kalt- und Warmwasserleitungen, Sanitärobjekte; Fernwärme-Übergabestation, Druckluftkompressor, Kältetrockner, Spiralschläuche, Druckhaltestation, Heizungsrohre, Fußbodenheizung, Heizkörper, Deckenluftheizer, Schornsteinrohr; Zu- und Abluftgerät mit Wärmerückgewinnung, Splitklimaanlage; Eigenstromanlage, Elektroinstallation, Beleuchtung, Blitzschutz; Telekommunikationsanlage, Funkanlage, Zeitanzeigesystem, Beschallungsanlage, Antennenanlage, Brandmeldeanlage; Güteraufzug; Schlauch-Aufhängeanlage, Schlauchpflegestraße, Absaugsystem, Atemschutz; Gebäudeautomation

KG	Kostengruppe	Menge Einheit	Kosten €	€/Einheit	%
500	**Außenanlagen**	4.549,86 m² AF	487.783	**107,21**	100,0

Bodenarbeiten; Bitumentragschicht, Asphaltbeton, Betonsteinpflaster, Rabattensteine, Winkelböschungssteine, Granitpflaster, Schotterrasen, Füllkies; Gittermattenzaun, Blockstufen, Brunnenanlage; Ab- und Wasseranlagen, Fernwärmeleitungen, PVC-Leerrohre; Einbauten; Baum, Sträucher, Pflanzen, Wackenbeet, Rasenansaat; Abbruch von Asphaltflächen, Rohrleitungen, Straßeneinläufen, Schachtabdeckung; Entsorgung, Deponiegebühren

KG	Kostengruppe	Menge Einheit	Kosten €	€/Einheit	%
600	**Ausstattung und Kunstwerke**	2.733,19 m² BGF	75.174	**27,50**	100,0

Regal, Tische, Stühle, Barhocker, Garderobenhaken, Fußstützen für Stiefelwäsche, Sanitärausstattung, Werbeanlagen, Beschilderungen

Kostenkennwerte für die Kostengruppen der 2.Ebene DIN 276

KG	Kostengruppe	Menge Einheit	Kosten €	€/Einheit	%
200	**Herrichten und Erschließen**				**100,0**
210	**Herrichten**	6.369,86 m² GF	706	**0,11**	4,0
	Wurzelstöcke roden, entsorgen (25St)				
230	**Nichtöffentliche Erschließung**	6.369,86 m² GF	16.727	**2,63**	96,0
	Hausanschluss Wasser (psch) * Strom (psch)				
300	**Bauwerk - Baukonstruktionen**				**100,0**
310	**Baugrube**	4.781,00 m³ BGI	43.889	**9,18**	1,7
	Oberboden, d=15cm, abtragen, laden, entsorgen (235m³), d=10cm, abtragen, lagern (100m³), Baugrube BK 3-4, t=1,50m, ausheben, laden, entsorgen (4.446m³), Arbeitsräume mit Kiessand hinterfüllen (699m³) * Pumpen (2St), zur Trockenhaltung von Baugrube, nach Einsatz wieder abbauen, Pumpensumpf herstellen (100h)				
320	**Gründung**	1.820,00 m² GRF	379.417	**208,47**	14,8
	Bodenaushub BK 3-4 (394m³), Planum (4.166m²), Magerbeton C12/15 (347m³), Sand-Kies-Bodengemisch, d=20cm (500m³) * Stb-Streifen- und -Einzelfundamente C25/30 (234m³) * Stb-Bodenplatten C25/30, d=20cm (1.748m²), d=25cm (72m²) * Bitumenschweißbahn (344m²), Estrich (344m²), Epoxidharzbeschichtung (1.402m²), Bodenbeschichtung, öl- und wasserbeständig (51m²), Bodenfliesen (276m²), Nadelfilz (60m²) * Kiesfeinplanum (1.619m²), Kiesfilterschicht, d=15-35cm (446m³), Perimeterdämmung WLG 035 (223m²), PE-Folie (1.365m²) * Geotextil (1.931m²), Kiesfilterschicht (196m³)				
330	**Außenwände**	2.406,08 m² AWF	904.490	**375,92**	35,2
	Ziegelmauerwerk, d=24cm (764m²), Stb-Wände C25/30, d=17,5-24cm (517m²), Doppelwandelemente C20/25, d=36,5cm, Dämmung (38m²), als Unterzüge (156m²), Stahlkonstruktionswände (289m²) * Stb-Attika C25/30 (97m²) * Fertigteil-Sandwichstützen C25/30 (59m), Stb-Stützen C25/30 (41m) * Holz-Alufenster (171m²), Metalltüren (18m²) * hinterlüftete Fassaden, Dämmung WLG 035, Trapezprofil-Blechtafeln (935m²), Steinfaser-Fassadentafeln (425m²), Attikaabdeckung (319m), PC-Lichtbauelemente (340m²), Perimeterdämmung WLG 040 (226m²), Metall-Isopaneelelemente (51m²) * Putz (1.178m²), Anstriche (1.207m²), Wandfliesen (40m²), Akustik-Bekleidung (34m²) * Festverglasungen, Haupteingangstür (104m²), Verglasungen mit Alu-Blech-Paneelen (20m²), Alu-Fensterelement (11m²), Falttore (189m²), Sektionaltore (32m²) * Raffstores (219m²) * Außentreppe Schlauchturm, Gitterroststufen (128St)				
340	**Innenwände**	1.448,03 m² IWF	347.014	**239,65**	13,5
	Stb-Wände C25/30, d=15-25cm (380m²), Ziegelmauerwerk, d=24cm (189m²) * GK-Wände, d=10-15cm (243m²), Ziegelmauerwerk, d=11,5cm (165m²) * Stb-Stützen C25/30 (101m), Stahlstützen (7m) * Holztüren (57m²), Stahltüren (35m²), T30 (16m²), Schallschutztüren (4m²), Schiebetür (2m²) * Putz (1.573m²), Anstriche (1.296m²), Wandfliesen (466m²), Spiegel, flächenbündig (8m²), HPL-Bekleidung (3m²) * Pfosten-Riegelkonstruktionen (211m²), mobile Trennwände (77m²), HPL-Trennwände (64m²), Pendeltüranlage (5m²) * Wandhandläufe (2St), Mauerabdeckung (1St), Rammschutz (16m)				

KG	Kostengruppe	Menge Einheit	Kosten €	€/Einheit	%
350	**Decken**	913,19 m² DEF	277.366	**303,73**	10,8

Stb-Decken C25/30, d=22cm (873m²), Stb-Unterzüge C25/30 (30m³), Podesttreppen (28m²), Wangentreppe (8m²) * Wärmedämmung, TSD (266m²), Estriche (643m²), Parkett (580m²), Bodenfliesen (109m²), Stufenfliesen mit Rillen (9m²), Bodenbeschichtung F30 (39m²) * abgehängte Decken (291m²), GK-Decken, Dämmung (262m²), Anstrich (725m²), Streckmetalldecke (97m²), Steinfaser-Bekleidung (61m²) * Treppengeländer (2St), Treppenhandlauf (28m), Geländer mit Galerieabschluss (1St), Stahl-Leiter-Aufstieg (1St)

KG	Kostengruppe	Menge Einheit	Kosten €	€/Einheit	%
360	**Dächer**	1.940,70 m² DAF	464.560	**239,38**	18,1

Stb-Flachdächer C25/30, d=20cm (1.146m²), Stb-Unterzüge C25/30 (7m³), Flachdach, Holzkonstruktion, BSH (36m³), Dreischichtplatten (113m²) * Lichtkuppeln (44m²), Dachflächenlüfter (1m²) * Trapezblechdeckung (763m²), Dampfsperre (1.779m²), EPS-Wärmedämmung WLG 035 (853m²), EPS-Gefälledämmung WLG 035 (1.772m²), Brandschutzlage, Folienabdichtung, Kiesschüttung (1.748m²), Holzdielen (32m²) * abgehängte Decken (99m²), GK-Decken, Dämmung (115m²), Anstrich (1.032m²) * Vordach, Stahlkonstruktion, Dämmung, Folienabdichtung (106m²), Stahlbeschichtung (78m), Dachterrassen-Geländer, Flachstahlpfosten (6m), Sekuranten (20St)

KG	Kostengruppe	Menge Einheit	Kosten €	€/Einheit	%
370	**Baukonstruktive Einbauten**	2.733,19 m² BGF	55.956	**20,47**	2,2

Thekenbrett (1St), Spritzschutz, Plexiglasscheibe (1St), Fußstütze (1St), Einbauschränke (2St), Sitzbank (1St), zurückversetzte Sichtblenden (4St), Waschtischplatte (2St), Handtuchkorb-Auflager (2St), Verkleidung unter Ausgussbecken (psch) * Stahl-Feuerwehrschränke mit Helmaussparung im Schrankdach (90St)

KG	Kostengruppe	Menge Einheit	Kosten €	€/Einheit	%
390	**Sonstige Baukonstruktionen**	2.733,19 m² BGF	98.355	**35,99**	3,8

Baustelleneinrichtung (psch), Krane (3St), Baustromverteiler (4St), Bauschild (1St), Bauzaun (100m), Arbeitsbühnen (psch), Bautreppe (1St) * Fassadengerüst (3.256m²), Gerüstverbreiterung (525m), Auffangnetze (1.366m²), Schutzdach (1St), Rollengerüste (4St) * Verglasungselemente abkleben (490m²), Parkettfläche abdecken (300m²), Glasreinigung (psch), Bauendreinigung (psch), Schutzplanen (425m²), Heizgeräte (2St) * Schließanlage mit elektronischem Zutrittskontrollsystem

KG	Kostengruppe	Menge Einheit	Kosten €	€/Einheit	%
400	**Bauwerk - Technische Anlagen**				**100,0**
410	**Abwasser-, Wasser-, Gasanlagen**	2.733,19 m² BGF	115.520	**42,27**	10,9

Abwasserleitungen DN50-100 (137m), Regenwasserdruckleitungen, PE-HD-Rohre DN40-200 (196m), Regenfallrohre DN100 (15m), Dachgullys (24St), Entwässerungsrinne (3m) * Kalt- und Warmwasserleitungen, Stahlrohre (690m), PE-HD-Rohre (88m), Hebepumpe (1St), Zwei-Zonen-Speicher (1St), Speicher 15l (2St), Wärmetauscher (4St), Zirkulationspumpe (1St), Druckminderer (1St), Kaltwasserverteiler (2St), Ausgussbecken (2St), Waschtische (16St), Tiefspül-WCs (8St), Urinale, elektronische Spülung (7St) * Installationselemente (39St)

KG	Kostengruppe	Menge Einheit	Kosten €	€/Einheit	%
420	**Wärmeversorgungsanlagen**	2.733,19 m² BGF	114.971	**42,06**	10,9
	Fernwärme-Übergabestation, Druckluftkompressor (1St), Kältetrockner (1St), Spiralschläuche (12St), Druckhaltestation (1St), Heizungsverteiler (1St) * Hocheffizienz-Umwälzpumpen (4St), Nassläufer-Umwälzpumpe (1St), Kugelhähne (32St), Zeigerthermometer (12St), Gewinderohre (968m), Stahlrohre (102m) * EPS-Wärmedämmung WLG 040, Tackerplatte, Fußbodenheizung (703m²), Heizkörper (27St), Deckenluftheizer (5St), Uhrenmodul (1St), Heizkreisverteiler (6St) * Schornsteinrohr (7St), Wetterkragen (2St)				
430	**Lufttechnische Anlagen**	2.733,19 m² BGF	57.937	**21,20**	5,5
	Zu- und Abluftgerät mit Wärmerückgewinnung (1St), Axial-Hochleistungsventilator (1St), Rohrventilator (1St), Drehzahlsteuertrafo (1St), Ab-/Zuluft Treibstofflager (2St), Deckendrallauslässe (19St), Luftkanäle (85m²), als Formteile (177m²), Flexrohre (30m), Wickelfalzrohre (6m) * Splitklimaanlage zum Heizen-Kühlen (1St), Kondensatpumpe (1St), Zwischendeckengerät (1St), Verbindungsleitungen (21m), Tauwasserleitung (15m)				
440	**Starkstromanlagen**	2.733,19 m² BGF	322.935	**118,15**	30,5
	Stromerzeuger (1St), Batterie (1St), Schaltanlagen (2St), Steuerleitungen (psch) * Hauptverteiler (1St), Feldverteiler (3St), Standschränke (2St), Sicherungen (31St), FI-Schutzschalter (122St), FI/LS-Schalter (70St), Schütze (111St), Mini-Netzgerät (1St), Mantelleitungen NYM (13.188m), NYY-J (359m), Steuerleitungen (2.527m), Starkstromkabel (120m), Schalter (81St), Steckdosen (343St), CEE-Steckdosen (23St) * Wannenleuchten (84St), Einbauleuchten (90St), Downlights (52St), Lichtbandleuchten (234St), Leuchten (25St), Flutlichter (10St), Feuchtraumleuchten (6St), Lichtleisten (4St), Lichtkanäle (4St), Rettungszeichen-Leuchten (11St), LED-Blitzleuchten (2St), LED-Lichtschläuche (2St), LED-Orientierungsleuchte (1St), Außenbeleuchtung (6St) * Blitzschutzanlage (psch), Potenzialausgleichsschienen (4St)				
450	**Fernmelde-, informationstechn. Anlagen**	2.733,19 m² BGF	149.525	**54,71**	14,1
	Telekommunikationsanlage (1St), Sprachendgeräte (15St), Kommunikationssysteme (5St), Installationsleitungen (3.062m), TAE-Anschlussdose (1St) * Funkanlage, Funkabfrageeinrichtungen (5St) * Zeitanzeigesystem (1St), Nebenuhren (9St) * Beschallungsanlage (1St), Lautsprecher (39St), Kabel (80m) * Antennensteckdosen (8St), Parabolantenne (1St), Koaxialkabel (509m) * Brandmeldezentrale (1St), Rauchmelder (80St), Brandmelder (24St), Brandmeldeleitungen (1.891m), RWA-Anlage (1St) * Netzwerkschränke (2St), Kommunikationskabel (9.200m), Datenleitung (162m), Patchkabel Cat6 (200m), LWL-Minibügelkabel (178m), Anschlussdosen (62St)				
460	**Förderanlagen**	2.733,19 m² BGF	42.494	**15,55**	4,0
	Güteraufzug, Tragkraft 500kg, Förderhöhe 3,80m, zwei Haltestellen (1St), Anstrich Aufzugskabine (13m²), Aufzugsschachttüren (3St)				
470	**Nutzungsspezifische Anlagen**	2.733,19 m² BGF	162.220	**59,35**	15,3
	Automatische Schlauch-Aufhängeanlage, Schlauchpflegestraße, Schlauch-Waschmaschine, Schlauch-Prüfwerkbankwanne, Schlauch-Prüfpumpenstation, Druck-Prüfverteiler, Berstschutzsicherung, automatische Schlauch-Schlepp-Einrichtung * Fahrzeugabsaugung, laufschienengeführtes Absaugsystem (11St), Saugeinheit (11St), Radialventilatoren (2St), Wickelfalzrohre (106m), Abgas-Schlauchaufroller, Antriebs-Bremsmotor * Atemschutz, Edelstahlrohre (43m), Pressluftschlauch (12m), HD-Speicherflasche (2St), Transportflaschen (2St)				

KG	Kostengruppe	Menge Einheit	Kosten €	€/Einheit	%
480	**Gebäudeautomation**	2.733,19 m² BGF	93.248	**34,12**	8,8
	MSR-Technik, Automationsstationen (2St), Außen-, Stabtemperaturfühler (16St), Raumbediengeräte (17St), DDC-Einzelraumregler (6St), Frostschutz-, Feindifferenzdruckwächter (5St), Touch-Panel-Color, Taster-Busankoppler (66St), Automatikschalter (2St), Präsenzmelder (32St), Schaltaktoren (13St), EIB-Jalousieaktor, Präsenzmelder (3St) * Schaltschrank, Schuko-Steckdosen (2St), Steuertransformatoren (2St), Motorleistungsbaugruppen (12St) * Automationsstation, Bediengerät, Schaltanlagen (psch), Automatikzentrale, Sensoren (2St), EIB-Bewegungsmelder (5St), Info-Terminal-Touch, Taster-Busankoppler (42St), Tastersensor mit Controller (4St), ISDN-Router/Breitband/DSL Security Router * EIB-Busleitungen (1.348m), Steuerleitungen (193m)				
500	**Außenanlagen**				**100,0**
510	**Geländeflächen**	4.549,86 m²	81.505	**17,91**	16,7
	Boden BK 3-4, t=2,00m, abtragen, laden, abfahren (457m³), Kiesunterbau, t=50cm, abtragen, laden, abfahren (287m³), t=60cm, abtragen, wieder einbauen (194m³), Kiessandschicht, t=60cm, liefern, einbauen (557m³), verunreinigten Kies abziehen, laden, entsorgen (75m³), Planum (3.363m²), Kiessandschicht (1.380m³), Feinplanum (3.515m²)				
520	**Befestigte Flächen**	3.843,86 m²	156.330	**40,67**	32,0
	Bitumentragschicht 0/16mm, d=8-12cm (2.924m²), Asphaltbeton 0/16mm, d=4cm (2.900m²), 0/5mm, d=2,5cm (41m²), Betonsteinpflaster (460m²), Beton-Rabattensteine (410m), Winkelböschungssteine (36m), Granit-Hochbordsteine (7m), Granitpflaster (31m), Beton-Hochbordsteine (42m), Betonpflaster, aufnehmen, lagern (218m²), Einfassungen ausbauen, lagern (253m), Graniteinzeiler versetzen (35m) * Schotterrasen, Vegetationstragschicht, Rasenansaat (225m²) * Füllkies (1.750m³), Kiestraufstreifen (119m), Gitterrost (6St), Straßenmarkierung (psch)				
530	**Baukonstruktionen in Außenanlagen**	4.549,86 m² AF	50.229	**11,04**	10,3
	Gittermattenzaun (52m), Doppeltor (1St) * Fertigteil-Betonblockstufen (75m) * Brunnenanlage, Unterwasserpumpe, Pumpendruckleitung, PE-HD-Rohre (25m), Unterwasserscheinwerfer (2St), Schalt- und Steueranlage, Regenwasserzisterne				
540	**Technische Anlagen in Außenanlagen**	4.549,86 m² AF	153.444	**33,72**	31,5
	Rohrgräben (1.505m³), Kiessand (317m³), PP-Rohre DN160-315 (688m), Stb-Rohre (22m), Entwässerungsrinnen DN100 (49m), Fertigteilschächte (13St), Stb-Regenwasserzisterne (1St), Rückstauautomaten (2St), Straßeneinläufe (8St) * PVC-Leerrohre DN100-250 (71m), Sanitärhydranten (psch), Überflurhydranten (2St) * Fernwärmeleitungen (161m), PE-Druckrohre (343m) * Leitungsgräben (71m³), Kabelsand (91m³), PVC-Leerrohre DN110 (465m)				
550	**Einbauten in Außenanlagen**	4.549,86 m² AF	12.556	**2,76**	2,6
	Baum im Pflanzgefäß (1St), Poller, h=1,20m, rot/grau (6St), Rankgitter (psch), Fahnenmast, Fahrradständer (psch)				
570	**Pflanz- und Saatflächen**	999,00 m²	10.183	**10,19**	2,1
	Oberboden, seitlich gelagert, laden, fördern, profilgerecht einbauen (100m³), Baumgrube ausheben, lagern, wieder einbauen (4m³) * Baum, Pflanzenverankerung mit Pfahl-Dreibock (1St), Sträucher, Pflanzen (psch), Wackenbeet (149m²) * Rasenflächen fräsen, Rasenansaat, Gebrauchsrasen, Fertigstellungspflege (293m²)				

KG	Kostengruppe	Menge Einheit	Kosten €	€/Einheit	%
590	**Sonstige Maßnahmen für Außenanlagen**	4.549,86 m² AF	23.537	**5,17**	4,8

Baustelleneinrichtung (psch) * Abbruch von Asphaltflächen, d=15cm (1.062m²), Rohrleitungen DN110-150 (18m), Straßeneinläufen (2St), Schachtabdeckung (1St); Entsorgung, Deponiegebühren

KG	Kostengruppe	Menge Einheit	Kosten €	€/Einheit	%
600	**Ausstattung und Kunstwerke**				**100,0**
610	**Ausstattung**	2.733,19 m² BGF	75.174	**27,50**	100,0

Regal, Holzwerkstoff, ESG-Fachböden, unten Schubladenschrank (1St), Tische (19St), Klapptische (25St), Kartentisch (1St), Tisch- und Stuhltransportwagen (4St), Stühle (164St), Barhocker (5St), Garderobenhaken (51St), Fußstützen bei Stiefelwäsche (2St), Handbürsten (6St), Sanitärausstattung (psch), Wandhaartrockner (3St) * Werbeanlagen, Beschilderungen (psch)

Kostenkennwerte für die Kostengruppe 300 der 2. und 3.Ebene DIN 276 (Übersicht)

KG	Kostengruppe	Menge Einh.	€/Einheit	Kosten €	% 3+4
300	**Bauwerk - Baukonstruktionen**	**2.733,19 m² BGF**	**940,68**	**2.571.046,93**	**70,8**
310	**Baugrube**	**4.781,00 m³ BGI**	**9,18**	**43.889,05**	**1,2**
311	Baugrubenherstellung	4.781,00 m³ BGI	8,99	42.982,54	1,2
312	Baugrubenumschließung	–	–	–	–
313	Wasserhaltung	1.820,00 m² GRF	0,50	906,51	< 0,1
319	Baugrube, sonstiges	–	–	–	–
320	**Gründung**	**1.820,00 m² GRF**	**208,47**	**379.417,12**	**10,5**
321	Baugrundverbesserung	1.820,00 m² GRF	38,83	70.669,29	1,9
322	Flachgründungen	1.820,00 m²	51,14	93.078,27	2,6
323	Tiefgründungen	–	–	–	–
324	Unterböden und Bodenplatten	1.820,00 m²	56,13	102.152,37	2,8
325	Bodenbeläge	1.788,95 m²	41,04	73.417,45	2,0
326	Bauwerksabdichtungen	1.820,00 m² GRF	15,96	29.047,72	0,8
327	Dränagen	1.820,00 m² GRF	4,97	9.050,06	0,2
329	Gründung, sonstiges	1.820,00 m² GRF	1,10	2.001,95	< 0,1
330	**Außenwände**	**2.406,08 m² AWF**	**375,92**	**904.489,89**	**24,9**
331	Tragende Außenwände	1.763,50 m²	137,42	242.342,66	6,7
332	Nichttragende Außenwände	97,00 m²	100,80	9.777,87	0,3
333	Außenstützen	99,90 m	173,82	17.364,59	0,5
334	Außentüren und -fenster	189,62 m²	516,12	97.864,86	2,7
335	Außenwandbekleidungen außen	1.976,80 m²	123,71	244.555,22	6,7
336	Außenwandbekleidungen innen	1.281,00 m²	38,89	49.819,20	1,4
337	Elementierte Außenwände	355,96 m²	533,94	190.061,95	5,2
338	Sonnenschutz	218,65 m²	83,14	18.178,31	0,5
339	Außenwände, sonstiges	2.406,08 m² AWF	14,35	34.525,24	1,0
340	**Innenwände**	**1.448,03 m² IWF**	**239,65**	**347.013,74**	**9,6**
341	Tragende Innenwände	569,00 m²	94,62	53.838,98	1,5
342	Nichttragende Innenwände	408,00 m²	62,35	25.437,98	0,7
343	Innenstützen	107,14 m	87,28	9.350,90	0,3
344	Innentüren und -fenster	113,89 m²	451,28	51.396,85	1,4
345	Innenwandbekleidungen	1.773,91 m²	41,88	74.296,58	2,0
346	Elementierte Innenwände	357,14 m²	365,53	130.545,28	3,6
349	Innenwände, sonstiges	1.448,03 m² IWF	1,48	2.147,16	< 0,1
350	**Decken**	**913,19 m² DEF**	**303,73**	**277.365,50**	**7,6**
351	Deckenkonstruktionen	913,19 m²	160,08	146.183,36	4,0
352	Deckenbeläge	736,66 m²	83,29	61.355,77	1,7
353	Deckenbekleidungen	883,19 m²	66,24	58.504,57	1,6
359	Decken, sonstiges	913,19 m² DEF	12,40	11.321,80	0,3
360	**Dächer**	**1.940,70 m² DAF**	**239,38**	**464.560,17**	**12,8**
361	Dachkonstruktionen	1.896,00 m²	95,45	180.976,45	5,0
362	Dachfenster, Dachöffnungen	44,70 m²	419,56	18.754,13	0,5
363	Dachbeläge	1.779,17 m²	110,16	196.000,49	5,4
364	Dachbekleidungen	1.032,00 m²	15,63	16.130,94	0,4
369	Dächer, sonstiges	1.940,70 m² DAF	27,15	52.698,16	1,5
370	**Baukonstruktive Einbauten**	**2.733,19 m² BGF**	**20,47**	**55.956,32**	**1,5**
390	**Sonstige Baukonstruktionen**	**2.733,19 m² BGF**	**35,99**	**98.355,14**	**2,7**

Kostenkennwerte für die Kostengruppe 400 der 2. und 3.Ebene DIN 276 (Übersicht)

KG	Kostengruppe	Menge Einh.	€/Einheit	Kosten €	% 3+4
400	**Bauwerk - Technische Anlagen**	**2.733,19 m² BGF**	**387,40**	**1.058.850,48**	**29,2**
410	**Abwasser-, Wasser-, Gasanlagen**	**2.733,19 m² BGF**	**42,27**	**115.519,79**	**3,2**
411	Abwasseranlagen	2.733,19 m² BGF	15,23	41.617,36	1,1
412	Wasseranlagen	2.733,19 m² BGF	21,86	59.754,92	1,6
413	Gasanlagen	–	–	–	–
419	Abwasser-, Wasser-, Gasanlagen, sonstiges	2.733,19 m² BGF	5,18	14.147,52	0,4
420	**Wärmeversorgungsanlagen**	**2.733,19 m² BGF**	**42,06**	**114.971,11**	**3,2**
421	Wärmeerzeugungsanlagen	2.733,19 m² BGF	4,79	13.096,56	0,4
422	Wärmeverteilnetze	2.733,19 m² BGF	13,56	37.061,24	1,0
423	Raumheizflächen	2.733,19 m² BGF	23,13	63.225,87	1,7
429	Wärmeversorgungsanlagen, sonstiges	2.733,19 m² BGF	0,58	1.587,44	< 0,1
430	**Lufttechnische Anlagen**	**2.733,19 m² BGF**	**21,20**	**57.936,70**	**1,6**
431	Lüftungsanlagen	2.733,19 m² BGF	18,13	49.554,51	1,4
432	Teilklimaanlagen	2.733,19 m² BGF	3,07	8.382,18	0,2
433	Klimaanlagen	–	–	–	–
434	Kälteanlagen	–	–	–	–
439	Lufttechnische Anlagen, sonstiges	–	–	–	–
440	**Starkstromanlagen**	**2.733,19 m² BGF**	**118,15**	**322.934,83**	**8,9**
441	Hoch- und Mittelspannungsanlagen	–	–	–	–
442	Eigenstromversorgungsanlagen	2.733,19 m² BGF	21,65	59.185,71	1,6
443	Niederspannungsschaltanlagen	–	–	–	–
444	Niederspannungsinstallationsanlagen	2.733,19 m² BGF	50,79	138.815,23	3,8
445	Beleuchtungsanlagen	2.733,19 m² BGF	42,29	115.580,26	3,2
446	Blitzschutz- und Erdungsanlagen	2.733,19 m² BGF	3,42	9.353,62	0,3
449	Starkstromanlagen, sonstiges	–	–	–	–
450	**Fernmelde-, informationstechn. Anlagen**	**2.733,19 m² BGF**	**54,71**	**149.524,93**	**4,1**
451	Telekommunikationsanlagen	2.733,19 m² BGF	9,23	25.236,79	0,7
452	Such- und Signalanlagen	2.733,19 m² BGF	13,74	37.545,93	1,0
453	Zeitdienstanlagen	2.733,19 m² BGF	2,33	6.359,74	0,2
454	Elektroakustische Anlagen	2.733,19 m² BGF	6,25	17.082,57	0,5
455	Fernseh- und Antennenanlagen	2.733,19 m² BGF	1,33	3.631,03	0,1
456	Gefahrenmelde- und Alarmanlagen	2.733,19 m² BGF	10,67	29.149,52	0,8
457	Übertragungsnetze	2.733,19 m² BGF	11,17	30.519,34	0,8
459	Fernmelde- und informationstechnische Anlagen, sonstiges	–	–	–	–
460	**Förderanlagen**	**2.733,19 m² BGF**	**15,55**	**42.494,43**	**1,2**
461	Aufzugsanlagen	2.733,19 m² BGF	15,55	42.494,43	1,2
462	Fahrtreppen, Fahrsteige	–	–	–	–
463	Befahranlagen	–	–	–	–
464	Transportanlagen	–	–	–	–
465	Krananlagen	–	–	–	–
469	Förderanlagen, sonstiges	–	–	–	–
470	**Nutzungsspezifische Anlagen**	**2.733,19 m² BGF**	**59,35**	**162.220,25**	**4,5**
480	**Gebäudeautomation**	**2.733,19 m² BGF**	**34,12**	**93.248,43**	**2,6**
490	**Sonstige Technische Anlagen**	**–**	**–**	**–**	**–**

Kostenkennwerte für Leistungsbereiche nach StLB (Kosten des Bauwerks nach DIN 276)

LB	Leistungsbereiche	Kosten €	€/m² BGF	€/m³ BRI	% 3+4
000	Sicherheits-, Baustelleneinrichtungen inkl. 001	69.460	25,41	5,29	1,9
002	Erdarbeiten	86.766	31,75	6,60	2,4
006	Spezialtiefbauarbeiten inkl. 005	–	–	–	–
009	Entwässerungskanalarbeiten inkl. 011	–	–	–	–
010	Dränarbeiten	9.050	3,31	0,69	0,2
012	Mauerarbeiten	71.201	26,05	5,42	2,0
013	Betonarbeiten	706.277	258,41	53,74	19,5
014	Natur-, Betonwerksteinarbeiten	1.463	0,54	0,11	< 0,1
016	Zimmer- und Holzbauarbeiten	43.989	16,09	3,35	1,2
017	Stahlbauarbeiten	144.505	52,87	11,00	4,0
018	Abdichtungsarbeiten	–	–	–	–
020	Dachdeckungsarbeiten	–	–	–	–
021	Dachabdichtungsarbeiten	168.196	61,54	12,80	4,6
022	Klempnerarbeiten	66.537	24,34	5,06	1,8
	Rohbau	**1.367.443**	**500,31**	**104,05**	**37,7**
023	Putz- und Stuckarbeiten, Wärmedämmsysteme	54.495	19,94	4,15	1,5
024	Fliesen- und Plattenarbeiten	50.456	18,46	3,84	1,4
025	Estricharbeiten	20.612	7,54	1,57	0,6
026	Fenster, Außentüren inkl. 029, 032	108.720	39,78	8,27	3,0
027	Tischlerarbeiten	90.750	33,20	6,91	2,5
028	Parkett-, Holzpflasterarbeiten	40.582	14,85	3,09	1,1
030	Rollladenarbeiten	17.668	6,46	1,34	0,5
031	Metallbauarbeiten inkl. 035	333.722	122,10	25,39	9,2
034	Maler- und Lackiererarbeiten inkl. 037	96.194	35,19	7,32	2,7
036	Bodenbelagsarbeiten	2.833	1,04	0,22	< 0,1
038	Vorgehängte hinterlüftete Fassaden	233.649	85,49	17,78	6,4
039	Trockenbauarbeiten	117.605	43,03	8,95	3,2
	Ausbau	**1.167.286**	**427,08**	**88,82**	**32,2**
040	Wärmeversorgungsanlagen, inkl. 041	104.147	38,10	7,92	2,9
042	Gas- und Wasseranlagen, Leitungen inkl. 043	35.938	13,15	2,73	1,0
044	Abwasseranlagen - Leitungen	22.052	8,07	1,68	0,6
045	Gas, Wasser, Entwässerung - Ausstattung inkl. 046	34.219	12,52	2,60	0,9
047	Dämmarbeiten an technischen Anlagen	32.519	11,90	2,47	0,9
049	Feuerlöschanlagen, Feuerlöschgeräte	61.906	22,65	4,71	1,7
050	Blitzschutz- und Erdungsanlagen	9.354	3,42	0,71	0,3
052	Mittelspannungsanlagen	–	–	–	–
053	Niederspannungsanlagen inkl. 054	198.759	72,72	15,12	5,5
055	Ersatzstromversorgungsanlagen	–	–	–	–
057	Gebäudesystemtechnik	–	–	–	–
058	Leuchten und Lampen, inkl. 059	115.580	42,29	8,79	3,2
060	Elektroakustische Anlagen	60.988	22,31	4,64	1,7
061	Kommunikationsnetze, inkl. 063	88.537	32,39	6,74	2,4
069	Aufzüge	41.792	15,29	3,18	1,2
070	Gebäudeautomation	93.248	34,12	7,10	2,6
075	Raumlufttechnische Anlagen	148.481	54,33	11,30	4,1
	Gebäudetechnik	**1.047.521**	**383,26**	**79,71**	**28,9**
084	**Abbruch- und Rückbauarbeiten**	–	–	–	–
	Sonstige Leistungsbereiche inkl. 008, 033, 051	**47.648**	**17,43**	**3,63**	**1,3**

7600-0069
Feuer- und
Rettungswache

Objektübersicht

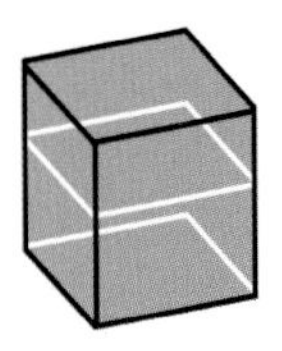

BRI 284 €/m³

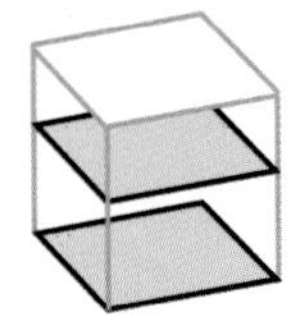

BGF 1.432 €/m²

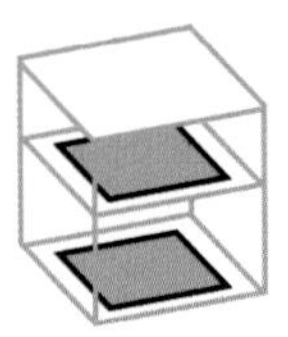

NUF 2.029 €/m²

Objekt:
Kennwerte: 1.Ebene DIN 276
BRI: 4.631 m³
BGF: 918 m²
NUF: 648 m²
Bauzeit: 65 Wochen
Bauende: 2014
Standard: Durchschnitt
Kreis: Erfurt, Stadt,
Thüringen

Architekt:
HOFFMANN.SEIFERT.PARTNER
architekten ingenieure
Arnstädter Straße 28
99096 Erfurt

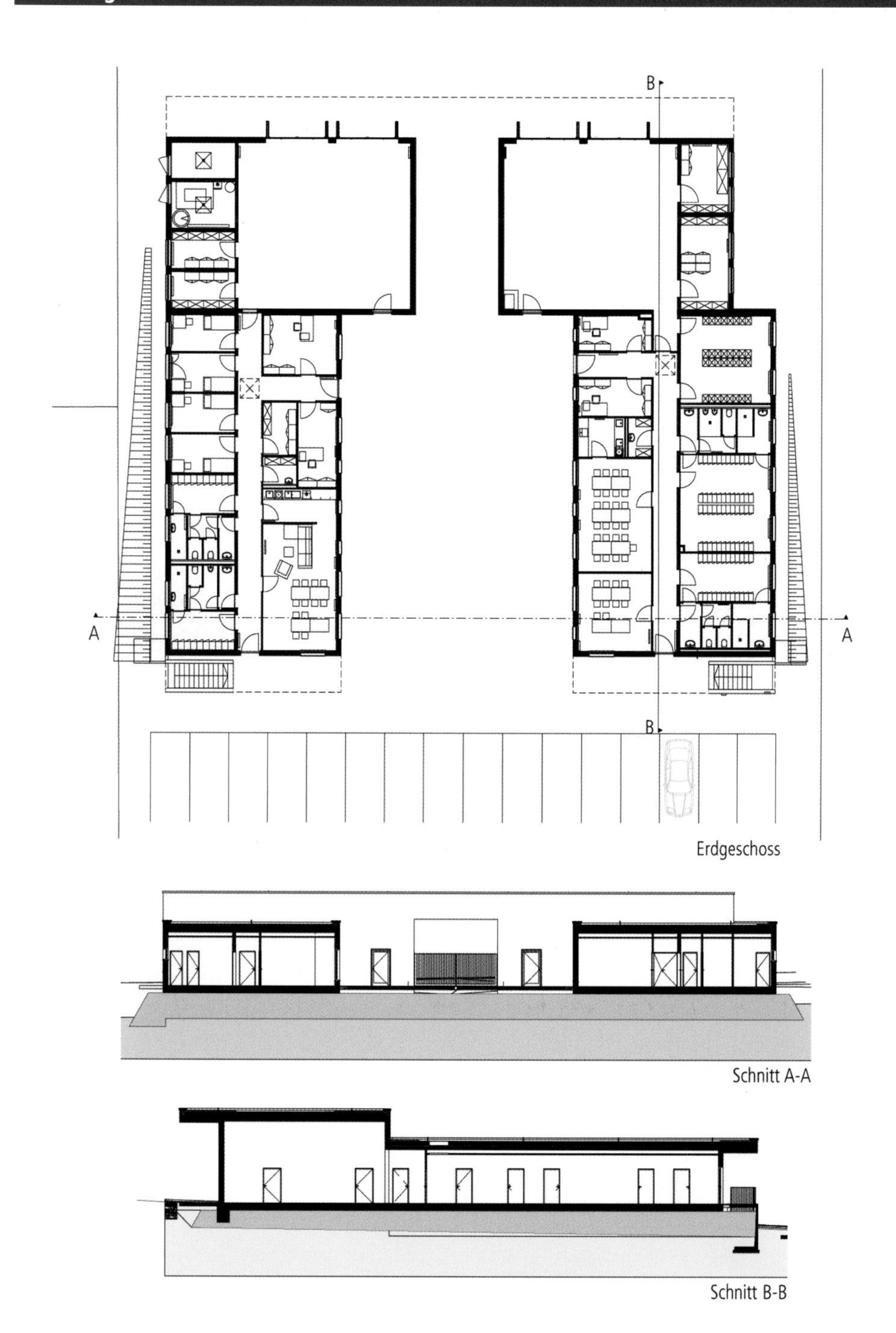

Erdgeschoss

Schnitt A-A

Schnitt B-B

Objektbeschreibung

Allgemeine Objektinformationen

Der Neubau der integrierten Feuer- und Rettungswache gliedert sich in zwei unabhängig voneinander nutzbare Gebäude mit einem innenliegenden schallgeschützten Übungsplatz mit Durchfahrt. Die Feuerwache ist mit Ausrüstung für zwei Stellplätze gem. DIN14092 konzipiert. In dem eingeschossigen Gebäude befinden sich Aufenthalts- und Seminarräume, Büros für Wehrführer und Jugendwart, Räume für Werkstatt, Einsatzgeräte und Stiefelwäsche. Die Rettungswache ist für zwei RTW-Stellplätze geplant. Weiterhin befinden sich in diesem Nutzungsbereich Aufenthaltsraum, Büros für Rettungsdienstleiter und Assistent, Ruheräume, Räume für Apotheke und Desinfektion. Die Aufenthaltsräume orientieren sich zum kommunikativen Innenhof.

Nutzung

1 Erdgeschoss
Aufenthalts- und Seminarräume, Büros, Räume für Werkstatt, Einsatzgeräte und Stiefelwäsche, Feuerwehrstellplätze (2St), RTW-Stellplätze (2St), Ruheräume, Räume für Apotheke und Desinfektion

Nutzeinheiten

Fahrzeugstellplätze: 4
Arbeitsplätze: 4

Grundstück

Bauraum: Freier Bauraum
Neigung: Geneigtes Gelände
Bodenklasse: BK 3 bis BK 7

Markt

Hauptvergabezeit: 3. Quartal 2013
Baubeginn: 4. Quartal 2012
Bauende: 1. Quartal 2014
Konjunkturelle Gesamtlage: Durchschnitt
Regionaler Baumarkt: Durchschnitt

Baukonstruktion

Aufgrund der Situation des abfallenden Grundstücks, wurde das Gebäude auf einem Grundstückspolster errichtet, das im südlichen Teil der Anlagen bis ca. 2,00m über das gewachsene Gelände herausragt. Beide Neubauten wurden in Massivbauweise errichtet. Die Funktionsbereiche sind in Mauerwerk gehalten, die Fahrzeughallen sind in Stahlbeton. Die Dächer bestehen aus Spannbetondecken.

Technische Anlagen

Der Neubau wird über ein Blockheizkraftwerk versorgt. In den Fahrzeughallen und in dem Raum für die Einsatzkleidung der Feuerwehr kam eine Raumlufttechnische Anlage zur Ausführung. In der Rettungswache wird das Wasser zentral, in dem Gebäude der Feuerwehr dezentral aufbereitet. Die Stellplätze sind mit Abgasabsauganlagen und Koaleszenzabscheider ausgerüstet.

Planungskennwerte für Flächen und Rauminhalte nach DIN 277

Flächen des Grundstücks		Menge, Einheit	% an GF
BF	Bebaute Fläche	918,00 m²	19,2
UF	Unbebaute Fläche	3.861,00 m²	80,8
GF	Grundstücksfläche	4.779,00 m²	100,0

Grundflächen des Bauwerks		Menge, Einheit	% an NUF	% an BGF
NUF	Nutzungsfläche	648,00 m²	100,0	70,6
TF	Technikfläche	21,00 m²	3,2	2,3
VF	Verkehrsfläche	135,00 m²	20,8	14,7
NRF	Netto-Raumfläche	804,00 m²	124,1	87,6
KGF	Konstruktions-Grundfläche	114,00 m²	17,6	12,4
BGF	Brutto-Grundfläche	918,00 m²	141,7	100,0

NUF=100% | BGF=141,7% | NRF=124,1%

NUF TF VF KGF

Brutto-Rauminhalt des Bauwerks		Menge, Einheit	BRI/NUF (m)	BRI/BGF (m)
BRI	Brutto-Rauminhalt	4.631,00 m³	7,15	5,04

0 1 2 3 4 5 6 7 BRI/NUF=7,15m

0 1 2 3 4 5 BRI/BGF=5,04m

Lufttechnisch behandelte Flächen	Menge, Einheit	% an NUF	% an BGF
Entlüftete Fläche	–	–	–
Be- und Entlüftete Fläche	–	–	–
Teilklimatisierte Fläche	–	–	–
Klimatisierte Fläche	–	–	–

KG	Kostengruppen (2.Ebene)	Menge, Einheit	Menge/NUF	Menge/BGF
310	Baugrube	–	–	–
320	Gründung	–	–	–
330	Außenwände	–	–	–
340	Innenwände	–	–	–
350	Decken	–	–	–
360	Dächer	–	–	–

Kostenkennwerte für die Kostengruppen der 1.Ebene DIN 276

KG	Kostengruppen (1.Ebene)	Einheit	Kosten €	€/Einheit	€/m² BGF	€/m³ BRI	% 300+400
100	Grundstück	m² GF	–	–	–	–	–
200	Herrichten und Erschließen	m² GF	–	–	–	–	–
300	Bauwerk - Baukonstruktionen	m² BGF	1.008.005	1.098,05	1.098,05	217,66	76,7
400	Bauwerk - Technische Anlagen	m² BGF	306.897	334,31	334,31	66,27	23,3
	Bauwerk 300+400	**m² BGF**	**1.314.902**	**1.432,36**	**1.432,36**	**283,93**	**100,0**
500	Außenanlagen	m² AF	280.704	72,70	305,78	60,61	21,3
600	Ausstattung und Kunstwerke	m² BGF	–	–	–	–	–
700	Baunebenkosten	m² BGF	–	–	–	–	–

KG	Kostengruppe	Menge Einheit	Kosten €	€/Einheit	%
3+4	**Bauwerk**				**100,0**
300	**Bauwerk - Baukonstruktionen**	918,00 m² BGF	1.008.005	**1.098,05**	76,7

Gründungspolster, d bis 2,00m, Stb-Bodenplatte, Epoxidharzbeschichtung (Fahrzeughalle), Abdichtung, Dämmung, Estrich, Bodenfliesen (Sozialbereiche); Stb-Wände, KS-Mauerwerk, Alufenster, Sektionaltore, WDVS; Stb-Wände, KS-Mauerwerk, Holztüren; Spannbetondächer, Dämmung, Abdichtung, Gründach

KG	Kostengruppe	Menge Einheit	Kosten €	€/Einheit	%
400	**Bauwerk - Technische Anlagen**	918,00 m² BGF	306.897	**334,31**	23,3

Gebäudeentwässerung, Koaleszenzabscheider, Kalt- und Warmwasserleitungen, Sanitärobjekte; BHKW mit Gasanschluss, Konvektionsheizung, getrennte Leistungszählung für FW/RW; RLT-Anlage (Fahrzeughallen und Raum für Einsatzkleidung FW); Elektroinstallation; Abgasabsauganlagen

KG	Kostengruppe	Menge Einheit	Kosten €	€/Einheit	%
500	**Außenanlagen**	3.861,00 m² AF	280.704	**72,70**	100,0

Pflasterbeläge, Entwässerungsrinnen, Einfassungen, Bepflanzung

Objektübersicht

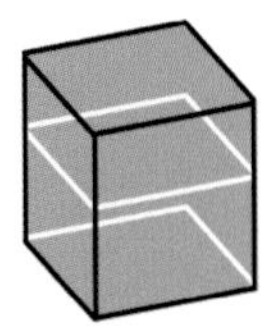

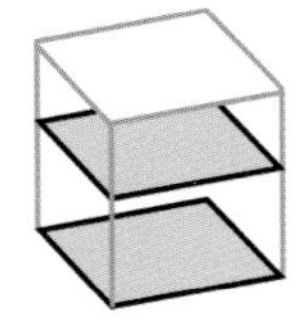

BGF 1.414 €/m²

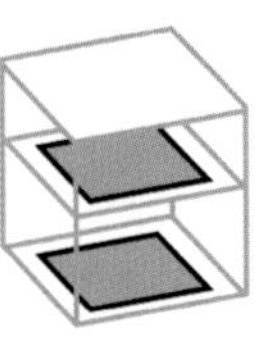

NUF 1.822 €/m²

Objekt:
Kennwerte: 1.Ebene DIN 276
BRI: 4.283 m³
BGF: 860 m²
NUF: 667 m²
Bauzeit: 82 Wochen
Bauende: 2015
Standard: über Durchschnitt
Kreis: Vogtlandkreis,
Sachsen

Architekt:
Fugmann Architekten GmbH
Eisenbahnstraße 1
08223 Falkenstein

Bauherr:
Gemeindeverwaltung Ellefeld

© Fugmann Architekten GmbH

© Fugmann Architekten GmbH

© Fugmann Architekten GmbH

© Fugmann Architekten GmbH

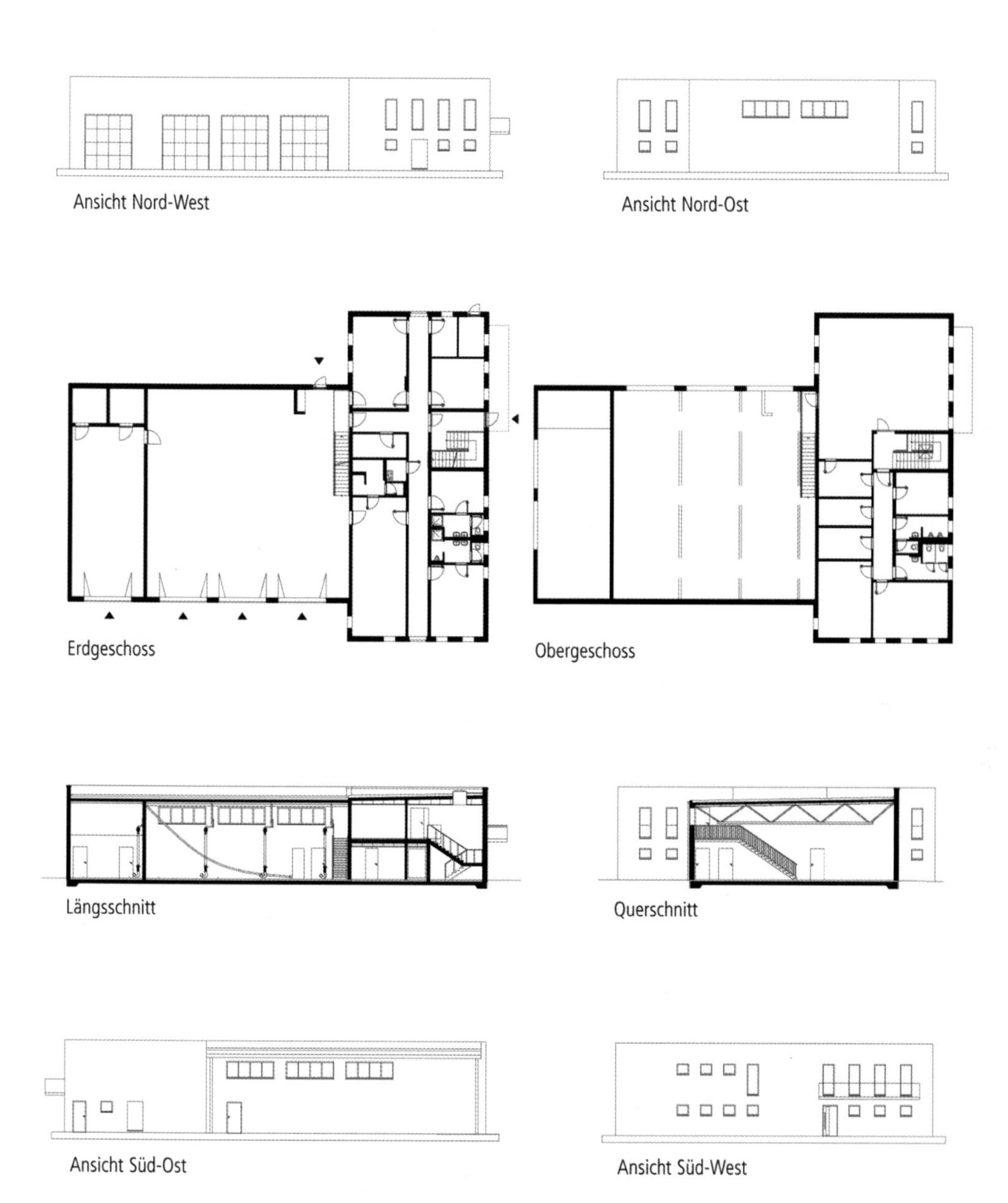
Ansicht Nord-West
Ansicht Nord-Ost
Erdgeschoss
Obergeschoss
Längsschnitt
Querschnitt
Ansicht Süd-Ost
Ansicht Süd-West

Objektbeschreibung

Allgemeine Objektinformationen

Die Fahrzeughalle bietet vier Stellplätze für Feuerwehrfahrzeuge. An der rückwärtigen Hallenseite sind eine Schlauchschrägtrocknung, ein Stiefelwaschplatz und die Haustechnikräume angeordnet. Der zweigeschossige Anbau wurde stirnseitig an die Fahrzeughalle angeordnet. Die Erschließung des Gebäudes erfolgt von Süden direkt vom PKW-Parkplatz aus. Der Umkleide- und Duschbereich befindet sich im Erdgeschoss und ist direkt an die Halle angeschlossen. Hier befinden sich auch die Technik- und Lagerräume und die Werkstatt.

Nutzung

1 Erdgeschoss
Fahrzeughalle, Waschhalle, Werkstatt, Lagerräume, Umkleide-, Sanitärräume

1 Obergeschoss
Vereinsräume, Büro, Küche, Sanitäranlagen

Nutzeinheiten

Fahrzeugstellplätze: 4

Grundstück

Bauraum: Freier Bauraum
Neigung: Ebenes Gelände
Bodenklasse: BK 1 bis BK 4

Markt

Hauptvergabezeit: 4. Quartal 2013
Baubeginn: 4. Quartal 2013
Bauende: 2. Quartal 2015
Konjunkturelle Gesamtlage: Durchschnitt
Regionaler Baumarkt: unter Durchschnitt

Baukonstruktion

Das Gebäude wurde mit einer Bodenplatte mit Frostschürze, inklusive einer Dämmung aus Schaumglasschotter, ausgeführt. Die Fahrzeughalle wurde aus Porenbetonelementen, tragenden Stahlbetonstützen und einem Trapezblechdach errichtet. Der Anbau wurde ebenfalls in Porenbeton mit Stahlbetondecken errichtet. Beide Gebäudeteile besitzen jeweils ein Pultdach mit zwei-, bzw. dreiseitiger Attikaaufkantung. Im Bereich der Fahrzeughalle kamen Stahlfachwerkträger zum Einsatz, die zwischen den Stellplätzen angeordnet wurden. Der Sozialtrakt wurde mit einer Holztragkonstruktion ausgeführt.

Technische Anlagen

Für die haustechnischen Anlagen des Feuerwehrgerätehauses sowie die weitere Verteilung stehen ein Hausanschluss und ein Heizungsraum zur Verfügung. Im Sozialbereich kommen Plattenheizkörper und in der Fahrzeughalle Heizlüfter zum Einsatz. Für die spätere Wiederverwendung des Regenwassers zum Waschen der Fahrzeuge wurde eine 20.000 Liter Regenwasserzisterne eingebaut. Zur ordnungsgemäßen Entrauchung der vier Stellplätze wurde ein laufschienengeführtes Absaugsystem für Feuerwehrfahrzeuge eingebaut.

Sonstiges

Die energetische Planung des Feuerwehrgerätehauses erfolgte gemäß den Anforderungen der EnEV 2009.

Planungskennwerte für Flächen und Rauminhalte nach DIN 277

Flächen des Grundstücks		Menge, Einheit	% an GF
BF	Bebaute Fläche	1.046,07 m²	25,0
UF	Unbebaute Fläche	3.141,56 m²	75,0
GF	Grundstücksfläche	4.187,63 m²	100,0

Grundflächen des Bauwerks		Menge, Einheit	% an NUF	% an BGF
NUF	Nutzungsfläche	667,10 m²	100,0	77,6
TF	Technikfläche	13,46 m²	2,0	1,6
VF	Verkehrsfläche	84,88 m²	12,7	9,9
NRF	Netto-Raumfläche	765,44 m²	114,7	89,0
KGF	Konstruktions-Grundfläche	94,45 m²	14,2	11,0
BGF	Brutto-Grundfläche	859,89 m²	128,9	100,0

NUF=100% BGF=128,9%

NUF TF VF KGF NRF=114,7%

Brutto-Rauminhalt des Bauwerks		Menge, Einheit	BRI/NUF (m)	BRI/BGF (m)
BRI	Brutto-Rauminhalt	4.283,29 m³	6,42	4,98

0 1 2 3 4 5 6 BRI/NUF=6,42m

0 1 2 3 4 BRI/BGF=4,98m

Lufttechnisch behandelte Flächen	Menge, Einheit	% an NUF	% an BGF
Entlüftete Fläche	–	–	–
Be- und Entlüftete Fläche	–	–	–
Teilklimatisierte Fläche	–	–	–
Klimatisierte Fläche	–	–	–

KG	Kostengruppen (2.Ebene)	Menge, Einheit	Menge/NUF	Menge/BGF
310	Baugrube	–	–	–
320	Gründung	–	–	–
330	Außenwände	–	–	–
340	Innenwände	–	–	–
350	Decken	–	–	–
360	Dächer	–	–	–

Kostenkennwerte für die Kostengruppen der 1.Ebene DIN 276

KG	Kostengruppen (1.Ebene)	Einheit	Kosten €	€/Einheit	€/m² BGF	€/m³ BRI	% 300+400
100	Grundstück	m² GF	–	–	–	–	–
200	Herrichten und Erschließen	m² GF	–	–	–	–	–
300	Bauwerk - Baukonstruktionen	m² BGF	985.593	1.146,19	1.146,19	230,10	81,1
400	Bauwerk - Technische Anlagen	m² BGF	229.956	267,42	267,42	53,69	18,9
	Bauwerk 300+400	**m² BGF**	**1.215.549**	**1.413,61**	**1.413,61**	**283,79**	**100,0**
500	Außenanlagen	m² AF	177.871	119,99	206,85	41,53	14,6
600	Ausstattung und Kunstwerke	m² BGF	34.381	39,98	39,98	8,03	2,8
700	Baunebenkosten	m² BGF	–	–	–	–	–

KG	Kostengruppe	Menge Einheit	Kosten €	€/Einheit	%
3+4	**Bauwerk**				**100,0**
300	**Bauwerk - Baukonstruktionen**	859,89 m² BGF	985.593	**1.146,19**	81,1

Köcherfundamente, Streifenfundamente, Stb-Bodenplatte, Schaumglasschotter; Porenbetonwände, Stb-Stützen, Sektionaltore; Stb-Decken; Fahrzeughalle mit Stahlfachwerkträgern, Trapezblechdach, Sozialtrakt in Holztragkonstruktion, Aufdachdämmung aus Mineralwolle, Attikaausbildung, abgehängte Decken

KG	Kostengruppe	Menge Einheit	Kosten €	€/Einheit	%
400	**Bauwerk - Technische Anlagen**	859,89 m² BGF	229.956	**267,42**	18,9

Abwasserleitungen, Kalt- und Warmwasserleitungen, Sanitärobjekte; Plattenheizkörper im Sozialbereich, Heizlüfter in Fahrzeughalle, Regenwasserzisterne 20.000l, laufschienengeführtes Absaugsystem für Feuerwehrfahrzeuge, Lüftungsanlage in Teilbereichen des Sozialgebäudes

KG	Kostengruppe	Menge Einheit	Kosten €	€/Einheit	%
500	**Außenanlagen**	1.482,38 m² AF	177.871	**119,99**	100,0

Zufahrt zur Fahrzeughalle asphaltiert, Parkplatz mit Ökopflaster

KG	Kostengruppe	Menge Einheit	Kosten €	€/Einheit	%
600	**Ausstattung und Kunstwerke**	859,89 m² BGF	34.381	**39,98**	100,0

Möblierung

7600-0071
Feuerwehrhaus

Objektübersicht

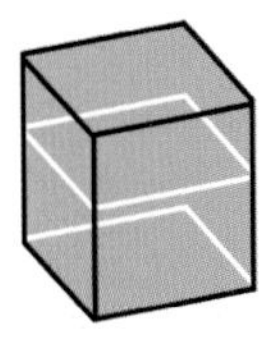

BRI 329 €/m³

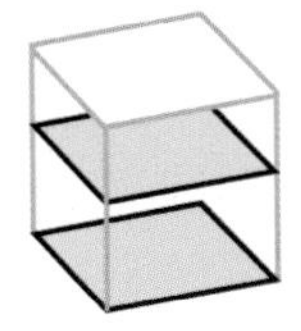

BGF 1.537 €/m²

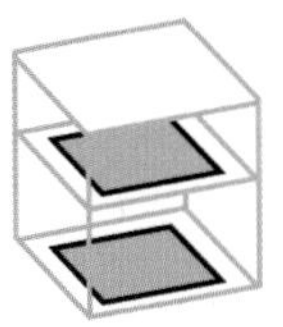

NUF 2.009 €/m²

Objekt:
Kennwerte: 1.Ebene DIN 276
BRI: 3.208 m³
BGF: 686 m²
NUF: 525 m²
Bauzeit: 26 Wochen
Bauende: 2012
Standard: Durchschnitt
Kreis: Nordfriesland,
Schleswig-Holstein

Architekt:
Johannsen und Fuchs
Hafenstraße 9
25813 Husum

Bauherr:
Gemeinde Hörnum
25997 Hörnum

© Johannsen und Fuchs

© Johannsen und Fuchs

© Johannsen und Fuchs

© Johannsen und Fuchs

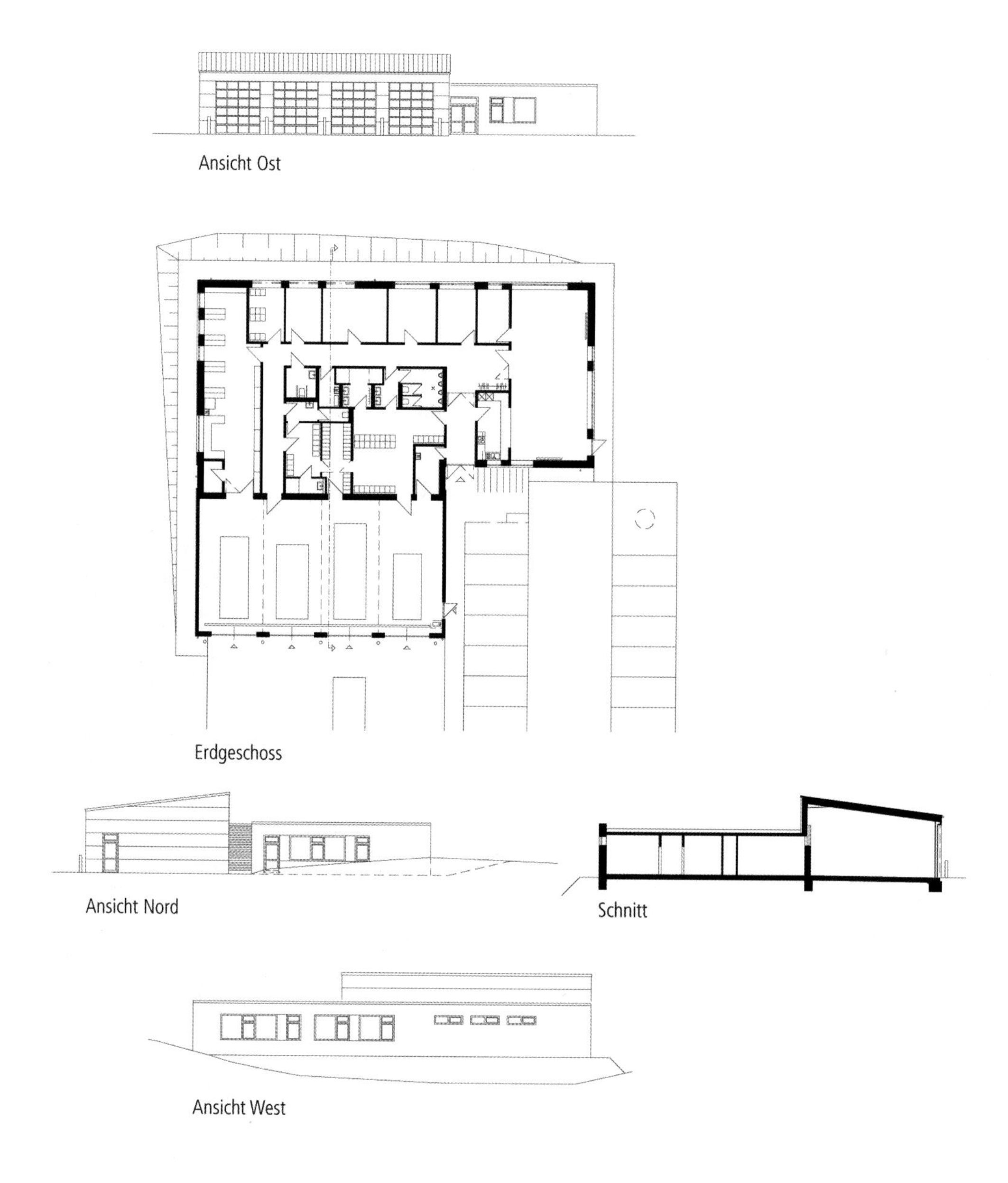

Ansicht Ost

Erdgeschoss

Ansicht Nord

Schnitt

Ansicht West

Objektbeschreibung

Allgemeine Objektinformationen

Direkt angrenzend an die Landesstraße wurde die Fahrzeughalle für die Einsatzfahrzeuge der Feuerwehr mit einer großen Aufstellfläche vor der Halle positioniert. Das westlich an die Fahrzeughalle angrenzende Sozialgebäude schiebt sich durch seine gegenüber der Fahrzeughalle größere Länge in das Blickfeld. Die PKW-Stellplätze befinden sich im nordöstlichen Grundstücksbereich und erhalten eine eigenständige Zufahrt, so dass eine Kollision mit ausrückenden Einsatzfahrzeugen weitestgehend ausgeschlossen werden kann. Das Raumkonzept sieht im Sozialgebäude einen Kern mit den Umkleide- und Sanitärräumen vor um die sich die übrigen Verwaltungs-, Schulungs- und Lagerräume gruppieren. Der zeitweiligen Nutzung des Versammlungsraums als Raum für Gemeinderatssitzungen und der damit verbundenen öffentlichen Nutzung wird durch die Anordnung einer barrierefreien WC-Anlage und zwei barrierefreien PKW-Stellplätzen entsprochen.

Nutzung

1 Erdgeschoss
Fahrzeughalle, Werkstatt, Treibstofflager, Schulungsraum, Büro, Umkleiden, Duschen, WCs, Teeküche, Kleiderkammer, Funk- und Telekommunikationsraum, Haustechnikraum, Lager

Nutzeinheiten

Fahrzeugstellplätze: 4

Grundstück

Bauraum: Freier Bauraum
Neigung: Geneigtes Gelände
Bodenklasse: BK 1 bis BK 3

Markt

Hauptvergabezeit: 1. Quartal 2012
Baubeginn: 1. Quartal 2012
Bauende: 3. Quartal 2012
Konjunkturelle Gesamtlage: über Durchschnitt
Regionaler Baumarkt: über Durchschnitt

Besonderer Kosteneinfluss Marktsituation:
Das Objekt wurde auf Sylt erreichtet. Der Erfahrung nach liegen die Baukosten hier bis zu 30% über denen des Festlands.

Baukonstruktion

Die Fahrzeughalle wurde als Stahlkonstruktion mit einer Bekleidung aus Alu-Sandwichpaneelen ausgeführt. Die Sektionaltore der Fahrzeughalle sowie die Fluchttür bestehen aus Aluprofilen. Die Fahrzeughalle gründet auf einer Stahlbetonplatte mit einem als Rüttelboden verlegten Fliesenbelag. Das Sozialgebäude wurde in Massivbauweise aus Mauerwerk und Stahlbeton mit einem Flachdach erstellt. Als Kontrast zur Fahrzeughalle wird für diesen Gebäudeteil ein gelber Verblender verwendet. Der Übergangbereich zwischen Fahrzeughalle und Sozialgebäude wird mit eigener Fassadenbekleidung als Fuge zwischen den beiden Gebäudeteilen definiert. Im Sozialgebäude sind größtenteils Fliesen verlegt, um den verschiedenen Anforderungen an die Rutschhemmung gerecht zu werden. Lediglich für die Verwaltungs-, sowie die Schulungsräume wurde Nadelvlies als Bodenbelag verwendet. Die Innentüren sind als beschichtete Span- bzw. Röhrenspan, zur Fahrzeughalle als Stahltüren ausgeführt. Die innenliegenden Räume mit Lüftungsanlage haben abgehängte Gipskartondecken. Der Schulungsraum, sowie die beiden Verwaltungsräume erhalten akustisch wirksame Decken.

Technische Anlagen

Der Neubau wird durch eine konventionelle Beheizung mittels einer Gas-Brennwerttherme versorgt. Die Sanitäreinrichtung entspricht einfachen Standardlösungen. Lediglich die Abgasabsauganlage in der Fahrzeughalle, sowie die Lüftungsanlagen für die innenliegenden Räume und den Schulungsraum sind als über den einfachen Standard hinausgehend hervorzuheben.

Sonstiges

Durch die kontrollierten Be- und Entlüftungsanlage für den Schulungsraum und noch wirtschaftlich vertretbaren Dämmstärken ist es gelungen, auch ohne den Einsatz von regenerativen Energien den Anforderungen nach EnEV und EEWärmeG gerecht zu werden.

Planungskennwerte für Flächen und Rauminhalte nach DIN 277

Flächen des Grundstücks		Menge, Einheit	% an GF
BF	Bebaute Fläche	686,46 m²	27,2
UF	Unbebaute Fläche	1.836,54 m²	72,8
GF	Grundstücksfläche	2.523,00 m²	100,0

Grundflächen des Bauwerks		Menge, Einheit	% an NUF	% an BGF
NUF	Nutzungsfläche	525,09 m²	100,0	76,5
TF	Technikfläche	7,07 m²	1,3	1,0
VF	Verkehrsfläche	67,48 m²	12,9	9,8
NRF	Netto-Raumfläche	599,64 m²	114,2	87,4
KGF	Konstruktions-Grundfläche	86,82 m²	16,5	12,6
BGF	Brutto-Grundfläche	686,46 m²	130,7	100,0

NUF=100% | BGF=130,7% | NRF=114,2%

NUF TF VF KGF

Brutto-Rauminhalt des Bauwerks		Menge, Einheit	BRI/NUF (m)	BRI/BGF (m)
BRI	Brutto-Rauminhalt	3.207,67 m³	6,11	4,67

0 1 2 3 4 5 6 BRI/NUF=6,11m

BRI/BGF=4,67m 0 1 2 3 4

Lufttechnisch behandelte Flächen	Menge, Einheit	% an NUF	% an BGF
Entlüftete Fläche	–	–	–
Be- und Entlüftete Fläche	–	–	–
Teilklimatisierte Fläche	–	–	–
Klimatisierte Fläche	–	–	–

KG	Kostengruppen (2.Ebene)	Menge, Einheit	Menge/NUF	Menge/BGF
310	Baugrube	–	–	–
320	Gründung	–	–	–
330	Außenwände	–	–	–
340	Innenwände	–	–	–
350	Decken	–	–	–
360	Dächer	–	–	–

Kostenkennwerte für die Kostengruppen der 1.Ebene DIN 276

KG	Kostengruppen (1.Ebene)	Einheit	Kosten €	€/Einheit	€/m² BGF	€/m³ BRI	% 300+400
100	Grundstück	m² GF	–	–	–	–	–
200	Herrichten und Erschließen	m² GF	58.999	23,38	85,95	18,39	5,6
300	Bauwerk - Baukonstruktionen	m² BGF	850.692	1.239,24	1.239,24	265,21	80,6
400	Bauwerk - Technische Anlagen	m² BGF	204.380	297,73	297,73	63,72	19,4
	Bauwerk 300+400	**m² BGF**	**1.055.071**	**1.536,97**	**1.536,97**	**328,92**	**100,0**
500	Außenanlagen	m² AF	111.208	92,67	162,00	34,67	10,5
600	Ausstattung und Kunstwerke	m² BGF	2.873	4,19	4,19	0,90	0,3
700	Baunebenkosten	m² BGF	–	–	–	–	–

KG	Kostengruppe	Menge Einheit	Kosten €	€/Einheit	%
200	**Herrichten und Erschließen**	2.523,00 m² GF	58.999	**23,38**	100,0

Öffentliche Erschließung: Wasser, Gas, Strom; Ausgleichsabgaben

KG	Kostengruppe	Menge Einheit	Kosten €	€/Einheit	%
3+4	**Bauwerk**				**100,0**
300	**Bauwerk - Baukonstruktionen**	686,46 m² BGF	850.692	**1.239,24**	80,6

Stb-Fundamente, Stb-Bodenplatte, Estrich, keramischer Rüttelboden, Bodenfliesen, Nadelvlies, Abdichtung, Kiesfilterschicht, Perimeterdämmung; Mauerwerkswände (Sozialgebäude), Stahlstützen (Fahrzeughalle), Alutüren, Kunststofffenster, Sektionaltore, Wärmedämmung, Ziegelfassade, Alu-Sandwichpaneele (Halle); Innenmauerwerk, Wandfliesen, WC-Trennwände; Stb-Decke (Sozialgebäude), Stahldecke (Halle), Oberlichter, Dämmung, Abdichtung, Attika, Alu-Sandwichpaneele (Halle), außenliegende Entwässerung, teilw. Gipskartondecken, teilw. Schallschutzdecken

KG	Kostengruppe	Menge Einheit	Kosten €	€/Einheit	%
400	**Bauwerk - Technische Anlagen**	686,46 m² BGF	204.380	**297,73**	19,4

Gebäudeentwässerung, Kalt- und Warmwasserleitungen, Sanitärobjekte; Gas-Brennwertkessel, Plattenheizkörper; Einzelraumlüfter, teilw. kontrollierte Be- und Entlüftung mit Wärmerückgewinnung, Abgasabsauganlage (Fahrzeughalle); Elektroinstallation, Beleuchtung, Blitzschutzanlage; Telekommunikationsanlage, Fernseh- und Antennenanlagen, Rauchmelder

KG	Kostengruppe	Menge Einheit	Kosten €	€/Einheit	%
500	**Außenanlagen**	1.200,00 m² AF	111.208	**92,67**	100,0

Geländebearbeitung; Betonpflastersteine für Wege, Zu- und Abfahrten, Parkplätze; Regen- und Schmutzwasserentwässerung, Sickerungsanlage für Regenwasser, Koaleszenzabscheider; Oberbodenarbeiten, Anpflanzungen

KG	Kostengruppe	Menge Einheit	Kosten €	€/Einheit	%
600	**Ausstattung und Kunstwerke**	686,46 m² BGF	2.873	**4,19**	100,0

Vertikallamellen

Objektübersicht

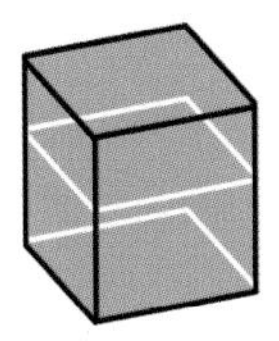

BRI 269 €/m³

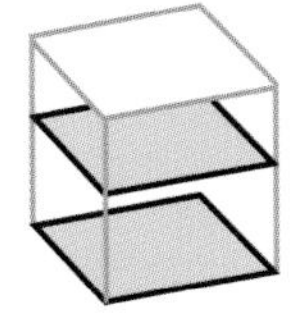

BGF 1.225 €/m²

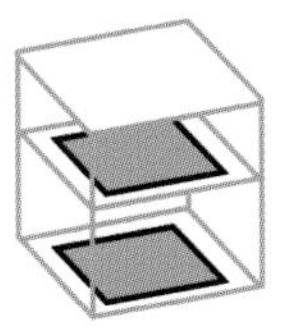

NUF 1.770 €/m²

Objekt:
Kennwerte: 1.Ebene DIN 276
BRI: 1.876 m³
BGF: 412 m²
NUF: 285 m²
Bauzeit: 91 Wochen
Bauende: 2011
Standard: unter Durchschnitt
Kreis: Erzgebirgskreis,
Sachsen

Architekt:
Bauplanungsbüro
Jürgen Schmiedel
Pleiler Straße 207
09477 Jöhstadt

Bauherr:
Stadt Jöhstadt
09477 Jöhstadt

© Bauplanungsbüro Jürgen Schmiedel

© Bauplanungsbüro Jürgen Schmiedel

© Bauplanungsbüro Jürgen Schmiedel

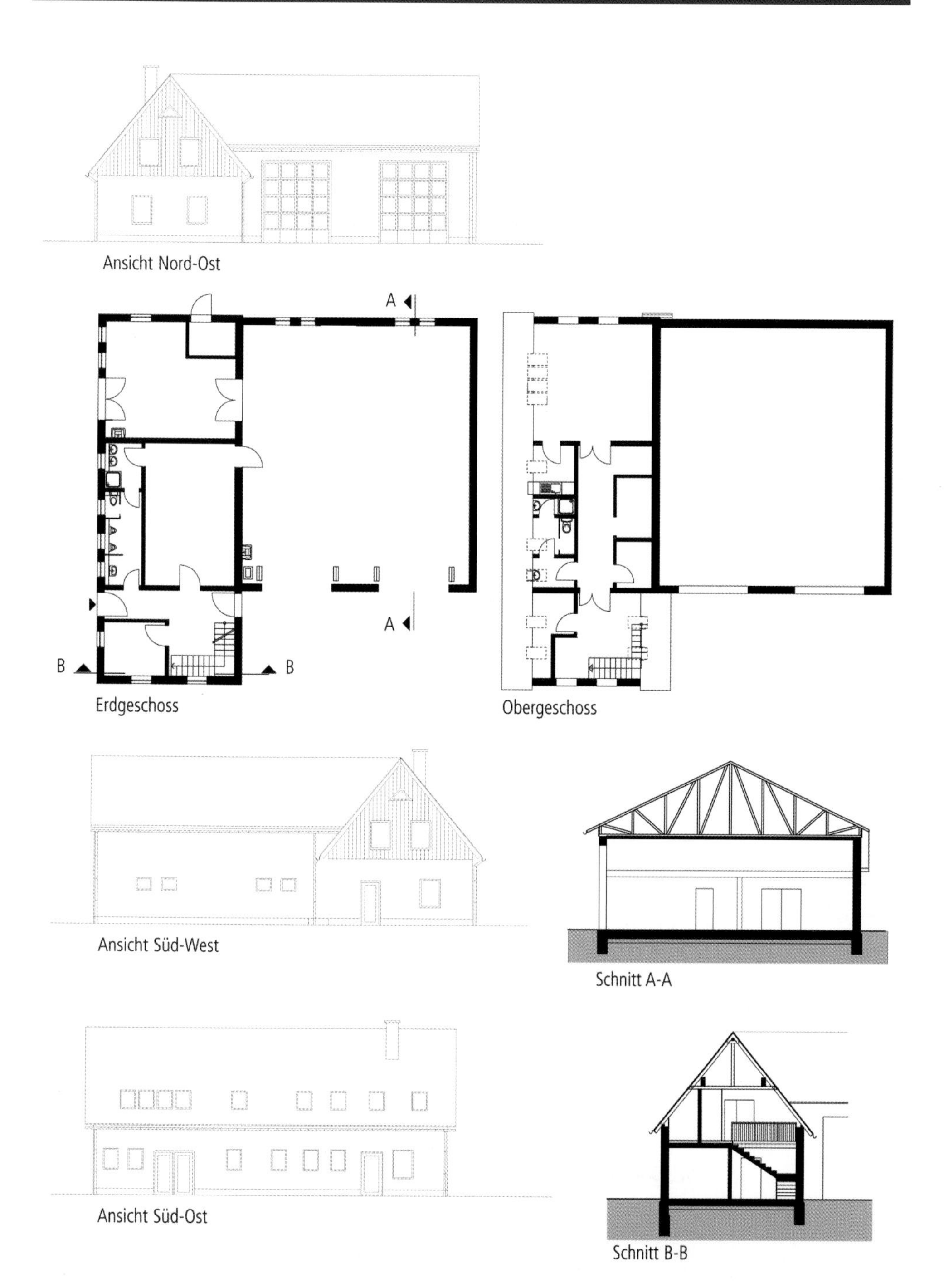

Ansicht Nord-Ost

Erdgeschoss

Obergeschoss

Ansicht Süd-West

Schnitt A-A

Ansicht Süd-Ost

Schnitt B-B

Objektbeschreibung

Allgemeine Objektinformationen

Der Neubau eines Feuerwehrgerätehauses mit zwei Fahrzeugstellpätzen sowie einem angebauten Funktionsgebäude entspricht dem Brandschutzbedarfsplan der Stadt Jöhstadt. Damit wurden die Bedingungen zur Unterbringung von Technik und Ausrüstung sowie zur Ausbildung der Feuerwehrleuten wesentlich verbessert.

Nutzung

1 Erdgeschoss
Fahrzeughalle, Umkleideraum, Sanitärräume, Geräteraum

1 Dachgeschoss
Schulungsraum, Verwaltung, Teeküche, Umkleideraum, Sanitärraum, Kleiderraum

Nutzeinheiten

Fahrzeugstellplätze: 2

Grundstück

Bauraum: Freier Bauraum
Neigung: Geneigtes Gelände
Bodenklasse: BK 3 bis BK 6

Markt

Hauptvergabezeit: 2. Quartal 2009
Baubeginn: 3. Quartal 2009
Bauende: 2. Quartal 2011
Konjunkturelle Gesamtlage: unter Durchschnitt
Regionaler Baumarkt: unter Durchschnitt

Baukonstruktion

Das Gebäude wurde in Massivbauweise aus Ziegel ohne Keller errichtet. Die Gründung erfolgte auf Streifenfundamenten mit Stahlbetonbodenplatte. Die Erdgeschossdecke des zweigeschossigen Gebäudeteils besteht aus Stahlbeton. Die Satteldächer aus Holz der Gebäudeteile haben eine Dacheindeckung aus Naturschiefer.

Technische Anlagen

Das Gebäude wird mittels einer Gas-Brennwerttherme und Solarunterstützung mit Wärme versorgt. In der Fahrzeughalle sowie im Erdgeschoss des Funktionsgebäudes erfolgt die Wärmeübertragung über Fußbodenheizungen, im Dachgeschoss über Wandheizkörper. Die Fahrzeughalle ist mit einer Abgas-Absauganlage ausgestattet.

Sonstiges

Das Gerätehaus ist auf einem städtischen Grundstück am Rande des Stadtkerns errichtet. Neben städtebaulichen Gesichtspunkten wurde auf geschickte Verkehrswege und einen kreuzungsfreien Funktionsablauf geachtet.

Planungskennwerte für Flächen und Rauminhalte nach DIN 277

Flächen des Grundstücks		Menge, Einheit	% an GF
BF	Bebaute Fläche	284,00 m²	17,3
UF	Unbebaute Fläche	1.354,00 m²	82,7
GF	Grundstücksfläche	1.638,00 m²	100,0

Grundflächen des Bauwerks		Menge, Einheit	% an NUF	% an BGF
NUF	Nutzungsfläche	285,47 m²	100,0	69,2
TF	Technikfläche	7,88 m²	2,8	1,9
VF	Verkehrsfläche	49,18 m²	17,2	11,9
NRF	Netto-Raumfläche	342,53 m²	120,0	83,0
KGF	Konstruktions-Grundfläche	69,92 m²	24,5	17,0
BGF	Brutto-Grundfläche	412,45 m²	144,5	100,0

NUF=100% BGF=144,5%
NUF TF VF KGF NRF=120,0%

Brutto-Rauminhalt des Bauwerks		Menge, Einheit	BRI/NUF (m)	BRI/BGF (m)
BRI	Brutto-Rauminhalt	1.876,00 m³	6,57	4,55

0 1 2 3 4 5 6 BRI/NUF=6,57m
0 1 2 3 4 BRI/BGF=4,55m

Lufttechnisch behandelte Flächen	Menge, Einheit	% an NUF	% an BGF
Entlüftete Fläche	–	–	–
Be- und Entlüftete Fläche	–	–	–
Teilklimatisierte Fläche	–	–	–
Klimatisierte Fläche	–	–	–

KG	Kostengruppen (2.Ebene)	Menge, Einheit	Menge/NUF	Menge/BGF
310	Baugrube	–	–	–
320	Gründung	–	–	–
330	Außenwände	–	–	–
340	Innenwände	–	–	–
350	Decken	–	–	–
360	Dächer	–	–	–

Kostenkennwerte für die Kostengruppen der 1.Ebene DIN 276

KG	Kostengruppen (1.Ebene)	Einheit	Kosten €	€/Einheit	€/m² BGF	€/m³ BRI	% 300+400
100	Grundstück	m² GF	–	–	–	–	–
200	Herrichten und Erschließen	m² GF	24.449	14,93	59,28	13,03	4,8
300	Bauwerk - Baukonstruktionen	m² BGF	390.539	946,88	946,88	208,18	77,3
400	Bauwerk - Technische Anlagen	m² BGF	114.836	278,42	278,42	61,21	22,7
	Bauwerk 300+400	**m² BGF**	**505.375**	**1.225,30**	**1.225,30**	**269,39**	**100,0**
500	Außenanlagen	m² AF	79.755	58,90	193,37	42,51	15,8
600	Ausstattung und Kunstwerke	m² BGF	–	–	–	–	–
700	Baunebenkosten	m² BGF	–	–	–	–	–

KG	Kostengruppe	Menge Einheit	Kosten €	€/Einheit	%
200	**Herrichten und Erschließen**	1.638,00 m² GF	24.449	**14,93**	100,0

Roden von Bewuchs, Oberbodenarbeiten; Öffentliche Erschließung

KG	Kostengruppe	Menge Einheit	Kosten €	€/Einheit	%
3+4	**Bauwerk**				**100,0**
300	**Bauwerk - Baukonstruktionen**	412,45 m² BGF	390.539	**946,88**	77,3

Baugrubenaushub; Stb-Streifenfundamente, Stb-Bodenplatte, Dämmung, Zementestrich, Klinkerbelag (Fahrzeughalle), Betonwerksteinbelag, Bodenfliesen; Ziegelmauerwerk, Sektionaltore (Fahrzeughalle), Holzfenster, WDVS, Holzbekleidung (Giebel); Ziegelmauerwerk, GK-Wände; Stb-Decke, Stb-Fertigteiltreppe, Estrich, PVC-Belag; Pfettendach-Binderdachkonstruktion (Fahrzeughalle), Naturschieferdeckung, Dachentwässerung

KG	Kostengruppe	Menge Einheit	Kosten €	€/Einheit	%
400	**Bauwerk - Technische Anlagen**	412,45 m² BGF	114.836	**278,42**	22,7

Gebäudeentwässerung, Kalt- und Warmwasserleitungen, Sanitärobjekte; Gas-Brennwerttherme, Solaranlage, Fußbodenheizung (EG); Elektroinstallation, Beleuchtung, Telekommunikationsanlagen, Abgas-Absauganlage

KG	Kostengruppe	Menge Einheit	Kosten €	€/Einheit	%
500	**Außenanlagen**	1.354,00 m² AF	79.755	**58,90**	100,0

Granitpflasterbeläge (Zufahrtswege Fahrzeughalle und Funktionsgebäude), PKW-Stellflächen, Grünflächen

7700-0062
Mehrzweckhalle
Fahrradgeschäft

Objektübersicht

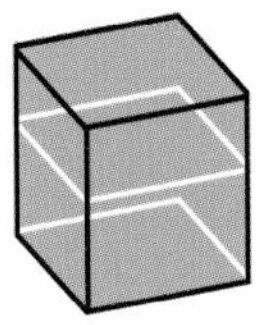

BRI 312 €/m³

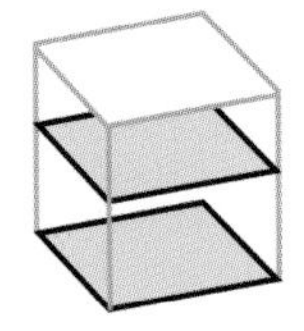

BGF 1.171 €/m²

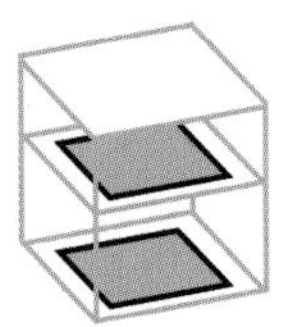

NUF 1.343 €/m²

Objekt:
Kennwerte: 3.Ebene DIN 276
BRI: 526 m³
BGF: 140 m²
NUF: 122 m²
Bauzeit: 34 Wochen
Bauende: 2011
Standard: Durchschnitt
Kreis: Zwickau,
Sachsen

Architekt:
heine I reichold architekten
Partnerschafts-
gesellschaft mbB
Lößnitzer Straße 15
09350 Lichtenstein

© heine I reichold architekten

© heine I reichold architekten

© heine I reichold architekten

© heine I reichold architekten

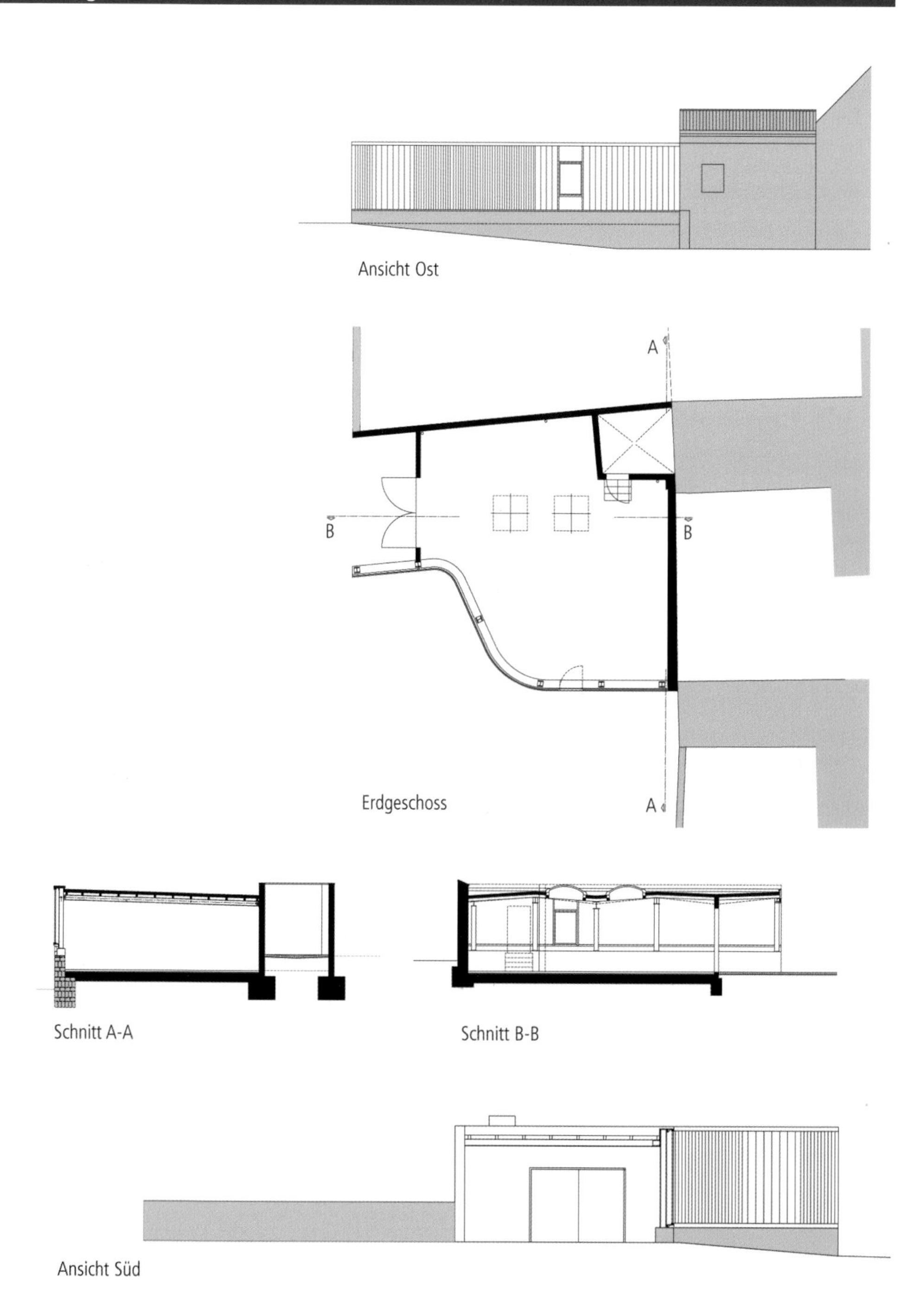

Ansicht Ost

Erdgeschoss

Schnitt A-A

Schnitt B-B

Ansicht Süd

Objektbeschreibung

Allgemeine Objektinformationen

Die neu errichtete Mehrzweckhalle für ein Fahrradgeschäft wurde in sehr beengten Grundstücksverhältnissen als mehrfache Grenzbebauung zu vier angrenzenden Flurstücken errichtet. Eine vorhandene Terrasse und eine charakteristisch geschwungene Natursteinwand bilden den Bauplatz.

Nutzung

1 Erdgeschoss
Mehrzweckhalle, Lagerhalle, Hof, Vorbereich

Besonderer Kosteneinfluss Nutzung:
Beengtes Grundstück, Lage des Bauplatzes direkt angrenzend an vier Nachbargrundstücke

Grundstück

Bauraum: Beengter Bauraum
Neigung: Ebenes Gelände
Bodenklasse: BK 3 bis BK 5

Markt

Hauptvergabezeit: 2. Quartal 2010
Baubeginn: 3. Quartal 2010
Bauende: 1. Quartal 2011
Konjunkturelle Gesamtlage: Durchschnitt
Regionaler Baumarkt: Durchschnitt

Baukonstruktion

Die Gartenseite der Halle gründet auf der vorhandenen geschwungenen Natursteinwand. Darauf wurde ein Stahlbetonbalken errichtet, der die Stahlstützen der Halle aufnimmt. Ansonsten kommen Streifenfundamente zum Einbau. Die geschwungene transluzente Fassade ist ausgeführt als Industrieverglasung mit einer großen Glasöffnung. Stahlrahmen bilden ein gefaltetes Dach, das eine einheitliche Dachlinie im Bereich der Hauptansichtsseite ermöglicht. Eine Brandwand in Stahlbetonbauweise wird zum Nachbargrundstück errichtet. In diese wird ein kleiner offener Hof integriert, der aufgrund der angrenzenden Bebauung baurechtlich notwendig ist. Der Zufahrtsbereich wird mit einem überdachten Vorbereich gebildet.

Technische Anlagen

Das Gebäude wird als Kaltbau konzipiert. Eine Dämmung der Bauteile erfolgt dementsprechend nicht. Dennoch bieten der geplante Gründachaufbau sowie die U-Verglasung einen gewissen Grundschutz.

Planungskennwerte für Flächen und Rauminhalte nach DIN 277

Flächen des Grundstücks		Menge, Einheit	% an GF
BF	Bebaute Fläche	140,20 m²	27,1
UF	Unbebaute Fläche	377,40 m²	72,9
GF	Grundstücksfläche	517,60 m²	100,0

Grundflächen des Bauwerks		Menge, Einheit	% an NUF	% an BGF
NUF	Nutzungsfläche	122,30 m²	100,0	87,2
TF	Technikfläche	–	–	–
VF	Verkehrsfläche	–	–	–
NRF	Netto-Raumfläche	122,30 m²	100,0	87,2
KGF	Konstruktions-Grundfläche	17,90 m²	14,6	12,8
BGF	Brutto-Grundfläche	140,20 m²	114,6	100,0

NUF=100% BGF=114,6%
NRF=100,0%
NUF TF VF KGF

Brutto-Rauminhalt des Bauwerks		Menge, Einheit	BRI/NUF (m)	BRI/BGF (m)
BRI	Brutto-Rauminhalt	525,75 m³	4,30	3,75

0 1 2 3 4 BRI/NUF=4,30m
BRI/BGF=3,75m 0 1 2 3

Lufttechnisch behandelte Flächen	Menge, Einheit	% an NUF	% an BGF
Entlüftete Fläche	–	–	–
Be- und Entlüftete Fläche	–	–	–
Teilklimatisierte Fläche	–	–	–
Klimatisierte Fläche	–	–	–

KG	Kostengruppen (2.Ebene)	Menge, Einheit	Menge/NUF	Menge/BGF
310	Baugrube	120,00 m³ BGI	0,98	0,86
320	Gründung	100,00 m² GRF	0,82	0,71
330	Außenwände	147,50 m² AWF	1,21	1,05
340	Innenwände	–	–	–
350	Decken	–	–	–
360	Dächer	124,50 m² DAF	1,02	0,89

Kostenkennwerte für die Kostengruppen der 1.Ebene DIN 276

KG	Kostengruppen (1.Ebene)	Einheit	Kosten €	€/Einheit	€/m² BGF	€/m³ BRI	% 300+400
100	Grundstück	m² GF	–	–	–	–	–
200	Herrichten und Erschließen	m² GF	4.517	8,73	32,22	8,59	2,8
300	Bauwerk - Baukonstruktionen	m² BGF	155.565	1.109,59	1.109,59	295,89	94,7
400	Bauwerk - Technische Anlagen	m² BGF	8.674	61,87	61,87	16,50	5,3
	Bauwerk 300+400	**m² BGF**	**164.238**	**1.171,46**	**1.171,46**	**312,39**	**100,0**
500	Außenanlagen	m² AF	5.628	14,91	40,14	10,71	3,4
600	Ausstattung und Kunstwerke	m² BGF	–	–	–	–	–
700	Baunebenkosten	m² BGF	–	–	–	–	–

KG	Kostengruppe	Menge Einheit	Kosten €	€/Einheit	%
200	**Herrichten und Erschließen**	517,60 m² GF	4.517	**8,73**	100,0
	Aufbruch und Verfüllen des Gewölbekellers, Stahlplatten für Zufahrt vorhalten, entsorgen, Abbruch von Ziegelmauerwerk, Natursteinmauer, Fundamenten, Bretterzaun, Wellplatten; Entsorgung, Deponiegebühren, Beet mit Einfassung beseitigen, Baum fällen				
3+4	**Bauwerk**				**100,0**
300	**Bauwerk - Baukonstruktionen**	140,20 m² BGF	155.565	**1.109,59**	94,7
	Stb-Streifenfundamente, Winkelstützwände, Stb-Bodenplatte, Frostschutz; Stb-Brandwände, Stb-Balken, Holzrahmenwand, Holztor, Tür, Verblendmauerwerk, Rahmenkonstruktion, Außenwandstützen, Profilverglasung; Flachdach, Balkenlage, Dachschalung, Dachträger, Lichtkuppeln, Abdichtung, Wurzelschutzbahn, extensive Dachbegrünung, Kiesschüttung, Blechabdeckung, Notüberläufe				
400	**Bauwerk - Technische Anlagen**	140,20 m² BGF	8.674	**61,87**	5,3
	Dachgullys, Fallrohre; Elektroinstallation, Beleuchtung, Blitzschutz; Alarmanlage				
500	**Außenanlagen**	377,40 m² AF	5.628	**14,91**	100,0
	Betonpflaster; KG-Rohre, Revisionsschächte, Hofeinlauf				

Kostenkennwerte für die Kostengruppen der 2.Ebene DIN 276

KG	Kostengruppe	Menge Einheit	Kosten €	€/Einheit	%
200	**Herrichten und Erschließen**				**100,0**
210	**Herrichten**	517,60 m² GF	4.517	**8,73**	100,0
	Aufbruch und Verfüllen des Gewölbekellers (psch), Stahlplatten für Zufahrt vorhalten, entsorgen (psch) * Abbruch von Ziegelmauerwerk (21m³), Natursteinmauer (5m³), Fundamenten (9m³), Bretterzaun (15m), Wellplatten (15m); Entsorgung, Deponiegebühren * Beet mit Einfassung beseitigen (psch), Baum fällen (1St)				
300	**Bauwerk - Baukonstruktionen**				**100,0**
310	**Baugrube**	120,00 m³ BGI	2.664	**22,20**	1,7
	Aushub (120m³)				
320	**Gründung**	100,00 m² GRF	27.213	**272,13**	17,5
	Stb-Streifenfundamente (34m³), Winkelstützwände (11m³) * Stb-Bodenplatte C30/37 (100m²) * Dämmung auf Ausgleichsschicht, Unterbewehrung, Oberbewehrung, Betonage C30/37, Materialien bauseits (85m²) * Planum (125m²), Frostschutzschicht (40m³), Sauberkeitsschicht (8m²)				
330	**Außenwände**	147,50 m² AWF	65.913	**446,86**	42,4
	Stb-Brandwände, d=25cm (80m²), Stb-Balken (3m³), Holzrahmenwand (14m²) * Holztor (7m²), Tür T90 (2m²) * Verblendmauerwerk, Naturstein (33m²), Noppenbahn, Bitumendickbeschichtung (14m²) * Rahmenkonstruktion, Außenwandstützen, Profilverglasung (45m²)				
360	**Dächer**	124,50 m² DAF	52.166	**419,01**	33,5
	Flachdach, Balkenlage KVH (175m), Dachschalung (120m²), Dachträger, Riegel, Verbände (psch) * Lichtkuppeln (5m²), RWA-Set (1St), Motorantrieb (1St) * Abdichtung, Wurzelschutzbahn, extensive Dachbegrünung (125m²), Bitumenvoranstrich (25m²), Attikaabdichtung (32m²), Kiesschüttung (70m²), Attikaverblechung, Blechabdeckung (psch), Notüberläufe (3St)				
390	**Sonstige Baukonstruktionen**	140,20 m² BGF	7.608	**54,27**	4,9
	Baustelleneinrichtung (psch), Baustellen-WC (1St), Bauzaun (30m²) * Fassadengerüst (170m²), Hebebühne (psch)				
400	**Bauwerk - Technische Anlagen**				**100,0**
410	**Abwasser-, Wasser-, Gasanlagen**	140,20 m² BGF	1.142	**8,15**	13,2
	Dachgullys (3St), Fallrohre (psch)				
440	**Starkstromanlagen**	140,20 m² BGF	3.124	**22,28**	36,0
	Erdkabel (47m), Kabel NYM (77m), Verteiler (2St), FI-Schutzschalter (2St), Sicherungen (5St), Schalter (1St), Steckdosen (1St), CEE-Steckdose (1St) * Wannenleuchten (14St) * Fundamenterder (33m), Blitzschutz (psch)				
450	**Fernmelde-, informationstechn. Anlagen**	140,20 m² BGF	4.408	**31,44**	50,8
	Alarmanlage, Austausch Zentralentechnik (1St), Übertragungsgerät (1St), Auswerteeinheit (1St), Sicherung Tor (1St), Verteiler (3St), Innensirene (1St), Erdkabel (70m), Kabel (57m)				

Kostenstand: 4.Quartal 2016, Bundesdurchschnitt, **inkl. 19% MwSt.**

KG	Kostengruppe	Menge Einheit	Kosten €	€/Einheit	%
500	**Außenanlagen**				**100,0**
520	**Befestigte Flächen**	25,00 m²	1.411	**56,42**	25,1
	Frostschutz (10m³), Betonpflaster (25m²)				
540	**Technische Anlagen in Außenanlagen**	377,40 m² AF	4.218	**11,18**	74,9
	KG-Rohre DN150 (25m), Revisionsschächte (3St), Hofeinlauf (1St)				

Kostenkennwerte für die Kostengruppe 300 der 2. und 3.Ebene DIN 276 (Übersicht)

KG	Kostengruppe	Menge Einh.	€/Einheit	Kosten €	% 3+4
300	**Bauwerk - Baukonstruktionen**	**140,20 m² BGF**	**1.109,59**	**155.564,53**	**94,7**
310	**Baugrube**	**120,00 m³ BGI**	**22,20**	**2.664,38**	**1,6**
311	Baugrubenherstellung	120,00 m³ BGI	22,20	2.664,38	1,6
312	Baugrubenumschließung	–	–	–	–
313	Wasserhaltung	–	–	–	–
319	Baugrube, sonstiges	–	–	–	–
320	**Gründung**	**100,00 m² GRF**	**272,13**	**27.213,05**	**16,6**
321	Baugrundverbesserung	–	–	–	–
322	Flachgründungen	100,00 m²	157,08	15.708,01	9,6
323	Tiefgründungen	–	–	–	–
324	Unterböden und Bodenplatten	100,00 m²	35,78	3.577,71	2,2
325	Bodenbeläge	85,00 m²	71,31	6.061,67	3,7
326	Bauwerksabdichtungen	100,00 m² GRF	18,66	1.865,66	1,1
327	Dränagen	–	–	–	–
329	Gründung, sonstiges	–	–	–	–
330	**Außenwände**	**147,50 m² AWF**	**446,86**	**65.912,58**	**40,1**
331	Tragende Außenwände	93,75 m²	186,92	17.523,65	10,7
332	Nichttragende Außenwände	–	–	–	–
333	Außenstützen	–	–	–	–
334	Außentüren und -fenster	8,75 m²	678,20	5.934,22	3,6
335	Außenwandbekleidungen außen	32,68 m²	324,13	10.592,69	6,4
336	Außenwandbekleidungen innen	–	–	–	–
337	Elementierte Außenwände	45,00 m²	708,04	31.862,02	19,4
338	Sonnenschutz	–	–	–	–
339	Außenwände, sonstiges	–	–	–	–
340	**Innenwände**	**–**	**–**	**–**	**–**
341	Tragende Innenwände	–	–	–	–
342	Nichttragende Innenwände	–	–	–	–
343	Innenstützen	–	–	–	–
344	Innentüren und -fenster	–	–	–	–
345	Innenwandbekleidungen	–	–	–	–
346	Elementierte Innenwände	–	–	–	–
349	Innenwände, sonstiges	–	–	–	–
350	**Decken**	**–**	**–**	**–**	**–**
351	Deckenkonstruktionen	–	–	–	–
352	Deckenbeläge	–	–	–	–
353	Deckenbekleidungen	–	–	–	–
359	Decken, sonstiges	–	–	–	–
360	**Dächer**	**124,50 m² DAF**	**419,01**	**52.166,16**	**31,8**
361	Dachkonstruktionen	120,00 m²	283,42	34.010,81	20,7
362	Dachfenster, Dachöffnungen	4,50 m²	1.005,29	4.523,81	2,8
363	Dachbeläge	150,00 m²	90,88	13.631,53	8,3
364	Dachbekleidungen	–	–	–	–
369	Dächer, sonstiges	–	–	–	–
370	**Baukonstruktive Einbauten**	**–**	**–**	**–**	**–**
390	**Sonstige Baukonstruktionen**	**140,20 m² BGF**	**54,27**	**7.608,35**	**4,6**

7700-0062
Mehrzweckhalle
Fahrradgeschäft

Kostenkennwerte für die Kostengruppe 400 der 2. und 3.Ebene DIN 276 (Übersicht)

KG	Kostengruppe	Menge Einh.	€/Einheit	Kosten €	% 3+4
400	**Bauwerk - Technische Anlagen**	**140,20 m² BGF**	**61,87**	**8.673,90**	**5,3**
410	**Abwasser-, Wasser-, Gasanlagen**	**140,20 m² BGF**	**8,15**	**1.142,22**	**0,7**
411	Abwasseranlagen	140,20 m² BGF	8,15	1.142,22	0,7
412	Wasseranlagen	–	–	–	–
413	Gasanlagen	–	–	–	–
419	Abwasser-, Wasser-, Gasanlagen, sonstiges	–	–	–	–
420	**Wärmeversorgungsanlagen**	**–**	**–**	**–**	**–**
421	Wärmeerzeugungsanlagen	–	–	–	–
422	Wärmeverteilnetze	–	–	–	–
423	Raumheizflächen	–	–	–	–
429	Wärmeversorgungsanlagen, sonstiges	–	–	–	–
430	**Lufttechnische Anlagen**	**–**	**–**	**–**	**–**
431	Lüftungsanlagen	–	–	–	–
432	Teilklimaanlagen	–	–	–	–
433	Klimaanlagen	–	–	–	–
434	Kälteanlagen	–	–	–	–
439	Lufttechnische Anlagen, sonstiges	–	–	–	–
440	**Starkstromanlagen**	**140,20 m² BGF**	**22,28**	**3.123,98**	**1,9**
441	Hoch- und Mittelspannungsanlagen	–	–	–	–
442	Eigenstromversorgungsanlagen	–	–	–	–
443	Niederspannungsschaltanlagen	–	–	–	–
444	Niederspannungsinstallationsanlagen	140,20 m² BGF	10,86	1.523,13	0,9
445	Beleuchtungsanlagen	140,20 m² BGF	4,97	697,09	0,4
446	Blitzschutz- und Erdungsanlagen	140,20 m² BGF	6,45	903,76	0,6
449	Starkstromanlagen, sonstiges	–	–	–	–
450	**Fernmelde-, informationstechn. Anlagen**	**140,20 m² BGF**	**31,44**	**4.407,70**	**2,7**
451	Telekommunikationsanlagen	–	–	–	–
452	Such- und Signalanlagen	–	–	–	–
453	Zeitdienstanlagen	–	–	–	–
454	Elektroakustische Anlagen	–	–	–	–
455	Fernseh- und Antennenanlagen	–	–	–	–
456	Gefahrenmelde- und Alarmanlagen	140,20 m² BGF	31,44	4.407,70	2,7
457	Übertragungsnetze	–	–	–	–
459	Fernmelde- und informationstechnische Anlagen, sonstiges	–	–	–	–
460	**Förderanlagen**	**–**	**–**	**–**	**–**
461	Aufzugsanlagen	–	–	–	–
462	Fahrtreppen, Fahrsteige	–	–	–	–
463	Befahranlagen	–	–	–	–
464	Transportanlagen	–	–	–	–
465	Krananlagen	–	–	–	–
469	Förderanlagen, sonstiges	–	–	–	–
470	**Nutzungsspezifische Anlagen**	**–**	**–**	**–**	**–**
480	**Gebäudeautomation**	**–**	**–**	**–**	**–**
490	**Sonstige Technische Anlagen**	**–**	**–**	**–**	**–**

Kostenkennwerte für Leistungsbereiche nach StLB (Kosten des Bauwerks nach DIN 276)

LB	Leistungsbereiche	Kosten €	€/m² BGF	€/m³ BRI	% 3+4
000	Sicherheits-, Baustelleneinrichtungen inkl. 001	7.608	54,27	14,47	4,6
002	Erdarbeiten	4.888	34,86	9,30	3,0
006	Spezialtiefbauarbeiten inkl. 005	–	–	–	–
009	Entwässerungskanalarbeiten inkl. 011	–	–	–	–
010	Dränarbeiten	–	–	–	–
012	Mauerarbeiten	7.719	55,06	14,68	4,7
013	Betonarbeiten	44.079	314,40	83,84	26,8
014	Natur-, Betonwerksteinarbeiten	–	–	–	–
016	Zimmer- und Holzbauarbeiten	8.266	58,96	15,72	5,0
017	Stahlbauarbeiten	42.382	302,30	80,61	25,8
018	Abdichtungsarbeiten	–	–	–	–
020	Dachdeckungsarbeiten	–	–	–	–
021	Dachabdichtungsarbeiten	16.870	120,33	32,09	10,3
022	Klempnerarbeiten	2.427	17,31	4,62	1,5
	Rohbau	**134.240**	**957,49**	**255,33**	**81,7**
023	Putz- und Stuckarbeiten, Wärmedämmsysteme	–	–	–	–
024	Fliesen- und Plattenarbeiten	–	–	–	–
025	Estricharbeiten	–	–	–	–
026	Fenster, Außentüren inkl. 029, 032	22.466	160,25	42,73	13,7
027	Tischlerarbeiten	–	–	–	–
028	Parkett-, Holzpflasterarbeiten	–	–	–	–
030	Rollladenarbeiten	–	–	–	–
031	Metallbauarbeiten inkl. 035	–	–	–	–
034	Maler- und Lackiererarbeiten inkl. 037	–	–	–	–
036	Bodenbelagsarbeiten	–	–	–	–
038	Vorgehängte hinterlüftete Fassaden	–	–	–	–
039	Trockenbauarbeiten	–	–	–	–
	Ausbau	**22.466**	**160,25**	**42,73**	**13,7**
040	Wärmeversorgungsanlagen, inkl. 041	–	–	–	–
042	Gas- und Wasseranlagen, Leitungen inkl. 043	–	–	–	–
044	Abwasseranlagen - Leitungen	–	–	–	–
045	Gas, Wasser, Entwässerung - Ausstattung inkl. 046	–	–	–	–
047	Dämmarbeiten an technischen Anlagen	–	–	–	–
049	Feuerlöschanlagen, Feuerlöschgeräte	–	–	–	–
050	Blitzschutz- und Erdungsanlagen	904	6,45	1,72	0,6
052	Mittelspannungsanlagen	–	–	–	–
053	Niederspannungsanlagen inkl. 054	1.523	10,86	2,90	0,9
055	Ersatzstromversorgungsanlagen	–	–	–	–
057	Gebäudesystemtechnik	–	–	–	–
058	Leuchten und Lampen, inkl. 059	697	4,97	1,33	0,4
060	Elektroakustische Anlagen	–	–	–	–
061	Kommunikationsnetze, inkl. 063	4.408	31,44	8,38	2,7
069	Aufzüge	–	–	–	–
070	Gebäudeautomation	–	–	–	–
075	Raumlufttechnische Anlagen	–	–	–	–
	Gebäudetechnik	**7.532**	**53,72**	**14,33**	**4,6**
084	**Abbruch- und Rückbauarbeiten**	–	–	–	–
	Sonstige Leistungsbereiche inkl. 008, 033, 051	–	–	–	–

7700-0067
Tiefkühllager

Objektübersicht

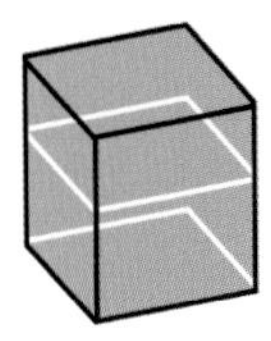

BRI 215 €/m³

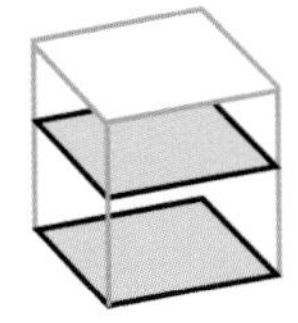

BGF 1.951 €/m²

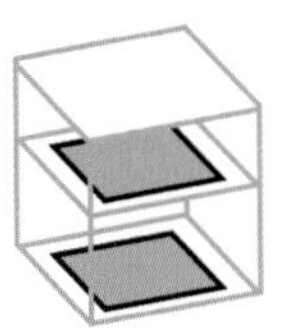

NUF 2.368 €/m²

Objekt:
Kennwerte: 3.Ebene DIN 276
BRI: 2.997 m³
BGF: 330 m²
NUF: 272 m²
Bauzeit: 26 Wochen
Bauende: 2013
Standard: Durchschnitt
Kreis: Nordsachsen,
Sachsen

Architekt:
heine I reichold architekten
Partnerschafts-
gesellschaft mbB
Löẞnitzer Straße 15
09350 Lichtenstein

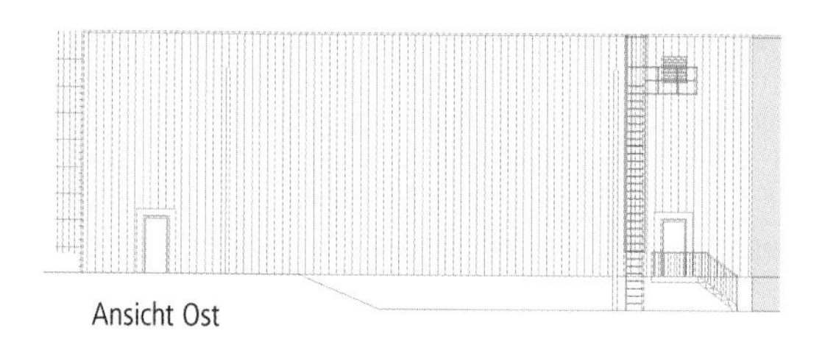

Ansicht Ost

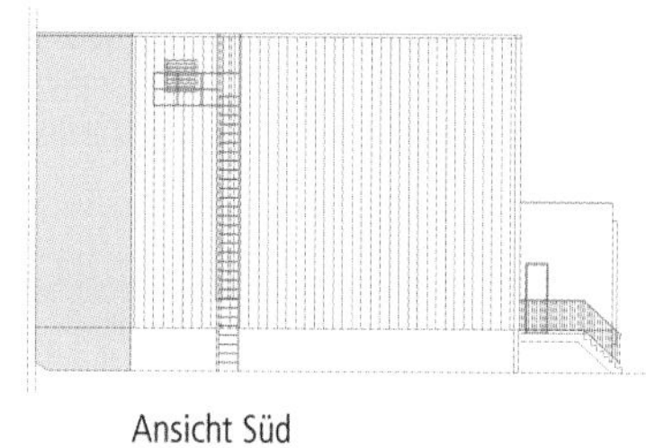

Ansicht Süd

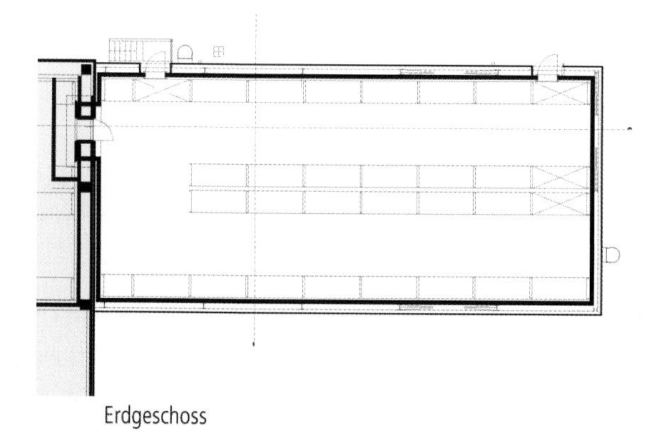

Erdgeschoss

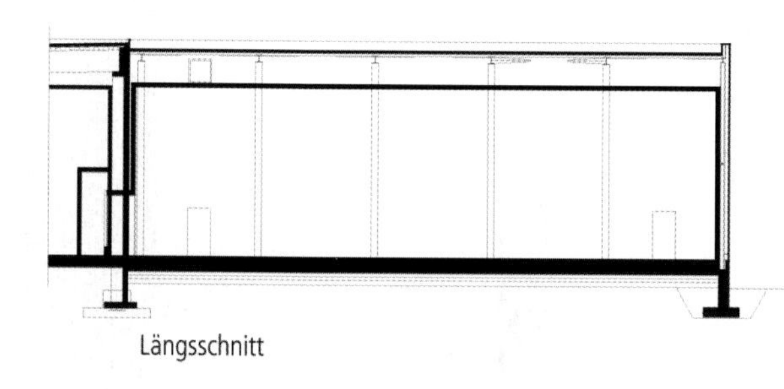

Längsschnitt

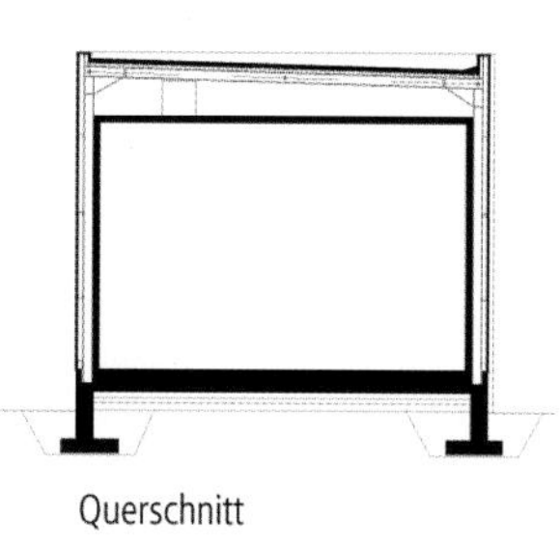

Querschnitt

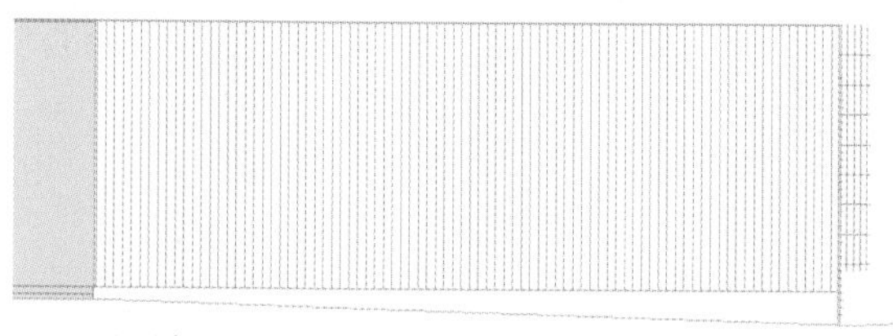

Ansicht West

Objektbeschreibung

Allgemeine Objektinformationen

Gegenstand der Dokumentation ist der Neubau eines Tiefkühllagers, das an ein bestehendes Logistikzentrum im Bereich der vorhandenen Kühl- und Tiefkühlflächen angegliedert wurde.

Nutzung

1 Erdgeschoss
Tiefkühllager, Kühltechnik

Besonderer Kosteneinfluss Nutzung:
Hoher Kostenaufwand wegen spezieller Tiefkühlhauskonstruktion durch "doppelte" Bauteile

Nutzeinheiten

Lagerfläche: 272m²

Grundstück

Bauraum: Beengter Bauraum
Neigung: Ebenes Gelände
Bodenklasse: BK 1 bis BK 5

Besonderer Kosteneinfluss Grundstück:
Hoher Kosteneinfluss durch die Angliederung an den Bestand und die notwendige dauerhafte Sicherstellung der Bestandsnutzung während der Bauzeit.

Markt

Hauptvergabezeit: 1. Quartal 2013
Baubeginn: 2. Quartal 2013
Bauende: 4. Quartal 2013
Konjunkturelle Gesamtlage: Durchschnitt
Regionaler Baumarkt: unter Durchschnitt

Baukonstruktion

Der Neubau gründet auf einer umlaufenden Winkelstützwand und ist als Stahlskelettkonstruktion mit Sandwichfassade sowie Trapezblechdachaufbau errichtet. Er hebt sich analog der bereits neu errichteten Anlieferungszone von der Waschbetonfassade des Bestands ab. Der Neubau erhält jeweils entkoppelte Bauteile, d.h. einer wetterschützenden Außenhülle wird innenseitig eine thermisch entkoppelte Konstruktion zur Seite gestellt, die von der Bodenplatte über die Wand zur Decke wärmebrückenfrei verläuft, um die notwendigen -25°C dauerhaft und wirtschaftlich sicherzustellen. Bei den eingebauten Türen und dem Tor handelt es sich um speziell für Tiefkühlhäuser zugelassene Bauteile.

Technische Anlagen

Im Bereich der doppelten Bodenplatte ist die Verlegung einer Unterfrierschutzheizung notwendig, um Schäden an der Konstruktion zu verhindern. Ebenso erfolgt die Verlegung von Begleitheizungen im Bereich von Tür- und Toröffnungen.

Sonstiges

Die Kühltechnik wurde im Bestand untergebracht. Die Kosten und der Flächenbedarf hierfür fließen jedoch in diese Dokumentation mit ein.

Planungskennwerte für Flächen und Rauminhalte nach DIN 277

Flächen des Grundstücks		Menge, Einheit	% an GF
BF	Bebaute Fläche	2.903,80 m²	16,6
UF	Unbebaute Fläche	14.637,10 m²	83,4
GF	Grundstücksfläche	17.540,90 m²	100,0

Grundflächen des Bauwerks		Menge, Einheit	% an NUF	% an BGF
NUF	Nutzungsfläche	272,29 m²	100,0	82,4
TF	Technikfläche	7,02 m²	2,6	2,1
VF	Verkehrsfläche	3,12 m²	1,1	0,9
NRF	Netto-Raumfläche	282,43 m²	103,7	85,5
KGF	Konstruktions-Grundfläche	48,03 m²	17,6	14,5
BGF	Brutto-Grundfläche	330,46 m²	121,4	100,0

NUF=100% BGF=121,4% NRF=103,7%

NUF TF VF KGF

Brutto-Rauminhalt des Bauwerks		Menge, Einheit	BRI/NUF (m)	BRI/BGF (m)
BRI	Brutto-Rauminhalt	2.996,55 m³	11,00	9,07

0 2 4 6 8 10 BRI/NUF=11,00m

BRI/BGF=9,07m 0 2 4 6 8

Lufttechnisch behandelte Flächen	Menge, Einheit	% an NUF	% an BGF
Entlüftete Fläche	–	–	–
Be- und Entlüftete Fläche	–	–	–
Teilklimatisierte Fläche	–	–	–
Klimatisierte Fläche	–	–	–

KG	Kostengruppen (2.Ebene)	Menge, Einheit	Menge/NUF	Menge/BGF
310	Baugrube	660,00 m³ BGI	2,42	2,00
320	Gründung	320,56 m² GRF	1,18	0,97
330	Außenwände	606,00 m² AWF	2,23	1,83
340	Innenwände	129,99 m² IWF	0,48	0,39
350	Decken	–	–	–
360	Dächer	317,71 m² DAF	1,17	0,96

Kostenkennwerte für die Kostengruppen der 1.Ebene DIN 276

KG	Kostengruppen (1.Ebene)	Einheit	Kosten €	€/Einheit	€/m² BGF	€/m³ BRI	% 300+400
100	Grundstück	m² GF	–	–	–	–	–
200	Herrichten und Erschließen	m² GF	–	–	–	–	–
300	Bauwerk - Baukonstruktionen	m² BGF	481.002	1.455,68	1.455,55	160,52	74,6
400	Bauwerk - Technische Anlagen	m² BGF	163.652	495,27	495,22	54,61	25,4
	Bauwerk 300+400	**m² BGF**	**644.654**	**1.950,95**	**1.950,78**	**215,13**	**100,0**
500	Außenanlagen	m² AF	–	–	–	–	–
600	Ausstattung und Kunstwerke	m² BGF	–	–	–	–	–
700	Baunebenkosten	m² BGF	–	–	–	–	–

KG	Kostengruppe	Menge Einheit	Kosten €	€/Einheit	%
3+4	**Bauwerk**				**100,0**
300	**Bauwerk - Baukonstruktionen**	330,43 m² BGF	481.002	**1.455,68**	74,6

Stb-Fundamente, Stb-Bodenplatte, Stahltreppe, Wärmedämmung, Stahlfaser-Betonplatte, Estrich; Stahlskelettkonstruktion, Metalltüren, Lamellenfenster, Sandwich-Wandelemente als Außenhülle und thermisch getrennte Innenkonstruktion, Steigleitern, Wartungspodeste; Einhausung Kühltechnik, Tiefkühlraum-Schnelllauftor, Streifenvorhang; Stahlrahmendach, Trapezblech, Dämmung, Dachabdichtung, Sandwich-Deckenelemente

KG	Kostengruppe	Menge Einheit	Kosten €	€/Einheit	%
400	**Bauwerk - Technische Anlagen**	330,43 m² BGF	163.652	**495,27**	25,4

Fallrohre; Unterfrierschutzheizung, Fahrbetonheizung; Elektroinstallation, Beleuchtung, Blitzschutzanlage; Fernmeldeanschluss, Erweiterung der Einbruchmeldeanlage; Kälteanlage für Tiefkühllager

Kostenkennwerte für die Kostengruppen der 2.Ebene DIN 276

KG	Kostengruppe	Menge Einheit	Kosten €	€/Einheit	%
300	**Bauwerk - Baukonstruktionen**				**100,0**
310	**Baugrube**	660,00 m³ BGI	9.294	**14,08**	1,9
	Oberboden mit Grasnarbe lösen, d=20cm, laden, entsorgen (1.050m²), Baugrubenaushub BK 3-5, t=1,00m, laden, entsorgen (450m³)				
320	**Gründung**	320,56 m² GRF	147.580	**460,38**	30,7
	Geländeanhebung, d=60cm, Schottertragschicht, d=20cm, Geogitter (330m²) * Stb-Fundamentplatte, d=40cm (140m²), Stb-Winkelstützwände, d=36cm, h=1,60m (40m³), Stb-Streifenfundamente (4m³), Fundament Kühltechnik (20m³) * Stb-Bodenplatte, d=25cm (300m²), Stahlwangentreppe, sechs Steigungen (1St) * Dampfsperre, Wärmedämmung, d=200mm, Stahlfaser-Betonplatte mit Hartstoffestrich "Nass in Nass", d=20cm, Imprägnierung (272m²) * Kiesfilterschicht (300m²), Sauberkeitsschicht (150m²), Fertigteil-Vorsatzelemente, d=100mm, Dämmung, d=60mm (135m²) * PVC-Dränrohre DN100 (75m), Drän-Kontrollschächte DN300 (4St) * Stahlgeländer (4m)				
330	**Außenwände**	606,00 m² AWF	147.446	**243,31**	30,7
	Stahlskelettkonstruktion (134m), Wandverbände (1t), Wandriegel (3t) * Metalltüren, PU-geschäumt, Schwellen- und Rahmenheizung (4m²), Alufenster mit Lüftungslamellen, einflüglig (2m²) * Sandwich-Wandelemente, d=60mm, Stahl-Deckschalen mit PU-Hartschaumkern (600m²) * Sandwich-Wandelemente, d=200mm, Stahl-Deckschalen mit PU-Hartschaumkern (481m²), Sicherheitsschutzgitter (23m²) * Steigleitern mit Rückenschutz, Zwischen- und Übertrittspodest (2St), Wartungspodeste mit Geländer, Stahl (8m)				
340	**Innenwände**	129,99 m² IWF	44.063	**338,97**	9,2
	Wanddurchbrüche in KS-Wand (22St), Wandschlitze (34m) * Einhausungskonstruktion für Kühltechnik, Stahlstützen und -träger, Trapezblech (33m²) * Tiefkühlraum-Schnelllauftor, thermisch getrennte Lamellen, d=100mm, Steuerung, Schaltschrank (6m²), Streifenvorhang, kältebeständig bis -30°C (7m²), Torrahmen, Profilstahl HE-A 220 und U240 (1St) * Sandwich-Wandelemente, d=200mm, Stahl-Deckschalen mit PU-Hartschaumkern (79m²), Raufaser, Dispersionsanstrich (6m²)				
360	**Dächer**	317,71 m² DAF	99.659	**313,68**	20,7
	Stahlrahmen-Dachkonstruktion, HE-A (7t), Dachverbände, Rundstähle und Druckstäbe (1t), Trapezblech-Dach (307m²), Randverstärkung, C-Profile (70m) * Dampfsperre, Mineralwolldämmung, d=120mm, Dachabdichtung (318m²), Attikaabdeckung (80m), Abläufe (2St), Notabläufe (2St) * Sandwich-Deckenelemente, abgehängt, Stahl-Deckschalen mit PU-Hartschaumkern (287m²), Abhängeprofile, Höhe bis 2,00m (45m) * Absturzsicherungen (psch)				
390	**Sonstige Baukonstruktionen**	330,43 m² BGF	32.959	**99,75**	6,9
	Baustelleneinrichtungen (3St), Bauwasser, Baustrom, Baustellen-WC (1St) * Fassadengerüst (700m²), Dachfanggerüst (65m), Unterspannen der Dachfläche mit Fangnetzen (330m²), Hebebühne (1St) * Abbruch von Metall-Außentür (2m²), Raufasertapete (6m²) * Einhausung 4,00x2,00x4,00m, dreiseitig, Holzkonstruktion, Dämmung, OSB-Beplankung (psch), Schutzfolien (145m²)				

KG	Kostengruppe	Menge Einheit	Kosten €	€/Einheit	%
400	**Bauwerk - Technische Anlagen**				**100,0**
410	**Abwasser-, Wasser-, Gasanlagen**	330,46 m² BGF	1.420	**4,30**	0,9
	Fallrohre DN150 (20m), DN100 (9m)				
420	**Wärmeversorgungsanlagen**	330,46 m² BGF	4.800	**14,52**	2,9
	Elektrische Unterfrierschutzheizung, Leistung 15W/m², Steuerung (280m²), Fahrbetonheizung, für lichte Torbreite von 2,50m, Steuerung (1St)				
440	**Starkstromanlagen**	330,46 m² BGF	42.736	**129,32**	26,1
	Starkstromverteiler, 324 Platzeinheiten, bestückt und verdrahtet (1St), Schwachstromverteiler, Verteilerkasten (1St) * Erdkabel (60m), Mantelleitungen (1.530m), Starkstromkabel (275m), Schalter (10St), Steckdosen (12St), Bewegungsmelder (1St) * Strahlerleuchten (8St), Anbauleuchten (5St), Sicherheitsleuchten (4St), Rettungszeichenleuchten (2St) * Erdungsanlage (psch), Potenzialausgleichsschiene (1St)				
450	**Fernmelde-, informationstechn. Anlagen**	330,46 m² BGF	2.193	**6,64**	1,3
	FM-Installationsleitungen (245m), TAE-Anschlussdose (1St) * Notrufeinrichtung, netzunabhängig (1St), Erweiterung der Einbruchmeldeanlage mit Modul für fünf Meldergruppen (1St)				
470	**Nutzungsspezifische Anlagen**	330,46 m² BGF	110.698	**334,98**	67,6
	Kälteanlage 2x12kW, für Tiefkühllager, Kühlleistung 60.000kg/24h, Lagerkapazität 480 Europaletten, Innenmaße 25x11x7m, Steuerung, Installationen (1St)				
490	**Sonstige Technische Anlagen**	330,46 m² BGF	1.805	**5,46**	1,1
	Baustelleneinrichtungen (2St) * Abbruch von Blitzschutzinstallation an Außenwänden (psch)				

Kostenkennwerte für die Kostengruppe 300 der 2. und 3.Ebene DIN 276 (Übersicht)

KG	Kostengruppe	Menge Einh.	€/Einheit	Kosten €	% 3+4
300	**Bauwerk - Baukonstruktionen**	**330,43 m² BGF**	**1.455,68**	**481.001,68**	**74,6**
310	**Baugrube**	**660,00 m³ BGI**	**14,08**	**9.294,40**	**1,4**
311	Baugrubenherstellung	660,00 m³ BGI	14,08	9.294,40	1,4
312	Baugrubenumschließung	–	–	–	–
313	Wasserhaltung	–	–	–	–
319	Baugrube, sonstiges	–	–	–	–
320	**Gründung**	**320,56 m² GRF**	**460,38**	**147.579,85**	**22,9**
321	Baugrundverbesserung	320,56 m² GRF	30,29	9.708,81	1,5
322	Flachgründungen	320,56 m²	149,46	47.911,95	7,4
323	Tiefgründungen	–	–	–	–
324	Unterböden und Bodenplatten	289,70 m²	87,87	25.456,18	3,9
325	Bodenbeläge	272,45 m²	144,31	39.317,62	6,1
326	Bauwerksabdichtungen	320,56 m² GRF	66,84	21.425,52	3,3
327	Dränagen	320,56 m² GRF	9,74	3.121,77	0,5
329	Gründung, sonstiges	320,56 m² GRF	1,99	638,00	< 0,1
330	**Außenwände**	**606,00 m² AWF**	**243,31**	**147.445,93**	**22,9**
331	Tragende Außenwände	–	–	–	–
332	Nichttragende Außenwände	–	–	–	–
333	Außenstützen	133,65 m	272,29	36.391,00	5,6
334	Außentüren und -fenster	6,00 m²	1.003,69	6.022,15	0,9
335	Außenwandbekleidungen außen	600,00 m²	67,44	40.466,68	6,3
336	Außenwandbekleidungen innen	503,76 m²	104,98	52.886,94	8,2
337	Elementierte Außenwände	–	–	–	–
338	Sonnenschutz	–	–	–	–
339	Außenwände, sonstiges	606,00 m² AWF	19,27	11.679,16	1,8
340	**Innenwände**	**129,99 m² IWF**	**338,97**	**44.062,89**	**6,8**
341	Tragende Innenwände	6,00 m²	78,52	471,14	< 0,1
342	Nichttragende Innenwände	32,50 m²	171,92	5.587,44	0,9
343	Innenstützen	–	–	–	–
344	Innentüren und -fenster	6,25 m²	4.792,98	29.956,12	4,6
345	Innenwandbekleidungen	85,24 m²	94,42	8.048,20	1,2
346	Elementierte Innenwände	–	–	–	–
349	Innenwände, sonstiges	–	–	–	–
350	**Decken**	**–**	**–**	**–**	**–**
351	Deckenkonstruktionen	–	–	–	–
352	Deckenbeläge	–	–	–	–
353	Deckenbekleidungen	–	–	–	–
359	Decken, sonstiges	–	–	–	–
360	**Dächer**	**317,71 m² DAF**	**313,68**	**99.659,24**	**15,5**
361	Dachkonstruktionen	307,13 m²	113,11	34.740,62	5,4
362	Dachfenster, Dachöffnungen	–	–	–	–
363	Dachbeläge	317,71 m²	97,08	30.843,12	4,8
364	Dachbekleidungen	286,81 m²	113,19	32.464,36	5,0
369	Dächer, sonstiges	317,71 m² DAF	5,07	1.611,15	0,2
370	**Baukonstruktive Einbauten**	**–**	**–**	**–**	**–**
390	**Sonstige Baukonstruktionen**	**330,43 m² BGF**	**99,75**	**32.959,37**	**5,1**

Kostenkennwerte für die Kostengruppe 400 der 2. und 3.Ebene DIN 276 (Übersicht)

KG	Kostengruppe	Menge Einh.	€/Einheit	Kosten €	% 3+4
400	**Bauwerk - Technische Anlagen**	**330,43 m² BGF**	**495,27**	**163.651,94**	**25,4**
410	**Abwasser-, Wasser-, Gasanlagen**	**330,46 m² BGF**	**4,30**	**1.420,38**	**0,2**
411	Abwasseranlagen	330,46 m² BGF	4,30	1.420,38	0,2
412	Wasseranlagen	–	–	–	–
413	Gasanlagen	–	–	–	–
419	Abwasser-, Wasser-, Gasanlagen, sonstiges	–	–	–	–
420	**Wärmeversorgungsanlagen**	**330,46 m² BGF**	**14,52**	**4.799,86**	**0,7**
421	Wärmeerzeugungsanlagen	–	–	–	–
422	Wärmeverteilnetze	–	–	–	–
423	Raumheizflächen	330,46 m² BGF	14,52	4.799,86	0,7
429	Wärmeversorgungsanlagen, sonstiges	–	–	–	–
430	**Lufttechnische Anlagen**	**–**	**–**	**–**	**–**
431	Lüftungsanlagen	–	–	–	–
432	Teilklimaanlagen	–	–	–	–
433	Klimaanlagen	–	–	–	–
434	Kälteanlagen	–	–	–	–
439	Lufttechnische Anlagen, sonstiges	–	–	–	–
440	**Starkstromanlagen**	**330,46 m² BGF**	**129,32**	**42.736,46**	**6,6**
441	Hoch- und Mittelspannungsanlagen	–	–	–	–
442	Eigenstromversorgungsanlagen	–	–	–	–
443	Niederspannungsschaltanlagen	330,46 m² BGF	15,13	4.998,67	0,8
444	Niederspannungsinstallationsanlagen	330,46 m² BGF	50,69	16.749,91	2,6
445	Beleuchtungsanlagen	330,46 m² BGF	42,41	14.015,47	2,2
446	Blitzschutz- und Erdungsanlagen	330,46 m² BGF	21,10	6.972,40	1,1
449	Starkstromanlagen, sonstiges	–	–	–	–
450	**Fernmelde-, informationstechn. Anlagen**	**330,46 m² BGF**	**6,64**	**2.192,61**	**0,3**
451	Telekommunikationsanlagen	330,46 m² BGF	1,52	502,77	< 0,1
452	Such- und Signalanlagen	–	–	–	–
453	Zeitdienstanlagen	–	–	–	–
454	Elektroakustische Anlagen	–	–	–	–
455	Fernseh- und Antennenanlagen	–	–	–	–
456	Gefahrenmelde- und Alarmanlagen	330,46 m² BGF	5,11	1.689,84	0,3
457	Übertragungsnetze	–	–	–	–
459	Fernmelde- und informationstechnische Anlagen, sonstiges	–	–	–	–
460	**Förderanlagen**	**–**	**–**	**–**	**–**
461	Aufzugsanlagen	–	–	–	–
462	Fahrtreppen, Fahrsteige	–	–	–	–
463	Befahranlagen	–	–	–	–
464	Transportanlagen	–	–	–	–
465	Krananlagen	–	–	–	–
469	Förderanlagen, sonstiges	–	–	–	–
470	**Nutzungsspezifische Anlagen**	**330,46 m² BGF**	**334,98**	**110.698,08**	**17,2**
480	**Gebäudeautomation**	**–**	**–**	**–**	**–**
490	**Sonstige Technische Anlagen**	**330,46 m² BGF**	**5,46**	**1.804,56**	**0,3**

Kostenkennwerte für Leistungsbereiche nach StLB (Kosten des Bauwerks nach DIN 276)

LB	Leistungsbereiche	Kosten €	€/m² BGF	€/m³ BRI	% 3+4
000	Sicherheits-, Baustelleneinrichtungen inkl. 001	34.173	103,41	11,40	5,3
002	Erdarbeiten	28.230	85,42	9,42	4,4
006	Spezialtiefbauarbeiten inkl. 005	–	–	–	–
009	Entwässerungskanalarbeiten inkl. 011	–	–	–	–
010	Dränarbeiten	2.582	7,81	0,86	0,4
012	Mauerarbeiten	386	1,17	0,13	< 0,1
013	Betonarbeiten	102.201	309,27	34,11	15,9
014	Natur-, Betonwerksteinarbeiten	–	–	–	–
016	Zimmer- und Holzbauarbeiten	–	–	–	–
017	Stahlbauarbeiten	133.402	403,68	44,52	20,7
018	Abdichtungsarbeiten	4.333	13,11	1,45	0,7
020	Dachdeckungsarbeiten	–	–	–	–
021	Dachabdichtungsarbeiten	24.352	73,69	8,13	3,8
022	Klempnerarbeiten	13.821	41,82	4,61	2,1
	Rohbau	**343.479**	**1.039,40**	**114,62**	**53,3**
023	Putz- und Stuckarbeiten, Wärmedämmsysteme	–	–	–	–
024	Fliesen- und Plattenarbeiten	–	–	–	–
025	Estricharbeiten	16.136	48,83	5,38	2,5
026	Fenster, Außentüren inkl. 029, 032	5.539	16,76	1,85	0,9
027	Tischlerarbeiten	–	–	–	–
028	Parkett-, Holzpflasterarbeiten	–	–	–	–
030	Rollladenarbeiten	–	–	–	–
031	Metallbauarbeiten inkl. 035	28.925	87,53	9,65	4,5
034	Maler- und Lackiererarbeiten inkl. 037	1.565	4,74	0,52	0,2
036	Bodenbelagsarbeiten	–	–	–	–
038	Vorgehängte hinterlüftete Fassaden	–	–	–	–
039	Trockenbauarbeiten	87.994	266,28	29,37	13,6
	Ausbau	**140.160**	**424,14**	**46,77**	**21,7**
040	Wärmeversorgungsanlagen, inkl. 041	4.800	14,52	1,60	0,7
042	Gas- und Wasseranlagen, Leitungen inkl. 043	–	–	–	–
044	Abwasseranlagen - Leitungen	–	–	–	–
045	Gas, Wasser, Entwässerung - Ausstattung inkl. 046	–	–	–	–
047	Dämmarbeiten an technischen Anlagen	296	0,90	< 0,1	< 0,1
049	Feuerlöschanlagen, Feuerlöschgeräte	–	–	–	–
050	Blitzschutz- und Erdungsanlagen	6.972	21,10	2,33	1,1
052	Mittelspannungsanlagen	–	–	–	–
053	Niederspannungsanlagen inkl. 054	21.641	65,49	7,22	3,4
055	Ersatzstromversorgungsanlagen	–	–	–	–
057	Gebäudesystemtechnik	–	–	–	–
058	Leuchten und Lampen, inkl. 059	14.015	42,41	4,68	2,2
060	Elektroakustische Anlagen	–	–	–	–
061	Kommunikationsnetze, inkl. 063	2.193	6,64	0,73	0,3
069	Aufzüge	–	–	–	–
070	Gebäudeautomation	–	–	–	–
075	Raumlufttechnische Anlagen	110.698	334,98	36,94	17,2
	Gebäudetechnik	**160.615**	**486,04**	**53,60**	**24,9**
084	**Abbruch- und Rückbauarbeiten**	**399**	**1,21**	**0,13**	**< 0,1**
	Sonstige Leistungsbereiche inkl. 008, 033, 051	–	–	–	–

7700-0074
Werkhalle für
Werkzeugbau
(25 AP)

Objektübersicht

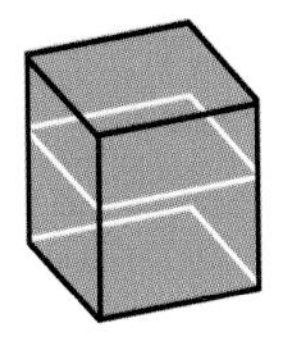

BRI 173 €/m³

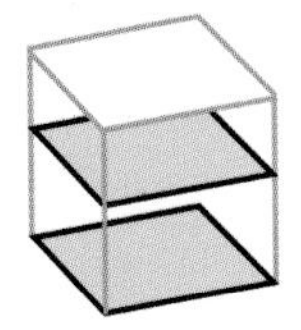

BGF 2.019 €/m²

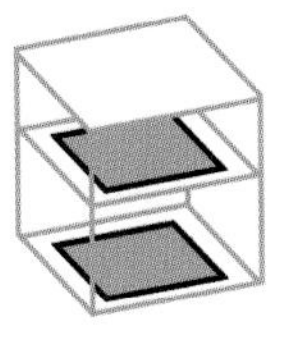

NUF 2.350 €/m²

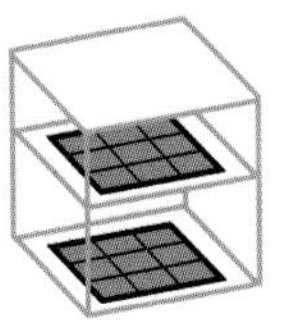

NE 124.799 €/NE
NE: Arbeitsplatz

Objekt:
Kennwerte: 3.Ebene DIN 276
BRI: 18.013 m³
BGF: 1.545 m²
NUF: 1.328 m²
Bauzeit: 34 Wochen
Bauende: 2014
Standard: über Durchschnitt
Kreis: Heilbronn - Stadt,
Baden-Württemberg

Architekt:
Architektur Udo Richter
Dipl.-Ing. Freier Architekt
Neckargartacher Str. 94
74080 Heilbronn

Bauherr:
Marbach
Werkzeugbau GmbH
August-Häusser-Str. 6
74080 Heilbronn

© Architektur Udo Richter

© Architektur Udo Richter

© Architektur Udo Richter

© Architektur Udo Richter

© Architektur Udo Richter

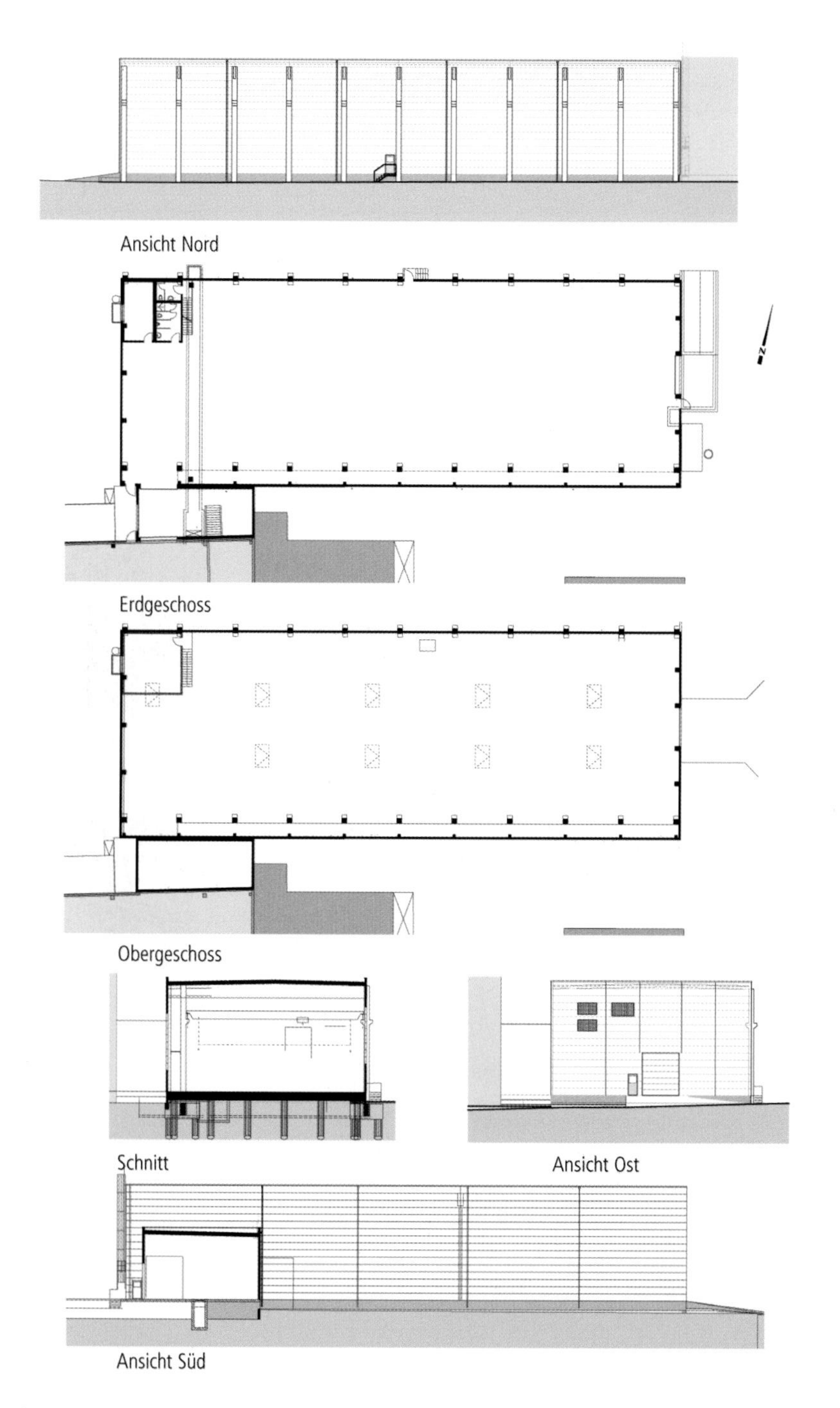

Ansicht Nord

Erdgeschoss

Obergeschoss

Schnitt

Ansicht Ost

Ansicht Süd

Objektbeschreibung

Allgemeine Objektinformationen

An eine bestehende Werkhalle wurde niveaugleich ein Erweiterungsbau für den Werkzeugbau errichtet. Wegen Präzisionsmaschinen war eine absolut schwingungsfreie Standfläche erforderlich. In der Halle ist ein Temperaturkorridor zwischen 21°C bis 26°C notwendig.

Nutzung

1 Erdgeschoss
Werkhalle, WCs, Aufenthaltsraum

1 Obergeschoss
als Zwischengeschoss: Meisterbüro, Schaltschrankgalerie

Besonderer Kosteneinfluss Nutzung:
Wegen Einsatz von Präzisionsmaschinen wurde eine absolut schwingungsfreie Standfläche gefordert. Die Bodenplatte gründet deshalb auf Bohrpfählen.

Nutzeinheiten

Arbeitsplätze: 25

Grundstück

Bauraum: Freier Bauraum
Neigung: Ebenes Gelände
Bodenklasse: BK 1 bis BK 4

Markt

Hauptvergabezeit: 4. Quartal 2013
Baubeginn: 4. Quartal 2013
Bauende: 3. Quartal 2014
Konjunkturelle Gesamtlage: Durchschnitt
Regionaler Baumarkt: Durchschnitt

Baukonstruktion

Die Bodenplatte wurde, aufgrund des schlechten Baugrunds, auf ca. 150 Bohrpfählen errichtet. Es wurden entsprechende Konstruktionen gewählt um Schwingungen für die Schleifmaschinen aufzunehmen. Stahlbetonstützen und -träger mit Gasbetonwänden und das Dach bilden das konstruktive Gerüst. Das Dach wurde begrünt. Es kamen drei Balkenkräne zum Einbau. Mittels eines Sektional-Schnelllauftores ist der Gewerbebau zu begehen.

Technische Anlagen

Beheizt wird die Erweiterung aus dem Bestand heraus. Kühlung, Heizung und Lüftung wird über drei Radiallüfter mit Deckenschläuchen verteilt. Das Messen, Steuern und Regeln erfolgt durch ein BUS-System. Eine zentrale Druckluft- und Schmiermittelanlage wurden ebenfalls eingebaut. Die Beleuchtung ist steuer- und somit an verschiedene Arbeitsplätze anpassbar.

Sonstiges

Der vorhandene Parkplatz wurde im Zuge der Baumaßnahme überbaut. Jedes der 150 Pfahlbohrlöcher wurde zuvor durch den Kampfmittelbeseitigungsdienst untersucht.

Planungskennwerte für Flächen und Rauminhalte nach DIN 277

Flächen des Grundstücks		Menge, Einheit	% an GF
BF	Bebaute Fläche	1.496,33 m²	32,8
UF	Unbebaute Fläche	3.068,67 m²	67,2
GF	Grundstücksfläche	4.565,00 m²	100,0

Grundflächen des Bauwerks		Menge, Einheit	% an NUF	% an BGF
NUF	Nutzungsfläche	1.327,79 m²	100,0	85,9
TF	Technikfläche	–	–	–
VF	Verkehrsfläche	140,80 m²	10,6	9,1
NRF	Netto-Raumfläche	1.468,59 m²	110,6	95,0
KGF	Konstruktions-Grundfläche	76,74 m²	5,8	5,0
BGF	Brutto-Grundfläche	1.545,33 m²	116,4	100,0

NUF=100% BGF=116,4% NRF=110,6%

NUF TF VF KGF

Brutto-Rauminhalt des Bauwerks		Menge, Einheit	BRI/NUF (m)	BRI/BGF (m)
BRI	Brutto-Rauminhalt	18.012,51 m³	13,57	11,66

0 2 4 6 8 10 12 BRI/NUF=13,57m

0 2 4 6 8 10 BRI/BGF=11,66m

Lufttechnisch behandelte Flächen	Menge, Einheit	% an NUF	% an BGF
Entlüftete Fläche	–	–	–
Be- und Entlüftete Fläche	–	–	–
Teilklimatisierte Fläche	–	–	–
Klimatisierte Fläche	–	–	–

KG	Kostengruppen (2.Ebene)	Menge, Einheit	Menge/NUF	Menge/BGF
310	Baugrube	458,50 m³ BGI	0,35	0,30
320	Gründung	1.443,31 m² GRF	1,09	0,93
330	Außenwände	2.360,05 m² AWF	1,78	1,53
340	Innenwände	447,05 m² IWF	0,34	0,29
350	Decken	226,10 m² DEF	0,17	0,15
360	Dächer	1.451,28 m² DAF	1,09	0,94

Kostenkennwerte für die Kostengruppen der 1.Ebene DIN 276

KG	Kostengruppen (1.Ebene)	Einheit	Kosten €	€/Einheit	€/m² BGF	€/m³ BRI	% 300+400
100	Grundstück	m² GF	–	–	–	–	–
200	Herrichten und Erschließen	m² GF	7.728	1,69	5,00	0,43	0,2
300	Bauwerk - Baukonstruktionen	m² BGF	1.967.950	1.273,48	1.273,48	109,25	63,1
400	Bauwerk - Technische Anlagen	m² BGF	1.152.021	745,49	745,49	63,96	36,9
	Bauwerk 300+400	**m² BGF**	**3.119.970**	**2.018,97**	**2.018,97**	**173,21**	**100,0**
500	Außenanlagen	m² AF	6.946	2,26	4,49	0,39	0,2
600	Ausstattung und Kunstwerke	m² BGF	1.679	1,09	1,09	< 0,1	< 0,1
700	Baunebenkosten	m² BGF	–	–	–	–	–

KG	Kostengruppe	Menge Einheit	Kosten €	€/Einheit	%
200	**Herrichten und Erschließen**	4.565,00 m² GF	7.728	**1,69**	100,0

Abbruch von Asphaltbeton, Schlitzrinne, Fundamenten

KG	Kostengruppe	Menge Einheit	Kosten €	€/Einheit	%
3+4	**Bauwerk**				**100,0**
300	**Bauwerk - Baukonstruktionen**	1.545,33 m² BGF	1.967.950	**1.273,48**	63,1

Fundamente, Bohrpfähle, Bodenplatte, Epoxidharzbeschichtung, Bodenfliesen; Stb-Wände, Porenbetonwände, Stb-Frostschürzen, Stützen, Tore, Stahltüren, Kunststofffenster, Außenputz, Anstriche außen und innen, Wandfliesen, Innenputz, Schaltschrankgalerie; Betonbrüstungen, GK-Wände, Brandschutzbekleidungen; Stb-Decken, Stahltreppe, Estrich; Spannbetonbinder, Porenbeton-Dachplatten, Lichtkuppeln, Dachabdichtung, extensive Dachbegrünung

KG	Kostengruppe	Menge Einheit	Kosten €	€/Einheit	%
400	**Bauwerk - Technische Anlagen**	1.545,33 m² BGF	1.152.021	**745,49**	36,9

Gebäudeentwässerung, Kalt- und Warmwasserleitungen, Sanitärobjekte; Heizungsrohre für Anschluss an Gas-Brennwerttherme im Bestand; Einzelraumlüfter, Klimageräte, Textilschlauchsystem, Luftkanäle, Kälteleitungen für Anschluss an Kompressionskältemaschinen im Bestand, Pufferspeicher, Stahlkonstruktion für Lüfterbühne auf dem Hallendach

KG	Kostengruppe	Menge Einheit	Kosten €	€/Einheit	%
500	**Außenanlagen**	3.068,67 m² AF	6.946	**2,26**	100,0

Stahlschranke, Steuerung, Lichtschranke

KG	Kostengruppe	Menge Einheit	Kosten €	€/Einheit	%
600	**Ausstattung und Kunstwerke**	1.545,33 m² BGF	1.679	**1,09**	100,0

Sanitärausstattung

Kostenkennwerte für die Kostengruppen der 2.Ebene DIN 276

KG	Kostengruppe	Menge Einheit	Kosten €	€/Einheit	%
200	**Herrichten und Erschließen**				**100,0**
210	**Herrichten**	4.565,00 m² GF	7.728	**1,69**	100,0

Abbruch von Asphaltbeton (1.834m²), Schlitzrinne, Hofeinlauf (70m), Betonfundamenten (30m); Entsorgung, Deponiegebühren

KG	Kostengruppe	Menge Einheit	Kosten €	€/Einheit	%
300	**Bauwerk - Baukonstruktionen**				**100,0**
310	**Baugrube**	458,50 m³ BGI	11.663	**25,44**	0,6

Boden abtragen, d=25cm, laden, entsorgen (459m³), Baugrubensohle planieren (1.834m²) * Böschung mit Folie abdecken (111m²)

KG	Kostengruppe	Menge Einheit	Kosten €	€/Einheit	%
320	**Gründung**	1.443,31 m² GRF	906.005	**627,73**	46,0

Fundamentaushub (1.341m³), Hinterfüllungen (1.023m³), Stb-Fundamentbalken mit Köcher (29St), Stb-Streifenfundamente (68m³) * Bohrpfähle (151St) * Stb-Bodenplatte C30/37, d=80cm (1.296m²), Stb-Bodenplatte C25/30, d=30cm (88m²), Stb-Rampe (60m²) * Abdichtung, Epoxidharzbeschichtung (1.318m²), Bodenfliesen (34m²) * Sauberkeitsschicht (609m²), Schüttung unter Bodenplatte (801m³), Kiesfilter, d=15cm (52m²), Trennlage (1.374m²), EPS-Dämmung, d=60mm (112m²)

KG	Kostengruppe	Menge Einheit	Kosten €	€/Einheit	%
330	**Außenwände**	2.360,05 m² AWF	425.227	**180,18**	21,6

Stb-Wände, d=25cm (170m²) * Porenbeton-Wandplatten, d=20cm (1.939m²), Stb-Frostschürzen, d=15cm (147m), Stb-Rampenwände, d=25cm (34m²) * Stb-Stützen, l=13,60m (11St), l=12,35m (18St) * Sektionaltore (28m²), Stahltüren (7m²), T90 (2m²), Kunststofffenster (4m²) * Außenanstrich (1.778m²), Abdichtung (154m²), Außenputz (72m²) * Innenanstrich (1.471m²), Wandfliesen (6m²), Gipsputz (314m²) * Schaltschrank-bühne als Stahlkonstruktion (7t), Gitterrostbelag (58m²), Stahlrohrgeländer (45m), Steigleitern (2St)

KG	Kostengruppe	Menge Einheit	Kosten €	€/Einheit	%
340	**Innenwände**	447,05 m² IWF	114.743	**256,67**	5,8

Porenbetonwände, d=24cm (190m²), Betonbrüstungen (45m²) * Porenbetonwände, d=17,5cm (157m²), GK-Installationswand, d=250mm (8m²) * Stb-Stützen, l=13,60m (11St), Ortbetonstützen (27m) * Schiebetoranlage, Stahl/Alu (18m²), Schnelllauf-Rolltor, Kunststoff (18m²), Stahltüren (7m²), Kunststofffenster (4m²) * Silikat-Dispersionsanstrich (526m²), Wandfliesen (39m²), Gipsputz (135m²), GK-Vorsatzschale, d=200mm (16m²), Brandschutzbekleidungen (39m²)

KG	Kostengruppe	Menge Einheit	Kosten €	€/Einheit	%
350	**Decken**	226,10 m² DEF	37.823	**167,28**	1,9

Stb-Decken, d=22cm (220m²), Stahltreppe, einläufig, Gitterroststufen, Stahlrohrgeländer, Laufbreite 100cm (6m²) * Trittschalldämmung, Zementestrich, d=45mm, Bodenfliesen (38m²) * Silikat-Dispersionsanstrich (74m²)

KG	Kostengruppe	Menge Einheit	Kosten €	€/Einheit	%
360	**Dächer**	1.451,28 m² DAF	383.080	**263,96**	19,5

Fertigteil-Vollwandbinder, Spannbeton C45/55 (9St), Porenbeton-Dachplatten, d=25cm (1.334m²), Stahlrahmen-Auswechslungen für Öffnungen 150x250cm (9St), 110x150cm (2St) * Lichtkuppeln, RWA-Anlage (9St) * Abdichtung (1.473m²), Speicherschutzmatte, Dränmatte, Pflanzsubstrat, Sedum-Sprossenmischung (1.285m²), Kiesstreifen (267m), Attikaabdeckung (188m) * Silikat-Dispersionsanstrich (74m²) * Absturzsicherung (psch)

KG	Kostengruppe	Menge Einheit	Kosten €	€/Einheit	%
390	**Sonstige Baukonstruktionen**	1.545,33 m² BGF	89.409	**57,86**	4,5
	Baustelleneinrichtungen (4St), Bauzaun (98m), Baustellen-WC (1St), Absturzsicherungen (166m), Personen-Auffangnetz (1.185m²) * Treppenturm für Dacharbeiten (psch), fahrbares Gerüst (psch) * Metallplatten an bestehenden Betonpfeilern entrosten (psch) * Betonflächen mit Folienklebeband abdecken (920m²), Malerabdeckvlies (129m²), Schutzfolien (40m²), Straßenreinigung (psch)				
400	**Bauwerk - Technische Anlagen**				**100,0**
410	**Abwasser-, Wasser-, Gasanlagen**	1.545,33 m² BGF	46.417	**30,04**	4,0
	Rohrgrabenaushub (54m³), Sandbettung (17m³), KG-Rohre DN100-200 (271m), Kontrollschächte (2St), HT-Abwasserrohre DN50-100 (10m), Attikaabläufe (12St), Notüberläufe (4St), Fallrohre, quadratisch (100m) * Metallverbundrohre DN16-26 (180m), Waschtische (2St), Wand-Tiefspül-WCs (2St), Urinal (1St), Hock-WC (1St), Ausgussbecken (2St), Durchlauferhitzer (3St) * Montageelemente (3St)				
420	**Wärmeversorgungsanlagen**	1.545,33 m² BGF	45.011	**29,13**	3,9
	Heizungsrohre zur Erweiterung des bestehenden Leitungsnetzes, Rohrdämmung (390m), Druckausdehnungsgefäß (1St), Umwälzpumpen (3St), Anschlüsse an Wärmetauscher von Lüftungsanlage (4St), an Mischventile (4St), an Bestandsleitungen (2St)				
430	**Lufttechnische Anlagen**	1.545,33 m² BGF	475.790	**307,89**	41,3
	Einzelraumlüfter (2St) * Klimageräte, 25.000m³/h (3St), Textilschlauchsystem zur Luftverteilung (10St), Luftkanäle, verzinkt (539m²) * Stahl-Kälteleitungen DN80-100 (50m), Edelstahl-Kälteleitungen DN15-76 (368m), PE-Kälteleitungen DN100-225 (656m), Pufferspeicher 5.000l (1St), Anschlüsse an Wärmetauscher (20St), an Ventile (20St), an Bestandsleitungen (3St), Druckausdehnungsgefäß (1St), Umwälzpumpen (5St), Kreiselpumpe (1St), Doppelpumpe (1St), Plattenwärmeüberträger (1St) * Stahlkonstruktion für Lüfterbühne auf dem Dach (7t)				
440	**Starkstromanlagen**	1.545,33 m² BGF	290.750	**188,15**	25,2
	Erweiterung Elektroverteiler (1St), Unterverteiler (1St), Wandverteiler mit CEE- und Schukosteckdosen (13St), Erdkabel (351m), Hauptzuleitungen (2.358m), Mantelleitungen (4.803m), Fernmeldekabel (1.320m), Installationskabel (1.332m), Stromschienensystem (99m), Steckdosen (60St), Taster (7St), Präsenzmelder (4St) * Beleuchtungssystem (psch), Lichtband (1St), Leuchtstofflampen (5St), Anbauleuchten (11St), Notleuchten (5St) * Potenzialausgleichsschienen (2St)				
450	**Fernmelde-, informationstechn. Anlagen**	1.545,33 m² BGF	14.676	**9,50**	1,3
	Datenschränke, 15HE, 19", komplett bestückt (2St), Patchpanels 24xRJ45 (4St), Datendosen 2xRJ45 (11St), Datenleitungen (1.072m), LWL-Außenkabel (640m), LWL-Spleißboxen (4St)				
470	**Nutzungsspezifische Anlagen**	1.545,33 m² BGF	177.004	**114,54**	15,4
	Einträgerlaufkräne (3St), Stahlkonstruktion für Kranbahnen (25t), freistehende Stahlkonstruktion für Maschinenversorgung (2t), Edelstahl-Druckluftleitungen (130m), Kugelhähne (29St), Doppel-Anschlusskupplungen (20St), Druckluftzähler (1St)				

KG	Kostengruppe	Menge Einheit	Kosten €	€/Einheit	%
480	**Gebäudeautomation**	1.545,33 m² BGF	87.050	**56,33**	7,6
	Temperaturfühler (45St), Stellantriebe (17St), Differenzdruckwächter (9St), Regelmodule (8St), Steuermodule (5St), Ein-/Ausgabemodule (4St), CPU-Modul (1St), Bedienstation (1St) * Schaltschränke (4St), FI-Schalter (2St), Sicherungen (4St), Steuertrafos (2St), Motorkombinationen (17St), Steuerungen (26St), Steckrelais (16St) * Parametrierung und Inbetriebnahme Gebäudeleittechnik (238St) * EIB-Busleitungen (2.097m)				
490	**Sonstige Technische Anlagen**	1.545,33 m² BGF	15.323	**9,92**	1,3
	Baustelleneinrichtung (1St) * Hebebühnen zur Montage der Rohrleitungen unter Hallendecke, h=10m (44Tage), Steiger (20Tage)				
500	**Außenanlagen**				**100,0**
530	**Baukonstruktionen in Außenanlagen**	3.068,67 m² AF	6.946	**2,26**	100,0
	Stahlschranke, Antrieb, Steuerung, Schrankenrundbaum, Sperrbreite 595cm (1St), Feuerwehrschalter (1St), Wartungsschalter (1St), Auflagestütze für Baum (1St), Einweglichtschranke (1St), Induktionsschleife (1St), Standgehäuse (1St)				
600	**Ausstattung und Kunstwerke**				**100,0**
610	**Ausstattung**	1.545,33 m² BGF	1.679	**1,09**	100,0
	Wandspiegel (2St), WC-Papierhalter (3St), Reserve-Papierhalter (3St), WC-Bürstengarnituren (3St), Wandhaken (3St)				

7700-0074
Werkhalle für
Werkzeugbau
(25 AP)

Kostenkennwerte für die Kostengruppe 300 der 2. und 3.Ebene DIN 276 (Übersicht)

KG	Kostengruppe	Menge Einh.	€/Einheit	Kosten €	% 3+4
300	**Bauwerk - Baukonstruktionen**	**1.545,33 m² BGF**	**1.273,48**	**1.967.949,80**	**63,1**
310	**Baugrube**	**458,50 m³ BGI**	**25,44**	**11.662,71**	**0,4**
311	Baugrubenherstellung	458,50 m³ BGI	24,78	11.360,16	0,4
312	Baugrubenumschließung	–	–	–	–
313	Wasserhaltung	–	–	–	–
319	Baugrube, sonstiges	458,50 m³ BGI	0,66	302,55	< 0,1
320	**Gründung**	**1.443,31 m² GRF**	**627,73**	**906.005,09**	**29,0**
321	Baugrundverbesserung	–	–	–	–
322	Flachgründungen	1.443,31 m²	124,88	180.241,83	5,8
323	Tiefgründungen	1.296,08 m²	244,59	317.005,84	10,2
324	Unterböden und Bodenplatten	1.443,31 m²	221,32	319.435,99	10,2
325	Bodenbeläge	1.351,96 m²	38,30	51.781,66	1,7
326	Bauwerksabdichtungen	1.443,31 m² GRF	26,01	37.539,77	1,2
327	Dränagen	–	–	–	–
329	Gründung, sonstiges	–	–	–	–
330	**Außenwände**	**2.360,05 m² AWF**	**180,18**	**425.227,32**	**13,6**
331	Tragende Außenwände	169,70 m²	162,52	27.579,73	0,9
332	Nichttragende Außenwände	2.148,52 m²	95,97	206.186,82	6,6
333	Außenstützen	371,90 m	197,95	73.618,51	2,4
334	Außentüren und -fenster	41,83 m²	396,02	16.565,94	0,5
335	Außenwandbekleidungen außen	2.004,73 m²	23,11	46.322,14	1,5
336	Außenwandbekleidungen innen	1.790,13 m²	8,52	15.250,50	0,5
337	Elementierte Außenwände	–	–	–	–
338	Sonnenschutz	–	–	–	–
339	Außenwände, sonstiges	2.360,05 m² AWF	16,82	39.703,68	1,3
340	**Innenwände**	**447,05 m² IWF**	**256,67**	**114.743,06**	**3,7**
341	Tragende Innenwände	234,20 m²	120,38	28.193,33	0,9
342	Nichttragende Innenwände	165,36 m²	72,04	11.912,37	0,4
343	Innenstützen	176,60 m	208,19	36.766,46	1,2
344	Innentüren und -fenster	47,49 m²	444,66	21.114,69	0,7
345	Innenwandbekleidungen	699,89 m²	23,94	16.756,22	0,5
346	Elementierte Innenwände	–	–	–	–
349	Innenwände, sonstiges	–	–	–	–
350	**Decken**	**226,10 m² DEF**	**167,28**	**37.823,03**	**1,2**
351	Deckenkonstruktionen	226,10 m²	145,48	32.893,83	1,1
352	Deckenbeläge	38,32 m²	119,29	4.571,14	0,1
353	Deckenbekleidungen	73,63 m²	4,86	358,06	< 0,1
359	Decken, sonstiges	–	–	–	–
360	**Dächer**	**1.451,28 m² DAF**	**263,96**	**383.080,04**	**12,3**
361	Dachkonstruktionen	1.418,88 m²	167,85	238.159,24	7,6
362	Dachfenster, Dachöffnungen	32,40 m²	817,07	26.473,06	0,8
363	Dachbeläge	1.473,40 m²	71,30	105.056,98	3,4
364	Dachbekleidungen	1.012,23 m²	4,89	4.953,94	0,2
369	Dächer, sonstiges	1.451,28 m² DAF	5,81	8.436,83	0,3
370	**Baukonstruktive Einbauten**	**–**	**–**	**–**	**–**
390	**Sonstige Baukonstruktionen**	**1.545,33 m² BGF**	**57,86**	**89.408,55**	**2,9**

Kostenkennwerte für die Kostengruppe 400 der 2. und 3.Ebene DIN 276 (Übersicht)

KG	Kostengruppe	Menge Einh.	€/Einheit	Kosten €	% 3+4
400	**Bauwerk - Technische Anlagen**	**1.545,33 m² BGF**	**745,49**	**1.152.020,55**	**36,9**
410	**Abwasser-, Wasser-, Gasanlagen**	**1.545,33 m² BGF**	**30,04**	**46.416,55**	**1,5**
411	Abwasseranlagen	1.545,33 m² BGF	19,32	29.855,87	1,0
412	Wasseranlagen	1.545,33 m² BGF	10,20	15.757,66	0,5
413	Gasanlagen	–	–	–	–
419	Abwasser-, Wasser-, Gasanlagen, sonstiges	1.545,33 m² BGF	0,52	803,02	< 0,1
420	**Wärmeversorgungsanlagen**	**1.545,33 m² BGF**	**29,13**	**45.010,71**	**1,4**
421	Wärmeerzeugungsanlagen	–	–	–	–
422	Wärmeverteilnetze	1.545,33 m² BGF	29,13	45.010,71	1,4
423	Raumheizflächen	–	–	–	–
429	Wärmeversorgungsanlagen, sonstiges	–	–	–	–
430	**Lufttechnische Anlagen**	**1.545,33 m² BGF**	**307,89**	**475.790,30**	**15,2**
431	Lüftungsanlagen	1.545,33 m² BGF	0,48	738,21	< 0,1
432	Teilklimaanlagen	–	–	–	–
433	Klimaanlagen	1.545,33 m² BGF	127,73	197.384,90	6,3
434	Kälteanlagen	1.545,33 m² BGF	170,15	262.939,71	8,4
439	Lufttechnische Anlagen, sonstiges	1.545,33 m² BGF	9,53	14.727,47	0,5
440	**Starkstromanlagen**	**1.545,33 m² BGF**	**188,15**	**290.750,10**	**9,3**
441	Hoch- und Mittelspannungsanlagen	–	–	–	–
442	Eigenstromversorgungsanlagen	–	–	–	–
443	Niederspannungsschaltanlagen	–	–	–	–
444	Niederspannungsinstallationsanlagen	1.545,33 m² BGF	159,82	246.977,87	7,9
445	Beleuchtungsanlagen	1.545,33 m² BGF	28,30	43.725,25	1,4
446	Blitzschutz- und Erdungsanlagen	1.545,33 m² BGF	< 0,1	46,97	< 0,1
449	Starkstromanlagen, sonstiges	–	–	–	–
450	**Fernmelde-, informationstechn. Anlagen**	**1.545,33 m² BGF**	**9,50**	**14.676,26**	**0,5**
451	Telekommunikationsanlagen	–	–	–	–
452	Such- und Signalanlagen	–	–	–	–
453	Zeitdienstanlagen	–	–	–	–
454	Elektroakustische Anlagen	–	–	–	–
455	Fernseh- und Antennenanlagen	–	–	–	–
456	Gefahrenmelde- und Alarmanlagen	–	–	–	–
457	Übertragungsnetze	1.545,33 m² BGF	9,50	14.676,26	0,5
459	Fernmelde- und informationstechnische Anlagen, sonstiges	–	–	–	–
460	**Förderanlagen**	**–**	**–**	**–**	**–**
461	Aufzugsanlagen	–	–	–	–
462	Fahrtreppen, Fahrsteige	–	–	–	–
463	Befahranlagen	–	–	–	–
464	Transportanlagen	–	–	–	–
465	Krananlagen	–	–	–	–
469	Förderanlagen, sonstiges	–	–	–	–
470	**Nutzungsspezifische Anlagen**	**1.545,33 m² BGF**	**114,54**	**177.003,53**	**5,7**
480	**Gebäudeautomation**	**1.545,33 m² BGF**	**56,33**	**87.050,14**	**2,8**
490	**Sonstige Technische Anlagen**	**1.545,33 m² BGF**	**9,92**	**15.322,96**	**0,5**

Kostenkennwerte für Leistungsbereiche nach StLB (Kosten des Bauwerks nach DIN 276)

LB	Leistungsbereiche	Kosten €	€/m² BGF	€/m³ BRI	% 3+4
000	Sicherheits-, Baustelleneinrichtungen inkl. 001	84.140	54,45	4,67	2,7
002	Erdarbeiten	115.194	74,54	6,40	3,7
006	Spezialtiefbauarbeiten inkl. 005	291.034	188,33	16,16	9,3
009	Entwässerungskanalarbeiten inkl. 011	13.843	8,96	0,77	0,4
010	Dränarbeiten	–	–	–	–
012	Mauerarbeiten	27.720	17,94	1,54	0,9
013	Betonarbeiten	1.055.177	682,82	58,58	33,8
014	Natur-, Betonwerksteinarbeiten	–	–	–	–
016	Zimmer- und Holzbauarbeiten	–	–	–	–
017	Stahlbauarbeiten	146.644	94,90	8,14	4,7
018	Abdichtungsarbeiten	10.919	7,07	0,61	0,3
020	Dachdeckungsarbeiten	–	–	–	–
021	Dachabdichtungsarbeiten	124.515	80,57	6,91	4,0
022	Klempnerarbeiten	20.315	13,15	1,13	0,7
	Rohbau	**1.889.501**	**1.222,72**	**104,90**	**60,6**
023	Putz- und Stuckarbeiten, Wärmedämmsysteme	17.133	11,09	0,95	0,5
024	Fliesen- und Plattenarbeiten	8.269	5,35	0,46	0,3
025	Estricharbeiten	2.249	1,46	0,12	< 0,1
026	Fenster, Außentüren inkl. 029, 032	3.088	2,00	0,17	< 0,1
027	Tischlerarbeiten	–	–	–	–
028	Parkett-, Holzpflasterarbeiten	–	–	–	–
030	Rollladenarbeiten	–	–	–	–
031	Metallbauarbeiten inkl. 035	33.364	21,59	1,85	1,1
034	Maler- und Lackiererarbeiten inkl. 037	57.177	37,00	3,17	1,8
036	Bodenbelagsarbeiten	42.152	27,28	2,34	1,4
038	Vorgehängte hinterlüftete Fassaden	–	–	–	–
039	Trockenbauarbeiten	6.662	4,31	0,37	0,2
	Ausbau	**170.094**	**110,07**	**9,44**	**5,5**
040	Wärmeversorgungsanlagen, inkl. 041	36.622	23,70	2,03	1,2
042	Gas- und Wasseranlagen, Leitungen inkl. 043	14.761	9,55	0,82	0,5
044	Abwasseranlagen - Leitungen	7.788	5,04	0,43	0,2
045	Gas, Wasser, Entwässerung - Ausstattung inkl. 046	8.860	5,73	0,49	0,3
047	Dämmarbeiten an technischen Anlagen	68.048	44,03	3,78	2,2
049	Feuerlöschanlagen, Feuerlöschgeräte	–	–	–	–
050	Blitzschutz- und Erdungsanlagen	47	< 0,1	< 0,1	< 0,1
052	Mittelspannungsanlagen	–	–	–	–
053	Niederspannungsanlagen inkl. 054	253.837	164,26	14,09	8,1
055	Ersatzstromversorgungsanlagen	–	–	–	–
057	Gebäudesystemtechnik	–	–	–	–
058	Leuchten und Lampen, inkl. 059	43.725	28,30	2,43	1,4
060	Elektroakustische Anlagen	–	–	–	–
061	Kommunikationsnetze, inkl. 063	14.676	9,50	0,81	0,5
069	Aufzüge	–	–	–	–
070	Gebäudeautomation	87.050	56,33	4,83	2,8
075	Raumlufttechnische Anlagen	416.042	269,23	23,10	13,3
	Gebäudetechnik	**951.455**	**615,70**	**52,82**	**30,5**
084	**Abbruch- und Rückbauarbeiten**	**–**	**–**	**–**	**–**
	Sonstige Leistungsbereiche inkl. 008, 033, 051	**108.921**	**70,48**	**6,05**	**3,5**

Kostenstand: 4.Quartal 2016, Bundesdurchschnitt, **inkl. 19% MwSt.**

7700-0076
Lager- und
Vertriebsgebäude
(50 AP)

Objektübersicht

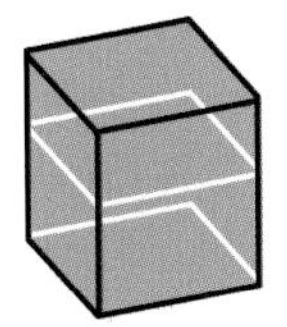

BRI 55 €/m^3

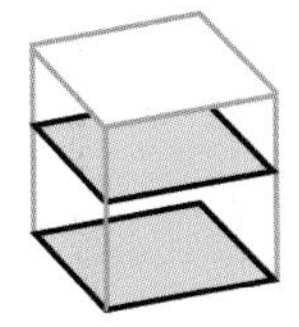

BGF 614 €/m^2

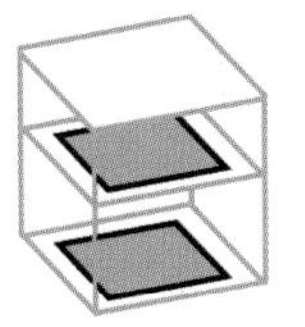

NUF 666 €/m^2

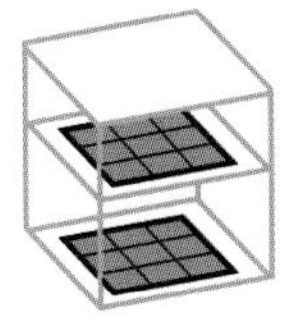

NE 262.709 €/NE
NE: Arbeitsplatz

Objekt:
Kennwerte: 1.Ebene DIN 276
BRI: 238.726 m^3
BGF: 21.392 m^2
NUF: 19.727 m^2
Bauzeit: 43 Wochen
Bauende: 2014
Standard: Durchschnitt
Kreis: Alzey-Worms,
Rheinland-Pfalz

Architekt:
O. M. Architekten BDA
Rainer Ottinger
Thomas Möhlendick
Kaffeetwete 3
38100 Braunschweig

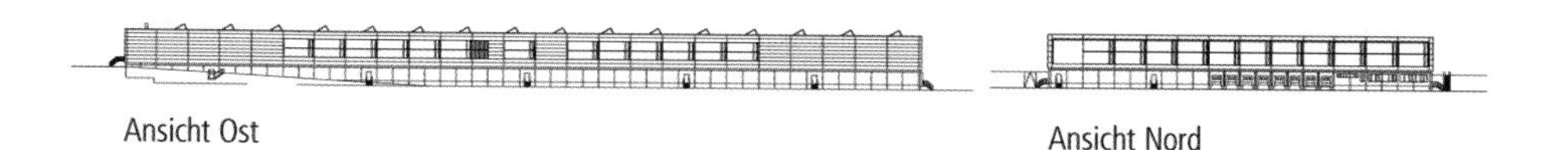

Ansicht Ost

Ansicht Nord

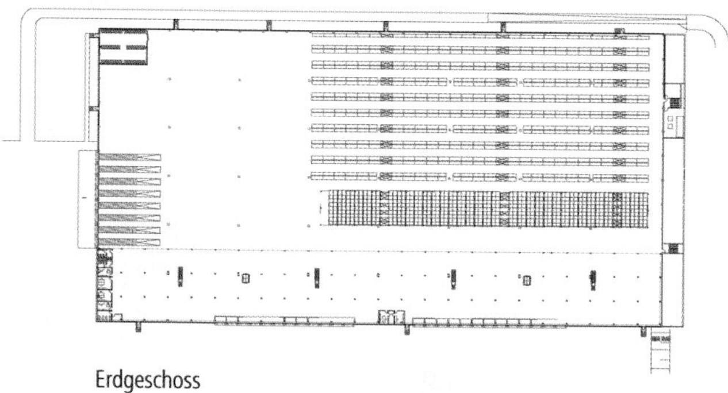

Erdgeschoss

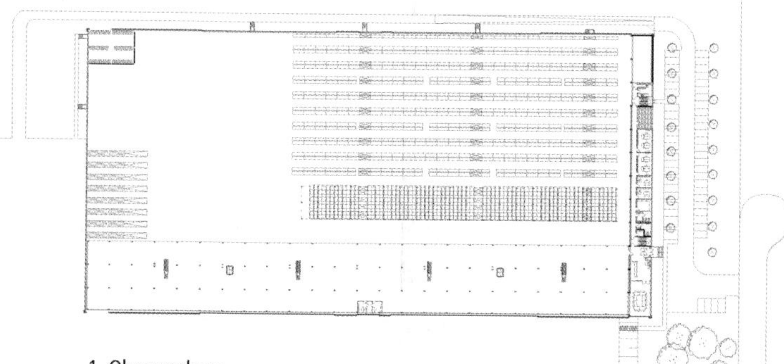

1. Obergeschoss

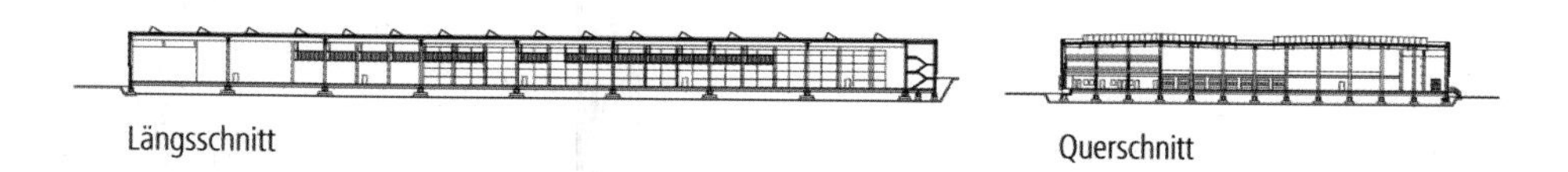

Längsschnitt

Querschnitt

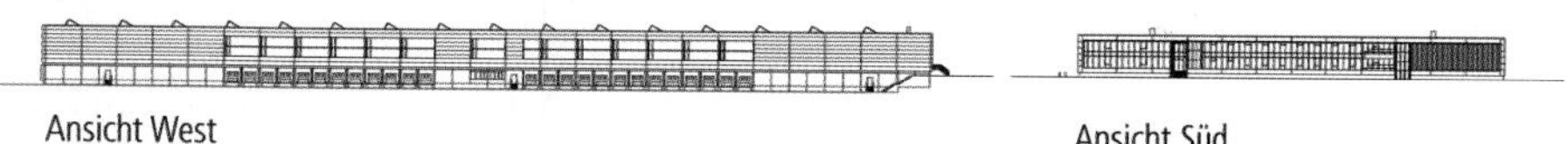

Ansicht West

Ansicht Süd

Objektbeschreibung

Allgemeine Objektinformationen

Die Hanglage der Lagerhalle mit Ausrichtung zum Ort, hat dazu geführt, den Baukörper zum Tal hin großflächig zu öffnen. Durch die Gliederung in einen Sockel, auf dem, abgesetzt durch eine umlaufende Glasfuge, ein Stahlblechkörper schwebt, wird die Höhe optisch reduziert. Der Sockel geht so in das Gelände über, dass bergseitig nur noch der aufgesetzte Körper sichtbar ist. Die Anordnung des Baukörpers in Zusammenhang mit der Topographie erlaubt eine klare Trennung des Lieferbereichs vom Verwaltungstrakt, der bergseitig in das Gebäude integriert ist.

Nutzung

1 Erdgeschoss
Lager- und Sortierhalle, Büroräume, Sanitärräume

2 Obergeschosse
Empfang, Büroräume, Konferenzraum, Mitarbeiterraum, Kantine, Umkleideräume, Sanitärräume, Technikräume

Nutzeinheiten

Arbeitsplätze: 50

Grundstück

Bauraum: Freier Bauraum
Neigung: Geneigtes Gelände
Bodenklasse: BK 1 bis BK 4

Markt

Hauptvergabezeit: 1. Quartal 2013
Baubeginn: 2. Quartal 2013
Bauende: 1. Quartal 2014
Konjunkturelle Gesamtlage: Durchschnitt
Regionaler Baumarkt: unter Durchschnitt

Baukonstruktion

Die Tragkonstruktion der Lagerhalle, eingespannte Stützen mit Dachbindern und -pfetten, besteht aus Stahlbetonfertigteilen. Der Boden ist ein Industrieboden aus Stahlfaserbeton mit geglätteter und Hartstoff-vergüteter Oberfläche. Der Belag ist in den Regalgängen mit erhöhter Ebenheitstoleranz ausgeführt. Im Sockelbereich sind die Außenwände als vorgehängte Stahlbeton-Dreischichtplatten ausgeführt, im oberem Bereich wurden Stahlsandwichpaneele eingebaut. Die Öffnungen sind mit Profilbauglas verglast. Der Verwaltungsbereich besitzt eine Pfosten-Riegel-Fassade. Das Dach ist mit Trapezblech gedeckt. Auf dem Dach sind Lichtbänder mit rückseitigen Photovoltaik-Elementen angeordnet.

Technische Anlagen

Zur Optimierung des Energieverbrauchs liegen die Dämmwerte der Bauteile bis zu 50% unter dem EnEV Standard. Das Gebäude wird durch einen Gas-Brennwertkessel beheizt. In der Halle wird die Wärme über Industrieflächenheizungen verteilt, in der Verwaltung sind Flachheizkörper montiert. Die Beleuchtung erfolgt über LED-Langfeldleuchten.

Planungskennwerte für Flächen und Rauminhalte nach DIN 277

Flächen des Grundstücks		Menge, Einheit	% an GF
BF	Bebaute Fläche	20.061,10 m²	40,6
UF	Unbebaute Fläche	29.298,90 m²	59,4
GF	Grundstücksfläche	49.360,00 m²	100,0

Grundflächen des Bauwerks		Menge, Einheit	% an NUF	% an BGF
NUF	Nutzungsfläche	19.727,40 m²	100,0	92,2
TF	Technikfläche	438,50 m²	2,2	2,0
VF	Verkehrsfläche	331,60 m²	1,7	1,6
NRF	Netto-Raumfläche	20.497,50 m²	103,9	95,8
KGF	Konstruktions-Grundfläche	894,50 m²	4,5	4,2
BGF	Brutto-Grundfläche	21.392,00 m²	108,4	100,0

NUF=100% BGF=108,4% NRF=103,9%

NUF TF VF KGF

Brutto-Rauminhalt des Bauwerks		Menge, Einheit	BRI/NUF (m)	BRI/BGF (m)
BRI	Brutto-Rauminhalt	238.726,10 m³	12,10	11,16

0 2 4 6 8 10 12 BRI/NUF=12,10m

BRI/BGF=11,16m 0 2 4 6 8 10

Lufttechnisch behandelte Flächen	Menge, Einheit	% an NUF	% an BGF
Entlüftete Fläche	–	–	–
Be- und Entlüftete Fläche	–	–	–
Teilklimatisierte Fläche	–	–	–
Klimatisierte Fläche	–	–	–

KG	Kostengruppen (2.Ebene)	Menge, Einheit	Menge/NUF	Menge/BGF
310	Baugrube	–	–	–
320	Gründung	–	–	–
330	Außenwände	–	–	–
340	Innenwände	–	–	–
350	Decken	–	–	–
360	Dächer	–	–	–

Kostenkennwerte für die Kostengruppen der 1.Ebene DIN 276

KG	Kostengruppen (1.Ebene)	Einheit	Kosten €	€/Einheit	€/m² BGF	€/m³ BRI	% 300+400
100	Grundstück	m² GF	–	–	–	–	–
200	Herrichten und Erschließen	m² GF	–	–	–	–	–
300	Bauwerk - Baukonstruktionen	m² BGF	10.285.261	480,80	480,80	43,08	78,3
400	Bauwerk - Technische Anlagen	m² BGF	2.850.182	133,24	133,24	11,94	21,7
	Bauwerk 300+400	**m² BGF**	**13.135.443**	**614,04**	**614,04**	**55,02**	**100,0**
500	Außenanlagen	m² AF	1.276.993	43,59	59,69	5,35	9,7
600	Ausstattung und Kunstwerke	m² BGF	–	–	–	–	–
700	Baunebenkosten	m² BGF	–	–	–	–	–

KG	Kostengruppe	Menge Einheit	Kosten €	€/Einheit	%
3+4	**Bauwerk**				**100,0**
300	**Bauwerk - Baukonstruktionen**	21.392,00 m² BGF	10.285.261	**480,80**	78,3

Baugrubenaushub: Bodenmodelierung im Cut and Fill-Verfahren; Stb-Fundamente, Stahlfaserbeton-Bodenplatte, Estrich, PVC-Belag, Bodenfliesen, Abdichtung, Dämmung, Überladebrücken; Stb-Fertigteilstützen, Alufenster, Profilglasfassade, Sektionaltore mit Torabdichtung, Stb-Sandwich-Wandplatten, Stahlblech-Sandwich-Wandplatten, Pfosten-Riegel-Fassade, teilw. Sonnenschutzlamellen; Stb-Fertigteilwände, GK-Wände, Stb-Fertigteilstützen, Wandfliesen; Stb-Fertigteildecken, Stb-Treppen, Estrich, PVC-Belag, Bodenfliesen, abgehängte GK-Kassettendecken, Treppengeländer; Stb-Fertigteilträger, Sheddach-Lichtbänder, Trapezblech, Dämmung, Abdichtung, Dachentwässerung, abgehängte GK-Kassettendecken

KG	Kostengruppe	Menge Einheit	Kosten €	€/Einheit	%
400	**Bauwerk - Technische Anlagen**	21.392,00 m² BGF	2.850.182	**133,24**	21,7

Gebäudeentwässerung, Kalt- und Warmwasserleitungen, Sanitärobjekte; Gas-Brennwertkessel, Industrieflächenheizung, Plattenheizkörper; Elektroinstallation, Beleuchtung, Blitzschutzanlage, Trafo; Telekommunikationsanlage, Brandmeldeanlage, Datenübertragungsnetz; Einbruchmeldeanlage, Sprinkleranlage

KG	Kostengruppe	Menge Einheit	Kosten €	€/Einheit	%
500	**Außenanlagen**	29.298,90 m² AF	1.276.993	**43,59**	100,0

Geländebearbeitung; Wege, Pflasterarbeiten im Be- und Entladebereich, Parkplätze; Zaunanlage, elektrische Schiebetore, Winkelstützmauern, Treppen, Geländer; Oberbodenarbeiten, Bäume, Rasen

7700-0077
Lager- und
Werkstattgebäude
Büro (18 AP)

Objektübersicht

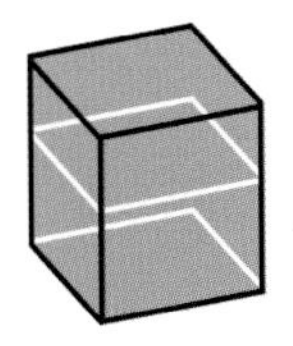

96 €/m³

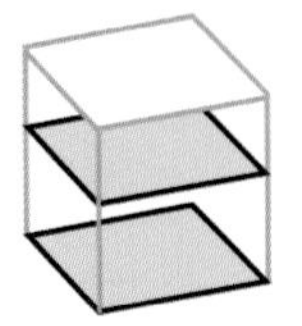

BGF 697 €/m²

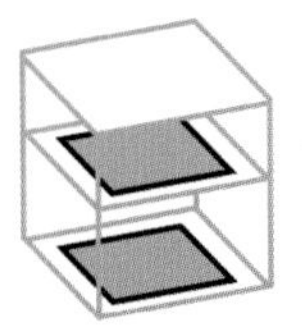

NUF 781 €/m²

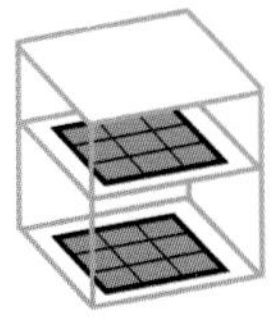

NE 72.384 €/NE
NE: Arbeitsplatz

Objekt:
Kennwerte: 1.Ebene DIN 276
BRI: 13.542 m³
BGF: 1.869 m²
NUF: 1.669 m²
Bauzeit: 39 Wochen
Bauende: 2015
Standard: Durchschnitt
Kreis: Hagen - Stadt,
Nordrhein-Westfalen

Architekt:
projektplan gmbh
runkel. freie architekten
Bahnhofstraße 21-23
57072 Siegen

Bauherr:
Fritz Kruse
Baumaschinen GmbH
Volmarsteiner Straße 56
58089 Hagen

Ansichtsabwicklung West
Erdgeschoss
Obergeschoss
Schnitt

7700-0077
Lager- und
Werkstattgebäude
Büro (18 AP)

Objektbeschreibung

Allgemeine Objektinformationen

Als neuer Firmensitz entstand ein Lager- und Werkstattgebäude mit Büro für 18 Mitarbeiter. Der Haupteingang im Bürogebäude wendet sich direkt dem Erschließungspunkt des Grundstücks zu. Dahinter findet der Kunde den Empfangsbereich. Direkt angegliedert ist der zentrale Durchgang zur Werkstatt und zum Lager positioniert, sowie die Erschließung der oberen Etage. Im Erdgeschoss befindet sich des Weiteren ein Ausstellungsbereich, welcher durch die durchgehende Glasfassade als Schaufenster erlebbar ist. Durch eine Überhöhung in Form eines Luftraumes erhält dieser eine besondere Betonung. Das Obergeschoss beinhaltet neben den Büros, eine Galerie, einen Mitarbeiterraum, Technik-, Sanitär- und Nebenräume. Jeder Gebäudeteil, wie z. B. die Werkstatt, kann auch separat angedient werden. Im Außenbereich gibt es repräsentative Ausstellungsflächen.

Nutzung

1 Erdgeschoss
Ausstellung, Lagerhalle, Werkstatt, Empfang, Büro, Sanitär- und Nebenräume

1 Obergeschoss
Büro, Galerie, Mitarbeiterraum, Technik-, Sanitär- und Nebenräume

Nutzeinheiten

Arbeitsplätze: 18

Grundstück

Bauraum: Freier Bauraum
Neigung: Ebenes Gelände
Bodenklasse: BK 3 bis BK 5

Markt

Hauptvergabezeit: 2. Quartal 2014
Baubeginn: 2. Quartal 2014
Bauende: 1. Quartal 2015
Konjunkturelle Gesamtlage: unter Durchschnitt
Regionaler Baumarkt: unter Durchschnitt

Baukonstruktion

Die Lagerhalle, wie auch die Werkstatt, verfügen über eine Industriebodenplatte. Die Dachkonstruktion ist mit Stahlelementen konstruiert. Die einzelnen Wandelemente sind als Sandwichpaneele, welche als Fertigteilelemente mit innenliegender Dämmung montiert wurden, ausgeführt. Der Büroabschnitt ist in Massivbauweise mit Wärmedämmverbundsystem gebaut, da in diesem Bereich höhere Anforderungen an die Aufenthaltsqualität der Innenräume gefordert sind.

Technische Anlagen

Das Bürogebäude wird über eine Luftwärmepumpe mit Wärme versorgt. Ergänzend ist diese mit einer Kühlfunktion ausgestattet. Die Lagerhalle wird über Dunkelstrahler im Deckenbereich beheizt. Die Warmwasserbereitung erfolgt elektrisch.

Sonstiges

Insgesamt ist das Gebäude so positioniert, dass eine Hallenerweiterung möglich ist.

Planungskennwerte für Flächen und Rauminhalte nach DIN 277

Flächen des Grundstücks		Menge, Einheit	% an GF
BF	Bebaute Fläche	1.562,22 m²	19,5
UF	Unbebaute Fläche	6.432,78 m²	80,5
GF	Grundstücksfläche	7.995,00 m²	100,0

Grundflächen des Bauwerks		Menge, Einheit	% an NUF	% an BGF
NUF	Nutzungsfläche	1.668,70 m²	100,0	89,3
TF	Technikfläche	16,81 m²	1,0	0,9
VF	Verkehrsfläche	40,62 m²	2,4	2,2
NRF	Netto-Raumfläche	1.726,13 m²	103,4	92,3
KGF	Konstruktions-Grundfläche	143,12 m²	8,6	7,7
BGF	Brutto-Grundfläche	1.869,25 m²	112,0	100,0

NUF=100% BGF=112,0%

NUF TF VF KGF

NRF=103,4%

Brutto-Rauminhalt des Bauwerks		Menge, Einheit	BRI/NUF (m)	BRI/BGF (m)
BRI	Brutto-Rauminhalt	13.542,04 m³	8,12	7,24

0 1 2 3 4 5 6 7 8 BRI/NUF=8,12m

0 1 2 3 4 5 6 7 BRI/BGF=7,24m

Lufttechnisch behandelte Flächen	Menge, Einheit	% an NUF	% an BGF
Entlüftete Fläche	–	–	–
Be- und Entlüftete Fläche	–	–	–
Teilklimatisierte Fläche	–	–	–
Klimatisierte Fläche	–	–	–

KG	Kostengruppen (2.Ebene)	Menge, Einheit	Menge/NUF	Menge/BGF
310	Baugrube	–	–	–
320	Gründung	–	–	–
330	Außenwände	–	–	–
340	Innenwände	–	–	–
350	Decken	–	–	–
360	Dächer	–	–	–

Kostenkennwerte für die Kostengruppen der 1.Ebene DIN 276

KG	Kostengruppen (1.Ebene)	Einheit	Kosten €	€/Einheit	€/m² BGF	€/m³ BRI	% 300+400
100	Grundstück	m² GF	–	–	–	–	–
200	Herrichten und Erschließen	m² GF	–	–	–	–	–
300	Bauwerk - Baukonstruktionen	m² BGF	1.088.783	582,47	582,47	80,40	83,6
400	Bauwerk - Technische Anlagen	m² BGF	214.137	114,56	114,56	15,81	16,4
	Bauwerk 300+400	**m² BGF**	**1.302.920**	**697,03**	**697,03**	**96,21**	**100,0**
500	Außenanlagen	m² AF	367.953	57,20	196,85	27,17	28,2
600	Ausstattung und Kunstwerke	m² BGF	–	–	–	–	–
700	Baunebenkosten	m² BGF	–	–	–	–	–

KG	Kostengruppe	Menge Einheit	Kosten €	€/Einheit	%
3+4	**Bauwerk**				**100,0**
300	**Bauwerk - Baukonstruktionen**	1.869,25 m² BGF	1.088.783	**582,47**	83,6

Lager- und Werkstattgebäude: Punktfundamente, Industriebodenplatte; Stahlskelettbau, Sandwichpaneelen, elektrische Sektionaltore mit Lichtsektionen, Lichtbänder (Fassadenbereich); Stahldachkonstruktion, Trapezblech, Oberlichter, Dämmung, Folienabdichtung, Dachentwässerung
Bürogebäude: Streifenfundamente, Stb-Bodenplatte, Dämmung, Heizestrich; Mauerwerkswände, Alufenster, WDVS, d=100mm, Pfosten-Riegel-Konstruktion, Sonnenschutzverglasung, innenliegender Blendschutz; GK-Innenwände, Holztüren, Anstrich; Stb-Decken, Sichtbeton (Deckenuntersicht EG), Stahlwangentreppe mit Werksteinbelag, Dämmung, Heizestrich; Flachdach, Trapezblech, Oberlichter, Dämmung, Folienabdichtung, innenliegende Dachentwässerung, abgehängte Decken (OG)

KG	Kostengruppe	Menge Einheit	Kosten €	€/Einheit	%
400	**Bauwerk - Technische Anlagen**	1.869,25 m² BGF	214.137	**114,56**	16,4

Freispiegelentwässerung, Kaltwasserleitungen, Durchlauferhitzer, Sanitärobjekte; Luftwärmepumpe mit Kühlung, gasbetriebene Dunkelstrahler (Lagerhalle), Fußbodenheizung (Büro); Elektroinstallation, Auf- und Einbauleuchten; Telefonleitungen, RWA-Anlage, Brandmeldeanlage, Einbruchmeldeanlage

KG	Kostengruppe	Menge Einheit	Kosten €	€/Einheit	%
500	**Außenanlagen**	6.432,78 m² AF	367.953	**57,20**	100,0

Verkehrs- und Ausstellungsflächen, Asphalt, Parkplatzflächen, Ökoverbundstein, Sauberkeitsstreifen, Basalt; Zaunanlage, elektrische Toranlage, l=10,00m; Benzinabscheider, Schlammfang, Entwässerung über mehrstufigen Behandlungsschacht; allgemeine Einbauten

7800-0025
PKW-Garagen
(6 STP)

Objektübersicht

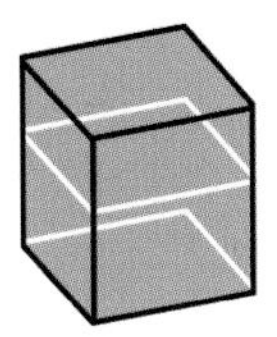

BRI 156 €/m³

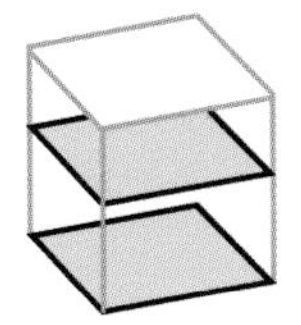

BGF 488 €/m²

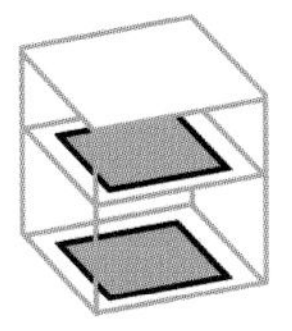

NUF 547 €/m²

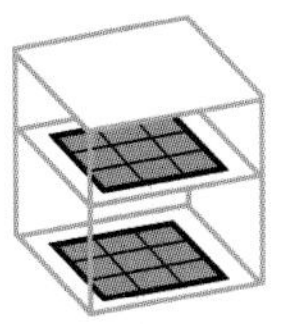

NE 9.312 €/NE
NE: Stellplatz

Objekt:
Kennwerte: 1.Ebene DIN 276
BRI: 359 m³
BGF: 114 m²
NUF: 102 m²
Bauzeit: 26 Wochen
Bauende: 2012
Standard: Durchschnitt
Kreis: Mönchengladbach - Stadt, Nordrhein-Westfalen

Architekt:
bau grün !
energieeffiziente Gebäude
Architekt Daniel Finocchiaro
Burggrafenstraße 98
41061 Mönchengladbach

Bauherr:
Filippo Finocchiaro
Böckerkamp 18
41066 Mönchengladbach

© bau grün ! energieeffiziente Gebäude

© bau grün ! energieeffiziente Gebäude

© bau grün ! energieeffiziente Gebäude

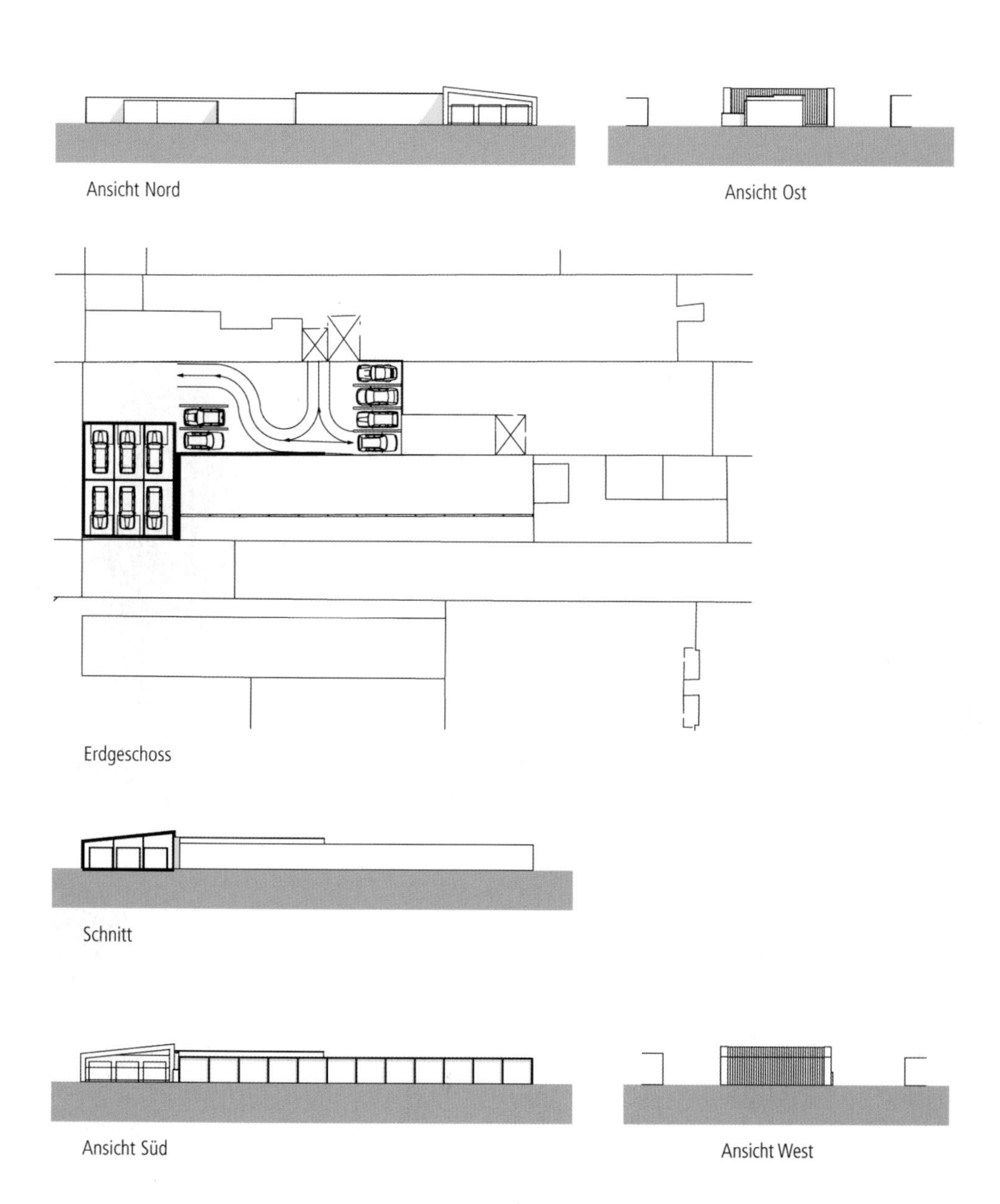
Ansicht Nord
Ansicht Ost
Erdgeschoss
Schnitt
Ansicht Süd
Ansicht West

Objektbeschreibung

Allgemeine Objektinformationen

Der Bauherr kam mit dem Anliegen zum Architekten, eine hochwertige Garagenalge auf einem bestehenden Garagenhof zu realisieren. Der Garagenhof sollte aufgewertet werden und der Wunsch war, höhere und breitere Garagen zu bauen, als die üblichen Fertiggaragen. Ein Holzanbau wurde vor diesem Projekt bereits miteinander realisiert.

Nutzung

1 Erdgeschoss
Garagenstellplätze (6St)

Nutzeinheiten

Stellplätze: 6

Grundstück

Bauraum: Beengter Bauraum
Neigung: Ebenes Gelände
Bodenklasse: BK 1

Markt

Hauptvergabezeit: 2. Quartal 2011
Baubeginn: 3. Quartal 2011
Bauende: 1. Quartal 2012
Konjunkturelle Gesamtlage: unter Durchschnitt
Regionaler Baumarkt: Durchschnitt

Baukonstruktion

Es wurde die Holzbauweise gewählt. Die Außenwände und tragenden Innenwände sind als Brettsperrholzelemente ausgeführt. Nichttragende Innenwände wurden modular in Holzständerbauweise erstellt und können bei Bedarf auch wieder entfernt werden. Die Fassade wurde mit unbehandelter Lärchenholzschalung und Zink versehen. Die Schalung an den Garagentoren wurde so angebracht, dass die Tore fast unsichtbar in die Fassade einfügen.

Technische Anlagen

Die Regenentwässerung findet über eine Rigole statt. Weitere technische Anlagen sind nicht vorhanden.

Planungskennwerte für Flächen und Rauminhalte nach DIN 277

Flächen des Grundstücks		Menge, Einheit	% an GF
BF	Bebaute Fläche	114,39 m²	27,3
UF	Unbebaute Fläche	304,31 m²	72,7
GF	Grundstücksfläche	418,70 m²	100,0

Grundflächen des Bauwerks		Menge, Einheit	% an NUF	% an BGF
NUF	Nutzungsfläche	102,17 m²	100,0	89,3
TF	Technikfläche	–	–	–
VF	Verkehrsfläche	–	–	–
NRF	Netto-Raumfläche	102,17 m²	100,0	89,3
KGF	Konstruktions-Grundfläche	12,22 m²	12,0	10,7
BGF	Brutto-Grundfläche	114,39 m²	112,0	100,0

NUF=100% BGF=112,0%

NUF TF VF KGF

NRF=100,0%

Brutto-Rauminhalt des Bauwerks		Menge, Einheit	BRI/NUF (m)	BRI/BGF (m)
BRI	Brutto-Rauminhalt	359,00 m³	3,51	3,14

0 1 2 3 BRI/NUF=3,51m

BRI/BGF=3,14m 0 1 2 3

Lufttechnisch behandelte Flächen	Menge, Einheit	% an NUF	% an BGF
Entlüftete Fläche	–	–	–
Be- und Entlüftete Fläche	–	–	–
Teilklimatisierte Fläche	–	–	–
Klimatisierte Fläche	–	–	–

KG	Kostengruppen (2.Ebene)	Menge, Einheit	Menge/NUF	Menge/BGF
310	Baugrube	–	–	–
320	Gründung	–	–	–
330	Außenwände	–	–	–
340	Innenwände	–	–	–
350	Decken	–	–	–
360	Dächer	–	–	–

Kostenkennwerte für die Kostengruppen der 1.Ebene DIN 276

KG	Kostengruppen (1.Ebene)	Einheit	Kosten €	€/Einheit	€/m² BGF	€/m³ BRI	% 300+400
100	Grundstück	m² GF	–	–	–	–	–
200	Herrichten und Erschließen	m² GF	–	–	–	–	–
300	Bauwerk - Baukonstruktionen	m² BGF	55.667	486,65	486,65	155,06	99,6
400	Bauwerk - Technische Anlagen	m² BGF	205	1,80	1,80	0,57	0,4
	Bauwerk 300+400	**m² BGF**	**55.873**	**488,44**	**488,44**	**155,63**	**100,0**
500	Außenanlagen	m² AF	1.557	5,12	13,61	4,34	2,8
600	Ausstattung und Kunstwerke	m² BGF	–	–	–	–	–
700	Baunebenkosten	m² BGF	–	–	–	–	–

KG	Kostengruppe	Menge Einheit	Kosten €	€/Einheit	%
3+4	**Bauwerk**				**100,0**
300	**Bauwerk - Baukonstruktionen**	114,39 m² BGF	55.667	**486,65**	99,6
	Schottertragschicht, Stb-Frostschürze, Stb-Bodenplatte; Leimholzwandelemente, Garagentore (6St), Holzschalung, Anstrich, Zinkblechbekleidung; Holz-Pultdachkonstruktion, Schalung, Zinkblechdachdeckung, Dachentwässerung				
400	**Bauwerk - Technische Anlagen**	114,39 m² BGF	205	**1,80**	0,4
	Blitzschutz				
500	**Außenanlagen**	304,31 m² AF	1.557	**5,12**	100,0
	Versickerungsrigole Regenwasser				

Kulturgebäude

9

- • 9100 Gebäude für kulturelle und musische Zwecke
- • 9200 Empfangsgebäude bei Verkehrsanlagen
- 9300 Gebäude für Tierhaltung
- • 9400 Gebäude für Pflanzenhaltung
- 9500 Schutzbauwerke, Schutzbauten
- 9600 Justizvollzugsanstalten
- • 9700 Friedhofsanlagen
- 9900 Gebäude sonstiger Art

Objektübersicht

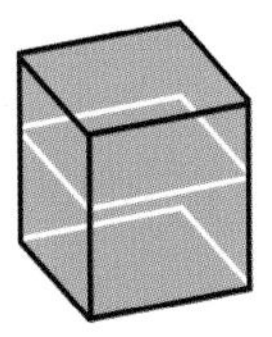

BRI 468 €/m³

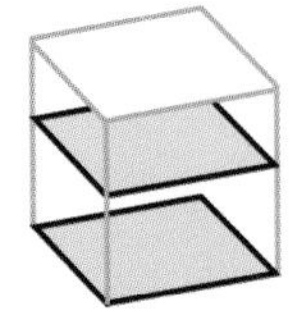

BGF 2.450 €/m²

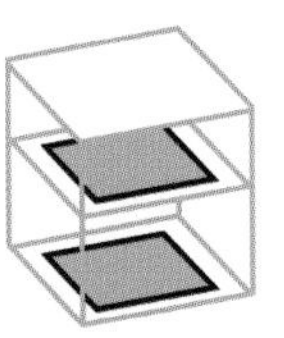

NUF 4.833 €/m²

Objekt:
Kennwerte: 1.Ebene DIN 276
BRI: 49.169 m³
BGF: 9.383 m²
NUF: 4.757 m²
Bauzeit: 130 Wochen
Bauende: 2011
Standard: Durchschnitt
Kreis: Greiz,
Thüringen

Architekt:
HOFFMANN.SEIFERT.PARTNER
architekten ingenieure
Arnstädter Straße 28
99096 Erfurt

Bauherr:
Greizer Freizeit- und
Dienstleistungs-
GmbH & Co.KG
07973 Greiz

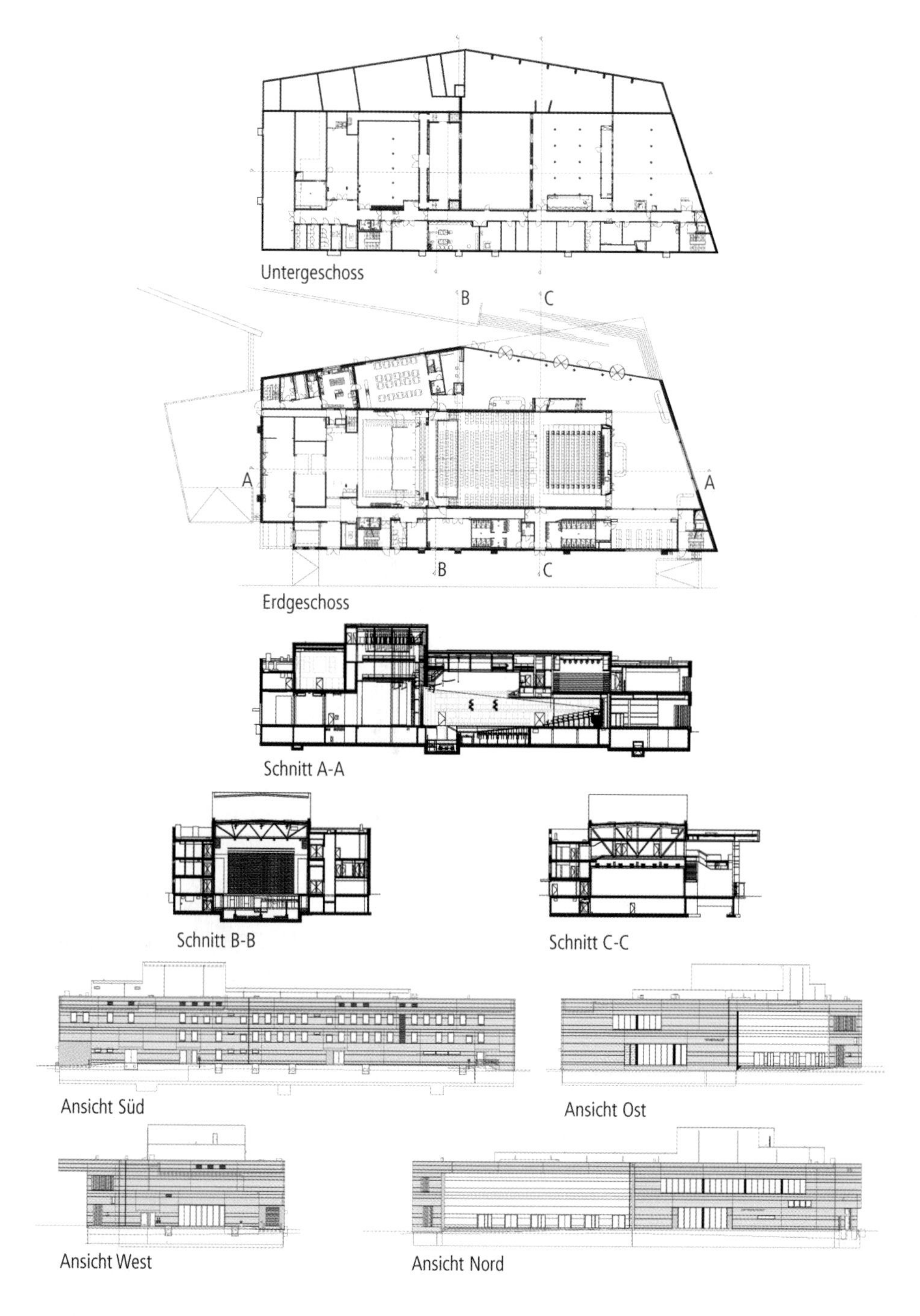

Untergeschoss

Erdgeschoss

Schnitt A-A

Schnitt B-B

Schnitt C-C

Ansicht Süd

Ansicht Ost

Ansicht West

Ansicht Nord

Objektbeschreibung

Allgemeine Objektinformationen

Die neu errichtete Stadthalle bildet einen räumlich gefassten Zugangsbereich zum direkt anschließenden Park und einen baulichen Abschluss in Richtung Neustadt. Die Lage des Gebäudes ermöglicht das Erleben der Stadthalle schon von der Innenstadt aus. Das Foyer ist in Richtung Stadt orientiert. Die Fassade wird durch eine großflächige Verglasung im Eingangsbereich einladend geöffnet. Die Halle beherbergt Räume öffentlicher Nutzung, wie den Saal mit 800 Sitzplätzen, die kleine Bühne mit 150 Sitzplätzen und den Tagungsbereich. Dieser kann durch mobile Trennwände flexibel geteilt werden. Zum anderen dient sie dem Philharmonischen Orchester und Vereinen als Proben- und Übungsstätte. Verwaltungsfunktionen für Theater, Vereine und Orchester befinden sich ebenfalls im Gebäude.

Nutzung

1 Untergeschoss
Lager, Archiv

1 Erdgeschoss
Foyer, Pausenhalle, Großer Saal (950 Sitzplätze), Restaurant (70 Sitzplätze), Malsaal, Anlieferung

2 Obergeschosse
Kleiner Saal (250 Sitzplätze), Tagungsräume und Vereinsprobenraum, Ballettsaal, Orchesterprobenraum, Technikräume

2 Dachgeschosse
Technikräume

Nutzeinheiten

Zuschauerplätze: 1.200
Stellplätze: 85

Grundstück

Bauraum: Beengter Bauraum
Neigung: Ebenes Gelände
Bodenklasse: BK 5 bis BK 7

Markt

Hauptvergabezeit: 3. Quartal 2008
Baubeginn: 3. Quartal 2008
Bauende: 1. Quartal 2011
Konjunkturelle Gesamtlage: unter Durchschnitt
Regionaler Baumarkt: Durchschnitt

Baukonstruktion

Die Gründung des Gebäudes erfolgte im Grundwasser. Die Außenwände der Untergeschosse sind zusammen mit der Bodenplatte als weiße Wanne aus wasserundurchlässigem Beton hergestellt. Für raumakustische stark beanspruchte Räume kamen Spannweiten von über 18,00m zur Ausführung. Die tragende Konstruktion wurde in Stahlbetonbauweise realisiert. Das Gebäude wird über Wandscheiben und Erschließungskerne ausgesteift. Die tragenden Außenwände der Obergeschosse sind als Stahlbeton-Wandscheiben ausgebildet.

Technische Anlagen

Für den großen und kleinen Saal kamen raumlufttechnische Anlagen zur Ausführung. Die Belüftung des Saals erfolgt über einen Druckboden. Der Neubau wird über einen Gas-Brennwertkessel mit Wärme für Heizung und Warmwasser versorgt. Im Saal gibt es Hub- und Auszugtribünen.

Sonstiges

Das Gebäude befindet sich in einer Erdbebenzone und im Überschwemmungsgebiet. Beiden Besonderheiten mussten mit aufwendigen Planungen Rechnung getragen werden.

Planungskennwerte für Flächen und Rauminhalte nach DIN 277

Flächen des Grundstücks		Menge, Einheit	% an GF
BF	Bebaute Fläche	2.998,00 m²	16,7
UF	Unbebaute Fläche	15.002,00 m²	83,3
GF	Grundstücksfläche	18.000,00 m²	100,0

Grundflächen des Bauwerks		Menge, Einheit	% an NUF	% an BGF
NUF	Nutzungsfläche	4.757,49 m²	100,0	50,7
TF	Technikfläche	1.532,83 m²	32,2	16,3
VF	Verkehrsfläche	1.659,69 m²	34,9	17,7
NRF	Netto-Raumfläche	7.950,01 m²	167,1	84,7
KGF	Konstruktions-Grundfläche	1.432,99 m²	30,1	15,3
BGF	Brutto-Grundfläche	9.383,00 m²	197,2	100,0

NUF=100% BGF=197,2%

NRF=167,1%

NUF TF VF KGF

Brutto-Rauminhalt des Bauwerks		Menge, Einheit	BRI/NUF (m)	BRI/BGF (m)
BRI	Brutto-Rauminhalt	49.169,00 m³	10,34	5,24

0 2 4 6 8 10

BRI/NUF=10,34m

BRI/BGF=5,24m

0 1 2 3 4 5

Lufttechnisch behandelte Flächen	Menge, Einheit	% an NUF	% an BGF
Entlüftete Fläche	–	–	–
Be- und Entlüftete Fläche	–	–	–
Teilklimatisierte Fläche	–	–	–
Klimatisierte Fläche	–	–	–

KG	Kostengruppen (2.Ebene)	Menge, Einheit	Menge/NUF	Menge/BGF
310	Baugrube	–	–	–
320	Gründung	–	–	–
330	Außenwände	–	–	–
340	Innenwände	–	–	–
350	Decken	–	–	–
360	Dächer	–	–	–

Kostenkennwerte für die Kostengruppen der 1.Ebene DIN 276

KG	Kostengruppen (1.Ebene)	Einheit	Kosten €	€/Einheit	€/m² BGF	€/m³ BRI	% 300+400
100	Grundstück	m² GF	–	–	–	–	–
200	Herrichten und Erschließen	m² GF	380.483	21,14	40,55	7,74	1,7
300	Bauwerk - Baukonstruktionen	m² BGF	12.287.137	1.309,51	1.309,51	249,90	53,4
400	Bauwerk - Technische Anlagen	m² BGF	10.704.567	1.140,85	1.140,85	217,71	46,6
	Bauwerk 300+400	**m² BGF**	**22.991.704**	**2.450,36**	**2.450,36**	**467,61**	**100,0**
500	Außenanlagen	m² AF	–	–	–	–	–
600	Ausstattung und Kunstwerke	m² BGF	–	–	–	–	–
700	Baunebenkosten	m² BGF	–	–	–	–	–

KG	Kostengruppe	Menge Einheit	Kosten €	€/Einheit	%
200	**Herrichten und Erschließen**	18.000,00 m² GF	380.483	**21,14**	100,0

Öffentliche Erschließung

KG	Kostengruppe	Menge Einheit	Kosten €	€/Einheit	%
3+4	**Bauwerk**				**100,0**
300	**Bauwerk - Baukonstruktionen**	9.383,00 m² BGF	12.287.137	**1.309,51**	53,4

Baugrubenherstellung, Wasserhaltung; Stb-Bodenplatte, WU-Beton; Stb-Wände, WU-Beton (UG), Alufenster, Dämmung, Verblendmauerwerk Klinker, Pfosten-Riegel-Fassade; Stb-Wände, Trockenbauwände, Holztüren, Stahl-Glastüren, Putz, Wandfliesen, Holz-Akustikelemente; Stb-Decken, Stb-Treppen, Estrich, Bodenfliesen, Linoleum, abgehängte Akustikdecken, Akustiksegel (Saal); Stb-Flachdächer, Stahl-Fachwerkträger (Saal), Stb-Auflage, Dämmung, Abdichtung, Dachentwässerung; Theke, Garderobe

KG	Kostengruppe	Menge Einheit	Kosten €	€/Einheit	%
400	**Bauwerk - Technische Anlagen**	9.383,00 m² BGF	10.704.567	**1.140,85**	46,6

Gebäudeentwässerung, Kalt- und Warmwasserleitungen, Sanitärobjekte; Gas-Brennwertkessel, Fußboden- und Konvektionsheizung; RLT-Anlagen (großer und kleiner Saal, Ballettraum, Orchesterraum und Konferenzbereich), Belüftung Saal über Druckboden; Notstromaggregat, Elektoinstallation; Brandmeldeanlage; Sprinkleranlage

9100-0115
Kirche

Objektübersicht

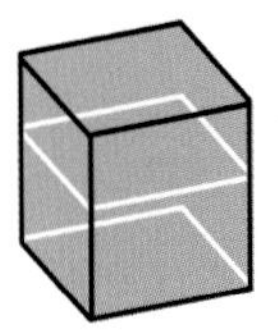

BRI 341 €/m³

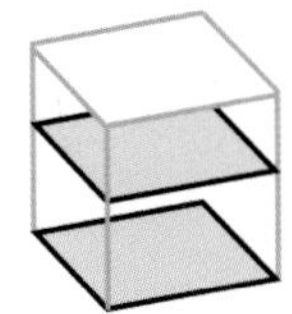

BGF 2.583 €/m²

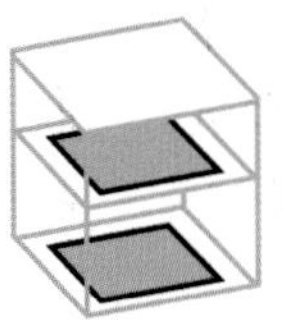

NUF 3.937 €/m²

Objekt:
Kennwerte: 1.Ebene DIN 276
BRI: 6.263 m³
BGF: 827 m²
NUF: 543 m²
Bauzeit: 125 Wochen
Bauende: 2015
Standard: über Durchschnitt
Kreis: Schweinfurt,
Bayern

Architekt:
Architekturbüro Gerber
Grundmühlstraße 22
97440 Werneck

Entwurf:
Dr. Jürgen Lenssen

Bauherr:
Kath. Kirchenstiftung
Waigolshausen
97534 Waigolshausen

© Architekturbüro Gerber

© Architekturbüro Gerber

© Architekturbüro Gerber

© Architekturbüro Gerber

© Architekturbüro Gerber

© Architekturbüro Gerber

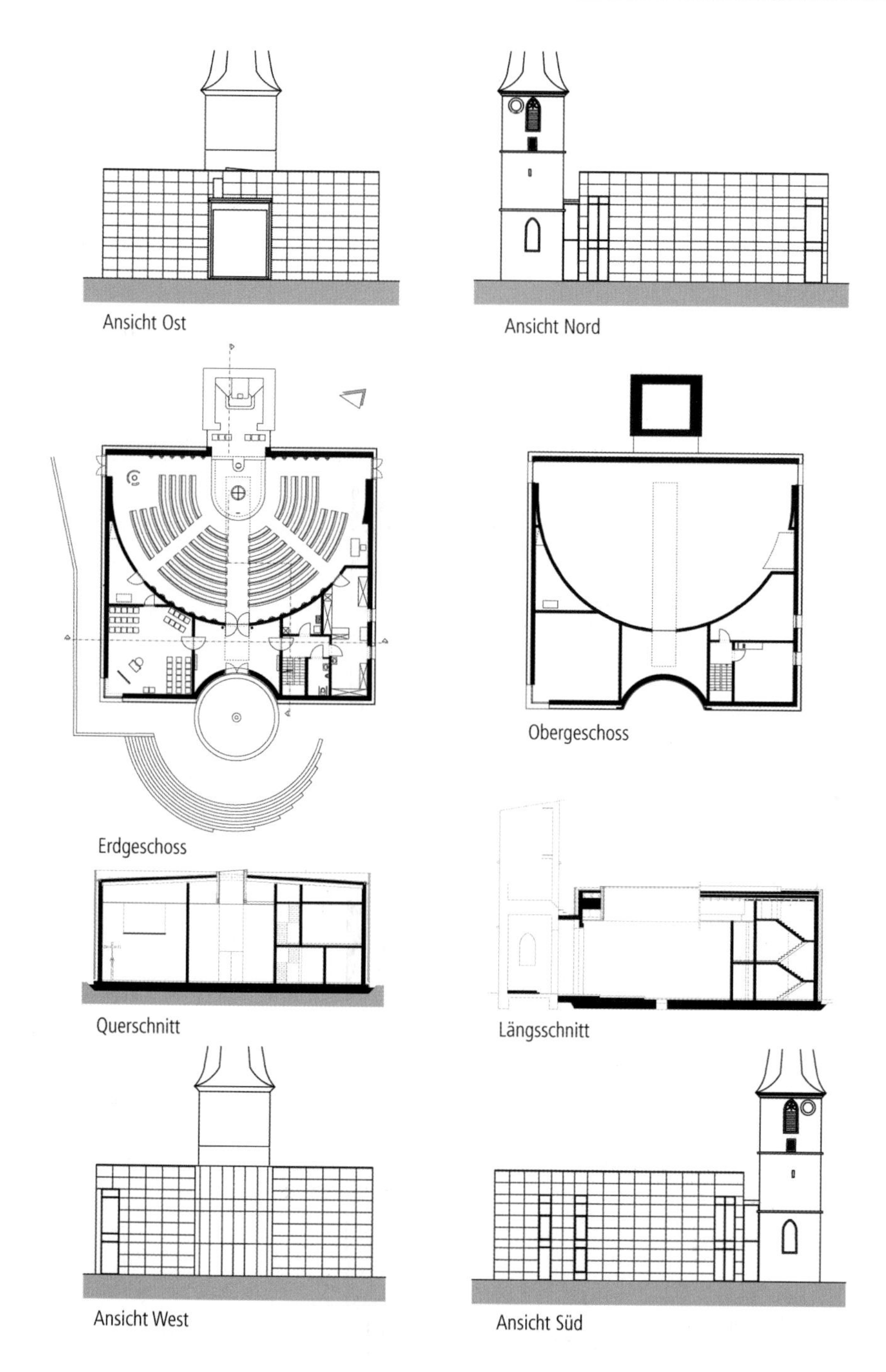
Ansicht Ost
Ansicht Nord
Erdgeschoss
Obergeschoss
Querschnitt
Längsschnitt
Ansicht West
Ansicht Süd

Objektbeschreibung

Allgemeine Objektinformationen

Der alte 1961 fertiggestellte Kirchenbau bedurfte einer grundlegenden Sanierung. Da schwerwiegende Schäden festgestellt worden waren entschied man sich für einen Abriss und Neubau. Der historische Kirchturm wurde über eine verglaste Fuge an den Neubau angeschlossen und behält damit seine Eigenständigkeit.
Die Dokumentation bezieht sich nur auf den Neubau der Kirche.

Nutzung

1 Erdgeschoss
Kirchenraum, Taufkapelle, Sakristei

1 Obergeschoss
Besprechungsraum, Lagerraum

1 Dachgeschoss
Technikraum

Nutzeinheiten

Sitzplätze: 164

Grundstück

Bauraum: Beengter Bauraum
Neigung: Ebenes Gelände
Bodenklasse: BK 1 bis BK 3

Markt

Hauptvergabezeit: 3. Quartal 2012
Baubeginn: 4. Quartal 2012
Bauende: 1. Quartal 2015
Konjunkturelle Gesamtlage: unter Durchschnitt
Regionaler Baumarkt: unter Durchschnitt

Baukonstruktion

Das Kirchenschiff besitzt eine Stahlbetonbodenplatte und wurde mit einem Parkett belegt. Die Außenwände des Kirchenschiffs sind 25-30cm starke Stahlbetonwände. Diese sind innen verputzt und gestrichen, außen besitzen sie eine 20cm starke Dämmschicht und eine Unterkonstruktion bzw. Hinterlüftung für die 4cm starke Natursteinverkleidung aus Muschelkalk. Die Innenwände sind beidseitig verputzte Stahlbetonwände. Das Dach ist als Sparrenkonstruktion ausgeführt und mit Metall eingedeckt.

Technische Anlagen

Die Kirche ist an die Heizungsanlage des Rathauses angeschlossen und mit einer Fußbodenheizung ausgestattet. In allen Räumen gibt es eine kontrollierte Be- und Entlüftung. Ein behindertengerechtes WC ist ausgeführt sowie in der Sakristei ein Waschbecken. Die Beleuchtung erfolgt über LED-Beleuchtung. Ein BUS-System wurde ebenfalls eingebaut.

Sonstiges

Der Grundkörper der Kirche ist ein fast quadratischer Bau, der Kirchenraum schließt sich halbrund um den Altar. Der konkave Eingang erstrahlt durch seine Verkleidung mit goldfarbigen Metallplatten. Die restlichen Fassadenflächen sind mit Natursteinplatten aus lokal vorkommenden Muschelkalk verkleidet.

Planungskennwerte für Flächen und Rauminhalte nach DIN 277

Flächen des Grundstücks		Menge, Einheit	% an GF
BF	Bebaute Fläche	644,36 m²	31,4
UF	Unbebaute Fläche	1.409,64 m²	68,6
GF	Grundstücksfläche	2.054,00 m²	100,0

Grundflächen des Bauwerks		Menge, Einheit	% an NUF	% an BGF
NUF	Nutzungsfläche	542,78 m²	100,0	65,6
TF	Technikfläche	8,38 m²	1,5	1,0
VF	Verkehrsfläche	65,07 m²	12,0	7,9
NRF	Netto-Raumfläche	616,23 m²	113,5	74,5
KGF	Konstruktions-Grundfläche	211,15 m²	38,9	25,5
BGF	Brutto-Grundfläche	827,38 m²	152,4	100,0

NUF=100% BGF=152,4%
NRF=113,5%
NUF TF VF KGF

Brutto-Rauminhalt des Bauwerks		Menge, Einheit	BRI/NUF (m)	BRI/BGF (m)
BRI	Brutto-Rauminhalt	6.263,21 m³	11,54	7,57

0 2 4 6 8 10 BRI/NUF=11,54m
0 1 2 3 4 5 6 7 BRI/BGF=7,57m

Lufttechnisch behandelte Flächen	Menge, Einheit	% an NUF	% an BGF
Entlüftete Fläche	–	–	–
Be- und Entlüftete Fläche	–	–	–
Teilklimatisierte Fläche	–	–	–
Klimatisierte Fläche	–	–	–

KG	Kostengruppen (2.Ebene)	Menge, Einheit	Menge/NUF	Menge/BGF
310	Baugrube	–	–	–
320	Gründung	–	–	–
330	Außenwände	–	–	–
340	Innenwände	–	–	–
350	Decken	–	–	–
360	Dächer	–	–	–

Kostenkennwerte für die Kostengruppen der 1.Ebene DIN 276

KG	Kostengruppen (1.Ebene)	Einheit	Kosten €	€/Einheit	€/m² BGF	€/m³ BRI	% 300+400
100	Grundstück	m² GF	–	–	–	–	–
200	Herrichten und Erschließen	m² GF	123.513	60,13	149,28	19,72	5,8
300	Bauwerk - Baukonstruktionen	m² BGF	1.894.581	2.289,86	2.289,86	302,49	88,7
400	Bauwerk - Technische Anlagen	m² BGF	242.425	293,00	293,00	38,71	11,3
	Bauwerk 300+400	**m² BGF**	**2.137.006**	**2.582,86**	**2.582,86**	**341,20**	**100,0**
500	Außenanlagen	m² AF	–	–	–	–	–
600	Ausstattung und Kunstwerke	m² BGF	–	–	–	–	–
700	Baunebenkosten	m² BGF	–	–	–	–	–

KG	Kostengruppe	Menge Einheit	Kosten €	€/Einheit	%
200	**Herrichten und Erschließen**	2.054,00 m² GF	123.513	**60,13**	100,0

Abbruch von bestehendem Kirchengebäude, Entsorgung, Deponiegebühren, Erschließung

KG	Kostengruppe	Menge Einheit	Kosten €	€/Einheit	%
3+4	**Bauwerk**				**100,0**
300	**Bauwerk - Baukonstruktionen**	827,38 m² BGF	1.894.581	**2.289,86**	88,7

Stb-Bodenplatte, Abdichtung, Dämmung, Estrich, Parkett, Natursteinbelag; Stb-Wände, Dämmung, Natursteinbekleidung (Muschelkalk), hinterlüftet, Innenputz, Anstrich; Stb-Wände, Putz, Anstrich; Stb-Decke, Dämmung, Estrich, Linoleum; Holzdachkonstruktion, Sparrendach, Dämmung, Schalung, Metall-Stehfalzdeckung, abgehängte GK-Decken

KG	Kostengruppe	Menge Einheit	Kosten €	€/Einheit	%
400	**Bauwerk - Technische Anlagen**	827,38 m² BGF	242.425	**293,00**	11,3

Gebäudeentwässerung, Kalt- und Warmwasserleitungen, Sanitärobjekte; Anschluss an Nahwärmenetz, Fußbodenheizung, kontrollierte Be- und Entlüftung mit Wärmerückgewinnung; Elektroinstallation, LED-Beleuchtung, BUS-System

Objektübersicht

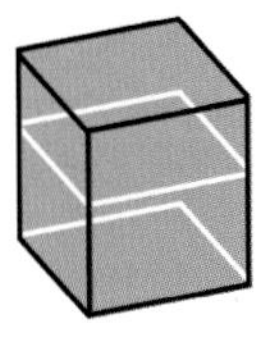

BRI 903 €/m³

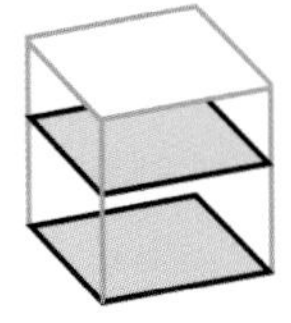

BGF 5.691 €/m²

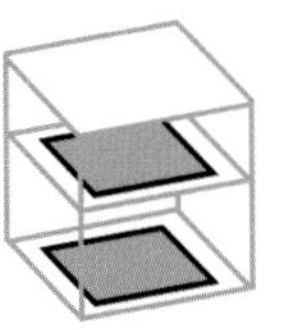

NUF 8.681 €/m²

Objekt:
Kennwerte: 1.Ebene DIN 276
BRI: 4.397 m³
BGF: 698 m²
NUF: 458 m²
Bauzeit: 91 Wochen
Bauende: 2012
Standard: Durchschnitt
Kreis: Friesland,
Niedersachsen

Architekt:
Königs Architekten
Maybachstraße 155
50670 Köln

Bauherr:
Katholischer
Kirchenfond St. Marien
26434 Wangerland

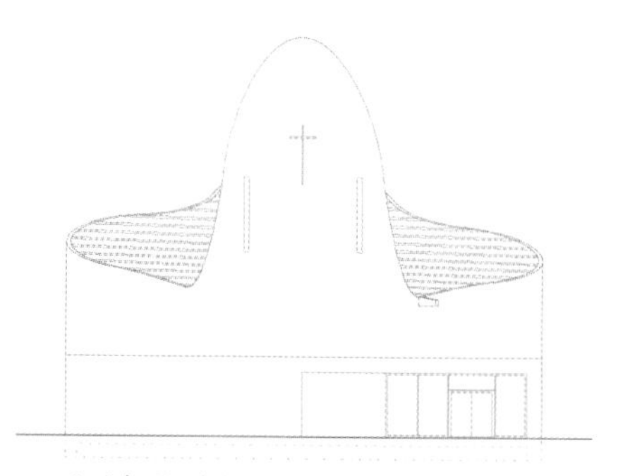

Ansicht Nord-West

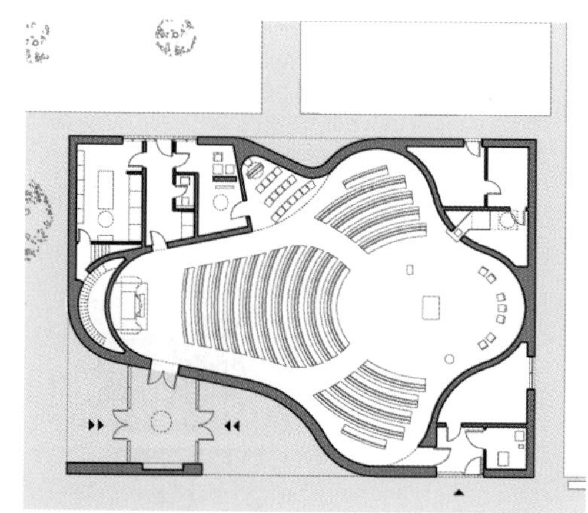

Erdgeschoss

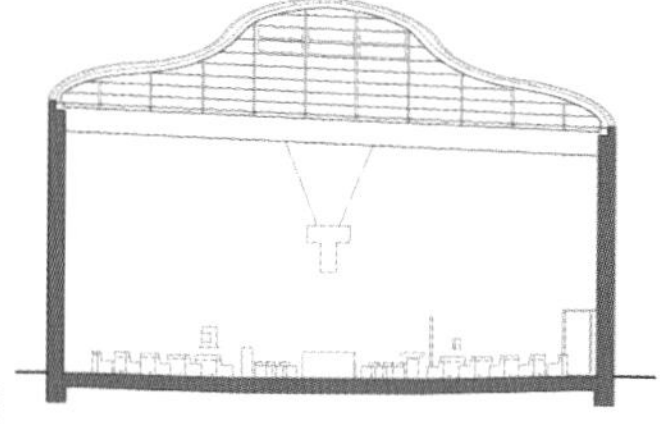

Schnitt Kirchensaal

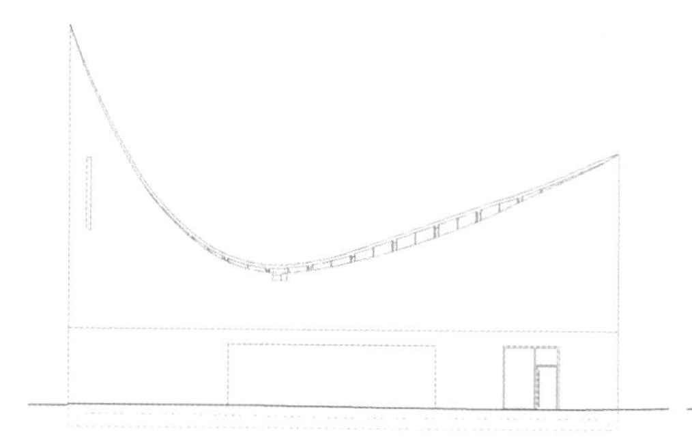

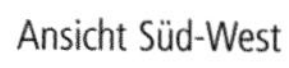

Ansicht Süd-West

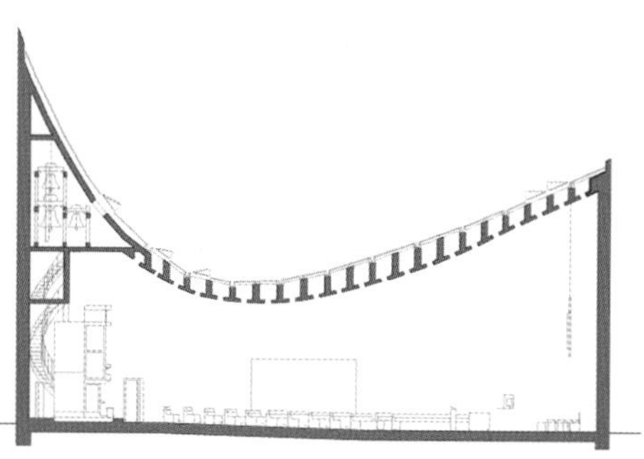

Längsschnitt

Objektbeschreibung

Allgemeine Objektinformationen

Die 1968 erbaute Kirche war bauphysikalisch und baulich marode, dass Sie zur Erhaltung des Kirchenstandortes unter Integration zahlreicher wiederverwendeter Teile neu errichtet werden musste. Im Februar 2009 wurde nach einem Architektenwettbewerb der Entwurf von Königs Architekten aus Köln ausgewählt.

Nutzung

1 Erdgeschoss
Kirchenraum, Nebenräume

1 Obergeschoss
Glockenstube

Nutzeinheiten

Sitzplätze: 236

Grundstück

Bauraum: Freier Bauraum
Neigung: Ebenes Gelände
Bodenklasse: BK 1 bis BK 4

Markt

Hauptvergabezeit: 2. Quartal 2010
Baubeginn: 2. Quartal 2010
Bauende: 1. Quartal 2012
Konjunkturelle Gesamtlage: Durchschnitt
Regionaler Baumarkt: unter Durchschnitt

Baukonstruktion

Die gestaltprägenden Materialien in der Kirche am Meer sind Backsteine in den Außenbereichen, das Glasdach, sowie Putz, Naturstein und Holz im Innenraum. Alle Außenflächen wurden mit gedämpften Klinkern im Oldenburger Format verkleidet. Die lebendige Oberfläche des Ziegelmaterials korrespondiert mit der geschwungenen Geschlossenheit der Wände. Die wenigen Glasflächen im Sockelbau wurden - bis auf den Haupteingang - mattiert ausgeführt. Der Innenraum erhielt einen dunklen, lichtabsorbierenden Natursteinboden aus Muschelkalk. Alle Wände wurden sandfarbig verputzt. Die Kirchenbänke und die Sedilien wurden aus hellem, gekälktem Eichenholz angefertigt.

Technische Anlagen

Die neue Kirche erhielt eine Fußbodenheizung die in Form einer Bauteilaktivierung für die Grundlast des Wärme- und Kühlungsbedarfs ausreicht. Alle Außenwände sind mit einer Zwischenschicht zur Wärmedämmung versehen. Die Fußbodenheizung wirkt als statische Niedertemperaturheizfläche. Zusätzlich wurde eine Belüftungsanlage unterhalb der Sitzbänke eingeplant, die im Sommer und bei vollbesetzter Messfeier einen zusätzlichen Luftaustausch gewährleistet.

Sonstiges

Straßenseitig wurde ein neuer Hauptzugangsbereich mit Vorplatz und überdachtem Eingang geschaffen. Auf der Deichseite ergibt sich windgeschützt ein weiterer Vorbereich, der das Begegnungszentrum gegenüberliegend anbindet und für Urlauber aus Richtung des Deiches als Eingang genutzt werden kann. So kann die Wahrnehmung der Funktion als Urlauberkirche und die Einbindung des Begegnungszentrums besser umgesetzt werden. Auf der Deichseite wurde der Außenraum mit einer vielfältig nutzbaren Rasenfläche gestaltet.

Planungskennwerte für Flächen und Rauminhalte nach DIN 277

Flächen des Grundstücks		Menge, Einheit	% an GF
BF	Bebaute Fläche	563,00 m²	13,1
UF	Unbebaute Fläche	3.727,00 m²	86,9
GF	Grundstücksfläche	4.290,00 m²	100,0

Grundflächen des Bauwerks		Menge, Einheit	% an NUF	% an BGF
NUF	Nutzungsfläche	457,56 m²	100,0	65,6
TF	Technikfläche	23,94 m²	5,2	3,4
VF	Verkehrsfläche	97,30 m²	21,3	13,9
NRF	Netto-Raumfläche	578,80 m²	126,5	82,9
KGF	Konstruktions-Grundfläche	119,20 m²	26,1	17,1
BGF	Brutto-Grundfläche	698,00 m²	152,5	100,0

NUF=100% BGF=152,5% NRF=126,5%

NUF TF VF KGF

Brutto-Rauminhalt des Bauwerks		Menge, Einheit	BRI/NUF (m)	BRI/BGF (m)
BRI	Brutto-Rauminhalt	4.397,00 m³	9,61	6,30

0 2 4 6 8 BRI/NUF=9,61m

0 1 2 3 4 5 6 BRI/BGF=6,30m

Lufttechnisch behandelte Flächen	Menge, Einheit	% an NUF	% an BGF
Entlüftete Fläche	–	–	–
Be- und Entlüftete Fläche	–	–	–
Teilklimatisierte Fläche	–	–	–
Klimatisierte Fläche	–	–	–

KG	Kostengruppen (2.Ebene)	Menge, Einheit	Menge/NUF	Menge/BGF
310	Baugrube	–	–	–
320	Gründung	–	–	–
330	Außenwände	–	–	–
340	Innenwände	–	–	–
350	Decken	–	–	–
360	Dächer	–	–	–

Kostenkennwerte für die Kostengruppen der 1.Ebene DIN 276

KG	Kostengruppen (1.Ebene)	Einheit	Kosten €	€/Einheit	€/m² BGF	€/m³ BRI	% 300+400
100	Grundstück	m² GF	–	–	–	–	–
200	Herrichten und Erschließen	m² GF	188.063	43,84	269,43	42,77	4,7
300	Bauwerk - Baukonstruktionen	m² BGF	3.049.985	4.369,61	4.369,61	693,65	76,8
400	Bauwerk - Technische Anlagen	m² BGF	922.088	1.321,04	1.321,04	209,71	23,2
	Bauwerk 300+400	**m² BGF**	**3.972.074**	**5.690,65**	**5.690,65**	**903,36**	**100,0**
500	Außenanlagen	m² AF	302.185	142,47	432,93	68,73	7,6
600	Ausstattung und Kunstwerke	m² BGF	369.768	529,75	529,75	84,10	9,3
700	Baunebenkosten	m² BGF	–	–	–	–	–

KG	Kostengruppe	Menge Einheit	Kosten €	€/Einheit	%
200	**Herrichten und Erschließen**	4.290,00 m² GF	188.063	**43,84**	100,0
	Abbruch von bestehender Kirche, Entsorgung, Asbestentsorgung, Deponiegebühren, Gelände herrichten, provisorische Zeltkirche, Auslagerungen				
3+4	**Bauwerk**				**100,0**
300	**Bauwerk - Baukonstruktionen**	698,00 m² BGF	3.049.985	**4.369,61**	76,8
	Pfahlgründung, Kiesplanum, Stb-Frostschürzen, Stb-Bodenplatte mit Gefälle, Abdichtung, Dämmung, Estrich, Natursteinbelag (Muschelkalk), Perimeterdämmung, Filterschichten; Stb-Wände, Stb-Fertigteil inkl. Verkleidung (Turmspitze), Alu-Glastüren, Verblendmauerwerk Klinker, Dämmung; Stb-Innenwände, Metallständerwände, Holztüren, Glastüren, Kalkputz; Stb-Decke, Stahl-Treppe; Stb-Flachdach, Stahldach, Lichtbänder, Aluprofilverglasung, Glockenstuhl				
400	**Bauwerk - Technische Anlagen**	698,00 m² BGF	922.088	**1.321,04**	23,2
	Gebäudeentwässerung, Kalt- und Warmwasserleitungen, Sanitärobjekte; Gas-Brennwertkessel, Fußbodenheizung; Lüftungsanlage; Elektroinstallation, Beleuchtung und Lichtdecke; Mikrofon-Lautsprecheranlage, induktive Höranlage				
500	**Außenanlagen**	2.121,00 m² AF	302.185	**142,47**	100,0
	Klinker-Pflasterungen, Außenbeleuchtung und -möblierung				
600	**Ausstattung und Kunstwerke**	698,00 m² BGF	369.768	**529,75**	100,0
	Bänke, Sedilien, Prinzipalien, Kerzenhalter, Beichte- und Sakristeimöblierung				

9100-0123
Informations- und
Kommunikations-
zentrum

Objektübersicht

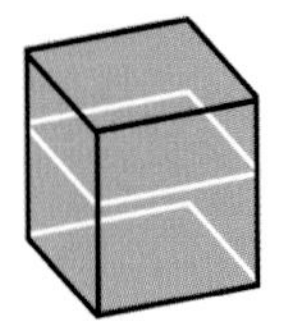

BRI 733 €/m³

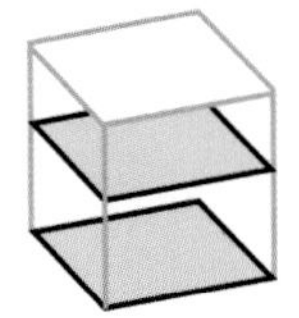

BGF 2.670 €/m²

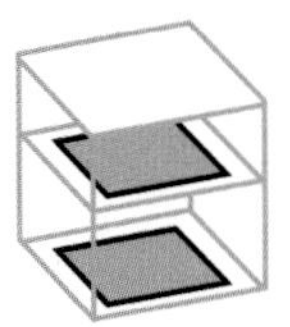

NUF 4.175 €/m²

Objekt:
Kennwerte: 1.Ebene DIN 276
BRI: 1.312 m³
BGF: 360 m²
NUF: 230 m²
Bauzeit: 47 Wochen
Bauende: 2014
Standard: über Durchschnitt
Kreis: Mittelsachsen,
Sachsen

Architekt:
Architekturbüro
Raum und Bau GmbH
Wettiner Platz 10a
01067 Dresden

© Lothar Sprenger

© Lothar Sprenger

© Lothar Sprenger

© Lothar Sprenger

© Lothar Sprenger

© Lothar Sprenger

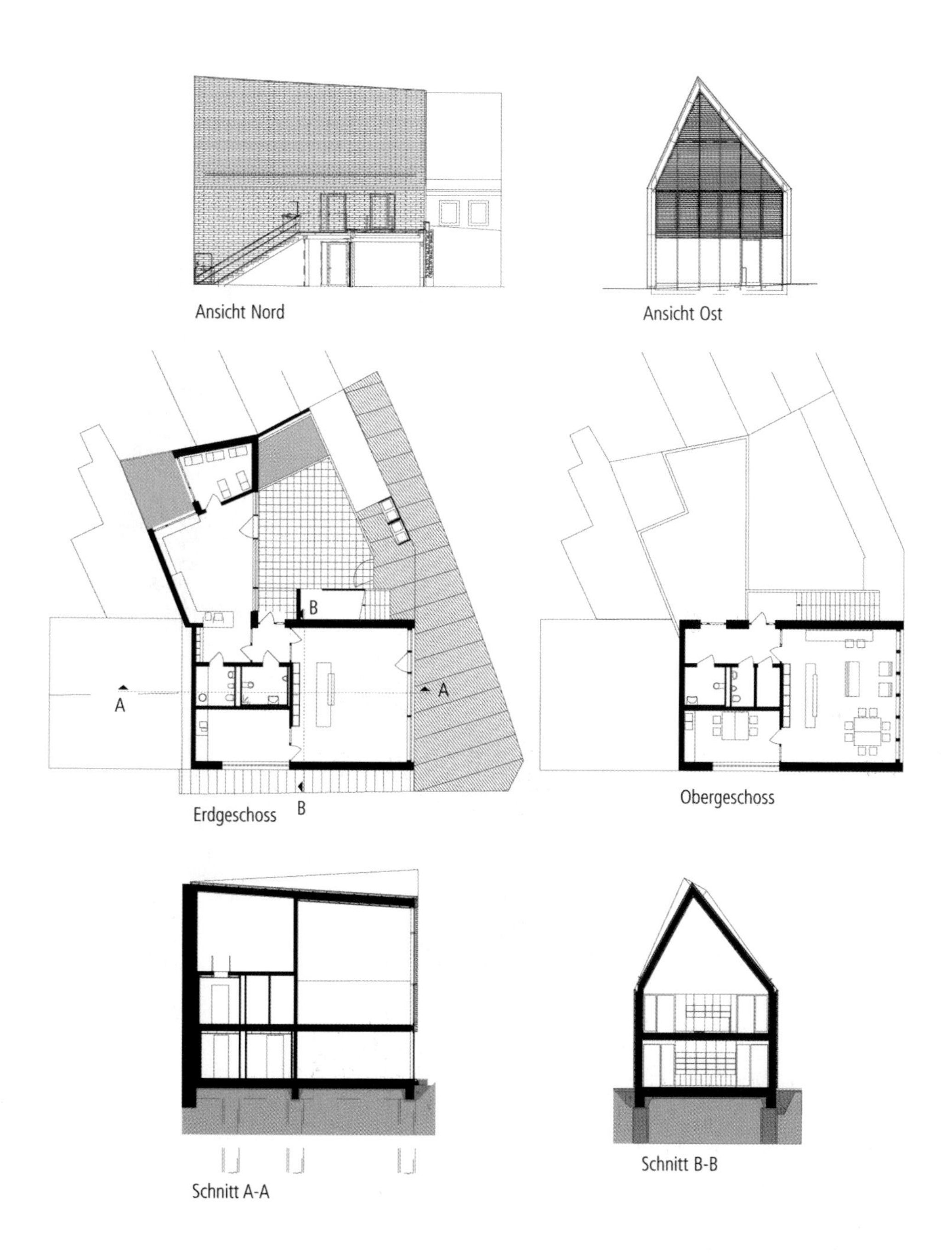

Ansicht Nord

Ansicht Ost

Erdgeschoss

Obergeschoss

Schnitt A-A

Schnitt B-B

Objektbeschreibung

Allgemeine Objektinformationen

Der Informations- und Kommunikationspunkt am Technikumplatz entstand als Ersatzneubau eines historischen Gebäudes. Der Neubau nimmt die Gebäudeform des Nachbargebäudes auf, bringt aber durch die gleichzeitige Erhöhung und Verdrehung der Firstlinie einen starken Abschluss der Bebauung. Im Erdgeschoss des Hauptgebäudes befindet sich das Informationszentrum für Stadt und Hochschule sowie die Sozialkontaktstelle. Das Dachgeschoss kann für unterschiedliche Veranstaltungen genutzt werden und dient als Jugendklub. Im eingeschossigen Nebengebäude befindet sich die Kinderbetreuung. Diesem Bereich ist ein Hof mit Spielplatz zugeordnet.

Nutzung

1 Erdgeschoss
Informations- und Veranstaltungsraum, Büro, Windfang, Garderobe, Gruppenraum mit Teeküche, Ruheraum, Sanitärräume

1 Obergeschoss
Jugendklubraum mit Teeküche, Büro, Sanitärräume, Abstellraum, Flur

1 Dachgeschoss
Technik

Nutzeinheiten

Kinder: 5
Arbeitsplätze: 2

Grundstück

Bauraum: Beengter Bauraum
Neigung: Geneigtes Gelände
Bodenklasse: BK 3 bis BK 4

Markt

Hauptvergabezeit: 3. Quartal 2013
Baubeginn: 4. Quartal 2013
Bauende: 3. Quartal 2014
Konjunkturelle Gesamtlage: Durchschnitt
Regionaler Baumarkt: Durchschnitt

Baukonstruktion

Der Neubau wurde massiv in Kalksandstein- und Stahlbetonbauweise mit einem Holzsparrendach errichtet. Die opaken Flächen der Außenwand und des Daches des Hauptgebäudes wurden mit einer wartungsfreien Fassadenbekleidung aus kleinformatigen Faserzementplatten und mineralischer Wärmedämmung belegt. Das Nebengebäude setzt sich mit seiner WDVS-Fassade vom Hauptgebäude ab. Alle Glasfassadensysteme wurden als Leichtmetall-Elementfassaden mit Dreifachverglasung ausgeführt.

Technische Anlagen

Der Neubau wird über eine Gas-Brennwerttherme mit Wärme für Heizung und Warmwasser versorgt. Über Fußbodenheizungen werden die Räume beheizt. Eine Lüftungsanlage mit Wärmerückgewinnung wurde ausgeführt.

Sonstiges

Der Neubau entlehnt die vorhandene Gebäudestruktur und führt diese konsequent fort, in Anlehnung an die ortsübliche schwarze Schieferbekleidung der Dächer und Giebel wurde die Fassadenbekleidung ebenfalls aus schwarzem Kunstschiefer hergestellt. Durch die vollständige Verglasung der Giebelseite bis in die Dachspitze wird die Nutzung des Gebäudes als Informationszentrum und Jugendtreffpunkt nach außen kommuniziert. Das Nebengebäude schließt den Vorplatz räumlich ab und erweitert diesen durch die Glasfassaden gleichzeitig auf die Innenräume.

Planungskennwerte für Flächen und Rauminhalte nach DIN 277

Flächen des Grundstücks		Menge, Einheit	% an GF
BF	Bebaute Fläche	177,94 m²	63,6
UF	Unbebaute Fläche	102,06 m²	36,5
GF	Grundstücksfläche	280,00 m²	100,0

Grundflächen des Bauwerks		Menge, Einheit	% an NUF	% an BGF
NUF	Nutzungsfläche	230,22 m²	100,0	64,0
TF	Technikfläche	45,83 m²	19,9	12,7
VF	Verkehrsfläche	5,24 m²	2,3	1,5
NRF	Netto-Raumfläche	281,29 m²	122,2	78,1
KGF	Konstruktions-Grundfläche	78,70 m²	34,2	21,9
BGF	Brutto-Grundfläche	359,99 m²	156,4	100,0

NUF=100% BGF=156,4%
NUF TF VF KGF
NRF=122,2%

Brutto-Rauminhalt des Bauwerks		Menge, Einheit	BRI/NUF (m)	BRI/BGF (m)
BRI	Brutto-Rauminhalt	1.311,75 m³	5,70	3,64

0 1 2 3 4 5 BRI/NUF=5,70m
BRI/BGF=3,64m 0 1 2 3

Lufttechnisch behandelte Flächen	Menge, Einheit	% an NUF	% an BGF
Entlüftete Fläche	–	–	–
Be- und Entlüftete Fläche	–	–	–
Teilklimatisierte Fläche	–	–	–
Klimatisierte Fläche	–	–	–

KG	Kostengruppen (2.Ebene)	Menge, Einheit	Menge/NUF	Menge/BGF
310	Baugrube	–	–	–
320	Gründung	–	–	–
330	Außenwände	–	–	–
340	Innenwände	–	–	–
350	Decken	–	–	–
360	Dächer	–	–	–

Kostenkennwerte für die Kostengruppen der 1.Ebene DIN 276

KG	Kostengruppen (1.Ebene)	Einheit	Kosten €	€/Einheit	€/m² BGF	€/m³ BRI	% 300+400
100	Grundstück	m² GF	–	–	–	–	–
200	Herrichten und Erschließen	m² GF	19.139	68,35	53,16	14,59	2,0
300	Bauwerk - Baukonstruktionen	m² BGF	694.950	1.930,47	1.930,47	529,79	72,3
400	Bauwerk - Technische Anlagen	m² BGF	266.108	739,21	739,21	202,86	27,7
	Bauwerk 300+400	**m² BGF**	**961.058**	**2.669,68**	**2.669,68**	**732,65**	**100,0**
500	Außenanlagen	m² AF	–	–	–	–	–
600	Ausstattung und Kunstwerke	m² BGF	–	–	–	–	–
700	Baunebenkosten	m² BGF	–	–	–	–	–

KG	Kostengruppe	Menge Einheit	Kosten €	€/Einheit	%
200	**Herrichten und Erschließen**	280,00 m² GF	19.139	**68,35**	100,0

Abbruch von Bestandsgebäude; Entsorgung, Deponiegebühren

KG	Kostengruppe	Menge Einheit	Kosten €	€/Einheit	%
3+4	**Bauwerk**				**100,0**
300	**Bauwerk - Baukonstruktionen**	359,99 m² BGF	694.950	**1.930,47**	72,3

Bodenarbeiten; Pfahlgründung, Stb-Fundamentrost, Stb-Bodenplatte, Abdichtung, Dämmung, Heizestrich, Natursteinplatten, Bodenfliesen; Stb-Wände, KS-Mauerwerk, Alufenster, Dämmung, hinterlüftete Faserzementbekleidung, WDVS, Spachtelung, Anstrich, Furnierplattenbekleidung (Klubraum), Alu-Pfosten-Riegel-Fassade, Raffstores; Stb-Wände, KS-Mauerwerk, Innentüren, Putz, Spachtelung, Anstrich; Stb-Decken, Dämmung, Heizestrich, Parkett, Bodenfliesen, Spachtelung, Anstrich; Sparrendachkonstruktion, Zelluloseeinblasdämmung, d=280mm, Schalung, Faserzementbekleidung, OSB-Platten, Furnierplattenbekleidung; Einbaumöbel

KG	Kostengruppe	Menge Einheit	Kosten €	€/Einheit	%
400	**Bauwerk - Technische Anlagen**	359,99 m² BGF	266.108	**739,21**	27,7

Gebäudeentwässerung, Kalt- und Warmwasserleitungen, Sanitärobjekte; Gas-Brennwerttherme, Fußbodenheizung; Lüftungsanlage mit Wärmerückgewinnung; Elektroinstallation, Beleuchtung; Treppenlift

9100-0129
Ausstellungsgebäude

Objektübersicht

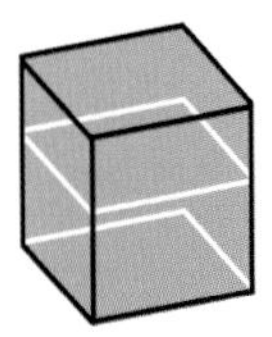

BRI 545 €/m³

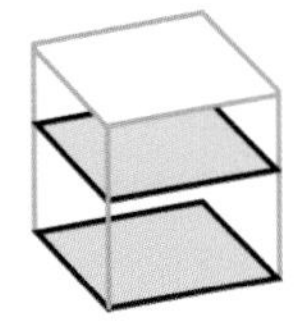

BGF 3.529 €/m²

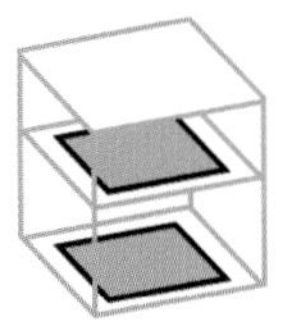

NUF 4.699 €/m²

Objekt:
Kennwerte: 1.Ebene DIN 276
BRI: 5.409 m³
BGF: 836 m²
NUF: 628 m²
Bauzeit: 47 Wochen
Bauende: 2015
Standard: Durchschnitt
Kreis: Stendal,
Sachsen-Anhalt

Architekt:
däschler architekten &
ingenieure gmbh
Große Ulrichstraße 23
06108 Halle (Saale)

Bauherr:
Biosphärenreservat Mittelelbe
06785 Oranienbaum

© Michael Setzpfandt

© Michael Setzpfandt

© Michael Setzpfandt

© Michael Setzpfandt

© Michael Setzpfandt

© Michael Setzpfandt

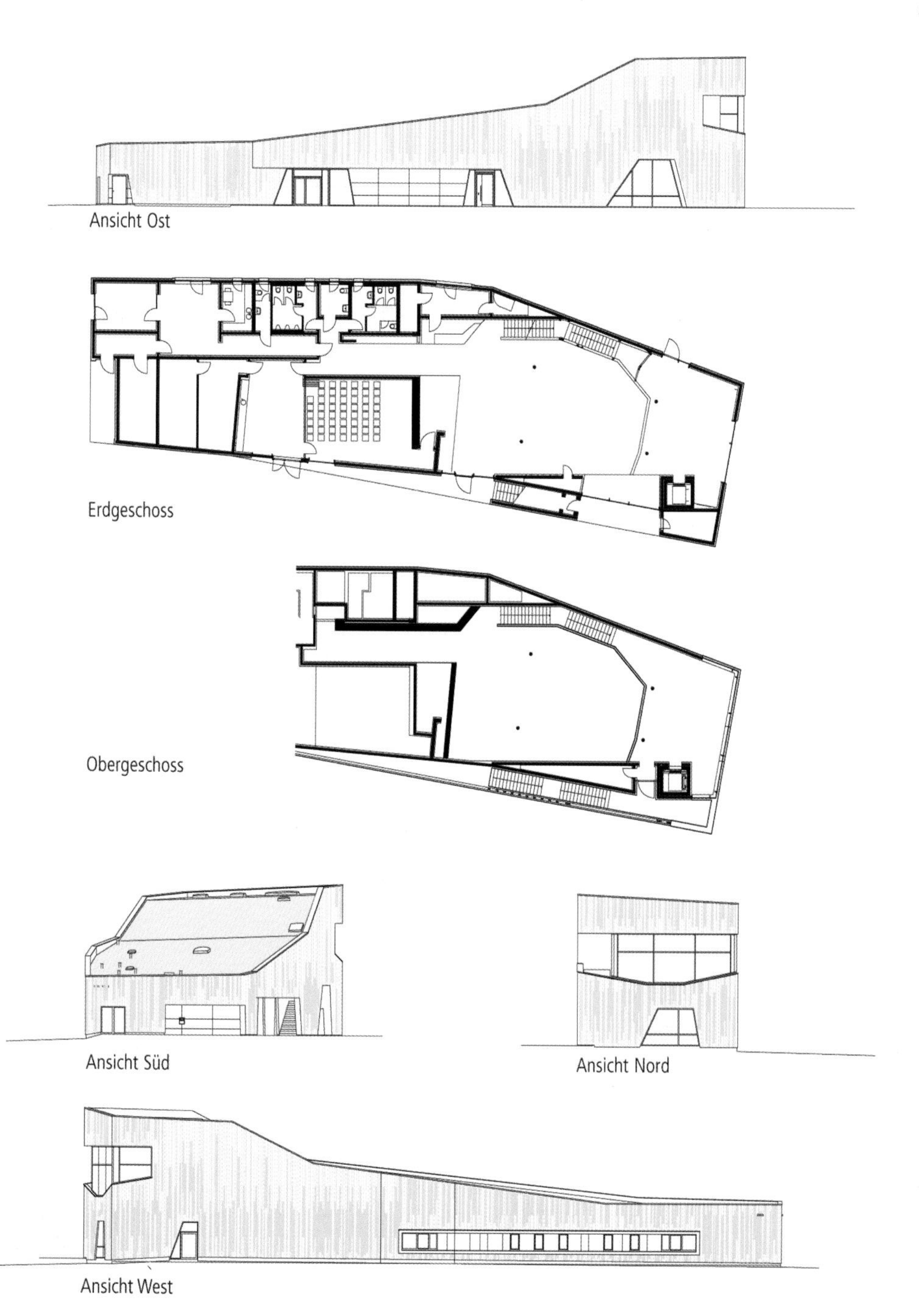
Ansicht Ost
Erdgeschoss
Obergeschoss
Ansicht Süd
Ansicht Nord
Ansicht West

Objektbeschreibung

Allgemeine Objektinformationen

Der Neubau des Ausstellungsgebäudes entstand auf dem ehemaligen Hafengelände an der Elbstraße parallel zur Bundesgartenschau 2015 und bildet das Natura 2000 Informationszentrum. Im Gebäude sind ein Dauerausstellungsbereich mit Foyer, Seminar- und Projektraum sowie Büroräume mit Nebenräumen wie WCs, Lager und Technik untergebracht. Der Holzbau mit seiner charaktervollen Brettfassade bildet den städtebaulichen Rücken für den großen vorgelagerten Themenpark.

Nutzung

1 Erdgeschoss
Ausstellungsfläche, Seminarraum, Büro, Technik, WCs

1 Obergeschoss
Galerie, Ausstellungsfläche

Nutzeinheiten

Bürofläche: 44m²
Ausstellungsfläche: 457m²

Grundstück

Bauraum: Freier Bauraum
Neigung: Ebenes Gelände
Bodenklasse: BK 3 bis BK 6

Markt

Hauptvergabezeit: 2. Quartal 2014
Baubeginn: 3. Quartal 2014
Bauende: 2. Quartal 2015
Konjunkturelle Gesamtlage: über Durchschnitt
Regionaler Baumarkt: Durchschnitt

Baukonstruktion

Es kommen vorgefertigte Holztafelwände, gedämmt mit Mineralfaser, zum Einsatz. Die Fassaden sind mit unbehandeltem Lärchenholz bekleidet. Die Dachsparren mit Aufsparrendämmung auf Grobspanplatte werden von den Holztafelinnenwänden und über der Ausstellungsfläche von zweifach abgeknickten Brettschichtholz-Hauptdachbindern getragen. Massiv sind lediglich die Stahlbetonbodenplatte, der Stahlbetonaufzugsschacht und als innere Auflager für die Brettschichtholz-Binder zwei aussteifende Stahlbetonwandscheiben sowie vier Stahlrohrstützen. Sämtliche Fenster bestehen aus jeweils getrennt recyclebaren Holzrahmen mit Aludeckschalen. Die großen Obergeschossfenster haben eine Vogelschutzverglasung. Die Dachfläche ist extensiv begrünt.

Technische Anlagen

Die Grundversorgung mit Heizwärme erfolgt über eine Sole-Wasser-Wärmepumpe mit Erdsonden. Als Spitzenlastversorger ist eine Gas-Brennwertttherme installiert. Als Heizfläche dient die Fußbodenheizung des im kompletten Gebäude verlegten Gussasphaltestrichs. Der Seminarraum erhält eine Lüftungsanlage mit Wärmerückgewinnung. In den WC-Räumen sind nur Kaltwasseranschlüsse vorhanden. Das barrierefreie WC besitzt einen Durchlauferhitzer. Der konsequente Einsatz von LED-Technik rundet das Nachhaltigkeitskonzept ab.

Sonstiges

Zur dieser Dokumentation gehören die Steganlage (BKI-Objektnummer 8700-0047) und die Freianlage (BKI-Objektnummer 9100-0126).

Planungskennwerte für Flächen und Rauminhalte nach DIN 277

Flächen des Grundstücks		Menge, Einheit	% an GF
BF	Bebaute Fläche	785,79 m²	1,6
UF	Unbebaute Fläche	48.726,21 m²	98,4
GF	Grundstücksfläche	49.512,00 m²	100,0

Grundflächen des Bauwerks		Menge, Einheit	% an NUF	% an BGF
NUF	Nutzungsfläche	627,79 m²	100,0	75,1
TF	Technikfläche	34,27 m²	5,5	4,1
VF	Verkehrsfläche	62,88 m²	10,0	7,5
NRF	Netto-Raumfläche	724,94 m²	115,5	86,7
KGF	Konstruktions-Grundfläche	110,99 m²	17,7	13,3
BGF	Brutto-Grundfläche	835,93 m²	133,2	100,0

NUF=100% BGF=133,2% NRF=115,5%

NUF TF VF KGF

Brutto-Rauminhalt des Bauwerks		Menge, Einheit	BRI/NUF (m)	BRI/BGF (m)
BRI	Brutto-Rauminhalt	5.409,11 m³	8,62	6,47

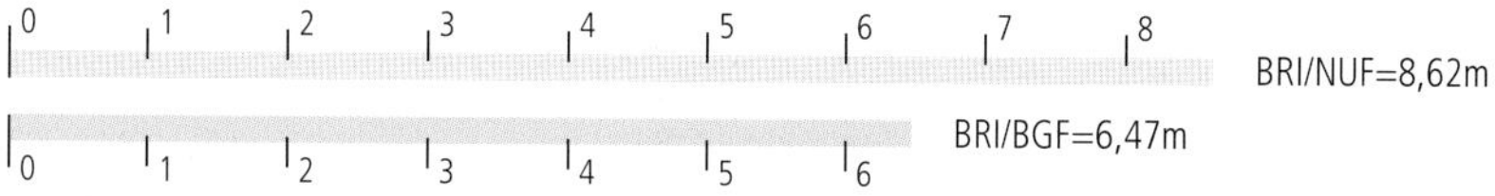

BRI/NUF=8,62m

BRI/BGF=6,47m

Lufttechnisch behandelte Flächen	Menge, Einheit	% an NUF	% an BGF
Entlüftete Fläche	–	–	–
Be- und Entlüftete Fläche	–	–	–
Teilklimatisierte Fläche	–	–	–
Klimatisierte Fläche	–	–	–

KG	Kostengruppen (2.Ebene)	Menge, Einheit	Menge/NUF	Menge/BGF
310	Baugrube	–	–	–
320	Gründung	–	–	–
330	Außenwände	–	–	–
340	Innenwände	–	–	–
350	Decken	–	–	–
360	Dächer	–	–	–

Kostenkennwerte für die Kostengruppen der 1.Ebene DIN 276

KG	Kostengruppen (1.Ebene)	Einheit	Kosten €	€/Einheit	€/m² BGF	€/m³ BRI	% 300+400
100	Grundstück	m² GF	–	–	–	–	–
200	Herrichten und Erschließen	m² GF	103.982	2,10	124,39	19,22	3,5
300	Bauwerk - Baukonstruktionen	m² BGF	2.137.103	2.556,56	2.556,56	395,09	72,4
400	Bauwerk - Technische Anlagen	m² BGF	813.093	972,68	972,68	150,32	27,6
	Bauwerk 300+400	**m² BGF**	**2.950.195**	**3.529,24**	**3.529,24**	**545,41**	**100,0**
500	Außenanlagen	m² AF	–	–	–	–	–
600	Ausstattung und Kunstwerke	m² BGF	–	–	–	–	–
700	Baunebenkosten	m² BGF	–	–	–	–	–

KG	Kostengruppe	Menge Einheit	Kosten €	€/Einheit	%
200	**Herrichten und Erschließen**	49.512,00 m² GF	103.982	**2,10**	100,0

Anschlüsse für Abwasser, Wasser, Strom, Gas

KG	Kostengruppe	Menge Einheit	Kosten €	€/Einheit	%
3+4	**Bauwerk**				**100,0**
300	**Bauwerk - Baukonstruktionen**	835,93 m² BGF	2.137.103	**2.556,56**	72,4

Bodenaustausch, Bodenentsorgung, Stb-Bodenplatte mit Frostschürze, Dämmung, Gussasphaltestrich (Heizestrich, oberflächenfertig geschliffen); Holztafelaußenwände, Mineralfaserdämmung, Holzaußentüren, hinterlüftete Lärchenholzfassadenschalung, Holz-Alu-Pfosten-Riegel-Fassade, Dreifachverglasung, Alu-Raffstores; Holztafelinnenwände, Stahlstützen und -träger, GK-Ständerwände, Holztüren, Innenwandbekleidung, Dreischicht- und MDF-Platten, GK-Vorsatzschalen; Stb-Treppe, Holztreppe, Akustik-Decken; Dachsparren mit Schalung aus Furnierschichtplatten, BSH-Binder, Dachoberlichter, Aufdachdämmung, Bitumendachdichtung, Extensivbegrünung, Dachdeckenbekleidung, HWL-Akustikplatten

KG	Kostengruppe	Menge Einheit	Kosten €	€/Einheit	%
400	**Bauwerk - Technische Anlagen**	835,93 m² BGF	813.093	**972,68**	27,6

Abwasserleitungen, Abwasserdruckentsorgung, Kaltwasserleitungen, Sanitärobjekte; Sole-Wasser-Wärmepumpe mit Erdsonden, Gas-Brennwerttherme, Fußbodenheizung, Konvektoren; Lüftungsanlage mit Wärmerückgewinnung (Seminarraum); Elektroinstallation, LED-Beleuchtung, Blitzschutzanlage; Einbruchmeldeanlage, Übertragungsnetze; Aufzugsanlage

9100-0133
Gemeindezentrum
Restaurant
Pension (10 Betten)

Objektübersicht

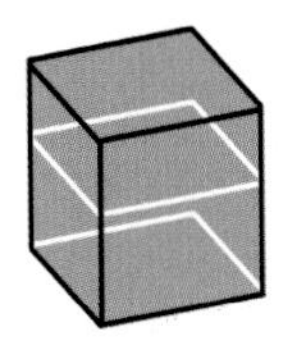

BRI 437 €/m³

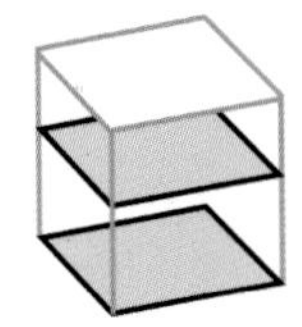

BGF 1.830 €/m²

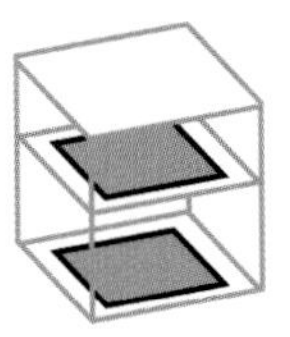

NUF 2.662 €/m²

Objekt:
Kennwerte: 1.Ebene DIN 276
BRI: 2.856 m³
BGF: 682 m²
NUF: 469 m²
Bauzeit: 26 Wochen
Bauende: 2015
Standard: Durchschnitt
Kreis: Dithmarschen, Schleswig-Holstein

Architekt:
JEBENS SCHOOF
ARCHITEKTEN BDA
Speichergasse 6
25746 Heide

Bauherr:
Gemeinde Hennstedt

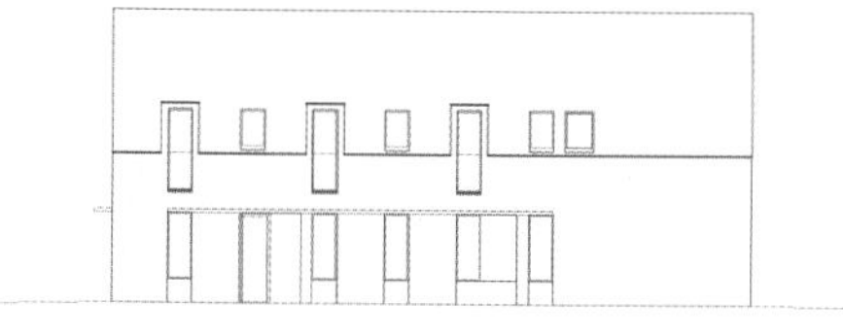
Ansicht Ost

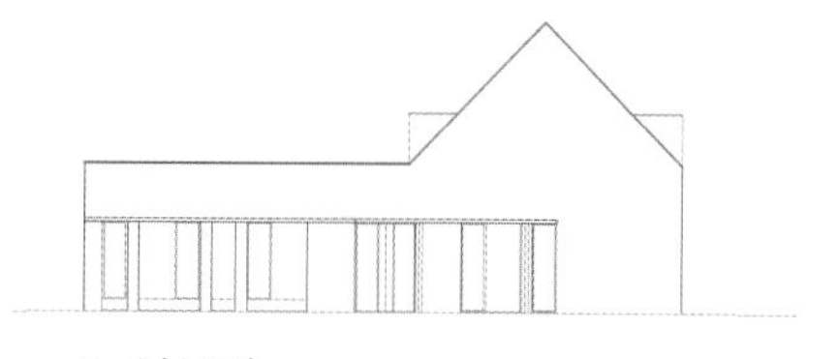
Ansicht Süd

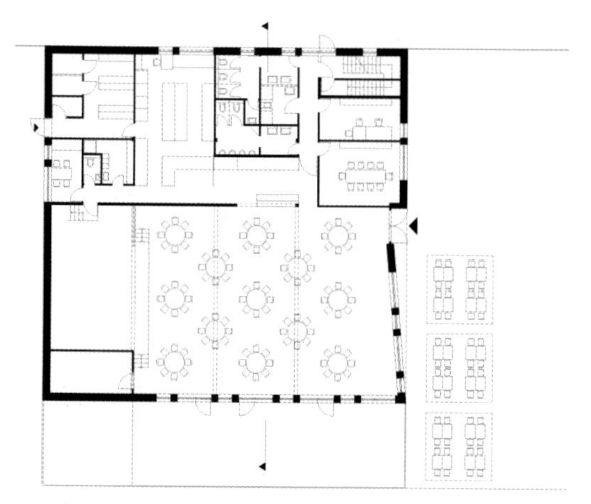
Erdgeschoss

Dachgeschoss

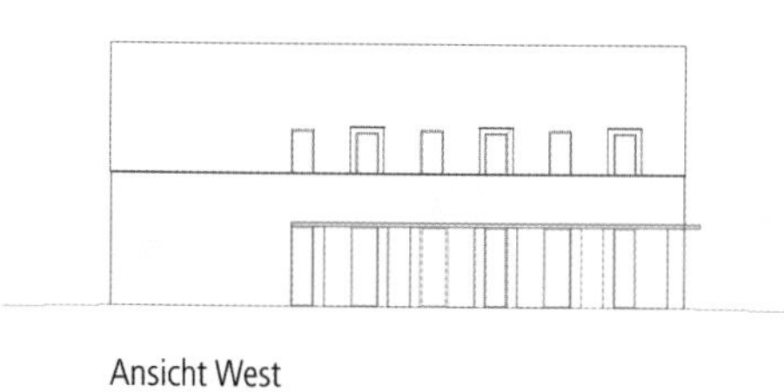
Ansicht West

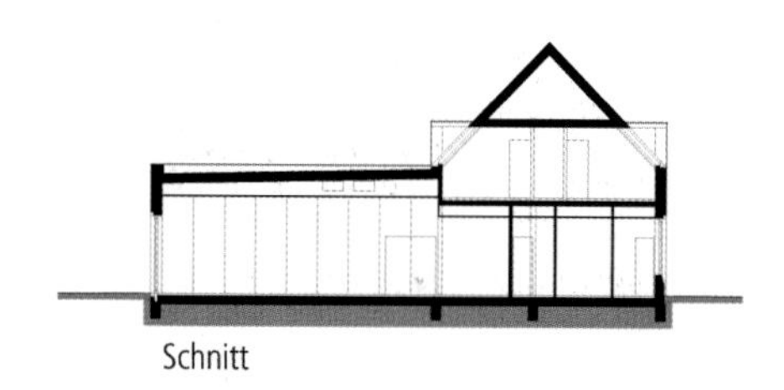
Schnitt

9100-0133
Gemeindezentrum
Restaurant
Pension (10 Betten)

Objektbeschreibung

Allgemeine Objektinformationen

Das Gemeindezentrum entstand als Neubau mit Räumen für das Vereinshaus. Es besitzt neben den Gemeinschaftsräumen, einen Gastronomiebetrieb, einen großen Saal und Pensionszimmer zur Vermietung im Dachgeschoss.

Nutzung

1 Erdgeschoss
Gastraum, Clubraum, Saal mit mobilen Trennwänden (2St), Bühne, Gastroküche, Lager, Anlieferung, Büro, Gruppenraum, Umkleide, Personalraum, Abstellräume

1 Dachgeschoss
Gästezimmer (5St), Technikzentrale, Abstellraum

Nutzeinheiten

Sitzplätze: 285
Betten: 10

Grundstück

Bauraum: Freier Bauraum
Neigung: Ebenes Gelände
Bodenklasse: BK 3

Markt

Hauptvergabezeit: 4. Quartal 2014
Baubeginn: 4. Quartal 2014
Bauende: 2. Quartal 2015
Konjunkturelle Gesamtlage: über Durchschnitt
Regionaler Baumarkt: unter Durchschnitt

Baukonstruktion

Der nicht unterkellerte Neubau wurde in Massivbauweise ausgeführt. Die Außenwände des Erdgeschosses wurden als zweischaliges Mauerwerk mit Kerndämmung und die tragenden Innenwände aus Kalksandsteinmauerwerk errichtet. Die Auswahl der Fassadenmaterialien beschränkt sich auf ein Verblendmauerwerk in Steinfarben, die Fenster- und Türrahmen sind aus Metall und anthrazit gehalten. Zum Teil entstanden die Innenwände aus Kalksandsteinmauerwerk, teils als Gipskartonständerwände. Es kam eine Stahlbetondecke und Stahlbetonfertigteiltreppen mit Bodenaufbau zur Ausführung. Das Flachdach wurde als eine Stahlbetondachdecke und als Umkehrdach mit extensiver Begrünung errichtet. Der Holzdachstuhl im Bereich des Schrägdaches besitzt eine Titanzink-Doppelstehfalzdeckung.

Technische Anlagen

Das Gebäude ist an die örtliche Trinkwasserversorgung und das örtliche Fernwärme- und Stromnetz angeschlossen. Eine Lüftungsanlage für die Gastronomie- und die Saalnutzung wurde installiert.nd die Saalnutzung installiert.

Sonstiges

Die Veranstaltungsräume und die Gastronomie sind barrierefrei errichtet.

Planungskennwerte für Flächen und Rauminhalte nach DIN 277

Flächen des Grundstücks		Menge, Einheit	% an GF
BF	Bebaute Fläche	457,50 m²	18,1
UF	Unbebaute Fläche	2.068,50 m²	81,9
GF	Grundstücksfläche	2.526,00 m²	100,0

Grundflächen des Bauwerks		Menge, Einheit	% an NUF	% an BGF
NUF	Nutzungsfläche	469,00 m²	100,0	68,7
TF	Technikfläche	67,80 m²	14,5	9,9
VF	Verkehrsfläche	45,70 m²	9,7	6,7
NRF	Netto-Raumfläche	582,50 m²	124,2	85,4
KGF	Konstruktions-Grundfläche	99,70 m²	21,3	14,6
BGF	Brutto-Grundfläche	682,20 m²	145,5	100,0

Brutto-Rauminhalt des Bauwerks		Menge, Einheit	BRI/NUF (m)	BRI/BGF (m)
BRI	Brutto-Rauminhalt	2.855,77 m³	6,09	4,19

Lufttechnisch behandelte Flächen	Menge, Einheit	% an NUF	% an BGF
Entlüftete Fläche	–	–	–
Be- und Entlüftete Fläche	–	–	–
Teilklimatisierte Fläche	–	–	–
Klimatisierte Fläche	–	–	–

KG	Kostengruppen (2.Ebene)	Menge, Einheit	Menge/NUF	Menge/BGF
310	Baugrube	–	–	–
320	Gründung	–	–	–
330	Außenwände	–	–	–
340	Innenwände	–	–	–
350	Decken	–	–	–
360	Dächer	–	–	–

Kostenkennwerte für die Kostengruppen der 1.Ebene DIN 276

KG	Kostengruppen (1.Ebene)	Einheit	Kosten €	€/Einheit	€/m² BGF	€/m³ BRI	% 300+400
100	Grundstück	m² GF	–	–	–	–	–
200	Herrichten und Erschließen	m² GF	40.629	16,08	59,56	14,23	3,3
300	Bauwerk - Baukonstruktionen	m² BGF	853.782	1.251,51	1.251,51	298,97	68,4
400	Bauwerk - Technische Anlagen	m² BGF	394.788	578,70	578,70	138,24	31,6
	Bauwerk 300+400	**m² BGF**	**1.248.571**	**1.830,21**	**1.830,21**	**437,21**	**100,0**
500	Außenanlagen	m² AF	114.664	55,43	168,08	40,15	9,2
600	Ausstattung und Kunstwerke	m² BGF	89.940	131,84	131,84	31,49	7,2
700	Baunebenkosten	m² BGF	–	–	–	–	–

KG	Kostengruppe	Menge Einheit	Kosten €	€/Einheit	%
200	**Herrichten und Erschließen**	2.526,00 m² GF	40.629	**16,08**	100,0
	Trinkwasser-, Abwasser-, Fernwärme- und Stromanschluss				
3+4	**Bauwerk**				**100,0**
300	**Bauwerk - Baukonstruktionen**	682,20 m² BGF	853.782	**1.251,51**	68,4
	Baugrubenaushub; Bodenaustausch bis UK Fundament, Stb-Fundamente, Stb-Bodenplatte, Heizestrich, Parkett, Bodenfliesen, Abdichtung, Perimeterdämmung; Mauerwerkswände, Holz-Alufenster, Wärmedämmung, Ziegelfassade, teilw. Alu-Raffstores; Innenmauerwerk, GK-Wände, Glas-Systemtrennwände, Stb-Stützen, Wandfliesen, mobile Trennwände; Stb-Decke, Stb-Treppe, Sichtbeton, Teppichboden, Bodenfliesen, teilw. Akustiksegel, Stahl-Treppengeländer; Stb-Flachdach, Holzbalkendach (45°-Dach), Dachfenster, Dämmung, Abdichtung, Attika, extensive Dachbegrünung, Titanzink-Doppelstehfalzdeckung, Dachentwässerung, teilw. GK-Decke, Eingangsüberdachung				
400	**Bauwerk - Technische Anlagen**	682,20 m² BGF	394.788	**578,70**	31,6
	Gebäudeentwässerung, Kalt- und Warmwasserleitungen, Edelstahl, Zirkulationsleitungen, Sanitärobjekte mit Selbstschlussarmaturen; Fernwärmeversorgung, Fußbodenheizung (EG), Plattenheizkörper (OG); zentrale Lüftungsanlage mit Wärmerückgewinnung (Saal, Gast- und Clubraum), zentrale Lüftungsanlage ohne Wärmerückgewinnung für fetthaltige Abluft (Küche); Elektroinstallation, Beleuchtung, Blitzschutzanlage; Telekommunikationsanlage, Fernseh- und Antennenanlagen, Datenübertragungsnetz				
500	**Außenanlagen**	2.068,50 m² AF	114.664	**55,43**	100,0
	Geländebearbeitung; Betonpflaster (Marktplatz, Zufahrt, Anlieferung), wassergebundene Decke (Stellplätze und Wege); Zaun; Entwässerungsrinnen; Müllplatzeinhausung; Oberbodenarbeiten				
600	**Ausstattung und Kunstwerke**	682,20 m² BGF	89.940	**131,84**	100,0
	Gastroküche mit Gastank				

9100-0136
Mediathek

Objektübersicht

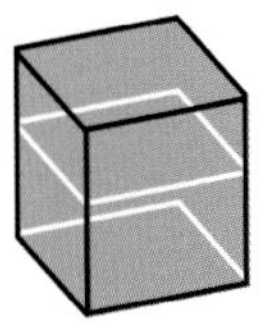

BRI 546 €/m³

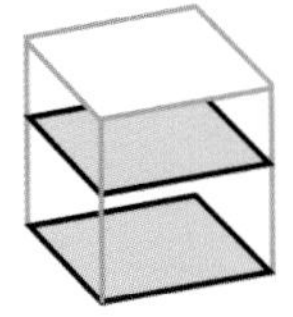

BGF 2.248 €/m²

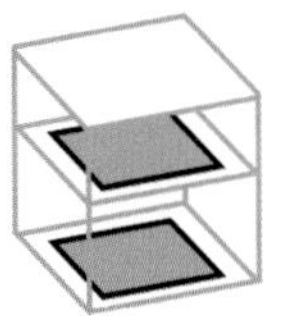

NUF 3.385 €/m²

Objekt:
Kennwerte: 1.Ebene DIN 276
BRI: 9.839 m³
BGF: 2.391 m²
NUF: 1.588 m²
Bauzeit: 95 Wochen
Bauende: 2015
Standard: Durchschnitt
Kreis: Halle (Saale) - Stadt,
Sachsen-Anhalt

Architekt:
F29 Architekten
Friedrichstraße 29
01067 Dresden
mit
ZILA freie Architekten
August-Bebelstraße 73
04275 Leipzig

Bauherr:
Land Sachsen-Anhalt
BLSA
An der Fliederwegkaserne 21
06130 Halle (Saale)

© Werner Huthmacher

© Werner Huthmacher

© Werner Huthmacher

© Werner Huthmacher

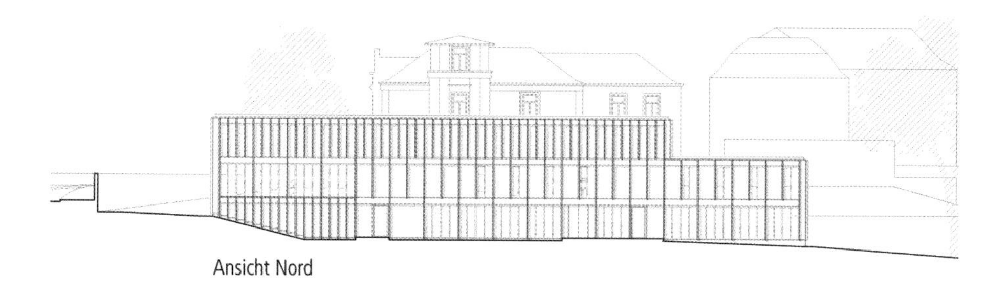

Ansicht Nord

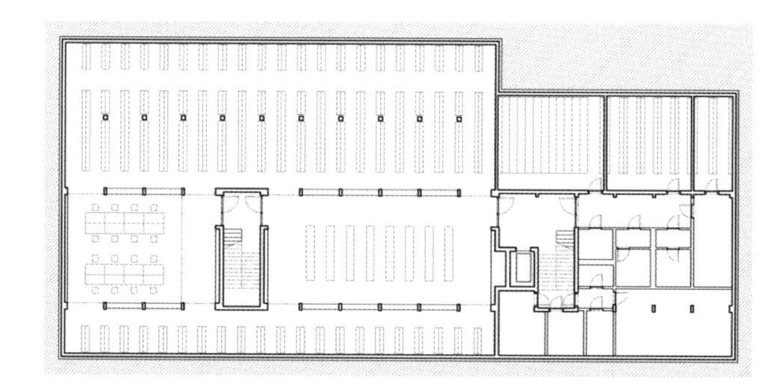

Untergeschoss

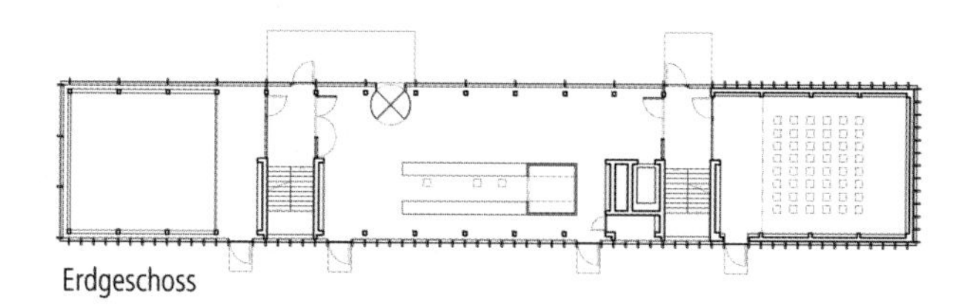

Erdgeschoss

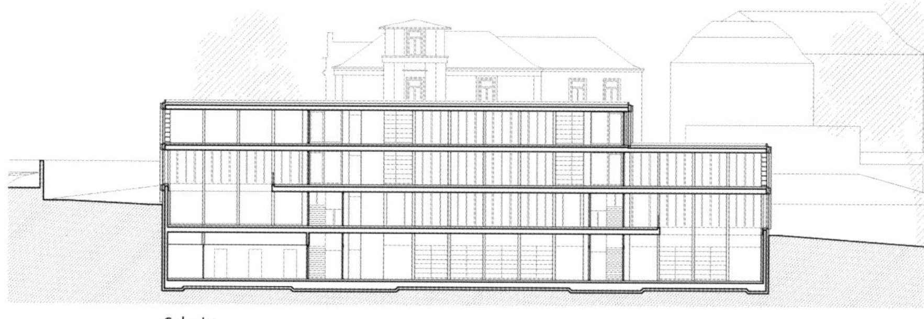

Schnitt

Objektbeschreibung

Allgemeine Objektinformationen

Aus dem EU-weiten nichtoffenen Realisierungswettbewerb ging der Entwurf im Herbst 2011 als Sieger hervor. Die pavillonartige Fassaden- und Gebäudestruktur sucht ganz bewusst die Verwandtschaft zu den Bautypen Remise, Gartenhaus oder Orangerie und ordnet sich so klar den denkmalgeschützten benachbarten Villen unter. Mit dem Neubau erweitert die Burg Giebichenstein ihre bisherige Bibliotheksnutzung und richtet das Funktionsspektrum stärker auf neue Medien aus.

Nutzung

1 Untergeschoss
Freihandbereich, Magazin, Sammlung, Lager, Serverraum, Scanstation, Sanitärräume, Technikräume

1 Erdgeschoss
Foyer, Seminarraum, Recherche

1 Obergeschoss
Verwaltung, Materialothek, Leseplätze, Recherche

1 Dachgeschoss
Zeitschriftenlesesaal, Freihandmagazin, Carrelräume, Diathek, Buchreparatur

Nutzeinheiten

Arbeitsplätze: 7

Grundstück

Bauraum: Beengter Bauraum
Neigung: Hanglage
Bodenklasse: BK 1 bis BK 6

Markt

Hauptvergabezeit: 1. Quartal 2014
Baubeginn: 3. Quartal 2013
Bauende: 3. Quartal 2015
Konjunkturelle Gesamtlage: Durchschnitt
Regionaler Baumarkt: über Durchschnitt

Baukonstruktion

Die Stahlbetonskelettbauweise mit frei spannenden Flachdecken und das robuste Erschließungssystem gewährleisten eine große räumliche Flexibilität. Dabei steht der schlanke oberirdische Baukörper auf einem erdüberdeckten, nahezu doppelt so großen Sockelgeschoss. Die strenge Holzfassade erhält ihre Plastizität durch ein mit verschiedenen Elementen gefülltes Pfosten-Riegel-System mit vorgelagerten Holzleisten. Durch die Lage im Überflutungsgebiet der Saale wurde das Sockelgeschoss als Weiße Wanne mit zusätzlicher Verbundabdichtung ausgeführt.

Technische Anlagen

Durch den Einsatz von LED-Leuchten und helligkeitsgesteuerten und präsenzabhängigen Schaltungen wird eine hohe Lichtausbeute bei geringem Energieverbrauch möglich. Der Anschluss an das Nahwärmenetz der Hochschule zum Betrieb der Fußbodenheizung sowie der weitestgehende Einsatz natürlicher Fensterlüftung garantieren einen wirtschaftlichen Betrieb des Gebäudes. Lediglich der Seminarraum erhält eine Teilklimaanlage und das Sockelgeschoss eine mechanische Be- und Entlüftung mit Wärmerückgewinnung.

Sonstiges

Der Lesesaal im Sockelgeschoss wird über einen großzügigen Luftraum mit dem Erdgeschoss verknüpft und so natürlich belichtet. Die gleiche räumliche Situation wiederholt sich im östlichen Gebäudekopf des Erdgeschosses. Hier schiebt sich der Baukörper in das vorhandene ansteigende Gelände.

Planungskennwerte für Flächen und Rauminhalte nach DIN 277

Flächen des Grundstücks		Menge, Einheit	% an GF
BF	Bebaute Fläche	1.169,00 m²	63,2
UF	Unbebaute Fläche	681,00 m²	36,8
GF	Grundstücksfläche	1.850,00 m²	100,0

Grundflächen des Bauwerks		Menge, Einheit	% an NUF	% an BGF
NUF	Nutzungsfläche	1.588,20 m²	100,0	66,4
TF	Technikfläche	101,80 m²	6,4	4,3
VF	Verkehrsfläche	401,00 m²	25,2	16,8
NRF	Netto-Raumfläche	2.091,00 m²	131,7	87,4
KGF	Konstruktions-Grundfläche	300,20 m²	18,9	12,6
BGF	Brutto-Grundfläche	2.391,20 m²	150,6	100,0

NUF=100% BGF=150,6%

NUF TF VF KGF

NRF=131,7%

Brutto-Rauminhalt des Bauwerks		Menge, Einheit	BRI/NUF (m)	BRI/BGF (m)
BRI	Brutto-Rauminhalt	9.839,00 m³	6,20	4,11

0 1 2 3 4 5 6 BRI/NUF=6,20m

0 1 2 3 4 BRI/BGF=4,11m

Lufttechnisch behandelte Flächen	Menge, Einheit	% an NUF	% an BGF
Entlüftete Fläche	–	–	–
Be- und Entlüftete Fläche	–	–	–
Teilklimatisierte Fläche	–	–	–
Klimatisierte Fläche	–	–	–

KG	Kostengruppen (2.Ebene)	Menge, Einheit	Menge/NUF	Menge/BGF
310	Baugrube	–	–	–
320	Gründung	–	–	–
330	Außenwände	–	–	–
340	Innenwände	–	–	–
350	Decken	–	–	–
360	Dächer	–	–	–

Kostenkennwerte für die Kostengruppen der 1.Ebene DIN 276

KG	Kostengruppen (1.Ebene)	Einheit	Kosten €	€/Einheit	€/m² BGF	€/m³ BRI	% 300+400
100	Grundstück	m² GF	–	–	–	–	–
200	Herrichten und Erschließen	m² GF	56.745	30,67	23,73	5,77	1,1
300	Bauwerk - Baukonstruktionen	m² BGF	3.972.849	1.661,45	1.661,45	403,79	73,9
400	Bauwerk - Technische Anlagen	m² BGF	1.402.948	586,71	586,71	142,59	26,1
	Bauwerk 300+400	**m² BGF**	**5.375.797**	**2.248,16**	**2.248,16**	**546,38**	**100,0**
500	Außenanlagen	m² AF	867.172	1.273,38	362,65	88,14	16,1
600	Ausstattung und Kunstwerke	m² BGF	566.762	237,02	237,02	57,60	10,5
700	Baunebenkosten	m² BGF	–	–	–	–	–

KG	Kostengruppe	Menge Einheit	Kosten €	€/Einheit	%
200	**Herrichten und Erschließen**	1.850,00 m² GF	56.745	**30,67**	100,0

Medienanschlüsse

KG	Kostengruppe	Menge Einheit	Kosten €	€/Einheit	%
3+4	**Bauwerk**				**100,0**
300	**Bauwerk - Baukonstruktionen**	2.391,20 m² BGF	3.972.849	**1.661,45**	73,9

Baugrubenaushub, Verbau, Baugrundverbesserung; Stb-Fundamentplatte, Weiße Wanne mit zusätzlicher Verbundabdichtung, Dämmung, Heizestrich, Bodenbeschichtung, Teppich, Bodenfliesen (WCs), Perimeterdämmung; Stb-Außenwände, Sichtbeton, Perimeterdämmung, Dämmung, Holzbekleidung, Holz-Pfosten-Riegel-Fassade mit Verglasungen, Öffnungsflügeln, Holzpaneelen, Sonnenschutz; Stb-Innenwände, Sichtbeton, Mauerwerkswände, Trockenbauwände, Stb-Stützen, Sichtbeton, Holz-Glas-Brandschutztüren, Holzbekleidung, Wandfliesen (WCs); Stb-Decken, Sichtbeton, Stb-Treppen, Sichtbeton, Dämmung, Heizestrich, Bodenbeschichtung, Teppich, Bodenfliesen (WCs); Stb-Flachdächer, Sichtbeton, Abdichtung, Dämmung, Gründach; Einbaumöbel, Regalierung, Empfangstresen, Teeküche, Verdunklungseinrichtungen, Projektionswand; Unterfangung Nachbargebäude

KG	Kostengruppe	Menge Einheit	Kosten €	€/Einheit	%
400	**Bauwerk - Technische Anlagen**	2.391,20 m² BGF	1.402.948	**586,71**	26,1

Gebäudeentwässerung, Hebeanlage, Kaltwasserleitungen, Sanitärobjekte; Anschluss an Nahwärmenetz, Fußbodenheizung; Lüftungsanlage mit Wärmerückgewinnung (Sockelgeschoss), Teilklimaanlage (Seminarraum); Notstromversorgung, Elektroinstallation, LED-Beleuchtung; Zutritsskontrollsystem, RFID-Technik, Brandmeldeanlage; Aufzug; Gebäudeautomation für Heizung, Lüftung und Zugangskontrolle

KG	Kostengruppe	Menge Einheit	Kosten €	€/Einheit	%
500	**Außenanlagen**	681,00 m² AF	867.172	**1.273,38**	100,0

Rückbau, Geländeprofilierung, Wege, Behindertenstellplatz, Grundstückseinfriedung mit Zaun, Instandsetzung historischer Mauern, Betonfertigteile, Treppenanlage, Oberflächenentwässerung, Dränage, Bäume fällen, Neuanpflanzungen mit Bäumen, Hecken, Rasen, Gräsern

KG	Kostengruppe	Menge Einheit	Kosten €	€/Einheit	%
600	**Ausstattung und Kunstwerke**	2.391,20 m² BGF	566.762	**237,02**	100,0

Videotechnik, Medien- und Computertechnik

9100-0140
Nachbarschaftstreff

Objektübersicht

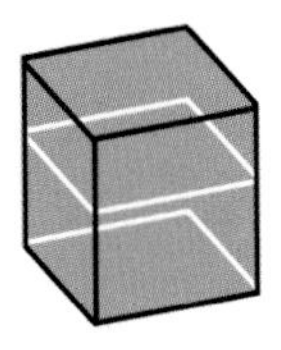

BRI 340 €/m³

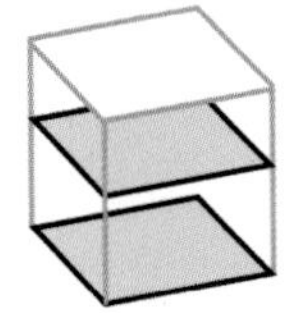

BGF 1.094 €/m²

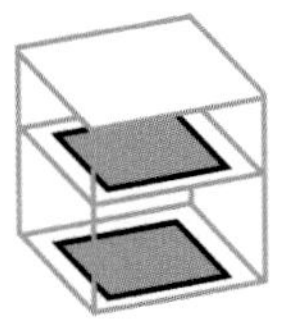

NUF 1.419 €/m²

Objekt:
Kennwerte: 1.Ebene DIN 276
BRI: 1.369 m³
BGF: 425 m²
NUF: 328 m²
Bauzeit: 65 Wochen
Bauende: 2014
Standard: unter Durchschnitt
Kreis: München - Stadt,
Bayern

Architekt:
zillerplus
Architekten und Stadtplaner
Michael Ziller
Klenzestraße 38
80469 München

Bauherr:
Sozialreferat München mit
MGS Münchner Gesellschaft
für Stadterneuerung
81671 München

© Michael Ziller

Ansicht Nord

Ansicht Ost

Erdgeschoss

Obergeschoss

Schnitt A-A

Schnitt B-B

Ansicht Süd

Ansicht West

Objektbeschreibung

Allgemeine Objektinformationen

Im Rahmen eines Neubaugebiets wurde ein Nachbarschaftstreff errichtet. Es handelt sich um ein freistehendes pavillionartiges Gebäude, das durch offen gestaltete Grundrisse verschiedene Nutzungsszenarien ermöglicht.

Nutzung

1 Erdgeschoss
Foyer, Garderobe, Veranstaltungsraum, Büro, Küche, Lager, Sanitärräume, Technikraum

1 Obergeschoss
Gruppenräume, Dachterrasse

Nutzeinheiten

Sitzplätze: 50

Grundstück

Bauraum: Freier Bauraum
Neigung: Ebenes Gelände
Bodenklasse: BK 1 bis BK 3

Markt

Hauptvergabezeit: 1. Quartal 2013
Baubeginn: 1. Quartal 2013
Bauende: 2. Quartal 2014
Konjunkturelle Gesamtlage: über Durchschnitt
Regionaler Baumarkt: über Durchschnitt

Baukonstruktion

Der Neubau gründet auf einer wasserundurchlässigen Stahlbetonbodenplatte auf Schaumglasschotter. Das Gebäude wurde in Massivbauweise mit Stahlbetondecke und -treppen errichtet. Die Außenwände wurden mit Wärmedämmverbundsystem und strukturiertem Putz versehen. Es wurden Holzfenster und Alu-Fenstertüren, teilweise mit Sonnenschutzverglasung, eingebaut. Die teilweise in Kalksandstein oder in Trockenbau ausgeführten Innenwände wurden verputzt. Das Stahlbeton-Flachdach mit Oberflächengefälle wurde gedämmt und mit bituminöser Abdichtung sowie Kies oder mit einer Vegetationsschicht versehen. Die Dachterrasse wurde mit Gehwegplatten in Splittbett verlegt.

Technische Anlagen

In den innenliegenden Sanitärräumen sind Einzelraumentlüfter mit Nachstromelementen in den Fensterrahmen eingebaut. Angepasst an das hochwertige Raumklima wurde eine Bauteilaktivierung vorgesehen. Die Wärmeversorgung erfolgt über eine energiesparende Wärmepumpe in Verbindung mit einer Grundwassernutzung.

Sonstiges

Der nach EnEV 2009 zulässige Primärenergiebedarf wird um ca. 40% unterschritten.

Planungskennwerte für Flächen und Rauminhalte nach DIN 277

Flächen des Grundstücks		Menge, Einheit	% an GF
BF	Bebaute Fläche	212,76 m²	20,1
UF	Unbebaute Fläche	845,22 m²	79,9
GF	Grundstücksfläche	1.057,98 m²	100,0

Grundflächen des Bauwerks		Menge, Einheit	% an NUF	% an BGF
NUF	Nutzungsfläche	328,04 m²	100,0	77,1
TF	Technikfläche	5,63 m²	1,7	1,3
VF	Verkehrsfläche	15,30 m²	4,7	3,6
NRF	Netto-Raumfläche	348,97 m²	106,4	82,0
KGF	Konstruktions-Grundfläche	76,40 m²	23,3	18,0
BGF	Brutto-Grundfläche	425,37 m²	129,7	100,0

NUF=100% BGF=129,7%

NUF TF VF KGF NRF=106,4%

Brutto-Rauminhalt des Bauwerks		Menge, Einheit	BRI/NUF (m)	BRI/BGF (m)
BRI	Brutto-Rauminhalt	1.369,16 m³	4,17	3,22

0 1 2 3 4 BRI/NUF=4,17m

0 1 2 3 BRI/BGF=3,22m

Lufttechnisch behandelte Flächen	Menge, Einheit	% an NUF	% an BGF
Entlüftete Fläche	–	–	–
Be- und Entlüftete Fläche	–	–	–
Teilklimatisierte Fläche	–	–	–
Klimatisierte Fläche	–	–	–

KG	Kostengruppen (2.Ebene)	Menge, Einheit	Menge/NUF	Menge/BGF
310	Baugrube	–	–	–
320	Gründung	–	–	–
330	Außenwände	–	–	–
340	Innenwände	–	–	–
350	Decken	–	–	–
360	Dächer	–	–	–

Kostenkennwerte für die Kostengruppen der 1.Ebene DIN 276

KG	Kostengruppen (1.Ebene)	Einheit	Kosten €	€/Einheit	€/m² BGF	€/m³ BRI	% 300+400
100	Grundstück	m² GF	–	–	–	–	–
200	Herrichten und Erschließen	m² GF	–	–	–	–	–
300	Bauwerk - Baukonstruktionen	m² BGF	374.734	880,96	880,96	273,70	80,5
400	Bauwerk - Technische Anlagen	m² BGF	90.606	213,01	213,01	66,18	19,5
	Bauwerk 300+400	**m² BGF**	**465.340**	**1.093,97**	**1.093,97**	**339,87**	**100,0**
500	Außenanlagen	m² AF	–	–	–	–	–
600	Ausstattung und Kunstwerke	m² BGF	–	–	–	–	–
700	Baunebenkosten	m² BGF	–	–	–	–	–

KG	Kostengruppe	Menge Einheit	Kosten €	€/Einheit	%
3+4	**Bauwerk**				**100,0**
300	**Bauwerk - Baukonstruktionen**	425,37 m² BGF	374.734	**880,96**	80,5

Stb-Bodenplatte, WU-Beton, Abdichtung, schwimmender Asphaltestrich, Oberfläche geschliffen, Schaumglasschotter; Mauerwerk, WDVS, d=200mm, strukturierter Dickputz, Holzfenster, Alu-Fenstertüren, Sonnenschutzverglasung; KS-Innenwände, GK-Innenwände, Putz, Anstrich, Stahlzargen, Holztüren, Vorhänge als Raumteiler; Stb-Decke, Stb-Treppen; Stb-Flachdach, Dämmung, Abdichtung, Kies, Gehwegplatten, Vegetationsschicht, Stb-Attika, Dachentwässerung; Einbauküche, Einbauschränke; Schließanlage

KG	Kostengruppe	Menge Einheit	Kosten €	€/Einheit	%
400	**Bauwerk - Technische Anlagen**	425,37 m² BGF	90.606	**213,01**	19,5

Gebäudeentwässerung, Kalt- und Warmwasserleitungen, Freispiegelentwässerung, Sanitärobjekte; Wärmepumpe Grundwassernutzung, Pufferspeicher, Wärmetauscher Grundwasser (Kälteerzeugung), Durchlauferhitzer, Bauteilaktivierung; Einzelraumentlüfter; Elektroinstallation, Aufbauleuchten, Blitzschutz-/Erdungsanlage; Telefonleitungen, Fernseh-/Antennenanlagen, Rauchmelder; Beamer, Leinwand, PC, Drucker

9100-0142
Kapelle
Gemeinderäume
Café

Objektübersicht

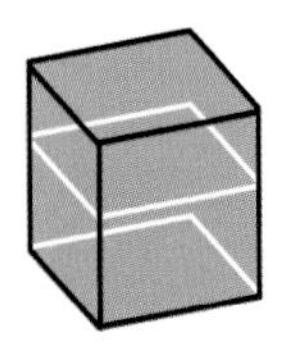

BRI 463 €/m³

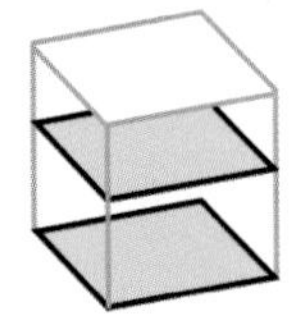

BGF 1.816 €/m²

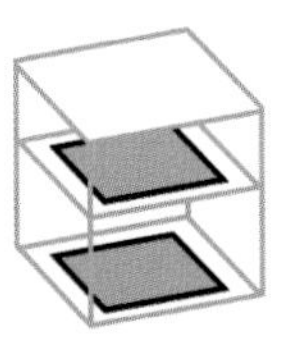

NUF 3.104 €/m²

Objekt:
Kennwerte: 1.Ebene DIN 276
BRI: 3.295 m³
BGF: 840 m²
NUF: 492 m²
Bauzeit: 60 Wochen
Bauende: 2013
Standard: über Durchschnitt
Kreis: Vechta,
Niedersachsen

Architekt:
Ulrich Tilgner
Thomas Grotz
Architekten GmbH
Diplom-Ingenieure BDA
Ostertorsteinweg 46
28203 Bremen

Bauherr:
Bischöflich Münstersches
Offizialat
Bahnhofstraße 6
49377 Vechta

© Jörg Sarbach

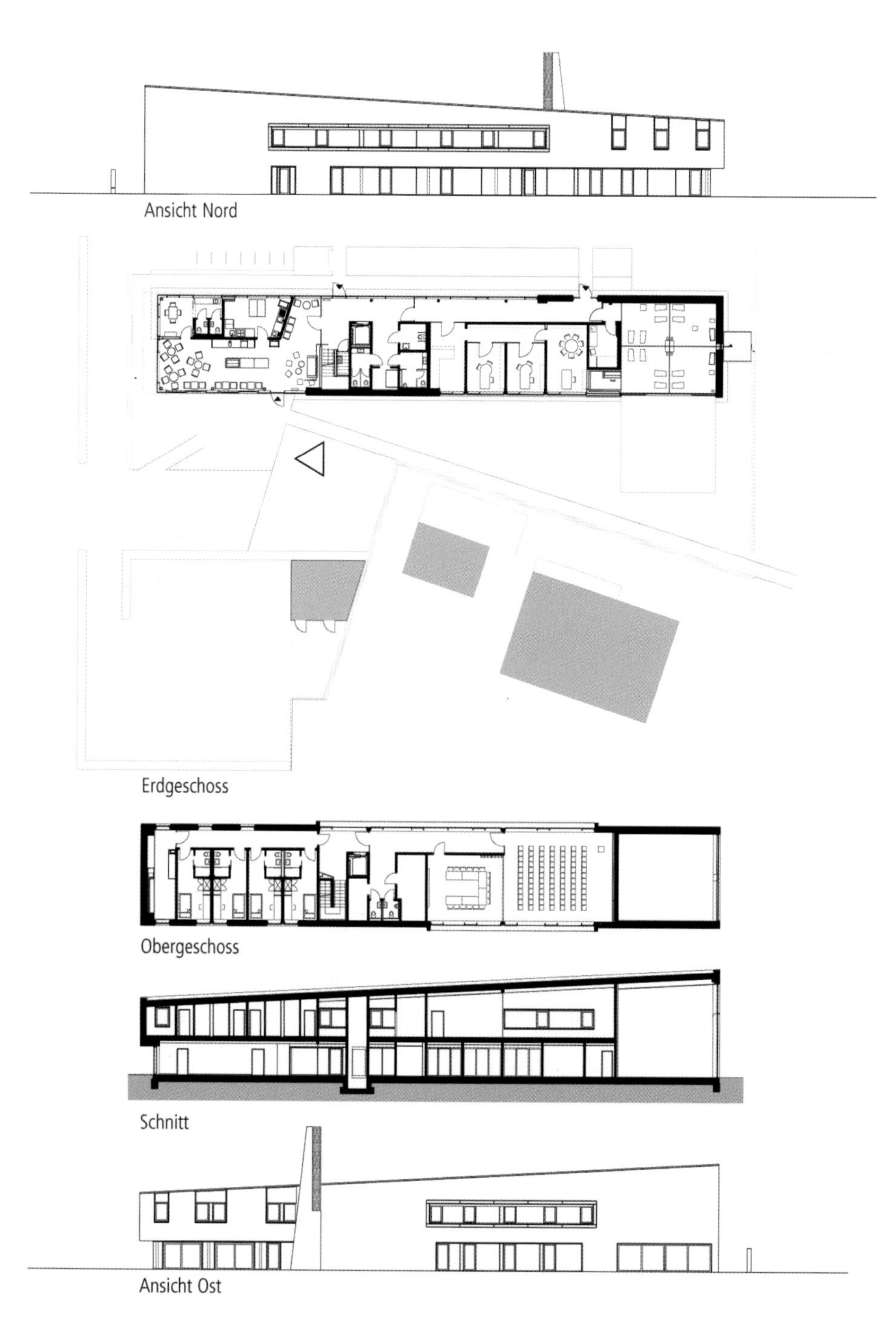
Ansicht Nord
Erdgeschoss
Obergeschoss
Schnitt
Ansicht Ost

Objektbeschreibung

Allgemeine Objektinformationen

Das Bischöflich Münstersche Offizialat hat einen Neubau der katholischen Hochschulgemeinde in der Nähe der Universität in Vechta errichtet. Der Neubau beherbergt einen Gottesdienstraum, ein kleines Café, eine Wohngemeinschaft für vier Personen, Seminar- und Büroräume für den katholischen Hochschulpfarrer und den evangelischen Studentenpastor. Ein separat stehender Glockenturm ergänzt den Kirchenbau an der Universität.

Nutzung

1 Erdgeschoss
Kapelle, Seelsorgebereich, Café, Küche, Personalraum, WCs, Behinderten-WC

1 Obergeschoss
Wohngemeinschaft mit Wohnräumen (4St), Bäder (4St), Gemeinschaftsküche, Seminarräume (2St), Technikraum, Lagerraum, WCs

Grundstück

Bauraum: Freier Bauraum
Neigung: Ebenes Gelände
Bodenklasse: BK 1 bis BK 3

Markt

Hauptvergabezeit: 2. Quartal 2012
Baubeginn: 3. Quartal 2012
Bauende: 4. Quartal 2013
Konjunkturelle Gesamtlage: über Durchschnitt
Regionaler Baumarkt: Durchschnitt

Baukonstruktion

Der Neubau gründet auf einer gegen das Erdreich gedämmten Stahlbetonplatte. Die Außenwände sind aus Klinkermauerwerk. Die Fassade wurde mit Mineralfaser gedämmt und sämtliche Alufenster mit Isolierverglasung sowie teilweise mit Raffstores ausgestattet. Die Akustikdecken sorgen für Schallabsorption. Das Pultdach wurde als Gründach mit 5% Neigung und außenliegender Entwässrung ausgebildet.

Technische Anlagen

Das Gebäude wird mittels Gas-Brennwerttherme über die Fußbodenheizung erwärmt. Die Solarkollektoren mit ca. 6,50m^2 dienen zur Wassererwärmung. Ein Personenaufzug sorgt für barrierefreien Zugang auf das Obergeschoss.

Sonstiges

Eine Außenraumgestaltung, die mit verschiedenen Mauerhöhen umgeht, schafft Aufenthaltsqualitäten außerhalb des Gebäudes. Zusätzlich verfügt das Gebäude über 12 Stellplätze im Außenbereich.

Planungskennwerte für Flächen und Rauminhalte nach DIN 277

Flächen des Grundstücks		Menge, Einheit	% an GF
BF	Bebaute Fläche	450,14 m²	22,3
UF	Unbebaute Fläche	1.570,86 m²	77,7
GF	Grundstücksfläche	2.021,00 m²	100,0

Grundflächen des Bauwerks		Menge, Einheit	% an NUF	% an BGF
NUF	Nutzungsfläche	491,60 m²	100,0	58,5
TF	Technikfläche	11,29 m²	2,3	1,3
VF	Verkehrsfläche	124,04 m²	25,2	14,8
NRF	Netto-Raumfläche	626,93 m²	127,5	74,6
KGF	Konstruktions-Grundfläche	213,42 m²	43,4	25,4
BGF	Brutto-Grundfläche	840,35 m²	170,9	100,0

NUF=100% BGF=170,9%

NUF TF VF KGF NRF=127,5%

Brutto-Rauminhalt des Bauwerks		Menge, Einheit	BRI/NUF (m)	BRI/BGF (m)
BRI	Brutto-Rauminhalt	3.294,99 m³	6,70	3,92

0 1 2 3 4 5 6 BRI/NUF=6,70m

0 1 2 3 BRI/BGF=3,92m

Lufttechnisch behandelte Flächen	Menge, Einheit	% an NUF	% an BGF
Entlüftete Fläche	–	–	–
Be- und Entlüftete Fläche	–	–	–
Teilklimatisierte Fläche	–	–	–
Klimatisierte Fläche	–	–	–

KG	Kostengruppen (2.Ebene)	Menge, Einheit	Menge/NUF	Menge/BGF
310	Baugrube	–	–	–
320	Gründung	–	–	–
330	Außenwände	–	–	–
340	Innenwände	–	–	–
350	Decken	–	–	–
360	Dächer	–	–	–

Kostenkennwerte für die Kostengruppen der 1.Ebene DIN 276

KG	Kostengruppen (1.Ebene)	Einheit	Kosten €	€/Einheit	€/m² BGF	€/m³ BRI	% 300+400
100	Grundstück	m² GF	–	–	–	–	–
200	Herrichten und Erschließen	m² GF	31.614	15,64	37,62	9,59	2,1
300	Bauwerk - Baukonstruktionen	m² BGF	1.187.113	1.412,64	1.412,64	360,28	77,8
400	Bauwerk - Technische Anlagen	m² BGF	338.875	403,25	403,25	102,85	22,2
	Bauwerk 300+400	**m² BGF**	**1.525.988**	**1.815,90**	**1.815,90**	**463,12**	**100,0**
500	Außenanlagen	m² AF	265.886	169,26	316,40	80,69	17,4
600	Ausstattung und Kunstwerke	m² BGF	202.242	240,66	240,66	61,38	13,3
700	Baunebenkosten	m² BGF	–	–	–	–	–

KG	Kostengruppe	Menge Einheit	Kosten €	€/Einheit	%
200	**Herrichten und Erschließen**	2.021,00 m² GF	31.614	**15,64**	100,0

Abbruch von zwei Wohnhäusern, Entsorgung, Deponiegebühren, Hausanschlüsse

KG	Kostengruppe	Menge Einheit	Kosten €	€/Einheit	%
3+4	**Bauwerk**				**100,0**
300	**Bauwerk - Baukonstruktionen**	840,35 m² BGF	1.187.113	**1.412,64**	77,8

Baugrubenaushub; Stb-Fundamente, Stb-Bodenplatte, teilw. WU-Beton, Heizestrich, Natursteinbelag, Parkett, Bodenfliesen, Abdichtung, Perimeterdämmung; Mauerwerkswände, Stb-Stützen, Alufenster, teilw. Sonnenschutzverglasung, Wärmedämmung, Ziegelfassade, Alu-Pfosten-Riegel-Fassade, Alu-Sonnenschutzlamellen; Innenmauerwerk, GK-Wände, Holztüren, Wandfliesen, Alu-Glastüren, WC-Trennwände, mobile Trennwand; Stb-Decke, Stb-Treppe, Heizestrich, Natursteinbelag, Parkett, Bodenfliesen, abgehängte GK-Decken, Akustikdecken, Treppengeländer; Stb-Pultdach, 5% Neigung, Dämmung, Abdichtung, Attika, extensive Dachbegrünung, außenliegende Dachentwässerung, Eingangsüberdachung; Schließanlage

KG	Kostengruppe	Menge Einheit	Kosten €	€/Einheit	%
400	**Bauwerk - Technische Anlagen**	840,35 m² BGF	338.875	**403,25**	22,2

Gebäudeentwässerung, Kalt- und Warmwasserleitungen, Sanitärobjekte; Gas-Brennwerttherme, Solarkollektoren (6,50m²), Fußbodenheizung; Einzelraumentlüfter; Elektroinstallation, Beleuchtung, Blitzschutzanlage; Telekommunikationsanlage, Fernseh- und Antennenanlagen, RWA-Anlage; Personenaufzug; Küchentechnische Anlage

KG	Kostengruppe	Menge Einheit	Kosten €	€/Einheit	%
500	**Außenanlagen**	1.570,86 m² AF	265.886	**169,26**	100,0

Bodenarbeiten; Betonpflaster für Wege, Stellplätze, Schotterflächen; Mauern, Beschriftung; Entwässerung, Außenbeleuchtung, Briefkastenanlage; Sitzbänke, Abfallraum, Glockenturm; Wasserteich; Oberbodenarbeiten, Hecken, Rasen

KG	Kostengruppe	Menge Einheit	Kosten €	€/Einheit	%
600	**Ausstattung und Kunstwerke**	840,35 m² BGF	202.242	**240,66**	100,0

Ausstattungen für Kapelle aus Kunstverglasungen, Tabernakel, für Café aus Stühlen, Tischen, Sofaecke, für Seminarräume aus Stühlen, Stuhltransportkarre, Tischen, Wagen, Möblierung für Verwaltung, Whiteboard, Verschattung, Tresor Sakristei

9100-0143
Aula

Objektübersicht

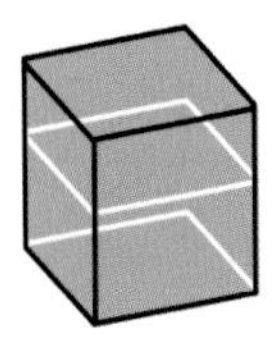

BRI 594 €/m³

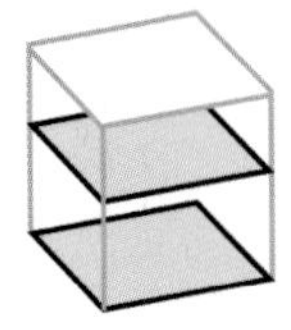

BGF 3.217 €/m²

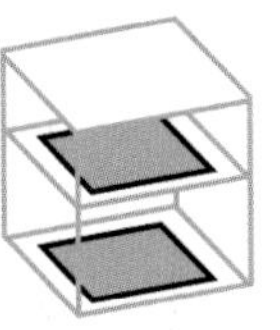

NUF 5.658 €/m²

Objekt:
Kennwerte: 1.Ebene DIN 276
BRI: 6.555 m³
BGF: 1.210 m²
NUF: 688 m²
Bauzeit: 65 Wochen
Bauende: 2015
Standard: über Durchschnitt
Kreis: Braunschweig - Stadt, Niedersachsen

Architekt:
Dohle + Lohse
Architekten GmbH
Karrenführerstraße 1-3
38100 Braunschweig

Bauherr:
Stadt Braunschweig
FB Gebäudemanagement
Ägidienmarkt 6
38100 Braunschweig

© Klemens Ortmeyer

© Klemens Ortmeyer

Ansicht Nord

Erdgeschoss

Obergeschoss

Schnitt

Ansicht Süd

Ansicht West

Objektbeschreibung

Allgemeine Objektinformationen

Bei der neuen Aula des Lessinggymnasiums in Braunschweig gruppieren sich alle Räume um den gemeinsamen Zuschauerraum. Die komplexe und skulpturale Gesamtform entstand durch baukörperlichen Versatz der klar voneinander differenzierten Raumbereiche. Schwarz und weiß, hell und dunkel, rau und glatt; die einzelnen Flächen in den Vertikalen und Horizontalen ziehen sich zu einer Einheit zusammen und die Grenze zwischen Wand-Boden-Decke wird durch Verwandtschaft von Oberfläche und Farbe formal aufgelöst.

Nutzung

1 Erdgeschoss
Aula, Foyer, Stuhllager, Requisite, Umkleiden, Garderobe, Regie, Sanitärräume

1 Obergeschoss
Technikzentrale

Nutzeinheiten

Sitzplätze: 340

Grundstück

Bauraum: Freier Bauraum
Neigung: Ebenes Gelände
Bodenklasse: BK 4

Markt

Hauptvergabezeit: 3. Quartal 2013
Baubeginn: 4. Quartal 2013
Bauende: 1. Quartal 2015
Konjunkturelle Gesamtlage: über Durchschnitt
Regionaler Baumarkt: Durchschnitt

Baukonstruktion

Der Neubau gründet auf einer Stahlbetonfundamentplatte, deren Bodenbelag aus geschliffenem Estrich besteht. Die hinterlüfteten Außenwände wurden mit Wärmedämmung und einer vorgehängten Fassade versehen. Die großen Fenster im Zuschauerraum wurden in unterschiedlichen Höhenstaffelungen und Proportionen mit breiter Metallrahmung inszeniert. Im Innenbereich sind Sichtbetonwände, in Teilen auch verputzte Gipskartonständerwände sichtbar. Das Stahlbetonflachdach wird im Bereich der Aula durch Brettschichtbinder unterstützt.

Technische Anlagen

Das Gebäude ist an die vorhandene Nahwärme angeschlossen und wird über eine Fußbodenheizung erwärmt. Eine eingebaute Lüftungs- und Klimaanlage in der Aula sorgt für einen ausgewogenen Luftaustausch. Auch das Foyer und die Toiletten verfügen über eine Lüftungsanlage. Eine Brandmeldeanlage wurde installiert.

Planungskennwerte für Flächen und Rauminhalte nach DIN 277

Flächen des Grundstücks		Menge, Einheit	% an GF
BF	Bebaute Fläche	1.071,85 m²	–
UF	Unbebaute Fläche	–	–
GF	Grundstücksfläche	–	–

Grundflächen des Bauwerks		Menge, Einheit	% an NUF	% an BGF
NUF	Nutzungsfläche	688,00 m²	100,0	56,9
TF	Technikfläche	218,00 m²	31,7	18,0
VF	Verkehrsfläche	155,00 m²	22,5	12,8
NRF	Netto-Raumfläche	1.061,00 m²	154,2	87,7
KGF	Konstruktions-Grundfläche	149,00 m²	21,7	12,3
BGF	Brutto-Grundfläche	1.210,00 m²	175,9	100,0

NUF=100% BGF=175,9% NRF=154,2%

NUF TF VF KGF

Brutto-Rauminhalt des Bauwerks		Menge, Einheit	BRI/NUF (m)	BRI/BGF (m)
BRI	Brutto-Rauminhalt	6.555,00 m³	9,53	5,42

BRI/NUF=9,53m

BRI/BGF=5,42m

Lufttechnisch behandelte Flächen	Menge, Einheit	% an NUF	% an BGF
Entlüftete Fläche	–	–	–
Be- und Entlüftete Fläche	–	–	–
Teilklimatisierte Fläche	–	–	–
Klimatisierte Fläche	–	–	–

KG	Kostengruppen (2.Ebene)	Menge, Einheit	Menge/NUF	Menge/BGF
310	Baugrube	–	–	–
320	Gründung	–	–	–
330	Außenwände	–	–	–
340	Innenwände	–	–	–
350	Decken	–	–	–
360	Dächer	–	–	–

Kostenkennwerte für die Kostengruppen der 1.Ebene DIN 276

KG	Kostengruppen (1.Ebene)	Einheit	Kosten €	€/Einheit	€/m² BGF	€/m³ BRI	% 300+400
100	Grundstück	m² GF	–	–	–	–	–
200	Herrichten und Erschließen	m² GF	–	–	–	–	–
300	Bauwerk - Baukonstruktionen	m² BGF	2.705.211	2.235,71	2.235,71	412,69	69,5
400	Bauwerk - Technische Anlagen	m² BGF	1.187.315	981,25	981,25	181,13	30,5
	Bauwerk 300+400	**m² BGF**	**3.892.526**	**3.216,96**	**3.216,96**	**593,83**	**100,0**
500	Außenanlagen	m² AF	–	–	–	–	–
600	Ausstattung und Kunstwerke	m² BGF	–	–	–	–	–
700	Baunebenkosten	m² BGF	–	–	–	–	–

KG	Kostengruppe	Menge Einheit	Kosten €	€/Einheit	%
3+4	**Bauwerk**				**100,0**
300	**Bauwerk - Baukonstruktionen**	1.210,00 m² BGF	2.705.211	**2.235,71**	69,5

Erdarbeiten; Stb-Fundamentplatte, Dämmung, geschliffener Estrich, Doppelboden (Bühne), Holztreppen; Stb-Außenwände, Sichtbeton, Metallfenster, vorgehängte hinterlüftete Bekleidung aus Faserzementtafeln; Stb-Innenwände, Sichtbeton, GK-Wände, Holztüren, Metalltüren; Stb-Decke, Treppe; Stb-Flachdächer, auf Brettschichtbindern (Aula), Lichtkuppeln RWA, Dämmung, Abdichtung, Kies

KG	Kostengruppe	Menge Einheit	Kosten €	€/Einheit	%
400	**Bauwerk - Technische Anlagen**	1.210,00 m² BGF	1.187.315	**981,25**	30,5

Gebäudeentwässerung, Kaltwasserleitungen, Sanitärobjekte; Anschluss an vorhandene Nahwärme, Fußbodenheizung; Lüftungs- und Klimaanlage (Aula), Lüftungsanlage (Foyer, WCs); Elektroinstallation, Beleuchtung, Lichtdecken (Foyer); Brandmeldeanlage

Objektübersicht

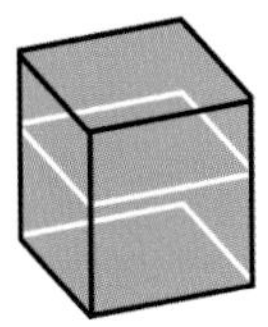

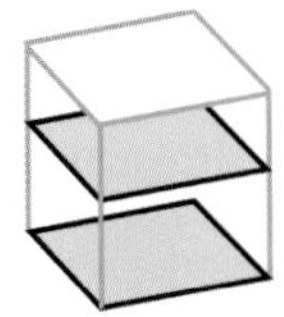

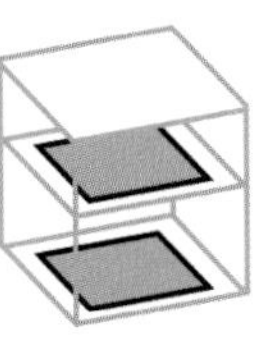

BGF 2.370 €/m²

NUF 2.807 €/m²

Objekt:
Kennwerte: 1.Ebene DIN 276
BRI: 324 m³
BGF: 90 m²
NUF: 76 m²
Bauzeit: 4 Wochen
Bauende: 2014
Standard: über Durchschnitt
Kreis: Waldeck-Frankenberg,
Hessen

Architekt:
kleyer.koblitz.letzel.freivogel
ges. v. architekten mbh
Oranienstraße 25
10999 Berlin

Bauherr:
Stadt Bad Wildungen
Am Markt 1
34537 Bad Wildungen

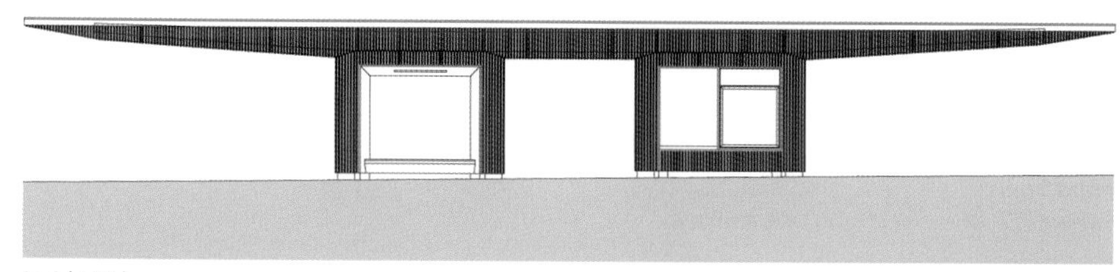

Ansicht Süd

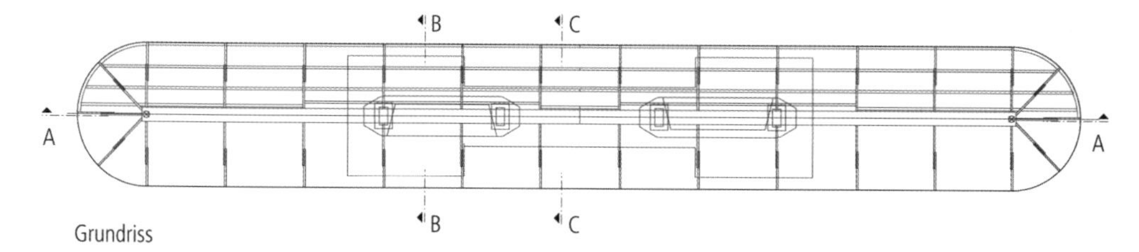

Grundriss

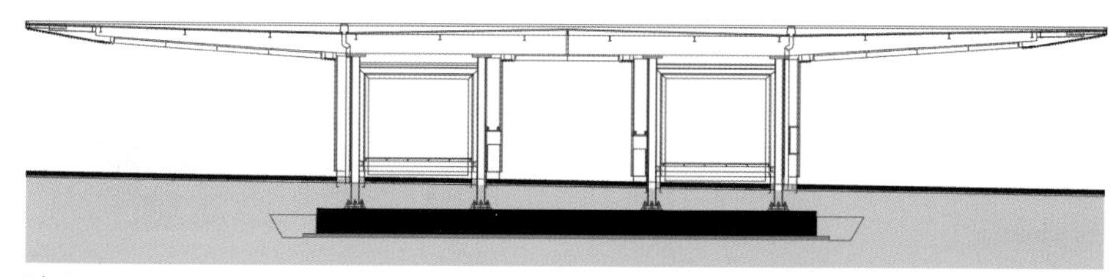

Schnitt A-A

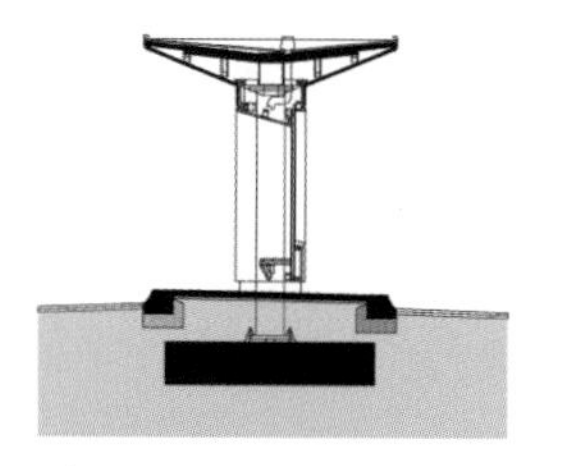

Schnitt B-B

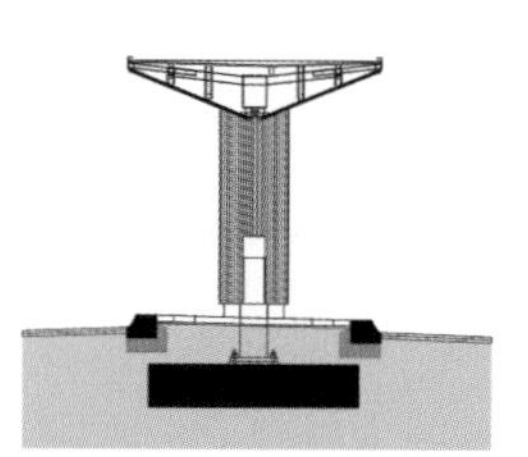

Schnitt C-C

Objektbeschreibung

Allgemeine Objektinformationen

Als Teil der landschaftlichen Umgestaltung des "Scharniers" Bad Wildungen wurde im Wettbewerb auch eine Rendez-vous-Haltestelle für vier gleichzeitig haltende Busse gefordert und mit diesem Entwurf realisiert. Die Bushaltestelle ist so angeordnet, dass Fahrgäste zwischen den verschiedenen Buslinien unter dem Dach trockenen Fußes, ohne die Straße zu queren, umsteigen können.

Nutzung

1 Erdgeschoss
Haltestellen (4St) für vier gleichzeitig haltende Busse

Nutzeinheiten

Fahrzeugstellplätze: 4

Grundstück

Bauraum: Freier Bauraum
Neigung: Ebenes Gelände
Bodenklasse: BK 1 bis BK 4

Markt

Hauptvergabezeit: 1. Quartal 2014
Baubeginn: 1. Quartal 2014
Bauende: 2. Quartal 2014
Konjunkturelle Gesamtlage: Durchschnitt
Regionaler Baumarkt: Durchschnitt

Baukonstruktion

Die Tragkonstruktion besteht aus einem Stahlbau, der mit Dreischichtplatten und Lamellen aus Lärchenholz bekleidet wurde. Darunter befindet sich eine Unterkonstruktion aus Holz. Das Fundament ist ein hoch bewehrtes Stahlbetonfundament. Die Haltestellenplattform ist von der Busspur abgehoben. Die Erhöhung im Straßenbelag wird durch einen, für Kontakt mit antreffenden Busreifen als besonders schonend geltenden, Randstein markiert. Der Personenzugang ist mithilfe einer Rampe barrierefrei ausgeführt. Die Bushaltestelle ist mit einem Flachdach mit 3% Gefälle ausgeführt.

Technische Anlagen

An technischen Anlagen beinhaltet das Bauwerk LED-Leuchten und die elektronischen Fahrtrichtungsanzeiger.

Planungskennwerte für Flächen und Rauminhalte nach DIN 277

Flächen des Grundstücks		Menge, Einheit	% an GF
BF	Bebaute Fläche	–	–
UF	Unbebaute Fläche	–	–
GF	Grundstücksfläche	–	–

Grundflächen des Bauwerks		Menge, Einheit	% an NUF	% an BGF
NUF	Nutzungsfläche	76,00 m²	100,0	84,4
TF	Technikfläche	–	–	–
VF	Verkehrsfläche	–	–	–
NRF	Netto-Raumfläche	76,00 m²	100,0	84,4
KGF	Konstruktions-Grundfläche	14,00 m²	18,4	15,6
BGF	Brutto-Grundfläche	90,00 m²	118,4	100,0

NUF=100% BGF=118,4%
NUF TF VF KGF
NRF=100,0%

Brutto-Rauminhalt des Bauwerks		Menge, Einheit	BRI/NUF (m)	BRI/BGF (m)
BRI	Brutto-Rauminhalt	324,00 m³	4,26	3,60

0 1 2 3 4 BRI/NUF=4,26m
BRI/BGF=3,60m 0 1 2 3

Lufttechnisch behandelte Flächen	Menge, Einheit	% an NUF	% an BGF
Entlüftete Fläche	–	–	–
Be- und Entlüftete Fläche	–	–	–
Teilklimatisierte Fläche	–	–	–
Klimatisierte Fläche	–	–	–

KG	Kostengruppen (2.Ebene)	Menge, Einheit	Menge/NUF	Menge/BGF
310	Baugrube	–	–	–
320	Gründung	–	–	–
330	Außenwände	–	–	–
340	Innenwände	–	–	–
350	Decken	–	–	–
360	Dächer	–	–	–

Kostenkennwerte für die Kostengruppen der 1.Ebene DIN 276

KG	Kostengruppen (1.Ebene)	Einheit	Kosten €	€/Einheit	€/m² BGF	€/m³ BRI	% 300+400
100	Grundstück	m² GF	–	–	–	–	–
200	Herrichten und Erschließen	m² GF	–	–	–	–	–
300	Bauwerk - Baukonstruktionen	m² BGF	172.578	1.917,53	1.917,53	532,65	80,9
400	Bauwerk - Technische Anlagen	m² BGF	40.736	452,62	452,62	125,73	19,1
	Bauwerk 300+400	**m² BGF**	**213.314**	**2.370,15**	**2.370,15**	**658,38**	**100,0**
500	Außenanlagen	m² AF	–	–	–	–	–
600	Ausstattung und Kunstwerke	m² BGF	–	–	–	–	–
700	Baunebenkosten	m² BGF	–	–	–	–	–

KG	Kostengruppe	Menge Einheit	Kosten €	€/Einheit	%
3+4	**Bauwerk**				**100,0**
300	**Bauwerk - Baukonstruktionen**	90,00 m² BGF	172.578	**1.917,53**	80,9

Stb-Fundament, hochbewehrt; Stahlkonstruktion, Holzbekleidung Dreischichtplatten, Holz-Lamellenbekleidung, Lärche unbehandelt, Alu-Blechbekleidung (Nischen); Schalung, Folienabdichtung, Dachentwässerung innenliegend

KG	Kostengruppe	Menge Einheit	Kosten €	€/Einheit	%
400	**Bauwerk - Technische Anlagen**	90,00 m² BGF	40.736	**452,62**	19,1

Elektroinstallation, LED-Beleuchtung, elektronische Anzeiger

9400-0001
Forschungs-
gewächshaus

Objektübersicht

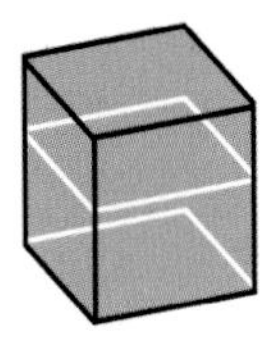
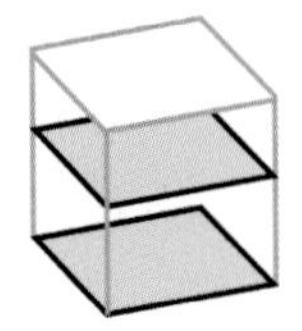
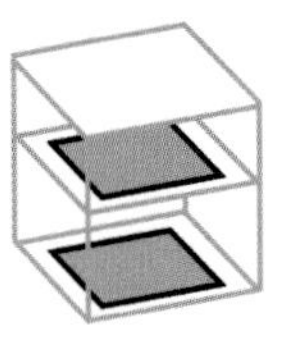

BGF 1.394 €/m²

NUF 2.407 €/m²

Objekt:
Kennwerte: 1.Ebene DIN 276
BRI: 12.338 m³
BGF: 3.831 m²
NUF: 2.219 m²
Bauzeit: 213 Wochen
Bauende: 2013
Standard: Durchschnitt
Kreis: Frankfurt am Main
- Stadt,
Hessen

Architekt:
Königs Architekten
Maybachstraße 155
50670 Köln

Bauherr:
Hessisches
Wissenschaftsministerium
vertreten durch:
hmb Rhein-Main

© Königs Architekten

© Königs Architekten

© Christian Richters

© Christian Richters

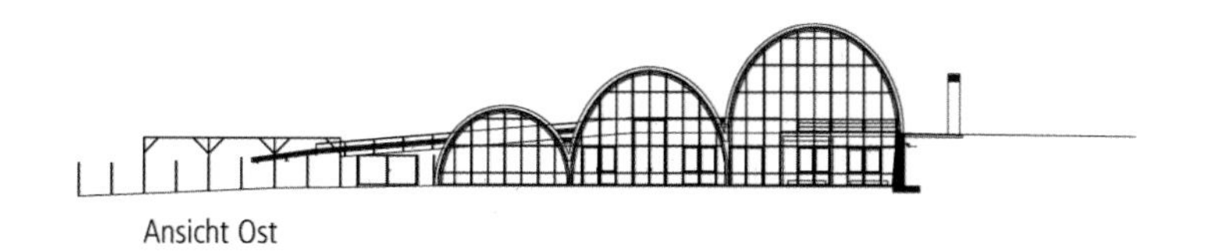

Ansicht Ost

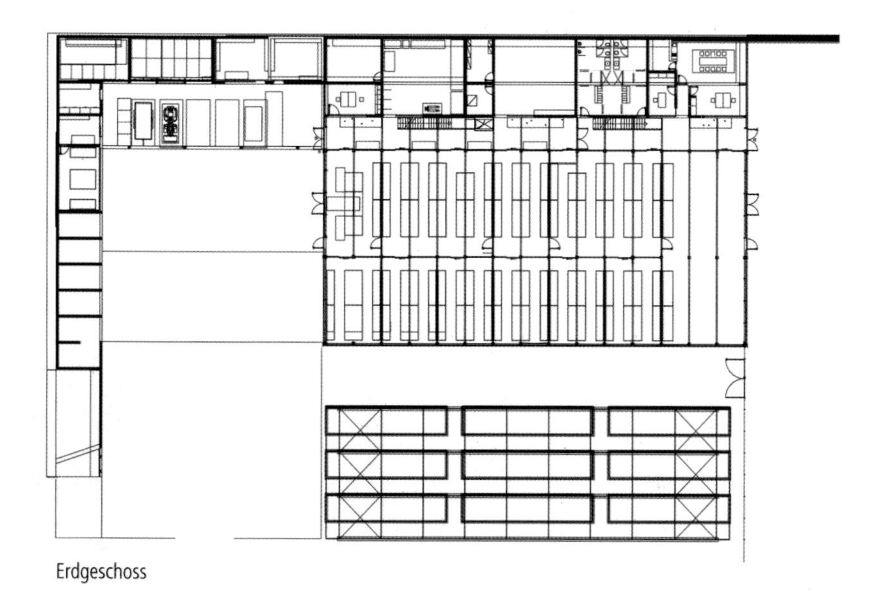

Erdgeschoss

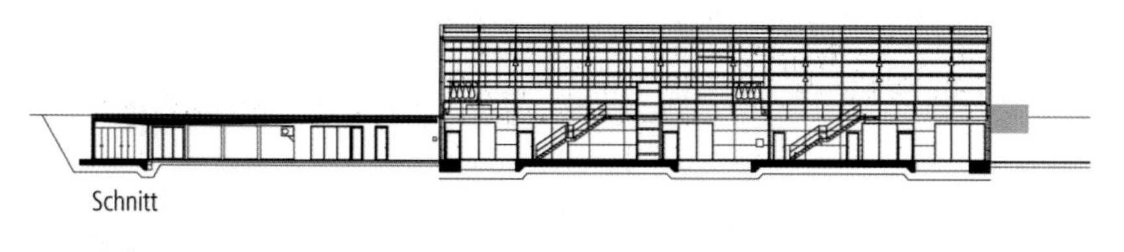

Schnitt

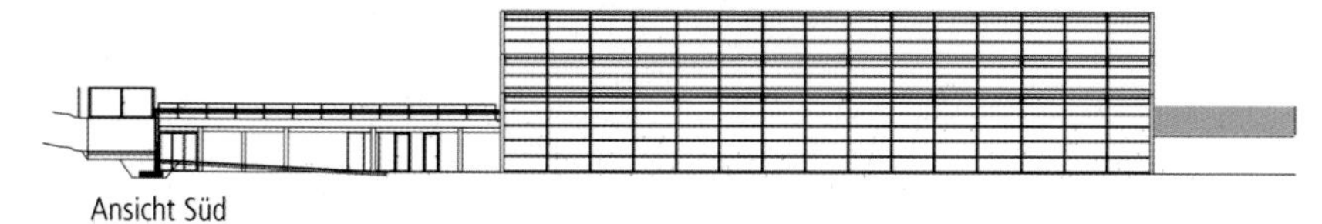

Ansicht Süd

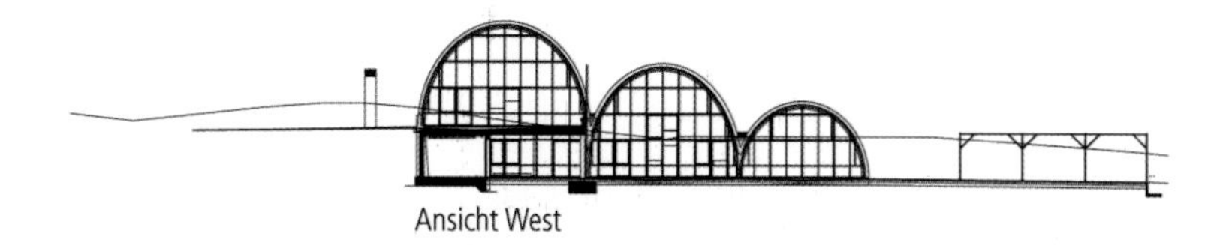

Ansicht West

Objektbeschreibung

Allgemeine Objektinformationen

Das Gewächshaus dient zur Anzucht, Pflege, Unterhaltung und Präsentation von Pflanzen, die für Forschung und Lehre den Biowissenschaften der Goethe Universität auf dem Campus Riedberg bereitgestellt werden. In getrennt nutzbaren Forschungsabteilen werden unterschiedliche Klimabedingungen bereitgestellt. Zusätzlich gibt es Bereiche für Sammlungen von Pflanzen warm und kalt, eine Überwinterungsabteilung, eine Präsentationsabteilung und eine Abteilung zur Abhärtung von Pflanzen. Arbeitsgänge stellen die Verbindung zwischen den Abteilungen her. In einer Sockelebene sind Büros, Sozial- und Sanitärräume, Lager- und Technikflächen angeordnet. Unterhalb des Betriebshofes ist eine Regenwasserzisterne mit 500m³ Speichervolumen vorgesehen. Südlich des Gewächshauses wird eine Schattenhalle errichtet. Sie dient zur flexiblen Verschattung der im Freibereich wachsenden Pflanzungen.

Nutzung

1 Erdgeschoss
Forschungskabinen verschiedene Klimabereiche, Überwinterung, Sanitärbereich, Bürotrakt, Lager- und Technikräume

1 Obergeschoss
Schaubereich, Abhärtungsbereich

Nutzeinheiten

Arbeitsplätze: 12

Grundstück

Bauraum: Freier Bauraum
Neigung: Geneigtes Gelände
Bodenklasse: BK 1 bis BK 5

Markt

Hauptvergabezeit: 3. Quartal 2011
Baubeginn: 3. Quartal 2009
Bauende: 3. Quartal 2013
Konjunkturelle Gesamtlage: Durchschnitt
Regionaler Baumarkt: über Durchschnitt

Baukonstruktion

Drei bogenförmige, gestaffelte Schiffe mit einer Länge von jeweils 45,00m bilden die Geometrie der Stahl-Glas-Konstruktion. Das südlichste Schiff ist mit einer Scheitelhöhe von 5,00m das Niedrigste. Das mittlere Schiff hat eine Scheitelhöhe von ca. 7,50m. Das nördliche Schiff mit 7,00m Scheitelhöhe steht auf einem 3,50m hohen Sockelgeschoss. Die primäre Tragkonstruktion besteht aus einer Stahlkonstruktion aus gebogenen Rechteckprofilen im Abstand von ca. 3,00m. Die Bogenbinder sind mit Koppelstäben verbunden und in der Mitte zur Aussteifung ausgekreuzt. Glasscheiben aus speziellem Weißglas sind als Isolierverglasung in der Größe 1,20x3,00m auf diese Bogenbinder aufgelegt.

Technische Anlagen

Alle Kabinen verfügen über einen computergesteuerten Energiescreen und eine integrierte Verschattungsanlage, eine Befeuchtungsanlage, getrennte Gieß- und Trinkwasserkreisläufe, Rohrrippenkonvektoren sowie eine programmierbare Anzuchtbeleuchtung. Die Steuerung ist sowohl zentral als auch kabinenweise möglich. Die natürliche Be- und Entlüftung erfolgt über motorisch betriebene Lüftungsklappen im Dachbereich mit automatischer Steuerung.

Sonstiges

Die Zufahrt zur Anlage erfolgt über eine Rampe östlich des Gewächshauses. Sie führt zur internen Erschließung des Campusgeländes. Das Obergeschoss wird direkt über die nördlich verlaufende Terrasse erschlossen. Die Anlieferung des Erdgeschosses sowie des Obergeschosses erfolgt über den Betriebshof. Der fußläufige Zugang für Professoren und Studierende erfolgt ebenfalls über die Ostseite.

Planungskennwerte für Flächen und Rauminhalte nach DIN 277

Flächen des Grundstücks		Menge, Einheit	% an GF
BF	Bebaute Fläche	–	–
UF	Unbebaute Fläche	–	–
GF	Grundstücksfläche	–	–

Grundflächen des Bauwerks		Menge, Einheit	% an NUF	% an BGF
NUF	Nutzungsfläche	2.219,00 m²	100,0	57,9
TF	Technikfläche	98,00 m²	4,4	2,6
VF	Verkehrsfläche	1.350,00 m²	60,8	35,2
NRF	Netto-Raumfläche	3.667,00 m²	165,3	95,7
KGF	Konstruktions-Grundfläche	164,00 m²	7,4	4,3
BGF	Brutto-Grundfläche	3.831,00 m²	172,6	100,0

NUF=100% BGF=172,6% NRF=165,3%

NUF TF VF KGF

Brutto-Rauminhalt des Bauwerks		Menge, Einheit	BRI/NUF (m)	BRI/BGF (m)
BRI	Brutto-Rauminhalt	12.338,00 m³	5,56	3,22

0 1 2 3 4 5 BRI/NUF=5,56m

0 1 2 3 BRI/BGF=3,22m

Lufttechnisch behandelte Flächen	Menge, Einheit	% an NUF	% an BGF
Entlüftete Fläche	–	–	–
Be- und Entlüftete Fläche	–	–	–
Teilklimatisierte Fläche	–	–	–
Klimatisierte Fläche	–	–	–

KG	Kostengruppen (2.Ebene)	Menge, Einheit	Menge/NUF	Menge/BGF
310	Baugrube	–	–	–
320	Gründung	–	–	–
330	Außenwände	–	–	–
340	Innenwände	–	–	–
350	Decken	–	–	–
360	Dächer	–	–	–

Kostenkennwerte für die Kostengruppen der 1.Ebene DIN 276

KG	Kostengruppen (1.Ebene)	Einheit	Kosten €	€/Einheit	€/m² BGF	€/m³ BRI	% 300+400
100	Grundstück	m² GF	–	–	–	–	–
200	Herrichten und Erschließen	m² GF	–	–	–	–	–
300	Bauwerk - Baukonstruktionen	m² BGF	4.001.693	1.044,56	1.044,56	324,34	74,9
400	Bauwerk - Technische Anlagen	m² BGF	1.338.956	349,51	349,51	108,52	25,1
	Bauwerk 300+400	**m² BGF**	**5.340.650**	**1.394,06**	**1.394,06**	**432,86**	**100,0**
500	Außenanlagen	m² AF	–	–	–	–	–
600	Ausstattung und Kunstwerke	m² BGF	6.132	1,60	1,60	0,50	0,1
700	Baunebenkosten	m² BGF	–	–	–	–	–

KG	Kostengruppe	Menge Einheit	Kosten €	€/Einheit	%
3+4	**Bauwerk**				**100,0**
300	**Bauwerk - Baukonstruktionen**	3.831,00 m² BGF	4.001.693	**1.044,56**	74,9

Bodenarbeiten; Stb-Bodenplatten, Epoxidharzbeschichtung; Stb-Wände (Sockelgeschoss), Stahlkonstruktion aus gebogenen Rechteckprofilen, Achsabstand ca. 3,00m, Koppelstäbe, Aussteifungen, Isolierverglasung Weißglas; Trockenbauwände (Sanitärräume), Stahltüren; Pflanztische, Einbauküche

KG	Kostengruppe	Menge Einheit	Kosten €	€/Einheit	%
400	**Bauwerk - Technische Anlagen**	3.831,00 m² BGF	1.338.956	**349,51**	25,1

Gebäudeentwässerung, Abwasserbehandlungsanlage, getrennte Gieß- und Trinkwasserkreisläufe, Sanitärobjekte; Heizungsanlagen, Rohrrippenkonvektoren; Lüftung (Sanitärräume); Elektroinstallation, Beleuchtung; Materialaufzug; Pflanzkabinen mit computergesteuertem Energiescreen, integrierte Verschattungsanlage, Befeuchtungsanlage, programmierbare Anzuchtbeleuchtung

KG	Kostengruppe	Menge Einheit	Kosten €	€/Einheit	%
600	**Ausstattung und Kunstwerke**	3.831,00 m² BGF	6.132	**1,60**	100,0

Tür-Beschriftung, Gefahrstoffschrank

Objektübersicht

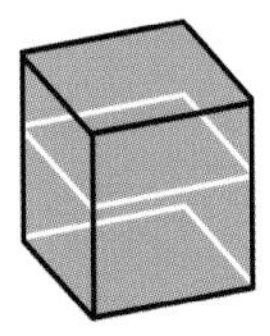

BRI 654 €/m³

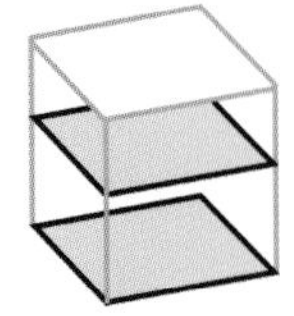

BGF 2.416 €/m²

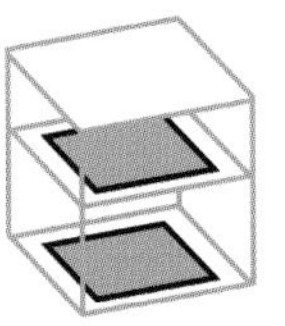

NUF 3.057 €/m²

Objekt:
Kennwerte: 1.Ebene DIN 276
BRI: 1.557 m³
BGF: 421 m²
NUF: 333 m²
Bauzeit: 60 Wochen
Bauende: 2014
Standard: über Durchschnitt
Kreis: Dillingen a.d. Donau, Bayern

Architekt:
DBW Architekten
Hauptstraße 29a
89437 Haunsheim

Bauherr:
Kommunalunternehmen der Stadt Lauinen (AdöR)
Herzog-Georg-Straße 17
89415 Lauingen

© Waldemar Merger

© Waldemar Merger

© Waldemar Merger

© Waldemar Merger

© Waldemar Merger

© Waldemar Merger

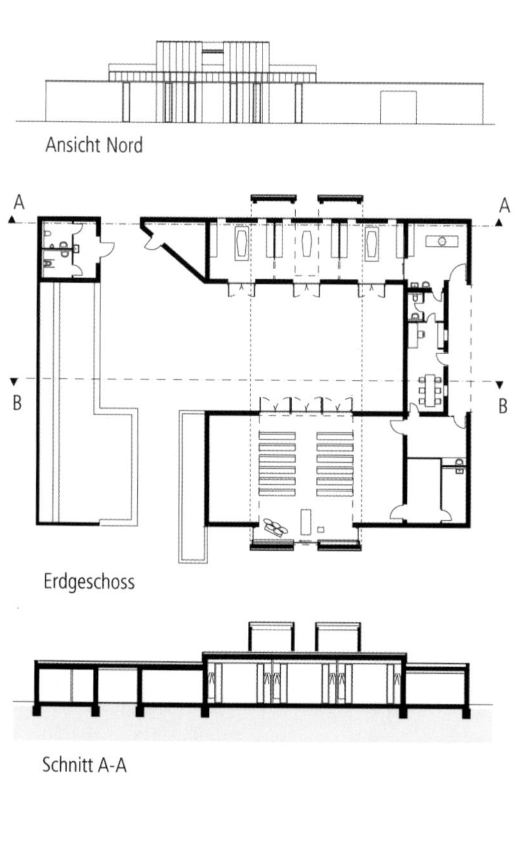

Ansicht Nord

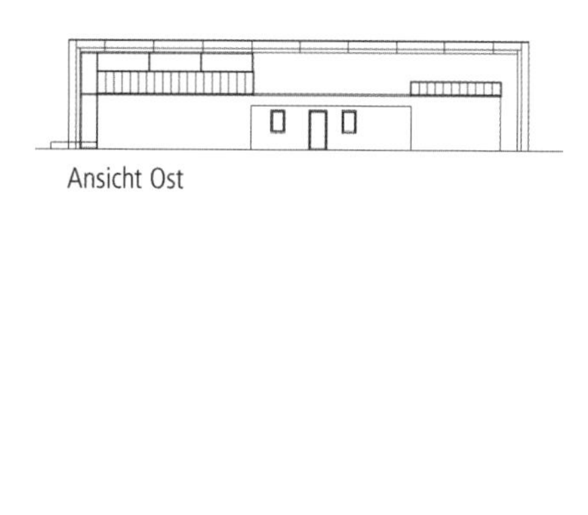

Ansicht Ost

Erdgeschoss

Schnitt A-A

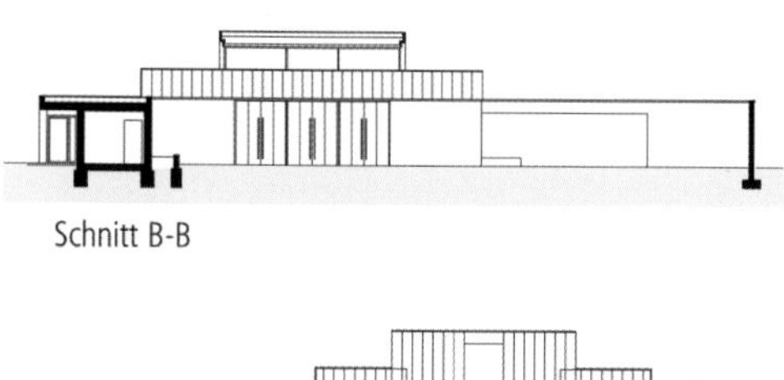

Schnitt B-B

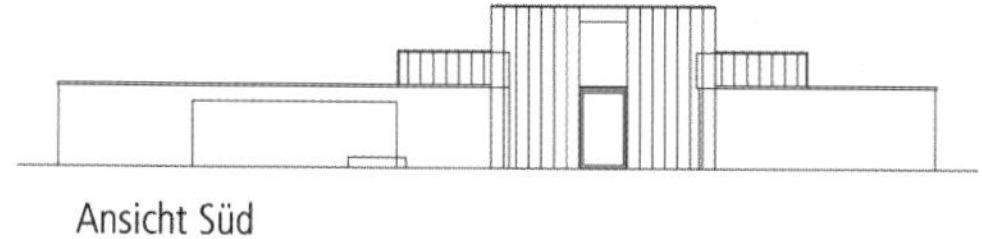

Ansicht Süd

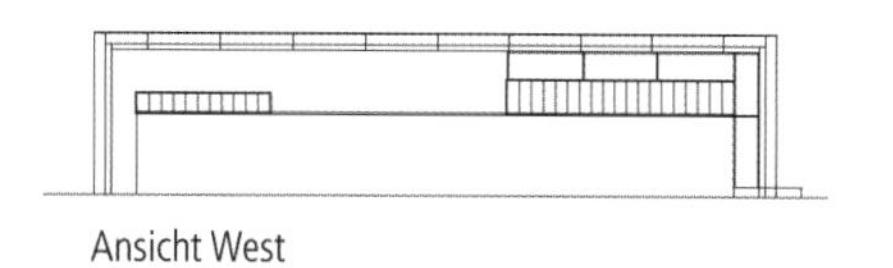

Ansicht West

Objektbeschreibung

Allgemeine Objektinformationen

Das Entwurfsziel der Aussegnungshalle war die Schaffung eines Gebäudes mit hoher Aufenthaltsqualität. Es soll nicht nur ein Ort der Trauer und des Abschiednehmens sein, sondern auch ein Ort der Einkehr und Stille. Der Gebäudekomplex bildet mit seinen Baukörpern und den Umfassungswänden zwei Höfe. Im Westen den großen "Hof der Stille", über den die Gebäudeanlage durchschritten wird. Gleichzeitig werden von diesem auch die Aussegnungshalle und die Aufbahrungsräume erschlossen. Die Aussegnungshalle und der Aufbahrungsbereich sind durch einen Bügel in Form einer Brücke verbunden, der auch einen Teil des Innenhofs überdacht. Die Brücke symbolisiert den Weg in eine andere Welt, in ein neues Leben. Auf der Ostseite ist ein "Betriebshof" angeordnet. Dieser dient als Zugang für alle Mitarbeiter, den Bestatter und den Geistlichen bzw. den Redner.

Nutzung

1 Erdgeschoss
Aussegnungs- und Zeremonieraum, Aufbahrungsräume (3St), Nebenräume, öffentliche WCs, Innenhof

Grundstück

Bauraum: Freier Bauraum
Neigung: Ebenes Gelände
Bodenklasse: BK 3

Markt

Hauptvergabezeit: 2. Quartal 2013
Baubeginn: 2. Quartal 2013
Bauende: 3. Quartal 2014
Konjunkturelle Gesamtlage: über Durchschnitt
Regionaler Baumarkt: unter Durchschnitt

Baukonstruktion

Die Wände der Aussegnungshalle sind mit hellen Holzpaneelen bekleidet. Vertikale Lichtschlitze bringen gezielt Licht in die Halle. Die Halle ist flexibel in ihrer Größe. Für mittelgroße Trauerfeiern können die beiden akustisch wirksamen, elektrisch gesteuerten Vorhänge zur Seite gezogen und die Fläche des Aussegnungsraums somit verdoppelt werden. Bei sehr großen Trauerfeiern werden die beiden Seiten des Eingangsportals, nebst Türanlage geöffnet, und die als Dach fungierende "Brücke" bietet Schutz für die Trauergäste. Die umlaufende Außenwand ist mit einem "Kammputz" versehen und erhält durch unregelmäßige Strukturen eine horizontale Gliederung. Die Brücke und die Erhöhungen des Aufbahrungs- und Aussegnungsbereichs erhalten eine Metallbekleidung aus oberflächenbehandeltem Titanzink. Die Unterseite der Brücke wird im Innenraum mit Holzpaneelen bekleidet, im Außenbereich verputzt. Die Paneele verbinden den Aufbahrungs- und den Aussegnungsbereich optisch, die Belichtung erfolgt über Glasflächen.

Technische Anlagen

Das Gebäude wird nur wenige Stunden im Jahr beheizt. Mit möglichst geringem Aufwand soll das Gebäude frostfrei gehalten werden. Die Beheizung aller Räume erfolgt durch Infrarotstrahler. Im Aussegnungsraum befinden sich die Strahler unter den Sitzbänken. In den anderen Räumen sind diese an den Wänden angebracht.

Sonstiges

Die Außenflächen wurden großteils mit Kies bzw. mit Schotterwegen gestaltet. Der Innenhof ist mit einem großflächigen Pflaster belegt.

Planungskennwerte für Flächen und Rauminhalte nach DIN 277

Flächen des Grundstücks		Menge, Einheit	% an GF
BF	Bebaute Fläche	569,66 m²	1,6
UF	Unbebaute Fläche	34.849,34 m²	98,4
GF	Grundstücksfläche	35.419,00 m²	100,0

Grundflächen des Bauwerks		Menge, Einheit	% an NUF	% an BGF
NUF	Nutzungsfläche	333,09 m²	100,0	79,0
TF	Technikfläche	–	–	–
VF	Verkehrsfläche	11,39 m²	3,4	2,7
NRF	Netto-Raumfläche	344,48 m²	103,4	81,7
KGF	Konstruktions-Grundfläche	77,00 m²	23,1	18,3
BGF	Brutto-Grundfläche	421,48 m²	126,5	100,0

NUF=100% | BGF=126,5% | NRF=103,4%

NUF TF VF KGF

Brutto-Rauminhalt des Bauwerks		Menge, Einheit	BRI/NUF (m)	BRI/BGF (m)
BRI	Brutto-Rauminhalt	1.556,69 m³	4,67	3,69

0 1 2 3 4 BRI/NUF=4,67m

BRI/BGF=3,69m 0 1 2 3

Lufttechnisch behandelte Flächen	Menge, Einheit	% an NUF	% an BGF
Entlüftete Fläche	–	–	–
Be- und Entlüftete Fläche	–	–	–
Teilklimatisierte Fläche	–	–	–
Klimatisierte Fläche	–	–	–

KG	Kostengruppen (2.Ebene)	Menge, Einheit	Menge/NUF	Menge/BGF
310	Baugrube	–	–	–
320	Gründung	–	–	–
330	Außenwände	–	–	–
340	Innenwände	–	–	–
350	Decken	–	–	–
360	Dächer	–	–	–

Kostenkennwerte für die Kostengruppen der 1.Ebene DIN 276

KG	Kostengruppen (1.Ebene)	Einheit	Kosten €	€/Einheit	€/m² BGF	€/m³ BRI	% 300+400
100	Grundstück	m² GF	–	–	–	–	–
200	Herrichten und Erschließen	m² GF	–	–	–	–	–
300	Bauwerk - Baukonstruktionen	m² BGF	916.878	2.175,38	2.175,38	588,99	90,0
400	Bauwerk - Technische Anlagen	m² BGF	101.493	240,80	240,80	65,20	10,0
	Bauwerk 300+400	**m² BGF**	**1.018.371**	**2.416,18**	**2.416,18**	**654,19**	**100,0**
500	Außenanlagen	m² AF	53.235	152,46	126,31	34,20	5,2
600	Ausstattung und Kunstwerke	m² BGF	61.231	145,28	145,28	39,33	6,0
700	Baunebenkosten	m² BGF	–	–	–	–	–

KG	Kostengruppe	Menge Einheit	Kosten €	€/Einheit	%
3+4	**Bauwerk**				**100,0**
300	**Bauwerk - Baukonstruktionen**	421,48 m² BGF	916.878	**2.175,38**	90,0

Baugrubenaushub; Stb-Streifenfundamente, Stb-Bodenplatten, Abdichtung, Dämmung, Zementestrich, Natursteinbelag (Haupträume), mineralische Beschichtung, Bodenfliesen (Nebenräume); Wärmedämmziegel, Stb-Wände (Brücke), Alufenster, Holztüren mit außenseitiger Blechbekleidung, Kammputz, Titanzinkbekleidung, Putz; Mauerwerk, Holztüren, Putz; Stb-Flachdächer, Stb-Rippendach (Brücke), Flachdachabdichtung, Innendämmung, Putz, Eichenpaneele

KG	Kostengruppe	Menge Einheit	Kosten €	€/Einheit	%
400	**Bauwerk - Technische Anlagen**	421,48 m² BGF	101.493	**240,80**	10,0

Gebäudeentwässerung, Kaltwasseranschluss, Kaltwasserleitungen, Sanitärobjekte, dezentrale Durchlauferhitzer; Infrarotstrahler unter Sitzbänken und an Wänden; Elektroinstallation, Halogen-Pendelleuchten (Aussegnungshalle), LED-Einbauleuchten

KG	Kostengruppe	Menge Einheit	Kosten €	€/Einheit	%
500	**Außenanlagen**	349,18 m² AF	53.235	**152,46**	100,0

Pflaster, Kiesfläche, Schotterwege; Bepflanzung

KG	Kostengruppe	Menge Einheit	Kosten €	€/Einheit	%
600	**Ausstattung und Kunstwerke**	421,48 m² BGF	61.231	**145,28**	100,0

Sitzbänke, Schränke, Rednerpult, Eiche geölt

Objektübersicht

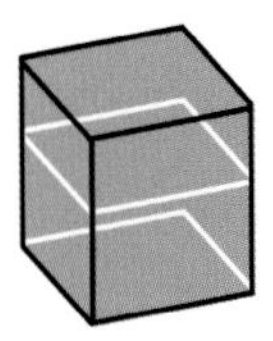

BRI 301 €/m³

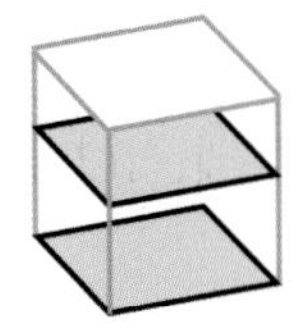

BGF 1.035 €/m²

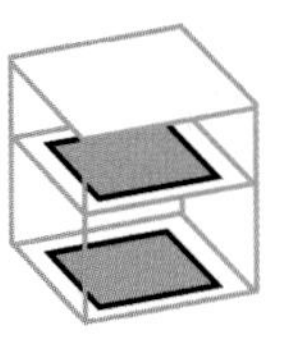

NUF 1.279 €/m²

Objekt:
Kennwerte: 1.Ebene DIN 276
BRI: 750 m³
BGF: 218 m²
NUF: 176 m²
Bauzeit: 30 Wochen
Bauende: 2014
Standard: unter Durchschnitt
Kreis: Erding,
Bayern

Architekt:
oberprillerarchitekten
Am Schöllgraben 18
84187 Hörmannsdorf

Bauherr:
Kath. Kirchenstiftung
85447 Fraunberg

© Florian Suttor

© Florian Suttor

© Florian Suttor

© Florian Suttor

© Florian Suttor

© Florian Suttor

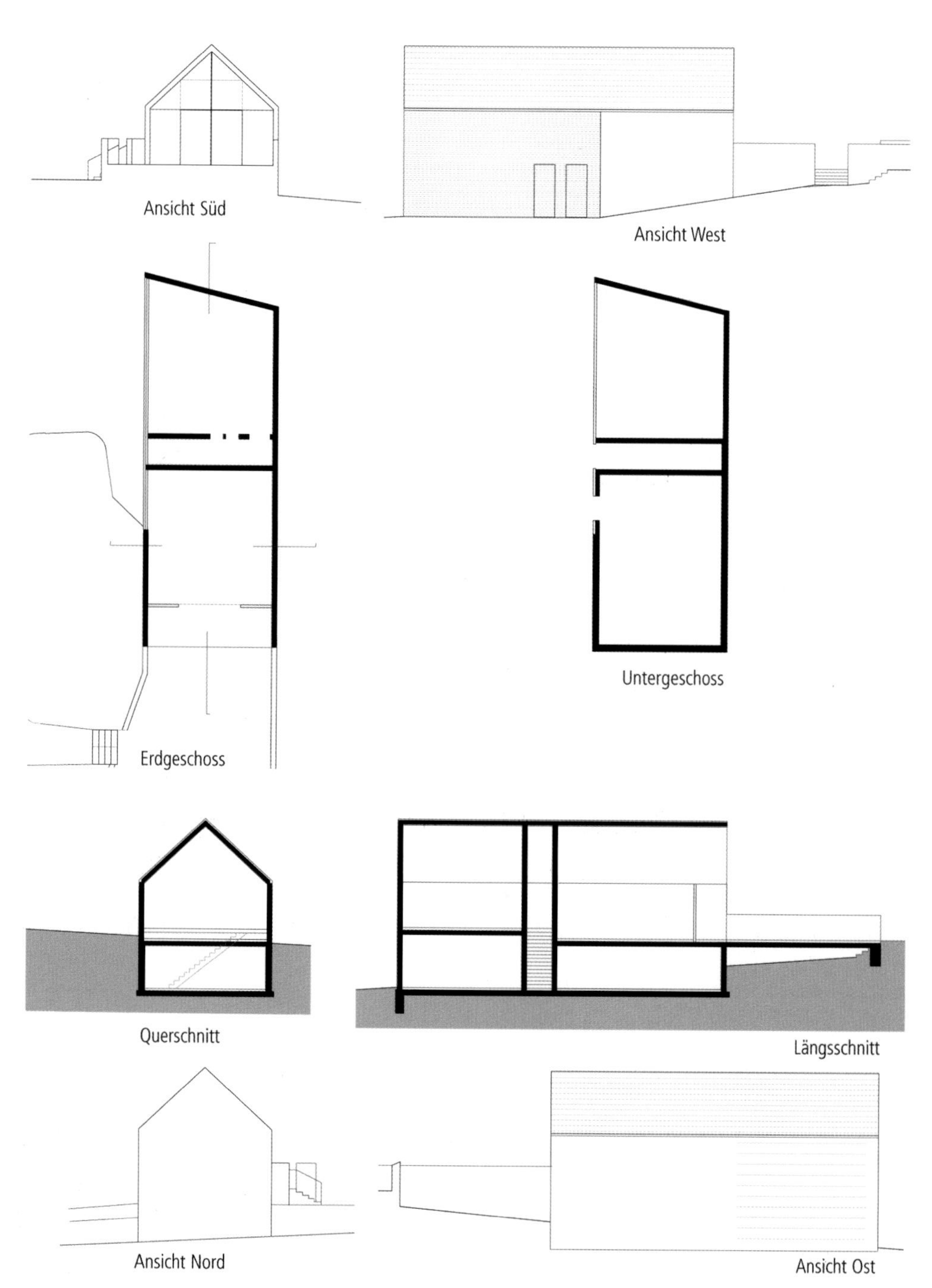
Ansicht Süd
Ansicht West
Erdgeschoss
Untergeschoss
Querschnitt
Längsschnitt
Ansicht Nord
Ansicht Ost

Objektbeschreibung

Allgemeine Objektinformationen

Im Zuge der Neugestaltung des Dorfplatzes in Reichenkirchen wurde die Verlagerung des Leichenhauses vorgenommen. Der zweigeschossige Neubau beherbergt zusätzliche Nutzungen, wie einen Nebenraum, einen Lagerraum für Vereine sowie die Garage des Pfarrers. Der Aufbahrungsraum ist vom Niveau der Kirche und dem Friedhof zugänglich. Die Nebenräume samt der Garage werden von Norden über die untere Geschossebene unter Ausnutzung der Topographie erschlossen. Durch die Bekleidung des Nebenbauteils mit Lärchenholzschalung gelang es, die Öffnungen nahezu unsichtbar in die Fläche zu integrieren, so treten die untergeordneten Funktionen nicht in Konkurrenz mit dem Leichenhaus. Der Zugang zum Aufbahrungsraum wurde an der südlichen Giebelseite mit einer rahmenlosen Verglasung sowie einer bündig in die Verglasung eingelassene zweiflüglige Metalltüre gestaltet.

Nutzung

1 Untergeschoss
Doppelgarage, Lager

1 Erdgeschoss
Leichenhaus, Lager

Grundstück

Bauraum: Beengter Bauraum
Neigung: Geneigtes Gelände
Bodenklasse: BK 1 bis BK 3

Markt

Hauptvergabezeit: 2. Quartal 2014
Baubeginn: 2. Quartal 2014
Bauende: 4. Quartal 2014
Konjunkturelle Gesamtlage: über Durchschnitt
Regionaler Baumarkt: unter Durchschnitt

Baukonstruktion

Mit Augenmerk auf die umgebende Bebauung wurden Materialien wie weiß verputztes Mauerwerk, partielle Holzkonstruktionen, rotes, steiles Ziegeldach und Kupferblech eingesetzt. Das raumbildende, steile Satteldach und der schlanke Baukörper nehmen traditionelle Formen auf. Im Inneren sind die Wandflächen weiß verputzt. Im Kontrast zum schlichten Innenraum steht die Eingangsfassade des Aufbahrungsraums, die als Hightech-Fassade aus rahmenloser Verglasung und künstlerisch gestalteter Eingangstür ausgeführt wurde. In die Metalloberfläche der Tür wurde mittels rechnergestützter numerischer Steuerungstechnik präzise Kalligraphie eingefräst. Die "Kreuz-Form" wurde im Erscheinungsbild der Eingangsfassade und an der rückwärtigen Innenwand in Form eines Lichtkreuzes aufgegriffen und modern übersetzt. Der Bezug zum Außenraum wurde durch die durchgehende Pflasterung vom Innenraum zum Vorplatz verstärkt.

Sonstiges

Durch sorgfältige Detailplanung wurde ein Baukörper geschaffen, der sich in seinem Gesamterscheinungsbild unaufdringlich in die Umgebung einfügt und barrierefrei erschlossen wird. Der Vorplatz ist in dieser Dokumentation in den Kosten enthalten, bei den Planungskennwerten NUF, BGF und BRI wird nur der überdachte Teil des Vorplatzes berücksichtigt.

Planungskennwerte für Flächen und Rauminhalte nach DIN 277

Flächen des Grundstücks		Menge, Einheit	% an GF
BF	Bebaute Fläche	150,26 m²	–
UF	Unbebaute Fläche	–	–
GF	Grundstücksfläche	–	–

Grundflächen des Bauwerks		Menge, Einheit	% an NUF	% an BGF
NUF	Nutzungsfläche	176,29 m²	100,0	80,9
TF	Technikfläche	–	–	–
VF	Verkehrsfläche	7,56 m²	4,3	3,5
NRF	Netto-Raumfläche	183,85 m²	104,3	84,4
KGF	Konstruktions-Grundfläche	34,02 m²	19,3	15,6
BGF	Brutto-Grundfläche	217,87 m²	123,6	100,0

NUF=100% BGF=123,6%
NUF TF VF KGF NRF=104,3%

Brutto-Rauminhalt des Bauwerks		Menge, Einheit	BRI/NUF (m)	BRI/BGF (m)
BRI	Brutto-Rauminhalt	750,02 m³	4,25	3,44

0 1 2 3 4 BRI/NUF=4,25m
0 1 2 3 BRI/BGF=3,44m

Lufttechnisch behandelte Flächen	Menge, Einheit	% an NUF	% an BGF
Entlüftete Fläche	–	–	–
Be- und Entlüftete Fläche	–	–	–
Teilklimatisierte Fläche	–	–	–
Klimatisierte Fläche	–	–	–

KG	Kostengruppen (2.Ebene)	Menge, Einheit	Menge/NUF	Menge/BGF
310	Baugrube	–	–	–
320	Gründung	–	–	–
330	Außenwände	–	–	–
340	Innenwände	–	–	–
350	Decken	–	–	–
360	Dächer	–	–	–

Kostenkennwerte für die Kostengruppen der 1.Ebene DIN 276

KG	Kostengruppen (1.Ebene)	Einheit	Kosten €	€/Einheit	€/m² BGF	€/m³ BRI	% 300+400
100	Grundstück	m² GF	–	–	–	–	–
200	Herrichten und Erschließen	m² GF	–	–	–	–	–
300	Bauwerk - Baukonstruktionen	m² BGF	210.001	963,88	963,88	279,99	93,1
400	Bauwerk - Technische Anlagen	m² BGF	15.494	71,11	71,11	20,66	6,9
	Bauwerk 300+400	**m² BGF**	**225.495**	**1.035,00**	**1.035,00**	**300,65**	**100,0**
500	Außenanlagen	m² AF	–	–	–	–	–
600	Ausstattung und Kunstwerke	m² BGF	–	–	–	–	–
700	Baunebenkosten	m² BGF	–	–	–	–	–

KG	Kostengruppe	Menge Einheit	Kosten €	€/Einheit	%
3+4	**Bauwerk**				**100,0**
300	**Bauwerk - Baukonstruktionen**	217,87 m² BGF	210.001	**963,88**	93,1

Stb-Stützenfundament, Stb-Bodenplatte, Estrich, Betonplatten, Fliesen; Stb-Wände, Ziegelmauerwerk, Holzständerwände, Holz-Eingangstüren, Garagentor, Putz, Anstrich, Holzbekleidung, Pfosten-Riegel-Fassade, Metalltüren; Stb-Wände, Holztüren, Putz, Anstrich; Stb-Decke, Stb-Treppe, Estrich, Fliesen, Betonplatten, Fliesen; Holzdachkonstruktion, Dämmung, Dachziegel, Dachentwässerung, abgehängte GK-Decke, Stb-Flachdach, Abdichtung, Kies, Spittbett, Betonplasterstein, innenliegende Entwässerung

KG	Kostengruppe	Menge Einheit	Kosten €	€/Einheit	%
400	**Bauwerk - Technische Anlagen**	217,87 m² BGF	15.494	**71,11**	6,9

Gebäudeentwässerung; Elektroinstallation, Präsenzmelder, Bewegungsmelder, Beleuchtung

9700-0026
Krematorium

Objektübersicht

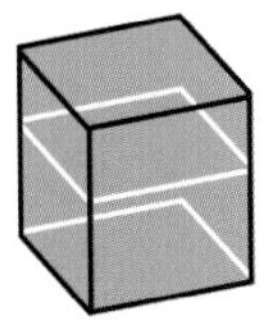

BRI 807 €/m³

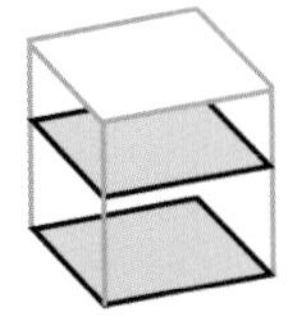

BGF 3.266 €/m²

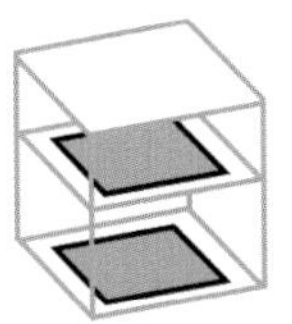

NUF 5.085 €/m²

Objekt:
Kennwerte: 1.Ebene DIN 276
BRI: 4.697 m³
BGF: 1.161 m²
NUF: 745 m²
Bauzeit: 78 Wochen
Bauende: 2016
Standard: Durchschnitt
Kreis: Jena - Stadt, Thüringen

Architekt:
Architekten Stefan Beier + Arvid Wölfel + Nils Havermann (LPH 1-2)

Arge HAI + HSP
(LPH 3-8)
Kupferstraße 1
99441 Mellingen

Bauherr:
Kommunalservice Jena
Löbstedter Straße 56
07749 Jena

© Alexander Burzik

© Alexander Burzik

© Alexander Burzik

© Alexander Burzik

© Alexander Burzik

© Alexander Burzik

Kostenstand: 4.Quartal 2016, Bundesdurchschnitt, **inkl. 19% MwSt.**

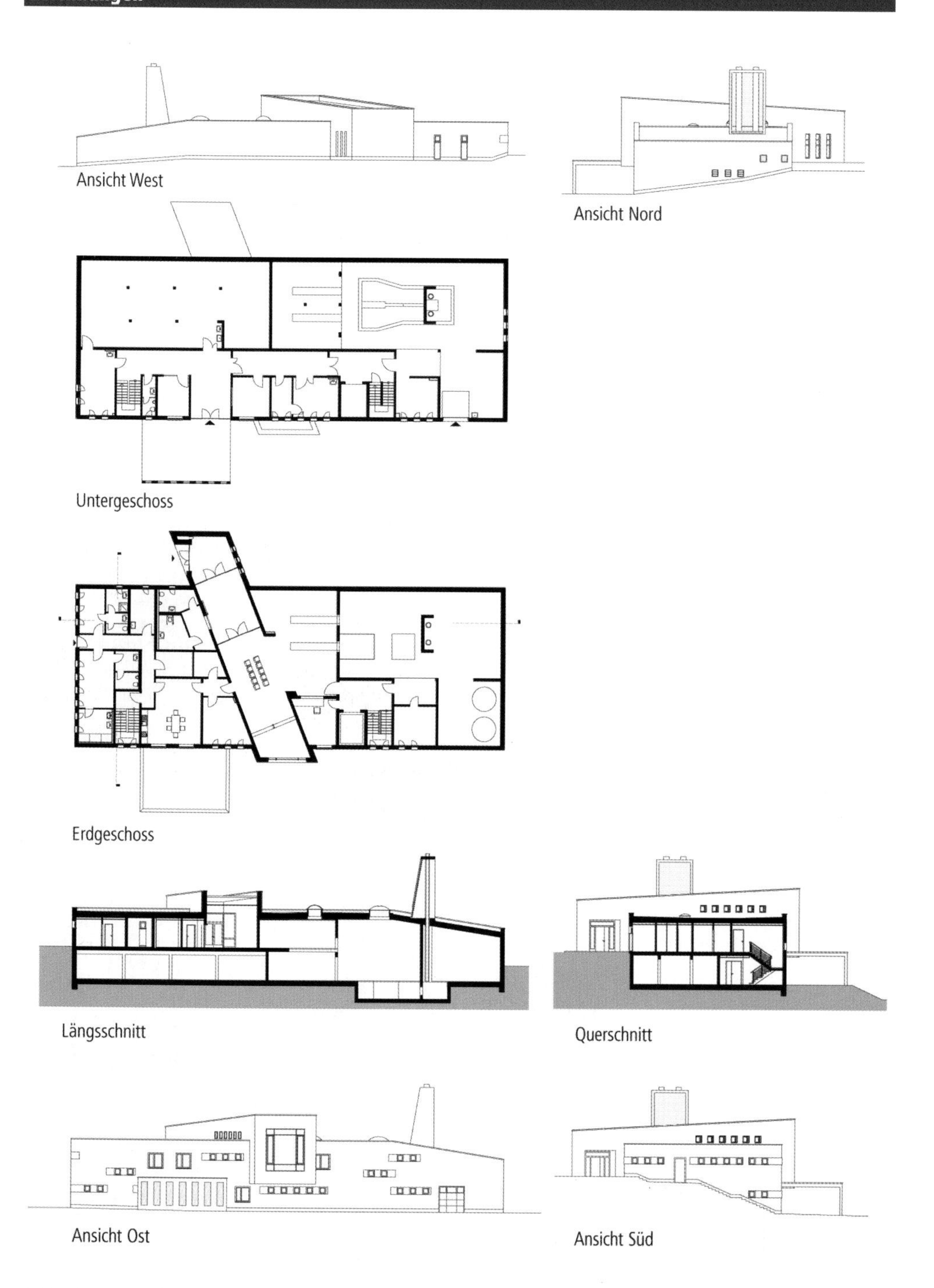
Ansicht West
Ansicht Nord
Untergeschoss
Erdgeschoss
Längsschnitt
Querschnitt
Ansicht Ost
Ansicht Süd

Objektbeschreibung

Allgemeine Objektinformationen

Im Jahr 1898 nahm das alte Krematorium auf dem Nordfriedhof in Jena als fünftes seiner Art in Deutschland den Betrieb auf. Das heute unter Denkmalschutz stehende Gebäude war jedoch an seine Kapazitätsgrenzen gestoßen und ein Neubau mit einer optimierten Anordnung der technologischen Abläufe und verbesserten Arbeitsbedingungen war unumgänglich. Ein extra geschaffener Besucherbereich hebt sich in Form und Gestalt deutlich vom sachlich funktionalen Hauptbaukörper ab. Durch die axiale Verdrehung und die überhöhte Kubatur wird er zum zentralen gestalterischen Element. Die große Verglasung in Richtung Osten verleiht dem Abschiedsraum eine natürliche Helligkeit. Mit der Fassadengestaltung wird ein Bezug zur denkmalgeschützten Feierhalle hergestellt.

Nutzung

1 Untergeschoss
Anlieferung, Anlagentechnik, Sargkühlung, Umsargung, zweite Leichenschau, Büro, Aufenthaltsbereich Bestatter

1 Erdgeschoss
Arbeitsbereich, Sozialräume Mitarbeiter, Besucherbereich, Abschiednahme, Sanitärräume

Nutzeinheiten

Arbeitsplätze: 5

Grundstück

Bauraum: Freier Bauraum
Neigung: Hanglage
Bodenklasse: BK 1 bis BK 4

Markt

Hauptvergabezeit: 3. Quartal 2014
Baubeginn: 4. Quartal 2014
Bauende: 2. Quartal 2016
Konjunkturelle Gesamtlage: über Durchschnitt
Regionaler Baumarkt: Durchschnitt

Baukonstruktion

Die hangseitigen Außenwände im Untergeschoss sowie die weit gespannten Wandflächen im Bereich der Anlagentechnik wurden in Stahlbeton ausgeführt. Dabei sind vorgefertigte Filigranwandelemente zum Einsatz gekommen. Alle übrigen tragenden Wände wurden aus Kalksandsteinmauerwerk hergestellt. Die im Hang liegenden Teile des Untergeschosses wurden als Weiße Wanne ausgeführt und zusätzlich mit Bitumen abgedichtet. Als Bezug zum historischen Umfeld wurde der Besucherbereich mit einer Sandstein-Vorhangfassade bekleidet, der Hauptbaukörper erhielt eine mineralische durchgefärbte Kratzputzoberfläche. Die Flachdächer wurden extensiv begrünt.

Technische Anlagen

Im Gebäude sind Vorhalteflächen für einen eventuellen späteren Einbau eines zweiten Ofenstranges vorhanden. Lediglich der Schornstein für eine zweite mögliche Anlage wurde bereits in der ersten Ausbauphase mit realisiert, um so spätere Öffnungen des Flachdachaufbaus zu vermeiden. Die überschüssige Prozesswärme wird in zwei Pufferbehältern gespeichert. Über diese werden sowohl der Neubau als auch die nahe gelegenen Gebäude der Friedhofsgärtnerei mit Heizenergie und Warmwasser versorgt. Das anfallende Niederschlagswasser wird in einer Zisterne gesammelt und steht den Friedhofsgärtnern so für die Pflege der Grünflächen zur Verfügung.

Sonstiges

Durch die Ausnutzung der Hangsituation sind beide Ebenen ebenerdig und barrierefrei erreichbar. Die überdachte Anlieferung ist in dieser Dokumentation in den Kosten enthalten, bleibt aber bei den Planungskennwerten NUF, BGF und BRI unberücksichtigt.

Planungskennwerte für Flächen und Rauminhalte nach DIN 277

Flächen des Grundstücks		Menge, Einheit	% an GF
BF	Bebaute Fläche	745,48 m²	14,0
UF	Unbebaute Fläche	4.560,52 m²	86,0
GF	Grundstücksfläche	5.306,00 m²	100,0

Grundflächen des Bauwerks		Menge, Einheit	% an NUF	% an BGF
NUF	Nutzungsfläche	745,49 m²	100,0	64,2
TF	Technikfläche	72,28 m²	9,7	6,2
VF	Verkehrsfläche	200,32 m²	26,9	17,3
NRF	Netto-Raumfläche	1.018,09 m²	136,6	87,7
KGF	Konstruktions-Grundfläche	142,74 m²	19,1	12,3
BGF	Brutto-Grundfläche	1.160,83 m²	155,7	100,0

NUF=100% BGF=155,7%
NUF TF VF KGF NRF=136,6%

Brutto-Rauminhalt des Bauwerks		Menge, Einheit	BRI/NUF (m)	BRI/BGF (m)
BRI	Brutto-Rauminhalt	4.696,71 m³	6,30	4,05

0 1 2 3 4 5 6 BRI/NUF=6,30m
0 1 2 3 4 BRI/BGF=4,05m

Lufttechnisch behandelte Flächen	Menge, Einheit	% an NUF	% an BGF
Entlüftete Fläche	–	–	–
Be- und Entlüftete Fläche	–	–	–
Teilklimatisierte Fläche	–	–	–
Klimatisierte Fläche	–	–	–

KG	Kostengruppen (2.Ebene)	Menge, Einheit	Menge/NUF	Menge/BGF
310	Baugrube	–	–	–
320	Gründung	–	–	–
330	Außenwände	–	–	–
340	Innenwände	–	–	–
350	Decken	–	–	–
360	Dächer	–	–	–

Kostenkennwerte für die Kostengruppen der 1.Ebene DIN 276

KG	Kostengruppen (1.Ebene)	Einheit	Kosten €	€/Einheit	€/m² BGF	€/m³ BRI	% 300+400
100	Grundstück	m² GF	–	–	–	–	–
200	Herrichten und Erschließen	m² GF	–	–	–	–	–
300	Bauwerk - Baukonstruktionen	m² BGF	1.619.124	1.394,80	1.394,80	344,74	42,7
400	Bauwerk - Technische Anlagen	m² BGF	2.171.746	1.870,86	1.870,86	462,40	57,3
	Bauwerk 300+400	**m² BGF**	**3.790.870**	**3.265,65**	**3.265,65**	**807,13**	**100,0**
500	Außenanlagen	m² AF	–	–	–	–	–
600	Ausstattung und Kunstwerke	m² BGF	–	–	–	–	–
700	Baunebenkosten	m² BGF	–	–	–	–	–

KG	Kostengruppe	Menge Einheit	Kosten €	€/Einheit	%
3+4	**Bauwerk**				**100,0**
300	**Bauwerk - Baukonstruktionen**	1.160,83 m² BGF	1.619.124	**1.394,80**	42,7

Erdarbeiten; Stb-Streifenfundamente, Stb-Bodenplatte, WU-Beton, Dämmung, Estrich, Bodenfliesen, Verbundestrich, Beschichtung; Stb-Filigranwände, Bitumenabdichtung (erdberührt), KS-Mauerwerk, Alutüren, Alufenster, mineralischer Edelputz als Dickschichtsystem, Innenputz, Anstrich; GK-Wände, Holztüren, Stahltüren, Wandfliesen, mobile Trennwand; Stb-Decke, PVC-Bodenbeläge, Putz, Anstrich; Stb-Flachdächer, Gefälledämmung, Abdichtung, extensive Begrünung

KG	Kostengruppe	Menge Einheit	Kosten €	€/Einheit	%
400	**Bauwerk - Technische Anlagen**	1.160,83 m² BGF	2.171.746	**1.870,86**	57,3

Gebäudeentwässerung, Kalt- und Warmwassserleitungen, Sanitärobjekte; Pufferspeicher für Gebäudeheizung und Warmwasserbereitung; Elektroinstallation; Aufzugsanlage; Einäscherungsanlage als Etagenofen, Schornstein, Sargkühlung mit 56 Einstellplätzen; automatisiertes Logistik- und Verwaltungssystem

Anhang

Verzeichnis der Architektur- und Planungsbüros
Übersicht veröffentlichter BKI Objekte Neubau N1-N15

Architektur- und Planungsbüros	Objektnummer
2D+ Architekten; Berlin	6100-1219
Altgott + Schneiders Architekten; Aachen	3100-0021
APB. Architekten BDA, Grossmann-Hensel - Schneider - Andresen; Hamburg	6200-0072
ARGE Junk&Reich / Hartmann+Helm; Weimar	4100-0162
bau grün ! Architekt Daniel Finocchiaro; Mönchengladbach	6100-1218, 7800-0025
Bauer Architektur; Weimar	6100-1296
BDS Bechtloss.Steffen.Architekten.BDA; Hamburg	6500-0042
Berdi Architekten; Bernkastel-Kues	6500-0043
biefang I pemsel Architekten GmbH; Nürnberg	6100-1301
Bosse Westphal Schäffer Architekten; Winsen/Luhe	4400-0273
braunschweig. Architekten; Brandenburg	6100-1205
Breitenbücher Hirschbeck Architektengesellschaft mbH; München	4400-0267
Bumiller, Georg; Ges. von Architekten mbH; Berlin	2200-0045
cordes architektur; Erkelenz	6100-1257
däschler architekten & ingenieure gmbh; Halle (Saale)	9100-0129
dauner rommel schalk architekten; Göppingen, Stuttgart	1300-0220
DBW Architekten	9700-0023
dd1 architekten, Eckhard Helfrich, Lars-Olaf Schmidt; Dresden	4400-0274
DGM Architekten; Krefeld	3400-0022, 6100-0852
Die Zusammenarbeiter, Gesellschaft von Architekten mbH; Berlin	6200-0071
dohle + lohse Architekten GmbH; Braunschweig	9100-0143
Dohse Architekten; Hamburg	5100-0112
Dömges Architekten AG; Regensburg	4200-0031
Ebe I Ausfelder I Partner Architekten; München	6200-0069
euroterra GmbH architekten ingenieure; Hamburg	3200-0022
F29 Architekten; Dresden	9100-0136
Format Architektur; Köln	7200-0089
Fugmann Architekten GmbH; Falkenstein	5100-0103, 7600-0070
Füllemann Architekten GmbH; Gilching	6100-1255
Gerber Architekturbüro; Werneck	9100-0115
gorinistreck architekten; Berlin	6100-1266
Gössler Kinz Kerber Kreienbaum Architekten BDA; Hamburg	7300-0088
grabowski.spork architektur; Wiesbaden	4400-0292
Grosch Rütters Architekten BDB; Mönchengladbach	6100-1218
Gruppe GME Architekten + Designer; Achim	6100-1283
Hartmann-Eberlei Architekten; Oldenburg	6100-1295
Heidacker Architekten; Bischofsheim	6100-1235
heine I reichold architekten Partnerschaftsgesellschaft mbB; Lichtenstein	4400-0216, 7700-0062, 7700-0067
Heinle, Wischer und Partner Freie Architekten; Köln	3200-0023
Helk Architekten und Ingenieure; Mellingen	9700-0026
HGMB Architekten GmbH & Co. KG; Düsseldorf	6100-1292
hkr.architekten gmbh, hänsel + rollmann; Gelnhausen	6100-1238
HOFFMANN.SEIFERT.PARTNER architekten ingenieure; Erfurt	7600-0069, 9100-0112
HTP Hidde Timmermann Architekten GmbH; Braunschweig	2200-0043
Hüdepohl Ferner Architektur- und Ingenieurges. mbH; Osnabrück	3500-0004, 5100-0110
Hütten & Paläste Architekten; Berlin	6100-1253
HPW Holl - Wieden Partnerschaft, Architekten & Stadtplaner; Würzburg	6100-1245
IPRO Dresden Planungs- und Ingenieuraktiengesellschaft; Dresden	6600-0020
JA:3 Architekten; Winsen (Aller)	7500-0024
JEBENS SCHOOF ARCHITEKTEN BDA; Heide	5300-0014, 9100-0133
Johannsen und Fuchs; Husum	6200-0070, 7600-0071

Architektur- und Planungsbüros	Objektnummer
Johannsen und Partner Architekten; Hamburg	6400-0091
Jörg Karwath / Lunau Architektur; Cottbus	6100-1288
Keck, Rolf Architekturbüro; Heidenheim	6100-1249
kleyer.koblitz.letzel.freivogel, ges. v. architekten mbh; Berlin	5100-0098
Knaack & Prell Architekten; Hamburg	4400-0231
Köhler Planungsbüro; Hamburg	6100-1233
Königs Architekten; Köln	9100-0116, 9400-0001
Küssner Architekten BDA; Kleinmachnow	6100-1247
Landherr Architekten; München	4400-0271
Lehrecke Witschurke Architekten; Berlin	4400-0275
Leinen und Schmitt Architekten; Saarlouis	4400-0287
lup-architekten; Hamburg	4400-0282
m_architekten gmbh, mattias huismans, judith haas freie architekten; Karlsruhe	6100-1271
MHB Planungs- und Ingenieurgesellschaft mbH; Rostock	2200-0044
Michel + Wolf + Partner Freie Architekten BDA; Stuttgart	6200-0057
Morschett Architekturbüro; Gersheim	5100-0102
Naujack . Rind . Hof Architekten BDA; Koblenz	5100-0092
Neumeier, Willi Architekturbüro; Tittling	7200-0088
NEUMEISTER & PARINGER ARCHITEKTEN BDA; Landshut	6100-1248
neun grad architektur BDA; Oldenburg	4400-0290
Neustadtarchitekten; Hamburg	4400-0282
oberpillerarchitekten; Hörmannsdorf	9700-0024
O. M. Architekten BDA, Rainer Ottinger, Thomas Möhlendick; Braunschweig	5300-0013, 7700-0076
pagelhenn architektinnenarchitekt; Hilden	4100-0164
°pha design Banniza, Hermann, Öchsner und Partner; Potsdam	6600-0022
pmp Projekt GmbH; Hamburg	4400-0268
projektplan gmbh, runkel. freie architekten; Siegen	7700-0077
puschmann architektur; Recklinghausen	6100-1096
Raum und Bau GmbH Architekturbüro; Dresden	9100-0123
raumumraum architekten / stadtplaner, Aldenhoff, Langenbahn, Möhring; Düsseldorf	6100-1246
Reimann, Sabine Architektin; Wesenberg	6100-1226
Richter, Udo Architektur; Heilbronn	7700-0074
SCHAMP & SCHMALÖER Architekten Stadtplaner PartGmbH; Dortmund	6100-1265
Schmiedel, Jürgen Bauplanungsbüro; Jöhstadt	7600-0074
Schmitt, Georg Architekturbüro; Darmstadt	1300-0223
Schneekloth + Partner; Schwerin	1300-0225, 6100-1250
Schüler Architekten, Schüler Böller Bahnemann; Rendsburg	4100-0166
(se)arch Freie Architekten BDA; Stuttgart	4400-0278
son.tho architekten; Besigheim	6100-1254
Spengler . Wiescholek Architekten Stadtplaner; Hamburg	6100-1239
Stadt Schweinfurt Stadtentwicklungs- und Hochbauamt; Schweinfurt	5100-0105
Strasser GmbH, Planungsgruppe; Traunstein	5100-0108
Sturm und Wartzeck GmbH Architekten BDA, Innenarchitekten; Dipperz	6100-1222
Thiemann, Klaus Architekturbüro; Hersbruck	6400-0093
Tilgner, Ulrich; Grotz, Thomas, Architekten GmbH Diplom-Ingenieure BDA; Bremen	9100-0142
Tollé, Fritz-Dieter, Architekten Stadtplaner Ingenieure; Verden	7300-0066
wassung bader architekten; Tettnang	7600-0054
weinbrenner.single.arabzadeh.architektenwerkgemeinschaft; Nürtingen	5100-0104
Wigger, Nicole, T A T O R T architektur; Attendorn	6100-1256, 6100-1259
Wischhusen Architektur; Hamburg	5100-0111
ZILA freie Architekten; Leipzig	9100-0136
Ziller, Michael, zillerplus Architekten und Stadtplaner; München	9100-0140
Zweering Helmus Architekten PartGmbH; Aachen	6100-1260

Der Herausgeber dankt den genannten Büros für die zur Verfügung gestellten Objektdaten.

Nutzen Sie die Vorteile Ihrer Projekt-Veröffentlichung in den BKI-Produkten:
- Dokumentierte Kosten Ihres Projektes nach DIN 276
- Ausbau und Erweiterung Ihrer bürointernen Baukostendaten für Folgeprojekte
- Dokumentationsunterlagen als Referenz für Ihre Projekt-Akquise
- Aufwandsentschädigung von bis zu 700,- €
- Aufnahme Ihrer Bürodaten in die Liste der BKI Architekten und Planer
- Kostenloses Fachbuch

Weitere Informationen unter www.bki.de/bki-verguetung.html

Übersicht veröffentlichter BKI Objekte Neubau N1-N13

Objekt-Nr.	Objekt-Bezeichnung	DIN 276	Land	BKI-Buch	Seite
1	**Büro- und Verwaltungsgebäude**				
1300-0054	Kreisverwaltung	1.Ebene	NW	N1	10
1300-0055	Bürogebäude	1.Ebene	NI	N1	14
1300-0056	Technologie- und Gründerzentrum	1.Ebene	TH	N1	18
1300-0057	Bürogebäude	1.Ebene	SH	N1	22
1300-0058	Rathaus	1.Ebene	BY	N1	26
1300-0059	Büro- und Geschäftsgebäude	3.Ebene	NW	N1	30
1300-0060	Verwaltungsgebäude	3.Ebene	NW	N1	46
1300-0061	Verlagszentrum	4.Ebene	TH	N2	10
1300-0062	Bürogebäude, Bankfiliale	3.Ebene	BW	N2	24
1300-0064	Bürogebäude, Wohnen (1 WE)	1.Ebene	SN	N2	36
1300-0066	Bürogebäude	1.Ebene	BY	N2	40
1300-0067	Büro- und Verwaltungsgebäude	1.Ebene	HE	N2	44
1300-0068	Verwaltungsgebäude, Krankenkasse	1.Ebene	RP	N2	48
1300-0069	Bürogebäude	1.Ebene	NI	N2	52
1300-0070	Bürogebäude, Wohnen (2 WE, 4 App)	2.Ebene	BY	N3	20
1300-0073	Büro- und Sozialgebäude	1.Ebene	BY	N3	28
1300-0075	Bürogebäude, Labor	3.Ebene	HH	N3	34
1300-0076	Bürogebäude, Wohnen, TG (12 STP)	1.Ebene	NI	N3	48
1300-0077	Bürogebäude, Kantine	1.Ebene	BW	N3	54
1300-0080	Bürogebäude	1.Ebene	BY	N3	60
1300-0082	Bürogebäude, Druckerei	2.Ebene	BY	N3	66
1300-0087	Bürogebäude, Softwareentwicklung	2.Ebene	BY	N4	28
1300-0088	Bürogebäude	3.Ebene	BY	N4	36
1300-0089	Bürogebäude (52 AP)	1.Ebene	BY	N5	30
1300-0090	Bürogebäude, Krankenkasse	3.Ebene	BY	N5	36
1300-0091	Bürogebäude	1.Ebene	BY	N4	46
1300-0097	Verwaltungsgebäude, Sozialstation	3.Ebene	RP	N4	52
1300-0102	Verwaltungsgebäude, Wohnung (1 WE)	1.Ebene	NW	N5	50
1300-0106	Bürogebäude	3.Ebene	BY	N7	28
1300-0108	Verwaltungsgebäude	3.Ebene	BW	N9	46
1300-0119	Bürogebäude, Wohnen	3.Ebene	BW	N7	36
1300-0120	Bürogebäude, Wohnen (1 WE)	3.Ebene	HE	N9	52
1300-0122	Bürogebäude	4.Ebene	NW	N8	30
1300-0125	Bürogebäude	4.Ebene	BY	N8	38
1300-0126	Bürogebäude	4.Ebene	HE	N8	46
1300-0127	Polizeidienstgebäude	4.Ebene	SN	N8	54
1300-0128	Bürogebäude (160 AP)	4.Ebene	BB	N8	62
1300-0129	Bürogebäude - Passivhaus	3.Ebene	BW	N9	58
1300-0131	Bürogebäude	4.Ebene	RP	N9	64
1300-0133	Bürogebäude	3.Ebene	BY	N9	70
1300-0137	Bürogebäude	4.Ebene	RP	N10	46
1300-0139	Bürogebäude	3.Ebene	BB	N9	76
1300-0140	Büro-/Verwaltungsgebäude	3.Ebene	NW	N9	82
1300-0143	Bürogebäude mit Ausstellung	4.Ebene	BY	N10	52
1300-0144	Bürogebäude	1.Ebene	SH	N9	88
1300-0145	Verwaltungsgebäude mit Tiefgarage	1.Ebene	BW	N9	94
1300-0146	Verwaltungsgebäude	4.Ebene	SL	N10	58
1300-0147	Verwaltungsgebäude	1.Ebene	BW	N9	100
1300-0149	Verwaltungsgebäude	4.Ebene	TH	N10	64

Objekt-Nr.	Objekt-Bezeichnung	DIN 276	Land	BKI-Buch	Seite
1	**Büro- und Verwaltungsgebäude (Fortsetzung)**				
1300-0156	Büro- und Sozialgebäude	3.Ebene	HB	N11	52
1300-0157	Rechenzentrum	1.Ebene	HH	N10	70
1300-0158	Bürogebäude mit Werkstätten	3.Ebene	BY	N11	58
1300-0162	Bürogebäude mit Wohnungen (2 WE)	1.Ebene	HE	N10	76
1300-0163	Bürogebäude	4.Ebene	BW	N11	64
1300-0164	Rathaus	1.Ebene	BW	N10	82
1300-0165	Bürogebäude	4.Ebene	NI	N11	70
1300-0173	Bürogebäude	4.Ebene	NW	N11	76
1300-0175	Bürogebäude	4.Ebene	HE	N11	82
1300-0176	Bürogebäude	4.Ebene	TH	N11	88
1300-0177	Bürogebäude	1.Ebene	SN	N11	94
1300-0179	Verwaltungsgebäude (455 AP)	3.Ebene	SH	N13	54
1300-0180	Polizeigebäude (183 AP)	3.Ebene	BB	N13	62
1300-0183	Bürogebäude (20 AP)	1.Ebene	SN	N12	48
1300-0184	Pforte	1.Ebene	BW	N12	54
1300-0187	Bürogebäude (40 AP)	1.Ebene	BY	N12	60
1300-0188	Bürogebäude (120 AP), Tiefgarage (20 STP)	1.Ebene	BW	N12	66
1300-0189	Verwaltungsgebäude	1.Ebene	NW	N12	72
1300-0190	Rathaus	1.Ebene	BY	N12	78
1300-0192	Bürogebäude (15 AP)	1.Ebene	BW	N12	84
1300-0194	Bürogebäude (18 AP)	1.Ebene	NW	N13	70
1300-0195	Bürogebäude (200 AP)	1.Ebene	SH	N13	76
1300-0196	Bürogebäude (20 AP)	1.Ebene	NW	N13	82
1300-0206	Verwaltungsgebäude (63 AP)	1.Ebene	SH	N13	88
1300-0209	Gemeindeverwaltung, Jugendclub (3 AP)	1.Ebene	TH	N13	94
1300-0211	Gewerbezentrum (110 AP), TG (16 STP)	1.Ebene	TH	N13	100
1300-0213	Bürogebäude (18 AP)	3.Ebene	HB	N13	106
1300-0220	Bürogebäude, Bankfiliale (26 AP)	3.Ebene	BW	N15	54
1300-0223	Verwaltungsgebäude Schulungszentrum (330 AP), TG (70 STP)	1.Ebene	HE	N15	66
1300-0225	Bürogebäude (44 AP)	3.Ebene	MV	N15	72
2	**Gebäude für Forschung und Lehre**				
2200-0005	Institut für Umwelttechnik	1.Ebene	NI	N2	58
2200-0006	Institut für Materialwissenschaft	1.Ebene	HE	N4	62
2200-0007	Physikalisches Institut	4.Ebene	BY	N6	30
2200-0009	Lehr- und Laborgebäude	4.Ebene	TH	N8	72
2200-0016	Institutsgebäude	1.Ebene	BW	N9	108
2200-0017	Hochschule	1.Ebene	NW	N10	88
2200-0018	Biotechnologiezentrum	1.Ebene	HB	N11	100
2200-0026	Institutsgebäude Fischereiwesen	1.Ebene	NI	N12	90
2200-0028	Institutsgebäude	1.Ebene	BB	N12	96
2200-0029	Verfügungsgebäude Ingenieurwissenschaften (86 AP)	1.Ebene	SL	N12	102
2200-0030	Forschungszentrum	1.Ebene	MV	N12	108
2200-0031	Lehr- und Lernzentrum mit Kita (5 Gruppen) und Cafe	1.Ebene	HE	N12	114
2200-0036	Laborgebäude für Umweltprüfungen (21 AP)	1.Ebene	HE	N13	116
2200-0037	Laborgebäude (Hochschule)	1.Ebene	NI	N13	122
2200-0038	Instituts- und Seminargebäude (115 AP)	1.Ebene	SH	N13	128
2200-0039	Laborgebäude (50 AP)	1.Ebene	BY	N13	134
2200-0041	Laborgebäude (312 AP)	1.Ebene	SN	N13	140
2200-0042	Forschungs- und Entwicklungszentrum (138 AP)	1.Ebene	NW	N13	146
2200-0043	Forschungslabor Mikroelektronik	1.Ebene	SH	N15	86

Objekt-Nr.	Objekt-Bezeichnung	DIN 276	Land	BKI-Buch	Seite
2	**Gebäude für Forschung und Lehre (Fortsetzung)**				
2200-0044	Labor- und Praktikumsgebäude für Biologie und Pharmazie	1.Ebene	MV	N15	92
2200-0045	Zentrum für Medien und Soziale Forschung, TG (100 STP)	1.Ebene	SN	N15	98
3	**Gebäude des Gesundheitswesens**				
3100-0003	Sportmedizinisches Zentrum	1.Ebene	BE	N1	60
3100-0007	Ärztehaus mit Apotheke	1.Ebene	NW	N10	94
3100-0009	Ärztehaus	3.Ebene	BY	N11	106
3100-0010	Tagesklinik Psychiatrie	1.Ebene	TH	N11	112
3100-0013	Praxis-Klinik Zahnarzt	1.Ebene	ST	N12	120
3100-0016	Medizinisches Versorgungszentrum (12 AP)	3.Ebene	HH	N13	152
3100-0021	Praxis für Allgemeinmedizin	1.Ebene	NW	N15	104
3200-0011	Krankenhaus	1.Ebene	NW	N1	64
3200-0012	Kreiskrankenhaus	3.Ebene	BW	N3	76
3200-0013	Krankenhaus, Akut-Rheuma	1.Ebene	BY	N4	68
3200-0019	Krankenhaus (620 Betten)	1.Ebene	BW	N13	160
3200-0022	Geriatrie (88 Betten), Tagesklinik (10 Plätze)	1.Ebene	HH	N15	110
3200-0023	Psychosomatische Klinik (40 Betten)	1.Ebene	BY	N15	116
3300-0001	Tagesklinik, Psychiatrie (100 Betten)	1.Ebene	NW	N4	74
3300-0002	Palliativmedizinisches Zentrum	4.Ebene	TH	N10	100
3300-0004	Zentrum für Psychiatrie	1.Ebene	BW	N12	126
3300-0006	Tagesklinik Allgemeinpsychiatrie	3.Ebene	NW	N13	166
3300-0008	Klinik für psychosomatische Medizin (195 Betten)	3.Ebene	SH	N13	174
3400-0005	Seniorenpflegeheim	1.Ebene	NI	N1	68
3400-0006	Seniorenpflegeheim (70 Betten)	1.Ebene	BY	N3	92
3400-0010	Pflegeheim (60 Betten)	1.Ebene	BW	N6	42
3400-0011	Pflegeheim für seelisch Behinderte	4.Ebene	TH	N7	46
3400-0012	Pflegeheim für geistig Behinderte	4.Ebene	TH	N7	56
3400-0016	Seniorenpflegeheim (72 Betten)	3.Ebene	BW	N10	106
3400-0018	Pflegewohnheim (82 Betten)	1.Ebene	NW	N10	112
3400-0019	Pflegewohnheim (60 Betten)	1.Ebene	NW	N10	118
3400-0020	Pflegeheim (90 Betten)	1.Ebene	TH	N10	124
3400-0022	Seniorenpflegeheim (90 Betten)	3.Ebene	NW	N15	122
3500-0003	Rehaklinik: Therapiegebäude (28 Betten), Wohnheime (12 WE)	1.Ebene	NI	N13	180
3500-0004	Rehaklinik für suchtkranke Menschen	1.Ebene	NI	N15	136
3600-0001	Saunagebäude	1.Ebene	BB	N13	186
3700-0003	Kurmittelhaus	1.Ebene	TH	N10	130
4	**Schulen und Kindergärten**				
4100-0016	Gesamtschule	1.Ebene	NW	N1	74
4100-0017	Gesamtschule	1.Ebene	NW	N1	78
4100-0018	Hauptschule	1.Ebene	NW	N1	82
4100-0019	Grundschule (12 Klassen)	1.Ebene	TH	N1	86
4100-0020	Grundschule, zweizügig	1.Ebene	NI	N1	90
4100-0021	Grund-, Lernförderschule (30 Klassen)	3.Ebene	SN	N1	94
4100-0022	Schule, Fachkabinette	1.Ebene	BB	N2	64
4100-0023	Gymnasium	2.Ebene	SN	N2	68
4100-0024	Grundschule (8 Klassen), Schulbibliothek	1.Ebene	BY	N2	76
4100-0025	Grundschule, 4-zügig	1.Ebene	NI	N2	80
4100-0026	Schulzentrum (9 Klassen)	1.Ebene	NI	N2	84
4100-0028	Grundschule (8 Klassen)	1.Ebene	NI	N2	88
4100-0029	Gymnasium (24 Klassen)	1.Ebene	MV	N2	92

Objekt-Nr.	Objekt-Bezeichnung	DIN 276	Land	BKI-Buch	Seite
4	**Schulen und Kindergärten (Fortsetzung)**				
4100-0039	Gymnasium (18 Klassen, 720 Schüler)	1.Ebene	SN	N3	98
4100-0040	Gymnasium (40 Klassen, 980 Schüler)	1.Ebene	BE	N3	104
4100-0045	Waldorfschule (9 Klassen)	3.Ebene	RP	N3	110
4100-0048	Gymnasium mit Sporthalle	1.Ebene	SN	N4	80
4100-0053	Schule (14 Klassen, 350 Schüler)	1.Ebene	NI	N5	56
4100-0061	Pausenhalle mit Verbindungsgängen	4.Ebene	BY	N6	50
4100-0068	Ergänzungsbau für offene Ganztagsschule	1.Ebene	SH	N9	114
4100-0069	Freie Ev. Schule	3.Ebene	BW	N11	118
4100-0078	Gymnasium	3.Ebene	NI	N10	136
4100-0079	Gymnasium	2.Ebene	NW	N9	120
4100-0080	Waldorfschule	1.Ebene	NW	N9	126
4100-0083	Grundschule	1.Ebene	NW	N10	142
4100-0084	Grundschule	1.Ebene	NW	N10	148
4100-0101	Grundschule mit Turnhalle	1.Ebene	NW	N10	154
4100-0102	Grund- und Hauptschule	1.Ebene	BW	N10	160
4100-0105	Gymnasium Fachklassentrakt	1.Ebene	NW	N10	166
4100-0112	Offene Ganztagesschule (3 Klassen)	1.Ebene	NW	N10	172
4100-0113	Ganztagsgrundschule mit Kindertagesstätte	1.Ebene	MV	N11	124
4100-0120	Schulzentrum (83 Klassen, 1.800 Schüler), Sporthalle	3.Ebene	BY	N13	192
4100-0124	Grundschule (dreizügig)	1.Ebene	MV	N11	130
4100-0126	Gebäude für betreute Grundschule	1.Ebene	SH	N11	136
4100-0128	Waldorfschule	1.Ebene	SH	N11	142
4100-0130	Gymnasium mit Sporthalle	1.Ebene	SN	N12	132
4100-0135	Grundschule (12 Klassen)	1.Ebene	BY	N12	138
4100-0149	Grundschule (10 Klassen, 250 Schüler)	1.Ebene	NW	N13	200
4100-0153	Grundschule (6 Klassen, 150 Schüler) - Passivhaus	1.Ebene	HE	N13	206
4100-0155	Kinderzentrum, Grundschule (580 Schüler), Kindertagesstätte (123 Kinder)	1.Ebene	SH	N13	212
4100-0157	Gymnasium (17 Klassen, 500 Schüler)	1.Ebene	HE	N13	218
4100-0160	Grundschule (150 Schüler), Hort (100 Kinder)	1.Ebene	ST	N13	224
4100-0162	Gesamtschule (10 Klassen, 280 Schüler)	1.Ebene	ST	N15	142
4100-0164	Musikunterrichtsräume (5 Klassen)	1.Ebene	NW	N15	148
4100-0166	Gymnasium (21 Klassen, 600 Schüler)	1.Ebene	SH	N15	154
4200-0004	Lehrbauhof	4.Ebene	BB	N2	96
4200-0006	Berufliches Schulzentrum	1.Ebene	SN	N4	86
4200-0008	Berufliche Schule	3.Ebene	BW	N11	148
4200-0010	Überbetriebliches Berufsbildungszentrum	4.Ebene	BB	N7	66
4200-0011	Überbetriebliches Berufsbildungszentrum	4.Ebene	BB	N7	76
4200-0012	Überbetr. Berufsbildungszentrum, Hallen	4.Ebene	BB	N7	86
4200-0013	Überbetr. Berufsbildungszentrum, Hallen	4.Ebene	BB	N7	96
4200-0015	Berufsschule	3.Ebene	BW	N9	132
4200-0017	Berufliche Oberschule	3.Ebene	BY	N10	178
4200-0018	Gewerbliche Schule	3.Ebene	BW	N11	154
4200-0021	Kompetenzzentrum	1.Ebene	TH	N10	186
4200-0022	Unterrichts- und Werkstattgebäude (3 Klassen, 50 Schüler)	3.Ebene	NI	N13	230
4200-0030	Berufliche Schule (42 Klassen, 1.590 Schüler)	1.Ebene	BY	N13	238
4200-0031	Fachakademie für Sozialpädagogik (9 Klassen, 250 Schüler)	1.Ebene	BY	N15	160
4300-0004	Sonderschule für geistig Behinderte	1.Ebene	NW	N1	110
4300-0006	Schule für Körperbehinderte	1.Ebene	NW	N5	62

Objekt-Nr.	Objekt-Bezeichnung	DIN 276	Land	BKI-Buch	Seite
4	**Schulen und Kindergärten (Fortsetzung)**				
4300-0007	Schule für Körperbehinderte	3.Ebene	NW	N9	138
4300-0008	Sonderschule für geistig Behinderte	1.Ebene	BW	N9	144
4300-0009	Schule für Hörsprachbehinderte	3.Ebene	RP	N11	160
4300-0011	Förderschule	3.Ebene	NW	N10	192
4300-0015	Förderschule	1.Ebene	NW	N10	198
4300-0017	Förderschule	1.Ebene	NW	N11	166
4300-0018	Förderschule (5 Klassen, 38 Schüler)	3.Ebene	SH	N11	172
4300-0020	Förderschule	3.Ebene	SN	N11	178
4300-0021	Heimsonderschule für Blinde	2.Ebene	BW	N12	144
4300-0022	Förderschule, Werkstätten, Büros, Gewerbe, Café	1.Ebene	SH	N13	244
4400-0072	Kindergarten (3 Gruppen)	1.Ebene	SH	N1	114
4400-0073	Kindertagesstätte, Familienzentrum	1.Ebene	BW	N1	118
4400-0074	Kindergarten (4 Gruppen)	1.Ebene	BY	N1	122
4400-0075	Kindergarten (4 Gruppen)	1.Ebene	SH	N1	126
4400-0076	Kindertagesstätte (5 Gruppen)	1.Ebene	NI	N1	130
4400-0077	Kindergarten (5 Gruppen)	1.Ebene	NI	N1	134
4400-0078	Kindergarten (3 Gruppen)	1.Ebene	NI	N1	138
4400-0079	Kindergarten (4 Gruppen,100 Plätze)	3.Ebene	BW	N1	142
4400-0080	Kindergarten (6 Gruppen)	3.Ebene	SL	N2	110
4400-0081	Kindertagesstätte (3 Gruppen)	1.Ebene	SH	N2	124
4400-0084	Kindergarten (2 Gruppen)	1.Ebene	BW	N2	128
4400-0085	Kindertagesstätte (5 Gruppen, 110 Plätze)	1.Ebene	NI	N2	132
4400-0086	Kindergarten (2 Gruppen, 56 Kinder)	1.Ebene	BW	N3	122
4400-0087	Kindergarten (3 Gruppen)	1.Ebene	BY	N3	128
4400-0088	Kindertagesstätte (4 Gruppen), Hort	1.Ebene	BY	N3	134
4400-0089	Kindergarten (2 Gruppen)	1.Ebene	BY	N3	140
4400-0090	Kindergarten (2 Gruppen)	1.Ebene	BW	N3	146
4400-0091	Kindergarten (6 Gruppen)	1.Ebene	TH	N3	152
4400-0094	Kindergarten (3 Gruppen, 65 Plätze)	3.Ebene	BY	N6	60
4400-0095	Kindergarten (3 Gruppen)	1.Ebene	BW	N4	92
4400-0096	Kindergarten, Kinderkrippe	1.Ebene	TH	N4	98
4400-0097	Kindertagesstätte	3.Ebene	TH	N7	106
4400-0098	Kindergarten (3 Gruppen)	1.Ebene	NW	N5	68
4400-0099	Waldorfkindergarten	2.Ebene	BW	N6	72
4400-0103	Kindergarten (3 Gruppen)	3.Ebene	BY	N7	114
4400-0104	Kindergarten (3 Gruppen)	3.Ebene	HE	N7	124
4400-0106	Kindertagesstätte (5 Gruppen, 97 Plätze)	3.Ebene	SN	N8	82
4400-0107	Kindertagesstätte (3 Gruppen, 75 Plätze)	3.Ebene	NW	N8	92
4400-0108	Kindergarten (3 Gruppen)	4.Ebene	SN	N8	100
4400-0112	Kindertagesstätte	3.Ebene	B	N9	150
4400-0115	Kindergarten (4 Gruppen)	4.Ebene	SN	N9	156
4400-0118	Kindertageseinrichtung	1.Ebene	BW	N9	162
4400-0119	Kindergarten (4 Gruppen)	1.Ebene	NW	N9	168
4400-0120	Kindertagesstätte (4 Gruppen)	1.Ebene	BB	N10	204
4400-0131	Kindertageseinrichtung (3 Gruppen)	3.Ebene	BW	N11	184
4400-0135	Kindertagesstätte (6 Gruppen, 100 Kinder)	1.Ebene	BB	N11	190
4400-0141	Kindertagesstätte (2 Gruppen, 30 Kinder)	1.Ebene	NI	N11	196
4400-0145	Kindertagesstätte (5 Gruppen, 90 Kinder)	1.Ebene	SN	N11	202
4400-0162	Kinderkrippe	3.Ebene	NI	N11	208
4400-0170	Kindertagesstätte (6 Gruppen, 140 Kinder)	1.Ebene	NI	N11	214
4400-0171	Kindertagesstätte (4 Gruppen, 70 Kinder)	1.Ebene	NI	N11	220

Objekt-Nr.	Objekt-Bezeichnung	DIN 276	Land	BKI-Buch	Seite
4	**Schulen und Kindergärten (Fortsetzung)**				
4400-0176	Kindertagesstätte (5 Gruppen)	1.Ebene	SN	N11	226
4400-0183	Kindertagesstätte (4 Gruppen)	1.Ebene	BW	N12	150
4400-0184	Kindertagesstätte (14 Gruppen, 178 Kinder)	1.Ebene	MV	N12	156
4400-0185	Kindertagesstätte (12 Gruppen, 210 Kinder)	3.Ebene	BB	N11	232
4400-0187	Hort (4 Gruppen)	1.Ebene	BB	N12	162
4400-0188	Kindergarten (2 Gruppen, 40 Kinder)	3.Ebene	RP	N13	250
4400-0189	Kindertagesstätte (8 Gruppen)	1.Ebene	BB	N12	168
4400-0190	Kindertagesstätte (4 Gruppen)	1.Ebene	HH	N12	174
4400-0191	Hort Montessori Grundschule (10 Gruppen)	1.Ebene	BE	N12	180
4400-0192	Kinderkrippe (4 Gruppen)	1.Ebene	HE	N12	186
4400-0193	Kindertagesstätte (2 Gruppen)	1.Ebene	TH	N12	192
4400-0200	Kindertagesstätte U3 (3 Gruppen, 27 Kinder)	1.Ebene	HB	N12	198
4400-0205	Integrative Kindertagesstätte (4 Gruppen), Familienzentrum	1.Ebene	NW	N12	204
4400-0207	Kinderkrippe (3 Gruppen, 40 Kinder)	1.Ebene	ST	N12	210
4400-0210	Kinderkrippe (2 Gruppen, 22 Kinder)	1.Ebene	BY	N12	216
4400-0213	Kindertagesstätte (5 Gruppen, 60 Kinder)	1.Ebene	SH	N12	222
4400-0214	Kindertagesstätte (8 Gruppen, 144 Kinder)	1.Ebene	SN	N12	228
4400-0215	Kindertagesstätte (5 Gruppen, 60 Kinder)	1.Ebene	BW	N12	234
4400-0216	Kinderkrippe (4 Gruppen, 60 Kinder)	3.Ebene	SN	N15	166
4400-0218	Kindertagesstätte (6 Gruppen, 100 Kinder)	1.Ebene	SN	N13	258
4400-0226	Kindertagesstätte, Familienzentrum (8 Gruppen, 120 Kinder)	1.Ebene	SH	N13	264
4400-0227	Kindertagesstätte (8 Gruppen, 120 Kinder)	1.Ebene	BE	N13	270
4400-0229	Spielhaus auf Abenteuerspielplatz	1.Ebene	NW	N13	276
4400-0231	Kindertagesstätte (7 Gruppen, 140 Kinder)	1.Ebene	HH	N15	178
4400-0235	Kinderkrippe (3 Gruppen, 36 Kinder)	1.Ebene	BY	N13	282
4400-0239	Kindertagesstätte (5 Gruppen, 75 Kinder)	1.Ebene	BY	N13	288
4400-0240	Kindertagesstätte (6 Gruppen, 149 Kinder)	1.Ebene	BY	N13	294
4400-0241	Kindertagesstätte (6 Gruppen, 100 Kinder)	1.Ebene	SN	N13	300
4400-0242	Kindertagesstätte (10 Gruppen, 171 Kinder)	1.Ebene	SN	N13	306
4400-0243	Familienzentrum, Kinderkrippe (2 Gruppen, 30 Kinder)	1.Ebene	NI	N13	312
4400-0244	Kindertagesstätte (5 Gruppen, 125 Kinder)	1.Ebene	RP	N13	318
4400-0245	Kindertagesstätte (9 Gruppen, 150 Kinder)	1.Ebene	SH	N13	324
4400-0246	Kindertagesstätte (200 Kinder)	1.Ebene	BB	N13	330
4400-0247	Kindertagesstätte (2 Gruppen, 20 Kinder)	1.Ebene	SH	N13	336
4400-0249	Kindertagesstätte (6 Gruppen, 90 Kinder)	1.Ebene	HE	N13	342
4400-0254	Kindertagesstätte (3 Gruppen, 60 Kinder)	1.Ebene	TH	N13	348
4400-0255	Kinderkrippe (4 Gruppen, 40 Kinder)	1.Ebene	SH	N13	354
4400-0259	Kinderkrippe (4 Gruppen, 40 Kinder)	1.Ebene	HB	N13	360
4400-0262	Kindertagesstätte (3 Gruppen, 55 Kinder)	1.Ebene	NI	N13	366
4400-0263	Kindertagesstätte (2 Gruppen, 37 Kinder)	1.Ebene	BY	N13	372
4400-0264	Kindertagesstätte (7 Gruppen, 110 Kinder)	1.Ebene	NW	N13	378
4400-0267	Kindergarten (2 Gruppen, 50 Kinder)	1.Ebene	BY	N15	184
4400-0268	Kindertagesstätte (4 Gruppen, 76 Kinder), Beratungszentrum, Wohnungen (9 WE)	1.Ebene	NI	N15	190
4400-0271	Kinderkrippe (4 Gruppen, 48 Kinder)	1.Ebene	BY	N15	196
4400-0273	Kinderkrippe (2 Gruppen, 30 Kinder)	1.Ebene	NI	N15	202
4400-0274	Kindertagesstätte (7 Gruppen, 117 Kinder)	1.Ebene	SN	N15	208
4400-0275	Grundschulhort (300 Kinder)	1.Ebene	BE	N15	214

Objekt-Nr.	Objekt-Bezeichnung	DIN 276	Land	BKI-Buch	Seite
4	**Schulen und Kindergärten (Fortsetzung)**				
4400-0278	Kindertagesstätte (105 Kinder), Stadtteiltreff - Effizienzhaus ~25%	1.Ebene	BW	N15	220
4400-0282	Kindertagesstätte (8 Gruppen, 140 Kinder) barrierefrei	1.Ebene	HH	N15	226
4400-0287	Kindertagesstätte (5 Gruppen, 86 Kinder)	1.Ebene	SL	N15	232
4400-0290	Kindertagesstätte (3 Gruppen, 55 Kinder)	1.Ebene	NI	N15	238
4400-0292	Kindertagesstätte (6 Gruppen, 100 Kinder)	1.Ebene	HE	N15	244
4500-0001	Volkshochschule, Restaurant	1.Ebene	MV	N1	156
4500-0002	Bildungszentrum, Touristik, Gastronomie	1.Ebene	SH	N1	160
4500-0003	Weiterbildungseinrichtung	1.Ebene	BW	N1	164
4500-0004	Seminar-, Verwaltungsräume	1.Ebene	NI	N1	168
4500-0005	Berufliches Fortbildungszentrum	3.Ebene	BY	N1	172
4500-0009	Berufsförderungswerk	4.Ebene	RP	N8	110
4500-0012	Förderbereich und Mehrzwecksaal	2.Ebene	TH	N10	210
4500-0013	Überbetriebliche Bildungsstätte	1.Ebene	NW	N10	216
4500-0014	Schule für Heilerziehungspflege (3 Klassen, 84 Schüler)	1.Ebene	NW	N13	384
5	**Sportbauten**				
5100-0025	Sporthalle	3.Ebene	SN	N1	186
5100-0026	Sporthalle (Dreifeldhalle)	2.Ebene	SN	N1	200
5100-0027	Mehrzweckhalle, Gaststätte	1.Ebene	BY	N2	138
5100-0028	Mehrzweckhalle	1.Ebene	HE	N2	142
5100-0029	Schulsporthalle (3-teilbar)	1.Ebene	MV	N2	146
5100-0030	Sporthalle	1.Ebene	ST	N3	158
5100-0031	Sporthallen	1.Ebene	BE	N3	164
5100-0032	Dreifeld- und Tennishalle	1.Ebene	HB	N3	170
5100-0033	Sporthalle (Dreifeldhalle)	1.Ebene	BW	N3	176
5100-0034	Reithalle	2.Ebene	BY	N3	182
5100-0035	Dreifachsporthalle	1.Ebene	SN	N4	104
5100-0036	Mehrzweckhalle	3.Ebene	RP	N6	82
5100-0037	Sporthalle (Dreifeldhalle)	4.Ebene	BW	N6	92
5100-0038	Mehrzwecksporthalle (2-teilbar)	3.Ebene	TH	N7	134
5100-0040	Sporthalle (Dreifeldhalle)	3.Ebene	BW	N8	120
5100-0042	Sport- und Mehrzweckhalle	1.Ebene	BY	N9	176
5100-0043	Sporthalle (Zweifeldhalle)	1.Ebene	NW	N9	182
5100-0045	Sporthalle (Zweifeldhalle)	1.Ebene	NW	N9	188
5100-0049	Sporthalle (Einfeldhalle)	4.Ebene	SH	N10	222
5100-0068	Schulsporthalle (Zweifeldhalle)	1.Ebene	BW	N10	228
5100-0069	Sport- und Messehalle	1.Ebene	k.A.	N10	234
5100-0070	Sporthalle (Zweifeldhalle)	1.Ebene	NW	N10	240
5100-0071	Mehrzweckgebäude	1.Ebene	SH	N10	246
5100-0072	Sport- und Mehrzweckhalle	1.Ebene	HE	N10	252
5100-0073	Sporthalle (Einfeldhalle)	1.Ebene	NW	N11	240
5100-0076	Sporthalle (Zweifeldhalle)	1.Ebene	NI	N11	246
5100-0080	Sport- und Mehrzweckhalle	1.Ebene	BW	N12	240
5100-0081	Mehrzweckhalle, Aula	3.Ebene	HH	N13	390
5100-0083	Sporthalle (Zweifeldhalle)	1.Ebene	RP	N12	246
5100-0084	Sporthalle (Einfeldhalle)	1.Ebene	BY	N12	252
5100-0085	Sporthalle (Einfeldhalle)	1.Ebene	HE	N12	258
5100-0086	Sport- und Schwimmhalle	1.Ebene	HE	N12	264
5100-0088	Sporthalle (Einfeldhalle) mit Schulbühne	1.Ebene	BY	N12	270

Objekt-Nr.	Objekt-Bezeichnung	DIN 276	Land	BKI-Buch	Seite
5	**Sportbauten (Fortsetzung)**				
5100-0089	Mehrzweckhalle (Dreifeldhalle) mit Mensa	1.Ebene	BW	N12	276
5100-0090	Sportzentrum (Einfeldhalle)	1.Ebene	NI	N12	282
5100-0091	Sporthalle (Einfeldhalle)	1.Ebene	NI	N13	398
5100-0092	Sporthalle (Dreifeldhalle)	3.Ebene	RP	N15	250
5100-0094	Offene Ballsporthalle	1.Ebene	NW	N13	404
5100-0095	Sporthalle (Zweifeldhalle)	1.Ebene	BW	N13	410
5100-0096	Sporthalle (Zweifeldhalle)	1.Ebene	SH	N13	416
5100-0097	Sporthalle (Dreifeldhalle), Mehrzweckraum	1.Ebene	HH	N13	422
5100-0098	Sporthalle (Zweifeldhalle), Mehrzweckraum	1.Ebene	ST	N13	428
5100-0100	Mehrzweckhalle (Dreifeldhalle)	1.Ebene	HE	N13	434
5100-0102	Sporthalle (Dreifeldhalle)	1.Ebene	SL	N15	262
5100-0103	Sporthalle (Einfeldhalle)	1.Ebene	SN	N15	268
5100-0104	Sporthalle (Dreifeldhalle), Therapiebereich	1.Ebene	BW	N15	274
5100-0105	Sporthalle (Zweifeldhalle)	1.Ebene	BY	N15	280
5100-0108	Sporthalle (Zweifeldhalle)	1.Ebene	BY	N15	286
5100-0110	Sporthalle (Einfeldhalle) - Passivhaus	1.Ebene	NI	N15	292
5100-0111	Sporthalle (Dreifeldhalle)	1.Ebene	HH	N15	298
5100-0112	Sporthalle	1.Ebene	NI	N15	304
5200-0004	Thermalbad, Kurmittelabteilung	1.Ebene	BY	N1	208
5200-0005	Hallenbad	1.Ebene	SN	N2	150
5200-0006	Erlebnis- und Sportbad	1.Ebene	TH	N4	110
5200-0008	Erlebnis- und Sportbad	1.Ebene	TH	N11	252
5200-0009	Hallenbad, Umkleiden für Freibad	1.Ebene	NW	N11	258
5200-0010	Sportbad	1.Ebene	ST	N11	264
5200-0011	Schwimmhalle	2.Ebene	SN	N13	440
5300-0003	Clubgebäude Segelverein	3.Ebene	BY	N1	212
5300-0006	Bootsverleih mit Büro, Kiosk	2.Ebene	BW	N6	104
5300-0007	Caddy-/Maschinenhaus, Waschplatz	3.Ebene	BW	N9	194
5300-0010	Hafenmeisterei	1.Ebene	MV	N10	258
5300-0011	Tribüne mit Überdachung	1.Ebene	HE	N12	288
5300-0012	Seebadeanstalt, Gastronomie	1.Ebene	SH	N13	446
5300-0013	Sport- und Vereinsheim	1.Ebene	NI	N15	310
5300-0014	Sanitär- und Umkleidegebäude	1.Ebene	SH	N15	316
5600-0001	Reithalle	2.Ebene	ST	N6	112
5600-0005	Gemeinschaftshaus	3.Ebene	NI	N11	270
5600-0006	Kanubootshaus	1.Ebene	ST	N12	294
5600-0007	Wassersportzentrum	1.Ebene	BE	N12	300
5600-0009	Diskus-Wurfhaus	1.Ebene	NW	N13	452
6	**Wohngebäude**				
6100-0166	Einfamilienhaus	1.Ebene	NW	N3	190
6100-0171	Einfamilienhaus	1.Ebene	NW	N1	224
6100-0172	Einfamilienhaus, Carport	1.Ebene	NW	N1	228
6100-0173	Einfamilienhaus	1.Ebene	NW	N1	232
6100-0174	Einfamilienhaus	1.Ebene	NW	N1	236
6100-0175	Einfamilienhaus, Carport	1.Ebene	NW	N1	240
6100-0176	Einfamilienreihenhaus (3 WE)	1.Ebene	NW	N1	244
6100-0177	Mehrfamilienhaus (24 WE)	1.Ebene	SH	N1	248
6100-0178	Zweifamilienhaus	1.Ebene	SH	N1	252
6100-0179	Mehrfamilienhaus (32 WE)	1.Ebene	HB	N1	256
6100-0180	Mehrfamilienhaus (4 WE)	1.Ebene	BW	N1	260
6100-0181	Mehrfamilienhaus (6 WE)	1.Ebene	BW	N1	264

Objekt-Nr.	Objekt-Bezeichnung	DIN 276	Land	BKI-Buch	Seite
6	**Wohngebäude (Fortsetzung)**				
6100-0182	Mehrfamilienhaus (120 WE)	1.Ebene	NW	N1	268
6100-0183	Wohnhaus (2 WE), Arztpraxis	1.Ebene	NI	N1	272
6100-0184	Mehrfamilienhaus (27 WE)	1.Ebene	NI	N1	276
6100-0185	Einfamilienhaus	1.Ebene	BY	N1	280
6100-0186	Dachgeschossausbau	1.Ebene	BE	N1	284
6100-0187	Einfamilienreihenhäuser (6 WE)	1.Ebene	NW	N1	288
6100-0188	Mehrfamilienhaus (41 WE)	1.Ebene	NW	N1	292
6100-0189	Wohn- und Geschäftshaus (15 WE)	1.Ebene	MV	N1	296
6100-0190	Einfamilienhaus, Carport	1.Ebene	NW	N1	300
6100-0191	Mehrfamilienhaus (20 WE)	1.Ebene	SH	N1	304
6100-0192	Einfamilienreihenhäuser (5 WE)	1.Ebene	NW	N1	308
6100-0193	Mehrfamilienhaus (30 WE)	1.Ebene	NW	N1	312
6100-0194	Mehrfamilienhaus (33 WE)	1.Ebene	NW	N1	316
6100-0195	Mehrfamilienhaus (66 WE)	1.Ebene	NW	N1	320
6100-0196	Mehrfamilienhaus (48 WE)	1.Ebene	NW	N1	324
6100-0197	Einfamilienhaus	1.Ebene	TH	N1	328
6100-0198	Mehrfamilienhaus (3 WE)	1.Ebene	BW	N1	332
6100-0199	Einfamilienhaus	1.Ebene	RP	N1	336
6100-0200	Mehrfamilienhaus (7 WE)	1.Ebene	NI	N1	340
6100-0201	Einfamilienhaus, Doppelgarage	1.Ebene	ST	N1	344
6100-0202	Wohnhaus (2 WE), Umnutzung	1.Ebene	MV	N1	348
6100-0203	Mehrfamilienhaus (2 WE)	1.Ebene	NW	N1	352
6100-0204	Einfamilienreihenhaus (1 WE)	1.Ebene	NW	N1	356
6100-0205	Einfamilienhaus	1.Ebene	NI	N1	360
6100-0206	Mehrfamilienhaus (131 WE)	1.Ebene	NW	N1	364
6100-0207	Wohnhaus (7 WE), Arztpraxis	1.Ebene	MV	N1	368
6100-0208	3 Mehrfamilienhäuser (108 WE)	1.Ebene	NI	N1	372
6100-0209	Einfamilienhaus - Niedrigenergie	1.Ebene	BW	N1	376
6100-0210	Einfamilienhaus - Niedrigenergie	1.Ebene	BW	N1	380
6100-0211	Wohnhaus (4 WE), barrierefrei	1.Ebene	BE	N1	384
6100-0212	Doppelhaushälfte, Holzrahmenbau	4.Ebene	BW	N1	388
6100-0213	Mehrfamilienhaus (6 WE)	4.Ebene	BY	N1	400
6100-0214	Einfamilienhaus - Niedrigenergie	3.Ebene	BW	N1	412
6100-0215	Wohn- und Geschäftshaus (23 WE),TG	3.Ebene	SN	N1	424
6100-0216	Stadthaus (11 WE), 1 Laden	3.Ebene	BW	N1	438
6100-0217	Mehrfamilienhaus (6 WE), TG	4.Ebene	HE	N2	156
6100-0218	Hausmeisterhaus Begegnungszentrum	3.Ebene	BW	N2	168
6100-0219	Mehrfamilienhaus (6WE), Doppelgarage	3.Ebene	HE	N2	180
6100-0221	Mehrfamilienhaus (9WE), TG	4.Ebene	HE	N2	192
6100-0222	Altenwohnanlage, Pflegestation	3.Ebene	ST	N2	204
6100-0223	Einfamilienhaus, ELW	1.Ebene	BW	N2	216
6100-0224	Mehrfamilienhaus (21 WE)	1.Ebene	TH	N2	220
6100-0225	Einfamilienhaus, ELW	1.Ebene	ST	N2	224
6100-0226	Mehrfamilienhaus (3 WE), Arztpraxis	1.Ebene	TH	N2	228
6100-0229	Mehrfamilienhaus (12 WE)	1.Ebene	RP	N2	232
6100-0230	Mehrfamilienhaus (6 WE)	1.Ebene	RP	N2	236
6100-0231	Mehrfamilienhaus (30 WE), TG	1.Ebene	RP	N2	240
6100-0234	Einfamilienhaus, ELW	1.Ebene	HE	N2	244
6100-0236	Einfamilienhaus, Carport	1.Ebene	HE	N2	248
6100-0237	Einfamilienhaus	1.Ebene	NI	N2	252
6100-0239	Mehrfamilienhaus (18 WE)	1.Ebene	BW	N2	256

Objekt-Nr.	Objekt-Bezeichnung	DIN 276	Land	BKI-Buch	Seite
6	**Wohngebäude (Fortsetzung)**				
6100-0240	Wohnanlage (78 WE), TG (54 STP)	1.Ebene	SH	N2	260
6100-0241	Mehrfamilienhaus (9 WE)	1.Ebene	HB	N2	264
6100-0242	Mehrfamilienhaus (47 WE), Sozialstation	1.Ebene	HB	N2	268
6100-0243	Wohnanlage (63 WE) (56 STP)	1.Ebene	SH	N2	272
6100-0244	Wohn- und Geschäftshaus	1.Ebene	MV	N2	276
6100-0245	5 Mehrfamilienhäuser (34 WE), TG	1.Ebene	NW	N2	280
6100-0246	Wohnanlage (273 WE), TG (116 STP)	1.Ebene	BE	N2	284
6100-0247	Einfamilienhaus, ELW,	1.Ebene	BY	N2	288
6100-0248	Zweifamilienhaus	3.Ebene	RP	N3	196
6100-0249	Einfamilienhaus, Garage	1.Ebene	BW	N3	208
6100-0251	Mehrfamilienhäuser	1.Ebene	RP	N3	214
6100-0252	Einfamilienhaus, Praxis	1.Ebene	HE	N4	116
6100-0255	Einfamilienhäuser	3.Ebene	NI	N3	220
6100-0257	Mehrfamilienhaus (3 WE)	1.Ebene	HE	N3	232
6100-0260	Einfamilienhaus, Garage	1.Ebene	NW	N3	238
6100-0263	Einfamilienhaus, Carport	1.Ebene	HE	N3	244
6100-0265	Einfamilienhaus, Holzrahmenbau	1.Ebene	BY	N3	250
6100-0266	Mehrfamilienhaus (11 WE)	1.Ebene	BW	N3	256
6100-0267	Mehrfamilienhaus (4 WE)	1.Ebene	HB	N3	262
6100-0268	Einfamilienhaus	1.Ebene	NW	N3	268
6100-0271	Einfamilienhaus, Holzrahmenbau	1.Ebene	BY	N3	274
6100-0272	Doppelhaushälfte	1.Ebene	BW	N3	280
6100-0273	Doppelhaus (2 WE)	1.Ebene	HH	N3	286
6100-0274	Einfamilienhaus	3.Ebene	TH	N3	292
6100-0277	Einfamilienhaus, Doppelgarage	1.Ebene	NI	N3	304
6100-0283	Einfamilienhaus, Garage	1.Ebene	SN	N3	310
6100-0284	Einfamilienhaus	1.Ebene	NW	N4	122
6100-0285	Einfamilienhaus	1.Ebene	NW	N3	316
6100-0286	Einfamilienhaus, Garage	1.Ebene	NW	N3	322
6100-0289	Wohnhaus (1 WE), 2 Büros, Garage	1.Ebene	NW	N3	328
6100-0291	Mehrfamilienhaus (4 WE)	1.Ebene	BW	N3	334
6100-0292	Einfamilienhaus	1.Ebene	NI	N3	340
6100-0293	Mehrfamilienhaus (3 WE)	3.Ebene	BY	N3	346
6100-0294	Mehrfamilienhaus (3 WE)	1.Ebene	BE	N3	360
6100-0297	Einfamilienhaus, Wintergarten	1.Ebene	SL	N3	366
6100-0298	Einfamilienhaus	1.Ebene	SL	N3	372
6100-0299	Mehrfamilienhaus (6 WE)	1.Ebene	SN	N3	378
6100-0309	Mehrfamilienhaus (33 WE)	3.Ebene	TH	N5	74
6100-0310	Zweifamilienhaus, Holzbauweise	3.Ebene	TH	N5	84
6100-0315	Zweifamilienhaus, 2 Garagen	1.Ebene	RP	N3	384
6100-0322	Reihenhäuser (22 WE)	1.Ebene	NW	N4	128
6100-0323	Doppelhaus (2 WE)	3.Ebene	TH	N3	390
6100-0326	Doppelhaushälfte, Holzrahmenbau	1.Ebene	BY	N4	134
6100-0327	Einfamilienhaus, Holzrahmenbau	3.Ebene	BY	N3	402
6100-0328	Einfamilienhaus, ELW, Schwimmbad	3.Ebene	RP	N5	94
6100-0329	Einfamilienhaus, Holzrahmenbau	1.Ebene	BW	N4	140
6100-0330	Einfamilienhaus	1.Ebene	SL	N4	146
6100-0331	Einfamilienhaus	1.Ebene	SL	N4	152
6100-0332	Einfamilienhaus	1.Ebene	SL	N4	158
6100-0333	Einfamilienhaus	1.Ebene	SN	N4	164
6100-0334	Mehrfamilienhaus (3 WE)	2.Ebene	BW	N3	416

Objekt-Nr.	Objekt-Bezeichnung	DIN 276	Land	BKI-Buch	Seite
6	**Wohngebäude (Fortsetzung)**				
6100-0336	Einfamilienhaus, Holzständerbau	3.Ebene	HE	N3	424
6100-0337	Wohnhaus (4 WE), 4 Praxen	3.Ebene	BW	N3	436
6100-0338	Reihenmittelhaus (1 WE)	2.Ebene	BW	N3	448
6100-0340	Reihenendhaus (1 WE)	2.Ebene	BW	N3	456
6100-0341	Mehrfamilienhaus (2x6 WE)	1.Ebene	SN	N4	170
6100-0342	Reihenhäuser (8 WE)	1.Ebene	NW	N4	176
6100-0347	Einfamilienhaus	1.Ebene	SN	N4	182
6100-0348	Mehrfamilienhaus (3 WE)	4.Ebene	HE	N5	106
6100-0350	Einfamilienhaus, Doppelgarage	1.Ebene	TH	N4	188
6100-0351	Einfamilienhaus, Garage	1.Ebene	TH	N4	194
6100-0352	Reihenhaus	1.Ebene	TH	N4	200
6100-0353	Mehrfamilienhaus (45 WE), TG (82P)	1.Ebene	TH	N4	206
6100-0355	Mehrfamilienhäuser (12 WE)	1.Ebene	NW	N4	212
6100-0356	Wohn- und Geschäftshaus (8 WE), TG	1.Ebene	BW	N4	218
6100-0361	EFH, Apartment über 2 Garagen	3.Ebene	RP	N5	118
6100-0362	Servicewohnanlage (19 WE)	1.Ebene	NW	N4	22
6100-0363	Wohnhaus (4 WE), barrierefrei	1.Ebene	NW	N4	230
6100-0371	Mehrfamilienhäuser (32WE)	1.Ebene	NW	N4	236
6100-0378	Einfamilienhaus, Carport	1.Ebene	BW	N4	242
6100-0379	Mehrfamilienhaus (8 WE), TG	3.Ebene	TH	N6/N14	122/38
6100-0382	Einfamilienhaus	1.Ebene	BE	N4	248
6100-0383	Mehrfamilienhaus (9WE), Garage	3.Ebene	BW	N5/N14	128/50
6100-0388	2 Mehrfamilienhäuser (2x11 WE)	3.Ebene	TH	N5/N14	138/338
6100-0396	Einfamilienhaus	1.Ebene	TH	N4	254
6100-0401	Mehrfamilienhaus (4 WE)	4.Ebene	BY	N5	148
6100-0404	Einfamilienhaus, Wintergarten	1.Ebene	BW	N4	260
6100-0416	Einfamilienhaus	4.Ebene	TH	N5	158
6100-0419	Einfamilienhaus, Holzrahmenbau	4.Ebene	TH	N5	168
6100-0420	Seniorenwohnungen (18WE)	2.Ebene	BB	N5	178
6100-0421	Einfamilienhaus	1.Ebene	NI	N4	266
6100-0425	Einfamilienhaus, Holzrahmenbau	3.Ebene	TH	N5	186
6100-0428	Mehrfamilienhaus (4 WE)	1.Ebene	BW	N5	196
6100-0437	Reihenmittelhaus	3.Ebene	BW	N4	272
6100-0440	Reiheneckhaus	3.Ebene	BW	N4	280
6100-0441	Seniorenwohnanlage	3.Ebene	B	N9	202
6100-0442	Einfamilienhaus, Holzrahmenbau	4.Ebene	TH	N5	202
6100-0445	Einfamilienhaus	4.Ebene	BY	N5	212
6100-0446	Einfamilienhaus, Holzrahmenbau	3.Ebene	SN	N6	134
6100-0447	Einfamilienhaus - Passivhaus	4.Ebene	ST	N6	144
6100-0448	Einfamilienhaus, Holzrahmenbau	3.Ebene	BB	N6	156
6100-0450	Einfamilienhaus	3.Ebene	TH	N6	166
6100-0453	Mehrfamilienhaus (11WE) - Passivhaus	1.Ebene	NW	N6	176
6100-0466	Wohn- und Geschäftshaus (27 WE)	1.Ebene	BW	N5	224
6100-0470	Doppelhaus (2 WE)	4.Ebene	BY	N7	144
6100-0476	Doppelhaushälfte, Holzrahmenbau	3.Ebene	NI	N6	182
6100-0478	Einfamilienhaus - Niedrigenergie	3.Ebene	NI	N6	194
6100-0479	Wohnhaus (27 WE), Kindertagesstätte	3.Ebene	RP	N6	206
6100-0484	Atriumhaus (1 WE)	3.Ebene	TH	N6	216
6100-0485	Einfamilienhaus	4.Ebene	NW	N6	228
6100-0487	Wohn- und Bürogebäude (1 WE)	4.Ebene	NW	N6	238
6100-0491	Doppelhaushälfte, Holzrahmenbau	3.Ebene	NI	N6	248

Objekt-Nr.	Objekt-Bezeichnung	DIN 276	Land	BKI-Buch	Seite
6	**Wohngebäude (Fortsetzung)**				
6100-0492	Einfamilienhaus	3.Ebene	k.A.	N9	208
6100-0494	Doppelhaus	3.Ebene	HE	N9	214
6100-0495	Einfamilienhaus, Holzrahmenbau	3.Ebene	HE	N7	152
6100-0499	Wohnanlage (26 WE)	3.Ebene	TH	N7	160
6100-0501	Wohn- und Geschäftshaus (42 WE)	2.Ebene	BW	N6	260
6100-0502	Einfamilienhaus, barrierefrei	2.Ebene	BW	N7	168
6100-0503	Seniorenwohnanlage	3.Ebene	SN	N9	220
6100-0504	Einfamilienhaus	4.Ebene	HE	N7	176
6100-0513	Wohnhaus (2 WE)	4.Ebene	BY	N9	226
6100-0515	Wohnanlage (16 WE), TG (17 STP)	2.Ebene	BW	N7/N14	184/60
6100-0517	Einfamilienhaus, Carport	2.Ebene	BW	N7	194
6100-0522	Mehrfamilienhaus (4 WE), Carport	4.Ebene	BY	N6	270
6100-0523	Einfamilienhaus - Passivhaus	2.Ebene	BW	N7	202
6100-0526	Zweifamilienhaus	3.Ebene	BW	N7	210
6100-0528	Einfamilienhaus, Garage	2.Ebene	BW	N7	218
6100-0529	Einfamilienhaus	4.Ebene	BE	N6	280
6100-0530	Mehrfamilienhaus (6 WE)	3.Ebene	BW	N6	290
6100-0531	Einfamilienhaus, Garage	4.Ebene	BW	N6	300
6100-0533	Reihenhäuser (3 WE)	4.Ebene	BW	N7	226
6100-0535	Einfamilienhaus mit Garage	3.Ebene	BW	N7	234
6100-0536	Einfamilienhaus mit Garage	3.Ebene	BW	N9	232
6100-0538	Einfamilienhaus mit Musikzimmer	3.Ebene	BY	N7	242
6100-0539	Doppelhäuser	3.Ebene	BW	N10	264
6100-0540	Einfamilienhaus, Carport	3.Ebene	NI	N7	250
6100-0541	Mehrfamilienhaus (6 WE)	4.Ebene	BW	N6	310
6100-0542	Reihenmittelhaus	3.Ebene	BW	N10	270
6100-0543	Einfamilienhaus	4.Ebene	BW	N7	258
6100-0545	Doppelhaushälfte, Holzbau - KfW 40	3.Ebene	BY	N7	266
6100-0547	Einfamilienhaus	4.Ebene	HE	N6	322
6100-0549	Doppelhaushälfte, Holzbau - KfW 60	3.Ebene	BY	N7	274
6100-0550	Doppelhaushälfte, Holzbau	3.Ebene	BW	N8	130
6100-0552	Reiheneckhaus, Holzbau	3.Ebene	HE	N9	238
6100-0556	Reihenmittelhaus, Holzbau	3.Ebene	HE	N8	138
6100-0557	Einfamilienhaus	3.Ebene	MV	N9	244
6100-0559	Einfamilienhaus am Hang	4.Ebene	BY	N8	146
6100-0561	Mehrfamilienhaus (11 WE)	4.Ebene	BW	N7/N14	282/70
6100-0562	Einfamilienhaus	3.Ebene	ST	N7	290
6100-0563	Mehrfamilienhaus (5 WE)	3.Ebene	HE	N10	276
6100-0564	Einfamilienhaus, barrierefrei	3.Ebene	ST	N7	298
6100-0565	Einfamilienhaus	4.Ebene	NI	N7	306
6100-0566	Mehrfamilienhaus (3 WE)	4.Ebene	HE	N8	154
6100-0567	Einfamilienhaus	3.Ebene	MV	N7	314
6100-0569	Einfamilienhaus, Doppelgarage	4.Ebene	NW	N8	164
6100-0570	Zweifamilienhaus	4.Ebene	BE	N8	172
6100-0571	Einfamilienhaus, Passivhaus	3.Ebene	BW	N9	250
6100-0572	Einfamilienhaus mit ELW	3.Ebene	HE	N8	182
6100-0573	Mehrfamilienhaus (7 WE), TG	4.Ebene	BY	N8/N14	190/82
6100-0575	Einfamilienhaus, Passivhaus	3.Ebene	BW	N9	256
6100-0578	Wohnungen (10 WE), Schaukäserei	3.Ebene	BW	N9	262
6100-0581	Einfamilienhaus mit Carport	3.Ebene	BY	N9	268
6100-0582	Mehrfamilienhaus (10 WE), Baulücke	4.Ebene	HH	N8/N14	198/92

Objekt-Nr.	Objekt-Bezeichnung	DIN 276	Land	BKI-Buch	Seite
6	**Wohngebäude (Fortsetzung)**				
6100-0587	Einfamilienhaus, Passivhaus	3.Ebene	BY	N8	208
6100-0595	Doppelhaushälfte, Lehmhaus - KfW 40	3.Ebene	BE	N8	218
6100-0600	Doppelhaushälfte - KfW 40	3.Ebene	HE	N8	226
6100-0604	Mehrfamilienhaus (3 WE)	3.Ebene	BW	N8	234
6100-0607	Zweifamilienhaus	4.Ebene	ST	N8	242
6100-0610	Doppelhaushälfte, Lehmhaus - KfW 40	1.Ebene	BE	N8	250
6100-0613	Doppelhaushälfte mit Garage	3.Ebene	NW	N9	274
6100-0614	Einfamilienhaus, Doppelgarage	4.Ebene	NW	N8	256
6100-0615	Einfamilienhaus	3.Ebene	HE	N9	280
6100-0617	Wohn- und Bürogebäude	3.Ebene	NW	N9	286
6100-0618	Wohn- und Geschäftshaus (6 WE)	3.Ebene	BW	N9	292
6100-0619	Wohn- und Geschäftshaus (11 WE)	3.Ebene	BW	N9	298
6100-0622	Atelierhaus, Studios, Wohnungen	3.Ebene	BY	N9	304
6100-0623	8 Reihenhäuser, Passivhaus	3.Ebene	BW	N9	310
6100-0625	Einfamilienhaus, Passivhaus	3.Ebene	ST	N9	316
6100-0626	Mehrgenerationen-Wohnanlage (30 WE)	3.Ebene	TH	N9/N14	322/348
6100-0627	Einfamilienhaus, Passivhaus	1.Ebene	RP	N9	328
6100-0628	Mehrfamilienhaus (18 WE), TG	4.Ebene	NW	N10/N14	282/104
6100-0629	Mehrfamilienhaus (50 WE)	3.Ebene	BY	N9/N14	334/358
6100-0630	Mehrfamilienhaus (4 WE)	3.Ebene	NW	N9	340
6100-0632	Einfamilienhaus, 3-Liter-Haus	2.Ebene	NW	N9	346
6100-0633	Mehrfamilienhaus (20 WE), TG - Passivhaus	3.Ebene	BW	N9/N14	352/502
6100-0636	Einfamilienhaus, Passivhaus	3.Ebene	HB	N9	358
6100-0639	Mehrfamilienhaus (4 WE)	4.Ebene	NI	N9	364
6100-0640	Einfamilienhaus - KfW 40	4.Ebene	HH	N9	370
6100-0643	Einfamilienhaus	1.Ebene	TH	N9	376
6100-0644	Seniorenwohnanlage	1.Ebene	BW	N9	382
6100-0647	Einfamilienhaus	1.Ebene	TH	N9	388
6100-0649	Einfamilienhaus	4.Ebene	BW	N9	394
6100-0650	Zweifamilienhaus - Passivhaus	1.Ebene	NW	N9	400
6100-0651	Einfamilienhaus	1.Ebene	TH	N9	406
6100-0653	Einfamilienhaus - Plusenergiehaus	3.Ebene	BY	N9	412
6100-0654	Einfamilienhaus	1.Ebene	TH	N9	418
6100-0655	Einfamilienhaus - Passivhaus	1.Ebene	NW	N9	424
6100-0656	Einfamilienhaus	1.Ebene	NW	N9	430
6100-0657	Einfamilienhaus	1.Ebene	TH	N9	436
6100-0659	Acht Mehrfamilienhäuser (45 WE)	4.Ebene	TH	N10/N14	288/368
6100-0661	Einfamilienhaus	1.Ebene	TH	N9	442
6100-0662	Einfamilienhaus	3.Ebene	HE	N10	294
6100-0664	Einfamilienhaus	1.Ebene	TH	N9	448
6100-0665	Einfamilienhaus mit Einliegerwohnung	1.Ebene	BW	N9	454
6100-0666	Einfamilienhaus mit Einliegerwohnung	1.Ebene	BW	N9	460
6100-0667	Einfamilienhaus	1.Ebene	TH	N9	466
6100-0669	Einfamilienhaus	4.Ebene	NW	N9	472
6100-0670	Einfamilienhaus mit Büro	1.Ebene	NW	N9	478
6100-0671	Einfamilienhaus	1.Ebene	TH	N9	484
6100-0672	Einfamilienhaus	3.Ebene	NW	N10	300
6100-0675	Einfamilienhaus mit Einliegerwohnung	1.Ebene	BW	N9	490
6100-0676	Einfamilienhaus - KfW 60	4.Ebene	BY	N9	496
6100-0677	Mehrfamilienhaus (25 WE)	4.Ebene	TH	N10/N14	306/380
6100-0678	Einfamilienhaus mit Garage	4.Ebene	BW	N9	502

Objekt-Nr.	Objekt-Bezeichnung	DIN 276	Land	BKI-Buch	Seite
6	**Wohngebäude (Fortsetzung)**				
6100-0679	Einfamilienhaus mit Garage - Passivhaus	1.Ebene	NW	N9	508
6100-0680	Einfamilienhaus mit Carport - Passivhaus	1.Ebene	BW	N9	514
6100-0683	Mehrfamilienhaus (7 WE) - Passivhaus	3.Ebene	BW	N14	512
6100-0684	8 Reihenhäuser - KfW 40	1.Ebene	BW	N9	520
6100-0687	2 Mehrfamilienhäuser mit 14 Wohneinheiten	1.Ebene	NW	N9/N14	526/114
6100-0688	Reiheneckhaus mit Wärmepumpe	1.Ebene	SN	N9	532
6100-0689	Reiheneckhaus mit Gas-Brennwertanlage	1.Ebene	SN	N9	538
6100-0690	Reihenmittelhaus mit Wärmepumpe	1.Ebene	SN	N9	544
6100-0691	Reihenmittelhaus mit Gas-Brennwertanlage	1.Ebene	SN	N9	550
6100-0692	Einfamilienhaus	1.Ebene	BW	N9	556
6100-0693	Mehrfamilienhaus (18 WE)	4.Ebene	BW	N10/N14	312/120
6100-0696	Einfamilienhaus	3.Ebene	BY	N11	278
6100-0697	Einfamilienhaus	4.Ebene	BB	N10	318
6100-0698	Mehrfamilienhaus (4 WE)	1.Ebene	NW	N10	324
6100-0699	Einfamilienhaus	1.Ebene	NW	N10	330
6100-0700	Mehrfamilienhaus (6 WE)	1.Ebene	NW	N10	336
6100-0701	Mehrfamilienhaus (8 WE)	1.Ebene	NW	N10/N14	342/132
6100-0702	Mehrfamilienhaus (3 WE)	1.Ebene	NW	N10	348
6100-0703	Einfamilienhaus, Garage	1.Ebene	BB	N10	354
6100-0705	Mehrfamilienwohnhaus (14 WE) Tiefgarage (16 STP)	3.Ebene	BW	N11/N14	284/138
6100-0706	Mehrfamilienhaus (8 WE) Tiefgarage (8 STP)	3.Ebene	BW	N11/N14	290/148
6100-0707	Mehrfamilienhaus (6+6 WE) Tiefgarage	3.Ebene	BW	N11/N14	296/158
6100-0709	Mehrfamilienhaus (40 WE)	1.Ebene	NW	N10/N14	360/392
6100-0710	Reihenhäuser (4 WE)	1.Ebene	NW	N10	366
6100-0711	Einfamilienhaus	1.Ebene	NW	N10	372
6100-0712	Einfamilienhaus	1.Ebene	NW	N10	378
6100-0718	Mehrfamilienhaus (5 WE)	4.Ebene	BY	N10	384
6100-0719	Einfamilienhaus, Lehmbau	3.Ebene	TH	N10	390
6100-0720	Einfamilienhaus, Lehmbau	3.Ebene	SN	N10	396
6100-0723	Zweifamilienhaus mit Gewerbe	1.Ebene	BY	N10	402
6100-0724	Mehrfamilienhaus (14 WE), TG (14 STP) - Passivhaus	1.Ebene	SN	N14	522
6100-0727	Betreutes Wohnen, behindertengerecht (9 WE)	3.Ebene	BW	N12	306
6100-0728	Doppelhaus	3.Ebene	BW	N12	312
6100-0730	Doppelhaushälfte, Büro	1.Ebene	BW	N10	408
6100-0732	Mehrfamilienhaus (15 WE) Tiefgarage (16 STP)	3.Ebene	BW	N12/N14	318/170
6100-0733	Einfamilienhaus	3.Ebene	NI	N11	302
6100-0735	Einfamilienhaus	1.Ebene	NW	N10	414
6100-0737	Seniorenwohnungen (9 WE)	1.Ebene	NW	N10	420
6100-0741	Einfamilienhaus	1.Ebene	HE	N10	426
6100-0746	Einfamilienhaus	4.Ebene	SN	N10	432
6100-0747	Einfamilienhaus Einliegerwohnung	3.Ebene	SN	N11	308
6100-0748	Einfamilienhaus	3.Ebene	BB	N11	314
6100-0749	Wohn- und Geschäftshaus (20 WE)	1.Ebene	SL	N10	438
6100-0750	Einfamilienhaus, Einliegerwohnung	3.Ebene	BW	N12	324
6100-0755	Einfamilienhaus	1.Ebene	SL	N11	320
6100-0767	Mehrfamilienhaus (4 WE) - Passivhaus	3.Ebene	BY	N14	528
6100-0788	Betreutes Wohnen (43 WE)	1.Ebene	MV	N10/N14	444/398
6100-0795	Mehrfamilienhaus (30 WE) - Passivhaus	3.Ebene	HH	N14	538
6100-0797	Mehrfamilienhaus (23 WE), TG (23 STP) - Passivhaus	1.Ebene	BW	N14	550
6100-0800	Mehrfamilienhaus (10 WE) - KfW 40, TG (10 STP)	1.Ebene	HH	N14	182
6100-0806	Mehrfamilienhaus (19 WE) - Passivhaus	1.Ebene	BE	N14	556

Objekt-Nr.	Objekt-Bezeichnung	DIN 276	Land	BKI-Buch	Seite
6	**Wohngebäude (Fortsetzung)**				
6100-0812	Mehrfamilienhaus-Villa (5 WE)	1.Ebene	HE	N10	450
6100-0815	Mehrfamilienhaus (4 WE)	4.Ebene	BW	N11	326
6100-0818	Wohnhaus (3 WE), Büro	1.Ebene	NW	N10	456
6100-0819	Einfamilienhaus	1.Ebene	BB	N10	462
6100-0820	Einfamilienhaus	1.Ebene	TH	N10	468
6100-0822	Einfamilienhaus	3.Ebene	NI	N11	332
6100-0823	Einfamilienhaus	1.Ebene	SN	N10	474
6100-0826	Wohn- und Geschäftshaus (18 WE)	1.Ebene	HE	N10	480
6100-0829	Einfamilienhaus	1.Ebene	BE	N10	486
6100-0831	Einfamilienhaus, Garage	1.Ebene	NW	N10	492
6100-0833	Einfamilienhaus	1.Ebene	BW	N11	338
6100-0834	Einfamilienhaus KfW 40	1.Ebene	NW	N11	344
6100-0835	Einfamilienhaus, Garage	1.Ebene	BB	N10	498
6100-0837	Mehrfamilienhaus (44 WE) - Passivhaus	1.Ebene	HE	N14	562
6100-0838	Wohn- und Geschäftshaus (4 WE)	1.Ebene	HE	N10	504
6100-0839	Mehrfamilienhaus (28 WE) - KfW 40, TG (22 STP)	1.Ebene	HE	N14	404
6100-0841	Seniorenwohnungen (22 WE)	1.Ebene	NW	N11	350
6100-0842	Wohn- und Geschäftshaus (6 WE)	1.Ebene	BE	N10	510
6100-0843	Einfamilienhaus, Einliegerwohnung	1.Ebene	BE	N10	516
6100-0845	Reiheneckhaus	3.Ebene	SL	N11	356
6100-0846	Wohnhaus (2 WE), Tierarztpraxis	1.Ebene	RP	N11	362
6100-0852	Seniorenwohnungen (18 WE)	3.Ebene	NW	N15	322
6100-0860	Einfamilienhaus	1.Ebene	BB	N11	368
6100-0861	3 Mehrfamilienhäuser (10 WE) - KfW 60	1.Ebene	BB	N14	188
6100-0867	Doppelhaushälfte Garage	1.Ebene	NW	N11	374
6100-0869	Einfamilienhaus	1.Ebene	BB	N11	380
6100-0874	Doppelhaushälfte Garage	1.Ebene	BY	N11	386
6100-0875	Wohnhaus Einliegerwohnung Büro	1.Ebene	NW	N11	392
6100-0876	Einfamilienhaus	1.Ebene	BW	N11	398
6100-0878	Einfamilienhaus Holzbau	3.Ebene	SH	N11	404
6100-0882	Solarsiedlung - drei Passivhäuser (39 WE)	1.Ebene	NW	N14	568
6100-0887	Einfamilienhaus mit Garage	1.Ebene	BW	N11	410
6100-0891	Mehrfamilienhaus (14 WE), Tiefgarage (42 STP)	1.Ebene	BY	N11	416
6100-0893	Mehrfamilienhaus (7 WE), Tiefgarage (7 STP)	1.Ebene	BW	N11/N14	422/194
6100-0894	Einfamilienhaus	1.Ebene	BY	N11	428
6100-0898	Betreutes Wohnen, behindertengerecht (8 WE)	3.Ebene	BY	N11/N14	434/200
6100-0900	Einfamilienhaus	3.Ebene	BE	N11	440
6100-0903	Einfamilienhaus	4.Ebene	BE	N12	330
6100-0907	Einfamilienhaus Doppelgarage	1.Ebene	BW	N11	446
6100-0908	Mehrfamilienhaus (3+6 WE), Tiefgarage	3.Ebene	HH	N11/N14	452/212
6100-0911	Einfamilienhaus	1.Ebene	BY	N11	458
6100-0912	Mehrfamilienhaus (21 WE) - KfW 60	1.Ebene	BY	N14	410
6100-0914	Einfamilienhaus	3.Ebene	BY	N12	336
6100-0919	Betreutes Wohnen behindertengerecht (8 WE)	3.Ebene	BY	N11	464
6100-0929	Reihenhäuser mit 5 Ferienwohnungen	3.Ebene	ST	N11	470
6100-0930	Einfamilienhaus	1.Ebene	BB	N11	476
6100-0933	Einfamilienhaus	1.Ebene	BB	N11	482
6100-0934	Einfamilienhaus Garage	1.Ebene	NI	N11	488
6100-0935	Einfamilienhaus Garage	1.Ebene	BB	N11	494
6100-0938	Mehrfamilienhaus (9 WE), Tiefgarage (14 STP)	1.Ebene	NI	N11/N14	500/224
6100-0942	Mehrfamilienhaus (45 WE) - KfW 40	1.Ebene	HE	N14	416

Objekt-Nr.	Objekt-Bezeichnung	DIN 276	Land	BKI-Buch	Seite
6	**Wohngebäude (Fortsetzung)**				
6100-0943	Mehrfamilienhaus - KfW 40	1.Ebene	NW	N11/N14	506/230
6100-0944	Wohnhaus mit Atelier	1.Ebene	BY	N11	512
6100-0945	Seniorenwohnungen (32 WE), Tiefgarage (8 STP)	3.Ebene	NW	N12	342
6100-0949	Wohn- und Geschäftshaus (20 WE)	1.Ebene	SH	N11	518
6100-0952	Mehrfamilienhaus (7 WE)	1.Ebene	BE	N11/N14	524/236
6100-0953	Einfamilienhaus - KfW 40, Garage	1.Ebene	BW	N11	530
6100-0955	Einfamilienhaus Garage	1.Ebene	BY	N11	536
6100-0958	Mehrfamilienhaus (14 WE)	1.Ebene	MV	N11/N14	542/242
6100-0959	Mehrfamilienhaus (9 WE), Büro, Tiefgarage	1.Ebene	BY	N11	548
6100-0961	Mutter-Kind-Haus (3 WE)	1.Ebene	TH	N11	554
6100-0963	Einfamilienhaus mit Carport	1.Ebene	BY	N11	560
6100-0967	Mehrfamilienhaus (20 WE) - Passivhaus	3.Ebene	BW	N14	574
6100-0968	Mehrfamilienhaus (8 WE) - Effizienzhaus 70	1.Ebene	NW	N14	248
6100-0972	Einfamilienhaus ELW	1.Ebene	BB	N11	566
6100-0973	Zweifamilienhaus Garage	1.Ebene	BW	N11	572
6100-0977	Einfamilienhaus mit Garage	3.Ebene	RP	N12	348
6100-0982	Einfamilienhaus mit Garage	1.Ebene	NW	N12	354
6100-0987	Wohnhaus (2 WE)	1.Ebene	BY	N12	360
6100-0988	Einfamilienhaus mit Doppelgarage	1.Ebene	BY	N12	366
6100-0989	Einfamilienhaus mit Garage	1.Ebene	HE	N12	372
6100-0990	Mehrfamilienhaus (6 WE), Gaststätte	1.Ebene	TH	N12	378
6100-0991	Einfamilienhaus	3.Ebene	NW	N13	458
6100-0994	Mehrfamilienhaus (16 WE)	1.Ebene	NW	N12/N14	384/254
6100-0995	Betreutes Wohnen behindertengerecht (8 WE)	3.Ebene	BY	N11	578
6100-0997	Mehrfamilienhaus (16 WE), TG (14 STP) - Passivhaus	3.Ebene	BW	N14	586
6100-1000	Einfamilienhaus mit Doppelgarage	1.Ebene	BY	N12	390
6100-1001	Einfamilienhaus mit Doppelgarage	1.Ebene	BY	N12	396
6100-1002	Einfamilienhaus mit Doppelgarage	1.Ebene	BY	N12	402
6100-1003	Einfamilienhaus mit Doppelgarage	1.Ebene	BY	N12	408
6100-1004	Betreutes Wohnen (22 WE)	3.Ebene	TH	N13	466
6100-1005	Einfamilienhaus mit Garage	1.Ebene	TH	N12	414
6100-1007	Mehrfamilienhaus (14 WE) - Passivhaus	1.Ebene	HE	N14	598
6100-1008	Apartmenthaus (10 WE) - KfW 60	1.Ebene	NW	N12/N14	420/260
6100-1009	Mehrfamilienhaus (8 WE) - Passivhaus	1.Ebene	BW	N14	604
6100-1011	Einfamilienhaus mit Garage	1.Ebene	NW	N12	426
6100-1016	Mehrfamilienhaus (3 WE) - Passivhaus	1.Ebene	SN	N14	610
6100-1020	Einfamilienhaus KfW 40	1.Ebene	NW	N12	432
6100-1022	Einfamilienhaus, Büro, Einliegerwohnung	1.Ebene	BW	N13	474
6100-1023	Mehrfamilienhaus (24 WE), Tiefgarage (24 STP)	1.Ebene	HB	N12/N14	438/422
6100-1024	Mehrfamilienhaus Wohnanlage (92 WE)	1.Ebene	HB	N12/N14	444/428
6100-1025	Einfamilienhaus mit Praxis	1.Ebene	NW	N12	450
6100-1026	Mehrfamilienhaus (20 WE)	1.Ebene	NW	N12/N14	456/434
6100-1030	Wohnanlage (6 WE)	1.Ebene	BY	N12	462
6100-1033	Mehrfamilienhaus (21 WE) - Effizienzhaus 55, TG (22 STP)	1.Ebene	BE	N14	440
6100-1039	Einfamilienhaus mit Carport	1.Ebene	NW	N12	468
6100-1040	Einfamilienhaus mit Atelier	1.Ebene	NW	N12	474
6100-1043	Wohngebäude mit zwei Fereinwohnungen (3 WE)	1.Ebene	ST	N12	480
6100-1046	Einfamilienhaus, Doppelgarage	1.Ebene	NW	N13	480
6100-1052	Mehrfamilienhaus (20 WE) - Plusenergiehaus	3.Ebene	SH	N12	486
6100-1054	Einfamilienhaus mit Garage	1.Ebene	TH	N12	492

Objekt-Nr.	Objekt-Bezeichnung	DIN 276	Land	BKI-Buch	Seite
6	**Wohngebäude (Fortsetzung)**				
6100-1055	Mehrfamilienhaus (3 WE)	1.Ebene	TH	N12	498
6100-1060	Stadthaus (1 WE)	1.Ebene	BE	N13	486
6100-1061	Mehrfamilienhaus (12 WE), TG (15 STP) - Effizienzhaus 70	1.Ebene	SN	N14	266
6100-1062	Ferienhaus (7 WE)	1.Ebene	MV	N13	492
6100-1063	Mehrfamilienhaus (11 WE) - Passivhaus	1.Ebene	BE	N14	616
6100-1064	Stadthäuser (3 WE)	1.Ebene	BE	N13	498
6100-1066	Einfamilienhaus, Carport	1.Ebene	NI	N13	504
6100-1067	Einfamilienhaus	1.Ebene	SH	N13	510
6100-1070	Mehrfamilienhaus (10 WE) - Effizienzhaus 70	1.Ebene	NI	N14	272
6100-1072	Wohnanlage (55 WE) - Effizienzhaus 70, TG (39 STP)	1.Ebene	NW	N14	446
6100-1073	Mehrfamilienhaus (17 WE), TG (15 STP) - Effizienzhaus 70	1.Ebene	BE	N14	278
6100-1075	Mehrfamilienhaus (20 WE) - Effizienzhaus 70	1.Ebene	NW	N14	452
6100-1077	Mehrfamilienhaus (31 WE) - Effizienzhaus 55, TG (28 STP)	1.Ebene	NW	N14	458
6100-1078	Einfamilienhaus	2.Ebene	HE	N13	516
6100-1080	Einfamilienhaus, Garage	1.Ebene	SN	N13	522
6100-1081	Klimaschutzsiedlung (35 WE), TG (32 STP)	1.Ebene	NW	N14	464
6100-1084	Reihenhauswohnanlage (10 WE), TG (25 STP)	1.Ebene	NW	N13	528
6100-1085	Solarsiedlung (101 WE), TG (137 STP)	1.Ebene	NW	N14	470
6100-1087	Solarsiedlung (65 WE), TG (66 STP)	1.Ebene	NW	N14	476
6100-1088	Wochenendhaus	1.Ebene	BE	N13	534
6100-1090	Einfamilienhaus, Garage	1.Ebene	BW	N13	540
6100-1093	Zweifamilienhaus	3.Ebene	SN	N13	546
6100-1096	Einfamilienhaus, Garagen	3.Ebene	NW	N15	334
6100-1101	Doppelhaushälfte, Carport	1.Ebene	BW	N13	554
6100-1107	Mehrfamilienhäuser (13 WE), Büro, TG (17 STP)	1.Ebene	BW	N13	560
6100-1108	Mehrfamilienhaus (10 WE), TG (8 STP) - Effizienzhaus 70	1.Ebene	HH	N14	284
6100-1122	Einfamilienhaus, Garage	1.Ebene	BB	N13	566
6100-1124	Einfamilienhaus	3.Ebene	TH	N13	572
6100-1125	Einfamilienhaus, Doppelgarage	1.Ebene	TH	N13	580
6100-1128	Mehrfamilienhaus (6 WE)	1.Ebene	HH	N13	586
6100-1129	Mehrfamilienhaus (12 WE) - Effizienzhaus 70	3.Ebene	NW	N14	290
6100-1130	Mehrfamilienhaus (18 WE) - Effizienzhaus 70	3.Ebene	NW	N14	302
6100-1131	Einfamilienhaus, Carport	3.Ebene	NI	N13	592
6100-1133	Einfamilienhaus	1.Ebene	BY	N13	600
6100-1134	Mehrfamilienhaus (5 WE) - Passivhaus	3.Ebene	NW	N14	622
6100-1141	Einfamilienhaus, Garage	1.Ebene	NW	N13	606
6100-1145	Einfamilienhaus, Carport	1.Ebene	BW	N13	612
6100-1146	Mehrfamilienhaus (20 WE) - Effizienzhaus 70, TG und Bootsliegeplätze	1.Ebene	HH	N14	482
6100-1148	Einfamilienhaus, Carport, barrierefrei	1.Ebene	NI	N13	618
6100-1152	Appartementhaus (5 WE), TG (9 STP)	1.Ebene	HH	N13	624
6100-1157	Mehrfamilienhaus (12 WE), TG (16 STP) - Effizienzhaus 70	1.Ebene	ST	N14	314
6100-1158	Einfamilienhaus, Carport	1.Ebene	NW	N13	630
6100-1161	Mehrfamilienhaus (13 WE) - Effizienzhaus 70	1.Ebene	BE	N14	320
6100-1163	Mehrfamilienhaus (10 WE) - Effizienzhaus 55	1.Ebene	BE	N14	326
6100-1165	Einfamilienhaus, Garage - Effizienzhaus 70	3.Ebene	SH	N13	636

Objekt-Nr.	Objekt-Bezeichnung	DIN 276	Land	BKI-Buch	Seite
6	**Wohngebäude (Fortsetzung)**				
6100-1170	Einfamilienhaus, Doppelgarage	1.Ebene	BY	N13	644
6100-1171	Einfamilienhaus, Garage	1.Ebene	NW	N13	650
6100-1173	Wohnanlage (66 WE), TG (108 STP) - Effizienzhaus 85	3.Ebene	SH	N13/N14	656/488
6100-1176	Reihenhäuser (4 WE)	1.Ebene	HH	N13	664
6100-1183	Mehrfamilienhaus (22 WE) - Passivhaus	1.Ebene	BE	N14	632
6100-1188	Mehrfamilienhaus (17 WE), barrierefrei - Passivhaus	1.Ebene	HH	N14	638
6100-1198	Mehrfamilienhaus (17 WE), TG (17 STP)	1.Ebene	BY	N13/N14	670/332
6100-1205	Einfamilienhaus, Garage	1.Ebene	BB	N15	344
6100-1208	Doppelhaushälfte - Effizienzhaus 70	1.Ebene	BW	N15	350
6100-1218	Einfamilienhaus - Effizienzhaus 40	1.Ebene	NW	N15	356
6100-1219	Einfamilienhaus	1.Ebene	BB	N15	362
6100-1222	Wohnanlage (44 WE), TG (48 STP)	1.Ebene	HE	N15	368
6100-1226	Mehrfamilienhaus (5 WE)	1.Ebene	BB	N15	374
6100-1228	Mehrfamilienhaus (8 WE) - Passivhaus	1.Ebene	BB	N14	644
6100-1233	Wohn- und Geschäftshaus (3 WE)	1.Ebene	HH	N15	380
6100-1235	Mehrfamilienhaus (11 WE), TG (14 STP)	1.Ebene	HE	N15	386
6100-1238	Wohnhäuser (2 WE), Garage	1.Ebene	HE	N15	392
6100-1239	Mehrfamilienhaus (3 WE), TG (3 STP)	1.Ebene	HH	N15	398
6100-1245	Einfamilienhaus, Doppelgarage	1.Ebene	BY	N15	404
6100-1246	Zweifamilienhaus, Garage	1.Ebene	NW	N15	410
6100-1247	Einfamilienhaus, Carport	1.Ebene	BB	N15	416
6100-1248	Mehrfamilienhaus (23 WE), TG (31 STP)	3.Ebene	BY	N15	422
6100-1249	Mehrfamilienhaus (6 WE), TG (6 STP)	1.Ebene	BW	N15	434
6100-1250	Mehrfamilienhaus, altengerecht (29 WE)	3.Ebene	MV	N15	440
6100-1253	Wochenendhaus	1.Ebene	BB	N15	452
6100-1254	Einfamilienhaus - Effizienzhaus 55	1.Ebene	BW	N15	458
6100-1255	Reihenhäuser (4 WE)	1.Ebene	BY	N15	464
6100-1256	Doppelhaushälfte, Carport	1.Ebene	NW	N15	470
6100-1257	Einfamilienhaus, Garage - Effizienzhaus ~60%	1.Ebene	NW	N15	476
6100-1259	Doppelhaushälfte, Carport	1.Ebene	NW	N15	482
6100-1260	Einfamilienhaus - Effizienzhaus ~33%	1.Ebene	NW	N15	488
6100-1265	Einfamilienhaus, Garage	1.Ebene	NW	N15	494
6100-1266	Ferienhaus	1.Ebene	MV	N15	500
6100-1271	Zweifamilienhaus, Einliegerwohnung, Doppelgarage	1.Ebene	BW	N15	506
6100-1283	Mehrfamilienhaus (24 WE), TG (20 STP)	1.Ebene	HB	N15	512
6100-1288	Einfamilienhaus, Garage	1.Ebene	BB	N15	518
6100-1292	Mehrfamilienhäuser (12 WE)	1.Ebene	NW	N15	524
6100-1295	Einfamilienhaus	1.Ebene	NI	N15	530
6100-1296	Doppelhaus (2 WE)	1.Ebene	TH	N15	536
6100-1301	Einfamilienhaus, Garage - Effizienzhaus 85	1.Ebene	BY	N15	542
6200-0016	Wohnheim für Behinderte (18 Plätze)	1.Ebene	BE	N1	456
6200-0017	Studentenwohnanlage (64 Ap)	1.Ebene	SH	N1	452
6200-0018	Internat für Sehbehinderte, Sanierung	3.Ebene	SN	N1	460
6200-0019	Wohnen für Behinderte (16 Betten)	1.Ebene	NW	N3	464
6200-0020	Wohnanlage für Behinderte (24 Betten)	1.Ebene	NW	N3	470
6200-0021	Betreute Seniorenwohnanlage (66 WE)	4.Ebene	BW	N3	476
6200-0022	Sozialtherapeutisches Wohnheim	4.Ebene	NI	N6	332
6200-0023	Altenpflegeheim (55 Betten)	1.Ebene	ST	N4	288
6200-0024	Betreute Seniorenwohnanlage (21 WE)	4.Ebene	BW	N6	342
6200-0026	Seniorenwohnungen, Pflegeheim (30 Betten)	1.Ebene	TH	N3	490
6200-0027	Wohnheim für Behinderte (24 Plätze)	1.Ebene	SH	N5	230

Objekt-Nr.	Objekt-Bezeichnung	DIN 276	Land	BKI-Buch	Seite
6	**Wohngebäude (Fortsetzung)**				
6200-0028	Personalunterkunft, Gästehäuser (4 WE)	1.Ebene	BE	N6	354
6200-0031	Seniorenwohnungen mit Pflegebereich	3.Ebene	SN	N9	562
6200-0033	Elternhaus (15 WE)	3.Ebene	BW	N9	568
6200-0036	Alten- und Pflegeheim mit KITA	1.Ebene	BW	N9	574
6200-0037	Pflegeheim (27 Betten)	3.Ebene	NW	N11	584
6200-0041	Betreuungseinrichtung (30 Betten)	1.Ebene	RP	N11	590
6200-0042	Pflegeheim und Betreutes Wohnen	1.Ebene	BE	N11	596
6200-0043	Internat für Jugendfußballer	3.Ebene	NI	N12	504
6200-0044	Wohnheim für Menschen mit Behinderung	1.Ebene	MV	N11	602
6200-0046	Wiederaufbau einer ensemblegeschützten Studentenwohnanlage (1.052 WE)	1.Ebene	BY	N11	608
6200-0047	Studentenwohnanlage (588 WE)	1.Ebene	BY	N11	614
6200-0048	Studentenwohnanlage (545 WE)	1.Ebene	BY	N11	620
6200-0049	Schwesternwohnheim, Büros	3.Ebene	BY	N11	626
6200-0051	Pflegehospiz (12 Betten)	1.Ebene	BY	N12	510
6200-0053	Wohnheim für behinderte Menschen (24 Betten)	1.Ebene	NW	N12	516
6200-0057	Studentenwohnheim (139 Betten), TG (38 STP)	3.Ebene	BA	N15	548
6200-0058	Tagesheim für Menschen mit Behinderung (15 Plätze)	1.Ebene	BW	N12	522
6200-0059	Wohngebäude (15 WE), Tagespflegeeinrichtung (18 Plätze)	1.Ebene	NW	N13	676
6200-0060	Kinderhospiz (10 Betten)	1.Ebene	HE	N13	682
6200-0062	Seniorenwohnungen (29 WE), Arztpraxen, Pflegedienst	1.Ebene	NW	N13	688
6200-0064	Studentenwohnheim (50 Betten), Kindertagesstätte (82 Kinder)	1.Ebene	TH	N13	694
6200-0065	Vereinsheim (15 Betten)	1.Ebene	SH	N13	700
6200-0069	Wohnungen für obdachlose Menschen (14 Wohnungen, 32 Betten)	1.Ebene	BY	N15	564
6200-0070	Tagesförderstätte für behinderte Menschen (22 Pflegeplätze)	1.Ebene	SH	N15	570
6200-0071	Studentendorf (384 Studenten) - Effizienzhaus 40	1.Ebene	BE	N15	576
6200-0072	Wohnheimanlage (600 WE), TG (61 STP)	1.Ebene	HE	N15	582
6400-0029	Ev. Gemeindehaus	3.Ebene	HE	N1	474
6400-0031	Gemeindesaal, Pfarrhaus	1.Ebene	BY	N1	488
6400-0032	Pfarrzentrum	1.Ebene	BY	N1	492
6400-0033	Bürgerhaus	4.Ebene	NI	N1	496
6400-0036	Gemeinde- und Diakoniezentrum	1.Ebene	ST	N2	292
6400-0037	Gemeindezentrum, Hausmeisterwohnung	1.Ebene	BW	N2	296
6400-0038	Kirchl. Gemeindezentrum	1.Ebene	BY	N2	300
6400-0039	Pfarrhaus	1.Ebene	NW	N2	304
6400-0040	Pfarrhaus	1.Ebene	NW	N2	308
6400-0042	Kirche, Gemeinderäume	1.Ebene	RP	N3	496
6400-0045	Kinder- und Jugendhaus	3.Ebene	HE	N4	294
6400-0046	Jugendhaus	4.Ebene	NI	N4	302
6400-0047	Pfarr-, Jugendheim	1.Ebene	BY	N4	310
6400-0048	Vereinsheim	1.Ebene	NW	N4	316
6400-0053	Dorfgemeinschaftshaus	3.Ebene	BW	N9	580
6400-0056	Pfarr- und Jugendheim	3.Ebene	BY	N10	522
6400-0059	Gemeindezentrum, Pfarrhaus	3.Ebene	NW	N12	528
6400-0061	Gemeindezentrum	1.Ebene	MV	N10	528
6400-0063	Begegnungszentrum	3.Ebene	NI	N13	706
6400-0065	Begegnungszentrum, Wohnungen, Tiefgarage	1.Ebene	NW	N11	632

Objekt-Nr.	Objekt-Bezeichnung	DIN 276	Land	BKI-Buch	Seite
6	**Wohngebäude (Fortsetzung)**				
6400-0071	Gemeindehaus	3.Ebene	BW	N13	714
6400-0072	Gemeindehaus	1.Ebene	TH	N11	638
6400-0075	Gemeindehaus	1.Ebene	ST	N12	534
6400-0078	Gemeindehaus	1.Ebene	SH	N12	540
6400-0079	Gemeindezentrum	1.Ebene	HE	N13	722
6400-0081	Gemeindehaus	1.Ebene	BY	N13	728
6400-0088	Pfarrheim	1.Ebene	NW	N13	734
6400-0090	Gemeindehaus	4.Ebene	NI	N15	588
6400-0091	Pfarrhaus	1.Ebene	HH	N15	598
6400-0093	Gemeindezentrum	1.Ebene	BY	N15	604
6500-0007	Gaststätte, Wohnungen (5 WE)	1.Ebene	NI	N1	508
6500-0008	Vereinsheim	1.Ebene	NI	N1	512
6500-0009	Japanisches Restaurant	1.Ebene	HE	N1	516
6500-0010	Autobahnraststätte, Tankstelle	3.Ebene	TH	N1	520
6500-0011	Restaurant, Wohnungen (2 WE)	1.Ebene	SH	N2	312
6500-0015	Autobahnraststätte	3.Ebene	RP	N3	502
6500-0018	Restaurant	2.Ebene	BW	N6	360
6500-0019	Mensa	1.Ebene	BY	N9	586
6500-0021	Mensa	1.Ebene	RP	N9	592
6500-0022	Mensa	1.Ebene	BW	N9	598
6500-0026	Mensa	1.Ebene	NW	N11	644
6500-0027	Cafe Pavillon	1.Ebene	NW	N11	650
6500-0028	Mensa	1.Ebene	NW	N11	656
6500-0030	Mensa Klassenräume (3 St), Bibliothek	1.Ebene	SH	N11	662
6500-0031	Cafe	1.Ebene	TH	N11	668
6500-0032	Mensa	1.Ebene	HB	N12	546
6500-0033	Mensa	1.Ebene	NW	N13	740
6500-0034	Mensa mit Cafeteria, Freizeiteinrichtungen	1.Ebene	BB	N12	552
6500-0035	Mensagebäude, Hörsaal	1.Ebene	ST	N13	746
6500-0036	Mensa, Nebenräume	3.Ebene	BW	N12	558
6500-0037	Tennis-Vereinsheim mit Gaststätte	1.Ebene	BW	N12	564
6500-0038	Café	1.Ebene	NW	N13	752
6500-0040	Mensa, Multifunktionsräume	1.Ebene	RP	N13	758
6500-0041	Mensa	1.Ebene	NW	N13	764
6500-0042	Kiosk, Kanuverleih	1.Ebene	HH	N15	610
6500-0043	Mensa	1.Ebene	RP	N15	616
6600-0006	Hotel (18 Zimmer, 30 Betten)	3.Ebene	BY	N1	532
6600-0010	Jugendgästehaus (110 Betten)	1.Ebene	BY	N4	322
6600-0014	Servicegebäude Campingplatz	2.Ebene	BW	N10	534
6600-0018	Gästehaus (53 Betten)	1.Ebene	TH	N12	570
6600-0019	Jugendgästehaus (78 Betten)	1.Ebene	TH	N12	576
6600-0020	Hotel (76 Betten) Gewerbe	1.Ebene	SN	N15	622
6600-0022	Jugendgästehaus (28 Betten), Bürogebäude	3.Ebene	BB	N15	628
7	**Gewerbegebäude**				
7100-0013	Produktionshalle	1.Ebene	TH	N2	318
7100-0015	Produktions-, Lager-, Bürogebäude	1.Ebene	TH	N2	322
7100-0017	Laborgebäude, Büros	1.Ebene	ST	N3	518
7100-0018	Textilmaschinenfabrik	2.Ebene	SN	N3	524
7100-0019	Getriebefabrik, Bürotrakt	2.Ebene	SN	N3	534
7100-0020	Brauerei, Büros, Gaststätte	3.Ebene	SN	N3	542
7100-0021	Sanitärbetrieb, Büro, Ausstellung	3.Ebene	BW	N5	238

Objekt-Nr.	Objekt-Bezeichnung	DIN 276	Land	BKI-Buch	Seite
7	**Gewerbegebäude (Fortsetzung)**				
7100-0022	Produktions-, Bürogebäude	1.Ebene	BW	N5	250
7100-0023	Produktionsgebäude	4.Ebene	NW	N8	266
7100-0026	Produktions- und Montagehalle	4.Ebene	SN	N10	542
7100-0027	Produktionsgebäude	1.Ebene	k.A.	N10	548
7100-0040	Produktionshalle mit Verwaltungsbau	1.Ebene	BY	N11	674
7100-0041	Laborgebäude, Büros, Technikum	4.Ebene	NI	N11	680
7100-0042	Lager, Werkstatt- und Bürogebäude	3.Ebene	HB	N12	582
7100-0043	Produktions- und Verwaltungsgebäude	4.Ebene	BY	N12	588
7100-0044	Produktionshalle	3.Ebene	TH	N12	594
7100-0045	Produktionsgebäude mit Verwaltung	1.Ebene	BY	N12	600
7100-0049	Büro-, Labor- und Produktionsgebäude (132 AP)	1.Ebene	SN	N13	770
7100-0050	Produktions- und Bürogebäude (20 AP)	1.Ebene	NW	N13	776
7200-0020	Wohn- und Geschäftshaus (15 WE)	1.Ebene	BE	N1	546
7200-0021	Geschäftshaus	4.Ebene	BE	N1	550
7200-0022	Geschäftshaus, Apotheke	3.Ebene	HE	N1	564
7200-0024	Wohn- und Geschäftshaus	1.Ebene	BW	N2	326
7200-0025	Büro- und Geschäftshaus, Wohnen	1.Ebene	BY	N2	330
7200-0026	Wohn- und Geschäftshaus (57 WE)	1.Ebene	ST	N2	334
7200-0027	Autohaus	1.Ebene	BY	N2	338
7200-0028	Autohaus, Nutzfahrzeugbetrieb	1.Ebene	NW	N2	342
7200-0029	Büro-, Geschäftshaus	1.Ebene	BW	N2	346
7200-0030	Verbrauchermarkt	1.Ebene	BE	N3	556
7200-0031	Autohaus	1.Ebene	SN	N3	562
7200-0034	Büro- und Geschäftshaus (27 WE)	1.Ebene	BY	N3	568
7200-0037	Autohaus, Werkstatt	2.Ebene	TH	N3	574
7200-0038	Büro- und Geschäftshaus (1 WE)	1.Ebene	BY	N4	328
7200-0040	Gründerzentrum	3.Ebene	BY	N3	582
7200-0042	Autohaus, Werkstatt, Büros	1.Ebene	BY	N5	256
7200-0044	Verbrauchermarkt	1.Ebene	BY	N4	334
7200-0045	Verbrauchermarkt	3.Ebene	NI	N5	262
7200-0047	Obst- und Gemüsehandel	3.Ebene	BY	N5	272
7200-0054	Autozubehörvertrieb	4.Ebene	BY	N5	280
7200-0055	Apotheke, Arztpraxen, Wohnung (1 WE)	3.Ebene	BW	N5	290
7200-0056	Kaufhaus	1.Ebene	TH	N6	372
7200-0057	Tankstelle	3.Ebene	NW	N6	378
7200-0063	Obstverkaufshalle	3.Ebene	BY	N8	274
7200-0064	Geschäftshaus	4.Ebene	RP	N7	324
7200-0065	Verbrauchermarkt	4.Ebene	BY	N7	332
7200-0071	Autohaus mit Werkstatt	3.Ebene	BY	N11	686
7200-0073	Geschäftshaus, Wohnungen (3 WE)	1.Ebene	BW	N10	554
7200-0074	Apotheke	1.Ebene	SN	N10	560
7200-0075	Autohaus	1.Ebene	SL	N10	566
7200-0076	Verkaufs- und Ausstellungsgebäude	1.Ebene	NW	N11	692
7200-0077	Verkaufshalle, Lager	1.Ebene	BY	N11	698
7200-0082	Fachmarktzentrum	1.Ebene	NI	N12	606
7200-0083	Verbrauchermarkt	1.Ebene	BW	N12	612
7200-0085	Nahversorgungszentrum	1.Ebene	NI	N13	782
7200-0088	Baufachmarkt, Ausstellungsgebäude	1.Ebene	BY	N15	640
7200-0089	Ärzte- und Geschäftshaus, TG (22 STP)	1.Ebene	NW	N15	646
7300-0018	Werkhalle, Bürogebäude	1.Ebene	BE	N1	576
7300-0019	Bürogebäude, Lager, Werkstatt	3.Ebene	NW	N1	580

Objekt-Nr.	Objekt-Bezeichnung	DIN 276	Land	BKI-Buch	Seite
7	**Gewerbegebäude (Fortsetzung)**				
7300-0020	Vertriebsgebäude, Pressegroßhandel	3.Ebene	BW	N1	594
7300-0021	Produktionshalle Kunststoffverarbeitung	2.Ebene	NW	N1	606
7300-0022	Autolackiererei	3.Ebene	SN	N1	614
7300-0023	Großbäckerei	3.Ebene	NW	N1	626
7300-0024	Bäckerei, Sozialräume (2 Ap)	1.Ebene	BY	N2	350
7300-0025	Lagerhalle mit Bürotrakt	1.Ebene	NW	N2	354
7300-0026	Produktions-, Lagerhalle, Verwaltung	1.Ebene	NW	N2	358
7300-0027	Produktions-, Lagerhalle, Büros	1.Ebene	BE	N2	362
7300-0028	Werkstatt für Behinderte	1.Ebene	ST	N2	366
7300-0029	Lehrlingswerkstatt	1.Ebene	TH	N2	370
7300-0030	Werkstatt für Behinderte	1.Ebene	RP	N2	374
7300-0031	Logistikzentrum EDV-Haus	1.Ebene	NW	N2	378
7300-0034	Büro- und Gewerbebau	1.Ebene	BY	N3	594
7300-0035	Druckereigebäude	4.Ebene	BY	N4	340
7300-0037	Stahlbaubetrieb	4.Ebene	TH	N5	302
7300-0038	Produktions-, Bürogebäude	3.Ebene	BY	N5	314
7300-0041	Busbetriebshof, Büros, Werkstatt	4.Ebene	BW	N4	350
7300-0042	Offsetdruckerei	1.Ebene	BW	N5	326
7300-0043	Werkstatt für orthopädische Hilfen	3.Ebene	BW	N7	340
7300-0047	Bürogebäude mit Fertigungshalle	3.Ebene	BY	N6	390
7300-0050	Betriebsgebäude, Ausstellung, Büro	4.Ebene	BW	N6	402
7300-0052	Fertigungshalle	3.Ebene	BY	N7	350
7300-0053	Werkstatt, Büro, Wohnung	3.Ebene	BW	N7	358
7300-0054	Druckerei- und Geschäftsgebäude	4.Ebene	BY	N9	604
7300-0055	Montagehalle, Lager, Sozialräume	4.Ebene	BW	N8	282
7300-0056	Versandgebäude, Verwaltung	2.Ebene	BW	N8	292
7300-0057	Betriebsgebäude, Verwaltung	3.Ebene	BW	N8	300
7300-0059	Entwicklungszentrum	1.Ebene	BY	N9	610
7300-0061	Büro- und Produktionsgebäude	1.Ebene	BW	N11	704
7300-0065	Produktionsgebäude, Büros	1.Ebene	MV	N10	572
7300-0066	Verwaltungsgebäude, Werkstatt (54 AP)	3.Ebene	HB	N15	652
7300-0068	Umkleide- und Sanitärgebäude	1.Ebene	NW	N13	788
7300-0069	Kranhalle	1.Ebene	NW	N11	710
7300-0070	Produktionshalle Büros Wohnen (1 WE)	1.Ebene	BY	N11	716
7300-0071	Produktionshalle Schreinerei	1.Ebene	NW	N11	722
7300-0073	Produktions- und Bürogebäude (50 AP)	3.Ebene	NW	N13	794
7300-0075	Produktionshalle, Büro	3.Ebene	SH	N11	728
7300-0076	Büro- und Ausstellungsgebäude, Produktionshalle, Wohnung (1 WE)	1.Ebene	NW	N12	618
7300-0077	Tischlerei mit Ausstellung und Büro	1.Ebene	NI	N12	624
7300-0078	Betriebs- und Produktionsgebäude	1.Ebene	NI	N12	630
7300-0079	Produktionshalle, Lagerbereich (90 AP)	3.Ebene	BW	N13	802
7300-0080	Produktionshalle	3.Ebene	HE	N13	810
7300-0081	Werkstatt für Behinderte	1.Ebene	SL	N12	636
7300-0082	Produktionshalle mit Verwaltung	1.Ebene	HE	N12	642
7300-0083	Logistikhalle mit Büro	1.Ebene	BY	N12	648
7300-0084	Großbäckerei (Erweiterungsbau)	1.Ebene	BY	N12	654
7300-0085	Gewächshaus, Sortierhalle, Sozialgebäude (50 AP)	1.Ebene	TH	N13	818
7300-0088	Betriebsgebäude (22 AP) Helgoland	1.Ebene	SH	N15	664
7400-0002	Kartoffellagerhalle	2.Ebene	TH	N3	600
7400-0003	Landmaschinenhalle	3.Ebene	BY	N3	606

Objekt-Nr.	Objekt-Bezeichnung	DIN 276	Land	BKI-Buch	Seite
7	**Gewerbegebäude (Fortsetzung)**				
7400-0005	Fahrzeughalle	2.Ebene	ST	N6	414
7400-0006	Führanlage und Außenreitplatz	2.Ebene	ST	N6	422
7400-0007	Maschinenhalle	3.Ebene	BW	N9	616
7400-0008	Stellplatzüberdachung für Landmaschinen	1.Ebene	ST	N12	660
7500-0011	Bankzweigstelle	1.Ebene	MV	N1	640
7500-0012	Bankgebäude	3.Ebene	HE	N2	382
7500-0015	Sparkassenfiliale	1.Ebene	SN	N3	616
7500-0018	Bank, Büros, Wohnungen (2 WE)	1.Ebene	NI	N5	332
7500-0021	Bankgebäude, Wohnen (2 WE)	4.Ebene	BW	N8	308
7500-0024	Sparkassenfiliale (12 AP)	1.Ebene	NI	N15	670
7600-0023	Feuerwache, Werkstatt, Atemschutzanlagen	1.Ebene	TH	N1	644
7600-0024	Feuerwehrgebäude, Doppelgarage	1.Ebene	TH	N1	648
7600-0025	Flughafenfeuerwache	3.Ebene	BY	N2	396
7600-0026	Rettungswache, 9 Fahrzeuge	1.Ebene	SN	N2	410
7600-0027	Feuerwehrgerätehaus	1.Ebene	SN	N2	414
7600-0029	Feuerwehrgebäude, Schulungsräume	3.Ebene	TH	N3	622
7600-0030	Feuerwehrhaus, Schulungsräume	3.Ebene	TH	N4	358
7600-0031	Feuerwehrfahrzeughalle	1.Ebene	TH	N3	634
7600-0033	Feuerwehrgerätehaus (3 KFZ)	1.Ebene	TH	N3	640
7600-0034	Bundesstraßenmeisterei	4.Ebene	MV	N6	430
7600-0035	Feuerwehrhaus (2 KFZ)	4.Ebene	BW	N7	366
7600-0036	Feuerwehrgerätehaus (3 KFZ)	1.Ebene	SN	N4	366
7600-0039	Bauhof (2 KFZ)	2.Ebene	BW	N6	440
7600-0040	Feuerwehrgerätehaus (11 KFZ)	4.Ebene	BW	N8	316
7600-0042	Rettungswache	1.Ebene	NI	N9	622
7600-0044	Feuer- und Rettungswache	3.Ebene	NW	N9	628
7600-0046	Betriebshof	3.Ebene	BW	N12	666
7600-0047	Feuerwehrgerätehaus	1.Ebene	RP	N10	578
7600-0048	Hauptrettungsstation	1.Ebene	MV	N10	584
7600-0049	Feuerwehrhaus	1.Ebene	SH	N10	590
7600-0050	Straßenmeisterei	1.Ebene	HE	N10	596
7600-0052	Feuerwehrhaus	1.Ebene	HE	N10	602
7600-0053	Feuerwehr und Bürgerhaus	3.Ebene	BB	N12	672
7600-0054	Feuerwehrhaus	3.Ebene	BW	N15	676
7600-0055	Feuerwehrhaus und Rettungswache	1.Ebene	NI	N11	734
7600-0062	Feuerwehrhaus und Rettungswache	1.Ebene	NW	N12	678
7600-0063	Feuerwehrhaus	1.Ebene	BY	N12	684
7600-0065	Sozialgebäude (Friedhofsamt)	1.Ebene	NW	N13	824
7600-0067	Wirtschaftsgebäude	1.Ebene	SN	N13	830
7600-0068	Feuerwehrhaus	1.Ebene	BW	N13	836
7600-0069	Feuerwehr- und Rettungswache	1.Ebene	TH	N15	690
7600-0070	Feuerwehrhaus	1.Ebene	SN	N15	696
7600-0071	Feuerwehrhaus	1.Ebene	SH	N15	702
7600-0074	Feuerwehrhaus	1.Ebene	SN	N15	708
7700-0018	Lager- und Verkaufsgebäude	1.Ebene	BB	N1	652
7700-0019	Chemie Distributionslager	3.Ebene	HE	N1	656
7700-0020	Lager- und Versandgebäude	1.Ebene	BY	N2	418
7700-0021	Produktions- und Lagerhalle, Büros	3.Ebene	ST	N2	422
7700-0022	Lagerhalle mit Bürotrakt	1.Ebene	MV	N2	434
7700-0023	Chemie Distributionslager	3.Ebene	SN	N2	438
7700-0024	Produktions- und Lagerhalle	1.Ebene	HE	N3	646

Objekt-Nr.	Objekt-Bezeichnung	DIN 276	Land	BKI-Buch	Seite
7	**Gewerbegebäude (Fortsetzung)**				
7700-0025	Lagerhalle	2.Ebene	RP	N3	652
7700-0026	Lagerhalle für Altpapier	3.Ebene	SN	N3	660
7700-0028	Vertriebszentrum, Lager, Büros	3.Ebene	BY	N3	668
7700-0029	Büromarkt, Poststelle, Fachmarkt	1.Ebene	BY	N4	372
7700-0031	Chemie Vertriebszentrale	2.Ebene	NW	N5	338
7700-0033	Chemie Distributionsanlage	4.Ebene	SN	N4	378
7700-0034	Lager, Bürogebäude	3.Ebene	BW	N5	346
7700-0041	Galvanikbetrieb	4.Ebene	NW	N5	356
7700-0045	Lagerhalle	4.Ebene	BY	N8	326
7700-0046	Logistikzentrum	3.Ebene	BW	N8	334
7700-0047	Fahrzeughalle	4.Ebene	RP	N10	608
7700-0048	Büro- und Lagergebäude	1.Ebene	BW	N9	634
7700-0049	Produktionshalle	1.Ebene	NW	N9	640
7700-0050	Gewerbehalle	1.Ebene	BW	N9	646
7700-0052	Gewerbehalle	1.Ebene	BW	N9	652
7700-0053	Lagerhalle, Büros	4.Ebene	BY	N10	614
7700-0054	Logistikzentrum	4.Ebene	NW	N11	740
7700-0055	Produktions- und Lagerhalle	1.Ebene	SN	N10	620
7700-0056	Maschinenhalle	1.Ebene	BW	N10	626
7700-0062	Mehrzweckhalle, Fahrradgeschäft	3.Ebene	SN	N15	714
7700-0063	Lagerhalle mit Werkstatt	1.Ebene	NW	N11	746
7700-0064	Produktionshalle mit Bürogebäude	1.Ebene	TH	N11	752
7700-0065	Material- und Weinlager	4.Ebene	ST	N11	758
7700-0066	Lager-, Vertriebs- und Bürogebäude	1.Ebene	BY	N12	690
7700-0067	Tiefkühllager	3.Ebene	SN	N15	724
7700-0070	Logistikzentrum, Verwaltung (120 AP)	1.Ebene	ST	N13	842
7700-0072	Salzlagerhalle	1.Ebene	BY	N13	848
7700-0073	Lagerhalle	3.Ebene	HB	N13	854
7700-0074	Werkhalle für Werkzeugbau (25 AP)	3.Ebene	BW	N15	734
7700-0076	Lager- und Vertriebsgebäude (50 AP)	1.Ebene	RP	N15	746
7700-0077	Lager- und Werkstattgebäude, Büro (18 AP)	1.Ebene	NW	N15	752
7800-0015	Parkdeck (24 STP)	1.Ebene	HB	N2	452
7800-0017	Busabstellhalle (16 STP), Tankstelle	4.Ebene	BW	N4	386
7800-0018	Garage Wohnanlage (23 STP)	3.Ebene	RP	N6	448
7800-0019	Busbetriebshalle	3.Ebene	BY	N6	458
7800-0020	Garage zu Mehrfamilienhaus (6 STP)	4.Ebene	BW	N6	468
7800-0021	Garage zu Einfamilienhaus	4.Ebene	BW	N7	374
7800-0022	LKW-Halle (3 LKW), Wohnen	4.Ebene	BY	N8	342
7800-0023	Parkgarage (158 STP)	3.Ebene	RP	N12	696
7800-0024	Auto- und Fahrradgarage (2 STP)	1.Ebene	BW	N13	862
7800-0025	PKW-Garagen (6 STP)	1.Ebene	NW	N15	758
8	**Bauwerke für technische Zwecke**				
8100-0002	Blockheizkraftwerk	1.Ebene	BY	N4	396
8100-0003	Blockheizkraftwerk	1.Ebene	BY	N4	402
8100-0004	Biogasanlage, Trockenvergärung	1.Ebene	BW	N8	352
8300-0001	Umspannwerk	3.Ebene	TH	N9	658
8600-0003	Recyclinganlage für Altfahrzeuge	1.Ebene	BY	N3	680
9	**Kulturgebäude**				
9100-0013	Stadtbibliothek	4.Ebene	BW	N1	672
9100-0016	Katholische Kirche	1.Ebene	BY	N2	458
9100-0018	Theatergebäude	3.Ebene	BY	N2	462

Objekt-Nr.	Objekt-Bezeichnung	DIN 276	Land	BKI-Buch	Seite
9	**Kulturgebäude (Fortsetzung)**				
9100-0020	Bibliothek, Lesesaal, Forum	1.Ebene	TH	N3	686
9100-0024	Ausstellungspavillon	2.Ebene	BW	N4	408
9100-0028	Veranstaltungsgebäude	4.Ebene	NI	N4	416
9100-0032	Ev. Kirche	1.Ebene	NI	N5	368
9100-0038	Bürgerhaus	4.Ebene	RP	N7	382
9100-0045	Stadthalle	4.Ebene	BW	N9	666
9100-0050	Bauernhofmuseum, Eingangsbereich	4.Ebene	BY	N10	632
9100-0055	Kultur- und Sportzentrum	1.Ebene	BW	N9	672
9100-0056	Ev. Kirche und Gemeindezentrum	1.Ebene	BB	N9	678
9100-0057	Gemeindehaus	1.Ebene	NW	N10	638
9100-0058	Bibliotheksgebäude	1.Ebene	ST	N10	644
9100-0059	Kirche und Gemeindezentrum	1.Ebene	NW	N10	650
9100-0061	Synagoge	1.Ebene	MV	N10	656
9100-0065	Ausstellungsgebäude	1.Ebene	SH	N10	662
9100-0068	Gemeindehaus mit Wohnung	1.Ebene	SH	N11	766
9100-0069	Gemeindehaus mit Kita, Wohnung	1.Ebene	SH	N11	772
9100-0071	Besucherinformationszentrum	1.Ebene	HE	N11	778
9100-0072	Kirche, Gemeindesaal, Pfarrhaus	1.Ebene	BW	N11	784
9100-0074	Freilichttheater Bühnenhaus	3.Ebene	BB	N11	790
9100-0076	Kirche Gemeindehaus	1.Ebene	BB	N11	796
9100-0077	Weinkulturhaus	1.Ebene	BY	N11	802
9100-0082	Stadtbibliothek	1.Ebene	NI	N12	704
9100-0085	Kirche	1.Ebene	BW	N12	710
9100-0087	Kirche	1.Ebene	BB	N12	716
9100-0089	Ausstellungsgebäude	1.Ebene	MV	N13	868
9100-0090	Forschungs- und Erlebniszentrum	2.Ebene	NI	N13	874
9100-0094	Eingangsgebäude Freilichtmuseum (2 AP)	3.Ebene	ST	N13	880
9100-0095	Stadtteilbibliothek (3 AP)	1.Ebene	HB	N13	888
9100-0100	Gartenlaube	1.Ebene	HE	N13	894
9100-0101	Bücherei	3.Ebene	SH	N13	900
9100-0107	Gemeindehaus	1.Ebene	NI	N13	908
9100-0112	Stadthalle	1.Ebene	TH	N15	764
9100-0113	Kunstmuseum	1.Ebene	MV	N13	914
9100-0115	Kirche	1.Ebene	BY	N15	770
9100-0116	Kirche	1.Ebene	NI	N15	776
9100-0123	Informations- und Kommunikationszentrum	1.Ebene	SN	N15	782
9100-0129	Ausstellungsgebäude	1.Ebene	ST	N15	788
9100-0133	Gemeindezentrum, Restaurant, Pension (10 Betten)	1.Ebene	SH	N15	794
9100-0136	Mediathek	1.Ebene	ST	N15	800
9100-0140	Nachbarschaftstreff	1.Ebene	BY	N15	806
9100-0142	Kapelle, Gemeinderäume, Café	1.Ebene	NI	N15	812
9100-0143	Aula	1.Ebene	NI	N15	818
9200-0001	Abfertigungsbauten Flugplatz	1.Ebene	HB	N3	692
9200-0002	Bushaltestelle	1.Ebene	HE	N15	824
9300-0001	Versuchsanlage für Milchviehhaltung	4.Ebene	NI	N2	476
9300-0003	Stallgebäude (2x16 Pferdeboxen)	2.Ebene	ST	N6	478
9300-0004	Ziegenstall	3.Ebene	BW	N9	684
9300-0006	Außenklimastall für Milchkühe	1.Ebene	BW	N11	808
9300-0007	Molkereibetrieb, Käserei	4.Ebene	BB	N11	814
9300-0008	Schau-Molkerei und Hofladen	1.Ebene	MV	N12	722
9400-0001	Forschungsgewächshaus	1.Ebene	HE	N15	830

Objekt-Nr.	Objekt-Bezeichnung	DIN 276	Land	BKI-Buch	Seite
9	**Kulturgebäude (Fortsetzung)**				
9700-0004	Friedhofskapelle, Aussegnungshalle	1.Ebene	NI	N2	490
9700-0005	Friedhofskapelle	1.Ebene	NW	N2	494
9700-0006	Krematorium	1.Ebene	RP	N4	426
9700-0007	Friedhofsgebäude	1.Ebene	ST	N5	374
9700-0008	Aufbahrungshalle	3.Ebene	BW	N8	358
9700-0012	Friedhofshalle	1.Ebene	BW	N9	690
9700-0013	Bestattungsgebäude, Trauerhaus	1.Ebene	NW	N10	668
9700-0014	Kolumbarium	1.Ebene	MV	N10	674
9700-0015	Trauerhalle	1.Ebene	TH	N10	680
9700-0016	Friedhofshalle und Aufbahrungshaus	1.Ebene	BW	N11	820
9700-0018	Aussegnungshalle	1.Ebene	NW	N11	826
9700-0020	Kolumbarium	1.Ebene	NW	N13	920
9700-0021	Aussegnungshalle	1.Ebene	BY	N13	926
9700-0023	Aussegnungshalle	1.Ebene	BY	N15	836
9700-0024	Aufbahrungsgebäude	1.Ebene	BY	N15	842
9700-0026	Krematorium	1.Ebene	TH	N15	848
9900-0001	Besendom, experimentelles Gebäude	2.Ebene	HE	N4	532
9900-0002	WC-Anlage	1.Ebene	BY	N11	832
9900-0003	WC-Anlage	1.Ebene	BY	N13	932

Abkürzungsverzeichnis Bundesländer

BW	Baden-Württemberg
BY	Bayern
BE	Berlin
BB	Brandenburg
HB	Bremen
HH	Hamburg
HE	Hessen
MV	Mecklenburg-Vorpommern
NI	Niedersachsen
NW	Nordrhein-Westfalen
RP	Rheinland-Pfalz
SL	Saarland
SN	Sachsen
ST	Sachsen-Anhalt
SH	Schleswig-Holstein
TH	Thüringen

Anhang

Regionalfaktoren

Regionalfaktoren

Diese Faktoren geben Aufschluss darüber, inwieweit die Baukosten in einer bestimmten Region Deutschlands teurer oder günstiger liegen als im Bundesdurchschnitt. Sie können dazu verwendet werden, die BKI Baukosten an das besondere Baupreisniveau einer Region anzupassen.
Hinweis: Der Land-/Stadtkreis und das Bundesland ist für jedes Objekt in der Objektübersicht in der Zeile „Ort:" angegeben. Die Angaben wurden durch Untersuchungen des BKI weitgehend verifiziert. Dennoch können Abweichungen zu den angegebenen Werten entstehen. In Grenznähe zu einem Land-/Stadtkreis mit anderen Baupreisfaktoren sollte dessen Baupreisniveau mit berücksichtigt werden, da die Übergänge zwischen den Land-/Stadtkreisen fließend sind. Die Besonderheiten des Einzelfalls können ebenfalls zu Abweichungen führen.

Landkreis / Stadtkreis	Bundeskorrekturfaktor
Aachen, Städteregion	0,954
Ahrweiler	0,984
Aichach-Friedberg	1,063
Alb-Donau-Kreis	1,053
Altenburger Land	0,908
Altenkirchen	0,975
Altmarkkreis Salzwedel	0,801
Altötting	0,978
Alzey-Worms	1,014
Amberg, Stadt	1,007
Amberg-Sulzbach	0,993
Ammerland	0,885
Anhalt-Bitterfeld	0,650
Ansbach	1,059
Ansbach, Stadt	1,073
Aschaffenburg	1,103
Aschaffenburg, Stadt	1,157
Augsburg	1,106
Augsburg, Stadt	1,055
Aurich	0,812
Bad Dürkheim	1,026
Bad Kissingen	1,048
Bad Kreuznach	1,081
Bad Tölz-Wolfratshausen	1,177
Baden-Baden, Stadt	1,056
Bamberg	1,072
Bamberg, Stadt	1,118
Barnim	0,897
Bautzen	0,867
Bayreuth	1,043
Bayreuth, Stadt	1,050
Berchtesgadener Land	1,057
Bergstraße	1,040
Berlin, Stadt	0,984
Bernkastel-Wittlich	1,047
Biberach	1,021
Bielefeld, Stadt	0,943
Birkenfeld	0,998
Bochum, Stadt	0,843
Bodenseekreis	1,079
Bonn, Stadt	0,999
Borken	0,944
Bottrop, Stadt	0,896
Brandenburg an der Havel, Stadt	0,863
Braunschweig, Stadt	0,853
Breisgau-Hochschwarzwald	1,066
Bremen, Stadt	0,998
Bremerhaven, Stadt	0,959
Burgenlandkreis	0,835
Böblingen	1,061
Börde	0,871
Calw	1,025
Celle	0,861
Cham	0,911
Chemnitz, Stadt	0,918
Cloppenburg	0,819
Coburg	1,084
Coburg, Stadt	1,142
Cochem-Zell	1,008
Coesfeld	0,988
Cottbus, Stadt	0,746
Cuxhaven	0,835
Dachau	1,094
Dahme-Spreewald	0,873
Darmstadt, Stadt	1,066
Darmstadt-Dieburg	1,074
Deggendorf	1,042
Delmenhorst, Stadt	0,808
Dessau-Roßlau, Stadt	0,901
Diepholz	0,816
Dillingen a.d.Donau	1,066
Dingolfing-Landau	0,972
Dithmarschen	1,005
Donau-Ries	1,034
Donnersbergkreis	1,016
Dortmund, Stadt	0,857

Dresden, Stadt 0,825
Duisburg, Stadt 0,928
Düren 0,975
Düsseldorf, Stadt 0,975

Ebersberg 1,173
Eichsfeld 0,904
Eichstätt 1,060
Eifelkreis Bitburg-Prüm 1,018
Eisenach, Stadt 0,880
Elbe-Elster 0,842
Emden, Stadt 0,698
Emmendingen 1,071
Emsland 0,840
Ennepe-Ruhr-Kreis 0,950
Enzkreis 1,077
Erding 1,073
Erfurt, Stadt 0,880
Erlangen, Stadt 1,032
Erlangen-Höchstadt 1,011
Erzgebirgskreis 0,922
Essen, Stadt 0,929
Esslingen 1,077
Euskirchen 0,981

Flensburg, Stadt 0,959
Forchheim 1,068
Frankenthal (Pfalz), Stadt 0,895
Frankfurt (Oder), Stadt 0,827
Frankfurt am Main, Stadt 1,105
Freiburg im Breisgau, Stadt 1,154
Freising 1,060
Freudenstadt 1,068
Freyung-Grafenau 0,903
Friesland 0,930
Fulda 1,050
Fürstenfeldbruck 1,161
Fürth 1,076
Fürth, Stadt 0,979

Garmisch-Partenkirchen 1,229
Gelsenkirchen, Stadt 0,899
Gera, Stadt 0,878
Germersheim 1,038
Gießen 1,031
Gifhorn 0,899
Goslar 0,912
Gotha 0,901
Grafschaft Bentheim 0,838
Greiz 0,863
Groß-Gerau 1,051
Göppingen 1,052
Görlitz 0,852
Göttingen 0,909
Günzburg 1,073
Gütersloh 0,964

Hagen, Stadt 0,961
Halle (Saale), Stadt 0,872
Hamburg, Stadt 1,067
Hameln-Pyrmont 0,878
Hamm, Stadt 0,917
Hannover, Region 0,928
Harburg 1,073
Harz 0,809
Havelland 0,912
Haßberge 1,117
Heidekreis 0,888
Heidelberg, Stadt 1,056
Heidenheim 1,066
Heilbronn 1,053
Heilbronn, Stadt 1,023
Heinsberg 0,941
Helmstedt 0,941
Herford 0,937
Herne, Stadt 0,943
Hersfeld-Rotenburg 1,009
Herzogtum Lauenburg 0,992
Hildburghausen 0,971
Hildesheim 0,875
Hochsauerlandkreis 0,969
Hochtaunuskreis 1,061
Hof 1,115
Hof, Stadt 1,101
Hohenlohekreis 0,989
Holzminden 0,984
Höxter 0,949

Ilm-Kreis 0,894
Ingolstadt, Stadt 1,081

Jena, Stadt 0,934
Jerichower Land 0,792

Kaiserslautern 0,993
Kaiserslautern, Stadt 0,985
Karlsruhe 1,035
Karlsruhe, Stadt 1,068
Kassel 1,028
Kassel, Stadt 0,989
Kaufbeuren, Stadt 1,080
Kelheim 0,971
Kempten (Allgäu), Stadt 1,029
Kiel, Stadt 0,969
Kitzingen 1,111
Kleve 0,988

Koblenz, Stadt 1,038
Konstanz 1,089
Krefeld, Stadt 1,006
Kronach 1,104
Kulmbach 1,091
Kusel 0,992
Kyffhäuserkreis 0,835
Köln, Stadt 0,958

Lahn-Dill-Kreis 0,988
Landau in der Pfalz, Stadt 1,010
Landsberg am Lech 1,102
Landshut 0,945
Landshut, Stadt 1,096
Leer 0,787
Leipzig 0,961
Leipzig, Stadt 0,845
Leverkusen, Stadt 0,960
Lichtenfels 0,999
Limburg-Weilburg 1,016
Lindau (Bodensee) 1,100
Lippe 0,951
Ludwigsburg 1,055
Ludwigshafen am Rhein, Stadt 0,944
Ludwigslust-Parchim 0,913
Lörrach 1,095
Lübeck, Stadt 0,999
Lüchow-Dannenberg 0,929
Lüneburg 0,866

Magdeburg, Stadt 0,873
Main-Kinzig-Kreis 1,057
Main-Spessart 1,093
Main-Tauber-Kreis 1,087
Main-Taunus-Kreis 1,029
Mainz, Stadt 1,003
Mainz-Bingen 1,066
Mannheim, Stadt 0,974
Mansfeld-Südharz 0,825
Marburg-Biedenkopf 1,030
Mayen-Koblenz 1,015
Mecklenburgische Seenplatte 0,839
Meißen 0,917
Memmingen, Stadt 1,128
Merzig-Wadern 1,068
Mettmann 0,937
Miesbach 1,210
Miltenberg 1,175
Minden-Lübbecke 0,915
Mittelsachsen 0,943
Märkisch-Oderland 0,882
Märkischer Kreis 0,985
Mönchengladbach, Stadt 1,009
Mühldorf a.Inn 1,057
Mülheim an der Ruhr, Stadt 0,997
München 1,198
München, Stadt 1,419
Münster, Stadt 0,914

Neckar-Odenwald-Kreis 1,062
Neu-Ulm 1,125
Neuburg-Schrobenhausen 1,046
Neumarkt i.d.OPf. 0,994
Neumünster, Stadt 0,899
Neunkirchen 1,046
Neustadt a.d.Aisch-Bad Windsheim 1,136
Neustadt a.d.Waldnaab 1,022
Neustadt an der Weinstraße, Stadt 1,089
Neuwied 0,980
Nienburg (Weser) 0,638
Nordfriesland 1,235
Nordhausen 0,921
Nordsachsen 0,946
Nordwestmecklenburg 0,986
Northeim 0,924
Nürnberg, Stadt 1,001
Nürnberger Land 0,957

Oberallgäu 1,096
Oberbergischer Kreis 0,981
Oberhausen, Stadt 0,894
Oberhavel 0,907
Oberspreewald-Lausitz 0,936
Odenwaldkreis 1,022
Oder-Spree 0,888
Offenbach 1,013
Offenbach am Main, Stadt 1,054
Oldenburg 0,835
Oldenburg, Stadt 0,941
Olpe 1,046
Ortenaukreis 1,059
Osnabrück 0,847
Osnabrück, Stadt 0,894
Ostalbkreis 1,058
Ostallgäu 1,061
Osterholz 0,890
Osterode am Harz 0,886
Ostholstein 0,931
Ostprignitz-Ruppin 0,836

Paderborn 0,946
Passau 0,938
Passau, Stadt 1,061
Peine 0,900
Pfaffenhofen a.d.Ilm 1,070
Pforzheim, Stadt 0,973

Pinneberg ... 1,012
Pirmasens, Stadt ... 1,020
Plön ... 1,005
Potsdam, Stadt ... 0,946
Potsdam-Mittelmark ... 0,910
Prignitz ... 0,741

Rastatt ... 1,018
Ravensburg ... 1,046
Recklinghausen ... 0,922
Regen ... 0,966
Regensburg ... 1,020
Regensburg, Stadt ... 1,140
Regionalverband Saarbrücken ... 1,047
Rems-Murr-Kreis ... 1,031
Remscheid, Stadt ... 0,963
Rendsburg-Eckernförde ... 0,901
Reutlingen ... 1,026
Rhein-Erft-Kreis ... 0,980
Rhein-Hunsrück-Kreis ... 0,989
Rhein-Kreis Neuss ... 0,930
Rhein-Lahn-Kreis ... 1,021
Rhein-Neckar-Kreis ... 1,050
Rhein-Pfalz-Kreis ... 1,025
Rhein-Sieg-Kreis ... 0,984
Rheingau-Taunus-Kreis ... 0,986
Rheinisch-Bergischer Kreis ... 0,983
Rhön-Grabfeld ... 1,067
Rosenheim ... 1,181
Rosenheim, Stadt ... 1,118
Rostock ... 0,921
Rostock, Stadt ... 0,974
Rotenburg (Wümme) ... 0,814
Roth ... 1,047
Rottal-Inn ... 0,959
Rottweil ... 1,000

Saale-Holzland-Kreis ... 0,901
Saale-Orla-Kreis ... 0,883
Saalekreis ... 0,855
Saalfeld-Rudolstadt ... 0,886
Saarlouis ... 1,042
Saarpfalz-Kreis ... 0,984
Salzgitter, Stadt ... 0,858
Salzlandkreis ... 0,858
Schaumburg ... 0,906
Schleswig-Flensburg ... 0,916
Schmalkalden-Meiningen ... 0,950
Schwabach, Stadt ... 0,994
Schwalm-Eder-Kreis ... 0,993
Schwandorf ... 0,989
Schwarzwald-Baar-Kreis ... 1,014
Schweinfurt ... 1,107
Schweinfurt, Stadt ... 1,024
Schwerin, Stadt ... 0,910
Schwäbisch Hall ... 1,027
Segeberg ... 0,937
Siegen-Wittgenstein ... 1,050
Sigmaringen ... 1,054
Soest ... 0,934
Solingen, Stadt ... 0,957
Sonneberg ... 0,913
Speyer, Stadt ... 0,960
Spree-Neiße ... 0,804
St. Wendel ... 1,023
Stade ... 0,873
Starnberg ... 1,322
Steinburg ... 0,946
Steinfurt ... 0,926
Stendal ... 0,752
Stormarn ... 1,005
Straubing, Stadt ... 1,145
Straubing-Bogen ... 0,995
Stuttgart, Stadt ... 1,147
Suhl, Stadt ... 1,009
Sächsische Schweiz-Osterzgebirge ... 0,970
Sömmerda ... 0,876
Südliche Weinstraße ... 1,049
Südwestpfalz ... 1,014

Teltow-Fläming ... 0,921
Tirschenreuth ... 1,006
Traunstein ... 1,115
Trier, Stadt ... 1,099
Trier-Saarburg ... 1,086
Tuttlingen ... 1,045
Tübingen ... 1,113

Uckermark ... 0,817
Uelzen ... 0,898
Ulm, Stadt ... 1,088
Unna ... 0,919
Unstrut-Hainich-Kreis ... 0,851
Unterallgäu ... 1,047

Vechta ... 0,879
Verden ... 0,869
Viersen ... 0,993
Vogelsbergkreis ... 1,012
Vogtlandkreis ... 0,961
Vorpommern-Greifswald ... 0,906
Vorpommern-Rügen ... 0,968
Vulkaneifel ... 1,026

Waldeck-Frankenberg ... 1,007
Waldshut ... 1,107

Warendorf ... 0,951
Wartburgkreis ... 0,888
Weiden i.d.OPf., Stadt ... 0,934
Weilheim-Schongau ... 1,170
Weimar, Stadt ... 0,959
Weimarer Land ... 0,926
Weißenburg-Gunzenhausen ... 1,052
Werra-Meißner-Kreis ... 1,023
Wesel ... 0,946
Wesermarsch ... 0,783
Westerwaldkreis ... 1,006
Wetteraukreis ... 1,040
Wiesbaden, Stadt ... 1,012
Wilhelmshaven, Stadt ... 0,886
Wittenberg ... 0,784
Wittmund ... 0,845
Wolfenbüttel ... 0,868
Wolfsburg, Stadt ... 0,942
Worms, Stadt ... 0,964
Wunsiedel i.Fichtelgebirge ... 1,093
Wuppertal, Stadt ... 0,931
Würzburg ... 1,130
Würzburg, Stadt ... 1,160

Zollernalbkreis ... 1,069
Zweibrücken, Stadt ... 1,020
Zwickau ... 0,963

Hinweise zur CD-ROM:

Auf vielfachen Kundenwunsch werden bestimmte Daten unserer Fachbücher digital auf der beiliegenden CD-ROM veröffentlicht.

Aufgrund der großen Datenmenge werden die Kosten der 3. und 4.Ebene DIN 276 nur auf CD-ROM veröffentlicht.

Die digitale Form der BKI Daten bietet dem Kunden viele Möglichkeiten und Erleichterungen:

- durch die Zoomfunktion ist die Schriftgröße variabel
- auch Details in Zeichnungen sind besser zu erkennen
- die Suchfunktion erleichtert das Auffinden von Begriffen
- die Baumstruktur erleichtert das schnelle Durchblättern und Auffinden der Objekte

Die CD-ROM enthält das Fachbuch BKI Objektdaten N15 als Datei mit zusätzlichen Inhalten:

- Objektdaten mit Kostenkennwerten nach DIN 276
- Zusammenstellung der 3.Ebene nach der Kostengruppengliederung DIN 276
- Objektdaten mit Kostenkennwerten der 2., 3. und 4.Ebene nach DIN 276 als Gesamtdatei

Mit der CD-ROM wird der BKI Viewer ausgeliefert, der das Betrachten der Daten ermöglicht. Die Daten sind 30 Tage uneingeschränkt sichtbar, danach nur noch, wenn das Buch im BKI-Viewer freigeschaltet wird. Die Freischaltung ist für Käufer des Fachbuchs kostenlos. Eine Freischaltung vor Erwerb des BKI Fachbuchs ist möglich, verpflichtet aber zum Kauf des Fachbuchs. Die Weitergabe der Daten an Dritte ist verboten.

Nach der Freischaltung des Buchs im BKI Viewer kann man die verschlüsselten Dateien entschlüsseln und anschließend kopieren oder ausdrucken. Das ermöglicht es z. B. für Kostenermittlungen ausgewählte Vergleichsobjekte komfortabel zu dokumentieren.

Anleitung:

Der BKI Viewer ermöglicht die Anzeige von geschützten BKI Dokumenten.

Systemanforderungen:
- PC, IBM kompatibel, mit mindestens 1 GHz und 512 MB RAM
- Betriebssystem MS-Windows Vista / Windows 7 / Windows 8
- Grafikkarte und Monitor mit mindestens 1.024 x 768 Pixel
- mindestens 1GB freier Platz auf der Festplatte
- CD-Laufwerk

Wir empfehlen zum zügigen und übersichtlichen Arbeiten einen Rechner mit mindestens 2 GHz und 2 GB RAM bei einer Bildschirmauflösung von 1.280 x 1.024 Pixeln.

Auf dem Computer müssen für die fehlerfreie Ausführung des Programms folgende Komponenten installiert sein:
- Microsoft MSI Installer 3.0
- Microsoft .NET Framework 4.0

Diese Komponenten werden während der Installation abgefragt und bei Bedarf von der CD-ROM installiert.

Installationsschritte:
Für die Installation von BKI Viewer legen Sie Ihre CD-ROM in Ihr CD oder DVD-Laufwerk ein. Ist die Autostart-Funktion für CD-ROMs auf Ihrem System aktiv, startet automatisch das CD-Menü.

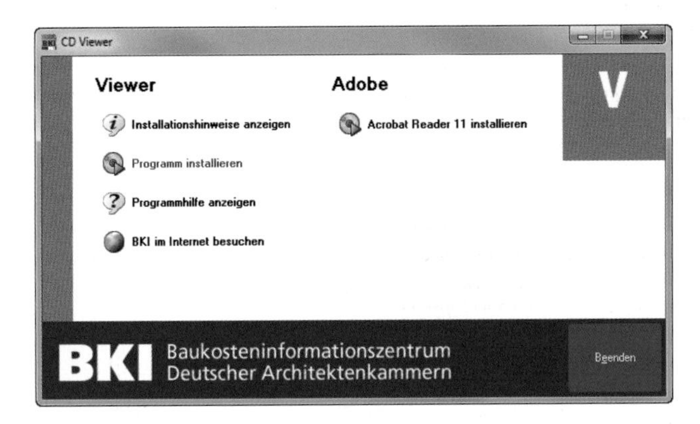

Über das CD-Menü starten Sie die Installation von BKI VIEWER. Zusätzlich können Sie sich verschiedene Dokumente zum BKI VIEWER anzeigen lassen. Sie haben die Option den Adobe Reader zu installieren, falls dieser noch nicht auf Ihrem Rechner installiert ist.

Sollte das CD-Menü nicht automatisch starten, klicken Sie auf START - AUSFÜHREN. Geben Sie je nach Buchstabe Ihres CD-Laufwerks z.B. D:\start.exe ein und bestätigen die Eingabe mit Klick auf [OK].

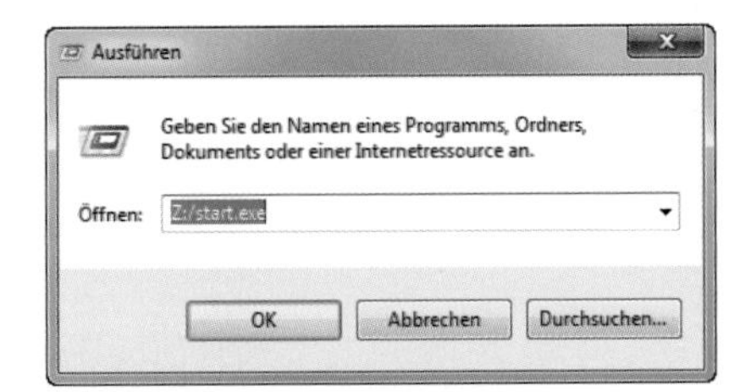

Nach Start des Installationsprogramms folgen Sie den Programmanweisungen und lesen bitte alle Dialoge sorgfältig durch. Einige Dialoge bieten Ihnen die Möglichkeit, die Programminstallation Ihren Bedürfnissen anzupassen. Hierzu gehört sowohl die Wahl des Programmverzeichnisses als auch die Entscheidung, ob Sie die benötigten Komponenten installieren möchten.

Die Installationsdauer richtet sich nach der Leistungsfähigkeit Ihres Computers und der Anzahl der zusätzlich benötigten Komponenten. Sie kann zwischen einer Minute und bis zu ca. 15 Minuten liegen.
Haben Sie die Installation bis zum Ende fehlerfrei durchgeführt, befindet sich das Produkt BKI VIEWER auf Ihrem Computer und steht zur Anwendung bereit.

Sie können das Programm nun über START - PROGRAMME - BKI VIEWER - VIEWER starten.

Bei der Installation von BKI VIEWER werden Einträge in der Systemsteuerung im Bereich der Software vorgenommen. Im Falle einer Deinstallation werden sämtliche Programmdateien von BKI VIEWER wieder gelöscht.

Hinweis:
Bei der Deinstallation des Programms BKI-Viewer über „Systemsteuerung- Software" bleibt des Verzeichnis mit den BKI Buch-Dateien erhalten. Wenn Sie die Buch-Dateien von der Festplatte entfernen wollen, löschen Sie zunächst die Bücher im Programm BKI-Viewer und anschließend den BKI Viewer über „Systemsteuerung- Software". Alternativ können Sie die Buch-Dateien über den Explorer o.ä. löschen. Die Daten werden standardmäßig im Verzeichnis C:\Dokumente und Einstellungen\All Users\Dokumente\BKI\Viewer\ abgelegt.

Programmfreischaltung:
Nach der Installation von BKI VIEWER können Sie jedes Buch ohne Eingabe einer Freischaltnummer vier Wochen lang einsehen, danach benötigen Sie eine Freischaltnummer. Nach Freischaltung besteht die Möglichkeit, Teile des Buchs zu drucken.

Nach Ablauf der vier Wochen lässt sich das jeweilige Buch im BKI VIEWER nicht mehr anzeigen. Wenn Sie sich zum Kauf des Buchs entschlossen haben, fordern Sie nach Erwerb bei BKI Ihre Freischaltnummer an. Andernfalls können Sie das Buch über den Menüpunkt „Datei -> Buch Entfernen" von der Festplatte löschen. Außerdem lässt sich der BKI VIEWER über die Systemsteuerung wieder deinstallieren.

Bitte beachten Sie, dass eine Lizenz eines Buchs im BKI VIEWER an den Rechner gebunden ist, auf dem Sie das Programm installiert haben. Entsprechend wird auf jedem Rechner eine eindeutige Anwendernummer generiert. Wenn Sie nach Kauf des Buchs Ihre Freischaltnummer anfordern, müssen Sie BKI hierfür die Anwendernummer Ihres Buchs bekannt geben. Die Anwendernummer finden sie im Freischaltdialog unter dem Menüpunkt „Buch -> Freischaltung". Dort können sie mit einem Klick auf Bestellfax auch sofort ein Bestellfax für die Bestellung bei BKI generieren.

Zur Durchführung der Freischaltung finden Sie unter dem Menüpunkt „Buch -> Freischaltung" das Freischaltformular für das derzeit geöffnete Buch. Tragen Sie die von uns an Sie übermittelte Freischaltnummer, sowie Ihre Kundennummer in die dafür vorgesehenen Felder ein. Die Anwendung ist danach freigeschaltet.

Testversion:
Die Testversion eines Buchs im BKI VIEWER beinhaltet folgende Einschränkungen:
– Das Buch kann nur 4 Wochen lang betrachtet werden.
– Das Buch kann nicht als PDF entschlüsselt abgelegt werden.
– Der Druck aus dem Programm ist nur nach Entschlüsselung eines Buches möglich.
Diese Einschränkungen entfallen automatisch nach Freischaltung des Buchs.

Hilfe und Support:
BKI VIEWER wird mit einer Programmhilfe ausgeliefert.
Bei Fragen zur Freischaltung, Rechnung oder Seminaren, wenden Sie sich bitte an:
BKI Bahnhofstraße 1, 70372 Stuttgart
Telefon: (0711) 954 854-0
Fax: (0711) 954 854-54
info@bki.de

Programmelemente und Funktionen:
Die Bildschirmaufteilung des BKI Viewers gliedert sich in vier Bereiche:

- Bereich A: Menüleiste zum Aufruf von Programmfunktionen
- Bereich B: Symbolleiste zur Steuerung der Anzeige
- Bereich C: Dokumentübersicht zur Navigation in den geladenen Dokumenten
- Bereich D: Seitenanzeige

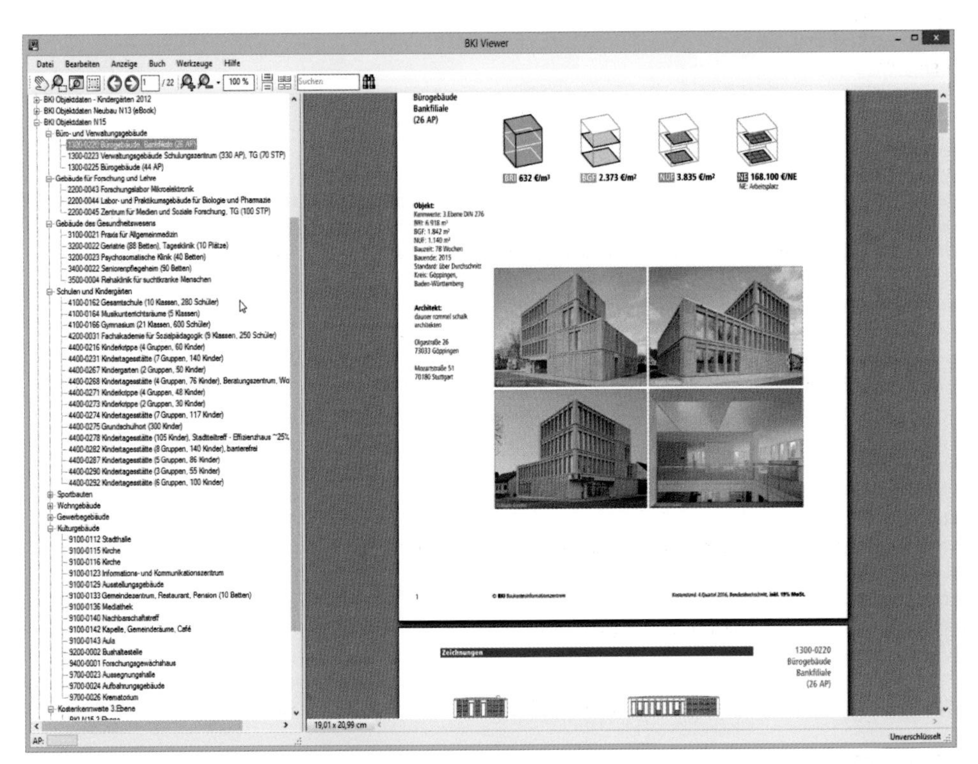

BEREICH A: Die Elemente der Menüleiste

Über die Menüleiste erreichen Sie die Programmfunktionen von BKI VIEWER.
Die wichtigsten und am häufigsten verwendeten Funktionen finden Sie zusätzlich als Symbol in der Symbolleiste darunter. Nachfolgend werden die einzelnen Menüpunkte, sowie deren zugehörige Symbole auf der Symbolleiste detailliert beschrieben.

Elemente des Menüs „Datei“

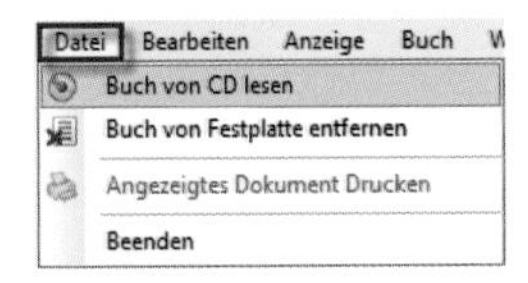

Buch von CD lesen:

Hiermit kopieren Sie Buchdateien von der CD-ROM auf die lokale Festplatte. Dieser Vorgang kann einige Minuten dauern. Eine Fortschrittsanzeige am unteren Fensterrand informiert über den Stand der Aktion.

Buch von Festplatte entfernen:
Löscht das ausgewählte Buch von der lokalen Festplatte.

Angezeigtes Dokument drucken:
Die Funktion Drucken steht nur bei entschlüsselten Büchern zur Verfügung. Um ein Buch zu entschlüsseln schalten Sie das Buch frei und wählen Sie anschließend den Menüpunkt „Buch -> Entschlüsseln".

Beenden:
Damit schließen Sie das Programm.

Elemente des Menüs „Bearbeiten"

Kopieren:
Kopiert markierten Text in die Windows Zwischenablage. Diese Funktion steht nur bei freigeschalteten Programmen zur Verfügung.

Elemente des Menüs „Anzeige"

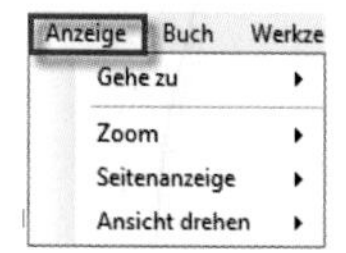

Gehe zu:
Im Untermenü kann zur ersten, vorherigen, nächsten oder letzten Seite gewechselt werden.

Zoom:
Darstellung der Anzeige in Originalgröße, Seitengröße oder Seitenbreite.

Seitenanzeige:
Ermöglicht die Ansicht als Einzelne Seite, Einzelne Seite fortlaufend, Zwei Seiten oder Zwei Seiten fortlaufend.

Ansicht drehen:
Dreht die Ansicht um 90° im Uhrzeigersinn oder gegen den Uhrzeigersinn .

Elemente des Menüs „Buch"

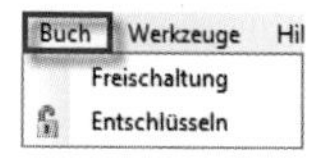

Freischaltung:
Schaltet das ausgewählte Buch frei oder druckt das Bestellfax.

Entschlüsseln:
Erzeugt von einem freigeschalteten Buch unverschlüsselte PDF-Dateien. Diese werden mit Ihrer Kundennummer versehen.

Elemente des Menüs „Werkzeuge"

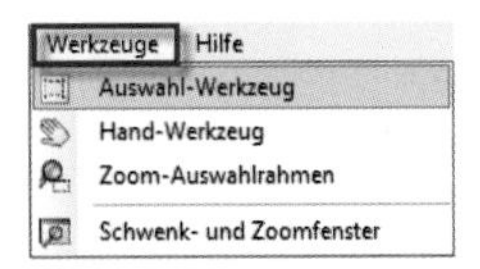

Auswahl-Werkzeug:
Kopiert in der freigeschalteten Version Texte in die Zwischenablage, um sie in anderen Programmen wieder einfügen zu können.

Hand-Werkzeug:
Ermöglicht das Verschieben des sichtbaren Bereichs von Seitenausschnitten.

Zoom-Auswahlrahmen:
Bestimmt einen Seitenausschnitt durch Aufziehen eines Rahmens bei gedrückter Maustaste.

Schwenk- und Zoomfenster:
Öffnet ein Zusatzfenster mit mehreren Funktionen:
- schrittweise Verkleinern oder Vergrößern der Zoomstufe
- direktes Auswählen der Zoomstufe
- springen zur vorherigen, nächsten, ersten oder letzten Seite
- Bildschirmfoto des ausgewählten Bereichs

Elemente des Menüs „Hilfe"

BKI Viewer Hilfe:
Öffnet eine PDF-Datei mit den hier vorliegenden Hilfetexten.

BKI Internetseite:
Öffnet die BKI Internetseite im eingestellten Standardbrowser.

Info:
Zeigt Informationen zum Programm, wie Versionsnummer und Programmbestandteile.

BEREICH B: Die Elemente der Symbolleiste

Die Bedienung des BKI VIEWERs ist einfach und selbsterklärend. Tooltipps erläutern die Funktionen der Symbolleiste. Die integrierte Hilfe erläutert zusätzlich alle Funktionen.

Symbol	Tooltipp	Funktion
	Handwerkzeug	Ermöglicht das Verschieben des sichtbaren Bereichs von Seitenausschnitten
	Zoomtool	Bestimmen eines Seitenausschnitts durch gedrückt halten der Maustaste
	Zoomfenster	Öffnet ein Zusatzfenster mit mehreren Funktionen: – Schrittweise Verkleinern oder Vergrößern der Zoomstufe – Direktes Auswählen der Zoomstufe – Springen zur vorherigen, nächsten, ersten oder letzten Seite – Bildschirmfoto des ausgewählten Bereichs
	Vorherige Seite	
	Nächste Seite	
1 / 26	Gehe zu Seite	Anzeige der aktuellen Seite und Eingabe der gewünschten Seite
	Vergrößern	Stufenweise Vergrößern der Seite
	Verkleinern	Stufenweise Verkleinern der Seite
100 %	Vergrößerungsstufe	Zoomfaktor wählen oder eintragen
	Eine Seite	Einseitige Anzeige
	Zwei Seiten	Doppelseitige Anzeige
	Suchen/Weitersuchen	Suche nach Worten oder Wortteilen

Bereich C: Dokumentübersicht zur Navigation in den geladenen Dokumenten

In der Navigationsspalte werden alle geladenen Bücher angezeigt. Wie vom Windows-Explorer gewohnt kann man durch Klick auf das +-Zeichen Bücher und deren Kapitel anwählen.

Bereich D: Seitenanzeige

Im Bereich der Seitenanzeige wird das in der Navigationsspalte angewählte Dokument angezeigt.